深入理解Nginx

模块开发与架构解析

第 2 版

Understanding Nginx

Modules Development and Architecture Resolving（Second Edition）

陶辉 著

图书在版编目（CIP）数据

深入理解 Nginx：模块开发与架构解析 / 陶辉著 . —2 版 . —北京：机械工业出版社，2016.2
（2023.12 重印）
（Linux/Unix 技术丛书）

ISBN 978-7-111-52625-4

I. 深… II. 陶… III. 互联网络 - 网络服务器 IV. TP368.5

中国版本图书馆 CIP 数据核字（2016）第 010106 号

深入理解 Nginx：模块开发与架构解析（第 2 版）

出版发行：机械工业出版社（北京市西城区百万庄大街 22 号 邮政编码：100037）

责任编辑：佘 洁　　责任校对：殷 虹

印 刷：固安县铭成印刷有限公司　　版 次：2023 年 12 月第 2 版第 20 次印刷

开 本：186mm×240mm 1/16　　印 张：40

书 号：ISBN 978-7-111-52625-4　　定 价：99.00 元

客服电话：（010）88361066 68326294

Preface 前　　言

为什么要写这本书

自第 1 版发行以来，笔者很欣慰得到了广大读者的认可。本书一直致力于说明开发 Nginx 模块的必备知识，然而由于 Nginx 功能繁多且性能强大，以致必须要了解的基本技能也很庞杂，而第 1 版成书匆忙，缺失了几个进阶的技巧描述（例如如何使用变量、slab 共享内存等），因此决定在第 1 版的基础上进一步完善。

事实上，我们总能在 nginx.conf 配置文件中看到各种带着 $ 符号的变量，只要修改带着变量的这一行行配置，就可以不用编译、部署而使得 Nginx 具备新功能，这些支持变量的 Nginx 模块提供了极为灵活的功能，第 2 版通过新增的第 15 章详细介绍了如何在模块中支持 HTTP 变量，包括如何在代码中使用其他 Nginx 模块提供的变量，以及如何定义新的变量供 nginx.conf 和其他第三方模块使用等。第 16 章介绍了 slab 共享内存，这是一套适用于小块内存快速分配释放的内存管理方式，它非常高效，分配与释放速度都是以纳秒计算的，常用于多个 worker 进程之间的通信，这比第 14 章介绍的原始的共享内存通信方式要先进很多。第 16 章不仅详细介绍了它的实现方式，也探讨了它的优缺点，比如，如果模块间要共享的单个对象常常要消耗数 KB 的空间，这时就需要修改它的实现（例如增大定义的 slab 页大小），以避免内存的浪费等。

Nginx 内存池在第 1 版中只是简单带过，第 2 版中新增了 8.7 节介绍了内存池的实现细节，以帮助读者用好最基础的内存池功能。

此外，很多读者反馈需要结合 TCP 来谈谈 Nginx，因此在 9.10 节中笔者试图在不陷入 Linux 内核细节的情况下，简要介绍了 TCP 以清晰了解 Nginx 的事件框架，了解 Nginx 的高并发能力。

这一版新增的第 15 章的样例代码可以从 http://nginx.taohui.org.cn 站点上下载。

因笔者工作繁忙，以致第 2 版拖稿严重，读者的邮件也无法及时回复，非常抱歉。从这版开始会把曾经的回复整理后放在网站上，想必这比回复邮件要更有效率些。

读者对象

本书适合以下读者阅读。

- 对 Nginx 及如何将它搭建成一个高性能的 Web 服务器感兴趣的读者。
- 希望通过开发特定的 HTTP 模块实现高性能 Web 服务器的读者。
- 希望了解 Nginx 的架构设计，学习其怎样充分使用服务器上的硬件资源的读者。
- 了解如何快速定位、修复 Nginx 中深层次 Bug 的读者。
- 希望利用 Nginx 提供的框架，设计出任何基于 TCP 的、无阻塞的、易于扩展的服务器的读者。

背景知识

如果仅希望了解怎样使用已有的 Nginx 功能搭建服务器，那么阅读本书不需要什么先决条件。但如果希望通过阅读本书的第二、第三两部分，来学习 Nginx 的模块开发和架构设计技巧时，则必须了解 C 语言的基本语法。在阅读本书第三部分时，需要读者对 TCP 有一个基本的了解，同时对 Linux 操作系统也应该有简单的了解。

如何阅读本书

我很希望将本书写成一本“step by step”式（循序渐进式）的书籍，因为这样最能节省读者的时间，然而，由于 3 个主要写作目的想解决的问题都不是那么简单，所以这本书只能做一个折中的处理。

在第一部分的前两章中，将只探讨如何使用 Nginx 这一个问题。阅读这一部分的读者不需要了解 C 语言，就可以学习如何部署 Nginx，学习如何向其中添加各种官方、第三方的功能模块，如何通过修改配置文件来更改 Nginx 及各模块的功能，如何修改 Linux 操作系统上的参数来优化服务器性能，最终向用户提供企业级的 Web 服务器。这一部分介绍配置项的方式，更偏重于领着对 Nginx 还比较陌生的读者熟悉它，通过了解几个基本 Nginx 模块的配置修改方式，进而使读者可以通过查询官网、第三方网站来了解如何使用所有 Nginx 模块的用法。

在第二部分的第 3 章 ~ 第 7 章中，都是以例子来介绍 HTTP 模块的开发方式的，这里有些接近于“ step by step”的学习方式，我在写作这一部分时，会通过循序渐进的方式使读者能够快速上手，同时会穿插着介绍其常见用法的基本原理。

在第三部分，将开始介绍 Nginx 的完整框架，阅读到这里将会了解第二部分中 HTTP 模块为何以此种方式开发，同时将可以轻易地开发 Nginx 模块。这一部分并不仅仅满足于阐述

Nginx 架构，而是会探讨其为何如此设计，只有这样才能抛开 HTTP 框架、邮件代理框架，实现一种新的业务框架、一种新的模块类型。

对于 Nginx 的使用还不熟悉的读者应当从第 1 章开始学习，前两章将帮助你快速了解 Nginx。

使用过 Nginx，但对如何开发 Nginx 的 HTTP 模块不太了解的读者可以直接从第 3 章开始学习，在这一章阅读完后，即可编写一个功能大致完整的 HTTP 模块。然而，编写企业级的模块必须阅读完第 4 章才能做到，这一章将会介绍编写产品线上服务器程序时必备的 3 个手段。第 5 章举例说明了两种编写复杂 HTTP 模块的方式，在第三部分会对这两个方式有进一步的说明。第 6 章介绍一种特殊的 HTTP 模块——HTTP 过滤模块的编写方法。第 7 章探讨基础容器的用法，这同样是复杂模块的必备工具。

如果读者对于普通 HTTP 模块的编写已经很熟悉，想深入地实现更为复杂的 HTTP 模块，或者想了解邮件代理服务器的设计与实现，或者希望编写一种新的处理其他协议的模块，或者仅仅想了解 Nginx 的架构设计，都可以直接从第 8 章开始学习，这一章会从整体上系统介绍 Nginx 的模块式设计。第 9 章的事件框架是 Nginx 处理 TCP 的基础，这一章无法跳过。阅读第 8 章、第 9 章时可能会遇到许多第 7 章介绍过的容器，这时可以回到第 7 章查询其用法和意义。第 10 章 ~ 第 12 章在介绍 HTTP 框架，通过这 3 章的学习会对 HTTP 模块的开发有深入的了解，同时可以学习 HTTP 框架的优秀设计。第 13 章简单介绍了邮件代理服务器的设计，它近似于简化版的 HTTP 框架。第 14 章介绍了进程间同步的工具。第 15 章介绍了 HTTP 变量，包括如何使用已有变量、支持用户在 nginx.conf 中修改变量的值、支持其他模块开发者使用自己定义的变量等。第 16 章介绍了 slab 共享内存，该内存极为高效，可用于多个 worker 进程间的通信。

为了不让读者陷入代码的“汪洋大海”中，在本书中大量使用了图表，这样可以使读者快速、大体地了解流程和原理，在这基础上，如果读者还希望了解代码是如何实现的，可以针对性地阅读源代码中的相应方法。在代码的关键地方会通过添加注释的方式加以说明。希望这种方式能够帮助读者减少阅读花费的时间，更快、更好地把握住 Nginx，同时深入到细节中。

写作本书第 1 版时，Nginx 的最新稳定版本是 1.0.14，所以当时是基于此版本来写作的。截止到第 2 版完成时，Nginx 的稳定版本已经上升到了 1.8.0。但这不会对本书的阅读造成困惑，笔者验证过示例代码，均可以运行在最新版本的 Nginx 中，这是因为本书主要是在介绍 Nginx 的基本框架代码，以及怎样使用这些框架代码开发新的 Nginx 模块。在这些基本框架代码中，Nginx 一般不会做任何改变，否则已有的大量 Nginx 模块将无法工作，这种损失是不可承受的。而且 Nginx 框架为具体的功能模块提供了足够的灵活性，修改功能时很少需要修改框架代码。

Nginx 是跨平台的服务器，然而这本书将只针对于最常见的 Linux 操作系统进行分析，这样做一方面是篇幅所限，另一方面则是本书的写作目的主要在于告诉大家如何基于 Nginx 编写代码，而不是怎样在一个具体的操作系统上修改配置使用 Nginx。因此，即使本书以 Linux 系统为代表讲述 Nginx，也不会影响使用其他操作系统的读者阅读，操作系统的差别相对于本书内容的影响实在是非常小。

勘误和支持

由于作者的水平有限，加之编写的时间也很仓促，书中难免会出现一些错误或者不准确的地方，恳请读者批评指正。为此，我特意创建了一个在线支持与应急方案的二级站点：http://nginx.weebly.com。读者可以将书中的错误发布在 Bug 勘误表页面中，同时如果读者遇到任何问题，也可以访问 Q&A 页面，我将尽量在线上为读者提供最满意的解答。书中的全部源文件都将发布在这个网站上，我也会将相应的功能更新及时发布出来。如果你有更多的宝贵意见，也欢迎你发送邮件至我的邮箱 russelltao@foxmail.com，期待能够听到读者的真挚反馈。

致谢

我首先要感谢 Igor Sysoev，他在 Nginx 设计上展现的功力令人折服，正是他的工作成果才有了本书诞生的意义。

lisa 是机械工业出版社的优秀编辑，非常值得信任。在这半年的写作过程中，她花费了很多时间、精力来阅读我的书稿，指出了许多文字上和格式上的错误，她提出的建议都大大提高了本书的可读性。

在这半年时间里，一边工作一边写作给我带来了很大的压力，所以我要感谢我的父母在生活上对我无微不至的照顾，使我可以全力投入到写作中。繁忙的工作之余，写作又占用了休息时间的绝大部分，感谢我的太太毛业勤对我的体谅和鼓励，让我始终以高昂的斗志投入到本书的写作中。

感谢我工作中的同事们，正是在与他们一起战斗在一线的日子里，我才不断地对技术有新的感悟；正是那些充满激情的岁月，才使得我越来越热爱服务器技术的开发。

谨以此书，献给我最亲爱的家人，以及众多热爱 Nginx 的朋友。

陶辉

2015 年 10 月

Contents 目　录

前　言

第一部分　Nginx能帮我们做什么

第1章　研究Nginx前的准备工作……2

1.1　Nginx是什么……2
1.2　为什么选择Nginx……5
1.3　准备工作……7
1.3.1　Linux操作系统……7
1.3.2　使用Nginx的必备软件……7
1.3.3　磁盘目录……8
1.3.4　Linux内核参数的优化……9
1.3.5　获取Nginx源码……10
1.4　编译安装Nginx……11
1.5　configure详解……11
1.5.1　configure的命令参数……11
1.5.2　configure执行流程……18
1.5.3　configure生成的文件……21
1.6　Nginx的命令行控制……23
1.7　小结……27

第2章　Nginx的配置……28

2.1　运行中的Nginx进程间的关系……28
2.2　Nginx配置的通用语法……31
2.2.1　块配置项……31
2.2.2　配置项的语法格式……32
2.2.3　配置项的注释……33
2.2.4　配置项的单位……33
2.2.5　在配置中使用变量……33
2.3　Nginx服务的基本配置……34
2.3.1　用于调试进程和定位问题的配置项……34
2.3.2　正常运行的配置项……36
2.3.3　优化性能的配置项……37
2.3.4　事件类配置项……39
2.4　用HTTP核心模块配置一个静态Web服务器……40
2.4.1　虚拟主机与请求的分发……41
2.4.2　文件路径的定义……45
2.4.3　内存及磁盘资源的分配……47
2.4.4　网络连接的设置……49
2.4.5　MIME类型的设置……52
2.4.6　对客户端请求的限制……53
2.4.7　文件操作的优化……54
2.4.8　对客户端请求的特殊处理……56

2.4.9 ngx_http_core_module 模块提供的变量……57
2.5 用 HTTP proxy module 配置一个反向代理服务器……59
2.5.1 负载均衡的基本配置……61
2.5.2 反向代理的基本配置……63
2.6 小结……66

第二部分 如何编写 HTTP 模块

第 3 章 开发一个简单的 HTTP 模块……68

3.1 如何调用 HTTP 模块……68
3.2 准备工作……70
3.2.1 整型的封装……71
3.2.2 ngx_str_t 数据结构……71
3.2.3 ngx_list_t 数据结构……71
3.2.4 ngx_table_elt_t 数据结构……75
3.2.5 ngx_buf_t 数据结构……75
3.2.6 ngx_chain_t 数据结构……77
3.3 如何将自己的 HTTP 模块编译进 Nginx……77
3.3.1 config 文件的写法……77
3.3.2 利用 configure 脚本将定制的模块加入到 Nginx 中……78
3.3.3 直接修改 Makefile 文件……81
3.4 HTTP 模块的数据结构……82
3.5 定义自己的 HTTP 模块……86
3.6 处理用户请求……89
3.6.1 处理方法的返回值……89
3.6.2 获取 URI 和参数……92
3.6.3 获取 HTTP 头部……94
3.6.4 获取 HTTP 包体……97
3.7 发送响应……99
3.7.1 发送 HTTP 头部……99
3.7.2 将内存中的字符串作为包体发送……101
3.7.3 经典的“Hello World”示例……102
3.8 将磁盘文件作为包体发送……103
3.8.1 如何发送磁盘中的文件……104
3.8.2 清理文件句柄……106
3.8.3 支持用户多线程下载和断点续传……107
3.9 用 C++ 语言编写 HTTP 模块……108
3.9.1 编译方式的修改……108
3.9.2 程序中的符号转换……109
3.10 小结……110

第 4 章 配置、error 日志和请求上下文……111

4.1 http 配置项的使用场景……111
4.2 怎样使用 http 配置……113
4.2.1 分配用于保存配置参数的数据结构……113
4.2.2 设定配置项的解析方式……115
4.2.3 使用 14 种预设方法解析配置项……121
4.2.4 自定义配置项处理方法……131
4.2.5 合并配置项……133
4.3 HTTP 配置模型……135
4.3.1 解析 HTTP 配置的流程……136
4.3.2 HTTP 配置模型的内存布局……139
4.3.3 如何合并配置项……142

4.3.4 预设配置项处理方法的工作原理 ······ 144
4.4 error 日志的用法 ······ 145
4.5 请求的上下文 ······ 149
4.5.1 上下文与全异步 Web 服务器的关系 ······ 149
4.5.2 如何使用 HTTP 上下文 ······ 151
4.5.3 HTTP 框架如何维护上下文结构 ······ 152
4.6 小结 ······ 153

第 5 章 访问第三方服务 ······ 154

5.1 upstream 的使用方式 ······ 155
5.1.1 ngx_http_upstream_t 结构体 ··· 158
5.1.2 设置 upstream 的限制性参数 ··· 159
5.1.3 设置需要访问的第三方服务器地址 ······ 160
5.1.4 设置回调方法 ······ 161
5.1.5 如何启动 upstream 机制 ······ 161
5.2 回调方法的执行场景 ······ 162
5.2.1 create_request 回调方法 ······ 162
5.2.2 reinit_request 回调方法 ······ 164
5.2.3 finalize_request 回调方法 ······ 165
5.2.4 process_header 回调方法 ······ 165
5.2.5 rewrite_redirect 回调方法 ······ 167
5.2.6 input_filter_init 与 input_filter 回调方法 ······ 167
5.3 使用 upstream 的示例 ······ 168
5.3.1 upstream 的各种配置参数 ······ 168
5.3.2 请求上下文 ······ 170
5.3.3 在 create_request 方法中构造请求 ······ 170
5.3.4 在 process_header 方法中解析包头 ······ 171
5.3.5 在 finalize_request 方法中释放资源 ······ 175
5.3.6 在 ngx_http_mytest_handler 方法中启动 upstream ······ 175
5.4 subrequest 的使用方式 ······ 177
5.4.1 配置子请求的处理方式 ······ 177
5.4.2 实现子请求处理完毕时的回调方法 ······ 178
5.4.3 处理父请求被重新激活后的回调方法 ······ 179
5.4.4 启动 subrequest 子请求 ······ 179
5.5 subrequest 执行过程中的主要场景 ······ 180
5.5.1 如何启动 subrequest ······ 180
5.5.2 如何转发多个子请求的响应包体 ······ 182
5.5.3 子请求如何激活父请求 ······ 185
5.6 subrequest 使用的例子 ······ 187
5.6.1 配置文件中子请求的设置 ······ 187
5.6.2 请求上下文 ······ 188
5.6.3 子请求结束时的处理方法 ······ 188
5.6.4 父请求的回调方法 ······ 189
5.6.5 启动 subrequest ······ 190
5.7 小结 ······ 191

第 6 章 开发一个简单的 HTTP 过滤模块 ······ 192

6.1 过滤模块的意义 ······ 192
6.2 过滤模块的调用顺序 ······ 193
6.2.1 过滤链表是如何构成的 ······ 194

6.2.2 过滤链表的顺序 ……………… 196
6.2.3 官方默认 HTTP 过滤模块的功能简介 ……………… 197
6.3 HTTP 过滤模块的开发步骤 ……… 198
6.4 HTTP 过滤模块的简单例子 ……… 200
6.4.1 如何编写 config 文件 ………… 201
6.4.2 配置项和上下文 ……………… 201
6.4.3 定义 HTTP 过滤模块 ………… 203
6.4.4 初始化 HTTP 过滤模块 ……… 204
6.4.5 处理请求中的 HTTP 头部 …… 204
6.4.6 处理请求中的 HTTP 包体 …… 206
6.5 小结 ……………………………… 206

第 7 章 Nginx 提供的高级数据结构 ……………… 207

7.1 Nginx 提供的高级数据结构概述 … 207
7.2 ngx_queue_t 双向链表 …………… 209
7.2.1 为什么设计 ngx_queue_t 双向链表 ……………… 209
7.2.2 双向链表的使用方法 ………… 209
7.2.3 使用双向链表排序的例子 …… 212
7.2.4 双向链表是如何实现的 ……… 213
7.3 ngx_array_t 动态数组 …………… 215
7.3.1 为什么设计 ngx_array_t 动态数组 ……………… 215
7.3.2 动态数组的使用方法 ………… 215
7.3.3 使用动态数组的例子 ………… 217
7.3.4 动态数组的扩容方式 ………… 218
7.4 ngx_list_t 单向链表 ……………… 219
7.5 ngx_rbtree_t 红黑树 ……………… 219
7.5.1 为什么设计 ngx_rbtree_t 红黑树 ……………… 219
7.5.2 红黑树的特性 ………………… 220
7.5.3 红黑树的使用方法 …………… 222
7.5.4 使用红黑树的简单例子 ……… 225
7.5.5 如何自定义添加成员方法 …… 226
7.6 ngx_radix_tree_t 基数树 ………… 228
7.6.1 ngx_radix_tree_t 基数树的原理 ……………… 228
7.6.2 基数树的使用方法 …………… 230
7.6.3 使用基数树的例子 …………… 231
7.7 支持通配符的散列表 …………… 232
7.7.1 ngx_hash_t 基本散列表 ……… 232
7.7.2 支持通配符的散列表 ………… 235
7.7.3 带通配符散列表的使用例子 …· 241
7.8 小结 ……………………………… 245

第三部分 深入 Nginx

第 8 章 Nginx 基础架构 ……………… 248

8.1 Web 服务器设计中的关键约束 …· 249
8.2 Nginx 的架构设计 ……………… 251
8.2.1 优秀的模块化设计 …………… 251
8.2.2 事件驱动架构 ………………… 254
8.2.3 请求的多阶段异步处理 ……… 256
8.2.4 管理进程、多工作进程设计 … 259
8.2.5 平台无关的代码实现 ………… 259
8.2.6 内存池的设计 ………………… 259
8.2.7 使用统一管道过滤器模式的 HTTP 过滤模块 ……………… 260
8.2.8 其他一些用户模块 …………… 260
8.3 Nginx 框架中的核心结构体 ngx_cycle_t ……………… 260

8.3.1 ngx_listening_t 结构体 ………… 261
8.3.2 ngx_cycle_t 结构体 ……………… 262
8.3.3 ngx_cycle_t 支持的方法 ……… 264
8.4 Nginx 启动时框架的处理流程 …… 266
8.5 worker 进程是如何工作的 ………… 269
8.6 master 进程是如何工作的 ………… 271
8.7 ngx_pool_t 内存池 …………………… 276
8.8 小结 ………………………………………… 284

第 9 章 事件模块 ………………………… 285

9.1 事件处理框架概述 ………………… 286
9.2 Nginx 事件的定义 ………………… 288
9.3 Nginx 连接的定义 ………………… 291
9.3.1 被动连接 ……………………… 292
9.3.2 主动连接 ……………………… 295
9.3.3 ngx_connection_t 连接池 …… 296
9.4 ngx_events_module 核心模块 …… 297
9.4.1 如何管理所有事件模块的配置项 ……………………… 299
9.4.2 管理事件模块 ……………… 300
9.5 ngx_event_core_module 事件模块 ………………………………………… 302
9.6 epoll 事件驱动模块 ……………… 308
9.6.1 epoll 的原理和用法 ………… 308
9.6.2 如何使用 epoll ……………… 310
9.6.3 ngx_epoll_module 模块的实现 ……………………………… 312
9.7 定时器事件 …………………………… 320
9.7.1 缓存时间的管理 …………… 320
9.7.2 缓存时间的精度 …………… 323
9.7.3 定时器的实现 ……………… 323
9.8 事件驱动框架的处理流程 ………… 324
9.8.1 如何建立新连接 …………… 325
9.8.2 如何解决“惊群”问题 ……… 327
9.8.3 如何实现负载均衡 ………… 329
9.8.4 post 事件队列 ……………… 330
9.8.5 ngx_process_events_and_timers 流程 ………………………………… 331
9.9 文件的异步 I/O ……………………… 334
9.9.1 Linux 内核提供的文件异步 I/O ………………………………… 335
9.9.2 ngx_epoll_module 模块中实现的针对文件的异步 I/O …… 337
9.10 TCP 协议与 Nginx ……………… 342
9.11 小结 ……………………………………… 347

第 10 章 HTTP 框架的初始化 ……… 348

10.1 HTTP 框架概述 …………………… 349
10.2 管理 HTTP 模块的配置项 ……… 352
10.2.1 管理 main 级别下的配置项 … 353
10.2.2 管理 server 级别下的配置项 … 355
10.2.3 管理 location 级别下的配置项 ………………………… 358
10.2.4 不同级别配置项的合并 …… 364
10.3 监听端口的管理 …………………… 367
10.4 server 的快速检索 ………………… 370
10.5 location 的快速检索 ……………… 370
10.6 HTTP 请求的 11 个处理阶段 …… 372
10.6.1 HTTP 处理阶段的普适规则 … 374
10.6.2 NGX_HTTP_POST_READ_PHASE 阶段 ……………………… 375
10.6.3 NGX_HTTP_SERVER_REWRITE_PHASE 阶段 …… 378

10.6.4 NGX_HTTP_FIND_CONFIG_PHASE 阶段……378
10.6.5 NGX_HTTP_REWRITE_PHASE 阶段……378
10.6.6 NGX_HTTP_POST_REWRITE_PHASE 阶段……379
10.6.7 NGX_HTTP_PREACCESS_PHASE 阶段……379
10.6.8 NGX_HTTP_ACCESS_PHASE 阶段……379
10.6.9 NGX_HTTP_POST_ACCESS_PHASE 阶段……380
10.6.10 NGX_HTTP_TRY_FILES_PHASE 阶段……380
10.6.11 NGX_HTTP_CONTENT_PHASE 阶段……380
10.6.12 NGX_HTTP_LOG_PHASE 阶段……382
10.7 HTTP 框架的初始化流程……382
10.8 小结……384

第 11 章 HTTP 框架的执行流程……385

11.1 HTTP 框架执行流程概述……386
11.2 新连接建立时的行为……387
11.3 第一次可读事件的处理……388
11.4 接收 HTTP 请求行……394
11.5 接收 HTTP 头部……398
11.6 处理 HTTP 请求……400
11.6.1 ngx_http_core_generic_phase……406
11.6.2 ngx_http_core_rewrite_phase……408
11.6.3 ngx_http_core_access_phase……409
11.6.4 ngx_http_core_content_phase……412
11.7 subrequest 与 post 请求……415
11.8 处理 HTTP 包体……417
11.8.1 接收包体……419
11.8.2 放弃接收包体……425
11.9 发送 HTTP 响应……429
11.9.1 ngx_http_send_header……430
11.9.2 ngx_http_output_filter……432
11.9.3 ngx_http_writer……435
11.10 结束 HTTP 请求……437
11.10.1 ngx_http_close_connection……438
11.10.2 ngx_http_free_request……439
11.10.3 ngx_http_close_request……440
11.10.4 ngx_http_finalize_connection……441
11.10.5 ngx_http_terminate_request……443
11.10.6 ngx_http_finalize_request……443
11.11 小结……446

第 12 章 upstream 机制的设计与实现……447

12.1 upstream 机制概述……448
12.1.1 设计目的……448
12.1.2 ngx_http_upstream_t 数据结构的意义……450
12.1.3 ngx_http_upstream_conf_t 配置结构体……453
12.2 启动 upstream……455
12.3 与上游服务器建立连接……457

12.4 发送请求到上游服务器 …… 460
12.5 接收上游服务器的响应头部 …… 463
12.5.1 应用层协议的两段划分方式 …… 463
12.5.2 处理包体的 3 种方式 …… 464
12.5.3 接收响应头部的流程 …… 465
12.6 不转发响应时的处理流程 …… 469
12.6.1 input_filter 方法的设计 …… 469
12.6.2 默认的 input_filter 方法 …… 470
12.6.3 接收包体的流程 …… 472
12.7 以下游网速优先来转发响应 …… 473
12.7.1 转发响应的包头 …… 474
12.7.2 转发响应的包体 …… 477
12.8 以上游网速优先来转发响应 …… 481
12.8.1 ngx_event_pipe_t 结构体的意义 …… 481
12.8.2 转发响应的包头 …… 485
12.8.3 转发响应的包体 …… 487
12.8.4 ngx_event_pipe_read_upstream 方法 …… 489
12.8.5 ngx_event_pipe_write_to_downstream 方法 …… 494
12.9 结束 upstream 请求 …… 496
12.10 小结 …… 499

第 13 章 邮件代理模块 …… 500

13.1 邮件代理服务器的功能 …… 500
13.2 邮件模块的处理框架 …… 503
13.2.1 一个请求的 8 个独立处理阶段 …… 503
13.2.2 邮件类模块的定义 …… 504
13.2.3 邮件框架的初始化 …… 506
13.3 初始化请求 …… 506
13.3.1 描述邮件请求的 ngx_mail_session_t 结构体 …… 506
13.3.2 初始化邮件请求的流程 …… 509
13.4 接收并解析客户端请求 …… 509
13.5 邮件认证 …… 510
13.5.1 ngx_mail_auth_http_ctx_t 结构体 …… 510
13.5.2 与认证服务器建立连接 …… 511
13.5.3 发送请求到认证服务器 …… 513
13.5.4 接收并解析响应 …… 514
13.6 与上游邮件服务器间的认证交互 …… 514
13.6.1 ngx_mail_proxy_ctx_t 结构体 …… 516
13.6.2 向上游邮件服务器发起连接 …… 516
13.6.3 与邮件服务器认证交互的过程 …… 518
13.7 透传上游邮件服务器与客户端间的流 …… 520
13.8 小结 …… 524

第 14 章 进程间的通信机制 …… 525

14.1 概述 …… 525
14.2 共享内存 …… 526
14.3 原子操作 …… 530
14.3.1 不支持原子库下的原子操作 …… 530
14.3.2 x86 架构下的原子操作 …… 531

14.3.3 自旋锁 …… 533
14.4 Nginx 频道 …… 535
14.5 信号 …… 538
14.6 信号量 …… 540
14.7 文件锁 …… 541
14.8 互斥锁 …… 544
14.8.1 文件锁实现的 ngx_shmtx_t 锁 …… 546
14.8.2 原子变量实现的 ngx_shmtx_t 锁 …… 548
14.9 小结 …… 553

第 15 章 变量 …… 554

15.1 使用内部变量开发模块 …… 555
15.1.1 定义模块 …… 556
15.1.2 定义 http 模块加载方式 …… 557
15.1.3 解析配置中的变量 …… 558
15.1.4 处理请求 …… 560
15.2 内部变量工作原理 …… 561
15.2.1 何时定义变量 …… 561
15.2.2 相关数据结构详述 …… 564
15.2.3 定义变量的方法 …… 572
15.2.4 使用变量的方法 …… 572
15.2.5 如何解析变量 …… 573
15.3 定义内部变量 …… 576
15.4 外部变量与脚本引擎 …… 577
15.4.1 相关数据结构 …… 578
15.4.2 编译“set”脚本 …… 581
15.4.3 脚本执行流程 …… 586
15.5 小结 …… 589

第 16 章 slab 共享内存 …… 590

16.1 操作 slab 共享内存的方法 …… 590
16.2 使用 slab 共享内存池的例子 …… 592
16.2.1 共享内存中的数据结构 …… 593
16.2.2 操作共享内存中的红黑树与链表 …… 595
16.2.3 解析配置文件 …… 600
16.2.4 定义模块 …… 603
16.3 slab 内存管理的实现原理 …… 605
16.3.1 内存结构布局 …… 607
16.3.2 分配内存流程 …… 613
16.3.3 释放内存流程 …… 617
16.3.4 如何使用位操作 …… 619
16.3.5 slab 内存池间的管理 …… 624
16.4 小结 …… 624

第一部分 Part 1

Nginx 能帮我们做什么

- 第 1 章　研究 Nginx 前的准备工作
- 第 2 章　Nginx 的配置

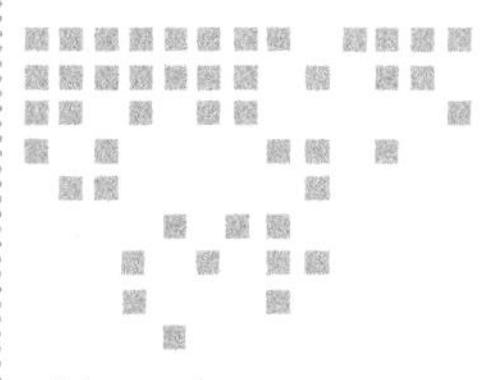

Chapter 1 第1章

研究 Nginx 前的准备工作

2012 年，Nginx 荣获年度云计算开发奖（2012 Cloud Award for Developer of the Year），并成长为世界第二大 Web 服务器。全世界流量最高的前 1000 名网站中，超过 25% 都使用 Nginx 来处理海量的互联网请求。Nginx 已经成为业界高性能 Web 服务器的代名词。

那么，什么是 Nginx？它有哪些特点？我们选择 Nginx 的理由是什么？如何编译安装 Nginx？这种安装方式背后隐藏的又是什么样的思想呢？本章将会回答上述问题。

1.1 Nginx 是什么

人们在了解新事物时，往往习惯通过类比来帮助自己理解事物的概貌。那么，我们在学习 Nginx 时也采用同样的方式，先来看看 Nginx 的竞争对手——Apache、Lighttpd、Tomcat、Jetty、IIS，它们都是 Web 服务器，或者叫做 WWW（World Wide Web）服务器，相应地也都具备 Web 服务器的基本功能：基于 REST 架构风格[⊖]，以统一资源描述符（Uniform Resource Identifier，URI）或者统一资源定位符（Uniform Resource Locator，URL）作为沟通依据，通过 HTTP 为浏览器等客户端程序提供各种网络服务。然而，由于这些 Web 服务器在设计阶段就受到许多局限，例如当时的互联网用户规模、网络带宽、产品特点等局限，并且各自的定位与发展方向都不尽相同，使得每一款 Web 服务器的特点与应用场合都很鲜明。

Tomcat 和 Jetty 面向 Java 语言，先天就是重量级的 Web 服务器，它的性能与 Nginx 没有可比性，这里略过。

⊖ 参见 Roy Fielding 博士的论文《Architectural Styles and the Design of Network-based Software Architectures》，可在 http://www.ics.uci.edu/~fielding/pubs/dissertation/top.htm 查看原文。

IIS 只能在 Windows 操作系统上运行。Windows 作为服务器在稳定性与其他一些性能上都不如类 UNIX 操作系统，因此，在需要高性能 Web 服务器的场合下，IIS 可能会被“冷落”。

Apache 的发展时期很长，而且是目前毫无争议的世界第一大 Web 服务器，图 1-1 中是 12 年来（2010 ~ 2012 年）世界 Web 服务器的使用排名情况。

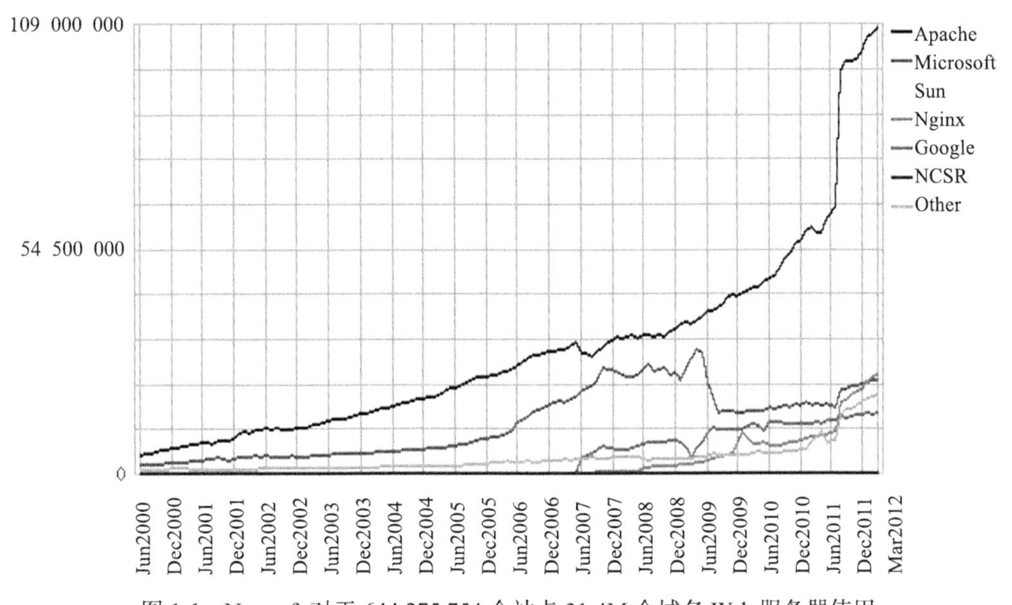

图 1-1　Netcraft 对于 644 275 754 个站点 31.4M 个域名 Web 服务器使用情况的调查结果（2012 年 3 月）

从图 1-1 中可以看出，Apache 目前处于领先地位。

Apache 有许多优点，如稳定、开源、跨平台等，但它出现的时间太长了，在它兴起的年代，互联网的产业规模远远比不上今天，所以它被设计成了一个重量级的、不支持高并发的 Web 服务器。在 Apache 服务器上，如果有数以万计的并发 HTTP 请求同时访问，就会导致服务器上消耗大量内存，操作系统内核对成百上千的 Apache 进程做进程间切换也会消耗大量 CPU 资源，并导致 HTTP 请求的平均响应速度降低，这些都决定了 Apache 不可能成为高性能 Web 服务器，这也促使了 Lighttpd 和 Nginx 的出现。观察图 1-1 中 Nginx 成长的曲线，体会一下 Nginx 抢占市场时的“咄咄逼人”吧。

Lighttpd 和 Nginx 一样，都是轻量级、高性能的 Web 服务器，欧美的业界开发者比较钟爱 Lighttpd，而国内的公司更青睐 Nginx，Lighttpd 使用得比较少。

在了解了 Nginx 的竞争对手之后，相信大家对 Nginx 也有了直观感受，下面让我们来正式地认识一下 Nginx 吧。

提示　Nginx 发音：engine ['ɛndʒɪn] X。

来自俄罗斯的 Igor Sysoev 在为 Rambler Media（http://www.rambler.ru/）工作期间，使用 C 语言开发了 Nginx。Nginx 作为 Web 服务器，一直为俄罗斯著名的门户网站 Rambler Media 提供着出色、稳定的服务。

Igor Sysoev 将 Nginx 的代码开源，并且赋予其最自由的 2-clause BSD-like license [㊀]许可证。由于 Nginx 使用基于事件驱动的架构能够并发处理百万级别的 TCP 连接，高度模块化的设计和自由的许可证使得扩展 Nginx 功能的第三方模块层出不穷，而且优秀的设计带来了极佳的稳定性，因此其作为 Web 服务器被广泛应用到大流量的网站上，包括腾讯、新浪、网易、淘宝等访问量巨大的网站。

2012 年 2 月和 3 月 Netcraft 对 Web 服务器的调查如表 1-1 所示，可以看出，Nginx 的市场份额越来越大。

表 1-1 Netcraft 对于 Web 服务器市场占有率前 4 位软件的调查（2012 年 2 月和 3 月）

Web 服务器	2012 年 2 月	市场占有率	2012 年 3 月	市场占有率	占有率变化
Apache	106 664 061	57.45%	108 035 584	57.46%	0.01
Nginx	23 590 737	12.71%	24 011 199	12.77%	0.06
Microsoft IIS	22 363 730	12.05%	22 537 872	11.99%	–0.06
Google Web Server	14 316 485	7.71%	14 438 358	7.68%	–0.03

Nginx 是一个跨平台的 Web 服务器，可运行在 Linux、FreeBSD、Solaris、AIX、Mac OS、Windows 等操作系统上，并且它还可以使用当前操作系统特有的一些高效 API 来提高自己的性能。

例如，对于高效处理大规模并发连接，它支持 Linux 上的 epoll（epoll 是 Linux 上处理大并发网络连接的利器，9.6.1 节中将会详细说明 epoll 的工作原理）、Solaris 上的 event ports 和 FreeBSD 上的 kqueue 等。

又如，对于 Linux，Nginx 支持其独有的 sendfile 系统调用，这个系统调用可以高效地把硬盘中的数据发送到网络上（不需要先把硬盘数据复制到用户态内存上再发送），这极大地减少了内核态与用户态数据间的复制动作。

种种迹象都表明，Nginx 以性能为王。

2011 年 7 月，Nginx 正式成立公司，由 Igor Sysoev 担任 CTO，立足于提供商业级的 Web 服务器。

㊀ BSD（Berkeley Software Distribution）许可协议是自由软件（开源软件的一个子集）中使用最广泛的许可协议之一。与其他许可协议相比，BSD 许可协议从 GNU 通用公共许可协议（GPL）到限制重重的著作权（copyright）都要宽松一些，事实上，它跟公有领域更为接近。BSD 许可协议被认为是 copycenter（中间版权），界于标准的 copyright 与 GPL 的 copyleft 之间。

2-clause BSD-like license 是 BSD 许可协议中最宽松的一种，它对开发者再次使用 BSD 软件只有两个基本的要求：一是如果再发布的产品中包含源代码，则在源代码中必须带有原来代码中的 BSD 协议；二是如果再发布的只是二进制类库 / 软件，则需要在类库 / 软件的文档和版权声明中包含原来代码中的 BSD 协议。

1.2　为什么选择 Nginx

为什么选择 Nginx？因为它具有以下特点：

（1）更快

这表现在两个方面：一方面，在正常情况下，单次请求会得到更快的响应；另一方面，在高峰期（如有数以万计的并发请求），Nginx 可以比其他 Web 服务器更快地响应请求。

实际上，本书第三部分中大量的篇幅都是在说明 Nginx 是如何做到这两点的。

（2）高扩展性

Nginx 的设计极具扩展性，它完全是由多个不同功能、不同层次、不同类型且耦合度极低的模块组成。因此，当对某一个模块修复 Bug 或进行升级时，可以专注于模块自身，无须在意其他。而且在 HTTP 模块中，还设计了 HTTP 过滤器模块：一个正常的 HTTP 模块在处理完请求后，会有一串 HTTP 过滤器模块对请求的结果进行再处理。这样，当我们开发一个新的 HTTP 模块时，不但可以使用诸如 HTTP 核心模块、events 模块、log 模块等不同层次或者不同类型的模块，还可以原封不动地复用大量已有的 HTTP 过滤器模块。这种低耦合度的优秀设计，造就了 Nginx 庞大的第三方模块，当然，公开的第三方模块也如官方发布的模块一样容易使用。

Nginx 的模块都是嵌入到二进制文件中执行的，无论官方发布的模块还是第三方模块都是如此。这使得第三方模块一样具备极其优秀的性能，充分利用 Nginx 的高并发特性，因此，许多高流量的网站都倾向于开发符合自己业务特性的定制模块。

（3）高可靠性

高可靠性是我们选择 Nginx 的最基本条件，因为 Nginx 的可靠性是大家有目共睹的，很多家高流量网站都在核心服务器上大规模使用 Nginx。Nginx 的高可靠性来自于其核心框架代码的优秀设计、模块设计的简单性；另外，官方提供的常用模块都非常稳定，每个 worker 进程相对独立，master 进程在 1 个 worker 进程出错时可以快速“拉起”新的 worker 子进程提供服务。

（4）低内存消耗

一般情况下，10 000 个非活跃的 HTTP Keep-Alive 连接在 Nginx 中仅消耗 2.5MB 的内存，这是 Nginx 支持高并发连接的基础。

从第 3 章开始，我们会接触到 Nginx 在内存中为了维护一个 HTTP 连接所分配的对象，届时将会看到，实际上 Nginx 一直在为用户考虑（尤其是在高并发时）如何使得内存的消耗更少。

（5）单机支持 10 万以上的并发连接

这是一个非常重要的特性！随着互联网的迅猛发展和互联网用户数量的成倍增长，各大公司、网站都需要应付海量并发请求，一个能够在峰值期顶住 10 万以上并发请求的 Server，无疑会得到大家的青睐。理论上，Nginx 支持的并发连接上限取决于内存，10 万远未封顶。当然，能够及时地处理更多的并发请求，是与业务特点紧密相关的，本书第 8 ~ 11 章将会详细说明如何实现这个特点。

（6）热部署

master 管理进程与 worker 工作进程的分离设计，使得 Nginx 能够提供热部署功能，即可以在 7×24 小时不间断服务的前提下，升级 Nginx 的可执行文件。当然，它也支持不停止服务就更新配置项、更换日志文件等功能。

（7）最自由的 BSD 许可协议

这是 Nginx 可以快速发展的强大动力。BSD 许可协议不只是允许用户免费使用 Nginx，它还允许用户在自己的项目中直接使用或修改 Nginx 源码，然后发布。这吸引了无数开发者继续为 Nginx 贡献自己的智慧。

以上 7 个特点当然不是 Nginx 的全部，拥有无数个官方功能模块、第三方功能模块使得 Nginx 能够满足绝大部分应用场景，这些功能模块间可以叠加以实现更加强大、复杂的功能，有些模块还支持 Nginx 与 Perl、Lua 等脚本语言集成工作，大大提高了开发效率。这些特点促使用户在寻找一个 Web 服务器时更多考虑 Nginx。

当然，选择 Nginx 的核心理由还是它能在支持高并发请求的同时保持高效的服务。

如果 Web 服务器的业务访问量巨大，就需要保证在数以百万计的请求同时访问服务时，用户可以获得良好的体验，不会出现并发访问量达到一个数字后，新的用户无法获取服务，或者虽然成功地建立起了 TCP 连接，但大部分请求却得不到响应的情况。

通常，高峰期服务器的访问量可能是正常情况下的许多倍，若有热点事件的发生，可能会导致正常情况下非常顺畅的服务器直接“挂死”。然而，如果在部署服务器时，就预先针对这种情况进行扩容，又会使得正常情况下所有服务器的负载过低，这会造成大量的资源浪费。因此，我们会希望在这之间取得平衡，也就是说，在低并发压力下，用户可以获得高速体验，而在高并发压力下，更多的用户都能接入，可能访问速度会下降，但这只应受制于带宽和处理器的速度，而不应该是服务器设计导致的软件瓶颈。

事实上，由于中国互联网用户群体的数量巨大，致使对 Web 服务器的设计往往要比欧美公司更加困难。例如，对于全球性的一些网站而言，欧美用户分布在两个半球，欧洲用户活跃时，美洲用户通常在休息，反之亦然。而国内巨大的用户群体则对业界的程序员提出更高的挑战，早上 9 点和晚上 20 点到 24 点这些时间段的并发请求压力是非常巨大的。尤其节假日、寒暑假到来之时，更会对服务器提出极高的要求。

另外，国内业务上的特性，也会引导用户在同一时间大并发地访问服务器。例如，许多 SNS 网页游戏会在固定的时间点刷新游戏资源或者允许“偷菜”等好友互动操作。这些会导致服务器处理高并发请求的压力增大。

上述情形都对我们的互联网服务在大并发压力下是否还能够给予用户良好的体验提出了更高的要求。若要提供更好的服务，那么可以从多方面入手，例如，修改业务特性、引导用户从高峰期分流或者把服务分层分级、对于不同并发压力给用户提供不同级别的服务等。但最根本的是，Web 服务器要能支持大并发压力下的正常服务，这才是关键。

快速增长的互联网用户群以及业内所有互联网服务提供商越来越好的用户体验，都促使我们在大流量服务中用 Nginx 取代其他 Web 服务器。Nginx 先天的事件驱动型设计、全异步的网络 I/O 处理机制、极少的进程间切换以及许多优化设计，都使得 Nginx 天生善于处理高并发压力下的互联网请求，同时 Nginx 降低了资源消耗，可以把服务器硬件资源“压榨”到极致。

1.3 准备工作

由于 Linux 具有免费、使用广泛、商业支持越来越完善等特点，本书将主要针对 Linux 上运行的 Nginx 来进行介绍。需要说明的是，本书不是使用手册，而是介绍 Nginx 作为 Web 服务器的设计思想，以及如何更有效地使用 Nginx 达成目的，而这些内容在各操作系统上基本是相通的（除了第 9 章关于事件驱动方式以及第 14 章的进程间同步方式在类 UNIX 操作系统上略有不同以外）。

1.3.1 Linux 操作系统

首先我们需要一个内核为 Linux 2.6 及以上版本的操作系统，因为 Linux 2.6 及以上内核才支持 epoll，而在 Linux 上使用 select 或 poll 来解决事件的多路复用，是无法解决高并发压力问题的。

我们可以使用 uname -a 命令来查询 Linux 内核版本，例如：

```
:wehf2wng001:root > uname -a
Linux wehf2wng001 2.6.18-128.el5 #1 SMP Wed Jan 21 10:41:14 EST 2009 x86_64 x86_64 x86_64 GNU/Linux
```

执行结果表明内核版本是 2.6.18，符合我们的要求。

1.3.2 使用 Nginx 的必备软件

如果要使用 Nginx 的常用功能，那么首先需要确保该操作系统上至少安装了如下软件。

（1）GCC 编译器

GCC（GNU Compiler Collection）可用来编译 C 语言程序。Nginx 不会直接提供二进制可执行程序（1.2.x 版本中已经开始提供某些操作系统上的二进制安装包了，不过，本书探讨如何开发 Nginx 模块是必须通过直接编译源代码进行的），这有许多原因，本章后面会详述。我们可以使用最简单的 yum 方式安装 GCC，例如：

```
yum install -y gcc
```

GCC 是必需的编译工具。在第 3 章会提到如何使用 C++ 来编写 Nginx HTTP 模块，这时就需要用到 G++ 编译器了。G++ 编译器也可以用 yum 安装，例如：

```
yum install -y gcc-c++
```

Linux 上有许多软件安装方式，yum 只是其中比较方便的一种，其他方式这里不再赘述。

（2）PCRE 库

PCRE（Perl Compatible Regular Expressions，Perl 兼容正则表达式）是由 Philip Hazel 开发的函数库，目前为很多软件所使用，该库支持正则表达式。它由 RegEx 演化而来，实际上，Perl 正则表达式也是源自于 Henry Spencer 写的 RegEx。

如果我们在配置文件 nginx.conf 里使用了正则表达式，那么在编译 Nginx 时就必须把 PCRE 库编译进 Nginx，因为 Nginx 的 HTTP 模块要靠它来解析正则表达式。当然，如果你确认不会使用正则表达式，就不必安装它。其 yum 安装方式如下：

```
yum install -y pcre pcre-devel
```

pcre-devel 是使用 PCRE 做二次开发时所需要的开发库，包括头文件等，这也是编译 Nginx 所必须使用的。

（3）zlib 库

zlib 库用于对 HTTP 包的内容做 gzip 格式的压缩，如果我们在 nginx.conf 里配置了 gzip on，并指定对于某些类型（content-type）的 HTTP 响应使用 gzip 来进行压缩以减少网络传输量，那么，在编译时就必须把 zlib 编译进 Nginx。其 yum 安装方式如下：

```
yum install -y zlib zlib-devel
```

同理，zlib 是直接使用的库，zlib-devel 是二次开发所需要的库。

（4）OpenSSL 开发库

如果我们的服务器不只是要支持 HTTP，还需要在更安全的 SSL 协议上传输 HTTP，那么就需要拥有 OpenSSL 了。另外，如果我们想使用 MD5、SHA1 等散列函数，那么也需要安装它。其 yum 安装方式如下：

```
yum install -y openssl openssl-devel
```

上面所列的 4 个库只是完成 Web 服务器最基本功能所必需的。

Nginx 是高度自由化的 Web 服务器，它的功能是由许多模块来支持的。而这些模块可根据我们的使用需求来定制，如果某些模块不需要使用则完全不必理会它。同样，如果使用了某个模块，而这个模块使用了一些类似 zlib 或 OpenSSL 等的第三方库，那么就必须先安装这些软件。

1.3.3 磁盘目录

要使用 Nginx，还需要在 Linux 文件系统上准备以下目录。

（1）Nginx 源代码存放目录

该目录用于放置从官网上下载的 Nginx 源码文件，以及第三方或我们自己所写的模块源代码文件。

（2）Nginx 编译阶段产生的中间文件存放目录

该目录用于放置在 configure 命令执行后所生成的源文件及目录，以及 make 命令执行后生成的目标文件和最终连接成功的二进制文件。默认情况下，configure 命令会将该目录命名为 objs，并放在 Nginx 源代码目录下。

（3）部署目录

该目录存放实际 Nginx 服务运行期间所需要的二进制文件、配置文件等。默认情况下，该目录为 /usr/local/nginx。

（4）日志文件存放目录

日志文件通常会比较大，当研究 Nginx 的底层架构时，需要打开 debug 级别的日志，这个级别的日志非常详细，会导致日志文件的大小增长得极快，需要预先分配一个拥有更大磁盘空间的目录。

1.3.4　Linux 内核参数的优化

由于默认的 Linux 内核参数考虑的是最通用的场景，这明显不符合用于支持高并发访问的 Web 服务器的定义，所以需要修改 Linux 内核参数，使得 Nginx 可以拥有更高的性能。

在优化内核时，可以做的事情很多，不过，我们通常会根据业务特点来进行调整，当 Nginx 作为静态 Web 内容服务器、反向代理服务器或是提供图片缩略图功能（实时压缩图片）的服务器时，其内核参数的调整都是不同的。这里只针对最通用的、使 Nginx 支持更多并发请求的 TCP 网络参数做简单说明。

首先，需要修改 /etc/sysctl.conf 来更改内核参数。例如，最常用的配置：

```
fs.file-max = 999999
net.ipv4.tcp_tw_reuse = 1
net.ipv4.tcp_keepalive_time = 600
net.ipv4.tcp_fin_timeout = 30
net.ipv4.tcp_max_tw_buckets = 5000
net.ipv4.ip_local_port_range = 1024    61000
net.ipv4.tcp_rmem = 4096 32768 262142
net.ipv4.tcp_wmem = 4096 32768 262142
net.core.netdev_max_backlog = 8096
net.core.rmem_default = 262144
net.core.wmem_default = 262144
net.core.rmem_max = 2097152
net.core.wmem_max = 2097152
net.ipv4.tcp_syncookies = 1
net.ipv4.tcp_max_syn.backlog=1024
```

然后执行 sysctl -p 命令，使上述修改生效。

上面的参数意义解释如下：

- file-max：这个参数表示进程（比如一个 worker 进程）可以同时打开的最大句柄数，这个参数直接限制最大并发连接数，需根据实际情况配置。
- tcp_tw_reuse：这个参数设置为 1，表示允许将 TIME-WAIT 状态的 socket 重新用于新的 TCP 连接，这对于服务器来说很有意义，因为服务器上总会有大量 TIME-WAIT 状态的连接。
- tcp_keepalive_time：这个参数表示当 keepalive 启用时，TCP 发送 keepalive 消息的频度。默认是 2 小时，若将其设置得小一些，可以更快地清理无效的连接。

- tcp_fin_timeout：这个参数表示当服务器主动关闭连接时，socket 保持在 FIN-WAIT-2 状态的最大时间。
- tcp_max_tw_buckets：这个参数表示操作系统允许 TIME_WAIT 套接字数量的最大值，如果超过这个数字，TIME_WAIT 套接字将立刻被清除并打印警告信息。该参数默认为 180 000，过多的 TIME_WAIT 套接字会使 Web 服务器变慢。
- tcp_max_syn_backlog：这个参数表示 TCP 三次握手建立阶段接收 SYN 请求队列的最大长度，默认为 1024，将其设置得大一些可以使出现 Nginx 繁忙来不及 accept 新连接的情况时，Linux 不至于丢失客户端发起的连接请求。
- ip_local_port_range：这个参数定义了在 UDP 和 TCP 连接中本地（不包括连接的远端）端口的取值范围。
- net.ipv4.tcp_rmem：这个参数定义了 TCP 接收缓存（用于 TCP 接收滑动窗口）的最小值、默认值、最大值。
- net.ipv4.tcp_wmem：这个参数定义了 TCP 发送缓存（用于 TCP 发送滑动窗口）的最小值、默认值、最大值。
- netdev_max_backlog：当网卡接收数据包的速度大于内核处理的速度时，会有一个队列保存这些数据包。这个参数表示该队列的最大值。
- rmem_default：这个参数表示内核套接字接收缓存区默认的大小。
- wmem_default：这个参数表示内核套接字发送缓存区默认的大小。
- rmem_max：这个参数表示内核套接字接收缓存区的最大大小。
- wmem_max：这个参数表示内核套接字发送缓存区的最大大小。

注意 滑动窗口的大小与套接字缓存区会在一定程度上影响并发连接的数目。每个 TCP 连接都会为维护 TCP 滑动窗口而消耗内存，这个窗口会根据服务器的处理速度收缩或扩张。

参数 wmem_max 的设置，需要平衡物理内存的总大小、Nginx 并发处理的最大连接数量（由 nginx.conf 中的 worker_processes 和 worker_connections 参数决定）而确定。当然，如果仅仅为了提高并发量使服务器不出现 Out Of Memory 问题而去降低滑动窗口大小，那么并不合适，因为滑动窗口过小会影响大数据量的传输速度。rmem_default、wmem_default、rmem_max、wmem_max 这 4 个参数的设置需要根据我们的业务特性以及实际的硬件成本来综合考虑。

- tcp_syncookies：该参数与性能无关，用于解决 TCP 的 SYN 攻击。

1.3.5 获取 Nginx 源码

可以在 Nginx 官方网站（http://nginx.org/en/download.html）获取 Nginx 源码包。将下载的 nginx-1.0.14.tar.gz 源码压缩包放置到准备好的 Nginx 源代码目录中，然后解压。例如：

```
tar -zxvf nginx-1.0.14.tar.gz
```

本书编写时的 Nginx 最新稳定版本为 1.0.14（如图 1-2 所示），本书后续部分都将以此版本作为基准。当然，本书将要说明的 Nginx 核心代码一般不会有改动（否则大量第三方模块的功能就无法保证了），即使下载其他版本的 Nginx 源码包也不会影响阅读本书。

		nginx: download
		Development version
CHANGES	nginx-1.1.17 pgp	nginx/Windows-1.1.17 pgp
		Stable version
CHANGES-1.0	nginx-1.0.14 pgp	nginx/Windows-1.0.14 pgp
		Legacy versions
CHANGES-0.8	nginx-0.8.55 pgp	nginx/Windows-0.8.55 pgp
CHANGES-0.7	nginx-0.7.69 pgp	nginx/Windows-0.7.69 pgp
CHANGES-0.6		nginx-0.6.39 pgp
CHANGES-0.5		nginx-0.5.38 pgp

图 1-2　Nginx 的不同版本

1.4　编译安装 Nginx

安装 Nginx 最简单的方式是，进入 nginx-1.0.14 目录后执行以下 3 行命令：

```
./configure
make
make install
```

configure 命令做了大量的“幕后”工作，包括检测操作系统内核和已经安装的软件，参数的解析，中间目录的生成以及根据各种参数生成一些 C 源码文件、Makefile 文件等。

make 命令根据 configure 命令生成的 Makefile 文件编译 Nginx 工程，并生成目标文件、最终的二进制文件。

make install 命令根据 configure 执行时的参数将 Nginx 部署到指定的安装目录，包括相关目录的建立和二进制文件、配置文件的复制。

1.5　configure 详解

可以看出，configure 命令至关重要，下文将详细介绍如何使用 configure 命令，并分析 configure 到底是如何工作的，从中我们也可以看出 Nginx 的一些设计思想。

1.5.1　configure 的命令参数

使用 help 命令可以查看 configure 包含的参数。

```
./configure --help
```

这里不一一列出 help 的结果，只是把它的参数分为了四大类型，下面将会详述各类型下所有参数的用法和意义。

1. 路径相关的参数

表 1-2 列出了 Nginx 在编译期、运行期中与路径相关的各种参数。

表 1-2 configure 支持的路径相关参数

参数名称	意 义	默认值
--prefix=PATH	Nginx 安装部署后的根目录	默认为 /usr/local/nginx 目录。注意：这个目标的设置会影响其他参数中的相对目录。例如，如果设置了 --sbin-path=sbin/nginx，那么实际上可执行文件会被放到 /usr/local/nginx/sbin/nginx 中
--sbin-path=PATH	可执行文件的放置路径	<prefix>/sbin/nginx
--conf-path=PATH	配置文件的放置路径	<prefix>/conf/nginx.conf
--error-log-path=PATH	error 日志文件的放置路径。error 日志用于定位问题，可输出多种级别（包括 debug 调试级别）的日志。它的配置非常灵活，可以在 nginx.conf 里配置为不同请求的日志并输出到不同的 log 文件中。这里是默认的 Nginx 核心日志路径	<prefix>/logs/error.log
--pid-path=PATH	pid 文件的存放路径。这个文件里仅以 ASC II 码存放着 Nginx master 的进程 ID，有了这个进程 ID，在使用命令行（例如 nginx -s reload）通过读取 master 进程 ID 向 master 进程发送信号时，才能对运行中的 Nginx 服务产生作用	<prefix>/logs/nginx.pid
--lock-path=PATH	lock 文件的放置路径	<prefix>/logs/nginx.lock
--builddir=DIR	configure 执行时与编译期间产生的临时文件放置的目录，包括产生的 Makefile、C 源文件、目标文件、可执行文件等	<nginx source path>/objs
--with-perl_modules_path=PATH	perl module 放置的路径。只有使用了第三方的 perl module，才需要配置这个路径	无
--with-perl=PATH	perl binary 放置的路径。如果配置的 Nginx 会执行 Perl 脚本，那么就必须要设置此路径	无
--http-log-path=PATH	access 日志放置的位置。每一个 HTTP 请求在结束时都会记录的访问日志	<prefix>/logs/access.log
--http-client-body-temp-path=PATH	处理 HTTP 请求时如果请求的包体需要暂时存放到临时磁盘文件中，则把这样的临时文件放置到该路径下	<prefix>/client_body_temp
--http-proxy-temp-path=PATH	Nginx 作为 HTTP 反向代理服务器时，上游服务器产生的 HTTP 包体在需要临时存放到磁盘文件时（详见 12.8 节），这样的临时文件将放到该路径下	<prefix>/proxy_temp

（续）

参数名称	意　义	默认值
--http-fastcgi-temp-path=PATH	Fastcgi 所使用临时文件的放置目录	<prefix>/fastcgi_temp
--http-uwsgi-temp-path=PATH	uWSGI 所使用临时文件的放置目录	<prefix>/uwsgi_temp
--http-scgi-temp-path=PATH	SCGI 所使用临时文件的放置目录	<prefix>/scgi_temp

2. 编译相关的参数

表 1-3 列出了编译 Nginx 时与编译器相关的参数。

表 1-3　configure 支持的编译相关参数

编译参数	意　义
--with-cc=PATH	C 编译器的路径
--with-cpp=PATH	C 预编译器的路径
--with-cc-opt=OPTIONS	如果希望在 Nginx 编译期间指定加入一些编译选项，如指定宏或者使用 -I 加入某些需要包含的目录，这时可以使用该参数达成目的
--with-ld-opt=OPTIONS	最终的二进制可执行文件是由编译后生成的目标文件与一些第三方库链接生成的，在执行链接操作时可能会需要指定链接参数，--with-ld-opt 就是用于加入链接时的参数。例如，如果我们希望将某个库链接到 Nginx 程序中，需要在这里加入 --with-ld-opt=llibraryName -LlibraryPath，其中 libraryName 是目标库的名称，libraryPath 则是目标库所在的路径
--with-cpu-opt=CPU	指定 CPU 处理器架构，只能从以下取值中选择：pentium、pentiumpro、pentium3、pentium4、athlon、opteron、sparc32、sparc64、ppc64

3. 依赖软件的相关参数

表 1-4 ~ 表 1-8 列出了 Nginx 依赖的常用软件支持的参数。

表 1-4　PCRE 的设置参数

PCRE 库的设置参数	意　义
--without-pcre	如果确认 Nginx 不用解析正则表达式，也就是说，nginx.conf 配置文件中不会出现正则表达式，那么可以使用这个参数
--with-pcre	强制使用 PCRE 库
--with-pcre=DIR	指定 PCRE 库的源码位置，在编译 Nginx 时会进入该目录编译 PCRE 源码
--with-pcre-opt=OPTIONS	编译 PCRE 源码时希望加入的编译选项

表 1-5　OpenSSL 的设置参数

OpenSSL 库的设置参数	意　义
--with-openssl=DIR	指定 OpenSSL 库的源码位置，在编译 Nginx 时会进入该目录编译 OpenSSL 源码 注意：如果 Web 服务器支持 HTTPS，也就是 SSL 协议，Nginx 要求必须使用 OpenSSL。可以访问 http://www.openssl.org/ 免费下载
--with-openssl-opt=OPTIONS	编译 OpenSSL 源码时希望加入的编译选项

表 1-6 原子库的设置参数

atomic（原子）库的设置参数	意 义
--with-libatomic	强制使用 atomic 库。atomic 库是 CPU 架构独立的一种原子操作的实现。它支持以下体系架构：x86（包括 i386 和 x86_64）、PPC64、Sparc64（v9 或更高版本）或者安装了 GCC 4.1.0 及更高版本的架构。14.3 节介绍了原子操作在 Nginx 中的实现
--with-libatomic=DIR	atomic 库所在的位置

表 1-7 散列函数库的设置参数

散列函数库的设置参数	意 义
--with-MD5=DIR	指定 MD5 库的源码位置，在编译 Nginx 时会进入该目录编译 MD5 源码 注意：Nginx 源码中已经有了 MD5 算法的实现，如果没有特殊需求，那么完全可以使用 Nginx 自身实现的 MD5 算法
--with-MD5-opt=OPTIONS	编译 MD5 源码时希望加入的编译选项
---with-MD5-asm	使用 MD5 的汇编源码
--with-SHA1=DIR	指定 SHA1 库的源码位置，在编译 Nginx 时会进入该目录编译 SHA1 源码。 注意：OpenSSL 中已经有了 SHA1 算法的实现。如果已经安装了 OpenSSL，那么完全可以使用 OpenSSL 实现的 SHA1 算法
--with-SHA1-opt=OPTIONS	编译 SHA1 源码时希望加入的编译选项
--with-SHA1-asm	使用 SHA1 的汇编源码

表 1-8 zlib 库的设置参数

zlib 库的设置参数	意 义
--with-zlib=DIR	指定 zlib 库的源码位置，在编译 Nginx 时会进入该目录编译 zlib 源码。如果使用了 gzip 压缩功能，就需要 zlib 库的支持
--with-zlib-opt=OPTIONS	编译 zlib 源码时希望加入的编译选项
--with-zlib-asm=CPU	指定对特定的 CPU 使用 zlib 库的汇编优化功能，目前仅支持两种架构：pentium 和 pentiumpro

4. 模块相关的参数

除了少量核心代码外，Nginx 完全是由各种功能模块组成的。这些模块会根据配置参数决定自己的行为，因此，正确地使用各个模块非常关键。在 configure 的参数中，我们把它们分为五大类。

- 事件模块。
- 默认即编译进入 Nginx 的 HTTP 模块。
- 默认不会编译进入 Nginx 的 HTTP 模块。
- 邮件代理服务器相关的 mail 模块。
- 其他模块。

（1）事件模块

表 1-9 中列出了 Nginx 可以选择哪些事件模块编译到产品中。

表 1-9　configure 支持的事件模块参数

编译参数	意　义
--with-rtsig_module	使用 rtsig module 处理事件驱动 默认情况下，Nginx 是不安装 rtsig module 的，即不会把 rtsig module 编译进最终的 Nginx 二进制程序中
--with-select_module	使用 select module 处理事件驱动 select 是 Linux 提供的一种多路复用机制，在 epoll 调用没有诞生前，例如在 Linux 2.4 及其之前的内核中，select 用于支持服务器提供高并发连接 默认情况下，Nginx 是不安装 select module 的，但如果没有找到其他更好的事件模块，该模块将会被安装
--without-select_module	不安装 select module
--with-poll_module	使用 poll module 处理事件驱动 poll 的性能与 select 类似，在大量并发连接下性能都远不如 epoll。默认情况下，Nginx 是不安装 poll module 的
--without-poll_module	不安装 poll module
--with-aio_module	使用 AIO 方式处理事件驱动 注意：这里的 aio module 只能与 FreeBSD 操作系统上的 kqueue 事件处理机制合作，Linux 上无法使用 默认情况下是不安装 aio module 的

（2）默认即编译进入 Nginx 的 HTTP 模块

表 1-10 列出了默认就会编译进 Nginx 的核心 HTTP 模块，以及如何把这些 HTTP 模块从产品中去除。

表 1-10　configure 中默认编译到 Nginx 中的 HTTP 模块参数

默认安装的 HTTP 模块	意　义
--without-http_charset_module	不安装 http charset module。这个模块可以将服务器发出的 HTTP 响应重编码
--without-http_gzip_module	不安装 http gzip module。在服务器发出的 HTTP 响应包中，这个模块可以按照配置文件指定的 content-type 对特定大小的 HTTP 响应包体执行 gzip 压缩
--without-http_ssi_module	不安装 http ssi module。该模块可以在向用户返回的 HTTP 响应包体中加入特定的内容，如 HTML 文件中固定的页头和页尾
--without-http_userid_module	不安装 http userid module。这个模块可以通过 HTTP 请求头部信息里的一些字段认证用户信息，以确定请求是否合法
--without-http_access_module	不安装 http access module。这个模块可以根据 IP 地址限制能够访问服务器的客户端
--without-http_auth_basic_module	不安装 http auth basic module。这个模块可以提供最简单的用户名 / 密码认证
--without-http_autoindex_module	不安装 http autoindex module。该模块提供简单的目录浏览功能
--without-http_geo_module	不安装 http geo module。这个模块可以定义一些变量，这些变量的值将与客户端 IP 地址关联，这样 Nginx 针对不同的地区的客户端（根据 IP 地址判断）返回不一样的结果，例如不同地区显示不同语言的网页

（续）

默认安装的 HTTP 模块	意　义
--without-http_map_module	不安装 http map module。这个模块可以建立一个 key/value 映射表，不同的 key 得到相应的 value，这样可以针对不同的 URL 做特殊处理。例如，返回 302 重定向响应时，可以期望 URL 不同时返回的 Location 字段也不一样
--without-http_split_clients_module	不安装 http split client module。该模块会根据客户端的信息，例如 IP 地址、header 头、cookie 等，来区分处理
--without-http_referer_module	不安装 http referer module。该模块可以根据请求中的 referer 字段来拒绝请求
--without-http_rewrite_module	不安装 http rewrite module。该模块提供 HTTP 请求在 Nginx 服务内部的重定向功能，依赖 PCRE 库
--without-http_proxy_module	不安装 http proxy module。该模块提供基本的 HTTP 反向代理功能
--without-http_fastcgi_module	不安装 http fastcgi module。该模块提供 FastCGI 功能
--without-http_uwsgi_module	不安装 http uwsgi module。该模块提供 uWSGI 功能
--without-http_scgi_module	不安装 http scgi module。该模块提供 SCGI 功能
--without-http_memcached_module	不安装 http memcached module。该模块可以使得 Nginx 直接由上游的 memcached 服务读取数据，并简单地适配成 HTTP 响应返回给客户端
--without-http_limit_zone_module	不安装 http limit zone module。该模块针对某个 IP 地址限制并发连接数。例如，使 Nginx 对一个 IP 地址仅允许一个连接
--without-http_limit_req_module	不安装 http limit req module。该模块针对某个 IP 地址限制并发请求数
--without-http_empty_gif_module	不安装 http empty gif module。该模块可以使得 Nginx 在收到无效请求时，立刻返回内存中的 1×1 像素的 GIF 图片。这种好处在于，对于明显的无效请求不会去试图浪费服务器资源
--without-http_browser_module	不安装 http browser module。该模块会根据 HTTP 请求中的 user-agent 字段（该字段通常由浏览器填写）来识别浏览器
--without-http_upstream_ip_hash_module	不安装 http upstream ip hash module。该模块提供当 Nginx 与后端 server 建立连接时，会根据 IP 做散列运算来决定与后端哪台 server 通信，这样可以实现负载均衡

（3）默认不会编译进入 Nginx 的 HTTP 模块

表 1-11 列出了默认不会编译至 Nginx 中的 HTTP 模块以及把它们加入产品中的方法。

表 1-11　configure 中默认不会编译到 Nginx 中的 HTTP 模块参数

可选的 HTTP 模块	意　义
--with-http_ssl_module	安装 http ssl module。该模块使 Nginx 支持 SSL 协议，提供 HTTPS 服务。 注意：该模块的安装依赖于 OpenSSL 开源软件，即首先应确保已经在之前的参数中配置了 OpenSSL
--with-http_realip_module	安装 http realip module。该模块可以从客户端请求里的 header 信息（如 X-Real-IP 或者 X-Forwarded-For）中获取真正的客户端 IP 地址
--with-http_addition_module	安装 http addtion module。该模块可以在返回客户端的 HTTP 包体头部或者尾部增加内容

（续）

可选的 HTTP 模块	意　义
--with-http_xslt_module	安装 http xslt module。这个模块可以使 XML 格式的数据在发给客户端前加入 XSL 渲染 注意：这个模块依赖于 libxml2 和 libxslt 库，安装它前首先确保上述两个软件已经安装
--with-http_image_filter_module	安装 http image_filter module。这个模块将符合配置的图片实时压缩为指定大小（width*height）的缩略图再发送给用户，目前支持 JPEG、PNG、GIF 格式。 注意：这个模块依赖于开源的 libgd 库，在安装前确保操作系统已经安装了 libgd
--with-http_geoip_module	安装 http geoip module。该模块可以依据 MaxMind GeoIP 的 IP 地址数据库对客户端的 IP 地址得到实际的地理位置信息 注意：该库依赖于 MaxMind GeoIP 的库文件，可访问 http://geolite.maxmind.com/download/geoip/database/GeoLiteCity.dat.gz 获取
--with-http_sub_module	安装 http sub module。该模块可以在 Nginx 返回客户端的 HTTP 响应包中将指定的字符串替换为自己需要的字符串 例如，在 HTML 的返回中，将 </head> 替换为 </head><script language="javascript" src="$script"></script>
--with-http_dav_module	安装 http dav module。这个模块可以让 Nginx 支持 Webdav 标准，如支持 Webdav 协议中的 PUT、DELETE、COPY、MOVE、MKCOL 等请求
--with-http_flv_module	安装 http flv module。这个模块可以在向客户端返回响应时，对 FLV 格式的视频文件在 header 头做一些处理，使得客户端可以观看、拖动 FLV 视频
--with-http_mp4_module	安装 http mp4 module。该模块使客户端可以观看、拖动 MP4 视频
--with-http_gzip_static_module	安装 http gzip static module。如果采用 gzip 模块把一些文档进行 gzip 格式压缩后再返回给客户端，那么对同一个文件每次都会重新压缩，这是比较消耗服务器 CPU 资源的。gzip static 模块可以在做 gzip 压缩前，先查看相同位置是否有已经做过 gzip 压缩的 .gz 文件，如果有，就直接返回。这样就可以预先在服务器上做好文档的压缩，给 CPU 减负
--with-http_random_index_module	安装 http random index module。该模块在客户端访问某个目录时，随机返回该目录下的任意文件
--with-http_secure_link_module	安装 http secure link module。该模块提供一种验证请求是否有效的机制。例如，它会验证 URL 中需要加入的 token 参数是否属于特定客户端发来的，以及检查时间戳是否过期
--with-http_degradation_module	安装 http degradation module。该模块针对一些特殊的系统调用（如 sbrk）做一些优化，如直接返回 HTTP 响应码为 204 或者 444。目前不支持 Linux 系统
--with-http_stub_status_module	安装 http stub status module。该模块可以让运行中的 Nginx 提供性能统计页面，获取相关的并发连接、请求的信息（14.2.1 节中简单介绍了该模块的原理）
--with-google_perftools_module	安装 google perftools module。该模块提供 Google 的性能测试工具

（4）邮件代理服务器相关的 mail 模块

表 1-12 列出了把邮件模块编译到产品中的参数。

表 1-12 configure 提供的邮件模块参数

可选的 mail 模块	意 义
--with-mail	安装邮件服务器反向代理模块，使 Nginx 可以反向代理 IMAP、POP3、SMTP 等协议。该模块默认不安装
--with-mail_ssl_module	安装 mail ssl module。该模块可以使 IMAP、POP3、SMTP 等协议基于 SSL/TLS 协议之上使用。该模块默认不安装并依赖于 OpenSSL 库
--without-mail_pop3_module	不安装 mail pop3 module。在使用 --with-mail 参数后，pop3 module 是默认安装的，以使 Nginx 支持 POP3 协议
--without-mail_imap_module	不安装 mail imap module。在使用 --with-mail 参数后，imap module 是默认安装的，以使 Nginx 支持 IMAP
--without-mail_smtp_module	不安装 mail smtp module。在使用 --with-mail 参数后，smtp module 是默认安装的，以使 Nginx 支持 SMTP

5. 其他参数

configure 还接收一些其他参数，表 1-13 中列出了相关参数的说明。

表 1-13 configure 提供的其他参数

其他一些参数	意 义
--with-debug	将 Nginx 需要打印 debug 调试级别日志的代码编译进 Nginx。这样可以在 Nginx 运行时通过修改配置文件来使其打印调试日志，这对于研究、定位 Nginx 问题非常有帮助
--add-module=PATH	当在 Nginx 里加入第三方模块时，通过这个参数指定第三方模块的路径。这个参数将在下文如何开发 HTTP 模块时使用到
--without-http	禁用 HTTP 服务器
--without-http-cache	禁用 HTTP 服务器里的缓存 Cache 特性
--with-file-aio	启用文件的异步 I/O 功能来处理磁盘文件，这需要 Linux 内核支持原生的异步 I/O
--with-ipv6	使 Nginx 支持 IPv6
--user=USER	指定 Nginx worker 进程运行时所属的用户 注意：不要将启动 worker 进程的用户设为 root，在 worker 进程出问题时 master 进程要具备停止 / 启动 worker 进程的能力
--group=GROUP	指定 Nginx worker 进程运行时所属的组

1.5.2 configure 执行流程

我们看到 configure 命令支持非常多的参数，读者可能会好奇它在执行时到底做了哪些事情，本节将通过解析 configure 源码来对它有一个感性的认识。configure 由 Shell 脚本编写，中间会调用 <nginx-source>/auto/ 目录下的脚本。这里将只对 configure 脚本本身做分析，对于它所调用的 auto 目录下的其他工具脚本则只做功能性的说明。

configure 脚本的内容如下：

```
#!/bin/sh
```

```
# Copyright (C) Igor Sysoev
# Copyright (C) Nginx, Inc.

#auto/options 脚本处理 configure 命令的参数。例如，如果参数是 --help，那么显示支持的所有参数格式。options 脚本会定义后续工作将要用到的变量，然后根据本次参数以及默认值设置这些变量
. auto/options

#auto/init 脚本初始化后续将产生的文件路径。例如，Makefile、ngx_modules.c 等文件默认情况下将会在 <nginx-source>/objs/
. auto/init

#auto/sources 脚本将分析 Nginx 的源码结构，这样才能构造后续的 Makefile 文件
. auto/sources

# 编译过程中所有目标文件生成的路径由—builddir=DIR 参数指定，默认情况下为 <nginx-source>/objs，此时这个目录将会被创建
test -d $NGX_OBJS || mkdir $NGX_OBJS

# 开始准备建立 ngx_auto_headers.h、autoconf.err 等必要的编译文件
echo > $NGX_AUTO_HEADERS_H
echo > $NGX_AUTOCONF_ERR

# 向 objs/ngx_auto_config.h 写入命令行带的参数
echo "#define NGX_CONFIGURE \"$NGX_CONFIGURE\"" > $NGX_AUTO_CONFIG_H

# 判断 DEBUG 标志，如果有，那么在 objs/ngx_auto_config.h 文件中写入 DEBUG 宏
if [ $NGX_DEBUG = YES ]; then
    have=NGX_DEBUG . auto/have
fi

# 现在开始检查操作系统参数是否支持后续编译
if test -z "$NGX_PLATFORM"; then
    echo "checking for OS"

    NGX_SYSTEM=`uname -s 2>/dev/null`
    NGX_RELEASE=`uname -r 2>/dev/null`
    NGX_MACHINE=`uname -m 2>/dev/null`

# 屏幕上输出 OS 名称、内核版本、32 位 /64 位内核
    echo " + $NGX_SYSTEM $NGX_RELEASE $NGX_MACHINE"

    NGX_PLATFORM="$NGX_SYSTEM:$NGX_RELEASE:$NGX_MACHINE";

    case "$NGX_SYSTEM" in
        MINGW32_*)
            NGX_PLATFORM=win32
        ;;
    esac

else
    echo "building for $NGX_PLATFORM"
    NGX_SYSTEM=$NGX_PLATFORM
fi
```

```
# 检查并设置编译器，如GCC是否安装、GCC版本是否支持后续编译nginx
. auto/cc/conf

# 对非Windows操作系统定义一些必要的头文件，并检查其是否存在，以此决定configure后续步骤是否可以成功⊖
if [ "$NGX_PLATFORM" != win32 ]; then
    . auto/headers
fi

# 对于当前操作系统，定义一些特定的操作系统相关的方法并检查当前环境是否支持。例如，对于Linux，在这里使用sched_setaffinity设置进程优先级，使用Linux特有的sendfile系统调用来加速向网络中发送文件块
. auto/os/conf

# 定义类UNIX 操作系统中通用的头文件和系统调用等，并检查当前环境是否支持
if [ "$NGX_PLATFORM" != win32 ]; then
    . auto/unix
fi

# 最核心的构造运行期modules的脚本。它将会生成ngx_modules.c文件，这个文件会被编译进Nginx中，其中它所做的唯一的事情就是定义了ngx_modules数组。ngx_modules指明Nginx运行期间有哪些模块会参与到请求的处理中，包括HTTP请求可能会使用哪些模块处理，因此，它对数组元素的顺序非常敏感，也就是说，绝大部分模块在ngx_modules数组中的顺序其实是固定的。例如，一个请求必须先执行ngx_http_gzip_filter_module模块重新修改HTTP响应中的头部后，才能使用ngx_http_header_filter模块按照headers_in结构体里的成员构造出以TCP流形式发送给客户端的HTTP响应头部。注意，我们在--add-module=参数里加入的第三方模块也在此步骤写入到ngx_modules.c文件中了
. auto/modules

#conf脚本用来检查Nginx在链接期间需要链接的第三方静态库、动态库或者目标文件是否存在
. auto/lib/conf

# 处理Nginx安装后的路径
case ".$NGX_PREFIX" in
    .)
        NGX_PREFIX=${NGX_PREFIX:-/usr/local/nginx}
        have=NGX_PREFIX value="\"$NGX_PREFIX/\"" . auto/define
    ;;

    .!)
        NGX_PREFIX=
    ;;

    *)
        have=NGX_PREFIX value="\"$NGX_PREFIX/\"" . auto/define
    ;;
esac

# 处理Nginx安装后conf文件的路径
if [ ".$NGX_CONF_PREFIX" != "." ]; then
```

⊖ 在configure脚本里检查某个特性是否存在时，会生成一个最简单的只包含main函数的C程序，该程序会包含相应的头文件。然后，通过检查是否可以编译通过来确认特性是否支持，并将结果记录在objs/autoconf.err文件中。后续检查头文件、检查特性的脚本都用了类似的方法。

```
    have=NGX_CONF_PREFIX value="\"$NGX_CONF_PREFIX/\"" . auto/define
fi

# 处理 Nginx 安装后，二进制文件、pid、lock 等其他文件的路径可参见 configure 参数中路径类选项的说明
have=NGX_SBIN_PATH value="\"$NGX_SBIN_PATH\"" . auto/define
have=NGX_CONF_PATH value="\"$NGX_CONF_PATH\"" . auto/define
have=NGX_PID_PATH value="\"$NGX_PID_PATH\"" . auto/define
have=NGX_LOCK_PATH value="\"$NGX_LOCK_PATH\"" . auto/define
have=NGX_ERROR_LOG_PATH value="\"$NGX_ERROR_LOG_PATH\"" . auto/define


have=NGX_HTTP_LOG_PATH value="\"$NGX_HTTP_LOG_PATH\"" . auto/define
have=NGX_HTTP_CLIENT_TEMP_PATH value="\"$NGX_HTTP_CLIENT_TEMP_PATH\"" . auto/define
have=NGX_HTTP_PROXY_TEMP_PATH value="\"$NGX_HTTP_PROXY_TEMP_PATH\"" . auto/define
have=NGX_HTTP_FASTCGI_TEMP_PATH value="\"$NGX_HTTP_FASTCGI_TEMP_PATH\"" . auto/define
have=NGX_HTTP_UWSGI_TEMP_PATH value="\"$NGX_HTTP_UWSGI_TEMP_PATH\"" . auto/define
have=NGX_HTTP_SCGI_TEMP_PATH value="\"$NGX_HTTP_SCGI_TEMP_PATH\"" . auto/define

# 创建编译时使用的 objs/Makefile 文件
. auto/make

# 为 objs/Makefile 加入需要连接的第三方静态库、动态库或者目标文件
. auto/lib/make

# 为 objs/Makefile 加入 install 功能，当执行 make  install 时将编译生成的必要文件复制到安装路径，建立必要的目录
. auto/install

#  在 ngx_auto_config.h 文件中加入 NGX_SUPPRESS_WARN 宏、NGX_SMP 宏
. auto/stubs

# 在 ngx_auto_config.h 文件中指定 NGX_USER 和 NGX_GROUP 宏，如果执行 configure 时没有参数指定，默认两者皆为 nobody（也就是默认以 nobody 用户运行进程）
have=NGX_USER value="\"$NGX_USER\"" . auto/define
have=NGX_GROUP value="\"$NGX_GROUP\"" . auto/define

# 显示 configure 执行的结果，如果失败，则给出原因
. auto/summary
```

1.5.3　configure 生成的文件

当 configure 执行成功时会生成 objs 目录，并在该目录下产生以下目录和文件：

```
|---ngx_auto_headers.h
|---autoconf.err
|---ngx_auto_config.h
|---ngx_modules.c
|---src
|     |---core
|     |---event
|     |     |---modules
|     |---os
|     |     |---unix
```

```
|     |     |---win32
|     |---http
|     |     |---modules
|     |     |       |---perl
|     |---mail
|     |---misc
|---Makefile
```

上述目录和文件介绍如下。

1）src目录用于存放编译时产生的目标文件。

2）Makefile文件用于编译Nginx工程以及在加入install参数后安装Nginx。

3）autoconf.err保存configure执行过程中产生的结果。

4）ngx_auto_headers.h和ngx_auto_config.h保存了一些宏，这两个头文件会被src/core/ngx_config.h及src/os/unix/ngx_linux_config.h文件（可将“linux”替换为其他UNIX操作系统）引用。

5）ngx_modules.c是一个关键文件，我们需要看看它的内部结构。一个默认配置下生成的ngx_modules.c文件内容如下：

```
#include <ngx_config.h>
#include <ngx_core.h>

...

ngx_module_t *ngx_modules[] = {
    &ngx_core_module,
    &ngx_errlog_module,
    &ngx_conf_module,
    &ngx_events_module,
    &ngx_event_core_module,
    &ngx_epoll_module,
    &ngx_http_module,
    &ngx_http_core_module,
    &ngx_http_log_module,
    &ngx_http_upstream_module,
    &ngx_http_static_module,
    &ngx_http_autoindex_module,
    &ngx_http_index_module,
    &ngx_http_auth_basic_module,
    &ngx_http_access_module,
    &ngx_http_limit_zone_module,
    &ngx_http_limit_req_module,
    &ngx_http_geo_module,
    &ngx_http_map_module,
    &ngx_http_split_clients_module,
    &ngx_http_referer_module,
    &ngx_http_rewrite_module,
    &ngx_http_proxy_module,
    &ngx_http_fastcgi_module,
    &ngx_http_uwsgi_module,
```

```
    &ngx_http_scgi_module,
    &ngx_http_memcached_module,
    &ngx_http_empty_gif_module,
    &ngx_http_browser_module,
    &ngx_http_upstream_ip_hash_module,
    &ngx_http_write_filter_module,
    &ngx_http_header_filter_module,
    &ngx_http_chunked_filter_module,
    &ngx_http_range_header_filter_module,
    &ngx_http_gzip_filter_module,
    &ngx_http_postpone_filter_module,
    &ngx_http_ssi_filter_module,
    &ngx_http_charset_filter_module,
    &ngx_http_userid_filter_module,
    &ngx_http_headers_filter_module,
    &ngx_http_copy_filter_module,
    &ngx_http_range_body_filter_module,
    &ngx_http_not_modified_filter_module,
    NULL
};
```

ngx_modules.c 文件就是用来定义 ngx_modules 数组的。

ngx_modules 是非常关键的数组，它指明了每个模块在 Nginx 中的优先级，当一个请求同时符合多个模块的处理规则时，将按照它们在 ngx_modules 数组中的顺序选择最靠前的模块优先处理。对于 HTTP 过滤模块而言则是相反的，因为 HTTP 框架在初始化时，会在 ngx_modules 数组中将过滤模块按先后顺序向过滤链表中添加，但每次都是添加到链表的表头，因此，对 HTTP 过滤模块而言，在 ngx_modules 数组中越是靠后的模块反而会首先处理 HTTP 响应（参见第 6 章及第 11 章的 11.9 节）。

因此，ngx_modules 中模块的先后顺序非常重要，不正确的顺序会导致 Nginx 无法工作，这是 auto/modules 脚本执行后的结果。读者可以体会一下上面的 ngx_modules 中同一种类型下（第 8 章会介绍模块类型，第 10 章、第 11 章将介绍的 HTTP 框架对 HTTP 模块的顺序是最敏感的）各个模块的顺序以及这种顺序带来的意义。

可以看出，在安装过程中，configure 做了大量的幕后工作，我们需要关注在这个过程中 Nginx 做了哪些事情。configure 除了寻找依赖的软件外，还针对不同的 UNIX 操作系统做了许多优化工作。这是 Nginx 跨平台的一种具体实现，也体现了 Nginx 追求高性能的一贯风格。

configure 除了生成 Makefile 外，还生成了 ngx_modules.c 文件，它决定了运行时所有模块的优先级（在编译过程中而不是编码过程中）。对于不需要的模块，既不会加入 ngx_modules 数组，也不会编译进 Nginx 产品中，这也体现了轻量级的概念。

1.6　Nginx 的命令行控制

在 Linux 中，需要使用命令行来控制 Nginx 服务器的启动与停止、重载配置文件、回滚日志文件、平滑升级等行为。默认情况下，Nginx 被安装在目录 /usr/local/nginx/ 中，其二

进制文件路径为 /usr/local/nginc/sbin/nginx，配置文件路径为 /usr/local/nginx/conf/nginx.conf。当然，在 configure 执行时是可以指定把它们安装在不同目录的。为了简单起见，本节只说明默认安装情况下的命令行的使用情况，如果读者安装的目录发生了变化，那么替换一下即可。

（1）默认方式启动

直接执行 Nginx 二进制程序。例如：

```
/usr/local/nginx/sbin/nginx
```

这时，会读取默认路径下的配置文件：/usr/local/nginx/conf/nginx.conf。

实际上，在没有显式指定 nginx.conf 配置文件路径时，将打开在 configure 命令执行时使用 --conf-path=PATH 指定的 nginx.conf 文件（参见 1.5.1 节）。

（2）另行指定配置文件的启动方式

使用 -c 参数指定配置文件。例如：

```
/usr/local/nginx/sbin/nginx -c /tmp/nginx.conf
```

这时，会读取 -c 参数后指定的 nginx.conf 配置文件来启动 Nginx。

（3）另行指定安装目录的启动方式

使用 -p 参数指定 Nginx 的安装目录。例如：

```
/usr/local/nginx/sbin/nginx -p /usr/local/nginx/
```

（4）另行指定全局配置项的启动方式

可以通过 -g 参数临时指定一些全局配置项，以使新的配置项生效。例如：

```
/usr/local/nginx/sbin/nginx -g "pid /var/nginx/test.pid;"
```

上面这行命令意味着会把 pid 文件写到 /var/nginx/test.pid 中。

-g 参数的约束条件是指定的配置项不能与默认路径下的 nginx.conf 中的配置项相冲突，否则无法启动。就像上例那样，类似这样的配置项：pid logs/nginx.pid，是不能存在于默认的 nginx.conf 中的。

另一个约束条件是，以 -g 方式启动的 Nginx 服务执行其他命令行时，需要把 -g 参数也带上，否则可能出现配置项不匹配的情形。例如，如果要停止 Nginx 服务，那么需要执行下面代码：

```
/usr/local/nginx/sbin/nginx -g "pid /var/nginx/test.pid;" -s stop
```

如果不带上 -g "pid /var/nginx/test.pid;"，那么找不到 pid 文件，也会出现无法停止服务的情况。

（5）测试配置信息是否有错误

在不启动 Nginx 的情况下，使用 -t 参数仅测试配置文件是否有错误。例如：

```
/usr/local/nginx/sbin/nginx -t
```

执行结果中显示配置是否正确。

（6）在测试配置阶段不输出信息

测试配置选项时，使用 -q 参数可以不把 error 级别以下的信息输出到屏幕。例如：

```
/usr/local/nginx/sbin/nginx -t -q
```

（7）显示版本信息

使用 -v 参数显示 Nginx 的版本信息。例如：

```
/usr/local/nginx/sbin/nginx -v
```

（8）显示编译阶段的参数

使用 -V 参数除了可以显示 Nginx 的版本信息外，还可以显示配置编译阶段的信息，如 GCC 编译器的版本、操作系统的版本、执行 configure 时的参数等。例如：

```
/usr/local/nginx/sbin/nginx -V
```

（9）快速地停止服务

使用 -s stop 可以强制停止 Nginx 服务。-s 参数其实是告诉 Nginx 程序向正在运行的 Nginx 服务发送信号量，Nginx 程序通过 nginx.pid 文件中得到 master 进程的进程 ID，再向运行中的 master 进程发送 TERM 信号来快速地关闭 Nginx 服务。例如：

```
/usr/local/nginx/sbin/nginx -s stop
```

实际上，如果通过 kill 命令直接向 nginx master 进程发送 TERM 或者 INT 信号，效果是一样的。例如，先通过 ps 命令来查看 nginx master 的进程 ID：

```
:ahf5wapi001:root > ps -ef | grep nginx
root      10800     1  0 02:27 ?        00:00:00 nginx: master process ./nginx
root      10801 10800  0 02:27 ?        00:00:00 nginx: worker process
```

接下来直接通过 kill 命令来发送信号：

```
kill -s SIGTERM 10800
```

或者：

```
kill -s SIGINT 10800
```

上述两条命令的效果与执行 /usr/local/nginx/sbin/nginx -s stop 是完全一样的。

（10）“优雅”地停止服务

如果希望 Nginx 服务可以正常地处理完当前所有请求再停止服务，那么可以使用 -s quit 参数来停止服务。例如：

```
/usr/local/nginx/sbin/nginx -s quit
```

该命令与快速停止 Nginx 服务是有区别的。当快速停止服务时，worker 进程与 master 进程在收到信号后会立刻跳出循环，退出进程。而“优雅”地停止服务时，首先会关闭监听端口，停止接收新的连接，然后把当前正在处理的连接全部处理完，最后再退出进程。

与快速停止服务相似，可以直接发送 QUIT 信号给 master 进程来停止服务，其效果与执行 -s quit 命令是一样的。例如：

```
kill -s SIGQUIT <nginx master pid>
```

如果希望“优雅”地停止某个 worker 进程，那么可以通过向该进程发送 WINCH 信号来停止服务。例如：

```
kill -s SIGWINCH <nginx worker pid>
```

（11）使运行中的 Nginx 重读配置项并生效

使用 -s reload 参数可以使运行中的 Nginx 服务重新加载 nginx.conf 文件。例如：

```
/usr/local/nginx/sbin/nginx -s reload
```

事实上，Nginx 会先检查新的配置项是否有误，如果全部正确就以“优雅”的方式关闭，再重新启动 Nginx 来实现这个目的。类似的，-s 是发送信号，仍然可以用 kill 命令发送 HUP 信号来达到相同的效果。

```
kill -s SIGHUP <nginx master pid>
```

（12）日志文件回滚

使用 -s reopen 参数可以重新打开日志文件，这样可以先把当前日志文件改名或转移到其他目录中进行备份，再重新打开时就会生成新的日志文件。这个功能使得日志文件不至于过大。例如：

```
/usr/local/nginx/sbin/nginx -s reopen
```

当然，这与使用 kill 命令发送 USR1 信号效果相同。

```
kill -s SIGUSR1 <nginx master pid>
```

（13）平滑升级 Nginx

当 Nginx 服务升级到新的版本时，必须要将旧的二进制文件 Nginx 替换掉，通常情况下这是需要重启服务的，但 Nginx 支持不重启服务来完成新版本的平滑升级。

升级时包括以下步骤：

1）通知正在运行的旧版本 Nginx 准备升级。通过向 master 进程发送 USR2 信号可达到目的。例如：

```
kill -s SIGUSR2 <nginx master pid>
```

这时，运行中的 Nginx 会将 pid 文件重命名，如将 /usr/local/nginx/logs/nginx.pid 重命名为 /usr/local/nginx/logs/nginx.pid.oldbin，这样新的 Nginx 才有可能启动成功。

2）启动新版本的 Nginx，可以使用以上介绍过的任意一种启动方法。这时通过 ps 命令可以发现新旧版本的 Nginx 在同时运行。

3）通过 kill 命令向旧版本的 master 进程发送 SIGQUIT 信号，以“优雅”的方式关闭旧版本的 Nginx。随后将只有新版本的 Nginx 服务运行，此时平滑升级完毕。

（14）显示命令行帮助

使用 -h 或者 -? 参数会显示支持的所有命令行参数。

1.7　小结

本章介绍了 Nginx 的特点以及在什么场景下需要使用 Nginx，同时介绍了如何获取 Nginx 以及如何配置、编译、安装运行 Nginx。本章还深入介绍了最为复杂的 configure 过程，这部分内容是学习本书第二部分和第三部分的基础。

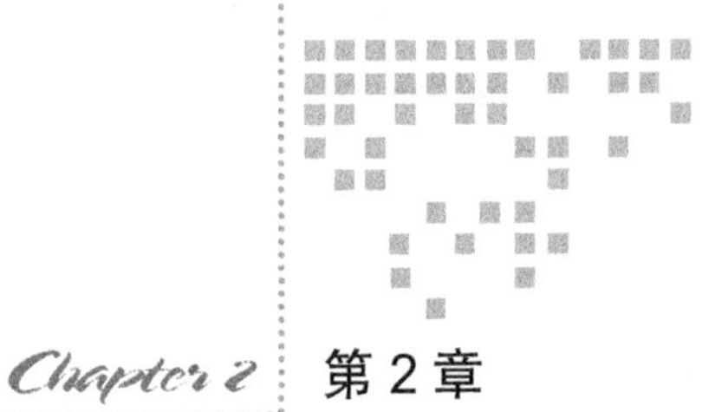

Chapter 2 第2章

Nginx的配置

Nginx拥有大量官方发布的模块和第三方模块，这些已有的模块可以帮助我们实现Web服务器上很多的功能。使用这些模块时，仅仅需要增加、修改一些配置项即可。因此，本章的目的是熟悉Nginx的配置文件，包括配置文件的语法格式、运行所有Nginx服务必须具备的基础配置以及使用HTTP核心模块配置静态Web服务器的方法，最后还会介绍反向代理服务器。

通过本章的学习，读者可以：熟练地配置一个静态Web服务器；对影响Web服务器性能的各个配置项有深入的理解；对配置语法有全面的了解。通过互联网或其他途径得到任意模块的配置说明，然后可通过修改nginx.conf文件来使用这些模块的功能。

2.1 运行中的Nginx进程间的关系

在正式提供服务的产品环境下，部署Nginx时都是使用一个master进程来管理多个worker进程，一般情况下，worker进程的数量与服务器上的CPU核心数相等。每一个worker进程都是繁忙的，它们在真正地提供互联网服务，master进程则很“清闲”，只负责监控管理worker进程。worker进程之间通过共享内存、原子操作等一些进程间通信机制来实现负载均衡等功能（第9章将会介绍负载均衡机制，第14章将会介绍负载均衡锁的实现）。

部署后Nginx进程间的关系如图2-1所示。

Nginx是支持单进程（master进程）提供服务的，那么为什么产品环境下要按照master-worker方式配置同时启动多个进程呢？这样做的好处主要有以下两点：

- 由于master进程不会对用户请求提供服务，只用于管理真正提供服务的worker进程，所以master进程可以是唯一的，它仅专注于自己的纯管理工作，为管理员提供命令行服务，包括诸如启动服务、停止服务、重载配置文件、平滑升级程序等。master 进程需要拥有较大的权限，例如，通常会利用 root 用户启动 master 进程。worker 进程的权限要小于或等于 master 进程，这样 master 进程才可以完全地管理 worker 进程。当任意一个 worker 进程出现错误从而导致 coredump 时，master 进程会立刻启动新的 worker 进程继续服务。

- 多个 worker 进程处理互联网请求不但可以提高服务的健壮性（一个 worker 进程出错后，其他 worker 进程仍然可以正常提供服务），最重要的是，这样可以充分利用现在常见的 SMP 多核架构，从而实现微观上真正的多核并发处理。因此，用一个进程（master 进程）来处理互联网请求肯定是不合适的。另外，为什么要把 worker 进程数量设置得与 CPU 核心数量一致呢？这正是 Nginx 与 Apache 服务器的不同之处。在 Apache 上每个进程在一个时刻只处理一个请求，因此，如果希望 Web 服务器拥有并发处理的请求数更多，就要把 Apache 的进程或线程数设置得更多，通常会达到一台服务器拥有几百个工作进程，这样大量的进程间切换将带来无谓的系统资源消耗。而 Nginx 则不然，一个 worker 进程可以同时处理的请求数只受限于内存大小，而且在架构设计上，不同的 worker 进程之间处理并发请求时几乎没有同步锁的限制，worker 进程通常不会进入睡眠状态，因此，当 Nginx 上的进程数与 CPU 核心数相等时（最好每一个 worker 进程都绑定特定的 CPU 核心），进程间切换的代价是最小的。

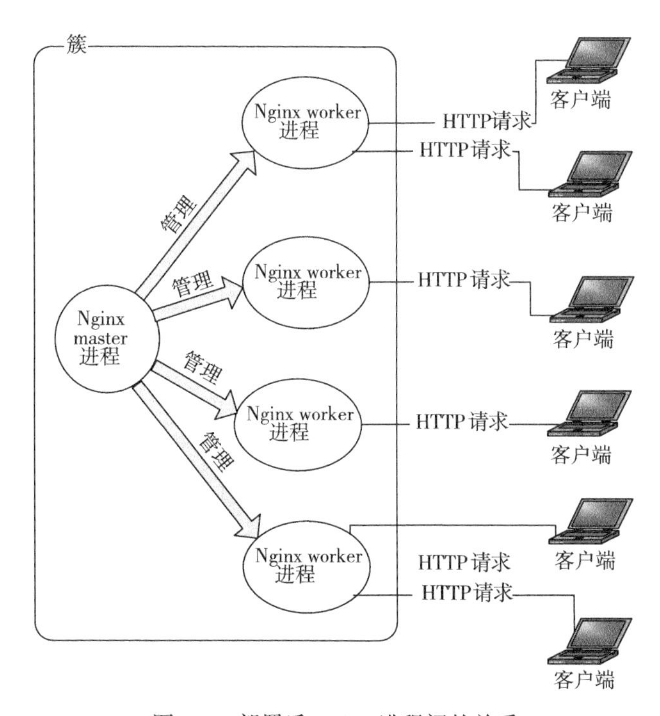

图 2-1　部署后 Nginx 进程间的关系

举例来说，如果产品中的服务器 CPU 核心数为 8，那么就需要配置 8 个 worker 进程（见图 2-2）。

```
top - 01:52:31 up 28 days, 14:34,  2 users,  load average: 0.00, 0.00, 0.00
Tasks:   9 total,   0 running,   9 sleeping,   0 stopped,   0 zombie
Cpu0  :  0.0%us,  0.0%sy,  0.0%ni,100.0%id,  0.0%wa,  0.0%hi,  0.0%si,  0.0%st
Cpu1  :  0.3%us,  0.0%sy,  0.0%ni, 99.7%id,  0.0%wa,  0.0%hi,  0.0%si,  0.0%st
Cpu2  :  0.0%us,  0.0%sy,  0.0%ni,100.0%id,  0.0%wa,  0.0%hi,  0.0%si,  0.0%st
Cpu3  :  0.3%us,  0.0%sy,  0.0%ni, 99.7%id,  0.0%wa,  0.0%hi,  0.0%si,  0.0%st
Cpu4  :  0.0%us,  0.0%sy,  0.0%ni,100.0%id,  0.0%wa,  0.0%hi,  0.0%si,  0.0%st
Cpu5  :  0.0%us,  0.0%sy,  0.0%ni,100.0%id,  0.0%wa,  0.0%hi,  0.0%si,  0.0%st
Cpu6  :  0.0%us,  0.0%sy,  0.0%ni,100.0%id,  0.0%wa,  0.0%hi,  0.0%si,  0.0%st
Cpu7  :  0.0%us,  0.0%sy,  0.0%ni,100.0%id,  0.0%wa,  0.0%hi,  0.0%si,  0.0%st
Mem:   2059504k total,  2045548k used,    13956k free,   127652k buffers
Swap:  4008176k total,     1344k used,  4006832k free,  1518872k cached

  PID USER      PR  NI  VIRT  RES  SHR S %CPU %MEM    TIME+  COMMAND
 6984 root      17   0  276m 4832 3792 S  0.0  0.2   0:27.15 nginx: master process
 8394 nobody    15   0  279m 4836  600 S  0.0  0.2   0:00.01 nginx: worker process
 8395 nobody    15   0  279m 4836  600 S  0.0  0.2   0:00.01 nginx: worker process
 8396 nobody    17   0  279m 4824  588 S  0.0  0.2   0:00.01 nginx: worker process
 8397 nobody    15   0  279m 4836  600 S  0.0  0.2   0:00.00 nginx: worker process
 8398 nobody    15   0  279m 4836  600 S  0.0  0.2   0:00.01 nginx: worker process
 8399 nobody    16   0  279m 4836  600 S  0.0  0.2   0:00.00 nginx: worker process
 8400 nobody    15   0  279m 4836  600 S  0.0  0.2   0:00.01 nginx: worker process
 8401 nobody    15   0  279m 4836  600 S  0.0  0.2   0:00.00 nginx: worker process
```

图 2-2 worker 进程的数量尽量与 CPU 核心数相等

如果对路径部分都使用默认配置，那么 Nginx 运行目录为 /usr/local/nginx，其目录结构如下。

```
|---sbin
|     |---nginx
|---conf
|     |---koi-win
|     |---koi-utf
|     |---win-utf
|     |---mime.types
|     |---mime.types.default
|     |---fastcgi_params
|     |---fastcgi_params.default
|     |---fastcgi.conf
|     |---fastcgi.conf.default
|     |---uwsgi_params
|     |---uwsgi_params.default
|     |---scgi_params
|     |---scgi_params.default
|     |---nginx.conf
|     |---nginx.conf.default
|---logs
|     |---error.log
|     |---access.log
|     |---nginx.pid
|---html
```

```
|      |---50x.html
|      |---index.html
|---client_body_temp
|---proxy_temp
|---fastcgi_temp
|---uwsgi_temp
|---scgi_temp
```

2.2 Nginx 配置的通用语法

Nginx 的配置文件其实是一个普通的文本文件。下面来看一个简单的例子。

```
user  nobody;

worker_processes  8;
error_log  /var/log/nginx/error.log error;

#pid        logs/nginx.pid;

events {
    use epoll;
    worker_connections  50000;
}

http {
    include       mime.types;
    default_type  application/octet-stream;

    log_format  main  '$remote_addr [$time_local] "$request" '
                      '$status $bytes_sent "$http_referer" '
                      '"$http_user_agent" "$http_x_forwarded_for"';

    access_log  logs/access.log  main buffer=32k;

    …
}
```

在这段简短的配置代码中，每一行配置项的语法格式都将在 2.2.2 节介绍，出现的 events 和 http 块配置项将在 2.2.1 节介绍，以 # 符号开头的注释将在 2.2.3 节介绍，类似 “buffer=32k” 这样的配置项的单位将在 2.2.4 节介绍。

2.2.1 块配置项

块配置项由一个块配置项名和一对大括号组成。具体示例如下：

```
events {
…
}

http {
```

```
        upstream backend {
                server 127.0.0.1:8080;
        }

        gzip on;
        server {
                ...
                location /webstatic {
                        gzip off;
                }
        }
}
```

上面代码段中的 events、http、server、location、upstream 等都是块配置项，块配置项之后是否如"location /webstatic {...}"那样在后面加上参数，取决于解析这个块配置项的模块，不能一概而论，但块配置项一定会用大括号把一系列所属的配置项全包含进来，表示大括号内的配置项同时生效。所有的事件类配置都要在 events 块中，http、server 等配置也遵循这个规定。

块配置项可以嵌套。内层块直接继承外层块，例如，上例中，server 块里的任意配置都是基于 http 块里的已有配置的。当内外层块中的配置发生冲突时，究竟是以内层块还是外层块的配置为准，取决于解析这个配置项的模块，第 4 章将会介绍 http 块内配置项冲突的处理方法。例如，上例在 http 模块中已经打开了"gzip on;"，但其下的 location/webstatic 又把 gzip 关闭了：gzip off;，最终，在 /webstatic 的处理模块中，gzip 模块是按照 gzip off 来处理请求的。

2.2.2 配置项的语法格式

从上文的示例可以看出，最基本的配置项语法格式如下：

```
配置项名 配置项值 1 配置项值 2 … ;
```

下面解释一下配置项的构成部分。

首先，在行首的是配置项名，这些配置项名必须是 Nginx 的某一个模块想要处理的，否则 Nginx 会认为配置文件出现了非法的配置项名。配置项名输入结束后，将以空格作为分隔符。

其次是配置项值，它可以是数字或字符串（当然也包括正则表达式）。针对一个配置项，既可以只有一个值，也可以包含多个值，配置项值之间仍然由空格符来分隔。当然，一个配置项对应的值究竟有多少个，取决于解析这个配置项的模块。我们必须根据某个 Nginx 模块对一个配置项的约定来更改配置项，第 4 章将会介绍模块是如何约定一个配置项的格式。

最后，每行配置的结尾需要加上分号。

注意 如果配置项值中包括语法符号，比如空格符，那么需要使用单引号或双引号括住配置项值，否则 Nginx 会报语法错误。例如：

```
log_format  main  '$remote_addr - $remote_user [$time_local] "$request" ';
```

2.2.3　配置项的注释

如果有一个配置项暂时需要注释掉，那么可以加“#”注释掉这一行配置。例如：

```
#pid        logs/nginx.pid;
```

2.2.4　配置项的单位

大部分模块遵循一些通用的规定，如指定空间大小时不用每次都定义到字节、指定时间时不用精确到毫秒。

当指定空间大小时，可以使用的单位包括：

- K 或者 k 千字节（KiloByte，KB）。
- M 或者 m 兆字节（MegaByte，MB）。

例如：

```
gzip_buffers     4 8k;
client_max_body_size 64M;
```

当指定时间时，可以使用的单位包括：

- ms（毫秒），s（秒），m（分钟），h（小时），d（天），w（周，包含 7 天），M（月，包含 30 天），y（年，包含 365 天）。

例如：

```
expires                  10y;
proxy_read_timeout       600;
client_body_timeout      2m;
```

注意　配置项后的值究竟是否可以使用这些单位，取决于解析该配置项的模块。如果这个模块使用了 Nginx 框架提供的相应解析配置项方法，那么配置项值才可以携带单位。第 4 章中详细描述了 Nginx 框架提供的 14 种预设解析方法，其中一些方法将可以解析以上列出的单位。

2.2.5　在配置中使用变量

有些模块允许在配置项中使用变量，如在日志记录部分，具体示例如下。

```
log_format  main  '$remote_addr - $remote_user [$time_local] "$request" '
                      '$status $bytes_sent "$http_referer" '
                      '"$http_user_agent" "$http_x_forwarded_for"';
```

其中，remote_addr 是一个变量，使用它的时候前面要加上 $ 符号。需要注意的是，这种变量只有少数模块支持，并不是通用的。

许多模块在解析请求时都会提供多个变量（如本章后面提到的 http core module、http

proxy module、http upstream module 等），以使其他模块的配置可以即时使用。我们在学习某个模块提供的配置说明时可以关注它是否提供变量。

提示 在执行 configure 命令时，我们已经把许多模块编译进 Nginx 中，但是否启用这些模块，一般取决于配置文件中相应的配置项。换句话说，每个 Nginx 模块都有自己感兴趣的配置项，大部分模块都必须在 nginx.conf 中读取某个配置项后才会在运行时启用。例如，只有当配置 http {...} 这个配置项时，ngx_http_module 模块才会在 Nginx 中启用，其他依赖 ngx_http_module 的模块也才能正常使用。

2.3 Nginx 服务的基本配置

Nginx 在运行时，至少必须加载几个核心模块和一个事件类模块。这些模块运行时所支持的配置项称为基本配置——所有其他模块执行时都依赖的配置项。

下面详述基本配置项的用法。由于配置项较多，所以把它们按照用户使用时的预期功能分成了以下 4 类：

- 用于调试、定位问题的配置项。
- 正常运行的必备配置项。
- 优化性能的配置项。
- 事件类配置项（有些事件类配置项归纳到优化性能类，这是因为它们虽然也属于 events {} 块，但作用是优化性能）。

有这么一些配置项，即使没有显式地进行配置，它们也会有默认的值，如 daemon，即使在 nginx.conf 中没有对它进行配置，也相当于打开了这个功能，这点需要注意。对于这样的配置项，作者会在下面相应的配置项描述上加入一行“默认：”来进行说明。

2.3.1 用于调试进程和定位问题的配置项

先来看一下用于调试进程、定位问题的配置项，如下所示。

（1）是否以守护进程方式运行 Nginx

语法： daemon on | off;

默认： daemon on;

守护进程（daemon）是脱离终端并且在后台运行的进程。它脱离终端是为了避免进程执行过程中的信息在任何终端上显示，这样一来，进程也不会被任何终端所产生的信息所打断。Nginx 毫无疑问是一个需要以守护进程方式运行的服务，因此，默认都是以这种方式运行的。

不过 Nginx 还是提供了关闭守护进程的模式，之所以提供这种模式，是为了方便跟踪调试Nginx，毕竟用gdb调试进程时最烦琐的就是如何继续跟进fork出的子进程了。这在第三部分研究Nginx架构时很有用。

（2）是否以master/worker方式工作

语法： master_process on | off;

默认： master_process on;

可以看到，在如图2-1所示的产品环境中，是以一个master进程管理多个worker进程的方式运行的，几乎所有的产品环境下，Nginx都以这种方式工作。

与daemon配置相同，提供master_process配置也是为了方便跟踪调试Nginx。如果用off关闭了master_process方式，就不会fork出worker子进程来处理请求，而是用master进程自身来处理请求。

（3）error日志的设置

语法： error_log /path/file level;

默认： error_log logs/error.log error;

error日志是定位Nginx问题的最佳工具，我们可以根据自己的需求妥善设置error日志的路径和级别。

/path/file参数可以是一个具体的文件，例如，默认情况下是logs/error.log文件，最好将它放到一个磁盘空间足够大的位置；/path/file也可以是/dev/null，这样就不会输出任何日志了，这也是关闭error日志的唯一手段；/path/file也可以是stderr，这样日志会输出到标准错误文件中。

level是日志的输出级别，取值范围是debug、info、notice、warn、error、crit、alert、emerg，从左至右级别依次增大。当设定为一个级别时，大于或等于该级别的日志都会被输出到/path/file文件中，小于该级别的日志则不会输出。例如，当设定为error级别时，error、crit、alert、emerg级别的日志都会输出。

如果设定的日志级别是debug，则会输出所有的日志，这样数据量会很大，需要预先确保/path/file所在磁盘有足够的磁盘空间。

注意 如果日志级别设定到debug，必须在configure时加入--with-debug配置项。

（4）是否处理几个特殊的调试点

语法： debug_points [stop | abort]

这个配置项也是用来帮助用户跟踪调试Nginx的。它接受两个参数：stop和abort。Nginx在一些关键的错误逻辑中（Nginx 1.0.14版本中有8处）设置了调试点。如果设置了debug_points为stop，那么Nginx的代码执行到这些调试点时就会发出SIGSTOP信号以用于调试。如果debug_points设置为abort，则会产生一个coredump文件，可以使用gdb来查看Nginx当时的各种信息。

通常不会使用这个配置项。

（5）仅对指定的客户端输出 debug 级别的日志

语法： debug_connection [IP | CIDR]

这个配置项实际上属于事件类配置，因此，它必须放在 events {...} 中才有效。它的值可以是 IP 地址或 CIDR 地址，例如：

```
events {
    debug_connection 10.224.66.14;
    debug_connection 10.224.57.0/24;
}
```

这样，仅仅来自以上 IP 地址的请求才会输出 debug 级别的日志，其他请求仍然沿用 error_log 中配置的日志级别。

上面这个配置对修复 Bug 很有用，特别是定位高并发请求下才会发生的问题。

注意 使用 debug_connection 前，需确保在执行 configure 时已经加入了 --with-debug 参数，否则不会生效。

（6）限制 coredump 核心转储文件的大小

语法： worker_rlimit_core size;

在 Linux 系统中，当进程发生错误或收到信号而终止时，系统会将进程执行时的内存内容（核心映像）写入一个文件（core 文件），以作为调试之用，这就是所谓的核心转储（core dumps）。当 Nginx 进程出现一些非法操作（如内存越界）导致进程直接被操作系统强制结束时，会生成核心转储 core 文件，可以从 core 文件获取当时的堆栈、寄存器等信息，从而帮助我们定位问题。但这种 core 文件中的许多信息不一定是用户需要的，如果不加以限制，那么可能一个 core 文件会达到几 GB，这样随便 coredumps 几次就会把磁盘占满，引发严重问题。通过 worker_rlimit_core 配置可以限制 core 文件的大小，从而有效帮助用户定位问题。

（7）指定 coredump 文件生成目录

语法： working_directory path;

worker 进程的工作目录。这个配置项的唯一用途就是设置 coredump 文件所放置的目录，协助定位问题。因此，需确保 worker 进程有权限向 working_directory 指定的目录中写入文件。

2.3.2 正常运行的配置项

下面是正常运行的配置项的相关介绍。

（1）定义环境变量

语法： env VAR|VAR=VALUE

这个配置项可以让用户直接设置操作系统上的环境变量。例如：

```
env TESTPATH=/tmp/;
```

（2）嵌入其他配置文件

语法：include /path/file;

include配置项可以将其他配置文件嵌入到当前的nginx.conf文件中，它的参数既可以是绝对路径，也可以是相对路径（相对于Nginx的配置目录，即nginx.conf所在的目录），例如：

```
include mime.types;
include vhost/*.conf;
```

可以看到，参数的值可以是一个明确的文件名，也可以是含有通配符*的文件名，同时可以一次嵌入多个配置文件。

（3）pid文件的路径

语法：pid path/file;

默认：pid logs/nginx.pid;

保存master进程ID的pid文件存放路径。默认与configure执行时的参数“--pid-path”所指定的路径是相同的，也可以随时修改，但应确保Nginx有权在相应的目标中创建pid文件，该文件直接影响Nginx是否可以运行。

（4）Nginx worker进程运行的用户及用户组

语法：user username [groupname];

默认：user nobody nobody;

user用于设置master进程启动后，fork出的worker进程运行在哪个用户和用户组下。当按照“user username;”设置时，用户组名与用户名相同。

若用户在configure命令执行时使用了参数--user=username和--group=groupname，此时nginx.conf将使用参数中指定的用户和用户组。

（5）指定Nginx worker进程可以打开的最大句柄描述符个数

语法：worker_rlimit_nofile limit;

设置一个worker进程可以打开的最大文件句柄数。

（6）限制信号队列

语法：worker_rlimit_sigpending limit;

设置每个用户发往Nginx的信号队列的大小。也就是说，当某个用户的信号队列满了，这个用户再发送的信号量会被丢掉。

2.3.3　优化性能的配置项

下面是优化性能的配置项的相关介绍。

（1）Nginx worker进程个数

语法：worker_processes number;

默认：worker_processes 1;

在master/worker运行方式下，定义worker进程的个数。

worker进程的数量会直接影响性能。那么，用户配置多少个worker进程才好呢？这实际上与业务需求有关。

每个 worker 进程都是单线程的进程，它们会调用各个模块以实现多种多样的功能。如果这些模块确认不会出现阻塞式的调用，那么，有多少 CPU 内核就应该配置多少个进程；反之，如果有可能出现阻塞式调用，那么需要配置稍多一些的 worker 进程。

例如，如果业务方面会致使用户请求大量读取本地磁盘上的静态资源文件，而且服务器上的内存较小，以至于大部分的请求访问静态资源文件时都必须读取磁盘（磁头的寻址是缓慢的），而不是内存中的磁盘缓存，那么磁盘 I/O 调用可能会阻塞住 worker 进程少量时间，进而导致服务整体性能下降。

多 worker 进程可以充分利用多核系统架构，但若 worker 进程的数量多于 CPU 内核数，那么会增大进程间切换带来的消耗（Linux 是抢占式内核）。一般情况下，用户要配置与 CPU 内核数相等的 worker 进程，并且使用下面的 worker_cpu_affinity 配置来绑定 CPU 内核。

（2）绑定 Nginx worker 进程到指定的 CPU 内核

语法：worker_cpu_affinity cpumask [cpumask...]

为什么要绑定 worker 进程到指定的 CPU 内核呢？假定每一个 worker 进程都是非常繁忙的，如果多个 worker 进程都在抢同一个 CPU，那么这就会出现同步问题。反之，如果每一个 worker 进程都独享一个 CPU，就在内核的调度策略上实现了完全的并发。

例如，如果有 4 颗 CPU 内核，就可以进行如下配置：

```
worker_processes 4;
worker_cpu_affinity 1000 0100 0010 0001;
```

注意 worker_cpu_affinity 配置仅对 Linux 操作系统有效。Linux 操作系统使用 sched_setaffinity() 系统调用实现这个功能。

（3）SSL 硬件加速

语法：ssl_engine device；

如果服务器上有 SSL 硬件加速设备，那么就可以进行配置以加快 SSL 协议的处理速度。用户可以使用 OpenSSL 提供的命令来查看是否有 SSL 硬件加速设备：

```
openssl engine -t
```

（4）系统调用 gettimeofday 的执行频率

语法：timer_resolution t；

默认情况下，每次内核的事件调用（如 epoll、select、poll、kqueue 等）返回时，都会执行一次 gettimeofday，实现用内核的时钟来更新 Nginx 中的缓存时钟。在早期的 Linux 内核中，gettimeofday 的执行代价不小，因为中间有一次内核态到用户态的内存复制。当需要降低 gettimeofday 的调用频率时，可以使用 timer_resolution 配置。例如，“timer_resolution 100ms；”表示至少每 100ms 才调用一次 gettimeofday。

但在目前的大多数内核中，如 x86-64 体系架构，gettimeofday 只是一次 vsyscall，仅仅对共享内存页中的数据做访问，并不是通常的系统调用，代价并不大，一般不必使用这个配置。而且，如果希望日志文件中每行打印的时间更准确，也可以使用它。

（5）Nginx worker 进程优先级设置

语法：worker_priority nice;

默认：worker_priority 0;

该配置项用于设置 Nginx worker 进程的 nice 优先级。

在 Linux 或其他类 UNIX 操作系统中，当许多进程都处于可执行状态时，将按照所有进程的优先级来决定本次内核选择哪一个进程执行。进程所分配的 CPU 时间片大小也与进程优先级相关，优先级越高，进程分配到的时间片也就越大（例如，在默认配置下，最小的时间片只有 5ms，最大的时间片则有 800ms）。这样，优先级高的进程会占有更多的系统资源。

优先级由静态优先级和内核根据进程执行情况所做的动态调整（目前只有 ±5 的调整）共同决定。nice 值是进程的静态优先级，它的取值范围是 –20 ～ +19，–20 是最高优先级，+19 是最低优先级。因此，如果用户希望 Nginx 占有更多的系统资源，那么可以把 nice 值配置得更小一些，但不建议比内核进程的 nice 值（通常为 –5）还要小。

2.3.4　事件类配置项

下面是事件类配置项的相关介绍。

（1）是否打开 accept 锁

语法：accept_mutex [on | off]

默认：accept_mutext on;

accept_mutex 是 Nginx 的负载均衡锁，本书会在第 9 章事件处理框架中详述 Nginx 是如何实现负载均衡的。这里，读者仅需要知道 accept_mutex 这把锁可以让多个 worker 进程轮流地、序列化地与新的客户端建立 TCP 连接。当某一个 worker 进程建立的连接数量达到 worker_connections 配置的最大连接数的 7/8 时，会大大地减小该 worker 进程试图建立新 TCP 连接的机会，以此实现所有 worker 进程之上处理的客户端请求数尽量接近。

accept 锁默认是打开的，如果关闭它，那么建立 TCP 连接的耗时会更短，但 worker 进程之间的负载会非常不均衡，因此不建议关闭它。

（2）lock 文件的路径

语法：lock_file path/file;

默认：lock_file logs/nginx.lock;

accept 锁可能需要这个 lock 文件，如果 accept 锁关闭，lock_file 配置完全不生效。如果打开了 accept 锁，并且由于编译程序、操作系统架构等因素导致 Nginx 不支持原子锁，这时才会用文件锁实现 accept 锁（14.8.1 节将会介绍文件锁的用法），这样 lock_file 指定的 lock 文件才会生效。

注意 在基于 i386、AMD64、Sparc64、PPC64 体系架构的操作系统上，若使用 GCC、Intel C++ 、SunPro C++ 编译器来编译 Nginx，则可以肯定这时的 Nginx 是支持原子锁的，因为 Nginx 会利用 CPU 的特性并用汇编语言来实现它（可以参考 14.3 节 x86 架构下原子操作的实现）。这时的 lock_file 配置是没有意义的。

（3）使用 accept 锁后到真正建立连接之间的延迟时间

语法：accept_mutex_delay Nms;

默认：accept_mutex_delay 500ms;

在使用 accept 锁后，同一时间只有一个 worker 进程能够取到 accept 锁。这个 accept 锁不是阻塞锁，如果取不到会立刻返回。如果有一个 worker 进程试图取 accept 锁而没有取到，它至少要等 accept_mutex_delay 定义的时间间隔后才能再次试图取锁。

（4）批量建立新连接

语法：multi_accept [on | off];

默认：multi_accept off;

当事件模型通知有新连接时，尽可能地对本次调度中客户端发起的所有 TCP 请求都建立连接。

（5）选择事件模型

语法：use [kqueue | rtsig | epoll | /dev/poll | select | poll | eventport];

默认：Nginx 会自动使用最适合的事件模型。

对于 Linux 操作系统来说，可供选择的事件驱动模型有 poll、select、epoll 三种。epoll 当然是性能最高的一种，在 9.6 节会解释 epoll 为什么可以处理大并发连接。

（6）每个 worker 的最大连接数

语法：worker_connections number;

定义每个 worker 进程可以同时处理的最大连接数。

2.4 用 HTTP 核心模块配置一个静态 Web 服务器

静态 Web 服务器的主要功能由 ngx_http_core_module 模块（HTTP 框架的主要成员）实现，当然，一个完整的静态 Web 服务器还有许多功能是由其他的 HTTP 模块实现的。本节主要讨论如何配置一个包含基本功能的静态 Web 服务器，文中会完整地说明 ngx_http_core_module 模块提供的配置项及变量的用法，但不会过多说明其他 HTTP 模块的配置项。在阅读完本节内容后，读者应当可以通过简单的查询相关模块（如 ngx_http_gzip_filter_module、ngx_http_image_filter_module 等）的配置项说明，方便地在 nginx.conf 配置文件中加入新的配置项，从而实现更多的 Web 服务器功能。

除了 2.3 节提到的基本配置项外，一个典型的静态 Web 服务器还会包含多个 server 块和 location 块，例如：

```
http {
    gzip on;

    upstream {
           …
    }
    …
    server {
           listen localhost:80;
           …
           location /webstatic {
                  if … {
                         …
                  }
                  root /opt/webresource;
                  …
           }
           location ~* .(jpg|jpeg|png|jpe|gif)$ {
                  …
           }
    }
    server {
           …
    }
}
```

所有的 HTTP 配置项都必须直属于 http 块、server 块、location 块、upstream 块或 if 块等（HTTP 配置项自然必须全部在 http{} 块之内，这里的“直属于”是指配置项直接所属的大括号对应的配置块），同时，在描述每个配置项的功能时，会说明它可以在上述的哪个块中存在，因为有些配置项可以任意地出现在某一个块中，而有些配置项只能出现在特定的块中，在第 4 章介绍自定义配置项的读取时，相信读者就会体会到这种设计思路。

Nginx 为配置一个完整的静态 Web 服务器提供了非常多的功能，下面会把这些配置项分为以下 8 类进行详述：虚拟主机与请求的分发、文件路径的定义、内存及磁盘资源的分配、网络连接的设置、MIME 类型的设置、对客户端请求的限制、文件操作的优化、对客户端请求的特殊处理。这种划分只是为了帮助大家从功能上理解这些配置项。

在这之后会列出 ngx_http_core_module 模块提供的变量，以及简单说明它们的意义。

2.4.1　虚拟主机与请求的分发

由于 IP 地址的数量有限，因此经常存在多个主机域名对应着同一个 IP 地址的情况，这时在 nginx.conf 中就可以按照 server_name（对应用户请求中的主机域名）并通过 server 块来定义虚拟主机，每个 server 块就是一个虚拟主机，它只处理与之相对应的主机域名请求。这样，一台服务器上的 Nginx 就能以不同的方式处理访问不同主机域名的 HTTP 请求了。

（1）监听端口

语法： listen address:port [default(deprecated in 0.8.21) | default_server | [backlog=num | rcvbuf=size | sndbuf=size | accept_filter=filter | deferred | bind | ipv6only=[on|off] | ssl]];

默认：listen 80;

配置块：server

listen 参数决定 Nginx 服务如何监听端口。在 listen 后可以只加 IP 地址、端口或主机名，非常灵活，例如：

```
listen 127.0.0.1:8000;
listen 127.0.0.1; # 注意：不加端口时，默认监听 80 端口
listen 8000;
listen *:8000;
listen localhost:8000;
```

如果服务器使用 IPv6 地址，那么可以这样使用：

```
listen [::]:8000;
listen [fe80::1];
listen [:::a8c9:1234]:80;
```

在地址和端口后，还可以加上其他参数，例如：

```
listen  443 default_server ssl;
listen  127.0.0.1 default_server accept_filter=dataready backlog=1024;
```

下面说明 listen 可用参数的意义。

- default：将所在的 server 块作为整个 Web 服务的默认 server 块。如果没有设置这个参数，那么将会以在 nginx.conf 中找到的第一个 server 块作为默认 server 块。为什么需要默认虚拟主机呢？当一个请求无法匹配配置文件中的所有主机域名时，就会选用默认的虚拟主机（在 11.3 节介绍默认主机的使用）。
- default_server：同上。
- backlog=num：表示 TCP 中 backlog 队列的大小。默认为 –1，表示不予设置。在 TCP 建立三次握手过程中，进程还没有开始处理监听句柄，这时 backlog 队列将会放置这些新连接。可如果 backlog 队列已满，还有新的客户端试图通过三次握手建立 TCP 连接，这时客户端将会建立连接失败。
- rcvbuf=size：设置监听句柄的 SO_RCVBUF 参数。
- sndbuf=size：设置监听句柄的 SO_SNDBUF 参数。
- accept_filter：设置 accept 过滤器，只对 FreeBSD 操作系统有用。
- deferred：在设置该参数后，若用户发起建立连接请求，并且完成了 TCP 的三次握手，内核也不会为了这次的连接调度 worker 进程来处理，只有用户真的发送请求数据时（内核已经在网卡中收到请求数据包），内核才会唤醒 worker 进程处理这个连接。这个参数适用于大并发的情况下，它减轻了 worker 进程的负担。当请求数据来临时，worker 进程才会开始处理这个连接。只有确认上面所说的应用场景符合自己的业务需求时，才可以使用 deferred 配置。
- bind：绑定当前端口 / 地址对，如 127.0.0.1:8000。只有同时对一个端口监听多个地址时才会生效。

❑ ssl：在当前监听的端口上建立的连接必须基于SSL协议。

（2）主机名称

语法：server_name name [...];

默认：server_name "";

配置块：server

server_name后可以跟多个主机名称，如server_name www.testweb.com、download.testweb.com;。

在开始处理一个HTTP请求时，Nginx会取出header头中的Host，与每个server中的server_name进行匹配，以此决定到底由哪一个server块来处理这个请求。有可能一个Host与多个server块中的server_name都匹配，这时就会根据匹配优先级来选择实际处理的server块。server_name与Host的匹配优先级如下：

1）首先选择所有字符串完全匹配的server_name，如www.testweb.com。

2）其次选择通配符在前面的server_name，如*.testweb.com。

3）再次选择通配符在后面的server_name，如www.testweb.*。

4）最后选择使用正则表达式才匹配的server_name，如~^\.testweb\.com$。

实际上，这个规则正是7.7节中介绍的带通配符散列表的实现依据，同时，在10.4节也介绍了虚拟主机配置的管理。如果Host与所有的server_name都不匹配，这时将会按下列顺序选择处理的server块。

1）优先选择在listen配置项后加入[default | default_server]的server块。

2）找到匹配listen端口的第一个server块。

如果server_name后跟着空字符串（如server_name "";），那么表示匹配没有Host这个HTTP头部的请求。

注意 Nginx正是使用server_name配置项针对特定Host域名的请求提供不同的服务，以此实现虚拟主机功能。

（3）server_names_hash_bucket_size

语法：server_names _hash_bucket_size size;

默认：server_names _hash_bucket_size 32|64|128;

配置块：http、server、location

为了提高快速寻找到相应server name的能力，Nginx使用散列表来存储server name。server_names _hash_bucket_size设置了每个散列桶占用的内存大小。

（4）server_names _hash_max_size

语法：server_names _hash_max_size size;

默认：server_names _hash_max_size 512;

配置块：http、server、location

server_names _hash_max_size 会影响散列表的冲突率。server_names _hash_max_size 越大，消耗的内存就越多，但散列 key 的冲突率则会降低，检索速度也更快。server_names _hash_max_size 越小，消耗的内存就越小，但散列 key 的冲突率可能增高。

（5）重定向主机名称的处理

语法： server_name_in_redirect on | off;

默认： server_name_in_redirect on;

配置块： http、server 或者 location

该配置需要配合 server_name 使用。在使用 on 打开时，表示在重定向请求时会使用 server_name 里配置的第一个主机名代替原先请求中的 Host 头部，而使用 off 关闭时，表示在重定向请求时使用请求本身的 Host 头部。

（6）location

语法： location [=|~|~*|^~|@] /uri/ { ... }

配置块： server

location 会尝试根据用户请求中的 URI 来匹配上面的 /uri 表达式，如果可以匹配，就选择 location {} 块中的配置来处理用户请求。当然，匹配方式是多样的，下面介绍 location 的匹配规则。

1）= 表示把 URI 作为字符串，以便与参数中的 uri 做完全匹配。例如：

```
location  = / {
  # 只有当用户请求是 / 时，才会使用该 location 下的配置
   …
}
```

2）~ 表示匹配 URI 时是字母大小写敏感的。

3）~* 表示匹配 URI 时忽略字母大小写问题。

4）^~ 表示匹配 URI 时只需要其前半部分与 uri 参数匹配即可。例如：

```
location ^~ /images/ {
  # 以 /images/ 开始的请求都会匹配上
  …
}
```

5）@ 表示仅用于 Nginx 服务内部请求之间的重定向，带有 @ 的 location 不直接处理用户请求。

当然，在 uri 参数里是可以用正则表达式的，例如：

```
location ~* \.(gif|jpg|jpeg)$ {
  # 匹配以 .gif、.jpg、.jpeg 结尾的请求
   …
}
```

注意，location 是有顺序的，当一个请求有可能匹配多个 location 时，实际上这个请求会被第一个 location 处理。

在以上各种匹配方式中，都只能表达为“如果匹配 ... 则 ...”。如果需要表达“如果不匹配 ... 则 ...”，就很难直接做到。有一种解决方法是在最后一个 location 中使用 / 作为参数，它会匹配所有的 HTTP 请求，这样就可以表示如果不能匹配前面的所有 location，则由“/”这个 location 处理。例如：

```
location  / {
  # / 可以匹配所有请求
   …
}
```

2.4.2 文件路径的定义

下面介绍一下文件路径的定义配置项。

（1）以 root 方式设置资源路径

语法：root path;

默认：root html;

配置块：http、server、location、if

例如，定义资源文件相对于 HTTP 请求的根目录。

```
location /download/ {
   root /opt/web/html/;
}
```

在上面的配置中，如果有一个请求的 URI 是 /download/index/test.html，那么 Web 服务器将会返回服务器上 /opt/web/html/download/index/test.html 文件的内容。

（2）以 alias 方式设置资源路径

语法：alias path;

配置块：location

alias 也是用来设置文件资源路径的，它与 root 的不同点主要在于如何解读紧跟 location 后面的 uri 参数，这将会致使 alias 与 root 以不同的方式将用户请求映射到真正的磁盘文件上。例如，如果有一个请求的 URI 是 /conf/nginx.conf，而用户实际想访问的文件在 /usr/local/nginx/conf/nginx.conf，那么想要使用 alias 来进行设置的话，可以采用如下方式：

```
location /conf {
            alias /usr/local/nginx/conf/;
}
```

如果用 root 设置，那么语句如下所示：

```
location /conf {
            root /usr/local/nginx/;
}
```

使用 alias 时，在 URI 向实际文件路径的映射过程中，已经把 location 后配置的 /conf 这部分字符串丢弃掉，因此，/conf/nginx.conf 请求将根据 alias path 映射为 path/nginx.conf。

root 则不然，它会根据完整的 URI 请求来映射，因此，/conf/nginx.conf 请求会根据 root path 映射为 path/conf/nginx.conf。这也是 root 可以放置到 http、server、location 或 if 块中，而 alias 只能放置到 location 块中的原因。

alias 后面还可以添加正则表达式，例如：

```
location ~ ^/test/(\w+)\.(\w+)$ {
    alias /usr/local/nginx/$2/$1.$2;
}
```

这样，请求在访问 /test/nginx.conf 时，Nginx 会返回 /usr/local/nginx/conf/nginx.conf 文件中的内容。

（3）访问首页

语法：index file ...;

默认：index index.html;

配置块：http、server、location

有时，访问站点时的 URI 是 /，这时一般是返回网站的首页，而这与 root 和 alias 都不同。这里用 ngx_http_index_module 模块提供的 index 配置实现。index 后可以跟多个文件参数，Nginx 将会按照顺序来访问这些文件，例如：

```
location / {
    root   path;
    index /index.html /html/index.php /index.php;
}
```

接收到请求后，Nginx 首先会尝试访问 path/index.php 文件，如果可以访问，就直接返回文件内容结束请求，否则再试图返回 path/html/index.php 文件的内容，依此类推。

（4）根据 HTTP 返回码重定向页面

语法：error_page code [code...] [= | =answer-code] uri | @named_location

配置块：http、server、location、if

当对于某个请求返回错误码时，如果匹配上了 error_page 中设置的 code，则重定向到新的 URI 中。例如：

```
error_page   404          /404.html;
error_page   502 503 504  /50x.html;
error_page   403          http://example.com/forbidden.html;
error_page   404          = @fetch;
```

注意，虽然重定向了 URI，但返回的 HTTP 错误码还是与原来的相同。用户可以通过“=”来更改返回的错误码，例如：

```
error_page 404 =200 /empty.gif;
error_page 404 =403 /forbidden.gif;
```

也可以不指定确切的返回错误码，而是由重定向后实际处理的真实结果来决定，这时，只要把“=”后面的错误码去掉即可，例如：

```
error_page 404 = /empty.gif;
```

如果不想修改URI，只是想让这样的请求重定向到另一个location中进行处理，那么可以这样设置：

```
location / {
    error_page 404 @fallback;
}

location @fallback {
    proxy_pass http://backend;
}
```

这样，返回404的请求会被反向代理到http://backend上游服务器中处理。

（5）是否允许递归使用error_page

语法：recursive_error_pages [on | off];

默认：recursive_error_pages off;

配置块：http、server、location

确定是否允许递归地定义error_page。

（6）try_files

语法：try_files path1 [path2] uri;

配置块：server、location

try_files后要跟若干路径，如path1 path2...，而且最后必须要有uri参数，意义如下：尝试按照顺序访问每一个path，如果可以有效地读取，就直接向用户返回这个path对应的文件结束请求，否则继续向下访问。如果所有的path都找不到有效的文件，就重定向到最后的参数uri上。因此，最后这个参数uri必须存在，而且它应该是可以有效重定向的。例如：

```
try_files /system/maintenance.html $uri $uri/index.html $uri.html @other;
location @other {
  proxy_pass http://backend;
}
```

上面这段代码表示如果前面的路径，如/system/maintenance.html等，都找不到，就会反向代理到http://backend服务上。还可以用指定错误码的方式与error_page配合使用，例如：

```
location / {
  try_files $uri $uri/ /error.php?c=404 =404;
}
```

2.4.3 内存及磁盘资源的分配

下面介绍处理请求时内存、磁盘资源分配的配置项。

（1）HTTP包体只存储到磁盘文件中

语法：client_body_in_file_only on | clean | off;

默认：client_body_in_file_only off;

配置块：http、server、location

当值为非 off 时，用户请求中的 HTTP 包体一律存储到磁盘文件中，即使只有 0 字节也会存储为文件。当请求结束时，如果配置为 on，则这个文件不会被删除（该配置一般用于调试、定位问题），但如果配置为 clean，则会删除该文件。

（2）HTTP 包体尽量写入到一个内存 buffer 中

语法：client_body_in_single_buffer on | off;

默认：client_body_in_single_buffer off;

配置块：http、server、location

用户请求中的 HTTP 包体一律存储到内存 buffer 中。当然，如果 HTTP 包体的大小超过了下面 client_body_buffer_size 设置的值，包体还是会写入到磁盘文件中。

（3）存储 HTTP 头部的内存 buffer 大小

语法：client_header_buffer_size size;

默认：client_header_buffer_size 1k;

配置块：http、server

上面配置项定义了正常情况下 Nginx 接收用户请求中 HTTP header 部分（包括 HTTP 行和 HTTP 头部）时分配的内存 buffer 大小。有时，请求中的 HTTP header 部分可能会超过这个大小，这时 large_client_header_buffers 定义的 buffer 将会生效。

（4）存储超大 HTTP 头部的内存 buffer 大小

语法：large_client_header_buffers number size;

默认：large_client_header_buffers 4 8k;

配置块：http、server

large_client_header_buffers 定义了 Nginx 接收一个超大 HTTP 头部请求的 buffer 个数和每个 buffer 的大小。如果 HTTP 请求行（如 GET /index HTTP/1.1）的大小超过上面的单个 buffer，则返回 "Request URI too large" (414)。请求中一般会有许多 header，每一个 header 的大小也不能超过单个 buffer 的大小，否则会返回 "Bad request" (400)。当然，请求行和请求头部的总和也不可以超过 buffer 个数 *buffer 大小。

（5）存储 HTTP 包体的内存 buffer 大小

语法：client_body_buffer_size size;

默认：client_body_buffer_size 8k/16k;

配置块：http、server、location

上面配置项定义了 Nginx 接收 HTTP 包体的内存缓冲区大小。也就是说，HTTP 包体会先接收到指定的这块缓存中，之后才决定是否写入磁盘。

注意 如果用户请求中含有 HTTP 头部 Content-Length，并且其标识的长度小于定义的 buffer 大小，那么 Nginx 会自动降低本次请求所使用的内存 buffer，以降低内存消耗。

（6）HTTP包体的临时存放目录

语法：client_body_temp_path dir-path [level1 [level2 [level3]]]

默认：client_body_temp_path client_body_temp;

配置块：http、server、location

上面配置项定义HTTP包体存放的临时目录。在接收HTTP包体时，如果包体的大小大于client_body_buffer_size，则会以一个递增的整数命名并存放到client_body_temp_path指定的目录中。后面跟着的level1、level2、level3，是为了防止一个目录下的文件数量太多，从而导致性能下降，因此使用了level参数，这样可以按照临时文件名最多再加三层目录。例如：

```
client_body_temp_path  /opt/nginx/client_temp 1 2;
```

如果新上传的HTTP包体使用00000123456作为临时文件名，就会被存放在这个目录中。

```
/opt/nginx/client_temp/6/45/00000123456
```

（7）connection_pool_size

语法：connection_pool_size size;

默认：connection_pool_size 256;

配置块：http、server

Nginx对于每个建立成功的TCP连接会预先分配一个内存池，上面的size配置项将指定这个内存池的初始大小（即ngx_connection_t结构体中的pool内存池初始大小，9.8.1节将介绍这个内存池是何时分配的），用于减少内核对于小块内存的分配次数。需慎重设置，因为更大的size会使服务器消耗的内存增多，而更小的size则会引发更多的内存分配次数。

（8）request_pool_size

语法：request_pool_size size;

默认：request_pool_size 4k;

配置块：http、server

Nginx开始处理HTTP请求时，将会为每个请求都分配一个内存池，size配置项将指定这个内存池的初始大小（即ngx_http_request_t结构体中的pool内存池初始大小，11.3节将介绍这个内存池是何时分配的），用于减少内核对于小块内存的分配次数。TCP连接关闭时会销毁connection_pool_size指定的连接内存池，HTTP请求结束时会销毁request_pool_size指定的HTTP请求内存池，但它们的创建、销毁时间并不一致，因为一个TCP连接可能被复用于多个HTTP请求。8.7节会详述内存池原理。

2.4.4 网络连接的设置

下面介绍网络连接的设置配置项。

（1）读取HTTP头部的超时时间

语法：client_header_timeout time（默认单位：秒）;

默认：client_header_timeout 60;

配置块：http、server、location

客户端与服务器建立连接后将开始接收 HTTP 头部，在这个过程中，如果在一个时间间隔（超时时间）内没有读取到客户端发来的字节，则认为超时，并向客户端返回 408 ("Request timed out") 响应。

（2）读取 HTTP 包体的超时时间

语法：client_body_timeout time（默认单位：秒）;

默认：client_body_timeout 60;

配置块：http、server、location

此配置项与 client_header_timeout 相似，只是这个超时时间只在读取 HTTP 包体时才有效。

（3）发送响应的超时时间

语法：send_timeout time;

默认：send_timeout 60;

配置块：http、server、location

这个超时时间是发送响应的超时时间，即 Nginx 服务器向客户端发送了数据包，但客户端一直没有去接收这个数据包。如果某个连接超过 send_timeout 定义的超时时间，那么 Nginx 将会关闭这个连接。

（4）reset_timeout_connection

语法：reset_timeout_connection on | off;

默认：reset_timeout_connection off;

配置块：http、server、location

连接超时后将通过向客户端发送 RST 包来直接重置连接。这个选项打开后，Nginx 会在某个连接超时后，不是使用正常情形下的四次握手关闭 TCP 连接，而是直接向用户发送 RST 重置包，不再等待用户的应答，直接释放 Nginx 服务器上关于这个套接字使用的所有缓存（如 TCP 滑动窗口）。相比正常的关闭方式，它使得服务器避免产生许多处于 FIN_WAIT_1、FIN_WAIT_2、TIME_WAIT 状态的 TCP 连接。

注意，使用 RST 重置包关闭连接会带来一些问题，默认情况下不会开启。

（5）lingering_close

语法：lingering_close off | on | always;

默认：lingering_close on;

配置块：http、server、location

该配置控制 Nginx 关闭用户连接的方式。always 表示关闭用户连接前必须无条件地处理连接上所有用户发送的数据。off 表示关闭连接时完全不管连接上是否已经有准备就绪的来自用户的数据。on 是中间值，一般情况下在关闭连接前都会处理连接上的用户发送的数据，除了有些情况下在业务上认定这之后的数据是不必要的。

（6）lingering_time

语法：lingering_time time;

默认：lingering_time 30s;

配置块：http、server、location

lingering_close启用后，这个配置项对于上传大文件很有用。上文讲过，当用户请求的Content-Length大于max_client_body_size配置时，Nginx服务会立刻向用户发送413（Request entity too large）响应。但是，很多客户端可能不管413返回值，仍然持续不断地上传HTTP body，这时，经过了lingering_time设置的时间后，Nginx将不管用户是否仍在上传，都会把连接关闭掉。

（7）lingering_timeout

语法：lingering_timeout time;

默认：lingering_timeout 5s;

配置块：http、server、location

lingering_close生效后，在关闭连接前，会检测是否有用户发送的数据到达服务器，如果超过lingering_timeout时间后还没有数据可读，就直接关闭连接；否则，必须在读取完连接缓冲区上的数据并丢弃掉后才会关闭连接。

（8）对某些浏览器禁用keepalive功能

语法：keepalive_disable [msie6 | safari | none]...

默认：keepalive_disable msie6 safari

配置块：http、server、location

HTTP请求中的keepalive功能是为了让多个请求复用一个HTTP长连接，这个功能对服务器的性能提高是很有帮助的。但有些浏览器，如IE 6和Safari，它们对于使用keepalive功能的POST请求处理有功能性问题。因此，针对IE 6及其早期版本、Safari浏览器默认是禁用keepalive功能的。

（9）keepalive超时时间

语法：keepalive_timeout time（默认单位：秒）;

默认：keepalive_timeout 75;

配置块：http、server、location

一个keepalive连接在闲置超过一定时间后（默认的是75秒），服务器和浏览器都会去关闭这个连接。当然，keepalive_timeout配置项是用来约束Nginx服务器的，Nginx也会按照规范把这个时间传给浏览器，但每个浏览器对待keepalive的策略有可能是不同的。

（10）一个keepalive长连接上允许承载的请求最大数

语法：keepalive_requests n;

默认：keepalive_requests 100;

配置块：http、server、location

一个keepalive连接上默认最多只能发送100个请求。

（11）tcp_nodelay

语法：tcp_nodelay on | off;

默认：tcp_nodelay on;

配置块：http、server、location

确定对 keepalive 连接是否使用 TCP_NODELAY 选项。

（12）tcp_nopush

语法：tcp_nopush on | off;

默认：tcp_nopush off;

配置块：http、server、location

在打开 sendfile 选项时，确定是否开启 FreeBSD 系统上的 TCP_NOPUSH 或 Linux 系统上的 TCP_CORK 功能。打开 tcp_nopush 后，将会在发送响应时把整个响应包头放到一个 TCP 包中发送。

2.4.5 MIME 类型的设置

下面是 MIME 类型的设置配置项。

❑ MIME type 与文件扩展的映射

语法：type {...};

配置块：http、server、location

定义 MIME type 到文件扩展名的映射。多个扩展名可以映射到同一个 MIME type。例如：

```
types {
   text/html     html;
   text/html     conf;
   image/gif     gif;
   image/jpeg    jpg;
}
```

❑ 默认 MIME type

语法：default_type MIME-type;

默认：default_type text/plain;

配置块：http、server、location

当找不到相应的 MIME type 与文件扩展名之间的映射时，使用默认的 MIME type 作为 HTTP header 中的 Content-Type。

❑ types_hash_bucket_size

语法：types_hash_bucket_size size;

默认：types_hash_bucket_size 32|64|128;

配置块：http、server、location

为了快速寻找到相应 MIME type，Nginx 使用散列表来存储 MIME type 与文件扩展名。types_hash_bucket_size 设置了每个散列桶占用的内存大小。

❑ types_hash_max_size

语法：types_hash_max_size size;

默认：types_hash_max_size 1024;

配置块：http、server、location

types_hash_max_size影响散列表的冲突率。types_hash_max_size越大，就会消耗更多的内存，但散列key的冲突率会降低，检索速度就更快。types_hash_max_size越小，消耗的内存就越小，但散列key的冲突率可能上升。

2.4.6　对客户端请求的限制

下面介绍对客户端请求的限制的配置项。

（1）按HTTP方法名限制用户请求

语法：limit_except method ... {...}

配置块：location

Nginx通过limit_except后面指定的方法名来限制用户请求。方法名可取值包括：GET、HEAD、POST、PUT、DELETE、MKCOL、COPY、MOVE、OPTIONS、PROPFIND、PROPPATCH、LOCK、UNLOCK或者PATCH。例如：

```
limit_except GET {
    allow 192.168.1.0/32;
    deny  all;
}
```

注意，允许GET方法就意味着也允许HEAD方法。因此，上面这段代码表示的是禁止GET方法和HEAD方法，但其他HTTP方法是允许的。

（2）HTTP请求包体的最大值

语法：client_max_body_size size;

默认：client_max_body_size 1m;

配置块：http、server、location

浏览器在发送含有较大HTTP包体的请求时，其头部会有一个Content-Length字段，client_max_body_size是用来限制Content-Length所示值的大小的。因此，这个限制包体的配置非常有用处，因为不用等Nginx接收完所有的HTTP包体——这有可能消耗很长时间——就可以告诉用户请求过大不被接受。例如，用户试图上传一个10GB的文件，Nginx在收完包头后，发现Content-Length超过client_max_body_size定义的值，就直接发送413 ("Request Entity Too Large")响应给客户端。

（3）对请求的限速

语法：limit_rate speed;

默认：limit_rate 0;

配置块：http、server、location、if

此配置是对客户端请求限制每秒传输的字节数。speed可以使用2.2.4节中提到的多种单位，默认参数为0，表示不限速。

针对不同的客户端，可以用 $ limit_rate 参数执行不同的限速策略。例如：

```
server {
    if ($slow) {
           set $limit_rate  4k;
    }
}
```

（4）limit_rate_after

语法：limit_rate_after time;

默认：limit_rate_after 1m;

配置块：http、server、location、if

此配置表示 Nginx 向客户端发送的响应长度超过 limit_rate_after 后才开始限速。例如：

```
limit_rate_after 1m;
limit_rate 100k;
```

11.9.2 节将从源码上介绍 limit_rate_after 与 limit_rate 的区别，以及 HTTP 框架是如何使用它们来限制发送响应速度的。

2.4.7 文件操作的优化

下面介绍文件操作的优化配置项。

（1）sendfile 系统调用

语法：sendfile on | off;

默认：sendfile off;

配置块：http、server、location

可以启用 Linux 上的 sendfile 系统调用来发送文件，它减少了内核态与用户态之间的两次内存复制，这样就会从磁盘中读取文件后直接在内核态发送到网卡设备，提高了发送文件的效率。

（2）AIO 系统调用

语法：aio on | off;

默认：aio off;

配置块：http、server、location

此配置项表示是否在 FreeBSD 或 Linux 系统上启用内核级别的异步文件 I/O 功能。注意，它与 sendfile 功能是互斥的。

（3）directio

语法：directio size | off;

默认：directio off;

配置块：http、server、location

此配置项在 FreeBSD 和 Linux 系统上使用 O_DIRECT 选项去读取文件，缓冲区大小为 size，通常对大文件的读取速度有优化作用。注意，它与 sendfile 功能是互斥的。

（4）directio_alignment

语法：directio_alignment size;

默认：directio_alignment 512;

配置块：http、server、location

它与 directio 配合使用，指定以 directio 方式读取文件时的对齐方式。一般情况下，512B 已经足够了，但针对一些高性能文件系统，如 Linux 下的 XFS 文件系统，可能需要设置到 4KB 作为对齐方式。

（5）打开文件缓存

语法：open_file_cache max = N [inactive = time] | off;

默认：open_file_cache off;

配置块：http、server、location

文件缓存会在内存中存储以下 3 种信息：

- 文件句柄、文件大小和上次修改时间。
- 已经打开过的目录结构。
- 没有找到的或者没有权限操作的文件信息。

这样，通过读取缓存就减少了对磁盘的操作。

该配置项后面跟 3 种参数。

- max：表示在内存中存储元素的最大个数。当达到最大限制数量后，将采用 LRU(Least Recently Used）算法从缓存中淘汰最近最少使用的元素。
- inactive ：表示在 inactive 指定的时间段内没有被访问过的元素将会被淘汰。默认时间为 60 秒。
- off：关闭缓存功能。

例如：

```
open_file_cache max=1000 inactive=20s;
```

（6）是否缓存打开文件错误的信息

语法：open_file_cache_errors on | off;

默认：open_file_cache_errors off;

配置块：http、server、location

此配置项表示是否在文件缓存中缓存打开文件时出现的找不到路径、没有权限等错误信息。

（7）不被淘汰的最小访问次数

语法：open_file_cache_min_uses number;

默认：open_file_cache_min_uses 1;

配置块：http、server、location

它与 open_file_cache 中的 inactive 参数配合使用。如果在 inactive 指定的时间段内，访问次数超过了 open_file_cache_min_uses 指定的最小次数，那么将不会被淘汰出缓存。

（8）检验缓存中元素有效性的频率

语法：open_file_cache_valid time;

默认：open_file_cache_valid 60s;

配置块：http、server、location

默认为每 60 秒检查一次缓存中的元素是否仍有效。

2.4.8 对客户端请求的特殊处理

下面介绍对客户端请求的特殊处理的配置项。

（1）忽略不合法的 HTTP 头部

语法：ignore_invalid_headers on | off;

默认：ignore_invalid_headers on;

配置块：http、server

如果将其设置为 off，那么当出现不合法的 HTTP 头部时，Nginx 会拒绝服务，并直接向用户发送 400（Bad Request）错误。如果将其设置为 on，则会忽略此 HTTP 头部。

（2）HTTP 头部是否允许下划线

语法：underscores_in_headers on | off;

默认：underscores_in_headers off;

配置块：http、server

默认为 off，表示 HTTP 头部的名称中不允许带"_"（下划线）。

（3）对 If-Modified-Since 头部的处理策略

语法：if_modified_since [off|exact|before];

默认：if_modified_since exact;

配置块：http、server、location

出于性能考虑，Web 浏览器一般会在客户端本地缓存一些文件，并存储当时获取的时间。这样，下次向 Web 服务器获取缓存过的资源时，就可以用 If-Modified-Since 头部把上次获取的时间捎带上，而 if_modified_since 将根据后面的参数决定如何处理 If-Modified-Since 头部。

相关参数说明如下。

- off：表示忽略用户请求中的 If-Modified-Since 头部。这时，如果获取一个文件，那么会正常地返回文件内容。HTTP 响应码通常是 200。
- exact：将 If-Modified-Since 头部包含的时间与将要返回的文件上次修改的时间做精确比较，如果没有匹配上，则返回 200 和文件的实际内容，如果匹配上，则表示浏览器缓存的文件内容已经是最新的了，没有必要再返回文件从而浪费时间与带宽了，这时会返回 304 Not Modified，浏览器收到后会直接读取自己的本地缓存。
- before：是比 exact 更宽松的比较。只要文件的上次修改时间等于或者早于用户请求中的 If-Modified-Since 头部的时间，就会向客户端返回 304 Not Modified。

（4）文件未找到时是否记录到 error 日志

语法：log_not_found on | off;

默认：log_not_found on;

配置块：http、server、location

此配置项表示当处理用户请求且需要访问文件时，如果没有找到文件，是否将错误日志记录到 error.log 文件中。这仅用于定位问题。

（5）merge_slashes

语法：merge_slashes on | off;

默认：merge_slashes on;

配置块：http、server、location

此配置项表示是否合并相邻的“/”，例如，//test///a.txt，在配置为 on 时，会将其匹配为 location /test/a.txt；如果配置为 off，则不会匹配，URI 将仍然是 //test///a.txt。

（6）DNS 解析地址

语法：resolver address ...;

配置块：http、server、location

设置 DNS 名字解析服务器的地址，例如：

```
resolver 127.0.0.1 192.0.2.1;
```

（7）DNS 解析的超时时间

语法：resolver_timeout time;

默认：resolver_timeout 30s;

配置块：http、server、location

此配置项表示 DNS 解析的超时时间。

（8）返回错误页面时是否在 Server 中注明 Nginx 版本

语法：server_tokens on | off;

默认：server_tokens on;

配置块：http、server、location

表示处理请求出错时是否在响应的 Server 头部中标明 Nginx 版本，这是为了方便定位问题。

2.4.9　ngx_http_core_module 模块提供的变量

在记录 access_log 访问日志文件时，可以使用 ngx_http_core_module 模块处理请求时所产生的丰富的变量，当然，这些变量还可以用于其他 HTTP 模块。例如，当 URI 中的某个参数满足设定的条件时，有些 HTTP 模块的配置项可以使用类似 $arg_PARAMETER 这样的变量。又如，若想把每个请求中的限速信息记录到 access 日志文件中，则可以使用 $limit_rate 变量。

表 2-1 列出了 ngx_http_core_module 模块提供的这些变量。

表 2-1 ngx_http_core_module 模块提供的变量

参数名	意义
$arg_PARAMETER	HTTP 请求中某个参数的值，如 /index.html?size=100，可以用 $arg_size 取得 100 这个值
$args	HTTP 请求中的完整参数。例如，在请求 /index.html?_w=120&_h=120 中，$args 表示字符串 _w=120&_h=120
$binary_remote_addr	二进制格式的客户端地址。例如：\x0A\xE0B\x0E
$body_bytes_sent	表示在向客户端发送的 http 响应中，包体部分的字节数
$content_length	表示客户端请求头部中的 Content-Length 字段
$content_type	表示客户端请求头部中的 Content-Type 字段
$cookie_COOKIE	表示在客户端请求头部中的 cookie 字段
$document_root	表示当前请求所使用的 root 配置项的值
$uri	表示当前请求的 URI，不带任何参数
$document_uri	与 $uri 含义相同
$request_uri	表示客户端发来的原始请求 URI，带完整的参数。$uri 和 $document_uri 未必是用户的原始请求，在内部重定向后可能是重定向后的 URI，而 $request_uri 永远不会改变，始终是客户端的原始 URI
$host	表示客户端请求头部中的 Host 字段。如果 Host 字段不存在，则以实际处理的 server（虚拟主机）名称代替。如果 Host 字段中带有端口，如 IP:PORT，那么 $host 是去掉端口的，它的值为 IP。$host 是全小写的。这些特性与 http_HEADER 中的 http_host 不同，http_host 只是"忠实"地取出 Host 头部对应的值
$hostname	表示 Nginx 所在机器的名称，与 gethostbyname 调用返回的值相同
$http_HEADER	表示当前 HTTP 请求中相应头部的值。HEADER 名称全小写。例如，用 $http_host 表示请求中 Host 头部对应的值
$sent_http_HEADER	表示返回客户端的 HTTP 响应中相应头部的值。HEADER 名称全小写。例如，用 $sent_http_content_type 表示响应中 Content-Type 头部对应的值
$is_args	表示请求中的 URI 是否带参数，如果带参数，$is_args 值为 ?，如果不带参数，则是空字符串
$limit_rate	表示当前连接的限速是多少，0 表示无限速
$nginx_version	表示当前 Nginx 的版本号，如 1.0.14
$query_string	请求 URI 中的参数，与 $args 相同，然而 $query_string 是只读的不会改变
$remote_addr	表示客户端的地址
$remote_port	表示客户端连接使用的端口
$remote_user	表示使用 Auth Basic Module 时定义的用户名
$request_filename	表示用户请求中的 URI 经过 root 或 alias 转换后的文件路径
$request_body	表示 HTTP 请求中的包体，该参数只在 proxy_pass 或 fastcgi_pass 中有意义
$request_body_file	表示 HTTP 请求中的包体存储的临时文件名
$request_completion	当请求已经全部完成时，其值为" ok"。若没有完成，就要返回客户端，则其值为空字符串；或者在断点续传等情况下使用 HTTP range 访问的并不是文件的最后一块，那么其值也是空字符串
$request_method	表示 HTTP 请求的方法名，如 GET、PUT、POST 等
$scheme	表示 HTTP scheme，如在请求 https://nginx.com/ 中表示 https
$server_addr	表示服务器地址

（续）

参数名	意　义
$server_name	表示服务器名称
$server_port	表示服务器端口
$server_protocol	表示服务器向客户端发送响应的协议，如 HTTP/1.1 或 HTTP/1.0

2.5　用 HTTP proxy module 配置一个反向代理服务器

反向代理（reverse proxy）方式是指用代理服务器来接受 Internet 上的连接请求，然后将请求转发给内部网络中的上游服务器，并将从上游服务器上得到的结果返回给 Internet 上请求连接的客户端，此时代理服务器对外的表现就是一个 Web 服务器。充当反向代理服务器也是 Nginx 的一种常见用法（反向代理服务器必须能够处理大量并发请求），本节将介绍 Nginx 作为 HTTP 反向代理服务器的基本用法。

由于 Nginx 具有“强悍”的高并发高负载能力，因此一般会作为前端的服务器直接向客户端提供静态文件服务。但也有一些复杂、多变的业务不适合放到 Nginx 服务器上，这时会用 Apache、Tomcat 等服务器来处理。于是，Nginx 通常会被配置为既是静态 Web 服务器也是反向代理服务器（如图 2-3 所示），不适合 Nginx 处理的请求就会直接转发到上游服务器中处理。

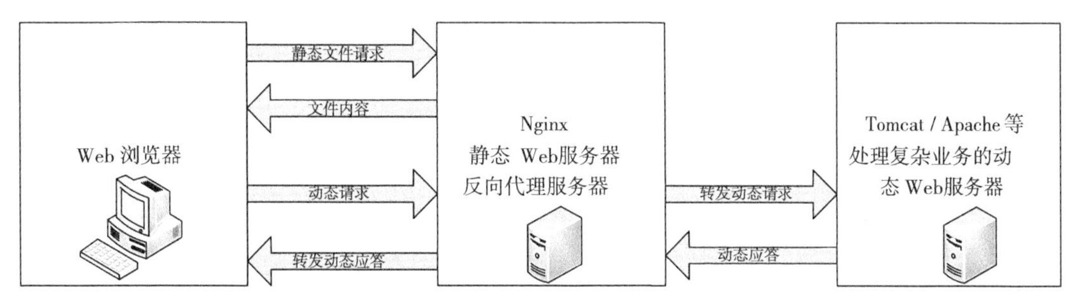

图 2-3　作为静态 Web 服务器与反向代理服务器的 Nginx

与 Squid 等其他反向代理服务器相比，Nginx 的反向代理功能有自己的特点，如图 2-4 所示。

当客户端发来 HTTP 请求时，Nginx 并不会立刻转发到上游服务器，而是先把用户的请求（包括 HTTP 包体）完整地接收到 Nginx 所在服务器的硬盘或者内存中，然后再向上游服务器发起连接，把缓存的客户端请求转发到上游服务器。而 Squid 等代理服务器则采用一边接收客户端请求，一边转发到上游服务器的方式。

Nginx 的这种工作方式有什么优缺点呢？很明显，缺点是延长了一个请求的处理时间，并增加了用于缓存请求内容的内存和磁盘空间。而优点则是降低了上游服务器的负载，尽量把压力放在 Nginx 服务器上。

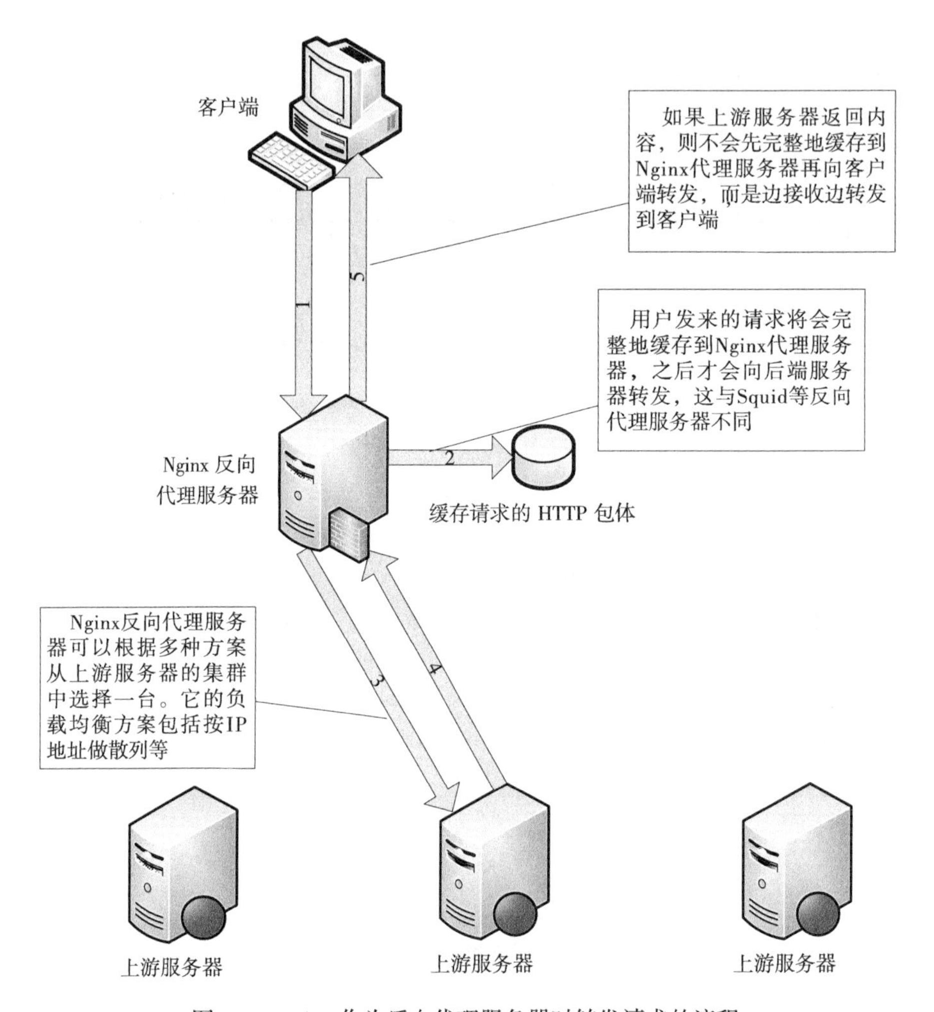

图 2-4 Nginx 作为反向代理服务器时转发请求的流程

Nginx 的这种工作方式为什么会降低上游服务器的负载呢？通常，客户端与代理服务器之间的网络环境会比较复杂，多半是“走”公网，网速平均下来可能较慢，因此，一个请求可能要持续很久才能完成。而代理服务器与上游服务器之间一般是“走”内网，或者有专线连接，传输速度较快。Squid 等反向代理服务器在与客户端建立连接且还没有开始接收 HTTP 包体时，就已经向上游服务器建立了连接。例如，某个请求要上传一个 1GB 的文件，那么每次 Squid 在收到一个 TCP 分包（如 2KB）时，就会即时地向上游服务器转发。在接收客户端完整 HTTP 包体的漫长过程中，上游服务器始终要维持这个连接，这直接对上游服务器的并发处理能力提出了挑战。

Nginx 则不然，它在接收到完整的客户端请求（如 1GB 的文件）后，才会与上游服务器建立连接转发请求，由于是内网，所以这个转发过程会执行得很快。这样，一个客户端请求占用上游服务器的连接时间就会非常短，也就是说，Nginx 的这种反向代理方案主要是为了降低上游服务器的并发压力。

Nginx 将上游服务器的响应转发到客户端有许多种方法，第 12 章将介绍其中常见的两种方式。

2.5.1 负载均衡的基本配置

作为代理服务器，一般都需要向上游服务器的集群转发请求。这里的负载均衡是指选择一种策略，尽量把请求平均地分布到每一台上游服务器上。下面介绍负载均衡的配置项。

（1）upstream 块

语法： upstream name {...}

配置块： http

upstream 块定义了一个上游服务器的集群，便于反向代理中的 proxy_pass 使用。例如：

```
upstream backend {
  server backend1.example.com;
  server backend2.example.com;
    server backend3.example.com;
}

server {
  location / {
    proxy_pass  http://backend;
  }
}
```

（2）server

语法： server name [parameters];

配置块： upstream

server 配置项指定了一台上游服务器的名字，这个名字可以是域名、IP 地址端口、UNIX 句柄等，在其后还可以跟下列参数。

- weight=number：设置向这台上游服务器转发的权重，默认为 1。
- max_fails=number：该选项与 fail_timeout 配合使用，指在 fail_timeout 时间段内，如果向当前的上游服务器转发失败次数超过 number，则认为在当前的 fail_timeout 时间段内这台上游服务器不可用。max_fails 默认为 1，如果设置为 0，则表示不检查失败次数。
- fail_timeout=time：fail_timeout 表示该时间段内转发失败多少次后就认为上游服务器暂时不可用，用于优化反向代理功能。它与向上游服务器建立连接的超时时间、读取上游服务器的响应超时时间等完全无关。fail_timeout 默认为 10 秒。
- down：表示所在的上游服务器永久下线，只在使用 ip_hash 配置项时才有用。
- backup：在使用 ip_hash 配置项时它是无效的。它表示所在的上游服务器只是备份服务器，只有在所有的非备份上游服务器都失效后，才会向所在的上游服务器转发请求。

例如：

```
upstream  backend  {
  server   backend1.example.com    weight=5;
  server   127.0.0.1:8080          max_fails=3  fail_timeout=30s;
  server   unix:/tmp/backend3;
}
```

（3）ip_hash

语法： ip_hash;

配置块： upstream

在有些场景下，我们可能会希望来自某一个用户的请求始终落到固定的一台上游服务器中。例如，假设上游服务器会缓存一些信息，如果同一个用户的请求任意地转发到集群中的任一台上游服务器中，那么每一台上游服务器都有可能会缓存同一份信息，这既会造成资源的浪费，也会难以有效地管理缓存信息。ip_hash 就是用以解决上述问题的，它首先根据客户端的 IP 地址计算出一个 key，将 key 按照 upstream 集群里的上游服务器数量进行取模，然后以取模后的结果把请求转发到相应的上游服务器中。这样就确保了同一个客户端的请求只会转发到指定的上游服务器中。

ip_hash 与 weight（权重）配置不可同时使用。如果 upstream 集群中有一台上游服务器暂时不可用，不能直接删除该配置，而是要 down 参数标识，确保转发策略的一贯性。例如：

```
upstream backend {
  ip_hash;
  server   backend1.example.com;
  server   backend2.example.com;
  server   backend3.example.com  down;
  server   backend4.example.com;
}
```

（4）记录日志时支持的变量

如果需要将负载均衡时的一些信息记录到 access_log 日志中，那么在定义日志格式时可以使用负载均衡功能提供的变量，见表 2-2。

表 2-2 访问上游服务器时可以使用的变量

变量名	意义
$upstream_addr	处理请求的上游服务器地址
$upstream_cache_status	表示是否命中缓存，取值范围：MISS、EXPIRED、UPDATING、STALE、HIT
$upstream_status	上游服务器返回的响应中的 HTTP 响应码
$upstream_response_time	上游服务器的响应时间，精度到毫秒
$upstream_http_$HEADER	HTTP 的头部，如 upstream_http_host

例如，可以在定义 access_log 访问日志格式时使用表 2-2 中的变量。

```
log_format timing '$remote_addr - $remote_user [$time_local]  $request '
```

```
  'upstream_response_time $upstream_response_time '
  'msec $msec request_time $request_time';

log_format up_head '$remote_addr - $remote_user [$time_local]  $request '
  'upstream_http_content_type $upstream_http_content_type';
```

2.5.2 反向代理的基本配置

下面介绍反向代理的基本配置项。

（1）proxy_pass

语法：proxy_pass URL;

配置块：location、if

此配置项将当前请求反向代理到 URL 参数指定的服务器上，URL 可以是主机名或 IP 地址加端口的形式，例如：

```
proxy_pass http://localhost:8000/uri/;
```

也可以是 UNIX 句柄：

```
proxy_pass http://unix:/path/to/backend.socket:/uri/;
```

还可以如上节负载均衡中所示，直接使用 upstream 块，例如：

```
upstream backend {
  …
}

server {
  location / {
    proxy_pass  http://backend;
  }
}
```

用户可以把 HTTP 转换成更安全的 HTTPS，例如：

```
proxy_pass https://192.168.0.1;
```

默认情况下反向代理是不会转发请求中的 Host 头部的。如果需要转发，那么必须加上配置：

```
proxy_set_header Host $host;
```

（2）proxy_method

语法：proxy_method method;

配置块：http、server、location

此配置项表示转发时的协议方法名。例如设置为：

```
proxy_method POST;
```

那么客户端发来的 GET 请求在转发时方法名也会改为 POST。

（3）proxy_hide_header

语法：proxy_hide_header the_header;

配置块：http、server、location

Nginx 会将上游服务器的响应转发给客户端，但默认不会转发以下 HTTP 头部字段：Date、Server、X-Pad 和 X-Accel-*。使用 proxy_hide_header 后可以任意地指定哪些 HTTP 头部字段不能被转发。例如：

```
proxy_hide_header Cache-Control;
proxy_hide_header MicrosoftOfficeWebServer;
```

（4）proxy_pass_header

语法：proxy_pass_header the_header;

配置块：http、server、location

与 proxy_hide_header 功能相反，proxy_pass_header 会将原来禁止转发的 header 设置为允许转发。例如：

```
proxy_pass_header X-Accel-Redirect;
```

（5）proxy_pass_request_body

语法：proxy_pass_request_body on | off;

默认：proxy_pass_request_body on;

配置块：http、server、location

作用为确定是否向上游服务器发送 HTTP 包体部分。

（6）proxy_pass_request_headers

语法：proxy_pass_request_headers on | off;

默认：proxy_pass_request_headers on;

配置块：http、server、location

作用为确定是否转发 HTTP 头部。

（7）proxy_redirect

语法：proxy_redirect [default|off|redirect replacement];

默认：proxy_redirect default;

配置块：http、server、location

当上游服务器返回的响应是重定向或刷新请求（如 HTTP 响应码是 301 或者 302）时，proxy_redirect 可以重设 HTTP 头部的 location 或 refresh 字段。例如，如果上游服务器发出的响应是 302 重定向请求，location 字段的 URI 是 http://localhost:8000/two/some/uri/，那么在下面的配置情况下，实际转发给客户端的 location 是 http://frontend/one/some/uri/。

```
proxy_redirect http://localhost:8000/two/ http://frontend/one/;
```

这里还可以使用 ngx-http-core-module 提供的变量来设置新的 location 字段。例如：

```
proxy_redirect   http://localhost:8000/    http://$host:$server_port/;
```

也可以省略replacement参数中的主机名部分，这时会用虚拟主机名称来填充。例如：

```
proxy_redirect http://localhost:8000/two/ /one/;
```

使用off参数时，将使location或者refresh字段维持不变。例如：

```
proxy_redirect off;
```

使用默认的default参数时，会按照proxy_pass配置项和所属的location配置项重组发往客户端的location头部。例如，下面两种配置效果是一样的：

```
location /one/ {
  proxy_pass       http://upstream:port/two/;
  proxy_redirect   default;
}

location /one/ {
  proxy_pass       http://upstream:port/two/;
  proxy_redirect   http://upstream:port/two/   /one/;
}
```

（8）proxy_next_upstream

语法：proxy_next_upstream [error | timeout | invalid_header | http_500 | http_502 | http_503 | http_504 | http_404 | off];

默认：proxy_next_upstream error timeout;

配置块：http、server、location

此配置项表示当向一台上游服务器转发请求出现错误时，继续换一台上游服务器处理这个请求。前面已经说过，上游服务器一旦开始发送应答，Nginx反向代理服务器会立刻把应答包转发给客户端。因此，一旦Nginx开始向客户端发送响应包，之后的过程中若出现错误也是不允许换下一台上游服务器继续处理的。这很好理解，这样才可以更好地保证客户端只收到来自一个上游服务器的应答。proxy_next_upstream的参数用来说明在哪些情况下会继续选择下一台上游服务器转发请求。

- error：当向上游服务器发起连接、发送请求、读取响应时出错。
- timeout：发送请求或读取响应时发生超时。
- invalid_header：上游服务器发送的响应是不合法的。
- http_500：上游服务器返回的HTTP响应码是500。
- http_502：上游服务器返回的HTTP响应码是502。
- http_503：上游服务器返回的HTTP响应码是503。
- http_504：上游服务器返回的HTTP响应码是504。
- http_404：上游服务器返回的HTTP响应码是404。
- off：关闭proxy_next_upstream功能—出错就选择另一台上游服务器再次转发。

Nginx的反向代理模块还提供了很多种配置，如设置连接的超时时间、临时文件如何存储，以及最重要的如何缓存上游服务器响应等功能。这些配置可以通过阅读ngx_http_proxy_ module 模块的说明了解，只有深入地理解，才能实现一个高性能的反向代理服务器。本节只是介绍反向代理服务器的基本功能，在第 12 章中我们将会深入地探索 upstream 机制，到那时，读者也许会发现 ngx_http_proxy_module 模块只是使用 upstream 机制实现了反向代理功能而已。

2.6 小结

Nginx 由少量的核心框架代码和许多模块组成，每个模块都有它独特的功能。因此，读者可以通过查看每个模块实现了什么功能，来了解 Nginx 可以帮我们做些什么。

Nginx 的 Wiki 网站（http://wiki.nginx.org/Modules）上列出了官方提供的所有模块及配置项，仔细观察就会发现，这些配置项的语法与本章的内容都是很相近的，读者只需要弄清楚模块说明中每个配置项的意义即可。另外，网页 http://wiki.nginx.org/3rdPartyModules 中列出了 Wiki 上已知的几十个第三方模块，同时读者还可以从搜索引擎上搜索到更多的第三方模块。了解每个模块的配置项用法，并在 Nginx 中使用这些模块，可以让 Nginx 做到更多。

随着对本书的学习，读者会对 Nginx 模块的设计思路有深入的了解，也会渐渐熟悉如何编写一个模块。如果某个模块的实现与你的想法有出入，可以更改这个模块的源码，实现你期望的业务功能。如果所有的模块都没有你想要的功能，不妨自己重写一个定制的模块，也可以申请发布到 Nginx 网站上供大家分享。

第二部分 Part 2

如何编写 HTTP 模块

- 第 3 章　开发一个简单的 HTTP 模块
- 第 4 章　配置、error 日志和请求上下文
- 第 5 章　访问第三方服务
- 第 6 章　开发一个简单的 HTTP 过滤模块
- 第 7 章　Nginx 提供的高级数据结构

Chapter 3 第3章

开发一个简单的HTTP模块

当通过开发HTTP模块来实现产品功能时，是可以完全享用Nginx的优秀设计所带来的、与官方模块相同的高并发特性的。不过，如何开发一个充满异步调用、无阻塞的HTTP模块呢？首先，需要把程序嵌入到Nginx中，也就是说，最终编译出的二进制程序Nginx要包含我们的代码（见3.3节）；其次，这个全新的HTTP模块要能介入到HTTP请求的处理流程中（具体参见3.1节、3.4节、3.5节）。满足上述两个前提后，我们的模块才能开始处理HTTP请求，但在开始处理请求前还需要先了解一些Nginx框架定义的数据结构（见3.2节），这是后面必须要用到的；正式处理请求时，还要可以获得Nginx框架接收、解析后的用户请求信息（见3.6节）；业务执行完毕后，则要考虑发送响应给用户（见3.7节），包括将磁盘中的文件以HTTP包体的形式发送给用户（见3.8节）。

本章最后会讨论如何用C++语言来编写HTTP模块，这虽然不是Nginx官方倡导的方式，但C++向前兼容C语言，使用C++语言开发的模块还是可以很容易地嵌入到Nginx中。本章不会深入探讨HTTP模块与Nginx的各个核心模块是如何配合工作的，而且这部分提到的每个接口将只涉及用法而不涉及实现原理，在第3部分我们才会进一步阐述本章提到的许多接口是如何实现异步访问的。

3.1 如何调用HTTP模块

在开发HTTP模块前，首先需要了解典型的HTTP模块是如何介入Nginx处理用户请求流程的。图3-1是一个简化的时序图，这里省略了许多异步调用，忽略了多个不同的HTTP处理阶段，仅标识了在一个典型请求的处理过程中主要模块被调用的流程，以此帮助读者理解HTTP模块如何处理用户请求。完整的流程将在第11章中详细介绍。

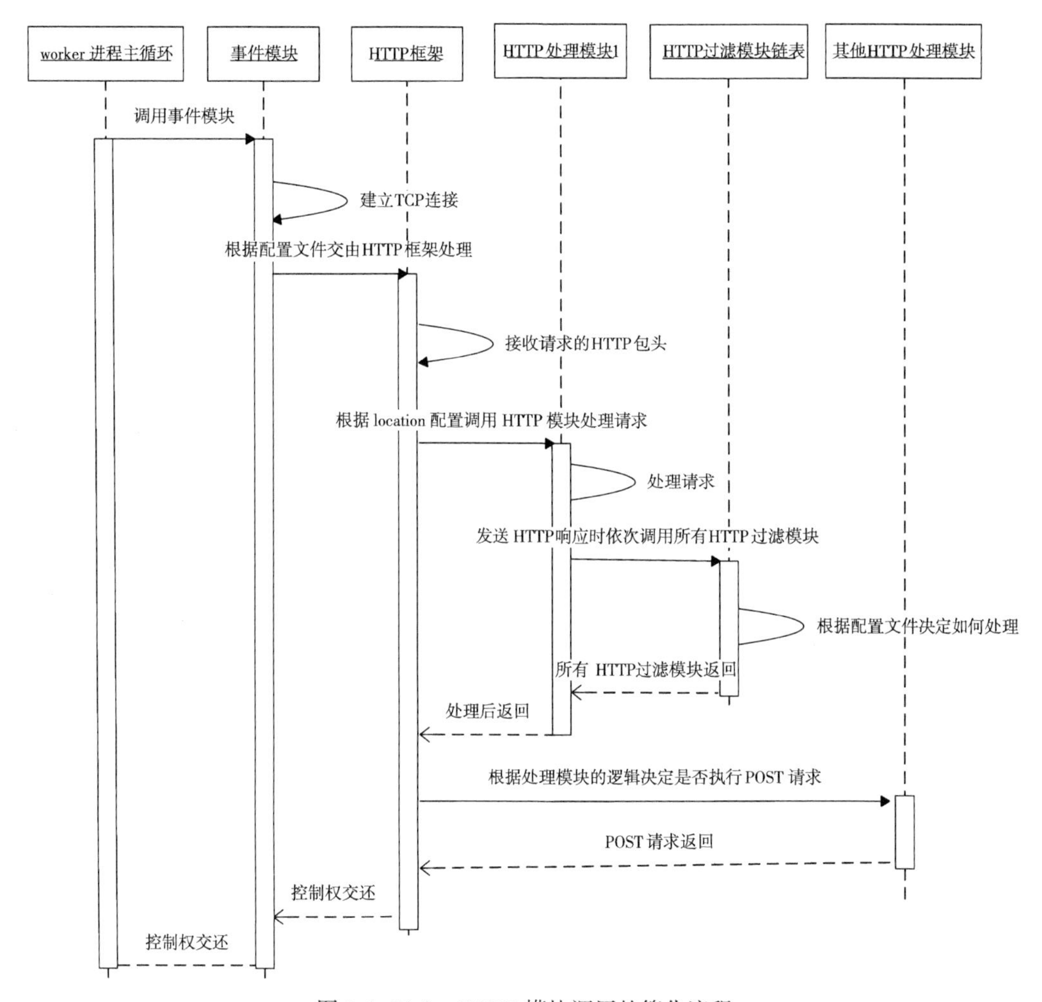

图 3-1　Nginx HTTP 模块调用的简化流程

从图 3-1 中看到，worker 进程会在一个 for 循环语句里反复调用事件模块检测网络事件。当事件模块检测到某个客户端发起的 TCP 请求时（接收到 SYN 包），将会为它建立 TCP 连接，成功建立连接后根据 nginx.conf 文件中的配置会交由 HTTP 框架处理。HTTP 框架会试图接收完整的 HTTP 头部，并在接收到完整的 HTTP 头部后将请求分发到具体的 HTTP 模块中处理。这种分发策略是多样化的，其中最常见的是根据请求的 URI 和 nginx.conf 里 location 配置项的匹配度来决定如何分发（本章的例子正是应用这种分发策略，在第 10 章中会介绍其他分发策略）。HTTP 模块在处理请求的结束时，大多会向客户端发送响应，此时会自动地依次调用所有的 HTTP 过滤模块，每个过滤模块可以根据配置文件决定自己的行为。例如，gzip 过滤模块根据配置文件中的 gzip on|off 来决定是否压缩响应。HTTP 处理模块在返回时会将控制权交还给 HTTP 框架，如果在返回前设置了 subrequest，那么 HTTP 框架还会继续异步地调用适合的 HTTP 模块处理子请求。

开发 HTTP 模块时，首先要注意的就是 HTTP 框架到具体的 HTTP 模块间数据流的传递，以及开发的 HTTP 模块如何与诸多的过滤模块协同工作（第 10 章、第 11 章会详细介绍 HTTP 框架）。下面正式进入 HTTP 模块的开发环节。

3.2 准备工作

Nginx 模块需要使用 C（或者 C++）语言编写代码来实现，每个模块都要有自己的名字。按照 Nginx 约定俗成的命名规则，我们把第一个 HTTP 模块命名为 ngx_http_mytest_module。由于第一个模块非常简单，一个 C 源文件就可以完成，所以这里按照官方惯例，将唯一的源代码文件命名为 ngx_http_mytest_module.c。

实际上，我们还需要定义一个名称，以便在编译前的 configure 命令执行时显示是否执行成功（即 configure 脚本执行时的 ngx_addon_name 变量）。为方便理解，仍然使用同一个模块名来表示，如 ngx_http_mytest_module。

为了让 HTTP 模块正常工作，首先需要把它编译进 Nginx（3.3 节会探讨编译新增模块的两种方式）。其次需要设定模块如何在运行中生效，比如在图 3-1 描述的典型方式中，配置文件中的 location 块决定了匹配某种 URI 的请求将会由相应的 HTTP 模块处理，因此，运行时 HTTP 框架会在接收完毕 HTTP 请求的头部后，将请求的 URI 与配置文件中的所有 location 进行匹配（事实上会优先匹配虚拟主机，第 11 章会详细说明该流程），匹配后再根据 location {} 内的配置项选择 HTTP 模块来调用。这是一种最典型的 HTTP 模块调用方式。3.4 节将解释 HTTP 模块定义嵌入方式时用到的数据结构，3.5 节将定义我们的第一个 HTTP 模块，3.6 节中介绍如何使用上述模块调用方式来处理请求。

既然有典型的调用方式，自然也有非典型的调用方式，比如 ngx_http_access_module 模块，它是根据 IP 地址决定某个客户端是否可以访问服务的，因此，这个模块需要在 NGX_HTTP_ACCESS_PHASE 阶段（在第 10 章中会详述 HTTP 框架定义的 11 个阶段）生效，它会比本章介绍的 mytest 模块更早地介入请求的处理中，同时它的流程与图 3-1 中的不同，它可以对所有请求产生作用。也就是说，任何 HTTP 请求都会调用 ngx_http_access_module 模块处理，只是该模块会根据它感兴趣的配置项及所在的配置块来决定行为方式，这与 mytest 模块不同，在 mytest 模块中，只有在配置了 location /uri {mytest;} 后，HTTP 框架才会在某个请求匹配了 /uri 后调用它处理请求。如果某个匹配了 URI 请求的 location 中没有配置 mytest 配置项，mytest 模块依然是不会被调用的。

为了做到跨平台，Nginx 定义、封装了一些基本的数据结构。由于 Nginx 对内存分配比较“吝啬”（只有保证低内存消耗，才可能实现十万甚至百万级别的同时并发连接数），所以这些 Nginx 数据结构天生都是尽可能少占用内存。下面介绍本章中将要用到的 Nginx 定义的几个基本数据结构和方法，在第 7 章还会介绍一些复杂的容器，读者可以从中体会到如何才能有效地利用内存。

3.2.1　整型的封装

Nginx 使用 ngx_int_t 封装有符号整型，使用 ngx_uint_t 封装无符号整型。Nginx 各模块的变量定义都是如此使用的，建议读者沿用 Nginx 的习惯，以此替代 int 和 unsinged int。

在 Linux 平台下，Nginx 对 ngx_int_t 和 ngx_uint_t 的定义如下：

```
typedef intptr_t        ngx_int_t;
typedef uintptr_t       ngx_uint_t;
```

3.2.2　ngx_str_t 数据结构

在 Nginx 的领域中，ngx_str_t 结构就是字符串。ngx_str_t 的定义如下：

```
typedef struct {
    size_t      len;
    u_char     *data;
} ngx_str_t;
```

ngx_str_t 只有两个成员，其中 data 指针指向字符串起始地址，len 表示字符串的有效长度。注意，ngx_str_t 的 data 成员指向的并不是普通的字符串，因为这段字符串未必会以 '\0' 作为结尾，所以使用时必须根据长度 len 来使用 data 成员。例如，在 3.7.2 节中，我们会看到 r->method_name 就是一个 ngx_str_t 类型的变量，比较 method_name 时必须如下这样使用：

```
if (0 == ngx_strncmp(
                r->method_name.data,
                "PUT",
                r->method_name.len)
        )
{...}
```

这里，ngx_strncmp 其实就是 strncmp 函数，为了跨平台 Nginx 习惯性地对其进行了名称上的封装，下面看一下它的定义：

```
#define ngx_strncmp(s1, s2, n)  strncmp((const char *) s1, (const char *) s2, n)
```

任何试图将 ngx_str_t 的 data 成员当做字符串来使用的情况，都可能导致内存越界！Nginx 使用 ngx_str_t 可以有效地降低内存使用量。例如，用户请求 “GET /test?a=1 http/1.1\r\n” 存储到内存地址 0x1d0b0110 上，这时只需要把 r->method_name 设置为 {len = 3, data = 0x1d0b0110} 就可以表示方法名 “GET”，而不需要单独为 method_name 再分配内存冗余的存储字符串。

3.2.3　ngx_list_t 数据结构

ngx_list_t 是 Nginx 封装的链表容器，它在 Nginx 中使用得很频繁，例如 HTTP 的头部就是用 ngx_list_t 来存储的。当然，C 语言封装的链表没有 C++ 或 Java 等面向对象语言那么容易理解。先看一下 ngx_list_t 相关成员的定义：

```
typedef struct ngx_list_part_s  ngx_list_part_t;
struct ngx_list_part_s {
    void             *elts;
    ngx_uint_t        nelts;
    ngx_list_part_t  *next;
};

typedef struct {
    ngx_list_part_t  *last;
    ngx_list_part_t   part;
    size_t            size;
    ngx_uint_t        nalloc;
    ngx_pool_t       *pool;
} ngx_list_t;
```

ngx_list_t 描述整个链表，而 ngx_list_part_t 只描述链表的一个元素。这里要注意的是，ngx_list_t 不是一个单纯的链表，为了便于理解，我们姑且称它为存储数组的链表，什么意思呢？抽象地说，就是每个链表元素 ngx_list_part_t 又是一个数组，拥有连续的内存，它既依赖于 ngx_list_t 里的 size 和 nalloc 来表示数组的容量，同时又依靠每个 ngx_list_part_t 成员中的 nelts 来表示数组当前已使用了多少容量。因此，ngx_list_t 是一个链表容器，而链表中的元素又是一个数组。事实上，ngx_list_part_t 数组中的元素才是用户想要存储的东西，ngx_list_t 链表能够容纳的元素数量由 ngx_list_part_t 数组元素的个数与每个数组所能容纳的元素相乘得到。

这样设计有什么好处呢？

- 链表中存储的元素是灵活的，它可以是任何一种数据结构。
- 链表元素需要占用的内存由 ngx_list_t 管理，它已经通过数组分配好了。
- 小块的内存使用链表访问效率是低下的，使用数组通过偏移量来直接访问内存则要高效得多。

下面详述每个成员的意义。

（1）ngx_list_t

- part：链表的首个数组元素。
- last：指向链表的最后一个数组元素。
- size：前面讲过，链表中的每个 ngx_list_part_t 元素都是一个数组。因为数组存储的是某种类型的数据结构，且 ngx_list_t 是非常灵活的数据结构，所以它不会限制存储什么样的数据，只是通过 size 限制每一个数组元素的占用的空间大小，也就是用户要存储的一个数据所占用的字节数必须小于或等于 size。
- nalloc：链表的数组元素一旦分配后是不可更改的。nalloc 表示每个 ngx_list_part_t 数组的容量，即最多可存储多少个数据。
- pool：链表中管理内存分配的内存池对象。用户要存放的数据占用的内存都是由 pool 分配的，下文中会详细介绍。

（2）ngx_list_part_t

- elts：指向数组的起始地址。

- nelts：表示数组中已经使用了多少个元素。当然，nelts 必须小于 ngx_list_t 结构体中的 nalloc。
- next：下一个链表元素 ngx_list_part_t 的地址。

事实上，ngx_list_t 中的所有数据都是由 ngx_pool_t 类型的 pool 内存池分配的，它们通常都是连续的内存（在由一个 pool 内存池分配的情况下）。下面以图 3-2 为例来看一下 ngx_list_t 的内存分布情况。

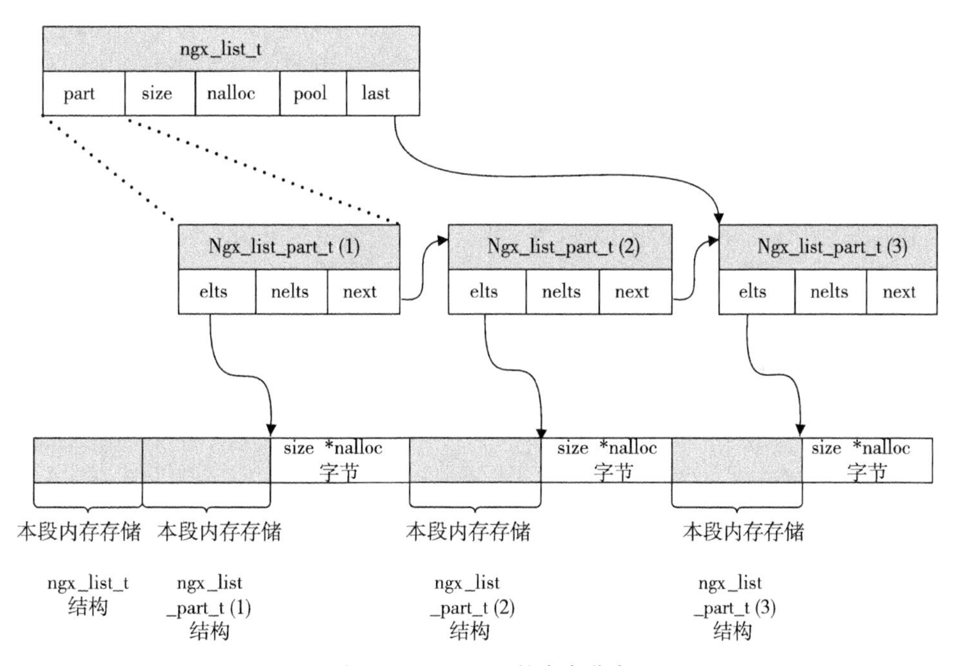

图 3-2　ngx_list_t 的内存分布

图 3-2 中是由 3 个 ngx_list_part_t 数组元素组成的 ngx_list_t 链表可能拥有的一种内存分布结构，读者可以从这种较为常见的内存分布中看到 ngx_list_t 链表的用法。这里，pool 内存池为其分配了连续的内存，最前端内存存储的是 ngx_list_t 结构中的成员，紧接着是第一个 ngx_list_part_t 结构占用的内存，然后是 ngx_list_part_t 结构指向的数组，它们一共占用 size*nalloc 字节，表示数组中拥有 nalloc 个大小为 size 的元素。其后面是第 2 个 ngx_list_part_t 结构以及它所指向的数组，依此类推。

对于链表，Nginx 提供的接口包括：ngx_list_create 接口用于创建新的链表，ngx_list_init 接口用于初始化一个已有的链表，ngx_list_push 接口用于添加新的元素，如下所示：

```
ngx_list_t *ngx_list_create(ngx_pool_t *pool, ngx_uint_t n, size_t size);
static ngx_inline ngx_int_t
ngx_list_init(ngx_list_t *list, ngx_pool_t *pool, ngx_uint_t n, size_t size);

void *ngx_list_push(ngx_list_t *list);
```

调用 ngx_list_create 创建元素时，pool 参数是内存池对象（参见 3.7.2 节），size 是每个元素的大小，n 是每个链表数组可容纳元素的个数（相当于 ngx_list_t 结构中的 nalloc 成员）。ngx_list_create 返回新创建的链表地址，如果创建失败，则返回 NULL 空指针。ngx_list_create 被调用后至少会创建一个数组（不会创建空链表），其中包含 n 个大小为 size 字节的连续内存块，也就是 ngx_list_t 结构中的 part 成员。

下面看一个简单的例子，我们首先建立一个链表，它存储的元素是 ngx_str_t，其中每个链表数组中存储 4 个元素，代码如下所示：

```
ngx_list_t* testlist = ngx_list_create(r->pool, 4,sizeof(ngx_str_t));
if (testlist == NULL) {
    return NGX_ERROR;
}
```

ngx_list_init 的使用方法与 ngx_list_create 非常类似，需要注意的是，这时链表数据结构已经创建好了，若 ngx_list_init 返回 NGX_OK，则表示初始化成功，若返回 NGX_ERROR，则表示失败。

调用 ngx_list_push 表示添加新的元素，传入的参数是 ngx_list_t 链表。正常情况下，返回的是新分配的元素首地址。如果返回 NULL 空指针，则表示添加失败。在使用它时通常先调用 ngx_list_push 得到返回的元素地址，再对返回的地址进行赋值。例如：

```
ngx_str_t* str = ngx_list_push(testlist);
if (str == NULL) {
   return NGX_ERROR;
}

str->len= sizeof("Hello world");
str->data = "Hello world";
```

遍历链表时 Nginx 没有提供相应的接口，实际上也不需要。我们可以用以下方法遍历链表中的元素：

```
//part 用于指向链表中的每一个 ngx_list_part_t 数组
ngx_list_part_t* part = &testlist.part;

//根据链表中的数据类型，把数组里的 elts 转化为该类型使用
ngx_str_t* str = part->elts;

//i 表示元素在链表的每个 ngx_list_part_t 数组里的序号
for (i = 0; /* void */; i++) {
    if (i >= part->nelts) {
           if (part->next == NULL) {
                 //如果某个 ngx_list_part_t 数组的 next 指针为空，
                 //则说明已经遍历完链表
                 break;
           }

           //访问下一个 ngx_list_part_t
           part = part->next;
```

```
            str = part->elts;

            //将 i 序号置为 0，准备重新访问下一个数组
            i = 0;
        }

        //这里可以很方便地取到当前遍历到的链表元素
        printf("list element: %*s\n",str[i].len, str[i].data);
    }
```

3.2.4 ngx_table_elt_t 数据结构

ngx_table_elt_t 数据结构如下所示：

```
typedef struct {
    ngx_uint_t        hash;
    ngx_str_t         key;
    ngx_str_t         value;
    u_char           *lowcase_key;
} ngx_table_elt_t;
```

可以看到，ngx_table_elt_t 就是一个 key/value 对，ngx_str_t 类型的 key、value 成员分别存储的是名字、值字符串。hash 成员表明 ngx_table_elt_t 也可以是某个散列表数据结构（ngx_hash_t 类型）中的成员。ngx_uint_t 类型的 hash 成员可以在 ngx_hash_t 中更快地找到相同 key 的 ngx_table_elt_t 数据。lowcase_key 指向的是全小写的 key 字符串。

显而易见，ngx_table_elt_t 是为 HTTP 头部"量身订制"的，其中 key 存储头部名称（如 Content-Length），value 存储对应的值（如"1024"），lowcase_key 是为了忽略 HTTP 头部名称的大小写（例如，有些客户端发来的 HTTP 请求头部是 content-length，Nginx 希望它与大小写敏感的 Content-Length 做相同处理，有了全小写的 lowcase_key 成员后就可以快速达成目的了），hash 用于快速检索头部（它的用法在 3.6.3 节中进行详述）。

3.2.5 ngx_buf_t 数据结构

缓冲区 ngx_buf_t 是 Nginx 处理大数据的关键数据结构，它既应用于内存数据也应用于磁盘数据。下面主要介绍 ngx_buf_t 结构体本身，而描述磁盘文件的 ngx_file_t 结构体则在 3.8.1 节中说明。下面来看一下相关代码：

```
typedef struct ngx_buf_s  ngx_buf_t;
typedef void *            ngx_buf_tag_t;
struct ngx_buf_s {
    /*pos 通常是用来告诉使用者本次应该从 pos 这个位置开始处理内存中的数据，这样设置是因为同一个
ngx_buf_t 可能被多次反复处理。当然，pos 的含义是由使用它的模块定义的 */
    u_char          *pos;
    /*last 通常表示有效的内容到此为止，注意，pos 与 last 之间的内存是希望 nginx 处理的内容 */
    u_char          *last;
    /* 处理文件时，file_pos 与 file_last 的含义与处理内存时的 pos 与 last 相同，file_pos 表示
将要处理的文件位置，file_last 表示截止的文件位置 */
    off_t            file_pos;
```

```
    off_t            file_last;

    //如果 ngx_buf_t 缓冲区用于内存，那么 start 指向这段内存的起始地址
    u_char           *start;
    //与 start 成员对应，指向缓冲区内存的末尾
    u_char           *end;
    /* 表示当前缓冲区的类型，例如由哪个模块使用就指向这个模块 ngx_module_t 变量的地址 */
    ngx_buf_tag_t    tag;
    //引用的文件
    ngx_file_t       *file;
    /* 当前缓冲区的影子缓冲区，该成员很少用到，仅仅在 12.8 节描述的使用缓冲区转发上游服务器的响
应时才使用了 shadow 成员，这是因为 Nginx 太节约内存了，分配一块内存并使用 ngx_buf_t 表示接收到的上
游服务器响应后，在向下游客户端转发时可能会把这块内存存储到文件中，也可能直接向下游发送，此时 Nginx 绝
不会重新复制一份内存用于新的目的，而是再次建立一个 ngx_buf_t 结构体指向原内存，这样多个 ngx_buf_t
结构体指向了同一块内存，它们之间的关系就通过 shadow 成员来引用。这种设计过于复杂，通常不建议使用 */
    ngx_buf_t        *shadow;

    //临时内存标志位，为 1 时表示数据在内存中且这段内存可以修改
    unsigned         temporary:1;

    //标志位，为 1 时表示数据在内存中且这段内存不可以被修改
    unsigned         memory:1;

    //标志位，为 1 时表示这段内存是用 mmap 系统调用映射过来的，不可以被修改
    unsigned         mmap:1;

    //标志位，为 1 时表示可回收
    unsigned         recycled:1;
    //标志位，为 1 时表示这段缓冲区处理的是文件而不是内存
    unsigned         in_file:1;
    //标志位，为 1 时表示需要执行 flush 操作
    unsigned         flush:1;
    /* 标志位，对于操作这块缓冲区时是否使用同步方式，需谨慎考虑，这可能会阻塞 Nginx 进程，Nginx
中所有操作几乎都是异步的，这是它支持高并发的关键。有些框架代码在 sync 为 1 时可能会有阻塞的方式进行 I/
O 操作，它的意义视使用它的 Nginx 模块而定 */
    unsigned         sync:1;
    /* 标志位，表示是否是最后一块缓冲区，因为 ngx_buf_t 可以由 ngx_chain_t 链表串联起来，因此，
当 last_buf 为 1 时，表示当前是最后一块待处理的缓冲区 */
    unsigned         last_buf:1;
    //标志位，表示是否是 ngx_chain_t 中的最后一块缓冲区
    unsigned         last_in_chain:1;
    /* 标志位，表示是否是最后一个影子缓冲区，与 shadow 域配合使用。通常不建议使用它 */
    unsigned         last_shadow:1;
    //标志位，表示当前缓冲区是否属于临时文件
    unsigned         temp_file:1;
};
```

关于使用 ngx_buf_t 的案例参见 3.7.2 节。ngx_buf_t 是一种基本数据结构，本质上它提供的仅仅是一些指针成员和标志位。对于 HTTP 模块来说，需要注意 HTTP 框架、事件框架是如何设置和使用 pos、last 等指针以及如何处理这些标志位的，上述说明只是最常见的用法。（如果我们自定义一个 ngx_buf_t 结构体，不应当受限于上述用法，而应该根据业务需求自行

定义。例如，在 13.7 节中用一个 ngx_buf_t 缓冲区转发上下游 TCP 流时，pos 会指向将要发送到下游的 TCP 流起始地址，而 last 会指向预备接收上游 TCP 流的缓冲区起始地址。）

3.2.6　ngx_chain_t 数据结构

ngx_chain_t 是与 ngx_buf_t 配合使用的链表数据结构，下面看一下它的定义：

```
typedef struct ngx_chain_s       ngx_chain_t;
struct ngx_chain_s {
    ngx_buf_t    *buf;
    ngx_chain_t  *next;
};
```

buf 指向当前的 ngx_buf_t 缓冲区，next 则用来指向下一个 ngx_chain_t。如果这是最后一个 ngx_chain_t，则需要把 next 置为 NULL。

在向用户发送 HTTP 包体时，就要传入 ngx_chain_t 链表对象，注意，如果是最后一个 ngx_chain_t，那么必须将 next 置为 NULL，否则永远不会发送成功，而且这个请求将一直不会结束（Nginx 框架的要求）。

3.3　如何将自己的 HTTP 模块编译进 Nginx

Nginx 提供了一种简单的方式将第三方的模块编译到 Nginx 中。首先把源代码文件全部放到一个目录下，同时在该目录中编写一个文件用于通知 Nginx 如何编译本模块，这个文件名必须为 config。它的格式将在 3.3.1 节中说明。

这样，只要在 configure 脚本执行时加入参数 --add-module=PATH（PATH 就是上面我们给定的源代码、config 文件的保存目录），就可以在执行正常编译安装流程时完成 Nginx 编译工作。

有时，Nginx 提供的这种方式可能无法满足我们的需求，其实，在执行完 configure 脚本后 Nginx 会生成 objs/Makefile 和 objs/ngx_modules.c 文件，完全可以自己去修改这两个文件，这是一种更强大也复杂得多的方法，我们将在 3.3.3 节中说明如何直接修改它们。

3.3.1　config 文件的写法

config 文件其实是一个可执行的 Shell 脚本。如果只想开发一个 HTTP 模块，那么 config 文件中需要定义以下 3 个变量：

- ngx_addon_name：仅在 configure 执行时使用，一般设置为模块名称。
- HTTP_MODULES：保存所有的 HTTP 模块名称，每个 HTTP 模块间由空格符相连。在重新设置 HTTP_MODULES 变量时，不要直接覆盖它，因为 configure 调用到自定义的 config 脚本前，已经将各个 HTTP 模块设置到 HTTP_MODULES 变量中了，因此，要像如下这样设置：

```
"$HTTP_MODULES ngx_http_mytest_module"
```

- NGX_ADDON_SRCS：用于指定新增模块的源代码，多个待编译的源代码间以空格符相连。注意，在设置 NGX_ADDON_SRCS 时可以使用 $ngx_addon_dir 变量，它等价于 configure 执行时 --add-module=PATH 的 PATH 参数。

因此，对于 mytest 模块，可以这样编写 config 文件：

```
ngx_addon_name=ngx_http_mytest_module
HTTP_MODULES="$HTTP_MODULES ngx_http_mytest_module"
NGX_ADDON_SRCS="$NGX_ADDON_SRCS $ngx_addon_dir/ngx_http_mytest_module.c"
```

注意 以上 3 个变量并不是唯一可以在 config 文件中自定义的部分。如果我们不是开发 HTTP 模块，而是开发一个 HTTP 过滤模块，那么就要用 HTTP_FILTER_MODULES 替代上面的 HTTP_MODULES 变量。事实上，包括 $CORE_MODULES、$EVENT_MODULES、$HTTP_MODULES、$HTTP_FILTER_MODULES、$HTTP_HEADERS_FILTER_MODULE 等模块变量都可以重定义，它们分别对应着 Nginx 的核心模块、事件模块、HTTP 模块、HTTP 过滤模块、HTTP 头部过滤模块。除了 NGX_ADDON_SRCS 变量，或许还有一个变量我们会用到，即 $NGX_ADDON_DEPS 变量，它指定了模块依赖的路径，同样可以在 config 中设置。

3.3.2 利用 configure 脚本将定制的模块加入到 Nginx 中

在 1.6 节提到的 configure 执行流程中，其中有两行脚本负责将第三方模块加入到 Nginx 中，如下所示。

```
. auto/modules
. auto/make
```

下面完整地解释一下 configure 脚本是如何与 3.3.1 节中提到的 config 文件配合起来把定制的第三方模块加入到 Nginx 中的。

在执行 configure --add-module=PATH 命令时，PATH 就是第三方模块所在的路径。在 configure 中，通过 auto/options 脚本设置了 NGX_ADDONS 变量：

```
--add-module=*)                  NGX_ADDONS="$NGX_ADDONS $value" ;;
```

在 configure 命令执行到 auto/modules 脚本时，将在生成的 ngx_modules.c 文件中加入定制的第三方模块。

```
if test -n "$NGX_ADDONS"; then

    echo configuring additional modules

    for ngx_addon_dir in $NGX_ADDONS
    do
```

```
            echo "adding module in $ngx_addon_dir"

            if test -f $ngx_addon_dir/config; then
                # 在这里执行自定义的config脚本
                . $ngx_addon_dir/config

                echo " + $ngx_addon_name was configured"

            else
                echo "$0: error: no $ngx_addon_dir/config was found"
                exit 1
            fi
        done
    fi
```

可以看到，$NGX_ADDONS可以包含多个目录，对于每个目录，如果其中存在config文件就会执行，也就是说，在config中重新定义的变量都会生效。之后，auto/modules脚本开始创建ngx_modules.c文件，这个文件的关键点就是定义了ngx_module_t *ngx_modules[]数组，这个数组存储了Nginx中的所有模块。Nginx在初始化、处理请求时，都会循环访问ngx_modules数组，确定该用哪一个模块来处理。下面来看一下auto/modules是如何生成数组的，代码如下所示：

```
modules="$CORE_MODULES $EVENT_MODULES"

if [ $USE_OPENSSL = YES ]; then
    modules="$modules $OPENSSL_MODULE"
    CORE_DEPS="$CORE_DEPS $OPENSSL_DEPS"
    CORE_SRCS="$CORE_SRCS $OPENSSL_SRCS"
fi

if [ $HTTP = YES ]; then
    modules="$modules $HTTP_MODULES $HTTP_FILTER_MODULES \
             $HTTP_HEADERS_FILTER_MODULE \
             $HTTP_AUX_FILTER_MODULES \
             $HTTP_COPY_FILTER_MODULE \
             $HTTP_RANGE_BODY_FILTER_MODULE \
             $HTTP_NOT_MODIFIED_FILTER_MODULE"

    NGX_ADDON_DEPS="$NGX_ADDON_DEPS \$(HTTP_DEPS)"
fi
```

首先，auto/modules会按顺序生成modules变量。注意，这里的$HTTP_MODULES等已经在config文件中重定义了。这时，modules变量是包含所有模块的。然后，开始生成ngx_modules.c文件：

```
cat << END                                          > $NGX_MODULES_C

#include <ngx_config.h>
#include <ngx_core.h>

$NGX_PRAGMA
```

```
END

for mod in $modules
do
    echo "extern ngx_module_t  $mod;"          >> $NGX_MODULES_C
done

echo                                           >> $NGX_MODULES_C
echo 'ngx_module_t *ngx_modules[] = {'         >> $NGX_MODULES_C

for mod in $modules
do
    # 向 ngx_modules 数组里添加 Nginx 模块
    echo "    &$mod,"                          >> $NGX_MODULES_C
done

cat << END                                     >> $NGX_MODULES_C
    NULL
};

END
```

这样就已经确定了 Nginx 在运行时会调用自定义的模块，而 auto/make 脚本负责把相关模块编译进 Nginx。

在 Makefile 中生成编译第三方模块的源代码如下：

```
if test -n "$NGX_ADDON_SRCS"; then

    ngx_cc="\$(CC) $ngx_compile_opt \$(CFLAGS) $ngx_use_pch \$(ALL_INCS)"

    for ngx_src in $NGX_ADDON_SRCS
    do
        ngx_obj="addon/`basename \`dirname $ngx_src\``"

        ngx_obj=`echo $ngx_obj/\`basename $ngx_src\` \
            | sed -e "s/\//$ngx_regex_dirsep/g"`

        ngx_obj=`echo $ngx_obj \
            | sed -e
              "s#^\(.*\.\)cpp\\$#$ngx_objs_dir\1$ngx_objext#g" \
                  -e
              "s#^\(.*\.\)cc\\$#$ngx_objs_dir\1$ngx_objext#g" \
                  -e
              "s#^\(.*\.\)c\\$#$ngx_objs_dir\1$ngx_objext#g" \
                  -e
              "s#^\(.*\.\)S\\$#$ngx_objs_dir\1$ngx_objext#g"`

        ngx_src=`echo $ngx_src | sed -e "s/\//$ngx_regex_dirsep/g"`

        cat << END                                          >> $NGX_MAKEFILE

$ngx_obj: \$(ADDON_DEPS)$ngx_cont$ngx_src
```

```
   $ngx_cc$ngx_tab$ngx_objout$ngx_obj$ngx_tab$ngx_src$NGX_AUX

END
     done

fi
```

下面这段代码用于将各个模块的目标文件设置到ngx_obj变量中，紧接着会生成Makefile里的链接代码，并将所有的目标文件、库文件链接成二进制程序。

```
for ngx_src in $NGX_ADDON_SRCS
do
    ngx_obj="addon/`basename \`dirname $ngx_src\``"

    test -d $NGX_OBJS/$ngx_obj || mkdir -p $NGX_OBJS/$ngx_obj

    ngx_obj=`echo $ngx_obj/\`basename $ngx_src\` \
        | sed -e "s/\// $ngx_regex_dirsep/g"`

    ngx_all_srcs="$ngx_all_srcs $ngx_obj"
done

…

cat << END                                                   >> $NGX_MAKEFILE

$NGX_OBJS${ngx_dirsep}nginx${ngx_binext}:
   $ngx_deps$ngx_spacer \$(LINK)
   ${ngx_long_start}${ngx_binout}$NGX_OBJS${ngx_dirsep}nginx$ngx_long_cont$ngx
_objs$ngx_libs$ngx_link
   $ngx_rcc
${ngx_long_end}
END
```

综上可知，第三方模块就是这样嵌入到Nginx程序中的。

3.3.3　直接修改Makefile文件

3.3.2节中介绍的方法毫无疑问是最方便的，因为大量的工作已由Nginx中的configure脚本帮我们做好了。在使用其他第三方模块时，一般也推荐使用该方法。

我们有时可能需要更灵活的方式，比如重新决定ngx_module_t *ngx_modules[]数组中各个模块的顺序，或者在编译源代码时需要加入一些独特的编译选项，那么可以在执行完configure后，对生成的objs/ngx_modules.c和objs/Makefile文件直接进行修改。

在修改objs/ngx_modules.c时，首先要添加新增的第三方模块的声明，如下所示。

```
extern ngx_module_t  ngx_http_mytest_module;
```

其次，在合适的地方将模块加入到ngx_modules数组中。

```
ngx_module_t *ngx_modules[] = {
```

```
  …
  &ngx_http_upstream_ip_hash_module,
  &ngx_http_mytest_module,
  &ngx_http_write_filter_module,
   …
   NULL
};
```

注意，模块的顺序很重要。如果同时有两个模块表示对同一个请求感兴趣，那么只有顺序在前的模块会被调用。

修改objs/Makefile时需要增加编译源代码的部分，例如：

```
objs/addon/httpmodule/ngx_http_mytest_module.o: $(ADDON_DEPS) \
        ../sample/httpmodule// ngx_http_mytest_module.c
        $(CC) -c $(CFLAGS)  $(ALL_INCS) \
                -o objs/addon/httpmodule/ngx_http_mytest_module.o \
                ../sample/httpmodule// ngx_http_mytest_module.c
```

还需要把目标文件链接到Nginx中，例如：

```
objs/nginx:     objs/src/core/nginx.o \
...
     objs/addon/httpmodule/ngx_http_mytest_module.o \
  objs/ngx_modules.o

    $(LINK) -o objs/nginx \
    objs/src/core/nginx.o \
    ...
    objs/addon/httpmodule/ngx_http_mytest_module.o \
  objs/ngx_modules.o \
  -lpthread -lcrypt -lpcre -lcrypto -lcrypto -lz
```

请慎用这种直接修改Makefile和ngx_modules.c的方法，不正确的修改可能导致Nginx工作不正常。

3.4 HTTP模块的数据结构

定义HTTP模块方式很简单，例如：

```
ngx_module_t ngx_http_mytest_module;
```

其中，ngx_module_t是一个Nginx模块的数据结构（详见8.2节）。下面来分析一下Nginx模块中所有的成员，如下所示：

```
typedef struct ngx_module_s      ngx_module_t;
struct ngx_module_s {
    /* 下面的ctx_index、index、spare0、spare1、spare2、spare3、version变量不需要在定义时赋值，可以用Nginx准备好的宏NGX_MODULE_V1来定义，它已经定义好了这7个值。
#define NGX_MODULE_V1          0, 0, 0, 0, 0, 0, 1
```

```
        对于一类模块（由下面的 type 成员决定类别）而言，ctx_index 表示当前模块在这类模块中的序号。
这个成员常常是由管理这类模块的一个 Nginx 核心模块设置的，对于所有的 HTTP 模块而言，ctx_index 是由核
心模块 ngx_http_module 设置的。ctx_index 非常重要，Nginx 的模块化设计非常依赖于各个模块的顺序，它
们既用于表达优先级，也用于表明每个模块的位置，借以帮助 Nginx 框架快速获得某个模块的数据（HTTP 框架设
置 ctx_index 的过程参见 10.7 节）*/
        ngx_uint_t              ctx_index;

        /*index 表示当前模块在 ngx_modules 数组中的序号。注意，ctx_index 表示的是当前模块在一类
模块中的序号，而 index 表示当前模块在所有模块中的序号，它同样关键。Nginx 启动时会根据 ngx_modules
数组设置各模块的 index 值。例如：
    ngx_max_module = 0;
    for (i = 0; ngx_modules[i]; i++) {
        ngx_modules[i]->index = ngx_max_module++;
    }
    */
        ngx_uint_t              index;

      // spare 系列的保留变量，暂未使用
        ngx_uint_t              spare0;
        ngx_uint_t              spare1;
        ngx_uint_t              spare2;
        ngx_uint_t              spare3;
        // 模块的版本，便于将来的扩展。目前只有一种，默认为 1
        ngx_uint_t              version;

        /*ctx 用于指向一类模块的上下文结构体，为什么需要 ctx 呢？因为前面说过，Nginx 模块有许多种类，
不同类模块之间的功能差别很大。例如，事件类型的模块主要处理 I/O 事件相关的功能，HTTP 类型的模块主要处
理 HTTP 应用层的功能。这样，每个模块都有了自己的特性，而 ctx 将会指向特定类型模块的公共接口。例如，在
HTTP 模块中，ctx 需要指向 ngx_http_module_t 结构体 */
        void                   *ctx;

      // commands 将处理 nginx.conf 中的配置项，详见第 4 章
        ngx_command_t          *commands;

        /*type 表示该模块的类型，它与 ctx 指针是紧密相关的。在官方 Nginx 中，它的取值范围是以下 5 种：
NGX_HTTP_MODULE、NGX_CORE_MODULE、NGX_CONF_MODULE、NGX_EVENT_MODULE、NGX_MAIL_MODULE。
这 5 种模块间的关系参考图 8-2。实际上，还可以自定义新的模块类型 */
        ngx_uint_t              type;

        /* 在 Nginx 的启动、停止过程中，以下 7 个函数指针表示有 7 个执行点会分别调用这 7 种方法（参见 8.4
节～ 8.6 节）。对于任一个方法而言，如果不需要 Nginx 在某个时刻执行它，那么简单地把它设为 NULL 空指针即可 */

        /* 虽然从字面上理解应当在 master 进程启动时回调 init_master，但到目前为止，框架代码从来不
会调用它，因此，可将 init_master 设为 NULL */
        ngx_int_t             (*init_master)(ngx_log_t *log);
        /*init_module 回调方法在初始化所有模块时被调用。在 master/worker 模式下，这个阶段将在启
动 worker 子进程前完成 */
        ngx_int_t             (*init_module)(ngx_cycle_t *cycle);
    /* init_process 回调方法在正常服务前被调用。在 master/worker 模式下，多个 worker 子进程已经
产生，在每个 worker 进程的初始化过程会调用所有模块的 init_process 函数 */
        ngx_int_t             (*init_process)(ngx_cycle_t *cycle);
    /* 由于 Nginx 暂不支持多线程模式，所以 init_thread 在框架代码中没有被调用过，设为 NULL*/
        ngx_int_t             (*init_thread)(ngx_cycle_t *cycle);
```

```
// 同上，exit_thread 也不支持，设为 NULL
    void                  (*exit_thread)(ngx_cycle_t *cycle);
/* exit_process 回调方法在服务停止前调用。在 master/worker 模式下，worker 进程会在退出前调用它 */
    void                  (*exit_process)(ngx_cycle_t *cycle);
// exit_master 回调方法将在 master 进程退出前被调用
    void                  (*exit_master)(ngx_cycle_t *cycle);

    /* 以下 8 个 spare_hook 变量也是保留字段，目前没有使用，但可用 Nginx 提供的 NGX_MODULE_V1_
PADDING 宏来填充。看一下该宏的定义：#define NGX_MODULE_V1_PADDING  0, 0, 0, 0, 0, 0, 0, 0*/
    uintptr_t              spare_hook0;
    uintptr_t              spare_hook1;
    uintptr_t              spare_hook2;
    uintptr_t              spare_hook3;
    uintptr_t              spare_hook4;
    uintptr_t              spare_hook5;
    uintptr_t              spare_hook6;
    uintptr_t              spare_hook7;
};
```

定义一个 HTTP 模块时，务必把 type 字段设为 NGX_HTTP_MODULE。

对于下列回调方法：init_module、init_process、exit_process、exit_master，调用它们的是 Nginx 的框架代码。换句话说，这 4 个回调方法与 HTTP 框架无关，即使 nginx.conf 中没有配置 http {...} 这种开启 HTTP 功能的配置项，这些回调方法仍然会被调用。因此，通常开发 HTTP 模块时都把它们设为 NULL 空指针。这样，当 Nginx 不作为 Web 服务器使用时，不会执行 HTTP 模块的任何代码。

定义 HTTP 模块时，最重要的是要设置 ctx 和 commands 这两个成员。对于 HTTP 类型的模块来说，ngx_module_t 中的 ctx 指针必须指向 ngx_http_module_t 接口（HTTP 框架的要求）。下面先来分析 ngx_http_module_t 结构体的成员。

HTTP 框架在读取、重载配置文件时定义了由 ngx_http_module_t 接口描述的 8 个阶段，HTTP 框架在启动过程中会在每个阶段中调用 ngx_http_module_t 中相应的方法。当然，如果 ngx_http_module_t 中的某个回调方法设为 NULL 空指针，那么 HTTP 框架是不会调用它的。

```
typedef struct {
    // 解析配置文件前调用
    ngx_int_t    (*preconfiguration)(ngx_conf_t *cf);
    // 完成配置文件的解析后调用
    ngx_int_t    (*postconfiguration)(ngx_conf_t *cf);

    /* 当需要创建数据结构用于存储 main 级别（直属于 http{...} 块的配置项）的全局配置项时，可以通
过 create_main_conf 回调方法创建存储全局配置项的结构体 */
    void         *(*create_main_conf)(ngx_conf_t *cf);
    // 常用于初始化 main 级别配置项
    char         *(*init_main_conf)(ngx_conf_t *cf, void *conf);

    /* 当需要创建数据结构用于存储 srv 级别（直属于虚拟主机 server{...} 块的配置项）的配置项时，可
以通过实现 create_srv_conf 回调方法创建存储 srv 级别配置项的结构体 */
    void         *(*create_srv_conf)(ngx_conf_t *cf);
    // merge_srv_conf 回调方法主要用于合并 main 级别和 srv 级别下的同名配置项
```

```
    char       *(*merge_srv_conf)(ngx_conf_t *cf, void *prev, void *conf);

    /* 当需要创建数据结构用于存储loc级别（直属于location{...}块的配置项）的配置项时，可以实现create_loc_conf回调方法 */
    void       *(*create_loc_conf)(ngx_conf_t *cf);
    // merge_loc_conf回调方法主要用于合并srv级别和loc级别下的同名配置项
    char       *(*merge_loc_conf)(ngx_conf_t *cf, void *prev, void *conf);
} ngx_http_module_t;
```

不过，这8个阶段的调用顺序与上述定义的顺序是不同的。在Nginx启动过程中，HTTP框架调用这些回调方法的实际顺序有可能是这样的（与nginx.conf配置项有关）：

1）create_main_conf

2）create_srv_conf

3）create_loc_conf

4）preconfiguration

5）init_main_conf

6）merge_srv_conf

7）merge_loc_conf

8）postconfiguration

commands数组用于定义模块的配置文件参数，每一个数组元素都是ngx_command_t类型，数组的结尾用ngx_null_command表示。Nginx在解析配置文件中的一个配置项时首先会遍历所有的模块，对于每一个模块而言，即通过遍历commands数组进行，另外，在数组中检查到ngx_null_command时，会停止使用当前模块解析该配置项。每一个ngx_command_t结构体定义了自己感兴趣的一个配置项：

```
typedef struct ngx_command_s     ngx_command_t;
struct ngx_command_s {
    // 配置项名称，如"gzip"
    ngx_str_t             name;
    /* 配置项类型，type将指定配置项可以出现的位置。例如，出现在server{}或location{}中，以及它可以携带的参数个数 */
    ngx_uint_t            type;
    // 出现了name中指定的配置项后，将会调用set方法处理配置项的参数
    char               *(*set)(ngx_conf_t *cf, ngx_command_t *cmd, void *conf);
    // 在配置文件中的偏移量
    ngx_uint_t            conf;
    /* 通常用于使用预设的解析方法解析配置项，这是配置模块的一个优秀设计。它需要与conf配合使用，在第4章中详细介绍 */
    ngx_uint_t            offset;
    // 配置项读取后的处理方法，必须是ngx_conf_post_t结构的指针
    void                 *post;
};
```

ngx_null_command只是一个空的ngx_command_t，如下所示：

```
#define ngx_null_command  { ngx_null_string, 0, NULL, 0, 0, NULL }
```

3.5 定义自己的 HTTP 模块

上文中我们了解了定义 HTTP 模块时需要定义哪些成员以及实现哪些方法，但在定义 HTTP 模块前，首先需要确定自定义的模块应当在什么样的场景下开始处理用户请求，也就是说，先要弄清楚我们的模块是如何介入到 Nginx 处理用户请求的流程中的。从 2.4 节中的 HTTP 配置项意义可知，一个 HTTP 请求会被许多个配置项控制，实际上这是因为一个 HTTP 请求可以被许多个 HTTP 模块同时处理。这样一来，肯定会有一个先后问题，也就是说，谁先处理请求谁的“权力”就更大。例如，ngx_http_access_module 模块的 deny 选项一旦得到满足后，Nginx 就会决定拒绝来自某个 IP 的请求，后面的诸如 root 这种访问静态文件的处理方式是得不到执行的。另外，由于同一个配置项可以从属于许多个 server、location 配置块，那么这个配置项将会针对不同的请求起作用。因此，现在面临的问题是，我们希望自己的模块在哪个时刻开始处理请求？是希望自己的模块对到达 Nginx 的所有请求都起作用，还是希望只对某一类请求（如 URI 匹配了 location 后表达式的请求）起作用？

Nginx 的 HTTP 框架定义了非常多的用法，我们有很大的自由来定义自己的模块如何介入 HTTP 请求的处理，但本章只想说明最简单、最常见的 HTTP 模块应当如何编写，因此，我们这样定义第一个 HTTP 模块介入 Nginx 的方式：

1）不希望模块对所有的 HTTP 请求起作用。

2）在 nginx.conf 文件中的 http{}、server{} 或者 location{} 块内定义 mytest 配置项，如果一个用户请求通过主机域名、URI 等匹配上了相应的配置块，而这个配置块下又具有 mytest 配置项，那么希望 mytest 模块开始处理请求。

在这种介入方式下，模块处理请求的顺序是固定的，即必须在 HTTP 框架定义的 NGX_HTTP_CONTENT_PHASE 阶段开始处理请求，具体内容下文详述。

下面开始按照这种方式定义 mytest 模块。首先，定义 mytest 配置项的处理。从上文中关于 ngx_command_t 结构的说明来看，只需要定义一个 ngx_command_t 数组，并设置在出现 mytest 配置后的解析方法由 ngx_http_mytest“担当”，如下所示：

```
static ngx_command_t  ngx_http_mytest_commands[] = {

    { ngx_string("mytest"),
      NGX_HTTP_MAIN_CONF|NGX_HTTP_SRV_CONF|NGX_HTTP_LOC_CONF|NGX_HTTP_LMT_CONF|NGX_
CONF_NOARGS,
      ngx_http_mytest,
      NGX_HTTP_LOC_CONF_OFFSET,
      0,
      NULL },

      ngx_null_command
};
```

其中，ngx_http_mytest 是 ngx_command_t 结构体中的 set 成员（完整定义为 char *(*set)(ngx_conf_t *cf, ngx_command_t *cmd, void *conf);），当在某个配置块中出现 mytest 配置项

时，Nginx将会调用ngx_http_mytest方法。下面看一下如何实现ngx_http_mytest方法。

```
static char *
ngx_http_mytest(ngx_conf_t *cf, ngx_command_t *cmd, void *conf)
{
    ngx_http_core_loc_conf_t  *clcf;

    /* 首先找到mytest配置项所属的配置块，clcf看上去像是location块内的数据结构，其实不然，它可以是main、srv或者loc级别配置项，也就是说，在每个http{}和server{}内也都有一个ngx_http_core_loc_conf_t结构体 */
    clcf = ngx_http_conf_get_module_loc_conf(cf, ngx_http_core_module);

    /*HTTP框架在处理用户请求进行到NGX_HTTP_CONTENT_PHASE阶段时，如果请求的主机域名、URI与mytest配置项所在的配置块相匹配，就将调用我们实现的ngx_http_mytest_handler方法处理这个请求 */
    clcf->handler = ngx_http_mytest_handler;

    return NGX_CONF_OK;
}
```

当Nginx接收完HTTP请求的头部信息时，就会调用HTTP框架处理请求，另外在11.6节描述的NGX_HTTP_CONTENT_PHASE阶段将有可能调用mytest模块处理请求。在ngx_http_mytest方法中，我们定义了请求的处理方法为ngx_http_mytest_handler，举个例子来说，如果用户的请求URI是/test/example，而在配置文件中有这样的location块：

```
Location /test {
    mytest;
}
```

那么，HTTP框架在NGX_HTTP_CONTENT_PHASE阶段就会调用到我们实现的ngx_http_mytest_handler方法来处理这个用户请求。事实上，HTTP框架共定义了11个阶段（第三方HTTP模块只能介入其中的7个阶段处理请求，详见10.6节），本章只关注NGX_HTTP_CONTENT_PHASE处理阶段，多数HTTP模块都在此阶段实现相关功能。下面简单说明一下这11个阶段。

```
typedef enum {
    // 在接收到完整的HTTP头部后处理的HTTP阶段
    NGX_HTTP_POST_READ_PHASE = 0,

    /* 在还没有查询到URI匹配的location前，这时rewrite重写URL也作为一个独立的HTTP阶段 */
    NGX_HTTP_SERVER_REWRITE_PHASE,

    /* 根据URI寻找匹配的location，这个阶段通常由ngx_http_core_module模块实现，不建议其他HTTP模块重新定义这一阶段的行为 */
    NGX_HTTP_FIND_CONFIG_PHASE,

    /* 在NGX_HTTP_FIND_CONFIG_PHASE阶段之后重写URL的意义与NGX_HTTP_SERVER_REWRITE_PHASE阶段显然是不同的，因为这两者会导致查找到不同的location块（location是与URI进行匹配的） */
    NGX_HTTP_REWRITE_PHASE,

    /* 这一阶段是用于在rewrite重写URL后重新跳到NGX_HTTP_FIND_CONFIG_PHASE阶段，找到
```

```
与新的URI匹配的location。所以，这一阶段是无法由第三方HTTP模块处理的，而仅由ngx_http_core_module模块使用 */
        NGX_HTTP_POST_REWRITE_PHASE,

        //处理NGX_HTTP_ACCESS_PHASE阶段前，HTTP模块可以介入的处理阶段
        NGX_HTTP_PREACCESS_PHASE,

        /*这个阶段用于让HTTP模块判断是否允许这个请求访问Nginx服务器
        NGX_HTTP_ACCESS_PHASE,

        /*当NGX_HTTP_ACCESS_PHASE阶段中HTTP模块的handler处理方法返回不允许访问的错误码时(实际是NGX_HTTP_FORBIDDEN或者NGX_HTTP_UNAUTHORIZED)，这个阶段将负责构造拒绝服务的用户响应。所以，这个阶段实际上用于给NGX_HTTP_ACCESS_PHASE阶段收尾 */
        NGX_HTTP_POST_ACCESS_PHASE,

        /*这个阶段完全是为了try_files配置项而设立的。当HTTP请求访问静态文件资源时，try_files配置项可以使这个请求顺序地访问多个静态文件资源，如果某一次访问失败，则继续访问try_files中指定的下一个静态资源。另外，这个功能完全是在NGX_HTTP_TRY_FILES_PHASE阶段中实现的 */
        NGX_HTTP_TRY_FILES_PHASE,

        //用于处理HTTP请求内容的阶段，这是大部分HTTP模块最喜欢介入的阶段
        NGX_HTTP_CONTENT_PHASE,

        /*处理完请求后记录日志的阶段。例如，ngx_http_log_module模块就在这个阶段中加入了一个handler处理方法，使得每个HTTP请求处理完毕后会记录access_log日志 */
        NGX_HTTP_LOG_PHASE
    } ngx_http_phases;
```

当然，用户可以在以上11个阶段中任意选择一个阶段让mytest模块介入，但这需要学习完第10章、第11章的内容，完全熟悉了HTTP框架的处理流程后才可以做到。

暂且不管如何实现处理请求的ngx_http_mytest_handler方法，如果没有什么工作是必须在HTTP框架初始化时完成的，那就不必实现ngx_http_module_t的8个回调方法，可以像下面这样定义ngx_http_module_t接口。

```
static ngx_http_module_t  ngx_http_mytest_module_ctx = {
    NULL,                           /* preconfiguration */
    NULL,                           /* postconfiguration */

    NULL,                           /* create main configuration */
    NULL,                           /* init main configuration */

    NULL,                           /* create server configuration */
    NULL,                           /* merge server configuration */

    NULL,                           /* create location configuration */
    NULL                            /* merge location configuration */
};
```

最后，定义mytest模块：

```
ngx_module_t  ngx_http_mytest_module = {
```

```
    NGX_MODULE_V1,
    &ngx_http_mytest_module_ctx,             /* module context */
    ngx_http_mytest_commands,                /* module directives */
    NGX_HTTP_MODULE,                         /* module type */
    NULL,                                    /* init master */
    NULL,                                    /* init module */
    NULL,                                    /* init process */
    NULL,                                    /* init thread */
    NULL,                                    /* exit thread */
    NULL,                                    /* exit process */
    NULL,                                    /* exit master */
    NGX_MODULE_V1_PADDING
};
```

这样，mytest 模块在编译时将会被加入到 ngx_modules 全局数组中。Nginx 在启动时，会调用所有模块的初始化回调方法，当然，这个例子中我们没有实现它们（也没有实现 HTTP 框架初始化时会调用的 ngx_http_module_t 中的 8 个方法）。

3.6　处理用户请求

本节介绍如何处理一个实际的 HTTP 请求。回顾一下上文，在出现 mytest 配置项时，ngx_http_mytest 方法会被调用，这时将 ngx_http_core_loc_conf_t 结构的 handler 成员指定为 ngx_http_mytest_handler，另外，HTTP 框架在接收完 HTTP 请求的头部后，会调用 handler 指向的方法。下面看一下 handler 成员的原型 ngx_http_handler_pt：

```
typedef ngx_int_t (*ngx_http_handler_pt)(ngx_http_request_t *r);
```

从上面这段代码可以看出，实际处理请求的方法 ngx_http_mytest_handler 将接收一个 ngx_http_request_t 类型的参数 r，返回一个 ngx_int_t（参见 3.2.1 节）类型的结果。下面先探讨一下 ngx_http_mytest_handler 方法可以返回什么，再看一下参数 r 包含了哪些 Nginx 已经解析完的用户请求信息。

3.6.1　处理方法的返回值

这个返回值可以是 HTTP 中响应包的返回码，其中包括了 HTTP 框架已经在 /src/http/ngx_http_request.h 文件中定义好的宏，如下所示。

```
#define NGX_HTTP_OK                        200
#define NGX_HTTP_CREATED                   201
#define NGX_HTTP_ACCEPTED                  202
#define NGX_HTTP_NO_CONTENT                204
#define NGX_HTTP_PARTIAL_CONTENT           206

#define NGX_HTTP_SPECIAL_RESPONSE          300
#define NGX_HTTP_MOVED_PERMANENTLY         301
#define NGX_HTTP_MOVED_TEMPORARILY         302
```

```
#define NGX_HTTP_SEE_OTHER                 303
#define NGX_HTTP_NOT_MODIFIED              304
#define NGX_HTTP_TEMPORARY_REDIRECT        307

#define NGX_HTTP_BAD_REQUEST               400
#define NGX_HTTP_UNAUTHORIZED              401
#define NGX_HTTP_FORBIDDEN                 403
#define NGX_HTTP_NOT_FOUND                 404
#define NGX_HTTP_NOT_ALLOWED               405
#define NGX_HTTP_REQUEST_TIME_OUT          408
#define NGX_HTTP_CONFLICT                  409
#define NGX_HTTP_LENGTH_REQUIRED           411
#define NGX_HTTP_PRECONDITION_FAILED       412
#define NGX_HTTP_REQUEST_ENTITY_TOO_LARGE  413
#define NGX_HTTP_REQUEST_URI_TOO_LARGE     414
#define NGX_HTTP_UNSUPPORTED_MEDIA_TYPE    415
#define NGX_HTTP_RANGE_NOT_SATISFIABLE     416

/* The special code to close connection without any response */
#define NGX_HTTP_CLOSE                     444
#define NGX_HTTP_NGINX_CODES               494
#define NGX_HTTP_REQUEST_HEADER_TOO_LARGE  494
#define NGX_HTTPS_CERT_ERROR               495
#define NGX_HTTPS_NO_CERT                  496

#define NGX_HTTP_TO_HTTPS                  497
#define NGX_HTTP_CLIENT_CLOSED_REQUEST     499


#define NGX_HTTP_INTERNAL_SERVER_ERROR     500
#define NGX_HTTP_NOT_IMPLEMENTED           501
#define NGX_HTTP_BAD_GATEWAY               502
#define NGX_HTTP_SERVICE_UNAVAILABLE       503
#define NGX_HTTP_GATEWAY_TIME_OUT          504
#define NGX_HTTP_INSUFFICIENT_STORAGE      507
```

注意 以上返回值除了 RFC2616 规范中定义的返回码外，还有 Nginx 自身定义的 HTTP 返回码。例如，NGX_HTTP_CLOSE 就是用于要求 HTTP 框架直接关闭用户连接的。

在 ngx_http_mytest_handler 的返回值中，如果是正常的 HTTP 返回码，Nginx 就会按照规范构造合法的响应包发送给用户。例如，假设对于 PUT 方法暂不支持，那么，在处理方法中发现方法名是 PUT 时，返回 NGX_HTTP_NOT_ALLOWED，这样 Nginx 也就会构造类似下面的响应包给用户。

```
http/1.1 405 Not Allowed
Server: nginx/1.0.14
Date: Sat, 28 Apr 2012 06:07:17 GMT
Content-Type: text/html
```

```
Content-Length: 173
Connection: keep-alive

<html>
<head><title>405 Not Allowed</title></head>
<body bgcolor="white">
<center><h1>405 Not Allowed</h1></center>
<hr><center>nginx/1.0.14</center>
</body>
</html>
```

在处理方法中除了返回HTTP响应码外，还可以返回Nginx全局定义的几个错误码，包括：

```
#define  NGX_OK          0
#define  NGX_ERROR      -1
#define  NGX_AGAIN      -2
#define  NGX_BUSY       -3
#define  NGX_DONE       -4
#define  NGX_DECLINED   -5
#define  NGX_ABORT      -6
```

这些错误码对于Nginx自身提供的大部分方法来说都是通用的。所以，当我们最后调用ngx_http_output_filter（参见3.7节）向用户发送响应包时，可以将ngx_http_output_filter的返回值作为ngx_http_mytest_handler方法的返回值使用。例如：

```
static ngx_int_t ngx_http_mytest_handler(ngx_http_request_t *r)
{
    ...

    ngx_int_t rc = ngx_http_send_header(r);
    if (rc == NGX_ERROR || rc > NGX_OK || r->header_only) {
        return rc;
    }

    return ngx_http_output_filter(r, &out);
}
```

当然，直接返回以上7个通用值也是可以的。在不同的场景下，这7个通用返回值代表的含义不尽相同。在mytest的例子中，HTTP框架在NGX_HTTP_CONTENT_PHASE阶段调用ngx_http_mytest_handler后，会将ngx_http_mytest_handler的返回值作为参数传给ngx_http_finalize_request方法，如下所示。

```
    if (r->content_handler) {
        r->write_event_handler = ngx_http_request_empty_handler;
        ngx_http_finalize_request(r, r->content_handler(r));
        return NGX_OK;
    }
```

上面的r->content_handler会指向ngx_http_mytest_handler处理方法。也就是说，事实上ngx_http_finalize_request决定了ngx_http_mytest_handler如何起作用。本章不探讨ngx_http_ finalize_request 的实现（详见 11.10 节），只简单地说明一下 4 个通用返回码，另外，在 11.10 节中介绍这 4 个返回码引发的 Nginx 一系列动作。

- NGX_OK：表示成功。Nginx 将会继续执行该请求的后续动作（如执行 subrequest 或撤销这个请求）。
- NGX_DECLINED：继续在 NGX_HTTP_CONTENT_PHASE 阶段寻找下一个对于该请求感兴趣的 HTTP 模块来再次处理这个请求。
- NGX_DONE：表示到此为止，同时 HTTP 框架将暂时不再继续执行这个请求的后续部分。事实上，这时会检查连接的类型，如果是 keepalive 类型的用户请求，就会保持住 HTTP 连接，然后把控制权交给 Nginx。这个返回码很有用，考虑以下场景：在一个请求中我们必须访问一个耗时极长的操作（比如某个网络调用），这样会阻塞住 Nginx，又因为我们没有把控制权交还给 Nginx，而是在 ngx_http_mytest_handler 中让 Nginx worker 进程休眠了（如等待网络的回包），所以，这就会导致 Nginx 出现性能问题，该进程上的其他用户请求也得不到响应。可如果我们把这个耗时极长的操作分为上下两个部分（就像 Linux 内核中对中断处理的划分），上半部分和下半部分都是无阻塞的（耗时很少的操作），这样，在 ngx_http_mytest_handler 进入时调用上半部分，然后返回 NGX_DONE，把控制交还给 Nginx，从而让 Nginx 继续处理其他请求。在下半部分被触发时（这里不探讨具体的实现方式，事实上使用 upstream 方式做反向代理时用的就是这种思想），再回调下半部分处理方法，这样就可以保证 Nginx 的高性能特性了。如果需要彻底了解 NGX_DONE 的意义，那么必须学习第 11 章内容，其中还涉及请求的引用计数内容。
- NGX_ERROR：表示错误。这时会调用 ngx_http_terminate_request 终止请求。如果还有 POST 子请求，那么将会在执行完 POST 请求后再终止本次请求。

3.6.2 获取 URI 和参数

请求的所有信息（如方法、URI、协议版本号和头部等）都可以在传入的 ngx_http_request_t 类型参数 r 中取得。ngx_http_request_t 结构体的内容很多，本节不会探讨 ngx_http_request_t 中所有成员的意义（ngx_http_request_t 结构体中的许多成员只有 HTTP 框架才感兴趣，在 11.3.1 节会更详细的说明），只介绍一下获取 URI 和参数的方法，这非常简单，因为 Nginx 提供了多种方法得到这些信息。下面先介绍相关成员的定义。

```
typedef struct ngx_http_request_s     ngx_http_request_t;
struct ngx_http_request_s {
  …
    ngx_uint_t                        method;
    ngx_uint_t                        http_version;

    ngx_str_t                         request_line;
    ngx_str_t                         uri;
    ngx_str_t                         args;
```

```
    ngx_str_t                          exten;
    ngx_str_t                          unparsed_uri;

    ngx_str_t                          method_name;
    ngx_str_t                          http_protocol;

    u_char                            *uri_start;
    u_char                            *uri_end;
    u_char                            *uri_ext;
    u_char                            *args_start;
    u_char                            *request_start;
    u_char                            *request_end;
    u_char                            *method_end;
    u_char                            *schema_start;
    u_char                            *schema_end;
    …
};
```

在对一个用户请求行进行解析时，可以得到下列 4 类信息。

（1）方法名

method 的类型是 ngx_uint_t（无符号整型），它是 Nginx 忽略大小写等情形时解析完用户请求后得到的方法类型，其取值范围如下所示。

```
#define NGX_HTTP_UNKNOWN                   0x0001
#define NGX_HTTP_GET                       0x0002
#define NGX_HTTP_HEAD                      0x0004
#define NGX_HTTP_POST                      0x0008
#define NGX_HTTP_PUT                       0x0010
#define NGX_HTTP_DELETE                    0x0020
#define NGX_HTTP_MKCOL                     0x0040
#define NGX_HTTP_COPY                      0x0080
#define NGX_HTTP_MOVE                      0x0100
#define NGX_HTTP_OPTIONS                   0x0200
#define NGX_HTTP_PROPFIND                  0x0400
#define NGX_HTTP_PROPPATCH                 0x0800
#define NGX_HTTP_LOCK                      0x1000
#define NGX_HTTP_UNLOCK                    0x2000
#define NGX_HTTP_TRACE                     0x4000
```

当需要了解用户请求中的 HTTP 方法时，应该使用 r->method 这个整型成员与以上 15 个宏进行比较，这样速度是最快的（如果使用 method_name 成员与字符串做比较，那么效率会差很多），大部分情况下推荐使用这种方式。除此之外，还可以用 method_name 取得用户请求中的方法名字符串，或者联合 request_start 与 method_end 指针取得方法名。method_name 是 ngx_str_t 类型，按照 3.2.2 节中介绍的方法使用即可。

request_start 与 method_end 的用法也很简单，其中 request_start 指向用户请求的首地址，同时也是方法名的地址，method_end 指向方法名的最后一个字符（注意，这点与其他 xxx_end 指针不同）。获取方法名时可以从 request_start 开始向后遍历，直到地址与 method_end 相同为止，这段内存存储着方法名。

注意 Nginx 中对内存的控制相当严格，为了避免不必要的内存开销，许多需要用到的成员都不是重新分配内存后存储的，而是直接指向用户请求中的相应地址。例如，method_name.data、request_start 这两个指针实际指向的都是同一个地址。而且，因为它们是简单的内存指针，不是指向字符串的指针，所以，在大部分情况下，都不能将这些 u_char* 指针当做字符串使用。

（2）URI

ngx_str_t 类型的 uri 成员指向用户请求中的 URI。同理，u_char* 类型的 uri_start 和 uri_end 也与 request_start、method_end 的用法相似，唯一不同的是，method_end 指向方法名的最后一个字符，而 uri_end 指向 URI 结束后的下一个地址，也就是最后一个字符的下一个字符地址（HTTP 框架的行为），这是大部分 u_char* 类型指针对“xxx_start”和“xxx_end”变量的用法。

ngx_str_t 类型的 exten 成员指向用户请求的文件扩展名。例如，在访问“GET /a.txt HTTP/1.1”时，exten 的值是 {len = 3, data = "txt"}，而在访问“GET /a HTTP/1.1”时，exten 的值为空，也就是 {len = 0, data = 0x0}。

uri_ext 指针指向的地址与 exten.data 相同。

unparsed_uri 表示没有进行 URL 解码的原始请求。例如，当 uri 为“/a b”时，unparsed_uri 是“/a%20b”(空格字符做完编码后是 %20)。

（3）URL 参数

args 指向用户请求中的 URL 参数。

args_start 指向 URL 参数的起始地址，配合 uri_end 使用也可以获得 URL 参数。

（4）协议版本

http_protocol 的 data 成员指向用户请求中 HTTP 协议版本字符串的起始地址，len 成员为协议版本字符串长度。

http_version 是 Nginx 解析过的协议版本，它的取值范围如下：

```
#define NGX_HTTP_VERSION_9                 9
#define NGX_HTTP_VERSION_10                1000
#define NGX_HTTP_VERSION_11                1001
```

建议使用 http_version 分析 HTTP 的协议版本。

最后，使用 request_start 和 request_end 可以获取原始的用户请求行。

3.6.3 获取 HTTP 头部

在 ngx_http_request_t* r 中就可以取到请求中的 HTTP 头部，比如使用下面的成员：

```
struct ngx_http_request_s {
    …
    ngx_buf_t                          *header_in;
```

```
    ngx_http_headers_in_t          headers_in;
    …
};
```

其中，header_in 指向 Nginx 收到的未经解析的 HTTP 头部，这里暂不关注它（在第 11 章中可以看到，header_in 就是接收 HTTP 头部的缓冲区）。ngx_http_headers_in_t 类型的 headers_in 则存储已经解析过的 HTTP 头部。下面介绍 ngx_http_headers_in_t 结构体中的成员。

```
typedef struct {
    /* 所有解析过的 HTTP 头部都在 headers 链表中，可以使用 3.2.3 节中介绍的遍历链表的方法来获取所有的 HTTP 头部。注意，这里 headers 链表的每一个元素都是 3.2.4 节介绍过的 ngx_table_elt_t 成员 */
    ngx_list_t                          headers;

    /* 以下每个 ngx_table_elt_t 成员都是 RFC2616 规范中定义的 HTTP 头部，它们实际都指向 headers 链表中的相应成员。注意，当它们为 NULL 空指针时，表示没有解析到相应的 HTTP 头部 */
    ngx_table_elt_t                  *host;
    ngx_table_elt_t                  *connection;
    ngx_table_elt_t                  *if_modified_since;
    ngx_table_elt_t                  *if_unmodified_since;
    ngx_table_elt_t                  *user_agent;
    ngx_table_elt_t                  *referer;
    ngx_table_elt_t                  *content_length;
    ngx_table_elt_t                  *content_type;

    ngx_table_elt_t                  *range;
    ngx_table_elt_t                  *if_range;

    ngx_table_elt_t                  *transfer_encoding;
    ngx_table_elt_t                  *expect;

#if (NGX_HTTP_GZIP)
    ngx_table_elt_t                  *accept_encoding;
    ngx_table_elt_t                  *via;
#endif

    ngx_table_elt_t                  *authorization;

    ngx_table_elt_t                  *keep_alive;
#if (NGX_HTTP_PROXY || NGX_HTTP_REALIP || NGX_HTTP_GEO)
    ngx_table_elt_t                  *x_forwarded_for;
#endif

#if (NGX_HTTP_REALIP)
    ngx_table_elt_t                  *x_real_ip;
#endif

#if (NGX_HTTP_HEADERS)
    ngx_table_elt_t                  *accept;
    ngx_table_elt_t                  *accept_language;
#endif

#if (NGX_HTTP_DAV)
```

```
        ngx_table_elt_t                  *depth;
        ngx_table_elt_t                  *destination;
        ngx_table_elt_t                  *overwrite;
        ngx_table_elt_t                  *date;
    #endif

        /*user 和 passwd 是只有 ngx_http_auth_basic_module 才会用到的成员，这里可以忽略 */
        ngx_str_t                         user;
        ngx_str_t                         passwd;

        /*cookies 是以 ngx_array_t 数组存储的，本章先不介绍这个数据结构，感兴趣的话可以直接跳到 7.3
节了解 ngx_array_t 的相关用法 */
        ngx_array_t                       cookies;
        // server 名称
        ngx_str_t                         server;
        // 根据 ngx_table_elt_t  *content_length 计算出的 HTTP 包体大小
        off_t                             content_length_n;
        time_t                            keep_alive_n;

       /*HTTP 连接类型，它的取值范围是 0、NGX_http_CONNECTION_CLOSE 或者 NGX_HTTP_CONNECTION_
KEEP_ALIVE*/
        unsigned                          connection_type:2;
        /* 以下 7 个标志位是 HTTP 框架根据浏览器传来的“useragent”头部，它们可用来判断浏览器的类型，
值为 1 时表示是相应的浏览器发来的请求，值为 0 时则相反 */
        unsigned                          msie:1;
        unsigned                          msie6:1;
        unsigned                          opera:1;
        unsigned                          gecko:1;
        unsigned                          chrome:1;
        unsigned                          safari:1;
        unsigned                          konqueror:1;
    } ngx_http_headers_in_t;
```

获取 HTTP 头部时，直接使用 r->headers_in 的相应成员就可以了。这里举例说明一下如何通过遍历 headers 链表获取非 RFC2616 标准的 HTTP 头部，读者可以先回顾一下 ngx_list_t 链表和 ngx_table_elt_t 结构体的用法。前面 3.2.3 节中已经介绍过，headers 是一个 ngx_list_t 链表，它存储着解析过的所有 HTTP 头部，链表中的元素都是 ngx_table_elt_t 类型。下面尝试在一个用户请求中找到“Rpc-Description”头部，首先判断其值是否为“uploadFile”，再决定后续的服务器行为，代码如下。

```
    ngx_list_part_t *part = &r->headers_in.headers.part;
    ngx_table_elt_t *header = part->elts;

    // 开始遍历链表
    for (i = 0; /* void */; i++) {
        // 判断是否到达链表中当前数组的结尾处
        if (i >= part->nelts) {
                // 是否还有下一个链表数组元素
                if (part->next == NULL) {
                    break;
                }
```

```
            /* part 设置为 next 来访问下一个链表数组；header 也指向下一个链表数组的首地址；i
设置为 0 时，表示从头开始遍历新的链表数组 */
            part = part->next;
            header = part->elts;
            i = 0;
        }

        // hash 为 0 时表示不是合法的头部
        if (header[i].hash == 0) {
            continue;
        }

        /* 判断当前的头部是否是“Rpc-Description”。如果想要忽略大小写，则应该先用 header[i].
lowcase_key 代替 header[i].key.data，然后比较字符串 */
        if (0 == ngx_strncasecmp(header[i].key.data,
                (u_char*) "Rpc-Description",
                header[i].key.len))
        {
            // 判断这个 HTTP 头部的值是否是“uploadFile”
            if (0 == ngx_strncmp(header[i].value.data,
                    "uploadFile",
                    header[i].value.len))
            {
                // 找到了正确的头部，继续向下执行
            }
        }
    }
```

对于常见的 HTTP 头部，直接获取 r->headers_in 中已经由 HTTP 框架解析过的成员即可，而对于不常见的 HTTP 头部，需要遍历 r->headers_in.headers 链表才能获得。

3.6.4　获取 HTTP 包体

HTTP 包体的长度有可能非常大，如果试图一次性调用并读取完所有的包体，那么多半会阻塞 Nginx 进程。HTTP 框架提供了一种方法来异步地接收包体：

```
ngx_int_t ngx_http_read_client_request_body(ngx_http_request_t *r, ngx_http_
client_body_handler_pt post_handler);
```

ngx_http_read_client_request_body 是一个异步方法，调用它只是说明要求 Nginx 开始接收请求的包体，并不表示是否已经接收完，当接收完所有的包体内容后，post_handler 指向的回调方法会被调用。因此，即使在调用了 ngx_http_read_client_request_body 方法后它已经返回，也无法确定这时是否已经调用过 post_handler 指向的方法。换句话说，ngx_http_read_client_request_body 返回时既有可能已经接收完请求中所有的包体（假如包体的长度很小），也有可能还没开始接收包体。如果 ngx_http_read_client_request_body 是在 ngx_http_mytest_handler 处理方法中调用的，那么后者一般要返回 NGX_DONE，因为下一步就是将它的返回值作为参数传给 ngx_http_finalize_request。NGX_DONE 的意义在 3.6.1 节中已经介绍过，这里不再赘述。

下面看一下包体接收完毕后的回调方法原型 ngx_http_client_body_handler_pt 是如何定义的：

```
typedef void (*ngx_http_client_body_handler_pt)(ngx_http_request_t *r);
```

其中，有参数 ngx_http_request_t *r，这个请求的信息都可以从 r 中获得。这样可以定义一个方法 void func(ngx_http_request_t *r)，在 Nginx 接收完包体时调用它，另外，后续的流程也都会写在这个方法中，例如：

```
void ngx_http_mytest_body_handler(ngx_http_request_t *r)
{
   …
}
```

注意 ngx_http_mytest_body_handler 的返回类型是 void，Nginx 不会根据返回值做一些收尾工作，因此，我们在该方法里处理完请求时必须要主动调用 ngx_http_finalize_request 方法来结束请求。

接收包体时可以这样写：

```
          ngx_int_t rc = ngx_http_read_client_request_body(r, ngx_http_mytest_
body_handler);

          if (rc >= NGX_HTTP_SPECIAL_RESPONSE) {
              return rc;
          }
          return NGX_DONE;
```

Nginx 异步接收 HTTP 请求的包体的内容将在 11.8 节中详述。

如果不想处理请求中的包体，那么可以调用 ngx_http_discard_request_body 方法将接收自客户端的 HTTP 包体丢弃掉。例如：

```
ngx_int_t rc = ngx_http_discard_request_body(r);
if (rc != NGX_OK) {
    return rc;
}
```

ngx_http_discard_request_body 只是丢弃包体，不处理包体不就行了吗？何必还要调用 ngx_http_discard_request_body 方法呢？其实这一步非常有意义，因为有些客户端可能会一直试图发送包体，而如果 HTTP 模块不接收发来的 TCP 流，有可能造成客户端发送超时。

接收完请求的包体后，可以在 r->request_body->temp_file->file 中获取临时文件（假定将 r->request_body_in_file_only 标志位设为 1，那就一定可以在这个变量获取到包体。更复杂的接收包体的方式本节暂不讨论）。file 是一个 ngx_file_t 类型，在 3.8 节会详细介绍它的用法。这里，我们可以从 r->request_body->temp_file->file.name 中获取 Nginx 接收到的请求包体所在文件的名称（包括路径）。

3.7　发送响应

请求处理完毕后，需要向用户发送HTTP响应，告知客户端Nginx的执行结果。HTTP响应主要包括响应行、响应头部、包体三部分。发送HTTP响应时需要执行发送HTTP头部（发送HTTP头部时也会发送响应行）和发送HTTP包体两步操作。本节将以发送经典的“Hello World”为例来说明如何发送响应。

3.7.1　发送HTTP头部

下面看一下HTTP框架提供的发送HTTP头部的方法，如下所示。

```
ngx_int_t ngx_http_send_header(ngx_http_request_t *r);
```

调用ngx_http_send_header时把ngx_http_request_t对象传给它即可，而ngx_http_send_header的返回值是多样的，在本节中，可以认为返回NGX_ERROR或返回值大于0就表示不正常，例如：

```
ngx_int_t  rc = ngx_http_send_header(r);
if (rc == NGX_ERROR || rc > NGX_OK || r->header_only) {
    return rc;
}
```

下面介绍设置响应中的HTTP头部的过程。

如同headers_in，ngx_http_request_t也有一个headers_out成员，用来设置响应中的HTTP头部，如下所示。

```
struct ngx_http_request_s {
   …
    ngx_http_headers_in_t                 headers_in;
    ngx_http_headers_out_t                headers_out;
   …
};
```

只要指定headers_out中的成员，就可以在调用ngx_http_send_header时正确地把HTTP头部发出。下面介绍headers_out的结构类型ngx_http_headers_out_t。

```
typedef struct {
    // 待发送的 HTTP 头部链表，与 headers_in 中的 headers 成员类似
    ngx_list_t                            headers;

    /* 响应中的状态值，如 200 表示成功。这里可以使用 3.6.1 节中介绍过的各个宏，如 NGX_HTTP_OK */
    ngx_uint_t                            status;
    // 响应的状态行，如“HTTP/1.1 201 CREATED”
    ngx_str_t                             status_line;

    /* 以下成员（包括 ngx_table_elt_t）都是 RFC1616 规范中定义的 HTTP 头部，设置后，ngx_http_
header_filter_module 过滤模块可以把它们加到待发送的网络包中 */
    ngx_table_elt_t                      *server;
```

```
    ngx_table_elt_t                  *date;
    ngx_table_elt_t                  *content_length;
    ngx_table_elt_t                  *content_encoding;
    ngx_table_elt_t                  *location;
    ngx_table_elt_t                  *refresh;
    ngx_table_elt_t                  *last_modified;
    ngx_table_elt_t                  *content_range;
    ngx_table_elt_t                  *accept_ranges;
    ngx_table_elt_t                  *www_authenticate;
    ngx_table_elt_t                  *expires;
    ngx_table_elt_t                  *etag;

    ngx_str_t                        *override_charset;

    /* 可以调用 ngx_http_set_content_type(r) 方法帮助我们设置 Content-Type 头部，这个方法
会根据 URI 中的文件扩展名并对应着 mime.type 来设置 Content-Type 值 */
    size_t                            content_type_len;
    ngx_str_t                         content_type;
    ngx_str_t                         charset;
    u_char                           *content_type_lowcase;
    ngx_uint_t                        content_type_hash;

    ngx_array_t                       cache_control;
    /* 在这里指定过 content_length_n 后，不用再次到 ngx_table_elt_t *content_ length 中
设置响应长度 */
    off_t                             content_length_n;
    time_t                            date_time;
    time_t                            last_modified_time;
} ngx_http_headers_out_t;
```

在向 headers 链表中添加自定义的 HTTP 头部时，可以参考 3.2.3 节中 ngx_list_push 的使用方法。这里有一个简单的例子，如下所示。

```
ngx_table_elt_t* h = ngx_list_push(&r->headers_out.headers);
if (h == NULL) {
   return NGX_ERROR;
}

h->hash = 1;
h->key.len = sizeof("TestHead") - 1;
h->key.data = (u_char *) "TestHead";
h->value.len = sizeof("TestValue") - 1;
h->value.data = (u_char *) "TestValue";
```

这样将会在响应中新增一行 HTTP 头部：

```
TestHead: TestValue\r\n
```

如果发送的是一个不含有 HTTP 包体的响应，这时就可以直接结束请求了（例如，在 ngx_http_mytest_handler 方法中，直接在 ngx_http_send_header 方法执行后将其返回值 return 即可）。

注意　ngx_http_send_header方法会首先调用所有的HTTP过滤模块共同处理headers_out中定义的HTTP响应头部，全部处理完毕后才会序列化为TCP字符流发送到客户端，相关流程可参见11.9.1节。

3.7.2　将内存中的字符串作为包体发送

调用ngx_http_output_filter方法即可向客户端发送HTTP响应包体，下面查看一下此方法的原型，如下所示。

```
ngx_int_t ngx_http_output_filter(ngx_http_request_t *r, ngx_chain_t *in);
```

ngx_http_output_filter的返回值在mytest例子中不需要处理，通过在ngx_http_mytest_handler方法中返回的方式传递给ngx_http_finalize_request即可。ngx_chain_t结构已经在3.2.6节中介绍过，它仅用于容纳ngx_buf_t缓冲区，所以需要先了解一下如何使用ngx_buf_t分配内存。下面介绍Nginx的内存池是如何分配内存的。

为了减少内存碎片的数量，并通过统一管理来减少代码中出现内存泄漏的可能性，Nginx设计了ngx_pool_t内存池数据结构。本章我们不会深入分析内存池的实现，只关注内存池的用法。在ngx_http_mytest_handler处理方法传来的ngx_http_request_t对象中就有这个请求的内存池管理对象，我们对内存池的操作都可以基于它来进行，这样，在这个请求结束的时候，内存池分配的内存也都会被释放。

```
struct ngx_http_request_s {
    …
    ngx_pool_t *pool;
   …
};
```

实际上，在r中可以获得许多内存池对象，这些内存池的大小、意义及生存期各不相同。第3部分会涉及许多内存池，本章使用r->pool内存池即可。有了ngx_pool_t对象后，可以从内存池中分配内存。例如，下面这个基本的申请分配内存的方法：

```
void *ngx_palloc(ngx_pool_t *pool, size_t size);
```

其中，ngx_palloc函数将会从pool内存池中分配到size字节的内存，并返回这段内存的起始地址。如果返回NULL空指针，则表示分配失败。还有一个封装了ngx_palloc的函数ngx_pcalloc，它多做了一件事，就是把ngx_palloc申请到的内存块全部置为0，虽然，多数情况下更适合用ngx_pcalloc来分配内存。

假如要分配一个ngx_buf_t结构，可以这样做：

```
ngx_buf_t* b = ngx_pcalloc(r->pool, sizeof(ngx_buf_t));
```

这样，ngx_buf_t中的成员指向的内存仍然可以继续分配，例如：

```
b->start = (u_char*)ngx_pcalloc(r->pool, 128);
```

```
b->pos = b->start;
b->last = b->start;
b->end = b->last + 128;
b->temporary = 1;
```

实际上，Nginx还封装了一个生成ngx_buf_t的简便方法，它完全等价于上面的6行语句，如下所示。

```
ngx_buf_t *b = ngx_create_temp_buf(r->pool, 128);
```

分配完内存后，可以向这段内存写入数据。当写完数据后，要让b->last指针指向数据的末尾，如果b->last与b->pos相等，那么HTTP框架是不会发送一个字节的包体的。

最后，把上面的ngx_buf_t *b用ngx_chain_t传给ngx_http_output_filter方法就可以发送HTTP响应的包体内容了。例如：

```
ngx_chain_t out;
out.buf = b;
out.next = NULL;

return ngx_http_output_filter(r, &out);
```

注意 在向用户发送响应包体时，必须牢记Nginx是全异步的服务器，也就是说，不可以在进程的栈里分配内存并将其作为包体发送。当ngx_http_output_filter方法返回时，可能由于TCP连接上的缓冲区还不可写，所以导致ngx_buf_t缓冲区指向的内存还没有发送，可这时方法返回已把控制权交给Nginx了，又会导致栈里的内存被释放，最后就会造成内存越界错误。因此，在发送响应包体时，尽量将ngx_buf_t中的pos指针指向从内存池里分配的内存。

3.7.3 经典的“Hello World”示例

下面以经典的返回“Hello World”为例来编写一个最小的HTTP处理模块，以此介绍完整的ngx_http_mytest_handler处理方法。

```
static ngx_int_t ngx_http_mytest_handler(ngx_http_request_t *r)
{
    //必须是GET或者HEAD方法，否则返回405 Not Allowed
    if (!(r->method & (NGX_HTTP_GET|NGX_HTTP_HEAD))) {
        return NGX_HTTP_NOT_ALLOWED;
    }

    //丢弃请求中的包体
    ngx_int_t rc = ngx_http_discard_request_body(r);
    if (rc != NGX_OK) {
        return rc;
    }
```

```
    /* 设置返回的 Content-Type。注意，ngx_str_t 有一个很方便的初始化宏 ngx_string，它可以
把 ngx_str_t 的 data 和 len 成员都设置好 */
    ngx_str_t type = ngx_string("text/plain");
    // 返回的包体内容
    ngx_str_t response = ngx_string("Hello World!");
    // 设置返回状态码
    r->headers_out.status = NGX_HTTP_OK;
    // 响应包是有包体内容的，需要设置 Content-Length 长度
    r->headers_out.content_length_n = response.len;
    // 设置 Content-Type
    r->headers_out.content_type = type;

    // 发送 HTTP 头部
    rc = ngx_http_send_header(r);
    if (rc == NGX_ERROR || rc > NGX_OK || r->header_only) {
        return rc;
    }

    // 构造 ngx_buf_t 结构体准备发送包体
    ngx_buf_t *b;
    b = ngx_create_temp_buf(r->pool, response.len);
    if (b == NULL) {
        return NGX_HTTP_INTERNAL_SERVER_ERROR;
    }
    // 将 Hello World 复制到 ngx_buf_t 指向的内存中
    ngx_memcpy(b->pos, response.data, response.len);
    // 注意，一定要设置好 last 指针
    b->last = b->pos + response.len;
    // 声明这是最后一块缓冲区
    b->last_buf = 1;

    // 构造发送时的 ngx_chain_t 结构体
    ngx_chain_t out;
    // 赋值 ngx_buf_t
    out.buf = b;
    // 设置 next 为 NULL
    out.next = NULL;

    /* 最后一步为发送包体，发送结束后 HTTP 框架会调用 ngx_http_finalize_request 方法结束请求 */
    return ngx_http_output_filter(r, &out);
}
```

3.8 将磁盘文件作为包体发送

上文讨论了如何将内存中的数据作为包体发送给客户端，而在发送文件时完全可以先把文件读取到内存中再向用户发送数据，但是这样做会有两个缺点：

- 为了不阻塞 Nginx，每次只能读取并发送磁盘中的少量数据，需要反复持续多次。
- Linux 上高效的 sendfile 系统调用不需要先把磁盘中的数据读取到用户态内存再发送到网络中。

当然，Nginx 已经封装好了多种接口，以便将磁盘或者缓存中的文件发送给用户。

3.8.1 如何发送磁盘中的文件

发送文件时使用的是 3.7 节中所介绍的接口。例如：

```
ngx_chain_t out;
out.buf = b;
out.next = NULL;

return ngx_http_output_filter(r, &out);
```

两者不同的地方在于如何设置 ngx_buf_t 缓冲区。在 3.2.5 节中介绍过，ngx_buf_t 有一个标志位 in_file，将 in_file 置为 1 就表示这次 ngx_buf_t 缓冲区发送的是文件而不是内存。调用 ngx_http_output_filter 后，若 Nginx 检测到 in_file 为 1，将会从 ngx_buf_t 缓冲区中的 file 成员处获取实际的文件。file 的类型是 ngx_file_t，下面看一下 ngx_file_t 的结构。

```
typedef struct ngx_file_s ngx_file_t;
struct ngx_file_s {
    // 文件句柄描述符
    ngx_fd_t fd;
    // 文件名称
    ngx_str_t name;
    // 文件大小等资源信息，实际就是 Linux 系统定义的 stat 结构
    ngx_file_info_t info;

    /* 该偏移量告诉 Nginx 现在处理到文件何处了，一般不用设置它，Nginx 框架会根据当前发送状态设置它 */
    off_t offset;
    // 当前文件系统偏移量，一般不用设置它，同样由 Nginx 框架设置
    off_t sys_offset;

    // 日志对象，相关的日志会输出到 log 指定的日志文件中
    ngx_log_t *log;
    // 目前未使用
    unsigned valid_info:1;
    // 与配置文件中的 directio 配置项相对应，在发送大文件时可以设为 1
    unsigned directio:1;
};
```

fd 是打开文件的句柄描述符，打开文件这一步需要用户自己来做。Nginx 简单封装了一个宏用来代替 open 系统的调用，如下所示。

```
#define ngx_open_file(name, mode, create, access) \
    open((const char *) name, mode|create, access)
```

实际上，ngx_open_file 与 open 方法的区别不大，ngx_open_file 返回的是 Linux 系统的文件句柄。对于打开文件的标志位，Nginx 也定义了以下几个宏来加以封装。

```
#define NGX_FILE_RDONLY O_RDONLY
#define NGX_FILE_WRONLY O_WRONLY
```

```
#define NGX_FILE_RDWR O_RDWR
#define NGX_FILE_CREATE_OR_OPEN O_CREAT
#define NGX_FILE_OPEN 0
#define NGX_FILE_TRUNCATE O_CREAT|O_TRUNC
#define NGX_FILE_APPEND O_WRONLY|O_APPEND
#define NGX_FILE_NONBLOCK O_NONBLOCK

#define NGX_FILE_DEFAULT_ACCESS 0644
#define NGX_FILE_OWNER_ACCESS 0600
```

因此，在打开文件时只需要把文件路径传递给name参数，并把打开方式传递给mode、create、access参数即可。例如：

```
ngx_buf_t *b;
b = ngx_palloc(r->pool, sizeof(ngx_buf_t));

u_char* filename = (u_char*)"/tmp/test.txt";
b->in_file = 1;
b->file = ngx_pcalloc(r->pool, sizeof(ngx_file_t));
b->file->fd = ngx_open_file(filename, NGX_FILE_RDONLY|NGX_FILE_NONBLOCK, NGX_
FILE_OPEN, 0);
b->file->log = r->connection->log;
b->file->name.data = filename;
b->file->name.len = strlen(filename);
if (b->file->fd <= 0)
{
   return NGX_HTTP_NOT_FOUND;
}
```

到这里其实还没有结束，还需要告知Nginx文件的大小，包括设置响应中的Content-Length头部，以及设置ngx_buf_t缓冲区的file_pos和file_last。实际上，通过ngx_file_t结构里ngx_file_info_t类型的info变量就可以获取文件信息：

```
typedef struct stat ngx_file_info_t;
```

Nginx不只对stat数据结构做了封装，对于由操作系统中获取文件信息的stat方法，Nginx也使用一个宏进行了简单的封装，如下所示：

```
#define ngx_file_info(file, sb)  stat((const char *) file, sb)
```

因此，获取文件信息时可以先这样写：

```
if (ngx_file_info(filename, &b->file->info) == NGX_FILE_ERROR) {
   return NGX_HTTP_INTERNAL_SERVER_ERROR;
}
```

之后必须要设置Content-Length头部：

```
r->headers_out.content_length_n = b->file->info.st_size;
```

还需要设置ngx_buf_t缓冲区的file_pos和file_last：

```
b->file_pos = 0;
b->file_last = b->file->info.st_size;
```

这里是告诉 Nginx 从文件的 file_pos 偏移量开始发送文件，一直到达 file_last 偏移量处截止。

注意 当磁盘中有大量的小文件时，会占用 Linux 文件系统中过多的 inode 结构，这时，成熟的解决方案会把许多小文件合并成一个大文件。在这种情况下，当有需要时，只要把上面的 file_pos 和 file_last 设置为合适的偏移量，就可以只发送合并大文件中的某一块内容（原来的小文件），这样就可以大幅降低小文件数量。

3.8.2 清理文件句柄

Nginx 会异步地将整个文件高效地发送给用户，但是我们必须要求 HTTP 框架在响应发送完毕后关闭已经打开的文件句柄，否则将会出现句柄泄露问题。设置清理文件句柄也很简单，只需要定义一个 ngx_pool_cleanup_t 结构体（这是最简单的方法，HTTP 框架还提供了其他方式，在请求结束时回调各个 HTTP 模块的 cleanup 方法，将在第 11 章介绍），将我们刚得到的文件句柄等信息赋给它，并将 Nginx 提供的 ngx_pool_cleanup_file 函数设置到它的 handler 回调方法中即可。首先介绍一下 ngx_pool_cleanup_t 结构体。

```
typedef struct ngx_pool_cleanup_s  ngx_pool_cleanup_t;

struct ngx_pool_cleanup_s {
    // 执行实际清理资源工作的回调方法
    ngx_pool_cleanup_pt   handler;
    //handler 回调方法需要的参数
    void *data;
    // 下一个 ngx_pool_cleanup_t 清理对象，如果没有，需置为 NULL
    ngx_pool_cleanup_t *next;
};
```

设置好 handler 和 data 成员就有可能要求 HTTP 框架在请求结束前传入 data 成员回调 handler 方法。接着，介绍一下专用于关闭文件句柄的 ngx_pool_cleanup_file 方法。

```
void ngx_pool_cleanup_file(void *data)
{
    ngx_pool_cleanup_file_t  *c = data;

    ngx_log_debug1(NGX_LOG_DEBUG_ALLOC, c->log, 0, "file cleanup: fd:%d",c->fd);

    if (ngx_close_file(c->fd) == NGX_FILE_ERROR) {
        ngx_log_error(NGX_LOG_ALERT, c->log, ngx_errno,
                      ngx_close_file_n " \"%s\" failed", c->name);
    }
}
```

ngx_pool_cleanup_file的作用是把文件句柄关闭。从上面的实现中可以看出，ngx_pool_cleanup_file方法需要一个ngx_pool_cleanup_file_t类型的参数，那么，如何提供这个参数呢？在ngx_pool_cleanup_t结构体的data成员上赋值即可。下面介绍一下ngx_pool_cleanup_file_t的结构。

```
typedef struct {
    // 文件句柄
    ngx_fd_t fd;
    // 文件名称
    u_char *name;
    // 日志对象
    ngx_log_t *log;
} ngx_pool_cleanup_file_t;
```

可以看到，ngx_pool_cleanup_file_t中的对象在ngx_buf_t缓冲区的file结构体中都出现过了，意义也是相同的。对于file结构体，我们在内存池中已经为它分配过内存，只有在请求结束时才会释放，因此，这里简单地引用file里的成员即可。清理文件句柄的完整代码如下。

```
    ngx_pool_cleanup_t* cln = ngx_pool_cleanup_add(r->pool, sizeof(ngx_pool_
cleanup_file_t));
    if (cln == NULL) {
       return NGX_ERROR;
    }

    cln->handler = ngx_pool_cleanup_file;
    ngx_pool_cleanup_file_t  *clnf = cln->data;

    clnf->fd = b->file->fd;
    clnf->name = b->file->name.data;
    clnf->log = r->pool->log;
```

ngx_pool_cleanup_add用于告诉HTTP框架，在请求结束时调用cln的handler方法清理资源。

至此，HTTP模块已经可以向客户端发送文件了。下面介绍一下如何支持多线程下载与断点续传。

3.8.3　支持用户多线程下载和断点续传

RFC2616规范中定义了range协议，它给出了一种规则使得客户端可以在一次请求中只下载完整文件的某一部分，这样就可支持客户端在开启多个线程的同时下载一份文件，其中每个线程仅下载文件的一部分，最后组成一个完整的文件。range也支持断点续传，只要客户端记录了上次中断时已经下载部分的文件偏移量，就可以要求服务器从断点处发送文件之后的内容。

Nginx对range协议的支持非常好，因为range协议主要增加了一些HTTP头部处理流程，以及发送文件时的偏移量处理。在第1章中曾说过，Nginx设计了HTTP过滤模块，每一个请求可以由许多个HTTP过滤模块处理，而http_range_header_filter模块就是用来处理

HTTP 请求头部 range 部分的，它会解析客户端请求中的 range 头部，最后告知在发送 HTTP 响应包体时将会调用到的 ngx_http_range_body_filter_module 模块，该模块会按照 range 协议修改指向文件的 ngx_buf_t 缓冲区中的 file_pos 和 file_last 成员，以此实现仅发送一个文件的部分内容到客户端。

其实，支持 range 协议对我们来说很简单，只需要在发送前设置 ngx_http_request_t 的成员 allow_ranges 变量为 1 即可，之后的工作都会由 HTTP 框架完成。例如：

```
r->allow_ranges = 1;
```

这样，我们就支持了多线程下载和断点续传功能。

3.9 用 C++ 语言编写 HTTP 模块

Nginx 及其官方模块都是由 C 语言开发的，那么能不能使用 C++ 语言来开发 Nginx 模块呢？ C 语言是面向过程的编程语言，C++ 则是面向对象的编程语言，面向对象与面向过程的优劣这里暂且不论，存在即合理。当我们由于各种原因需要使用 C++ 语言实现一个 Nginx 模块时（例如，某个子功能是用 C++ 语言写成，或者开发团队对 C++ 语言更熟练，又或者就是喜欢使用 C++ 语言），尽管 Nginx 本身并没有提供相应的方法支持这样做，但由于 C 语言与 C++ 语言的近亲特性，我们还是可以比较容易达成此目的的。

首先需要弄清楚相关解决方案的设计思路。

- 不要试图用 C++ 编译器（如 G++）来编译 Nginx 的官方代码，这会带来大量的不可控错误。正确的做法是仍然用 C 编译器来编译 Nginx 官方提供的各模块，而用 C++ 编译器来编译用 C++ 语言开发的模块，最后利用 C++ 向前兼容 C 语言的特性，使用 C++ 编译器把所有的目标文件链接起来（包括 C 编译器由 Nginx 官方模块生成的目标文件和 C++ 编译器由第三方模块生成的目标文件），这样才可以正确地生成二进制文件 Nginx。
- 保证 C++ 编译的 Nginx 模块与 C 编译的 Nginx 模块互相适应。所谓互相适应就是 C++ 模块要能够调用 Nginx 框架提供的 C 语言方法，而 Nginx 的 HTTP 框架也要能够正常地回调 C++ 模块中的方法去处理请求。这一点用 C++ 提供的 extern“C”特性即可实现。

下面详述如何实现上述两点内容。

3.9.1 编译方式的修改

Nginx 的 configure 脚本没有对 C++ 语言编译模块提供支持，因此，修改编译方式就有以下两种思路：

1）修改 configure 相关的脚本。

2）修改 configure 执行完毕后生成的 Makefile 文件。

我们推荐使用第 2 种方法，因为 Nginx 的一个优点是具备大量的第三方模块，这些模块都是基于官方的 configure 脚本而写的，擅自修改 configure 脚本会导致我们的 Nginx 无法使用第三方模块。

修改 Makefile 其实是很简单的。首先我们根据 3.3.2 节介绍的方式来执行 configure 脚本，之后会生成 objs/Makefile 文件，此时只需要修改这个文件的 3 处即可实现 C++ 模块。这里还是以 mytest 模块为例，代码如下。

```
    CC =   gcc
    CXX = g++
    CFLAGS =  -pipe  -O -W -Wall -Wpointer-arith -Wno-unused-parameter -Wunused-
function -Wunused-variable -Wunused-value -Werror -g
    CPP =   gcc -E
    LINK =  $(CXX)

    …
    objs/addon/httpmodule/ngx_http_mytest_module.o: $(ADDON_DEPS) \
            ../sample/httpmodule/ngx_http_mytest_module.c
            $(CXX) -c $(CFLAGS)  $(ALL_INCS) \
                    -o objs/addon/httpmodule/ngx_http_mytest_module.o \
                    ../sample/httpmodule/ngx_http_mytest_module.cpp
    …
```

下面解释一下上述代码中修改的地方。

- 在 Makefile 文件首部新增了一行 CXX = g++，即添加了 C++ 编译器。
- 把链接方式 LINK = $(CC) 改为了 LINK = $(CXX)，表示用 C++ 编译器做最后的链接。
- 把模块的编译方式修改为 C++ 编译器。如果我们只有一个 C++ 源文件，则只要修改一处，但如果有多个 C++ 源文件，则每个地方都需要修改。修改方式是把 $(CC) 改为 $(CXX)。

这样，编译方式即修改完毕。修改源文件后不要轻易执行 configure 脚本，否则会覆盖已经修改过的 Makefile。建议将修改过的 Makefile 文件进行备份，避免每次执行 configure 后重新修改 Makefile。

确保在操作系统上已经安装了 C++ 编译器。请参照 1.3.2 节中的方式安装 gcc-c++ 编译器。

3.9.2　程序中的符号转换

C 语言与 C++ 语言最大的不同在于编译后的符号有差别（C++ 为了支持多种面向对象特性，如重载、类等，编译后的方法名与 C 语言完全不同），这可以通过 C++ 语言提供的 extern“C”{} 来实现符号的互相识别。也就是说，在 C++ 语言开发的模块中，include 包含的 Nginx 官方头文件都需要使用 extern“C”括起来。例如：

```
extern "C" {
    #include <ngx_config.h>
    #include <ngx_core.h>
    #include <ngx_http.h>
}
```

这样就可以正常地调用 Nginx 的各种方法了。

另外，对于希望 Nginx 框架回调的类似于 ngx_http_mytest_handler 这样的方法也需要放在 extern“C”中。

3.10 小结

本章讲述了如何开发一个基本的 HTTP 模块，这里除了获取请求的包体外没有涉及异步处理问题。通过本章的学习，读者应该可以轻松地编写一个简单的 HTTP 模块了，既可以获取到用户请求中的任何信息，也可以发送任意的响应给用户。当然，处理方法必须是快速、无阻塞的，因为 Nginx 在调用例子中的 ngx_http_mytest_handler 方法时是阻塞了整个 Nginx 进程的，所以 ngx_http_mytest_handler 或类似的处理方法中是不能有耗时很长的操作的。

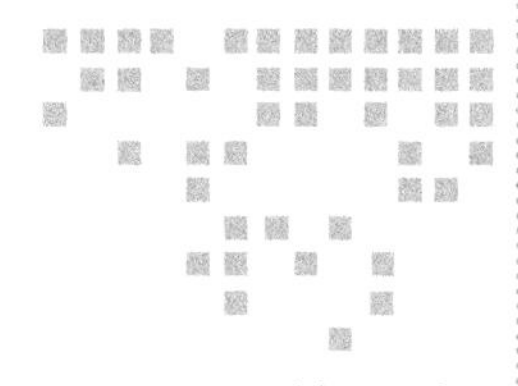

第 4 章 Chapter 4

配置、error 日志和请求上下文

在开发功能灵活的 Nginx 模块时，需要从配置文件中获取特定的信息，不过，不需要再编写一套读取配置的系统，Nginx 已经为用户提供了强大的配置项解析机制，同时它还支持“-s reload”命令——在不重启服务的情况下可使配置生效。4.1 节会回顾第 2 章中 http 配置项的一些特点，4.2 节中会全面讨论如何使用 http 配置项，包括使用 Nginx 预设的解析方法（可以少写许多代码）或者自定义配置项的解析方式，如果读者对其中较复杂的配置块嵌套关系有疑问，在 4.3 节中会从 HTTP 框架的实现机制上解释 http 配置项的模型。

开发复杂的 Nginx 模块时，如何定位代码上的问题是必须考虑的前提条件，此时输出各种日志就显得很关键了，4.4 节中会讨论 Nginx 为用户准备好的输出日志方法。

编写全异步的 HTTP 模块时，必须要有上下文来维持一个请求的必要信息，在 4.5 节中，首先探讨请求的上下文与全异步实现的 Nginx 服务之间的关系，以及如何使用 HTTP 上下文，然后简单描述 HTTP 框架是如何管理请求的上下文结构体的。

4.1 http 配置项的使用场景

在第 2 章中通过多样化修改 nginx.conf 文件中的配置项，实现了复杂的 Web 服务器功能。其中，http{...} 内的配置项最为复杂，在 http 配置块内还有 server 块、location 块等，同一个配置项可以同时出现在多个 http 块、server 块或 location 块内。

那么，如何解析这样的配置项呢？在第 3 章中的 mytest 例子中，又是怎样获取 nginx.conf 中的配置的呢？当同一个配置在 http 块、server 块、location 块中同时出现时，应当选择哪一个块下的配置呢？当多个不同 URI 表达式下的 location 都配置了 mytest 这个配置项，然而后面的参数值却不同时，Nginx 是如何处理的呢？这些就是本章将要回答的问题。

我们先来看一个例子，有一个配置项 test_str，它在多个块内都出现了，如下所示。

```
http {
   test_str main;

   server {
         listen 80;
         test_str server80;

         location /url1 {
                  mytest;
                  test_str loc1;
         }

         location /url2 {
                  mytest;
                  test_str loc2;
         }
   }

   server {
         listen 8080;
         test_str server8080;
         location /url3 {
                  mytest;
                  test_str loc3;
         }
   }
}
```

在上面的配置文件中，test_str 这个配置项在 http 块内出现的值为 main，在监听 80 端口的 server 块内 test_str 值为 server80，该 server 块内有两个 location 都是由第 3 章中定义的 mytest 模块处理的，而且每个 location 中又重新设置了 test_str 的值，分别为 loc1 和 loc2。在这之后又定义了监听 8080 端口的 server 块，并重定义 test_str 的值为 server8080，这个 server 块内定义的一个 location 也是由 mytest 模块处理的，而且这个 location 内再次重定义了 test_str 的值为 loc3。（事实上不只是例子中的 server 块可以嵌套 location 块，location 块之间还可以继续嵌套，这样 test_str 的值就更复杂了，上例中没有出现 location 中进一步反复嵌套 location 的场景。在 4.3.3 节讨论 HTTP 框架如何合并配置项时涉及了 location 块的反复嵌套问题，请读者注意。）

在这段很短的配置中，mytest 模块将会处理两个监听端口上建立的 TCP 连接，以及 3 种 HTTP 请求，请求的 URL 分别对应着 /url1、/url2、/url3。假设 mytest 模块必须取出 test_str 配置项的参数，可是在以上的例子中 test_str 出现了 6 个不同的参数值，分别为 main、server80、server8080、loc1、loc2、loc3，那么在 mytest 模块中我们取到的 test_str 值以哪一个为准呢？

事实上，Nginx 的设计是非常灵活的（实际上这是第 10 章将要介绍的 HTTP 框架设计的），它在每一个 http 块、server 块或 location 块下，都会生成独立的数据结构来存放配置项。

因此，我们允许当用户访问的请求不同时（如请求的 URL 分别是 /url1、/url2、/url3），配置项 test_str 可以具有不同的值。那么，当请求是 /url1 时，test_str 的值应当是 location 块下的 loc1，还是这个 location 所属的 server 块下的 server80，又或者是其所属 http 块下的值 main 呢？完全由 mytest 模块自己决定，我们可以定义这个行为。下面在 4.2 节中将说明如何灵活地使用配置项，在 4.3 节中将探讨 Nginx 实际上是如何实现 http 配置功能的。

4.2　怎样使用 http 配置

事实上，在第 3 章中已经使用过 mytest 配置项，只不过当时 mytest 配置项是没有值的，只是用来标识当 location 块内出现 mytest 配置项时就启用 mytest 模块，从而处理匹配该 location 表达式的用户请求。本章将由易到难来阐述 HTTP 模块是怎样获得感兴趣的配置项的。

处理 http 配置项可以分为下面 4 个步骤：

1）创建数据结构用于存储配置项对应的参数。

2）设定配置项在 nginx.conf 中出现时的限制条件与回调方法。

3）实现第 2 步中的回调方法，或者使用 Nginx 框架预设的 14 个回调方法。

4）合并不同级别的配置块中出现的同名配置项。

不过，这 4 个步骤如何与 Nginx 有机地结合起来呢？就是通过第 3 章中介绍过的两个数据结构 ngx_http_module_t 和 ngx_command_t，它们都是定义一个 HTTP 模块时不可或缺的部分。

4.2.1　分配用于保存配置参数的数据结构

首先需要创建一个结构体，其中包含了所有我们感兴趣的参数。为了说明 14 种预设配置项的解析方法，我们将在这个结构体中定义 14 个成员，存储感兴趣的配置项参数。例如：

```
typedef struct {
    ngx_str_t            my_str;
    ngx_int_t            my_num;
    ngx_flag_t           my_flag;
    size_t               my_size;
    ngx_array_t*         my_str_array;
    ngx_array_t*         my_keyval;
    off_t                my_off;
    ngx_msec_t           my_msec;
    time_t               my_sec;
    ngx_bufs_t           my_bufs;
    ngx_uint_t           my_enum_seq;
    ngx_uint_t           my_bitmask;
    ngx_uint_t           my_access;
    ngx_path_t*          my_path;
} ngx_http_mytest_conf_t;
```

ngx_http_mytest_conf_t 中的 14 个成员存储的配置项都不相同，读者可暂时忽略上面

ngx_http_mytest_conf_t 结构中一些没见过的 Nginx 数据结构，这些将在 4.2.3 节中介绍。

为什么要这么严格地用一个结构体来存储配置项的参数值，而不是随意地定义几个全局变量来存储它们呢？这就要回到 4.1 节中例子的使用场景了，多个 location 块（或者 http 块、server 块）中的相同配置项是允许同时生效的，也就是说，我们刚刚定义的 ngx_http_mytest_conf_t 结构必须在 Nginx 的内存中保存许多份。事实上，HTTP 框架在解析 nginx.conf 文件时只要遇到 http {}、server {} 或者 location {} 配置块就会立刻分配一个新的 ngx_http_mytest_conf_t 结构体。因此，HTTP 模块感兴趣的配置项需要统一地使用一个 struct 结构体来保存（否则 HTTP 框架无法管理），如果 nginx.conf 文件中在 http{} 下有多个 server{} 或者 location{}，那么这个 struct 结构体在 Nginx 进程中就会存在多份实例。

Nginx 怎样管理我们自定义的存储配置的结构体 ngx_http_mytest_conf_t 呢？很简单，通过第 3 章中曾经提到的 ngx_http_module_t 中的回调方法。下面回顾一下 ngx_http_module_t 的定义。

```
typedef struct {
    ngx_int_t (*preconfiguration)(ngx_conf_t *cf);
    ngx_int_t (*postconfiguration)(ngx_conf_t *cf);

    void *(*create_main_conf)(ngx_conf_t *cf);
    char *(*init_main_conf)(ngx_conf_t *cf, void *conf);

    void *(*create_srv_conf)(ngx_conf_t *cf);
    char *(*merge_srv_conf)(ngx_conf_t *cf, void *prev, void *conf);

    void *(*create_loc_conf)(ngx_conf_t *cf);
    char *(*merge_loc_conf)(ngx_conf_t *cf, void *prev, void *conf);
} ngx_http_module_t;
```

其中，create_main_conf、create_srv_conf、create_loc_conf 这 3 个回调方法负责把我们分配的用于保存配置项的结构体传递给 HTTP 框架。下面解释一下为什么不是定义 1 个而是定义 3 个回调方法。

HTTP 框架定义了 3 个级别的配置 main、srv、loc，分别表示直接出现在 http{}、server{}、location{} 块内的配置项。当 nginx.conf 中出现 http{} 时，HTTP 框架会接管配置文件中 http {} 块内的配置项解析，之后的流程可以由 4.3.1 节中的图 4-1 来了解。当遇到 http{...} 配置块时，HTTP 框架会调用所有 HTTP 模块可能实现的 create_main_conf、create_srv_conf 、create_loc_conf 方法生成存储 main 级别配置参数的结构体；在遇到 server{...} 块时会再次调用所有 HTTP 模块的 create_srv_conf 、create_loc_conf 回调方法生成存储 srv 级别配置参数的结构体；在遇到 location{...} 时则会再次调用 create_loc_conf 回调方法生成存储 loc 级别配置参数的结构体。因此，实现这 3 个回调方法的意义是不同的，例如，对于 mytest 模块来说，在 http{} 块内只会调用 1 次 create_main_conf，而 create_loc_conf 可能会被调用许多次，也就是有许多个由 create_loc_conf 生成的结构体。

普通的 HTTP 模块往往只实现 create_loc_conf 回调方法，因为它们只关注匹配某种 URL 的请求。我们的 mytest 例子也是这样实现的，这里实现 create_loc_conf 的是 ngx_http_ mytest_create_loc_conf 方法，如下所示。

```
static void* ngx_http_mytest_create_loc_conf(ngx_conf_t *cf)
{
    ngx_http_mytest_conf_t  *mycf;

    mycf = (ngx_http_mytest_conf_t  *)ngx_pcalloc(cf->pool, sizeof(ngx_http_mytest_
conf_t));
    if (mycf == NULL) {
        return NULL;
    }

    mycf->my_flag = NGX_CONF_UNSET;
    mycf->my_num = NGX_CONF_UNSET;
    mycf->my_str_array = NGX_CONF_UNSET_PTR;
    mycf->my_keyval = NULL;
    mycf->my_off = NGX_CONF_UNSET;
    mycf->my_msec = NGX_CONF_UNSET_MSEC;
    mycf->my_sec = NGX_CONF_UNSET;
    mycf->my_size = NGX_CONF_UNSET_SIZE;

    return mycf;
}
```

上述代码中对一些配置参数设置了初始值，这是为了 14 个预设方法准备的，下面会解释为什么要这样赋值。

4.2.2　设定配置项的解析方式

下面详细介绍在读取 HTTP 配置时是如何使用 ngx_command_t 结构的，首先回顾一下第 3 章中曾经提到过的定义，再详细介绍每个成员的意义。

```
struct ngx_command_s {
    ngx_str_t name;
    ngx_uint_t type;
    char *(*set)(ngx_conf_t *cf, ngx_command_t *cmd, void *conf);
    ngx_uint_t conf;
    ngx_uint_t offset;
    void *post;
};
```

（1）ngx_str_t name

其中，name 是配置项名称，如 4.1 节例子中的“test_str”。

（2）ngx_uint_t type

其中，type 决定这个配置项可以在哪些块（如 http、server、location、if、upstream 块等）中出现，以及可以携带的参数类型和个数等。表 4-1 列出了设置 http 配置项时 type 可以取的值。注意，type 可以同时取表 4-1 中的多个值，各值之间用 | 符号连接，例如，type 可以取值为 NGX_HTTP_MAIN_CONF | NGX_HTTP_SRV_CONF| NGX_HTTP_LOC_CONF | NGX_CONF_TAKE1。

表 4-1 ngx_command_t 结构体中 type 成员的取值及其意义

type 类型	type 取值	意 义
处理配置项时获取当前配置块的方式	NGX_DIRECT_CONF	一般由 NGX_CORE_MODULE 类型的核心模块使用，仅与下面的 NGX_MAIN_CONF 同时设置，表示模块需要解析不属于任何 {} 内的全局配置项。它实际上会指定 set 方法里的第 3 个参数 conf 的值，使之指向每个模块解析全局配置项的配置结构体[①]
	NGX_ANY_CONF	目前未使用，设置与否均无意义
配置项可以在哪些 {} 配置块中出现	NGX_MAIN_CONF	配置项可以出现在全局配置中，即不属于任何 {} 配置块
	NGX_EVENT_CONF	配置项可以出现在 events {} 块内
	NGX_MAIL_MAIN_CONF	配置项可以出现在 mail {} 块或者 imap {} 块内
	NGX_MAIL_SRV_CONF	配置项可以出现在 server {} 块内，然而该 server {} 块必须属于 mail {} 块或者 imap {} 块
	NGX_HTTP_MAIN_CONF	配置项可以出现在 http {} 块内
	NGX_HTTP_SRV_CONF	配置项可以出现在 server {} 块内，然而该 server 块必须属于 http {} 块
	NGX_HTTP_LOC_CONF	配置项可以出现在 location {} 块内，然而该 location 块必须属于 http {} 块
	NGX_HTTP_UPS_CONF	配置项可以出现在 upstream {} 块内，然而该 upstream 块必须属于 http {} 块
	NGX_HTTP_SIF_CONF	配置项可以出现在 server 块内的 if {} 块中。目前仅有 rewrite 模块会使用，该 if 块必须属于 http {} 块
	NGX_HTTP_LIF_CONF	配置项可以出现在 location 块内的 if {} 块中。目前仅有 rewrite 模块会使用，该 if 块必须属于 http {} 块
	NGX_HTTP_LMT_CONF	配置项可以出现在 limit_except {} 块内，然而该 limit_except 块必须属于 http {} 块
限制配置项的参数个数	NGX_CONF_NOARGS	配置项不携带任何参数
	NGX_CONF_TAKE1	配置项必须携带 1 个参数
	NGX_CONF_TAKE2	配置项必须携带 2 个参数
	NGX_CONF_TAKE3	配置项必须携带 3 个参数
	NGX_CONF_TAKE4	配置项必须携带 4 个参数
	NGX_CONF_TAKE5	配置项必须携带 5 个参数
	NGX_CONF_TAKE6	配置项必须携带 6 个参数
	NGX_CONF_TAKE7	配置项必须携带 7 个参数
	NGX_CONF_TAKE12	配置项可以携带 1 个参数或 2 个参数
	NGX_CONF_TAKE13	配置项可以携带 1 个参数或 3 个参数
	NGX_CONF_TAKE23	配置项可以携带 2 个参数或 3 个参数
	NGX_CONF_TAKE123	配置项可以携带 1 ~ 3 个参数
	NGX_CONF_TAKE1234	配置项可以携带 1 ~ 4 个参数

（续）

type类型	type取值	意　义
限制配置项后的参数出现的形式	NGX_CONF_ARGS_NUMBER	目前未使用，无意义
	NGX_CONF_BLOCK	配置项定义了一种新的{}块。例如，http、server、location等配置，它们的type都必须定义为NGX_CONF_BLOCK
	NGX_CONF_ANY	不验证配置项携带的参数个数
	NGX_CONF_FLAG	配置项携带的参数只能是1个，并且参数的值只能是on或者off
	NGX_CONF_1MORE	配置项携带的参数个数必须超过1个
	NGX_CONF_2MORE	配置项携带的参数个数必须超过2个
	NGX_CONF_MULTI	表示当前配置项可以出现在任意块中（包括不属于任何块的全局配置），它仅用于配合其他配置项使用。type中未加NGX_CONF_MULTI时，如果一个配置项出现在type成员未标明的配置块中，那么Nginx会认为该配置项非法，最后将导致Nginx启动失败。但如果type中加入了NGX_CONF_MULTI，则认为该配置项一定是合法的，然而又会有两种不同的结果：①如果配置项出现在type指示的块中，则会调用set方法解析配置项；②如果配置项没有出现在type指示的块中，则不对该配置项做任何处理。因此，NGX_CONF_MULTI会使得配置项出现在未知块中时不会出错。目前，还没有官方模块使用过NGX_CONF_MULTI

① 每个进程中都有一个唯一的ngx_cycle_t核心结构体，它有一个成员conf_ctx维护着所有模块的配置结构体，其类型是void****。conf_ctx意义为首先指向一个成员皆为指针的数组，其中每个成员指针又指向另外一个成员皆为指针的数组，第2个子数组中的成员指针才会指向各模块生成的配置结构体。这正是为了事件模块、http模块、mail模块而设计的，第9、10章都有详述，这有利于不同于NGX_CORE_MODULE类型的特定模块解析配置项。然而，NGX_CORE_MODULE类型的核心模块解析配置项时，配置项一定是全局的，不会从属于任何{}配置块的，它不需要上述这种双数组设计。解析标识为NGX_DIRECT_CONF类型的配置项时，会把void****类型的conf_ctx强制转换为void**，也就是说，此时，在conf_ctx指向的指针数组中，每个成员指针不再指向其他数组，直接指向核心模块生成的配置结构体。因此，NGX_DIRECT_CONF仅由NGX_CORE_MODULE类型的核心模块使用，而且配置项只应该出现在全局配置中。

注意　如果HTTP模块中定义的配置项在nginx.conf配置文件中实际出现的位置和参数格式与type的意义不符，那么Nginx在启动时会报错。

（3）char*(*set)(ngx_conf_t *cf, ngx_command_t *cmd, void *conf)

关于set回调方法，在第3章中处理mytest配置项时已经使用过，其中mytest配置项是不带参数的。如果处理配置项，我们既可以自己实现一个回调方法来处理配置项（4.2.4节中会举例说明如何自定义回调方法），也可以使用Nginx预设的14个解析配置项方法，这会少写许多代码，表4-2列出了这些预设的解析配置项方法。我们将在4.2.3节中举例说明这些预设方法的使用方式。

表 4-2 预设的 14 个配置项解析方法

预设方法名	行 为
ngx_conf_set_flag_slot	如果 nginx.conf 文件中某个配置项的参数是 on 或者 off（即希望配置项表达打开或者关闭某个功能的意思），而且在 Nginx 模块的代码中使用 ngx_flag_t 变量来保存这个配置项的参数，就可以将 set 回调方法设为 ngx_conf_set_flag_slot。当 nginx.conf 文件中参数是 on 时，代码中的 ngx_flag_t 类型变量将设为 1，参数为 off 时则设为 0
ngx_conf_set_str_slot	如果配置项后只有 1 个参数，同时在代码中我们希望用 ngx_str_t 类型的变量来保存这个配置项的参数，则可以使用 ngx_conf_set_str_slot 方法
ngx_conf_set_str_array_slot	如果这个配置项会出现多次，每个配置项后面都跟着 1 个参数，而在程序中我们希望仅用一个 ngx_array_t 动态数组（用法见 7.3 节）来存储所有的参数，且数组中的每个参数都以 ngx_str_t 来存储，那么预设的 ngx_conf_set_str_array_slot 方法可以帮我们做到
ngx_conf_set_keyval_slot	与 ngx_conf_set_str_array_slot 类似，也是用一个 ngx_array_t 数组来存储所有同名配置项的参数。只是每个配置项的参数不再只是 1 个，而必须是两个，且以“配置项名 关键字 值 ;”的形式出现在 nginx.conf 文件中，同时，ngx_conf_set_keyval_slot 将把这些配置项转化为数组，其中每个元素都存储着 key/value 键值对
ngx_conf_set_num_slot	配置项后必须携带 1 个参数，且只能是数字。存储这个参数的变量必须是整型
ngx_conf_set_size_slot	配置项后必须携带 1 个参数，表示空间大小，可以是一个数字，这时表示字节数（Byte）。如果数字后跟着 k 或者 K，就表示 Kilobyte，1KB=1024B ；如果数字后跟着 m 或者 M，就表示 Megabyte，1MB=1024KB。ngx_conf_set_size_slot 解析后将把配置项后的参数转化成以字节数为单位的数字
ngx_conf_set_off_slot	配置项后必须携带 1 个参数，表示空间上的偏移量。它与设置的参数非常类似，其参数是一个数字时表示 Byte，也可以在后面加单位，但与 ngx_conf_set_size_slot 不同的是，数字后面的单位不仅可以是 k 或者 K、m 或者 M，还可以是 g 或者 G，这时表示 Gigabyte，1GB=1024MB。ngx_conf_set_off_slot 解析后将把配置项后的参数转化成以字节数为单位的数字
ngx_conf_set_msec_slot	配置项后必须携带 1 个参数，表示时间。这个参数可以在数字后面加单位，如果单位为 s 或者没有任何单位，那么这个数字表示秒；如果单位为 m，则表示分钟，1m=60s ；如果单位为 h，则表示小时，1h=60m ；如果单位为 d，则表示天，1d=24h ；如果单位为 w，则表示周，1w=7d ；如果单位为 M，则表示月，1M=30d ；如果单位为 y，则表示年，1y=365d。ngx_conf_set_msec_slot 解析后将把配置项后的参数转化成以毫秒为单位的数字
ngx_conf_set_sec_slot	与 ngx_conf_set_msec_slot 非常类似，唯一的区别是 ngx_conf_set_msec_slot 解析后将把配置项后的参数转化成以毫秒为单位的数字，而 ngx_conf_set_sec_slot 解析后会把配置项后的参数转化成以秒为单位的数字
ngx_conf_set_bufs_slot	配置项后必须携带一两个参数，第 1 个参数是数字，第 2 个参数表示空间大小。例如，“ gzip_buffers 4 8k;”（通常用来表示有多少个 ngx_buf_t 缓冲区），其中第 1 个参数不可以携带任何单位，第 2 个参数不带任何单位时表示 Byte，如果以 k 或者 K 作为单位，则表示 Kilobyte，如果以 m 或者 M 作为单位，则表示 Megabyte。ngx_conf_set_bufs_slot 解析后会把配置项后的两个参数转化成 ngx_bufs_t 结构体下的两个成员。这个配置项对应于 Nginx 最喜欢用的多缓冲区的解决方案（如接收连接对端发来的 TCP 流）

（续）

预设方法名	行　为
ngx_conf_set_enum_slot	配置项后必须携带 1 个参数，其取值范围必须是我们设定好的字符串之一（就像 C 语言中的枚举一样）。首先，我们要用 ngx_conf_enum_t 结构定义配置项的取值范围，并设定每个值对应的序列号。然后，ngx_conf_set_enum_slot 将会把配置项参数转化为对应的序列号
ngx_conf_set_bitmask_slot	与 ngx_conf_set_bitmask_slot 类似，配置项后必须携带 1 个参数，其取值范围必须是设定好的字符串之一。首先，我们要用 ngx_conf_bitmask_t 结构定义配置项的取值范围，并设定每个值对应的比特位。注意，每个值所对应的比特位都要不同。然后 ngx_conf_set_bitmask_slot 将会把配置项参数转化为对应的比特位
ngx_conf_set_access_slot	这个方法用于设置目录或者文件的读写权限。配置项后可以携带 1 ~ 3 个参数，可以是如下形式：user:rw group:rw all:rw。注意，它的意义与 Linux 上文件或者目录的权限意义是一致的，但是 user/group/all 后面的权限只可以设为 rw（读 / 写）或者 r（只读），不可以有其他任何形式，如 w 或者 rx 等。ngx_conf_set_access_slot 将会把这些参数转化为一个整型
ngx_conf_set_path_slot	这个方法用于设置路径，配置项后必须携带 1 个参数，表示 1 个有意义的路径。ngx_conf_set_path_slot 将会把参数转化为 ngx_path_t 结构

（4）ngx_uint_t conf

conf 用于指示配置项所处内存的相对偏移位置，仅在 type 中没有设置 NGX_DIRECT_CONF 和 NGX_MAIN_CONF 时才会生效。对于 HTTP 模块，conf 是必须要设置的，它的取值范围见表 4-3。

表 4-3　ngx_command_t 结构中的 conf 成员在 HTTP 模块中的取值及其意义

conf 在 HTTP 模块中的取值	意　义
NGX_HTTP_MAIN_CONF_OFFSET	使用 create_main_conf 方法产生的结构体来存储解析出的配置项参数
NGX_HTTP_SRV_CONF_OFFSET	使用 create_srv_conf 方法产生的结构体来存储解析出的配置项参数
NGX_HTTP_LOC_CONF_OFFSET	使用 create_loc_conf 方法产生的结构体来存储解析出的配置项参数

为什么 HTTP 模块一定要设置 conf 的值呢？因为 HTTP 框架可以使用预设的 14 种方法自动地将解析出的配置项写入 HTTP 模块代码定义的结构体中，但 HTTP 模块中可能会定义 3 个结构体，分别用于存储 main、srv、loc 级别的配置项（对应于 create_main_conf、create_srv_conf、create_loc_conf 方法创建的结构体），而 HTTP 框架自动解析时需要知道应把解析出的配置项值写入哪个结构体中，这将由 conf 成员完成。

因此，对 conf 的设置是与 ngx_http_module_t 实现的回调方法（在 4.2.1 节中介绍）相关的。如果用于存储这个配置项的数据结构是由 create_main_conf 回调方法完成的，那么必须把 conf 设置为 NGX_HTTP_MAIN_CONF_OFFSET。同样，如果这个配置项所属的数据结构是由 create_srv_conf 回调方法完成的，那么必须把 conf 设置为 NGX_HTTP_SRV_CONF_OFFSET。可如果 create_loc_conf 负责生成存储这个配置项的数据结构，就得将 conf 设置为 NGX_HTTP_LOC_CONF_OFFSET。

目前，功能较为简单的 HTTP 模块都只实现了 create_loc_conf 回调方法，对于 http{}、server{} 块内出现的同名配置项，都是并入某个 location{} 内 create_loc_conf 方法产生的结构体中的（在 4.2.5 节中会详述如何合并配置项）。当我们希望同时出现在 http{}、server{}、location{} 块的同名配置项，在 HTTP 模块的代码中保存于不同的变量中时，就需要实现 create_main_conf 方法、create_srv_conf 方法产生新的结构体，从而以不同的结构体独立保存不同级别的配置项，而不是全部合并到某个 location 下 create_loc_conf 方法生成的结构体中。

（5）ngx_uint_t offset

offset 表示当前配置项在整个存储配置项的结构体中的偏移位置（以字节（Byte）为单位）。举个例子，在 32 位机器上，int（整型）类型长度是 4 字节，那么看下面这个数据结构：

```
typedef struct {
    int a;
    int b;
    int c;
} test_stru;
```

如果要处理的配置项是由成员 b 来存储参数的，那么这时 b 相对于 test_stru 的偏移量就是 4；如果要处理的配置项由成员 c 来存储参数，那么这时 c 相对于 test_stru 的偏移量就是 8。

实际上，这种计算工作不用用户自己来做，使用 offsetof 宏即可实现。例如，在上例中取 b 的偏移量时可以这么做：

```
offsetof(test_stru, b)
```

其中，offsetof 中第 1 个参数是存储配置项的结构体名称，第 2 个参数是这个结构体中的变量名称。offsetof 将会返回这个变量相对于结构体的偏移量。

offsetof 这个宏是如何取得成员相对结构体的偏移量的呢？其实很简单，它的实现类似于：#define offsetof(type, member) (size_t)&(((type *)0)->member)。可以看到，offsetof 将 0 地址转换成 type 结构体类型的指针，并在访问 member 成员时取得 member 成员的指针，这个指针相对于 0 地址来说自然就是成员相对于结构体的偏移量了。

设置 offset 有什么作用呢？如果使用 Nginx 预设的解析配置项方法，就必须设置 offset，这样 Nginx 首先通过 conf 成员找到应该用哪个结构体来存放，然后通过 offset 成员找到这个结构体中的相应成员，以便存放该配置。如果是自定义的专用配置项解析方法（只解析某一个配置项），则可以不设置 offset 的值。读者可以通过 4.3.4 节来了解预设配置项解析方法是如何使用 offset 的。

（6）void * post

post 指针有许多用途，从它被设计成 void* 就可以看出。

如果自定义了配置项的回调方法，那么 post 指针的用途完全由用户来定义。如果不使用它，那么随意设为 NULL 即可。如果想将一些数据结构或者方法的指针传过来，那么使用

post 也可以。

如果使用 Nginx 预设的配置项解析方法，就需要根据这些预设方法来决定 post 的使用方式。表 4-4 说明了 post 相对于 14 个预设方法的用途。

表 4-4　ngx_command_t 结构中 post 的取值及其意义

<table>
<tr><th>post 的使用方式</th><th>适用的预设配置项解析方法</th></tr>
<tr><td rowspan="9">可以选择是否实现。如果设为 NULL，则表示不实现，否则必须实现为指向 ngx_conf_post_t 结构的指针。ngx_conf_post_t 中包含一个方法指针，表示在解析当前配置项完毕后，需要回调这个方法</td><td>ngx_conf_set_flag_slot</td></tr>
<tr><td>ngx_conf_set_str_slot</td></tr>
<tr><td>ngx_conf_set_str_array_slot</td></tr>
<tr><td>ngx_conf_set_keyval_slot</td></tr>
<tr><td>ngx_conf_set_num_slot</td></tr>
<tr><td>ngx_conf_set_size_slot</td></tr>
<tr><td>ngx_conf_set_off_slot</td></tr>
<tr><td>ngx_conf_set_msec_slot</td></tr>
<tr><td>ngx_conf_set_sec_slot</td></tr>
<tr><td>指向 ngx_conf_enum_t 数组，表示当前配置项的参数必须设置为 ngx_conf_enum_t 规定的值（类似枚举）。注意，使用 ngx_conf_set_enum_slot 时必须设置定义 1 个 ngx_conf_enum_t 数组，并将 post 成员指向该数组</td><td>ngx_conf_set_enum_slot</td></tr>
<tr><td>指向 ngx_conf_bitmask_t 数组，表示当前配置项的参数必须设置为 ngx_conf_bitmask_t 规定的值（类似枚举）。注意，使用 ngx_conf_set_bitmask_slot 时必须设置定义 1 个 ngx_conf_bitmask_t 数组，并将 post 成员指向该数组</td><td>ngx_conf_set_bitmask_slot</td></tr>
<tr><td rowspan="3">无任何用处</td><td>ngx_conf_set_bufs_slot</td></tr>
<tr><td>ngx_conf_set_path_slot</td></tr>
<tr><td>ngx_conf_set_access_slot</td></tr>
</table>

可以看到，有 9 个预设方法在使用时 post 是可以设置为 ngx_conf_post_t 结构体来使用的，先来看看 ngx_conf_post_t 的定义。

```
typedef char *(*ngx_conf_post_handler_pt) (ngx_conf_t *cf,
    void *data, void *conf);

typedef struct {
    ngx_conf_post_handler_pt  post_handler;
} ngx_conf_post_t;
```

如果需要在解析完配置项（表 4-4 中列出的前 9 个预设方法）后回调某个方法，就要实现上面的 ngx_conf_post_handler_pt，并将包含 post_handler 的 ngx_conf_post_t 结构体传给 post 指针。

目前，ngx_conf_post_t 结构体提供的这个功能没有官方 Nginx 模块使用，因为它限制过多且 post 成员过于灵活，一般完全可以 init_main_conf 这样的方法统一处理解析完的配置项。

4.2.3　使用 14 种预设方法解析配置项

本节将以举例的方式说明如何使用这 14 种 Nginx 的预设配置项解析方法来处理我们感

兴趣的配置项。下面仍然以 4.2.1 节生成的配置项结构体 ngx_http_mytest_conf_t 为例进行说明，其中会尽量把 type 成员的多种用法都涵盖到。

（1）ngx_conf_set_flag_slot

假设我们希望在 nginx.conf 中有一个配置项的名称为 test_flag，它的后面携带 1 个参数，这个参数的取值必须是 on 或者 off。我们将用 4.2.1 节中生成的 ngx_http_mytest_conf_t 结构体中的以下成员来保存：

```
ngx_flag_t my_flag;
```

先看一下 ngx_flag_t 的定义：

```
typedef intptr_t ngx_flag_t;
```

可见，ngx_flag_t 与 ngx_int_t 整型是相当的。可以如下设置 ngx_conf_set_flag_slot 来帮助解析 test_flag 参数。

```
static ngx_command_t  ngx_http_mytest_commands[] = {
          …
          { ngx_string("test_flag"),
          NGX_HTTP_LOC_CONF| NGX_CONF_FLAG,
          ngx_conf_set_flag_slot,
          NGX_HTTP_LOC_CONF_OFFSET,
          offsetof(ngx_http_mytest_conf_t, my_flag),
          NULL },

          ngx_null_command
};
```

上段代码表示，test_flag 配置只能出现在 location{...} 块中（更多的 type 设置可参见表 4-1）。其中，test_flag 配置项的参数为 on 时，ngx_http_mytest_conf_t 结构体中的 my_flag 会设为 1，而参数为 off 时 my_flag 会设为 0。

注意 在 ngx_http_mytest_create_loc_conf 创建结构体时，如果想使用 ngx_conf_set_flag_slot，必须把 my_flag 初始化为 NGX_CONF_UNSET 宏，也就是 4.2.1 节中的语句“mycf->test_flag = NGX_CONF_UNSET;”，否则 ngx_conf_set_flag_slot 方法在解析时会报“is duplicate”错误。

（2）ngx_conf_set_str_slot

假设我们希望在 nginx.conf 中有一个配置项的名称为 test_str，其后的参数只能是 1 个，我们将用 ngx_http_mytest_conf_t 结构体中的以下成员来保存它。

```
ngx_str_t  my_str;
```

可以这么设置 ngx_conf_set_str_slot 来实现 test_str 的解析，如下所示。

```
static ngx_command_t  ngx_http_mytest_commands[] = {
```

```
    ...
    { ngx_string("test_str"),
    NGX_HTTP_MAIN_CONF|NGX_HTTP_SRV_CONF|NGX_HTTP_LOC_CONF| NGX_CONF_TAKE1,
            ngx_conf_set_str_slot,
            NGX_HTTP_LOC_CONF_OFFSET,
            offsetof(ngx_http_mytest_conf_t, my_str),
            NULL },

    ngx_null_command
};
```

以上代码表示 test_str 可以出现在 http{...}、server{...} 或者 location{...} 块内，它携带的 1 个参数会保存在 my_str 中。例如，有以下配置：

```
location … {
   test_str apple;
}
```

那么，my_str 的值为 {len=5;data= "apple" ;}。

（3）ngx_conf_set_str_array_slot

如果希望在 nginx.conf 中有多个同名配置项，如名称是 test_str_array，那么每个配置项后都跟着一个字符串参数。这些同名配置项可能具有多个不同的参数值。这时，可以使用 ngx_conf_set_str_array_slot 预设方法，它将会把所有的参数值都以 ngx_str_t 的类型放到 ngx_array_t 队列容器中，如下所示。

```
static ngx_command_t  ngx_http_mytest_commands[] = {
    ...
    { ngx_string("test_str_array"),
         NGX_HTTP_LOC_CONF | NGX_CONF_TAKE1,
         ngx_conf_set_str_array_slot,
         NGX_HTTP_LOC_CONF_OFFSET,
         offsetof(ngx_http_mytest_conf_t, my_str_array),
         NULL },

    ngx_null_command
};
```

在 4.2.1 节中已看到 my_str_array 是 ngx_array_t* 类型的。ngx_array_t 数据结构的使用方法与 ngx_list_t 类似。本章不详细讨论 ngx_array_t 容器，感兴趣的读者可以直接阅读第 6 章查看 ngx_array_t 的使用特点。

上面代码中的 test_str_array 配置项也只能出现在 location{...} 块内。如果有以下配置：

```
location … {
   test_str_array  Content-Length;
   test_str_array  Content-Encoding;
}
```

那么，my_str_array->nelts 的值将是 2，表示出现了两个 test_str_array 配置项。而且，my_str_array->elts 指向 ngx_str_t 类型组成的数组，这样就可以按以下方式访问这两个值。

```
ngx_str_t* pstr = mycf->my_str_array->elts;
```

于是，pstr[0] 和 pstr[1] 可以取到参数值，分别是 {len=14;data= “ Content-Length ” ; } 和 {len=16;data= “ Content-Encoding ” ; }。从这里可以看到，当处理 HTTP 头部这样的配置项时是很适合使用 ngx_conf_set_str_array_slot 预设方法的。

（4）ngx_conf_set_keyval_slot

ngx_conf_set_keyval_slot 与 ngx_conf_set_str_array_slot 非常相似，唯一的不同点是 ngx_conf_set_str_array_slot 要求同名配置项后的参数个数是 1，而 ngx_conf_set_keyval_slot 则要求配置项后的参数个数是 2，分别表示 key/value。如果用 ngx_array_t* 类型的 my_keyval 变量存储以 test_keyval 作为配置名的参数，则必须设置 NGX_CONF_TAKE2，表示 test_keyval 后跟两个参数。例如：

```
static ngx_command_t  ngx_http_mytest_commands[] = {
   ...
   { ngx_string("test_keyval"),
        NGX_HTTP_LOC_CONF | NGX_CONF_TAKE2,
        ngx_conf_set_keyval_slot,
        NGX_HTTP_LOC_CONF_OFFSET,
        offsetof(ngx_http_mytest_conf_t, my_keyval),
        NULL },

   ngx_null_command
};
```

如果 nginx.conf 中出现以下配置项：

```
location … {
   test_keyval Content-Type image/png;
   test_keyval Content-Type image/gif;
   test_keyval Accept-Encoding gzip;
}
```

那么，ngx_array_t* 类型的 my_keyval 将会有 3 个成员，每个成员的类型如下所示。

```
typedef struct {
    ngx_str_t   key;
    ngx_str_t   value;
} ngx_keyval_t;
```

因此，通过遍历 my_keyval 就可以获取 3 个成员，分别是 { “ Content-Type ” , “ image/png ” }、{ “ Content-Type ” , “ image/gif ” }、{ “ Accept-Encoding ” , “ gzip ” }。例如，取得第 1 个成员的代码如下。

```
ngx_keyval_t* pkv = mycf->my_keyval->elts;
ngx_log_error(NGX_LOG_ALERT, r->connection->log, 0,
          "my_keyval key=%*s,value=%*s,",
          pkv[0].key.len,pkv[0].key.data,
          pkv[0].value.len,pkv[0].value.data);
```

对于 ngx_log_error 日志的用法，将会在 4.4 节详细说明。

注意　在 ngx_http_mytest_create_loc_conf 创建结构体时，如果想使用 ngx_conf_set_keyval_slot，必须把 my_keyval 初始化为 NULL 空指针，也就是 4.2.1 节中的语句 “mycf->my_keyval = NULL;”，否则 ngx_conf_set_keyval_slot 在解析时会报错。

（5）ngx_conf_set_num_slot

ngx_conf_set_num_slot 处理的配置项必须携带 1 个参数，这个参数必须是数字。我们用 ngx_http_mytest_conf_t 结构中的以下成员来存储这个数字参数如下所示。

```
ngx_int_t my_num;
```

如果用 "test_num" 表示这个配置项名称，那么 ngx_command_t 可以写成如下形式。

```
static ngx_command_t  ngx_http_mytest_commands[] = {
   ...
   { ngx_string("test_num"),
         NGX_HTTP_LOC_CONF | NGX_CONF_TAKE1,
         ngx_conf_set_num_slot,
         NGX_HTTP_LOC_CONF_OFFSET,
         offsetof(ngx_http_mytest_conf_t, my_num),
         NULL },

   ngx_null_command
};
```

如果在 nginx.conf 中有 test_num 10; 配置项，那么 my_num 变量就会设置为 10。

注意　在 ngx_http_mytest_create_loc_conf 创建结构体时，如果想使用 ngx_conf_set_num_slot，必须把 my_num 初始化为 NGX_CONF_UNSET 宏，也就是 4.2.1 节中的语句 “mycf->my_num = NGX_CONF_UNSET;”，否则 ngx_conf_set_num_slot 在解析时会报错。

（6）ngx_conf_set_size_slot

如果希望配置项表达的含义是空间大小，那么用 ngx_conf_set_size_slot 来解析配置项是非常合适的，因为 ngx_conf_set_size_slot 允许配置项的参数后有单位，例如，k 或者 K 表示 Kilobyte，m 或者 M 表示 Megabyte。用 ngx_http_mytest_conf_t 结构中的 size_t my_size; 来存储参数，解析后的 my_size 表示的单位是字节。例如：

```
static ngx_command_t  ngx_http_mytest_commands[] = {
   ...
   { ngx_string("test_size"),
         NGX_HTTP_LOC_CONF | NGX_CONF_TAKE1,
         ngx_conf_set_size_slot,
         NGX_HTTP_LOC_CONF_OFFSET,
```

```
            offsetof(ngx_http_mytest_conf_t, my_size),
            NULL },

      ngx_null_command
};
```

如果在 nginx.conf 中配置了 test_size 10k;，那么 my_size 将会设置为 10240。如果配置为 test_size 10m;，则 my_size 会设置为 10485760。

ngx_conf_set_size_slot 只允许配置项后的参数携带单位 k 或者 K、m 或者 M，不允许有 g 或者 G 的出现，这与 ngx_conf_set_off_slot 是不同的。

注意 在 ngx_http_mytest_create_loc_conf 创建结构体时，如果想使用 ngx_conf_set_size_slot，必须把 my_size 初始化为 NGX_CONF_UNSET_SIZE 宏，也就是 4.2.1 节中的语句"mycf->my_size = NGX_CONF_UNSET_SIZE;"，否则 ngx_conf_set_size_slot 在解析时会报错。

（7）ngx_conf_set_off_slot

如果希望配置项表达的含义是空间的偏移位置，那么可以使用 ngx_conf_set_off_slot 预设方法。事实上，ngx_conf_set_off_slot 与 ngx_conf_set_size_slot 是非常相似的，最大的区别是 ngx_conf_set_off_slot 支持的参数单位还要多 1 个 g 或者 G，表示 Gigabyte。用 ngx_http_mytest_conf_t 结构中的 off_t my_off; 来存储参数，解析后的 my_off 表示的偏移量单位是字节。例如：

```
static ngx_command_t  ngx_http_mytest_commands[] = {
   ...
   { ngx_string("test_off"),
         NGX_HTTP_LOC_CONF | NGX_CONF_TAKE1,
         ngx_conf_set_off_slot, NGX_HTTP_LOC_CONF_OFFSET,
         offsetof(ngx_http_mytest_conf_t, my_off),
         NULL },

   ngx_null_command
};
```

如果在 nginx.conf 中配置了 test_off 1g;，那么 my_off 将会设置为 1073741824。当它的单位为 k、K、m、M 时，其意义与 ngx_conf_set_size_slot 相同。

注意 在 ngx_http_mytest_create_loc_conf 创建结构体时，如果想使用 ngx_conf_set_off_slot，必须把 my_off 初始化为 NGX_CONF_UNSET 宏，也就是 4.2.1 节中的语句"mycf->my_off = NGX_CONF_UNSET;"，否则 ngx_conf_set_off_slot 在解析时会报错。

（8）ngx_conf_set_msec_slot

如果希望配置项表达的含义是时间长短，那么用 ngx_conf_set_msec_slot 来解析配置项是非常合适的，因为它支持非常多的时间单位。

用 ngx_http_mytest_conf_t 结构中的 ngx_msec_t my_msec; 来存储参数，解析后的 my_msec 表示的时间单位是毫秒。事实上，ngx_msec_t 是一个无符号整型：

```
typedef ngx_uint_t  ngx_rbtree_key_t;
typedef ngx_rbtree_key_t      ngx_msec_t;
```

ngx_conf_set_msec_slot 解析的配置项也只能携带 1 个参数。例如：

```
static ngx_command_t  ngx_http_mytest_commands[] = {
   ...
   { ngx_string("test_msec"),
         NGX_HTTP_LOC_CONF | NGX_CONF_TAKE1,
         ngx_conf_set_msec_slot, NGX_HTTP_LOC_CONF_OFFSET,
         offsetof(ngx_http_mytest_conf_t, my_msec),
         NULL },

   ngx_null_command
};
```

如果在 nginx.conf 中配置了 test_msec 1d;，那么 my_msec 会设置为 1 天之内的毫秒数，也就是 86400000。

> 注意　在 ngx_http_mytest_create_loc_conf 创建结构体时，如果想使用 ngx_conf_set_msec_slot，那么必须把 my_msec 初始化为 NGX_CONF_UNSET_MSEC 宏，也就是 4.2.1 节中的语句 "mycf->my_msec = NGX_CONF_UNSET_MSEC;"，否则 ngx_conf_set_msec_slot 在解析时会报错。

（9）ngx_conf_set_sec_slot

ngx_conf_set_sec_slot 与 ngx_conf_set_msec_slot 非常相似，只是 ngx_conf_set_sec_slot 在用 ngx_http_mytest_conf_t 结构体中的 time_t my_sec; 来存储参数时，解析后的 my_sec 表示的时间单位是秒，而 ngx_conf_set_msec_slot 为毫秒。

```
static ngx_command_t  ngx_http_mytest_commands[] = {
   ...
   { ngx_string("test_sec"),
         NGX_HTTP_LOC_CONF | NGX_CONF_TAKE1,
         ngx_conf_set_sec_slot,
         NGX_HTTP_LOC_CONF_OFFSET,
         offsetof(ngx_http_mytest_conf_t, my_sec),
         NULL },

   ngx_null_command
};
```

如果在 nginx.conf 中配置了 test_sec 1d;，那么 my_sec 会设置为 1 天之内的秒数，也就是 86400。

注意 在 ngx_http_mytest_create_loc_conf 创建结构体时，如果想使用 ngx_conf_set_sec_slot，那么必须把 my_sec 初始化为 NGX_CONF_UNSET 宏，也就是 4.2.1 节中的语句“mycf->my_sec = NGX_CONF_UNSET;”，否则 ngx_conf_set_sec_slot 在解析时会报错。

（10）ngx_conf_set_bufs_slot

Nginx 中许多特有的数据结构都会用到两个概念：单个 ngx_buf_t 缓存区的空间大小和允许的缓存区个数。ngx_conf_set_bufs_slot 就是用于设置它的，它要求配置项后必须携带两个参数，第 1 个参数是数字，通常会用来表示缓存区的个数；第 2 个参数表示单个缓存区的空间大小，它像 ngx_conf_set_size_slot 中的参数单位一样，可以不携带单位，也可以使用 k 或者 K、m 或者 M 作为单位，如“ gzip_buffers 4 8k;”。我们用 ngx_http_mytest_conf_t 结构中的 ngx_bufs_t my_bufs; 来存储参数，ngx_bufs_t（12.1.3 节 ngx_http_upstream_conf_t 结构体中的 bufs 成员就是应用 ngx_bufs_t 配置的一个非常好的例子）的定义很简单，如下所示。

```
typedef struct {
    ngx_int_t num;
    size_t size;
} ngx_bufs_t;
```

ngx_conf_set_bufs_slot 解析后会把配置项后的两个参数转化成 ngx_bufs_t 结构下的两个成员 num 和 size，其中 size 以字节为单位。例如：

```
static ngx_command_t  ngx_http_mytest_commands[] = {
   ...
   { ngx_string("test_bufs"),
        NGX_HTTP_LOC_CONF | NGX_CONF_TAKE2,
        ngx_conf_set_bufs_slot, NGX_HTTP_LOC_CONF_OFFSET,
        offsetof(ngx_http_mytest_conf_t, my_bufs),
        NULL },

   ngx_null_command
};
```

如果在 nginx.conf 中配置为 test_bufs 4 1k;，那么 my_bufs 会设置为 {4,1024}。

（11）ngx_conf_set_enum_slot

ngx_conf_set_enum_slot 表示枚举配置项，也就是说，Nginx 模块代码中将会指定配置项的参数值只能是已经定义好的 ngx_conf_enum_t 数组中 name 字符串中的一个。先看看 ngx_conf_enum_t 的定义如下所示。

```
typedef struct {
    ngx_str_t name;
    ngx_uint_t value;
} ngx_conf_enum_t;
```

其中，name 表示配置项后的参数只能与 name 指向的字符串相等，而 value 表示如果参数中出现了 name，ngx_conf_set_enum_slot 方法将会把对应的 value 设置到存储的变量中。例如：

```
static ngx_conf_enum_t  test_enums[] = {
    { ngx_string("apple"), 1 },
    { ngx_string("banana"), 2 },
    { ngx_string("orange"), 3 },
    { ngx_null_string, 0 }
};
```

上面这个例子表示，配置项中的参数必须是 apple、banana、orange 其中之一。注意，必须以 ngx_null_string 结尾。需要用 ngx_uint_t 来存储解析后的参数，在 4.2.1 节中是用 ngx_http_mytest_conf_t 中的“ngx_uint_t my_enum_seq;”来存储解析后的枚举参数的。在设置 ngx_command_t 时，需要把上面例子中定义的 test_enums 数组传给 post 指针，如下所示。

```
static ngx_command_t  ngx_http_mytest_commands[] = {
   ...
   { ngx_string("test_enum"),
         NGX_HTTP_LOC_CONF | NGX_CONF_TAKE1,
         ngx_conf_set_enum_slot, NGX_HTTP_LOC_CONF_OFFSET,
         offsetof(ngx_http_mytest_conf_t, my_enum_seq),
         test_enums },

   ngx_null_command
};
```

这样，如果在 nginx.conf 中出现了配置项 test_enum banana;，my_enum_seq 的值是 2。如果配置项 test_enum 出现了除 apple、banana、orange 之外的值，Nginx 将会报“invalid value”错误。

（12）ngx_conf_set_bitmask_slot(ngx_conf_t *cf, ngx_command_t *cmd, void *conf);

ngx_conf_set_bitmask_slot 与 ngx_conf_set_enum_slot 也是非常相似的，配置项的参数都必须是枚举成员，唯一的差别在于效率方面，ngx_conf_set_enum_slot 中枚举成员的对应值是整型，表示序列号，它的取值范围是整型的范围；而 ngx_conf_set_bitmask_slot 中枚举成员的对应值虽然也是整型，但可以按位比较，它的效率要高得多。也就是说，整型是 4 字节（32 位）的话，在这个枚举配置项中最多只能有 32 项。

由于 ngx_conf_set_bitmask_slot 与 ngx_conf_set_enum_slot 这两个预设解析方法在名称上的差别，用来表示配置项参数的枚举取值结构体也由 ngx_conf_enum_t 变成了 ngx_conf_bitmask_t，但它们并没有区别。

```
typedef struct {
    ngx_str_t name;
    ngx_uint_t mask;
} ngx_conf_bitmask_t;
```

下面以定义 test_bitmasks 数组为例来进行说明。

```
static ngx_conf_bitmask_t  test_bitmasks[] = {
    { ngx_string("good"), 0x0002 },
    { ngx_string("better"), 0x0004 },
    { ngx_string("best"), 0x0008 },
```

```
    { ngx_null_string, 0 }
};
```

如果配置项名称定义为 test_bitmask，在 nginx.conf 文件中 test_bitmask 配置项后的参数只能是 good、better、best 这 3 个值之一。我们用 ngx_http_mytest_conf_t 中的以下成员：

```
ngx_uint_t  my_bitmask;
```

来存储 test_bitmask 的参数，如下所示。

```
static ngx_command_t  ngx_http_mytest_commands[] = {
   ...
   { ngx_string("test_bitmask"),
        NGX_HTTP_LOC_CONF | NGX_CONF_TAKE1,
        ngx_conf_set_bitmask_slot,
        NGX_HTTP_LOC_CONF_OFFSET,
        offsetof(ngx_http_mytest_conf_t, my_bitmask),
        test_bitmasks },

   ngx_null_command
};
```

如果在 nginx.conf 中出现配置项 test_bitmask best;，那么 my_bitmask 的值是 0x8。

（13）ngx_conf_set_access_slot

ngx_conf_set_access_slot 用于设置读 / 写权限，配置项后可以携带 1 ~ 3 个参数，因此，在 ngx_command_t 中的 type 成员要包含 NGX_CONF_TAKE123。参数的取值可参见表 4-2。这里用 ngx_http_mytest_conf_t 结构中的“ngx_uint_t my_access;”来存储配置项“test_access”后的参数值，如下所示。

```
static ngx_command_t  ngx_http_mytest_commands[] = {
   ...
   { ngx_string("test_access"),
        NGX_HTTP_LOC_CONF | NGX_CONF_TAKE123,
        ngx_conf_set_access_slot,
        NGX_HTTP_LOC_CONF_OFFSET,
        offsetof(ngx_http_mytest_conf_t, my_access),
        NULL },

   ngx_null_command
};
```

这样，ngx_conf_set_access_slot 就可以解析读 / 写权限的配置项了。例如，当 nginx.conf 中出现配置项 test_access user:rw group:rw all:r; 时，my_access 的值将是 436。

> 注意 在 ngx_http_mytest_create_loc_conf 创建结构体时，如果想使用 ngx_conf_set_access_slot，那么必须把 my_access 初始化为 NGX_CONF_UNSET_UINT 宏，也就是 4.2.1 节中的语句“mycf->my_access = NGX_CONF_UNSET_UINT;”，否则 ngx_conf_set_access_slot 解析时会报错。

（14）ngx_conf_set_path_slot

ngx_conf_set_path_slot 可以携带 1 ~ 4 个参数，其中第 1 个参数必须是路径，第 2 ~ 4 个参数必须是整数（大部分情形下可以不使用），可以参见 2.4.3 节中 client_body_temp_path 配置项的用法，client_body_temp_path 配置项就是用 ngx_conf_set_path_slot 预设方法来解析参数的。

ngx_conf_set_path_slot 会把配置项中的路径参数转化为 ngx_path_t 结构，看一下 ngx_path_t 的定义。

```
typedef struct {
    ngx_str_t name;
    size_t len;
    size_t level[3];

    ngx_path_manager_pt manager;
    ngx_path_loader_pt loader;
    void *data;

    u_char *conf_file;
    ngx_uint_t line;
} ngx_path_t;
```

其中，name 成员存储着字符串形式的路径，而 level 数组就会存储着第 2、第 3、第 4 个参数（如果存在的话）。这里用 ngx_http_mytest_conf_t 结构中的“ngx_path_t* my_path;”来存储配置项“test_path”后的参数值。

```
static ngx_command_t  ngx_http_mytest_commands[] = {
   ...
   { ngx_string("test_path"),
         NGX_HTTP_LOC_CONF | NGX_CONF_TAKE1234,
         ngx_conf_set_path_slot,
         NGX_HTTP_LOC_CONF_OFFSET,
         offsetof(ngx_http_mytest_conf_t, my_path),
         NULL },

   ngx_null_command
};
```

如果 nginx.conf 中存在配置项 test_path /usr/local/nginx/ 1 2 3;，my_path 指向的 ngx_path_t 结构中，name 的内容是 /usr/local/nginx/，而 level[0] 为 1，level[1] 为 2，level[2] 为 3。如果配置项是“test_path /usr/local/nginx/;”，那么 level 数组的 3 个成员都是 0。

4.2.4 自定义配置项处理方法

除了使用 Nginx 已经实现的 14 个通用配置项处理方法外，还可以自己编写专用的配置项处理方法。事实上，3.5 节中的 ngx_http_mytest 就是自定义的处理 mytest 配置项的方法，只是没有去处理配置项的参数而已。本节举例说明如何编写方法来解析配置项。

假设我们要处理的配置项名称是 test_config，它接收 1 个或者 2 个参数，且第 1 个参数类型是字符串，第 2 个参数必须是整型。定义结构体来存储这两个参数，如下所示。

```
typedef struct {
    ngx_str_t my_config_str;
    ngx_int_t my_config_num;
} ngx_http_mytest_conf_t;
```

其中，my_config_str 存储第 1 个字符串参数，my_config_num 存储第 2 个数字参数。

首先，我们按照 4.2.2 节 ngx_command_s 中的 set 方法指针格式来定义这个配置项处理方法，如下所示。

```
static char* ngx_conf_set_myconfig(ngx_conf_t *cf, ngx_command_t *cmd, void *conf);
```

接下来定义 ngx_command_t 结构体，如下所示。

```
static ngx_command_t  ngx_http_mytest_commands[] = {
   …
   { ngx_string("test_myconfig"),
         NGX_HTTP_LOC_CONF | NGX_CONF_TAKE12,
         ngx_conf_set_myconfig,
         NGX_HTTP_LOC_CONF_OFFSET,
         0,
         NULL },

   ngx_null_command
};
```

这样，test_myconfig 后就必须跟着 1 个或者 2 个参数了。现在开始实现 ngx_conf_set_myconfig 处理方法，如下所示。

```
static char* ngx_conf_set_myconfig(ngx_conf_t *cf, ngx_command_t *cmd, void *conf)
{
    /*注意，参数 conf 就是 HTTP 框架传给用户的在 ngx_http_mytest_create_loc_conf 回调方法中分配的结构体 ngx_http_mytest_conf_t*/
   ngx_http_mytest_conf_t   *mycf = conf;

   /* cf->args 是 1 个 ngx_array_t 队列，它的成员都是 ngx_str_t 结构。我们用 value 指向 ngx_array_t 的 elts 内容，其中 value[1] 就是第 1 个参数，同理，value[2] 是第 2 个参数 */
   ngx_str_t* value = cf->args->elts;

   //ngx_array_t 的 nelts 表示参数的个数
   if (cf->args->nelts > 1)
   {
         //直接赋值即可，ngx_str_t 结构只是指针的传递
         mycf->my_config_str = value[1];
   }
   if (cf->args->nelts > 2)
   {
         //将字符串形式的第 2 个参数转为整型
         mycf->my_config_num = ngx_atoi(value[2].data, value[2].len);
         /*如果字符串转化整型失败，将报“invalid number”错误，Nginx 启动失败*/
         if (mycf->my_config_num == NGX_ERROR) {
```

```
                return "invalid number";
        }
    }

    //返回成功
    return NGX_CONF_OK;
}
```

假设 nginx.conf 中出现 test_myconfig jordan 23; 配置项，那么 my_config_str 的值是 jordan，而 my_config_num 的值是 23。

4.2.5　合并配置项

回顾一下 4.1 节中的例子，一个 test_str 配置同时在 http{...}、server{...}、location /url1 {...} 中出现时，到底以哪一个为准？本节将讨论如何合并不同配置块间的同名配置项，首先回顾一下 4.2.1 节中 ngx_http_module_t 的结构。

```
typedef struct {
    …
    void *(*create_loc_conf)(ngx_conf_t *cf);
    char *(*merge_loc_conf)(ngx_conf_t *cf, void *prev, void *conf);
    …
} ngx_http_module_t;
```

上面这段代码定义了 create_loc_conf 方法，意味着 HTTP 框架会建立 loc 级别的配置。什么意思呢？就是说，如果没有实现 merge_loc_conf 方法，也就是在构造 ngx_http_module_t 时将 merge_loc_conf 设为 NULL 了，那么在 4.1 节的例子中 server 块或者 http 块内出现的配置项都不会生效。如果我们希望在 server 块或者 http 块内的配置项也生效，那么可以通过 merge_loc_conf 方法来实现。merge_loc_conf 会把所属父配置块的配置项与子配置块的同名配置项合并，当然，如何合并取决于具体的 merge_loc_conf 实现。

merge_loc_conf 有 3 个参数，第 1 个参数仍然是 ngx_conf_t *cf，提供一些基本的数据结构，如内存池、日志等。我们需要关注的是第 2、第 3 个参数，其中第 2 个参数 void *prev 是指解析父配置块时生成的结构体，而第 3 个参数 void *conf 则指出的是保存子配置块的结构体。

仍以 4.1 节的例子为例，来看看如何合并同时出现了 6 次的 test_str 配置项，如下所示。

```
static char *
ngx_http_mytest_merge_loc_conf(ngx_conf_t *cf, void *parent, void *child)
{
    ngx_http_mytest_conf_t *prev = (ngx_http_mytest_conf_t *)parent;
    ngx_http_mytest_conf_t *conf = (ngx_http_mytest_conf_t *)child;
    ngx_conf_merge_str_value(conf->my_str,
          prev->my_str, "defaultstr");

    return NGX_CONF_OK;
}
```

可以看到，只需要按照自己的需求将父配置块的值赋予子配置块即可，这时表示父配置块优先级更高，反过来也是可以的，表示子配置块的优先级更高。例如，在解析 server{...} 块时（传入的 child 参数就是当前 server 块的 ngx_http_mytest_conf_t 结构），父配置块（也就是传入的 parent 参数）就是 http{...} 块；解析 location{...} 块时父配置块就是 server{...} 块。

如何处理父、子配置块下的同名配置项，每个 HTTP 模块都可以自由选择。例如，可以简单地以父配置替换子配置，或者将两种不同级别的配置做完运算后再覆盖等。上面的例子对不同级别下的 test_str 配置项的处理是最简单的，下面我们使用 Nginx 预置的 ngx_conf_merge_str_value 宏来合并子配置块中 ngx_str_t 类型的 my_str 成员，看看 ngx_conf_merge_str_value 到底做了哪些事情。

```
#define ngx_conf_merge_str_value(conf, prev, default)   \
    // 当前配置块中是否已经解析到 test_str 配置项
    if (conf.data == NULL){ \
    // 父配置块中是否已经解析到 test_str 配置项
        if (prev.data) {  \
            // 将父配置块中的 test_str 参数值直接覆盖当前配置块的 test_str
            conf.len = prev.len;             \
            conf.data = prev.data;           \
        } else {     \
            /* 如果父配置块和子配置块都没有解析到 test_str，以 default 参数作为默认值传给当前
配置块的 test_str*/
            conf.len = sizeof(default) - 1;          \
            conf.data = (u_char *) default;             \
        }          \
    }
```

事实上，Nginx 预设的配置项合并方法有 10 个，它们的行为与上述的 ngx_conf_merge_str_value 是相似的。参见表 4-5 中 Nginx 已经实现好的 10 个简单的配置项合并宏，它们的参数类型与 ngx_conf_merge_str_value 一致，而且除了 ngx_conf_merge_bufs_value 外，它们都将接收 3 个参数，分别表示父配置块参数、子配置块参数、默认值。

表 4-5 Nginx 预设的 10 种配置项合并宏

配置项合并宏	意 义
ngx_conf_merge_value	合并可以使用等号（=）直接赋值的变量，并且该变量在 create_loc_conf 等分配方法中初始化为 NGX_CONF_UNSET，这样类型的成员可以使用 ngx_conf_merge_value 合并宏
ngx_conf_merge_ptr_value	合并指针类型的变量，并且该变量在 create_loc_conf 等分配方法中初始化为 NGX_CONF_UNSET_PTR，这样类型的成员可以使用 ngx_conf_merge_ptr_value 合并宏
ngx_conf_merge_uint_value	合并整数类型的变量，并且该变量在 create_loc_conf 等分配方法中初始化为 NGX_CONF_UNSET_UINT，这样类型的成员可以使用 ngx_conf_merge_uint_value 合并宏
ngx_conf_merge_msec_value	合并表示毫秒的 ngx_msec_t 类型的变量，并且该变量在 create_loc_conf 等分配方法中初始化为 NGX_CONF_UNSET_MSEC，这样类型的成员可以使用 ngx_conf_merge_msec_value 合并宏

（续）

配置项合并宏	意 义
ngx_conf_merge_sec_value	合并表示秒的 time_t 类型的变量，并且该变量在 create_loc_conf 等分配方法中初始化为 NGX_CONF_UNSET，这样类型的成员可以使用 ngx_conf_merge_sec_value 合并宏
ngx_conf_merge_size_value	合并 size_t 等表示空间长度的变量，并且该变量在 create_loc_conf 等分配方法中初始化为 NGX_CONF_UNSET_SIZE，这样类型的成员可以使用 ngx_conf_merge_size_value 合并宏
ngx_conf_merge_off_value	合并 off_t 等表示偏移量的变量，并且该变量在 create_loc_conf 等分配方法中初始化为 NGX_CONF_UNSET，这样类型的成员可以使用 ngx_conf_merge_off_value 合并宏
ngx_conf_merge_str_value	ngx_str_t 类型的成员可以使用 ngx_conf_merge_str_value 合并，这时传入的 default 参数必须是一个 char* 字符串
ngx_conf_merge_bufs_value	ngx_bufs_t 类型的成员可以使用 ngx_conf_merge_bufs_value 合并宏，这时传入的 default 参数是两个，因为 ngx_bufs_t 类型有两个成员，所以需要传入两个默认值
ngx_conf_merge_bitmask_value	以二进制位来表示标志位的整型成员，可以使用 ngx_conf_merge_bitmask_value 合并宏

在 4.3.3 节中我们会看到 HTTP 框架在什么时候会调用各模块的 merge_loc_conf 方法或者 merge_srv_conf 方法。

4.3 HTTP 配置模型

上文中我们了解了如何使用 Nginx 提供的预设解析方法来处理自己感兴趣的配置项，由于 http 配置项设计得有些复杂，为了更清晰地使用好 ngx_command_t 结构体处理 http 配置项，本节将简单讨论 HTTP 配置模型是怎样实现的，在第 10 章我们会从 HTTP 框架的角度谈谈它是怎么管理每一个 HTTP 模块的配置结构体的。

当 Nginx 检测到 http{...} 这个关键配置项时，HTTP 配置模型就启动了，这时会首先建立 1 个 ngx_http_conf_ctx_t 结构。下面看一下 ngx_http_conf_ctx_t 的定义。

```
typedef struct {
    /* 指针数组，数组中的每个元素指向所有 HTTP 模块 create_main_conf 方法产生的结构体 */
    void **main_conf;
    /* 指针数组，数组中的每个元素指向所有 HTTP 模块 create_srv_conf 方法产生的结构体 */
    void **srv_conf;
    /* 指针数组，数组中的每个元素指向所有 HTTP 模块 create_loc_conf 方法产生的结构体 */
    void **loc_conf;
} ngx_http_conf_ctx_t;
```

这时，HTTP 框架会为所有的 HTTP 模块建立 3 个数组，分别存放所有 HTTP 模块的 create_main_conf、create_srv_conf、create_loc_conf 方法返回的地址指针（就像本章的例子中 mytest 模块在 create_loc_conf 中生成了 ngx_http_mytest_conf_t 结构，并在 create_loc_conf 方

法返回时将指针传递给 HTTP 框架)。当然,如果 HTTP 模块对于配置项不感兴趣,它没有实现 create_main_conf、create_srv_conf、create_loc_conf 等方法,那么数组中相应位置存储的指针是 NULL。ngx_http_conf_ctx_t 的 3 个成员 main_conf 、srv_conf 、loc_conf 分别指向这 3 个数组。下面看一段简化的代码,了解如何设置 create_loc_conf 返回的地址。

```
ngx_http_conf_ctx_t *ctx;
//HTTP 框架生成了 1 个 ngx_http_conf_ctx_t 结构
ctx = ngx_pcalloc(cf->pool, sizeof(ngx_http_conf_ctx_t));
if (ctx == NULL) {
   return NGX_CONF_ERROR;
}

// 生成 1 个数组存储所有的 HTTP 模块 create_loc_conf 方法返回的地址
ctx->loc_conf = ngx_pcalloc(cf->pool, sizeof(void *) * ngx_http_max_module);
if (ctx->loc_conf == NULL) {
   return NGX_CONF_ERROR;
}

// 遍历所有的 HTTP 模块
for (m = 0; ngx_modules[m]; m++) {
   if (ngx_modules[m]->type != NGX_HTTP_MODULE) {
         continue;
   }

   module = ngx_modules[m]->ctx;
   mi = ngx_modules[m]->ctx_index;

/* 如果这个 HTTP 模块实现了 create_loc_conf,就调用它,并把返回的地址存储到 loc_conf 中 */
   if (module->create_loc_conf) {
         ctx->loc_conf[mi] = module->create_loc_conf(cf);
         if (ctx->loc_conf[mi] == NULL) {
                return NGX_CONF_ERROR;
         }
   }
}
```

这样,在 http{...} 块中就通过 1 个 ngx_http_conf_ctx_t 结构保存了所有 HTTP 模块的配置数据结构的入口。以后遇到任何 server{...} 块或者 location{...} 块时,也会建立 ngx_http_conf_ctx_t 结构,生成同样的数组来保存所有 HTTP 模块通过 create_srv_conf、create_loc_conf 等方法返回的指针地址。ngx_http_conf_ctx_t 是了解 http 配置块的基础,下面我们来看看具体的解析流程。

4.3.1 解析 HTTP 配置的流程

图 4-1 是 HTTP 框架解析配置项的示意流程图(图中出现了 ngx_http_module 和 ngx_http_core_module 模块,所谓的 HTTP 框架主要由这两个模块组成),下面解释图中每个流程的意义。

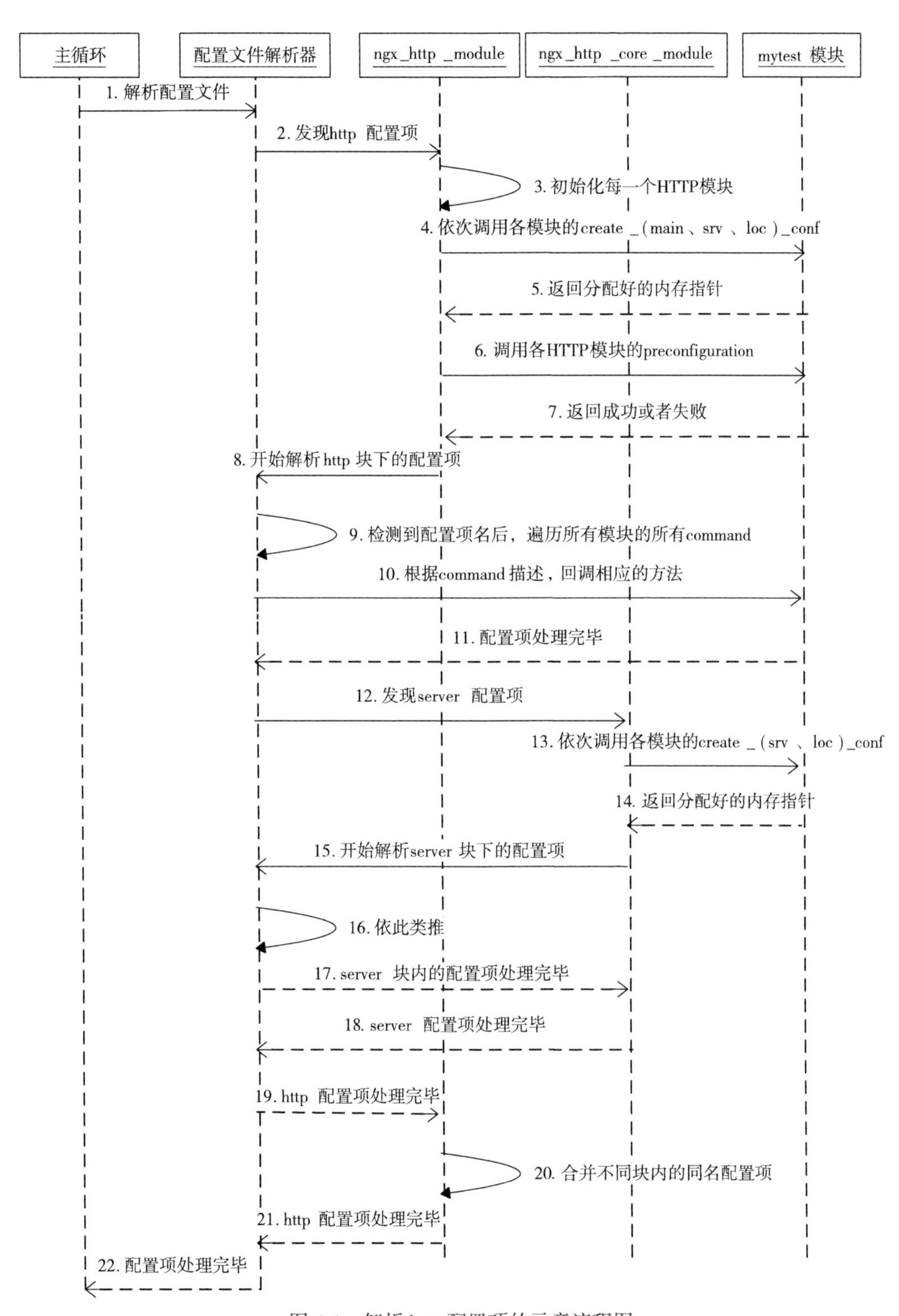

图 4-1　解析 http 配置项的示意流程图

1）图 4-1 中的主循环是指 Nginx 进程的主循环，主循环只有调用配置文件解析器才能解析 nginx.conf 文件（这里的“主循环”是指解析全部配置文件的循环代码，图 8-6 的第 4 步，为了便于理解，可以认为是 Nginx 框架代码在循环解析配置项）。

2）当发现配置文件中含有 http{} 关键字时，HTTP 框架开始启动，这一过程详见 10.7 节描述的 ngx_http_block 方法。

3）HTTP 框架会初始化所有 HTTP 模块的序列号，并创建 3 个数组用于存储所有 HTTP 模块的 create_main_conf、create_srv_conf、create_loc_conf 方法返回的指针地址，并把这 3 个数组的地址保存到 ngx_http_conf_ctx_t 结构中。

4）调用每个 HTTP 模块（当然也包括例子中的 mytest 模块）的 create_main_conf、create_srv_conf、create_loc_conf（如果实现的话）方法。

5）把各 HTTP 模块上述 3 个方法返回的地址依次保存到 ngx_http_conf_ctx_t 结构体的 3 个数组中。

6）调用每个 HTTP 模块的 preconfiguration 方法（如果实现的话）。

7）注意，如果 preconfiguration 返回失败，那么 Nginx 进程将会停止。

8）HTTP 框架开始循环解析 nginx.conf 文件中 http{...} 里面的所有配置项，注意，这个过程到第 19 步才会返回。

9）配置文件解析器在检测到 1 个配置项后，会遍历所有的 HTTP 模块，检查它们的 ngx_command_t 数组中的 name 项是否与配置项名相同。

10）如果找到有 1 个 HTTP 模块（如 mytest 模块）对这个配置项感兴趣（如 test_myconfig 配置项），就调用 ngx_command_t 结构中的 set 方法来处理。

11）set 方法返回是否处理成功。如果处理失败，那么 Nginx 进程会停止。

12）配置文件解析器继续检测配置项。如果发现 server{...} 配置项，就会调用 ngx_http_core_module 模块来处理。因为 ngx_http_core_module 模块明确表示希望处理 server{} 块下的配置项。注意，这次调用到第 18 步才会返回。

13）ngx_http_core_module 模块在解析 server{...} 之前，也会如第 3 步一样建立 ngx_http_conf_ctx_t 结构，并建立数组保存所有 HTTP 模块返回的指针地址。然后，它会调用每个 HTTP 模块的 create_srv_conf、create_loc_conf 方法（如果实现的话）。

14）将上一步各 HTTP 模块返回的指针地址保存到 ngx_http_conf_ctx_t 对应的数组中。

15）开始调用配置文件解析器来处理 server{...} 里面的配置项，注意，这个过程在第 17 步返回。

16）继续重复第 9 步的过程，遍历 nginx.conf 中当前 server{...} 内的所有配置项。

17）配置文件解析器继续解析配置项，发现当前 server 块已经遍历到尾部，说明 server 块内的配置项处理完毕，返回 ngx_http_core_module 模块。

18）http core 模块也处理完 server 配置项了，返回至配置文件解析器继续解析后面的配置项。

19）配置文件解析器继续解析配置项，这时发现处理到了 http{...} 的尾部，返回给

HTTP 框架继续处理。

20）在第 3 步和第 13 步，以及我们没有列出来的某些步骤中（如发现其他 server 块或者 location 块），都创建了 ngx_http_conf_ctx_t 结构，这时将开始调用 merge_srv_conf、merge_loc_conf 等方法合并这些不同块（http、server、location）中每个 HTTP 模块分配的数据结构。

21）HTTP 框架处理完毕 http 配置项（也就是 ngx_command_t 结构中的 set 回调方法处理完毕），返回给配置文件解析器继续处理其他 http{...} 外的配置项。

22）配置文件解析器处理完所有配置项后会告诉 Nginx 主循环配置项解析完毕，这时 Nginx 才会启动 Web 服务器。

注意　图 4-1 并没有列出解析 location{...} 块的流程，实际上，解析 location 与解析 server 并没有本质上的区别，为了简化起见，没有把它画到图中。

4.3.2 HTTP 配置模型的内存布局

了解内存布局，会帮助理解使用 create_main_conf、create_srv_conf、create_loc_conf 等方法在内存中创建了多少个存放配置项的结构体，以及最终处理请求时，使用到的是哪个结构体。我们已经看到，http{} 块下有 1 个 ngx_http_conf_ctx_t 结构，而每一个 server{} 块下也有 1 个 ngx_http_conf_ctx_t 结构，它们的关系如图 4-2 所示。

图 4-2 描述了 http 块与某个 server 块下存储配置项参数的结构体间的关系。某个 server 块下 ngx_http_conf_ctx_t 结构中的 main_conf 数组将通过直接指向来复用所属的 http 块下的 main_conf 数组（其实是说 server 块下没有 main 级别配置，这是显然的）。

可以看到，ngx_http_conf_ctx_t 结构中的 main_conf、srv_conf、loc_conf 数组保存了所有 HTTP 模块使用 create_main_conf、create_srv_conf、create_loc_conf 方法分配的结构体地址。每个 HTTP 模块都有自己的序号，如第 1 个 HTTP 模块就是 ngx_http_core_module 模块。当在 http{...} 内遍历到第 2 个 HTTP 模块时，这个 HTTP 模块已经使用 create_main_conf、create_srv_conf、create_loc_conf 方法在内存中创建了 3 个结构体，并把地址放到了 ngx_http_conf_ctx_t 内 3 个数组的第 2 个成员中。在解析 server{...} 块时遍历到第 2 个 HTTP 模块时，除了不调用 create_main_conf 方法外，其他完全与 http{...} 内的处理一致。

当解析到 location{...} 块时，也会生成 1 个 ngx_http_conf_ctx_t 结构，其中的 3 个指针数组与 server{...}、http{...} 块内 ngx_http_conf_ctx_t 结构的关系如图 4-3 所示 .

从图 4-3 可以看出，在解析 location{...} 块时只会调用每个 HTTP 模块的 create_loc_conf 方法创建存储配置项参数的内存，ngx_http_conf_ctx_t 结构的 main_conf 和 srv_conf 都直接引用其所属的 server 块下的 ngx_http_conf_ctx_t 结构。这也是显然的，因为 location{...} 块中当然没有 main 级别和 srv 级别的配置项，所以不需要调用各个 HTTP 模块的 create_main_conf、create_srv_conf 方法生成结构体存放 main、srv 配置项。

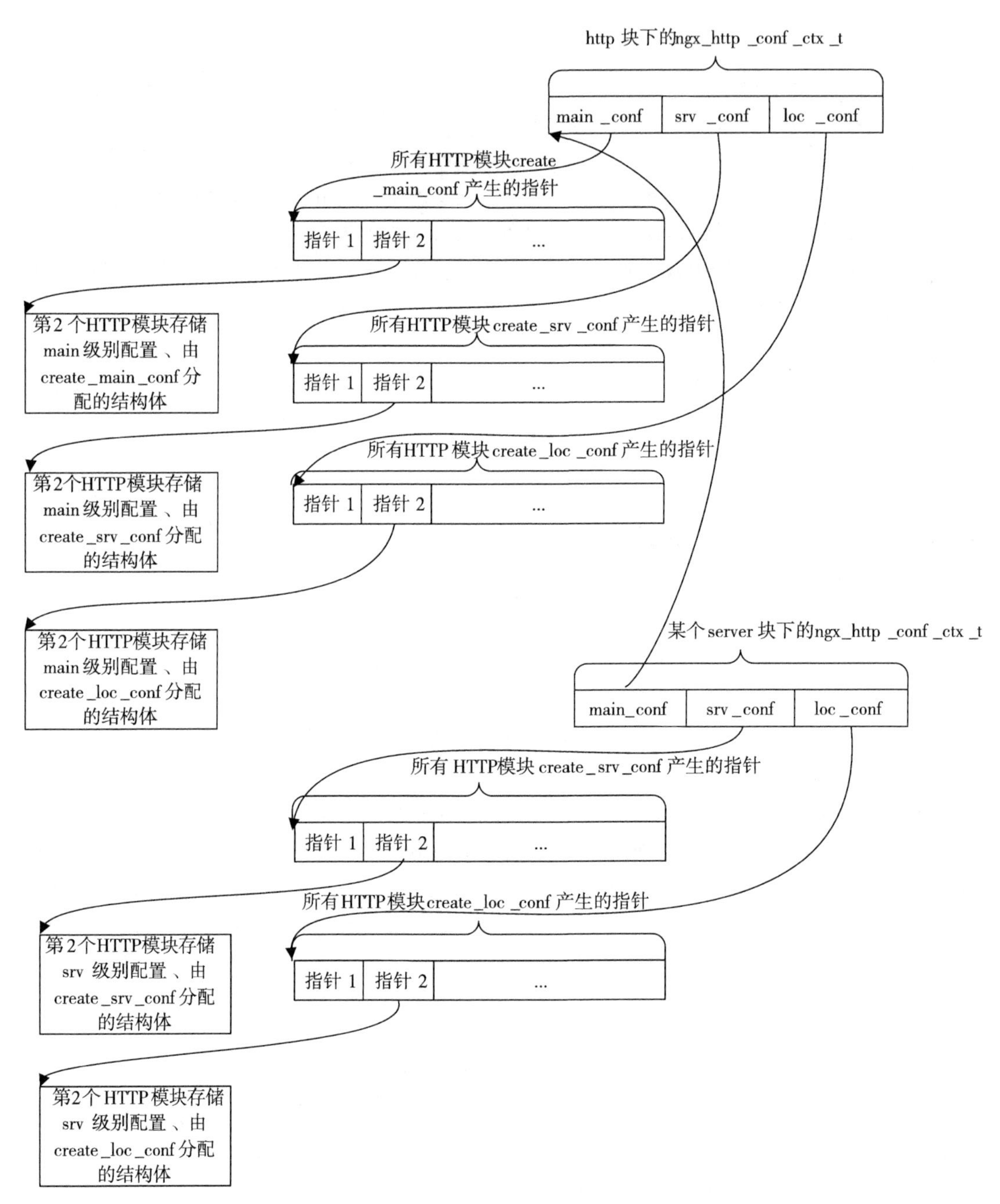

图 4-2 http 块与 server 块下的 ngx_http_conf_ctx_t 所指向的内存间的关系

图 4-2 和图 4-3 说明了一个事实：在解析 nginx.conf 配置文件时，一旦解析到 http{} 块，将会调用所有 HTTP 模块的 create_main_conf、create_srv_conf、create_loc_conf 方法创建 3 组结构体，以便存放各个 HTTP 模块感兴趣的 main 级别配置项；在解析到任何一个 server{}

块时，又会调用所有 HTTP 模块的 create_srv_conf、create_loc_conf 方法创建两组结构体，以存放各个 HTTP 模块感兴趣的 srv 级别配置项；在解析到任何一个 location{} 块时，则会调用所有 HTTP 模块的 create_loc_conf 方法创建 1 组结构体，用于存放各个 HTTP 模块感兴趣的 loc 级别配置项。

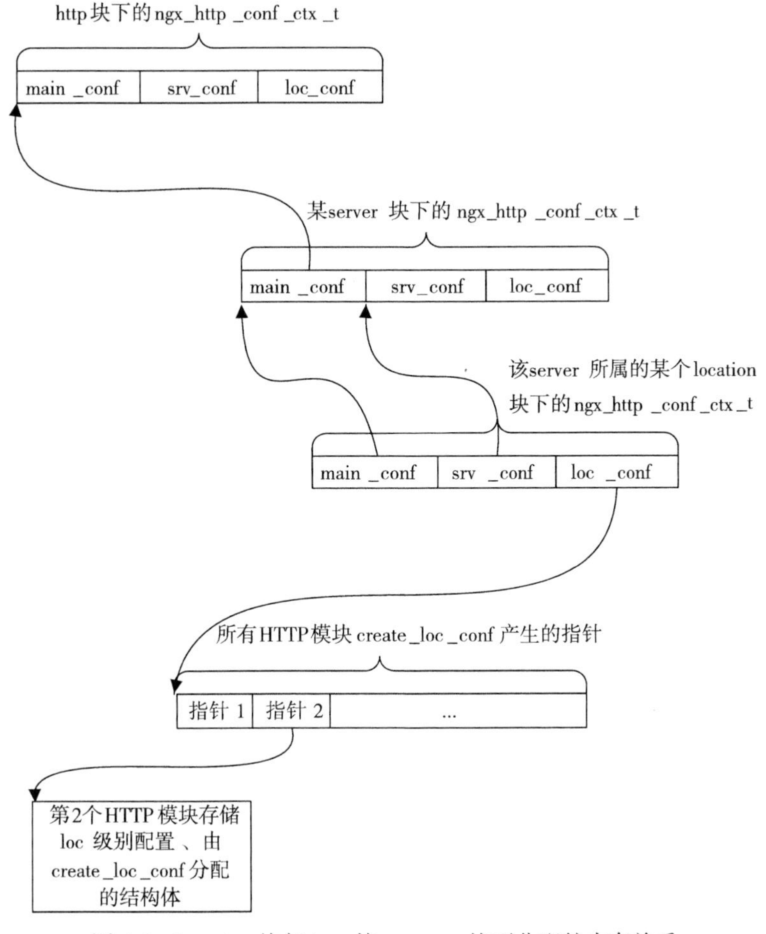

图 4-3　location 块与 http 块、server 块下分配的内存关系

这个事实告诉我们，在 nginx.conf 配置文件中 http{}、server{}、location{} 块的总个数有多少，我们开发的 HTTP 模块中 create_loc_conf 方法（如果实现的话）就会被调用多少次；http{}、server{} 块的总个数有多少，create_srv_conf 方法（如果实现的话）就会被调用多少次；由于只有一个 http{}，所以 create_main_conf 方法只会被调用一次。这 3 个方法每被调用一次，就会生成一个结构体，Nginx 的 HTTP 框架居然创建了如此多的结构体来存放配置项，怎样理解呢？很简单，就是为了解决同名配置项的合并问题。

如果实现了 create_main_conf 方法，它所创建的结构体只会存放直接出现在 http{} 块下的配置项，那么 create_main_conf 只会被调用一次。

如果实现了 create_srv_conf 方法，那么它所创建的结构体既会存放直接出现在 http{} 块下的配置项，也会存放直接出现在 server{} 块下的配置项。为什么呢？这其实是 HTTP 框架的一种优秀设计。例如，虽然某个配置项是针对于 server 虚拟主机才生效的，但 http{} 下面可能有多个 server{} 块，对于用户来说，如果希望在 http{} 下面写入了这个配置项后对所有的 server{} 块都生效，这应当是允许的，因为它减少了用户的工作量。而对于 HTTP 框架而言，就需要在解析直属于 http{} 块内的配置项时，调用 create_srv_conf 方法产生一个结构体存放配置，解析到一个 server{} 块时再调用 create_srv_conf 方法产生一个结构体存放配置，最后通过把这两个结构体合并解决两个问题：有一个配置项在 http{} 块内出现了，在 server{} 块内却没有出现，这时以 http 块内的配置项为准；可如果这个配置项同时在 http{} 块、server{} 块内出现了，它们的值又不一样，此时应当由对它感兴趣的 HTTP 模块来决定配置项以哪个为准。

如果实现了 create_loc_conf 方法，那么它所创建的结构体将会出现在 http{}、server{}、location{} 块中，理由同上。这是一种非常人性化的设计，充分考虑到 nginx.conf 文件中高级别的配置可以对所包含的低级别配置起作用，同时也给出了不同级别下同名配置项冲突时的解决方案（可以由 HTTP 模块自行决定其行为）。4.3.3 节中将讨论 HTTP 框架如何合并可能出现的冲突配置项。在 10.2 节会详细讨论 HTTP 框架怎样管理 HTTP 模块产生的如此多的结构体，以及每个 HTTP 模块在处理请求时，HTTP 框架又是怎样把正确的配置结构体告诉它的。

4.3.3 如何合并配置项

在 4.3.1 节描述的 http 配置项处理序列图（图 4-1）中可以看到，在第 20 步，HTTP 框架开始合并 http{}、server{}、location{} 不同块下各 HTTP 模块生成的存放配置项的结构体，那么合并配置的流程是怎样进行的呢？本节将简单介绍这一工作流程，而在 10.2.4 节中会利用源代码完整地说明它。

图 4-4 是合并配置项过程的活动图，它主要包含四大部分内容。

- 如果 HTTP 模块实现了 merge_srv_conf 方法，就将 http{...} 块下 create_srv_conf 生成的结构体与遍历每一个 server{...} 配置块下的结构体做 merge_srv_conf 操作。
- 如果 HTTP 模块实现了 merge_loc_conf 方法，就将 http{...} 块下 create_loc_conf 生成的结构体与嵌套的每一个 server{...} 配置块下生成的结构体做 merge_loc_conf 操作。
- 如果 HTTP 模块实现了 merge_loc_conf 方法，就将 server{...} 块下 create_loc_conf 生成的结构体与嵌套的每一个 location{...} 配置块下 create_loc_conf 生成的数据结构做 merge_loc_conf 操作。
- 如果 HTTP 模块实现了 merge_loc_conf 方法，就将 location{...} 块下 create_loc_conf 生成的结构体与继续嵌套的每一个 location{...} 配置块下 create_loc_conf 生成的数据结构做 merge_loc_conf 操作。注意，这个动作会无限地递归下去，也就是说，location 配置块内继续嵌套 location，而嵌套多少层在本节中是不受 HTTP 框架限制的。不过在图 4-4 没有表达出无限地递归处理嵌套 location 块的意思，仅以 location 中再嵌套一个 location 作为例子简单说明一下。

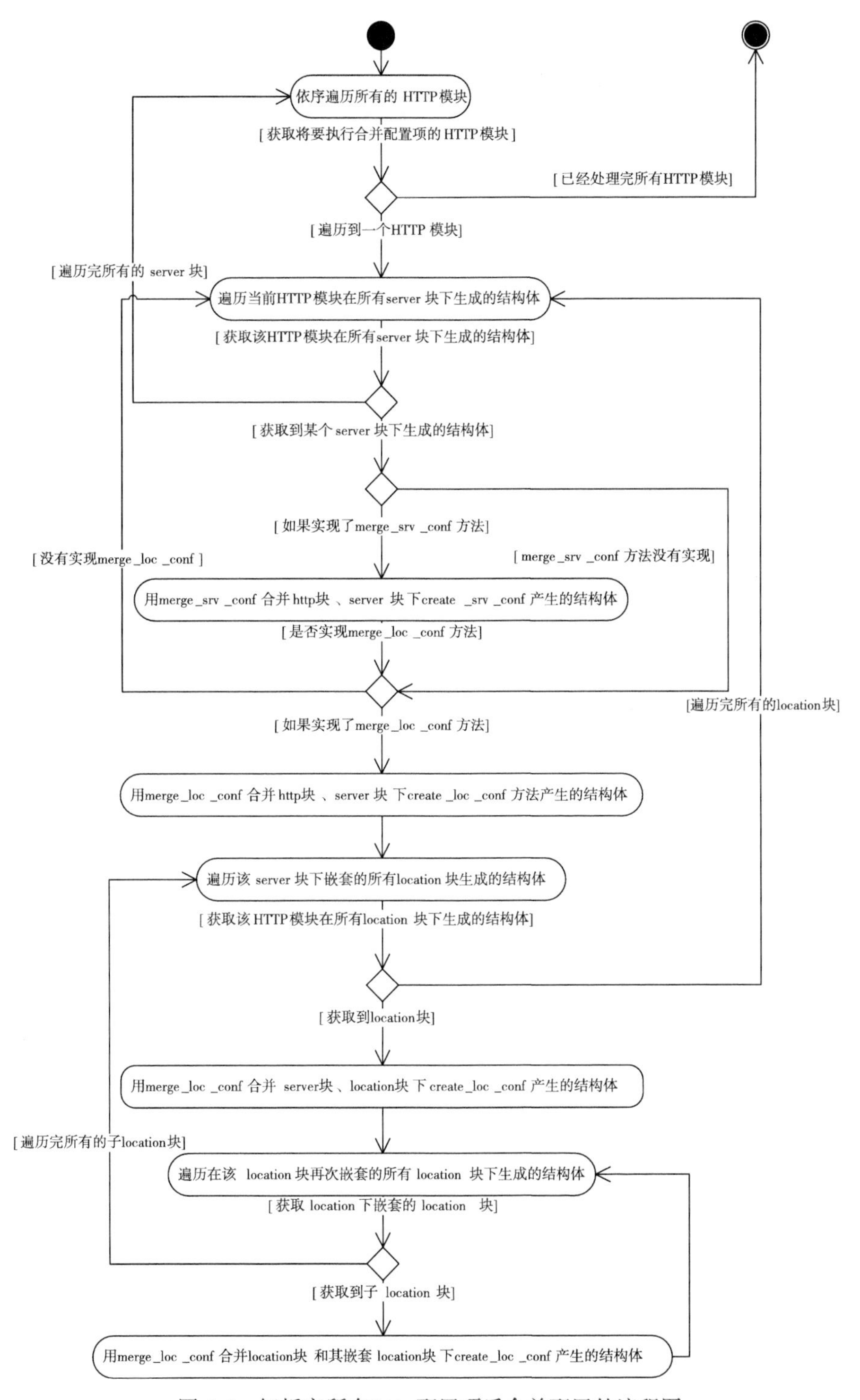

图 4-4　解析完所有 http 配置项后合并配置的流程图

图 4-4 包括 4 重循环，第 1 层（最外层）遍历所有的 HTTP 模块，第 2 层遍历所有的 server{...} 配置块，第 3 层是遍历某个 server{} 块中嵌套的所有 location{...} 块，第 4 层遍历某个 location{} 块中继续嵌套的所有 location 块（实际上，它会一直递归下去以解析可能被层层嵌套的 location 块，详见 10.2 节）。读者可以对照上述 4 重循环来理解合并配置项的流程图。

4.3.4 预设配置项处理方法的工作原理

在 4.2.4 节中可以看到，自定义的配置项处理方法读取参数值也是很简单的，直接使用 ngx_str_t* value = cf->args->elts; 就可以获取参数。接下来将把参数赋值到 ngx_http_mytest_conf_t 结构体的相应成员中。不过，预设的配置项处理方法并不知道每个 HTTP 模块所定义的结构体包括哪些成员，那么，它们怎么可以做到具有通用性的呢？

很简单，返回到 4.2.2 节就可以看到，ngx_command_t 结构体的 offset 成员已经进行了正确的设置（实际存储参数的成员相对于整个结构体的偏移位置），Nginx 配置项解析模块在调用 ngx_command_t 结构体的 set 回调方法时，会同时把 offset 偏移位置传进来。每种预设的配置项解析方法都只解析特定的数据结构，也就是说，它们既知道存储参数的成员相对于整个结构体的偏移量，又知道这个成员的数据类型，自然可以做到具有通用性了。

下面以读取数字配置项的方法 ngx_conf_set_num_slot 为例，说明预设的 14 个通用方法是如何解析配置项的。

```
char * ngx_conf_set_num_slot(ngx_conf_t *cf, ngx_command_t *cmd, void *conf)
{
    // 指针 conf 就是存储参数的结构体的地址
    char  *p = conf;
    ngx_int_t *np;
    ngx_str_t *value;
    ngx_conf_post_t *post;

    /* 根据 ngx_command_t 中的 offset 偏移量，可以找到结构体中的成员，而对于 ngx_conf_set_num_
slot 方法而言，存储数字的必须是 ngx_int_t 类型 */
    np = (ngx_int_t *) (p + cmd->offset);

    /* 在这里可以知道为什么要把使用 ngx_conf_set_num_slot 方法解析的成员在 create_loc_conf
等方法中初始化为 NGX_CONF_UNSET，否则是会报错的 */
    if (*np != NGX_CONF_UNSET) {
        return "is duplicate";
    }

    // value 将指向配置项的参数
    value = cf->args->elts;
    /* 将字符串的参数转化为整型，并设置到 create_loc_conf 等方法生成的结构体的相关成员上 */
    *np = ngx_atoi(value[1].data, value[1].len);
    if (*np == NGX_ERROR) {
        return "invalid number";
    }

    // 如果 ngx_command_t 中的 post 已经实现，那么还需要调用 post->post_handler 方法
```

```
    if (cmd->post) {
        post = cmd->post;
        return post->post_handler(cf, post, np);
    }

    return NGX_CONF_OK;
}
```

可以看到，这是一种非常灵活和巧妙的设计。

4.4 error 日志的用法

Nginx 的日志模块（这里所说的日志模块是 ngx_errlog_module 模块，而 ngx_http_log_module 模块是用于记录 HTTP 请求的访问日志的，两者功能不同，在实现上也没有任何关系）为其他模块提供了基本的记录日志功能，本章提到的 mytest 模块当然也可以使用日志模块提供的接口。出于跨平台的考虑，日志模块提供了相当多的接口，主要是因为有些平台下不支持可变参数。本节主要讨论支持可变参数的日志接口，事实上不支持可变参数的日志接口在实现方面与其并没有太大的不同（参见表 4-9）。首先看一下日志模块对于支持可变参数平台而提供的 3 个接口。

```
#define ngx_log_error(level, log, args...)              \
    if ((log)->log_level >= level) ngx_log_error_core(level, log, args)

#define ngx_log_debug(level, log, args...)              \
    if ((log)->log_level & level)                       \
        ngx_log_error_core(NGX_LOG_DEBUG, log, args)

    void ngx_log_error_core(ngx_uint_t level, ngx_log_t *log, ngx_err_t err, const
char *fmt, ...);
```

Nginx 的日志模块记录日志的核心功能是由 ngx_log_error_core 方法实现的，ngx_log_error 宏和 ngx_log_debug 宏只是对它做了简单的封装，一般情况下记录日志时只需要使用这两个宏。

ngx_log_error 宏和 ngx_log_debug 宏都包括参数 level、log、err、fmt，下面分别解释这 4 个参数的意义。

（1）level 参数

对于 ngx_log_error 宏来说，level 表示当前这条日志的级别。它的取值范围见表 4-6。

表 4-6　ngx_log_error 日志接口 level 参数的取值范围

级别名称	值	意　义
NGX_LOG_STDERR	0	最高级别日志，日志的内容不会再写入 log 参数指定的文件，而是会直接将日志输出到标准错误设备，如控制台屏幕
NGX_LOG_EMERG	1	大于 NGX_LOG_ALERT 级别，而小于或等于 NGX_LOG_EMERG 级别的日志都会输出到 log 参数指定的文件中

（续）

级别名称	值	意 义
NGX_LOG_ALERT	2	大于NGX_LOG_CRIT级别
NGX_LOG_CRIT	3	大于NGX_LOG_ERR级别
NGX_LOG_ERR	4	大于NGX_LOG_WARN级别
NGX_LOG_WARN	5	大于NGX_LOG_NOTICE级别
NGX_LOG_NOTICE	6	大于NGX_LOG_INFO级别
NGX_LOG_INFO	7	大于NGX_LOG_DEBUG级别
NGX_LOG_DEBUG	8	调试级别，最低级别日志

使用ngx_log_error宏记录日志时，如果传入的level级别小于或等于log参数中的日志级别（通常是由nginx.conf配置文件中指定），就会输出日志内容，否则这条日志会被忽略。

在使用ngx_log_debug宏时，level的意义完全不同，它表达的意义不再是级别（已经是DEBUG级别），而是日志类型，因为ngx_log_debug宏记录的日志必须是NGX_LOG_DEBUG调试级别的，这里的level由各子模块定义。level的取值范围参见表4-7。

表4-7 ngx_log_debug日志接口level参数的取值范围

级别名称	值	意 义
NGX_LOG_DEBUG_CORE	0x010	Nginx核心模块的调试日志
NGX_LOG_DEBUG_ALLOC	0x020	Nginx在分配内存时使用的调试日志
NGX_LOG_DEBUG_MUTEX	0x040	Nginx在使用进程锁时使用的调试日志
NGX_LOG_DEBUG_EVENT	0x080	Nginx事件模块的调试日志
NGX_LOG_DEBUG_HTTP	0x100	Nginx http模块的调试日志
NGX_LOG_DEBUG_MAIL	0x200	Nginx邮件模块的调试日志
NGX_LOG_DEBUG_MYSQL	0x400	表示与MySQL相关的Nginx模块所使用的调试日志

当HTTP模块调用ngx_log_debug宏记录日志时，传入的level参数是NGX_LOG_DEBUG_HTTP，这时如果log参数不属于HTTP模块，如使用了event事件模块的log，则不会输出任何日志。它正是ngx_log_debug拥有level参数的意义所在。

（2）log参数

实际上，在开发HTTP模块时我们并不用关心log参数的构造，因为在处理请求时ngx_http_request_t结构中的connection成员就有一个ngx_log_t类型的log成员，可以传给ngx_log_error宏和ngx_log_debug宏记录日志。在读取配置阶段，ngx_conf_t结构也有log成员可以用来记录日志（读取配置阶段时的日志信息都将输出到控制台屏幕）。下面简单地看一下ngx_log_t的定义。

```
typedef struct ngx_log_s ngx_log_t;
typedef u_char *(*ngx_log_handler_pt) (ngx_log_t *log, u_char *buf, size_t len);

struct ngx_log_s {
    //日志级别或者日志类型
```

```
        ngx_uint_t log_level;
        //日志文件
        ngx_open_file_t *file;
        //连接数，不为 0 时会输出到日志中
        ngx_atomic_uint_t connection;
        /* 记录日志时的回调方法。当 handler 已经实现（不为 NULL），并且不是 DEBUG 调试级别时，才会调用 handler 钩子方法 */
        ngx_log_handler_pt handler;
        /* 每个模块都可以自定义 data 的使用方法。通常，data 参数都是在实现了上面的 handler 回调方法后才使用的。例如，HTTP 框架就定义了 handler 方法，并在 data 中放入了这个请求的上下文信息，这样每次输出日志时都会把这个请求 URI 输出到日志的尾部 */
        void *data;
        /* 表示当前的动作。实际上,action 与 data 是一样的，只有在实现了 handler 回调方法后才会使用。例如，HTTP 框架就在 handler 方法中检查 action 是否为 NULL，如果不为 NULL，就会在日志后加入“while ”+action，以此表示当前日志是在进行什么操作，帮助定位问题 */
        char *action;
    };
```

可以看到，如果只是想把相应的信息记录到日志文件中，那么完全不需要关心 ngx_log_t 类型的 log 参数是如何构造的。特别是在编写 HTTP 模块时，HTTP 框架要求所有的 HTTP 模块都使用它提供的 log，如果重定义 ngx_log_t 中的 handler 方法，或者修改 data 指向的地址，那么很可能会造成一系列问题。

然而，从上文对 ngx_log_t 结构的描述中可以看出，如果定义一种新的模块（不是 HTTP 模块），那么日志模块提供很强大的功能，可以把一些通用化的工作都放到 handler 回调方法中实现。

（3）err 参数

err 参数就是错误码，一般是执行系统调用失败后取得的 errno 参数。当 err 不为 0 时，Nginx 日志模块将会在正常日志内容前输出这个错误码以及其对应的字符串形式的错误消息。

（4）fmt 参数

fmt 就是可变参数，就像在 printf 等 C 语言方法中的输入一样。例如：

```
ngx_log_error(NGX_LOG_ALERT, r->connection->log,0,
        "test_flag=%d,test_str=%V,path=%*s,mycf addr=%p",
        mycf->my_flag,
        &mycf->my_str,
        mycf->my_path->name.len,
        mycf->my_path->name.data,
        mycf);
```

fmt 的大部分规则与 printf 等通用可变参数是一致的，然而 Nginx 为了方便它自定义的数据类型，重新实现了基本的 ngx_vslprintf 方法。例如，增加了诸如 %V 等这样的转换类型，%V 后可加 ngx_str_t 类型的变量，这些都是普通的 printf 中没有的。表 4-8 列出了 ngx_vslprintf 中支持的 27 种转换格式。

注意 printf 或者 sprintf 支持的一些转换格式在 ngx_vslprintf 中是不支持的，或者意义不同。

表 4-8 打印日志或者使用 ngx_sprintf 系列方法转换字符串时支持的 27 种转化格式

转换格式	用 法
%u	表示无符号，其后还可以跟其他转换符号，如 %ui 表示要转换的类型是 ngx_uint_t。如果其后没有跟转换符号，则表示要转换的类型是无符号十进制正数
%m	表示以最大长度来转换数字类型（如 int）
%X	以十六进制来格式化转换后的数据。注意，Nginx 中的 %X 与 printf 等转换格式完全不同，它只是限制转换后的数字以十六进制格式来显示，而不是限制相应参数的类型。例如，%Xd 后跟着 int 类型，表示以十六进制格式来显示 int 整数，而 %Xp 表示以十六进制格式来显示指针地址。如果仅有 %X，那么是没有任何输出的
%x	%x 与 %X 的用法完全相同，只是 %X 以 A、B、C、D、E、F 表示十进制中的 10、11、12、13、14、15，而 %x 是以小写的 a、b、c、d、e、f 来表示
%.	其后必须紧跟数字。当前实现版本下必须与 %f 配合使用，表示转换浮点数时小数部分的位数。例如，%.10f 表示转换 double 类型时，小数点后转换且必须转换为 10 位，不足 10 位以 0 填补
%f	转换 double 类型数据。注意，它与 printf 等标准 C 语言中的 %f 完全不同，如果想转换小数部分，则必须加上 %.(number)f。参见本表中 %. 的描述
%*	表示要转换的字符长度。目前仅与 %s 配合使用
%s	转换 1 个 char* 或者 u_char* 的字符串。与 %* 配合使用时，%*s 表示输出指定长度的字符串，其后必须有两个参数：表示输出字符串长度的 size_t 和字符串地址 char* 类型。如果不与 %* 配合使用，而与 printf 等标准格式相同，那么字符串必须以‘\0’结尾
%V	转换 ngx_str_t 类型，%V 对应的参数必须是 ngx_str_t 变量的地址。它将会按照 ngx_str_t 类型的 len 长度来输出 data 字符串
%v	转换 ngx_variable_value_t 类型，%v 对应的参数必须是 ngx_variable_value_t 变量的地址。它将会按照 ngx_variable_value_t 类型的 len 长度来输出 data 字符串
%O	转换 1 个 off_t 类型
%P	转换 1 个 ngx_pid_t 类型
%T	转换 1 个 time_t 类型
%M	转换 1 个 ngx_msec_t 类型
%z	转换 ssize_t 类型数据，如果用 %uz，则转换的数据类型是 size_t
%i	转换 ngx_int_t 型数据，如果用 %ui，则转换的数据类型是 ngx_uint_t
%d	转换 int 型数据，如果用 %ud，则转换的数据类型是 u_int
%l	转换 long 型数据，如果用 %ul，则转换的数据类型是 u_long
%D	转换 int32_t 型数据，如果用 %uD，则转换的数据类型是 uint32_t
%L	转换 int64_t 型数据，如果用 %uL，则转换的数据类型是 uint64_t
%A	转换 ngx_atomic_int_t 型数据，如果用 %uA，则转换的数据类型是 ngx_atomic_uint_t
%r	转换 1 个 rlim_t 类型。系统调用 getrlimit 或者 setrlimit 时都会使用 rlim_t 类型参数，它实际上是一个算术数据类型，等同于类型 int、size_t 或者 off_t
%p	转换 1 个指针（地址）
%c	转换 1 个字符类型
%Z	表示 '\0'
%N	表示 '\n' 换行符，即 "\x0a"，在 windows 操作系统上则表示 '\r\n'，也就是 "\x0d\x0a"
%%	打印 1 个百分号（%）

例如，在 4.2.4 节自定义的 ngx_conf_set_myconfig 方法中，可以这样输出日志。

```
long tl = 4900000000;
u_long tul = 5000000000;
int32_t ti32 = 110;
ngx_str_t  tstr = ngx_string("teststr");
double tdoub = 3.1415926535897932;
int x = 15;
ngx_log_error(NGX_LOG_ALERT, cf->log, 0,
        "l=%l,ul=%ul,D=%D,p=%p,f=%.10f,str=%V,x=%xd,X=%Xd",
        tl,tul,ti32,&ti32,tdoub,&tstr,x,x);
```

上述这段代码将会输出：

```
nginx: [alert] l=4900000000,ul=5000000000,D=110,p=00007FFFF26B36DC,f=3.14159265
36,str=teststr,x=f,X=F
```

在 Nginx 的许多核心模块中可以看到，它们多使用的是 debug 调试级别的日志接口，见表 4-9。

表 4-9　Nginx 提供的不支持可变参数的调试日志接口

日志接口	意　义	使用参数
ngx_log_debug0	fmt 格式后不接受参数	ngx_log_debug0(level, log, err, fmt)
ngx_log_debug1	fmt 格式后只接受 1 个参数	ngx_log_debug1(level, log, err, fmt, arg1)
ngx_log_debug2	fmt 格式后只接受 2 个参数	ngx_log_debug2(level, log, err, fmt, arg1, arg2)
ngx_log_debug3	fmt 格式后只接受 3 个参数	ngx_log_debug3(level, log, err, fmt, arg1, arg2, arg3)
ngx_log_debug4	fmt 格式后只接受 4 个参数	ngx_log_debug4(level, log, err, fmt, arg1, arg2, arg3, arg4)
ngx_log_debug5	fmt 格式后只接受 5 个参数	ngx_log_debug5(level, log, err, fmt, arg1, arg2, arg3, arg4, arg5)
ngx_log_debug6	fmt 格式后只接受 6 个参数	ngx_log_debug6(level, log, err, fmt, arg1, arg2, arg3, arg4, arg5, arg6)
ngx_log_debug7	fmt 格式后只接受 7 个参数	ngx_log_debug7(level, log, err, fmt, arg1, arg2, arg3, arg4, arg5, arg6, arg7)
ngx_log_debug8	fmt 格式后只接受 8 个参数	ngx_log_debug8(level, log, err, fmt, arg1, arg2, arg3, arg4, arg5, arg6, arg7, arg8)

4.5　请求的上下文

在 Nginx 中，上下文有很多种含义，然而本节描述的上下文是指 HTTP 框架为每个 HTTP 请求所准备的结构体。HTTP 框架定义的这个上下文是针对于 HTTP 请求的，而且一个 HTTP 请求对应于每一个 HTTP 模块都可以有一个独立的上下文结构体（并不是一个请求的上下文由所有 HTTP 模块共用）。

4.5.1　上下文与全异步 Web 服务器的关系

上下文是什么？简单地讲，就是在一个请求的处理过程中，用类似 struct 这样的结构体把一些关键的信息都保存下来，这个结构体可以称为请求的上下文。每个 HTTP 模块都可以有自己的上下文结构体，一般都是在刚开始处理请求时在内存池上分配它，之后当经由 epoll、HTTP 框架再次调用到 HTTP 模块的处理方法时，这个 HTTP 模块可以由请求的上下文结构体中获取信息。请求结束时就会销毁该请求的内存池，自然也就销毁了上下文结构体。以上就是 HTTP 请求上下文的使用场景，由于 1 个上下文结构体是仅对 1 个请求 1 个模块而言的，所以它是低耦合的。如果这个模块不需要使用上下文，也可以完全不理会 HTTP 上下文这个概念。

那么，为什么要定义 HTTP 上下文这个概念呢？因为 Nginx 是个强大的全异步处理的 Web 服务器，意味着 1 个请求并不会在 epoll 的 1 次调度中处理完成，甚至可能成千上万次的调度各个 HTTP 模块后才能完成请求的处理。

怎么理解上面这句话呢？以 Apache 服务器为例，Apache 就像某些高档餐厅，每位客人（HTTP 请求）都有 1 位服务员（一个 Apache 进程）全程服务，每位服务员只有从头至尾服务完这位客人后，才能去为下一个客人提供服务。因此餐厅的并发处理数量受制于服务员的数量，但服务员的数量也不是越多越好，因为餐厅的固定设施（CPU）是有限的，它的管理成本（Linux 内核的进程切换成本）也会随着服务员数量的增加而提高，最终影响服务质量。Nginx 则不同，它就像 Playfirst 公司在 2005 年发布的休闲游戏《美女餐厅》一样，1 位服务员同时处理所有客人的需求。当 1 位客人进入餐厅后，服务员首先给它安排好桌子并把菜单给客人后就离开了，继续服务于其他客人。当这位客人决定点哪些菜后，就试图去叫服务员过来处理点菜需求，当然，服务员可能正在忙于其他客人，但只要一有空闲就会过来拿菜单并交给厨房，再去服务于其他客人。直到厨房通知这位客人的菜已烹饪完毕，服务员再取来菜主动地传递给客人，请他用餐，之后服务员又去寻找是否有其他客人在等待服务。

可以注意到，当 1 位客人进入 Nginx“餐厅”时，首先是由客人来“激活”Nginx“服务员”的。Nginx“服务员”再次来处理这位客人的请求时，有可能是因为这位客人点完菜后大声地叫 Nginx“服务员”，等候她来服务，也有可能是因为厨房做好菜后厨师“激活”了这位客人的服务，也就是说“激活”Nginx“服务员”的对象是不固定的。餐厅的流程是先点菜，再上菜，最后收账单以及撤碗盘，但客人是不想了解这个流程的，所以 Nginx“服务员”需要为每位客人建立上下文结构体来表示客人进行到哪个步骤，即他点了哪些菜、目前已经上了哪些菜，这些信息都需要独立的保存。“服务员”不会去记住所有客人的“上下文信息”，因为要同时服务的客人可能很多，只有在服务到某位客人时才会去查对应的“上下文信息”。

上面说的 Nginx“服务员”就像 Nginx worker 进程，客人就是一个个请求，一个 Nginx 进程同时可以处理百万级别的并发 HTTP 请求。厨房这些设施可能是网卡、硬盘等硬件。因此，如果我们开发的 HTTP 模块会多次反复处理同 1 个请求，那么必须定义上下文结构体来保存处理过程的中间状态，因为谁也不知道下一次是由网卡还是硬盘等服务来激活 Nginx 进程继续处理这个请求。Nginx 框架不会维护这个上下文，只能由这个请求自己保存着上下文结构体。

再把这个例子对应到 HTTP 框架中。点菜可能是一件非常复杂的事，因为可能涉及凉菜、热菜、汤、甜品等。假如 HTTP 模块 A 负责凉菜、HTTP 模块 B 负责热菜、HTTP 模块

C 负责汤。当一位新客人到来后，他招呼着服务员（worker 进程）和 HTTP 框架处理他的点菜需求时（假设他想点 2 个凉菜、5 个热菜、1 个汤），HTTP 模块 A 刚处理了 1 个凉菜，又有其他客人将服务员叫走了，那么，这个客人处必须有一张纸记录着关于凉菜刚点了一个，另一张纸记录着热菜一个没点，由于 HTTP 模块 C 知道，当前的餐厅汤已经卖完，业务实在是太简单了（回顾一下第 3 章的 helloword 例子），所以不需要再有一张纸记录着汤有没有点。这两张纸只从属于这个客人，对于其他客人没有意义，这就是上面所说的，上下文只是对于一个请求而言。同时，每个 HTTP 模块都可以拥有记录客人（请求）状态的纸，这张纸就其实就是上下文结构体。当这个客人叫来服务员时，各个 HTTP 模块可以查看客人身前的两张纸，了解到点了哪些菜，这才可以继续处理下去。

在第 3 章中的例子中虽然没有使用到上下文，但也完成了许多功能，这是因为第 3 章中的 mytest 模块对同 1 个请求只处理了一次（发送响应包时虽然有许多次调用，但这些调用是由 HTTP 框架帮助我们完成的，并没有再次回调 mytest 模块中的方法），它的功能非常简单。在第 5 章中可以看到，无论是 subrequest 还是 upstream，都必须有上下文结构体来支持异步地访问第三方服务。

4.5.2 如何使用 HTTP 上下文

ngx_http_get_module_ctx 和 ngx_http_set_ctx 这两个宏可以完成 HTTP 上下文的设置和使用。先看看这两个宏的定义，如下所示。

```
#define ngx_http_get_module_ctx(r, module) (r)->ctx[module.ctx_index]
#define ngx_http_set_ctx(r, c, module) r->ctx[module.ctx_index] = c;
```

ngx_http_get_module_ctx 接受两个参数，其中第 1 个参数是 ngx_http_request_t 指针，第 2 个参数则是当前的 HTTP 模块对象。例如，在 mytest 模块中使用的就是在 3.5 节中定义的 ngx_module_t 类型的 ngx_http_mytest_module 结构体。ngx_http_get_module_ctx 返回值就是某个 HTTP 模块的上下文结构体指针，如果这个 HTTP 模块没有设置过上下文，那么将会返回 NULL 空指针。因此，在任何一个 HTTP 模块中，都可以使用 ngx_http_get_module_ctx 获取所有 HTTP 模块为该请求创建的上下文结构体。

ngx_http_set_ctx 接受 3 个参数，其中第 1 个参数是 ngx_http_request_t 指针，第 2 个参数是准备设置的上下文结构体的指针，第 3 个参数则是 HTTP 模块对象。

举个简单的例子来说明如何使用 ngx_http_get_module_ctx 宏和 ngx_http_set_ctx 宏。首先建立 mytest 模块的上下文结构体，如 ngx_http_mytest_ctx_t。

```
typedef struct {
    ngx_uint_t my_step;
} ngx_http_mytest_ctx_t;
```

当请求第 1 次进入 mytest 模块处理时，创建 ngx_http_mytest_ctx_t 结构体，并设置到这个请求的上下文中。

```
static ngx_int_t
ngx_http_mytest_handler(ngx_http_request_t *r)
{
    //首先调用 ngx_http_get_module_ctx 宏来获取上下文结构体
     ngx_http_mytest_ctx_t* myctx = ngx_http_get_module_ctx(r,ngx_http_mytest_
module);
    //如果之前没有设置过上下文，那么应当返回 NULL
    if (myctx == NULL)
    {
      /* 必须在当前请求的内存池 r->pool 中分配上下文结构体，这样请求结束时结构体占用的内存才会释放 */
      myctx = ngx_palloc(r->pool, sizeof(ngx_http_mytest_ctx_t));
      if (myctx == NULL)
      {
        return NGX_ERROR;
      }
      //将刚分配的结构体设置到当前请求的上下文中
      ngx_http_set_ctx(r,myctx,ngx_http_mytest_module);
    }
    //之后可以任意使用 myctx 这个上下文结构体
    ...
}
```

如果 Nginx 多次回调 mytest 模块的相应方法，那么每次用 ngx_http_get_module_ctx 宏取到上下文，ngx_http_mytest_ctx_t 都可以正常使用，HTTP 框架可以对一个请求保证，无论调用多少次 ngx_http_get_module_ctx 宏都只取到同一个上下文结构。

4.5.3 HTTP 框架如何维护上下文结构

首先看一下 ngx_http_request_t 结构的 ctx 成员。

```
struct ngx_http_request_s {
    ...
    void **ctx;
    ...
};
```

可以看到，ctx 与 4.3.2 节中 ngx_http_conf_ctx_t 结构的 3 个数组成员非常相似，它们都表示指向 void* 指针的数组。HTTP 框架就是在 ctx 数组中保存所有 HTTP 模块上下文结构体的指针的。

HTTP 框架在开始处理 1 个 HTTP 请求时，会在创建 ngx_http_request_t 结构后，建立 ctx 数组来存储所有 HTTP 模块的上下文结构体指针（请求 ngx_http_request_t 的 ctx 成员是一个指针数组，其初始化详见图 11-2 的第 9 步）。

```
r->ctx = ngx_pcalloc(r->pool, sizeof(void*)*ngx_http_max_module);
if (r->ctx == NULL) {
    ngx_destroy_pool(r->pool);
    ngx_http_close_connection(c);
    return;
}
```

对比 4.5.2 节中的两个宏的定义可以看出，ngx_http_get_module_ctx 和 ngx_http_set_ctx 只是去获取或者设置 ctx 数组中相应 HTTP 模块的指针而已。

4.6　小结

通过第 3 章，我们已经了解到开发一个基本的 HTTP 模块可以非常简单，而本章介绍的读取配置项、使用日志记录必要信息、为每个 HTTP 请求定义上下文则是开发功能灵活、复杂、高性能的 Nginx 模块时必须了解的机制。熟练掌握本章内容，是开发每一个产品级别 HTTP 模块的先决条件。

Chapter 5 第5章

访问第三方服务

当需要访问第三方服务时，Nginx 提供了两种全异步方式来与第三方服务器通信：upstream 与 subrequest。upstream 可以保证在与第三方服务器交互时（包括三次握手建立 TCP 连接、发送请求、接收响应、四次握手关闭 TCP 连接等）不会阻塞 Nginx 进程处理其他请求，也就是说，Nginx 仍然可以保持它的高性能。因此，在开发 HTTP 模块时，如果需要访问第三方服务是不能自己简单地用套接字编程实现的，这样会破坏 Nginx 优秀的全异步架构。subrequest 只是分解复杂请求的一种设计模式，它本质上与访问第三方服务没有任何关系，但从 HTTP 模块开发者的角度而言，使用 subrequest 访问第三方服务却很常用，当然，subrequest 访问第三方服务最终也是基于 upstream 实现的。这两种机制是 HTTP 框架为用户准备的、无阻塞访问第三方服务的利器。

upstream 和 subrequest 的设计目标是完全不同的。从名称中可以看出，upstream 被定义为访问上游服务器，也就是说，它把 Nginx 定义为代理服务器，首要功能是透传，其次才是以 TCP 获取第三方服务器的内容。Nginx 的 HTTP 反向代理模块就是基于 upstream 方式实现的。顾名思义，subrequest 是从属请求的意思，在这里我们更倾向于称它为子请求，也就是说，subrequest 将会为客户请求创建子请求，这是为什么呢？因为异步无阻塞程序的开发过于复杂，所以 HTTP 框架提供了这种机制将一个复杂的请求分解为多个子请求，每个子请求负责一种功能，而最初的原始请求负责构成并发送响应给客户端。例如，用 subrequest 访问第三方服务，一般都是派生出子请求访问上游服务器，父请求在完全取得上游服务器的响应后再决定如何处理来自客户端的请求。这样做的好处是每个子请求专注于一种功能。例如，对于一个子请求，通常在 NGX_HTTP_CONTENT_PHASE 阶段仅会使用一个 HTTP 模块处理，这大大降低了模块开发的复杂度。从 HTTP 框架的内部来说，subrequest 与 upstream 也完全不同，upstream 是从属于用户请求的，subrequest 与原始的用户请求相比是一个（或多个）

独立的新请求，只是新的子请求与原始请求之间可以并发的处理。

因此，当我们希望把第三方服务的内容几乎原封不动地返回给用户时，一般使用 upstream 方式，它可以非常高效地透传 HTTP（第 12 章详细描述了 upstream 机制的两种透传方式）。可如果我们访问第三方服务只是为了获取某些信息，再依据这些信息来构造响应并发送给用户，这时应该用 subrequest 方式，因为从业务上来说，这是两件事：获取上游响应，再根据响应内容处理请求，应由两个请求处理。

本章仍然以 mytest 模块为例进行说明，但会扩展 mytest 的功能。注意，文中没有提及的代码（如定义 mytest 模块）都与第 3 章完全相同。

5.1　upstream 的使用方式

Nginx 的核心功能——反向代理是基于 upstream 模块（该模块属于 HTTP 框架的一部分）实现的。在弄清楚 upstream 的用法后，完全可以根据自己的需求重写 Nginx 的反向代理功能。例如，反向代理模块是在先接收完客户请求的 HTTP 包体后，才向上游服务器建立连接并转发请求的。假设用户要上传大小为 1GB 的文件，由于网速限制，文件完整地到达 Nginx 需要 10 小时，恰巧 Nginx 与上游服务器间的网络也很差（当然这种情况很少见），反向代理这个请求到上游服务也需要 10 小时，因此，根据用户的网速也许本来只要 10 个小时的上传过程，最终可能需要 20 个小时才能完成。在了解了 upstream 功能后，可以试着改变反向代理模块的这种特性，比如模仿 squid 反向代理模式，在接收完整 HTTP 请求的头部后就与上游服务器建立连接，并开始将请求向上游服务器透传。

upstream 的使用方式并不复杂，它提供了 8 个回调方法，用户只需要视自己的需要实现其中几个回调方法就可以了。在了解这 8 个回调方法之前，首先要了解 upstream 是如何嵌入到一个请求中的。

从第 3 章中的内容可以看到，模块在处理任何一个请求时都有 ngx_http_request_t 结构的对象 r，而请求 r 中又有一个 ngx_http_upstream_t 类型的成员 upstream。

```
typedef struct ngx_http_request_s     ngx_http_request_t;
struct ngx_http_request_s {
    …
    ngx_http_upstream_t              *upstream;
    …
};
```

如果没有使用 upstream 机制，那么 ngx_http_request_t 中的 upstream 成员是 NULL 空指针，如果使用 upstream 机制，那么关键在于如何设置 r->upstream 成员。

图 5-1 列出了使用 HTTP 模块启用 upstream 机制的示意图。下面以 mytest 模块为例简单地解释一下图 5-1。

1）首先需要创建上面介绍的 upstream 成员，注意，upstream 在初始状态下是 NULL 空指针。可以调用 HTTP 框架提供好的 ngx_http_upstream_create 方法来创建 upstream。

2）接着设置上游服务器的地址。在 HTTP 反向代理功能中似乎只能使用在 nginx.conf 中配置好的上游服务器（参见 2.5 节的 upstream 配置块内容），而实际上 upstream 机制并没有这种要求，用户能够以任意方式指定上游服务器的 IP 地址。例如，可以从请求的 URL 或 HTTP 头部中动态地获取上游服务器地址，ngx_http_upstream_t 中的 resolved 成员就可以帮助用户设置上游服务器（详见 5.1.3 节）。

3）由于 upstream 非常灵活，在各个执行阶段中都会试图回调使用它的 HTTP 模块实现的 8 个方法（详见 5.1.4 节），因此，在 mytest 模块例子中，用户要定义好这些回调方法。

4）在 mytest 模块中，调用 ngx_http_upstream_init 方法即可启动 upstream 机制。注意，ngx_http_mytest_handler 方法此时必须返回 NGX_DONE，这是在要求 HTTP 框架不要按阶段继续向下处理请求了，同时它告诉 HTTP 框架请求必须停留在当前阶段，等待某个 HTTP 模块主动地继续处理这个请求（例如，在上游服务器主动关闭连接时，upstream 模块就会主动地继续处理这个请求，很可能会向客户端发送 502 响应码）。

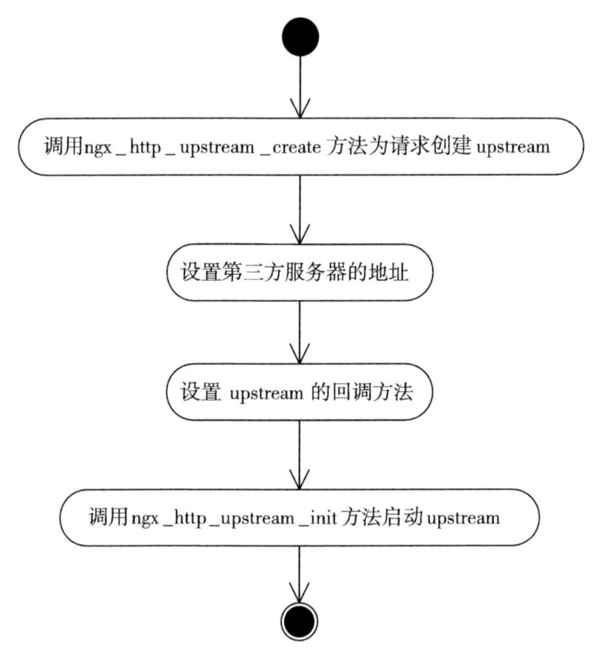

图 5-1 启动 upstream 的流程图

使用 upstream 模块提供的 ngx_http_upstream_init 方法后，HTTP 框架到底如何运行 upstream 机制呢？图 5-2 给出了一个常见的 upstream 执行示意图，它仅在概念上表示主要流程，与代码的执行没有关系。第 12 章将详细介绍 upstream 机制到底是如何执行的。

图 5-2 所示的 upstream 流程包含了 epoll 模块多次调度、处理一个请求的过程，它虽然与实际代码执行关系不大，但却指出了最常用的 3 个回调方法——create_request、process_header、finalize_request 是如何回调的。

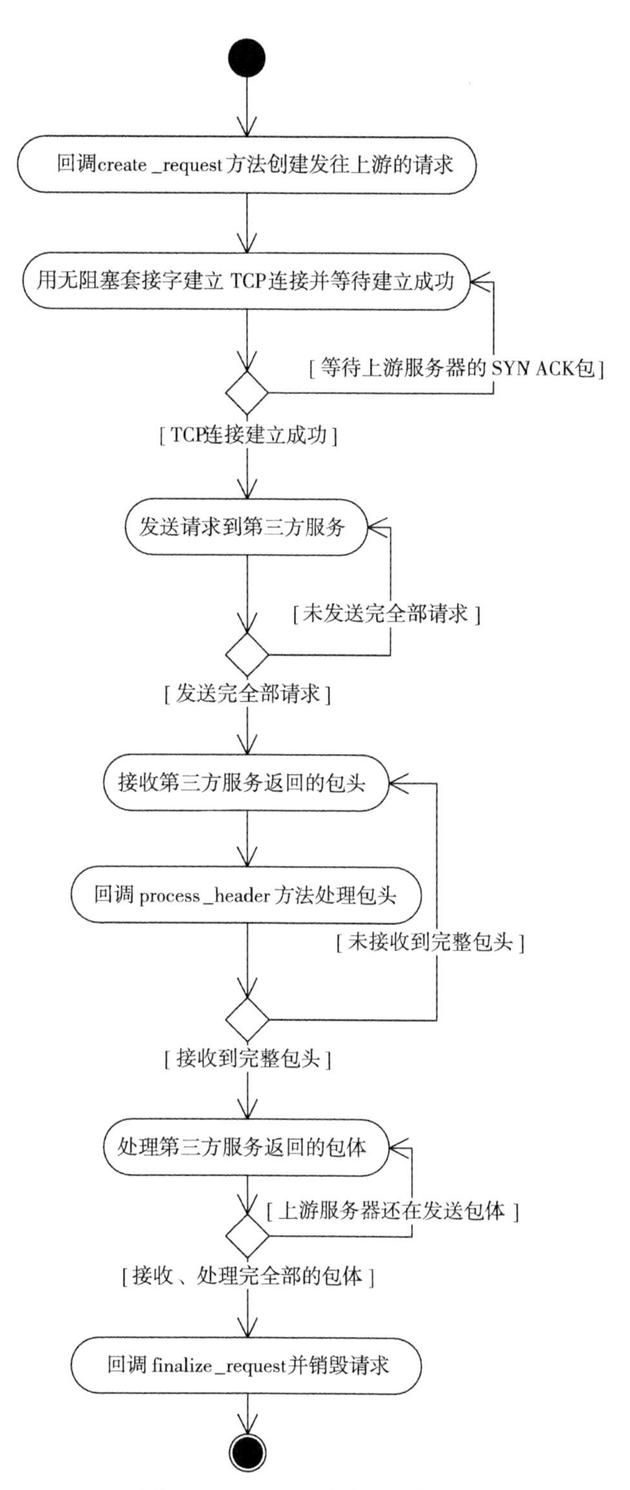

图 5-2　upstream 执行的一般流程

注意 upstream 提供了 3 种处理上游服务器包体的方式，包括交由 HTTP 模块使用 input_filter 回调方法直接处理包体、以固定缓冲区转发包体、以多个缓冲加磁盘文件的方式转发包体等。在后两种转发包体的方式中，upstream 还与文件缓存功能紧密相关，但为了让大家更清晰地理解 upstream，本章中将不涉及文件缓存。

5.1.1 ngx_http_upstream_t 结构体

上面了解了 upstream 机制运行的主要流程，现在来看一下 ngx_http_upstream_t 结构体。ngx_http_upstream_t 结构体里有些成员仅仅是在 upstream 模块内部使用的，这里就不一一列出了（由于 C 语言是面向过程语言，所以 ngx_http_upstream_t 结构体里会出现第三方 HTTP 模块并不关心的成员。在 12.1.2 节中会完整地介绍 ngx_http_upstream_t 中的所有成员）。

```
typedef struct ngx_http_upstream_s    ngx_http_upstream_t;
struct ngx_http_upstream_s {
    …
    /*request_bufs 决定发送什么样的请求给上游服务器，在实现 create_request 方法时需要设置它 */
    ngx_chain_t                      *request_bufs;

    // upstream 访问时的所有限制性参数，在 5.1.2 节会详细讨论它
    ngx_http_upstream_conf_t         *conf;

    // 通过 resolved 可以直接指定上游服务器地址，在 5.1.3 节会详细讨论它
    ngx_http_upstream_resolved_t     *resolved;

    /*buffer 成员存储接收自上游服务器发来的响应内容，由于它会被复用，所以具有下列多种意义：a) 在使用 process_header 方法解析上游响应的包头时，buffer 中将会保存完整的响应包头；b) 当下面的 buffering 成员为 1，而且此时 upstream 是向下游转发上游的包体时，buffer 没有意义；c) 当 buffering 标志位为 0 时，buffer 缓冲区会被用于反复地接收上游的包体，进而向下游转发；d) 当 upstream 并不用于转发上游包体时，buffer 会被用于反复接收上游的包体，HTTP 模块实现的 input_filter 方法需要关注它 */
    ngx_buf_t                         buffer;

    // 构造发往上游服务器的请求内容
    ngx_int_t   (*create_request)(ngx_http_request_t *r);

    /* 收到上游服务器的响应后就会回调 process_header 方法。如果 process_header 返回 NGX_AGAIN，那么是在告诉 upstream 还没有收到完整的响应包头，此时，对于本次 upstream 请求来说，再次接收到上游服务器发来的 TCP 流时，还会调用 process_header 方法处理，直到 process_header 函数返回非 NGX_AGAIN 值这一阶段才会停止 */
    ngx_int_t   (*process_header)(ngx_http_request_t *r);

    // 销毁 upstream 请求时调用
    void   (*finalize_request)(ngx_http_request_t *r,
                                      ngx_int_t rc);
    // 5 个可选的回调方法
    ngx_int_t         (*input_filter_init)(void *data);
    ngx_int_t         (*input_filter)(void *data, ssize_t bytes);
    ngx_int_t   (*reinit_request)(ngx_http_request_t *r);
```

```
    void  (*abort_request)(ngx_http_request_t *r);
    ngx_int_t  (*rewrite_redirect)(ngx_http_request_t *r,
                    ngx_table_elt_t *h, size_t prefix);

    //是否基于SSL协议访问上游服务器
    unsigned                           ssl:1;
    /* 在向客户端转发上游服务器的包体时才有用。当buffering为1时，表示使用多个缓冲区以及磁
盘文件来转发上游的响应包体。当Nginx与上游间的网速远大于Nginx与下游客户端间的网速时，让Nginx开
辟更多的内存甚至使用磁盘文件来缓存上游的响应包体，这是有意义的，它可以减轻上游服务器的并发压力。当
buffering为0时，表示只使用上面的这一个buffer缓冲区来向下游转发响应包体 */
    unsigned                           buffering:1;
    …
};
```

上文介绍过，upstream有3种处理上游响应包体的方式，但HTTP模块如何告诉upstream使用哪一种方式处理上游的响应包体呢？当请求的ngx_http_request_t结构体中subrequest_in_memory标志位为1时，将采用第1种方式，即upstream不转发响应包体到下游，由HTTP模块实现的input_filter方法处理包体；当subrequest_in_memory为0时，upstream会转发响应包体。当ngx_http_upstream_conf_t配置结构体中的buffering标志位为1时，将开启更多的内存和磁盘文件用于缓存上游的响应包体，这意味上游网速更快；当buffering为0时，将使用固定大小的缓冲区（就是上面介绍的buffer缓冲区）来转发响应包体。

> 注意　上述的8个回调方法中，只有create_request、process_header、finalize_request是必须实现的，其余5个回调方法——input_filter_init、input_filter、reinit_request、abort_request、rewrite_redirect是可选的。第12章会详细介绍如何使用这5个可选的回调方法。另外，这8个方法的回调场景见5.2节。

5.1.2　设置upstream的限制性参数

本节介绍的是ngx_http_upstream_t中的conf成员，它用于设置upstream模块处理请求时的参数，包括连接、发送、接收的超时时间等。

```
typedef struct {
    …
    //连接上游服务器的超时时间，单位为毫秒
    ngx_msec_t                        connect_timeout;
    //发送TCP包到上游服务器的超时时间，单位为毫秒
    ngx_msec_t                        send_timeout;
    //接收TCP包到上游服务器的超时时间，单位为毫秒
    ngx_msec_t                        read_timeout;
      …
} ngx_http_upstream_conf_t;
```

ngx_http_upstream_conf_t中的参数有很多，12.1.3节会完整地介绍所有成员。事实上，HTTP反向代理模块在nginx.conf文件中提供的配置项大都是用来设置ngx_http_upstream_ conf_t 结构体中的成员的。上面列出的 3 个超时时间是必须要设置的，因为它们默认为 0，如果不设置将永远无法与上游服务器建立起 TCP 连接（因为 connect_timeout 值为 0）。

使用第 4 章介绍的 14 个预设方法可以非常简单地通过 nginx.conf 配置文件设置 ngx_http_upstream_conf_t 结构体。例如，可以把 ngx_http_upstream_conf_t 类型的变量放到 ngx_http_mytest_conf_t 结构体中。

```
typedef struct {
    …
    ngx_http_upstream_conf_t upstream;
} ngx_http_mytest_conf_t;
```

接下来以设置 connect_timeout 连接超时时间为例说明如何编写 ngx_command_t 来读取配置文件。

```
static ngx_command_t  ngx_http_mytest_commands[] = {
…
{ ngx_string("upstream_connect_timeout"),
      NGX_HTTP_LOC_CONF|NGX_CONF_TAKE1,
      ngx_conf_set_msec_slot,
      NGX_HTTP_LOC_CONF_OFFSET,
      /* 给出 connect_timeout 成员在 ngx_http_mytest_conf_t 结构体中的偏移字节数 */
      offsetof(ngx_http_mytest_conf_t, upstream.connect_timeout),
      NULL },
   …
}
```

这样，nginx.conf 文件中的 upstream_conn_timeout 配置项将被解析到 ngx_http_mytest_conf_t 结构体的 upstream.connect_timeout 成员中。在处理实际请求时，只要把 ngx_http_mytest_conf_t 配置项的 upstream 成员赋给 ngx_http_upstream_t 中的 conf 成员即可。例如，在 ngx_http_mytest_handler 方法中可以这样设置：

```
    ngx_http_mytest_conf_t  *mycf =  (ngx_http_mytest_conf_t  *) ngx_http_get_
module_loc_conf(r, ngx_http_mytest_module);
    r->upstream->conf = &mycf->upstream;
```

上面代码中的 r->upstream->conf 是必须要设置的，否则进程会崩溃（crash）。

提示 每一个请求都有独立的 ngx_http_upstream_conf_t 结构体，这意味着每一个请求都可以拥有不同的网络超时时间等配置，用户甚至可以根据 HTTP 请求信息决定连接上游服务器的超时时间、缓存上游响应包体的临时文件存放位置等，这些都只需要在设置 r->upstream->conf 时简单地进行赋值即可，有时这非常有用。

5.1.3 设置需要访问的第三方服务器地址

ngx_http_upstream_t 结构中的 resolved 成员可以直接设置上游服务器的地址。首先介绍一下 resolved 的类型。

```
typedef struct {
    …
    // 地址个数
    ngx_uint_t                      naddrs;

    // 上游服务器的地址
    struct sockaddr                *sockaddr;
    socklen_t                       socklen;
    …
} ngx_http_upstream_resolved_t;
```

在 ngx_http_upstream_resolved_t 结构的成员中，必须设置的是上面代码中列出的 3 个。具体设置的例子可参见 5.3 节。

当然，还有其他方法可以设置上游服务器地址，感兴趣的读者可以阅读 upstream 模块源代码，并在 nginx.conf 文件中配置 upstream 块，指定上游服务器的地址。

5.1.4　设置回调方法

5.1.1 节介绍的 ngx_http_upstream_t 结构体中有 8 个回调方法，可根据需求及其意义实现。例如，3 个必须实现的回调方法可以这么定义：

```
void mytest_upstream_finalize_request(ngx_http_request_t *r, ngx_int_t rc);
ngx_int_t mytest_upstream_create_request(ngx_http_request_t *r);
ngx_int_t mytest_upstream_process_header(ngx_http_request_t *r);
```

在 5.3 节中，会有一个简单的例子说明如何实现上述 3 个方法。

然后，在 ngx_http_mytest_handler 方法中设置它们，例如：

```
r->upstream->create_request = mytest_upstream_create_request;
r->upstream->process_header = mytest_process_status_line;
r->upstream->finalize_request=mytest_upstream_finalize_request;
```

5.1.5　如何启动 upstream 机制

直接执行 ngx_http_upstream_init 方法即可启动 upstream 机制。例如：

```
static ngx_int_t ngx_http_mytest_handler(ngx_http_request_t *r)
{
    …
    r->main->count++;
    ngx_http_upstream_init(r);
    return NGX_DONE;
}
```

调用 ngx_http_upstream_init 就是在启动 upstream 机制，这时要通过返回 NGX_DONE 告诉 HTTP 框架暂停执行请求的下一个阶段。这里还需要执行 r->main->count++，这是在告诉 HTTP 框架将当前请求的引用计数加 1，即告诉 ngx_http_mytest_handler 方法暂时不要销毁请求，因为 HTTP 框架只有在引用计数为 0 时才能真正地销毁请求。这样的话，upstream 机制接下来才能接管请求的处理工作。

提示 在阅读 HTTP 反向代理模块（ngx_http_proxy_module）源代码时，会发现它并没有调用 r->main->count++，其中 proxy 模块是这样启动 upstream 机制的：ngx_http_read_client_request_body(r, ngx_http_upstream_init);，这表示读取完用户请求的 HTTP 包体后才会调用 ngx_http_upstream_init 方法启动 upstream 机制（参见 3.6.4 节）。由于 ngx_http_read_client_request_body 的第一行有效语句是 r->main->count++，所以 HTTP 反向代理模块不能再次在其代码中执行 r->main->count++。

这个过程看起来似乎让人困惑。为什么有时需要把引用计数加 1，有时却不需要呢？因为 ngx_http_read_client_request_body 读取请求包体是一个异步操作（需要 epoll 多次调度才能完成的可称其为异步操作），ngx_http_upstream_init 方法启用 upstream 机制也是一个异步操作，因此，从理论上来说，每执行一次异步操作应该把引用计数加 1，而异步操作结束时应该调用 ngx_http_finalize_request 方法把引用计数减 1。另外，ngx_http_read_client_request_body 方法内是加过引用计数的，而 ngx_http_upstream_init 方法内却没有加过引用计数（或许 Nginx 将来会修改这个问题）。在 HTTP 反向代理模块中，它的 ngx_http_proxy_handler 方法中用“ngx_http_read_client_request_body(r, ngx_http_upstream_init);”语句同时启动了两个异步操作，注意，这行语句中只加了一次引用计数。执行这行语句的 ngx_http_proxy_handler 方法返回时只调用 ngx_http_finalize_request 方法一次，这是正确的。对于 mytest 模块也一样，务必要保证对引用计数的增加和减少是配对进行的。

5.2 回调方法的执行场景

使用 upstream 方式时最重要的工作都会在回调方法中实现，为了更好地实现它们，本节将介绍调用这些回调方法的典型场景。

5.2.1 create_request 回调方法

create_request 的回调场景最简单，即它只可能被调用 1 次（如果不启用 upstream 的失败重试机制的话。详见第 12 章），如图 5-3 所示。下面简单地介绍一下图 5-3 中的每一个步骤：

1）在 Nginx 主循环（这里的主循环是指 8.5 节提到的 ngx_worker_process_cycle 方法）中，会定期地调用事件模块，以检查是否有网络事件发生。

2）事件模块在接收到 HTTP 请求后会调用 HTTP 框架来处理。假设接收、解析完 HTTP 头部后发现应该由 mytest 模块处理，这时会调用 mytest 模块的 ngx_http_mytest_handler 来处理。

3）这里 mytest 模块此时会完成 5.1.2 节 ~ 5.1.4 节中所列出的步骤。

4）调用 ngx_http_upstream_init 方法启动 upstream。

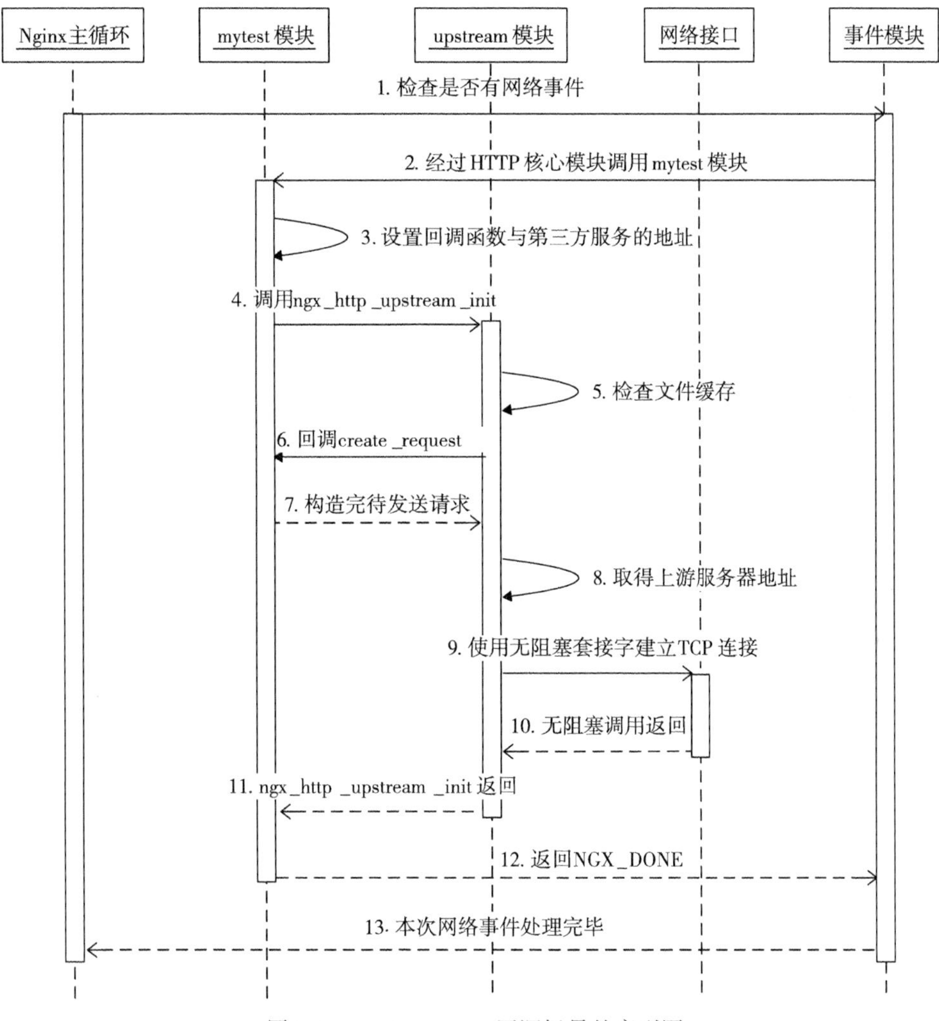

图 5-3　create_request 回调场景的序列图

5）upstream 模块会去检查文件缓存，如果缓存中已经有合适的响应包，则会直接返回缓存（当然必须是在使用反向代理文件缓存的前提下）。为了让读者方便地理解 upstream 机制，本章将不再提及文件缓存。

6）回调 mytest 模块已经实现的 create_request 回调方法。

7）mytest 模块通过设置 r->upstream->request_bufs 已经决定好发送什么样的请求到上游服务器。

8）upstream 模块将会检查 5.1.3 节中介绍过的 resolved 成员，如果有 resolved 成员的话，就根据它设置好上游服务器的地址 r->upstream->peer 成员。

9）用无阻塞的 TCP 套接字建立连接。

10）无论连接是否建立成功，负责建立连接的 connect 方法都会立刻返回。

11）ngx_http_upstream_init 返回。

12）mytest 模块的 ngx_http_mytest_handler 方法返回 NGX_DONE。

13）当事件模块处理完这批网络事件后，将控制权交还给 Nginx 主循环。

5.2.2 reinit_request 回调方法

reinit_request 可能会被多次回调。它被调用的原因只有一个，就是在第一次试图向上游服务器建立连接时，如果连接由于各种异常原因失败，那么会根据 upstream 中 conf 参数的策略要求再次重连上游服务器，而这时就会调用 reinit_request 方法了。图 5-4 描述了典型的 reinit_request 调用场景。

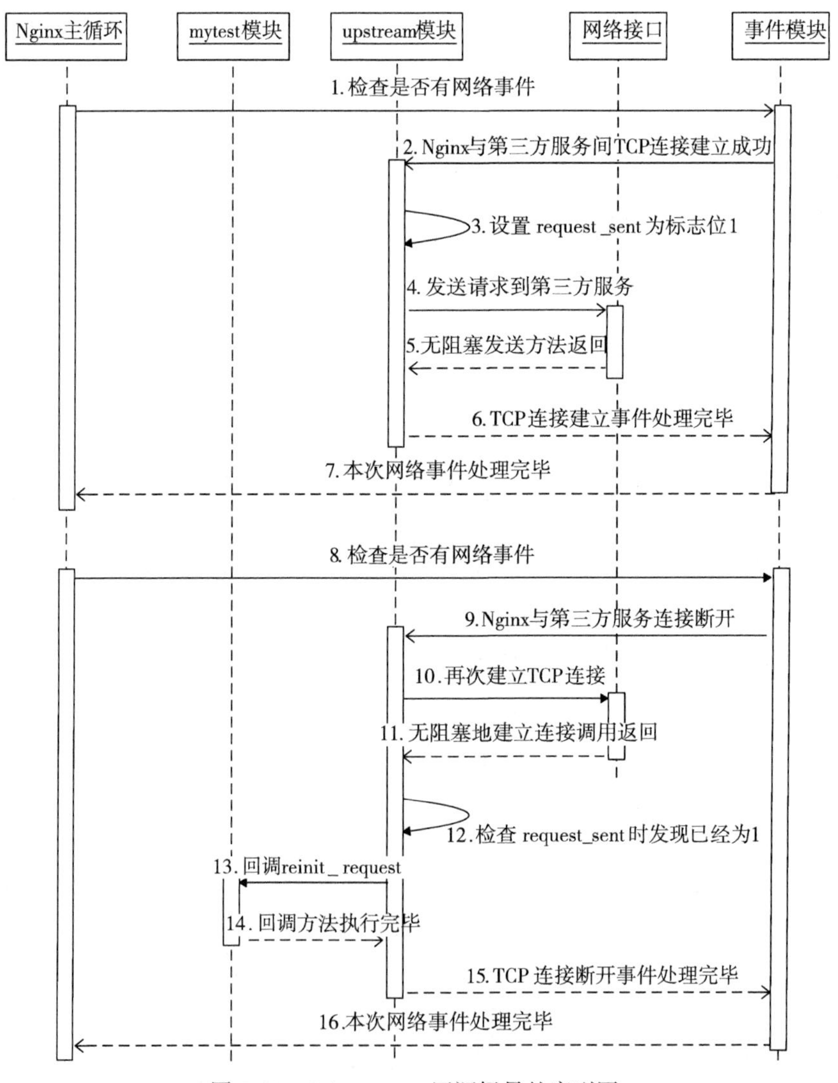

图 5-4 reinit_request 回调场景的序列图

下面简单地介绍一下图 5-4 中列出的步骤。

1）Nginx 主循环中会定期地调用事件模块，检查是否有网络事件发生。

2）事件模块在确定与上游服务器的 TCP 连接建立成功后，会回调 upstream 模块的相关方法处理。

3）upstream 模块这时会把 r->upstream->request_sent 标志位置为 1，表示连接已经建立成功了，现在开始向上游服务器发送请求内容。

4）发送请求到上游服务器。

5）发送方法当然是无阻塞的（使用了无阻塞的套接字），会立刻返回。

6）upstream 模块处理第 2 步中的 TCP 连接建立成功事件。

7）事件模块处理完本轮网络事件后，将控制权交还给 Nginx 主循环。

8）Nginx 主循环重复第 1 步，调用事件模块检查网络事件。

9）这时，如果发现与上游服务器建立的 TCP 连接已经异常断开，那么事件模块会通知 upstream 模块处理它。

10）在符合重试次数的前提下，upstream 模块会毫不犹豫地再次用无阻塞的套接字试图建立连接。

11）无论连接是否建立成功都立刻返回。

12）这时检查 r->upstream->request_sent 标志位，会发现它已经被置为 1 了。

13）如果 mytest 模块没有实现 reinit_request 方法，那么是不会调用它的。而如果 reinit_request 不为 NULL 空指针，就会回调它。

14）mytest 模块在 reinit_request 中处理完自己的事情。

15）处理完第 9 步中的 TCP 连接断开事件，将控制权交还给事件模块。

16）事件模块处理完本轮网络事件后，交还控制权给 Nginx 主循环。

5.2.3　finalize_request 回调方法

当调用 ngx_http_upstream_init 启动 upstream 机制后，在各种原因（无论成功还是失败）导致该请求被销毁前都会调用 finalize_request 方法（参见图 5-1）。

在 finalize_request 方法中可以不做任何事情，但必须实现 finalize_request 方法，否则 Nginx 会出现空指针调用的严重错误。

5.2.4　process_header 回调方法

process_header 是用于解析上游服务器返回的基于 TCP 的响应头部的，因此，process_header 可能会被多次调用，它的调用次数与 process_header 的返回值有关。如图 5-5 所示，如果 process_header 返回 NGX_AGAIN，这意味着还没有接收到完整的响应头部，如果再次接收到上游服务器发来的 TCP 流，还会把它当做头部，仍然调用 process_header 处理。而在图 5-6 中，如果 process_header 返回 NGX_OK（或者其他非 NGX_AGAIN 的值），那么在这次连接的后续处理中将不会再次调用 process_header。

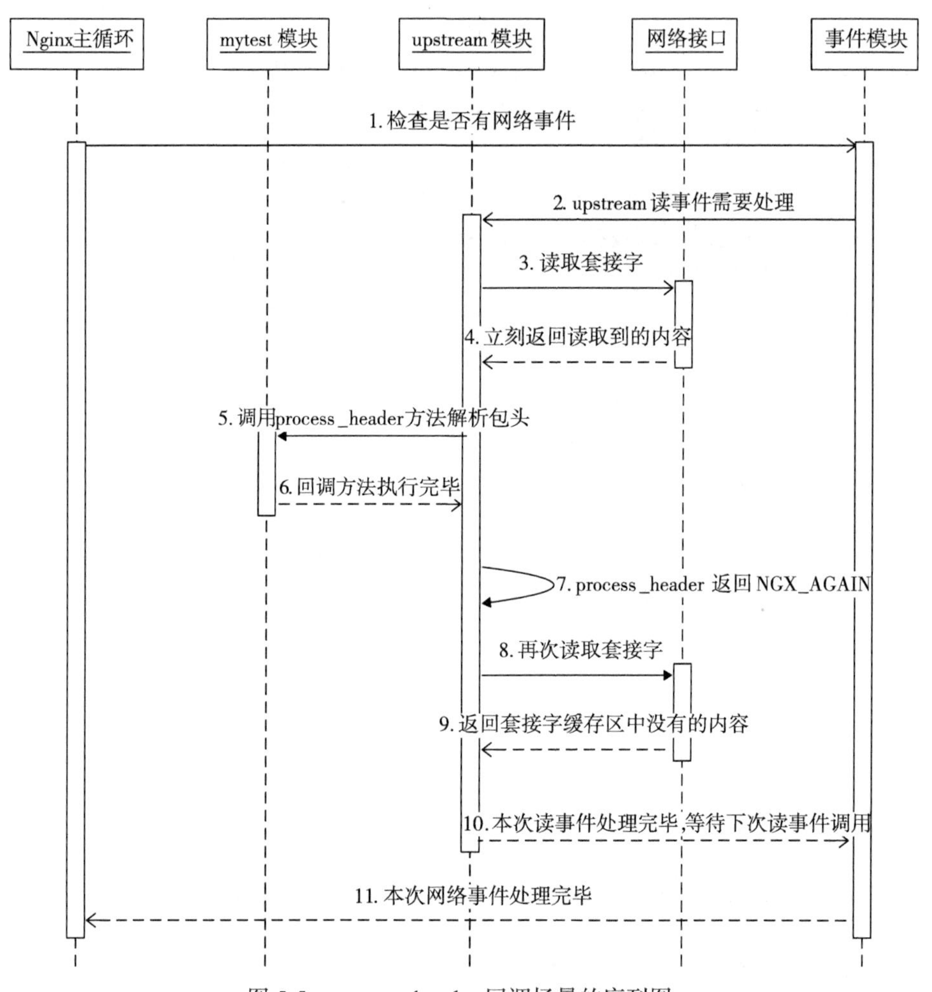

图 5-5 process_header 回调场景的序列图

下面简单地介绍一下图 5-5 中列出的步骤。

1）Nginx 主循环中会定期地调用事件模块，检查是否有网络事件发生。

2）事件模块接收到上游服务器发来的响应时，会回调 upstream 模块处理。

3）upstream 模块这时可以从套接字缓冲区中读取到来自上游的 TCP 流。

4）读取的响应会存放到 r->upstream->buffer 指向的内存中。注意：在未解析完响应头部前，若多次接收到字符流，所有接收自上游的响应都会完整地存放到 r->upstream->buffer 缓冲区中。因此，在解析上游响应包头时，如果 buffer 缓冲区全满却还没有解析到完整的响应头部（也就是说，process_header 一直在返回 NGX_AGAIN），那么请求就会出错。

5）调用 mytest 模块实现的 process_header 方法。

6）process_header 方法实际上就是在解析 r->upstream->buffer 缓冲区，试图从中取到完整的响应头部（当然，如果上游服务器与 Nginx 通过 HTTP 通信，就是接收到完整的 HTTP

头部）。

7）如果 process_header 返回 NGX_AGAIN，那么表示还没有解析到完整的响应头部，下次还会调用 process_header 处理接收到的上游响应。

8）调用无阻塞的读取套接字接口。

9）这时有可能返回套接字缓冲区已经为空。

10）当第 2 步中的读取上游响应事件处理完毕后，控制权交还给事件模块。

11）事件模块处理完本轮网络事件后，交还控制权给 Nginx 主循环。

5.2.5　rewrite_redirect 回调方法

在重定向 URL 阶段，如果实现了 rewrite_redirect 回调方法，那么这时会调用 rewrite_redirect。注意，本章不涉及 rewrite_redirect 方法，感兴趣的读者可以查看 upstream 模块的 ngx_http_upstream_rewrite_location 方法。如果 upstream 模块接收到完整的上游响应头部，而且由 HTTP 模块的 process_header 回调方法将解析出的对应于 Location 的头部设置到了 ngx_http_upstream_t 中的 headers_in 成员时，ngx_http_upstream_process_headers 方法将会最终调用 rewrite_redirect 方法（见 12.5.3 节图 12-5 的第 8 步）。因此，rewrite_redirect 的使用场景比较少，它主要应用于 HTTP 反向代理模块（ngx_http_proxy_module）。

5.2.6　input_filter_init 与 input_filter 回调方法

input_filter_init 与 input_filter 这两个方法都用于处理上游的响应包体，因为处理包体前 HTTP 模块可能需要做一些初始化工作。例如，分配一些内存用于存放解析的中间状态等，这时 upstream 就提供了 input_filter_init 方法。而 input_filter 方法就是实际处理包体的方法。这两个回调方法都可以选择不予实现，这是因为当这两个方法不实现时，upstream 模块会自动设置它们为预置方法（上文讲过，由于 upstream 有 3 种处理包体的方式，所以 upstream 模块准备了 3 对 input_filter_init、input_filter 方法）。因此，一旦试图重定义 input_filter_init、input_filter 方法，就意味着我们对 upstream 模块的默认实现是不满意的，所以才要重定义该功能。此时，首先必须要弄清楚默认的 input_filter 方法到底做了什么，在 12.6 节 ~ 12.8 节介绍的 3 种处理包体方式中，都会涉及默认的 input_filter 方法所做的工作。

在多数情况下，会在以下场景决定重新实现 input_filter 方法。

（1）在转发上游响应到下游的同时，需要做一些特殊处理

例如，ngx_http_memcached_module 模块会将实际由 memcached 实现的上游服务器返回的响应包体，转发到下游的 HTTP 客户端上。在上述过程中，该模块通过重定义了的 input_filter 方法来检测 memcached 协议下包体的结束，而不是完全、纯粹地透传 TCP 流。

（2）当无须在上、下游间转发响应时，并不想等待接收完全部的上游响应后才开始处理请求

在不转发响应时，通常会将响应包体存放在内存中解析，如果试图接收到完整的响应后再来解析，由于响应可能会非常大，这会占用大量内存。而重定义了 input_filter 方法后，可

以每解析完一部分包体，就释放一些内存。

重定义input_filter方法必须符合一些规则，如怎样取到刚接收到的包体以及如何释放缓冲区使得固定大小的内存缓冲区可以重复使用等。注意，本章的例子并不涉及input_filter方法，读者可以在第12章中找到input_filter方法的使用方式。

5.3 使用upstream的示例

下面以一个简单且能够运行的示例帮助读者理解如何使用upstream机制。这个示例要实现的功能很简单，即以访问mytest模块的URL参数作为搜索引擎的关键字，用upstream方式访问google，查询URL里的参数，然后把google的结果返回给用户。这个场景非常适合使用upstream方式，因为Nginx访问google的服务器使用的是HTTP，它当然符合upstream的使用场景：上游服务器提供基于TCP的协议。上文讲过，upstream提供了3种处理包体的方式，这里选择以固定缓冲区向下游客户端转发google返回的包体（HTTP的包体）的方式。

例如，如果访问的URL是/test?lumia，那么在nginx.conf中可以这样配置location。

```
location /test {
    mytest;
}
```

mytest模块将会使用upstream机制向www.google.com发送搜索请求，它的请求URL是/search?q=lumia，google返回的包头将在mytest模块中解析并决定如何转发给用户，而包体将会被透传给用户。

这里继续以mytest模块为例来说明如何使用upstream达成上述效果。

5.3.1 upstream的各种配置参数

每一个HTTP请求都会有独立的ngx_http_upstream_conf_t结构体，出于简单考虑，在mytest模块的例子中，所有的请求都将共享同一个ngx_http_upstream_conf_t结构体，因此，这里把它放到ngx_http_mytest_conf_t配置结构体中，如下所示。

```
typedef struct {
    ngx_http_upstream_conf_t upstream;
} ngx_http_mytest_conf_t;
```

在启动upstream前，先将ngx_http_mytest_conf_t下的upstream成员赋给r->upstream->conf成员，可参考5.3.6节中的示例代码。

ngx_http_upstream_conf_t结构中的各成员可以通过第4章中介绍的方法，即用预设的配置项解析参数来赋值，如5.1.2节中的例子所示。出于方便，这里直接硬编码到create_loc_conf回调方法中了，如下所示。

```
static void* ngx_http_mytest_create_loc_conf(ngx_conf_t *cf)
{
```

```
        ngx_http_mytest_conf_t  *mycf;

         mycf = (ngx_http_mytest_conf_t  *)ngx_pcalloc(cf->pool, sizeof(ngx_http_
mytest_conf_t));
        if (mycf == NULL) {
            return NULL;
        }

         /* 以下简单的硬编码 ngx_http_upstream_conf_t 结构中的各成员，如超时时间，都设为 1 分钟，
这也是 HTTP 反向代理模块的默认值 */
        mycf->upstream.connect_timeout = 60000;
        mycf->upstream.send_timeout = 60000;
        mycf->upstream.read_timeout = 60000;
        mycf->upstream.store_access = 0600;
       /* 实际上，buffering 已经决定了将以固定大小的内存作为缓冲区来转发上游的响应包体，这块固定缓
冲区的大小就是 buffer_size。如果 buffering 为 1，就会使用更多的内存缓存来不及发往下游的响应。例如，
最多使用 bufs.num 个缓冲区且每个缓冲区大小为 bufs.size。另外，还会使用临时文件，临时文件的最大长度
为 max_temp_file_size*/
        mycf->upstream.buffering = 0;
        mycf->upstream.bufs.num = 8;
        mycf->upstream.bufs.size = ngx_pagesize;
        mycf->upstream.buffer_size = ngx_pagesize;
        mycf->upstream.busy_buffers_size = 2*ngx_pagesize;
        mycf->upstream.temp_file_write_size = 2 * ngx_pagesize;
        mycf->upstream.max_temp_file_size = 1024 * 1024 * 1024;

       /*upstream 模块要求 hide_headers 成员必须要初始化（upstream 在解析完上游服务器返回的包头
时，会调用 ngx_http_upstream_process_headers 方法按照 hide_headers 成员将本应转发给下游的一些
HTTP 头部隐藏），这里将它赋为 NGX_CONF_UNSET_PTR ，这是为了在 merge 合并配置项方法中使用 upstream
模块提供的 ngx_http_upstream_hide_headers_hash 方法初始化 hide_headers 成员 */
        mycf->upstream.hide_headers = NGX_CONF_UNSET_PTR;
        mycf->upstream.pass_headers = NGX_CONF_UNSET_PTR;

        return mycf;
    }
```

hide_headers 的类型是 ngx_array_t 动态数组（实际上，upstream 模块将会通过 hide_headers 来构造 hide_headers_hash 散列表）。由于 upstream 模块要求 hide_headers 不可以为 NULL，所以必须要初始化 hide_headers 成员。upstream 模块提供了 ngx_http_upstream_hide_headers_hash 方法来初始化 hide_headers，但仅可用在合并配置项方法内。例如，在下面的 ngx_http_mytest_merge_loc_conf 方法中就可以使用，如下所示，

```
    static char *ngx_http_mytest_merge_loc_conf(ngx_conf_t *cf, void *parent, void *child)
    {
        ngx_http_mytest_conf_t *prev = (ngx_http_mytest_conf_t *)parent;
        ngx_http_mytest_conf_t *conf = (ngx_http_mytest_conf_t *)child;

        ngx_hash_init_t             hash;
        hash.max_size = 100;
        hash.bucket_size = 1024;
        hash.name = "proxy_headers_hash";
```

```
    if (ngx_http_upstream_hide_headers_hash(cf, &conf->upstream,
            &prev->upstream, ngx_http_proxy_hide_headers, &hash)
        != NGX_OK)
    {
        return NGX_CONF_ERROR;
    }

    return NGX_CONF_OK;
}
```

5.3.2 请求上下文

本节介绍的例子就必须要使用上下文才能正确地解析 upstream 上游服务器的响应包，因为 upstream 模块每次接收到一段 TCP 流时都会回调 mytest 模块实现的 process_header 方法解析，这样就需要有一个上下文保存解析状态。在解析 HTTP 响应行时，可以使用 HTTP 框架提供的 ngx_http_status_t 结构，如下所示。

```
typedef struct {
    ngx_uint_t          code;
    ngx_uint_t          count;
    u_char             *start;
    u_char             *end;
} ngx_http_status_t;
```

把 ngx_http_status_t 结构放到上下文中，并在 process_header 解析响应行时使用，如下所示。

```
typedef struct {
   ngx_http_status_t           status;
} ngx_http_mytest_ctx_t;
```

在 5.3.4 节实现 process_header 的代码中，可以学会如何使用 ngx_http_status_t 结构。

5.3.3 在 create_request 方法中构造请求

这里定义的 mytest_upstream_create_request 方法用于创建发送给上游服务器的 HTTP 请求，upstream 模块将会回调它，实现如下。

```
static ngx_int_t
mytest_upstream_create_request(ngx_http_request_t *r)
{
    /* 发往 google 上游服务器的请求很简单，就是模仿正常的搜索请求，以 /search?q=…的 URL 来发起搜索请求。backendQueryLine 中的 %V 等转化格式的用法，可参见表 4-7*/
    static ngx_str_t backendQueryLine =
                ngx_string("GET /search?q=%V HTTP/1.1\r\nHost: www.google.com\r\nConnection: close\r\n\r\n");
    ngx_int_t queryLineLen = backendQueryLine.len + r->args.len - 2;
    /* 必须在内存池中申请内存，这有以下两点好处：一个好处是，在网络情况不佳的情况下，向上游服务器发送请求时，可能需要 epoll 多次调度 send 才能发送完成，这时必须保证这段内存不会被释放；另一个好处是，在请求结束时，这段内存会被自动释放，降低内存泄漏的可能 */
```

```
    ngx_buf_t* b = ngx_create_temp_buf(r->pool, queryLineLen);
    if (b == NULL)
        return NGX_ERROR;
    //last 要指向请求的末尾
    b->last = b->pos + queryLineLen;

    //作用相当于 snprintf，只是它支持表 4-7 中列出的所有转换格式
    ngx_snprintf(b->pos, queryLineLen ,
                 (char*)backendQueryLine.data,&r->args);
    /* r->upstream->request_bufs 是一个 ngx_chain_t 结构，它包含着要发送给上游服务器的请求 */
    r->upstream->request_bufs = ngx_alloc_chain_link(r->pool);
    if (r->upstream->request_bufs == NULL)
        return NGX_ERROR;

    // request_bufs 在这里只包含 1 个 ngx_buf_t 缓冲区
    r->upstream->request_bufs->buf = b;
    r->upstream->request_bufs->next = NULL;

    r->upstream->request_sent = 0;
    r->upstream->header_sent = 0;
    // header_hash 不可以为 0
    r->header_hash = 1;
    return NGX_OK;
}
```

5.3.4 在 process_header 方法中解析包头

process_header 负责解析上游服务器发来的基于 TCP 的包头，在本例中，就是解析 HTTP 响应行和 HTTP 头部，因此，这里使用 mytest_process_status_line 方法解析 HTTP 响应行，使用 mytest_upstream_process_header 方法解析 http 响应头部。之所以使用两个方法解析包头，这也是 HTTP 的复杂性造成的，因为无论是响应行还是响应头部都是不定长的，都需要使用状态机来解析。实际上，这两个方法也是通用的，它们适用于解析所有的 HTTP 响应包，而且这两个方法的代码与 ngx_http_proxy_module 模块的实现几乎是完全一致的。

```
static ngx_int_t
mytest_process_status_line(ngx_http_request_t *r)
{
    size_t                 len;
    ngx_int_t              rc;
    ngx_http_upstream_t   *u;

    //上下文中才会保存多次解析 HTTP 响应行的状态，下面首先取出请求的上下文
    ngx_http_mytest_ctx_t* ctx = ngx_http_get_module_ctx(r,ngx_http_mytest_module);
    if (ctx == NULL) {
        return NGX_ERROR;
    }

    u = r->upstream;

    /*HTTP 框架提供的 ngx_http_parse_status_line 方法可以解析 HTTP 响应行，它的输入就是收到
```

```
的字符流和上下文中的 ngx_http_status_t 结构 */
        rc = ngx_http_parse_status_line(r, &u->buffer, &ctx->status);
        // 返回 NGX_AGAIN 时，表示还没有解析出完整的 HTTP 响应行，需要接收更多的字符流再进行解析 */
        if (rc == NGX_AGAIN) {
            return rc;
        }
        // 返回 NGX_ERROR 时，表示没有接收到合法的 HTTP 响应行
        if (rc == NGX_ERROR) {
            ngx_log_error(NGX_LOG_ERR, r->connection->log, 0,
                          "upstream sent no valid HTTP/1.0 header");

            r->http_version = NGX_HTTP_VERSION_9;
            u->state->status = NGX_HTTP_OK;

            return NGX_OK;
        }

        /* 以下表示在解析到完整的 HTTP 响应行时，会做一些简单的赋值操作，将解析出的信息设置到
r->upstream->headers_in 结构体中。当 upstream 解析完所有的包头时，会把 headers_in 中的成员设置
到将要向下游发送的 r->headers_out 结构体中，也就是说，现在用户向 headers_in 中设置的信息，最终都
会发往下游客户端。为什么不直接设置 r->headers_out 而要多此一举呢？因为 upstream 希望能够按照 ngx_
http_upstream_conf_t 配置结构体中的 hide_headers 等成员对发往下游的响应头部做统一处理 */
        if (u->state) {
            u->state->status = ctx->status.code;
        }

        u->headers_in.status_n = ctx->status.code;

        len = ctx->status.end - ctx->status.start;
        u->headers_in.status_line.len = len;

        u->headers_in.status_line.data = ngx_pnalloc(r->pool, len);
        if (u->headers_in.status_line.data == NULL) {
            return NGX_ERROR;
        }

        ngx_memcpy(u->headers_in.status_line.data, ctx->status.start, len);

        /* 下一步将开始解析 HTTP 头部。设置 process_header 回调方法为 mytest_upstream_process_
header，之后再收到的新字符流将由 mytest_upstream_process_header 解析 */
        u->process_header = mytest_upstream_process_header;

        /* 如果本次收到的字符流除了 HTTP 响应行外，还有多余的字符，那么将由 mytest_upstream_
process_header 方法解析 */
        return mytest_upstream_process_header(r);
    }
```

mytest_upstream_process_header 方法可以解析 HTTP 响应头部，而这个例子只是简单地把上游服务器发送的 HTTP 头部添加到了请求 r->upstream->headers_in.headers 链表中。如果有需要特殊处理的 HTTP 头部，那么也应该在 mytest_upstream_process_header 方法中进行。

```
    static ngx_int_t
```

```
mytest_upstream_process_header(ngx_http_request_t *r)
{
    ngx_int_t                       rc;
    ngx_table_elt_t                *h;
    ngx_http_upstream_header_t     *hh;
    ngx_http_upstream_main_conf_t  *umcf;

    /* 这里将upstream模块配置项ngx_http_upstream_main_conf_t取出来，目的只有一个，就是
对将要转发给下游客户端的HTTP响应头部进行统一处理。该结构体中存储了需要进行统一处理的HTTP头部名称
和回调方法 */
    umcf = ngx_http_get_module_main_conf(r, ngx_http_upstream_module);

    //循环地解析所有的HTTP头部
    for ( ;; ) {
        /* HTTP框架提供了基础性的ngx_http_parse_header_line方法，它用于解析HTTP头部 */
        rc = ngx_http_parse_header_line(r, &r->upstream->buffer, 1);
        //返回NGX_OK时，表示解析出一行HTTP头部
        if (rc == NGX_OK) {
            //向headers_in.headers这个ngx_list_t链表中添加HTTP头部
            h = ngx_list_push(&r->upstream->headers_in.headers);
            if (h == NULL) {
                return NGX_ERROR;
            }
            //下面开始构造刚刚添加到headers链表中的HTTP头部
            h->hash = r->header_hash;

            h->key.len = r->header_name_end - r->header_name_start;
            h->value.len = r->header_end - r->header_start;
            //必须在内存池中分配存放HTTP头部的内存空间
            h->key.data = ngx_pnalloc(r->pool,
            h->key.len + 1 + h->value.len + 1 + h->key.len);
            if (h->key.data == NULL) {
                return NGX_ERROR;
            }

            h->value.data = h->key.data + h->key.len + 1;
            h->lowcase_key = h->key.data + h->key.len + 1 + h->value.len + 1;

            ngx_memcpy(h->key.data, r->header_name_start, h->key.len);
            h->key.data[h->key.len] = '\0';
            ngx_memcpy(h->value.data, r->header_start, h->value.len);
            h->value.data[h->value.len] = '\0';

            if (h->key.len == r->lowcase_index) {
                ngx_memcpy(h->lowcase_key, r->lowcase_header, h->key.len);
            } else {
                ngx_strlow(h->lowcase_key, h->key.data, h->key.len);
            }

            //upstream模块会对一些HTTP头部做特殊处理
            hh = ngx_hash_find(&umcf->headers_in_hash, h->hash,
                               h->lowcase_key, h->key.len);

            if (hh && hh->handler(r, h, hh->offset) != NGX_OK) {
```

```
                return NGX_ERROR;
            }

            continue;
        }

        /* 返回 NGX_HTTP_PARSE_HEADER_DONE 时，表示响应中所有的 HTTP 头部都解析完毕，接下来再
接收到的都将是 HTTP 包体 */
        if (rc == NGX_HTTP_PARSE_HEADER_DONE) {
            /* 如果之前解析 HTTP 头部时没有发现 server 和 date 头部，那么下面会根据 HTTP 协议规
范添加这两个头部 */
            if (r->upstream->headers_in.server == NULL) {
                h = ngx_list_push(&r->upstream->headers_in.headers);
                if (h == NULL) {
                    return NGX_ERROR;
                }

                h->hash = ngx_hash(ngx_hash(ngx_hash(ngx_hash(
                                    ngx_hash('s', 'e'), 'r'), 'v'), 'e'), 'r');

                ngx_str_set(&h->key, "Server");
                ngx_str_null(&h->value);
                h->lowcase_key = (u_char *) "server";
            }

            if (r->upstream->headers_in.date == NULL) {
                h = ngx_list_push(&r->upstream->headers_in.headers);
                if (h == NULL) {
                    return NGX_ERROR;
                }

                h->hash = ngx_hash(ngx_hash(ngx_hash('d', 'a'), 't'), 'e');

                ngx_str_set(&h->key, "Date");
                ngx_str_null(&h->value);
                h->lowcase_key = (u_char *) "date";
            }

            return NGX_OK;
        }

        /* 如果返回 NGX_AGAIN，则表示状态机还没有解析到完整的 HTTP 头部，此时要求 upstream 模
块继续接收新的字符流，然后交由 process_header 回调方法解析 */
        if (rc == NGX_AGAIN) {
            return NGX_AGAIN;
        }

        // 其他返回值都是非法的
        ngx_log_error(NGX_LOG_ERR, r->connection->log, 0,
                      "upstream sent invalid header");

        return NGX_HTTP_UPSTREAM_INVALID_HEADER;
    }
}
```

当mytest_upstream_process_header返回NGX_OK后，upstream模块开始把上游的包体（如果有的话）直接转发到下游客户端。

5.3.5　在finalize_request方法中释放资源

当请求结束时，将会回调finalize_request方法，如果我们希望此时释放资源，如打开的句柄等，那么可以把这样的代码添加到finalize_request方法中。本例中定义了mytest_upstream_finalize_request方法，由于我们没有任何需要释放的资源，所以该方法没有完成任何实际工作，只是因为upstream模块要求必须实现finalize_request回调方法，如下所示。

```
static void
mytest_upstream_finalize_request(ngx_http_request_t *r, ngx_int_t rc)
{
    ngx_log_error(NGX_LOG_DEBUG, r->connection->log,0,
                "mytest_upstream_finalize_request");
}
```

5.3.6　在ngx_http_mytest_handler方法中启动upstream

在开始介入处理客户端请求的ngx_http_mytest_handler方法中启动upstream机制，而何时请求会结束，则视Nginx与上游的google服务器间的通信而定。通常，在启动upstream时，我们将决定以何种方式处理上游响应的包体，前文说过，我们会原封不动地转发google的响应包体到客户端，这一行为是由ngx_http_request_t结构体中的subrequest_in_memory标志位决定的，默认情况下，subrequest_in_memory为0，即表示将转发上游的包体到下游。在5.3.1节中介绍过，当ngx_http_upstream_conf_t结构体中的buffering标志位为0时，意味着以固定大小的缓冲区来转发包体。

```
static ngx_int_t
ngx_http_mytest_handler(ngx_http_request_t *r)
{
    //首先建立HTTP上下文结构体ngx_http_mytest_ctx_t
    ngx_http_mytest_ctx_t* myctx = ngx_http_get_module_ctx(r,ngx_http_mytest_module);
    if (myctx == NULL)
    {
    myctx = ngx_palloc(r->pool, sizeof(ngx_http_mytest_ctx_t));
    if (myctx == NULL)
    {
       return NGX_ERROR;
    }
    //将新建的上下文与请求关联起来
    ngx_http_set_ctx(r,myctx,ngx_http_mytest_module);
    }
     /*对每1个要使用upstream的请求，必须调用且只能调用1次ngx_http_upstream_create方法，
它会初始化r->upstream成员*/
    if (ngx_http_upstream_create(r) != NGX_OK) {
       ngx_log_error(NGX_LOG_ERR, r->connection->log, 0,"ngx_http_upstream_create() failed");
       return NGX_ERROR;
```

```
    }

    //得到配置结构体 ngx_http_mytest_conf_t
    ngx_http_mytest_conf_t  *mycf = (ngx_http_mytest_conf_t  *) ngx_http_get_module_
loc_conf(r, ngx_http_mytest_module);
    ngx_http_upstream_t *u = r->upstream;
    //这里用配置文件中的结构体来赋给 r->upstream->conf 成员
    u->conf = &mycf->upstream;
    //决定转发包体时使用的缓冲区
    u->buffering = mycf->upstream.buffering;

    //以下代码开始初始化 resolved 结构体，用来保存上游服务器的地址
    u->resolved = (ngx_http_upstream_resolved_t*) ngx_pcalloc(r->pool, sizeof(ngx_
http_upstream_resolved_t));
    if (u->resolved == NULL) {
        ngx_log_error(NGX_LOG_ERR, r->connection->log, 0,
            "ngx_pcalloc resolved error. %s.", strerror(errno));
        return NGX_ERROR;
    }

    //这里的上游服务器就是 www.google.com
    static struct sockaddr_in backendSockAddr;
    struct hostent *pHost = gethostbyname((char*) "www.google.com");
    if (pHost == NULL)
    {
        ngx_log_error(NGX_LOG_ERR, r->connection->log, 0,
                        "gethostbyname fail. %s", strerror(errno));

        return NGX_ERROR;
    }

    //访问上游服务器的 80 端口
    backendSockAddr.sin_family = AF_INET;
    backendSockAddr.sin_port = htons((in_port_t) 80);
    char* pDmsIP = inet_ntoa(*(struct in_addr*) (pHost->h_addr_list[0]));
    backendSockAddr.sin_addr.s_addr = inet_addr(pDmsIP);
    myctx->backendServer.data = (u_char*)pDmsIP;
    myctx->backendServer.len = strlen(pDmsIP);

    //将地址设置到 resolved 成员中
    u->resolved->sockaddr = (struct sockaddr *)&backendSockAddr;
    u->resolved->socklen = sizeof(struct sockaddr_in);
    u->resolved->naddrs = 1;

    //设置 3 个必须实现的回调方法，也就是 5.3.3 节～ 5.3.5 节中实现的 3 个方法
    u->create_request = mytest_upstream_create_request;
    u->process_header = mytest_process_status_line;
    u->finalize_request = mytest_upstream_finalize_request;

    //这里必须将 count 成员加 1，参见 5.1.5 节
    r->main->count++;
    //启动 upstream
    ngx_http_upstream_init(r);
```

```
    // 必须返回 NGX_DONE
    return NGX_DONE;
}
```

到此为止，高性能地访问第三方服务的 upstream 例子就介绍完了。在本例中，可以完全异步地访问第三方服务，并发访问数也只会受制于物理内存的大小，完全可以轻松达到几十万的并发 TCP 连接。

5.4 subrequest 的使用方式

subrequest 是由 HTTP 框架提供的一种分解复杂请求的设计模式，它可以把原始请求分解为许多子请求，使得诸多请求协同完成一个用户请求，并且每个请求只关注于一个功能。它与访问第三方服务及 upstream 机制有什么关系呢？首先，只要不是完全将上游服务器的响应包体转发到下游客户端，基本上都会使用 subrequest 创建出子请求，并由子请求使用 upstream 机制访问上游服务器，然后由父请求根据上游响应重新构造返回给下游客户端的响应。其次，在 HTTP 框架的设计上，subrequest 与 upstream 也是密切相关的。例如，上文讲过，描述 HTTP 请求的 ngx_http_request_t 结构体中有一个标志位 subrequest_in_memory，它决定 upstream 对待上游响应包体的行为。但是从名字上我们可以看到，它是与 subrequest 有关的，实际上，在创建子请求的方法中就可以设置 subrequest_in_memory。

subrequest 设计的基础是生成一个（子）请求的代价要非常小，消耗的内存也要很少，并且不会一直占用进程资源。因此，每个请求都应该做简单、独立的工作，而由多个子请求合成为一个父请求向客户端提供完整的服务。在 Nginx 中，大量功能复杂的模块都是基于 subrequest 实现的。

使用 subrequest 的方式要比 upstream 简单得多，只需要完成以下 4 步操作即可。

1）在 nginx.conf 文件中配置好子请求的处理方式。

2）启动 subrequest 子请求。

3）实现子请求执行结束时的回调方法。

4）实现父请求被激活时的回调方法。

下面依次说明这 4 个步骤。

5.4.1 配置子请求的处理方式

实际上，子请求的处理过程与普通请求完全相同，也需要在 nginx.conf 中配置相应的模块来处理。子请求与普通请求的不同之处在于，子请求是由父请求生成的，不是接收客户端发来的网络包再由 HTTP 框架解析出的。配置处理子请求的模块与普通请求完全相同，可以任意地使用 HTTP 官方模块、第三方模块来处理。本章中将以访问第三方服务为例，因此会使用 ngx_http_proxy_module 反向代理模块来处理子请求（注意，这里并没有使用反向代理的转发响应功能，而只是把响应接收到 Nginx 的内存中），但在实际应用中不限于此。

假设我们生成的子请求是以 URI 为 /list 开头的请求，使用 ngx_http_proxy_module 模块让子请求访问新浪的 hq.sinajs.cn 股票服务器，那么可以在 nginx.conf 中这样设置：

```
        location /list {
                proxy_pass http://hq.sinajs.cn;
                /* 不希望第三方服务发来的HTTP包体做过gzip压缩，因为我们不想在子请求结束时
要对响应做gzip解压缩操作 */
                proxy_set_header  Accept-Encoding  "";
        }
```

这样，在 5.4.4 节中，如果生成的子请求是以 /list 开头的，就会使用反向代理模块去访问新浪服务器，并在接收完新浪服务器的响应包后调用 5.4.2 节中介绍的回调方法。

5.4.2 实现子请求处理完毕时的回调方法

Nginx 在子请求正常或者异常结束时，都会调用 ngx_http_post_subrequest_pt 回调方法，如下所示。

```
    typedef ngx_int_t (*ngx_http_post_subrequest_pt) (ngx_http_request_t *r,void
*data, ngx_int_t rc);
```

如何把这个回调方法传递给 subrequest 子请求呢？要建立 ngx_http_post_subrequest_t 结构体：

```
typedef struct {
    ngx_http_post_subrequest_pt         handler;
    void *data;
} ngx_http_post_subrequest_t;
```

在生成 ngx_http_post_subrequest_t 结构体时，可以把任意数据赋给这里的 data 指针，ngx_http_post_subrequest_pt 回调方法执行时的 data 参数就是 ngx_http_post_subrequest_t 结构体中的 data 成员指针。

ngx_http_post_subrequest_pt 回调方法中的 rc 参数是子请求在结束时的状态，它的取值则是执行 ngx_http_finalize_request 销毁请求时传递的 rc 参数（对于本例来说，由于子请求使用反向代理模块访问上游 HTTP 服务器，所以 rc 此时是 HTTP 响应码。例如，在正常情况下，rc 会是 200）。相应源代码如下：

```
void
ngx_http_finalize_request(ngx_http_request_t *r, ngx_int_t rc)
{
   ...
    //如果当前请求属于某个原始请求的子请求
    if (r != r->main && r->post_subrequest) {
        rc = r->post_subrequest->handler(r, r->post_subrequest->data, rc);
    }
   ...
}
```

上面代码中的 r 变量是子请求（不是父请求）。

在 ngx_http_post_subrequest_pt 回调方法内必须设置父请求激活后的处理方法，设置的方法很简单，首先要找出父请求，例如：

```
ngx_http_request_t          *pr = r->parent;
```

然后将实现好的 ngx_http_event_handler_pt 回调方法赋给父请求的 write_event_handler 指针（为什么设置 write_event_handler？因为父请求正处于等待发送响应的阶段，详见 11.7 节），例如：

```
pr->write_event_handler = mytest_post_handler;
```

mytest_post_handler 就是 5.6.4 节中实现的父请求重新激活后的回调方法。

在 5.6.3 节中可以看到相关的具体例子。

5.4.3　处理父请求被重新激活后的回调方法

mytest_post_handler 是父请求重新激活后的回调方法，它对应于 ngx_http_event_handler_pt 指针，如下所示：

```
typedef void (*ngx_http_event_handler_pt)(ngx_http_request_t *r);
struct ngx_http_request_s {
    …
    ngx_http_event_handler_pt         write_event_handler;
    …
}
```

这个方法负责发送响应包给用户，其流程与 3.7 节中介绍的发送方式是一致的，也可以参考 5.6.4 节中的例子。

5.4.4　启动 subrequest 子请求

在 ngx_http_mytest_handler 处理方法中，可以启动 subrequest 子请求。首先调用 ngx_http_subrequest 方法建立 subrequest 子请求，在 ngx_http_mytest_handler 返回后，HTTP 框架会自动执行子请求。先看一下 ngx_http_subrequest 的定义：

```
ngx_int_t
ngx_http_subrequest(ngx_http_request_t *r,
    ngx_str_t *uri, ngx_str_t *args, ngx_http_request_t **psr,
    ngx_http_post_subrequest_t *ps, ngx_uint_t flags);
```

下面依次介绍 ngx_http_subrequest 中的参数和返回值。

（1）ngx_http_request_t *r

ngx_http_request_t *r 是当前的请求，也就是父请求。

（2）ngx_str_t *uri

ngx_str_t *uri 是子请求的 URI，它对究竟选用 nginx.conf 配置文件中的哪个模块来处理子请求起决定性作用。

（3）ngx_str_t *args

ngx_str_t *args 是子请求的 URI 参数，如果没有参数，可以传送 NULL 空指针。

（4）ngx_http_request_t **psr

psr 是输出参数而不是输入参数，它将把 ngx_http_subrequest 生成的子请求传出来。一般，我们先建立一个子请求的空指针 ngx_http_request_t *psr，再把它的地址 &psr 传入到 ngx_http_subrequest 方法中，如果 ngx_http_subrequest 返回成功，psr 就指向建立好的子请求。

（5）ngx_http_post_subrequest_t *ps

这里传入 5.4.2 节中创建的 ngx_http_post_subrequest_t 结构体地址，它指出子请求结束时必须回调的处理方法。

（6）ngx_uint_t flags

flag 的取值范围包括：① 0。在没有特殊需求的情况下都应该填写它；② NGX_HTTP_SUBREQUEST_IN_MEMORY。这个宏会将子请求的 subrequest_in_memory 标志位置为 1，这意味着如果子请求使用 upstream 访问上游服务器，那么上游服务器的响应都将会在内存中处理；③ NGX_HTTP_SUBREQUEST_WAITED。这个宏会将子请求的 waited 标志位置为 1，当子请求提前结束时，有个 done 标志位会置为 1，但目前 HTTP 框架并没有针对这两个标志位做任何实质性处理。注意，flag 是按比特位操作的，这样可以同时含有上述 3 个值。

（7）返回值

返回 NGX_OK 表示成功建立子请求；返回 NGX_ERROR 表示建立子请求失败。

ngx_http_mytest_handler 处理方法的返回值依然与 upstream 机制相同，它也必须返回 NGX_DONE，原因也是相同的。

5.5 subrequest 执行过程中的主要场景

在使用 subrequest 时，需要了解下面 3 个场景：

- 启动 subrequest 后子请求是如何运行的。
- 子请求如何存放接收到的响应。
- 子请求结束时如何回调处理方法，以及激活父请求的处理方法。

下面根据序列图来说明这 3 个场景。

5.5.1 如何启动 subrequest

处理父请求的过程中会创建子请求，在父请求的处理方法返回 NGX_DONE 后，HTTP 框架会开始执行子请求，如图 5-6 所示。

下面简单介绍一下图 5-6 中的每一个步骤：

1）Nginx 主循环中会定期地调用事件模块，检查是否有网络事件发生。

2）事件模块发现这个请求的回调方法属于 HTTP 框架，交由 HTTP 框架来处理请求。

3）根据解析完的 URI 来决定使用哪个 location 下的模块来处理这个请求。

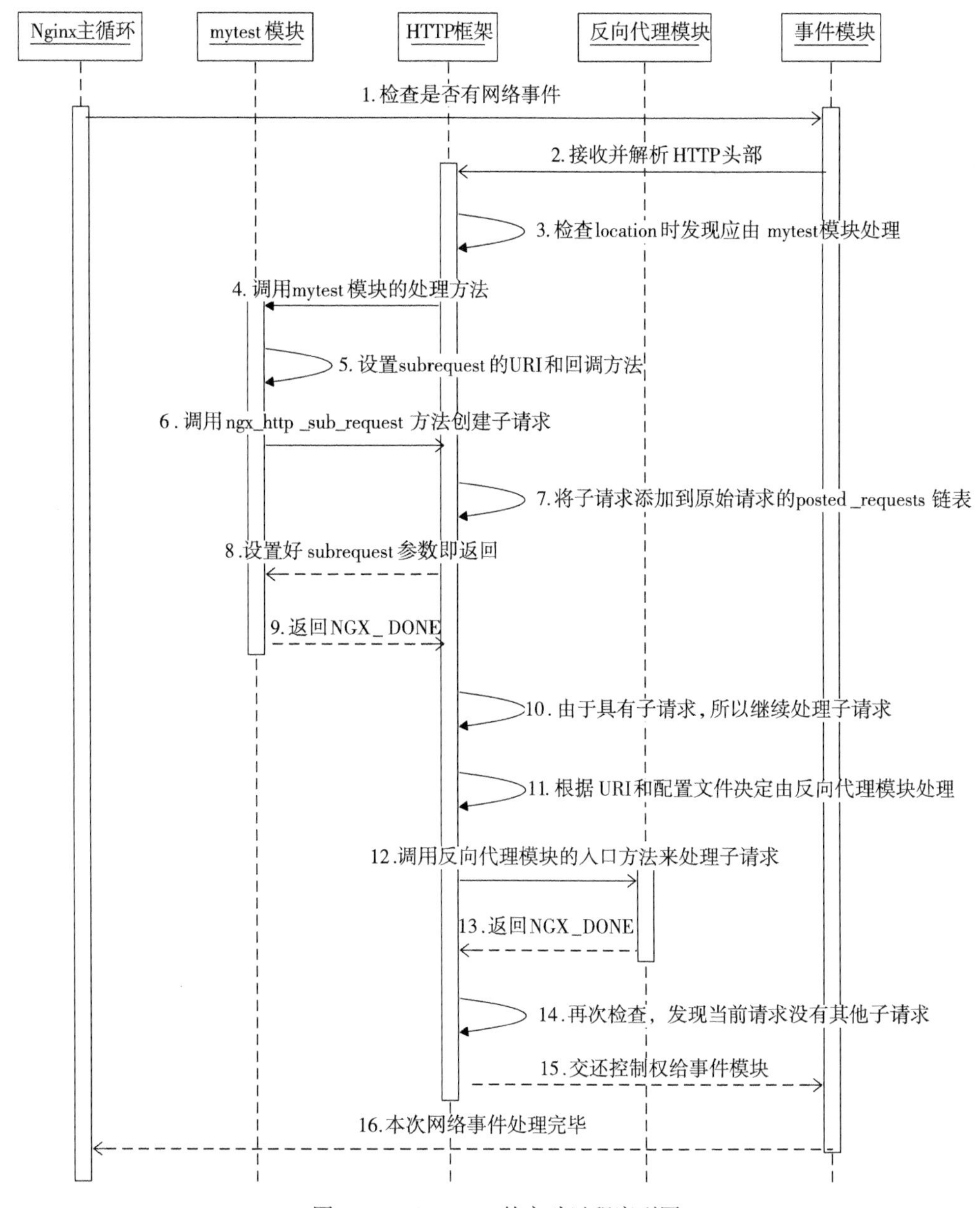

图 5-6　subrequest 的启动过程序列图

4）调用 mytest 模块的 ngx_http_mytest_handler 方法处理这个请求。

5）设置 subrequest 子请求的 URI 及回调方法，这一步以及下面的第 6 ~ 9 步所做的工作参见 5.4.4 节。

6）调用 ngx_http_subrequest 方法创建子请求。

7）创建的子请求会添加到原始请求的 posted_requests 链表中，这样保证第 10 步时会在父请求返回 NGX_DONE 的情况下开始执行子请求。

8）ngx_http_subrequest 方法执行完毕，子请求创建成功。

9）ngx_http_mytest_handler 方法执行完毕，返回 NGX_DONE，这样父请求不会被销毁，将等待以后的再次激活。

10）HTTP 框架执行完当前请求（父请求）后，检查 posted_requests 链表中是否还有子请求，如果存在子请求，则调用子请求的 write_event_handler 方法（详见 11.7 节）。

11）根据子请求的 URI（第 5 步中建立），检查 nginx.conf 文件中所有的 location 配置，确定应由哪个模块来执行子请求。在本章的例子中，子请求是交由反向代理模块执行的。

12）调用反向代理模块的入口方法 ngx_http_proxy_handler 来处理子请求。

13）由于反向代理模块使用了 upstream 机制，所以它也要通过许多次的异步调用才能完整地处理完子请求，这时它的入口方法会返回 NGX_DONE（非常类似 5.1.5 节中的内容）。

14）再次检查是否还有子请求，这时会发现已经没有子请求需要执行了。当然，子请求可以继续建立新的子请求，只是这里的反向代理模块不会这样做。

15）当第 2 步中的网络读取事件处理完毕后，交还控制权给事件模块。

16）当本轮网络事件处理完毕后，交还控制权给 Nginx 主循环。

5.5.2 如何转发多个子请求的响应包体

ngx_http_postpone_filter_module 过滤模块实际上是为了 subrequest 功能而建立的，本章的例子虽然没有用到 postpone（能够应用到的场合其实非常少），这里还是要介绍一下这个过滤模块希望解决什么样的问题，这样读者会对 postpone 模块和 subrequest 间的关系有更深刻的了解。

当派生一个子请求访问第三方服务时，如果只是希望接收到完整的响应后在 Nginx 中解析、处理，那么这里就不需要 postpone 模块，就像 5.6 节中的例子那样处理即可；如果原始请求派生出许多子请求，并且希望将所有子请求的响应依次转发给客户端，当然，这里的“依次”就是按照创建子请求的顺序来发送响应，这时，postpone 模块就有了“用武之地”。Nginx 中的所有请求都是异步执行的，后创建的子请求可能优先执行，这样转发到客户端的响应就会产生混乱。而 postpone 模块会强制地把待转发的响应包体放在一个链表中发送，只有优先转发的子请求结束后才会开始转发下一个子请求中的响应。下面介绍一下它是如何实现的。

每个请求的 ngx_http_request_t 结构体中都有一个 postponed 成员：

```
struct ngx_http_request_s {
    …
    ngx_http_postponed_request_t      *postponed;
    …
}
```

它实际上是一个链表：

```
typedef struct ngx_http_postponed_request_s  ngx_http_postponed_request_t;

struct ngx_http_postponed_request_s {
```

```
    ngx_http_request_t              *request;
    ngx_chain_t                     *out;
    ngx_http_postponed_request_t    *next;
};
```

从上述代码可以看出，多个ngx_http_postponed_request_t之间使用next指针连接成一个单向链表。ngx_http_postponed_request_t中的out成员是ngx_chain_t结构，它指向的是来自上游的、将要转发给下游的响应包体。

每当使用ngx_http_output_filter方法（反向代理模块也使用该方法转发响应）向下游的客户端发送响应包体时，都会调用到ngx_http_postpone_filter_module过滤模块处理这段要发送的包体。下面看一下过滤包体的ngx_http_postpone_filter方法（在阅读完第11章后再回头看这段代码，概念可能会更加清晰）：

```
//这里的参数in就是将要发送给客户端的一段包体，第6章会详述HTTP过滤模块
static ngx_int_t
ngx_http_postpone_filter(ngx_http_request_t *r, ngx_chain_t *in)
{
    ngx_connection_t              *c;
    ngx_http_postponed_request_t  *pr;

    //c是Nginx与下游客户端间的连接，c->data保存的是原始请求
    c = r->connection;

    //如果当前请求r是一个子请求（因为c->data指向原始请求）
    if (r != c->data) {
        /*如果待发送的in包体不为空，则把in加到postponed链表中属于当前请求的ngx_http_
postponed_request_t结构体的out链表中，同时返回NGX_OK，这意味着本次不会把in包体发给客户端*/
        if (in) {
            ngx_http_postpone_filter_add(r, in);
            return NGX_OK;
        }

            //如果当前请求是子请求，而in包体又为空，那么直接返回即可
        return NGX_OK;
    }

    //如果postponed为空，表示请求r没有子请求产生的响应需要转发
    if (r->postponed == NULL) {

        /*直接调用下一个HTTP过滤模块继续处理in包体即可。如果没有错误的话，就会开始向下游客户
端发送响应*/
        if (in || c->buffered) {
            return ngx_http_next_filter(r->main, in);
        }

        return NGX_OK;
    }

      /*至此，说明postponed链表中是有子请求产生的响应需要转发的，可以先把in包体加到待转发响
应的末尾*/
```

```
    if (in) {
        ngx_http_postpone_filter_add(r, in);
    }

    // 循环处理 postponed 链表中所有子请求待转发的包体
    do {
        pr = r->postponed;

         /* 如果pr->request 是子请求，则加入到原始请求的 posted_requests 队列中，等待 HTTP
框架下次调用这个请求时再来处理（参见 11.7 节）*/
        if (pr->request) {
            r->postponed = pr->next;

            c->data = pr->request;

            return ngx_http_post_request(pr->request, NULL);
        }

        // 调用下一个 HTTP 过滤模块转发 out 链表中保存的待转发的包体
        if (pr->out == NULL) {
        } else {
            if (ngx_http_next_filter(r->main, pr->out) == NGX_ERROR) {
                return NGX_ERROR;
            }
        }

        // 遍历完 postponed 链表
        r->postponed = pr->next;

    } while (r->postponed);

    return NGX_OK;
}
```

图 5-7 展示了使用反向代理模块转发子请求的包体的一般流程，其中的第 5 步正是上面介绍的 ngx_http_postpone_filter 方法。

下面简单地介绍一下图 5-7 中的每一个步骤：

1）Nginx 主循环中会定期地调用事件模块，检查是否有网络事件发生。

2）事件模块发现这个请求的回调方法属于反向代理模块的接收 HTTP 包体阶段，于是交由反向代理模块来处理。

3）读取上游服务器发来的包体。

4）对于接收到的字符流，会依次调用所有的 HTTP 过滤器模块来转发包体。其中，还会调用到 postpone 过滤模块，这个模块将会处理设置在子请求中的 ngx_http_postponed_request_t 链表。

5）postpone 模块使用 ngx_http_postpone_filter 方法将待转发的包体以合适的顺序再进行整理发送到下游客户端。如果 ngx_http_postpone_filter 方法没有通过 ngx_http_next_filter 方法继续调用其他 HTTP 过滤模块（如由于顺序的原因而暂停转发某个子请求的响应包体），将会直接跳到第 7 步，否则继续处理这段接收到的包体（第 6 步）。

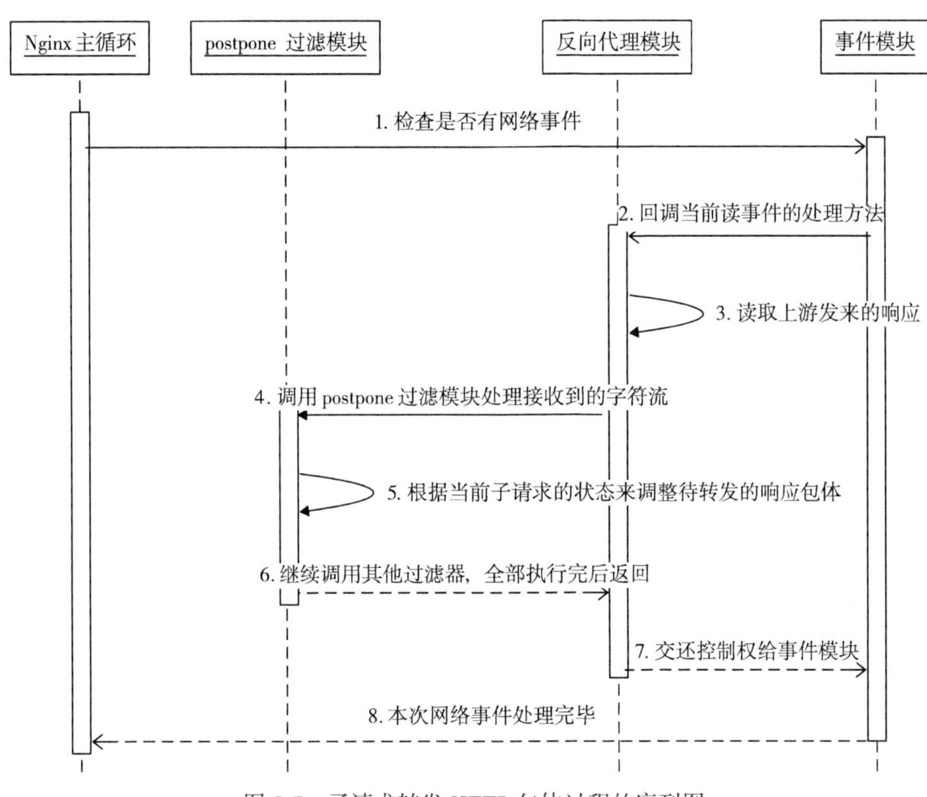

图 5-7　子请求转发 HTTP 包体过程的序列图

6）继续调用其他 HTTP 过滤模块，待所有的过滤模块执行完毕后将控制权交还给反向代理模块。

7）当第 2 步中的网络读取事件处理完毕后，交还控制权给事件模块。

8）当本轮网络事件处理完毕后，交还控制权给 Nginx 主循环。

5.5.3　子请求如何激活父请求

子请求在结束前会回调在 ngx_http_post_subrequest_t 中实现的 handler 方法（见 5.4.2 节），在这个 handler 方法中，又设置了父请求被激活后的执行方法 mytest_post_handler，流程如图 5-8 所示。

下面简单地介绍一下图 5-8 中的每一个步骤：

1）Nginx 主循环中会定期地调用事件模块，检查是否有网络事件发生。

2）如果事件模块检测到连接关闭事件，而这个请求的处理方法属于 upstream 模块，则交由 upstream 模块来处理请求。

3）upstream 模块开始调用 ngx_http_upstream_finalize_request 方法来结束 upstream 机制

下的请求（详见 12.9 节）。

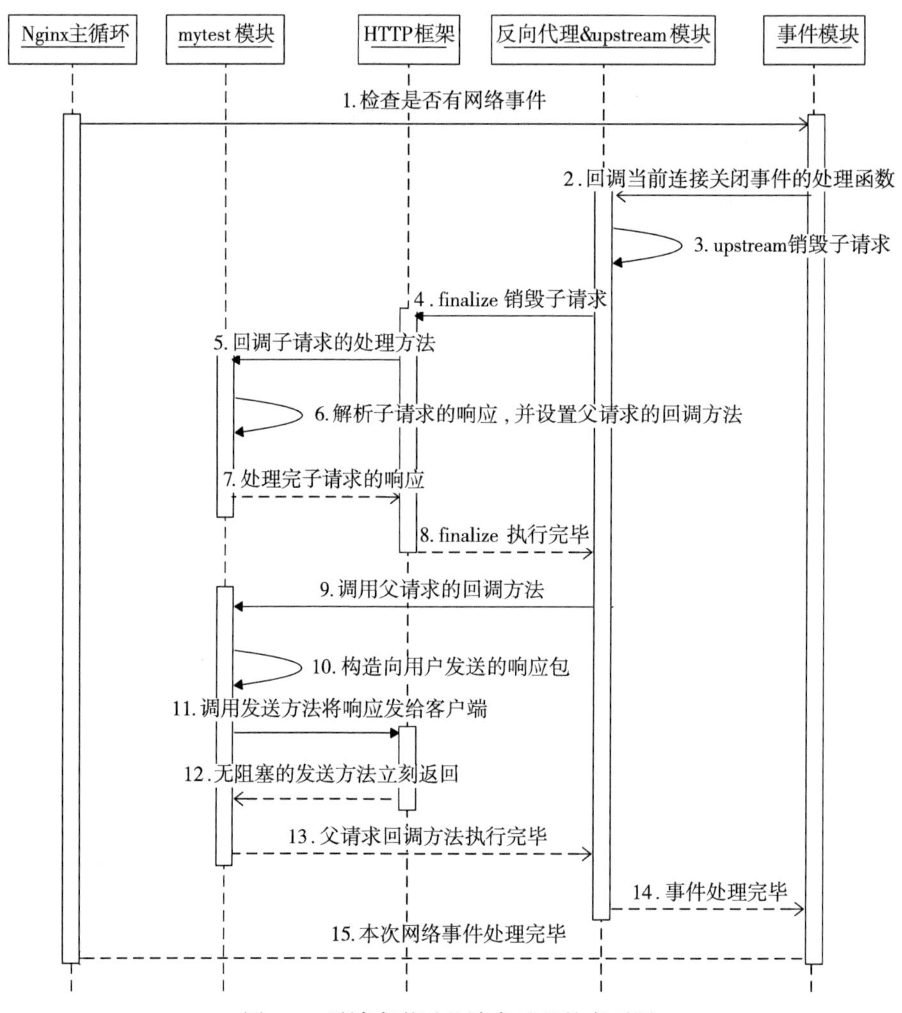

图 5-8 子请求激活父请求过程的序列图

4）调用 HTTP 框架提供的 ngx_http_finalize_request 方法来结束子请求。

5）ngx_http_finalize_request 方法会检查当前的请求是否是子请求，如果是子请求，则会回调 post_subrequest 成员中的 handler 方法（参见图 11-26 中的第 5 步），也就是会调用 mytest_subrequest_post_handler 方法（见 5.6.3 节）。

6）在实现的子请求回调方法中，解析子请求返回的响应包。注意，这时需要通过 write_event_handler 设置父请求被激活后的回调方法（因为此时父请求的回调方法已经被 HTTP 框架设置为什么事都不做的 ngx_http_request_empty_handler 方法，详见第 11 章）。

7）子请求的回调方法执行完毕后，交由 HTTP 框架的 ngx_http_finalize_request 方法继续向下执行。

8）ngx_http_finalize_request 方法执行完毕。

9）HTTP 框架如果发现当前请求后还有父请求需要执行，则调用父请求的 write_event_handler 回调方法。

10）这里可以根据第 6 步中解析子请求响应后的结果来构造响应包。

11）调用无阻塞的 ngx_http_send_header、ngx_http_output_filter 发送方法，向客户端发送响应包。

12）无阻塞发送方法会立刻返回。即使目前未发送完，Nginx 之后也会异步地发送完所有的响应包，然后再结束请求。

13）父请求的回调方法执行完毕。

14）当第 2 步中的上游服务器连接关闭事件处理完毕后，交还控制权给事件模块。

15）当本轮网络事件处理完毕后，交还控制权给 Nginx 主循环。

5.6　subrequest 使用的例子

下面以一个简单的例子说明 subrequest 的用法。场景很简单，当使用浏览器访问 /query?s_sh000001 时（s_sh000001 是新浪服务器上的 A 股上证指数），Nginx 由 mytest 模块处理，它会生成一个子请求，由反向代理模块处理这个子请求，访问新浪的 http://hq.sinajs.cn 服务器，这时子请求得到的响应包是上证指数的当天价格交易量等信息，而 mytest 模块会解析这个响应，重新构造发往客户端浏览器的 HTTP 响应。浏览器得到的返回值格式为：stock[上证指数]，Today current price: 2373.436, volumn: 770。当然，如果传入的参数不仅是 s_sh000001，也可以是任意新浪服务器识别的股票代码，如 s_sh000009 代表上证 380。

这个例子说明如何生成子请求，以及子请求如何通过配置文件配置为反向代理服务器以访问新浪，并试图将新浪的返回内容全部保存在一块内存缓冲区中，最后解析缓冲区中的内容生成 HTTP 响应返回给浏览器等过程。这里的限制条件是内存缓冲区的大小要可以容纳完整的新浪服务器的响应，它实际上是由 ngx_http_upstream_conf_t 结构体内的 buffer_size 参数决定的（见 5.3.1 节），而对于反向代理模块来说，就是由 nginx.conf 文件中的 proxy_buffer_size 配置项决定的。如果新浪这样的上游服务器返回的 HTTP 响应大于缓冲区大小，请求将会出错，这时要么增大 proxy_buffer_size 配置的值，要么不能再选择反向代理模块访问上游服务器，而要自己使用 upstream 机制编写相应的 HTTP 模块解析上游服务器的响应包体。

5.6.1　配置文件中子请求的设置

若访问新浪服务器的 URL 为 /list=s_sh000001，则可以这样配置：

```
location /list {
        //决定访问的上游服务器地址是 hq.sinajs.cn
        proxy_pass http://hq.sinajs.cn;
```

```
        //不希望第三方服务发来的HTTP包体进行过gzip压缩
        proxy_set_header  Accept-Encoding  "";
    }
```

当然，处理以 /query 开头的 URI 用户请求还需选用 mytest 模块，例如：

```
    location /query {
      mytest;
    }
```

5.6.2 请求上下文

这里的上下文仅用于保存子请求回调方法中解析出来的股票数据，如下所示：

```
typedef struct {
    ngx_str_t            stock[6];
} ngx_http_mytest_ctx_t;
```

新浪服务器的返回大致如下：

```
var hq_str_s_sh000009="上证380,3356.355,-5.725,-0.17,266505,2519967";
```

上段代码中引号内的 6 项值（以逗号分隔）就是解析出的值。在父请求的回调方法中，将会用到这 6 个值。

5.6.3 子请求结束时的处理方法

定义 mytest_subrequest_post_handler 作为子请求结束时的回调方法，如下所示：

```
static ngx_int_t mytest_subrequest_post_handler(ngx_http_request_t *r,
    void *data, ngx_int_t rc){
    //当前请求r是子请求，它的parent成员指向父请求
    ngx_http_request_t          *pr = r->parent;
    /*注意，由于上下文是保存在父请求中的(参见5.6.5节)，所以要由pr取上下文。其实有更简单的方法，
即参数data就是上下文，初始化subrequest时就对其进行设置。这里仅为了说明如何获取到父请求的上下文*/
    ngx_http_mytest_ctx_t* myctx = ngx_http_get_module_ctx(pr,ngx_http_mytest_module);

    pr->headers_out.status = r->headers_out.status;
    /*如果返回NGX_HTTP_OK(也就是200)，则意味着访问新浪服务器成功，接着将开始解析HTTP包体*/
    if (r->headers_out.status == NGX_HTTP_OK)
    {
       int flag = 0;

        /*在不转发响应时，buffer中会保存上游服务器的响应。特别是在使用反向代理模块访问上游服务
器时，如果它使用upstream机制时没有重定义input_filter方法，upstream机制默认的input_filter
方法会试图把所有的上游响应全部保存到buffer缓冲区中*/
       ngx_buf_t* pRecvBuf = &r->upstream->buffer;

        /*以下开始解析上游服务器的响应，并将解析出的值赋到上下文结构体myctx->stock数组中*/
       for (;pRecvBuf->pos != pRecvBuf->last; pRecvBuf->pos++)
       {
           if (*pRecvBuf->pos == ',' || *pRecvBuf->pos == '\"')
```

```
            {
                if (flag > 0)
                {
                   myctx->stock[flag-1].len = pRecvBuf->pos-myctx->stock[flag-1].data;
                }
                flag++;
                myctx->stock[flag-1].data = pRecvBuf->pos+1;
            }

            if (flag > 6)
                break;
        }

        // 设置接下来父请求的回调方法，这一步很重要
        pr->write_event_handler = mytest_post_handler;

        return NGX_OK;
    }
```

5.6.4　父请求的回调方法

将父请求的回调方法定义为 mytest_post_handler，如下所示：

```
    static void
    mytest_post_handler(ngx_http_request_t *r)
    {
        // 如果没有返回 200，则直接把错误码发回用户
        if (r->headers_out.status != NGX_HTTP_OK)
        {
             ngx_http_finalize_request(r, r->headers_out.status);
             return;
        }

        // 当前请求是父请求，直接取其上下文
        ngx_http_mytest_ctx_t* myctx = ngx_http_get_module_ctx(r,ngx_http_mytest_module);

        /* 定义发给用户的 HTTP 包体内容，格式为：stock[…],Today current price: …, volumn: …*/
        ngx_str_t output_format = ngx_string("stock[%V],Today current price: %V,
volumn: %V");

        // 计算待发送包体的长度
        int bodylen = output_format.len + myctx->stock[0].len
             +myctx->stock[1].len+myctx->stock[4].len-6;
        r->headers_out.content_length_n = bodylen;

        // 在内存池上分配内存以保存将要发送的包体
        ngx_buf_t* b = ngx_create_temp_buf(r->pool, bodylen);
        ngx_snprintf(b->pos, bodylen, (char*)output_format.data,
             &myctx->stock[0],&myctx->stock[1],&myctx->stock[4]);
        b->last = b->pos + bodylen;
        b->last_buf = 1;

        ngx_chain_t out;
```

```
        out.buf = b;
        out.next = NULL;
        //设置 Content-Type，注意，在汉字编码方面，新浪服务器使用了 GBK
        static ngx_str_t type = ngx_string("text/plain; charset=GBK");
        r->headers_out.content_type = type;
        r->headers_out.status = NGX_HTTP_OK;

        r->connection->buffered |= NGX_HTTP_WRITE_BUFFERED;
        ngx_int_t ret = ngx_http_send_header(r);
        ret = ngx_http_output_filter(r, &out);

        /* 注意，这里发送完响应后必须手动调用 ngx_http_finalize_request 结束请求，因为这时 HTTP
框架不会再帮忙调用它 */
        ngx_http_finalize_request(r, ret);
    }
```

5.6.5 启动 subrequest

在处理用户请求的 ngx_http_mytest_handler 方法中，开始创建 subrequest 子请求。ngx_http_mytest_handler 方法的完整实现如下所示：

```
    static ngx_int_t
    ngx_http_mytest_handler(ngx_http_request_t *r)
    {
        //创建 HTTP 上下文
        ngx_http_mytest_ctx_t* myctx = ngx_http_get_module_ctx(r,ngx_http_mytest_module);
        if (myctx == NULL)
        {
        myctx = ngx_palloc(r->pool, sizeof(ngx_http_mytest_ctx_t));
        if (myctx == NULL)
        {
            return NGX_ERROR;
        }

        //将上下文设置到原始请求 r 中
            ngx_http_set_ctx(r,myctx,ngx_http_mytest_module);
        }

        // ngx_http_post_subrequest_t 结构体会决定子请求的回调方法，参见 5.4.1 节
        ngx_http_post_subrequest_t *psr = ngx_palloc(r->pool, sizeof(ngx_http_post_
subrequest_t));
        if (psr == NULL) {
            return NGX_HTTP_INTERNAL_SERVER_ERROR;
        }

        //设置子请求回调方法为 mytest_subrequest_post_handler
        psr->handler = mytest_subrequest_post_handler;

        /* 将 data 设为 myctx 上下文，这样回调 mytest_subrequest_post_handler 时传入的 data 参
数就是 myctx*/
        psr->data = myctx;

        /* 子请求的 URI 前缀是 /list，这是因为访问新浪服务器的请求必须是类似 /list=s_sh000001 的
```

```
URI，这与在 nginx.conf 中配置的子请求 location 的 URI 是一致的（见 5.6.1 节）*/
        ngx_str_t sub_prefix = ngx_string("/list=");
        ngx_str_t sub_location;
        sub_location.len = sub_prefix.len + r->args.len;
        sub_location.data = ngx_palloc(r->pool, sub_location.len);
        ngx_snprintf(sub_location.data, sub_location.len,
               "%V%V",&sub_prefix,&r->args);

        // sr 就是子请求
        ngx_http_request_t *sr;
        /* 调用 ngx_http_subrequest 创建子请求，它只会返回 NGX_OK 或者 NGX_ERROR。返回 NGX_OK
时，sr 已经是合法的子请求。注意，这里的 NGX_HTTP_SUBREQUEST_IN_MEMORY 参数将告诉 upstream 模块
把上游服务器的响应全部保存在子请求的 sr->upstream->buffer 内存缓冲区中 */
        ngx_int_t rc = ngx_http_subrequest(r, &sub_location, NULL, &sr, psr, NGX_HTTP_
SUBREQUEST_IN_MEMORY);
        if (rc != NGX_OK) {
            return NGX_ERROR;
        }

        // 必须返回 NGX_DONE，原因同 upstream
        return NGX_DONE;
    }
```

至此，一个使用 subrequest 的 mytest 模块已经创建完成，它支持的并发 HTTP 连接数只与物理内存大小相关，因此，这样的服务器通常可以轻易地支持几十万的并发 TCP 连接。

5.7 小结

反向代理是 Nginx 希望实现的一大功能。从本章的内容中可以感受到，upstream 和 subrequest 都为转发上游服务器的响应做了大量工作，当然，upstream 的转发过程也非常高效。然而，转发响应毕竟只是访问第三方服务的一种应用，而 upstream 最初始的目的就是用于访问上游服务器。本章前半部分虽然以转发响应为例说明了 upstream 的一种使用方式，但后半部分创建的子请求却是通过反向代理模块使用 upstream 将上游服务器简单地保存在内存中的。关于 upstream 更详细的用法，将在第 12 章讲述。subrequest 是分解复杂请求的设计方法，派生出的子请求使用某些 HTTP 模块基于 upstream 访问第三方服务是最常见的用法。通过 subrequest 可以使 Nginx 在保持高并发的前提下处理复杂的业务。

当应用需要访问第三方服务时，可以根据以上特性选择使用 upstream 或者 subrequest，它们可以完全地发挥 Nginx 原生的高并发特性，支持现代互联网服务器中海量数据的处理。

Chapter 6 第 6 章

开发一个简单的 HTTP 过滤模块

本章开始介绍如何开发 HTTP 过滤模块。顾名思义，HTTP 过滤模块也是一种 HTTP 模块，所以第 3 章中讨论过的如何定义一个 HTTP 模块以及第 4 章中讨论的使用配置文件、上下文、日志的方法对它来说都是适用的。事实上，开发 HTTP 过滤模块用到的大部分知识在第 3 章和第 4 章中都已经介绍过了，只不过，HTTP 过滤模块的地位、作用与正常的 HTTP 处理模块是不同的，它所做的工作是对发送给用户的 HTTP 响应包做一些加工。在 6.1 节和 6.2 节中将会介绍默认编译进 Nginx 的官方 HTTP 过滤模块，从这些模块的功能上就可以对比出 HTTP 过滤模块与 HTTP 处理模块的不同之处。HTTP 过滤模块不会去访问第三方服务，所以第 5 章中介绍的 upstream 和 subrequest 机制在本章中都不会使用到。

实际上，在阅读完第 3 章和第 4 章内容后再来学习本章内容，相信读者会发现开发 HTTP 过滤模块是一件非常简单的事情。在 6.4 节中，我们通过一个简单的例子来演示如何开发 HTTP 过滤模块。

6.1 过滤模块的意义

HTTP 过滤模块与普通 HTTP 模块的功能是完全不同的，下面先来回顾一下普通的 HTTP 模块有何种功能。

HTTP 框架为 HTTP 请求的处理过程定义了 11 个阶段，相关代码如下所示：

```
typedef enum {
    NGX_HTTP_POST_READ_PHASE = 0,
    NGX_HTTP_SERVER_REWRITE_PHASE,
    NGX_HTTP_FIND_CONFIG_PHASE,
    NGX_HTTP_REWRITE_PHASE,
```

```
    NGX_HTTP_POST_REWRITE_PHASE,
    NGX_HTTP_PREACCESS_PHASE,
    NGX_HTTP_ACCESS_PHASE,
    NGX_HTTP_POST_ACCESS_PHASE,
    NGX_HTTP_TRY_FILES_PHASE,
    NGX_HTTP_CONTENT_PHASE,
    NGX_HTTP_LOG_PHASE
} ngx_http_phases;
```

HTTP 框架允许普通的 HTTP 处理模块介入其中的 7 个阶段处理请求，但是通常大部分 HTTP 模块（官方模块或者第三方模块）都只在 NGX_HTTP_CONTENT_PHASE 阶段处理请求。在这一阶段处理请求有一个特点，即 HTTP 模块有两种介入方法，第一种方法是，任一个 HTTP 模块会对所有的用户请求产生作用，第二种方法是，只对请求的 URI 匹配了 nginx.conf 中某些 location 表达式下的 HTTP 模块起作用。就像第 3 章中定义的 mytest 模块一样，大部分模块都使用上述的第二种方法处理请求，这种方法的特点是一种请求仅由一个 HTTP 模块（在 NGX_HTTP_CONTENT_PHASE 阶段）处理。如果希望多个 HTTP 模块共同处理一个请求，则多半是由 subrequest 功能来完成，即将原始请求分为多个子请求，每个子请求再由一个 HTTP 模块在 NGX_HTTP_CONTENT_PHASE 阶段处理。

然而，HTTP 过滤模块则不同于此，一个请求可以被任意个 HTTP 过滤模块处理。因此，普通的 HTTP 模块更倾向于完成请求的核心功能，如 static 模块负责静态文件的处理。HTTP 过滤模块则处理一些附加的功能，如 gzip 过滤模块可以把发送给用户的静态文件进行 gzip 压缩处理后再发出去，image_filter 这个第三方过滤模块可以将图片类的静态文件制作成缩略图。而且，这些过滤模块的效果是可以根据需要叠加的，比如先由 not_modify 过滤模块处理请求中的浏览器缓存信息，再交给 range 过滤模块处理 HTTP range 协议（支持断点续传），然后交由 gzip 过滤模块进行压缩，可以看到，一个请求经由各 HTTP 过滤模块流水线般地依次进行处理了。

HTTP 过滤模块的另一个特性是，在普通 HTTP 模块处理请求完毕，并调用 ngx_http_send_header 发送 HTTP 头部，或者调用 ngx_http_output_filter 发送 HTTP 包体时，才会由这两个方法依次调用所有的 HTTP 过滤模块来处理这个请求。因此，HTTP 过滤模块仅处理服务器发往客户端的 HTTP 响应，而不处理客户端发往服务器的 HTTP 请求。

Nginx 明确地将 HTTP 响应分为两个部分：HTTP 头部和 HTTP 包体。因此，对应的 HTTP 过滤模块可以选择性地只处理 HTTP 头部或者 HTTP 包体，当然也可以二者皆处理。例如，not_modify 过滤模块只处理 HTTP 头部，完全不关心 http 包体；而 gzip 过滤模块首先会处理 HTTP 头部，如检查浏览器请求中是否支持 gzip 解压，然后检查响应中 HTTP 头部里的 Content-Type 是否属于 nginx.conf 中指定的 gzip 压缩类型，接着才处理 HTTP 包体，针对每一块 buffer 缓冲区都进行 gzip 压缩，这样再交给下一个 HTTP 过滤模块处理。

6.2　过滤模块的调用顺序

既然一个请求会被所有的 HTTP 过滤模块依次处理，那么下面来看一下这些 HTTP 过滤模块是如何组织到一起的，以及它们的调用顺序是如何确定的。

6.2.1 过滤链表是如何构成的

在编译 Nginx 源代码时，已经定义了一个由所有 HTTP 过滤模块组成的单链表，这个单链表与一般的链表是不一样的，它有另类的风格：链表的每一个元素都是一个独立的 C 源代码文件，而这个 C 源代码文件会通过两个 static 静态指针（分别用于处理 HTTP 头部和 HTTP 包体）再指向下一个文件中的过滤方法。在 HTTP 框架中定义了两个指针，指向整个链表的第一个元素，也就是第一个处理 HTTP 头部、HTTP 包体的方法。

这两个处理 HTTP 头部和 HTTP 包体的方法是什么样的呢？ HTTP 框架进行了如下定义：

```
typedef ngx_int_t (*ngx_http_output_header_filter_pt)
    (ngx_http_request_t *r);
typedef ngx_int_t (*ngx_http_output_body_filter_pt)
    (ngx_http_request_t *r, ngx_chain_t *chain);
```

如上所示，ngx_http_output_header_filter_pt 是每个过滤模块处理 HTTP 头部的方法原型，它仅接收 1 个参数 r，也就是当前的请求，其返回值一般是与 3.6.1 节中介绍的返回码通用的，如 NGX_ERROR 表示失败，而 NGX_OK 表示成功。

ngx_http_output_body_filter_pt 是每个过滤模块处理 HTTP 包体的方法原型，它接收两个参数—r 和 chain，其中 r 是当前的请求，chain 是要发送的 HTTP 包体，其返回值与 ngx_http_output_header_filter_pt 相同。

所有的 HTTP 过滤模块需要实现这两个方法（或者仅实现其中的一个也是可以的）。因此，这个单向链表是围绕着每个文件（也就是 HTTP 过滤模块）中的这两个处理方法来建立的，也就是说，链表中的元素实际上就是处理方法。

先来看一下 HTTP 框架中定义的链表入口：

```
extern ngx_http_output_header_filter_pt ngx_http_top_header_filter;
extern ngx_http_output_body_filter_pt ngx_http_top_body_filter;
```

当执行 ngx_http_send_header 发送 HTTP 头部时，就从 ngx_http_top_header_filter 指针开始遍历所有的 HTTP 头部过滤模块，而在执行 ngx_http_output_filter 发送 HTTP 包体时，就从 ngx_http_top_body_filter 指针开始遍历所有的 HTTP 包体过滤模块。下面来看一下在 Nginx 源代码中是如何做的：

```
ngx_int_t
ngx_http_send_header(ngx_http_request_t *r)
{
    if (r->err_status) {
        r->headers_out.status = r->err_status;
        r->headers_out.status_line.len = 0;
    }

    return ngx_http_top_header_filter(r);
}
```

在发送 HTTP 头部时，从 ngx_http_top_header_filter 指针指向的过滤模块开始执行。而发送 HTTP 包体时都是调用 ngx_http_output_filter 方法，如下所示：

```
ngx_int_t
ngx_http_output_filter(ngx_http_request_t *r, ngx_chain_t *in)
{
    ngx_int_t          rc;
    ngx_connection_t  *c;

    c = r->connection;

    rc = ngx_http_top_body_filter(r, in);

    if (rc == NGX_ERROR) {
        /* NGX_ERROR 可能由任何过滤模块返回 */
        c->error = 1;
    }

    return rc;
}
```

遍历访问所有的 HTTP 过滤模块时，这个单链表中的元素是怎么用 next 指针连接起来的呢？很简单，每个 HTTP 过滤模块在初始化时，会先找到链表的首元素 ngx_http_top_header_filter 指针和 ngx_http_top_body_filter 指针，再使用 static 静态类型的 ngx_http_next_header_filter 和 ngx_http_next_body_filter 指针将自己插入到链表的首部，这样就行了。下面来看一下在每个过滤模块中 ngx_http_next_header_filter 和 ngx_http_next_body_filter 指针的定义：

```
static ngx_http_output_header_filter_pt ngx_http_next_header_filter;
static ngx_http_output_body_filter_pt    ngx_http_next_body_filter;
```

注意，ngx_http_next_header_filter 和 ngx_http_next_body_filter 都必须是 static 静态变量，为什么呢？因为 static 类型可以让上面两个变量仅在当前文件中生效，这就允许所有的 HTTP 过滤模块都有各自的 ngx_http_next_header_filter 和 ngx_http_next_body_filter 指针。这样，在每个 HTTP 过滤模块初始化时，就可以用上面这两个指针指向下一个 HTTP 过滤模块了。例如，可以像下列代码一样将当前 HTTP 过滤模块的处理方法添加到链表首部。

```
ngx_http_next_header_filter = ngx_http_top_header_filter;
ngx_http_top_header_filter = ngx_http_myfilter_header_filter;

ngx_http_next_body_filter = ngx_http_top_body_filter;
ngx_http_top_body_filter = ngx_http_myfilter_body_filter;
```

这样，在初始化到本模块时，自定义的 ngx_http_myfilter_header_filter 与 ngx_http_myfilter_body_filter 方法就暂时加入到了链表的首部，而且本模块所在文件中 static 类型的 ngx_http_next_header_filter 指针和 ngx_http_next_body_filter 指针也指向了链表中原来的首部。在实际使用中，如果需要调用下一个 HTTP 过滤模块，只需要调用 ngx_http_next_header_filter(r) 或者 ngx_http_next_body_filter(r, chain) 就可以了。

6.2.2 过滤链表的顺序

HTTP 过滤模块之间的调用顺序是非常重要的。如果两个 HTTP 过滤模块按照相反的顺序执行，完全可能生成两个不同的 HTTP 响应包。例如，如果现在有一个图片缩略图过滤模块，还有一个图片裁剪过滤模块，当返回一张图片给用户时，这两个模块的执行顺序不同的话就会导致用户接收到不一样的图片。

在上文中提到过，Nginx 在编译过程中就会决定 HTTP 过滤模块的顺序。这件事情到底是怎样发生的呢？这其实与 3.3 节中所说的普通 HTTP 模块的顺序是一样的，也是由 configure 生成的 ngx_modules 数组中各模块的顺序决定的。

由于每个 HTTP 过滤模块的初始化方法都会把自己加入到单链表的首部，所以，什么时候、以何种顺序调用这些 HTTP 过滤模块的初始化方法，将会决定这些 HTTP 过滤模块在单链表中的位置。

什么时候开始调用各个 HTTP 模块的初始化方法呢？这主要取决于我们把类似 ngx_http_myfilter_init 这样的初始化方法放到 ngx_http_module_t 结构体的哪个回调方法成员中。例如，大多数官方 HTTP 过滤模块都会把初始化方法放到 postconfiguration 指针中，那么它就会在图 4-1 的第 6 步将当前模块加入到过滤链表中。不建议把初始化方法放到 ngx_http_module_t 的其他成员中，那样会导致 HTTP 过滤模块的顺序不可控。

初始化时的顺序又是如何决定的呢？首先回顾一下第 1 章的相关内容，在 1.7 节中，介绍了 configure 命令生成的 ngx_modules.c 文件，这个文件中的 ngx_modules 数组会保存所有的 Nginx 模块，包括 HTTP 普通模块和 HTTP 过滤模块，而初始化 Nginx 模块的顺序就是 ngx_modules 数组成员的顺序。因此，只需要查看 configure 命令生成的 ngx_modules.c 文件就可以知道所有 HTTP 过滤模块的顺序了。

由此可知，HTTP 过滤模块的顺序是由 configure 命令生成的。当然，如果用户对 configure 命令生成的模块顺序不满意，完全可以在 configure 命令执行后、make 编译命令执行前修改 ngx_modules.c 文件的内容，对 ngx_modules 数组中的成员进行顺序上的调整。

注意 对于 HTTP 过滤模块来说，在 ngx_modules 数组中的位置越靠后，在实际执行请求时就越优先执行。因为在初始化 HTTP 过滤模块时，每一个 http 过滤模块都是将自己插入到整个单链表的首部的。

---

configure 执行时是怎样确定 Nginx 模块间的顺序的呢？当我们下载官方提供的 Nginx 源代码包时，官方提供的 HTTP 过滤模块顺序已经写在 auto 目录下的 modules 脚本中了。图 6-1 描述了这个顺序。

如果在执行 configure 命令时使用 --add-module 选项新加入第三方的 HTTP 过滤模块，那么第三方过滤模块会处于 ngx_modules 数组中的哪个位置呢？答案也可以在图 6-1 中找到。

如图 6-1 所示，在执行 configure 命令时仅使用 --add-module 参数添加了第三方 HTTP 过滤模块。这里没有把默认未编译进 Nginx 的官方 HTTP 过滤模块考虑进去。这样，在

configure 执行完毕后，Nginx 各 HTTP 过滤模块的执行顺序就确定了。默认 HTTP 过滤模块间的顺序必须如图 6-1 所示，因为它们是“写死”在 auto/modules 脚本中的。读者可以通过阅读这个 modules 脚本的源代码了解 Nginx 是如何根据各官方过滤模块功能的不同来决定它们的顺序的。对于图 6-1 中所列的这些过滤模块，将在下面进行简单的介绍。

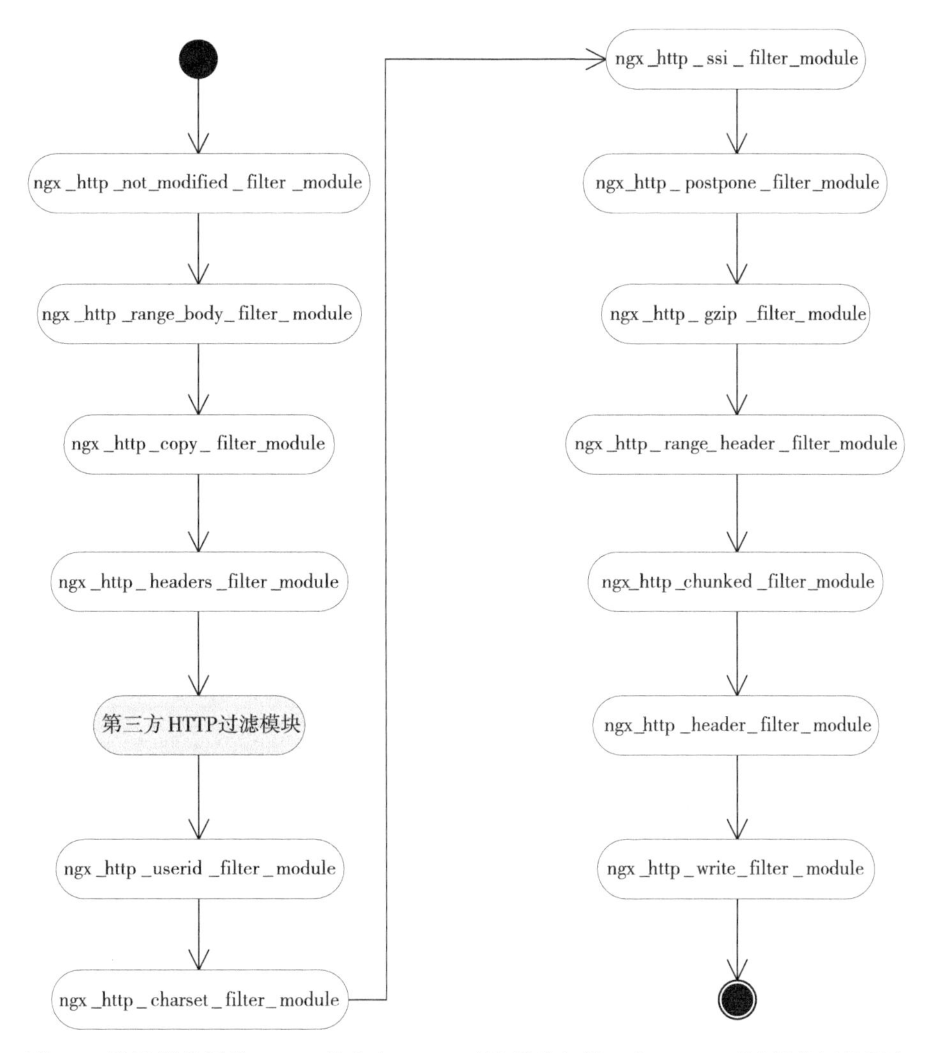

图 6-1　默认即编译进 Nginx 的官方 HTTP 过滤模块与第三方 HTTP 过滤模块间的顺序

6.2.3　官方默认 HTTP 过滤模块的功能简介

本节介绍默认即编译进 Nginx 的 HTTP 过滤模块的功能（见表 6-1），通过对它们的了解，读者就会明白图 6-1 列出的 HTTP 过滤模块间的排序依据是什么。如果用户对 configure 命令执行后的模块间顺序不满意，就可以正确地修改这些过滤模块间的顺序。

表 6-1 默认即编译进 Nginx 的 HTTP 过滤模块

默认即编译进 Nginx 的 HTTP 过滤模块	功 能
ngx_http_not_modified_filter_module	仅对 HTTP 头部做处理。在返回 200 成功时，根据请求中 If-Modified-Since 或者 If-Unmodified-Since 头部取得浏览器缓存文件的时间，再分析返回用户文件的最后修改时间，以此决定是否直接发送 304 Not Modified 响应给用户
ngx_http_range_body_filter_module	处理请求中的 Range 信息，根据 Range 中的要求返回文件的一部分给用户
ngx_http_copy_filter_module	仅对 HTTP 包体做处理。将用户发送的 ngx_chain_t 结构的 HTTP 包体复制到新的 ngx_chain_t 结构中（都是各种指针的复制，不包括实际 HTTP 响应内容），后续的 HTTP 过滤模块处理的 ngx_chain_t 类型的成员都是 ngx_http_copy_filter_module 模块处理后的变量
ngx_http_headers_filter_module	仅对 HTTP 头部做处理。允许通过修改 nginx.conf 配置文件，在返回给用户的响应中添加任意的 HTTP 头部
ngx_http_userid_filter_module	仅对 HTTP 头部做处理。这就是执行 configure 命令时提到的 http_userid_module 模块，它基于 cookie 提供了简单的认证管理功能
ngx_http_charset_filter_module	可以将文本类型返回给用户的响应包，按照 nginx.conf 中的配置重新进行编码，再返回给用户
ngx_http_ssi_filter_module	支持 SSI（Server Side Include，服务器端嵌入）功能，将文件内容包含到网页中并返回给用户
ngx_http_postpone_filter_module	仅对 HTTP 包体做处理。5.5.2 节详细介绍过该过滤模块。它仅应用于 subrequest 产生的子请求。它使得多个子请求同时向客户端发送响应时能够有序，所谓的“有序”是指按照构造子请求的顺序发送响应
ngx_http_gzip_filter_module	对特定的 HTTP 响应包体（如网页或者文本文件）进行 gzip 压缩，再把压缩后的内容返回给用户
ngx_http_range_header_filter_module	支持 range 协议
ngx_http_chunked_filter_module	支持 chunk 编码
ngx_http_header_filter_module	仅对 HTTP 头部做处理。该过滤模块将会把 r->headers_out 结构体中的成员序列化为返回给用户的 HTTP 响应字符流，包括响应行（如 HTTP/1.1 200 OK）和响应头部，并通过调用 ngx_http_write_filter_module 过滤模块中的过滤方法直接将 HTTP 包头发送到客户端
ngx_http_write_filter_module	仅对 HTTP 包体做处理。该模块负责向客户端发送 HTTP 响应

从表 6-1 中可以了解到这些默认的 HTTP 过滤模块为什么要以图 6-1 的顺序排列，同样可以弄清楚第三方过滤模块为何要在 ngx_http_headers_filter_module 模块之后、ngx_http_userid_filter_module 模块之前。

在开发 HTTP 过滤模块时，如果对 configure 执行后的过滤模块顺序不满意，那么在修改 ngx_modules.c 文件时先要对照表 6-1 看一下每个模块的功能是否符合它的位置。

6.3 HTTP 过滤模块的开发步骤

HTTP 过滤模块的开发步骤与第 3 章中所述的普通 HTTP 模块的开发步骤基本一致，这里再简要地概括一下，即如下 8 个步骤：

1）确定源代码文件名称。通常，HTTP 过滤模块的功能都比较单一，因此，一般 1 个 C 源文件就可以实现 1 个 HTTP 过滤模块。由于需要将源文件加入到 Makefile 中，因此这时就要确定好源文件名称。当然，用多个 C 源文件甚至 C++ 源文件实现 1 个 HTTP 过滤模块也是可以的，可参考 3.3 节和 3.9 节，这里不再赘述。

2）在源代码所在目录创建 config 脚本文件，当执行 configure 时将该目录添加进去。config 文件的编写方法与 3.3.1 节中开发普通 HTTP 模块时介绍的编写方法基本一致，唯一需要改变的是，把 HTTP_ MODULES 变量改为 HTTP_FILTER_MODULES 变量，这样才会把我们的模块作为 HTTP 过滤模块，并把它放置到正确的位置（图 6-1 所示的第三方过滤模块位置）上。

在执行 configure 命令时，其编译方法与 3.3.2 节中介绍的是一样的。在执行 configure --add-module=PATH 时，PATH 就是 HTTP 过滤模块源文件所在的路径。当多个源代码文件实现 1 个 HTTP 过滤模块时，需在 NGX_ADDON_SRCS 变量中添加其他源代码文件。

3）定义过滤模块。实例化 ngx_module_t 类型的模块结构，这与 3.4 节介绍的内容类似，同时可以参考 3.5 节中的例子。因为 HTTP 过滤模块也是 HTTP 模块，所以在定义 ngx_module_t 结构时，其中的 type 成员也是 NGX_HTTP_MODULE。这一步骤与定义普通的 HTTP 模块是相同的。

4）处理感兴趣的配置项。依照第 4 章中介绍的方法，可通过设置 ngx_module_t 结构中的 ngx_command_t 数组来处理感兴趣的配置项。

5）实现初始化方法。初始化方法就是把本模块中处理 HTTP 头部的 ngx_http_output_header_filter_pt 方法与处理 HTTP 包体的 ngx_http_output_body_filter_pt 方法插入到过滤模块链表的首部，参见 6.2.1 节中的例子。

6）实现处理 HTTP 头部的方法。实现 ngx_http_output_header_filter_pt 原型的方法，用于处理 HTTP 头部，如下所示：

```
typedef ngx_int_t (*ngx_http_output_header_filter_pt) (ngx_http_request_t *r);
```

一定要在模块初始化方法中将其添加到过滤模块链表中。

7）实现处理 HTTP 包体的方法。实现 ngx_http_output_body_filter_pt 原型的方法，用于处理 HTTP 包体，如下所示：

```
    typedef ngx_int_t (*ngx_http_output_body_filter_pt) (ngx_http_request_t *r,
ngx_chain_t *chain);
```

一定要在模块初始化方法中将其添加到过滤模块链表中。

8）编译安装后，修改 nginx.conf 文件并启动自定义过滤模块。通常，出于灵活性考虑，在配置文件中都会有配置项决定是否启动模块。因此，执行 make 编译以及 make install 安装后，再修改 nginx.conf 文件中的配置项，自定义过滤模块的功能。

6.4 HTTP 过滤模块的简单例子

本节通过一个简单的例子来说明如何开发 HTTP 过滤模块。场景是这样的，用户的请求由 static 静态文件模块进行了处理，它会根据 URI 返回磁盘中的文件给用户。而我们开发的过滤模块就会在返回给用户的响应包体前加一段字符串："[my filter prefix]"。需要实现的功能就是这么简单，当然，可以在配置文件中决定是否开启此功能。

图 6-2 简单地描绘了处理 HTTP 头部的方法将会执行的操作，而图 6-3 则是处理 HTTP 包体的方法将会执行的操作。

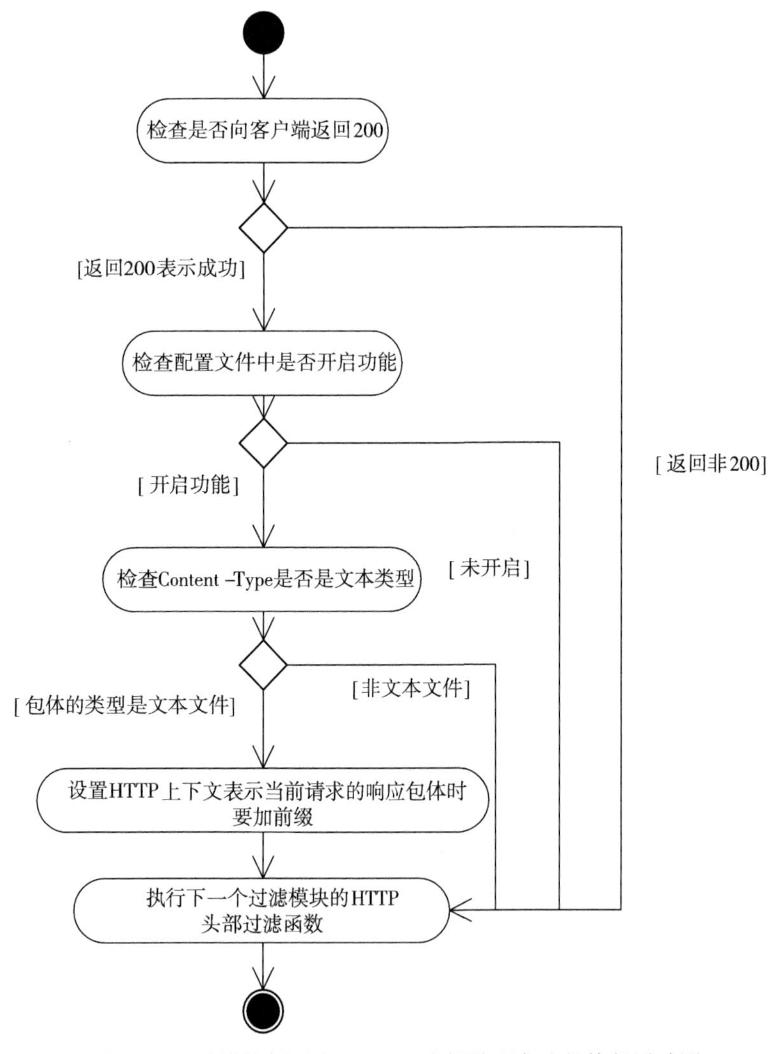

图 6-2 过滤模块例子中，HTTP 头部处理方法的执行活动图

与图 6-2 相关的代码可参见 6.4.5 节。

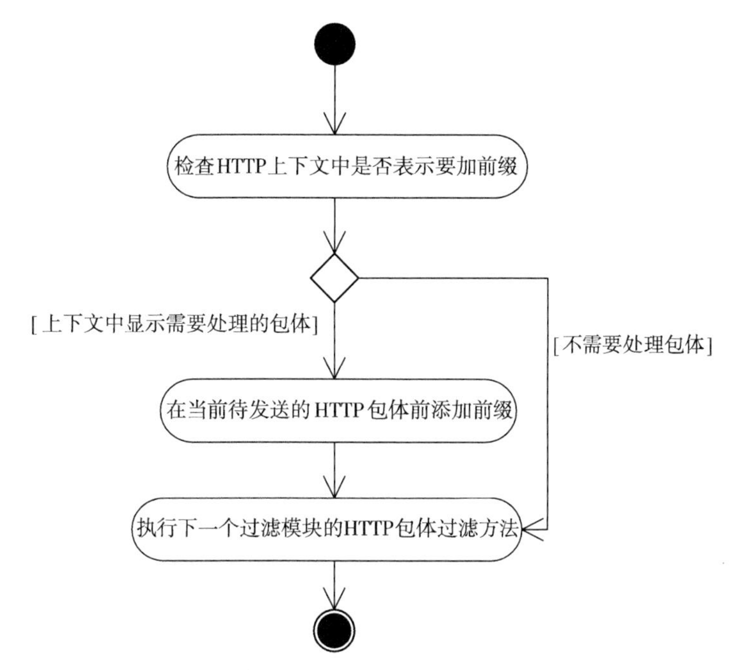

图 6-3　过滤模块例子中，HTTP 包体处理方法的执行活动图

与图 6-3 相关的代码可参见 6.4.6 节。

由于 HTTP 过滤模块也是一种 HTTP 模块，所以大家会发现本章 myfilter 过滤模块的代码与第 3 章介绍的例子中的代码很相似。

6.4.1　如何编写 config 文件

可以仅用 1 个源文件实现上述 HTTP 过滤模块，源文件名为 ngx_http_myfilter_module.c。在该文件所在目录中添加 config 文件，其内容如下：

```
ngx_addon_name=ngx_http_myfilter_module

HTTP_FILTER_MODULES="$HTTP_FILTER_MODULES ngx_http_myfilter_module"
NGX_ADDON_SRCS="$NGX_ADDON_SRCS $ngx_addon_dir/ngx_http_myfilter_module.c"
```

将模块名添加到 HTTP_FILTER_MODULES 变量后，auto/modules 脚本就会按照 6.2.2 节中定义的顺序那样，将 ngx_http_myfilter_module 过滤模块添加到 ngx_modules 数组的合适位置上。其中，NGX_ADDON_SRCS 定义的是待编译的 C 源文件。

6.4.2　配置项和上下文

首先希望在 nginx.conf 中有一个控制当前 HTTP 过滤模块是否生效的配置项，它的参数值为 on 或者 off，分别表示开启或者关闭。因此，按照第 4 章介绍的用法，需要建立 ngx_http_myfilter_conf_t 结构体来存储配置项，其中使用 ngx_flag_t 类型的 enable 变量来存储这个参数值，如下所示：

```
typedef struct {
    ngx_flag_t enable;
} ngx_http_myfilter_conf_t;
```

同样，下面实现的 ngx_http_myfilter_create_conf 用于分配存储配置项的结构体 ngx_http_myfilter_conf_t：

```
static void* ngx_http_myfilter_create_conf(ngx_conf_t *cf)
{
    ngx_http_myfilter_conf_t  *mycf;

    //创建存储配置项的结构体
    mycf = (ngx_http_myfilter_conf_t  *)ngx_pcalloc(cf->pool, sizeof(ngx_http_
myfilter_conf_t));
    if (mycf == NULL) {
        return NULL;
    }

    //ngx_flat_t 类型的变量。如果使用预设函数 ngx_conf_set_flag_slot 解析配置项参数，那么
必须初始化为 NGX_CONF_UNSET
    mycf->enable= NGX_CONF_UNSET;

    return mycf;
}
```

就像 gzip 等其他 HTTP 过滤模块的配置项一样，我们往往会允许配置项不只出现在 location{...} 配置块中，还可以出现在 server{...} 或者 http{...} 配置块中，因此，还需要实现一个配置项值的合并方法——ngx_http_myfilter_merge_conf，代码如下所示：

```
static char *
ngx_http_myfilter_merge_conf(ngx_conf_t *cf, void *parent, void *child)
{
ngx_http_myfilter_conf_t *prev = (ngx_http_myfilter_conf_t *)parent;
ngx_http_myfilter_conf_t *conf = (ngx_http_myfilter_conf_t *)child;

//合并 ngx_flat_t 类型的配置项 enable
ngx_conf_merge_value(conf->enable, prev->enable, 0);

return NGX_CONF_OK;
}
```

根据 6.4.3 节中介绍的配置项名称可知，在 nginx.conf 配置文件中需要有"add_prefix on;"字样的配置项。

再建立一个 HTTP 上下文结构体 ngx_http_myfilter_ctx_t，其中包括 add_prefix 整型成员，在处理 HTTP 头部时用这个 add_prefix 表示在处理 HTTP 包体时是否添加前缀。

```
typedef struct {
    ngx_int_t     add_prefix;
} ngx_http_myfilter_ctx_t;
```

当add_prefix为0时，表示不需要在返回的包体前加前缀；当add_prefix为1时，表示应当在包体前加前缀；当add_prefix为2时，表示已经添加过前缀了。为什么add_prefix有3个值呢？因为HTTP头部处理方法在1个请求中只会被调用1次，但包体处理方法在1个请求中是有可能被多次调用的，而实际上我们只希望在包头加1次前缀，因此add_prefix制定了3个值。

6.4.3　定义HTTP过滤模块

定义ngx_module_t模块前，需要先定义好它的两个关键成员：ngx_command_t类型的commands数组和ngx_http_module_t类型的ctx成员。

下面定义了ngx_http_myfilter_commands数组，它会处理add_prefix配置项，将配置项参数解析到ngx_http_myfilter_conf_t上下文结构体的enable成员中。

```
static ngx_command_t  ngx_http_myfilter_commands[] = {
{ ngx_string("add_prefix"),
                  NGX_HTTP_MAIN_CONF|NGX_HTTP_SRV_CONF|NGX_HTTP_LOC_CONF|NGX_HTTP_
LMT_CONF|NGX_CONF_FLAG,
                  ngx_conf_set_flag_slot,
                  NGX_HTTP_LOC_CONF_OFFSET,
                  offsetof(ngx_http_myfilter_conf_t, enable),
                  NULL },

      ngx_null_command
};
```

在定义ngx_http_module_t类型的ngx_http_myfilter_module_ctx时，需要将6.4.2节中定义的ngx_http_myfilter_create_conf回调方法放到create_loc_conf成员中，而ngx_http_myfilter_merge_conf回调方法则要放到merge_loc_conf成员中。另外，在6.4.4节中定义的ngx_http_myfilter_init模块初始化方法也要放到postconfiguration成员中，表示当读取完所有的配置项后就会回调ngx_http_myfilter_init方法，代码如下所示：

```
static ngx_http_module_t  ngx_http_myfilter_module_ctx = {
    NULL,                                  /* preconfiguration方法 */
    ngx_http_myfilter_init,                 /* postconfiguration方法 */

    NULL,                                  /* create_main_conf方法 */
    NULL,                                  /* init_main_conf方法 */
    NULL,                          /* create_srv_conf方法 */
    NULL,                          /* merge_srv_conf方法 */

    ngx_http_myfilter_create_conf,/* create_loc_conf方法 */
    ngx_http_myfilter_merge_conf  /* merge_loc_conf方法 */
};
```

有了ngx_command_t类型的commands数组和ngx_http_module_t类型的ctx成员后，下面就可以定义ngx_http_myfilter_module过滤模块了。

```
ngx_module_t  ngx_http_myfilter_module = {
```

```
    NGX_MODULE_V1,
    &ngx_http_myfilter_module_ctx,           /* module context */
    ngx_http_myfilter_commands,              /* module directives */
    NGX_HTTP_MODULE,                        /* module type */
    NULL,                                   /* init master */
    NULL,                                   /* init module */
    NULL,                                   /* init process */
    NULL,                                   /* init thread */
    NULL,                                   /* exit thread */
    NULL,                                   /* exit process */
    NULL,                                   /* exit master */
    NGX_MODULE_V1_PADDING
};
```

它的类型仍然是 NGX_HTTP_MODULE。

6.4.4 初始化 HTTP 过滤模块

在定义 ngx_http_myfilter_init 方法时，首先需要定义静态指针 ngx_http_next_header_filter，用于指向下一个过滤模块的 HTTP 头部处理方法，然后要定义静态指针 ngx_http_next_body_filter，用于指向下一个过滤模块的 HTTP 包体处理方法，代码如下所示。

```
static ngx_http_output_header_filter_pt ngx_http_next_header_filter;
static ngx_http_output_body_filter_pt    ngx_http_next_body_filter;

static ngx_int_t ngx_http_myfilter_init(ngx_conf_t *cf)
{
    //插入到头部处理方法链表的首部
    ngx_http_next_header_filter = ngx_http_top_header_filter;
    ngx_http_top_header_filter = ngx_http_myfilter_header_filter;

    //插入到包体处理方法链表的首部
    ngx_http_next_body_filter = ngx_http_top_body_filter;
    ngx_http_top_body_filter = ngx_http_myfilter_body_filter;

    return NGX_OK;
}
```

6.4.5 处理请求中的 HTTP 头部

我们需要把在 HTTP 响应包体前加的字符串前缀硬编码为 filter_prefix 变量，如下所示。

```
static ngx_str_t filter_prefix = ngx_string("[my filter prefix]");
```

根据图 6-2 中描述的处理流程，ngx_http_myfilter_header_filter 回调方法的实现应如下所示。

```
static ngx_int_t
ngx_http_myfilter_header_filter(ngx_http_request_t *r)
{
 ngx_http_myfilter_ctx_t   *ctx;
 ngx_http_myfilter_conf_t  *conf;

            /* 如果不是返回成功，那么这时是不需要理会是否加前缀的，直接交由下一个过滤模块处理响应码非
```

```
200 的情况 */
     if (r->headers_out.status != NGX_HTTP_OK) {
            return ngx_http_next_header_filter(r);
     }

    //获取 HTTP 上下文
    ctx = ngx_http_get_module_ctx(r, ngx_http_myfilter_module);
    if (ctx) {
            /* 该请求的上下文已经存在，这说明 ngx_http_myfilter_header_filter 已经被调用过 1 次，直接交由下一个过滤模块处理 */
            return ngx_http_next_header_filter(r);
    }

    //获取存储配置项的 ngx_http_myfilter_conf_t 结构体
    conf = ngx_http_get_module_loc_conf(r, ngx_http_myfilter_module);

    /* 如果 enable 成员为 0，也就是配置文件中没有配置 add_prefix 配置项，或者 add_prefix 配置项的参数值是 off，那么这时直接交由下一个过滤模块处理 */
    if (conf->enable == 0) {
        return ngx_http_next_header_filter(r);
    }

    //构造 HTTP 上下文结构体 ngx_http_myfilter_ctx_t
    ctx = ngx_pcalloc(r->pool, sizeof(ngx_http_myfilter_ctx_t));
    if (ctx == NULL) {
            return NGX_ERROR;
    }

    //add_prefix 为 0 表示不加前缀
    ctx->add_prefix = 0;

    //将构造的上下文设置到当前请求中
    ngx_http_set_ctx(r, ctx, ngx_http_myfilter_module);
    //myfilter 过滤模块只处理 Content-Type 是"text/plain"类型的 HTTP 响应
    if (r->headers_out.content_type.len >= sizeof("text/plain") - 1
    && ngx_strncasecmp(r->headers_out.content_type.data, (u_char *) "text/plain",sizeof("text/plain") - 1) == 0)
    {
        //设置为 1 表示需要在 HTTP 包体前加入前缀
        ctx->add_prefix = 1;

        /* 当处理模块已经在 Content-Length 中写入了 HTTP 包体的长度时，由于我们加入了前缀字符串，所以需要把这个字符串的长度也加入到 Content-Length 中 */
        if (r->headers_out.content_length_n > 0)
            r->headers_out.content_length_n += filter_prefix.len;
        }

        //交由下一个过滤模块继续处理
        return ngx_http_next_header_filter(r);
    }
```

注意，除非出现了严重的错误，一般情况下都需要交由下一个过滤模块继续处理。究竟是在 ngx_http_myfilter_header_filter 函数中直接返回 NGX_ERROR，还是调用 ngx_http_next_header_filter(r) 继续处理，读者可以参考 6.2.3 节中介绍的一些必需的过滤模块具备的功能来决定。

6.4.6 处理请求中的HTTP包体

根据图6-3中描述的处理流程看，ngx_http_myfilter_body_filter回调方法的实现应如下所示。

```
static ngx_int_t
ngx_http_myfilter_body_filter(ngx_http_request_t *r, ngx_chain_t *in)
{
    ngx_http_myfilter_ctx_t   *ctx;
    ctx = ngx_http_get_module_ctx(r, ngx_http_myfilter_module);
/* 如果获取不到上下文，或者上下文结构体中的add_prefix为0或者2时，都不会添加前缀，这时直接交给下一个HTTP过滤模块处理 */
if (ctx == NULL || ctx->add_prefix != 1) {
        return ngx_http_next_body_filter(r, in);
}

/* 将add_prefix设置为2，这样即使ngx_http_myfilter_body_filter再次回调时，也不会重复添加前缀 */
ctx->add_prefix = 2;

// 从请求的内存池中分配内存，用于存储字符串前缀
ngx_buf_t* b = ngx_create_temp_buf(r->pool, filter_prefix.len);
// 将ngx_buf_t中的指针正确地指向filter_prefix字符串
b->start = b->pos = filter_prefix.data;
b->last = b->pos + filter_prefix.len;

/* 从请求的内存池中生成ngx_chain_t链表，将刚分配的ngx_buf_t设置到buf成员中，并将它添加到原先待发送的HTTP包体前面 */
ngx_chain_t *cl = ngx_alloc_chain_link(r->pool);
cl->buf = b;
cl->next = in;

// 调用下一个模块的HTTP包体处理方法，注意，这时传入的是新生成的cl链表
return ngx_http_next_body_filter(r, cl);
}
```

到此，一个简单的HTTP过滤模块就开发完成了。无论功能多么复杂的HTTP过滤模块，一样可以从这个例子中衍生出来。

6.5 小结

通过本章的学习，读者应该已经掌握如何编写HTTP过滤模块了。相比普通的HTTP处理模块，编写HTTP过滤模块要简单许多，因为它不可能去访问第三方服务，也不负责发送响应到客户端。HTTP过滤模块的优势在于叠加，即1个请求可以被许多HTTP过滤模块处理，这种设计带来了很大的灵活性。读者在开发HTTP过滤模块时，也要把模块功能分解得更单一一些，即在功能过于复杂时应该分成多个HTTP过滤模块来实现。

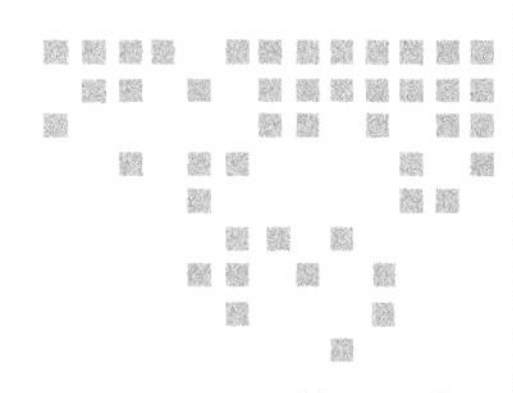

第7章 Chapter 7

Nginx 提供的高级数据结构

任何复杂的程序都需要用到数组、链表、树等数据结构，这些容器可以让用户忽略底层细节，快速开发出各种高级数据结构、实现复杂的业务功能。在开发 Nginx 模块时，同样也需要这样的高级通用容器。然而，Nginx 有两个特点：跨平台、使用 C 语言实现，这两个特点导致 Nginx 不宜使用一些第三方中间件提供的容器和算法。跨平台意味着 Nginx 必须可以运行在 Windows、Linux 等许多主流操作系统上，因此，Nginx 的所有代码都必须可以跨平台编译、运行。另外，Nginx 是由 C 语言开发的。虽然所有的操作系统都支持 C 语言，但是 C 语言与每一个操作系统都是强相关的，且 C 库对操作系统的某些系统调用封装的方法并不是跨平台的。

对于这种情况，Nginx 的解决方法很简单，在这些必须特殊化处理的地方，对每个操作系统都给一份特异化的实现，因此，用户在下载 Nginx 源码包时会发现有 Windows 版本和 UNIX 版本。而对于基础的数据结构和算法，Nginx 则完全从头实现了一遍，如动态数组、链表、二叉排序树、散列表等。当开发功能复杂的模块时，如果需要使用这些数据结构，不妨使用它们来加快开发速度，这些数据结构的好处是完全使用 C 语言从头实现，运行效率非常高，而且它们是可以跨平台使用的，在主流操作系统上都可以正常的工作。

当然，由于这些基础数据结构的跨平台特性、C 语言面向过程的特点、不统一的使用风格以及几乎没有注释的 Nginx 源代码，造成了它们并不容易使用，本章将会详细阐述它们的设计目的、思想、使用方法，并通过例子形象地展示这些容器的使用方式。

7.1 Nginx 提供的高级数据结构概述

本章将介绍 Nginx 实现的 6 个基本容器，熟练使用这 6 个基本容器，将会大大提高开发

Nginx 模块的效率，也可以更加方便地实现复杂的功能。

ngx_queue_t 双向链表是 Nginx 提供的轻量级链表容器，它与 Nginx 的内存池无关，因此，这个链表将不会负责分配内存来存放链表元素。这意味着，任何链表元素都需要通过其他方式来分配它所需要的内存空间，不要指望 ngx_queue_t 帮助存储元素。ngx_queue_t 只是把这些已经分配好内存的元素用双向链表连接起来。ngx_queue_t 的功能虽然很简单，但它非常轻量级，对每个用户数据而言，只需要增加两个指针的空间即可，消耗的内存很少。同时，ngx_queue_t 还提供了一个非常简易的插入排序法，虽然不太适合超大规模数据的排序，但它胜在简单实用。ngx_queue_t 作为 C 语言提供的通用双向链表，其设计思路值得用户参考。

ngx_array_t 动态数组类似于 C++ 语言 STL 库的 vector 容器，它用连续的内存存放着大小相同的元素（就像数组），这使得它按照下标检索数据的效率非常高，可以用 O(1) 的时间来访问随机元素。相比数组，它的优势在于，数组通常是固定大小的，而 ngx_array_t 可以在达到容量最大值时自动扩容（扩容算法与常见的 vector 容器不同）。ngx_array_t 与 ngx_queue_t 的一个显著不同点在于，ngx_queue_t 并不负责为容器元素分配内存，而 ngx_array_t 是负责容器元素的内存分配的。ngx_array_t 也是 Nginx 中应用非常广泛的数据结构，本章介绍的支持通配符的散列表中就有使用它的例子。

ngx_list_t 单向链表与 ngx_queue_t 双向链表是完全不同的，它是负责容器内元素内存分配的，因此，这两个容器在通用性的设计思路上是完全不同的。同时它与 ngx_array_t 也不一样，它不是用完全连续的内存来存储元素，而是用单链表将多段内存块连接起来，每段内存块也存储了多个元素，有点像“数组 + 单链表”。在 3.2.3 节中已经详细介绍过 ngx_list_t 单向链表，本章不再赘述。

ngx_rbtree_t（红黑树）是一种非常有效的高级数据结构，它在许多系统中都作为核心数据结构存在。它在检索特定关键字时不再需要像以上容器那样遍历容器，同时，ngx_rbtree_t 容器在检索、插入、删除元素方面非常高效，且其针对各种类型的数据的平均时间都很优异。与散列表相比，ngx_rbtree_t 还支持范围查询，也支持高效地遍历所有元素，因此，Nginx 的核心模块是离不开 ngx_rbtree_t 容器的。同时，一些较复杂的 Nginx 模块也都用到了 ngx_rbtree_t 容器。用户在需要用到快速检索的容器时，应该首先考虑是不是使用 ngx_rbtree_t。

ngx_radix_tree_t 基数树与 ngx_rbtree_t 红黑树一样都是二叉查找树，ngx_rbtree_t 红黑树具备的优点，ngx_radix_tree_t 基数树同样也有，但 ngx_radix_tree_t 基数树的应用范围要比 ngx_rbtree_t 红黑树小，因为 ngx_radix_tree_t 要求元素必须以整型数据作为关键字，所以大大减少了它的应用场景。然而，由于 ngx_radix_tree_t 基数树在插入、删除元素时不需要做旋转操作，因此它的插入、删除效率一般要比 ngx_rbtree_t 红黑树高。选择使用哪种二叉查找树取决于实际的应用场景。不过，ngx_radix_tree_t 基数树的用法要比 ngx_rbtree_t 红黑树简单许多。

支持通配符的散列表是 Nginx 独创的。Nginx 首先实现了基础的常用散列表，在这个基础上，它又根据 Web 服务器的特点，对于 URI 域名这种场景设计了支持通配符的散列表，当然，只支持前置通配符和后置通配符，如 www.test.* 和 *.test.com。Nginx 对于这种散列表做了非常多的优化设计，它的实现较为复杂。在 7.7 节中，将会非常详细地描述它的实现，当然，如果只是使用这种散列表，并不需要完全看懂 7.7 节，可以只看一下 7.7.3 节的例子，这将会简单许多。不过，要想能够灵活地修改 Nginx 的各种使用散列表的代码，还是建议读者仔细阅读一下 7.7 节的内容。

7.2　ngx_queue_t 双向链表

ngx_queue_t 是 Nginx 提供的一个基础顺序容器，它以双向链表的方式将数据组织在一起。在 Nginx 中，ngx_queue_t 数据结构被大量使用，下面将详细介绍它的特点、用法。

7.2.1　为什么设计 ngx_queue_t 双向链表

链表作为顺序容器的优势在于，它可以高效地执行插入、删除、合并等操作，在移动链表中的元素时只需要修改指针的指向，因此，它很适合频繁修改容器的场合。在 Nginx 中，链表是必不可少的，而 ngx_queue_t 双向链表就被设计用于达成以上目的。

相对于 Nginx 其他顺序容器，ngx_queue_t 容器的优势在于：

- 实现了排序功能。
- 它非常轻量级，是一个纯粹的双向链表。它不负责链表元素所占内存的分配，与 Nginx 封装的 ngx_pool_t 内存池完全无关。
- 支持两个链表间的合并。

ngx_queue_t 容器的实现只用了一个数据结构 ngx_queue_t，它仅有两个成员：prev、next，如下所示：

```
typedef struct ngx_queue_s  ngx_queue_t;

struct ngx_queue_s {
    ngx_queue_t  *prev;
    ngx_queue_t  *next;
};
```

因此，对于链表中的每个元素来说，空间上只会增加两个指针的内存消耗。

使用 ngx_queue_t 时可能会遇到有些让人费解的情况，因为链表容器自身是使用 ngx_queue_t 来标识的，而链表中的每个元素同样使用 ngx_queue_t 结构来标识自己，并以 ngx_queue_t 结构维持其与相邻元素的关系。下面开始介绍 ngx_queue_t 的使用方法。

7.2.2　双向链表的使用方法

Nginx 在设计这个双向链表时，由于容器与元素共用了 ngx_queue_t 结构体，为了避免 ngx_queue_t 结构体成员的意义混乱，Nginx 封装了链表容器与元素的所有方法，这种情况非常少见，而且从接下来的几节中可以看到，其他容器都需要直接使用成员变量来访问，唯有 ngx_queue_t 双向链表只能使用图 7-1 中列出的方法访问容器。

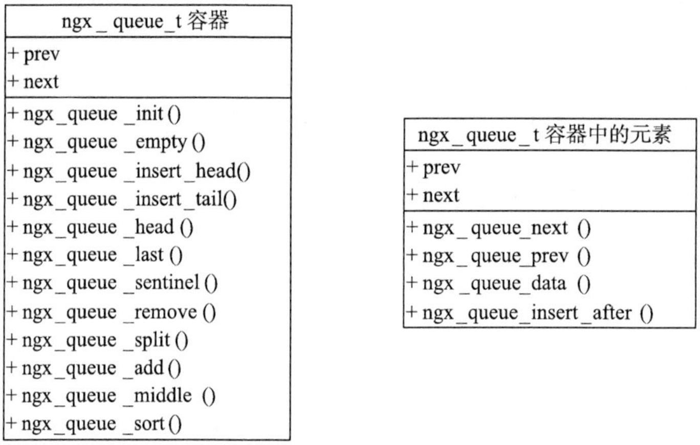

ngx_queue_t 容器
+ prev + next
+ ngx_queue_init () + ngx_queue_empty () + ngx_queue_insert_head() + ngx_queue_insert_tail() + ngx_queue_head () + ngx_queue_last () + ngx_queue_sentinel () + ngx_queue_remove () + ngx_queue_split () + ngx_queue_add () + ngx_queue_middle () + ngx_queue_sort ()

ngx_queue_t 容器中的元素
+ prev + next
+ ngx_queue_next () + ngx_queue_prev () + ngx_queue_data () + ngx_queue_insert_after ()

图 7-1 ngx_queue_t 容器提供的操作方法

使用双向链表容器时，需要用一个 ngx_queue_t 结构体表示容器本身，而这个结构体共有 12 个方法可供使用，表 7-1 中列出了这 12 个方法的意义。

表 7-1 ngx_queue_t 双向链表容器所支持的方法

方法名	参数含义	执行意义
ngx_queue_init(h)	h 为链表容器结构体 ngx_queue_t 的指针	将链表容器 h 初始化，这时会自动置为空链表
ngx_queue_empty(h)	h 为链表容器结构体 ngx_queue_t 的指针	检测链表容器中是否为空，即是否没有一个元素存在。如果返回非 0，表示链表 h 是空的
ngx_queue_insert_head(h, x)	h 为链表容器结构体 ngx_queue_t 的指针，x 为插入元素结构体中 ngx_queue_t 成员的指针	将元素 x 插入到链表容器 h 的头部
ngx_queue_insert_tail(h, x)	h 为链表容器结构体 ngx_queue_t 的指针，x 为插入元素结构体中 ngx_queue_t 成员的指针	将元素 x 添加到链表容器 h 的末尾
ngx_queue_head(h)	h 为链表容器结构体 ngx_queue_t 的指针	返回链表容器 h 中的第一个元素的 ngx_queue_t 结构体指针
ngx_queue_last(h)	h 为链表容器结构体 ngx_queue_t 的指针	返回链表容器中的最后一个元素的 ngx_queue_t 结构体指针
ngx_queue_sentinel(h)	h 为链表容器结构体 ngx_queue_t 的指针	返回链表容器结构体的指针
ngx_queue_remove(x)	x 为插入元素结构体中 ngx_queue_t 成员的指针	由容器中移除 x 元素

（续）

方 法 名	参数含义	执行意义
ngx_queue_split(h, q, n)	h 为链表容器结构体 ngx_queue_t 的指针	ngx_queue_split 用于拆分链表，h 是链表容器，而 q 是链表 h 中的一个元素。这个方法将链表 h 以元素 q 为界拆分成两个链表 h 和 n，其中 h 由原链表的前半部分构成（不包括 q），而 n 由原链表的后半部分构成，q 是它的首元素
ngx_queue_add(h, n)	h 为链表容器结构体 ngx_queue_t 的指针，n 为另一个链表容器结构体 ngx_queue_t 的指针	合并链表，将 n 链表添加到 h 链表的末尾
ngx_queue_middle(h)	h 为链表容器结构体 ngx_queue_t 的指针	返回链表中心元素，如，链表共有 N 个元素，ngx_queue_middle 方法将返回第 N/2+1 个元素。例如，链表有 4 个元素，将会返回第 3 个元素（不是第 2 个元素）
ngx_queue_sort(h,cmpfunc)	h 为链表容器结构体 ngx_queue_t 的指针，cmpfunc 是两个链表元素的比较方法，如果它返回正数，则表示以升序排序	使用插入排序法对链表进行排序，cmpfunc 需要使用者自己实现，它的原型是这样的：ngx_int_t (*cmpfunc)(const ngx_queue_t *, const ngx_queue_t *)

对于链表中的每一个元素，其类型可以是任意的 struct 结构体，但这个结构体中必须要有一个 ngx_queue_t 类型的成员，在向链表容器中添加、删除元素时都是使用的结构体中 ngx_queue_t 类型成员的指针。当 ngx_queue_t 作为链表的元素成员使用时，它具有表 7-2 中列出的 4 种方法。

表 7-2　ngx_queue_t 双向链表中的元素所支持的方法

方 法 名	参数含义	执行意义
ngx_queue_next(q)	q 为链表中某一个元素结构体的 ngx_queue_t 成员的指针	返回 q 元素的下一个元素
ngx_queue_prev(q)	q 为链表中某一个元素结构体的 ngx_queue_t 成员的指针	返回 q 元素的上一个元素
ngx_queue_data(q, type, link)	q 为链表中某一个元素结构体的 ngx_queue_t 成员的指针，type 为链表元素的结构体类型名称（该结构体中必须包含 ngx_queue_t 类型的成员），link 是上面这个结构体中 ngx_queue_t 类型的成员名字	返回 q 元素（ngx_queue_t 类型）所属结构体（任何 struct 类型，其中可在任意位置包含 ngx_queue_t 类型的成员）的地址
ngx_queue_insert_after(q, x)	q 为链表中某个元素结构体的 ngx_queue_t 成员的指针，x 为插入元素结构体中 ngx_queue_t 成员的指针	将元素 x 插入到元素 q 之后

在表 7-1 和表 7-2 中，已经列出了链表支持的所有方法，下面将以一个简单的例子来说明如何使用 ngx_queue_t 双向链表。

7.2.3 使用双向链表排序的例子

本节定义一个简单的链表，并使用 ngx_queue_sort 方法对所有元素排序。在这个例子中，可以看到如何定义、初始化 ngx_queue_t 容器，如何定义任意类型的链表元素，如何遍历链表，如何自定义排序方法并执行排序。

首先，定义链表元素的结构体，如下面的 TestNode 结构体：

```
typedef struct {
                u_char* str;
                ngx_queue_t qEle;
                int num;
} TestNode;
```

链表元素结构体中必须包含 ngx_queue_t 类型的成员，当然它可以在任意的位置上。本例中它的上面有一个 char* 指针，下面有一个整型成员 num，这样是允许的。

排序方法需要自定义。下面以 TestNode 结构体中的 num 成员作为排序依据，实现 compTestNode 方法作为排序过程中任意两元素间的比较方法。

```
ngx_int_t compTestNode(const ngx_queue_t* a, const ngx_queue_t* b)
{
     /* 首先使用 ngx_queue_data 方法由 ngx_queue_t 变量获取元素结构体 TestNode 的地址 */
     TestNode* aNode = ngx_queue_data(a, TestNode, qEle);
     TestNode* bNode = ngx_queue_data(b, TestNode, qEle);
     // 返回 num 成员的比较结果
     return aNode->num > bNode->num;
}
```

这个比较方法结合 ngx_queue_sort 方法可以把链表中的元素按照 num 的大小以升序排列。在此例中，可以看到 ngx_queue_data 的用法，即可以根据链表元素结构体 TestNode 中的 qEle 成员地址换算出 TestNode 结构体变量的地址，这是面向过程的 C 语言编写的 ngx_queue_t 链表之所以能够通用化的关键。下面来看一下 ngx_queue_data 的定义：

```
#define ngx_queue_data(q,type,link) \
(type *) ((u_char *) q - offsetof(type, link))
```

在 4.2.2 节中曾经提到过 offsetof 函数是如何实现的，即它会返回 link 成员在 type 结构体中的偏移量。例如，在上例中，可以通过 ngx_queue_t 类型的指针减去 qEle 相对于 TestNode 的地址偏移量，得到 TestNode 结构体的地址。

下面开始定义双向链表容器 queueContainer，并将其初始化为空链表，如下所示。

```
ngx_queue_t queueContainer;
ngx_queue_init(&queueContainer);
```

链表容器以 ngx_queue_t 定义即可。注意，对于表示链表容器的 ngx_queue_t 结构体，必须调用 ngx_queue_init 进行初始化。

ngx_queue_t 双向链表是完全不负责分配内存的，每一个链表元素必须自己管理自己所占用的内存。因此，本例在进程栈中定义了 5 个 TestNode 结构体作为链表元素，并把它们的

num 成员初始化为 0、1、2、3、4，如下所示。

```
int i = 0;
TestNode node[5];
for (; i < 5; i++)
{
    node[i].num = i;
}
```

下面把这 5 个 TestNode 结构体添加到 queueContainer 链表中，注意，这里同时使用了 ngx_queue_insert_tail、ngx_queue_insert_head、ngx_queue_insert_after 3 个添加方法，读者不妨思考一下链表中元素的顺序是什么样的。

```
ngx_queue_insert_tail(&queueContainer, &node[0].qEle);
ngx_queue_insert_head(&queueContainer, &node[1].qEle);
ngx_queue_insert_tail(&queueContainer, &node[2].qEle);
ngx_queue_insert_after(&queueContainer, &node[3].qEle);
ngx_queue_insert_tail(&queueContainer, &node[4].qEle);
```

根据表 7-1 中介绍的方法可以得出，如果此时的链表元素顺序以 num 成员标识，那么应该是这样的：3、1、0、2、4。如果有疑问，不妨写个遍历链表的程序检验一下顺序是否如此。下面就根据表 7-1 中的方法说明编写一段简单的遍历链表的程序。

```
ngx_queue_t* q;
for (q = ngx_queue_head(&queueContainer);
    q != ngx_queue_sentinel(&queueContainer);
    q = ngx_queue_next(q))
{
    TestNode* eleNode = ngx_queue_data(q, TestNode, qEle);
    // 处理当前的链表元素 eleNode
    …
}
```

上面这段程序将会依次从链表头部遍历到尾部。反向遍历也很简单。读者可以尝试使用 ngx_queue_last 和 ngx_queue_prev 方法编写相关代码。

下面开始执行排序，代码如下所示。

```
ngx_queue_sort(&queueContainer, compTestNode);
```

这样，链表中的元素就会以 0、1、2、3、4（num 成员的值）的升序排列了。

表 7-1 中列出的其他方法就不在这里一一举例了，使用方法非常相似。

7.2.4　双向链表是如何实现的

本节将说明 ngx_queue_t 链表容器以及元素中 prev 成员、next 成员的意义，整个链表就是通过这两个指针成员实现的。

下面先来看一下 ngx_queue_t 结构体作为容器时其 prev 成员、next 成员的意义。当容器为空时，prev 和 next 都将指向容器本身，如图 7-2 所示。

如图 7-2 所示，如果在某个结构体中定义了 ngx_queue_t 容器，其 prev 指针和 next 指针都会指向 ngx_queue_t 成员的地址。

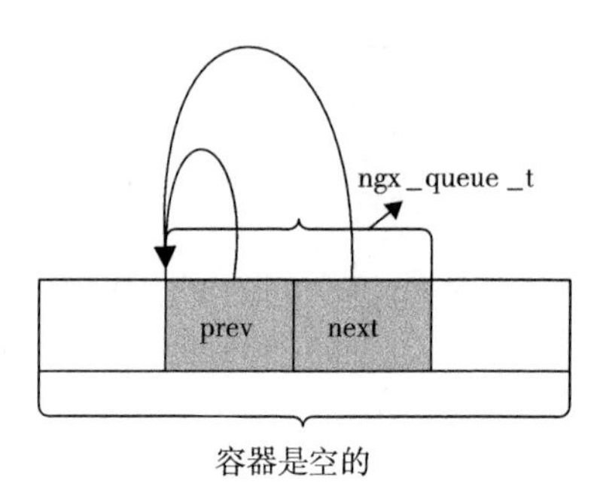

图 7-2 空容器时 ngx_queue_t 结构体成员的值

当容器不为空时，ngx_queue_t 容器的 next 指针会指向链表的第 1 个元素，而 prev 指针会指向链表的最后 1 个元素。如图 7-3 所示，这时链表中只有 1 个链表元素，容器的 next 指针和 prev 指针都将指向这个唯一的链表元素。

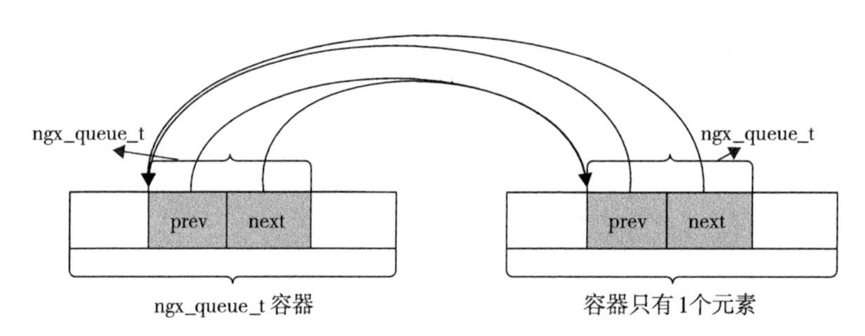

图 7-3 当仅含 1 个元素时，容器、元素中的 ngx_queue_t 结构体成员的值

对于每个链表元素来说，其 prev 成员都指向前一个元素（不存在时指向链表容器），而 next 成员则指向下一个元素（不存在时指向链表容器），这在图 7-3 中可以看到。

当容器中有两个元素时，prev 和 next 的指向如图 7-4 所示。

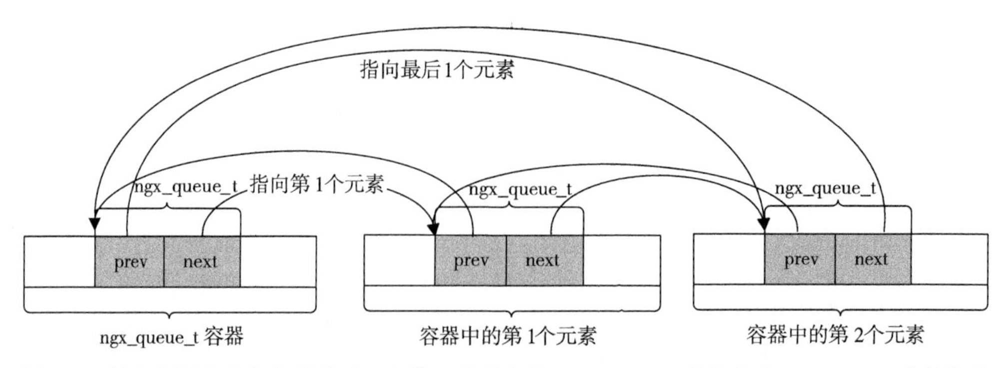

图 7-4 当含有两个或多个元素时，容器、元素中的 ngx_queue_t 结构体中 prev、next 成员的值

图 7-4 很好地诠释了前面的定义，容器中的 prev 成员指向最后 1 个也就是第 2 个元素，next 成员指向第 1 个元素。第 1 个元素的 prev 成员指向容器本身，而其 next 成员指向第 2 个元素。第 2 个元素的 prev 成员指向第 1 个元素，其 next 成员则指向容器本身。

ngx_queue_t 的实现就是这么简单，但它的排序算法 ngx_queue_sort 使用的插入排序，并不适合为庞大的数据排序。

7.3　ngx_array_t 动态数组

ngx_array_t 是一个顺序容器，它在 Nginx 中大量使用。ngx_array_t 容器以数组的形式存储元素，并支持在达到数组容量的上限时动态改变数组的大小。

7.3.1　为什么设计 ngx_array_t 动态数组

数组的优势是它的访问速度。由于它使用一块完整的内存，并按照固定大小存储每一个元素，所以在访问数组的任意一个元素时，都可以根据下标直接寻址找到它，另外，数组的访问速度是常量级的，在所有的数据结构中它的速度都是最快的。然而，正是由于数组使用一块连续的内存存储所有的元素，所以它的大小直接决定了所消耗的内存。可见，如果预分配的数组过大，肯定会浪费宝贵的内存资源。那么，数组的大小究竟应该分配多少才是够用的呢？当数组大小无法确定时，动态数组就“登场”了。

C++ 语言的 STL 中的 vector 容器就像 ngx_array_t 一样是一个动态数组。它们在数组的大小达到已经分配内存的上限时，会自动扩充数组的大小。具备了这个特点之后，ngx_array_t 动态数组的用处就大多了，而且它内置了 Nginx 封装的内存池，因此，它分配的内存也是在内存池中申请得到。ngx_array_t 容器具备以下 3 个优点：

- ❑ 访问速度快。
- ❑ 允许元素个数具备不确定性。
- ❑ 负责元素占用内存的分配，这些内存将由内存池统一管理。

7.3.2　动态数组的使用方法

ngx_array_t 动态数组的实现仅使用 1 个结构体，如下所示。

```
typedef struct ngx_array_s ngx_array_t;

struct ngx_array_s {
    //elts 指向数组的首地址
    void        *elts;
    //nelts 是数组中已经使用的元素个数
    ngx_uint_t   nelts;
    // 每个数组元素占用的内存大小
    size_t       size;
    // 当前数组中能够容纳元素个数的总大小
    ngx_uint_t   nalloc;
```

```
    // 内存池对象
    ngx_pool_t   *pool;
};
```

在上面这段代码中已经简单描述了 ngx_array_t 结构体中各成员的意义，通过图 7-5，读者可以有更直观的理解。

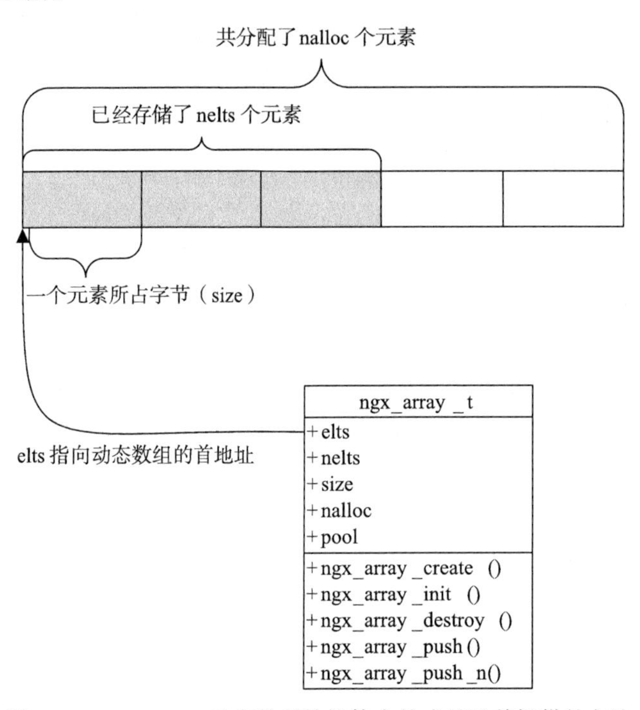

图 7-5　ngx_array_t 动态数组结构体中的成员及其提供的方法

从图 7-5 中可以看出，ngx_array_t 动态数组还提供了 5 个基本方法，它们的意义见表 7-3。

表 7-3　ngx_array_t 动态数组提供的方法

方 法 名	参数含义	执行意义
ngx_array_create(ngx_pool_t *p, ngx_uint_t n, size_t size)	p 是内存池，n 是初始分配元素的最大个数，size 是每一个元素所占用的内存大小	创建 1 个动态数组，并预分配 n 个大小为 size 的内存空间
ngx_array_init(ngx_array_t *a, ngx_pool_t *p, ngx_uint_t n, size_t size)	a 是一个动态数组结构体的指针，p 是内存池，n 是初始分配元素的最大个数，size 是每一个元素所占用的内存大小	初始化 1 个已经存在的动态数组，并预分配 n 个大小为 size 的内存空间
ngx_array_destroy(ngx_array_t *a)	a 是一个动态数组结构体的指针	销毁已经分配的数组元素空间和 ngx_array_t 动态数组对象。注意：ngx_array_destroy 最好与 ngx_array_create 配对使用，因为 ngx_array_destroy 同时会回收 ngx_array_t 结构体自身占用的内存

（续）

方法名	参数含义	执行意义
ngx_array_push(ngx_array_t *a)	a是一个动态数组结构体的指针	向当前a动态数组中添加1个元素，返回的是这个新添加元素的地址。注意：如果动态数组已经达到容量上限，这时会自动扩容，到底扩容多少字节，在7.3.4节中说明
ngx_array_push_n(ngx_array_t *a, ngx_uint_t n)	a是一个动态数组结构体的指针，n是需要添加元素的个数	向当前a动态数组中添加n个元素，返回的是新添加这批元素中第一个元素的地址

如果使用已经定义过的ngx_array_t结构体，那么可以先调用ngx_array_init方法初始化动态数组。如果要重新在内存池上定义ngx_array_t结构体，则可以调用ngx_array_create方法创建动态数组。这两个方法都会预分配一定容量的数组元素。

在向动态数组中添加新元素时，最好调用ngx_array_push或者ngx_array_push_n方法，这两个方法会在达到数组预分配容量上限时自动扩容，这比直接操作ngx_array_t结构体中的成员要好得多，具体将在7.3.3节的例子中详细说明。

因为ngx_array_destroy是在内存池中销毁动态数组及其分配的元素内存的（如果动态数组的ngx_array_t结构体内存是利用栈等非内存池方式分配，那么调用ngx_array_destroy会导致不可预估的错误），所以它必须与ngx_array_create配对使用。

7.3.3 使用动态数组的例子

本节以一个简单的例子说明如何使用动态数组。这里仍然以7.2.3中介绍的TestNode作为数组中的元素类型。首先，调用ngx_array_create方法创建动态数组，代码如下。

```
ngx_array_t* dynamicArray = ngx_array_create(cf->pool, 1, sizeof(TestNode));
```

这里创建的动态数组只预分配了1个元素的空间，每个元素占用的内存字节数为sizeof(TestNode)，也就是TestNode结构体占用的空间大小。

然后，调用ngx_array_push方法向dynamicArray数组中添加两个元素，代码如下。

```
TestNode* a = ngx_array_push(dynamicArray);
a->num = 1;
a = ngx_array_push(dynamicArray);
a->num = 2;
```

这两个元素的num值分别为1和2。注意，在添加第2个元素时，实际已经发生过一次扩容了，因为调用ngx_array_create方法时只预分配了1个元素的空间。下面尝试用ngx_array_push_n方法一次性添加3个元素，代码如下。

```
TestNode* b = ngx_array_push_n(dynamicArray, 3);
```

```
b->num = 3;
(b+1)->num = 4;
(b+2)->num = 5;
```

这 3 个元素的 num 值分别为 3、4、5。下面来看一下是如何遍历 dynamicArray 动态数组的，代码如下。

```
TestNode* nodeArray = dynamicArray->elts;
ngx_uint_t arraySeq = 0;
for (; arraySeq < dynamicArray->nelts; arraySeq++)
{
       a = nodeArray + arraySeq;
       // 下面处理数组中的元素 a
       …
}
```

了解了遍历 dynamicArray 动态数组的方法后，再来看一下销毁动态数组的方法，这就非常简单了，如下所示：

```
ngx_array_destroy(dynamicArray);
```

7.3.4 动态数组的扩容方式

本节将介绍当动态数组达到容量上限时是如何进行扩容的。ngx_array_push 和 ngx_array_push_n 方法都可能引发扩容操作。

当已经使用的元素个数达到动态数组预分配元素的个数时，再次调用 ngx_array_push 或者 ngx_array_push_n 方法将引发扩容操作。ngx_array_push 方法会申请 ngx_array_t 结构体中 size 字节大小的内存，而 ngx_array_push_n 方法将会申请 n（n 是 ngx_array_push_n 的参数，表示需要添加 n 个元素）个 size 字节大小的内存。每次扩容的大小将受制于内存池的以下两种情形：

- 如果当前内存池中剩余的空间大于或者等于本次需要新增的空间，那么本次扩容将只扩充新增的空间。例如，对于 ngx_array_push 方法来说，就是扩充 1 个元素，而对于 ngx_array_push_n 方法来说，就是扩充 n 个元素。
- 如果当前内存池中剩余的空间小于本次需要新增的空间，那么对 ngx_array_push 方法来说，会将原先动态数组的容量扩容一倍，而对于 ngx_array_push_n 来说，情况更复杂一些，如果参数 n 小于原先动态数组的容量，将会扩容一倍；如果参数 n 大于原先动态数组的容量，这时会分配 2×n 大小的空间，扩容会超过一倍。这体现了 Nginx 预估用户行为的设计思想。

在以上两种情形下扩容的字节数都与每个元素的大小相关。

注意 上述第 2 种情形涉及数据的复制。新扩容一倍以上的动态数组将在全新的内存块上，这时将有一个步骤将原动态数组中的元素复制到新的动态数组中，当数组非常大时，这个步骤可能会耗时较长。

7.4　ngx_list_t 单向链表

ngx_list_t 也是一个顺序容器，它实际上相当于 7.3 节中介绍的动态数组与单向链表的结合体，只是扩容起来比动态数组简单得多，它可以一次性扩容 1 个数组。在图 3-2 中描述了 ngx_list_t 容器中各成员的意义，而且在 3.2.3 节中详细介绍过它的用法，这里不再赘述。

7.5　ngx_rbtree_t 红黑树

ngx_rbtree_t 是使用红黑树实现的一种关联容器，Nginx 的核心模块（如定时器管理、文件缓存模块等）在需要快速检索、查找的场合下都使用了 ngx_rbtree_t 容器，本节将系统地讨论 ngx_rbtree_t 的用法，并以一个贯穿本节始终的例子对它进行说明。在这个例子中，将有 10 个元素需要存储到红黑树窗口中，每个元素的关键字是简单的整型，分别为 1、6、8、11、13、15、17、22、25、27，以下的例子中都会使用到这 10 个节点数据。

7.5.1　为什么设计 ngx_rbtree_t 红黑树

上文介绍的容器都是顺序容器，它们的检索效率通常情况下都比较差，一般只能遍历检索指定元素。当需要容器的检索速度很快，或者需要支持范围查询时，ngx_rbtree_t 红黑树容器是一个非常好的选择。

红黑树实际上是一种自平衡二叉查找树，但什么是二叉树呢？二叉树是每个节点最多有两个子树的树结构，每个节点都可以用于存储数据，可以由任 1 个节点访问它的左右子树或者父节点。

那么，什么是二叉查找树呢？二叉查找树或者是一棵空树，或者是具有下列性质的二叉树。

- 每个节点都有一个作为查找依据的关键码（key），所有节点的关键码互不相同。
- 左子树（如果存在）上所有节点的关键码都小于根节点的关键码。
- 右子树（如果存在）上所有节点的关键码都大于根节点的关键码。
- 左子树和右子树也是二叉查找树。

这样，一棵二叉查找树的所有元素节点都是有序的。在二叉树的形态比较平衡的情况下，它的检索效率很高，有点类似于二分法检索有序数组的效率。一般情况下，查询复杂度是与目标节点到根节点的距离（即深度）有关的。然而，不断地添加、删除节点，可能造成二叉查找树形态非常不平衡，在极端情形下它会变成单链表，检索效率也就会变得低下。例如，在本节的例子中，依次将这 10 个数据 1、6、8、11、13、15、17、22、25、27 添加到一棵普通的空二叉查找树中，它的形态如图 7-6 所示。

第 1 个元素 1 添加到空二叉树后自动成为根节点，而后陆续添加的元素正好以升序递增，最终的形态必然如图 7-6 所示，也就是相当于单链表了，由于树的深度太大，因此各种操作的效率都会很低下。

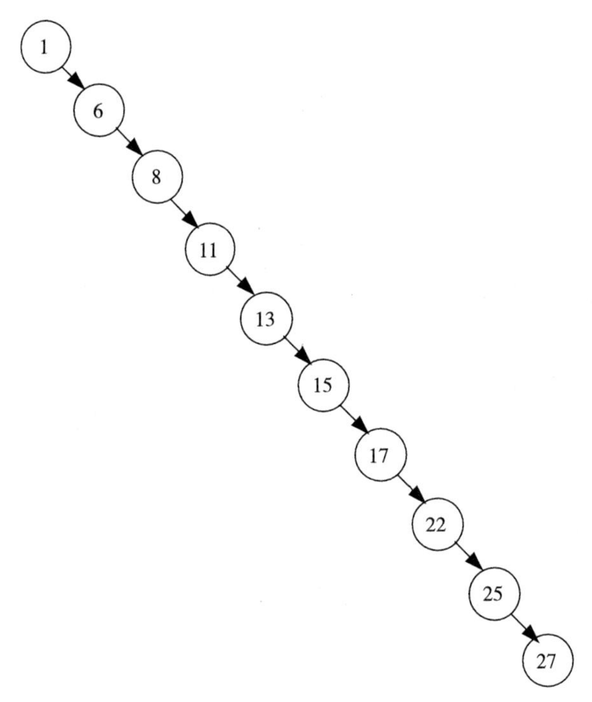

图 7-6 普通的二叉查找树可能非常不平衡

什么是自平衡二叉查找树？在不断地向二叉查找树中添加、删除节点时，二叉查找树自身通过形态的变换，始终保持着一定程度上的平衡，即为自平衡二叉查找树。自平衡二叉查找树只是一个概念，它有许多种不同的实现方式，如 AVL 树和红黑树。红黑树是一种自平衡性较好的二叉查找树，它在 Linux 内核、C++ 的 STL 库等许多场合下都作为核心数据结构使用。本节讲述的 ngx_rbtree_t 容器就是一种由红黑树实现的自平衡二叉查找树。

ngx_rbtree_t 红黑树容器中的元素都是有序的，它支持快速的检索、插入、删除操作，也支持范围查询、遍历等操作，是一种应用场景非常广泛的高级数据结构。

7.5.2 红黑树的特性

本节讲述红黑树的特性，对于只想了解如何使用 ngx_rbtree_t 容器的读者，可以跳过本节。

红黑树是指每个节点都带有颜色属性的二叉查找树，其中颜色为红色或黑色。除了二叉查找树的一般要求以外，对于红黑树还有如下的额外的特性。

特性 1：节点是红色或黑色。

特性 2：根节点是黑色。

特性 3：所有叶子节点都是黑色（叶子是 NIL 节点，也叫“哨兵”）。

特性 4：每个红色节点的两个子节点都是黑色（每个叶子节点到根节点的所有路径上不能有两个连续的红色节点）。

特性 5：从任一节点到其每个叶子节点的所有简单路径都包含相同数目的黑色节点。

这些约束加强了红黑树的关键性质：从根节点到叶子节点的最长可能路径长度不大于最短可能路径的两倍，这样这个树大致上就是平衡的了。因为二叉树的操作（比如插入、删除和查找某个值的最慢时间）都是与树的高度成比例的，以上的 5 个特性保证了树的高度（最长路径），所以它完全不同于普通的二叉查找树。

这些特性为什么可以导致上述结果呢？因为特性 4 实际上决定了 1 个路径不能有两个毗连的红色节点，这一点就足够了。最短的可能路径都是黑色节点，最长的可能路径有交替的红色节点和黑色节点。根据特性 5 可知，所有最长的路径都有相同数目的黑色节点，这就表明了没有路径能大于其他路径长度的两倍。

在本节的例子中，仍然按照顺序将这 10 个升序递增的元素添加到空的 ngx_rbtree_t 红黑树容器中，此时，我们会发现根节点不是第 1 个添加的元素 1，而是元素 11。实际上，依次添加元素 1、6、8、11、13、15、17、22、25、27 后，红黑树的形态如图 7-7 所示。

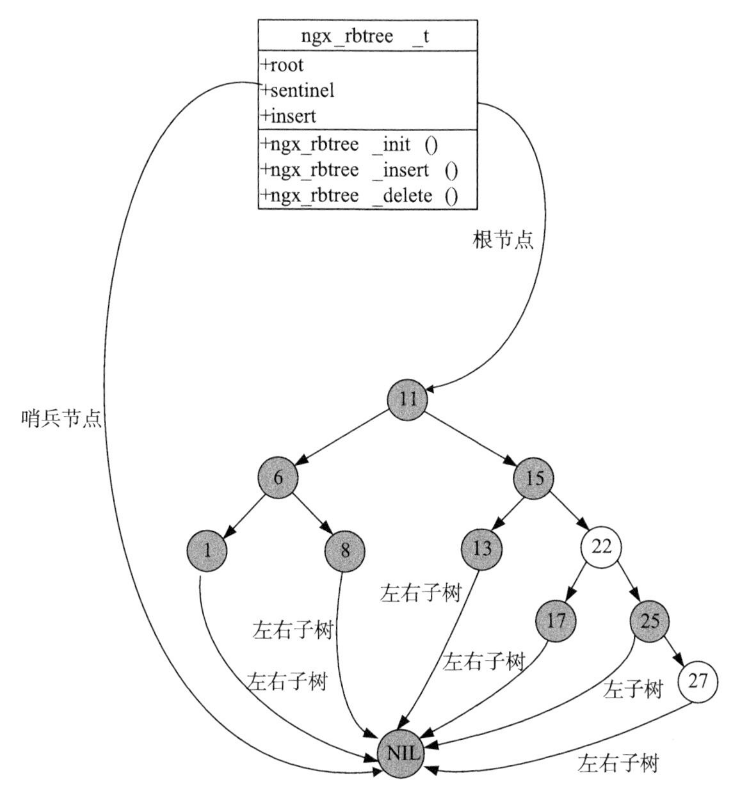

图 7-7 ngx_rbtree_t 红黑树的典型图示（其中无底纹节点表示红色，有底纹节点表示黑色）

如图 7-7 所示的是一棵相对平衡的树，它满足红黑树的 5 个特性，最长路径长度不大于最短路径的 2 倍。在 ngx_rbtree_t 红黑树在发现自身满足不了上述 5 个红黑树特性时，将会通过旋转（向左旋转或者向右旋转）子树来使树达到平衡。这里不再讲述红黑树的旋转功能，实际上它非常简单，读者可以通过 ngx_rbtree_left_rotate 和 ngx_rbtree_right_rotate 方法来了解旋转功能的实现。

7.5.3 红黑树的使用方法

红黑树容器由 ngx_rbtree_t 结构体承载，ngx_rbtree_t 的成员和它相关的方法在图 7-7 中可以看到，下面进行详细介绍。首先，需要了解一下红黑树的节点结构，如图 7-8 所示。

ngx_rbtree_node_t
+ key + left + right + parent + color + data
+ ngx_rbt_red() + ngx_rbt_black() + ngx_rbt_is_red() + ngx_rbt_is_black() + ngx_rbt_copy_color() + ngx_rbtree_sentinel_init() + ngx_rbtree_min()

图 7-8 红黑树节点的结构体及其提供的方法

ngx_rbtree_node_t 结构体用来表示红黑树中的一个节点，它还提供了 7 个方法用来操作节点。下面了解一下 ngx_rbtree_node_t 结构体的定义，代码如下。

```
typedef ngx_uint_t  ngx_rbtree_key_t;
typedef struct ngx_rbtree_node_s  ngx_rbtree_node_t;

struct ngx_rbtree_node_s {
    // 无符号整型的关键字
    ngx_rbtree_key_t       key;
    // 左子节点
    ngx_rbtree_node_t     *left;
    // 右子节点
    ngx_rbtree_node_t     *right;
    // 父节点
    ngx_rbtree_node_t     *parent;
    // 节点的颜色，0 表示黑色，1 表示红色
    u_char                 color;
    // 仅 1 个字节的节点数据。由于表示的空间太小，所以一般很少使用
    u_char                 data;
};
```

ngx_rbtree_node_t 是红黑树实现中必须用到的数据结构，一般我们把它放到结构体中的

第 1 个成员中，这样方便把自定义的结构体强制转换成 ngx_rbtree_node_t 类型。例如：

```
typedef struct {
    /* 一般都将 ngx_rbtree_node_t 节点结构体放在自定义数据类型的第 1 位，以方便类型的强制转换 */
    ngx_rbtree_node_t node;
    ngx_uint_t num;
} TestRBTreeNode;
```

如果这里希望容器中元素的数据类型是 TestRBTreeNode，那么只需要在第 1 个成员中放上 ngx_rbtree_node_t 类型的 node 即可。在调用图 7-7 中 ngx_rbtree_t 容器所提供的方法时，需要的参数都是 ngx_rbtree_node_t 类型，这时将 TestRBTreeNode 类型的指针强制转换成 ngx_rbtree_node_t 即可。

ngx_rbtree_node_t 结构体中的 key 成员是每个红黑树节点的关键字，它必须是整型。红黑树的排序主要依据 key 成员（当然，自定义 ngx_rbtree_insert_pt 方法后，节点的其他成员也可以在 key 排序的基础上影响红黑树的形态）。在图 7-7 所示例子中，1、6、8、11、13、15、17、22、25、27 这些数字都是每个节点的 key 关键字。

下面看一下表示红黑树的 ngx_rbtree_t 结构体是如何定义的，代码如下。

```
typedef struct ngx_rbtree_s  ngx_rbtree_t;

/* 为解决不同节点含有相同关键字的元素冲突问题，红黑树设置了 ngx_rbtree_insert_pt 指针，这样
可灵活地添加冲突元素 */
typedef void (*ngx_rbtree_insert_pt) (ngx_rbtree_node_t *root,
    ngx_rbtree_node_t *node, ngx_rbtree_node_t *sentinel);

struct ngx_rbtree_s {
    // 指向树的根节点。注意，根节点也是数据元素
    ngx_rbtree_node_t      *root;
    // 指向 NIL 哨兵节点
    ngx_rbtree_node_t      *sentinel;
    // 表示红黑树添加元素的函数指针，它决定在添加新节点时的行为究竟是替换还是新增
    ngx_rbtree_insert_pt    insert;
};
```

在上段代码中，ngx_rbtree_t 结构体的 root 成员指向根节点，而 sentinel 成员指向哨兵节点，这很清晰。然而，insert 成员作为一个 ngx_rbtree_insert_pt 类型的函数指针，它的意义在哪里呢？

红黑树是一个通用的数据结构，它的节点（或者称为容器的元素）可以是包含基本红黑树节点的任意结构体。对于不同的结构体，很多场合下是允许不同的节点拥有相同的关键字的（参见图 7-8 中的 key 成员，它作为无符号整型数时表示树节点的关键字）。例如，不同的字符串可能会散列出相同的关键字，这时它们在红黑树中的关键字是相同的，然而它们又是不同的节点，这样在添加时就不可以覆盖原有同名关键字节点，而是作为新插入的节点存在。因此，在添加元素时，需要考虑到这种情况。将添加元素的方法抽象出 ngx_rbtree_insert_pt 函数指针可以很好地实现这一思想，用户也可以灵活地定义自己的行为。Nginx 帮助用户实现了 3 种简单行为的添加节点方法，见表 7-4。

表 7-4 Nginx 为红黑树已经实现好的 3 种数据添加方法

方 法 名	参数含义	执行意义
void ngx_rbtree_insert_value (ngx_rbtree_node_t *root, ngx_rbtree_node_t *node, ngx_rbtree_node_t *sentinel)	root 是红黑树容器的指针；node 是待添加元素的 ngx_rbtree_node_t 成员的指针；sentinel 是这棵红黑树初始化时哨兵节点的指针	向红黑树添加数据节点，每个数据节点的关键字都是唯一的，不存在同一个关键字有多个节点的问题
void ngx_rbtree_insert_timer_value (ngx_rbtree_node_t *root, ngx_rbtree_node_t *node, ngx_rbtree_node_t *sentinel)	root 是红黑树容器的指针；node 是待添加元素的 ngx_rbtree_node_t 成员的指针，它对应的关键字是时间或者时间差，可能是负数；sentinel 是这棵红黑树初始化时的哨兵节点	向红黑树添加数据节点，每个数据节点的关键字表示时间或者时间差
void ngx_str_rbtree_insert_value (ngx_rbtree_node_t *temp, ngx_rbtree_node_t *node, ngx_rbtree_node_t *sentinel)	root 是红黑树容器的指针；node 是待添加元素的 ngx_str_node_t 成员的指针（ngx_rbtree_node_t 类型会强制转化为 ngx_str_node_t 类型）；sentinel 是这棵红黑树初始化时哨兵节点的指针	向红黑树添加数据节点，每个数据节点的关键字可以不是唯一的，但它们是以字符串作为唯一的标识，存放在 ngx_str_node_t 结构体的 str 成员中

表 7-4 中 ngx_str_rbtree_insert_value 函数的应用场景为：节点的标识符是字符串，红黑树的第一排序依据仍然是节点的 key 关键字，第二排序依据则是节点的字符串。因此，使用 ngx_str_rbtree_insert_value 时表示红黑树节点的结构体必须是 ngx_str_node_t，如下所示。

```
typedef struct {
    ngx_rbtree_node_t          node;
    ngx_str_t                  str;
} ngx_str_node_t;
```

同时，对于 ngx_str_node_t 节点，Nginx 还提供了 ngx_str_rbtree_lookup 方法用于检索红黑树节点，下面来看一下它的定义，代码如下。

```
    ngx_str_node_t *ngx_str_rbtree_lookup(ngx_rbtree_t *rbtree, ngx_str_t *name,
uint32_t hash);
```

其中，hash 参数是要查询节点的 key 关键字，而 name 是要查询的字符串（解决不同字符串对应相同 key 关键字的问题），返回的是查询到的红黑树节点结构体。

关于红黑树操作的方法见表 7-5。

表 7-5 红黑树容器提供的方法

方 法 名	参数含义	执行意义
ngx_rbtree_init(tree, s, i)	tree 是红黑树容器的指针；s 是哨兵节点的指针；i 是 ngx_rbtree_insert_pt 类型的节点添加方法，具体见表 7-4	初始化红黑树，包括初始化根节点、哨兵节点、ngx_rbtree_insert_pt 节点添加方法
void ngx_rbtree_insert(ngx_rbtree_t *tree, ngx_rbtree_node_t *node)	tree 是红黑树容器的指针；node 是需要添加到红黑树的节点指针	向红黑树中添加节点，该方法会通过旋转红黑树保持树的平衡
void ngx_rbtree_delete(ngx_rbtree_t *tree, ngx_rbtree_node_t *node)	tree 是红黑树容器的指针；node 是红黑树中需要删除的节点指针	从红黑树中删除节点，该方法会通过旋转红黑树保持树的平衡

在初始化红黑树时，需要先分配好保存红黑树的 ngx_rbtree_t 结构体，以及 ngx_rbtree_node_t 类型的哨兵节点，并选择或者自定义 ngx_rbtree_insert_pt 类型的节点添加函数。

对于红黑树的每个节点来说，它们都具备表 7-6 所列的 7 个方法，如果只是想了解如何使用红黑树，那么只需要了解 ngx_rbtree_min 方法。

表 7-6　红黑树节点提供的方法

方法名	参数含义	执行意义
ngx_rbt_red(node)	node 是红黑树中 ngx_rbtree_node_t 类型的节点指针	设置 node 节点的颜色为红色
ngx_rbt_black(node)	node 是红黑树中 ngx_rbtree_node_t 类型的节点指针	设置 node 节点的颜色为黑色
ngx_rbt_is_red(node)	node 是红黑树中 ngx_rbtree_node_t 类型的节点指针	若 node 节点的颜色为红色，则返回非 0 数值，否则返回 0
ngx_rbt_is_black(node)	node 是红黑树中 ngx_rbtree_node_t 类型的节点指针	若 node 节点的颜色为黑色，则返回非 0 数值，否则返回 0
ngx_rbt_copy_color(n1, n2)	n1、n2 都是红黑树中 ngx_rbtree_node_t 类型的节点指针	将 n2 节点的颜色复制到 n1 节点
ngx_rbtree_node_t * ngx_rbtree_min (ngx_rbtree_node_t *node, ngx_rbtree_node_t *sentinel)	node 是红黑树中 ngx_rbtree_node_t 类型的节点指针；sentinel 是这棵红黑树的哨兵节点	找到当前节点及其子树中的最小节点（按照 key 关键字）
ngx_rbtree_sentinel_init(node)	node 是红黑树中 ngx_rbtree_node_t 类型的节点指针	初始化哨兵节点，实际上就是将该节点颜色置为黑色

表 7-5 中的方法大部分用于实现或者扩展红黑树的功能，如果只是使用红黑树，那么一般情况下只会使用 ngx_rbtree_min 方法。

本节介绍的方法或者结构体的简单用法的实现可参见 7.5.4 节的相关示例。

7.5.4　使用红黑树的简单例子

本节以一个简单的例子来说明如何使用红黑树容器。首先在栈中分配 rbtree 红黑树容器结构体以及哨兵节点 sentinel（当然，也可以使用内存池或者从进程堆中分配），本例中的节点完全以 key 关键字作为每个节点的唯一标识，这样就可以采用预设的 ngx_rbtree_insert_value 方法了。最后可调用 ngx_rbtree_init 方法初始化红黑树，代码如下所示。

```
ngx_rbtree_t  rbtree;
     ngx_rbtree_node_t sentinel;
ngx_rbtree_init(&rbtree, &sentinel, ngx_rbtree_insert_value);
```

本例中树节点的结构体将使用 7.5.3 节中介绍的 TestRBTreeNode 结构体，树中的所有节点都取自图 7-7，每个元素的 key 关键字按照 1、6、8、11、13、15、17、22、25、27 的顺序一一向红黑树中添加，代码如下所示。

```
TestRBTreeNode rbTreeNode[10];
rbTreeNode[0].num = 1;
rbTreeNode[1].num = 6;
rbTreeNode[2].num = 8;
rbTreeNode[3].num = 11;
rbTreeNode[4].num = 13;
rbTreeNode[5].num = 15;
rbTreeNode[6].num = 17;
rbTreeNode[7].num = 22;
rbTreeNode[8].num = 25;
rbTreeNode[9].num = 27;
for (i = 0; i < 10; i++)
{
    rbTreeNode[i].node.key = rbTreeNode[i].num;
    ngx_rbtree_insert(&rbtree,&rbTreeNode[i].node);
}
```

以这种顺序添加完的红黑树形态如图 7-7 所示。如果需要找出当前红黑树中最小的节点，可以调用 ngx_rbtree_min 方法获取。

```
ngx_rbtree_node_t  *tmpnode = ngx_rbtree_min(rbtree.root, &sentinel);
```

当然，参数中如果不使用根节点而是使用任一个节点也是可以的。下面来看一下如何检索 1 个节点，虽然 Nginx 对此并没有提供预设的方法（仅对字符串类型提供了 ngx_str_rbtree_lookup 检索方法），但实际上检索是非常简单的。下面以寻找 key 关键字为 13 的节点为例来加以说明。

```
ngx_uint_t lookupkey = 13;
tmpnode = rbtree.root;
TestRBTreeNode *lookupNode;
while (tmpnode != &sentinel) {
    if (lookupkey != tmpnode->key) {
        // 根据 key 关键字与当前节点的大小比较，决定是检索左子树还是右子树
        tmpnode = (lookupkey < tmpnode->key) ? tmpnode->left : tmpnode->right;
        continue;
    }
    // 找到了值为 13 的树节点
    lookupNode = (TestRBTreeNode *) tmpnode;
    break;
}
```

从红黑树中删除 1 个节点也是非常简单的，如把刚刚找到的值为 13 的节点从 rbtree 中删除，只需调用 ngx_rbtree_delete 方法。

```
ngx_rbtree_delete(&rbtree,&lookupNode->node);
```

7.5.5 如何自定义添加成员方法

由于节点的 key 关键字必须是整型，这导致很多情况下不同的节点会具有相同的 key 关键字。如果不希望出现具有相同 key 关键字的不同节点在向红黑树添加时出现覆盖原节点的

情况，就需要实现自有的ngx_rbtree_insert_pt方法。

许多Nginx模块在使用红黑树时都自定义了ngx_rbtree_insert_pt方法（如geo、filecache模块等），本节以7.5.3节中介绍过的ngx_str_rbtree_insert_value为例，来说明如何定义这样的方法。先看一下ngx_str_rbtree_insert_value的实现。代码如下。

```
void
ngx_str_rbtree_insert_value(ngx_rbtree_node_t *temp,
    ngx_rbtree_node_t *node, ngx_rbtree_node_t *sentinel)
{
    ngx_str_node_t      *n, *t;
    ngx_rbtree_node_t  **p;

    for ( ;; ) {
        n = (ngx_str_node_t *) node;
        t = (ngx_str_node_t *) temp;

        //首先比较key关键字，红黑树中以key作为第一索引关键字
        if (node->key != temp->key) {
            //左子树节点的关键节小于右子树
            p = (node->key < temp->key) ? &temp->left : &temp->right;
        }
        //当key关键字相同时，以字符串长度为第二索引关键字
        else if (n->str.len != t->str.len) {
            //左子树节点字符串的长度小于右子树
            p = (n->str.len < t->str.len) ? &temp->left : &temp->right;
        } else {
            //key关键字相同且字符串长度相同时，再继续比较字符串内容
            p = (ngx_memcmp(n->str.data, t->str.data, n->str.len) < 0)? &temp->left :
&temp->right;
        }

        //如果当前节点p是哨兵节点，那么跳出循环准备插入节点
        if (*p == sentinel) {
            break;
        }
        //p节点与要插入的节点具有相同的标识符时，必须覆盖内容
        temp = *p;
    }

    *p = node;
    //置插入节点的父节点
    node->parent = temp;
    //左右子节点都是哨兵节点
    node->left = sentinel;
    node->right = sentinel;
    /*将节点颜色置为红色。注意，红黑树的ngx_rbtree_insert方法会在可能的旋转操作后重置该节点
的颜色*/
    ngx_rbt_red(node);
}
```

可以看到，该代码与7.5.4节中介绍过的检索节点代码很相似。它所要处理的主要问题

就是当 key 关键字相同时，继续以何种数据结构作为标准来确定红黑树节点的唯一性。Nginx 中已经实现的诸多 ngx_rbtree_insert_pt 方法都是非常相似的，读者完全可以参照 ngx_str_rbtree_insert_value 方法来自定义红黑树节点添加方法。

7.6 ngx_radix_tree_t 基数树

基数树也是一种二叉查找树，然而它却不像红黑树一样应用广泛（目前官方模块中仅 geo 模块使用了基数树）。这是因为 ngx_radix_tree_t 基数树要求存储的每个节点都必须以 32 位整型作为区别任意两个节点的唯一标识，而红黑树则没有此要求。ngx_radix_tree_t 基数树与红黑树不同的另一个地方：ngx_radix_tree_t 基数树会负责分配每个节点占用的内存。因此，每个基数树节点也不再像红黑树中那么灵活——可以是任意包含 ngx_rbtree_node_t 成员的结构体。基数树的每个节点中可以存储的值只是 1 个指针，它指向实际的数据。

本节将以一棵完整的 ngx_radix_tree_t 基数树来说明基数树的原理和用法，这棵树的深度为 3，它包括以下 4 个节点：0X20000000、0X40000000、0X80000000、0Xc0000000。这里书写成十六进制是为了便于理解，因为基数树实际是按二进制位来建立树的，上面 4 个节点如果转换为十进制无符号整型（也就是 7.6.3 节例子中的 ngx_uint_t），它们的值分别是 536870912、1073741824、2147483648、2684354560；如果转换为二进制，它们的值分别为：00100000000000000000000000000000、01000000000000000000000000000000、10000000000000000000000000000000、11000000000000000000000000000000。在图 7-9 中，可以看到这 4 个节点如何存储到深度为 3 的基数树中。

7.6.1 ngx_radix_tree_t 基数树的原理

基数树具备二叉查找树的所有优点：基本操作速度快（如检索、插入、删除节点）、支持范围查询、支持遍历操作等。但基数树不像红黑树那样会通过自身的旋转来达到平衡，基数树是不管树的形态是否平衡的，因此，它插入节点、删除节点的速度要比红黑树快得多！那么，基数树为什么可以不管树的形态是否平衡呢？

红黑树是通过不同节点间 key 关键字的比较来决定树的形态，而基数树则不然，它每一个节点的 key 关键字已经决定了这个节点处于树中的位置。决定节点位置的方法很简单，先将这个节点的整型关键字转化为二进制，从左向右数这 32 个位，遇到 0 时进入左子树，遇到 1 时进入右子树。因此，ngx_radix_tree_t 树的最大深度是 32。有时，数据可能仅在全部整型数范围的某一小段中，为了减少树的高度，ngx_radix_tree_t 又加入了掩码的概念，掩码中为 1 的位节点关键字中有效的位数同时也决定了树的有效高度。例如，掩码为 11100000000000000000000000000000（也就是 0Xe0000000）时，表示树的高度为 3。如果 1 个节点的关键字为 0X0fffffff，那么实际上对于这棵基数树而言，它的节点关键字相当于 0X00000000，因为掩码决定了仅前 3 位有效，并且它也只会放在树的第三层节点中。

如图 7-9 所示，0X20000000 这个节点插到基数树后，由于掩码是 0Xe0000000，因此它决定了所有的节点都将放在树的第三层。下面结合掩码看看节点是如何根据关键字来决定其在树中的位置的。掩码中有 3 个 1，将节点的关键字 0X20000000 转化为二进制再取前 3 位为 001，然后分 3 步决定节点的位置。

- 首先找到根节点，取 010 的第 1 位 0，表示选择左子树。
- 第 2 位为 0，表示再选择左子树。
- 第 3 位为 1，表示再选择右子树，此时的节点就是第三层的节点，这时会用它来存储 0X20000000 这个节点。

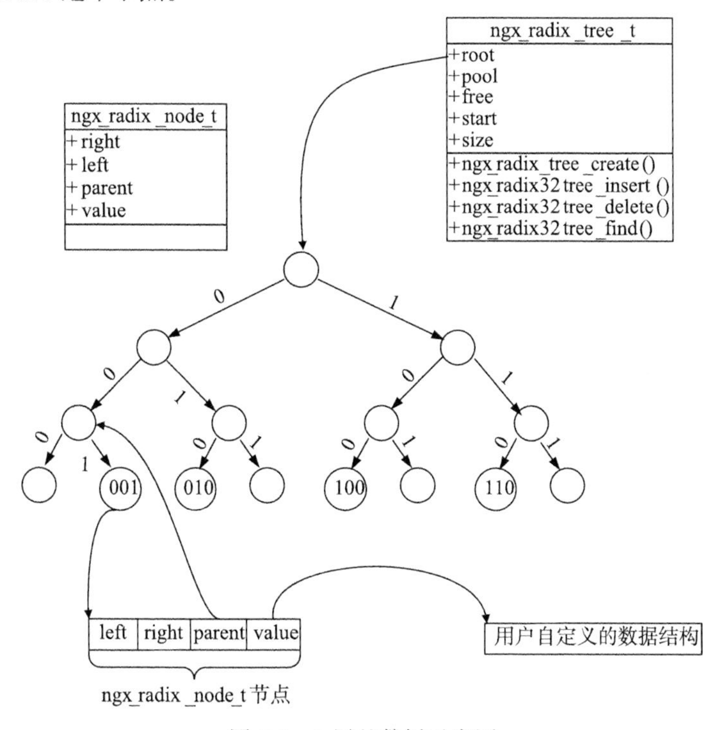

图 7-9　3 层基数树示意图

ngx_radix_tree_t 基数树的每个节点由 ngx_radix_node_t 结构体表示，代码如下所示。

```
typedef struct ngx_radix_node_s  ngx_radix_node_t;

struct ngx_radix_node_s {
    // 指向右子树，如果没有右子树，则值为 null 空指针
    ngx_radix_node_t  *right;
    // 指向左子树，如果没有左子树，则值为 null 空指针
    ngx_radix_node_t  *left;
    // 指向父节点，如果没有父节点，则（如根节点）值为 null 空指针
    ngx_radix_node_t  *parent;
    /*value 存储的是指针的值，它指向用户定义的数据结构。如果这个节点还未使用，value 的值将是 NGX_
RADIX_NO_VALUE */
    uintptr_t          value;
};
```

如图 7-9 所示，value 字段指向用户自定义的、有意义的数据结构。另外，基数树也不像红黑树一样还有哨兵节点。基数树节点的 left 和 right 都是有可能为 null 空指针的。

与红黑树不同的是，红黑树容器不负责分配每个树节点的内存，而 ngx_radix_tree_t 基数树则会分配 ngx_radix_node_t 结构体，这样使用 ngx_radix_node_t 基数树时就会更简单一些。但 ngx_radix_node_t 基数树是如何管理这些 ngx_radix_node_t 结构体的内存呢？下面来看一下 ngx_radix_node_t 容器的结构，代码如下。

```
typedef struct {
    // 指向根节点
    ngx_radix_node_t  *root;
    // 内存池，它负责给基数树的节点分配内存
    ngx_pool_t        *pool;
    /* 管理已经分配但暂时未使用（不在树中）的节点，free 实际上是所有不在树中节点的单链表 */
    ngx_radix_node_t  *free;
    // 已分配内存中还未使用内存的首地址
    char              *start;
    // 已分配内存中还未使用的内存大小
    size_t             size;
} ngx_radix_tree_t;
```

上面的 pool 对象用来分配内存。每次删除 1 个节点时，ngx_radix_tree_t 基数树并不会释放这个节点占用的内存，而是把它添加到 free 单链表中。这样，在添加新的节点时，会首先查看 free 中是否还有节点，如果 free 中有未使用的节点，则会优先使用，如果没有，就会再从 pool 内存池中分配新内存存储节点。

对于 ngx_radix_tree_t 结构体来说，仅从使用的角度来看，我们不需要了解 pool、free、start、size 这些成员的意义，仅了解如何使用 root 根节点即可。

7.6.2 基数树的使用方法

相比于红黑树，ngx_radix_tree_t 基数树的使用方法要简单许多，只需表 7-7 中列出的 4 个方法即可简单地操作基数树。

表 7-7 ngx_radix_tree_t 基数树提供的方法

方法名	参数含义	执行意义
ngx_radix_tree_t *ngx_radix_tree_create (ngx_pool_t *pool, ngx_int_t preallocate)	pool 是内存池指针，preallocate 是预分配的基数树节点数，如果传递的值为 –1，那么将会根据当前操作系统中一个页面的大小来预分配基数树节点	用来创建 ngx_radix_tree_t 基数树。如果创建成功，则返回 ngx_radix_tree_t 结构体的指针；如果失败，则返回 NULL 空指针
ngx_int_t ngx_radix32tree_insert (ngx_radix_tree_t *tree, uint32_t key, uint32_t mask, uintptr_t value)	tree 是 ngx_radix_tree_t 基数树结构体的指针，key 是待插入节点的关键字，mask 为关键字掩码（决定 key 关键字有效位数以及树的深度），value 是这个关键字对应数据结构的指针	表示向基数树中插入 1 个节点。如果成功，则返回 NGX_OK；如果内存池中无法分配足够的空间，则返回 NGX_ERROR；如果掩码设置错误，则可能返回 NGX_BUSY

（续）

方 法 名	参数含义	执行意义
ngx_int_t ngx_radix32tree_delete (ngx_radix_tree_t *tree, uint32_t key, uint32_t mask)	tree 是 ngx_radix_tree_t 基数树结构体的指针，key 是待删除节点的关键字，mask 为关键字掩码（决定 key 关键字有效位数）	表示从基数树中删除 1 个节点。如果删除成功，则返回 NGX_OK；如果删除失败，则返回 NGX_ERROR
uintptr_t ngx_radix32tree_find (ngx_radix_tree_t *tree, uint32_t key)	tree 是 ngx_radix_tree_t 基数树结构体的指针，key 是待查询节点的关键字	表示在基数树中查询 1 个节点，对于返回的 uintptr_t 类型的指针地址，可以将其强制转化为实际数据结构的指针来使用。如果没有查询到，则会返回 NGX_RADIX_NO_VALUE

7.6.3　使用基数树的例子

本节以图 7-9 中的基数树为例来构造 radixTree 这棵基数树。首先，使用 ngx_radix_tree_create 方法创建基数树，代码如下。

```
ngx_radix_tree_t * radixTree = ngx_radix_tree_create(cf->pool, -1);
```

将预分配节点简单地设置为 –1，这样 pool 内存池中就会只使用 1 个页面来尽可能地分配基数树节点。接下来，按照图 7-9 构造 4 个节点数据，这里将它们所使用的数据结构简单地用无符号整型表示，当然，实际使用时可以是任意的数据结构。

```
ngx_uint_t testRadixValue1 = 0x20000000;
ngx_uint_t testRadixValue2 = 0x40000000;
ngx_uint_t testRadixValue3 = 0x80000000;
ngx_uint_t testRadixValue4 = 0xa0000000;
```

接下来将上述节点添加到 radixTree 基数树中，注意，掩码是 0xe0000000。

```
int rc;
rc = ngx_radix32tree_insert(radixTree,
    0x20000000, 0xe0000000, (uintptr_t)&testRadixValue1);
rc = ngx_radix32tree_insert(radixTree,
    0x40000000, 0xe0000000, (uintptr_t)&testRadixValue2);
rc = ngx_radix32tree_insert(radixTree,
    0x80000000, 0xe0000000, (uintptr_t)&testRadixValue3);
rc = ngx_radix32tree_insert(radixTree,
    0xa0000000, 0xe0000000, (uintptr_t)&testRadixValue4);
```

下面来试着调用 ngx_radix32tree_find 查询节点，代码如下。

```
    ngx_uint_t* pRadixValue = (ngx_uint_t *) ngx_radix32tree_find(  radixTree,
0x80000000);
```

注意，如果没有查询到，那么返回的 pRadixValue 将会是 NGX_RADIX_NO_VALUE。

下面调用 ngx_radix32tree_delete 删除 1 个节点，代码如下。

```
rc = ngx_radix32tree_delete(radixTree, 0xa0000000, 0xe0000000);
```

7.7 支持通配符的散列表

散列表（也叫哈希表）是典型的以空间换时间的数据结构，在一些合理的假设下，对任意元素的检索、插入速度的期望时间为 O(1)，这种高效的方式非常适合频繁读取、插入、删除元素，以及对速度敏感的场合。因此，散列表在以效率、性能著称的 Nginx 服务器中得到了广泛的应用。

注意，Nginx 不只提供了基本的散列表。Nginx 作为一个 Web 服务器，它的各种散列表中的关键字多以字符串为主，特别是 URI 域名，如 www.test.com。这时一个基本的要求就出现了，如何让散列表支持通配符呢？前面在 2.4.1 节中介绍了 nginx.conf 中主机名称的配置，这里的主机域名是允许以 * 作为通配符的，包括前置通配符，如 *.test.com，或者后置通配符，如 www.test.*。Nginx 封装了 ngx_hash_combined_t 容器，专门针对 URI 域名支持前置或者后置的通配符（不支持通配符在域名的中间）。

本节会以一个完整的通配符散列表为例来说明这个容器的用法。

7.7.1 ngx_hash_t 基本散列表

散列表是根据元素的关键码值而直接进行访问的数据结构。也就是说，它通过把关键码值映射到表中一个位置来访问记录，以加快查找的速度。这个映射函数 f 叫作散列方法，存放记录的数组叫做散列表。

若结构中存在关键字和 K 相等的记录，则必定在 f(K) 的存储位置上。由此，不需要比较便可直接取得所查记录。我们称这个对应关系 f 为散列方法，按这个思想建立的表则为散列表。

对于不同的关键字，可能得到同一散列地址，即关键码 key1 ≠ key2，而 f(key1)= f(key2)，这种现象称为碰撞。对该散列方法来说，具有相同函数值的关键字称作同义词。综上所述，根据散列方法 H(key) 和处理碰撞的方法将一组关键字映象到一个有限的连续的地址集（区间）上，并以关键字在地址集中的“象”作为记录在表中的存储位置，这种表便称为散列表，这一映象过程称为散列造表或散列，所得的存储位置称为散列地址。

若对于关键字集合中的任一个关键字，经散列方法映象到地址集合中任何一个地址的概率是相等的，则称此类散列方法为均匀散列方法，这就使关键字经过散列方法得到了一个“随机的地址”，从而减少了碰撞。

1. 如何解决碰撞问题

如果得知散列表中的所有元素，那么可以设计出“完美”的散列方法，使得所有的元素经过 f(K) 散列方法运算后得出的值都不同，这样就避免了碰撞问题。然而，通用的散列表是不可能预知散列表中的所有元素的，这样，通用的散列表都需要解决碰撞问题。

当散列表出现碰撞时要如何解决呢？一般有两个简单的解决方法：分离链接法和开放寻址法。

分离链接法，就是把散列到同一个槽中的所有元素都放在散列表外的一个链表中，这样查询元素时，在找到这个槽后，还得遍历链表才能找到正确的元素，以此来解决碰撞问题。

开放寻址法，即所有元素都存放在散列表中，当查找一个元素时，要检查规则内的所有的表项（例如，连续的非空槽或者整个空间内符合散列方法的所有槽），直到找到所需的元素，或者最终发现元素不在表中。开放寻址法中没有链表，也没有元素存放在散列表外。

Nginx 的散列表使用的是开放寻址法。

开放寻址法有许多种实现方式，Nginx 使用的是连续非空槽存储碰撞元素的方法。例如，当插入一个元素时，可以按照散列方法找到指定槽，如果该槽非空且其存储的元素与待插入元素并非同一元素，则依次检查其后连续的槽，直到找到一个空槽来放置这个元素为止。查询元素时也是使用类似的方法，即从散列方法指定的位置起检查连续的非空槽中的元素。

2. ngx_hash_t 散列表的实现

对于散列表中的元素，Nginx 使用 ngx_hash_elt_t 结构体来存储。下面看一下 ngx_hash_elt_t 的成员，代码如下。

```
typedef struct {
    /* 指向用户自定义元素数据的指针，如果当前 ngx_hash_elt_t 槽为空，则 value 的值为 0 */
    void             *value;
    /* 元素关键字的长度
    u_short           len;
    // 元素关键字的首地址
    u_char            name[1];
} ngx_hash_elt_t;
```

每一个散列表槽都由 1 个 ngx_hash_elt_t 结构体表示，当然，这个槽的大小与 ngx_hash_elt_t 结构体的大小（也就是 sizeof(ngx_hash_elt_t)）是不相等的，这是因为 name 成员只用于指出关键字的首地址，而关键字的长度是可变长度。那么，一个槽究竟占用多大的空间呢？其实这是在初始化散列表时决定的。基本的散列表由 ngx_hash_t 结构体表示，如下所示。

```
typedef struct {
    // 指向散列表的首地址，也是第 1 个槽的地址
    ngx_hash_elt_t  **buckets;
    // 散列表中槽的总数
    ngx_uint_t        size;
} ngx_hash_t;
```

因此，在分配 buckets 成员时就决定了每个槽的长度（限制了每个元素关键字的最大长度），以及整个散列表所占用的空间。在 7.7.2 节中将会介绍 Nginx 提供的散列表初始化方法。

如图 7-10 所示，散列表的每个槽的首地址都是 ngx_hash_elt_t 结构体，value 成员指向用户有意义的结构体，而 len 是当前这个槽中 name（也就是元素的关键字）的有效长度。ngx_hash_t 散列表的 buckets 指向了散列表的起始地址，而 size 指出散列表中槽的总数。

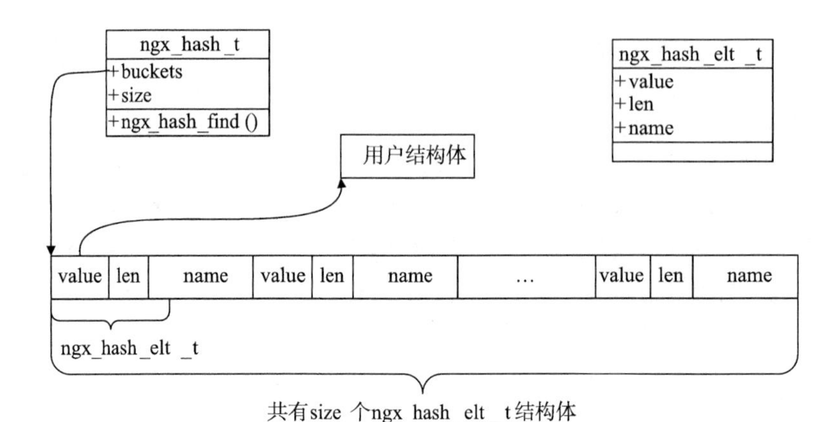

图 7-10 ngx_hash_t 基本散列表的结构示意图

ngx_hash_t 散列表还提供了 ngx_hash_find 方法用于查询元素，下面先来看一下它的定义。

```
void *ngx_hash_find(ngx_hash_t *hash, ngx_uint_t key, u_char *name, size_t len)
```

其中，参数 hash 是散列表结构体的指针，而 key 则是根据散列方法算出来的散列关键字，name 和 len 则表示实际关键字的地址与长度。ngx_hash_find 的执行结果就是返回散列表中关键字与 name、len 指定关键字完全相同的槽中，ngx_hash_elt_t 结构体中 value 成员所指向的用户数据。如果 ngx_hash_find 没有查询到这个元素，就会返回 NULL。

3. ngx_hash_t 的散列方法

Nginx 设计了 ngx_hash_key_pt 散列方法指针，也就是说，完全可以按照 ngx_hash_key_pt 的函数原型自定义散列方法，如下所示。

```
typedef ngx_uint_t (*ngx_hash_key_pt) (u_char *data, size_t len);
```

其中，传入的 data 是元素关键字的首地址，而 len 是元素关键字的长度。可以把任意的数据结构强制转换为 u_char* 并传给 ngx_hash_key_pt 散列方法，从而决定返回什么样的散列整型关键码来使碰撞率降低。

当然，Nginx 也提供了两种基本的散列方法，它会假定关键字是字符串。如果关键字确实是字符串，那么可以使用表 7-8 提供的散列方法。

表 7-8 Nginx 提供的两种散列方法

散列方法	意 义
ngx_uint_t ngx_hash_key(u_char *data, size_t len)	使用 BKDR 算法将任意长度的字符串映射为整型
ngx_uint_t ngx_hash_key_lc(u_char *data, size_t len)	将字符串全小写后，再使用 BKDR 算法将任意长度的字符串映射为整型

这两种散列方法的区别仅仅在于 ngx_hash_key_lc 将关键字字符串全小写后再调用 ngx_hash_key 来计算关键码。

7.7.2　支持通配符的散列表

如果散列表元素的关键字是 URI 域名，Nginx 设计了支持简单通配符的散列表 ngx_hash_combined_t，那么它可以支持简单的前置通配符或者后置通配符。

1. 原理

所谓支持通配符的散列表，就是把基本散列表中元素的关键字，用去除通配符以后的字符作为关键字加入，原理其实很简单。例如，对于关键字为“www.test.*”这样带通配符的情况，直接建立一个专用的后置通配符散列表，存储元素的关键字为 www.test。这样，如果要检索 www.test.cn 是否匹配 www.test.*，可用 Nginx 提供的专用方法 ngx_hash_find_wc_tail 检索，ngx_hash_find_wc_tail 方法会把要查询的 www.test.cn 转化为 www.test 字符串再开始查询。

同样，对于关键字为“*.test.com”这样带前置通配符的情况，也直接建立了一个专用的前置通配符散列表，存储元素的关键字为 com.test.。如果我们要检索 smtp.test.com 是否匹配 *.test.com，可用 Nginx 提供的专用方法 ngx_hash_find_wc_head 检索，ngx_hash_find_wc_head 方法会把要查询的 smtp.test.com 转化为 com.test. 字符串再开始查询（如图 7-11 所示）。

ngx_hash_wildcard_t
+ hash : ngx_hash_t + value : char
+ ngx_hash_find_wc_head () + ngx_hash_find_wc_tail ()

图 7-11　ngx_hash_wildcard_t 基本通配符散列表

Nginx 封装了 ngx_hash_wildcard_t 结构体，专用于表示前置或者后置通配符的散列表。

```
typedef struct {
    // 基本散列表
    ngx_hash_t hash;
     /* 当使用这个 ngx_hash_wildcard_t 通配符散列表作为某容器的元素时，可以使用这个 value 指针指向用户数据 */
    void *value;
} ngx_hash_wildcard_t;
```

实际上，ngx_hash_wildcard_t 只是对 ngx_hash_t 进行了简单的封装，所加的 value 指针其用途也是多样化的。ngx_hash_wildcard_t 同时提供了两种方法，分别用于查询前置或者后置通配符的元素，见表 7-9。

表 7-9　ngx_hash_wildcard_t 提供的方法

方法原型	参数含义	执行意义
void *ngx_hash_find_wc_head (ngx_hash_wildcard_t *hwc, u_char *name, size_t len)	hwc 是散列表的指针，name 是待查询关键字，len 是待查询关键字的长度	将待查询关键字 name 转换为前置散列表规则下的字符串再递归查询，成功时会返回找到元素所指向的用户数据，否则返回 NULL
void *ngx_hash_find_wc_tail (ngx_hash_wildcard_t *hwc, u_char *name, size_t len)	hwc 是散列表的指针，name 是待查询关键字，len 是待查询关键字的长度	将待查询关键字 name 转换为后置散列表规则下的字符串再递归查询，成功时会返回找到元素所指向的用户数据，否则返回 NULL

下面回顾一下 Nginx 对于 server_name 主机名通配符的支持规则。

- 首先，选择所有字符串完全匹配的 server_name，如 www.testweb.com。
- 其次，选择通配符在前面的 server_name，如 *.testweb.com。

❑ 再次，选择通配符在后面的 server_name，如 www.testweb.*。

实际上，上面介绍的这个规则就是 Nginx 实现的 ngx_hash_combined_t 通配符散列表的规则。下面先来看一下 ngx_hash_combined_t 的结构，代码如下。

```
typedef struct {
    // 用于精确匹配的基本散列表
    ngx_hash_t hash;
    // 用于查询前置通配符的散列表
    ngx_hash_wildcard_t  *wc_head;
    // 用于查询后置通配符的散列表
    ngx_hash_wildcard_t  *wc_tail;
} ngx_hash_combined_t;
```

如图 7-12 所示，ngx_hash_combined_t 是由 3 个散列表所组成：第 1 个散列表 hash 是普通的基本散列表，第 2 个散列表 wc_head 所包含的都是带前置通配符的元素，第 3 个散列表 wc_tail 所包含的都是带后置通配符的元素。

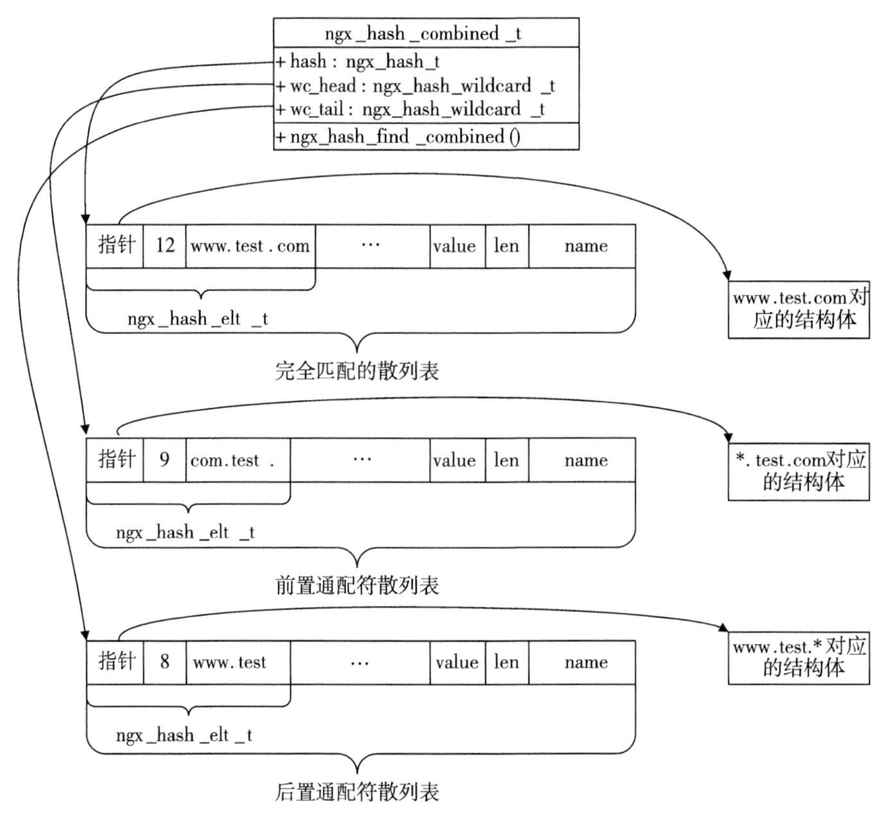

图 7-12 ngx_hash_combined_t 通配符散列表的结构示意图

注意 前置通配符散列表中元素的关键字，在把 * 通配符去掉后，会按照“.”符号分隔，并以倒序的方式作为关键字来存储元素。相应的，在查询元素时也是做相同处理。

在查询元素时，可以使用 ngx_hash_combined_t 提供的方法 ngx_hash_find_combined，下面先来看看它的定义（它的参数、返回值含义与 ngx_hash_find_wc_head 或者 ngx_hash_find_wc_tail 方法相同）。

```
    void *ngx_hash_find_combined(ngx_hash_combined_t *hash, ngx_uint_t key, u_char
*name,size_t len);
```

在实际向 ngx_hash_combined_t 通配符散列表查询元素时，ngx_hash_find_combined 方法的活动图如图 7-13 所示，这是有严格顺序的，即当 1 个查询关键字同时匹配 3 个散列表时，一定是返回普通的完全匹配散列表的相应元素。

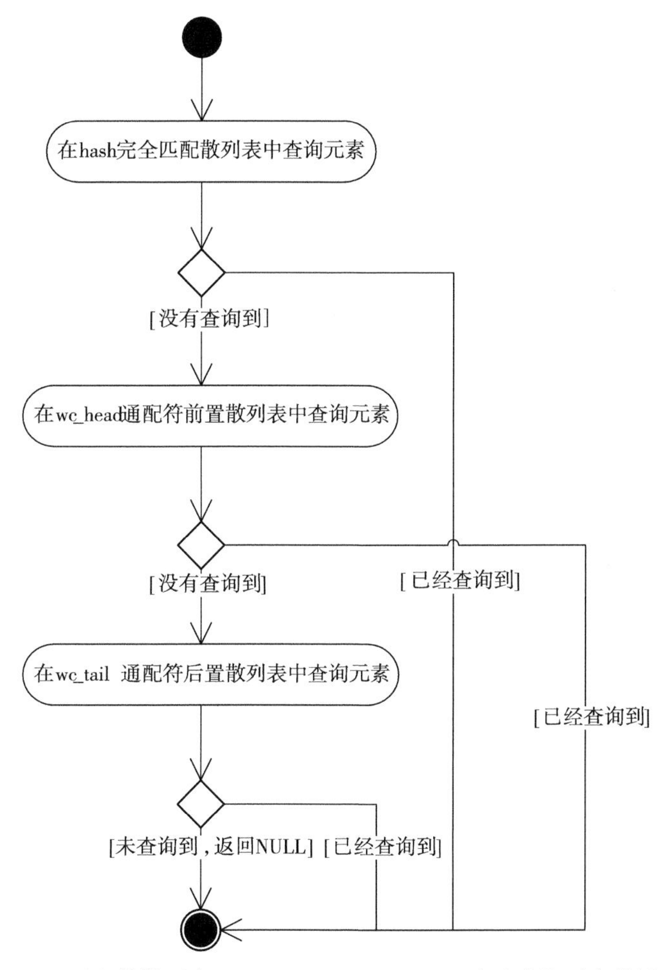

图 7-13　通配符散列表 ngx_hash_find_combined 方法查询元素的活动图

2. 如何初始化

上文中对于普通的散列表和通配符散列表的原理和查询方法做了详细的解释，实际上，

Nginx 也封装了完善的初始化方法，以用于这些散列表，并且 Nginx 还具备在初始化时添加通配符元素的能力。鉴于此，如果功能较多，初始化方法的使用就会有些复杂。下面介绍一下初始化方法的使用。

Nginx 专门提供了 ngx_hash_init_t 结构体用于初始化散列表，代码如下。

```
typedef struct {
    // 指向普通的完全匹配散列表
    ngx_hash_t *hash;
    // 用于初始化预添加元素的散列方法
    ngx_hash_key_pt key;
    // 散列表中槽的最大数目
    ngx_uint_t max_size;
    // 散列表中一个槽的空间大小，它限制了每个散列表元素关键字的最大长度
    ngx_uint_t bucket_size;
    // 散列表的名称
    char *name;
    /* 内存池，它分配散列表（最多 3 个，包括 1 个普通散列表、1 个前置通配符散列表、1 个后置通配符
散列表）中的所有槽 */
    ngx_pool_t *pool;
    /* 临时内存池，它仅存在于初始化散列表之前。它主要用于分配一些临时的动态数组，带通配符的元素
在初始化时需要用到这些数组 */
    ngx_pool_t *temp_pool;
} ngx_hash_init_t;
```

ngx_hash_init_t
+hash +key +max_size +bucket_size +name +pool +temp_pool
+ngx_hash_init () +ngx_hash_wildcard_init ()

图 7-14 ngx_hash_init_t 的结构及其提供的方法

ngx_hash_init_t 结构体的用途只在于初始化散列表，到底初始化散列表时会预分配多少个槽呢？这并不完全由 max_size 成员决定的，而是由在做初始化准备时预先加入到散列表的所有元素决定的，包括这些元素的总数、每个元素关键字的长度等，还包括操作系统一个页面的大小。这个算法较复杂，可以在 ngx_hash_init_t 函数中得到。我们在使用它时只需要了解在初始化后每个 ngx_hash_t 结构体中的 size 成员不由 ngx_hash_init_t 完全决定即可。图 7-14 显示了 ngx_hash_init_t 结构体及其支持的方法。

ngx_hash_init_t 的这两个方法负责将 ngx_hash_keys_arrays_t 中的相应元素初始化到散列表中，表 7-10 描述了这两个初始化方法的用法。

表 7-10 ngx_hash_init_t 提供的两个初始化方法

方法名	参数含义	执行意义
ngx_int_t ngx_hash_init (ngx_hash_init_t *hinit, ngx_hash_key_t *names, ngx_uint_t nelts)	hinit 是散列表初始化结构体的指针；names 是数组的首地址，这个数组中每个元素以 ngx_hash_key_t 作为结构体，它存储着预添加到散列表中的元素；nelts 是 names 数组的元素数目	初始化基本的散列表。返回 NGX_OK，表示初始化成功，这时 names 数组已经添加到 hinit->hash 散列表中了；返回 NGX_ERROR，表示初始化失败

（续）

方法名	参数含义	执行意义
ngx_int_t ngx_hash_wildcard_init (ngx_hash_init_t *hinit, ngx_hash_key_t *names, ngx_uint_t nelts)	hinit是散列表初始化结构体的指针；names是数组的首地址，这个数组中每个元素以ngx_hash_key_t作为结构体，它存储着预添加到散列表中的元素（这些元素的关键字要么含有前置通配符，要么含有后置通配符）；nelts是names数组的元素数目	初始化通配符散列表（前置或者后置）。返回NGX_OK，表示初始化成功，这时names数组已经添加到hinit->hash散列表中了；返回NGX_ERROR，表示初始化失败

表7-10的两个方法都用到了ngx_hash_key_t结构，下面简单地介绍一下它的成员。实际上，如果只是使用散列表，完全可以不用关心ngx_hash_key_t的结构，但为了更深入地理解和应用还是简要介绍一下它。

```
typedef struct {
    // 元素关键字
    ngx_str_t key;
    // 由散列方法算出来的关键码
    ngx_uint_t key_hash;
    // 指向实际的用户数据
    void *value;
} ngx_hash_key_t;
```

ngx_hash_keys_arrays_t对应的ngx_hash_add_key方法负责构造ngx_hash_key_t结构。下面来看一下ngx_hash_keys_arrays_t结构体，它不负责构造散列表，然而它却是使用ngx_hash_init或者ngx_hash_wildcard_init方法的前提条件，换句话说，如果先构造好了ngx_hash_keys_arrays_t结构体，就可以非常简单地调用ngx_hash_init或者ngx_hash_wildcard_init方法来创建支持通配符的散列表了。

```
typedef struct {
    /* 下面的keys_hash、dns_wc_head_hash、dns_wc_tail_hash都是简易散列表，而hsize指明了散列表的槽个数，其简易散列方法也需要对hsize求余 */
    ngx_uint_t hsize;
    /* 内存池，用于分配永久性内存，到目前的Nginx版本为止，该pool成员没有任何意义 */
    ngx_pool_t *pool;
    // 临时内存池，下面的动态数组需要的内存都由temp_pool内存池分配
    ngx_pool_t *temp_pool;

    // 用动态数组以ngx_hash_key_t结构体保存着不含有通配符关键字的元素
    ngx_array_t keys;
    /* 一个极其简易的散列表，它以数组的形式保存着hsize个元素，每个元素都是ngx_array_t动态数组。在用户添加的元素过程中，会根据关键码将用户的ngx_str_t类型的关键字添加到ngx_array_t动态数组中。这里所有的用户元素的关键字都不可以带通配符，表示精确匹配 */
    ngx_array_t *keys_hash;

    /* 用动态数组以ngx_hash_key_t结构体保存着含有前置通配符关键字的元素生成的中间关键字 */
    ngx_array_t dns_wc_head;
    /* 一个极其简易的散列表，它以数组的形式保存着hsize个元素，每个元素都是ngx_array_t动态数组。在用户添加元素过程中，会根据关键码将用户的ngx_str_t类型的关键字添加到ngx_array_t动态数组中。这里所有的用户元素的关键字都带前置通配符 */
    ngx_array_t *dns_wc_head_hash;
```

```
    /* 用动态数组以 ngx_hash_key_t 结构体保存着含有后置通配符关键字的元素生成的中间关键字 */
    ngx_array_t dns_wc_tail;
    /* 一个极其简易的散列表，它以数组的形式保存着 hsize 个元素，每个元素都是 ngx_array_t 动态数组。
在用户添加元素过程中，会根据关键码将用户的 ngx_str_t 类型的关键字添加到 ngx_array_t 动态数组中。这
里所有的用户元素的关键字都带后置通配符 */
    ngx_array_t *dns_wc_tail_hash;
} ngx_hash_keys_arrays_t;
```

如图 7-15 所示，ngx_hash_keys_arrays_t 中的 3 个动态数组容器 keys、dns_wc_head、dns_wc_tail 会以 ngx_hash_key_t 结构体作为元素类型，分别保存完全匹配关键字、带前置通配符的关键字、带后置通配符的关键字。同时，ngx_hash_keys_arrays_t 建立了 3 个简易的散列表 keys_hash、dns_wc_head_hash、dns_wc_tail_hash，这 3 个散列表用于快速向上述 3 个动态数组容器中插入元素。

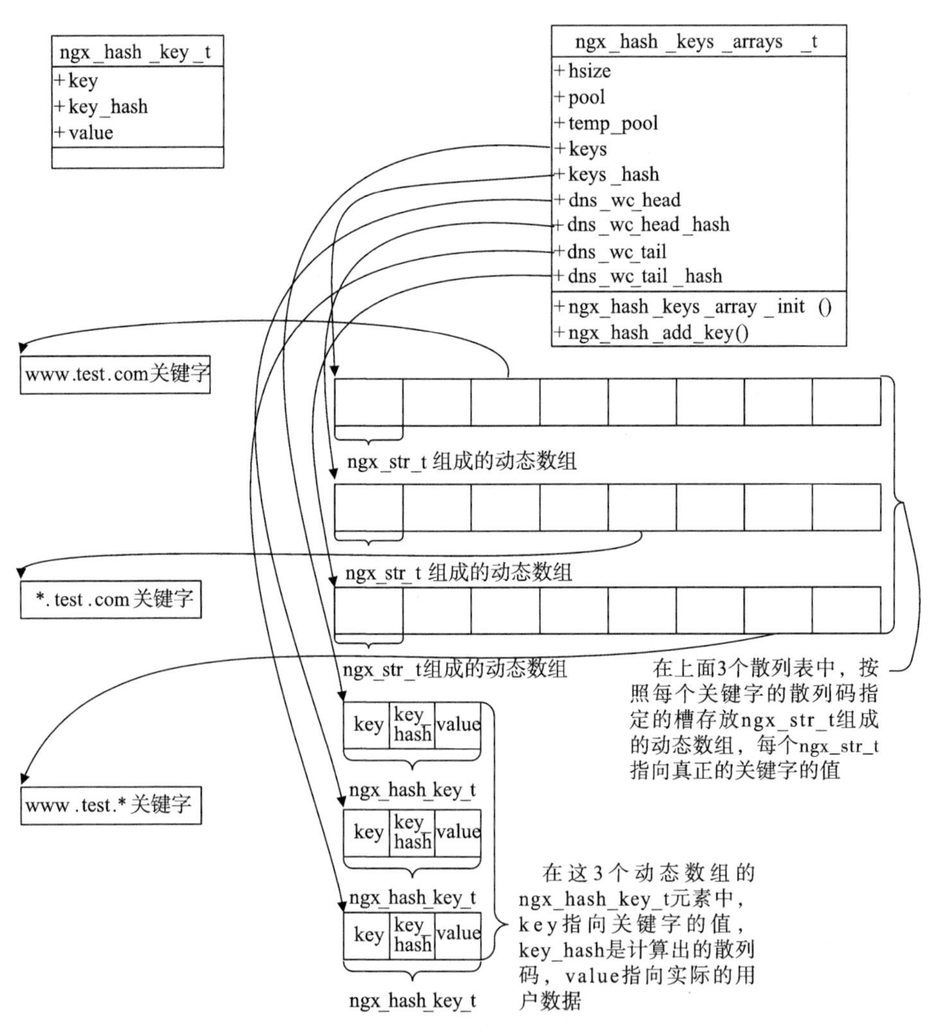

图 7-15 ngx_hash_keys_arrays_t 中动态数组、散列表成员的简易示意图

为什么要设立这3个简易散列表呢？如果没有这3个散列表，在向keys、dns_wc_head、dns_wc_tail动态数组添加元素时，为了避免出现相同关键字的元素，每添加一个关键字元素都需要遍历整个数组。有了keys_hash、dns_wc_head_hash、dns_wc_tail_hash这3个简易散列表后，每向keys、dns_wc_head、dns_wc_tail动态数组添加1个元素时，就用这个元素的关键字计算出散列码，然后按照散列码在keys_hash、dns_wc_head_hash、dns_wc_tail_hash散列表中的相应位置建立ngx_array_t动态数组，动态数组中的每个元素是ngx_str_t，它指向关键字字符串。这样，再次添加同名关键字时，就可以由散列码立刻获得曾经添加的关键字，以此来判定是否合法或者进行元素合并操作。

ngx_hash_keys_arrays_t之所以设计得比较复杂，是为了让keys、dns_wc_head、dns_wc_tail这3个动态数组中存放的都是有效的元素。表7-11介绍了ngx_hash_keys_arrays_t提供的两个方法。

表7-11　ngx_hash_keys_arrays_t提供的两个方法

方法名	参数含义	执行意义
ngx_int_t ngx_hash_keys_array_init (ngx_hash_keys_arrays_t *ha, ngx_uint_t type)	ha是要初始化的ngx_hash_keys_arrays_t结构体指针；type取值范围有两个，其中NGX_HASH_SMALL表示待初始化的元素较少，而NGX_HASH_LARGE表示待初始化的元素较多	初始化ngx_hash_keys_arrays_t结构体，在向ha加入成员前必须先调用该方法。返回NGX_OK，表示成功，返回NGX_ERROR，表示失败
ngx_int_t ngx_hash_add_key (ngx_hash_keys_arrays_t *ha, ngx_str_t *key, void *value, ngx_uint_t flags)	ha是要初始化的ngx_hash_keys_arrays_t结构体指针；key是添加元素的关键字；value是key关键字对应的用户数据的指针；flags的取值有3种：NGX_HASH_WILDCARD_KEY表示需要处理通配符；NGX_HASH_READONLY_KEY表示关键字不可以做更改（也就是不可以通过全小写关键字来获取散列码）；其他值表示既不处理通配符，又允许通过把关键字全小写来获取散列码	向ha中添加1个元素。返回NGX_OK，表示成功，返回NGX_ERROR，表示失败

ngx_hash_keys_array_init方法的type参数将会决定ngx_hash_keys_arrays_t中3个简易散列表的大小。当type为NGX_HASH_SMALL时，这3个散列表中槽的数目为107个；当type为NGX_HASH_LARGE时，这3个散列表中槽的数目为10007个。

在使用ngx_hash_keys_array_init初始化ngx_hash_keys_arrays_t结构体后，就可以调用ngx_hash_add_key方法向其加入散列表元素了。当添加元素成功后，再调用ngx_hash_init_t提供的两个初始化方法来创建散列表，这样得到的散列表就是完全可用的容器了。

7.7.3　带通配符散列表的使用例子

散列表元素ngx_hash_elt_t中value指针指向的数据结构为下面定义的TestWildcardHashNode结构体，代码如下。

```
typedef struct {
    //用于散列表中的关键字
    ngx_str_t servername;
    //这个成员仅是为了方便区别而已
    ngx_int_t seq;
} TestWildcardHashNode;
```

每个散列表元素的关键字是 servername 字符串。下面先定义 ngx_hash_init_t 和 ngx_hash_keys_arrays_t 变量，为初始化散列表做准备，代码如下。

```
//定义用于初始化散列表的结构体
ngx_hash_init_t hash;
/* ngx_hash_keys_arrays_t 用于预先向散列表中添加元素，这里的元素支持带通配符 */
ngx_hash_keys_arrays_t ha;
//支持通配符的散列表
ngx_hash_combined_t combinedHash;

ngx_memzero(&ha, sizeof(ngx_hash_keys_arrays_t));
```

combinedHash 是我们定义的用于指向散列表的变量，它包括指向 3 个散列表的指针，下面会依次给这 3 个散列表指针赋值。

```
//临时内存池只是用于初始化通配符散列表，在初始化完成后就可以销毁掉
ha.temp_pool = ngx_create_pool(16384, cf->log);
if (ha.temp_pool == NULL) {
    return NGX_ERROR;
}

/* 由于这个例子是在 ngx_http_mytest_postconf 函数中的，所以就用了 ngx_conf_t  类型的 cf 下
的内存池作为散列表的内存池
ha.pool = cf->pool;
```

调用 ngx_hash_keys_array_init 方法来初始化 ha，为下一步向 ha 中加入散列表元素做好准备，代码如下。

```
if (ngx_hash_keys_array_init(&ha, NGX_HASH_LARGE) != NGX_OK) {
    return NGX_ERROR;
}
```

本节按照图 7-12 和图 7-15 中的例子建立 3 个数据，并且会覆盖 7.7 节中介绍的散列表内容。我们建立的 testHashNode[3] 这 3 个 TestWildcardHashNode 类型的结构体，分别表示可以用前置通配符匹配的散列表元素、可以用后置通配符匹配的散列表元素、需要完全匹配的散列表元素。

```
TestWildcardHashNode testHashNode[3];
testHashNode[0].servername.len = ngx_strlen("*.test.com");
testHashNode[0].servername.data = ngx_pcalloc(cf->pool, ngx_strlen("*.test.com"));
ngx_memcpy(testHashNode[0].servername.data,"*.test.com",ngx_strlen("*.test.com"));

testHashNode[1].servername.len = ngx_strlen("www.test.*");
testHashNode[1].servername.data = ngx_pcalloc(cf->pool, ngx_strlen("www.test.*"));
```

```
ngx_memcpy(testHashNode[1].servername.data,"www.test.*",ngx_strlen("www.test.*"));

testHashNode[2].servername.len = ngx_strlen("www.test.com");
testHashNode[2].servername.data = ngx_pcalloc(cf->pool, ngx_strlen("www.test.com"));
ngx_memcpy(testHashNode[2].servername.data,"www.test.com",ngx_strlen("www.test.com"));
```

下面通过调用 ngx_hash_add_key 方法将 testHashNode[3] 这 3 个成员添加到 ha 中。

```
for (i = 0; i < 3; i++)
{
    testHashNode[i].seq = i;
    ngx_hash_add_key(&ha, &testHashNode[i].servername,
    &testHashNode[i],NGX_HASH_WILDCARD_KEY);
}
```

注意，在上面添加散列表元素时，flag 设置为 NGX_HASH_WILDCARD_KEY，这样才会处理带通配符的关键字。

在调用 ngx_hash_init_t 的初始化函数前，先得设置好 ngx_hash_init_t 中的成员，如槽的大小、散列方法等，如下所示。

```
hash.key = ngx_hash_key_lc;
hash.max_size = 100;
hash.bucket_size = 48;
hash.name = "test_server_name_hash";
hash.pool = cf->pool;
```

ha 的 keys 动态数组中存放的是需要完全匹配的关键字，如果 keys 数组不为空，那么开始初始化第 1 个散列表，代码如下。

```
if (ha.keys.nelts) {
    /* 需要显式地把 ngx_hash_init_t 中的 hash 指针指向 combinedHash 中的完全匹配散列表 */
    hash.hash = &combinedHash.hash;
    // 初始化完全匹配散列表时不会使用到临时内存池
    hash.temp_pool = NULL;

    /* 将 keys 动态数组直接传给 ngx_hash_init 方法即可，ngx_hash_init_t 中的 hash 指针就是
初始化成功的散列表 */
    if (ngx_hash_init(&hash, ha.keys.elts, ha.keys.nelts) != NGX_OK)
    {
        return NGX_ERROR;
    }
}
```

下面继续初始化前置通配符散列表，代码如下。

```
if (ha.dns_wc_head.nelts) {
    hash.hash = NULL;
    // 注意，ngx_hash_wildcard_init 方法需要使用临时内存池
    hash.temp_pool = ha.temp_pool;
    if (ngx_hash_wildcard_init(&hash, ha.dns_wc_head.elts,
                ha.dns_wc_head.nelts)!= NGX_OK)
    {
```

```
            return NGX_ERROR;
        }

        /* ngx_hash_init_t 中的 hash 指针是 ngx_hash_wildcard_init 初始化成功的散列表，需要
将它赋到 combinedHash.wc_head 前置通配符散列表指针中 */
        combinedHash.wc_head = (ngx_hash_wildcard_t *) hash.hash;
    }
```

下面继续初始化后置通配符散列表，代码如下。

```
    if (ha.dns_wc_tail.nelts) {
        hash.hash = NULL;
    //注意，ngx_hash_wildcard_init 方法需要使用临时内存池
    hash.temp_pool = ha.temp_pool;
    if (ngx_hash_wildcard_init(&hash, ha.dns_wc_tail.elts,
                    ha.dns_wc_tail.nelts)!= NGX_OK)
    {
        return NGX_ERROR;
         }

    /* ngx_hash_init_t 中的 hash 指针是 ngx_hash_wildcard_init 初始化成功的散列表，需要将它赋
到 combinedHash.wc_tail 后置通配符散列表指针中 */
        combinedHash.wc_tail = (ngx_hash_wildcard_t *) hash.hash;
    }
```

到此，临时内存池已经没有存在的意义了，也就是说，ngx_hash_keys_arrays_t 中的这些数组、简易散列表都可以销毁了。这时，只需要简单地把 temp_pool 内存池销毁就可以了，代码如下。

```
    ngx_destroy_pool(ha.temp_pool);
```

下面检查一下散列表是否工作正常。首先，查询关键字 www.test.org，实际上，它应该匹配后置通配符散列表中的元素 www.test.*，代码如下。

```
    //首先定义待查询的关键字字符串 findServer
    ngx_str_t findServer;
    findServer.len = ngx_strlen("www.test.org");
    /* 为什么必须要在内存池中分配空间以保存关键字呢？因为我们使用的散列方法是 ngx_hash_key_lc，它
会试着把关键字全小写 */
    findServer.data = ngx_pcalloc(cf->pool, ngx_strlen("www.test.org"));
    ngx_memcpy(findServer.data,"www.test.org",ngx_strlen("www.test.org"));

    /* ngx_hash_find_combined 方法会查找出 www.test.* 对应的散列表元素，返回其指向的用户数据
ngx_hash_find_combined，也就是 testHashNode[1]*/
    TestWildcardHashNode* findHashNode =
        ngx_hash_find_combined(&combinedHash,
            ngx_hash_key_lc(findServer.data, findServer.len),
            findServer.data, findServer.len);
```

如果没有查询到的话，那么 findHashNode 值为 NULL 空指针。

下面试着查询 www.test.com，实际上，testHashNode[0]、testHashNode[1]、testHashNode[2]

这 3 个节点都是匹配的，因为 *.test.com、www.test.*、www.test.com 明显都是匹配的。但按照完全匹配最优先的规则，ngx_hash_find_combined 方法会返回 testHashNode[2] 的地址，也就是 www.test.com 对应的元素。

```
findServer.len = ngx_strlen("www.test.com");
findServer.data = ngx_pcalloc(cf->pool, ngx_strlen("www.test.com"));
ngx_memcpy(findServer.data,"www.test.com",ngx_strlen("www.test.com"));

findHashNode = ngx_hash_find_combined(&combinedHash,
        ngx_hash_key_lc(findServer.data, findServer.len),
        findServer.data, findServer.len);
```

下面测试一下后置通配符散列表。如果查询的关键字是“smtp.test.com”，那么查询到的应该是关键字为 *.test.com 的元素 testHashNode[0]。

```
findServer.len = ngx_strlen("smtp.test.com");
findServer.data = ngx_pcalloc(cf->pool, ngx_strlen("smtp.test.com"));
ngx_memcpy(findServer.data,"smtp.test.com",ngx_strlen("smtp.test.com"));

findHashNode = ngx_hash_find_combined(&combinedHash,
        ngx_hash_key_lc(findServer.data, findServer.len),
        findServer.data, findServer.len);
```

7.8 小结

本章介绍了 Nginx 的常用容器，这对我们开发复杂的 Nginx 模块非常有意义。当我们需要用到高级的数据结构时，选择手段是非常少的，因为 makefile 都是由 Nginx 的 configure 脚本生成的，如果想加入第三方中间件将会带来许多风险，而自己重新实现容器的代价又非常高，这时使用 Nginx 提供的通用容器就很有意义了。然而，Nginx 封装的这几种容器在使用上各不相同，有些令人头疼，而且代码注释几乎没有，就造成了使用这几个容器很困难，还容易出错。通过阅读本章内容，相信读者不再会为这些容器的使用而烦恼了，而且也应该具备轻松修改、升级这些容器的能力了。了解本章介绍的容器是今后深入开发 Nginx 的基础。

第三部分 Part 3

深入 Nginx

- 第 8 章　Nginx 基础架构
- 第 9 章　事件模块
- 第 10 章　HTTP 框架的初始化
- 第 11 章　HTTP 框架的执行流程
- 第 12 章　upstream 机制的设计与实现
- 第 13 章　邮件代理模块
- 第 14 章　进程间的通信机制
- 第 15 章　变量
- 第 16 章　slab 共享内存

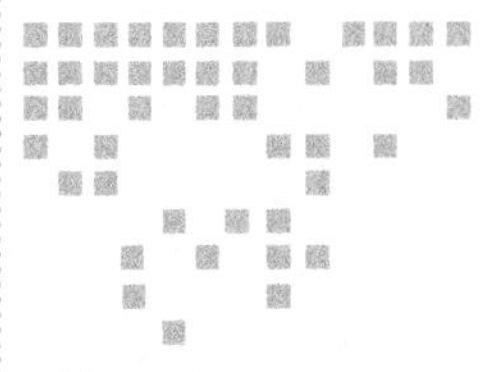

Chapter 8 第8章

Nginx 基础架构

在本书的第二部分，我们已经学习了如何开发HTTP模块，这使得我们可以实现高性能、定制化的Web服务器功能。不过，Nginx自身是高度模块化设计的，它给予了每一个基本的Nginx模块足够的灵活性，也就是说，我们不仅仅能开发HTTP模块，还可以方便地开发任何基于TCP的模块，甚至可以定义一类新的Nginx模块，就像HTTP模块、mail模块曾经做过的那样。任何我们能想到的功能，只要符合本章中描述的Nginx设计原则，都可以以模块的方式添加到Nginx服务中，从而提供强大的Web服务器。

另外，Nginx的BSD许可证足够开放和自由，因此，当Nginx的一些通用功能与要求不符合我们的想象时，还可以尝试着直接更改它的官方代码，从而更直接地达到业务要求。同时，Nginx也处于快速的发展中，代码中免不了会有一些Bug，如果我们对Nginx的架构有充分的了解，也可以积极地协助完善Nginx框架代码。

以上这些方向，都需要我们在整体上对Nginx的架构有清晰的认识。因此，本章的写作目的只有两个：

- 对Nginx的设计思路做一个概括性的说明，帮助读者了解Nginx的设计原则（见8.1节和8.2节）。
- 将从具体的框架代码入手，讨论Nginx如何启动、运行和退出，这里会涉及具体实现细节，如master进程如何管理worker进程、每个模块是如何加载到进程中的等（见8.3节～8.6节）。

通过阅读本章内容，我们将会对Nginx这个Web服务器有一个全面的认识，并对日益增长的各种Nginx模块与核心模块的关系有一个大概的了解。另外，本章内容将为下一章（事件模块）以及后续章节中HTTP模块的学习打下基础。

8.1　Web 服务器设计中的关键约束

Nginx 是一个功能堪比 Apache 的 Web 服务器。然而，在设计时，为了使其能够适应互联网用户的高速增长及其带来的多样化需求，在基本的功能需求之外，还有许多设计约束。Nginx 作为 Web 服务器受制于 Web 传输协议自身的约束，另外，下面将说明的 7 个关注点也是 Nginx 架构设计中的关键约束，本章会分节简要介绍这些概念。在 8.2 节中，我们将带着这些问题再看一下 Nginx 是如何有效提升这些关注点属性的。

1. 性能

性能是 Nginx 的根本，如果性能无法超越 Apache，那么它也就没有存在的意义了。这里所说的性能主体是 Web 服务器，因此，性能这个概念主要是从网络角度出发的，它包含以下 3 个概念。

（1）网络性能

这里的网络性能不是针对一个用户而言的，而是针对 Nginx 服务而言的。网络性能是指在不同负载下，Web 服务在网络通信上的吞吐量。而带宽这个概念，就是指在特定的网络连接上可以达到的最大吞吐量。因此，网络性能肯定会受制于带宽，当然更多的是受制于 Web 服务的软件架构。

在大多数场景下，随着服务器上并发连接数的增加，网络性能都会有所下降。目前，我们在谈网络性能时，更多的是对应于高并发场景。例如，在几万或者几十万并发连接下，要求我们的服务器仍然可以保持较高的网络吞吐量，而不是当并发连接数达到一定数量时，服务器的 CPU 等资源大都浪费在进程间切换、休眠、等待等其他活动上，导致吞吐量大幅下降。

（2）单次请求的延迟性

单次请求的延迟性与上面说的网络性能的差别很明显，这里只是针对一个用户而言的。对于 Web 服务器，延迟性就是指服务器初次接收到一个用户请求直至返回响应之间持续的时间。

服务器在低并发和高并发连接数量下，单个请求的平均延迟时间肯定是不同的。Nginx 在设计时更应该考虑的是在高并发下如何保持平均时延性，使其不要上升得太快。

（3）网络效率

网络效率很好理解，就是使用网络的效率。例如，使用长连接（keepalive）代替短连接以减少建立、关闭连接带来的网络交互，使用压缩算法来增加相同吞吐量下的信息携带量，使用缓存来减少网络交互次数等，它们都可以提高网络效率。

2. 可伸缩性

可伸缩性指架构可以通过添加组件来提升服务，或者允许组件之间具有交互功能。一般可以通过简化组件、降低组件间的耦合度、将服务分散到许多组件等方法来改善可伸缩性。可伸缩性受到组件间的交互频率，以及组件对一个请求是使用同步还是异步的方式来处理等条件制约。

3. 简单性

简单性通常指组件的简单程度，每个组件越简单，就会越容易理解和实现，也就越容易被验证（被测试）。一般，我们通过分离关注点原则来设计组件，对于整体架构来说，通常使用通用性原则，统一组件的接口，这样就减少了架构中的变数。

4. 可修改性

简单来讲，可修改性就是在当前架构下对于系统功能做出修改的难易程度，对于 Web 服务器来说，它还包括动态的可修改性，也就是部署好 Web 服务器后可以在不停止、不重启服务的前提下，提供给用户不同的、符合需求的功能。可修改性可以进一步分解为可进化性、可扩展性、可定制性、可配置性和可重用性，下面简单说明一下这些概念。

（1）可进化性

可进化性表示我们在修改一个组件时，对其他组件产生负面影响的程度。当然，每个组件的可进化性都是不同的，越是核心的组件其可进化性可能会越低，也就是说，对这个组件的功能做出修改时可能同时必须修改其他大量的相关组件。

对于 Web 服务器来说，“进化”这个概念按照服务是否在运行中又可以分为静态进化和动态进化。优秀的静态进化主要依赖于架构的设计是否足够抽象，而动态进化则不然，它与整个服务的设计都是相关的。

（2）可扩展性

可扩展性表示将一个新的功能添加到系统中的能力（不影响其他功能）。与可进化性一样，除了静态可扩展性外，还有动态可扩展性（如果已经部署的服务在不停止、不重启情况下添加新的功能，就称为动态可扩展性）。

（3）可定制性

可定制性是指可以临时性地重新规定一个组件或其他架构元素的特性，从而提供一种非常规服务的能力。如果某一个组件是可定制的，那么是指用户能够扩展该组件的服务，而不会对其他客户产生影响。支持可定制性的风格一般会提高简单性和可扩展性，因为通常情况下只会实现最常用的功能，不太常用的功能则交由用户重新定制使用，这样组件的复杂性就降低了，整个服务也会更容易扩展。

（4）可配置性

可配置性是指在 Web 服务部署后，通过对服务提供的配置文件进行修改，来提供不同的功能。它与可扩展性、可重用性相关。

（5）可重用性

可重用性指的是一个应用中的功能组件在不被修改的情况下，可以在其他应用中重用的程度。

5. 可见性

在 Web 服务器这个应用场景中，可见性通常是指一些关键组件的运行情况可以被监控的程度。例如，服务中正在交互的网络连接数、缓存的使用情况等。通过这种监控，可以改善服务的性能，尤其是可靠性。

6. 可移植性

可移植性是指服务可以跨平台运行，这也是当下 Nginx 被大规模使用的必要条件。

7. 可靠性

可靠性可以看做是在服务出现部分故障时，一个架构容易受到系统层面故障影响的程度。可以通过以下方法提高可靠性：避免单点故障、增加冗余、允许监视，以及用可恢复的动作来缩小故障的范围。

8.2 Nginx 的架构设计

8.1 节列出了进行 Nginx 设计时需要格外重视的 7 个关键点，本节将介绍 Nginx 是如何在这 7 个关键点上提升 Nginx 能力的。

8.2.1 优秀的模块化设计

高度模块化的设计是 Nginx 的架构基础。在 Nginx 中，除了少量的核心代码，其他一切皆为模块。这种模块化设计同时具有以下几个特点：

（1）高度抽象的模块接口

所有的模块都遵循着同样的 ngx_module_t 接口设计规范，这减少了整个系统中的变数，对于 8.1 节中列出的关键关注点，这种方式带来了良好的简单性、静态可扩展性、可重用性。

（2）模块接口非常简单，具有很高的灵活性

模块的基本接口 ngx_module_t 足够简单，只涉及模块的初始化、退出以及对配置项的处理，这同时也带来了足够的灵活性，使得 Nginx 比较简单地实现了动态可修改性（参见 8.5 节和 8.6 节，可知如何通过 HUP 信号在服务正常运行时使新的配置文件生效，以及通过 USR2 信号实现平滑升级），也就是保持服务正常运行下使系统功能发生改变。

如图 8-1 所示，ngx_module_t 结构体作为所有模块的通用接口，它只定义了 init_master、init_module、init_process、init_thread、exit_thread、exit_process、exit_master 这 7 个回调方法（事实上，init_master、init_thread、exit_thread 这 3 个方法目前都没有使用），它们负责模块的初始化和退出，同时它们的权限也非常高，可以处理系统的核心结构体 ngx_cycle_t。在 8.4 节 ~ 8.6 节中，可以看到以上 7 个回调方法何时会被调用。而 ngx_command_t 类型的 commands 数组则指定了模块处理配置项的方法（详见第 4 章）。

除了简单、基础的接口，ngx_module_t 中的 ctx 成员还是一个 void* 指针，它可以指向任何数据，这给模块提供了很大的灵活性，使得下面将要介绍的多层次、多类型的模块设计成为可能。ctx 成员一般用于表示在不同类型的模块中一种类型模块所具备的通用性接口。

（3）配置模块的设计

可以注意到，ngx_module_t 接口有一个 type 成员，它指明了 Nginx 允许在设计模块时定义模块类型这个概念，允许专注于不同领域的模块按照类型来区别。而配置类型模块是唯一一种只有 1 个模块的模块类型。配置模块的类型叫做 NGX_CONF_MODULE，它仅有的模

块叫做 ngx_conf_module，这是 Nginx 最底层的模块，它指导着所有模块以配置项为核心来提供功能。因此，它是其他所有模块的基础。配置模块使 Nginx 提供了高可配置性、高可扩展性、高可定制性、高可伸缩性。

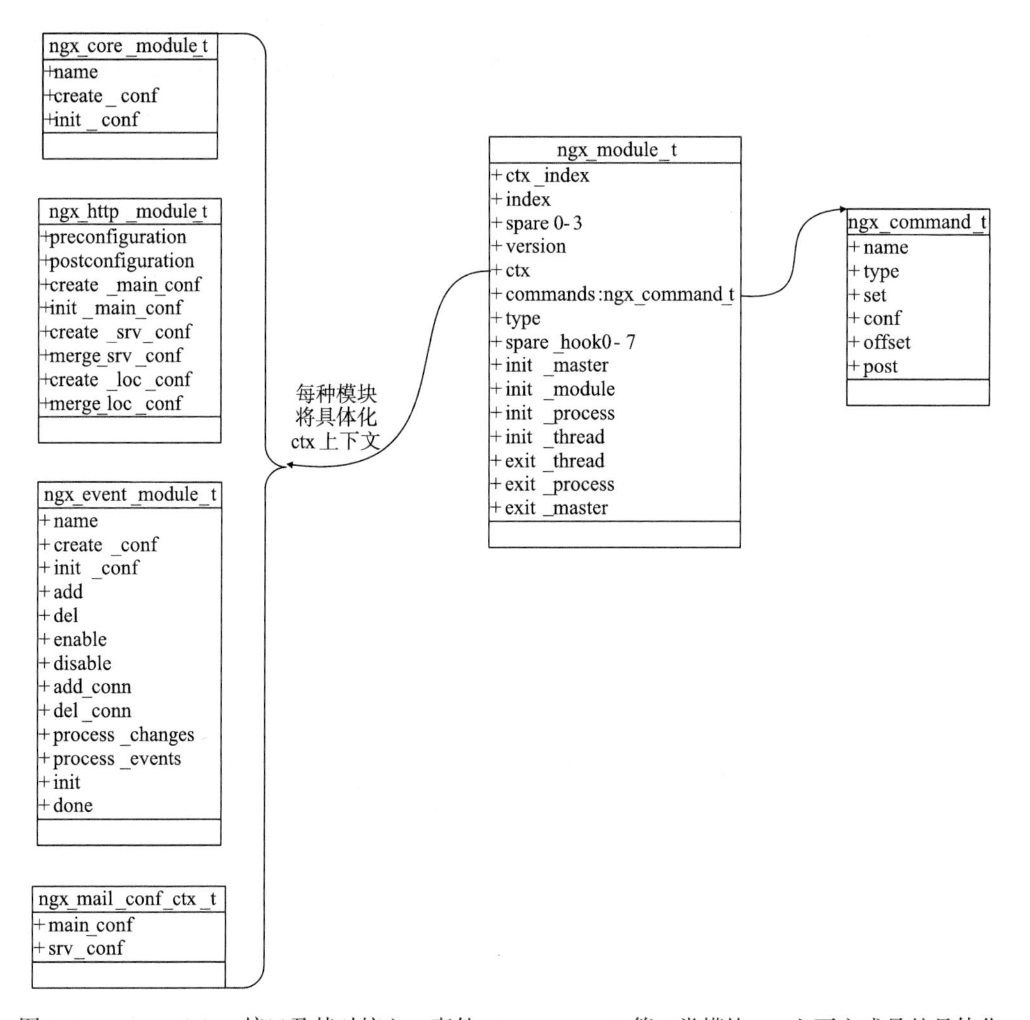

图 8-1 ngx_module_t 接口及其对核心、事件、HTTP、mail 等 4 类模块 ctx 上下文成员的具体化

（4）核心模块接口的简单化

Nginx 还定义了一种基础类型的模块：核心模块，它的模块类型叫做 NGX_CORE_MODULE。目前官方的核心类型模块中共有 6 个具体模块，分别是 ngx_core_module、ngx_errlog_module、ngx_events_module、ngx_openssl_module、ngx_http_module、ngx_mail_module 模块。为什么要定义核心模块呢？因为这样可以简化 Nginx 的设计，使得非模块化的框架代码只关注于如何调用 6 个核心模块（大部分 Nginx 模块都是非核心模块）。

核心模块的接口非常简单，如图 8-1 所示，它将 ctx 上下文进一步实例化为 ngx_core_

module_t 结构体，代码如下。

```
typedef struct {
    //核心模块名称
    ngx_str_t name;
    //解析配置项前，Nginx 框架会调用 create_conf 方法
    void *(*create_conf)(ngx_cycle_t *cycle);
    //解析配置项完成后，Nginx 框架会调用 init_conf 方法
    char *(*init_conf)(ngx_cycle_t *cycle, void *conf);
} ngx_core_module_t;
```

ngx_core_module_t 上下文是以配置项的解析作为基础的，它提供了 create_conf 回调方法来创建存储配置项的数据结构，在读取 nginx.conf 配置文件时，会根据模块中的 ngx_command_t 把解析出的配置项存放在这个数据结构中；它还提供了 init_conf 回调方法，用于在解析完配置文件后，使用解析出的配置项初始化核心模块功能。除此以外，Nginx 框架不会约束核心模块的接口、功能，这种简洁、灵活的设计为 Nginx 实现动态可配置性、动态可扩展性、动态可定制性带来了极大的便利，这样，在每个模块的功能实现中就会较少地考虑如何不停止服务、不重启服务来实现以上功能。

这种设计也使得每一个核心模块都可以自由地定义全新的模块类型。因此，作为核心模块，ngx_events_module 定义了 NGX_EVENT_MODULE 模块类型，所有事件类型的模块都由 ngx_events_module 核心模块管理；ngx_http_module 定义了 NGX_HTTP_MODULE 模块类型，所有 HTTP 类型的模块都由 ngx_http_module 核心模块管理；而 ngx_mail_module 定义了 NGX_MAIL_MODULE 模块类型，所有 MAIL 类型的模块则都由 ngx_mail_module 核心模块管理。

（5）多层次、多类别的模块设计

所有的模块间是分层次、分类别的，官方 Nginx 共有五大类型的模块：核心模块、配置模块、事件模块、HTTP 模块、mail 模块。虽然它们都具备相同的 ngx_module_t 接口，但在请求处理流程中的层次并不相同。就如同上面介绍过的核心模块一样，事件模块、HTTP 模块、mail 模块都会再次具体化 ngx_module_t 接口（由于配置类型的模块只拥有 1 个模块，所以没有具体化 ctx 上下文成员），如图 8-2 所示。

图 8-2 展示了 Nginx 常用模块间的关系。配置模块和核心模块这两种模块类型是由 Nginx 的框架代码所定义的，这里的配置模块是所有模块的基础，它实现了最基本的配置项解析功能（就是解析 nginx.conf 文件）。Nginx 框架还会调用核心模块，但是其他 3 种模块都不会与框架产生直接关系。事件模块、HTTP 模块、mail 模块这 3 种模块的共性是：实际上它们在核心模块中各有 1 个模块作为自己的“代言人”，并在同类模块中有 1 个作为核心业务与管理功能的模块。例如，事件模块是由它的“代言人”——ngx_events_module 核心模块定义，所有事件模块的加载操作不是由 Nginx 框架完成的，而是由 ngx_event_core_module 模块负责的。同样，HTTP 模块是由它的“代言人”——ngx_http_module 核心模块定义的，与事件模块不同的是，这个核心模块还会负责加载所有的 HTTP 模块，但业务的核心逻辑以及对于具体的请求该选用哪一个 HTTP 模块处理这样的工作，则是由 ngx_http_core_module

模块决定的。至于 mail 模块，因与 HTTP 模块基本相似，不再赘述。

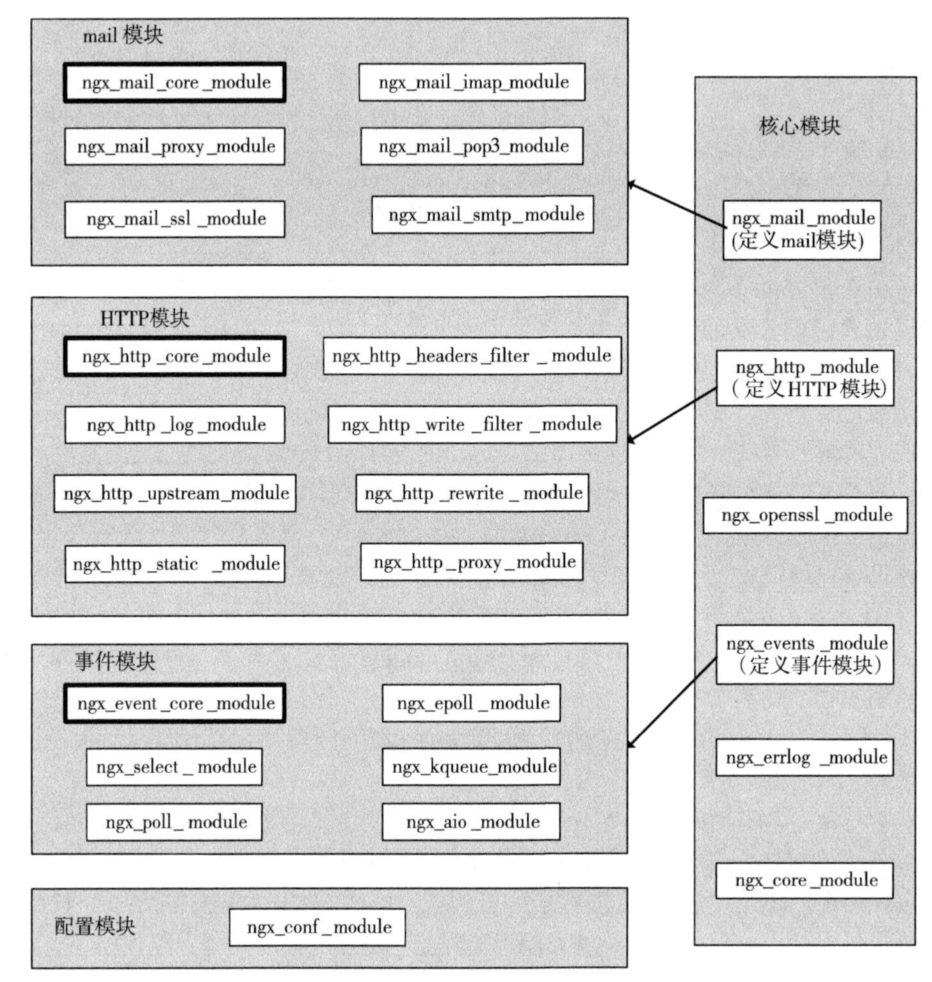

图 8-2 Nginx 常用模块及其之间的关系

在这 5 种模块中，配置模块与核心模块都是与 Nginx 框架密切相关的，是其他模块的基础。而事件模块则是 HTTP 模块和 mail 模块的基础，原因参见 8.2.2 节。HTTP 模块和 mail 模块的“地位”相似，它们都更关注于应用层面。在事件模块中，ngx_event_core_module 事件模块是其他所有事件模块的基础；在 HTTP 模块中，ngx_http_core_module 模块是其他所有 HTTP 模块的基础；在 mail 模块中，ngx_mail_core_module 模块是其他所有 mail 模块的基础。

8.2.2 事件驱动架构

所谓事件驱动架构，简单来说，就是由一些事件发生源来产生事件，由一个或者多个事件收集器来收集、分发事件，然后许多事件处理器会注册自己感兴趣的事件，同时会“消费”这些事件。

对于 Nginx 这个 Web 服务器而言，一般会由网卡、磁盘产生事件，而 8.2.1 节中提到的事件模块将负责事件的收集、分发操作，而所有的模块都可能是事件消费者，它们首先需要向事件模块注册感兴趣的事件类型，这样，在有事件产生时，事件模块会把事件分发到相应的模块中进行处理。

Nginx 采用完全的事件驱动架构来处理业务，这与传统的 Web 服务器（如 Apache）是不同的。对于传统 Web 服务器而言，采用的所谓事件驱动往往局限在 TCP 连接建立、关闭事件上，一个连接建立以后，在其关闭之前的所有操作都不再是事件驱动，这时会退化成按序执行每个操作的批处理模式，这样每个请求在连接建立后都将始终占用着系统资源，直到连接关闭才会释放资源。要知道，这段时间可能会非常长，从 1 毫秒到 1 分钟都有可能，而且这段时间内占用着内存、CPU 等资源也许并没有意义，整个事件消费进程只是在等待某个条件而已，造成了服务器资源的极大浪费，影响了系统可以处理的并发连接数。如图 8-3 所示，这种传统 Web 服务器往往把一个进程或线程作为事件消费者，当一个请求产生的事件被该进程处理时，直到这个请求处理结束时进程资源都将被这一个请求所占用。

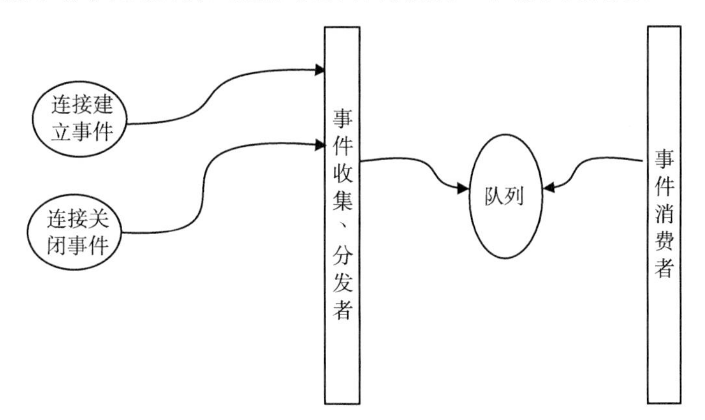

图 8-3　传统 Web 服务器处理事件的简单模型（椭圆代表数据结构，矩形代表进程）

Nginx 则不然，它不会使用进程或线程来作为事件消费者，所谓的事件消费者只能是某个模块（在这里没有进程的概念）。只有事件收集、分发器才有资格占用进程资源，它们会在分发某个事件时调用事件消费模块使用当前占用的进程资源，如图 8-4 所示。

图 8-4 中列出了 5 个不同的事件，在事件收集、分发者进程的一次处理过程中，这 5 个事件按照顺序被收集后，将开始使用当前进程分发事件，从而调用相应的事件消费者模块来处理事件。当然，这种分发、调用也是有序的。

从上面的内容可以看出传统 Web 服务器与 Nginx 间的重要差别：前者是每个事件消费者独占一个进程资源，后者的事件消费者只是被事件分发者进程短期调用而已。这种设计使得网络性能、用户感知的请求时延（延时性）都得到了提升，每个用户的请求所产生的事件会及时响应，整个服务器的网络吞吐量都会由于事件的及时响应而增大。但这也会带来一个重要的弊端，即每个事件消费者都不能有阻塞行为，否则将会由于长时间占用事件分发者进程而导致其他事件得不到及时响应。尤其是每个事件消费者不可以让进程转变为休眠状态或等待状态，如在等待一个信号量条件的满足时会使进程进入休眠状态。这加大了事件消费程序的开发者的编程难度，因此，这也导致了 Nginx 的模块开发相对于 Apache 来说复杂不少（上文已经提到过）。

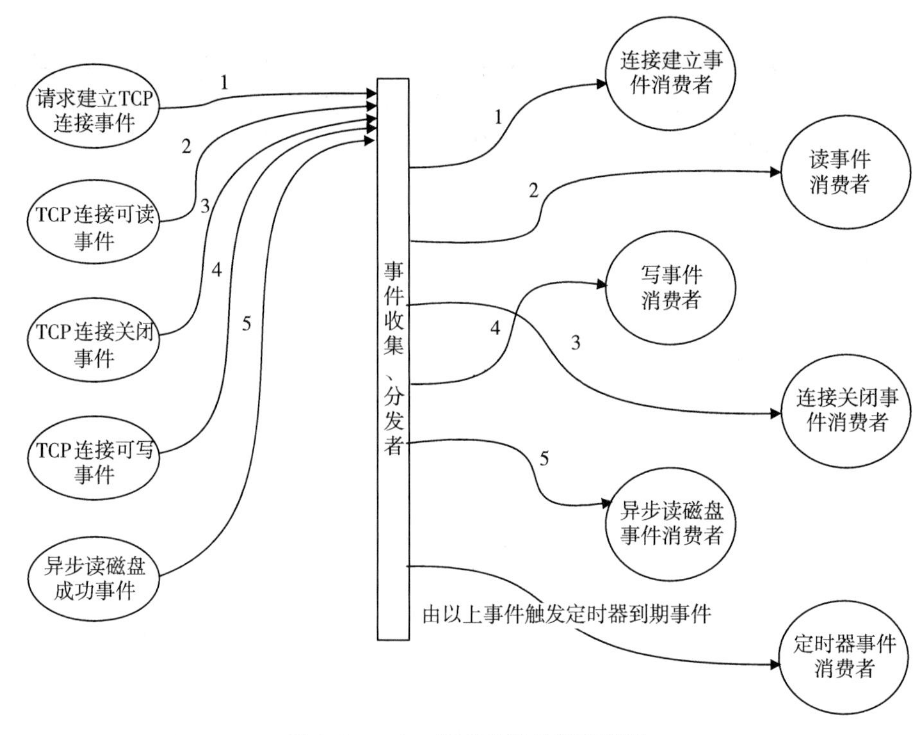

图 8-4 Nginx 处理事件的简单模型

8.2.3 请求的多阶段异步处理

这里所讲的多阶段异步处理请求与事件驱动架构是密切相关的，换句话说，请求的多阶段异步处理只能基于事件驱动架构实现。什么意思呢？就是把一个请求的处理过程按照事件的触发方式划分为多个阶段，每个阶段都可以由事件收集、分发器来触发。

例如，处理一个获取静态文件的 HTTP 请求可以分为以下几个阶段（见表 8-1）。

表 8-1 处理获取静态文件的 HTTP 请求时切分的阶段及各阶段的触发事件

阶段意义	触发事件
建立 TCP 连接	接收到 TCP 中的 SYN 包
开始接收用户请求	接收到 TCP 中的 ACK 包表示连接建立成功
接收到用户请求并分析已接收的请求是否完整	接收到用户的数据包
接收到完整的用户请求后开始处理用户请求	接收到用户的数据包
由目标静态文件中读取部分内容（避免长期阻塞事件分发者进程）并直接发送给用户	接收到用户的数据包；或者接收到 TCP 中的 ACK 包表示用户已接收到上次发送的数据包，TCP 滑动窗口向前滑动

（续）

阶段意义	触发事件
对于非 keep-alive 请求，在发送完静态文件后主动关闭连接	接收到 TCP 中的 ACK 包表示用户已接收到之前发送的所有数据包
由于用户关闭连接而结束请求	接收到 TCP 中的 FIN 包

这个例子中大致分为 7 个阶段，这些阶段是可以重复发生的，因此，一个下载静态资源请求可能会由于请求数据过大、网速不稳定等因素而被分解为成百上千个表 8-1 中所列出的阶段。

异步处理和多阶段是相辅相成的，只有把请求分为多个阶段，才有所谓的异步处理。也就是说，当一个事件被分发到事件消费者中进行处理时，事件消费者处理完这个事件只相当于处理完 1 个请求的某个阶段。什么时候可以处理下一个阶段呢？这只能等待内核的通知，即当下一次事件出现时，epoll 等事件分发器将会获取到通知，再继续调用事件消费者处理请求。这样，每个阶段中的事件消费者都不清楚本次完整的操作究竟什么时候会完成，只能异步被动地等待下一次事件的通知。

请求的多阶段异步处理优势在哪里？这种设计配合事件驱动架构，将会极大地提高网络性能，同时使得每个进程都能全力运转，不会或者尽量少地出现进程休眠状况。因为一旦出现进程休眠，必然减少并发处理事件的数目，一定会降低网络性能，同时会增加请求处理时间的平均时延！这时，如果网络性能无法满足业务需求将只能增加进程数目，进程数目过多就会增加操作系统内核的额外操作：进程间切换，可是频繁地进行进程间切换仍会消耗 CPU 等资源，从而降低网络性能。同时，休眠的进程会使进程占用的内存得不到有效释放，这最终必然导致系统可用内存的下降，从而影响系统能够处理的最大并发连接数。

根据什么原则来划分请求的阶段呢？一般是找到请求处理流程中的阻塞方法（或者造成阻塞的代码段），在阻塞代码段上按照下面 4 种方式来划分阶段：

（1）将阻塞进程的方法按照相关的触发事件分解为两个阶段

一个本身可能导致进程休眠的方法或系统调用，一般都能够分解为多个更小的方法或者系统调用，这些调用间可以通过事件触发关联起来。大部分情况下，一个阻塞进程的方法调用时可以划分为两个阶段：阻塞方法改为非阻塞方法调用，这个调用非阻塞方法并将进程归还给事件分发器的阶段就是第一阶段；增加新的处理阶段（第二阶段）用于处理非阻塞方法最终返回的结果，这里的结果返回事件就是第二阶段的触发事件。

例如，在使用 send 调用发送数据给用户时，如果使用阻塞 socket 句柄，那么 send 调用在向操作系统内核发出数据包后就必须把当前进程休眠，直到成功发出数据才能“醒来”。这时的 send 调用发送数据并等待结果。我们需要把 send 调用分解为两个阶段：发送且不等待结果阶段、send 结果返回阶段。因此，可以使用非阻塞 socket 句柄，这样调用 send 发送数据后，进程是不会进入休眠的，这就是发送且不等待结果阶段；再把 socket 句柄加入到事件收集器中就可以等待相应的事件触发下一个阶段，send 发送的数据被对方收到后这个事件就会触发 send 结果返回阶段。这个 send 调用就是请求的划分阶段点。

（2）将阻塞方法调用按照时间分解为多个阶段的方法调用

注意，系统中的事件收集、分发者并非可以处理任何事件。如果按照前一种方式试图划分某个方法时，那么可能会发现找出的触发事件不能够被事件收集、分发器所处理，这时只能按照执行时间来拆分这个方法了。

例如读取文件的调用（非异步 I/O），如果我们读取 10MB 的文件，这些文件在磁盘中的块未必是连续的，这意味着当这 10MB 文件内容不在操作系统的缓存中时，可能需要多次驱动硬盘寻址。在寻址过程中，进程多半会休眠或者等待。我们可能会希望像上文所说的那样把读取文件调用分解成两个阶段：发送读取命令且不等待结果阶段、读取结果返回阶段。这样当然很好，可惜的是，如果我们的事件收集、分发者不支持这么做，该怎么办？例如，在 Linux 上 Nginx 的事件模块在没打开异步 I/O 时就不支持这种方法，像 ngx_epoll_module 模块主要是针对网络事件的，而主机的磁盘事件目前还不支持（必须通过内核异步 I/O）。这时，我们可以这样来分解读取文件调用：把 10MB 均分成 1000 份，每次只读取 10KB。这样，读取 10KB 的时间就是可控的，意味着这个事件接收器占用进程的时间不会太久，整个系统可以及时地处理其他请求。

那么，在读取 0KB ~ 10KB 的阶段完成后，怎样进入 10KB ~ 20KB 阶段呢？这有很多种方式，如读取完 10KB 文件后，可能需要使用网络来发送它们，这时可以由网络事件来触发。或者，如果没有网络事件，也可以设置一个简单的定时器，在某个时间点后再次调用下一个阶段。

（3）在“无所事事”且必须等待系统的响应，从而导致进程空转时，使用定时器划分阶段

有时阻塞的代码段可能是这样的：进行某个无阻塞的系统调用后，必须通过持续的检查标志位来确定是否继续向下执行，当标志位没有获得满足时就循环地检查下去。这样的代码段本身没有阻塞方法调用，可实际上是阻塞进程的。这时，应该使用定时器来代替循环检查标志，这样定时器事件发生时就会先检查标志，如果标志位不满足，就立刻归还进程控制权，同时继续加入期望的下一个定时器事件。

（4）如果阻塞方法完全无法继续划分，则必须使用独立的进程执行这个阻塞方法

如果某个方法调用时可能导致进程休眠，或者占用进程时间过长，可是又无法将该方法分解为不阻塞的方法，那么这种情况是与事件驱动架构相违背的。通常是由于这个方法的实现者没有开放非阻塞接口所导致，这时必须通过产生新的进程或者指定某个非事件分发者进程来执行阻塞方法，并在阻塞方法执行完毕时向事件收集、分发者进程发送事件通知继续执行。因此，至少要拆分为两个阶段：阻塞方法执行前阶段、阻塞方法执行后阶段，而阻塞方法的执行要使用单独的进程去调度，并在方法返回后发送事件通知。一旦出现上面这种设计，我们必须审视这样的事件消费者是否足够合理，有没有必要用这种违反事件驱动架构的方式来解决阻塞问题。

请求的多阶段异步处理将会提高网络性能、降低请求的时延，在与事件驱动架构配合工作后，可以使得 Web 服务器同时处理十万甚至百万级别的并发连接，我们在开发 Nginx 模块时必须遵循这一原则。

8.2.4　管理进程、多工作进程设计

Nginx 采用一个 master 管理进程、多个 worker 工作进程的设计方式，如图 8-5 所示。

在图 8-5 中，包括完全相同的 worker 进程、1 个可选的 cache manager 进程以及 1 个可选的 cache loader 进程。

这种设计带来以下优点：

（1）利用多核系统的并发处理能力

现代操作系统已经支持多核 CPU 架构，这使得多个进程可以占用不同的 CPU 核心来工作。如果只有一个进程在处理请求，则必然会造成 CPU 资源的浪费！如果多个进程间的地位不平等，则必然会有某一级同一地位的进程成为瓶颈，因此，Nginx 中所有的 worker 工作进程都是完全平等的。这提高了网络性能、降低了请求的时延。

（2）负载均衡

多个 worker 工作进程间通过进程间通信来实现负载均衡，也就是说，一个请求到来时更容易被分配到负载较轻的 worker 工作进程中处理。这将降低请求的时延，并在一定程度上提高网络性能。

（3）管理进程会负责监控工作进程的状态，并负责管理其行为

管理进程不会占用多少系统资源，它只是用来启动、停止、监控或使用其他行为来控制工作进程。首先，这提高了系统的可靠性，当工作进程出现问题时，管理进程可以启动新的工作进程来避免系统性能的下降。其次，管理进程支持 Nginx 服务运行中的程序升级、配置项的修改等操作，这种设计使得动态可扩展性、动态定制性、动态可进化性较容易实现。

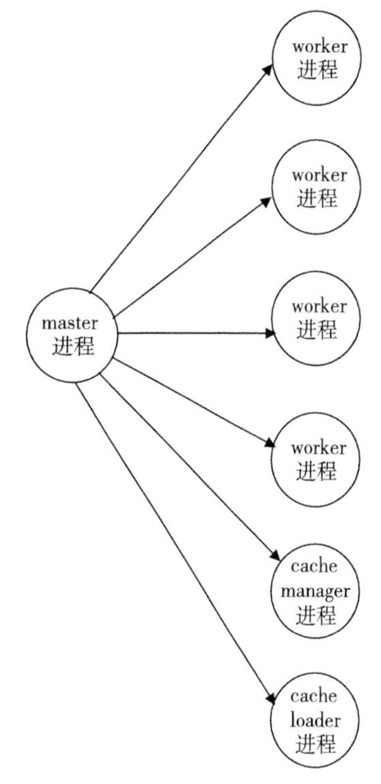

图 8-5　Nginx 采用的一个 master 管理进程、多个工作进程的设计方式

8.2.5　平台无关的代码实现

在使用 C 语言实现 Nginx 时，尽量减少使用与操作系统平台相关的代码，如某个操作系统上的第三方库。Nginx 重新封装了日志、各种基本数据结构（如第 7 章中介绍的容器）、常用算法等工具软件，在核心代码都使用了与操作系统无关的代码实现，在与操作系统相关的系统调用上则分别针对各个操作系统都有独立的实现，这最终造就了 Nginx 的可移植性，实现了对主流操作系统的支持。

8.2.6　内存池的设计

为了避免出现内存碎片、减少向操作系统申请内存的次数、降低各个模块的开发复杂

度，Nginx 设计了简单的内存池。这个内存池没有很复杂的功能：通常它不负责回收内存池中已经分配出的内存。这种内存池最大的优点在于：把多次向系统申请内存的操作整合成一次，这大大减少了 CPU 资源的消耗，同时减少了内存碎片。

因此，通常每一个请求都有一个这种简易的独立内存池（在第 9 章中会看到，Nginx 为每一个 TCP 连接都分配了 1 个内存池，而在第 10 章和第 11 章，HTTP 框架为每一个 HTTP 请求又分配了 1 个内存池），而在请求结束时则会销毁整个内存池，把曾经分配的内存一次性归还给操作系统。这种设计大大提高了模块开发的简单性（如在前几章中开发 HTTP 模块时，申请内存后都不用关心它释放的问题），而且因为分配内存次数的减少使得请求执行的时延得到了降低，同时，通过减少内存碎片，提高了内存的有效利用率和系统可处理的并发连接数，从而增强了网络性能。

8.2.7 使用统一管道过滤器模式的 HTTP 过滤模块

有一类 HTTP 模块被命名为 HTTP 过滤模块，其中每一个过滤模块都有输入端和输出端，这些输入端和输出端都具有统一的接口。这些过滤模块将按照 configure 执行时决定的顺序组成一个流水线式的加工 HTTP 响应的中心，每一个过滤模块都是完全独立的，它处理着输入端接收到的数据，并由输出端传递给下一个过滤模块。每一个过滤模块都必须可以增量地处理数据，也就是说能够正确处理完整数据流的一部分。

这种统一管理过滤器的设计方式的好处非常明显：首先它允许把整个 HTTP 过滤系统的输入 / 输出简化为一个个过滤模块的简单组合，这大大提高了简单性；其次，它提供了很好的可重用性，任意两个 HTTP 过滤模块都可以连接在一起（在可允许的范围内）；再次，整个过滤系统非常容易维护、增强。例如，开发了一个新的过滤模块后，可以非常方便地添加到过滤系统中，这是一种高可扩展性。又如，旧的过滤模块可以很容易地被升级版的过滤模块所替代，这是一种高可进化性；接着，它在可验证性和可测试性上非常友好，我们可以灵活地变动这个过滤模块流水线来验证功能；最后，这样的系统完全支持并发执行。

8.2.8 其他一些用户模块

Nginx 还有许多特定的用户模块都会改进 8.1 节中提到的约束属性。例如，ngx_http_stub_status_module 模块提供对所有 HTTP 连接状态的监控，这就提高了系统可见性。而 ngx_http_gzip_filter_module 过滤模块和 ngx_http_gzip_static_module 模块使得相同的吞吐量传送了更多的信息，自然也就提高了网络效率。我们也可以开发这样的模块，让 Nginx 变得更好。

8.3 Nginx 框架中的核心结构体 ngx_cycle_t

Nginx 核心的框架代码一直在围绕着一个结构体展开，它就是 ngx_cycle_t。无论是 master 管理进程、worker 工作进程还是 cache manager（loader）进程，每一个进程都毫无例外地拥有唯一一个 ngx_cycle_t 结构体。服务在初始化时就以 ngx_cycle_t 对象为中心来提供服务，在正常运行时仍然会以 ngx_cycle_t 对象为中心。本节将围绕着 ngx_cycle_t 结构体的定义、ngx_cycle_t 结构体所支持的方法来介绍 Nginx 框架代码，其中 8.4 节中的 Nginx 的启动流程、8.5 节和 8.6 节中 Nginx 各进程的主要工作流程都是以 ngx_cycle_t 结构体作为基础的。下面我们来看一下 ngx_cycle_t 究竟有哪些成员维持了 Nginx 的基本框架。

8.3.1　ngx_listening_t 结构体

作为一个 Web 服务器，Nginx 首先需要监听端口并处理其中的网络事件。这本来应该属于第 9 章所介绍的事件模块要处理的内容，但由于监听端口这项工作是在 Nginx 的启动框架代码中完成的，所以暂时把它放到本章中介绍。ngx_cycle_t 对象中有一个动态数组成员叫做 listening，它的每个数组元素都是 ngx_listening_t 结构体，而每个 ngx_listening_t 结构体又代表着 Nginx 服务器监听的一个端口。在 8.3.2 节中的一些方法会使用 ngx_listening_t 结构体来处理要监听的端口，在 8.4 节中我们也会看到 master 进程、worker 进程等许多进程如何监听同一个 TCP 端口（fork 出的子进程自然共享打开的端口）。更多关于 ngx_listening_t 的介绍将在第 9 章中介绍。本节我们仅仅介绍 ngx_listening_t 的成员，对于它会引用到的其他对象，如 ngx_connection_t 等，将在第 9 章中介绍。下面来看一下 ngx_listening_t 的成员，代码如下所示。

```
typedef struct ngx_listening_s  ngx_listening_t;

struct ngx_listening_s {
    // socket 套接字句柄
    ngx_socket_t fd;
    // 监听 sockaddr 地址
    struct sockaddr *sockaddr;
    // sockaddr 地址长度
    socklen_t socklen;
    /* 存储 IP 地址的字符串 addr_text 最大长度，即它指定了 addr_text 所分配的内存大小 */
    size_t addr_text_max_len;
    // 以字符串形式存储 IP 地址
    ngx_str_t addr_text;
    // 套接字类型。例如，当 type 是 SOCK_STREAM 时，表示 TCP
    int type;
    /*TCP 实现监听时的 backlog 队列，它表示允许正在通过三次握手建立 TCP 连接但还没有任何进程开始
处理的连接最大个数 */
    int backlog;
    // 内核中对于这个套接字的接收缓冲区大小
    int rcvbuf;
    // 内核中对于这个套接字的发送缓冲区大小
    int sndbuf;

    // 当新的 TCP 连接成功建立后的处理方法
    ngx_connection_handler_pt handler;

    /* 实际上框架并不使用 servers 指针，它更多是作为一个保留指针，目前主要用于 HTTP 或者 mail 等
模块，用于保存当前监听端口对应着的所有主机名 */
    void *servers;
    // log 和 logp 都是可用的日志对象的指针
    ngx_log_t log;
```

```
    ngx_log_t *logp;

    // 如果为新的 TCP 连接创建内存池，则内存池的初始大小应该是 pool_size
    size_t pool_size;
    /*TCP_DEFER_ACCEPT 选项将在建立 TCP 连接成功且接收到用户的请求数据后，才向对监听套接字感兴趣的进程发送事件通知，而连接建立成功后，如果 post_accept_timeout 秒后仍然没有收到的用户数据，则内核直接丢弃连接 */
    ngx_msec_t post_accept_timeout;

    /* 前一个 ngx_listening_t 结构，多个 ngx_listening_t 结构体之间由 previous 指针组成单链表 */
    ngx_listening_t *previous;
    // 当前监听句柄对应着的 ngx_connection_t 结构体
    ngx_connection_t *connection;

     /* 标志位，为 1 则表示在当前监听句柄有效，且执行 ngx_init_cycle 时不关闭监听端口，为 0 时则正常关闭。该标志位框架代码会自动设置 */
    unsigned open:1;
    /* 标志位，为 1 表示使用已有的 ngx_cycle_t 来初始化新的 ngx_cycle_t 结构体时，不关闭原先打开的监听端口，这对运行中升级程序很有用，remain 为 0 时，表示正常关闭曾经打开的监听端口。该标志位框架代码会自动设置，参见 ngx_init_cycle 方法 */
    unsigned remain:1;
     /* 标志位，为 1 时表示跳过设置当前 ngx_listening_t 结构体中的套接字，为 0 时正常初始化套接字。该标志位框架代码会自动设置 */
    unsigned ignore:1;
    // 表示是否已经绑定。实际上目前该标志位没有使用
    unsigned bound:1;        /* 已经绑定 */
     /* 表示当前监听句柄是否来自前一个进程（如升级 Nginx 程序），如果为 1，则表示来自前一个进程。一般会保留之前已经设置好的套接字，不做改变 */
    unsigned inherited:1;    /* 来自前一个进程 */
    // 目前未使用
    unsigned nonblocking_accept:1;
    // 标志位，为 1 时表示当前结构体对应的套接字已经监听
    unsigned listen:1;
    // 表示套接字是否阻塞，目前该标志位没有意义
    unsigned nonblocking:1;
    // 目前该标志位没有意义
    unsigned shared:1;
    // 标志位，为 1 时表示 Nginx 会将网络地址转变为字符串形式的地址
    unsigned addr_ntop:1;
};
```

ngx_connection_handler_pt 类型的 handler 成员表示在这个监听端口上成功建立新的 TCP 连接后，就会回调 handler 方法，它的定义很简单，如下所示。

```
typedef void (*ngx_connection_handler_pt)(ngx_connection_t *c);
```

它接收一个 ngx_connection_t 连接参数。许多事件消费模块（如 HTTP 框架、mail 框架）都会自定义上面的 handler 方法。

8.3.2 ngx_cycle_t 结构体

Nginx 框架是围绕着 ngx_cycle_t 结构体来控制进程运行的。ngx_cycle_t 结构体的 prefix、conf_prefix、conf_file 等字符串类型成员保存着 Nginx 配置文件的路径，从 8.2 节已

经知道，Nginx 的可配置性完全依赖于 nginx.conf 配置文件，Nginx 所有模块的可定制性、可伸缩性等诸多特性也是依赖于 nginx.conf 配置文件的，可以想见，这个配置文件路径必然是保存在 ngx_cycle_t 结构体中的。

有了配置文件后，Nginx 框架就开始根据配置项来加载所有的模块了，这一步骤会在 ngx_init_cycle 方法中进行（见 8.3.3 节）。ngx_init_cycle 方法，顾名思义，就是用来构造 ngx_cycle_t 结构体中成员的，首先来介绍一下 ngx_cycle_t 中的成员（对于下面提到的 connections、read_events、write_events、files、free_connections 等成员，它们是与事件模块强相关的，本章将不做详细介绍，在第 9 章中会详述这些成员的意义）。

```
    typedef struct ngx_cycle_s ngx_cycle_t;
    struct ngx_cycle_s {
        /* 保存着所有模块存储配置项的结构体的指针，它首先是一个数组，每个数组成员又是一个指针，这个指针指向另一个存储着指针的数组，因此会看到 void**** */
        void ****conf_ctx;
        // 内存池
        ngx_pool_t *pool;

        /* 日志模块中提供了生成基本 ngx_log_t 日志对象的功能，这里的 log 实际上是在还没有执行 ngx_init_cycle 方法前，也就是还没有解析配置前，如果有信息需要输出到日志，就会暂时使用 log 对象，它会输出到屏幕。在 ngx_init_cycle 方法执行后，将会根据 nginx.conf 配置文件中的配置项，构造出正确的日志文件，此时会对 log 重新赋值 */
        ngx_log_t *log;
        /* 由 nginx.conf 配置文件读取到日志文件路径后，将开始初始化 error_log 日志文件，由于 log 对象还在用于输出日志到屏幕，这时会用 new_log 对象暂时性地替代 log 日志，待初始化成功后，会用 new_log 的地址覆盖上面的 log 指针 */
        ngx_log_t new_log;

        // 与下面的 files 成员配合使用，指出 files 数组里元素的总数
        ngx_uint_t files_n;
        /* 对于 poll、rtsig 这样的事件模块，会以有效文件句柄数来预先建立这些 ngx_connection_t 结构体，以加速事件的收集、分发。这时 files 就会保存所有 ngx_connection_t 的指针组成的数组，files_n 就是指针的总数，而文件句柄的值用来访问 files 数组成员 */
        ngx_connection_t **files;

        // 可用连接池，与 free_connection_n 配合使用
        ngx_connection_t *free_connections;
        // 可用连接池中连接的总数
        ngx_uint_t free_connection_n;

        /* 双向链表容器，元素类型是 ngx_connection_t 结构体，表示可重复使用连接队列 */
        ngx_queue_t reusable_connections_queue;

        /* 动态数组，每个数组元素存储着 ngx_listening_t 成员，表示监听端口及相关的参数 */
        ngx_array_t listening;

        /* 动态数组容器，它保存着 Nginx 所有要操作的目录。如果有目录不存在，则会试图创建，而创建目录失败将会导致 Nginx 启动失败。例如，上传文件的临时目录也在 pathes 中，如果没有权限创建，则会导致 Nginx 无法启动 */
        ngx_array_t pathes;
```

```
    /* 单链表容器，元素类型是 ngx_open_file_t 结构体，它表示 Nginx 已经打开的所有文件。事实上，
Nginx 框架不会向 open_files 链表中添加文件，而是由对此感兴趣的模块向其中添加文件路径名，Nginx 框架
会在 ngx_init_cycle 方法中打开这些文件 */
    ngx_list_t open_files;

    /* 单链表容器，元素的类型是 ngx_shm_zone_t 结构体，每个元素表示一块共享内存，共享内存将在
第 14 章介绍 */
    ngx_list_t shared_memory;

    // 当前进程中所有连接对象的总数，与下面的 connections 成员配合使用
    ngx_uint_t connection_n;
    // 指向当前进程中的所有连接对象，与 connection_n 配合使用
    ngx_connection_t *connections;

    // 指向当前进程中的所有读事件对象，connection_n 同时表示所有读事件的总数
    ngx_event_t *read_events;
    // 指向当前进程中的所有写事件对象，connection_n 同时表示所有写事件的总数
    ngx_event_t *write_events;

    /* 旧的 ngx_cycle_t 对象用于引用上一个 ngx_cycle_t 对象中的成员。例如 ngx_init_cycle 方
法，在启动初期，需要建立一个临时的 ngx_cycle_t 对象保存一些变量，再调用 ngx_init_cycle 方法时就可
以把旧的 ngx_cycle_t 对象传进去，而这时 old_cycle 对象就会保存这个前期的 ngx_cycle_t 对象 */
    ngx_cycle_t *old_cycle;

    // 配置文件相对于安装目录的路径名称
    ngx_str_t conf_file;
    /*Nginx 处理配置文件时需要特殊处理的在命令行携带的参数，一般是 -g 选项携带的参数 */
    ngx_str_t conf_param;
    // Nginx 配置文件所在目录的路径
    ngx_str_t conf_prefix;
    // Nginx 安装目录的路径
    ngx_str_t prefix;
    // 用于进程间同步的文件锁名称
    ngx_str_t lock_file;
    // 使用 gethostname 系统调用得到的主机名
    ngx_str_t hostname;
};
```

在构造 ngx_cycle_t 结构体成员的 ngx_init_cycle 方法中，上面所列出的 pool 内存池成员、hostname 主机名、日志文件 new_log 和 log、存储所有路径的 pathes 数组、共享内存、监听端口等都会在该方法中初始化。本章后续提到的流程、方法中可以随处见到 ngx_cycle_t 结构体成员的身影。

8.3.3 ngx_cycle_t 支持的方法

与 ngx_cycle_t 核心结构体相关的方法实际上是非常多的。例如，每个模块都可以通过 init_module、init_process、exit_process、exit_master 等方法操作进程中独有的 ngx_cycle_t 结构体。然而，Nginx 的框架代码中关于 ngx_cycle_t 结构体的方法并不是太多，表 8-2 中列出了与 ngx_cycle_t 相关的主要方法，我们先做一个初步的介绍，在后面的章节中将会提到这些方法的意义。

表 8-2 中列出的许多方法都可以在下面各节中找到。例如，ngx_init_cycle 方法的流程可参照图 8-6 中的第 3 步（调用所有核心模块的 create_conf 方法）~ 第 8 步（调用所有模块的 init_module 方法）之间的内容；ngx_worker_process_cycle 方法可部分参照图 8-7（图 8-7 中缺少调用 ngx_worker_process_init 方法）；ngx_master_process_cycle 监控、管理子进程的流程可参照图 8-8。

表 8-2　ngx_cycle_t 结构体支持的主要方法

方法名	参数含义	执行意义
ngx_cycle_t *ngx_init_cycle (ngx_cycle_t *old_cycle)	old_cycle 表示临时的 ngx_cycle_t 指针，一般仅用来传递 ngx_cycle_t 结构体中的配置文件路径等参数	返回初始化成功的完整的 ngx_cycle_t 结构体，该函数将会负责初始化 ngx_cycle_t 中的数据结构、解析配置文件、加载所有模块、打开监听端口、初始化进程间通信方式等工作。如果失败，则返回 NULL 空指针
ngx_int_t ngx_process_options (ngx_cycle_t *cycle)	cycle 通常是刚刚分配的 ngx_cycle_t 结构体指针，仅用于传递配置文件路径信息	用运行 Nginx 时可能携带的目录参数来初始化 cycle，包括初始化运行目录、配置目录，并生成完整的 nginx.conf 配置文件路径
ngx_int_t ngx_add_inherited sockets(ngx_cycle_t *cycle)	cycle 是当前进程的 ngx_cycle_t 结构体指针	在执行不重启服务升级 Nginx 的操作时，老的 Nginx 进程会通过环境变量“NGINX”来传递需要打开的监听端口，新的 Nginx 进程会通过 ngx_add_inherited_sockets 方法来使用已经打开的 TCP 监听端口
ngx_int_t ngx_open_listening_sockets (ngx_cycle_t *cycle)	cycle 是当前进程的 ngx_cycle_t 结构体指针	监听、绑定 cycle 中 listening 动态数组指定的相应端口
void ngx_configure_listening_sockets(ngx_cycle_t *cycle)	cycle 是当前进程的 ngx_cycle_t 结构体指针	根据 nginx.conf 中的配置项设置已经监听的句柄
void ngx_close_listening_sockets(ngx_cycle_t *cycle)	cycle 是当前进程的 ngx_cycle_t 结构体指针	关闭 cycle 中 listening 动态数组已经打开的句柄
void ngx_master_process_cycle(ngx_cycle_t *cycle)	cycle 是当前进程的 ngx_cycle_t 结构体指针	进入 master 进程的工作循环
void ngx_single_process_cycle (ngx_cycle_t *cycle)	cycle 是当前进程的 ngx_cycle_t 结构体指针	进入单进程模式（非 master、worker 进程工作模式）的工作循环
void ngx_start_worker_processes (ngx_cycle_t *cycle, ngx_int_t n, ngx_int_t type)	cycle 是当前进程的 ngx_cycle_t 结构体指针，n 是启动子进程的个数，type 是启动方式，它的取值范围有以下 5 个： 1）NGX_PROCESS_RESPAWN； 2）NGX_PROCESS_NORESPAWN； 3）NGX_PROCESS_JUST_SPAWN； 4）NGX_PROCESS_JUST_RESPAWN； 5）NGX_PROCESS_DETACHED。 type 的值将影响 8.6 节中 ngx_process_t 结构体的 respawn、detached、just_spawn 标志位的值	启动 n 个 worker 子进程，并设置好每个子进程与 master 父进程之间使用 socketpair 系统调用建立起来的 socket 句柄通信机制

（续）

方 法 名	参数含义	执行意义
void ngx_start_cache_manager_processes(ngx_cycle_t *cycle, ngx_uint_t respawn)	cycle 是当前进程的 ngx_cycle_t 结构体指针，respawn 是启动子进程的方式，它与 ngx_start_worker_processes 方法中的 type 参数意义完全相同	根据是否使用文件缓存模块，也就是 cycle 中存储路径的动态数组中是否有路径的 manage 标志打开，来决定是否启动 cache manage 子进程，同样根据 loader 标志决定是否启动 cache loader 子进程
void ngx_pass_open_channel (ngx_cycle_t *cycle, ngx_channel_t *ch)	cycle 是当前进程的 ngx_cycle_t 结构体指针，ch 是将要向子进程发送的信息	向所有已经打开的 channel（通过 socketpair 生成的句柄进行通信）发送 ch 信息
void ngx_signal_worker_processes (ngx_cycle_t *cycle, int signo)	cycle 是当前进程的 ngx_cycle_t 结构体指针，signo 是信号	处理 worker 进程接收到的信号
ngx_uint_t ngx_reap_children (ngx_cycle_t *cycle)	cycle 是当前进程的 ngx_cycle_t 结构体指针	检查 master 进程的所有子进程，根据每个子进程的状态（ngx_process_t 结构体中的标志位）判断是否要启动子进程、更改 pid 文件等
voidngx_master_process_exit (ngx_cycle_t *cycle)	cycle 是当前进程的 ngx_cycle_t 结构体指针	退出 master 进程工作的循环
void ngx_worker_process_cycle (ngx_cycle_t *cycle, void *data)	cycle 是当前进程的 ngx_cycle_t 结构体指针，这里还未开始使用 data 参数，所以 data 一般为 NULL	进入 worker 进程工作的循环
void ngx_worker_process_init (ngx_cycle_t *cycle, ngx_uint_t priority)	cycle 是当前进程的 ngx_cycle_t 结构体指针，priority 是 worker 进程的系统优先级	进入 worker 进程工作循环之前的初始化工作
void ngx_worker_process_exit (ngx_cycle_t *cycle)	cycle 是当前进程的 ngx_cycle_t 结构体指针	退出 worker 进程工作的循环
void ngx_cache_manager_process_cycle(ngx_cycle_t *cycle, void *data)	cycle 是当前进程的 ngx_cycle_t 结构体指针，data 是传入的 ngx_cache_manager_ctx_t 结构体指针	执行缓存管理工作的循环方法。这与文件缓存模块密切相关，在本章中不做详细探讨
void ngx_process_events_and_timers (ngx_cycle_t *cycle)	cycle 是当前进程的 ngx_cycle_t 结构体指针	使用事件模块处理截止到现在已经收集到的事件。该函数由事件模块实现，详见第 9 章

8.4 Nginx 启动时框架的处理流程

通过阅读 8.3 节，读者应该对 ngx_cycle_t 结构体有了基本的了解，下面继续介绍 Nginx 在启动时框架做了些什么。注意，本节描述的 Nginx 启动流程基本上不包含 Nginx 模块在启动流程中所做的工作，仅仅是展示框架代码如何使服务运行起来，这里的框架主要就是调用表 8-2 中列出的方法。

如图 8-6 所示，这里包括 Nginx 框架在启动阶段执行的所有基本流程，零碎的工作这里不涉及，对一些复杂的业务也仅做简单说明（如图 8-6 中的第 2 步涉及的平滑升级的问题），本节关注的重点只是 Nginx 的正常启动流程。

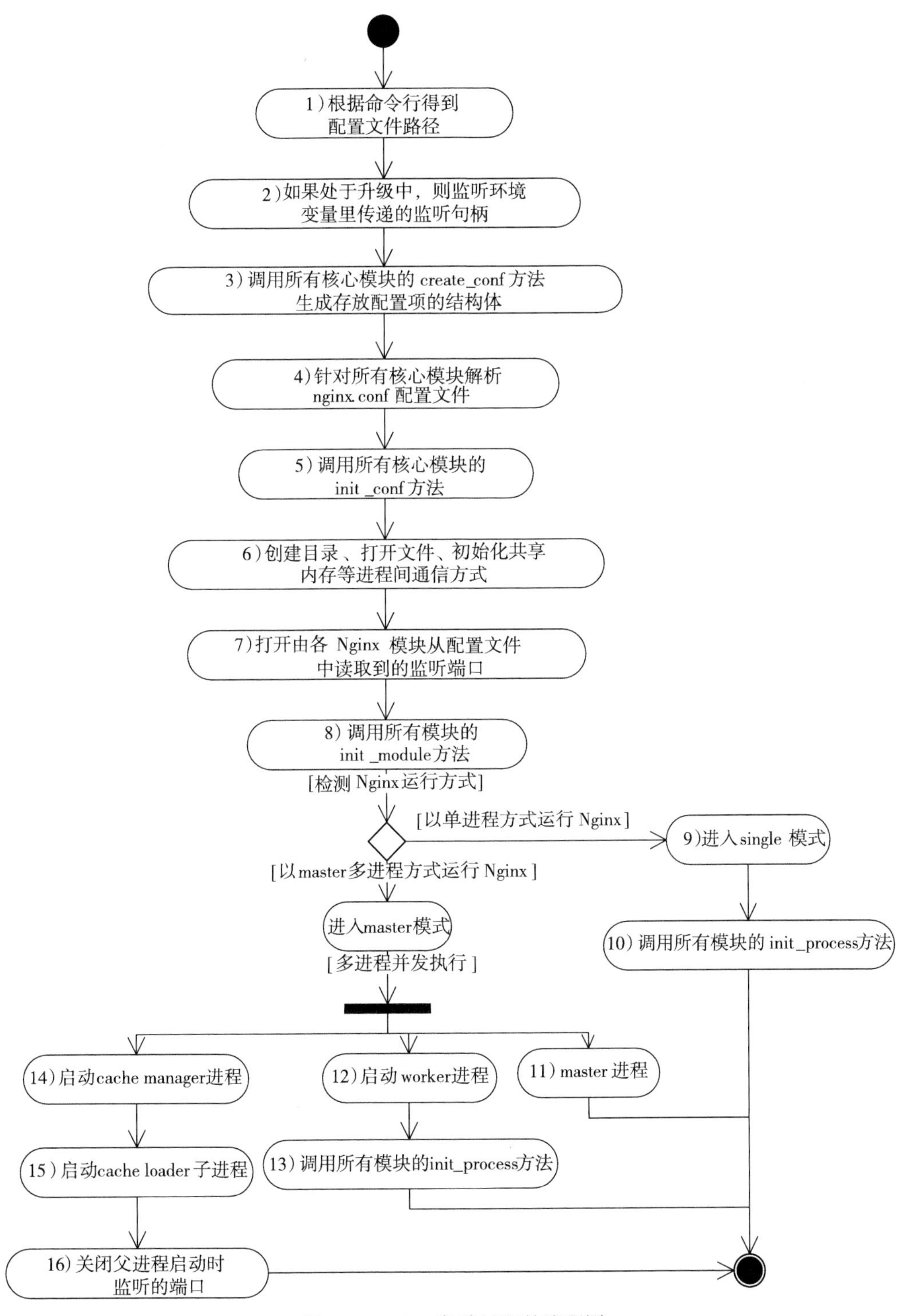

图 8-6　Nginx 启动过程的流程图

下面简要介绍一下图 8-6 中的主要步骤：

1）在 Nginx 启动时，首先会解析命令行，处理各种参数。因为 Nginx 是以配置文件作为核心提供服务的，所以最主要的就是确定配置文件 nginx.conf 的路径。这里会预先创建一个临时的 ngx_cycle_t 类型变量，用它的成员存储配置文件路径（实际上还会使用这个临时 ngx_cycle_t 结构体的其他成员，如 log 成员会指向屏幕输出日志），最后调用表 8-2 中的 ngx_process_options 方法来设置配置文件路径等参数。

2）图 8-6 中的第 2 步实际上就是在调用表 8-2 中的 ngx_add_inherited_sockets 方法。Nginx 在不重启服务升级时，也就是我们说过的平滑升级（参见 1.9 节）时，它会不重启 master 进程而启动新版本的 Nginx 程序。这样，旧版本的 master 进程会通过 execve 系统调用来启动新版本的 master 进程（先 fork 出子进程再调用 exec 来运行新程序），这时旧版本的 master 进程必须要通过一种方式告诉新版本的 master 进程这是在平滑升级，并且传递一些必要的信息。Nginx 是通过环境变量来传递这些信息的，新版本的 master 进程通过 ngx_add_inherited_sockets 方法由环境变量里读取平滑升级信息，并对旧版本 Nginx 服务监听的句柄做继承处理。

3）第 3 步 ~ 第 8 步，都是在 ngx_init_cycle 方法中执行的。在初始化 ngx_cycle_t 中的所有容器后，会为读取、解析配置文件做准备工作。因为每个模块都必须有相应的数据结构来存储配置文件中的各配置项，创建这些数据结构的工作都需要在这一步进行。Nginx 框架只关心 NGX_CORE_MODULE 核心模块，这也是为了降低框架的复杂度。这里将会调用所有核心模块的 create_conf 方法（也只有核心模块才有这个方法），这意味着需要所有的核心模块开始构造用于存储配置项的结构体。其他非核心模块怎么办呢？其实很简单。这些模块大都从属于一个核心模块，如每个 HTTP 模块都由 ngx_http_module 管理（如图 8-2 所示），这样 ngx_http_module 在解析自己感兴趣的"http"配置项时，将会调用所有 HTTP 模块约定的方法来创建存储配置项的结构体（如第 4 章中介绍过的 xxx_create_main_conf、xxx_create_srv_conf、xxx_create_loc_conf 方法）。

4）调用配置模块提供的解析配置项方法。遍历 nginx.conf 中的所有配置项，对于任一个配置项，将会检查所有核心模块以找出对它感兴趣的模块，并调用该模块在 ngx_command_t 结构体中定义的配置项处理方法。这个流程可以参考图 4-1。

5）调用所有 NGX_CORE_MODULE 核心模块的 init_conf 方法。这一步骤的目的在于让所有核心模块在解析完配置项后可以做综合性处理。

6）在之前核心模块的 init_conf 或者 create_conf 方法中，可能已经有些模块（如缓存模块）在 ngx_cycle_t 结构体中的 pathes 动态数组和 open_files 链表中添加了需要打开的文件或者目录，本步骤将会创建不存在的目录，并把相应的文件打开。同时，ngx_cycle_t 结构体的 shared_memory 链表中将会开始初始化用于进程间通信的共享内存。

7）之前第 4 步在解析配置项时，所有的模块都已经解析出自己需要监听的端口，如 HTTP 模块已经在解析 http{...} 配置项时得到它要监听的端口，并添加到 listening 数组中了。这一步骤就是按照 listening 数组中的每一个 ngx_listening_t 元素设置 socket 句柄并监听端口（实际上，这一步骤的主要工作就是调用表 8-2 中的 ngx_open_listening_sockets 方法）。

8）在这个阶段将会调用所有模块的 init_module 方法。接下来将会根据配置的 Nginx 运行模式决定如何工作。

9）如果 nginx.conf 中配置为单进程工作模式，这时将会调用 ngx_single_process_cycle 方法进入单进程工作模式。

10）调用所有模块的 init_process 方法。单进程工作模式的启动工作至此全部完成，将进入正常的工作模式，也就是 8.5 节和 8.6 节分别介绍的 worker 进程工作循环、master 进程工作循环的结合体。

11）如果进入 master、worker 工作模式，在启动 worker 子进程、cache manage 子进程、cache loader 子进程后，就开始进入 8.6 节提到的工作状态，至此，master 进程启动流程执行完毕。

12）由 master 进程按照配置文件中 worker 进程的数目，启动这些子进程（也就是调用表 8-2 中的 ngx_start_worker_processes 方法）。

13）调用所有模块的 init_process 方法。worker 进程的启动工作至此全部完成，接下来将进入正常的循环处理事件流程，也就是 8.5 节中介绍的 worker 进程工作循环的 ngx_worker_process_cycle 方法。

14）在这一步骤中，由 master 进程根据之前各模块的初始化情况来决定是否启动 cache manage 子进程，也就是根据 ngx_cycle_t 中存储路径的动态数组 pathes 中是否有某个路径的 manage 标志位打开来决定是否启动 cache manage 子进程。如果有任何 1 个路径的 manage 标志位为 1，则启动 cache manage 子进程。

15）与第 14 步相同，如果有任何 1 个路径的 loader 标志位为 1，则启动 cache loader 子进程。对于第 14 步和第 15 步而言，都是与文件缓存模块密切相关的，但本章不会详述。

16）关闭只有 worker 进程才需要监听的端口。

在以上 16 个步骤中，简要地列举出了 Nginx 在单进程模式和 master 工作方式下的启动流程，这里仅列举出与 Nginx 框架密切相关的步骤，并未涉及具体的模块。

8.5 worker 进程是如何工作的

本节的内容不会涉及事件模块的处理工作，只是探讨在 worker 进程中循环执行的 ngx_worker_process_cycle 方法是如何控制进程运行的。

master 进程如何通知 worker 进程停止服务或更换日志文件呢？对于这样控制进程运行的进程间通信方式，Nginx 采用的是信号（详见 14.5 节）。因此，worker 进程中会有一个方法来处理信号，它就是 ngx_signal_handler 方法。

```
void ngx_signal_handler(int signo)
```

对于 worker 进程的工作方法 ngx_worker_process_cycle 来说，它会关注以下 4 个全局标志位。

```
sig_atomic_t  ngx_terminate;
sig_atomic_t  ngx_quit;
ngx_uint_t    ngx_exiting;
sig_atomic_t  ngx_reopen;
```

其中的 ngx_terminate、ngx_quit、ngx_reopen 都将由 ngx_signal_handler 方法根据接收到的信号来设置。例如，当接收到 QUIT 信号时，ngx_quit 标志位会设为 1，这是在告诉 worker 进程需要优雅地关闭进程；当接收到 TERM 信号时，ngx_terminate 标志位会设为 1，这是在告诉 worker 进程需要强制关闭进程；当接收到 USR1 信号时，ngx_reopen 标志位会设为 1，这是在告诉 Nginx 需要重新打开文件（如切换日志文件时），见表 8-3。

表 8-3 worker 进程接收到的信号对框架的意义

信 号	对应进程中的全局标志位变量	意 义
QUIT	ngx_quit	优雅地关闭进程
TERM 或者 INT	ngx_terminate	强制关闭进程
USR1	ngx_reopen	重新打开所有文件
WINCH	ngx_debug_quit	目前没有实际意义

ngx_exiting 标志位仅由 ngx_worker_process_cycle 方法在退出时作为标志位使用，如图 8-7 所示。

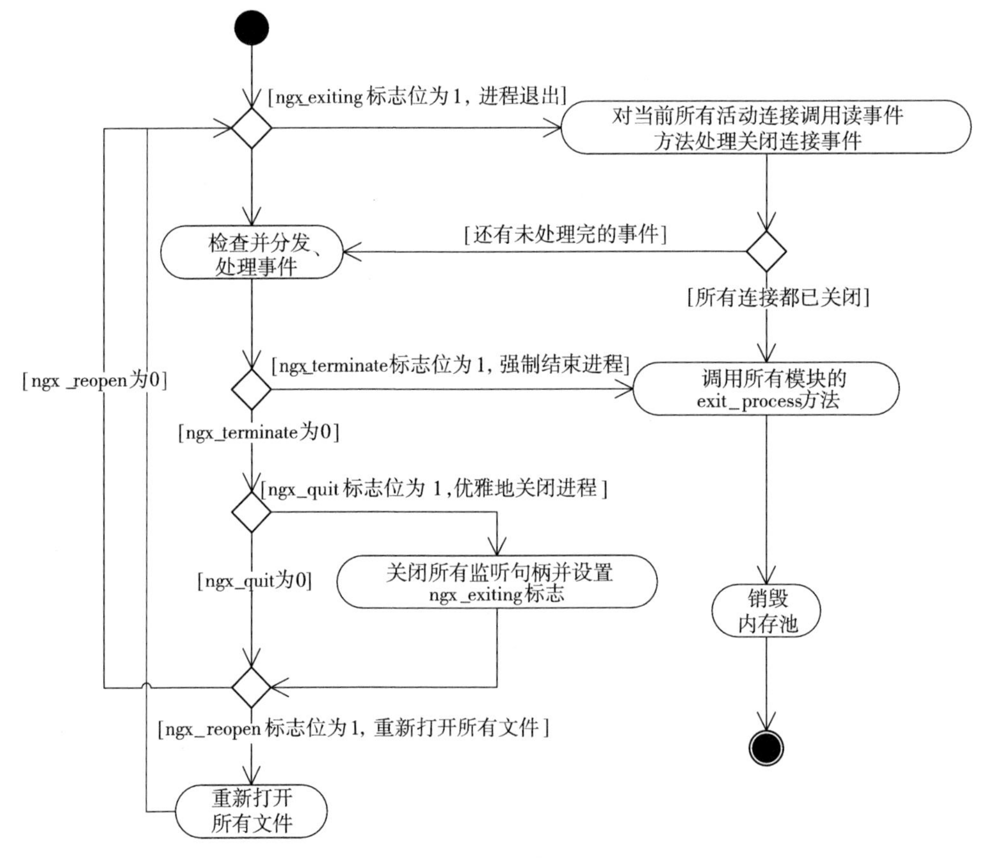

图 8-7 worker 进程正常工作、退出时的流程图

在ngx_worker_process_cycle方法中，通过检查ngx_exiting、ngx_terminate、ngx_quit、ngx_reopen这4个标志位来决定后续动作。

如果ngx_exiting为1，则开始准备关闭worker进程。首先，根据当前ngx_cycle_t中所有正在处理的连接，调用它们对应的关闭连接处理方法（就是将连接中的close标志位置为1，再调用读事件的处理方法，在第9章中会详细讲解Nginx连接）。调用所有活动连接的读事件处理方法处理连接关闭事件后，将检查ngx_event_timer_rbtree红黑树（保存所有事件的定时器，在第9章中会介绍它）是否为空，如果不为空，表示还有事件需要处理，将继续向下执行，调用ngx_process_events_and_timers方法处理事件；如果为空，表示已经处理完所有的事件，这时将调用所有模块的exit_process方法，最后销毁内存池，退出整个worker进程。

注意 ngx_exiting标志位只有唯一一段代码会设置它，也就是下面接收到QUIT信号。ngx_quit只有在首次设置为1时，才会将ngx_exiting置为1。

如果ngx_exiting不为1，那么调用ngx_process_events_and_timers方法处理事件。这个方法是事件模块的核心方法，将会在第9章介绍它。

接下来检查ngx_terminate标志位，如果ngx_terminate不为1，则继续向下检查，否则开始准备退出worker进程。与上一步ngx_exiting为1的退出流程不同，这里不会调用所有活动连接的处理方法去处理关闭连接事件，也不会检查是否已经处理完所有的事件，而是立刻调用所有模块的exit_process方法，销毁内存池，退出worker进程。

接下来再检查ngx_quit标志位，如果标志位为1，则表示需要优雅地关闭连接。这时，Nginx首先会将所在进程的名字修改为“worker process is shutting down”，然后调用ngx_close_listening_sockets方法来关闭监听的端口，接着设置ngx_exiting标志位为1，继续向下执行（检查ngx_reopen_files标志位）。

最后检查ngx_reopen标志位，如果为1，则表示需要重新打开所有文件。这时，调用ngx_reopen_files方法重新打开所有文件。之后继续下一个循环，再去检查ngx_exiting标志位。

8.6 master进程是如何工作的

master进程不需要处理网络事件，它不负责业务的执行，只会通过管理worker等子进程来实现重启服务、平滑升级、更换日志文件、配置文件实时生效等功能。与8.5节类似的是，它会通过检查以下7个标志位来决定ngx_master_process_cycle方法的运行。

```
sig_atomic_t  ngx_reap;
sig_atomic_t  ngx_terminate;
sig_atomic_t  ngx_quit;
sig_atomic_t  ngx_reconfigure;
sig_atomic_t  ngx_reopen;
sig_atomic_t  ngx_change_binary;
sig_atomic_t  ngx_noaccept;
```

ngx_signal_handler 方法会根据接收到的信号设置 ngx_reap、ngx_quit、ngx_terminate、ngx_reconfigure、ngx_reopen、ngx_change_binary、ngx_noaccept 这些标志位，见表 8-4。

表 8-4 进程中接收到的信号对 Nginx 框架的意义

信　号	对应进程中的全局标志位变量	意　义
QUIT	ngx_quit	优雅地关闭整个服务
TERM 或者 INT	ngx_terminate	强制关闭整个服务
USR1	ngx_reopen	重新打开服务中的所有文件
WINCH	ngx_noaccept	所有子进程不再接受处理新的连接，实际相当于对所有的子进程发送 QUIT 信号量
USR2	ngx_change_binary	平滑升级到新版本的 Nginx 程序
HUP	ngx_reconfigure	重读配置文件并使服务对新配置项生效
CHLD	ngx_reap	有子进程意外结束，这时需要监控所有的子进程，也就是 ngx_reap_children 方法所做的工作

表 8-4 列出了 master 工作流程中的 7 个全局标志位变量。除此之外，还有一个标志位也会用到，它仅仅是在 master 工作流程中作为标志位使用的，与信号无关。

```
ngx_uint_t ngx_restart;
```

在解释 master 工作流程前，还需要对 master 进程管理子进程的数据结构有个初步了解。下面定义了 ngx_processes 全局数组，虽然子进程中也会有 ngx_processes 数组，但这个数组仅仅是给 master 进程使用的。下面看一下 ngx_processes 全局数组的定义，代码如下。

```
// 定义 1024 个元素的 ngx_processes 数组，也就是最多只能有 1024 个子进程
#define NGX_MAX_PROCESSES 1024

// 当前操作的进程在 ngx_processes 数组中的下标
ngx_int_t ngx_process_slot;

// ngx_processes 数组中有意义的 ngx_process_t 元素中最大的下标
ngx_int_t ngx_last_process;

// 存储所有子进程的数组
ngx_process_t ngx_processes[NGX_MAX_PROCESSES];
```

master 进程中所有子进程相关的状态信息都保存在 ngx_processes 数组中。再来看一下数组元素的类型 ngx_process_t 结构体的定义，代码如下。

```
typedef struct {
    // 进程 ID
    ngx_pid_t pid;
    // 由 waitpid 系统调用获取到的进程状态
    int status;
    /* 这是由 socketpair 系统调用产生出的用于进程间通信的 socket 句柄，这一对 socket 句柄可以
互相通信，目前用于 master 父进程与 worker 子进程间的通信，详见 14.4 节 */
    ngx_socket_t channel[2];
```

```
    //子进程的循环执行方法，当父进程调用ngx_spawn_process生成子进程时使用
    ngx_spawn_proc_pt proc;
    /* 上面的ngx_spawn_proc_pt方法中第2个参数需要传递1个指针，它是可选的。例如，worker子进程就不需要，而cache manage进程就需要ngx_cache_manager_ctx上下文成员。这时，data一般与ngx_spawn_proc_pt方法中第2个参数是等价的 */
    void *data;
    //进程名称。操作系统中显示的进程名称与name相同
    char *name;

    //标志位，为1时表示在重新生成子进程
    unsigned respawn:1;
    //标志位，为1时表示正在生成子进程
    unsigned just_spawn:1;
    //标志位，为1时表示在进行父、子进程分离
    unsigned  detached:1;
    //标志位，为1时表示进程正在退出
    unsigned exiting:1;
    //标志位，为1时表示进程已经退出
    unsigned exited:1;
} ngx_process_t;
```

master进程怎样启动一个子进程呢？其实很简单，fork系统调用即可以完成。ngx_spawn_process方法封装了fork系统调用，并且会从ngx_processes数组中选择一个还未使用的ngx_process_t元素存储这个子进程的相关信息。如果所有1024个数组元素中已经没有空余的元素，也就是说，子进程个数超过了最大值1024，那么将会返回NGX_INVALID_PID。因此，ngx_processes数组中元素的初始化将在ngx_spawn_process方法中进行。

下面对启动子进程的方法做一个简单说明，它的定义如下。

```
ngx_pid_t ngx_spawn_process(ngx_cycle_t *cycle, ngx_spawn_proc_pt proc, void *data, char *name, ngx_int_t respawn)
```

这里的proc函数指针就是子进程中将要执行的工作循环。下面看一下ngx_spawn_proc_pt的定义，代码如下。

```
typedef void (*ngx_spawn_proc_pt) (ngx_cycle_t *cycle, void *data);
```

因此，worker进程的工作循环ngx_worker_process_cycle方法也是依照ngx_spawn_proc_pt来定义的，代码如下。

```
static void ngx_worker_process_cycle(ngx_cycle_t *cycle, void *data);
```

cache manage进程或者cache loader进程的工作循环ngx_cache_manager_process_cycle方法也是如此，代码如下。

```
static void ngx_cache_manager_process_cycle(ngx_cycle_t *cycle, void *data);
```

那么，ngx_processes数组中这些进程的状态是怎么改变的呢？依靠信号！当每个子进程意外退出时，master父进程会接收到Linux内核发来的CHLD信号，而处理信号的ngx_signal_handler方法这时将会做以下处理：将sig_reap标志位置为1，调用ngx_process_get_status方法修改ngx_processes数组中所有子进程的状态（通过waitpid系统调用得到意外结

束的子进程 ID，然后遍历 ngx_processes 数组找到该子进程 ID 对应的 ngx_process_t 结构体，将其 exited 标志位置为 1）。那么，一个子进程意外结束后，如何启动新的子进程呢？这可以在图 8-8 所示的 master 进程的工作循环中找到答案。

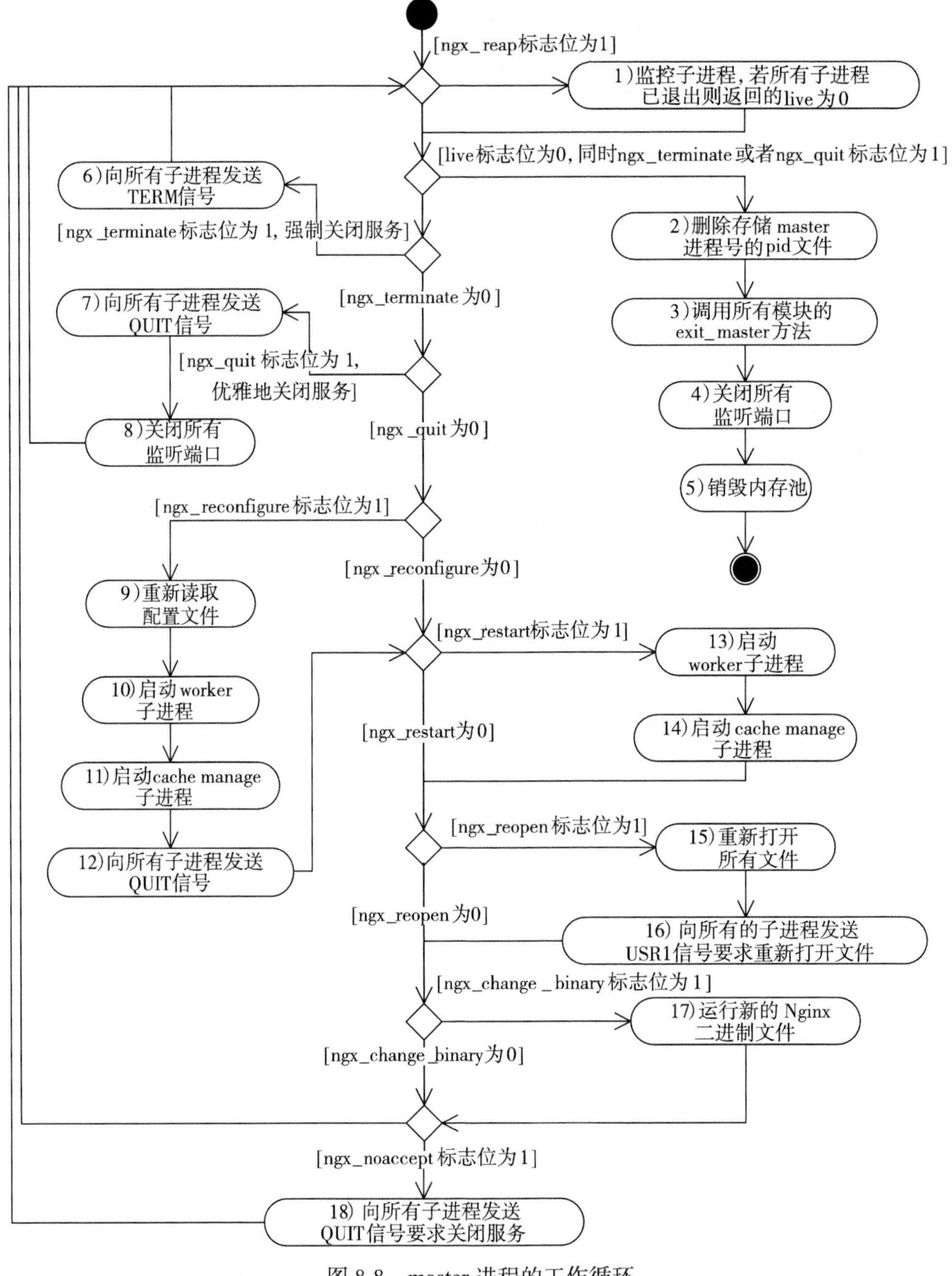

图 8-8 master 进程的工作循环

下面简要介绍一下图 8-8 中列出的流程。实际上，根据以下 8 个标志位：ngx_reap、ngx_terminate、ngx_quit、ngx_reconfigure、ngx_restart、ngx_reopen、ngx_change_binary、ngx_noaccept，决定执行不同的分支流程，并循环执行（注意，每次一个循环执行完毕后进程会被挂起，直到有新的信号才会激活继续执行）。

1）如果 ngx_reap 标志位为 0，则继续向下执行第 2 步；如果 ngx_reap 标志位为 1，则表示需要监控所有的子进程，同时调用表 8-2 中的 ngx_reap_children 方法来管理子进程。这时，ngx_reap_children 方法将会遍历 ngx_processes 数组，检查每个子进程的状态，对于非正常退出的子进程会重新拉起。最后，ngx_processes 方法会返回一个 live 标志位，如果所有的子进程都已经正常退出，那么 live 将为 0，除此之外，live 会为 1。

2）当 live 标志位为 0（所有子进程已经退出）、ngx_terminate 标志位为 1 或者 ngx_quit 标志位为 1 时，都将调用 ngx_master_process_exit 方法开始退出 master 进程，否则继续向下执行第 6 步。在 ngx_master_process_exit 方法中，首先会删除存储进程号的 pid 文件。

3）继续之前的 ngx_master_process_exit 方法，调用所有模块的 exit_master 方法。

4）调用 ngx_close_listening_sockets 方法关闭进程中打开的监听端口。

5）销毁内存池，退出 master 进程。

6）如果 ngx_terminate 标志位为 1，则向所有子进程发送信号 TERM，通知子进程强制退出进程，接下来直接跳到第 1 步并挂起进程，等待信号激活进程。如果 ngx_terminate 标志位为 0，则继续执行第 7 步。

7）如果 ngx_quit 标志位为 0，跳到第 9 步，否则表示需要优雅地退出服务，这时会向所有子进程发送 QUIT 信号，通知它们退出进程。

8）继续 ngx_quit 为 1 的分支流程。关闭所有的监听端口，接下来直接跳到第 1 步并挂起 master 进程，等待信号激活进程。

9）如果 ngx_reconfigure 标志位为 0，则跳到第 13 步检查 ngx_restart 标志位。如果 ngx_reconfigure 为 1，则表示需要重新读取配置文件。Nginx 不会再让原先的 worker 等子进程再重新读取配置文件，它的策略是重新初始化 ngx_cycle_t 结构体，用它来读取新的配置文件，再拉起新的 worker 进程，销毁旧的 worker 进程。本步中将会调用 ngx_init_cycle 方法重新初始化 ngx_cycle_t 结构体。

10）接第 9 步，调用 ngx_start_worker_processes 方法再拉起一批 worker 进程，这些 worker 进程将使用新 ngx_cycle_t 结构体。

11）接第 10 步，调用 ngx_start_cache_manager_processes 方法，按照缓存模块的加载情况决定是否拉起 cache manage 或者 cache loader 进程。在这两个方法调用后，肯定是存在子进程了，这时会把 live 标志位置为 1（第 2 步中曾用到此标志）。

12）接第 11 步，向原先的（并非刚刚拉起的）所有子进程发送 QUIT 信号，要求它们优雅地退出自己的进程。

13）检查 ngx_restart 标志位，如果为 0，则继续第 15 步，检查 ngx_reopen 标志位。如果 ngx_restart 为 1，则调用 ngx_start_worker_processes 方法拉起 worker 进程，同时将 ngx_restart 置为 0。

14）接 13 步，调用 ngx_start_cache_manager_processes 方法根据缓存模块的情况选择是否启动 cache manage 进程或者 cache loader 进程，同时将 live 标志位置为 1。

15）检查 ngx_reopen 标志位，如果为 0，则继续第 17 步，检查 ngx_change_binary 标志位。如果 ngx_reopen 为 1，则调用 ngx_reopen_files 方法重新打开所有文件，同时将 ngx_reopen 标志位置为 0。

16）向所有子进程发送 USR1 信号，要求子进程都得重新打开所有文件。

17）检查 ngx_change_binary 标志位，如果 ngx_change_binary 为 1，则表示需要平滑升级 Nginx，这时将调用 ngx_exec_new_binary 方法用新的子进程启动新版本的 Nginx 程序，同时将 ngx_change_binary 标志位置为 0。

18）检查 ngx_noaccept 标志位，如果 ngx_noaccept 为 0，则继续第 1 步进行下一个循环；如果 ngx_noaccept 为 1，则向所有的子进程发送 QUIT 信号，要求它们优雅地关闭服务，同时将 ngx_noaccept 置为 0，并将 ngx_noaccepting 置为 1，表示正在停止接受新的连接。

注意，在以上 18 个步骤组成的循环中，并不是不停地在循环执行以上步骤，而是会通过 sigsuspend 调用使 master 进程休眠，等待 master 进程收到信号后激活 master 进程继续由上面的第 1 步执行循环。

8.7 ngx_pool_t 内存池

在说明其设计前先来看看与 ngx_pool_t 内存池相关的 15 个方法，如表 8-5 所示。

表 8-5 内存池操作方法

方法类型	方法名	意义
内存池操作	ngx_create_pool	创建内存池，注意它的 size 参数并不等同于可分配空间，它同时包含了管理结构的大小，这意味着：size 绝不能小于 sizeof（ngx_pool_t），否则就会有内存越界错误。通常，可以设 size 为 NGX_DEFAULT_POOL_SIZE，该宏目前为 16KB，不用担心 16KB 会不够用，当这第一个 16KB 用完时，会自动再分配 16KB 内存的
	ngx_destroy_pool	销毁内存池，它同时会把通过该 pool 分配出的内存释放，而且，还会执行通过 ngx_pool_cleanup_add 方法添加的各类资源清理方法
	ngx_reset_pool	重置内存池，即将内存池中的原有内存释放后继续使用。这个方法的实现是，会把大块内存释放给操作系统，而小块内存则在不释放的情况下复用

（续）

方法类型	方法名	意义
基于内存池的分配、释放内存操作	ngx_palloc	分配地址对齐的内存。按总线长度（例如 sizeof（unsigned long））对齐地址后，可以减少 CPU 读取内存的次数，当然代价是有一些内存浪费
	ngx_pnalloc	分配内存时不进行地址对齐
	ngx_pcalloc	分配出地址对齐的内存后，再调用 memset 将这些内存全部清 0
	ngx_pmemalign	按参数 alignment 进行地址对齐来分配内存。注意，这样分配出的内存不管申请的 size 有多小，都是不会使用小块内存池的，它会从进程的堆中分配内存，并挂在大块内存组成的 large 单链表中
	ngx_pfree	提前释放大块内存。它的效率不高，其实现是遍历 large 链表，寻找 ngx_pool_large_t 的 alloc 成员等于待释放地址，找到后释放内存给操作系统，将 ngx_pool_large_t 移出链表并删除
随着内存池释放同步释放资源的操作	ngx_pool_cleanup_add	添加一个需要在内存池释放时同步释放的资源。该方法会返回一个 ngx_pool_cleanup_t 结构体，而我们得到后需要设置 ngx_pool_cleanup_t 的 handler 成员为释放资源时执行的方法。ngx_pool_cleanup_add 有一个参数 size，当它不为 0 时，会分配 size 大小的内存，并将 ngx_pool_cleanup_t 的 data 成员指向该内存，这样可以利用这段内存传递参数，供释放资源的方法使用。当 size 为 0 时，data 将为 NULL
	ngx_pool_run_cleanup_file	在内存池释放前，如果需要提前关闭文件（当然是调用过 ngx_pool_cleanup_add 添加的文件，同时 ngx_pool_cleanup_t 的 handler 成员被设为 ngx_pool_cleanup_file），则调用该方法
	ngx_pool_cleanup_file	以关闭文件来释放资源的方法，可以设置到 ngx_pool_cleanup_t 的 handler 成员
	ngx_pool_delete_file	以删除文件来释放资源的方法，可以设置到 ngx_pool_cleanup_t 的 handler 成员
与内存池无关的分配、释放操作	ngx_alloc	从操作系统中分配内存
	ngx_calloc	从操作系统中分配出内存，再调用 memset 把内存清 0
	ngx_free	释放内存到操作系统

Nginx 已经提供封装了 malloc、free 的 ngx_alloc、ngx_free 方法，为什么还需要一个挺复杂的内存池呢？对于没有垃圾回收机制的 C 语言编写的应用来说，最容易犯的错就是内存泄露。当分配内存与释放内存的逻辑相距遥远时，还很容易发生同一块内存被释放两次。内存池就是为了降低程序员犯错几率的：模块开发者只需要关心内存的分配，而释放则交由内存池来负责。

那么，ngx_pool_t 内存池什么时候会释放内存呢？一般地，内存池销毁时才会将内存释放回操作系统（例外就是表 8-5 中的 ngx_pfree 方法）。在一个内存池上，可以任意次的申请内存，不用释放它们，唯一要做的就是记得销毁内存池。这一策略在降低程序员们出错概率的同时，引入了另一问题：如果这个内存池的生命周期很长，而每一块内存的生命周期很短，早期申请的内存会一直无谓地占用着珍贵的内存资源，这不是造成严重的内存浪费吗？比如生成内存池后 1 天后销毁它，这 1 天中每秒申请 1K 的内存，而申请到的每块内存在这一秒中就已经使用完毕，这样 1 天结束时这个内存池已经占用了 86MB 的内存！没错，如果内存与内存池的生命周期是如此差异，那么这个问题是存在的。所以，一般性的应用中没有见过这样的内存池设计。但是 ngx_pool_t 内存池却可以应用在 Nginx 上，这是因为 Nginx 是一个很纯粹的 web 服务器，与客户端的每一个 TCP 连接有明确的生命周期，TCP 连接上的每一个 HTTP 请求有非常短暂的生命周期，如果每个请求、连接都有各自的内存池，而模块开发者们评估待申请内存的使用周期，如果隶属于一个 HTTP 请求，则在请求的内存池上分配内存，如果隶属于一个连接，则在连接的内存池上分配内存，如果一直伴随着模块，则可以在 ngx_conf_t 的内存池上分配内存。似乎我们得到了不用释放内存的好处，却增加了关心内存生命周期的额外工作？事实不是这样的，绝大多数模块都在单纯的处理请求，只需要使用 ngx_http_request_t 中的内存池即可。

ngx_pool_t 内存池的设计上还考虑到了小块内存的频繁分配在效率上有提升空间，以及内存碎片还可以再减少些。在讨论其实现前，先定义什么叫小块内存，NGX_MAX_ALLOC_FROM_POOL 宏是一个很重要的标准：

```
#define NGX_MAX_ALLOC_FROM_POOL  (ngx_pagesize - 1)
```

可见，在 X86 架构上就是 4095 字节。通常，小于等于 NGX_MAX_ALLOC_FROM_POOL 就意味着小块内存。这并不是绝对的，当调用 ngx_create_pool 创建内存池时，如果传递的 size 参数小于 NGX_MAX_ALLOC_FROM_POOL+sizeof(ngx_pool_t)，则对于这个内存池来说，size-sizeof(ngx_pool_t) 字节就是小块内存的标准。大块内存与小块内存的处理很不一样，看看 ngx_pool_t 的定义就知道了：

```
typedef struct ngx_pool_s        ngx_pool_t;

struct ngx_pool_s {
    // 描述小块内存池。当分配小块内存时，剩余的预分配空间不足时，会再分配 1 个 ngx_pool_t，
    // 它们会通过 d 中的 next 成员构成单链表
    ngx_pool_data_t       d;

    // 评估申请内存属于小块还是大块的标准
    size_t                max;

    // 多个小块内存池构成链表时，current 指向分配内存时遍历的第 1 个小块内存池
    ngx_pool_t           *current;

    // 用于 ngx_output_chain，与内存池关系不大，略过
```

```
    ngx_chain_t           *chain;

    // 大块内存都直接从进程的堆中分配，为了能够在销毁内存池时同时释放大块内存，
    // 就把每一次分配的大块内存通过 ngx_pool_large_t 组成单链表挂在 large 成员上
    ngx_pool_large_t      *large;

    // 所有待清理资源（例如需要关闭或者删除的文件）以 ngx_pool_cleanup_t 对象构成单链表，
    // 挂在 cleanup 成员上
    ngx_pool_cleanup_t    *cleanup;

    // 内存池执行中输出日志的对象
    ngx_log_t             *log;
};
```

从上面代码的注释中可知，当申请的内存算是大块内存时（大于 ngx_pool_t 的 max 成员），是直接调用 ngx_alloc 从进程的堆中分配的，同时会再分配一个 ngx_pool_large_t 结构体挂在 large 链表中，其定义如下：

```
typedef struct ngx_pool_large_s  ngx_pool_large_t;

struct ngx_pool_large_s {
    // 所有大块内存通过 next 指针联在一起
    ngx_pool_large_t      *next;

    // alloc 指向 ngx_alloc 分配出的大块内存。调用 ngx_pfree 后 alloc 可能是 NULL
    void                  *alloc;
};
```

对于非常大的内存，如果它的生命周期远远的短于所属的内存池，那么在内存池销毁前提前的释放它就变得有意义了。而 ngx_pfree 方法就是提前释放大块内存的，需要注意，它的实现是遍历 large 链表，找到 alloc 等于待释放地址的 ngx_pool_large_t 后，调用 ngx_free 释放大块内存，但不释放 ngx_pool_large_t 结构体，而是把 alloc 置为 NULL。如此实现的意义在于：下次分配大块内存时，会期望复用这个 ngx_pool_large_t 结构体。从这里可以想见，如果 large 链表中的元素很多，那么 ngx_free 的遍历损耗的性能是不小的，如果不能确定内存确实非常大，最好不要调用 ngx_pfree。

再来看看小块内存，通过从进程的堆中预分配更多的内存（ngx_create_pool 的 size 参数决定预分配大小），而后直接使用这块内存的一部分作为小块内存返回给申请者，以此实现减少碎片和调用 malloc 的次数。它们是放在成员 d 中维护管理的，看看 ngx_pool_data_t 是如何定义的：

```
typedef struct {
    // 指向未分配的空闲内存的首地址
    u_char                *last;

    // 指向当前小块内存池的尾部
    u_char                *end;

    // 同属于一个 pool 的多个小块内存池间，通过 next 相连
```

```
    ngx_pool_t            *next;

    //每当剩余空间不足以分配出小块内存时，failed成员就会加1。failed成员大于4后
    //(Nginx1.4.4版本)，ngx_pool_t的current将移向下一个小块内存池
    ngx_uint_t             failed;
} ngx_pool_data_t;
```

当内存池预分配的size不足使用时，就会再接着分配一个小块内存池，预分配大小与原内存池相等，且仍然使用ngx_pool_t表示这个纯粹的小块内存池，用ngx_pool_data_t的next成员相连。这样，这个新增的ngx_pool_t结构体中与小块内存无关的其他成员此时是无意义的，例如max不会赋值、large链表为空等。

ngx_pool_t不只希望程序员不用释放内存，而且还能不需要释放如文件等资源。例如第12章介绍的upstream实现的反向代理，其存放http协议包体的文件就希望它可以随着ngx_pool_t内存池的销毁被自动关闭并删除掉。怎么实现呢？表8-5中的ngx_pool_cleanup_add方法就用来提供这一功能，它会返回ngx_pool_cleanup_t结构体，其定义如下所示：

```
//实现这个回调方法时，data参数将是ngx_pool_cleanup_pt的data成员
typedef void (*ngx_pool_cleanup_pt)(void *data);

typedef struct ngx_pool_cleanup_s  ngx_pool_cleanup_t;

struct ngx_pool_cleanup_s {
    //handler初始为NULL，需要设置为清理方法
    ngx_pool_cleanup_pt   handler;

    //ngx_pool_cleanup_add方法的size>0时data不为NULL，此时可改写data指向的内存，
    //用于为handler指向的方法传递必要的参数
    void                  *data;

    //由ngx_pool_cleanup_add方法设置next成员，用于将当前ngx_pool_cleanup_t
    //添加到ngx_pool_t的cleanup链表中
    ngx_pool_cleanup_t    *next;
};
```

3.8.2节就是一个很好的资源释放例子，当我们将handler设为表8-5中的ngx_pool_delete_file方法时可以删除文件。

图8-9完整地展示了ngx_pool_t内存池中小块内存、大块内存、资源清理链表间的关系。图中，内存池预分配的小块内存区域剩余空闲空间不足以分配某些内存，导致又分配出2个小块内存池。其中原内存池的failed成员已经大于4，所以current指向了第2个小块内存池，这样再次分配小块内存时将会忽略第1个小块内存池。（从这里可以看到，分配内存的行为可能导致每个内存池最大NGX_MAX_ALLOC_FROM_POOL-1字节的内存浪费。）图中共分配3个大块内存，其中第2个大块内存调用过ngx_pfree方法释放了。图中还挂载了两个资源清理方法。

图8-10以分配地址对齐的内存为例，列出了主要步骤的流程图，可以给读者朋友们更

直观的印象，下面详细解释各步骤：

1）将申请的内存大小 size 与 ngx_pool_t 的 max 成员比较，以决定申请的是小块内存还是大块内存。如果 size<=max，则继续执行第 2 步开始分配小块内存；否则，跳到第 10 步分配大块内存。

2）取到 ngx_pool_t 的 current 指针，它表示应当首先尝试从这个小块内存池里分配，因为 current 之前的 pool 已经屡次分配失败（大于 4 次），其剩余的空间多半无法满足 size。这当然是一种存在浪费的预估，但性能不坏。

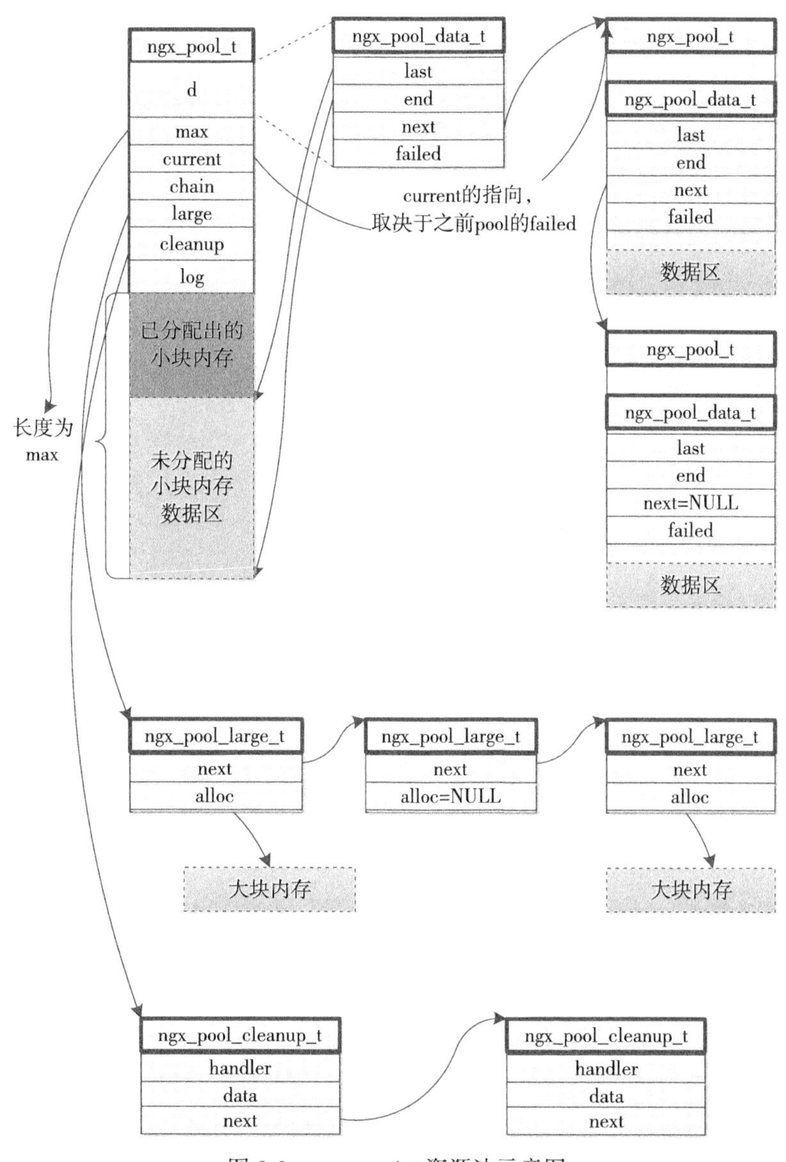

图 8-9　ngx_pool_t 资源池示意图

3）从当前小块内存池的 ngx_pool_data_t 的 last 指针入手，先调用 ngx_align_ptr 找到 last 后最近的对齐地址。（可参考第 16 章的 slab 共享内存，那里处处需要地址对齐。）

```
#define ngx_align_ptr(p, a)                          \
    (u_char *) (((uintptr_t) (p) + ((uintptr_t) a - 1)) & ~((uintptr_t) a - 1))
#define NGX_ALIGNMENT   sizeof(unsigned long)

ngx_pool_t   *p = …;
// 取得 last 的 NGX_ALIGNMENT 字节对齐地址
u_char* m = ngx_align_ptr(p->d.last, NGX_ALIGNMENT);
```

4）比较对齐地址与 ngx_pool_data_t 的 end 指针间是否可以容纳 size 字节。如果 end-m>=size，那么继续执行第 5 步准备返回地址 m；否则，再检查 ngx_pool_data_t 的 next 指针是否为 NULL，如果是空指针，那么跳到第 6 步准备再申请新的小块内存池，不为空则跳到第 3 步继续遍历小块内存池构成的链表。

5）先将 ngx_pool_data_t 的 last 指针置为下次空闲内存的首地址，例如：

```
p->d.last = m + size;
```

再返回地址 m，分配内存流程结束。

6）分配一个大小与上一个 ngx_pool_t 一致的内存池专用于小块内存的分配。内存池大小获取很简单，如下：

```
(size_t) ( pool->d.end - (u_char *) pool)
```

7）将新内存池的空闲地址的首地址对齐，作为返回给申请的内存，再设 last 到空闲内存的首地址。

8）从 current 指向的小块内存池开始遍历到当前的新内存池，依次将各 failed 成员加 1，并把 current 指向首个 failed<=4 的小块内存池，用于下一次的小块内存分配。

9）返回第 7 步对齐的地址，分配流程结束。

10）调用 ngx_alloc 方法从进程的堆内存中分配 size 大小的内存。

11）遍历 ngx_pool_t 的 large 链表，看看有没有 ngx_pool_large_t 的 alloc 成员值为 NULL（这个 alloc 指向的大块内存执行过 ngx_pfree 方法）。如果找到了这个 ngx_pool_large_t，继续执行第 12 步；否则，跳到第 13 步执行。需要注意的是，为了防止 large 链表过大，遍历次数是有限制的，例如最多 4 次还未找到 alloc==NULL 的元素，也会跳出这个遍历循环执行第 13 步。

12）把 ngx_pool_large_t 的 alloc 成员置为第 10 步分配的内存地址，返回地址，分配流程结束。

13）从内存池中分配出 ngx_pool_large_t 结构体，alloc 成员置为第 10 步分配的内存地址，将 ngx_pool_large_t 添加到 ngx_pool_t 的 large 链表首部，返回地址，分配流程结束。

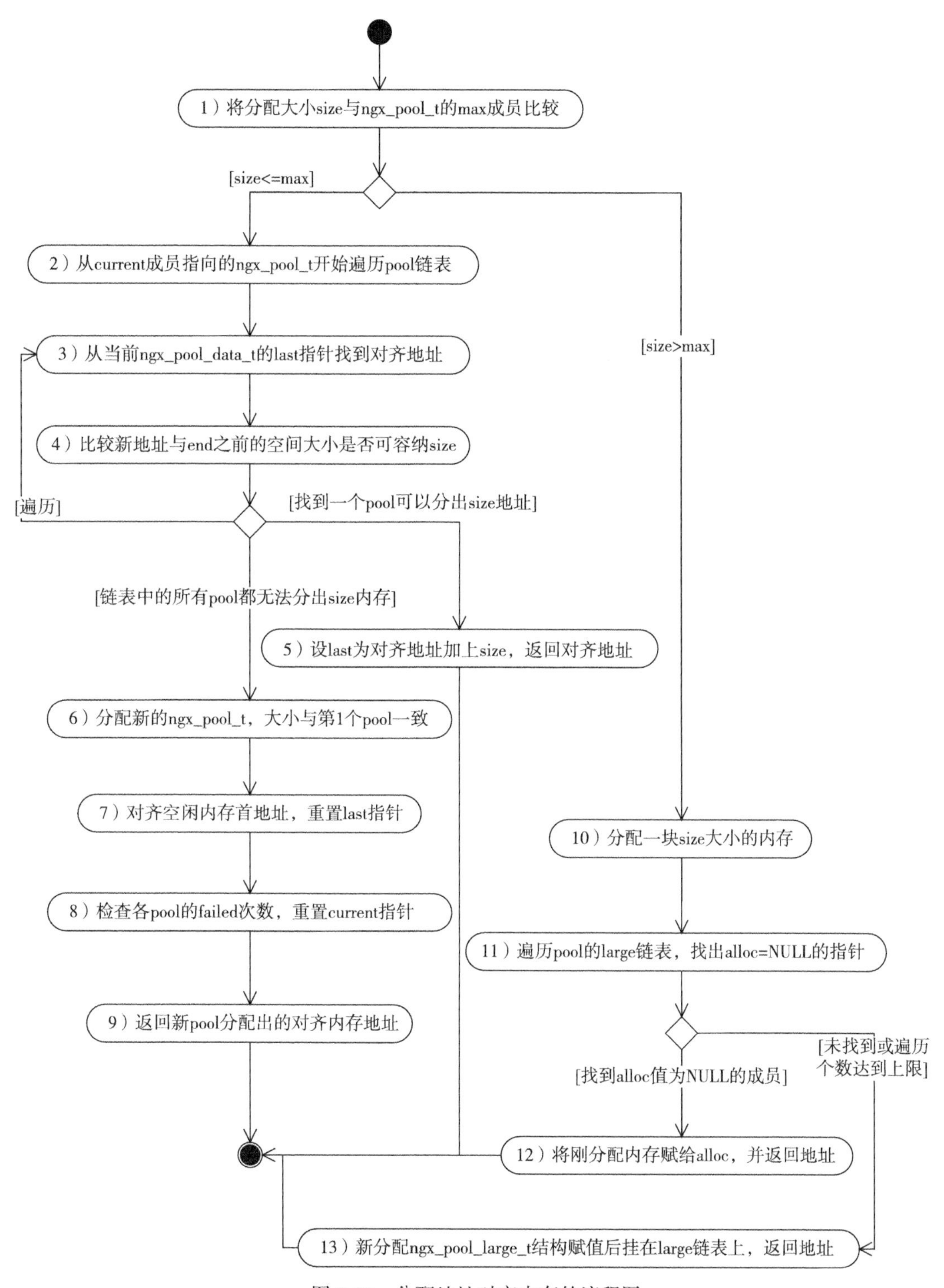

图 8-10　分配地址对齐内存的流程图

8.8 小结

本章主要理清了 Nginx 的设计思路，知道它是如何达到高性能、高可靠性、高可伸缩性、高可修改性等要求的。在此基础上，我们以 ngx_cycle_t 数据结构为核心，介绍了 Nginx 框架如何启动、初始化、加载各 Nginx 模块的代码，以及 master 进程、worker 进程如何在工作循环中运行。对于 worker 进程来说，它的工作流程更多地体现在具体的模块上。例如，对于 HTTP 请求来说，worker 进程大都是由 HTTP 模块所占用的，特别是 8.5 节中提到的 ngx_process_events_and_timers 方法，这是第 9 章中事件模块将要讲述的内容，因此，对于 worker 进程的工作循环，本章并没有做详细的说明。对于 master 进程，8.6 节内容基本上涉及了它在工作循环中执行的所有流程。而对于 cache manage 和 cache loader 进程，它们是与文件缓存模块密切相关的，在不使用文件缓存时，这两个进程也不会启动，它们与框架代码没有多少关联，本章只是进行了简单说明。

ngx_pool_t 内存池是一个很基础的设计，本章通过分析其实现可以帮助读者朋友们正确地使用 ngx_pool_t 内存池，方便阅读后续章节。

通过阅读本章的内容，读者应该对 Nginx 的设计结构有了大致的了解，这样在修改 Nginx 的源码或者开发一些异常强大且深入的 Nginx 模块时就可以得心应手了，因为只有在不违反 Nginx 本身设计原则的前提下才会保留 8.2 节中所述的优点。同时，本章内容是后续章节的基础，在了解事件模块、HTTP 模块、mail 模块前，必须对 Nginx 整个的模块分布、事件驱动、请求的多阶段划分等特点有清晰的认识，这样在阅读后续章节时可以做到事半功倍。

第9章 Chapter 9

事件模块

在上文中提到，Nginx是一个事件驱动架构的Web服务器，本章将全面探讨Nginx的事件驱动机制是如何工作的。ngx_event_t事件和ngx_connection_t连接是处理TCP连接的基础数据结构，在对它们有了基本了解后，在9.4节将首先探讨核心模块ngx_events_module，它定义了一种新的模块类型—事件模块，而在9.5节将开始说明第1个事件模块ngx_event_core_module，它的职责更多地体现在如何管理当前正在使用的事件驱动模式。例如，在Nginx启动时决定到底是基于select还是epoll来监控网络事件。

epoll是目前Linux操作系统上最强大的事件管理机制，本书描述的场景都是使用epoll来驱动事件的处理，在9.6节中，首先会深入到Linux内核，研究epoll的实现原理和使用方法，以此明确epoll的高并发是怎么来的，以及怎样使用epoll才能发挥它的最大性能。接着，就到了ngx_epoll_module模块“亮相”的时候了，这里可以看到一个实际的事件驱动模块是如何实现声明过的事件抽象接口的（见9.1节），同时这个模块也是高效使用epoll的较好的例子。例如，在使用epoll时，非常容易遇到过期事件的处理问题，Nginx就使用了一个巧妙的、成本低廉的方法完美地解决了这个问题，稍后读者将会看到这个小技巧。

Nginx的定时器事件是由第7章中谈到的红黑树实现的，它也由epoll等事件模块触发，在9.7节中，读者将看到Nginx如何实现独立的定时器功能。

在9.8节中，我们开始综合性地介绍事件处理框架，这里将会使用到9.1节～9.7节中的所有知识。这一节将说明核心的ngx_process_events_and_timers方法处理网络事件、定时器事件、post事件的完整流程，同时读者会看到Nginx是如何解决多个worker子进程监听同一端口引起的“惊群”现象的，以及如何均衡多个worker子进程上处理的连接数。

毫无疑问，Linux内核提供的文件异步I/O是不同于glibc库实现的多线程伪异步I/O的，它充分利用了在Linux内核中CPU与I/O设备独立工作的特性，使得进程在提交文件异步I/O

操作后可以占用 CPU 做其他工作。在 9.9 节中，将会讨论这种高效读取磁盘的机制，在简单说明它的使用方式后，读者还可以看到文件异步 I/O 是如何集成到 ngx_epoll_module 模块中与 epoll 一起工作的。

9.1 事件处理框架概述

事件处理框架所要解决的问题是如何收集、管理、分发事件。这里所说的事件，主要以网络事件和定时器事件为主，而网络事件中又以 TCP 网络事件为主（Nginx 毕竟是个 Web 服务器），本章所述的事件处理框架都将围绕这两种事件进行。

定时器事件将在 9.7 节中阐述，因为它的实现简单而且独立，同时它基于网络事件的触发实现，并不涉及操作系统内核。这里先来了解一下 Nginx 是如何收集、管理 TCP 网络事件的。由于网络事件与网卡中断处理程序、内核提供的系统调用密切相关，所以网络事件的驱动既取决于不同的操作系统平台，在同一个操作系统中也受制于不同的操作系统内核版本。这样的话，Nginx 支持多少种操作系统（包括支持哪些版本），就必须提供多少个事件驱动机制，因为基本上每个操作系统提供的事件驱动机制（通常事件驱动机制还有个名字，叫做 I/O 多路复用）都是不同的。例如，Linux 内核 2.6 之前的版本或者大部分类 UNIX 操作系统都可以使用 poll（ngx_poll_module 模块实现）或者 select（ngx_select_module 模块实现），而 Linux 内核 2.6 之后的版本可以使用 epoll（ngx_epoll_module 模块实现），FreeBSD 上可以使用 kqueue（ngx_kqueue_module 模块实现），Solaris 10 上可以使用 eventport（ngx_eventport_module 模块实现）等。

如此一来，事件处理框架需要在不同的操作系统内核中选择一种事件驱动机制支持网络事件的处理（Nginx 的高可移植性亦来源于此）。Nginx 是如何做到这一点的呢？

首先，它定义了一个核心模块 ngx_events_module，这样在 Nginx 启动时会调用 ngx_init_cycle 方法解析配置项，一旦在 nginx.conf 配置文件中找到 ngx_events_module 感兴趣的“events {}”配置项，ngx_events_module 模块就开始工作了。在图 9-3 中，ngx_events_module 模块定义了事件类型的模块，它的全部工作就是为所有的事件模块解析“events {}”中的配置项，同时管理这些事件模块存储配置项的结构体。

其次，Nginx 定义了一个非常重要的事件模块 ngx_event_core_module，这个模块会决定使用哪种事件驱动机制，以及如何管理事件。在 9.5 节中，将会详细讨论 ngx_event_core_module 模块在启动过程中的工作，而在 9.8 节中，则会在事件框架的正常运行中再次看到 ngx_event_core_module 模块的“身影”。

最后，Nginx 定义了一系列（目前为 9 个）运行在不同操作系统、不同内核版本上的事件驱动模块，包括：ngx_epoll_module、ngx_kqueue_module、ngx_poll_module、ngx_select_module、ngx_devpoll_module、ngx_eventport_module、ngx_aio_module、ngx_rtsig_module 和基于 Windows 的 ngx_select_module 模块。在 ngx_event_core_module 模块的初始化过程中，将会从以上 9 个模块中选取 1 个作为 Nginx 进程的事件驱动模块。

下面开始介绍事件驱动模块接口的相关知识。

事件模块是一种新的模块类型，ngx_module_t 表示 Nginx 模块的基本接口，而针对于每一种不同类型的模块，都有一个结构体来描述这一类模块的通用接口，这个接口保存在 ngx_module_t 结构体的 ctx 成员中。例如，核心模块的通用接口是 ngx_core_module_t 结构体，而事件模块的通用接口则是 ngx_event_module_t 结构体（参见图 8-1），具体如下所示。

```
typedef struct {
    // 事件模块的名称
    ngx_str_t *name;

    // create_conf 和 init_conf 方法的调用可参见图 9-3
    // 在解析配置项前，这个回调方法用于创建存储配置项参数的结构体
    void *(*create_conf)(ngx_cycle_t *cycle);
    /* 在解析配置项完成后，init_conf 方法会被调用，用以综合处理当前事件模块感兴趣的全部配置项 */
    char *(*init_conf)(ngx_cycle_t *cycle, void *conf);

    // 对于事件驱动机制，每个事件模块需要实现的 10 个抽象方法
    ngx_event_actions_t actions;
} ngx_event_module_t;
```

ngx_event_module_t 中的 actions 成员是定义事件驱动模块的核心方法，下面重点看一下 actions 中的这 10 个抽象方法，代码如下。

```
typedef struct {
        /* 添加事件方法，它将负责把 1 个感兴趣的事件添加到操作系统提供的事件驱动机制（如 epoll、kqueue 等）中，这样，在事件发生后，将可以在调用下面的 process_events 时获取这个事件 */
        ngx_int_t (*add)(ngx_event_t *ev, ngx_int_t event, ngx_uint_t flags);
        /* 删除事件方法，它将把 1 个已经存在于事件驱动机制中的事件移除，这样以后即使这个事件发生，调用 process_events 方法时也无法再获取这个事件 */
        ngx_int_t (*del)(ngx_event_t *ev, ngx_int_t event, ngx_uint_t flags);

        /* 启用 1 个事件，目前事件框架不会调用这个方法，大部分事件驱动模块对于该方法的实现都是与上面的 add 方法完全一致的 */
        ngx_int_t (*enable)(ngx_event_t *ev, ngx_int_t event, ngx_uint_t flags);
        /* 禁用 1 个事件，目前事件框架不会调用这个方法，大部分事件驱动模块对于该方法的实现都是与上面的 del 方法完全一致的 */
        ngx_int_t  (*disable)(ngx_event_t *ev, ngx_int_t event, ngx_uint_t flags);

        /* 向事件驱动机制中添加一个新的连接，这意味着连接上的读写事件都添加到事件驱动机制中了 */
        ngx_int_t  (*add_conn)(ngx_connection_t *c);
        // 从事件驱动机制中移除一个连接的读写事件
        ngx_int_t (*del_conn)(ngx_connection_t *c, ngx_uint_t flags);

        /* 仅在多线程环境下会被调用。目前，Nginx 在产品环境下还不会以多线程方式运行，因此这里不做讨论 */
        ngx_int_t (*process_changes) (ngx_cycle_t *cycle, ngx_uint_t nowait);
        /* 在正常的工作循环中，将通过调用 process_events 方法来处理事件。这个方法仅在第 8 章中提到的 ngx_process_events_and_timers 方法中调用，它是处理、分发事件的核心 */
         ngx_int_t   (*process_events) (ngx_cycle_t *cycle, ngx_msec_t timer, ngx_uint_t flags);

        // 初始化事件驱动模块的方法
```

```
    ngx_int_t  (*init)(ngx_cycle_t *cycle, ngx_msec_t timer);
    //退出事件驱动模块前调用的方法
    void (*done)(ngx_cycle_t *cycle);
} ngx_event_actions_t;
```

ngx_event_core_module 和 9 个事件驱动模块都必须在 ngx_module_t 结构体的 ctx 成员中实现 ngx_event_module_t 接口。读者将在 9.5 节中看到 ngx_event_core_module 模块是如何实现该接口的，对于具体的事件驱动模块，这里只讨论 ngx_epoll_module 事件驱动模块，在 9.6 节中，我们才会介绍 ngx_epoll_module 是如何实现该接口的。

9.2 Nginx 事件的定义

在 Nginx 中，每一个事件都由 ngx_event_t 结构体来表示。本节说明 ngx_event_t 中每一个成员的含义，如下所示。

```
typedef struct ngx_event_s ngx_event_t;
struct ngx_event_s {
    /* 事件相关的对象。通常 data 都是指向 ngx_connection_t 连接对象。开启文件异步 I/O 时，它可能会指向 ngx_event_aio_t 结构体 */
    void *data;

    /* 标志位，为 1 时表示事件是可写的。通常情况下，它表示对应的 TCP 连接目前状态是可写的，也就是连接处于可以发送网络包的状态 */
    unsigned write:1;

    /* 标志位，为 1 时表示为此事件可以建立新的连接。通常情况下，在 ngx_cycle_t 中的 listening 动态数组中，每一个监听对象 ngx_listening_t 对应的读事件中的 accept 标志位才会是 1*/
    unsigned accept:1;

    /* 这个标志位用于区分当前事件是否是过期的，它仅仅是给事件驱动模块使用的，而事件消费模块可不用关心。为什么需要这个标志位呢？当开始处理一批事件时，处理前面的事件可能会关闭一些连接，而这些连接有可能影响这批事件中还未处理到的后面的事件。这时，可通过 instance 标志位来避免处理后面的已经过期的事件。在 9.6 节中，将详细描述 ngx_epoll_module 是如何使用 instance 标志位区分过期事件的，这是一个巧妙的设计方法 */
    unsigned instance:1;

    /* 标志位，为 1 时表示当前事件是活跃的，为 0 时表示事件是不活跃的。这个状态对应着事件驱动模块处理方式的不同。例如，在添加事件、删除事件和处理事件时，active 标志位的不同都会对应着不同的处理方式。在使用事件时，一般不会直接改变 active 标志位 */
    unsigned active:1;

    /* 标志位，为 1 时表示禁用事件，仅在 kqueue 或者 rtsig 事件驱动模块中有效，而对于 epoll 事件驱动模块则无意义，这里不再详述 */
    unsigned disabled:1;

    /* 标志位，为 1 时表示当前事件已经准备就绪，也就是说，允许这个事件的消费模块处理这个事件。在 HTTP 框架中，经常会检查事件的 ready 标志位以确定是否可以接收请求或者发送响应 */
    unsigned ready:1;

    /* 该标志位仅对 kqueue，eventport 等模块有意义，而对于 Linux 上的 epoll 事件驱动模块则是无
```

```
意义的，限于篇幅，不再详细说明 */
        unsigned oneshot:1;

        //该标志位用于异步 AIO 事件的处理，在 9.9 节中会详细描述
        unsigned complete:1;
        //标志位，为 1 时表示当前处理的字符流已经结束
        unsigned eof:1;

        //标志位，为 1 时表示事件在处理过程中出现错误
        unsigned error:1;

        /* 标志位，为 1 时表示这个事件已经超时，用以提示事件的消费模块做超时处理，它与 timer_set 都
用于 9.7 节将要介绍的定时器 */
        unsigned timedout:1;

        //标志位，为 1 时表示这个事件存在于定时器中
        unsigned timer_set:1;

        //标志位，delayed 为 1 时表示需要延迟处理这个事件，它仅用于限速功能
        unsigned delayed:1;

        //该标志位目前没有使用
        unsigned read_discarded:1;

        //标志位，目前这个标志位未被使用
        unsigned unexpected_eof:1;

        /* 标志位，为 1 时表示延迟建立 TCP 连接，也就是说，经过 TCP 三次握手后并不建立连接，而是要等到
真正收到数据包后才会建立 TCP 连接 */
        unsigned deferred_accept:1;

        /* 标志位，为 1 时表示等待字符流结束，它只与 kqueue 和 aio 事件驱动机制有关，不再详述 */
        unsigned pending_eof:1;

    #if !(NGX_THREADS)
        //标志位，如果为 1，则表示在处理 post 事件时，当前事件已经准备就绪
        unsigned posted_ready:1;
    #endif

        /* 标志位，在 epoll 事件驱动机制下表示一次尽可能多地建立 TCP 连接，它与 multi_accept 配置
项对应，实现原理参见 9.8.1 节 */
        unsigned available:1;

        //这个事件发生时的处理方法，每个事件消费模块都会重新实现它
        ngx_event_handler_pt  handler;


    #if (NGX_HAVE_AIO)

    #if (NGX_HAVE_IOCP)
        //Windows 系统下的一种事件驱动模型，这里不再详述
        ngx_event_ovlp_t ovlp;
    #else
```

```
        //Linux aio 机制中定义的结构体，在 9.9 节中会详细说明它
        struct aiocb aiocb;
    #endif

    #endif

        //由于 epoll 事件驱动方式不使用 index，所以这里不再说明
        ngx_uint_t index;

        //可用于记录 error_log 日志的 ngx_log_t 对象
        ngx_log_t *log;

        //定时器节点，用于定时器红黑树中，在 9.7 节会详细介绍
        ngx_rbtree_node_t timer;

        //标志位，为 1 时表示当前事件已经关闭，epoll 模块没有使用它
        unsigned closed:1;

        //该标志位目前无实际意义
        unsigned channel:1;

        //该标志位目前无实际意义
        unsigned resolver:1;

        /*post 事件将会构成一个队列再统一处理，这个队列以 next 和 prev 作为链表指针，以此构成一个简
易的双向链表，其中 next 指向后一个事件的地址，prev 指向前一个事件的地址 */
        ngx_event_t      *next;
        ngx_event_t     **prev;
    };
```

每一个事件最核心的部分是 handler 回调方法，它将由每一个事件消费模块实现，以此决定这个事件究竟如何“消费”。下面来看一下 handler 方法的原型，代码如下。

```
typedef void (*ngx_event_handler_pt)(ngx_event_t *ev);
```

所有的 Nginx 模块只要处理事件就必然要设置 handler 回调方法，后续章节会有许多 handler 回调方法的例子，这里不再详述。

下面开始说明操作事件的方法。

事件是不需要创建的，因为 Nginx 在启动时已经在 ngx_cycle_t 的 read_events 成员中预分配了所有的读事件，并在 write_events 成员中预分配了所有的写事件。事实上，从图 9-1 中我们会看到每一个连接将自动地对应一个写事件和读事件，只要从连接池中获取一个空闲连接就可以拿到事件了。那么，怎么把事件添加到 epoll 等事件驱动模块中呢？需要调用 9.1.1 节中提到的 ngx_event_actions_t 结构体的 add 方法或者 del 方法吗？答案是 Nginx 为我们封装了两个简单的方法用于在事件驱动模块中添加或者移除事件，当然，也可以调用 ngx_event_actions_t 结构体的 add 或者 del 等方法，但并不推荐这样做，因为 Nginx 提供的 ngx_handle_read_event 和 ngx_handle_write_event 方法还是做了许多通用性的工作的。

先看一下 ngx_handle_read_event 方法的原型：

```
ngx_int_t ngx_handle_read_event(ngx_event_t *rev, ngx_uint_t flags);
```

ngx_handle_read_event 方法会将读事件添加到事件驱动模块中，这样该事件对应的 TCP 连接上一旦出现可读事件（如接收到 TCP 连接另一端发送来的字符流）就会回调该事件的 handler 方法。

下面看一下 ngx_handle_read_event 的参数和返回值。参数 rev 是要操作的事件，flags 将会指定事件的驱动方式。对于不同的事件驱动模块，flags 的取值范围并不同，本书以 Linux 下的 epoll 为例，对于 ngx_epoll_module 来说，flags 的取值范围可以是 0 或者 NGX_CLOSE_EVENT（NGX_CLOSE_EVENT 仅在 epoll 的 LT 水平触发模式下有效），Nginx 主要工作在 ET 模式下，一般可以忽略 flags 这个参数。该方法返回 NGX_OK 表示成功，返回 NGX_ERROR 表示失败。

再看一下 ngx_handle_write_event 方法的原型：

```
ngx_int_t ngx_handle_write_event(ngx_event_t *wev, size_t lowat);
```

ngx_handle_write_event 方法会将写事件添加到事件驱动模块中。wev 是要操作的事件，而 lowat 则表示只有当连接对应的套接字缓冲区中必须有 lowat 大小的可用空间时，事件收集器（如 select 或者 epoll_wait 调用）才能处理这个可写事件（lowat 参数为 0 时表示不考虑可写缓冲区的大小）。该方法返回 NGX_OK 表示成功，返回 NGX_ERROR 表示失败。

一般在向 epoll 中添加可读或者可写事件时，都是使用 ngx_handle_read_event 或者 ngx_handle_write_event 方法的。对于事件驱动模块实现的 ngx_event_actions 结构体中的事件设置方法，最好不要直接调用，下面这 4 个方法直接使用时都会与具体的事件驱动机制强相关，而使用 ngx_handle_read_event 或者 ngx_handle_write_event 方法则可以屏蔽这种差异。

```
#define ngx_add_event          ngx_event_actions.add
#define ngx_del_event          ngx_event_actions.del
#define ngx_add_conn           ngx_event_actions.add_conn
#define ngx_del_conn           ngx_event_actions.del_conn
```

9.3 Nginx 连接的定义

作为 Web 服务器，每一个用户请求至少对应着一个 TCP 连接，为了及时处理这个连接，至少需要一个读事件和一个写事件，使得 epoll 可以有效地根据触发的事件调度相应模块读取请求或者发送响应。因此，Nginx 中定义了基本的数据结构 ngx_connection_t 来表示连接，这个连接表示是客户端主动发起的、Nginx 服务器被动接受的 TCP 连接，我们可以简单称其为被动连接。同时，在有些请求的处理过程中，Nginx 会试图主动向其他上游服务器建立连接，并以此连接与上游服务器通信，因此，这样的连接与 ngx_connection_t 又是不同的，Nginx 定义了 ngx_peer_connection_t 结构体来表示主动连接，当然，ngx_peer_connection_t 主动连接是以 ngx_connection_t 结构体为基础实现的。本节将说明这两种连接中各字段的意义，同时需要注意的是，这两种连接都不可以随意创建，必须从连接池中获取，在 9.3.3 节中会说明连接池的用法。

9.3.1 被动连接

本章中未加修饰提到的“连接”都是指客户端发起的、服务器被动接受的连接，这样的连接都是使用 ngx_connection_t 结构体表示的，其定义如下。

```
typedef struct ngx_connection_s  ngx_connection_t;
struct ngx_connection_s {
    /* 连接未使用时，data 成员用于充当连接池中空闲连接链表中的 next 指针。当连接被使用时，data 的意义由使用它的 Nginx 模块而定，如在 HTTP 框架中，data 指向 ngx_http_request_t 请求 */
    void *data;

    // 连接对应的读事件
    ngx_event_t *read;
    // 连接对应的写事件
    ngx_event_t *write;

    // 套接字句柄
    ngx_socket_t fd;

    // 直接接收网络字符流的方法
    ngx_recv_pt recv;
    // 直接发送网络字符流的方法
    ngx_send_pt send;
    // 以 ngx_chain_t 链表为参数来接收网络字符流的方法
    ngx_recv_chain_pt recv_chain;
    // 以 ngx_chain_t 链表为参数来发送网络字符流的方法
    ngx_send_chain_pt send_chain;

    /* 这个连接对应的 ngx_listening_t 监听对象，此连接由 listening 监听端口的事件建立 */
    ngx_listening_t *listening;

    // 这个连接上已经发送出去的字节数
    off_t sent;

    // 可以记录日志的 ngx_log_t 对象
    ngx_log_t *log;

    /* 内存池。一般在 accept 一个新连接时，会创建一个内存池，而在这个连接结束时会销毁内存池。注意，这里所说的连接是指成功建立的 TCP 连接，所有的 ngx_connection_t 结构体都是预分配的。这个内存池的大小将由上面的 listening 监听对象中的 pool_size 成员决定 */
    ngx_pool_t *pool;

    // 连接客户端的 sockaddr 结构体
    struct sockaddr *sockaddr;
    // sockaddr 结构体的长度
    socklen_t socklen;
    // 连接客户端字符串形式的 IP 地址
    ngx_str_t addr_text;

    /* 本机的监听端口对应的 sockaddr 结构体，也就是 listening 监听对象中的 sockaddr 成员 */
```

```
        struct sockaddr *local_sockaddr;

        /* 用于接收、缓存客户端发来的字符流，每个事件消费模块可自由决定从连接池中分配多大的空间给buffer这个接收缓存字段。例如，在HTTP模块中，它的大小决定于client_header_buffer_size配置项 */
        ngx_buf_t *buffer;

        /* 该字段用来将当前连接以双向链表元素的形式添加到ngx_cycle_t核心结构体的reusable_connections_queue双向链表中，表示可以重用的连接 */
        ngx_queue_t queue;

        /* 连接使用次数。ngx_connection_t结构体每次建立一条来自客户端的连接，或者用于主动向后端服务器发起连接时（ngx_peer_connection_t也使用它），number都会加1*/
        ngx_atomic_uint_t number;

        // 处理的请求次数
        ngx_uint_t requests;

        /* 缓存中的业务类型。任何事件消费模块都可以自定义需要的标志位。这个buffered字段有8位，最多可以同时表示8个不同的业务。第三方模块在自定义buffered标志位时注意不要与可能使用的模块定义的标志位冲突。目前openssl模块定义了一个标志位：
    #define NGX_SSL_BUFFERED        0x01
    HTTP官方模块定义了以下标志位：
    #define NGX_HTTP_LOWLEVEL_BUFFERED        0xf0
    #define NGX_HTTP_WRITE_BUFFERED            0x10
    #define NGX_HTTP_GZIP_BUFFERED             0x20
    #define NGX_HTTP_SSI_BUFFERED              0x01
    #define NGX_HTTP_SUB_BUFFERED              0x02
    #define NGX_HTTP_COPY_BUFFERED             0x04
    #define NGX_HTTP_IMAGE_BUFFERED            0x08
    同时，对于HTTP模块而言，buffered的低4位要慎用，在实际发送响应的ngx_http_write_filter_module过滤模块中，低4位标志位为1则意味着Nginx会一直认为有HTTP模块还需要处理这个请求，必须等待HTTP模块将低4位全置为0才会正常结束请求。检查低4位的宏如下：
    #define NGX_LOWLEVEL_BUFFERED  0x0f
    */
        unsigned buffered:8;

    /* 本连接记录日志时的级别，它占用了3位，取值范围是0~7，但实际上目前只定义了5个值，由ngx_connection_log_error_e枚举表示，如下：
    typedef enum {
         NGX_ERROR_ALERT = 0,
         NGX_ERROR_ERR,
         NGX_ERROR_INFO,
         NGX_ERROR_IGNORE_ECONNRESET,
         NGX_ERROR_IGNORE_EINVAL
    } ngx_connection_log_error_e;
    */
        unsigned log_error:3;

        /* 标志位，为1时表示独立的连接，如从客户端发起的连接；为0时表示依靠其他连接的行为而建立起来的非独立连接，如使用upstream机制向后端服务器建立起来的连接 */
        unsigned single_connection:1;
        // 标志位，为1时表示不期待字符流结束，目前无意义
        unsigned unexpected_eof:1;
```

```
        //标志位，为 1 时表示连接已经超时
        unsigned timedout:1;
        //标志位，为 1 时表示连接处理过程中出现错误
        unsigned error:1;
        /* 标志位，为 1 时表示连接已经销毁。这里的连接指是的 TCP 连接，而不是 ngx_connection_t 结构
体。当 destroyed 为 1 时，ngx_connection_t 结构体仍然存在，但其对应的套接字、内存池等已经不可用 */
        unsigned destroyed:1;

        /* 标志位，为 1 时表示连接处于空闲状态，如 keepalive 请求中两次请求之间的状态 */
        unsigned idle:1;
        //标志位，为 1 时表示连接可重用，它与上面的 queue 字段是对应使用的
        unsigned reusable:1;
        //标志位，为 1 时表示连接关闭
        unsigned close:1;

        //标志位，为 1 时表示正在将文件中的数据发往连接的另一端
        unsigned sendfile:1;
        /* 标志位，如果为 1，则表示只有在连接套接字对应的发送缓冲区必须满足最低设置的大小阈值时，事
件驱动模块才会分发该事件。这与上文介绍过的 ngx_handle_write_event 方法中的 lowat 参数是对应的 */
        unsigned sndlowat:1;

    /* 标志位，表示如何使用 TCP 的 nodelay 特性。它的取值范围是下面这个枚举类型 ngx_connection_
tcp_nodelay_e:
    typedef enum {
         NGX_TCP_NODELAY_UNSET = 0,
         NGX_TCP_NODELAY_SET,
         NGX_TCP_NODELAY_DISABLED
    } ngx_connection_tcp_nodelay_e;
    */
        unsigned tcp_nodelay:2;

    /* 标志位，表示如何使用 TCP 的 nopush 特性。它的取值范围是下面这个枚举类型 ngx_connection_
tcp_nopush_e:
    typedef enum {
         NGX_TCP_NOPUSH_UNSET = 0,
         NGX_TCP_NOPUSH_SET,
         NGX_TCP_NOPUSH_DISABLED
    } ngx_connection_tcp_nopush_e;
    */
        unsigned tcp_nopush:2;

    #if (NGX_HAVE_AIO_SENDFILE)
        //标志位，为 1 时表示使用异步 I/O 的方式将磁盘上文件发送给网络连接的另一端
        unsigned aio_sendfile:1;
        //使用异步 I/O 方式发送的文件，busy_sendfile 缓冲区保存待发送文件的信息
        ngx_buf_t *busy_sendfile;
    #endif
    };
```

链表中的 recv、send、recv_chain、send_chain 这 4 个关于接收、发送网络字符流的方法原型定义如下。

```
    typedef ssize_t (*ngx_recv_pt)(ngx_connection_t *c, u_char *buf, size_t size);
    typedef ssize_t (*ngx_recv_chain_pt)(ngx_connection_t *c, ngx_chain_t *in);
    typedef ssize_t (*ngx_send_pt)(ngx_connection_t *c, u_char *buf, size_t size);
    typedef ngx_chain_t *(*ngx_send_chain_pt)(ngx_connection_t *c, ngx_chain_t *in,
off_t limit);
```

这4个成员以方法指针的形式出现，说明每个连接都可以采用不同的接收方法，每个事件消费模块都可以灵活地决定其行为。不同的事件驱动机制需要使用的接收、发送方法多半是不一样的，在9.6节中，读者可以看到ngx_epoll_module模块是如何定义这4种方法的。

9.3.2 主动连接

作为Web服务器，Nginx也需要向其他服务器主动发起连接，当然，这样的连接与上一节介绍的被动连接是不同的，它使用ngx_peer_connection_t结构体来表示主动连接。不过，一个待处理连接的许多特性在被动连接结构体ngx_connection_t中都定义过了，因此，在ngx_peer_connection_t结构体中引用了ngx_connection_t这个结构体，下面我们来看一下其定义。

```
    typedef struct ngx_peer_connection_s  ngx_peer_connection_t;

    // 当使用长连接与上游服务器通信时，可通过该方法由连接池中获取一个新连接
    typedef ngx_int_t (*ngx_event_get_peer_pt) (ngx_peer_connection_t *pc,void *data);
    // 当使用长连接与上游服务器通信时，通过该方法将使用完毕的连接释放给连接池
    typedef void (*ngx_event_free_peer_pt) (ngx_peer_connection_t *pc, void
*data,ngx_uint_t state);


    struct ngx_peer_connection_s {
        /* 一个主动连接实际上也需要ngx_connection_t结构体中的大部分成员，并且出于重用的考虑而定
义了connection成员 */
        ngx_connection_t *connection;

        // 远端服务器的socket地址
        struct sockaddr *sockaddr;
        // sockaddr地址的长度
        socklen_t socklen;
        // 远端服务器的名称
        ngx_str_t *name;

        /* 表示在连接一个远端服务器时，当前连接出现异常失败后可以重试的次数，也就是允许的最多失败次数 */
        ngx_uint_t tries;

        // 获取连接的方法，如果使用长连接构成的连接池，那么必须要实现get方法
        ngx_event_get_peer_pt get;
        // 与get方法对应的释放连接的方法
        ngx_event_free_peer_pt free;
        /* 这个data指针仅用于和上面的get、free方法配合传递参数，它的具体含义与实现get方法、free
方法的模块相关，可参照ngx_event_get_peer_pt和ngx_event_free_peer_pt方法原型中的data参数 */
```

```
        void *data;

        // 本机地址信息
        ngx_addr_t *local;

        // 套接字的接收缓冲区大小
        int rcvbuf;

        // 记录日志的 ngx_log_t 对象
        ngx_log_t *log;

        // 标志位，为 1 时表示上面的 connection 连接已经缓存
        unsigned cached:1;
        /* 与 9.3.1 节中 ngx_connection_t 里的 log_error 意义是相同的，区别在于这里的 log_error
只有两位，只能表达 4 种错误，NGX_ERROR_IGNORE_EINVAL 错误无法表达 */
        unsigned log_error:2;
    };
```

ngx_peer_connection_t 也有一个 ngx_connection_t 类型的成员，怎么理解这两个结构体之间的关系呢？所有的事件消费模块在每次使用 ngx_peer_connection_t 对象时，一般都需要重新生成一个 ngx_peer_connection_t 结构体，然而，ngx_peer_connection_t 对应的 ngx_connection_t 连接一般还是从连接池中获取，因此，ngx_peer_connection_t 只是对 ngx_connection_t 结构体做了简单的包装而已。

9.3.3 ngx_connection_t 连接池

Nginx 在接受客户端的连接时，所使用的 ngx_connection_t 结构体都是在启动阶段就预分配好的，使用时从连接池中获取即可。这个连接池是如何封装的呢？如图 9-1 所示。

从图 9-1 中可以看出，在 ngx_cycle_t 中的 connections 和 free_connections 这两个成员构成了一个连接池，其中 connections 指向整个连接池数组的首部，而 free_connections 则指向第一个 ngx_connection_t 空闲连接。所有的空闲连接 ngx_connection_t 都以 data 成员（见 9.3.1 节）作为 next 指针串联成一个单链表，如此，一旦有用户发起连接时就从 free_connections 指向的链表头获取一个空闲的连接，同时 free_connections 再指向下一个空闲连接。而归还连接时只需把该连接插入到 free_connections 链表表头即可。

图 9-1 中还显示了事件池，Nginx 认为每一个连接一定至少需要一个读事件和一个写事件，有多少连接就分配多少个读、写事件。怎样把连接池中的任一个连接与读事件、写事件对应起来呢？很简单。由于读事件、写事件、连接池是由 3 个大小相同的数组组成，所以根据数组序号就可将每一个连接、读事件、写事件对应起来，这个对应关系在 ngx_event_core_module 模块的初始化过程中就已经决定了（参见 9.5 节）。这 3 个数组的大小都是由 nginx.conf 中的 connections 配置项决定的。

在使用连接池时，Nginx 也封装了两个方法，见表 9-1。

如果我们开发的模块直接使用了连接池，那么就可以用这两个方法来获取、释放 ngx_connection_t 结构体。

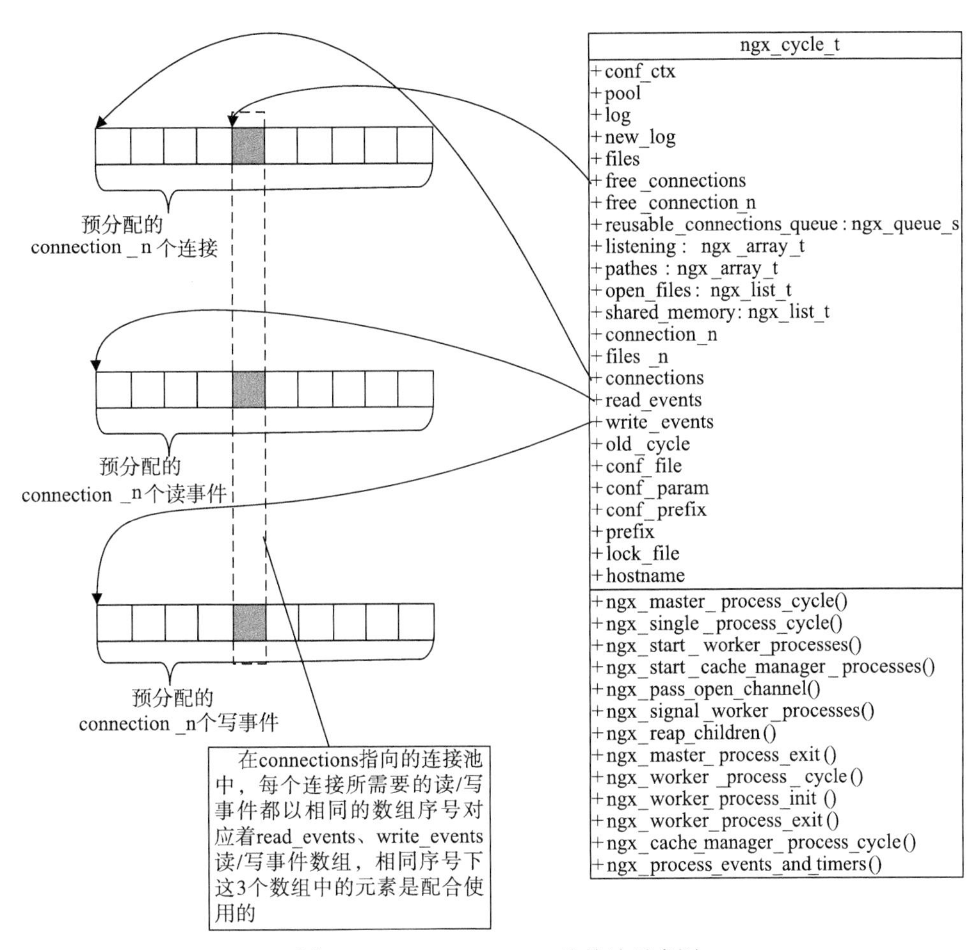

图 9-1　ngx_connection_t 连接池示意图

表 9-1　连接池的使用方法

连接池操作方法名	参数含义	执行意义
ngx_connection_t *ngx_get_connection (ngx_socket_t s, ngx_log_t *log)	s 是这条连接的套接字句柄，log 则是记录日志的对象	从连接池中获取一个 ngx_connection_t 结构体，同时获取相应的读 / 写事件
void ngx_free_connection (ngx_connection_t *c)	c 是需要回收的连接	将这个连接回收到连接池中

9.4　ngx_events_module 核心模块

ngx_events_module 模块是一个核心模块，它定义了一类新模块：事件模块。它的功能如下：定义新的事件类型，并定义每个事件模块都需要实现的 ngx_event_module_t 接口（参见 9.1.1 节），还需要管理这些事件模块生成的配置项结构体，并解析事件类配置项，当然，在解析配置项时会调用其在 ngx_command_t 数组中定义的回调方法。这些过程在下文中都会介绍，不过，首先还是看一下 ngx_events_module 模块的定义。

就像在第 3 章中我们曾经做过的一样，定义一个 Nginx 模块就是在实现 ngx_module_t 结构体。这里需要先定义好 ngx_command_t（决定这个模块如何处理自己感兴趣的配置项）数组，因为任何模块都是以配置项来定制功能的。ngx_events_commands 数组决定了 ngx_events_module 模块是如何定制其功能的，代码如下。

```
static ngx_command_t  ngx_events_commands[] = {

    { ngx_string("events"),
      NGX_MAIN_CONF|NGX_CONF_BLOCK|NGX_CONF_NOARGS,
      ngx_events_block,
      0,
      0,
      NULL },

      ngx_null_command
};
```

可以看到，ngx_events_module 模块只对一个块配置项感兴趣，也就是 nginx.conf 中必须有的 events{...} 配置项。注意，这里暂时先不要关心 ngx_events_block 方法是如何处理这个配置项的。

作为核心模块，ngx_events_module 还需要实现核心模块的共同接口 ngx_core_module_t，如下所示。

```
static ngx_core_module_t  ngx_events_module_ctx = {
    ngx_string("events"),
    NULL,
    NULL
};
```

可以看到，ngx_events_module_ctx 实现的接口只是定义了模块名字而已，ngx_core_module_t 接口中定义的 create_conf 方法和 init_conf 方法都没有实现（NULL 空指针即为不实现），为什么呢？这是因为 ngx_events_module 模块并不会解析配置项的参数，只是在出现 events 配置项后会调用各事件模块去解析 events{...} 块内的配置项，自然就不需要实现 create_conf 方法来创建存储配置项参数的结构体，也不需要实现 init_conf 方法处理解析出的配置项。

最后看一下 ngx_events_module 模块的定义代码如下。

```
ngx_module_t  ngx_events_module = {
    NGX_MODULE_V1,
    &ngx_events_module_ctx,                /* module context */
    ngx_events_commands,                   /* module directives */
    NGX_CORE_MODULE,                       /* module type */
    NULL,                                  /* init master */
    NULL,                                  /* init module */
```

```
    NULL,                                   /* init process */
    NULL,                                   /* init thread */
    NULL,                                   /* exit thread */
    NULL,                                   /* exit process */
    NULL,                                   /* exit master */
    NGX_MODULE_V1_PADDING
};
```

可见，除了对events配置项的解析外，该模块没有做其他任何事情。下面开始介绍在解析events配置块时，ngx_events_block方法做了些什么。

9.4.1 如何管理所有事件模块的配置项

上文说过，每一个事件模块都必须实现ngx_event_module_t接口，这个接口中允许每个事件模块建立自己的配置项结构体，用于存储感兴趣的配置项在nginx.conf中对应的参数。ngx_event_module_t中的create_conf方法就是用于创建这个结构体的方法，事件模块只需要在这个方法中分配内存即可，但这个内存指针是如何由ngx_events_module模块管理的呢？下面来看一下这些事件模块的配置项指针是如何被存放的，如图9-2所示。

每一个事件模块产生的配置结构体指针都会被放到ngx_events_module模块创建的指针数组中，可这个指针数组又存放到哪里呢？看一下ngx_cycle_t核心结构体中的conf_ctx成员，它指向一个指针数组，而这个指针数组中就依次存放着所有的Nginx模块关于配置项方面的指针。在默认的编译顺序下，从ngx_modules.c文件中可以看到ngx_events_module模块是在ngx_modules数组中的第4个位置，因此，所有进程的conf_ctx数组的第4个指针就保存着上面说过的ngx_events_module模块创建的指针数组。解释是不是有点绕？再回顾一下ngx_cycle_t结构体中的conf_ctx的定义：

```
void                    ****conf_ctx;
```

为什么上面代码中有4个*？因为它首先指向一个存放指针的数组，这个数组中的指针成员同时又指向了另外一个存放指针的数组，所以是4个*。看到conf_ctx的奥秘了吧。只有拥有了这个conf_ctx，才可以看到任意一个模块在create_conf中产生的结构体指针。同理，HTTP模块和mail模块也是这样做的，这些模块的通用接口中也有create_conf方法，其产生的指针会以相似的方式存放。

每一个事件模块如何获取它在create_conf中分配的结构体的指针呢？ngx_events_module定义了一个简单的宏来完成这个功能代码，如下。

```
#define ngx_event_get_conf(conf_ctx,module)    \
(*(ngx_get_conf(conf_ctx, ngx_events_module))) [module.ctx_index];
```

ngx_get_conf也是一个宏，它用来获取图9-1中第一个数组中的指针，如下所示。

```
#define ngx_get_conf(conf_ctx, module)   conf_ctx[module.index]
```

因此，调用ngx_event_get_conf时只需要在第1个参数中传入ngx_cycle_t中的conf_ctx

成员，在第 2 个参数中传入自己的模块名，就可以获取配置项结构体的指针。详细内容可参见 9.6.3 节中使用 ngx_epoll_module 的 ngx_epoll_init 方法获取配置项的例子。

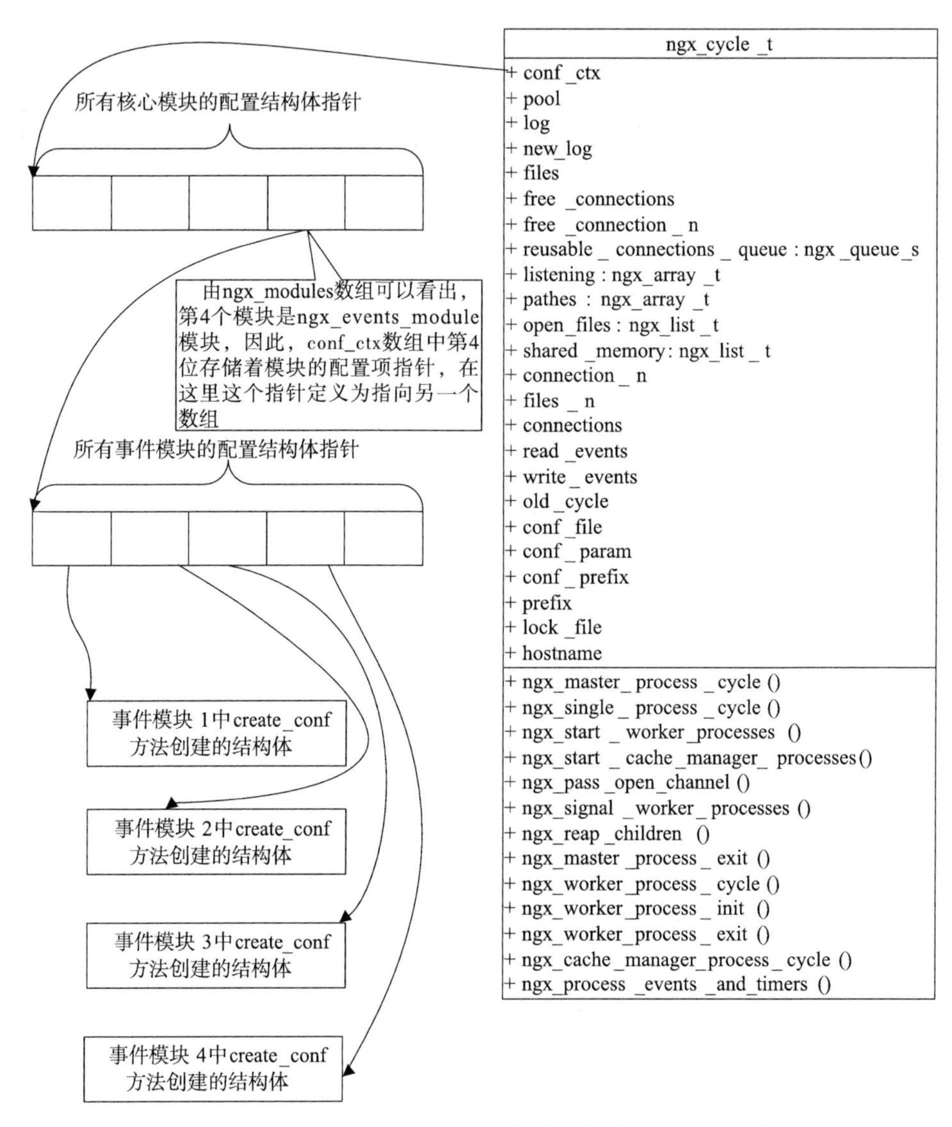

图 9-2 所有事件模块配置项结构体的指针是如何管理的

9.4.2 管理事件模块

上文说到，配置项结构体指针的保存都是在 ngx_events_block 方法中进行的。下面再来看一下这个方法执行的流程图，如图 9-3 所示。

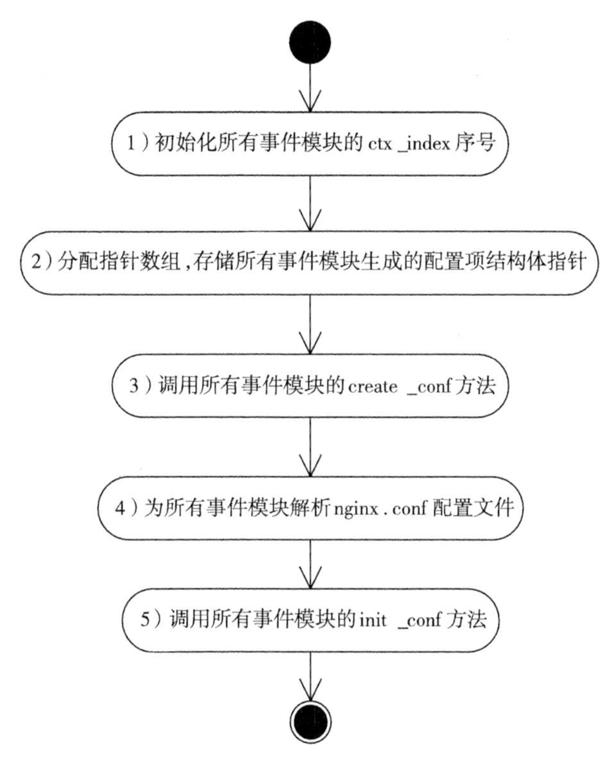

图 9-3 ngx_events_module 核心模块如何加载事件模块

下面简要描述一下这 5 个步骤。

1）首先初始化所有事件模块的 ctx_index 成员。这里要先回顾一下 ngx_module_t 模块接口的定义，如下所示。

```
struct ngx_module_s {
    ngx_uint_t ctx_index;
    ngx_uint_t index;
    …
}
```

这里的 index 是所有模块在 ngx_modules.c 文件的 ngx_modules 数组中的序号，它与 ngx_modules 数组中所有模块的顺序是一致的。什么时候初始化这个 index 呢？启动 Nginx 后，在调用第 8 章中介绍过的 ngx_init_cycle 方法前就会进行，代码如下。

```
ngx_max_module = 0;
for (i = 0; ngx_modules[i]; i++) {
    ngx_modules[i]->index = ngx_max_module++;
}
```

其中，ngx_max_module 是 Nginx 模块的总个数。注意，本书前文曾多次提到过，Nginx 各模块在 ngx_modules 数组中的顺序是很重要的，依靠 index 成员，每一个模块才可以把自己的位置与其他模块的位置进行比较，并以此决定行为。但是，Nginx 同时又允许再次定义子类型，如事件类型、HTTP 类型、mail 类型，那同一类型的模块间又如何区分顺序呢（依靠 index 当然可以区分顺序，但 index 是针对所有模块的，这样效率太差）？这就得依靠 ctx_index 成员了。ctx_index 表明了模块在相同类型模块中的顺序。

因此，ngx_events_block 方法的第一步就是初始化所有事件模块的 ctx_index 成员，这会决定以后加载各事件模块的顺序。其代码非常简单，如下所示。

```
ngx_event_max_module = 0;
for (i = 0; ngx_modules[i]; i++) {
    if (ngx_modules[i]->type != NGX_EVENT_MODULE) {
        continue;
    }

    ngx_modules[i]->ctx_index = ngx_event_max_module++;
}
```

其中，ngx_event_max_module 是编译进 Nginx 的所有事件模块的总个数。

2）分配 9.4.1 节中介绍的指针数组，不再详述。

3）依次调用所有事件模块通用接口 ngx_event_module_t 中的 create_conf 方法，当然，产生的结构体的指针保存在上面的指针数组中。

4）针对所有事件类型的模块解析配置项。这时，每个事件模块定义的 ngx_command_t 决定了配置项的解析方法，如果在 nginx.conf 中发现相应的配置项，就会回调各事件模块定义的方法。

5）解析完配置项后，依次调用所有事件模块通用接口 ngx_event_module_t 中的 init_conf 方法，实现了这个方法的事件模块可以在此做一些配置参数的整合工作。

以上就是 ngx_events_module 模块的核心工作流程。对于事件驱动机制，更多的工作是在 ngx_event_core_module 模块中进行的，下面继续看一下这个模块做了些什么。

9.5 ngx_event_core_module 事件模块

ngx_event_core_module 模块是一个事件类型的模块，它在所有事件模块中的顺序是第一位（configure 执行时必须把它放在其他事件模块之前）。这就保证了它会先于其他事件模块执行，由此它选择事件驱动机制的任务才可以完成。

ngx_event_core_module 模块要完成哪些任务呢？它会创建 9.3 节中介绍的连接池（包括读 / 写事件），同时会决定究竟使用哪些事件驱动机制，以及初始化将要使用的事件模块。

下面先来看一下 ngx_event_core_module 模块对哪些配置项感兴趣。该模块定义了 ngx_event_core_commands 数组处理其感兴趣的 7 个配置项，以下进行简要说明。

```
static ngx_command_t  ngx_event_core_commands[] = {
      /* 连接池的大小，也就是每个 worker 进程中支持的 TCP 最大连接数，它与下面的 connections 配置
项的意义是重复的，可参照 9.3.3 节理解连接池的概念 */
```

```
{ ngx_string("worker_connections"),
  NGX_EVENT_CONF|NGX_CONF_TAKE1,
  ngx_event_connections,
  0,
  0,
  NULL },

//连接池的大小，与worker_connections配置项意义相同
{ ngx_string("connections"),
  NGX_EVENT_CONF|NGX_CONF_TAKE1,
  ngx_event_connections,
  0,
  0,
  NULL },

//确定选择哪一个事件模块作为事件驱动机制
{ ngx_string("use"),
  NGX_EVENT_CONF|NGX_CONF_TAKE1,
  ngx_event_use,
  0,
  0,
  NULL },

/*对应于9.2节中提到的事件定义的available字段。对于epoll事件驱动模式来说，意味着在接收到一个新连接事件时，调用accept以尽可能多地接收连接*/
{ ngx_string("multi_accept"),
  NGX_EVENT_CONF|NGX_CONF_FLAG,
  ngx_conf_set_flag_slot,
  0,
  offsetof(ngx_event_conf_t, multi_accept),
  NULL },

//确定是否使用accept_mutex负载均衡锁，默认为开启
{ ngx_string("accept_mutex"),
  NGX_EVENT_CONF|NGX_CONF_FLAG,
  ngx_conf_set_flag_slot,
  0,
  offsetof(ngx_event_conf_t, accept_mutex),
  NULL },

/*启用accept_mutex负载均衡锁后，延迟accept_mutex_delay毫秒后再试图处理新连接事件*/
{ ngx_string("accept_mutex_delay"),
  NGX_EVENT_CONF|NGX_CONF_TAKE1,
  ngx_conf_set_msec_slot,
  0,
  offsetof(ngx_event_conf_t, accept_mutex_delay),
  NULL },

//需要对来自指定IP的TCP连接打印debug级别的调试日志
{ ngx_string("debug_connection"),
  NGX_EVENT_CONF|NGX_CONF_TAKE1,
  ngx_event_debug_connection,
  0,
```

```
        0,
        NULL },

        ngx_null_command
};
```

值得注意的是，上面对于配置项参数的解析使用了在第 4 章中介绍过的 Nginx 预设的配置项解析方法，如 ngx_conf_set_flag_slot 和 ngx_conf_set_msec_slot。这种自动解析配置项的方式是根据指定结构体中的位置决定的。下面看一下该模块定义的用于存储配置项参数的结构体 ngx_event_conf_t。

```
typedef struct {
    // 连接池的大小
    ngx_uint_t connections;
    /* 选用的事件模块在所有事件模块中的序号，也就是 9.4.2 节中介绍过的 ctx_index 成员 */
    ngx_uint_t use;

    // 标志位，如果为 1，则表示在接收到一个新连接事件时，一次性建立尽可能多的连接
    ngx_flag_t multi_accept;
    // 标志位，为 1 时表示启用负载均衡锁
    ngx_flag_t accept_mutex;

    /* 负载均衡锁会使有些 worker 进程在拿不到锁时延迟建立新连接，accept_mutex_delay 就是这段
延迟时间的长度。关于它如何影响负载均衡的内容，可参见 9.8.5 节 */
    ngx_msec_t accept_mutex_delay;

    // 所选用事件模块的名字，它与 use 成员是匹配的
    u_char *name;

#if (NGX_DEBUG)
    /* 在—with-debug 编译模式下，可以仅针对某些客户端建立的连接输出调试级别的日志，而 debug_
connection 数组用于保存这些客户端的地址信息 */
    ngx_array_t debug_connection;
#endif
} ngx_event_conf_t;
```

ngx_event_conf_t 结构体中有两个成员与负载均衡锁相关，读者可以在 9.8 节中了解负载均衡锁的原理。

对于每个事件模块都需要实现的 ngx_event_module_t 接口，ngx_event_core_module 模块则仅实现了 create_conf 方法和 init_conf 方法，这是因为它并不真正负责 TCP 网络事件的驱动，所以不会实现 ngx_event_actions_t 中的方法，如下所示。

```
static ngx_str_t  event_core_name = ngx_string("event_core");

ngx_event_module_t  ngx_event_core_module_ctx = {
    &event_core_name,
    ngx_event_create_conf,                  /* create configuration */
    ngx_event_init_conf,                    /* init configuration */

    { NULL, NULL, NULL, NULL, NULL, NULL, NULL, NULL, NULL, NULL }
};
```

最后看一下 ngx_event_core_module 模块的定义。

```
ngx_module_t  ngx_event_core_module = {
    NGX_MODULE_V1,
    &ngx_event_core_module_ctx,            /* module context */
    ngx_event_core_commands,               /* module directives */
    NGX_EVENT_MODULE,                      /* module type */
    NULL,                                  /* init master */
    ngx_event_module_init,                 /* init module */
    ngx_event_process_init,                /* init process */
    NULL,                                  /* init thread */
    NULL,                                  /* exit thread */
    NULL,                                  /* exit process */
    NULL,                                  /* exit master */
    NGX_MODULE_V1_PADDING
};
```

它实现了 ngx_event_module_init 方法和 ngx_event_process_init 方法。在 Nginx 启动过程中还没有 fork 出 worker 子进程时，会首先调用 ngx_event_core_module 模块的 ngx_event_module_init 方法（参见图 8-6），而在 fork 出 worker 子进程后，每一个 worker 进程会在调用 ngx_event_core_module 模块的 ngx_event_process_init 方法后才会进入正式的工作循环。弄清楚这两个方法何时调用后，下面来看一下它们究竟做了什么。

ngx_event_module_init 方法其实很简单，它主要初始化了一些变量，尤其是 ngx_http_stub_status_module 统计模块使用的一些原子性的统计变量，这里不再详述。

而 ngx_event_process_init 方法就做了许多事情，下面开始详细介绍它的流程。

ngx_event_core_module 模块在启动过程中的主要工作都是在 ngx_event_process_init 方法中进行的，如图 9-4 所示。

下面对以上 13 个步骤进行简要说明。

1）当打开 accept_mutex 负载均衡锁，同时使用了 master 模式并且 worker 进程数量大于 1 时，才正式确定了进程将使用 accept_mutex 负载均衡锁。因此，即使我们在配置文件中指定打开 accept_mutex 锁，如果没有使用 master 模式或者 worker 进程数量等于 1，进程在运行时还是不会使用负载均衡锁（既然不存在多个进程去抢一个监听端口上的连接的情况，那么自然不需要均衡多个 worker 进程的负载）。

这时会将 ngx_use_accept_mutex 全局变量置为 1，ngx_accept_mutex_held 标志设为 0，ngx_accept_mutex_delay 则设为在配置文件中指定的最大延迟时间。这 3 个变量的意义可参见 9.8 节中关于负载均衡锁的说明。

2）如果没有满足第 1 步中的 3 个条件，那么会把 ngx_use_accept_mutex 置为 0，也就是关闭负载均衡锁。

3）初始化红黑树实现的定时器。关于定时器的实现细节可参见 9.6 节。

4）在调用 use 配置项指定的事件模块中，在 ngx_event_module_t 接口下，ngx_event_actions_t 中的 init 方法进行这个事件模块的初始化工作。

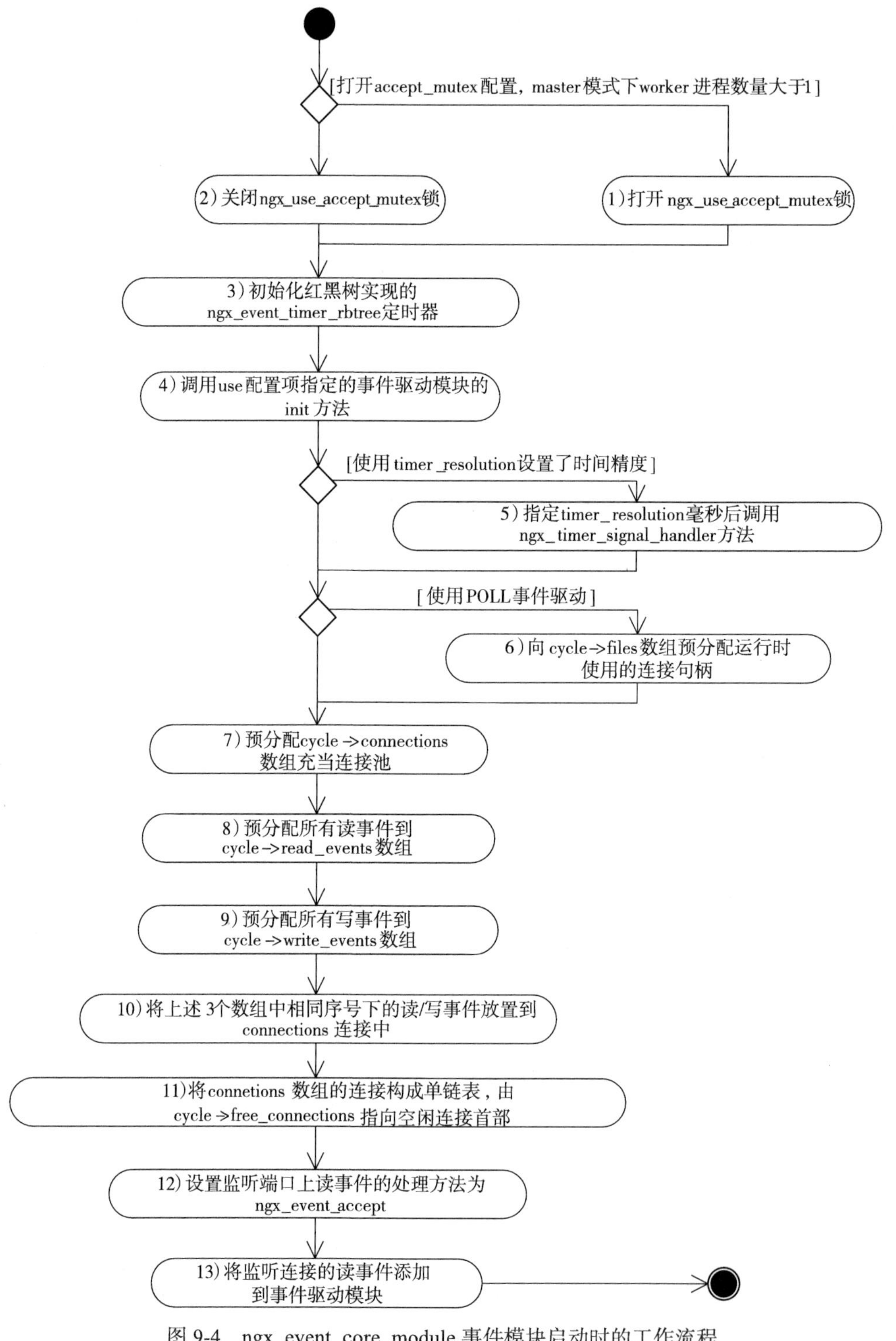

图 9-4 ngx_event_core_module 事件模块启动时的工作流程

5）如果 nginx.conf 配置文件中设置了 timer_resolution 配置项，即表明需要控制时间精度，这时会调用 setitimer 方法，设置时间间隔为 timer_resolution 毫秒来回调 ngx_timer_signal_handler 方法。下面简单地介绍一下 Nginx 是如何控制时间精度的。

ngx_timer_signal_handler 方法又做了些什么呢？其实非常简单，如下所示。

```
void ngx_timer_signal_handler(int signo)
{
    ngx_event_timer_alarm = 1;
}
```

ngx_event_timer_alarm 只是个全局变量，当它设为 1 时，表示需要更新时间。

在 ngx_event_actions_t 的 process_events 方法中，每一个事件驱动模块都需要在 ngx_event_timer_alarm 为 1 时调用 ngx_time_update 方法（参见 9.7.1 节）更新系统时间，在更新系统结束后需要将 ngx_event_timer_alarm 设为 0。

6）如果使用了 epoll 事件驱动模式，那么会为 ngx_cycle_t 结构体中的 files 成员预分配句柄。本章仅针对 epoll 事件驱动模式，具体内容不再详述。

7）预分配 ngx_connection_t 数组作为连接池，同时将 ngx_cycle_t 结构体中的 connections 成员指向该数组。数组的个数为 nginx.conf 配置文件中 connections 或 worker_connections 中配置的连接数。

8）预分配 ngx_event_t 事件数组作为读事件池，同时将 ngx_cycle_t 结构体中的 read_events 成员指向该数组。数组的个数为 nginx.conf 配置文件中 connections 或 worker_connections 里配置的连接数。

9）预分配 ngx_event_t 事件数组作为写事件池，同时将 ngx_cycle_t 结构体中的 write_events 成员指向该数组。数组的个数为 nginx.conf 配置文件中 connections 或 worker_connections 里配置的连接数。

10）按照序号，将上述 3 个数组相应的读 / 写事件设置到每一个 ngx_connection_t 连接对象中，同时把这些连接以 ngx_connection_t 中的 data 成员作为 next 指针串联成链表，为下一步设置空闲连接链表做好准备，参见图 9-1。

11）将 ngx_cycle_t 结构体中的空闲连接链表 free_connections 指向 connections 数组的最后 1 个元素，也就是第 10 步所有 ngx_connection_t 连接通过 data 成员组成的单链表的首部。

12）在刚刚建立好的连接池中，为所有 ngx_listening_t 监听对象中的 connection 成员分配连接，同时对监听端口的读事件设置处理方法为 ngx_event_accept，也就是说，有新连接事件时将调用 ngx_event_accept 方法建立新连接（详见 9.8 节中关于如何建立新连接的内容）。

13）将监听对象连接的读事件添加到事件驱动模块中，这样，epoll 等事件模块就开始检测监听服务，并开始向用户提供服务了。注意，打开 accept_mutex 锁后则不执行这一步。

至此，ngx_event_core_module 模块的启动工作就全部结束了。下面将以 epoll 事件方式为例来介绍实际的事件驱动模块是如何处理事件的。

9.6 epoll 事件驱动模块

本章 9.1 节 ~ 9.5 节都在探讨 Nginx 是如何设计事件驱动框架、如何管理不同的事件驱动模块的，但本节中将以 epoll 为例，讨论 Linux 操作系统内核是如何实现 epoll 事件驱动机制的，在简单了解它的用法后，会进一步说明 ngx_epoll_module 模块是如何基于 epoll 实现 Nginx 的事件驱动的。这样读者就会对 Nginx 完整的事件驱动设计方法有全面的了解，同时可以弄清楚 Nginx 在几十万并发连接下是如何做到高效利用服务器资源的。

9.6.1 epoll 的原理和用法

设想一个场景：有 100 万用户同时与一个进程保持着 TCP 连接，而每一时刻只有几十个或几百个 TCP 连接是活跃的（接收到 TCP 包），也就是说，在每一时刻，进程只需要处理这 100 万连接中的一小部分连接。那么，如何才能高效地处理这种场景呢？进程是否在每次询问操作系统收集有事件发生的 TCP 连接时，把这 100 万个连接告诉操作系统，然后由操作系统找出其中有事件发生的几百个连接呢？实际上，在 Linux 内核 2.4 版本以前，那时的 select 或者 poll 事件驱动方式就是这样做的。

这里有个非常明显的问题，即在某一时刻，进程收集有事件的连接时，其实这 100 万连接中的大部分都是没有事件发生的。因此，如果每次收集事件时，都把这 100 万连接的套接字传给操作系统（这首先就是用户态内存到内核态内存的大量复制），而由操作系统内核寻找这些连接上有没有未处理的事件，将会是巨大的资源浪费，然而 select 和 poll 就是这样做的，因此它们最多只能处理几千个并发连接。而 epoll 不这样做，它在 Linux 内核中申请了一个简易的文件系统，把原先的一个 select 或者 poll 调用分成了 3 个部分：调用 epoll_create 建立 1 个 epoll 对象（在 epoll 文件系统中给这个句柄分配资源）、调用 epoll_ctl 向 epoll 对象中添加这 100 万个连接的套接字、调用 epoll_wait 收集发生事件的连接。这样，只需要在进程启动时建立 1 个 epoll 对象，并在需要的时候向它添加或删除连接就可以了，因此，在实际收集事件时，epoll_wait 的效率就会非常高，因为调用 epoll_wait 时并没有向它传递这 100 万个连接，内核也不需要去遍历全部的连接。

那么，Linux 内核将如何实现以上的想法呢？下面以 Linux 内核 2.6.35 版本为例，简单说明一下 epoll 是如何高效处理事件的。图 9-5 展示了 epoll 的内部主要数据结构是如何安排的。

当某一个进程调用 epoll_create 方法时，Linux 内核会创建一个 eventpoll 结构体，这个结构体中有两个成员与 epoll 的使用方式密切相关，如下所示。

```
struct eventpoll {
    …
    /* 红黑树的根节点，这棵树中存储着所有添加到 epoll 中的事件，也就是这个 epoll 监控的事件 */
    struct rb_root rbr;

    // 双向链表 rdllist 保存着将要通过 epoll_wait 返回给用户的、满足条件的事件
    struct list_head rdllist;
    …
};
```

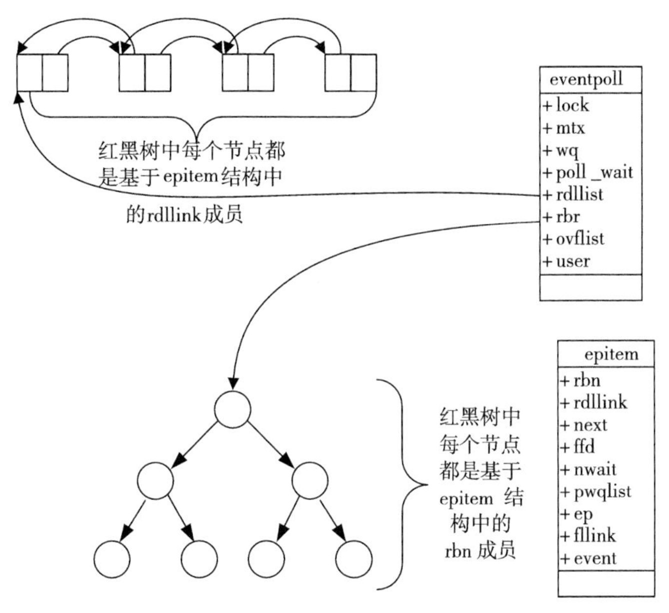

图 9-5 epoll 原理示意图

每一个 epoll 对象都有一个独立的 eventpoll 结构体，这个结构体会在内核空间中创造独立的内存，用于存储使用 epoll_ctl 方法向 epoll 对象中添加进来的事件。这些事件都会挂到 rbr 红黑树中，这样，重复添加的事件就可以通过红黑树而高效地识别出来（epoll_ctl 方法会很快）。Linux 内核中的这棵红黑树与第 7 章中介绍的 Nginx 红黑树是非常相似的，可以参照 ngx_rbtree_t 容器进行理解。

所有添加到 epoll 中的事件都会与设备（如网卡）驱动程序建立回调关系，也就是说，相应的事件发生时会调用这里的回调方法。这个回调方法在内核中叫做 ep_poll_callback，它会把这样的事件放到上面的 rdllist 双向链表中。这个内核中的双向链表与 ngx_queue_t 容器几乎是完全相同的（Nginx 代码与 Linux 内核代码很相似），我们可以参照着理解。在 epoll 中，对于每一个事件都会建立一个 epitem 结构体，如下所示。

```
struct epitem {
    …
    //红黑树节点，与第 7 章中的 ngx_rbtree_node_t 红黑树节点相似
    struct rb_node rbn;

    //双向链表节点，与第 7 章中的 ngx_queue_t 双向链表节点相似
    struct list_head rdllink;

    //事件句柄等信息
    struct epoll_filefd ffd;

    //指向其所属的 eventpoll 对象
    struct eventpoll *ep;

    //期待的事件类型
```

```
    struct epoll_event event;
    …
};
```

这里包含每一个事件对应着的信息。

当调用 epoll_wait 检查是否有发生事件的连接时，只是检查 eventpoll 对象中的 rdllist 双向链表是否有 epitem 元素而已，如果 rdllist 链表不为空，则把这里的事件复制到用户态内存中，同时将事件数量返回给用户。因此，epoll_wait 的效率非常高。epoll_ctl 在向 epoll 对象中添加、修改、删除事件时，从 rbr 红黑树中查找事件也非常快，也就是说，epoll 是非常高效的，它可以轻易地处理百万级别的并发连接。

9.6.2 如何使用 epoll

epoll 通过下面 3 个 epoll 系统调用为用户提供服务。

（1）epoll_create 系统调用

epoll_create 在 C 库中的原型如下。

```
int epoll_create(int size);
```

epoll_create 返回一个句柄，之后 epoll 的使用都将依靠这个句柄来标识。参数 size 是告诉 epoll 所要处理的大致事件数目。不再使用 epoll 时，必须调用 close 关闭这个句柄。

> 注意 size 参数只是告诉内核这个 epoll 对象会处理的事件大致数目，而不是能够处理的事件的最大个数。在 Linux 最新的一些内核版本的实现中，这个 size 参数没有任何意义。

（2）epoll_ctl 系统调用

epoll_ctl 在 C 库中的原型如下。

```
int epoll_ctl(int epfd,int op,int fd,struct epoll_event* event);
```

epoll_ctl 向 epoll 对象中添加、修改或者删除感兴趣的事件，返回 0 表示成功，否则返回 –1，此时需要根据 errno 错误码判断错误类型。epoll_wait 方法返回的事件必然是通过 epoll_ctl 添加到 epoll 中的。参数 epfd 是 epoll_create 返回的句柄，而 op 参数的意义见表 9-2。

表 9-2 epoll_ctl 系统调用中第 2 个参数的取值意义

op 的取值	意 义
EPOLL_CTL_ADD	添加新的事件到 epoll 中
EPOLL_CTL_MOD	修改 epoll 中的事件
EPOLL_CTL_DEL	删除 epoll 中的事件

第 3 个参数 fd 是待监测的连接套接字，第 4 个参数是在告诉 epoll 对什么样的事件感兴趣，它使用了 epoll_event 结构体，在上文介绍过的 epoll 实现机制中会为每一个事件创建

epitem 结构体，而在 epitem 中有一个 epoll_event 类型的 event 成员。下面看一下 epoll_event 的定义。

```
struct epoll_event{
      __uint32_t events;
      epoll_data_t data;
};
```

events 的取值见表 9-3。

表 9-3 epoll_event 中 events 的取值意义

events 取值	意 义
EPOLLIN	表示对应的连接上有数据可以读出（TCP 连接的远端主动关闭连接，也相当于可读事件，因为需要处理发送来的 FIN 包）
EPOLLOUT	表示对应的连接上可以写入数据发送（主动向上游服务器发起非阻塞的 TCP 连接，连接建立成功的事件相当于可写事件）
EPOLLRDHUP	表示 TCP 连接的远端关闭或半关闭连接
EPOLLPRI	表示对应的连接上有紧急数据需要读
EPOLLERR	表示对应的连接发生错误
EPOLLHUP	表示对应的连接被挂起
EPOLLET	表示将触发方式设置为边缘触发（ET），系统默认为水平触发（LT）
EPOLLONESHOT	表示对这个事件只处理一次，下次需要处理时需重新加入 epoll

而 data 成员是一个 epoll_data 联合，其定义如下。

```
typedef union epoll_data {
    void          *ptr;
    int            fd;
    uint32_t       u32;
    uint64_t       u64;
} epoll_data_t;
```

可见，这个 data 成员还与具体的使用方式相关。例如，ngx_epoll_module 模块只使用了联合中的 ptr 成员，作为指向 ngx_connection_t 连接的指针。

（3）epoll_wait 系统调用

epoll_wait 在 C 库中的原型如下。

```
int epoll_wait(int epfd,struct epoll_event* events,int maxevents,int timeout);
```

收集在 epoll 监控的事件中已经发生的事件，如果 epoll 中没有任何一个事件发生，则最多等待 timeout 毫秒后返回。epoll_wait 的返回值表示当前发生的事件个数，如果返回 0，则表示本次调用中没有事件发生，如果返回 –1，则表示出现错误，需要检查 errno 错误码判断错误类型。第 1 个参数 epfd 是 epoll 的描述符。第 2 个参数 events 则是分配好的 epoll_event 结构体数组，epoll 将会把发生的事件复制到 events 数组中（events 不可以是空指针，内核只负责把数据复制到这个 events 数组中，不会去帮助我们在用户态中分配内存。内核这种做法效率很高)。第 3 个参数 maxevents 表示本次可以返回的最大事件数目，通常 maxevents 参数与预分配的 events 数组的大小是相等的。第 4 个参数 timeout 表示在没有检测到事件发生时最多等待的时间（单位为毫秒），如果 timeout 为 0，则表示 epoll_wait 在 rdllist 链表中为空，立刻返回，不会等待。

epoll 有两种工作模式：LT（水平触发）模式和 ET（边缘触发）模式。默认情况下，epoll 采用 LT 模式工作，这时可以处理阻塞和非阻塞套接字，而表 9-3 中的 EPOLLET 表示可以将一个事件改为 ET 模式。ET 模式的效率要比 LT 模式高，它只支持非阻塞套接字。ET 模式与 LT 模式的区别在于，当一个新的事件到来时，ET 模式下当然可以从 epoll_wait 调用中获取到这个事件，可是如果这次没有把这个事件对应的套接字缓冲区处理完，在这个套接字没有新的事件再次到来时，在 ET 模式下是无法再次从 epoll_wait 调用中获取这个事件的；而 LT 模式则相反，只要一个事件对应的套接字缓冲区还有数据，就总能从 epoll_wait 中获取这个事件。因此，在 LT 模式下开发基于 epoll 的应用要简单一些，不太容易出错，而在 ET 模式下事件发生时，如果没有彻底地将缓冲区数据处理完，则会导致缓冲区中的用户请求得不到响应。默认情况下，Nginx 是通过 ET 模式使用 epoll 的，在下文中就可以看到相关内容。

9.6.3 ngx_epoll_module 模块的实现

本节主要介绍事件驱动模块接口与 epoll 用法是如何结合起来发挥作用的。首先看一下 ngx_epoll_module 模块究竟对哪些配置项感兴趣，其中 ngx_epoll_commands 数组指明了影响其可定制性的两个配置项。

```
    static ngx_command_t  ngx_epoll_commands[] = {
        /* 在调用 epoll_wait 时，将由第 2 和第 3 个参数告诉 Linux 内核一次最多可返回多少个事件。这个配置项表示调用一次 epoll_wait 时最多可以返回的事件数，当然，它也会预分配那么多 epoll_event 结构体用于存储事件 */
        { ngx_string("epoll_events"),
          NGX_EVENT_CONF|NGX_CONF_TAKE1,
          ngx_conf_set_num_slot,
          0,
          offsetof(ngx_epoll_conf_t, events),
          NULL },

        /* 指明在开启异步 I/O 且使用 io_setup 系统调用初始化异步 I/O 上下文环境时，初始分配的异步 I/O 事件个数，详见 9.9 节 */
        { ngx_string("worker_aio_requests"),
          NGX_EVENT_CONF|NGX_CONF_TAKE1,
          ngx_conf_set_num_slot,
          0,
          offsetof(ngx_epoll_conf_t, aio_requests),
          NULL },

          ngx_null_command
    };
```

上面使用了预分配的 ngx_conf_set_num_slot 方法来解析这两个配置项，下面看一下存储配置项的结构体 ngx_epoll_conf_t。

```
typedef struct {
    ngx_uint_t  events;
    ngx_uint_t  aio_requests;
} ngx_epoll_conf_t;
```

其中，events 是调用 epoll_wait 方法时传入的第 3 个参数 maxevents，而第 2 个参数 events 数组的大小也是由它决定的，下面将在 ngx_epoll_init 方法中初始化这个数组。

接下来看一下 epoll 是如何定义 ngx_event_module_t 事件模块接口的，代码如下。

```
static ngx_str_t epoll_name = ngx_string("epoll");

ngx_event_module_t ngx_epoll_module_ctx = {
    &epoll_name,
    ngx_epoll_create_conf,
    ngx_epoll_init_conf,

    {

        // 对应于 ngx_event_actions_t 中的 add 方法
        ngx_epoll_add_event,
        // 对应于 ngx_event_actions_t 中的 del 方法
        ngx_epoll_del_event,
        // 对应于 ngx_event_actions_t 中的 enable 方法，与 add 方法一致
        ngx_epoll_add_event,
        // 对应于 ngx_event_actions_t 中的 disable 方法，与 del 方法一致
        ngx_epoll_del_event,
        // 对应于 ngx_event_actions_t 中的 add_conn 方法
        ngx_epoll_add_connection,
        // 对应于 ngx_event_actions_t 中的 del_conn 方法
        ngx_epoll_del_connection,
        // 未实现 ngx_event_actions_t 中的 process_changes 方法
        NULL,
        // 对应于 ngx_event_actions_t 中的 process_events 方法
        ngx_epoll_process_events,
        // 对应于 ngx_event_actions_t 中的 init 方法
        ngx_epoll_init,
        // 对应于 ngx_event_actions_t 中的 done 方法
        ngx_epoll_done,
    }
};
```

其中，ngx_epoll_create_conf 方法和 ngx_epoll_init_conf 方法只是为了解析配置项，略过不提，下面重点看一下 ngx_event_actions_t 中的 10 个接口是如何实现的。

首先从实现 init 接口的 ngx_epoll_init 方法讲起。ngx_epoll-init 方法是在什么时候被调用的呢？在图 9-4 的第 4 步中它会被调用，也就是 Nginx 的启动过程中。ngx_epoll_init 方法主要做了两件事：

1）调用 epoll_create 方法创建 epoll 对象。

2）创建 event_list 数组，用于进行 epoll_wait 调用时传递内核态的事件。

event_list 数组就是用于在 epoll_wait 调用中接收事件的参数，如下所示。

```
static int ep = -1;
static struct epoll_event *event_list;
static ngx_uint_t nevents;
```

其中，ep 是 epoll 对象的描述符，nevents 是上面说到的 epoll_events 配置项参数，它既指明了 epoll_wait 一次返回的最大事件数，也告诉了 event_list 应该分配的数组大小。ngx_epoll_init 方法代码如下所示。

```
static ngx_int_t ngx_epoll_init(ngx_cycle_t *cycle, ngx_msec_t timer)
{
    ngx_epoll_conf_t  *epcf;

     /* 获取 create_conf 中生成的 ngx_epoll_conf_t 结构体，它已经被赋予解析完配置文件后的值。
详细内容可参见 9.4.1 节中关于 ngx_event_get_conf 宏的用法 */
    epcf = ngx_event_get_conf(cycle->conf_ctx, ngx_epoll_module);

    if (ep == -1) {
        /* 调用 epoll_create 在内核中创建 epoll 对象。上文已经讲过，参数 size 不是用于指明
epoll 能够处理的最大事件个数，因为在许多 Linux 内核版本中，epoll 是不处理这个参数的，所以设为 cycle->
connection_n/2（而不是 cycle->connection_n）也不要紧 */
        ep = epoll_create(cycle->connection_n/2);

        if (ep == -1) {
            ngx_log_error(NGX_LOG_EMERG, cycle->log, ngx_errno,
                          "epoll_create() failed");
            return NGX_ERROR;
        }

#if (NGX_HAVE_FILE_AIO)
        // 异步 I/O 内容可参见 9.9 节
        ngx_epoll_aio_init(cycle, epcf);
#endif
    }

    if (nevents < epcf->events) {
        if (event_list) {
            ngx_free(event_list);
        }

        // 初始化 event_list 数组。数组的个数是配置项 epoll_events 的参数
        event_list = ngx_alloc(sizeof(struct epoll_event) * epcf->events, cycle->log);
        if (event_list == NULL) {
            return NGX_ERROR;
        }
    }

    // nevents 也是配置项 epoll_events 的参数
    nevents = epcf->events;

    // 指明读写 I/O 的方法，本章不做具体说明
```

```
    ngx_io = ngx_os_io;

    //设置ngx_event_actions接口
    ngx_event_actions = ngx_epoll_module_ctx.actions;

#if (NGX_HAVE_CLEAR_EVENT)
    /*默认是采用ET模式来使用epoll的，NGX_USE_CLEAR_EVENT宏实际上就是在告诉Nginx使用
ET模式*/
    ngx_event_flags = NGX_USE_CLEAR_EVENT
#else
    ngx_event_flags = NGX_USE_LEVEL_EVENT
#endif
                      |NGX_USE_GREEDY_EVENT
                      |NGX_USE_EPOLL_EVENT;

    return NGX_OK;
}
```

ngx_event_actions是在Nginx事件框架处理事件时封装的接口，我们会在9.8节中说明它的用法。

对于epoll而言，并没有enable事件和disable事件的概念，另外，从ngx_epoll_module_ctx结构体中可以看出，enable和add接口都是使用ngx_epoll_add_event方法实现的，而disable和del接口都是使用ngx_epoll_del_event方法实现的。下面以ngx_epoll_add_event方法为例介绍一下它们是如何调用epoll_ctl向epoll中添加事件或从epoll中删除事件的。

```
static ngx_int_t
ngx_epoll_add_event(ngx_event_t *ev, ngx_int_t event, ngx_uint_t flags)
{
    int                  op;
    uint32_t             events, prev;
    ngx_event_t         *e;
    ngx_connection_t    *c;
    struct epoll_event   ee;

    //每个事件的data成员都存放着其对应的ngx_connection_t连接
    c = ev->data;

    /*下面会根据event参数确定当前事件是读事件还是写事件，这会决定events是加上EPOLLIN标
志位还是EPOLLOUT标志位*/
    events = (uint32_t) event;

    …

    //根据active标志位确定是否为活跃事件，以决定到底是修改还是添加事件
    if (e->active) {
        op = EPOLL_CTL_MOD;
        …
    } else {
        op = EPOLL_CTL_ADD;
    }

    //加入flags参数到events标志位中
```

```
        ee.events = events | (uint32_t) flags;

        /*ptr 成员存储的是 ngx_connection_t 连接，可参见 9.6.2 节中 epoll 的使用方式。在 9.2 节中
曾经提到过事件的 instance 标志位，下面就配合 ngx_epoll_process_events 方法说明它的用法 */
        ee.data.ptr = (void *) ((uintptr_t) c | ev->instance);

        // 调用 epoll_ctl 方法向 epoll 中添加事件或者在 epoll 中修改事件
        if (epoll_ctl(ep, op, c->fd, &ee) == -1) {
            ngx_log_error(NGX_LOG_ALERT, ev->log, ngx_errno,
                          "epoll_ctl(%d, %d) failed", op, c->fd);
            return NGX_ERROR;
        }

        // 将事件的 active 标志位置为 1，表示当前事件是活跃的
        ev->active = 1;

        return NGX_OK;
    }
```

ngx_epoll_del_event 方法也通过 epoll_ctl 删除 epoll 中的事件，具体代码这里不再罗列，读者可参照 ngx_epoll_add_event 的实现理解其意义。

对于 ngx_epoll_add_connection 方法和 ngx_epoll_del_connection 方法，也是调用 epoll_ctl 方法向 epoll 中添加事件或者在 epoll 中删除事件的，只是每一个连接都对应读 / 写事件。因此，ngx_epoll_add_connection 方法和 ngx_epoll_del_connection 方法在每次执行时也都是同时将每个连接对应的读、写事件 active 标志位置为 1 的，这里将不再给出其代码。

对于事件的 instance 标志位，已经在 9.2 节中简单地介绍了它的意义，下面将结合 ngx_epoll_process_events 方法具体说明其意义。ngx_epoll_process_events 是实现了收集、分发事件的 process_events 接口的方法，其主要代码如下所示。

```
    static ngx_int_t ngx_epoll_process_events(ngx_cycle_t *cycle, ngx_msec_t timer,
ngx_uint_t flags)
    {
        int                events;
        uint32_t           revents;
        ngx_int_t          instance, i;
        ngx_event_t       *rev, *wev, **queue;
        ngx_connection_t  *c;

        /* 调用 epoll_wait 获取事件。注意，timer 参数是在 process_events 调用时传入的，在 9.7 和
9.8 节中会提到这个参数 */
        events = epoll_wait(ep, event_list, (int) nevents, timer);

        …

        /* 在 9.7 节中会介绍 Nginx 对时间的缓存和管理。当 flags 标志位指示要更新时间时，就是在这里更
新的 */
        if (flags & NGX_UPDATE_TIME || ngx_event_timer_alarm) {
            // 更新时间，参见 9.7.1 节
            ngx_time_update();
        }
```

```
    ...
    //遍历本次epoll_wait返回的所有事件
    for (i = 0; i < events; i++) {
        /*对照着上面提到的ngx_epoll_add_event方法，可以看到ptr成员就是ngx_connection_t
连接的地址，但最后1位有特殊含义，需要把它屏蔽掉*/
        c = event_list[i].data.ptr;

        //将地址的最后一位取出来，用instance变量标识
        instance = (uintptr_t) c & 1;
           /*无论是32位还是64位机器，其地址的最后1位肯定是0，可以用下面这行语句把ngx_
connection_t的地址还原到真正的地址值*/
        c = (ngx_connection_t *) ((uintptr_t) c & (uintptr_t) ~1);

        //取出读事件
        rev = c->read;

        //判断这个读事件是否为过期事件
        if (c->fd == -1 || rev->instance != instance) {
            /*当fd套接字描述符为-1或者instance标志位不相等时，表示这个事件已经过期了，不
用处理*/
            continue;
        }

        //取出事件类型
        revents = event_list[i].events;

        ...

        //如果是读事件且该事件是活跃的
        if ((revents & EPOLLIN) && rev->active) {
            ...
            //flags参数中含有NGX_POST_EVENTS表示这批事件要延后处理
            if (flags & NGX_POST_EVENTS) {
                /*如果要在post队列中延后处理该事件，首先要判断它是新连接事件还是普通事件，以
决定把它加入到ngx_posted_accept_events队列或者ngx_posted_events队列中。关于post队列中的
事件何时执行，可参见9.8节内容*/
                queue = (ngx_event_t **) (rev->accept ? &ngx_posted_accept_events
: &ngx_posted_events);

                //将这个事件添加到相应的延后执行队列中
                ngx_locked_post_event(rev, queue);

            } else {
                //立即调用读事件的回调方法来处理这个事件
                rev->handler(rev);
            }
        }

        //取出写事件
        wev = c->write;

        if ((revents & EPOLLOUT) && wev->active) {
```

```
                //判断这个读事件是否为过期事件
                if (c->fd == -1 || wev->instance != instance) {
                    /* 当 fd 套接字描述符为 -1 或者 instance 标志位不相等时，表示这个事件已经过期
了，不用处理 */
                    continue;
                }

                ...

                if (flags & NGX_POST_EVENTS) {
                    //将这个事件添加到 post 队列中延后处理
                    ngx_locked_post_event(wev, &ngx_posted_events);
                } else {
                    //立即调用这个写事件的回调方法来处理这个事件
                    wev->handler(wev);
                }
            }
        }

        ...

        return NGX_OK;
    }
```

ngx_epoll_process_events 方法会收集当前触发的所有事件，对于不需要加入到 post 队列延后处理的事件，该方法会立刻执行它们的回调方法，这其实是在做分发事件的工作，只是它会在自己的进程中调用这些回调方法而已，因此，每一个回调方法都不能导致进程休眠或者消耗太多的时间，以免 epoll 不能即时地处理其他事件。

instance 标志位为什么可以判断事件是否过期？从上面的代码可以看出，instance 标志位的使用其实很简单，它利用了指针的最后一位一定是 0 这一特性。既然最后一位始终都是 0，那么不如用来表示 instance。这样，在使用 ngx_epoll_add_event 方法向 epoll 中添加事件时，就把 epoll_event 中联合成员 data 的 ptr 成员指向 ngx_connection_t 连接的地址，同时把最后一位置为这个事件的 instance 标志。而在 ngx_epoll_process_events 方法中取出指向连接的 ptr 地址时，先把最后一位 instance 取出来，再把 ptr 还原成正常的地址赋给 ngx_connection_t 连接。这样，instance 究竟放在何处的问题也就解决了。

那么，过期事件又是怎么回事呢？举个例子，假设 epoll_wait 一次返回 3 个事件，在第 1 个事件的处理过程中，由于业务的需要，所以关闭了一个连接，而这个连接恰好对应第 3 个事件。这样的话，在处理到第 3 个事件时，这个事件就已经是过期事件了，一旦处理必然出错。既然如此，把关闭的这个连接的 fd 套接字置为 –1 能解决问题吗？答案是不能处理所有情况。

下面先来看看这种貌似不可能发生的场景到底是怎么发生的：假设第 3 个事件对应的 ngx_connection_t 连接中的 fd 套接字原先是 50，处理第 1 个事件时把这个连接的套接字关闭了，同时置为 –1，并且调用 ngx_free_connection 将该连接归还给连接池。在 ngx_epoll_process_events 方法的循环中开始处理第 2 个事件，恰好第 2 个事件是建立新连接事件，调用

ngx_get_connection从连接池中取出的连接非常可能就是刚刚释放的第3个事件对应的连接。由于套接字50刚刚被释放，Linux内核非常有可能把刚刚释放的套接字50又分配给新建立的连接。因此，在循环中处理第3个事件时，这个事件就是过期的了！它对应的事件是关闭的连接，而不是新建立的连接。

如何解决这个问题？依靠instance标志位。当调用ngx_get_connection从连接池中获取一个新连接时，instance标志位就会置反，代码如下所示。

```
ngx_connection_t *
ngx_get_connection(ngx_socket_t s, ngx_log_t *log)
{
    …
    // 从连接池中获取一个连接
    ngx_connection_t  *c;
    c = ngx_cycle->free_connections;

    …

    rev = c->read;
    wev = c->write;

    …

    instance = rev->instance;
    // 将instance标志位置为原来的相反值
    rev->instance = !instance;
    wev->instance = !instance;

    …
    return c;
}
```

这样，当这个ngx_connection_t连接重复使用时，它的instance标志位一定是不同的。因此，在ngx_epoll_process_events方法中一旦判断instance发生了变化，就认为这是过期事件而不予处理。这种设计方法是非常值得读者学习的，因为它几乎没有增加任何成本就很好地解决了服务器开发时一定会出现的过期事件问题。

目前，在ngx_event_actions_t接口中，所有事件模块都没有实现process_changes方法。done接口是由ngx_epoll_done方法实现的，在Nginx退出服务时它会得到调用。ngx_epoll_done主要是关闭epoll描述符ep，同时释放event_list数组。

了解了ngx_epoll_module_ctx中所有接口的实现后，ngx_epoll_module模块的定义就非常简单了，如下所示。

```
ngx_module_t  ngx_epoll_module = {
    NGX_MODULE_V1,
    &ngx_epoll_module_ctx,                /* module context */
    ngx_epoll_commands,                   /* module directives */
    NGX_EVENT_MODULE,                     /* module type */
```

```
    NULL,                                    /* init master */
    NULL,                                    /* init module */
    NULL,                                    /* init process */
    NULL,                                    /* init thread */
    NULL,                                    /* exit thread */
    NULL,                                    /* exit process */
    NULL,                                    /* exit master */
    NGX_MODULE_V1_PADDING
};
```

这里不需要再实现 ngx_module_t 接口中的 7 个回调方法了。

至此，我们完整地介绍了 ngx_epoll_module 模块是如何实现事件驱动机制的内容的。事实上，其他事件驱动模块的实现与 ngx_epoll_module 模块的差别并不是很大，读者可以参照本节内容阅读其他事件模块的源代码。

9.7 定时器事件

Nginx 实现了自己的定时器触发机制，它与 epoll 等事件驱动模块处理的网络事件不同：在网络事件中，网络事件的触发是由内核完成的，内核如果支持 epoll 就可以使用 ngx_epoll_module 模块驱动事件，内核如果仅支持 select 那就得使用 ngx_select_module 模块驱动事件；定时器事件则完全是由 Nginx 自身实现的，它与内核完全无关。那么，所有事件的定时器是如何组织起来的呢？在事件超时后，定时器是如何触发事件的呢？读者将在 9.7.2 节中看到定时器事件的设计，但首先需要弄清楚 Nginx 的时间是如何管理的。Nginx 与一般的服务器不同，出于性能的考虑（不需要每次获取时间都调用 gettimeofday 方法），Nginx 使用的时间是缓存在其内存中的，这样，在 Nginx 模块获取时间时，只是获取内存中的几个整型变量而已。这个缓存的时间是如何更新的呢？又是在什么时刻更新的呢？这些问题读者会在 9.7.1 节中获得答案。

9.7.1 缓存时间的管理

Nginx 中的每个进程都会单独地管理当前时间，下面来看一下缓存的全局时间变量是什么。ngx_time_t 结构体是缓存时间变量的类型，如下所示。

```
typedef struct {
    // 格林威治时间 1970 年 1 月 1 日凌晨 0 点 0 分 0 秒到当前时间的秒数
    time_t sec;
    // sec 成员只能精确到秒，msec 则是当前时间相对于 sec 的毫秒偏移量
    ngx_uint_t msec;
    // 时区
    ngx_int_t gmtoff;
} ngx_time_t;
```

可以看到，ngx_time_t 是精确到毫秒的。当然，ngx_time_t 结构用起来并不是那么方便，

作为 Web 服务器，很多时候要用到可读性较强的规范的时间字符串，因此，Nginx 定义了以下全局变量用于缓存时间，代码如下。

```
//格林威治时间1970年1月1日凌晨0点0分0秒到当前时间的毫秒数
volatile ngx_msec_t ngx_current_msec;
//ngx_time_t结构体形式的当前时间
volatile ngx_time_t *ngx_cached_time;
/*用于记录error_log的当前时间字符串，它的格式类似于："1970/09/28 12:00:00"*/
volatile ngx_str_t ngx_cached_err_log_time;
/*用于HTTP相关的当前时间字符串，它的格式类似于："Mon, 28 Sep 1970 06:00:00 GMT"*/
volatile ngx_str_t ngx_cached_http_time;
/*用于记录HTTP日志的当前时间字符串，它的格式类似于："28/Sep/1970:12:00:00 +0600"*/
volatile ngx_str_t ngx_cached_http_log_time;
//以ISO 8601标准格式记录下的字符串形式的当前时间
volatile ngx_str_t ngx_cached_http_log_iso8601;
```

Nginx 为用户提供了 6 种当前时间的表示形式，这已经足够用了。Nginx 缓存时间的操作方法见表 9-4 所示。

表 9-4 Nginx 缓存时间的操作方法

时间方法名	参数含义	执行意义
void ngx_time_init(void);	无	初始化当前进程中缓存的时间变量，同时会第一次根据 gettimeofday 调用刷新缓存时间
void ngx_time_update(void)	无	使用 gettimeofday 调用以系统时间更新缓存的时间，上述的 ngx_current_msec、ngx_cached_time、ngx_cached_err_log_time、ngx_cached_http_time、ngx_cached_http_log_time、ngx_cached_http_log_iso8601 这 6 个全局变量都会得到更新
u_char *ngx_http_time (u_char *buf, time_t t)	t 是需要转换的时间，它是格林威治时间 1970 年 1 月 1 日凌晨 0 点 0 分 0 秒到某一时间的秒数，buf 是 t 时间转换成字符串形式的 HTTP 时间后用来存放字符串的内存	将时间 t 转换成“Mon, 28 Sep 1970 06:00:00 GMT”形式的时间，返回值与 buf 是相同的，都是指向存放时间的字符串
u_char *ngx_http_cookie_time(u_char *buf, time_t t)	t 是需要转换的时间，它是格林威治时间 1970 年 1 月 1 日凌晨 0 点 0 分 0 秒到某一时间的秒数，buf 是 t 时间转换成字符串形式适用于 cookie 的时间后用来存放字符串的内存	将时间 t 转换成“Mon, 28-Sep-70 06:00:00 GMT”形式适用于 cookie 的时间，返回值与 buf 是相同的，都是指向存放时间的字符串
void ngx_gmtime (time_t t, ngx_tm_t *tp)	t 是需要转换的时间，它是格林威治时间 1970 年 1 月 1 日凌晨 0 点 0 分 0 秒到某一时间的秒数，tp 是 ngx_tm_t 类型的时间，实际上就是标准的 tm 类型时间	将时间 t 转换成 ngx_tm_t 类型的时间。下面会说明 ngx_tm_t 类型

（续）

时间方法名	参数含义	执行意义
time_t ngx_next_time (time_t when)	when 表示期待过期的时间，它仅表示一天内的秒数	返回 -1 表示失败，否则会返回：①如果 when 表示当天时间秒数，当它合并到实际时间后，已经超过当前时间，那么就返回 when 合并到实际时间后的秒数（相对于格林威治时间 1970 年 1 月 1 日凌晨 0 点 0 分 0 秒到某一时间的秒数）；②反之，如果合并后的时间早于当前时间，则返回下一天的同一时刻（当天时刻）的时间。它目前仅具有与 expires 配置项相关的缓存过期功能
#define ngx_time() ngx_cached_time->sec	无	获取到格林威治时间 1970 年 1 月 1 日凌晨 0 点 0 分 0 秒到当前时间的秒数
#define ngx_timeofday() (ngx_time_t *) ngx_cached_time	无	获取缓存的 ngx_time_t 类型时间

ngx_tm_t 是标准的 tm 类型时间，下面先看一下 tm 时间是什么样的，代码如下。

```
struct tm {
        //秒 - 取值区间为 [0,59]
        int tm_sec;
        //分 - 取值区间为 [0,59]
        int tm_min;
        //时 - 取值区间为 [0,23]
        int tm_hour;
        //一个月中的日期 - 取值区间为 [1,31]
        int tm_mday;
        //月份（从一月开始，0 代表一月）- 取值区间为 [0,11]
        int tm_mon;
        //年份，其值等于实际年份减去 1900
        int tm_year;
        //星期 - 取值区间为 [0,6]，其中 0 代表星期天，1 代表星期一，依此类推
        int tm_wday;
        /*从每年的 1 月 1 日开始的天数 - 取值区间为 [0,365]，其中 0 代表 1 月 1 日，1 代表 1 月 2
日，依此类推*/
        int tm_yday;
        /*夏令时标识符。在实行夏令时的时候，tm_isdst 为正；不实行夏令时的时候，tm_isdst 为 0；
在不了解情况时，tm_isdst 为负*/
        int tm_isdst;
};
```

ngx_tm_t 与 tm 用法是完全一致的，如下所示。

```
typedef struct tm             ngx_tm_t;

#define ngx_tm_sec            tm_sec
#define ngx_tm_min            tm_min
#define ngx_tm_hour           tm_hour
```

```
#define ngx_tm_mday            tm_mday
#define ngx_tm_mon             tm_mon
#define ngx_tm_year            tm_year
#define ngx_tm_wday            tm_wday
#define ngx_tm_isdst           tm_isdst
```

可以看到，ngx_tm_t 中类似 ngx_tm_sec 这样的成员与 tm_sec 是完全一致的。

这个缓存时间什么时候会更新呢？对于 worker 进程而言，除了 Nginx 启动时更新一次时间外，任何更新时间的操作都只能由 ngx_epoll_process_events 方法（参见 9.6.3 节）执行。回顾一下 ngx_epoll_process_events 方法的代码，当 flags 参数中有 NGX_UPDATE_TIME 标志位，或者 ngx_event_timer_alarm 标志位为 1 时，就会调用 ngx_time_update 方法更新缓存时间。

9.7.2 缓存时间的精度

上文简单地介绍过缓存时间的更新策略，它是与 ngx_epoll_process_events 方法的调用频率及其 flag 参数相关的。实际上，Nginx 还提供了设置更新缓存时间频率的功能（也就是至少每隔 timer_resolution 毫秒必须更新一次缓存时间），通过在 nginx.conf 文件中的 timer_resolution 配置项可以设置更新的最小频率，这样就保证了缓存时间的精度。

下面看一下 timer_resolution 是如何起作用的。在图 9-4 的第 5 步中，ngx_event_core_module 模块初始化时会使用 setitimer 系统调用告诉内核每隔 timer_resolution 毫秒调用一次 ngx_timer_signal_handler 方法。而 ngx_timer_signal_handler 方法则会将 ngx_event_timer_alarm 标志位设为 1，这样一来，一旦调用 ngx_epoll_process_events 方法，如果间隔的时间超过 timer_resolution 毫秒，肯定会更新缓存时间。

但如果很久都不调用 ngx_epoll_process_events 方法呢？例如，远超过 timer_resolution 毫秒的时间内 ngx_epoll_process_events 方法都得不到调用，那时间精度如何保证呢？在这种情况下，Nginx 只能从事件模块对 ngx_event_actions 中 process_events 接口的实现来保证时间精度了。process_events 方法的第 2 个参数 timer 表示收集事件时的最长等待时间。例如，在 epoll 模块下，这个 timer 就是 epoll_wait 调用时传入的超时时间参数。如果在设置了 timer_resolution 后，这个 timer 参数就是 –1，它表示如果 epoll_wait 等调用检测不到已经发生的事件，将不等待而是立刻返回，这样就控制了时间精度。当然，如果某个事件消费模块的回调方法执行时占用的时间过长，时间精度还是难以得到保证的。

9.7.3 定时器的实现

定时器是通过一棵红黑树实现的。ngx_event_timer_rbtree 就是所有定时器事件组成的红黑树，而 ngx_event_timer_sentinel 就是这棵红黑树的哨兵节点，如下所示。

```
ngx_thread_volatile ngx_rbtree_t  ngx_event_timer_rbtree;
static ngx_rbtree_node_t ngx_event_timer_sentinel;
```

这棵红黑树中的每个节点都是 ngx_event_t 事件中的 timer 成员，而 ngx_rbtree_node_t 节点的关键字就是事件的超时时间，以这个超时时间的大小组成了二叉排序树 ngx_event_ timer_rbtree。这样，如果需要找出最有可能超时的事件，那么将 ngx_event_timer_rbtree 树中最左边的节点取出来即可。只要用当前时间去比较这个最左边节点的超时时间，就会知道这个事件有没有触发超时，如果还没有触发超时，那么会知道最少还要经过多少毫秒满足超时条件而触发超时。先看一下定时器的操作方法，见表 9-5。

表 9-5 定时器的操作方法

方法名	参数含义	执行意义
ngx_int_t ngx_event_timer_init (ngx_log_t *log);	log 是可以记录日志的 ngx_log_t 对象	初始化定时器
ngx_msec_t ngx_event_find_timer(void);	无	找出红黑树中最左边的节点，如果它的超时时间大于当前时间，也就表明目前的定时器中没有一个事件满足触发条件，这时返回这个超时与当前时间的差值，也就是需要经过多少毫秒会有事件超时触发；如果它的超时时间小于或等于当前时间，则返回 0，表示定时器中已经存在超时需要触发的事件
void ngx_event_expire_timers(void);	无	检查定时器中的所有事件，按照红黑树关键字由小到大的顺序依次调用已经满足超时条件需要被触发事件的 handler 回调方法
static ngx_inline void ngx_event_del_timer (ngx_event_t *ev)	ev 是需要操作的事件	从定时器中移除一个事件
static ngx_inline void ngx_event_add_timer(ngx_event_t *ev, ngx_msec_t timer)	ev 是需要操作的事件，timer 的单位是毫秒，它告诉定时器事件 ev 希望 timer 毫秒后超时，同时需要回调 ev 的 handler 方法	添加一个定时器事件，超时时间为 timer 毫秒

事实上，还有两个宏与 ngx_event_add_timer 方法和 ngx_event_del_timer 方法的用法是完全一样的，如下所示。

```
#define ngx_add_timer ngx_event_add_timer
#define ngx_del_timer ngx_event_del_timer
```

从表 9-5 可以看出，只要调用 ngx_event_expire_timers 方法就可以触发所有超时的事件，在这个方法中，循环调用所有满足超时条件的事件的 handler 回调方法。那么，多久调用一次 ngx_event_expire_timers 方法呢？这个时间频率可以部分参照 ngx_event_find_timer 方法，因为 ngx_event_find_timer 会告诉用户下一个最近的超时事件多久后会发生。

在 9.8.5 节中，读者会看到 ngx_event_expire_timers 究竟什么时候会被调用。

9.8 事件驱动框架的处理流程

本节开始讨论事件处理流程。在 9.5.1 节中已经看到，图 9-4 的第 12 步会将监听连接的读事件设为ngx_event_accept方法，在第13步会把监听连接的读事件添加到ngx_epoll_module事件驱动模块中。这样，在执行ngx_epoll_process_events方法时，如果有新连接事件出现，则会调用ngx_event_accept方法来建立新连接。在9.8.1节中将会讨论ngx_event_accept方法的执行流程。

当然，建立连接其实没有那么简单。Nginx出于充分发挥多核CPU架构性能的考虑，使用了多个worker子进程监听相同端口的设计，这样多个子进程在accept建立新连接时会有争抢，这会带来著名的“惊群”问题，子进程数量越多问题越明显，这会造成系统性能下降。在9.8.2节中，我们会讲到在建立新连接时Nginx是如何避免出现“惊群”现象的。

另外，建立连接时还会涉及负载均衡问题。在多个子进程争抢处理一个新连接事件时，一定只有一个worker子进程最终会成功建立连接，随后，它会一直处理这个连接直到连接关闭。那么，如果有的子进程很“勤奋”，它们抢着建立并处理了大部分连接，而有的子进程则“运气不好”，只处理了少量连接，这对多核CPU架构下的应用是很不利的，因为子进程间应该是平等的，每个子进程应该尽量地独占一个CPU核心。子进程间负载不均衡，必然影响整个服务的性能。在9.8.3节中，我们会看到Nginx是如何解决负载均衡问题的。

实际上，上述问题的解决离不开Nginx的post事件处理机制。这个post事件是什么意思呢？它表示允许事件延后执行。Nginx设计了两个post队列，一个是由被触发的监听连接的读事件构成的ngx_posted_accept_events队列，另一个是由普通读/写事件构成的ngx_posted_events队列。这样的post事件可以让用户完成什么样的功能呢？

- 将epoll_wait产生的一批事件，分到这两个队列中，让存放着新连接事件的ngx_posted_accept_events队列优先执行，存放普通事件的ngx_posted_events队列最后执行，这是解决“惊群”和负载均衡两个问题的关键。
- 如果在处理一个事件的过程中产生了另一个事件，而我们希望这个事件随后执行（不是立刻执行），就可以把它放到post队列中。在9.8.3节中会介绍post队列。

我们在9.8.5节中将本章的网络事件、定时器事件进行综合考虑，以说明ngx_process_events_and_timers事件框架执行流程是如何把连接的建立、事件的执行结合在一起的。

9.8.1 如何建立新连接

上文提到过，处理新连接事件的回调函数是ngx_event_accept，其原型如下。

```
void ngx_event_accept(ngx_event_t *ev)
```

下面简单介绍一下它的流程，如图9-6所示。

下面对流程中的7个步骤进行说明。

1）首先调用accept方法试图建立新连接，如果没有准备好的新连接事件，ngx_event_accept方法会直接返回。

2）设置负载均衡阈值ngx_accept_disabled，这个阈值是进程允许的总连接数的1/8减去空闲连接数，它的具体用法参见9.8.3节。

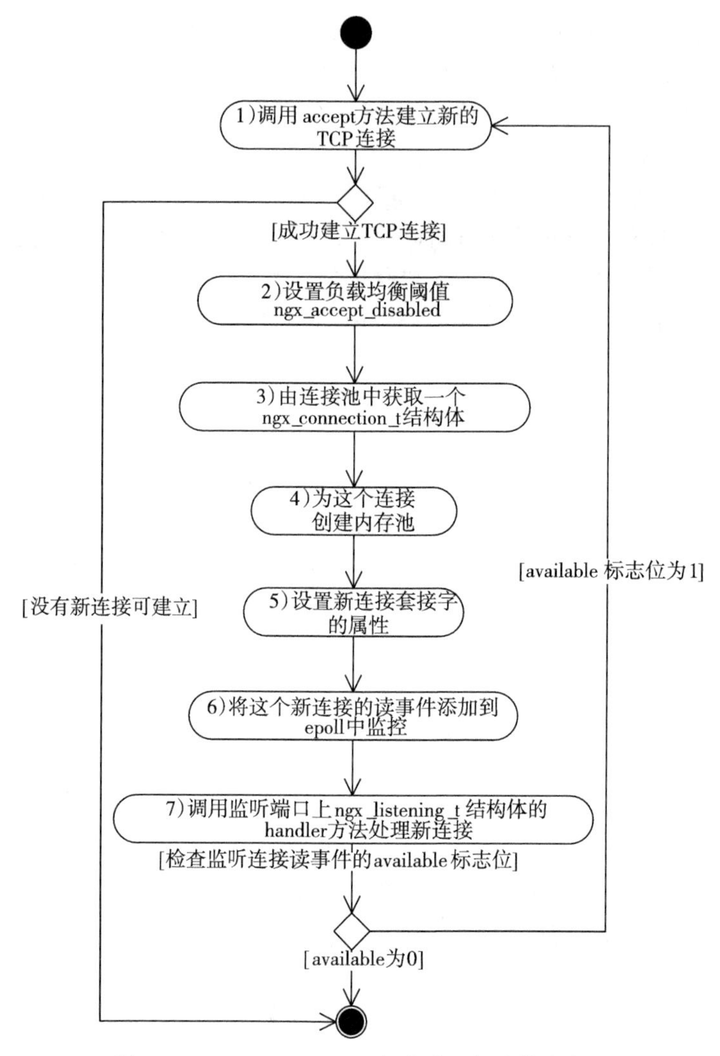

图 9-6 ngx_event_accept 方法建立新连接的流程

3）调用 ngx_get_connection 方法由连接池中获取一个 ngx_connection_t 连接对象。

4）为 ngx_connection_t 中的 pool 指针建立内存池。在这个连接释放到空闲连接池时，释放 pool 内存池。

5）设置套接字的属性，如设为非阻塞套接字。

6）将这个新连接对应的读事件添加到 epoll 等事件驱动模块中，这样，在这个连接上如果接收到用户请求 epoll_wait，就会收集到这个事件。

7）调用监听对象 ngx_listening_t 中的 handler 回调方法。ngx_listening_t 结构体的 handler 回调方法就是当新的 TCP 连接刚刚建立完成时在这里调用的。

最后，如果监听事件的 available 标志位为 1，再次循环到第 1 步，否则 ngx_event_

accept方法结束。事件的available标志位对应着multi_accept配置项。当available为1时，告诉Nginx一次性尽量多地建立新连接，它的实现原理也就在这里。

9.8.2 如何解决“惊群”问题

只有打开了accept_mutex锁，才可以解决“惊群”问题。何谓“惊群”？就像上面说过的那样，master进程开始监听Web端口，fork出多个worker子进程，这些子进程开始同时监听同一个Web端口。一般情况下，有多少CPU核心，就会配置多少个worker子进程，这样所有的worker子进程都在承担着Web服务器的角色。在这种情况下，就可以利用每一个CPU核心可以并发工作的特性，充分发挥多核机器的“威力”。但下面假定这样一个场景：没有用户连入服务器，某一时刻恰好所有的worker子进程都休眠且等待新连接的系统调用（如epoll_wait），这时有一个用户向服务器发起了连接，内核在收到TCP的SYN包时，会激活所有的休眠worker子进程，当然，此时只有最先开始执行accept的子进程可以成功建立新连接，而其他worker子进程都会accept失败。这些accept失败的子进程被内核唤醒是不必要的，它们被唤醒后的执行很可能也是多余的，那么这一时刻它们占用了本不需要占用的系统资源，引发了不必要的进程上下文切换，增加了系统开销。

也许很多操作系统的最新版本的内核已经在事件驱动机制中解决了“惊群”问题，但Nginx作为可移植性极高的Web服务器，还是在自身的应用层面上较好地解决了这一问题。既然“惊群”是多个子进程在同一时刻监听同一个端口引起的，那么Nginx的解决方式也很简单，它规定了同一时刻只能有唯一一个worker子进程监听Web端口，这样就不会发生“惊群”了，此时新连接事件只能唤醒唯一正在监听端口的worker子进程。

可是如何限制在某一时刻仅能有一个子进程监听Web端口呢？下面看一下ngx_trylock_accept_mutex方法的实现。在打开accept_mutex锁的情况下，只有调用ngx_trylock_accept_mutex方法后，当前的worker进程才会去试着监听web端口，具体实现如下所示。

```
ngx_int_t ngx_trylock_accept_mutex(ngx_cycle_t *cycle)
{
     /* 使用进程间的同步锁，试图获取 accept_mutex 锁。注意，ngx_shmtx_trylock 返回 1 表示成功拿到锁，返回 0 表示获取锁失败。这个获取锁的过程是非阻塞的，此时一旦锁被其他 worker 子进程占用，ngx_shmtx_trylock 方法会立刻返回（详见 14.8 节）*/
    if (ngx_shmtx_trylock(&ngx_accept_mutex)) {

    /* 如果获取到 accept_mutex 锁，但 ngx_accept_mutex_held 为 1，则立刻返回。ngx_accept_mutex_held 是一个标志位，当它为 1 时，表示当前进程已经获取到锁了 */
        if (ngx_accept_mutex_held
            && ngx_accept_events == 0
            && !(ngx_event_flags & NGX_USE_RTSIG_EVENT))
        {
            // ngx_accept_mutex 锁之前已经获取到了，立刻返回
            return NGX_OK;
        }

        // 将所有监听连接的读事件添加到当前的 epoll 等事件驱动模块中
```

```
            if (ngx_enable_accept_events(cycle) == NGX_ERROR) {
                /* 既然将监听句柄添加到事件驱动模块失败，就必须释放 ngx_accept_mutex 锁 */
                ngx_shmtx_unlock(&ngx_accept_mutex);
                return NGX_ERROR;
            }

        /* 经过 ngx_enable_accept_events 方法的调用，当前进程的事件驱动模块已经开始监听所有的端口，
这时需要把 ngx_accept_mutex_held 标志位置为 1，方便本进程的其他模块了解它目前已经获取到了锁 */
            ngx_accept_events = 0;
            ngx_accept_mutex_held = 1;

            return NGX_OK;
        }

        /* 如果 ngx_shmtx_trylock 返回 0，则表明获取 ngx_accept_mutex 锁失败，这时如果 ngx_
accept_mutex_held 标志位还为 1，即当前进程还在获取到锁的状态，这当然是不正确的，需要处理 */
        if (ngx_accept_mutex_held) {
            /*ngx_disable_accept_events 会将所有监听连接的读事件从事件驱动模块中移除 */
            if (ngx_disable_accept_events(cycle) == NGX_ERROR) {
                return NGX_ERROR;
            }

            /* 在没有获取到 ngx_accept_mutex 锁时，必须把 ngx_accept_mutex_held 置为 0*/
            ngx_accept_mutex_held = 0;
        }

        return NGX_OK;
    }
```

在上面关于 ngx_trylock_accept_mutex 方法的源代码中，ngx_accept_mutex 实际上是 Nginx 进程间的同步锁。第 14 章我们会详细介绍进程间的同步方式，目前只需要清楚 ngx_shmtx_trylock 方法是一个非阻塞的获取锁的方法即可。如果成功获取到锁，则返回 1，否则返回 0。ngx_shmtx_unlock 方法负责释放锁。ngx_accept_mutex_held 是当前进程的一个全局变量，如果为 1，则表示这个进程已经获取到了 ngx_accept_mutex 锁；如果为 0，则表示没有获取到锁，这个标志位主要用于进程内各模块了解是否获取到了 ngx_accept_mutex 锁，具体定义如下所示。

```
ngx_shmtx_t             ngx_accept_mutex;
ngx_uint_t              ngx_accept_mutex_held;
```

因此，在调用 ngx_trylock_accept_mutex 方法后，要么是唯一获取到 ngx_accept_mutex 锁且其 epoll 等事件驱动模块开始监控 Web 端口上的新连接事件，要么是没有获取到锁，当前进程不会收到新连接事件。

如果 ngx_trylock_accept_mutex 方法没有获取到锁，接下来调用事件驱动模块的 process_events 方法时只能处理已有的连接上的事件；如果获取到了锁，调用 process_events 方法时就会既处理已有连接上的事件，也处理新连接的事件。这样的话，问题又来了，什么时候释放 ngx_accept_mutex 锁呢？等到这批事件全部执行完吗？这当然是不可取的，因为这个 worker

进程上可能有许多活跃的连接，处理这些连接上的事件会占用很长时间，也就是说，会有很长时间都没有释放 ngx_accept_mutex 锁，这样，其他 worker 进程就很难得到处理新连接的机会。

如何解决长时间占用 ngx_accept_mutex 锁的问题呢？这就要依靠 ngx_posted_accept_events 队列和 ngx_posted_events 队列了。首先看下面这段代码：

```
if (ngx_trylock_accept_mutex(cycle) == NGX_ERROR) {
    return;
}
if (ngx_accept_mutex_held) {
    flags |= NGX_POST_EVENTS;
}
```

调用 ngx_trylock_accept_mutex 试图处理监听端口的新连接事件，如果 ngx_accept_mutex_held 为 1，就表示开始处理新连接事件了，这时将 flags 标志位加上 NGX_POST_EVENTS。这里的 flags 是在 9.6.3 节中列举的 ngx_epoll_process_events 方法中的第 3 个参数 flags。回顾一下这个方法中的代码，当 flags 标志位包含 NGX_POST_EVENTS 时是不会立刻调用事件的 handler 回调方法的，代码如下所示。

```
if ((revents & EPOLLIN) && rev->active) {

    if (flags & NGX_POST_EVENTS) {
          queue = (ngx_event_t **) (rev->accept ? &ngx_posted_accept_events :
&ngx_posted_events);

        ngx_locked_post_event(rev, queue);

    } else {
        rev->handler(rev);
    }
}
```

对于写事件，也可以采用同样的处理方法。实际上，ngx_posted_accept_events 队列和 ngx_posted_events 队列把这批事件归类了，即新连接事件全部放到 ngx_posted_accept_events 队列中，普通事件则放到 ngx_posted_events 队列中。这样，接下来会先处理 ngx_posted_accept_events 队列中的事件，处理完后就要立刻释放 ngx_accept_mutex 锁，接着再处理 ngx_posted_events 队列中的事件（参见图 9-7），这样就大大减少了 ngx_accept_mutex 锁占用的时间。

9.8.3 如何实现负载均衡

与“惊群”问题的解决方法一样，只有打开了 accept_mutex 锁，才能实现 worker 子进程间的负载均衡。在图 9-6 的第 2 步中，初始化了一个全局变量 ngx_accept_disabled，它就是负载均衡机制实现的关键阈值，实际上它就是一个整型数据。

```
ngx_int_t           ngx_accept_disabled;
```

这个阈值是与连接池中连接的使用情况密切相关的，在图 9-6 的第 2 步中它会进行赋值，如下所示。

```
ngx_accept_disabled = ngx_cycle->connection_n/8
                         - ngx_cycle->free_connection_n;
```

因此，在 Nginx 启动时，ngx_accept_disabled 的值就是一个负数，其值为连接总数的 7/8。其实，ngx_accept_disabled 的用法很简单，当它为负数时，不会进行触发负载均衡操作；而当 ngx_accept_disabled 是正数时，就会触发 Nginx 进行负载均衡操作了。Nginx 的做法也很简单，就是当 ngx_accept_disabled 是正数时当前进程将不再处理新连接事件，取而代之的仅仅是 ngx_accept_disabled 值减 1，如下所示。

```
if (ngx_accept_disabled > 0) {
    ngx_accept_disabled--;
} else {
    if (ngx_trylock_accept_mutex(cycle) == NGX_ERROR) {
        return;
    }
    …
}
```

上面这段代码表明，在当前使用的连接到达总连接数的 7/8 时，就不会再处理新连接了，同时，在每次调用 process_events 时都会将 ngx_accept_disabled 减 1，直到 ngx_accept_disabled 降到总连接数的 7/8 以下时，才会调用 ngx_trylock_accept_mutex 试图去处理新连接事件。

因此，Nginx 各 worker 子进程间的负载均衡仅在某个 worker 进程处理的连接数达到它最大处理总数的 7/8 时才会触发，这时该 worker 进程就会减少处理新连接的机会，这样其他较空闲的 worker 进程就有机会去处理更多的新连接，以此达到整个 Web 服务的均衡处理效果。虽然这样的机制不是很完美，但在维护一定程度上的负载均衡时，很好地避免了当某个 worker 进程由于连接池耗尽而拒绝服务，同时，在其他 worker 进程上处理的连接还远未达到上限的问题。因此，Nginx 将 accept_mutex 配置项默认设为 accept_mutex on。

9.8.4 post 事件队列

上文已经介绍过 post 事件的意义，本节来看一下 post 事件处理的实现方法。下面是两个 post 事件队列的定义：

```
ngx_thread_volatile ngx_event_t  *ngx_posted_accept_events;
ngx_thread_volatile ngx_event_t  *ngx_posted_events;
```

这两个指针都指向事件队列中的首个事件。这些事件间是以双向链表的形式组织成 post 事件队列的。注意，9.2 节中 ngx_event_t 结构体的 next 和 prev 成员仅用于 post 事件队列。

对于 post 事件队列的操作方法共有 4 个，见表 9-6。

在 9.6.3 节中已经介绍过 ngx_post_event 方法的应用，它会将事件添加到队列中，那么，post 事件什么时候会执行呢？在 9.8.5 节我们就会介绍 ngx_event_process_posted 是如何被调用的。

表 9-6 post 事件队列的操作方法

方法名	参数含义	执行意义
ngx_locked_post_event(ev, queue)	ev 是要添加到 post 事件队列的事件，queue 是 post 事件队列	向 queue 事件队列中添加事件 ev，注意，ev 将插入到事件队列的首部
ngx_post_event(ev, queue)	ev 是要添加到 post 队列的事件，queue 是 post 事件队列	线程安全地向 queue 事件队列中添加事件 ev。在目前不使用多线程的情况下，它与 ngx_locked_post_event 的功能是相同的
ngx_delete_posted_event(ev)	ev 是要从某个 post 事件队列移除的事件	将事件 ev 从其所属的 post 事件队列中删除
void ngx_event_process_posted (ngx_cycle_t *cycle,ngx_thread_volatile ngx_event_t **posted);	cycle 是进程的核心结构体 ngx_cycle_t 的指针，posted 是要操作的 post 事件队列，它的取值目前仅可以为 ngx_posted_events 或者 ngx_posted_accept_events	调用 posted 事件队列中所有事件的 handler 回调方法。每个事件调用完 handler 方法后，就会从 posted 事件队列中删除

9.8.5 ngx_process_events_and_timers 流程

本节将综合上文相关内容，探讨 Nginx 事件框架处理的流程。

在图 8-7 中，每个 worker 进程都在 ngx_worker_process_cycle 方法中循环处理事件。图 8-7 中的处理分发事件实际上就是调用的 ngx_process_events_and_timers 方法，下面先看一下它的定义：

```
void ngx_process_events_and_timers(ngx_cycle_t *cycle);
```

循环调用 ngx_process_events_and_timers 方法就是在处理所有的事件，这正是事件驱动机制的核心。顾名思义，ngx_process_events_and_timers 方法既会处理普通的网络事件，也会处理定时器事件，在图 9-7 中，读者会看到在这个方法中到底做了哪些事情。

ngx_process_events_and_timers 方法中核心的操作主要有以下 3 个：

- 调用所使用的事件驱动模块实现的 process_events 方法，处理网络事件。
- 处理两个 post 事件队列中的事件，实际上就是分别调用 ngx_event_process_posted(cycle, &ngx_posted_accept_events) 和 ngx_event_process_posted(cycle, &ngx_posted_events) 方法（参见 9.8.4 节）。
- 处理定时器事件，实际上就是调用 ngx_event_expire_timers() 方法（参见 9.7.3 节）。

后两项操作很清晰，而调用事件驱动模块的 process_events 方法时则需要设置两个关键参数 timer 和 flags。Nginx 用一系列宏封装了 ngx_event_actions 接口中的方法，如下所示。

```
#define ngx_process_changes   ngx_event_actions.process_changes
#define ngx_process_events    ngx_event_actions.process_events
#define ngx_done_events       ngx_event_actions.done

#define ngx_add_event         ngx_event_actions.add
#define ngx_del_event         ngx_event_actions.del
#define ngx_add_conn          ngx_event_actions.add_conn
#define ngx_del_conn          ngx_event_actions.del_conn
```

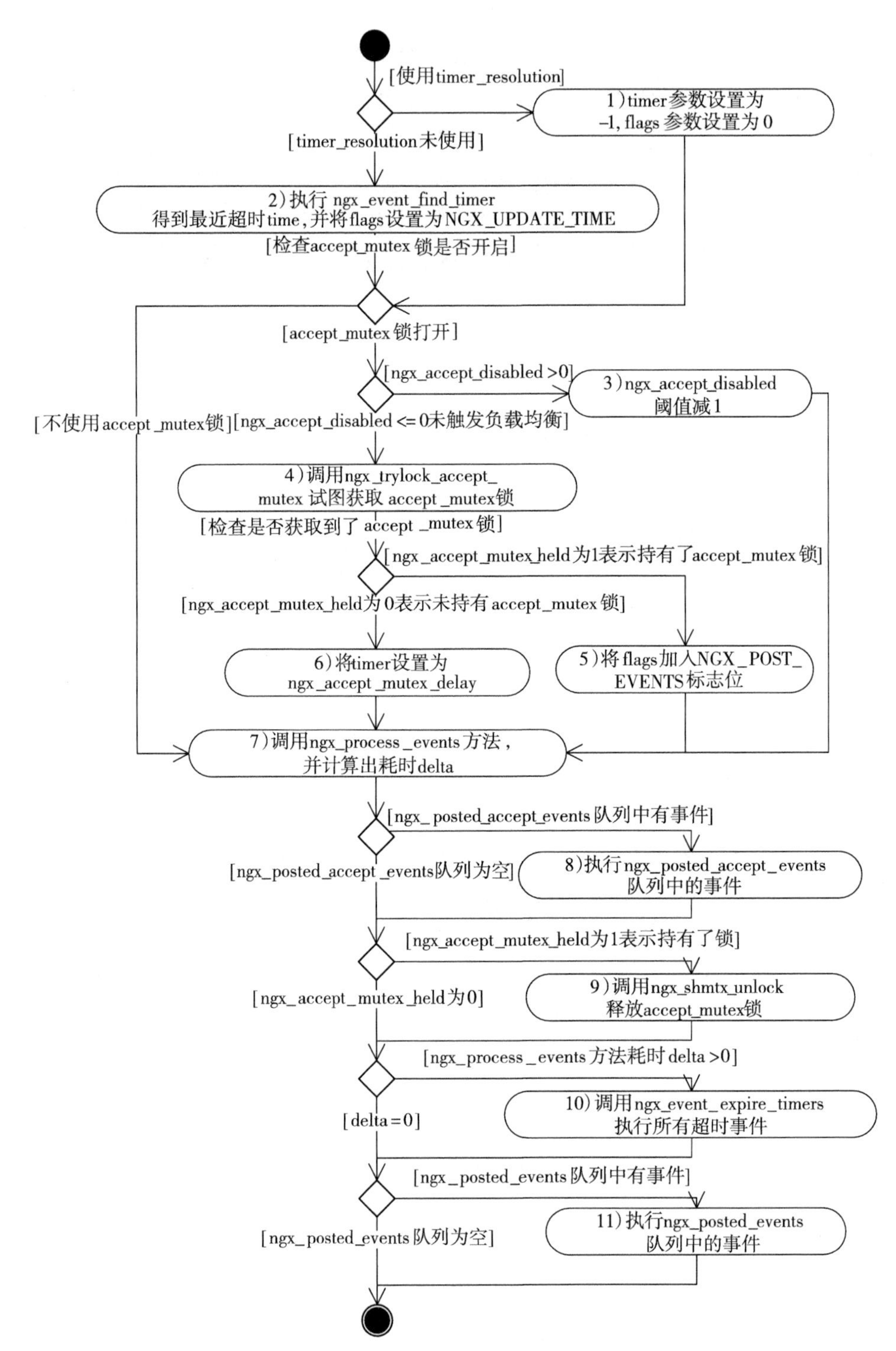

图 9-7 ngx_process_events_and_timers 方法中的事件框架处理流程

在调用 ngx_process_events 时，传入的 timer 和 flags 会影响时间精度以及事件是否会在 post 队列中处理。下面简要分析一下图 9-7 中的 11 个步骤，其中前 6 个步骤都与参数 timer 和 flags 的设置有关。

1）如果配置文件中使用了 timer_resolution 配置项，也就是 ngx_timer_resolution 值大于 0，则说明用户希望服务器时间精确度为 ngx_timer_resolution 毫秒。这时，将 ngx_process_events 的 timer 参数设为 –1，告诉 ngx_process_events 方法在检测事件时不要等待，直接搜集所有已经就绪的事件然后返回；同时将 flags 参数初始化为 0，它是在告诉 ngx_process_events 没有任何附加动作。

2）如果没有使用 timer_resolution，那么将调用 ngx_event_find_timer() 方法（参见表 9-5）获取最近一个将要触发的事件距离现在有多少毫秒，然后把这个值赋予 timer 参数，告诉 ngx_process_events 方法在检测事件时如果没有任何事件，最多等待 timer 毫秒就返回；将 flags 参数设置为 NGX_UPDATE_TIME，告诉 ngx_process_events 方法更新缓存的时间（参见 9.6.3 节中 ngx_epoll_process_events 方法的源代码）。

3）如果在配置文件中使用 accept_mutex off 关闭 accept_mutex 锁，就直接跳到第 7 步，否则检测负载均衡阈值变量 ngx_accept_disabled。如果 ngx_accept_disabled 是正数，则将其值减去 1，继续向下执行第 7 步。

4）如果 ngx_accept_disabled 是负数，表明还没有触发到负载均衡机制（参见 9.8.3 节），此时要调用 ngx_trylock_accept_mutex 方法试图去获取 accept_mutex 锁（也就是 ngx_accept_mutex 变量表示的锁）。

5）如果获取到 accept_mutex 锁，也就是说，ngx_accept_mutex_held 标志位为 1，那么将 flags 参数加上 NGX_POST_EVENTS 标志，告诉 ngx_process_events 方法搜集到的事件没有直接执行它的 handler 方法，而是分门别类地放到 ngx_posted_accept_events 队列和 ngx_posted_events 队列中。timer 参数保持不变。

6）如果没有获取到 accept_mutex 锁，则意味着既不能让当前 worker 进程频繁地试图抢锁，也不能让它经过太长时间再去抢锁。这里有个简单的判断方法，如下所示。

```
if (timer == NGX_TIMER_INFINITE
    || timer > ngx_accept_mutex_delay)
{
    timer = ngx_accept_mutex_delay;
}
```

这意味着，即使开启了 timer_resolution 时间精度，也需要让 ngx_process_events 方法在没有新事件的时候至少等待 ngx_accept_mutex_delay 毫秒再去试图抢锁。而没有开启时间精度时，如果最近一个定时器事件的超时时间距离现在超过了 ngx_accept_mutex_delay 毫秒的话，也要把 timer 设置为 ngx_accept_mutex_delay 毫秒，这是因为当前进程虽然没有抢到 accept_mutex 锁，但也不能让 ngx_process_events 方法在没有新事件的时候等待的时间超过 ngx_accept_mutex_delay 毫秒，这会影响整个负载均衡机制。

> 注意 ngx_accept_mutex_delay 变量与 nginx.conf 配置文件中的 accept_mutex_delay 配置项的参数相关内容可参见 9.5 节。

7）调用 ngx_process_events 方法，并计算 ngx_process_events 执行时消耗的时间，如下所示。

```
delta = ngx_current_msec;
(void) ngx_process_events(cycle, timer, flags);
delta = ngx_current_msec - delta;
```

其中，delta 是 ngx_process_events 执行时消耗的毫秒数，它会影响第 10 步中触发定时器的执行。

8）如果 ngx_posted_accept_events 队列不为空，那么调用 ngx_event_process_posted 方法执行 ngx_posted_accept_events 队列中需要建立新连接的事件。

9）如果 ngx_accept_mutex_held 标志位为 1，则表示当前进程获得了 accept_mutex 锁，而且在第 8 步中也已经处理完了新连接事件，这时需要调用 ngx_shmtx_unlock 释放 accept_mutex 锁。

10）如果 ngx_process_events 执行时消耗的时间 delta 大于 0，而且这时可能有新的定时器事件被触发，那么需要调用 ngx_event_expire_timers 方法处理所有满足条件的定时器事件。

11）如果 ngx_posted_events 队列不为空，则调用 ngx_event_process_posted 方法执行 ngx_posted_events 队列中的普通读 / 写事件。

至此，ngx_process_events_and_timers 方法执行完毕。注意，ngx_process_events_and_timers 方法就是 Nginx 实际上处理 Web 服务的方法，所有业务的执行都是由它开始的。ngx_process_events_and_timers 方法涉及 Nginx 完整的事件驱动机制，因此，它也把之前介绍的内容整合在一起了，读者需要格外注意。

9.9 文件的异步 I/O

本章之前提到的事件驱动模块都是在处理网络事件，而没有涉及磁盘上文件的操作。本节将讨论 Linux 内核 2.6.2x 之后版本中支持的文件异步 I/O，以及 ngx_epoll_module 模块是如何与文件异步 I/O 配合提供服务的。这里提到的文件异步 I/O 并不是 glibc 库提供的文件异步 I/O。glibc 库提供的异步 I/O 是基于多线程实现的，它不是真正意义上的异步 I/O。而本节说明的异步 I/O 是由 Linux 内核实现，只有在内核中成功地完成了磁盘操作，内核才会通知进程，进而使得磁盘文件的处理与网络事件的处理同样高效。

使用这种方式的前提是 Linux 内核版本中必须支持文件异步 I/O。当然，它带来的好处也非常明显，Nginx 把读取文件的操作异步地提交给内核后，内核会通知 I/O 设备独立地执行操作，这样，Nginx 进程可以继续充分地占用 CPU。而且，当大量读事件堆积到 I/O 设备的队列中时，将会发挥出内核中“电梯算法”的优势，从而降低随机读取磁盘扇区的成本。

> 注意 Linux 内核级别的文件异步 I/O 是不支持缓存操作的，也就是说，即使需要操作的文件块在 Linux 文件缓存中存在，也不会通过读取、更改缓存中的文件块来代替实际对磁盘的操作，虽然从阻塞 worker 进程的角度上来说有了很大好转，但是对单个请求来说，还是有可能降低实际处理的速度，因为原先可以从内存中快速获取的文件块在使用了异步 I/O 后则一定会从磁盘上读取。异步文件 I/O 是把“双刃剑”，关键要看使用场景，如果大部分用户请求对文件的操作都会落到文件缓存中，那么不要使用异步 I/O，反之则可以试着使用文件异步 I/O，看一下是否会为服务带来并发能力上的提升。
>
> 目前，Nginx 仅支持在读取文件时使用异步 I/O，因为正常写入文件时往往是写入内存中就立刻返回，效率很高，而使用异步 I/O 写入时速度会明显下降。

9.9.1 Linux 内核提供的文件异步 I/O

Linux 内核提供了 5 个系统调用完成文件操作的异步 I/O 功能，见表 9-7。

表 9-7 Linux 内核提供的文件异步 I/O 操作方法

方法名	参数含义	执行意义
int io_setup(unsigned nr_events, aio_context_t *ctxp)	nr_events 表示需要初始化的异步 I/O 上下文可以处理的事件的最小个数，ctxp 是文件异步 I/O 的上下文描述符指针	初始化文件异步 I/O 的上下文，执行成功后 ctxp 就是分配的上下文描述符，这个异步 I/O 上下文将至少可以处理 nr_events 个事件。返回 0 表示成功
int io_destroy (aio_context_t ctx)	ctx 是文件异步 I/O 的上下文描述符	销毁文件异步 I/O 的上下文。返回 0 表示成功
int io_submit(aio_context_t ctx, long nr, struct iocb *cbp[])	ctx 是文件异步 I/O 的上下文描述符，nr 是一次提交的事件个数，cbp 是需要提交的事件数组中的首个元素地址	提交文件异步 I/O 操作。返回值表示成功提交的事件个数
int io_cancel(aio_context_t ctx, struct iocb *iocb, struct io_event *result)	ctx 是文件异步 I/O 的上下文描述符，iocb 是要取消的异步 I/O 操作，而 result 表示这个操作的执行结果	取消之前使用 io_sumbit 提交的一个文件异步 I/O 操作。返回 0 表示成功
int io_getevents(aio_context_t ctx, long min_nr, long nr, struct io_event *events, struct timespec *timeout)	ctx 是文件异步 I/O 的上下文描述符；min_nr 表示至少要获取 min_nr 个事件；而 nr 表示至多获取 nr 个事件，它与 events 数组的个数一般是相同的；events 是执行完成的事件数组；timeout 是超时时间，也就是在获取 min_nr 个事件前的等待时间	从已经完成的文件异步 I/O 操作队列中读取操作

表 9-7 中列举的这 5 种方法提供了内核级别的文件异步 I/O 机制，使用前需要先调用 io_setup 方法初始化异步 I/O 上下文。虽然一个进程可以拥有多个异步 I/O 上下文，但通常有一个就足够了。调用 io_setup 方法后会获得这个异步 I/O 上下文的描述符（aio_context_t 类型），这个描述符和 epoll_create 返回的描述符一样，是贯穿始终的。注意，nr_events 只是指定了异步 I/O 至少初始化的上下文容量，它并没有限制最大可以处理的异步 I/O 事件数目。为了便于理解，不妨将 io_setup 与 epoll_create 进行对比，它们还是很相似的。

既然把 epoll 和异步 I/O 进行对比，那么哪些调用相当于 epoll_ctrl 呢？就是 io_submit 和 io_cancel。其中 io_submit 相当于向异步 I/O 中添加事件，而 io_cancel 则相当于从异步 I/O 中移除事件。io_submit 中用到了一个结构体 iocb，下面简单地看一下它的定义。

```
struct iocb {
     /* 存储着业务需要的指针。例如，在 Nginx 中，这个字段通常存储着对应的 ngx_event_t 事件的指针。它实际上与 io_getevents 方法中返回的 io_event 结构体的 data 成员是完全一致的 */
    u_int64_t aio_data;

    // 不需要设置
    u_int32_t PADDED(aio_key, aio_reserved1);

    // 操作码，其取值范围是 io_iocb_cmd_t 中的枚举命令
    u_int16_t aio_lio_opcode;

    // 请求的优先级
    int16_t aio_reqprio;

    // 文件描述符
    u_int32_t aio_fildes;

    // 读 / 写操作对应的用户态缓冲区
    u_int64_t aio_buf;

    // 读 / 写操作的字节长度
    u_int64_t aio_nbytes;

    // 读 / 写操作对应于文件中的偏移量
    int64_t aio_offset;

    // 保留字段
    u_int64_t aio_reserved2;

    /* 表示可以设置为 IOCB_FLAG_RESFD，它会告诉内核当有异步 I/O 请求处理完成时使用 eventfd 进行通知，可与 epoll 配合使用，其在 Nginx 中的使用方法可参见 9.9.2 节 */
    u_int32_t aio_flags;

    // 表示当使用 IOCB_FLAG_RESFD 标志位时，用于进行事件通知的句柄
    u_int32_t aio_resfd;
};
```

因此，在设置好 iocb 结构体后，就可以向异步 I/O 提交事件了。aio_lio_opcode 操作码指定了这个事件的操作类型，它的取值范围如下。

```
typedef enum io_iocb_cmd {
//异步读操作
IO_CMD_PREAD = 0,
//异步写操作
IO_CMD_PWRITE = 1,
//强制同步
IO_CMD_FSYNC = 2,
//目前未使用
IO_CMD_FDSYNC = 3,
//目前未使用
IO_CMD_POLL = 5,
//不做任何事情
IO_CMD_NOOP = 6,
} io_iocb_cmd_t;
```

在Nginx中，仅使用了IO_CMD_PREAD命令，这是因为目前仅支持文件的异步I/O读取，不支持异步I/O的写入。这其中一个重要的原因是文件的异步I/O无法利用缓存，而写文件操作通常是落到缓存中的，Linux存在统一将缓存中“脏”数据刷新到磁盘的机制。

这样，使用io_submit向内核提交了文件异步I/O操作的事件后，再使用io_cancel则可以将已经提交的事件取消。

如何获取已经完成的异步I/O事件呢？ io_getevents方法可以做到，它相当于epoll中的epoll_wait方法。这里用到了io_event结构体，下面看一下它的定义。

```
struct io_event {
    //与提交事件时对应的iocb结构体中的aio_data是一致的
    uint64_t  data;

    //指向提交事件时对应的iocb结构体
    uint64_t  obj;
    //异步I/O请求的结构。res大于或等于0时表示成功，小于0时表示失败
    int64_t   res;
    //保留字段
    int64_t   res2;
};
```

这样，根据获取的io_event结构体数组，就可以获得已经完成的异步I/O操作了，特别是iocb结构体中的aio_data成员和io_event中的data，可用于传递指针，也就是说，业务中的数据结构、事件完成后的回调方法都在这里。

进程退出时需要调用io_destroy方法销毁异步I/O上下文，这相当于调用close关闭epoll的描述符。

Linux内核提供的文件异步I/O机制用法非常简单，它充分利用了在内核中CPU与I/O设备是各自独立工作的这一特性，在提交了异步I/O操作后，进程完全可以做其他工作，直到空闲再来查看异步I/O操作是否完成。

9.9.2 ngx_epoll_module模块中实现的针对文件的异步I/O

在Nginx中，文件异步I/O事件完成后的通知是集成到epoll中的，它是通过9.9.1节中

介绍的IOCB_FLAG_RESFD标志位完成的。下面看看文件异步I/O事件在ngx_epoll_module模块中是如何实现的，其中在文件异步I/O机制中定义的全局变量如下。

```
//用于通知异步I/O事件的描述符，它与iocb结构体中的aio_resfd成员是一致的
int ngx_eventfd = -1;
//异步I/O的上下文，全局唯一，必须经过io_setup初始化才能使用
aio_context_t ngx_aio_ctx = 0;
/* 异步I/O事件完成后进行通知的描述符，也就是ngx_eventfd所对应的ngx_event_t事件 */
static ngx_event_t ngx_eventfd_event;
/* 异步I/O事件完成后进行通知的描述符ngx_eventfd所对应的ngx_connection_t连接 */
static ngx_connection_t ngx_eventfd_conn;
```

在9.6.3节的ngx_epoll_init代码中，在epoll_create执行完成后如果开启了文件异步I/O功能，则会调用ngx_epoll_aio_init方法。现在详细描述一下ngx_epoll_aio_init方法中做了些什么，如下所示。

```
#define SYS_eventfd 323

static void ngx_epoll_aio_init(ngx_cycle_t *cycle, ngx_epoll_conf_t *epcf)
{
    int n;
    struct epoll_event  ee;

    //使用Linux中第323个系统调用获取一个描述符句柄
    ngx_eventfd = syscall(SYS_eventfd, 0);

    …

    //设置ngx_eventfd为无阻塞
    if (ioctl(ngx_eventfd, FIONBIO, &n) == -1) {
        …
    }

    //初始化文件异步I/O的上下文
    if (io_setup(epcf->aio_requests, &ngx_aio_ctx) == -1) {
        …
    }

    /* 设置用于异步I/O完成通知的ngx_eventfd_event事件，它与ngx_eventfd_conn连接是对应的 */
    ngx_eventfd_event.data = &ngx_eventfd_conn;
    //在异步I/O事件完成后，使用ngx_epoll_eventfd_handler方法处理
    ngx_eventfd_event.handler = ngx_epoll_eventfd_handler;
    ngx_eventfd_event.log = cycle->log;
    ngx_eventfd_event.active = 1;
    //初始化ngx_eventfd_conn连接
    ngx_eventfd_conn.fd = ngx_eventfd;
    //ngx_eventfd_conn连接的读事件就是上面的ngx_eventfd_event
    ngx_eventfd_conn.read = &ngx_eventfd_event;
    ngx_eventfd_conn.log = cycle->log;

    ee.events = EPOLLIN|EPOLLET;
    ee.data.ptr = &ngx_eventfd_conn;
```

```
    //向epoll中添加到异步I/O的通知描述符ngx_eventfd
    if (epoll_ctl(ep, EPOLL_CTL_ADD, ngx_eventfd, &ee) != -1) {
        return;
    }

    …
}
```

这样，ngx_epoll_aio_init方法会把异步I/O与epoll结合起来，当某一个异步I/O事件完成后，ngx_eventfd句柄就处于可用状态，这样epoll_wait在返回ngx_eventfd_event事件后就会调用它的回调方法ngx_epoll_eventfd_handler处理已经完成的异步I/O事件，下面看一下ngx_epoll_eventfd_handler方法主要在做些什么，代码如下所示。

```
static void ngx_epoll_eventfd_handler(ngx_event_t *ev)
{
    int n, events;
    uint64_t ready;
    ngx_event_t *e;
    //一次性最多处理64个事件
    struct io_event event[64];
    struct timespec ts;

    /*获取已经完成的事件数目，并设置到ready中，注意，这个ready是可以大于64的*/
    n = read(ngx_eventfd, &ready, 8);

    …

    //ready表示还未处理的事件。当ready大于0时继续处理
    while (ready) {
        //调用io_getevents获取已经完成的异步I/O事件
        events = io_getevents(ngx_aio_ctx, 1, 64, event, &ts);

        if (events > 0) {
            //将ready减去已经取出的事件
            ready -= events;

            //处理event数组里的事件
            for (i = 0; i < events; i++) {
                //data成员指向这个异步I/O事件对应着的实际事件
                e = (ngx_event_t *) (uintptr_t) event[i].data;

                …

                //将该事件放到ngx_posted_events队列中延后执行
                ngx_post_event(e, &ngx_posted_events);
            }

            continue;
        }

        if (events == 0) {
```

```
            return;
        }

        return;
    }
}
```

整个网络事件的驱动机制就是这样通过 ngx_eventfd 通知描述符和 ngx_epoll_eventfd_handler 回调方法，并与文件异步 I/O 事件结合起来的。

那么，怎样向异步 I/O 上下文中提交异步 I/O 操作呢？看看 ngx_linux_aio_read.c 文件中的 ngx_file_aio_read 方法，在打开文件异步 I/O 后，这个方法将会负责磁盘文件的读取，如下所示。

```
ssize_t ngx_file_aio_read(ngx_file_t *file, u_char *buf, size_t size, off_t offset, ngx_pool_t *pool)
{
    ngx_err_t          err;
    struct iocb       *piocb[1];
    ngx_event_t       *ev;
    ngx_event_aio_t   *aio;

    …

    aio = file->aio;

    ev = &aio->event;

    …

    ngx_memzero(&aio->aiocb, sizeof(struct iocb));

    /* 设置 9.9.1 节中介绍过的 iocb 结构体，这里的 aiocb 成员就是 iocb 类型。注意，aio_data 已经设置为这个 ngx_event_t 事件的指针，这样，从 io_getevents 方法获取的 io_event 对象中的 data 也是这个指针 */
    aio->aiocb.aio_data = (uint64_t) (uintptr_t) ev;
    aio->aiocb.aio_lio_opcode = IOCB_CMD_PREAD;
    aio->aiocb.aio_fildes = file->fd;
    aio->aiocb.aio_buf = (uint64_t) (uintptr_t) buf;
    aio->aiocb.aio_nbytes = size;
    aio->aiocb.aio_offset = offset;
    aio->aiocb.aio_flags = IOCB_FLAG_RESFD;
    aio->aiocb.aio_resfd = ngx_eventfd;

    /* 设置事件的回调方法为 ngx_file_aio_event_handler，它的调用关系类似这样 :epoll_wait 中调用 ngx_epoll_eventfd_handler 方法将当前事件放入到 ngx_posted_events 队列中，在延后执行的队列中调用 ngx_file_aio_event_handler 方法 */
    ev->handler = ngx_file_aio_event_handler;

    piocb[0] = &aio->aiocb;

    /* 调用 io_submit 向 ngx_aio_ctx 异步 I/O 上下文中添加 1 个事件，返回 1 表示成功 */
```

```
    if (io_submit(ngx_aio_ctx, 1, piocb) == 1) {
        ev->active = 1;
        ev->ready = 0;
        ev->complete = 0;

        return NGX_AGAIN;
    }

    …
}
```

下面看一下 ngx_event_aio_t 结构体的定义。

```
typedef struct ngx_event_aio_s  ngx_event_aio_t;

struct ngx_event_aio_s {
    void *data;
    // 这是真正由业务模块实现的方法，在异步 I/O 事件完成后被调用
    ngx_event_handler_pt handler;
    ngx_file_t *file;

    ngx_fd_t fd;

#if (NGX_HAVE_EVENTFD)
    int64_t res;
#else
    ngx_err_t err;
    size_t nbytes;
#endif

#if (NGX_HAVE_AIO_SENDFILE)
    off_t last_offset;
#endif

    // 这里的 ngx_aiocb_t 就是 9.9.1 节中介绍的 iocb 结构体
    ngx_aiocb_t aiocb;
    ngx_event_t event;
};
```

这样，ngx_file_aio_read 方法会向异步 I/O 上下文中添加事件，该 epoll_wait 在通过 ngx_eventfd 描述符检测到异步 I/O 事件后，会再调用 ngx_epoll_eventfd_handler 方法将 io_event 事件取出来，放入 ngx_posted_events 队列中延后执行。ngx_posted_events 队列中的事件执行时，则会调用 ngx_file_aio_event_handler 方法。下面看一下 ngx_file_aio_event_handler 方法做了些什么，代码如下所示。

```
static void ngx_file_aio_event_handler(ngx_event_t *ev)
{
    ngx_event_aio_t  *aio;

    aio = ev->data;

    aio->handler(ev);
}
```

这里调用了 ngx_event_aio_t 结构体的 handler 回调方法，这个回调方法是由真正的业务模块实现的，也就是说，任一个业务模块想使用文件异步 I/O，就可以实现 handler 方法，这样，在文件异步操作完成后，该方法就会被回调。

9.10 TCP 协议与 Nginx

作为 Web 服务器的 nginx，主要任务当然是处理好基于 TCP 的 HTTP 协议，本节将深入 TCP 协议的实现细节（linux 下）以更好地理解 Nginx 事件处理机制。

TCP 是一个面向连接的协议，它必须基于建立好的 TCP 连接来为通信的两方提供可靠的字节流服务。建立 TCP 连接是我们耳熟能详的三次握手：

1）客户端向服务器发起连接（SYN）。

2）服务器确认收到并向客户端也发起连接（ACK+SYN）。

3）客户端确认收到服务器发起的连接（ACK）。

这个建立连接的过程是在操作系统内核中完成的，而如 Nginx 这样的应用程序只是从内核中取出已经建立好的 TCP 连接。大多时候，Nginx 是作为连接的服务器方存在的，我们看一看 Linux 内核是怎样处理 TCP 连接建立的，如图 9-8 所示。

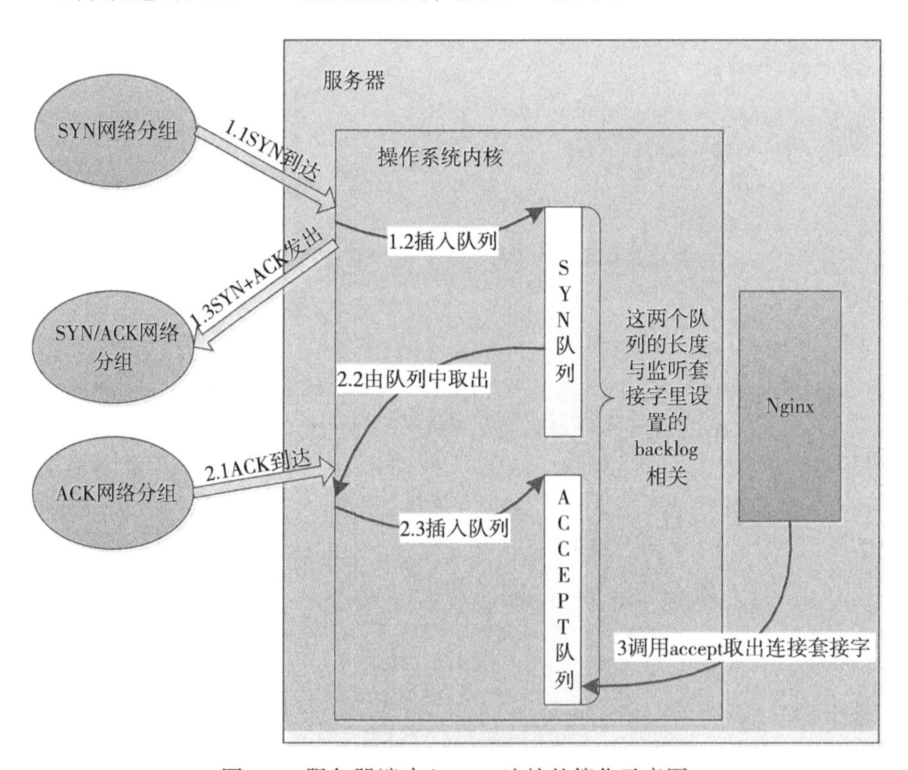

图 9-8 服务器端建立 TCP 连接的简化示意图

图 9-8 中简单地表达了一个观点：内核在我们调用 listen 方法时，就已经为这个监听端口建立了 SYN 队列和 ACCEPT 队列，当客户端使用 connect 方法向服务器发起 TCP 连接，随后图中 1.1 步骤客户端的 SYN 包到达了服务器后，内核会把这一信息放到 SYN 队列（即未完成握手队列）中，同时回一个 SYN+ACK 包给客户端。2.1 步骤中客户端再次发来了针对服务器 SYN 包的 ACK 网络分组时，内核会把连接从 SYN 队列中取出，再把这个连接放到 ACCEPT 队列（即已完成握手队列）中。而服务器在第 3 步调用 accept 方法建立连接时，其实就是直接从 ACCEPT 队列中取出已经建好的连接而已。

这样，如果大量连接同时到来，而应用程序不能及时地调用 accept 方法，就会导致以上两个队列满（ACCEPT 队列满，进而也会导致 SYN 队列满），从而导致连接无法建立。这其实很常见，比如 Nginx 的每个 worker 进程都负责调用 accept 方法，如果一个 Nginx 模块在处理请求时长时间陷入了某个方法的执行中（如执行计算或者等待 IO），就有可能导致新连接无法建立。

建立好连接后，TCP 提供了可靠的字节流服务。怎么理解所谓的“可靠”呢？可以简单概括为以下 4 点：

1）TCP 的 send 方法可以发送任意大的长度，但数据链路层不会允许一个报文太大的，当报文长度超过 MTU 大小时，它一定会把超大的报文切成小报文。这样的场景是不被 TCP 接受的，切分报文段既然不可避免，那么就只能发生在 TCP 协议内部，这才是最有效率的。

2）每一个报文在发出后都必须收到“回执”——ACK，确保对方收到，否则会在超时时间达到后重发。相对的，接收到一个报文时也必须发送一个 ACK 告诉对方。

3）报文在网络中传输时会失序，TCP 接收端需要重新排序失序的报文，组合成发送时的原序再给到应用程序。当然，重复的报文也要丢弃。

4）当连接的两端处理速度不一致时，为防止 TCP 缓冲区溢出，还要有个流量控制，减缓速度更快一方的发送速度。

从以上 4 点可以看到，内核为每一个 TCP 连接都分配了内存分别充当发送、接收缓冲区，这与 Nginx 这种应用程序中的用户态缓存不同。搞清楚内核的 TCP 读写缓存区，对于我们判断 Nginx 的处理能力很有帮助，毕竟无论内核还是应用程序都在抢物理内存。

先来看看调用 send 这样的方法发送 TCP 字节流时，内核到底做了哪些事。图 9-9 是一个简单的 send 方法调用时的流程示意图。

TCP 连接建立时，就可以判断出双方的网络间最适宜的、不会被再次切分的报文大小，TCP 层把它叫做 MSS 最大报文段长度（当然，MSS 是可变的）。在图 9-9 的场景中，假定待发送的内存将按照 MSS 被切分为 3 个报文，应用程序在第 1 步调用 send 方法、第 10 步 send 方法返回之间，内核的主要任务是把用户态的内存内容拷贝到内核态的 TCP 缓冲区上，在第 5 步时假定内核缓存区暂时不足，在超时时间内又等到了足够的空闲空间。从图中可以看到，send 方法成功返回并不等于就把报文发送出去了（当然更不等于对方接收到了报文）。

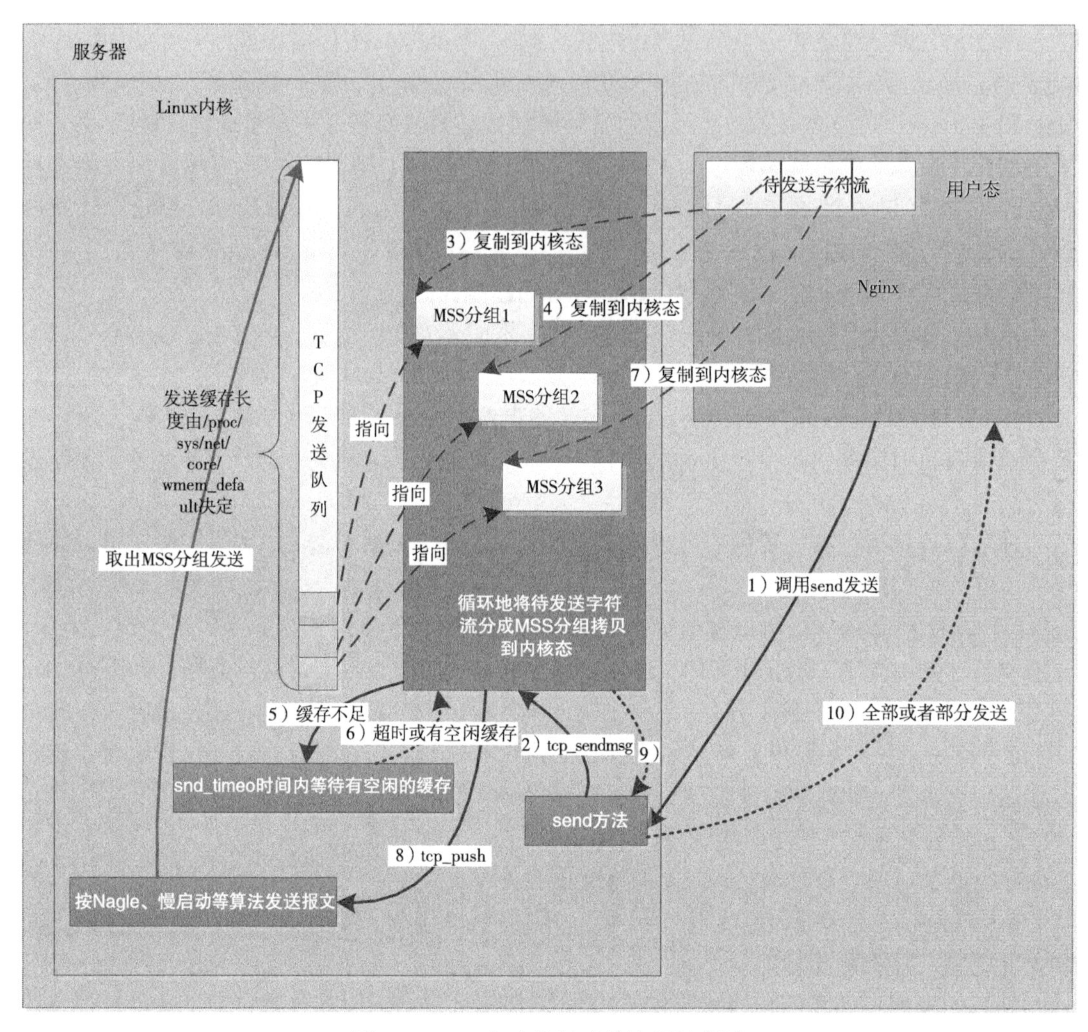

图 9-9 send 方法执行时的流程示意图

当调用 recv 这样的方法接收报文时，Nginx 是基于事件驱动的，也就是说只有 epoll 通知 worker 进程收到了网络报文，recv 才会被调用（socket 也被设为非阻塞模式）。图 9-10 就是一个这样的场景，在第 1 ~ 4 步表示接收到了无序的报文后，内核是怎样重新排序的。第 5 步开始，应用程序调用了 recv 方法，内核开始把 TCP 读缓冲区的内容拷贝到应用程序的用户态内存中，第 13 步 recv 方法返回拷贝的字节数。图中用到了 linux 内核中为 TCP 准备的 2 个队列：receive 队列是允许用户进程直接读取的，它是将已经接收到的 TCP 报文，去除了 TCP 头部、排好序放入的、用户进程可以直接按序读取的队列；out_of_order 队列存放乱序的报文。

回过头来看，Nginx 使用好 TCP 协议主要在于如何有效率地使用 CPU 和内存。只在必要时才调用 TCP 的 send/recv 方法，这样就避免了无谓的 CPU 浪费。例如，只有接收到报文，甚至只有接收到足够多的报文（SO_RCVLOWAT 阈值），worker 进程才有可能调用 recv 方法。同样，只在发送缓冲区有空闲空间时才去调用 send 方法。这样的调用才是有效率的。Nginx 对内存的分配是很节俭的，但 Linux 内核使用的内存又如何控制呢？

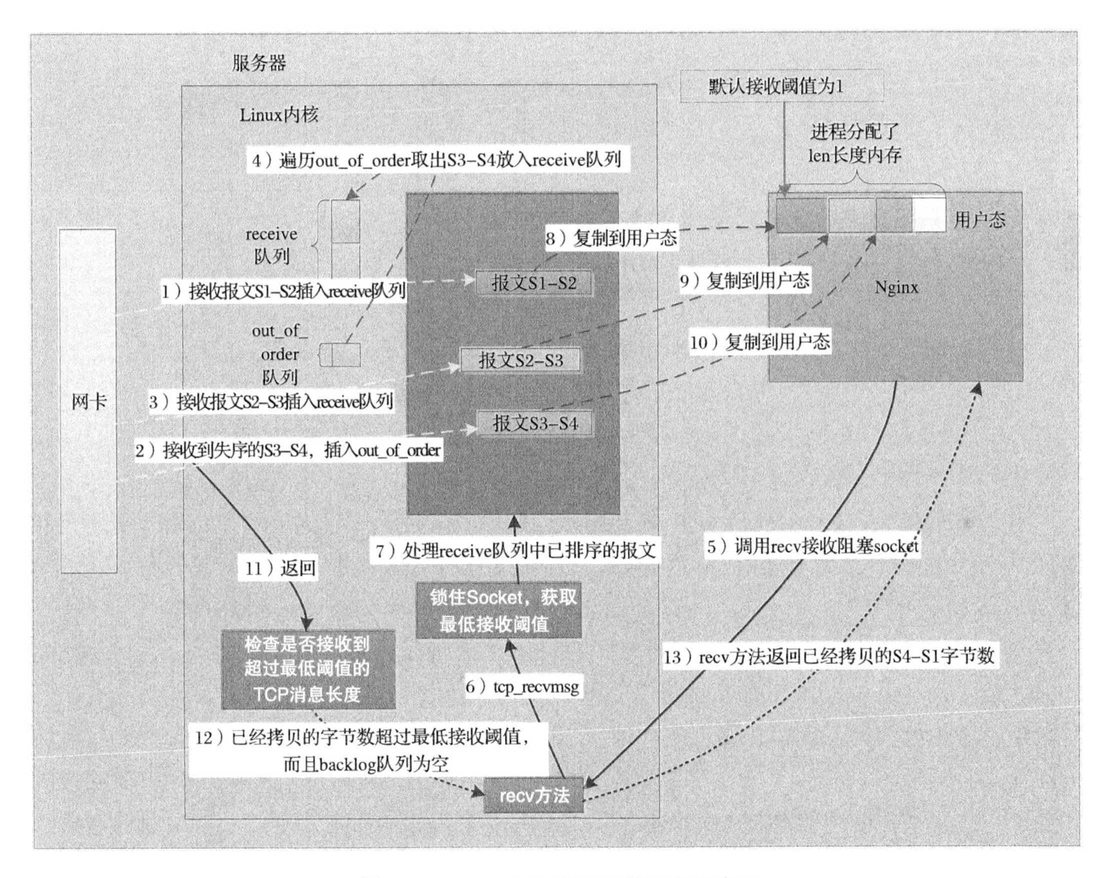

图 9-10 recv 方法执行时的流程示意图

首先，我们可以控制内存缓存的上限，例如基于 setsockopt 方法实现的 SO_SNDBUF、SO_RCVBUF（Nginx 的 listen 配置里的 sndbuf 和 rcvbuf 也是在改它们，参见 2.4.1 节）。SO_SNDBUF 表示这个连接上的内核写缓存上限（事实上 SO_SNDBUF 也并不是精确的上限，在内核中会把这个值翻一倍再作为写缓存上限使用）。它受制于系统级配置的上下限 net.core.wmem_max（参见 1.3.4 节）。SO_RCVBUF 同理。读写缓存的实际内存大小与场景有关。对读缓存来说，接收到一个来自连接对端的 TCP 报文时，会导致读缓存增加，如果超过了读缓存上限，那么这个报文会被丢弃。当进程调用 read、recv 这样的方法读取字节流时，读缓存就会减少。因此，读缓存是一个动态变化的、实际用到多少才分配多少的缓冲内存。当用户进程调用 send 方法发送 TCP 字节流时，就会造成写缓存增大。当然，如果写缓存已经到达上限，那么写缓存维持不变，向用户进程返回失败。而每当接收到连接对端发来的 ACK，确认了报文的成功发送时，写缓存就会减少。可见缓存上限所起作用为：丢弃新报文，防止这个 TCP 连接消耗太多的内存。

其次，我们可以使用 Linux 提供的自动内存调整功能。

```
net.ipv4.tcp_moderate_rcvbuf = 1
```

默认 tcp_moderate_rcvbuf 配置为 1，表示打开了 TCP 内存自动调整功能。若配置为 0，这个功能将不会生效（慎用）。

注意 当我们在编程中对连接设置了 SO_SNDBUF、SO_RCVBUF，将会使 Linux 内核不再对这样的连接执行自动调整功能！

那么，这个功能到底是怎样起作用的呢？举个例子，请看下面的缓存上限配置：

```
net.ipv4.tcp_rmem = 8192 87380 16777216
net.ipv4.tcp_wmem = 8192 65536 16777216
net.ipv4.tcp_mem = 8388608 12582912 16777216
```

tcp_rmem[3] 数组表示任何一个 TCP 连接上的读缓存上限，其中 tcp_rmem[0] 表示最小上限，tcp_rmem[1] 表示初始上限（注意，它会覆盖适用于所有协议的 rmem_default 配置），tcp_rmem[2] 表示最大上限。tcp_wmem[3] 数组表示写缓存，与 tcp_rmem[3] 类似。

tcp_mem[3] 数组就用来设定 TCP 内存的整体使用状况，所以它的值很大（它的单位也不是字节，而是页——4KB 或者 8KB 等这样的单位！）。这 3 个值定义了 TCP 整体内存的无压力值、压力模式开启阈值、最大使用值。以这 3 个值为标记点则内存共有 4 种情况（如图 9-11 所示）：

1）当 TCP 整体内存小于 tcp_mem[0] 时，表示系统内存总体无压力。若之前内存曾经超过了 tcp_mem[1] 使系统进入内存压力模式，那么此时也会把压力模式关闭。此时，只要 TCP 连接使用的缓存没有达到上限，那么新内存的分配一定是成功的。

2）当 TCP 内存在 tcp_mem[0] 与 tcp_mem[1] 之间时，系统可能处于内存压力模式，例如总内存刚从 tcp_mem[1] 之上下来；也可能是在非压力模式下，例如总内存刚从 tcp_mem[0] 以下上来。

此时，无论是否在压力模式下，只要 TCP 连接所用缓存未超过 tcp_rmem[0] 或者 tcp_wmem[0]，那么都一定能成功分配新内存。否则，基本上就会面临分配失败的状况。（还有少量例外场景允许分配内存成功，这里不纠结内核的实现细节，故略过。）

3）当 TCP 内存在 tcp_mem[1] 与 tcp_mem[2] 之间时，系统一定处于系统压力模式下。行为与情况 2 相同。

4）当 TCP 内存在 tcp_mem[2] 之上时，所有的新 TCP 缓存分配都会失败。

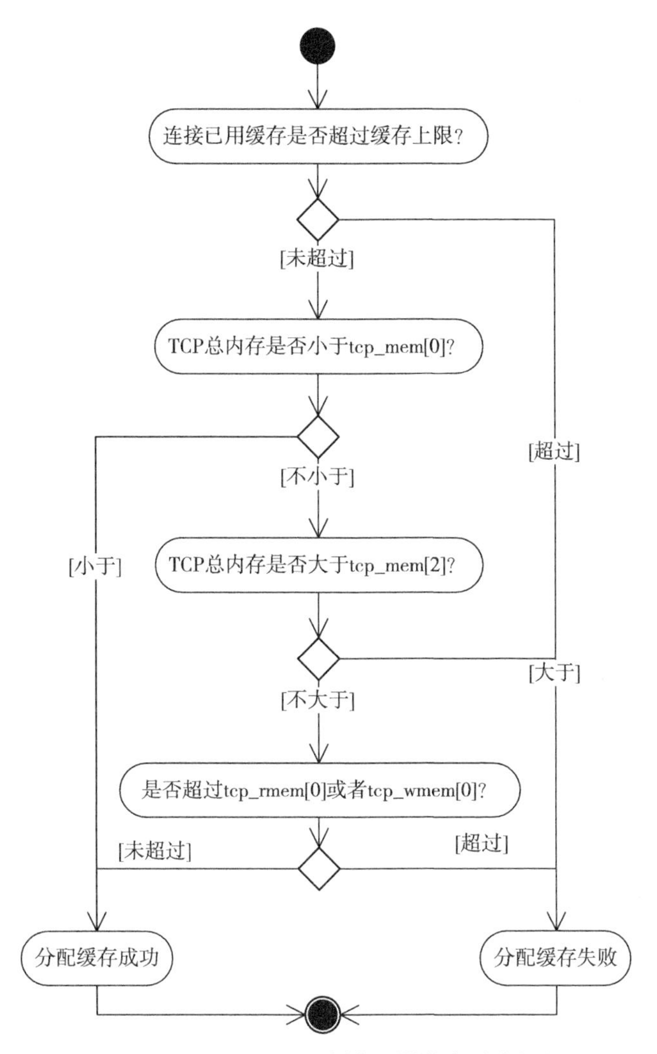

图 9-11 Linux 下 TCP 缓存上限的自适应调整

9.11 小结

本章在具体的事件驱动模块基础上以 epoll 方式为例，完整地阐述了 Nginx 的事件驱动机制，并介绍了 3 个与事件驱动密切相关的 Nginx 模块，同时说明了事件驱动中的流程是如何执行的。另外，还介绍了 Nginx 在高并发服务器设计上的一些技巧，这不仅对我们了解 Nginx 的架构有所帮助，更对我们以后设计独立的高性能服务器有非常大的启发意义。本章内容也是 Nginx 其他模块的基础，之后的章节都是在讨论事件消费模块，特别是后续的 HTTP 模块，在学习它们的设计方法时我们会经常性地返回到本章的事件驱动机制中。

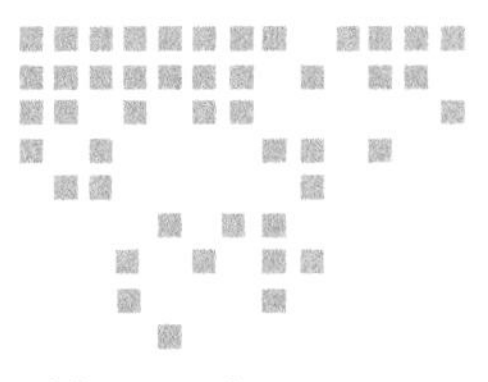

Chapter 10 第 10 章

HTTP 框架的初始化

从本章开始将探讨事件消费模块的“大户”——HTTP 模块。Nginx 作为 Web 服务器，其 HTTP 模块的数量远超过了其他 4 类模块（核心模块、事件模块、配置模块、邮件模块），其代码规模也同样遥遥领先。

这些实现了丰富多样功能的 HTTP 模块是以一种什么样的方式组织起来的呢？它们各自功能的高度可定制性是如何实现的？共性在哪里？ Nginx 又是怎样把这些共性的内容提取出来，并以一个强大的 HTTP 框架帮助各个 HTTP 模块实现具体的功能呢？

在回答这些问题前，先来回顾一下本书的第二部分，因为第二部分始终在讲如何开发一个 HTTP 模块，这种应用级别的 HTTP 模块就是由 HTTP 框架定义和管理的。HTTP 框架大致由 1 个核心模块（ngx_http_module）、两个 HTTP 模块（ngx_http_core_module、ngx_http_upstream_module）组成，它将负责调度其他 HTTP 模块来一起处理用户请求。下面先来弄清楚普通的 HTTP 模块和 HTTP 框架各自的关注点在哪里。

先来看第 3 章 ~ 第 5 章例子中的 HTTP 模块通常会做哪些工作：

1）处理已经解析完毕的 HTTP 请求（也就是第二部分中反复提到的填充好的 ngx_http_request_t 结构体）。

2）获取到 nginx.conf 里自己感兴趣的配置项，无论它们是否同时出现在不同的 http{} 配置块、server{} 配置块或者 location{} 配置块下，都需要正确地解析出，以此决定针对不同的用户请求定制不同的功能。

3）调用 HTTP 框架提供的方法就可以发送 HTTP 响应，包括使用磁盘 I/O 读取数据并发送。

4）将一个请求分为顺序性的多个处理阶段，前一个阶段的结果会影响后一个阶段的处理。例如，ngx_http_access_module 模块根据 IP 信息拒绝一个用户请求后，本应接着执行的其他 HTTP 模块将没有机会再处理这个请求。

5）异步接收 HTTP 请求中的包体，可以将网络数据保存到磁盘上。

6）异步访问第三方服务。

7）分解出多个子请求来构造处理复杂业务的能力，子请求间的处理仍然是异步化、非阻塞的。

以上只是一个简单粗略的总结，HTTP 模块或多或少都会需要这些功能。以这些功能为例，我们来探讨一下 HTTP 框架至少要完成哪些基础性的工作。

1）处理所有 http{} 块内的配置项，管理每个 HTTP 模块感兴趣的配置项（允许同一个 http{} 下出现多个 server{}、location{} 等子配置块，允许同名的配置项同时出现在各种配置块中）。

2）HTTP 框架要能够使用第 9 章介绍的事件模块监听 Web 端口，并处理新连接事件、可读事件、可写事件等。

3）HTTP 框架需要有状态机来分析接收到的 TCP 字符流是否是完整的 HTTP 包。

4）HTTP 框架能够根据接收到的 HTTP 请求中的 URI 和 HTTP 头部，并以 nginx.conf 中 server_name 和 location 等配置项为依据，将请求按照其所在阶段准确地分发到某一个 HTTP 模块，从而调用它的回调方法来处理该请求。

5）向 HTTP 模块提供必要的工具方法，可以处理网络 I/O（读取 HTTP 包体、发送 HTTP 响应）和磁盘 I/O。

6）提供 upstream 机制帮助 HTTP 模块访问第三方服务。

7）提供 subrequest 机制帮助 HTTP 模块实现子请求。

HTTP 框架需要做的工作很多，实际上，HTTP 的框架性代码也是极为庞大的，为了简便起见，本书以后的章节将专注在 HTTP 框架的流程代码中，完全不会涉及具体的 HTTP 功能模块，也不会涉及框架中不太重要的工具性的代码。

本章会完整地介绍 ngx_http_module 模块，其中涉及少量 ngx_http_core_module 模块的功能。因为构成 HTTP 框架的几个模块间的代码耦合性很高，所以对于 HTTP 框架的介绍并不会按照模块进行，而是从 HTTP 框架的功能和架构上进行，其中本章介绍 Nginx 启动过程中 HTTP 框架是怎样初始化的，第 11 章介绍 Nginx 运行过程中 HTTP 框架是怎样调度 HTTP 模块处理请求的，第 12 章讲述访问第三方服务的 upstream 机制是如何工作的。

10.1 HTTP 框架概述

为了让读者对 HTTP 框架所要完成的工作有一个直观的认识，本章将依托一个贯穿始终的 nginx.conf 配置范例来说明框架的行为，如下所示。

```
http {
    mytest_num  1;
    server {
          server_name A;
```

```
            listen 127.0.0.1:8000;
            listen 80;

            mytest_num  2;

            location /L1 {
                    mytest_num  3;
                    …
            }
            location /L2 {
                    mytest_num  4;
                    …
              }
      }
      server {
            server_name B;
            listen 80;
            listen 8080;
            listen 173.39.160.51:8000;

            mytest_num  5;

            location /L1 {
                    mytest_num  6;
                    …
            }
            location /L3 {
                    mytest_num  7;
                    …
            }
      }
}
```

从上面这个简单的例子中，可以获取下列信息：

- HTTP 框架是支持在 http{} 块内拥有多个 server{}、location{} 配置块的。
- 选择使用哪一个 server 虚拟主机块是取决于 server_name 的。
- 任意的 server 块内都可以用 listen 来监听端口，在不同的 server 块内允许监听相同的端口。
- 选择使用哪一个 location 块是将用户请求 URI 与合适的 server 块内的所有 location 表达式做匹配后决定的。
- 同一个配置项可以出现在任意的 http{}、server{}、location{} 等配置块中。

HTTP 框架如何实现上述的配置项特性呢？

HTTP 框架的首要任务是通过调用 ngx_http_module_t 接口中的方法来管理所有 HTTP 模块的配置项，10.2 节中会详细描述这一过程。在 10.3 节中，我们会探讨监听端口与 server 虚拟主机间的关系，包括它们是用何种数据结构关联在一起的。所有的 server 虚拟主机会以散列表的数据结构组织起来，以达到高效查询的目的，在 10.4 节中会介绍这一过程。所有的 location 表达式会以一个静态的二叉查找树组织起来，以达到高效查询的目的，在 10.5 节中会说明它。对于每一个 HTTP 请求，都会以流水线形式划分为多个阶段，以供 HTTP 模块插入到 HTTP 框架中来共同处理请求，10.6 节中会说明这些阶段划分、实现的依据所在。在 10.7 节中，将会完整地说明在 Nginx 启动过程中，HTTP 框架是如何初始化的。

下面开始介绍 ngx_http_module_t 接口的相关内容。

ngx_http_module 核心模块定义了新的模块类型 NGX_HTTP_MODULE。这样的 HTTP 模块对于 ctx 上下文使用了不同于核心模块、事件模块的新接口 ngx_http_module_t，虽然第 3 章中曾经提到过 ngx_http_module_t 接口的定义，但那时我们介绍的角度是如何开发一个 HTTP 模块，现在探讨实现 HTTP 框架时，对 ngx_http_module_t 接口的解读就不同了。在重新解读 ngx_http_module_t 接口之前，先对不同级别的 HTTP 配置项做个缩写名词的定义：

- 直接隶属于 http{} 块内的配置项称为 main 配置项。
- 直接隶属于 server{} 块内的配置项称为 srv 配置项。
- 直接隶属于 location{} 块内的配置项称为 loc 配置项。

其他配置块本章不会涉及，因为它们与 HTTP 框架没有任何关系。

对于每一个 HTTP 模块，都必须实现 ngx_http_module_t 接口。下面将从 HTTP 框架的角度来进行重新解读，如下所示。

```
typedef struct {
    // 在解析 http{...} 内的配置项前回调
    ngx_int_t  (*preconfiguration)(ngx_conf_t *cf);

    // 解析完 http{...} 内的所有配置项后回调
    ngx_int_t  (*postconfiguration)(ngx_conf_t *cf);

    /* 创建用于存储 HTTP 全局配置项的结构体，该结构体中的成员将保存直属于 http{} 块的配置项参数。
它会在解析 main 配置项前调用 */
    void  *(*create_main_conf)(ngx_conf_t *cf);

    // 解析完 main 配置项后回调
    char  *(*init_main_conf)(ngx_conf_t *cf, void *conf);

    /* 创建用于存储可同时出现在 main、srv 级别配置项的结构体，该结构体中的成员与 server 配置是
相关联的 */
    void  *(*create_srv_conf)(ngx_conf_t *cf);

    /*create_srv_conf 产生的结构体所要解析的配置项，可能同时出现在 main、srv 级别中，merge_
srv_conf 方法可以把出现在 main 级别中的配置项值合并到 srv 级别配置项中 */
    char  *(*merge_srv_conf)(ngx_conf_t *cf, void *prev, void *conf);

    /* 创建用于存储可同时出现在 main、srv、loc 级别配置项的结构体，该结构体中的成员与 location
配置是相关联的 */
    void  *(*create_loc_conf)(ngx_conf_t *cf);

    /*create_loc_conf 产生的结构体所要解析的配置项，可能同时出现在 main、srv、loc 级别中，merge_
loc_conf 方法可以分别把出现在 main、srv 级别的配置项值合并到 loc 级别的配置项中 */
    char  *(*merge_loc_conf)(ngx_conf_t *cf, void *prev, void *conf);
} ngx_http_module_t;
```

可以看到，ngx_http_module_t 接口完全是围绕着配置项来进行的，这与第 8 章提到过的可定制性、可扩展性等架构特性是一致的。每一个 HTTP 模块都将根据 main、srv、loc 这些不同级别的配置项来决定自己的行为。

10.2 管理 HTTP 模块的配置项

上文介绍过事件配置项的管理，其实 HTTP 配置项的管理与事件模块有些相似，但由于它具有 3 种不同级别配置项，所以管理要复杂许多。对于 HTTP 模块而言，只需关心工作时能够取到正确的配置项。但对于 HTTP 框架而言，任何一个 HTTP 模块的 server 相关的配置项都是可能出现在 main 级别中，而 location 相关的配置项可能出现在 main、srv 级别中。而 server 是可能存在许多个的，location 更是可以反复嵌套的，这样就要为每个 HTTP 模块按照 nginx.conf 里的配置块建立许多份配置。在 10.1 节的例子中，共出现了 7 个配置块，对于 HTTP 框架而言，就需要为所有的 HTTP 模块分配 7 个用于存储配置结构体指针的数组。

在处理 http{} 块内的 main 级别配置项时，对每个 HTTP 模块来说，都会调用 create_main_conf、create_srv_conf、create_loc_conf 方法建立 3 个结构体，分别用于存储 HTTP 全局配置项、server 配置项、location 配置项。现在问题来了，http{} 内的配置项明明就是 main 级别的，有了 create_main_conf 生成的结构体已经足够保存全局配置项参数了，为什么还要调用 create_srv_conf、create_loc_conf 方法建立结构体呢？其实，这是为了把同时出现在 http{}、server{}、location{} 内的相同配置项进行合并而做的准备。假设有一个与 server 相关的配置项（例如负责指定每个 TCP 连接上内存池大小的 connection_pool_size 配置项）同时出现在 http{}、server{} 中，那么对它感兴趣的 HTTP 模块就有权决定 srv 结构体内的成员究竟是以 main 级别配置项为准，还是 srv 级别配置项为准。结合 10.1 节的例子来看，mytest_num 出现在 http{} 下时参数为 1，出现在 server A{} 下时参数为 2，那么，mytest 模块就有权决定，当处理 server A 虚拟主机时，究竟是把 mytest_num 参数当做 1 还是 2，或者把它们俩相加，这都是任何一个 HTTP 模块的自由。对于 HTTP 框架而言，在解析 main 级别的配置项时，必须同时创建 3 个结构体，用于合并之后会解析到的 server、location 相关的配置项。

对于 server{} 块内配置项的处理，需要调用每个 HTTP 模块的 create_srv_conf 方法、create_loc_conf 方法建立两个结构体，分别用于存储 server、location 相关的配置项，其中 create_loc_conf 产生的结构体仅用于合并 location 相关的配置项。

对于 location 块内配置项的处理则简单许多，只需要调用每个 HTTP 模块的 create_loc_conf 方法建立 1 个结构体即可。

结合 10.1 节中 nginx.conf 配置文件的片断来看，实际上 HTTP 框架最多必须为一个 HTTP 模块（如 mytest 模块）创建 3+2+1+1+2+1+1=11 个配置结构体，而经过合并后实际上每个 HTTP 模块会用到的结构体有 7 个。可为什么 mytest 模块使用 ngx_http_mytest_conf_ t结构体时好像只有1个配置结构体呢？因为在HTTP框架处理到某个阶段时，例如，在寻找到适合的location前，如果试图去取ngx_http_mytest_conf_t结构体，得到的将是srv级别下的配置，而寻找到location后，ngx_http_mytest_conf_t结构体中的成员将是loc级别下的配置。

下面介绍一下ngx_http_module模块在实现上是如何体现上述思路的。

10.2.1　管理main级别下的配置项

上文说过，在解析HTTP模块定义的main级别配置项时，将会分别调用每个HTTP模块的create_main_conf、create_srv_conf、create_loc_conf方法建立3个结构体，分别用于存储全局、server相关的、location相关的配置项，但它们究竟是以何种数据结构保存的呢？与核心结构体ngx_cycle_t中的conf_ctx指针又有什么样的关系呢？在图10-10中的第2步～第7步包含了解析main级别配置项的所有流程，而图10-1将会展现它们在内存中的布局，可以看到，其中ngx_http_core_module模块完成了HTTP框架的大部分功能，而它又是第1个HTTP模块，因此，它使用到的3个结构体（ngx_http_core_main_conf_t、ngx_http_core_srv_conf_t、ngx_http_core_loc_conf_t）也是用户非常关心的。

图10-1中有一个结构体叫做ngx_http_conf_ctx_t，它是HTTP框架中一个经常用到的数据结构，下面看看它的定义。

```
typedef struct {
        /* 指向一个指针数组，数组中的每个成员都是由所有HTTP模块的create_main_conf方法创建的存放全局配置项的结构体，它们存放着解析直属http{}块内的main级别的配置项参数 */
        void **main_conf;

        /* 指向一个指针数组，数组中的每个成员都是由所有HTTP模块的create_srv_conf方法创建的与server相关的结构体，它们或存放main级别配置项，或存放srv级别配置项，这与当前的ngx_http_conf_ctx_t是在解析http{}或者server{}块时创建的有关 */
        void **srv_conf;

        /* 指向一个指针数组，数组中的每个成员都是由所有HTTP模块的create_loc_conf方法创建的与location相关的结构体，它们可能存放着main、srv、loc级别的配置项，这与当前的ngx_http_conf_ctx_t是在解析http{}、server{}或者location{}块时创建的有关 */
        void **loc_conf;
    } ngx_http_conf_ctx_t;
```

ngx_http_conf_ctx_t中仅有3个成员，它们分别指向3个指针数组。在10.2.4节中，读者会看到srv_conf数组和loc_conf数组在配置项的合并操作中是如何使用的。

在核心结构体ngx_cycle_t的conf_ctx成员指向的指针数组中，第7个指针由ngx_http_module模块使用（ngx_http_module模块的index序号为6，由于由0开始，所以它在ngx_modules数组中排行第7。在存放全局配置结构体的conf_ctx数组中，第7个成员指向ngx_http_module模块），这个指针设置为指向解析http{}块时生成的ngx_http_conf_ctx_t结构体，而ngx_http_conf_ctx_t的3个成员则分别指向新分配的3个指针数组。新的指针数组中成员的意义由每个 HTTP 模块的 ctx_index 序号指定（ctx_index 在 HTTP 模块中表明它处于 HTTP 模块间的序号），例如，第 6 个 HTTP 模块的 ctx_index 是 5（ctx_index 同样由 0 开始计数），那么在 ngx_http_conf_ctx_t 的 3 个数组中，第 6 个成员就指向第 6 个 HTTP 模块的 create_main_conf、create_srv_conf、create_loc_conf 方法建立的结构体，当然，如果相应的回调方法没有实现，该指针就为 NULL 空指针。

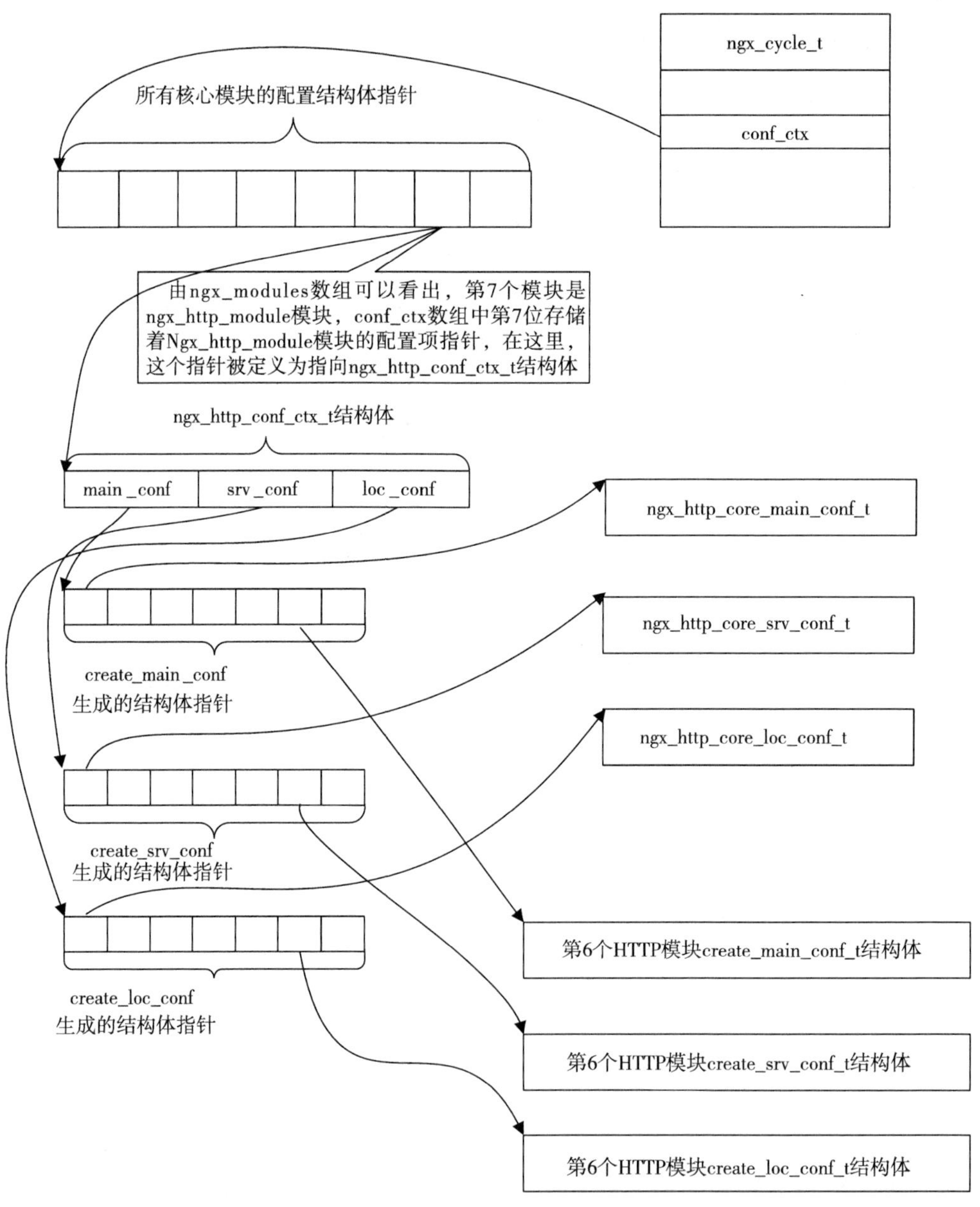

图 10-1 HTTP 框架解析 main 级别配置项时配置结构体的内存示意图

ngx_http_core_module 模块是第 1 个 HTTP 模块，它的 ctx_index 序号是 0，因此，数组中的第 1 个指针将指向 ngx_http_core_module 模块生成的 ngx_http_core_main_conf_t、ngx_http_core_srv_conf_t、ngx_http_core_loc_conf_t 结构体。

可如何由 ngx_cycle_t 核心结构体中找到 main 级别的配置结构体呢？Nginx 提供的 ngx_http_cycle_get_module_main_conf 宏可以实现这个功能，如下所示。

```
#define ngx_http_cycle_get_module_main_conf(cycle, module) \
    (cycle->conf_ctx[ngx_http_module.index] ? \
  ((ngx_http_conf_ctx_t *)
cycle->conf_ctx[ngx_http_module.index])
            ->main_conf[module.ctx_index]: \
        NULL)
```

其中参数 cycle 是 ngx_cycle_t 核心结构体指针，而 module 则是所要操作的 HTTP 模块。它的实现很简单，先由 cycle 的 conf_ctx 指针数组中找到 ngx_http_module.index 序号（上文说过，其 index 为 6）对应的指针，获取到 http{} 块下的 ngx_http_conf_ctx_t 成员，然后经由 main_conf 数组即可找到所有 HTTP 模块的 main 级别配置结构体。最后，根据所要查询的 module 数组的 ctx_index 序号取得其 main 级别下的配置结构体，例如：

```
    ngx_http_perl_main_conf_t   *pmcf  =  ngx_http_cycle_get_module_main_conf(cycle,
ngx_http_perl_module);
```

注意 HTTP 全局配置项是基础，管理 server、location 等配置块时取决于 ngx_http_core_module 模块出现在 main 级别下存储全局配置项的 ngx_http_core_main_conf_t 结构体。

10.2.2 管理 server 级别下的配置项

在解析 main 级别配置项时，如果发现了 server{} 配置项，就会回调 ngx_http_core_server 方法（该方法属于 ngx_http_core_module 模块），而在这个方法里则会开始解析 srv 级别的配置项，其流程如图 10-2 所示。

下面简要说明图 10-2 中的步骤：

1）在解析到 server 块时，首先会像解析 http 块一样，建立属于这个 server 块的 ngx_http_conf_ctx_t 结构体。在 ngx_http_conf_ctx_t 的 3 个成员中，main_conf 将指向所属的 http 块下 ngx_http_conf_ctx_t 结构体的 main_conf 指针数组，而 srv_conf 和 loc_conf 都将重新分配指针数组，数组的大小为 ngx_http_max_module，也就是所有 HTTP 模块的总数。

2）循环调用所有 HTTP 模块的 create_srv_conf 方法，将返回的结构体指针按照模块序号 ctx_index 保存到上述的 srv_conf 指针数组中。

3）循环调用所有 HTTP 模块的 create_loc_conf 方法，将返回的结构体指针按照模块序号 ctx_index 保存到上述的 loc_conf 指针数组中。

4）第 1 个 HTTP 模块就是 ngx_http_core_module 模块，它在 create_srv_conf 方法中将会生成非常关键的 ngx_http_core_srv_conf_t 配置结构体，这个结构体对应着当前正在解析的 server 块，这时，将 ngx_http_core_srv_conf_t 添加到全局的 ngx_http_core_main_conf_t 结构体的 servers 动态数组中，在图 10-3 中会看到这一点。

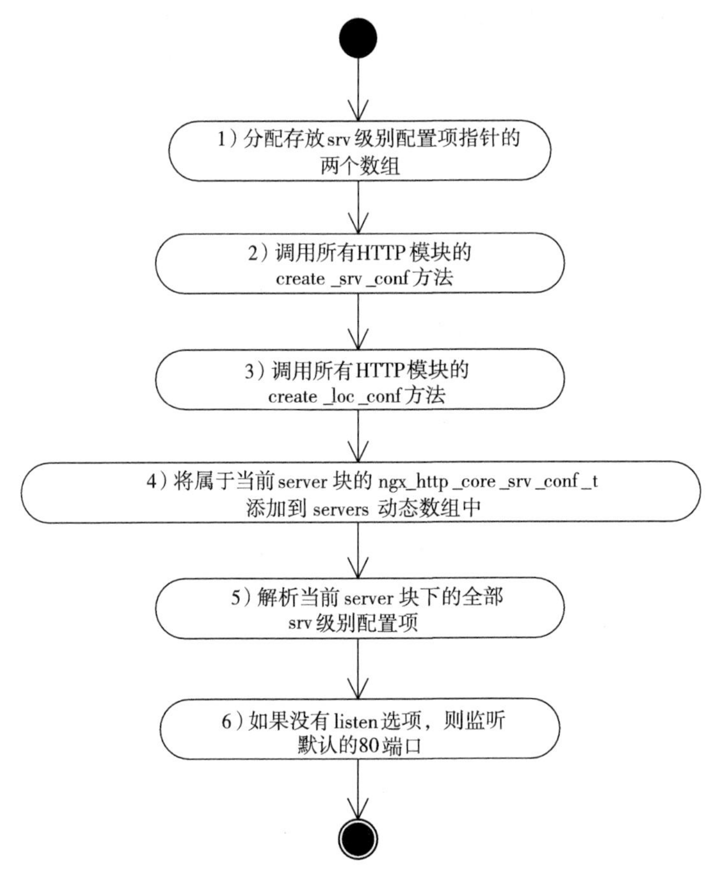

图 10-2 解析 server{} 块内配置项的流程

5）解析当前 server{} 块内的所有配置项。

6）如果在 server{} 块内没有解析到 listen 配置项，则意味着当前的 server 虚拟主机并没有监听 TCP 端口，这不符合 HTTP 框架的设计原则。于是将开始监听默认端口 80，实际上，如果当前进程没有权限监听 1024 以下的端口，则会改为监听 8000 端口。

由于 http 块只有 1 个，因此在 10.2.1 节中可以简单地给出 main 级别配置项的内存示意图。但 http 块内会包含任意个 server 块，对于每个 server 块都需要建立 1 个 ngx_http_conf_ctx_t 结构体，这些 server 块的 ngx_http_conf_ctx_t 结构体是通过 ngx_array_t 动态数组组织起来的，这其中的关系就比较复杂了，图 10-3 是它们简单的内存示意图。

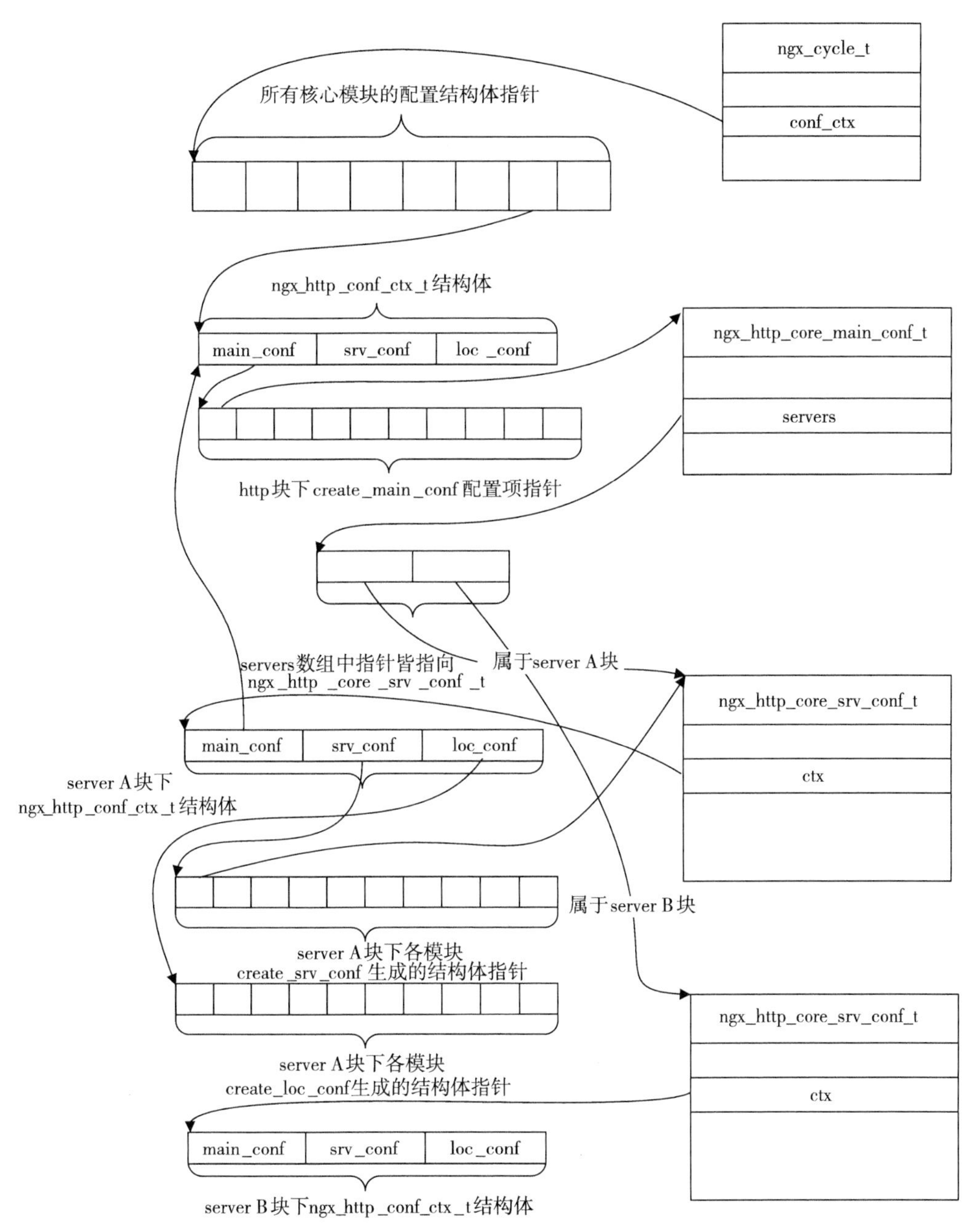

图 10-3　HTTP 模块 srv 级别配置项结构体指针的内存示意图

图 10-3 是针对 10.1 节中的例子所画的示意图，在 http 块下有两个 server 块，分别表示虚拟主机名为 A 的配置块和虚拟主机名为 B 的配置块。解析每一个 server 块时都会创建一个新的 ngx_http_conf_ctx_t 结构体，其中的 main_conf 将指向 http 块下 main_conf 指针数组，而 srv_conf 和 loc_conf 数组则都会重新分配，它们的内容就是所有 HTTP 模块的 create_srv_ conf 方法、create_loc_conf 方法创建的结构体指针。

在 10.2.1 节中提到的 main 级别配置项中，ngx_http_core_module 模块的 ngx_http_core_main_conf_t 结构体中有一个 servers 动态数组，如下所示。

```
typedef struct {
    /* 存储指针的动态数组，每个指针指向 ngx_http_core_srv_conf_t 结构体的地址，也就是其成员类型为 ngx_http_core_srv_conf_t** */
    ngx_array_t servers;
    …
} ngx_http_core_main_conf_t;
```

servers 动态数组中的每一个元素都是一个指针，它指向用于表示 server 块的 ngx_http_core_srv_conf_t 结构体的地址（属于 ngx_http_core_module 模块）。ngx_http_core_srv_conf_t 结构体中有 1 个 ctx 指针，它指向解析 server 块时新生成的 ngx_http_conf_ctx_t 结构体，具体如下所示。

```
typedef struct {
    // 指向当前 server 块所属的 ngx_http_conf_ctx_t 结构体
    ngx_http_conf_ctx_t *ctx;
    /* 当前 server 块的虚拟主机名，如果存在的话，则会与 HTTP 请求中的 Host 头部做匹配，匹配上后再由当前 ngx_http_core_srv_conf_t 处理请求 */
    ngx_str_t server_name;
    …
} ngx_http_core_srv_conf_t;
```

这样，server 块下以 ngx_http_conf_ctx_t 组织起来的所有配置项结构体，就会由 servers 动态数组关联起来。servers 动态数组中的元素个数与 http 块下的 server 配置块个数是一致的。

10.2.3 管理 location 级别下的配置项

在解析 srv 级别配置项时，如果发现了 location{} 配置块，就会回调 ngx_http_core_location 方法（该方法属于 ngx_http_core_module 模块），在这个方法里则会开始解析 loc 级别的配置项，其流程如图 10-4 所示。

下面简要介绍一下图 10-4 中的流程：

1）在解析到 location{} 配置块时，仍然会像解析 http 块一样，先建立 ngx_http_conf_ctx_t 结构体，只是这里的 main_conf 和 srv_conf 都将指向所属的 server 块下 ngx_http_conf_ctx_t 结构体的 main_conf 和 srv_conf 指针数组，而 loc_conf 则将指向重新分配的指针数组。

2）循环调用所有 HTTP 模块的 create_loc_conf 方法，将返回的结构体指针按照模块序号 ctx_index 保存到上述的 loc_conf 指针数组中。

3）如果在 location 中使用了正则表达式，那么这时将调用 pcre_compile 方法预编译正则表达式，以提高性能。

4）第 1 个 HTTP 模块是 ngx_http_core_module 模块，它在 create_loc_conf 方法中将会生成 ngx_http_core_loc_conf_t 配置结构体，可以认为该结构体对应着当前解析的 location 块。这时会生成 ngx_http_location_queue_t 结构体，因为每一个 ngx_http_core_loc_conf_t 结构体都对应着 1 个 ngx_http_location_queue_t，因此，此处将把 ngx_http_location_queue_t 串

联成双向链表，在图 10-5 中会看到这一点。

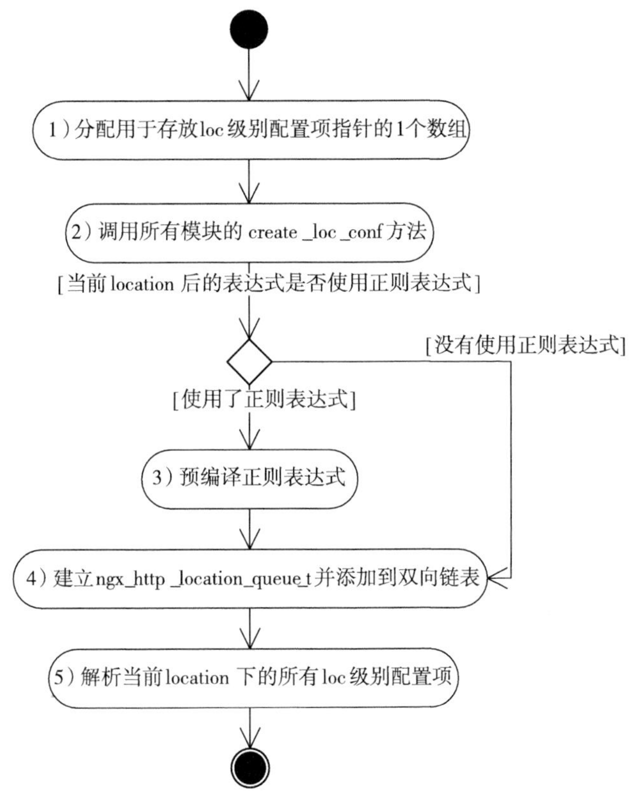

图 10-4　解析 location{} 配置块的流程

5）解析当前 location{} 配置块内的 loc 级别配置项。

图 10-5 为 HTTP 模块 loc 级别配置项结构体指针的内存示意图。

图 10-5 仍然是依据 10.1 节中的配置块例子所画的示意图，不过，这里仅涉及 server 块 A（其 server_name 的参数值为 A）以及它所属的 location L1 块。在解析 http 块时曾创建过 1 个 ngx_http_core_loc_conf_t 结构体（见 10.2.1 节），在解析 server 块 A 时曾经创建过 1 个 ngx_http_core_loc_conf_t 结构体（见 10.2.2 节），而解析其下的 location 块 L1 时也创建了 ngx_http_core_loc_conf_t 结构体，从图 10-5 中可以看出这 3 个结构体间的关系。下面先看看图 10-5 中 ngx_http_core_loc_conf_t 的 3 个关键成员：

```
typedef struct ngx_http_core_loc_conf_s ngx_http_core_loc_conf_t;
struct ngx_http_core_loc_conf_s {
    // location 的名称，即 nginx.conf 中 location 后的表达式
    ngx_str_t name;
    /* 指向所属 location 块内 ngx_http_conf_ctx_t 结构体中的 loc_conf 指针数组，它保存着当前
location 块内所有 HTTP 模块 create_loc_conf 方法产生的结构体指针 */
    void **loc_conf;
    /* 将同一个 server 块内多个表达 location 块的 ngx_http_core_loc_conf_t 结构体以双向链表
```

```
方式组织起来，该 locations 指针将指向 ngx_http_location_queue_t 结构体 */
        ngx_queue_t   *locations;
        …
    };
```

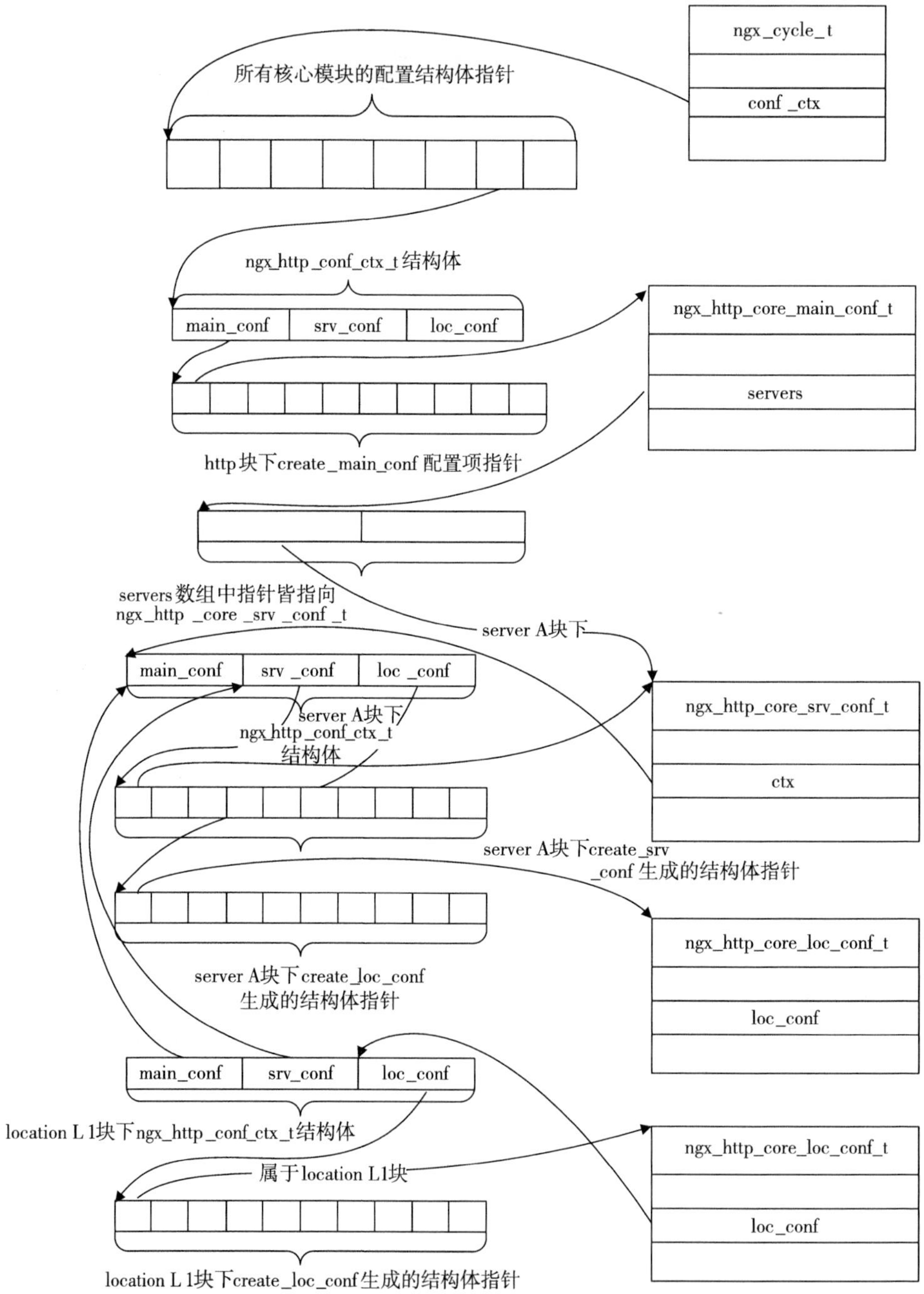

图 10-5 HTTP 模块 loc 级别配置项结构体指针的内存示意图

可以这么说，ngx_http_core_loc_conf_t 拥有足够的信息来表达 1 个 location 块，它的 loc_conf 成员也可以引用到各 HTTP 模块在当前 location 块中的配置项。所以，一旦通过某种容器将 ngx_http_core_loc_conf_t 组织起来，也就是把 location 级别的配置项结构体管理起来了。但 ngx_http_core_loc_conf_t 又是放置在什么样的容器中呢？注意，图 10-3 在解析 server 块 A 时有 1 个 ngx_http_core_loc_conf_t 结构体，它的地位与 server 块 A 内的各个 location 块对应的 ngx_http_core_loc_conf_t 结构体是不同的，location L1、location L2 块内的 ngx_http_core_loc_conf_t 是通过 server A 块内产生的 ngx_http_core_loc_conf_t 关联起来的。

在 ngx_http_core_loc_conf_t 结构体中有一个成员 locations，它表示属于当前块的所有 location 块通过 ngx_http_location_queue_t 结构体构成的双向链表，如下所示。

```
    typedef struct {
        /*queue 将作为 ngx_queue_t 双向链表容器，从而将 ngx_http_location_queue_t 结构体连接起来 */
        ngx_queue_t queue;

        /* 如果 location 中的字符串可以精确匹配（包括正则表达式），exact 将指向对应的 ngx_http_core_
loc_conf_t 结构体，否则值为 NULL*/
        ngx_http_core_loc_conf_t *exact;

        /* 如果 location 中的字符串无法精确匹配（包括了自定义的通配符），inclusive 将指向对应的 ngx_
http_core_loc_conf_t 结构体，否则值为 NULL*/
        ngx_http_core_loc_conf_t *inclusive;

        // 指向 location 的名称
        ngx_str_t *name;
        …
    } ngx_http_location_queue_t;
```

可以看到，ngx_http_location_queue_t 中的 queue 成员将把所有相关的 ngx_http_location_queue_t 结构体串联起来。同时，ngx_http_location_queue_t 将帮助用户把所有的 location 块与其所属的 server 块关联起来。

那么，哪些 ngx_http_location_queue_t 结构体会被串联起来呢？还是看 10.1 节的例子，server 块 A 以及其下所属的 location L1 和 location L2 共包括 3 个 ngx_http_core_loc_conf_t 结构体，它们是相关的，下面看看它们是怎样关联起来的，如图 10-6 所示。

每一个 ngx_http_core_loc_conf_t 都将对应着一个 ngx_http_location_queue_t 结构体。在 server 块 A 拥有的 ngx_http_core_loc_conf_t 结构体中，locations 成员将指向它所属的 ngx_http_location_queue_t 结构体，这是 1 个双向链表的首部。当解析到 location L1 块时，会创建一个 ngx_http_location_queue_t 结构体并添加到 locations 双向链表的尾部，该 ngx_http_location_queue_t 结构体中的 exact 或者 inclusive 指针将会指向 location L1 所属的 ngx_http_core_loc_conf_t 结构体（在 location 后的表达式属于完全匹配时，exact 指针有效，否则表达式将带有通配符，这时 inclusive 有效。exact 优先级高于 inclusive），这样就把 location L1 块对应的 ngx_http_core_loc_conf_t 结构体，以及其 loc_conf 成员指向的所有 HTTP 模块在 location L1 块内的配置项与 server A 块结合了起来。解析到 location L2 时会做相同处理，这也就得到了图 10-6。

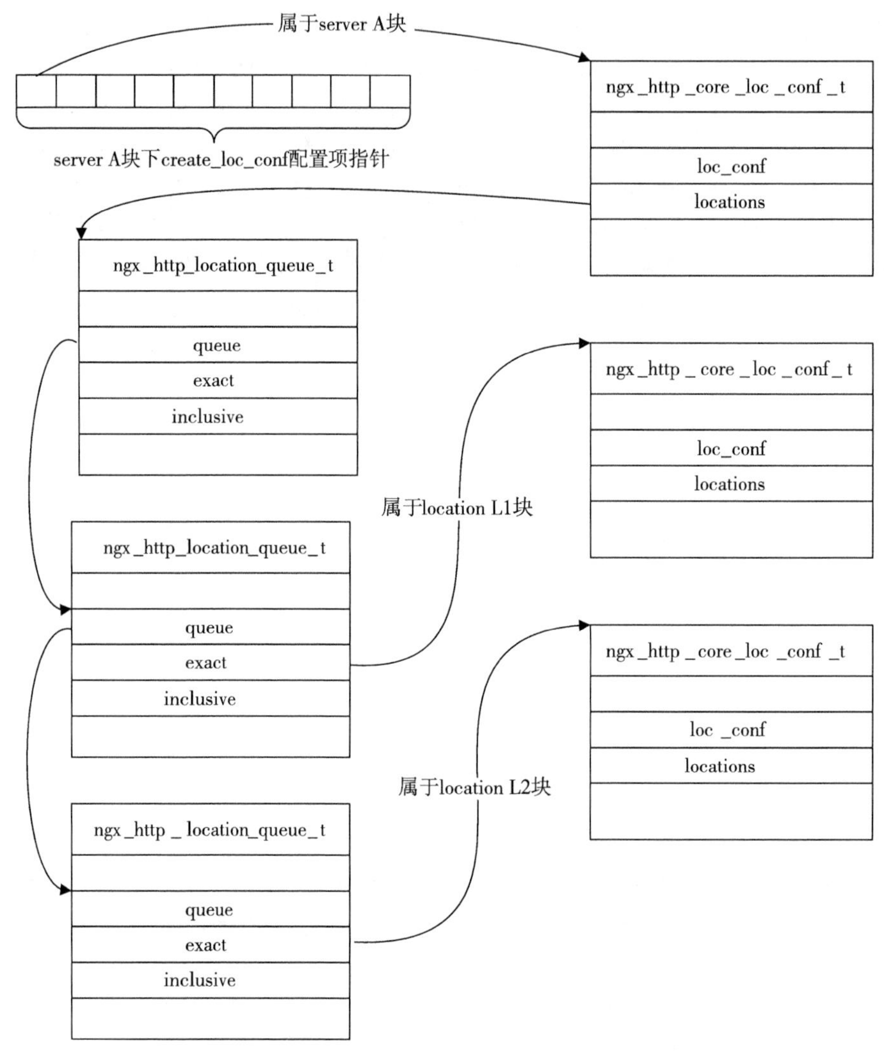

图 10-6 同一个 server 块下的 ngx_http_core_loc_conf_t 是通过双向链表关联起来的

事实上，location 之间是可以嵌套的，那么它们之间的关联关系又是怎样的呢？扩展一下 10.1 节中的例子，即假设配置文件如下：

```
http {
    mytest_num  1;
    server {
            server_name A;
            listen 8000;
            listen 80;

            mytest_num  2;

            location /L1 {
                    mytest_num  3;
```

```
            ...
            location /L1/CL1 {
            }
        }
    }
```

这时多了一个新的 location 块 L1/CL1，它隶属于 location L1。此时，每个 location 块对应的 ngx_http_core_loc_conf_t 结构体间是通过如图 10-7 所示的形式组织起来的。

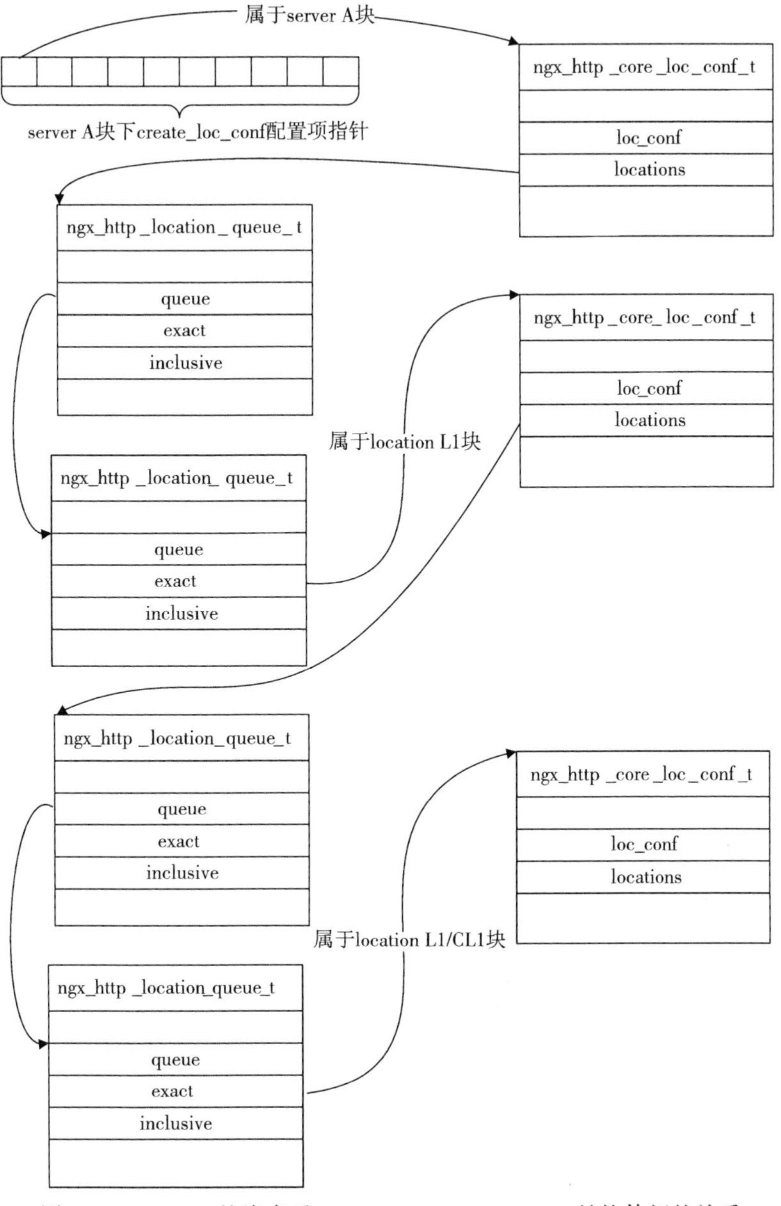

图 10-7 location 块嵌套后 ngx_http_core_loc_conf_t 结构体间的关系

可以看到，仍然是通过 ngx_http_core_loc_conf_t 结构体中的 locations 指针来容纳属于它的 location 块的。当 locations 为空指针时，表示当前的 location 块下不再嵌套 location 块，否则表示还有新的 location 块。在 10.2.4 节的合并配置项的代码中可以看到这一点。

10.2.4 不同级别配置项的合并

考虑到 HTTP 模块可能需要合并不同级别的同名配置项，因此，HTTP 框架为 ngx_http_module_t 接口提供了 merge_srv_conf 方法，用于合并 main 级别与 srv 级别的 server 相关的配置项，同时，它还提供了 merge_loc_conf 方法，用于合并 main 级别、srv 级别、loc 级别的 location 相关的配置项。当然，如果不存在合并不同级别配置项的场景，那么可以不实现这两个方法。下面仍然以 10.1 节的配置文件为例，展示了不同级别的配置项结构体是如何合并的，如图 10-8 所示。

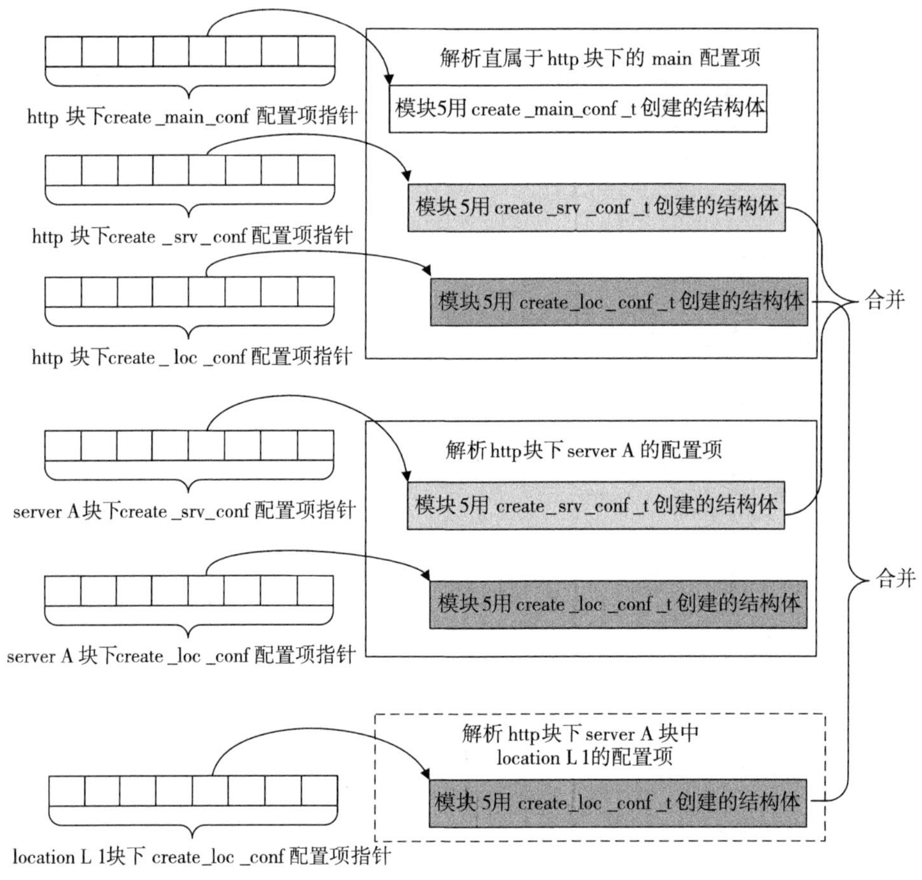

图 10-8 main、srv、loc 级别的同名配置项合并前的内存示意图

图 10-8 以第 5 个 HTTP 模块（通常是 ngx_http_static_module 模块）为例，展示了在解析完 http 块、server A 块、location L1 块后是如何合并配置项的。第 5 个 HTTP 模块在解

析这 3 个配置块时，create_loc_conf_t 方法被调用了 3 次，产生了 3 个结构体，分别存放了 main、srv、loc 级别的 location 相关的配置项，这时可以合并为 location L1 相关的配置结构体；create_srv_conf_t 方法被调用了两次，产生了两个结构体，分别存放了 main、srv 级别的配置项，这时也可以合并为 server A 块相关的配置结构体。

合并配置项可能不太容易理解，下面我们就在代码实现层面上再做个简要的介绍，同时也对 10.2.2 节和 10.2.3 节的内容做一个回顾。这个合并操作是在 ngx_http_merge_servers 方法下进行的，先来简单地看看它是怎么被调用的：

```
    /*cmcf 是 ngx_http_core_module 在 http 块下的全局配置结构体，在 10.2.2 节介绍过它的 servers 成员，这是一个动态数组，它保存着所有 ngx_http_core_srv_conf_t 的指针，从而关联了所有的 server 块 */
    cmcf = ctx->main_conf[ngx_http_core_module.ctx_index];

    // ngx_modules 数组中包含所有的 Nginx 模块
    for (m = 0; ngx_modules[m]; m++) {
            // 遍历所有的 HTTP 模块
            if (ngx_modules[m]->type != NGX_HTTP_MODULE) {
                continue;
            }

            /* ngx_modules[m] 是一个 ngx_module_t 模块结构体，它的 ctx 成员对于 HTTP 模块来说是 ngx_http_module_t 接口 */
            ngx_http_module_t   *module = ngx_modules[m]->ctx;
            // ctx_index 是这个 HTTP 模块在所有 HTTP 模块中的序号
            mi = ngx_modules[m]->ctx_index;

            // 调用 ngx_http_merge_servers 方法合并 ngx_modules[m] 模块
            rv = ngx_http_merge_servers(cf, cmcf, module, mi);
    }
```

ngx_http_merge_servers 方法不只是合并了 server 相关的配置项，它同时也会合并 location 相关的配置项，下面再来看看它的实现，代码如下。

```
    static char * ngx_http_merge_servers(ngx_conf_t *cf, ngx_http_core_main_conf_t *cmcf, ngx_http_module_t *module, ngx_uint_t ctx_index)
    {
        char *rv;
        ngx_uint_t s;
        ngx_http_conf_ctx_t *ctx, saved;
        ngx_http_core_loc_conf_t *clcf;
        ngx_http_core_srv_conf_t **cscfp;

        /* 从 ngx_http_core_main_conf_t 的 servers 动态数组中可以获取所有的 ngx_http_core_srv_conf_t 结构体 */
    cscfp = cmcf->servers.elts;

        // 注意，这个 ctx 是在 http{} 块下的全局 ngx_http_conf_ctx_t 结构体
        ctx = (ngx_http_conf_ctx_t *) cf->ctx;
        saved = *ctx;

        // 遍历所有的 server 块下对应的 ngx_http_core_srv_conf_t 结构体
```

```
        for (s = 0; s < cmcf->servers.nelts; s++) {

            /*srv_conf 将指向所有的 HTTP 模块产生的 server 相关的 srv 级别配置结构体 */
            ctx->srv_conf = cscfp[s]->ctx->srv_conf;

            // 如果当前 HTTP 模块实现了 merge_srv_conf，则再调用合并方法
            if (module->merge_srv_conf) {

            /* 注意，在这里合并配置项时，saved.srv_conf[ctx_index] 参数是当前 HTTP 模块在 http{}
块下由 create_srv_conf 方法创建的结构体，而 cscfp[s]->ctx->srv_conf[ctx_index] 参数则是在
server{} 块下由 create_srv_conf 方法创建的结构体 */
                rv = module->merge_srv_conf(cf, saved.srv_conf[ctx_index], cscfp[s]->
ctx->srv_conf[ctx_index]);

            }

        // 如果当前 HTTP 模块实现了 merge_srv_conf，则再调用合并方法
            if (module->merge_loc_conf) {

          /*cscfp[s]->ctx->loc_conf 这个动态数组中的成员都是由 server{} 块下所有 HTTP 模块的
create_loc_conf 方法创建的结构体指针 */
                ctx->loc_conf = cscfp[s]->ctx->loc_conf;

          /* 首先将 http{} 块下 main 级别与 server{} 块下 srv 级别的 location 相关的结构体合并 */
                rv = module->merge_loc_conf(cf, saved.loc_conf[ctx_index], cscfp[s]->
ctx->loc_conf[ctx_index]);

          /*clcf 是 server 块下 ngx_http_core_module 模块使用 create_loc_conf 方法产生的 ngx_
http_core_loc_conf_t 结构体，在 10.2.3 节中曾经说过，它的 locations 成员将以双向链表的形式关联到
所有当前 server{} 块下的 location 块 */
                clcf = cscfp[s]->ctx->loc_conf[ngx_http_core_module.ctx_index];

          /* 调用 ngx_http_merge_locations 方法，将 server{} 块与其所包含的 location{} 块下的结
构体进行合并 */
                rv = ngx_http_merge_locations(cf, clcf->locations,
                                              cscfp[s]->ctx->loc_conf,
                                              module, ctx_index);
            }
        }
    }
```

ngx_http_merge_locations 方法负责合并 location 相关的配置项，上面已经将 main 级别与 srv 级别做过合并，接下来再次将 srv 级别与 loc 级别做合并。每个 server 块 ngx_http_core_loc_conf_t 中的 locations 双向链表会包含所属的全部 location 块，遍历它以合并 srv、loc 级别配置项，如下所示。

```
static char *
ngx_http_merge_locations(ngx_conf_t *cf, ngx_queue_t *locations,
void **loc_conf, ngx_http_module_t *module, ngx_uint_t ctx_index)
{
    char *rv;
    ngx_queue_t *q;
    ngx_http_conf_ctx_t *ctx, saved;
    ngx_http_core_loc_conf_t *clcf;
```

```
    ngx_http_location_queue_t *lq;

    /* 如果 locations 链表为空，也就是说，当前 server 块下没有 location 块，则立刻返回 */
    if (locations == NULL) {
        return NGX_CONF_OK;
    }

    ctx = (ngx_http_conf_ctx_t *) cf->ctx;
    saved = *ctx;

    // 遍历 locations 双向链表
    for (q = ngx_queue_head(locations);
         q != ngx_queue_sentinel(locations);
         q = ngx_queue_next(q))
    {
        lq = (ngx_http_location_queue_t *) q;

        /* 在 10.2.3 节中曾经讲过，如果 location 后的匹配字符串不依靠 Nginx 自定义的通配符就可以
完全匹配的话，则 exact 指向当前 location 对应的 ngx_http_core_loc_conf_t 结构体，否则使用 inclusive
指向该结构体，且 exact 的优先级高于 inclusive */
        clcf = lq->exact ? lq->exact : lq->inclusive;

        /*clcf->loc_conf 这个指针数组里保存着当前 location 下所有 HTTP 模块使用 create_loc_
conf 方法生成的结构体的指针 */
        ctx->loc_conf = clcf->loc_conf;

        // 调用 merge_loc_conf 方法合并 srv、loc 级别配置项
        rv = module->merge_loc_conf(cf, loc_conf[ctx_index],
                                    clcf->loc_conf[ctx_index]);

        /* 注意，因为 location{} 中可以继续嵌套 location{} 配置块，所以是可以继续合并的。在 10.1
节的例子中没有 location 嵌套，10.2.3 节的例子是体现出嵌套关系的，可以对照着图 10-5 来理解 */
            rv = ngx_http_merge_locations(cf, clcf->locations, clcf->loc_conf,
module, ctx_index);
    }

    *ctx = saved;

    return NGX_CONF_OK;
}
```

在针对每个 HTTP 模块循环调用 ngx_http_merge_servers 方法后，就可以完成所有的合并配置项工作了。

10.3 监听端口的管理

监听端口属于 server 虚拟主机，它是由 server{} 块下的 listen 配置项决定的。同时，它与 server{} 块对应的 ngx_http_core_srv_conf_t 结构体密切相关，本节将介绍这两者间的关系，以及监听端口的数据结构。

每监听一个 TCP 端口，都将使用一个独立的 ngx_http_conf_port_t 结构体来表示，如下所示。

```
typedef struct {
    // socket 地址家族
    ngx_int_t family;

    // 监听端口
    in_port_t port;

    // 监听的端口下对应着的所有 ngx_http_conf_addr_t 地址
    ngx_array_t addrs;
} ngx_http_conf_port_t;
```

这个保存着监听端口的 ngx_http_conf_port_t 将由全局的 ngx_http_core_main_conf_t 结构体保存。下面再来看一下 ports 容器，如下所示。

```
typedef struct {
    // 存放着该 http{} 配置块下监听的所有 ngx_http_conf_port_t 端口
    ngx_array_t *ports;
    …
} ngx_http_core_main_conf_t;
```

在前面的代码中，ngx_http_conf_port_t 的 addrs 动态数组可能不太容易理解。可先回顾一下 listen 配置项的语法，在 10.1 节的例子中，对同一个端口 8000，我们可以同时监听 127.0.0.1:8000、173.39.160.51:8000 这两个地址，当一台物理机器具备多个 IP 地址时这是很有用的。具体到 HTTP 框架的实现上，Nginx 是使用 ngx_http_conf_addr_t 结构体来表示一个对应着具体地址的监听端口的，因此，一个 ngx_http_conf_port_t 将会对应多个 ngx_http_conf_addr_t，而 ngx_http_conf_addr_t 就是以动态数组的形式保存在 addrs 成员中的。

下面再来看看 ngx_http_conf_addr_t 的定义，如下所示。

```
typedef struct {
    // 监听套接字的各种属性
    ngx_http_listen_opt_t opt;

    /* 以下 3 个散列表用于加速寻找到对应监听端口上的新连接，确定到底使用哪个 server{} 虚拟主机下
的配置来处理它。所以，散列表的值就是 ngx_http_core_srv_conf_t 结构体的地址 */
    // 完全匹配 server name 的散列表
    ngx_hash_t hash;
    // 通配符前置的散列表
    ngx_hash_wildcard_t *wc_head;
    // 通配符后置的散列表
    ngx_hash_wildcard_t *wc_tail;

#if (NGX_PCRE)
    // 下面的 regex 数组中元素的个数
    ngx_uint_t nregex;
    /*regex 指向静态数组，其数组成员就是 ngx_http_server_name_t 结构体，表示正则表达式及其
匹配的 server{} 虚拟主机 */
    ngx_http_server_name_t *regex;
#endif

    // 该监听端口下对应的默认 server{} 虚拟主机
    ngx_http_core_srv_conf_t  *default_server;
```

```
    //servers 动态数组中的成员将指向 ngx_http_core_srv_conf_t 结构体
    ngx_array_t servers;
} ngx_http_conf_addr_t;
```

在上面的 servers 动态数组中，保存的数据类型是 ngx_http_core_srv_conf_t**，简单来说，就是由 servers 数组把监听的端口与 server{} 虚拟主机关联起来了。图 10-9 展示了 10.1 节的例子中监听端口与 server{} 虚拟主机间在内存中的关系。

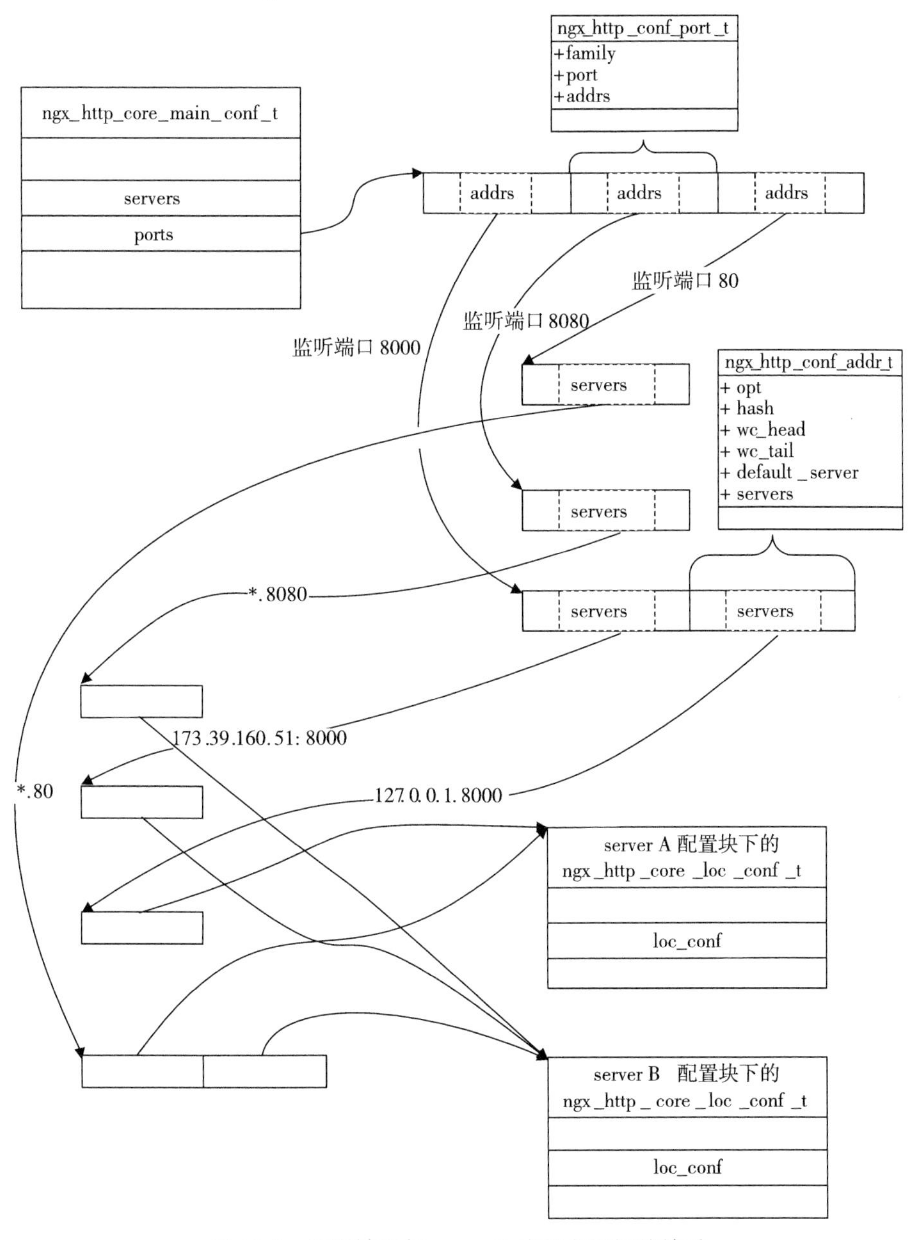

图 10-9 监听端口与 server{} 虚拟主机间的关系

下面来解释一下图10-9。整个http{}块下共监听了3个端口，分别是80、8000、8080，因此，ngx_http_core_main_conf_t中的ports动态数组有3个ngx_http_conf_port_t成员存放这3个端口。除了8000端口对应了两个ngx_http_conf_addr_t结构体外（分别是127.0.0.1:8000和173.39.160.51:8000），80和8080都相当于默认监听了该端口下的所有地址（实际上，listen 80就相当于listen *.80），因此，这两个端口各自对应了一个ngx_http_conf_addr_t结构体。每个监听地址ngx_http_conf_addr_t的servers动态数组中关联着监听地址对应的server{}虚拟主机，根据10.1节的例子可以知道，server A配置块对应着监听地址*.80和127.0.0.1:8000，而server B配置块对应着监听地址*.80、*.8080和173.39.160.51:8000。

对于每一个监听地址ngx_http_conf_addr_t，都会有8.3.1节中介绍过的ngx_listening_t与其相对应，而ngx_listening_t的handler回调方法设置为ngx_http_init_connection，所以，新的TCP连接成功建立后都会调用ngx_http_init_connection方法初始化HTTP相关的信息，第11章将会详细介绍ngx_http_init_connection方法的实现。

10.4 server的快速检索

在10.2.2节中可以看到，每一个虚拟主机server{}配置块都由一个ngx_http_core_srv_conf_t结构体来标识，这些ngx_http_core_srv_conf_t又是通过全局的ngx_http_core_main_conf_t结构中的servers动态数组关联起来的。这意味着当开始处理一个HTTP新连接时，接收到HTTP头部并取到Host后，需要遍历ngx_http_core_main_conf_t的servers数组才能找到与server name配置项匹配的虚拟主机配置块，这样的时间复杂度显然是不可接受的，因为当nginx.conf配置文件中拥有数以百计的server{}块时，查询效率就太低了。于是，HTTP框架使用了第7章中介绍过的散列表来存放虚拟主机，其中每个元素的关键字是server name字符串，而值则是ngx_http_core_srv_conf_t结构体的指针。

在10.3节中介绍过，负责监听一个端口地址的ngx_http_conf_addr_t结构体拥有下面3个成员：hash、wc_head、wc_tail，这3个成员对应着7.7.3节中介绍过的带通配符的散列表。这个带通配符的散列表的使用方法（包括如何构造、检索）在7.7节中已详细描述过，这里不再赘述。

10.5 location的快速检索

从10.2.3节中可以了解到，每一个server块可以对应着多个location块，而一个location块还可以继续嵌套多个location块。每一批location块是通过双向链表与它的父配置块（要么属于server块，要么属于location块）关联起来的。由双向链表的查询效率可以知道，当一个请求根据10.4节中描述过的散列表快速查询到server块时，必须遍历其下的所有location组成的双向链表才能找到与其URI匹配的location配置块，这也是用户无法接受的。下面看看HTTP框架又是怎样通过静态的二叉查找树来保存location的。

```
//cmcf 就是该 http 块下全局的 ngx_http_core_main_conf_t 结构体
cmcf = ctx->main_conf[ngx_http_core_module.ctx_index];

/*cscfp 指向保存所有 ngx_http_core_srv_conf_t 结构体指针的 servers 动态数组的第 1 个元素 */
cscfp = cmcf->servers.elts;

//遍历 http 块下的所有 server 块
for (s = 0; s < cmcf->servers.nelts; s++) {

/*clcf 是 server 块 下 的 ngx_http_core_loc_conf_t 结 构 体，10.2.3 节 曾 经 介 绍 过 它 的 locations 成员以双向链表关联着隶属于这个 server 块的所有 location 块对应的 ngx_http_core_loc_conf_t 结构体 */
clcf = cscfp[s]->ctx->loc_conf[ngx_http_core_module.ctx_index];

/* 将 ngx_http_core_loc_conf_t 组成的双向链表按照 location 匹配字符串进行排序。注意：这个操作是递归进行的，如果某个 location 块下还具有其他 location，那么它的 locations 链表也会被排序 */
if (ngx_http_init_locations(cf, cscfp[s], clcf) != NGX_OK) {
            return NGX_CONF_ERROR;
}

/* 根据已经按照 location 字符串排序过的双向链表，快速地构建静态的二叉查找树。与 ngx_http_init_locations 方法类似，这个操作也是递归进行的 */
if (ngx_http_init_static_location_trees(cf, clcf) != NGX_OK) {
            return NGX_CONF_ERROR;
}
}
```

注意，这里的二叉查找树并不是第 7 章中介绍过的红黑树，不过，为什么不使用红黑树呢？因为 location 是由 nginx.conf 中读取到的，它是静态不变的，不存在运行过程中在树中添加或者删除 location 的场景，而且红黑树的查询效率也没有重新构造的静态的完全平衡二叉树高。

这棵静态的二叉平衡查找树是用 ngx_http_location_tree_node_t 结构体来表示的，如下所示。

```
typedef struct ngx_http_location_tree_node_s  ngx_http_location_tree_node_t;

struct ngx_http_location_tree_node_s {
    //左子树
    ngx_http_location_tree_node_t   *left;

    //右子树
    ngx_http_location_tree_node_t   *right;

    //无法完全匹配的 location 组成的树
    ngx_http_location_tree_node_t   *tree;

    /* 如果 location 对应的 URI 匹配字符串属于能够完全匹配的类型，则 exact 指向其对应的 ngx_http_core_loc_conf_t 结构体，否则为 NULL 空指针 */
    ngx_http_core_loc_conf_t *exact;

    /* 如果 location 对应的 URI 匹配字符串属于无法完全匹配的类型，则 inclusive 指向其对应的 ngx_
```

```
http_core_loc_conf_t 结构体，否则为 NULL 空指针 */
        ngx_http_core_loc_conf_t *inclusive;

        // 自动重定向标志
        u_char auto_redirect;

        //name 字符串的实际长度
        u_char len;

        //name 指向 location 对应的 URI 匹配表达式
        u_char name[1];
    };
```

HTTP 框架在 ngx_http_core_module 模块中定义了 ngx_http_core_find_location 方法，用于从静态二叉查找树中快速检索到 ngx_http_core_loc_conf_t 结构体，这在第 11 章探讨 HTTP 请求的处理过程时将会碰到。

10.6 HTTP 请求的 11 个处理阶段

Nginx 为什么要把 HTTP 请求的处理过程分为多个阶段呢？这要从第 8 章介绍过的“一切皆模块”说起。Nginx 的模块化设计使得每一个 HTTP 模块可以仅专注于完成一个独立的、简单的功能，而一个请求的完整处理过程可以由无数个 HTTP 模块共同合作完成。这种设计有非常好的简单性、可测试性、可扩展性，然而，当多个 HTTP 模块流水式地处理同一个请求时，单一的处理顺序是无法满足灵活性需求的，每一个正在处理请求的 HTTP 模块很难灵活、有效地指定下一个 HTTP 处理模块是哪一个。而且，不划分处理阶段也会让 HTTP 请求的完整处理流程难以管理，每一个 HTTP 模块也很难正确地将自己插入到完整流程中的合适位置中。

因此，HTTP 框架依据常见的处理流程将处理阶段划分为 11 个阶段，其中每个处理阶段都可以由任意多个 HTTP 模块流水式地处理请求。先来回顾一下第 3 章中曾经提到过的 ngx_http_phases 阶段的定义，如下所示。

```
    typedef enum {
        // 在接收到完整的 HTTP 头部后处理的 HTTP 阶段
        NGX_HTTP_POST_READ_PHASE = 0,

        /* 在将请求的 URI 与 location 表达式匹配前，修改请求的 URI（所谓的重定向）是一个独立的 HTTP
阶段 */
        NGX_HTTP_SERVER_REWRITE_PHASE,

        /* 根据请求的 URI 寻找匹配的 location 表达式，这个阶段只能由 ngx_http_core_module 模块实
现，不建议其他 HTTP 模块重新定义这一阶段的行为 */
        NGX_HTTP_FIND_CONFIG_PHASE,

        /* 在 NGX_HTTP_FIND_CONFIG_PHASE 阶段寻找到匹配的 location 之后再修改请求的 URI*/
        NGX_HTTP_REWRITE_PHASE,
```

```
    /* 这一阶段是用于在 rewrite 重写 URL 后，防止错误的 nginx.conf 配置导致死循环（递归地修改 URI），因此，这一阶段仅由 ngx_http_core_module 模块处理。目前，控制死循环的方式很简单，首先检查 rewrite 的次数，如果一个请求超过 10 次重定向，就认为进入了 rewrite 死循环，这时在 NGX_HTTP_POST_REWRITE_PHASE 阶段就会向用户返回 500，表示服务器内部错误 */
    NGX_HTTP_POST_REWRITE_PHASE,

    /* 表示在处理 NGX_HTTP_ACCESS_PHASE 阶段决定请求的访问权限前，HTTP 模块可以介入的处理阶段 */
    NGX_HTTP_PREACCESS_PHASE,

    // 这个阶段用于让 HTTP 模块判断是否允许这个请求访问 Nginx 服务器
    NGX_HTTP_ACCESS_PHASE,

    /* 在 NGX_HTTP_ACCESS_PHASE 阶段中，当 HTTP 模块的 handler 处理函数返回不允许访问的错误码时（实际就是 NGX_HTTP_FORBIDDEN 或者 NGX_HTTP_UNAUTHORIZED），这里将负责向用户发送拒绝服务的错误响应。因此，这个阶段实际上用于给 NGX_HTTP_ACCESS_PHASE 阶段收尾 */
    NGX_HTTP_POST_ACCESS_PHASE,

    /* 这个阶段完全是为 try_files 配置项而设立的，当 HTTP 请求访问静态文件资源时，try_files 配置项可以使这个请求顺序地访问多个静态文件资源，如果某一次访问失败，则继续访问 try_files 中指定的下一个静态资源。这个功能完全是在 NGX_HTTP_TRY_FILES_PHASE 阶段中实现的 */
    NGX_HTTP_TRY_FILES_PHASE,

    // 用于处理 HTTP 请求内容的阶段，这是大部分 HTTP 模块最愿意介入的阶段
    NGX_HTTP_CONTENT_PHASE,

    /* 处理完请求后记录日志的阶段。例如，ngx_http_log_module 模块就在这个阶段中加入了一个 handler 处理方法，使得每个 HTTP 请求处理完毕后会记录 access_log 访问日志 */
    NGX_HTTP_LOG_PHASE
} ngx_http_phases;
```

对于这11个处理阶段，有些阶段是必备的，有些阶段是可选的，当然也可以有多个HTTP模块同时介入同一阶段（这时，将会在一个阶段中按照这些HTTP模块的ctx_index顺序来依次执行它们提供的handler处理方法）。在10.6.1节中将会介绍这11个阶段共同适用的规则，在10.6.2节～10.6.12节则会描述这些具体的处理阶段。

注意 ngx_http_phases定义的11个阶段是有顺序的，必须按照其定义的顺序执行。同时也要意识到，并不是说一个用户请求最多只能经过11个HTTP模块提供的ngx_http_handler_pt方法来处理，NGX_HTTP_POST_READ_PHASE、NGX_HTTP_SERVER_REWRITE_PHASE、NGX_HTTP_REWRITE_PHASE、NGX_HTTP_PREACCESS_PHASE、NGX_HTTP_ACCESS_PHASE、NGX_HTTP_CONTENT_PHASE、NGX_HTTP_LOG_PHASE这7个阶段可以包括任意多个处理方法，它们是可以同时作用于同一个用户请求的。而NGX_HTTP_FIND_CONFIG_PHASE、NGX_HTTP_POST_REWRITE_PHASE、NGX_HTTP_POST_ACCESS_PHASE、NGX_HTTP_TRY_FILES_PHASE这4个阶段则不允许HTTP模块加入自己的ngx_http_handler_pt方法处理用户请求，它们仅由HTTP框架实现。

10.6.1 HTTP 处理阶段的普适规则

下面先来看看 HTTP 阶段的定义，它包括 checker 检查方法和 handler 处理方法，如下所示。

```
typedef struct ngx_http_phase_handler_s  ngx_http_phase_handler_t;

/* 一个 HTTP 处理阶段中的 checker 检查方法，仅可以由 HTTP 框架实现，以此控制 HTTP 请求的处理流程 */
typedef ngx_int_t  (*ngx_http_phase_handler_pt)  (ngx_http_request_t  *r,  ngx_http_phase_handler_t *ph);

/* 由 HTTP 模块实现的 handler 处理方法，这个方法在第 3 章中曾经用 ngx_http_mytest_handler 方法实现过 */
typedef ngx_int_t  (*ngx_http_handler_pt)(ngx_http_request_t *r);

// 注意：ngx_http_phase_handler_t 结构体仅表示处理阶段中的一个处理方法
struct ngx_http_phase_handler_s {
    /* 在处理到某一个 HTTP 阶段时，HTTP 框架将会在 checker 方法已实现的前提下首先调用 checker 方法来处理请求，而不会直接调用任何阶段中的 handler 方法，只有在 checker 方法中才会去调用 handler 方法。因此，事实上所有的 checker 方法都是由框架中的 ngx_http_core_module 模块实现的，且普通的 HTTP 模块无法重定义 checker 方法 */
    ngx_http_phase_handler_pt   checker;

    /* 除 ngx_http_core_module 模块以外的 HTTP 模块，只能通过定义 handler 方法才能介入某一个 HTTP 处理阶段以处理请求 */
    ngx_http_handler_pt handler;

    // 将要执行的下一个 HTTP 处理阶段的序号
    /*  next 的设计使得处理阶段不必按顺序依次执行，既可以向后跳跃数个阶段继续执行，也可以跳跃到之前曾经执行过的某个阶段重新执行。通常，next 表示下一个处理阶段中的第 1 个 ngx_http_phase_handler_t 处理方法 */
    ngx_uint_t next;
};
```

注意 通常，在任意一个 ngx_http_phases 阶段，都可以拥有零个或多个 ngx_http_phase_handler_t 结构体，其含义更接近于某个 HTTP 模块的处理方法。

一个 http{} 块解析完毕后将会根据 nginx.conf 中的配置产生由 ngx_http_phase_handler_t 组成的数组，在处理 HTTP 请求时，一般情况下这些阶段是顺序向后执行的，但 ngx_http_phase_handler_t 中的 next 成员使得它们也可以非顺序执行。ngx_http_phase_engine_t 结构体就是所有 ngx_http_phase_handler_t 组成的数组，如下所示。

```
typedef struct {
    /*handlers 是由 ngx_http_phase_handler_t 构成的数组首地址，它表示一个请求可能经历的所有 ngx_http_handler_pt 处理方法 */
    ngx_http_phase_handler_t  *handlers;

    /* 表示 NGX_HTTP_SERVER_REWRITE_PHASE 阶段第 1 个 ngx_http_phase_handler_t 处理方法在 handlers 数组中的序号，用于在执行 HTTP 请求的任何阶段中快速跳转到 NGX_HTTP_SERVER_REWRITE_PHASE 阶段处理请求 */
    ngx_uint_t server_rewrite_index;
```

```
        /*表示NGX_HTTP_REWRITE_PHASE阶段第1个ngx_http_phase_handler_t处理方法在handlers数组中的序号，用于在执行HTTP请求的任何阶段中快速跳转到NGX_HTTP_REWRITE_PHASE阶段处理请求*/
        ngx_uint_t location_rewrite_index;
    } ngx_http_phase_engine_t;
```

可以看到，ngx_http_phase_engine_t 中保存了在当前 nginx.conf 配置下，一个用户请求可能经历的所有 ngx_http_handler_pt 处理方法，这是所有 HTTP 模块可以合作处理用户请求的关键！这个 ngx_http_phase_engine_t 结构体是保存在全局的 ngx_http_core_main_conf_t 结构体中的，如下所示。

```
    typedef struct {
        /*由下面各阶段处理方法构成的phases数组构建的阶段引擎才是流水式处理HTTP请求的实际数据结构*/
        ngx_http_phase_engine_t    phase_engine;

        /*用于在HTTP框架初始化时帮助各个HTTP模块在任意阶段中添加HTTP处理方法，它是一个有11个成员的ngx_http_phase_t数组，其中每一个ngx_http_phase_t结构体对应一个HTTP阶段。在HTTP框架初始化完毕后，运行过程中的phases数组是无用的*/
        ngx_http_phase_t phases[NGX_HTTP_LOG_PHASE + 1];
        …
    } ngx_http_core_main_conf_t;
```

在 ngx_http_core_main_conf_t 中关于 HTTP 阶段有两个成员：phase_engine 和 phases，其中 phase_engine 控制运行过程中一个 HTTP 请求所要经过的 HTTP 处理阶段，它将配合 ngx_http_request_t 结构体中的 phase_handler 成员使用（phase_handler 指定了当前请求应当执行哪一个 HTTP 阶段）；而 phases 数组更像一个临时变量，它实际上仅会在 Nginx 启动过程中用到，它的唯一使命是按照 11 个阶段的概念初始化 phase_engine 中的 handlers 数组。下面看一下 ngx_http_phase_t 的定义。

```
    typedef struct {
        //handlers动态数组保存着每一个HTTP模块初始化时添加到当前阶段的处理方法
        ngx_array_t handlers;
    } ngx_http_phase_t;
```

在 HTTP 框架的初始化过程中，任何 HTTP 模块都可以在 ngx_http_module_t 接口的 postconfiguration 方法中将自定义的方法添加到 handler 动态数组中，这样，这个方法就会最终添加到 phase_engine 中（注意，第 3 章中 mytest 模块并没有把 ngx_http_mytest_handler 方法加入到 phases 的 handlers 数组中，这是因为对于 NGX_HTTP_CONTENT_PHASE 阶段来说，还有另一种初始化方法，在 10.6.11 节中我们会介绍）。在第 11 章中可以看到这些 HTTP 阶段是如何执行的。

下面将会简要介绍这 11 个 HTTP 处理阶段，读者关注重点是每个阶段的 checker 方法都做了些什么。

10.6.2　NGX_HTTP_POST_READ_PHASE 阶段

当 HTTP 框架在建立的 TCP 连接上接收到客户发送的完整 HTTP 请求头部时，开始执行 NGX_HTTP_POST_READ_PHASE 阶段的 checker 方法。下面先来看看它的 checker 方法 ngx_http_core_generic_phase，这是一个很典型的 checker 方法，下面就给出相关代码，以便读者对 checker 方法的执行过程有个直观认识。

```
    ngx_int_t ngx_http_core_generic_phase(ngx_http_request_t *r, ngx_http_phase_
handler_t *ph)
    {
        // 调用这一阶段中各 HTTP 模块添加的 handler 处理方法
        ngx_int_t  rc = ph->handler(r);

        /* 如果 handler 方法返回 NGX_OK，之后将进入下一个阶段处理，而不会理会当前阶段中是否还有其他
的处理方法 */
        if (rc == NGX_OK) {
            r->phase_handler = ph->next;
            return NGX_AGAIN;
        }

        /* 如果 handler 方法返回 NGX_DECLINED，那么将进入下一个处理方法，这个处理方法既可能属于
当前阶段，也可能属于下一个阶段。注意返回 NGX_OK 与 NGX_DECLINED 之间的区别 */
        if (rc == NGX_DECLINED) {
            r->phase_handler++;
            return NGX_AGAIN;
        }

        /* 如果 handler 方法返回 NGX_AGAIN 或者 NGX_DONE，那么当前请求将仍然停留在这一个处理阶段中 */
        if (rc == NGX_AGAIN || rc == NGX_DONE) {
            return NGX_OK;
        }

        /* 如果 handler 方法返回 NGX_ERROR 或者类似 NGX_HTTP_ 开头的返回码，则调用 ngx_http_
finalize_ request 结束请求 */
        ngx_http_finalize_request(r, rc);

        return NGX_OK;
    }
```

任意 HTTP 模块需要在 NGX_HTTP_POST_READ_PHASE 阶段处理 HTTP 请求时，必须首先在 ngx_http_core_main_conf_t 结构体中的 phases[NGX_HTTP_POST_READ_PHASE] 动态数组中添加自己实现的 ngx_http_handler_pt 方法。在此阶段中，ngx_http_handler_pt 方法的返回值可以产生 4 种不同的影响，总结见表 10-1。

表 10-1 NGX_HTTP_POST_READ_PHASE、NGX_HTTP_PREACCESS_PHASE、NGX_HTTP_LOG_PHASE 阶段下 HTTP 模块的 ngx_http_handler_pt 方法返回值意义

返回值	意义
NGX_OK	执行下一个 ngx_http_phases 阶段中的第一个 ngx_http_handler_pt 处理方法。这意味着两点：①即使当前阶段中后续还有一些 HTTP 模块设置了 ngx_http_handler_pt 处理方法，返回 NGX_OK 之后它们也是得不到执行机会的；②如果下一个 ngx_http_phases 阶段中没有任何 HTTP 模块设置了 ngx_http_handler_pt 处理方法，将再次寻找之后的阶段，如此循环下去

（续）

返回值	意　义
NGX_DECLINED	按照顺序执行下一个 ngx_http_handler_pt 处理方法。这个顺序就是 ngx_http_phase_engine_t 中所有 ngx_http_phase_handler_t 结构体组成的数组的顺序
NGX_AGAIN	当前的 ngx_http_handler_pt 处理方法尚未结束，这意味着该处理方法在当前阶段有机会再次被调用。这时一般会把控制权交还给事件模块，当下次可写事件发生时会再次执行到该 ngx_http_handler_pt 处理方法
NGX_DONE	
NGX_ERROR	需要调用 ngx_http_finalize_request 结束请求
其他	

目前，官方的 ngx_http_realip_module 模块是从 NGX_HTTP_POST_READ_PHASE 阶段介入以处理 HTTP 请求的，它在 postconfiguration 方法中是这样将自定义的 ngx_http_handler_pt 处理方法添加到 HTTP 框架中的，如下所示。

```
//这个 ngx_http_realip_init 方法实际上就是 postconfiguration 接口的实现
static ngx_int_t ngx_http_realip_init(ngx_conf_t *cf)
{
    ngx_http_handler_pt *h;

    //首先获取到全局的 ngx_http_core_main_conf_t 结构体
    ngx_http_core_main_conf_t *cmcf = ngx_http_conf_get_module_main_conf( cf, ngx_
http_core_module);

    /*phases 数组中有 11 个成员，取出 NGX_HTTP_POST_READ_PHASE 阶段的 handlers 动态数组，向
其中添加 ngx_http_handler_pt 处理方法，这样 ngx_http_realip_module 模块就介入 HTTP 请求的 NGX_
HTTP_POST_READ_PHASE 处理阶段了 */
    h = ngx_array_push(&cmcf->phases[NGX_HTTP_POST_READ_PHASE].handlers);
    if (h == NULL) {
        return NGX_ERROR;
    }

    /* ngx_http_realip_handler 方法就是实现了 ngx_http_handler_pt 接口的方法 */
    *h = ngx_http_realip_handler;

    /* 实际上，同一个 HTTP 模块的同一个 ngx_http_realip_handler 方法，完全可以设置到两个不同的
阶段中的。例如，phases[NGX_HTTP_PREACCESS_PHASE.handlers] 动态数组中也添加了 ngx_http_realip_
handler 方法 */
    h = ngx_array_push(&cmcf->phases[NGX_HTTP_PREACCESS_PHASE].handlers);
    if (h == NULL) {
        return NGX_ERROR;
    }

    /*ngx_http_realip_handler 处理方法同时介入了 NGX_HTTP_POST_READ_PHASE、NGX_HTTP_
PREACCESS_PHASE 这两个 HTTP 处理阶段 */
    *h = ngx_http_realip_handler;

    return NGX_OK;
}
```

通过这个例子可以看到怎样在 NGX_HTTP_POST_READ_PHASE 或者 NGX_HTTP_PREACCESS_PHASE 阶段添加 HTTP 模块。

10.6.3 NGX_HTTP_SERVER_REWRITE_PHASE 阶段

NGX_HTTP_SERVER_REWRITE_PHASE 阶段的 checker 方法是 ngx_http_core_rewrite_phase。表 10-2 总结了该阶段下 ngx_http_handler_pt 处理方法的返回值是如何影响 HTTP 框架执行的，注意，这个阶段中不存在返回值可以使请求直接跳到下一个阶段执行。

表 10-2 NGX_HTTP_SERVER_REWRITE_PHASE、NGX_HTTP_REWRITE_PHASE 阶段下 HTTP 模块的 ngx_http_handler_pt 方法返回值意义

返回值	意义
NGX_DONE	当前的 ngx_http_handler_pt 处理方法尚未结束，这意味着该处理方法在当前阶段中有机会再次被调用
NGX_DECLINED	当前 ngx_http_handler_pt 处理方法执行完毕，按照顺序执行下一个 ngx_http_handler_pt 处理方法
NGX_AGAIN	需要调用 ngx_http_finalize_request 结束请求
NGX_DONE	
NGX_ERROR	
其他	

官方提供的 ngx_http_rewrite_module 模块定义了 ngx_http_rewrite_handler 方法，同时将它添加到了 NGX_HTTP_SERVER_REWRITE_PHASE 和 NGX_HTTP_REWRITE_PHASE 阶段，这里就不再列举其代码了。

10.6.4 NGX_HTTP_FIND_CONFIG_PHASE 阶段

NGX_HTTP_FIND_CONFIG_PHASE 是一个关键阶段，这个阶段是不可以跳过的，也就是说，在 ngx_http_phase_engine_t 中，处理方法组成的数组必然要有阶段的处理方法，因为这是 HTTP 框架基于 location 设计的基石。

HTTP 框架提供了 ngx_http_core_find_config_phase 方法用于执行这一步骤，也就是说，任何 HTTP 模块不可以向这一阶段中添加处理方法（添加了也是无效的）！ngx_http_core_find_config_phase 方法实际上就是根据 NGX_HTTP_SERVER_REWRITE_PHASE 步骤重写后的 URI 检索出匹配的 location 块的，其原理为从 location 组成的静态二叉查找树中快速检索，具体可参照 10.5 节。

10.6.5 NGX_HTTP_REWRITE_PHASE 阶段

NGX_HTTP_FIND_CONFIG_PHASE 阶段检索到 location 后有机会再次利用 rewrite（重写）URL，这一工作就是在 NGX_HTTP_REWRITE_PHASE 阶段完成的。

NGX_HTTP_REWRITE_PHASE 阶段与 10.6.3 节中的 NGX_HTTP_SERVER_REWRITE_

PHASE 阶段几乎是完全相同的，它们的 checker 方法都是 ngx_http_core_rewrite_phase，在这一阶段中，ngx_http_handler_pt 方法的返回值意义与表 10-2 也是完全相同的，不再赘述。

10.6.6 NGX_HTTP_POST_REWRITE_PHASE 阶段

NGX_HTTP_POST_REWRITE_PHASE 阶段就像 NGX_HTTP_FIND_CONFIG_PHASE 阶段一样，只能由 HTTP 框架实现，不允许 HTTP 模块向该阶段添加 ngx_http_handler_pt 处理方法。

NGX_HTTP_POST_REWRITE_PHASE 阶段的 checker 方法是 ngx_http_core_post_rewrite_phase，它的意义在于检查 rewrite 重写 URL 的次数不可以超过 10 次，以此防止由于 rewrite 死循环而造成整个 Nginx 服务都不可用。

10.6.7 NGX_HTTP_PREACCESS_PHASE 阶段

NGX_HTTP_PREACCESS_PHASE 阶段一般用于对当前请求进行限制性处理，它的 checker 方法与 10.6.1 节中详细描述过的 ngx_http_core_generic_phase 方法一样，因此，在这一阶段中执行的 ngx_http_handler_pt 处理方法，其返回值意义也与表 10-1 是完全相同的，不再赘述。

10.6.8 NGX_HTTP_ACCESS_PHASE 阶段

NGX_HTTP_ACCESS_PHASE 阶段与 NGX_HTTP_PREACCESS_PHASE 阶段大不相同，这主要体现在它的 checker 方法是 ngx_http_core_access_phase 上，这也就致使在 NGX_HTTP_ACCESS_PHASE 阶段 ngx_http_handler_pt 处理方法的返回值有了新的意义，见表 10-3。

表 10-3 NGX_HTTP_ACCESS_PHASE 阶段下 HTTP 模块的 ngx_http_handler_pt 方法返回值意义

<table>
<tr><th>返回值</th><th>意义</th></tr>
<tr><td>NGX_OK</td><td>如果在 nginx.conf 中配置了 satisfy all，那么将按照顺序执行下一个 ngx_http_handler_pt 处理方法；如果在 nginx.conf 中配置了 satisfy any，那么将执行下一个 ngx_http_phases 阶段中的第一个 ngx_http_handler_pt 处理方法</td></tr>
<tr><td>NGX_DECLINED</td><td>按照顺序执行下一个 ngx_http_handler_pt 处理方法</td></tr>
<tr><td>NGX_AGAIN</td><td rowspan="2">当前的 ngx_http_handler_pt 处理方法尚未结束，这意味着该处理方法在当前阶段中有机会再次被调用。这时会把控制权交还给事件模块，下次可写事件发生时会再次执行到该 ngx_http_handler_pt 处理方法</td></tr>
<tr><td>NGX_DONE</td></tr>
<tr><td>NGX_HTTP_FORBIDDEN</td><td rowspan="2">如果在 nginx.conf 中配置了 satisfy any，那么将 ngx_http_request_t 中的 access_code 成员设为返回值，按照顺序执行下一个 ngx_http_handler_pt 处理方法；如果在 nginx.conf 中配置了 satisfy all，那么调用 ngx_http_finalize_request 结束请求</td></tr>
<tr><td>NGX_HTTP_UNAUTHORIZED</td></tr>
<tr><td>NGX_ERROR</td><td rowspan="2">需要调用 ngx_http_finalize_request 结束请求</td></tr>
<tr><td>其他</td></tr>
</table>

从表 10-3 中可以看出，NGX_HTTP_ACCESS_PHASE 阶段实际上与 nginx.conf 配置文

件中的 satisfy 配置项有紧密的联系，所以，任何介入 NGX_HTTP_ACCESS_PHASE 阶段的 HTTP 模块，在实现 ngx_http_handler_pt 方法时都需要注意 satisfy 的参数，该参数可以由 ngx_http_core_loc_conf_t 结构体中得到。

```
typedef struct ngx_http_core_loc_conf_s  ngx_http_core_loc_conf_t;

struct ngx_http_core_loc_conf_s {
    //仅可以取值为 NGX_HTTP_SATISFY_ALL 或者 NGX_HTTP_SATISFY_ANY
    ngx_uint_t satisfy;
    …
};
```

如果不根据所在 location 中的 satisfy 参数来决定返回值，那么可能造成未知结果。

10.6.9 NGX_HTTP_POST_ACCESS_PHASE 阶段

NGX_HTTP_POST_ACCESS_PHASE 阶段又是一个只能由 HTTP 框架实现的阶段，不允许 HTTP 模块向该阶段添加 ngx_http_handler_pt 处理方法。这个阶段完全是为之前的 NGX_HTTP_ACCESS_PHASE 阶段服务的，换句话说，如果没有任何 HTTP 模块介入 NGX_HTTP_ACCESS_PHASE 阶段处理请求，NGX_HTTP_POST_ACCESS_PHASE 阶段就不会存在。

NGX_HTTP_POST_ACCESS_PHASE 阶段的 checker 方法是 ngx_http_core_post_access_phase，它的工作非常简单，就是检查 ngx_http_request_t 请求中的 access_code 成员，当其不为 0 时就结束请求（表示没有访问权限），否则继续执行下一个 ngx_http_handler_pt 处理方法。

10.6.10 NGX_HTTP_TRY_FILES_PHASE 阶段

NGX_HTTP_TRY_FILES_PHASE 阶段也是一个只能由 HTTP 框架实现的阶段，不允许 HTTP 模块向该阶段添加 ngx_http_handler_pt 处理方法。

NGX_HTTP_TRY_FILES_PHASE 阶段的 checker 方法是 ngx_http_core_try_files_phase，它是与 nginx.conf 中的 try_files 配置项密切相关的，如果 try_files 后指定的静态文件资源中有一个可以访问，这时就会直接读取文件并发送响应给用户，不会再向下执行后续的阶段；如果所有的静态文件资源都无法执行，将会继续执行 ngx_http_phase_engine_t 中的下一个 ngx_http_handler_pt 处理方法。

10.6.11 NGX_HTTP_CONTENT_PHASE 阶段

这是一个核心 HTTP 阶段，可以说大部分 HTTP 模块都会在此阶段重新定义 Nginx 服务器的行为，如第 3 章中提到的 mytest 模块。NGX_HTTP_CONTENT_PHASE 阶段之所以被众多 HTTP 模块“钟爱”，主要基于以下两个原因：

其一，以上 9 个阶段主要专注于 4 件基础性工作：rewrite 重写 URL、找到 location 配置块、判断请求是否具备访问权限、try_files 功能优先读取静态资源文件，这 4 个工作通常适用于绝大部分请求，因此，许多 HTTP 模块希望可以共享这 9 个阶段中已经完成的功能。

其二，NGX_HTTP_CONTENT_PHASE 阶段与其他阶段都不相同的是，它向 HTTP 模块提供了两种介入该阶段的方式：第一种与其他 10 个阶段一样，通过向全局的 ngx_http_core_main_conf_t 结构体的 phases 数组中添加 ngx_http_handler_pt 处理方法来实现，而第二种是本阶段独有的，把希望处理请求的 ngx_http_handler_pt 方法设置到 location 相关的 ngx_http_core_loc_conf_t 结构体的 handler 指针中，这正是第 3 章中 mytest 例子的用法。

上面所说的第一种方式，也是 HTTP 模块介入其他 10 个阶段的唯一方式，是通过在必定会被调用的 postconfiguration 方法向全局的 ngx_http_core_main_conf_t 结构体的 phases[NGX_HTTP_CONTENT_PHASE] 动态数组添加 ngx_http_handler_pt 处理方法来达成的，这个处理方法将会应用于全部的 HTTP 请求。

而第二种方式是通过设置 ngx_http_core_loc_conf_t 结构体的 handler 指针来实现的，在 10.2.3 节中我们已经知道，每一个 location 都对应着一个独立的 ngx_http_core_loc_conf_t 结构体。这样，我们就不必在必定会被调用的 postconfiguration 方法中添加 ngx_http_handler_pt 处理方法了，而可以选择在 ngx_command_t 的某个配置项（如第 3 章中的 mytest 配置项）的回调方法中添加处理方法，将当前 location 块所属的 ngx_http_core_loc_conf_t 结构体中的 handler 设置为 ngx_http_handler_pt 处理方法。这样做的好处是，ngx_http_handler_pt 处理方法不再应用于所有的 HTTP 请求，仅仅当用户请求的 URI 匹配了 location 时（也就是 mytest 配置项所在的 location）才会被调用。这也就意味着它是一种完全不同于其他阶段的使用方式。

因此，当 HTTP 模块实现了某个 ngx_http_handler_pt 处理方法并希望介入 NGX_HTTP_CONTENT_PHASE 阶段来处理用户请求时，如果希望这个 ngx_http_handler_pt 方法应用于所有的用户请求，则应该在 ngx_http_module_t 接口的 postconfiguration 方法中，向 ngx_http_core_main_conf_t 结构体的 phases[NGX_HTTP_CONTENT_PHASE] 动态数组中添加 ngx_http_handler_pt 处理方法；反之，如果希望这个方式仅应用于 URI 匹配了某些 location 的用户请求，则应该在一个 location 下配置项的回调方法中，把 ngx_http_handler_pt 方法设置到 ngx_http_core_loc_conf_t 结构体的 handler 中。

注意　ngx_http_core_loc_conf_t 结构体中仅有一个 handler 指针，它不是数组，这也就意味着如果采用上述的第二种方法添加 ngx_http_handler_pt 处理方法，那么每个请求在 NGX_HTTP_CONTENT_PHASE 阶段只能有一个 ngx_http_handler_pt 处理方法。而使用第一种方法时是没有这个限制的，NGX_HTTP_CONTENT_PHASE 阶段可以经由任意个 HTTP 模块处理。

当同时使用这两种方式设置 ngx_http_handler_pt 处理方法时，只有第二种方式设置的 ngx_http_handler_pt 处理方法才会生效，也就是设置 handler 指针的方式优先级更高，而第一种方式设置的 ngx_http_handler_pt 处理方法将不会生效。如果一个 location 配置块内有多个 HTTP 模块的配置项在解析过程都试图按照第二种方式设置 ngx_http_handler_pt 处理方法，那么后面的配置项将有可能覆盖前面的配置项解析时对 handler 指针的设置。

NGX_HTTP_CONTENT_PHASE 阶段的 checker 方法是 ngx_http_core_content_phase。ngx_http_handler_pt 处理方法的返回值在以上两种方式下具备了不同意义。

在第一种方式下，ngx_http_handler_pt 处理方法无论返回任何值，都会直接调用 ngx_http_finalize_request 方法结束请求。当然，ngx_http_finalize_request 方法根据返回值的不同未必会直接结束请求，这在第 11 章中会详细介绍。

在第二种方式下，如果 ngx_http_handler_pt 处理方法返回 NGX_DECLINED，将按顺序向后执行下一个 ngx_http_handler_pt 处理方法；如果返回其他值，则调用 ngx_http_finalize_request 方法结束请求。

10.6.12 NGX_HTTP_LOG_PHASE 阶段

NGX_HTTP_LOG_PHASE 阶段是 11 个 HTTP 处理阶段中的最后一个，顾名思义，它是用来记录日志的，如 ngx_http_log_module 模块就是在这一阶段中记录 Nginx 访问日志的。如果希望在请求的最后阶段做一些共性的收尾工作，不妨将 ngx_http_handler_pt 处理方法添加到这一阶段中。

NGX_HTTP_LOG_PHASE 阶段的 checker 方法同样是 ngx_http_core_generic_phase，因此，在这一阶段中，ngx_http_handler_pt 处理方法的返回值意义与表 10-1 是完全相同的。

10.7 HTTP 框架的初始化流程

本节将综合 10.1 节 ~ 10.6 节的内容，完整地介绍 HTTP 框架的初始化过程。实际上，这个初始化过程就在 ngx_http_module 模块中，当配置文件中出现了 http{} 配置块时就回调 ngx_http_block 方法，而这个方法就包括了 HTTP 框架的完整初始化流程，如图 10-10 所示。

下面分别介绍图 10-10 中的 15 个步骤。

1）按照在 ngx_modules 数组中的顺序，由 0 开始依次递增地设置所有 HTTP 模块的 ctx_index 字段。这个字段的值将决定 HTTP 模块应用于请求时的顺序。

2）第 2 步 ~ 第 7 步实际上就是 10.2.1 节中描述的内容。解析到 http{} 块时产生 1 个 ngx_http_conf_ctx_t 结构体，同时初始化它的 main_conf、srv_conf、loc_conf 3 个指针数组，数组的容量就是第 1 步中获取到的所有 HTTP 模块的数量。

3）依次调用所有 HTTP 模块的 create_main_conf 方法，产生的配置结构体指针将按照各模块 ctx_index 字段指定的顺序放入 ngx_http_conf_ctx_t 结构体的 main_conf 数组中。

4）依次调用所有 HTTP 模块的 create_srv_conf 方法，产生的配置结构体指针将按照各模块 ctx_index 字段指定的顺序放入 ngx_http_conf_ctx_t 结构体的 srv_conf 数组中。

5）依次调用所有 HTTP 模块的 create_loc_conf 方法，产生的配置结构体指针将按照各模块 ctx_index 字段指定的顺序放入 ngx_http_conf_ctx_t 结构体的 loc_conf 数组中。

6）依次调用所有 HTTP 模块的 preconfiguration 方法。

7）解析 http{} 块下的 main 级别配置项。

8）依次调用所有 HTTP 模块的 init_main_conf 方法。

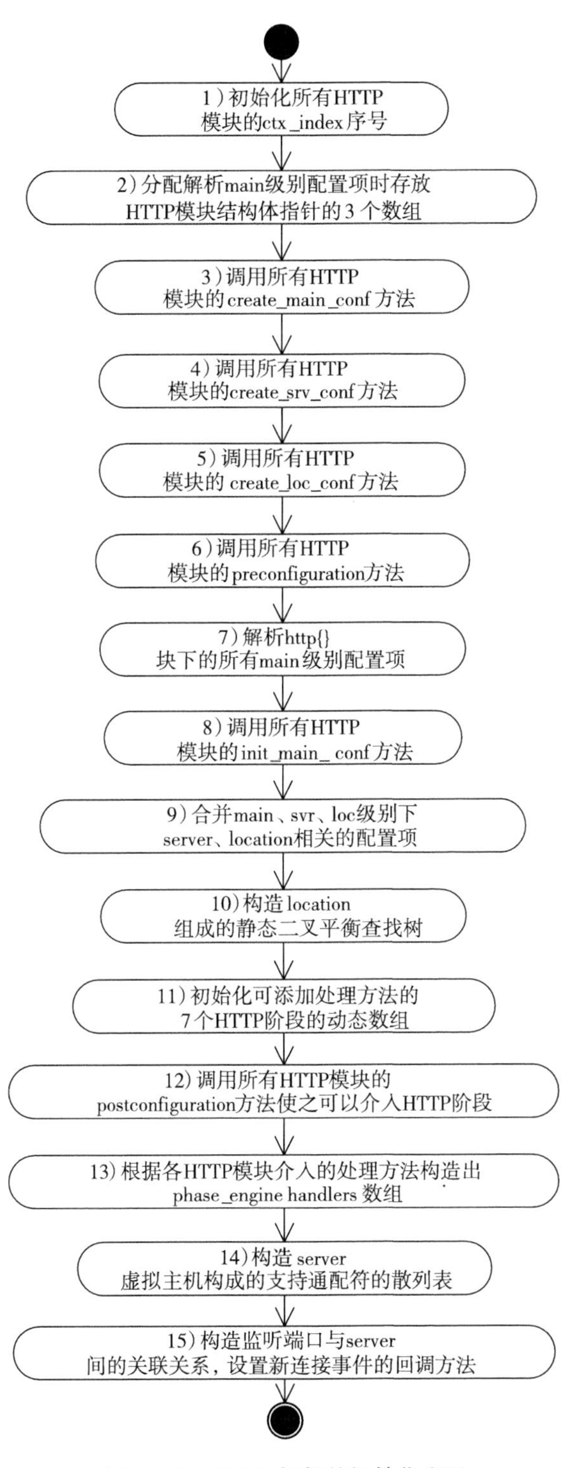

图 10-10　HTTP 框架的初始化流程

注意 在解析 main 级别配置项时，如果遇到 server{} 配置块，将会触发 ngx_http_core_server 方法，并开始解析 server 级别下的配置项，这一过程可参见 10.2.2 节。在解析 srv 级别配置项时，如果遇到 location{} 配置块，将会触发 ngx_http_core_location 方法，并开始解析 location 级别下的配置项，这一过程可参见 10.2.3 节。

9）调用 ngx_http_merge_servers 方法合并配置项，这一步骤的内容与 10.2.4 节介绍的多级别配置项合并是一致的。

10）按照 10.5 节介绍的方式，创建由 location 块构造的静态二叉平衡查找树。

11）在 10.6 节中我们介绍过，有 7 个 HTTP 阶段（NGX_HTTP_POST_READ_PHASE、NGX_HTTP_SERVER_REWRITE_PHASE、NGX_HTTP_REWRITE_PHASE、NGX_HTTP_PREACCESS_PHASE、NGX_HTTP_ACCESS_PHASE、NGX_HTTP_CONTENT_PHASE、NGX_HTTP_LOG_PHASE）是允许任何一个 HTTP 模块实现自己的 ngx_http_handler_pt 处理方法，并将其加入到这 7 个阶段中去的。在调用 HTTP 模块的 postconfiguration 方法向这 7 个阶段中添加处理方法前，需要先将 phases 数组中这 7 个阶段里的 handlers 动态数组初始化（ngx_array_t 类型需要执行 ngx_array_init 方法初始化），在这一步骤中，通过调用 ngx_http_init_phases 方法来初始化这 7 个动态数组。

12）依次调用所有 HTTP 模块的 postconfiguration 方法。HTTP 模块可以在这一步骤中将自己的 ngx_http_handler_pt 处理方法添加到以上 7 个 HTTP 阶段中。

13）在上一步中，各 HTTP 模块会向全局的 ngx_http_core_main_conf_t 结构体中的 phases 数组添加处理方法，该数组中存在 11 个成员，每个成员都是动态数组，可能包含任何数量的处理方法。这一步骤将遍历以上所有处理方法，构造由所有处理方法构成的有序的 phase_engine. handlers 数组。关于 HTTP 阶段的用法可参见 10.6 节。

14）这一步骤构造 server 虚拟主机构成的支持通配符的散列表，可参见 10.4 节的内容。

15）这一步骤构造监听端口与 server 间的关联关系，设置新连接事件的回调方法为 ngx_http_init_connection，可参见 10.3 节。

以上 15 个步骤就是 HTTP 框架在 Nginx 的启动过程中所做的主要工作。

10.8 小结

本章介绍了静态的 HTTP 框架，主要讨论了 http 配置项的管理与合并操作，以及 HTTP 框架怎样设计 server 和 location 的数据结构以期快速选择 server 和 location 处理用户请求，监听地址是如何与 server 关联起来的，同时介绍了 HTTP 的 11 个处理阶段及其设计原理和使用方法。通过了解这些内容，读者可以从 HTTP 框架的角度了解 HTTP 模块的运行机制。另外，本章扩展了第 3 章中介绍的单一的 HTTP 模块设计方法，特别是根据 10.6 节介绍的内容，可以设计出更加强大的 HTTP 模块，深入地介入到任何一个 HTTP 处理阶段中。

本章并没有涉及 HTTP 框架是如何处理用户请求的，HTTP 框架的动态处理流程将在第 11 章中介绍。

第 11 章 Chapter 11

HTTP 框架的执行流程

本章将介绍动态的 HTTP 框架，主要探讨在请求的生命周期中，基于事件驱动的 HTTP 框架是怎样处理网络事件以及怎样集成各个 HTTP 模块来共同处理 HTTP 请求的，同时，还会介绍为了简化 HTTP 模块的开发难度而提供的多个非阻塞的异步方法。本章内容与第 9 章介绍的事件模块密切相关，同时还会使用到第 10 章介绍过的 http 配置项和 11 个阶段。另外，本书第二部分讲述了怎样开发 HTTP 模块，本章将会回答为什么可以这样开发 HTTP 模块。

HTTP 框架存在的主要目的有两个：

- ❑ Nginx 事件框架主要是针对传输层的 TCP 的，作为 Web 服务器 HTTP 模块需要处理的则是 HTTP，HTTP 框架必须要针对基于 TCP 的事件框架解决好 HTTP 的网络传输、解析、组装等问题。
- ❑ 虽然事件驱动架构在性能上是不错的，但它的开发效率并不高，而 HTTP 模块的业务通常较复杂，我们希望 HTTP 模块在拥有事件框架的高性能优势的同时，尽量只关注业务。这样，HTTP 框架就需要为 HTTP 模块屏蔽事件驱动架构，使得 HTTP 模块不需要关心网络事件的处理，同时又能灵活地介入那 11 个阶段中以处理请求。

根据以上 HTTP 框架的设计目的，我们再来看 HTTP 框架在动态执行中的大概流程：先与客户端建立 TCP 连接，接收 HTTP 请求行、头部并解析出它们的意义，再根据 nginx.conf 配置文件找到一些 HTTP 模块，使其依次合作着处理这个请求。同时为了简化 HTTP 模块的开发，HTTP 框架还提供了接收 HTTP 包体、发送 HTTP 响应、派生子请求等工具和方法。

对于 TCP 网络事件，可粗略地分为可读事件和可写事件，然而可读事件中又可细分为收到 SYN 包带来的新连接事件、收到 FIN 包带来的连接关闭事件，以及套接字缓冲区上真正收到 TCP 流。可写事件虽然相对简单点，但 Nginx 提供限制速度功能，有时可写事件触发时未必可以去发送响应。同时，为了精确地控制超时，还需要把读 / 写事件放置到定时器中。

这些事件的管理都需要依靠 HTTP 框架，这给 HTTP 框架带来了复杂性。在清楚了解这些设计后，我们将对 HTTP 模块的开发有一个非常透彻的认识，因为 HTTP 模块完全是由 HTTP 框架设计、定义的，它就像 Android 应用程序与 Android 操作系统间的关系。同时，深入了解 HTTP 框架后，读者会明白如何把复杂的事件驱动机制从关注于业务的模块中分离，这些设计方法都是值得读者学习的。

11.1 HTTP 框架执行流程概述

本章在介绍 HTTP 框架的同时会说明它怎样使用事件模块提供的操作方法，在这之前，先来回顾一下第 9 章中关于事件驱动模式的内容。

每一个事件都是由 ngx_event_t 结构体表示的，而 TCP 连接则由 ngx_connection_t 结构体表示，HTTP 请求毫无疑问是基于一个 TCP 连接实现的。每个 TCP 连接包括一个读事件和一个写事件，它们放在 ngx_connection_t 中的 read 成员和 write 成员中。通过事件模块提供的 ngx_handle_read_event 方法和 ngx_handle_write_event 方法，可以把相应的事件添加到 epoll 中，我们可以期待在满足事件触发条件时，Nginx 进程会调用 ngx_event_t 事件的 handler 回调方法执行业务。而通过事件模块提供的 ngx_add_timer 方法可以将上面的读事件或者写事件添加到定时器中，在满足超时条件后，Nginx 进程同样会调用 ngx_event_t 事件的 handler 回调方法执行业务。

在第 3 章开发 HTTP 模块时，并没有看到事件模块的影子，但 HTTP 框架确实是依靠事件驱动机制实现的。基于这一点，先来总结一下 HTTP 框架需要完成的最主要的 4 项工作。

HTTP 框架需要完成的第一项工作是集成事件驱动机制，管理用户发起的 TCP 连接，处理网络读 / 写事件，并在定时器中处理请求超时的事件。这些内容将在 11.2 节 ~ 11.5 节介绍，其中 11.2 节会讨论新连接建立成功后 HTTP 框架的行为，11.3 节介绍第一个网络可读事件到达后 HTTP 框架的行为，11.4 节介绍在没有接收到完整的 HTTP 请求行之前 HTTP 框架所要完成的工作，11.5 节介绍在没有接收到完整的 HTTP 请求头部之前 HTTP 框架所要完成的工作。

HTTP 框架需要完成的第二项工作是与各个 HTTP 模块共同处理请求。实际上，通过第 3 章的例子我们已经知道，只有请求的 URI 与 location 配置匹配后 HTTP 框架才会调度 HTTP 模块处理请求。而在第 10 章中也已看到，HTTP 框架定义了 11 个阶段，其中 4 个基本的阶段只能由 HTTP 框架处理，其余的 7 个阶段可以让各 HTTP 模块介入来共同处理请求。因此，HTTP 框架需要在这 7 个阶段中调度合适的 HTTP 模块处理请求。第 11.6 节中将介绍 HTTP 框架如何调度 HTTP 模块参与到请求的处理中。

第三项工作与第 5 章介绍过的 subrequest 功能有关。为了实现复杂的业务，HTTP 框架允许将一个请求分解为多个子请求，当然，子请求还可以继续向下派生“孙子”请求，这样就可以把复杂的功能分散到多个子请求中，每个子请求仅专注于一个功能。这种设计也是一种平衡，使用事件驱动机制在提高性能的同时其实大大增加了程序的复杂度，特别是开发复杂功能时太多事件的处理会让代码混乱不堪，而子请求的派生则可以降低复杂度，使得 Nginx 可以提供多样化的功能。在第 11.7 节中，将讨论 HTTP 框架是如何设计、实现 subrequest 功能的。

HTTP 框架的第四项工作则是提供基本的工具接口，供各 HTTP 模块使用，诸如接收 HTTP 包体，以及发送 HTTP 响应头部、响应包体等。在 11.8 节中将说明 HTTP 框架提供的接收 HTTP 包体功能，11.9 节将说明发送 HTTP 响应是怎样实现的，在 11.10 节中将讨论如何结束 HTTP 请求。为什么要专门讨论请求的结束呢？因为在基于事件驱动的 HTTP 框架中，由于每个 HTTP 模块仅能在某一时刻介入到请求中，所以有时候它需要表达一种希望"延后"结束请求的意思，这一特性造成了结束请求的动作十分复杂，因而使用独立的一节来专门说明。

本章的全部内容就是在探讨如何完成以上四项工作。

11.2　新连接建立时的行为

当 Nginx 接收到用户发起 TCP 连接的请求时，事件框架将会负责把 TCP 连接建立起来，如果 TCP 连接成功建立，HTTP 框架就会介入请求的处理了，如图 9-5 所示，在 ngx_event_accept 方法建立新连接的最后 1 步，将会调用 ngx_listening_t 监听结构体的 handler 方法。在 10.3 节中讲过，HTTP 框架在初始化时就会将每个监听 ngx_listening_t 结构体的 handler 方法设为 ngx_http_init_connection 方法，如下所示。

```
void ngx_http_init_connection(ngx_connection_t *c)
```

即 HTTP 框架处理请求的第一步就在 ngx_http_init_connection 方法中，这里传入的参数 c 就是新建立的连接。图 11-1 列举了 ngx_http_init_connection 方法所做的主要工作。

下面简单解释一下图 11-1 中的 4 个步骤：

1）将新建立的连接 c 的可读事件处理方法设置为 ngx_http_init_request。在 9.3 节我们介绍过 ngx_connection_t 结构体中会用 read 成员表示连接上的可读事件，write 成员表示可写事件。读 / 写事件均使用 ngx_event_t 结构体表示。在 9.2 节中又介绍过每个事件发生时事件框架都会调用其中的 handler 方法。这一步骤实际上就是把连接 c 的 read 读事件的 handler 方法设为 ngx_http_init_request，它意味着当用户在这个 TCP 连接上发送的数据到达服务器后，ngx_http_init_request 方法将会被调用（参见 11.3 节）。

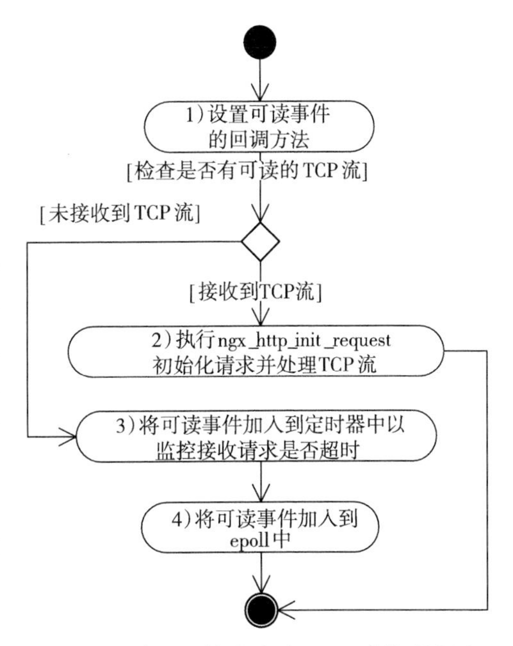

图 11-1　建立连接成功后 HTTP 框架的行为

事实上，对于可写事件，也会设置它的 handler 回调方法为 ngx_http_empty_handler，这个方法不会做任何工作，如下所示。

```
void ngx_http_empty_handler(ngx_event_t *wev)
{
```

```
    ngx_log_debug0(NGX_LOG_DEBUG_HTTP, wev->log, 0, "http empty handler");

    return;
}
```

这个方法仅有一个用途：当业务上不需要处理可写事件时，就把 ngx_http_empty_handler 方法设置到连接的可写事件的 handler 中，这样可写事件被定时器或者 epoll 触发后是不做任何工作的。

注意 下面会多次使用 ngx_http_empty_handler 方法。

2）如果新连接的读事件 ngx_event_t 结构体中的标志位 ready 为 1，实际上表示这个连接对应的套接字缓存上已经有用户发来的数据，这时就可调用上面说过的 ngx_http_init_request 方法处理请求，参见 11.3 节。

3）在 9.7.3 节的表 9-5 中我们介绍过定时器的用法，在这一步骤中将调用 ngx_add_timer 方法把读事件添加到定时器中，设置的超时时间则是 nginx.conf 中 client_header_timeout 配置项指定的参数。也就是说，如果经过 client_header_timeout 时间后这个连接上还没有用户数据到达，则会由定时器触发调用读事件的 ngx_http_init_request 处理方法。

4）我们在 9.2.1 节中介绍过 ngx_handle_read_event 方法，它可以将一个事件添加到 epoll 中。在这一步骤中，将调用 ngx_handle_read_event 方法把连接 c 的可读事件添加到 epoll 中。注意，这里并没有把可写事件添加到 epoll 中，因为现在不需要向客户端发送任何数据。

以上 4 个步骤就是 ngx_http_init_connection 方法的主要工作，也就是新连接建立成功时 HTTP 框架对请求的处理。

11.3 第一次可读事件的处理

当 TCP 连接上第一次出现可读事件时，将会调用 ngx_http_init_request 方法初始化这个 HTTP 请求，如下所示。

```
static void ngx_http_init_request(ngx_event_t *rev)
```

实际上，HTTP 框架并不会在连接建立成功后就开始初始化请求（参见 11.2 节），而是在这个连接对应的套接字缓冲区上确实接收到了用户发来的请求内容时才进行，这种设计体现了 Nginx 出于高性能的考虑，这样减少了无谓的内存消耗，降低了一个请求占用内存资源的时间。因此，当有些客户端建立起 TCP 连接后一直没有发送内容时，Nginx 是不会为它分配内存的。

从 11.2 节中可以看出，在有些情况下，当 TCP 连接建立成功时同时也出现了可读事件（例如，在套接字设置了 deferred 选项时，内核仅在套接字上确实收到请求时才会通知 epoll 调度事件的回调方法），这时 ngx_http_init_request 方法是在图 11-1 的第 2 步中执行的。当然，在大部分情况下，ngx_http_init_request 方法和 ngx_http_init_connection 方法都是由两个事件（TCP 连接建立成功事件和连接上的可读事件）触发调用的。图 11-2 中展示了在 ngx_http_init_request 方法中究竟做了哪些工作。

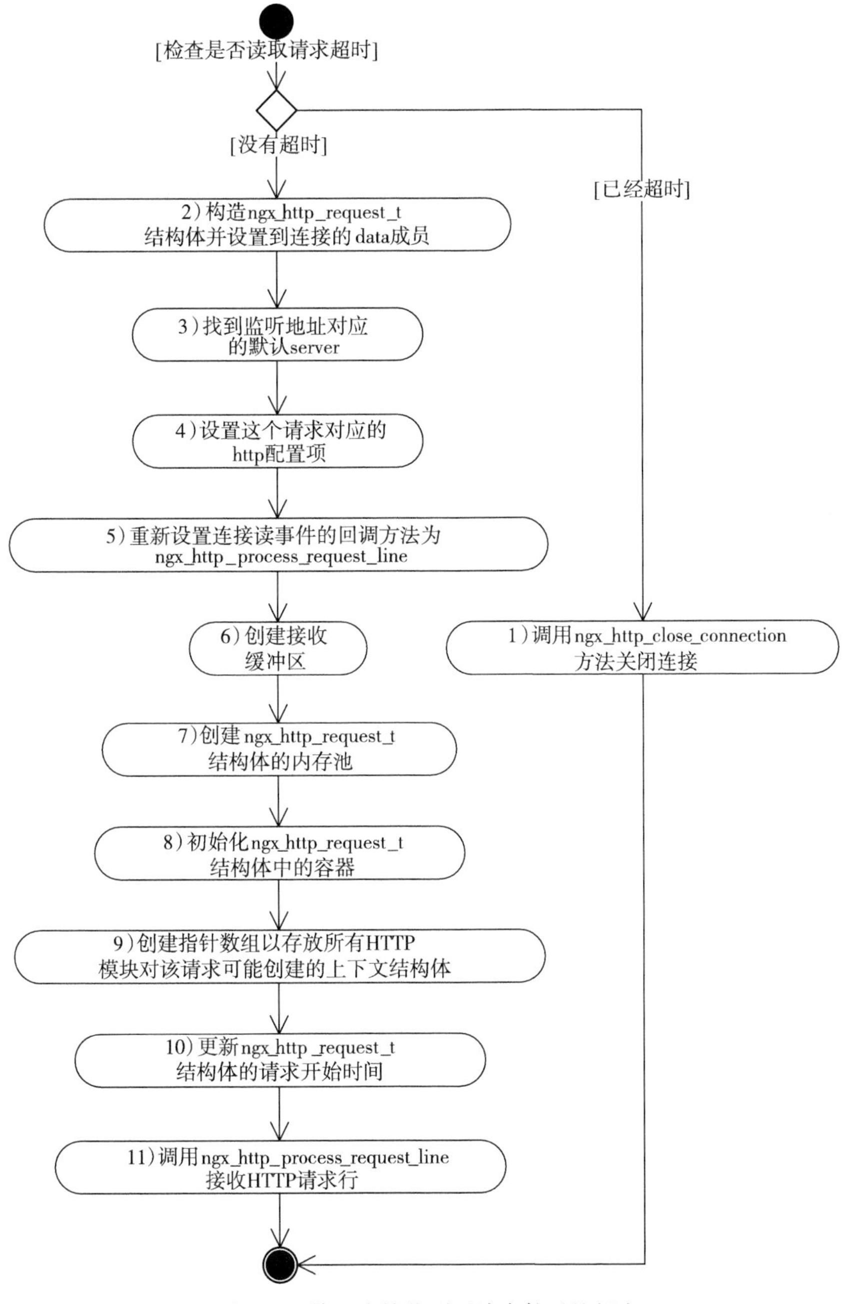

图 11-2　第一次接收到可读事件后的行为

从图 11-2 中可以看出，第一次读事件的回调方法 ngx_http_init_request 主要做了 3 件事：对请求构造 ngx_http_request_t 结构体并初始化部分参数、修改读事件的回调方法为 ngx_http_process_request_line 并调用该方法开始接收并解析 HTTP 请求行。下面详细分析图 11-2 中的 11 个步骤：

1）首先回顾一下图 11-1 的第 3 步，那里曾经将读事件也添加到了定时器中，超时时间就是配置文件中的 client_header_timeout，因此，首先要检查读事件是否已经超时，也就是检查 ngx_event_t 事件的 timeout 成员是否为 1。如果 timeout 为 1，则表示接收请求已经超时，则不应该继续处理该请求，于是调用 ngx_http_close_request 方法关闭请求，同时由 ngx_http_init_request 方法中返回。ngx_http_close_request 方法的详细介绍可参见 11.10.3 节。

2）在第 3 章介绍 HTTP 模块的开发时曾提到，每个请求都会有一个 ngx_http_request_t 结构体，所有的 HTTP 模块都以此作为核心结构体来处理请求。这个 ngx_http_request_t 结构体就是在此步骤中创建的，同时还将这个关键结构体的地址存放到表示 TCP 连接的 ngx_connection_t 结构体中的 data 成员上。这一步中还会把表示这个 ngx_connection_t 结构体被使用次数的 requests 成员加 1。11.3.1 节将会详细介绍 ngx_http_request_t 结构体。

3）从 10.3 节可以看出，配置文件的每个 server{} 块中都可以针对不同的本机 IP 地址监听同一个端口，事实上每一个监听对象 ngx_listening_t 都会对应着监听这个端口的所有监听地址。回顾一下 8.3.1 节，ngx_listening_t 结构体中有一个 servers 指针，在 HTTP 框架中，它指向监听这一端口的所有监听地址，而每个监听地址也包含了其所属 server 块的配置项，如下所示。

```
typedef struct {
    ngx_http_core_srv_conf_t  *default_server;
    ngx_http_virtual_names_t  *virtual_names;
} ngx_http_addr_conf_t;
```

default_server 也就是这个监听地址对应的 server 块配置信息，在第 10 章中我们曾经介绍过 ngx_http_core_srv_conf_t 结构体是如何管理配置信息的。这一步中将会遍历 ngx_listening_t 结构体的 servers 指向的数组，找到合适的监听地址，然后找到默认的 server 虚拟主机对应的 ngx_http_core_srv_conf_t 配置结构体。

4）在第 2 步建立好的 ngx_http_request_t 结构体中，main_conf、srv_conf、loc_conf 这 3 个成员表示这个请求对应的 main、srv、loc 级别的配置项，这时会通过刚刚获取到的默认的 ngx_http_core_srv_conf_t 结构体设置（10.2 节中介绍过，ngx_http_core_srv_conf_t 结构体具有一个 ngx_http_conf_ctx_t 类型的成员 ctx，从这里可以获取到 3 个级别的配置项指针数组）。

5）第一次读事件的回调方法是 ngx_http_init_request，它仅用于初始化请求，之后的读事件意味着接收到请求内容，显而易见，它的回调方法是需要改变一下的，即在这一步中将把这个读事件的回调方法设为 ngx_http_process_request_line，这个方法将会负责接收并解析出完整的 HTTP 请求行。

6）读事件被触发，其实就意味着对应的套接字缓冲区上已经接收到用户的请求了，这时需要在用户态的进程空间分配内存，用来把内核缓冲区上的 TCP 流复制到用户态的内存中，并使用状态机来解析它是否是合法的、完整的 HTTP 请求。这一步将在 ngx_connection_t 的内存池中分配一块内存（读者可以思考为何没有在 ngx_http_request_t 结构体的内存池中分配接收请求的缓存），内存块的大小与 nginx.conf 文件中的 client_header_buffer_size 配置项参数一致，ngx_connection_t 结构体的 buffer 指针以及 ngx_http_request_t 结构体的 header_in 指针共同指向这块内存缓冲区。这个 header_in 缓冲区（除了在 11.8.1 节外）将负责接收用户发送来的请求内容。当这个 TCP 连接复用于其他 HTTP 请求时，这个 buffer 指针指向的内存仍然是可用的，新的 HTTP 请求初始化执行到这一步时，就不用再次由 ngx_connection_t 的内存池分配内存了。

7）ngx_http_request_t 结构体同样有一个内存池，HTTP 模块更应该在 ngx_http_request_t 结构体的 pool 内存池上申请新的内存，这样请求结束时（连接可能会被复用）该内存池中分配的内存都会及时回收。这一步中将会创建这个内存池，内存池的初始大小由 nginx.conf 文件中的 request_pool_size 配置项参数决定。这个内存池只会在 11.10.2 节中介绍的 ngx_http_free_request 方法中销毁。

8）初始化 ngx_http_request_t 结构体中的部分容器，如 headers_out 结构体中的 ngx_list_t 类型的 headers 链表、variables 数组等。

9）在 4.5 节曾经讲过，每个 HTTP 模块都可以针对一个请求设置上下文结构体，并通过 ngx_http_set_ctx 和 ngx_http_get_module_ctx 宏来设置和获取上下文。那么，这些 HTTP 模块针对请求设置的上下文结构体指针，实际上是保存到 ngx_http_request_t 结构体的 ctx 指针数组中的。在这一步骤中，会分配一个具有 ngx_http_max_module（HTTP 模块的总数）个成员的指针数组，也就是说，为每个 HTTP 模块都提供一个位置存放上下文结构体的指针。

10）ngx_http_request_t 结构体中有两个成员表示这个请求的开始处理时间：start_sec 成员和 start_msec 成员。这一步中将会初始化这两个成员。在 11.9.2 节中将会看到这两个成员的用法，它们会为限速功能服务。

11）调用 ngx_http_process_request_line 方法开始接收、解析 HTTP 请求行。

以上步骤构成了 ngx_http_init_request 方法的主要内容，其中构造的 ngx_http_request_t 结构体在接下来的小节中会详细介绍。

从第 3 章开始，我们已经多次见过 ngx_http_request_t 结构体了，但大多是站在 HTTP 模块的角度来思考如何使用 Nginx 已经为我们构造好的 ngx_http_request_t 结构体。本节再次介绍 ngx_http_request_t 结构体，则是站在 HTTP 框架的角度来思考如何完成 HTTP 框架的基本功能。下面首先说明它与 HTTP 框架密切相关的成员。

```
typedef struct ngx_http_request_s ngx_http_request_t;

struct ngx_http_request_s {
    //这个请求对应的客户端连接
    ngx_connection_t *connection;

    //指向存放所有 HTTP 模块的上下文结构体的指针数组
    void **ctx;
```

```
    //指向请求对应的存放main级别配置结构体的指针数组
    void **main_conf;

    //指向请求对应的存放srv级别配置结构体的指针数组
    void **srv_conf;

    //指向请求对应的存放loc级别配置结构体的指针数组
    void **loc_conf;

    /*在接收完HTTP头部，第一次在业务上处理HTTP请求时，HTTP框架提供的处理方法是ngx_http_
process_request。但如果该方法无法一次处理完该请求的全部业务，在归还控制权到epoll事件模块后，该
请求再次被回调时，将通过ngx_http_request_handler方法来处理，而这个方法中对于可读事件的处理就是
调用read_event_handler处理请求。也就是说，HTTP模块希望在底层处理请求的读事件时，重新实现read_
event_handler方法*/
    ngx_http_event_handler_pt read_event_handler;

    /*与read_event_handler回调方法类似，如果ngx_http_request_handler方法判断当前事件是
可写事件，则调用write_event_handler处理请求。ngx_http_request_handler的流程可参见图11-7*/
    ngx_http_event_handler_pt write_event_handler;

    //upstream机制用到的结构体，在第12章中会详细说明
    ngx_http_upstream_t *upstream;
    /*表示这个请求的内存池，在ngx_http_free_request方法中销毁。它与ngx_connection_t中
的内存池意义不同，当请求释放时，TCP连接可能并没有关闭，这时请求的内存池会销毁，但ngx_connection_
t的内存池并不会销毁*/
    ngx_pool_t *pool;

    //用于接收HTTP请求内容的缓冲区，主要用于接收HTTP头部
    ngx_buf_t *header_in;

    /*ngx_http_process_request_headers方法在接收、解析完HTTP请求的头部后，会把解析完的
每一个HTTP头部加入到headers_in的headers链表中，同时会构造headers_in中的其他成员*/
    ngx_http_headers_in_t headers_in;

    /*HTTP模块会把想要发送的HTTP响应信息放到headers_out中，期望HTTP框架将headers_out
中的成员序列化为HTTP响应包发送给用户*/
    ngx_http_headers_out_t headers_out;

    //接收HTTP请求中包体的数据结构，详见11.8节
    ngx_http_request_body_t *request_body;

    //延迟关闭连接的时间
    time_t lingering_time;

    /*当前请求初始化时的时间。start_sec是格林威治时间1970年1月1日凌晨0点0分0秒到当前
时间的秒数。如果这个请求是子请求，则该时间是子请求的生成时间；如果这个请求是用户发来的请求，则是在建
立起TCP连接后，第一次接收到可读事件时的时间*/
    time_t start_sec;

    //与start_sec配合使用，表示相对于start_set秒的毫秒偏移量
    ngx_msec_t start_msec;

    /*以下9个成员都是ngx_http_process_request_line方法在接收、解析HTTP请求行时解析出
```

```
的信息，其意义在第3章已经详细描述过，这里不再介绍 */
        ngx_uint_t method;
        ngx_uint_t http_version;
        ngx_str_t request_line;
        ngx_str_t uri;
        ngx_str_t args;
        ngx_str_t exten;
        ngx_str_t unparsed_uri;
        ngx_str_t method_name;
        ngx_str_t http_protocol;

        /* 表示需要发送给客户端的HTTP响应。out中保存着由headers_out中序列化后的表示HTTP头部的TCP流。在调用ngx_http_output_filter方法后，out中还会保存待发送的HTTP包体，它是实现异步发送HTTP响应的关键，参见11.9节 */
        ngx_chain_t *out;

        /* 当前请求既可能是用户发来的请求，也可能是派生出的子请求，而main则标识一系列相关的派生子请求的原始请求，我们一般可通过main和当前请求的地址是否相等来判断当前请求是否为用户发来的原始请求 */
        ngx_http_request_t *main;
        // 当前请求的父请求。注意，父请求未必是原始请求
        ngx_http_request_t *parent;

        /* 与subrequest子请求相关的功能。在11.10.6节中会看到它们在HTTP框架中的部分使用方式 */
        ngx_http_postponed_request_t *postponed;
        ngx_http_post_subrequest_t *post_subrequest;

        /* 所有的子请求都是通过posted_requests这个单链表来链接起来的，执行post子请求时调用的ngx_http_run_posted_requests方法就是通过遍历该单链表来执行子请求的 */
        ngx_http_posted_request_t *posted_requests;

        /* 全局的ngx_http_phase_engine_t结构体中定义了一个ngx_http_phase_handler_t回调方法组成的数组，而phase_handler成员则与该数组配合使用，表示请求下次应当执行以phase_handler作为序号指定的数组中的回调方法。HTTP框架正是以这种方式把各个HTTP模块集成起来处理请求的 */
        ngx_int_t phase_handler;

        /* 表示NGX_HTTP_CONTENT_PHASE阶段提供给HTTP模块处理请求的一种方式，content_handler指向HTTP模块实现的请求处理方法，详见11.6.4节 */
        ngx_http_handler_pt content_handler;

        /* 在NGX_HTTP_ACCESS_PHASE阶段需要判断请求是否具有访问权限时，通过access_code来传递HTTP模块的handler回调方法的返回值，如果access_code为0，则表示请求具备访问权限，反之则说明请求不具备访问权限 */
        ngx_uint_t access_code;

        //HTTP请求的全部长度，包括HTTP包体
        off_t request_length;

        /* 在这个请求中如果打开了某些资源，并需要在请求结束时释放，那么都需要在把定义的释放资源方法添加到cleanup成员中，详见11.10.2节 */
        ngx_http_cleanup_t *cleanup;

        /* 表示当前请求的引用次数。例如，在使用subrequest功能时，依附在这个请求上的子请求数目会返回到count上，每增加一个子请求，count数就要加1。其中任何一个子请求派生出新的子请求时，对应的原始
```

```
请求（main 指针指向的请求）的 count 值都要加 1。又如，当我们接收 HTTP 包体时，由于这也是一个异步调用，所以 count 上也需要加 1，这样在结束请求时（11.10 节中介绍），就不会在 count 引用计数未清零时销毁请求。可以参见 11.10.3 节的 ngx_http_close_request 方法 */
        unsigned count:8;

        // 阻塞标志位，目前仅由 aio 使用，本章不涉及
        unsigned blocked:8;

        // 标志位，为 1 时表示当前请求正在使用异步文件 IO
        unsigned aio:1;

        // 标志位，为 1 时表示 URL 发生过 rewrite 重写
        unsigned uri_changed:1;

        /* 表示使用 rewrite 重写 URL 的次数。因为目前最多可以更改 10 次，所以 uri_changes 初始化为 11，而每重写 URL 一次就把 uri_changes 减 1，一旦 uri_changes 等于 0，则向用户返回失败 */
        unsigned uri_changes:4;

        /* 标志位，为 1 时表示当前请求是 keepalive 请求 */
        unsigned keepalive:1;

        /* 延迟关闭标志位，为 1 时表示需要延迟关闭。例如，在接收完 HTTP 头部时如果发现包体存在，该标志位会设为 1，而放弃接收包体时则会设为 0，参见 11.8 节 */
        unsigned lingering_close:1;

        // 标志位，为 1 时表示正在丢弃 HTTP 请求中的包体
        unsigned discard_body:1;

        /* 标志位，为 1 时表示请求的当前状态是在做内部跳转。具体用法可参见图 11-5 中的第 4 步和第 5 步 */
        unsigned internal:1;

        /* 标志位，为 1 时表示发送给客户端的 HTTP 响应头部已经发送。在调用 ngx_http_send_header 方法（参见 11.9.1 节）后，若已经成功地启动响应头部发送流程，该标志位就会置为 1，用来防止反复地发送头部 */
        unsigned header_sent:1;

        // 表示缓冲中是否有待发送内容的标志位
        unsigned buffered:4;

        // 状态机解析 HTTP 时使用 state 来表示当前的解析状态
        ngx_uint_t state;

        …
    };
```

以上介绍的 ngx_http_request_t 结构体成员，大多都会出现在本章后续章节中，读者在看到相应的变量时可及时回到本节查询其意义。

11.4 接收 HTTP 请求行

接收 HTTP 请求行这个行为必然是在初始化请求之后发生的。在图 11-2 的第 11 步表明

已经调用了ngx_http_process_request_line方法来接收HTTP请求行。HTTP请求行的格式如下所示。

```
GET /uri HTTP/1.1
```

可以看出，这样的请求行长度是不定的，它与URI长度相关，这意味着在读事件被触发时，内核套接字缓冲区的大小未必足够接收到全部的HTTP请求行，由此可以得出结论：调用一次ngx_http_process_request_line方法不一定能够做完这项工作。所以，ngx_http_process_request_line方法也会作为读事件的回调方法，它可能会被epoll这个事件驱动机制多次调度，反复地接收TCP流并使用状态机解析它们，直到确认接收到了完整的HTTP请求行，这个阶段才算完成，才会进入下一个阶段接收HTTP头部。

因此，ngx_http_process_request_line方法与ngx_http_init_connection方法、ngx_http_init_request方法都不一样，后两种方法在一个请求中只会被调用一次，而ngx_http_process_request_line方法则至少会被调用一次，而到底会调用多少次则取决于客户端的行为及网络中IP包的转发等。图11-3展示了ngx_http_process_request_line方法的流程，需要注意其中对各个步骤的描述，其中有些步骤会导致ngx_http_process_request_line方法暂时结束，但会在下一次读事件来临时继续被调用。

图11-3描述了ngx_http_process_request_line方法的主要流程，由于它涉及了TCP字符流的接收、解析，因此会相对复杂一些，下面详细描述一下这12个步骤：

1）首先检查这个读事件是否已经超时，超时时间仍然是nginx.conf配置文件中指定的client_header_timeout。如果ngx_event_t事件的timeout标志为1，则认为接收HTTP请求已经超时，调用ngx_http_close_request方法（参见11.10.3节）关闭请求，同时由ngx_http_process_request_line方法中返回。

2）在当前读事件未超时的情况下，检查header_in接收缓冲区（参见图11-2的第6步）中是否还有未解析的字符流。第一次调用ngx_http_process_request_line方法时缓冲区里必然是空的，这时会调用封装的recv方法把Linux内核套接字缓冲区中的TCP流复制到header_in缓冲区中。header_in的类型是ngx_buf_t，它的pos成员和last成员指向的地址之间的内存就是接收到的还未解析的字符流。如果header_in接收缓冲区中还有未解析的字符流，则不会调用recv方法接收，而是跳到下面的第4步继续执行。

3）在第2步中曾经调用封装的recv方法，如果返回值表示连接出现错误或者客户端已经关闭连接，则跳转到第1步；如果返回值表示接收到客户端发送的字符流，则跳转到第5步中解析；如果返回值表示本次没有接收到TCP流，需要继续检测这个读事件，则开始本步骤的执行。

首先检查这个读事件是否在定时器中，如果已经在定时器，则跳转到第4步；反之，调用ngx_add_timer方法向定时器添加这个读事件。

4）调用ngx_handle_read_event方法把该读事件添加到epoll中，同时ngx_http_process_request_line方法结束。

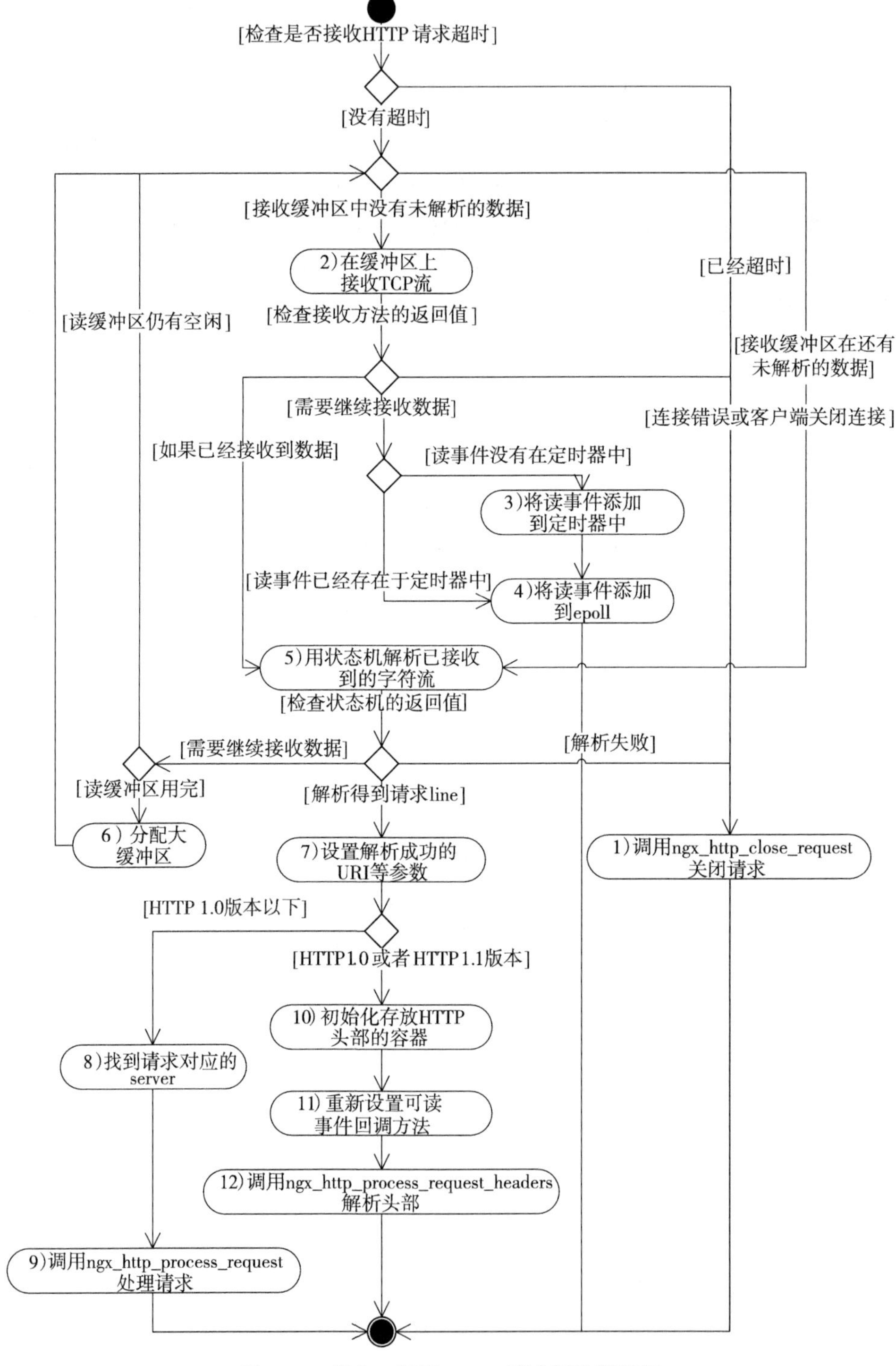

图 11-3 接收、解析 HTTP 请求行的流程图

5）在第 2 步接收到字符流后，将在这一步骤用状态机解析已经接收到的 TCP 字符流，确认其是否构成完整的 HTTP 请求行。这个状态机解析请求行的方法叫做 ngx_http_parse_request_line，它使用 ngx_http_request_t 结构体中的 state 成员来保存解析状态，如下所示。

```
ngx_int_t ngx_http_parse_request_line(ngx_http_request_t *r, ngx_buf_t *b)
```

这里传入的参数 b 是 header_in 缓冲区，返回值主要有 3 类：返回 NGX_OK 表示成功地解析到完整的 HTTP 请求行；返回 NGX_AGAIN 表示目前接收到的字符流不足以构成完成的请求行，还需要接收更多的字符流；返回 NGX_HTTP_PARSE_INVALID_REQUEST 或者 NGX_HTTP_PARSE_INVALID_09_METHOD 等其他值时表示接收到非法的请求行。

6）如果 ngx_http_parse_request_line 方法返回 NGX_OK，表示成功地接收到完整的请求行，这时跳转到第 7 步继续执行。

如果 ngx_http_parse_request_line 方法返回 NGX_AGAIN，则表示需要接收更多的字符流，这时需要对 header_in 缓冲区做判断，检查是否还有空闲的内存，如果还有未使用的内存可以继续接收字符流，则跳转到第 2 步，检查缓冲区是否有未解析的字符流，否则调用 ngx_http_alloc_large_header_buffer 方法分配更大的接收缓冲区。到底分配多大呢？这由 nginx.conf 文件中的 large_client_header_buffers 配置项指定。

如果 ngx_http_parse_request_line 方法返回 NGX_HTTP_PARSE_INVALID_REQUEST 或者 NGX_HTTP_PARSE_INVALID_09_METHOD 等其他值，那么 HTTP 框架将不再处理非法请求，跳转到第 1 步关闭请求。

7）在接收到完整的 HTTP 请求行后，首先要把请求行中的信息如方法名、URI 及其参数、HTTP 版本等信息设置到 ngx_http_request_t 结构体的相应成员中（如 request_line、uri、method_name、unparsed_uri、http_protocol、exten、args 等），在 3.6.2 节开发 HTTP 模块时曾介绍过这些成员的用法，它们就是在这一步中被赋值的。

8）如果在第 7 步得到的 http_version 成员中显示用户请求的 HTTP 版本小于 1.0（如 HTTP 0.9 版本），其处理过程将与 HTTP 1.0 和 HTTP 1.1 的完全不同，它不会有接收 HTTP 头部这一步骤。这时将会调用 ngx_http_find_virtual_server 方法寻找到相应的虚拟主机，回顾一下在 10.4 节中虚拟主机是使用散列表来进行管理的，ngx_http_find_virtual_server 方法就是用于在散列表中检索出虚拟主机。

如果 http_version 成员中显示出用户请求的 HTTP 版本是 1.0 或者更高的版本，则直接跳到第 10 步中执行。

9）继续处理 HTTP 版本小于 1.0 的情形。由于不需要再次接收 HTTP 头部，调用 ngx_http_process_request 方法开始处理请求（参见 11.6 节）。

10）初始化 ngx_http_request_t 结构体中存放 HTTP 头部的一些容器，如 headers_in 结构体中 ngx_list_t 类型的 headers 链表容器、ngx_array_t 类型的 cookies 动态数组容器等，为下一步接收 HTTP 头部做好准备（参见 11.5 节）。

11）由于已经接收完 HTTP 请求行，因此这时把读事件的回调方法由 ngx_http_process_request_line 改为 ngx_http_process_request_headers，准备接收 HTTP 头部。

12）调用 ngx_http_process_request_headers 方法开始接收 HTTP 头部。

接收完 HTTP 请求行后，在下一节中我们将分析接收 HTTP 头部这一步骤。

11.5 接收 HTTP 头部

本节将描述接收 HTTP 头部这一阶段，该阶段是通过 ngx_http_process_request_headers 方法实现的，该方法将被设置为连接的读事件回调方法，在接收较大的 HTTP 头部时，它有可能会被反复多次地调用。HTTP 头部类似下面加了下划线的字符串，而 ngx_http_process_request_headers 方法的目的就在于接收到当前请求全部的 HTTP 头部。

```
GET /uri HTTP/1.1
cred: xxx
username: ttt
content-length: 4

test
```

可以看出，HTTP 头部也属于可变长度的字符串，它与 HTTP 请求行和包体间都是通过换行符来区分的。同时，它与解析 HTTP 请求行一样，都需要使用状态机来解析数据。既然 HTTP 请求行和头部都是变长的，对它们的总长度当然是有限制的。从图 11-3 的第 6 步可以看出，当最初分配的大小为 client_header_buffer_size 的缓冲区且无法容纳下完整的 HTTP 请求行或者头部时，会再次分配大小为 large_client_header_buffers（这两个值皆为 nginx.conf 文件中指定的配置项）的缓冲区，同时会将原先缓冲区的内容复制到新的缓冲区中。所以，这意味着可变长度的 HTTP 请求行加上 HTTP 头部的长度总和不能超过 large_client_header_buffers 指定的字节数，否则 Nginx 将会报错。

先来看看图 11-4 中展示的 HTTP 框架使用 ngx_http_process_request_headers 方法接收、解析 HTTP 头部的流程。

图 11-4 中分支较多，下面详细地解释一下图中的 11 个步骤。

1）如同接收 http 请求行一样，首先检查当前的读事件是否已经超时。检查方法仍然是检查事件的 timeout 标志位，如果为 1，则表示接收请求已经超时，这时调用 ngx_http_close_request 方法关闭连接，同时退出 ngx_http_process_request_headers 方法。

2）检查接收 HTTP 请求头部的 header_in 缓冲区是否用尽，当 header_in 缓冲区的 pos 成员指向了 end 成员时，表示已经用尽，这时需要调用 ngx_http_alloc_large_header_buffer 方法分配更大、更多的缓冲区，如同图 11-3 中的第 6 步。如果缓冲区还没有用尽，则跳到第 4 步中执行。

3）事实上，ngx_http_alloc_large_header_buffer 方法会有 3 种返回值，其中 NGX_OK 表示成功分配到更大的缓冲区，可以继续接收客户端发来的字符流；NGX_DECLINED 表示已经达到缓冲区大小的上限，无法分配更大的缓冲区；NGX_ERROR 表示出现错误。所以，当返回 NGX_ERROR 时，跳转到第 1 步执行；而当返回 NGX_DECLINED 时，需要向用户返回错误并且同时退出 ngx_http_process_request_headers 方法，错误码由宏 NGX_HTTP_REQUEST_HEADER_TOO_LARGE 表示，也就是 494，实际上这一过程是通过调用 ngx_http_ finalize_request 方法来实现的（参见 11.10.6 节）；如果返回 NGX_OK，则继续第 4 步执行。

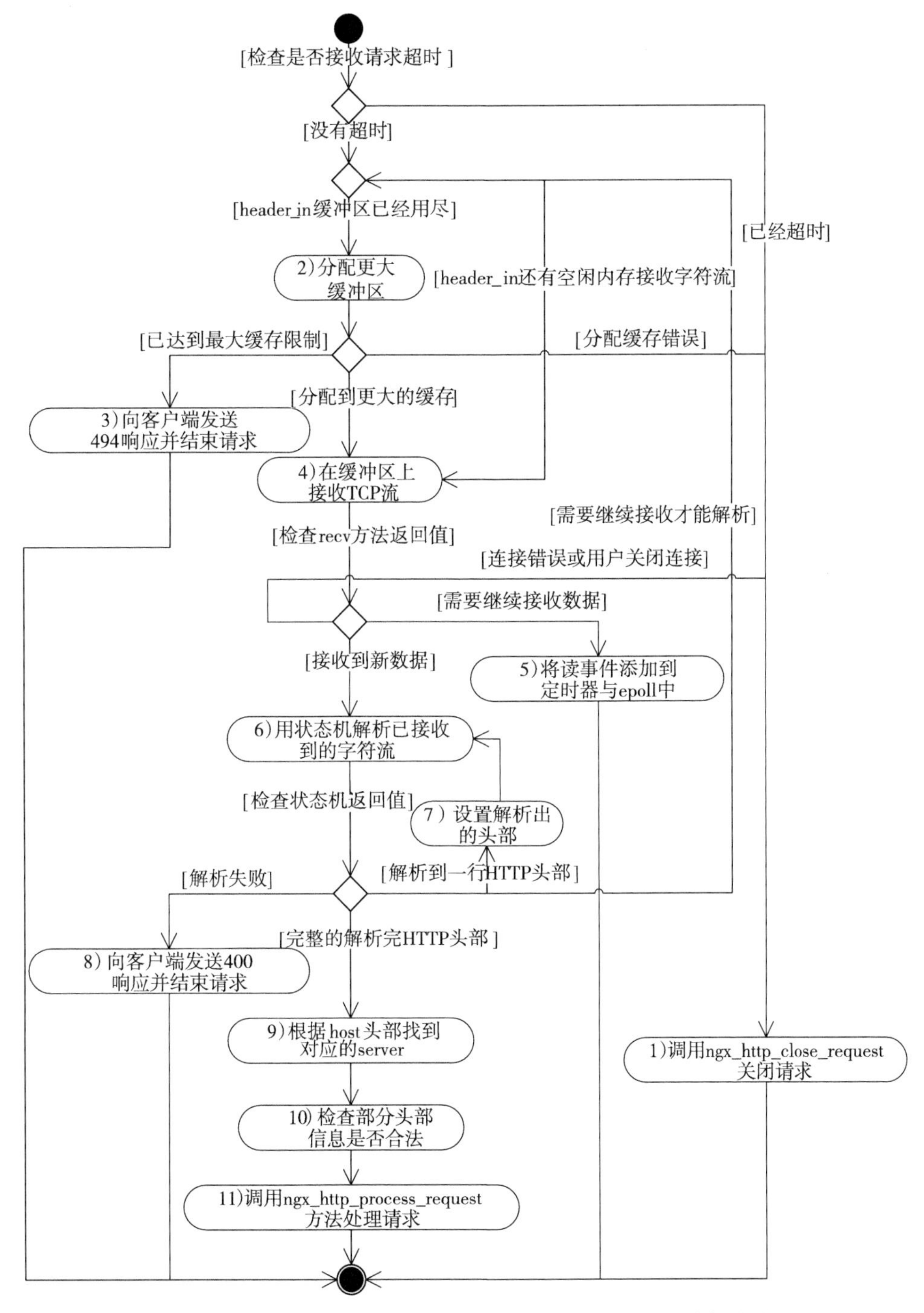

图 11-4 ngx_http_process_request_headers 方法接收 HTTP 头部的流程图

4）接收客户端发来的字符流，即把内核套接字缓冲区上的字符流接收到 header_in 缓冲区中。这一过程是通过调用封装过的 recv 方法实现的，如果过程中出现错误，仍然跳转到第 1 步执行；如果没有接收到数据，但错误码表明仍然需要再次接收数据，则跳转到第 5 步执行；如果成功接收到数据，则跳转到第 6 步执行。

5）这个步骤将该读事件添加到 epoll 和定时器中，实际上就是图 11-3 中第 3 步和第 4 步的合并，不再赘述。

6）调用 ngx_http_parse_header_line 方法解析缓冲区中的字符流。这种方法有 3 个返回值：返回 NGX_OK 时，表示解析出一行 HTTP 头部，这时需要跳转到第 7 步设置这行已经解析出的 HTTP 头部；返回 NGX_HTTP_PARSE_HEADER_DONE 时，表示已经解析出了完整的 HTTP 头部，这时可以准备开始处理 HTTP 请求了（11.6 节介绍）；返回 NGX_AGAIN 时，表示还需要接收到更多的字符流才能继续解析，这时需要跳转到第 2 步去接收更多的字符流；除此之外的错误情况，将跳转到第 8 步发送 400 错误给客户端。

7）将解析出的 HTTP 头部设置到表示 ngx_http_request_t 结构体 headers_in 成员的 headers 链表中。从 3.6.3 节中可以看出，开发 HTTP 模块时获取到的 HTTP 头部就是在这个步骤中设置的。

8）当调用 ngx_http_parse_header_line 方法解析字符串构成的 HTTP 时，是有可能遇到非法的或者 Nginx 当前版本不支持的 HTTP 头部的，这时该方法会返回错误，于是调用 ngx_http_finalize_request 方法，向客户端发送 NGX_HTTP_BAD_REQUEST 宏对应的 400 错误码响应。

9）当 ngx_http_parse_header_line 方法认为已经解析到完整的 HTTP 头部时，将会根据 HTTP 头部中的 host 字段情况，调用 ngx_http_find_virtual_server 方法找到对应的虚拟主机配置块，也就是第 10 章中介绍过的 ngx_http_core_srv_conf_t 结构体。这一步会导致图 11-2 的第 4 步中 ngx_http_request_t 结构体里的 srv_conf、loc_conf 成员被重新设置，以指向正确的虚拟主机。

10）这一步骤将检查以上步骤中接收解析出的 HTTP 头部是否合法，主要包括以下几项：如果 HTTP 版本为 1.1，则 host 头部不可以为空，否则返回 400 Bad Request 错误响应给客户端；如果传递了 Content-Length 头部，那么它必须是合法的数字，否则会返回 400 Length Required 错误响应给客户端；如果请求使用了 PUT 方法，那么必须传递 Content-Length 头部，否则会返回 400 Length Required 错误响应给客户端。

11）调用 ngx_http_process_request 方法开始使用各 HTTP 模块正式地在业务上处理 HTTP 请求。

以上 11 步骤仅专注于接收并解析出全部的 HTTP 头部，同时检查它们的合法性，并将解析出的 HTTP 头部设置到 ngx_http_request_t 结构体里的合适位置。接下来开始讨论如何使用以上两节中已经解析好的 HTTP 请求行和头部。

11.6 处理 HTTP 请求

在接收到完整的 HTTP 头部后，已经拥有足够的必要信息开始在业务上处理 HTTP 请求了。本节将说明 HTTP 框架是如何召集负责具体功能的各 HTTP 模块合作处理请求的。在图 11-4 的第 11 步及图 11-3 的第 10 步中，最后都是通过调用 ngx_http_process_request 方法开始处理请求，本节将讨论 ngx_http_process_request 方法的流程，而且 ngx_http_process_request 方法只是处理请求的开始，对于基于事件驱动的异步 HTTP 框架来说，处理请求并不是一步可以完成的，所以我们也会讨论后续 TCP 连接上的回调方法 ngx_http_request_handler 的流程。首先来看看接收完 HTTP 头部后 ngx_http_process_request 方法所做的事情，如图 11-5 所示。

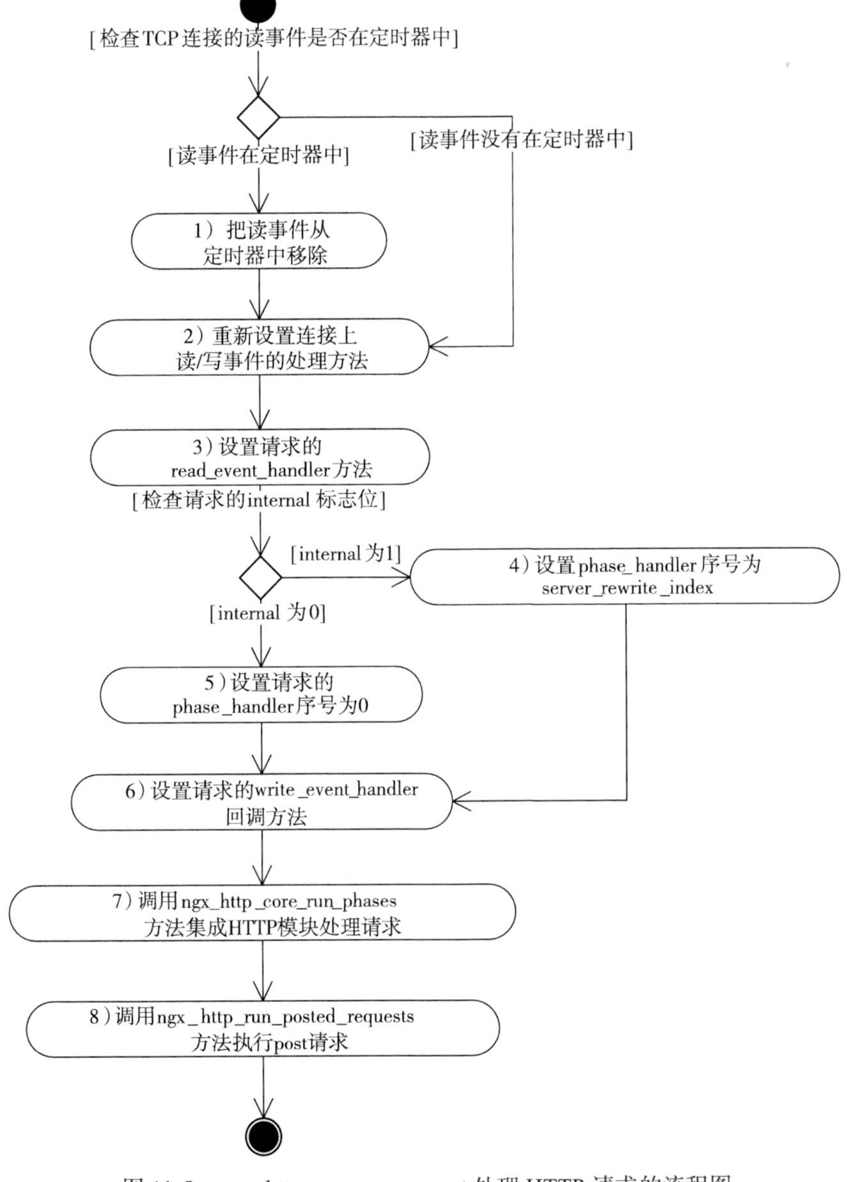

图 11-5　ngx_http_process_request 处理 HTTP 请求的流程图

下面详细介绍图 11-5 中的 8 个步骤。

1）由于现在已经开始准备调用各 HTTP 模块处理请求了，因此不再存在接收 HTTP 请求头部超时的问题，那就需要从定时器中把当前连接的读事件移除了。检查读事件对应的 timer_set 标志位，为 1 时表示读事件已经添加到定时器中了，这时需要调用 ngx_del_timer 从定时器中移除读事件；如果 timer_set 标志位为 0，则直接执行第 2 步。

2）从现在开始不会再需要接收 HTTP 请求行或者头部，所以需要重新设置当前连接读/写事件的回调方法。在这一步骤中，将同时把读事件、写事件的回调方法都设置为 ngx_http_request_handler 方法，在下面的图 11-7 中会介绍到这个方法，请求的后续处理都是通过 ngx_http_request_handler 方法进行的。

3）设置 ngx_http_request_t 结构体的 read_event_handler 方法为 ngx_http_block_reading。前面 11.3 节中曾介绍过 read_event_handler 方法，当再次有读事件到来时，将会调用 read_event_handler 方法处理请求。而这里将它设置为 ngx_http_block_reading 方法，这个方法可认为不做任何事，它的意义在于，目前已经开始处理 HTTP 请求，除非某个 HTTP 模块重新设置了 read_event_handler 方法，否则任何读事件都将得不到处理，也可以认为读事件被阻塞了。

4）检查 ngx_http_request_t 结构体的 internal 标志位，如果 internal 为 0，则继续执行第 5 步；如果 internal 标志位为 1，则表示请求当前需要做内部跳转，将要把结构体中的 phase_handler 序号置为 server_rewrite_index。先来回顾一下 10.6.1 节，注意 ngx_http_phase_engine_t 结构体中的 handlers 动态数组中保存了请求需要经历的所有回调方法，而 server_rewrite_index 则是 handlers 数组中 NGX_HTTP_SERVER_REWRITE_PHASE 处理阶段的第一个 ngx_http_phase_handler_t 回调方法所处的位置。

究竟 handlers 数组是怎么使用的呢？事实上，它要配合着 ngx_http_request_t 结构体的 phase_handler 序号使用，由 phase_handler 指定着请求将要执行的 handlers 数组中的方法位置。注意，handlers 数组中的方法都是由各个 HTTP 模块实现的，这就是所有 HTTP 模块能够共同处理请求的原因。

在这一步骤中，把 phase_handler 序号设为 server_rewrite_index，这意味着无论之前执行到哪一个阶段，马上都要重新从 NGX_HTTP_SERVER_REWRITE_PHASE 阶段开始再次执行，这是 Nginx 的请求可以反复 rewrite 重定向的基础。

5）当 internal 标志位为 0 时，表示不需要重定向（如刚开始处理请求时），将 phase_handler 序号置为 0，意味着从 ngx_http_phase_engine_t 指定数组的第一个回调方法开始执行（参见 10.6 节，了解 ngx_http_phase_engine_t 是如何将各 HTTP 模块的回调方法构造成 handlers 数组的）。

6）设置 ngx_http_request_t 结构体的 write_event_handler 成员为 ngx_http_core_run_phases 方法。如同 read_event_handler 方法一样，在图 11-7 中可以看到 write_event_handler 方法是如何被调用的。

7）执行 ngx_http_core_run_phases 方法，其流程如图 11-6 所示。

8）调用 ngx_http_run_posted_requests 方法执行 post 请求，参见 11.7 节。

上述第 7 步调用了 ngx_http_core_run_phases 方法，该方法将开始调用各个 HTTP 模块共同处理请求。在第 10 章我们讨论过 HTTP 框架的初始化，在这一过程中是允许各个 HTTP 模块将自己的处理方法按照 11 个 ngx_http_phases 阶段添加到全局的 ngx_http_core_main_conf_t 结构体中的。下面简单地回顾一下它的定义，如下所示。

```
typedef struct {
    …
    // HTTP 框架初始化后各个 HTTP 模块构造的处理方法将组成 phase_engine
    ngx_http_phase_engine_t phase_engine;
} ngx_http_core_main_conf_t;

typedef struct {
    /* 由 ngx_http_phase_handler_t 结构体构成的数组，每一个数组成员代表着一个 HTTP 模块所添
加的一个处理方法 */
    ngx_http_phase_handler_t  *handlers;
    …
} ngx_http_phase_engine_t;

typedef struct ngx_http_phase_handler_s  ngx_http_phase_handler_t;

struct ngx_http_phase_handler_s {
    /* 每个 handler 方法必须对应着一个 checker 方法，这个 checker 方法由 HTTP 框架实现 */
    ngx_http_phase_handler_pt  checker;
    // 各个 HTTP 模块实现的方法
    ngx_http_handler_pt handler;
    …
};
```

可以看到，根据 ngx_http_core_main_conf_t 结构体的 phase_engine 成员即可依次调用各个 HTTP 模块来共同处理一个请求。下面看看图 11-6 中展示的 ngx_http_core_run_phases 方法的流程。

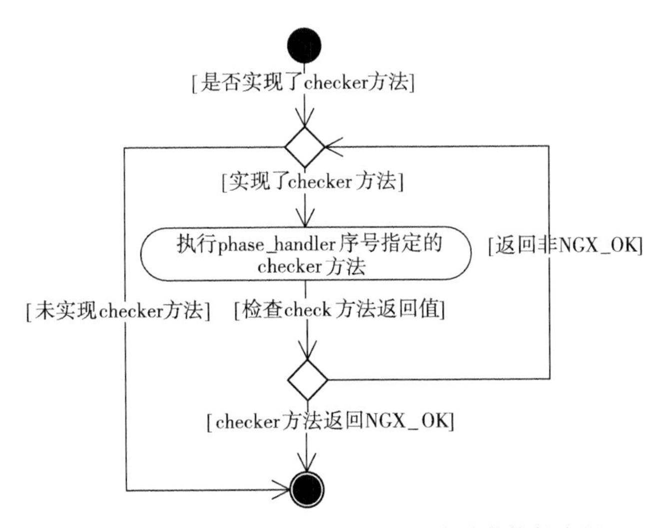

图 11-6　ngx_http_core_run_phases 方法的执行流程

在图 11-6 中仅会执行每个 ngx_http_phase_handler_t 处理阶段的 checker 方法，而不会执行 handler 方法，其原因已在 10.6 节讲过，这是因为 handler 方法其实仅能在 checker 方法中被调用，而且 checker 方法由 HTTP 框架实现，所以可以控制各 HTTP 模块实现的处理方法在不同的阶段中采用不同的调用行为。再来简单地看一下调用的源代码。

```
void ngx_http_core_run_phases(ngx_http_request_t *r)
{
  ngx_int_t rc;
  ngx_http_phase_handler_t *ph;
  ngx_http_core_main_conf_t *cmcf;

  cmcf = ngx_http_get_module_main_conf(r, ngx_http_core_module);

  ph = cmcf->phase_engine.handlers;

  while (ph[r->phase_handler].checker) {
     rc = ph[r->phase_handler].checker(r, &ph[r->phase_handler]);

     if (rc == NGX_OK) {
         return;
     }
  }
}
```

可以看到，ngx_http_request_t 结构体中的 phase_handler 成员将决定执行到哪一阶段，以及下一阶段应当执行哪个 HTTP 模块实现的内容。在图 11-5 的第 4 步和第 5 步中可以看到请求的 phase_handler 成员会被重置，而 HTTP 框架实现的 checker 方法也会修改 phase_handler 成员的值。表 11-1 列出了 HTTP 框架实现的所有 checker 方法，如下所示。

表 11-1 HTTP 框架为 11 个阶段实现的 checker 方法

阶段名称	checker 方法
NGX_HTTP_POST_READ_PHASE	ngx_http_core_generic_phase
NGX_HTTP_SERVER_REWRITE_PHASE	ngx_http_core_rewrite_phase
NGX_HTTP_FIND_CONFIG_PHASE	ngx_http_core_find_config_phase
NGX_HTTP_REWRITE_PHASE	ngx_http_core_rewrite_phase
NGX_HTTP_POST_REWRITE_PHASE	ngx_http_core_post_rewrite_phase
NGX_HTTP_PREACCESS_PHASE	ngx_http_core_generic_phase
NGX_HTTP_ACCESS_PHASE	ngx_http_core_access_phase
NGX_HTTP_POST_ACCESS_PHASE	ngx_http_core_post_access_phase
NGX_HTTP_TRY_FILES_PHASE	ngx_http_core_try_files_phase
NGX_HTTP_CONTENT_PHASE	ngx_http_core_content_phase
NGX_HTTP_LOG_PHASE	ngx_http_core_generic_phase

我们在 10.6 节中曾经详细介绍过 HTTP 阶段。在 11 个阶段中其中 7 个是允许各个 HTTP 模块向阶段中任意添加自己实现的 handler 处理方法的，但同一个阶段中的所有

handler 处理方法都拥有相同的 checker 方法，见表 11-1。我们知道，每个阶段中处理方法的返回值都会以不同的方式影响 HTTP 框架的行为，而在图 11-6 中也可以看到，checker 方法在返回 NGX_OK 和其他值时也会导致不同的结果（每个 checker 方法的返回值实际上与 handler 处理方法的返回是相关的，参见 10.6.2 节 ~ 10.6.12 节中对各个阶段的说明）。当 checker 方法的返回值非 NGX_OK 时，意味着向下执行 phase_engine 中的各处理方法；反之，当任何一个 checker 方法返回 NGX_OK 时，意味着把控制权交还给 Nginx 的事件模块，由它根据事件（网络事件、定时器事件、异步 I/O 事件等）再次调度请求。然而，一个请求多半需要 Nginx 事件模块多次地调度 HTTP 模块处理，这时就要看在图 11-5 中第 2 步设置的读 / 写事件的回调方法 ngx_http_request_handler 的功能了，如图 11-7 所示。

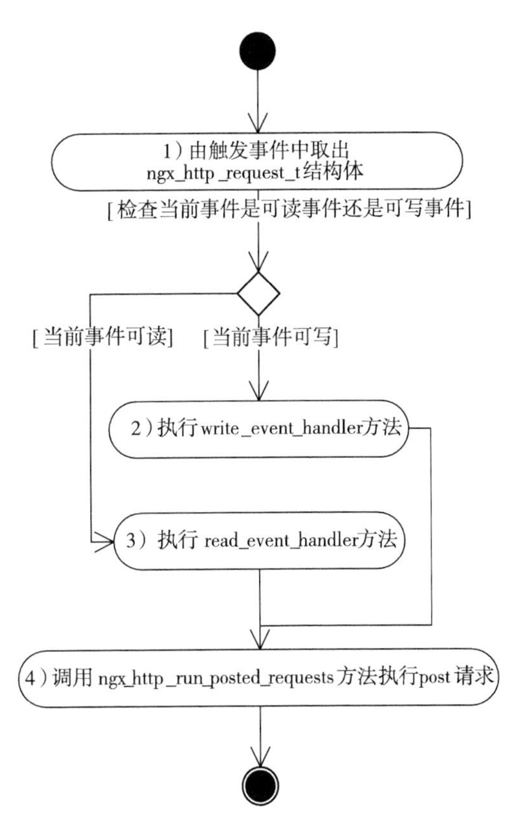

图 11-7 ngx_http_request_handler 方法的执行流程

通常来说，在接收完 HTTP 头部后，是无法在一次 Nginx 框架的调度中处理完一个请求的。在第一次接收完 HTTP 头部后，HTTP 框架将调度 ngx_http_process_request 方法开始处理请求，这时根据图 11-6 中的流程可以看到，如果某个 checker 方法返回了 NGX_OK，则将会把控制权交还给 Nginx 框架。当这个请求上对应的事件再次触发时，HTTP 框架将不会再调度 ngx_http_process_request 方法处理请求，而是由 ngx_http_request_handler 方法开始处理请求。下面来看看图 11-7 中列出的 ngx_http_request_handler 方法的流程：

1）ngx_http_request_handler 是 HTTP 请求上读 / 写事件的回调方法。在 ngx_event_t 结构体表示的事件中，data 成员指向了这个事件对应的 ngx_connection_t 连接，而根据 11.3 节中的内容可以看到，在 HTTP 框架的 ngx_connection_t 结构体中的 data 成员则指向了 ngx_http_request_t 结构体。毫无疑问，只有拥有了 ngx_http_request_t 结构体才可以处理 HTTP 请求，而第一个步骤是从事件中取出 ngx_http_request_t 结构体。

2）检查这个事件的 write 可写标志，如果 write 标志为 1，则调用 ngx_http_request_t 结构体中的 write_event_handler 方法。注意，我们在 ngx_http_handler 方法中（即图 11-5 的第 6 步）已经将 write_event_handler 设置为 ngx_http_core_run_phases 方法，而一般我们开发的不太复杂的 HTTP 模块是不会重新设置 write_event_handler 方法的，因此，一旦有可写事件时，就会继续按照图 11-6 的流程执行 ngx_http_core_run_phases 方法，并继续按阶段调用各个 HTTP 模块实现的方法处理请求。

3）调用 ngx_http_request_t 结构体中的 read_event_handler 方法。注意比较第 2 步和第 3 步，如果一个事件的读写标志同时为 1 时，仅 write_event_handler 方法会被调用，即可写事件的处理优先于可读事件（这正是 Nginx 高性能设计的体现，优先处理可写事件可以尽快释放内存，尽量保持各 HTTP 模块少使用内存以提高并发能力）。

4）调用 ngx_http_run_posted_requests 方法执行 post 请求，参见 11.7 节。

以上重点讨论了 ngx_http_process_request 和 ngx_http_request_handler 这两个方法，其中 ngx_http_process_request 方法负责在接收完 HTTP 头部后，第一次与各个 HTTP 模块共同按阶段处理请求，而对于 ngx_http_request_handler 方法，如果 ngx_http_process_request 没能处理完请求，这个请求上的事件再次被触发，那就将由此方法继续处理了。

这两个方法的共通之处在于，它们都会先按阶段调用各个 HTTP 模块处理请求，再处理 post 请求。关于 post 请求的内容下文会介绍，而按阶段处理请求实际上就是图 11-6 中描述的流程，也就是通过每个阶段的 checker 方法来实现。在表 11-1 中可以看到，在各个 HTTP 模块能够介入的 7 个阶段中，实际上共享了 4 个 checker 方法：ngx_http_core_generic_phase、ngx_http_core_rewrite_phase、ngx_http_core_access_phase、ngx_http_core_content_phase， 在 10.6 节中我们曾经简单地介绍过它们。

这 4 个 checker 方法的主要任务在于，根据 phase_handler 执行某个 HTTP 模块实现的回调方法，并根据方法的返回值决定：当前阶段已经完全结束了吗？下次要执行的回调方法是哪一个？究竟是立刻执行下一个回调方法还是先把控制权交还给 epoll？下面通过介绍这 4 个 checker 方法来回答上述 3 个问题（其他 checker 方法仅由 HTTP 框架使用，这里不再详细介绍）。

11.6.1 ngx_http_core_generic_phase

从表 11-1 中可以看出，有 3 个 HTTP 阶段都使用了 ngx_http_core_generic_phase 作为它们的 checker 方法，这意味着任何试图在 NGX_HTTP_POST_READ_PHASE、NGX_HTTP_PREACCESS_PHASE、NGX_HTTP_LOG_PHASE 这 3 个阶段处理请求的 HTTP 模块都需要了解 ngx_http_core_generic_phase 方法到底做了些什么。图 11-8 中描述了 ngx_http_core_generic_phase 方法的流程，可以看到，在调用了当前阶段的 handler 方法后，根据返回值的不同可能导致 4 种不同的结果。

下面说明图 11-8 中所列的 5 个步骤。

1）首先调用 HTTP 模块实现的 handler 方法，这个方法的实现当然是不允许有阻塞操作的，它会立刻返回。根据它的返回值类型，将会有 4 种不同的结果：返回 NGX_OK 时直接跳转到第 2 步执行；返回 NGX_DECLINED 时跳转到第 3 步执行；返回 NGX_AGAIN 或者 NGX_DONE 时跳转到第 4 步执行；返回其他值时跳转到第 5 步执行。

2）如果 HTTP 模块实现的 handler 方法返回 NGX_OK，这意味着当前阶段已经执行完毕，需要跳转到下一个阶段执行。例如，在 NGX_HTTP_ACCESS_PHASE 阶段中可能有两个 HTTP 模块都注册了回调方法，在执行第 1 个 HTTP 模块的回调方法时，如果它返回了 NGX_OK，那么就不再执行第 2 个 HTTP 模块实现的回调方法了，而是跳转到下一个阶段（如 NGX_HTTP_POST_ACCESS_PHASE）开始执行。注意，此时 ngx_http_core_generic_phase 方法会返回 NGX_AGAIN，从图 11-6 中可以看到，非 NGX_OK 的返回值不会使 HTTP 框架把进程控制权交还给 epoll 等事件模块，而是会继续立刻执行请求的后续处理方法。

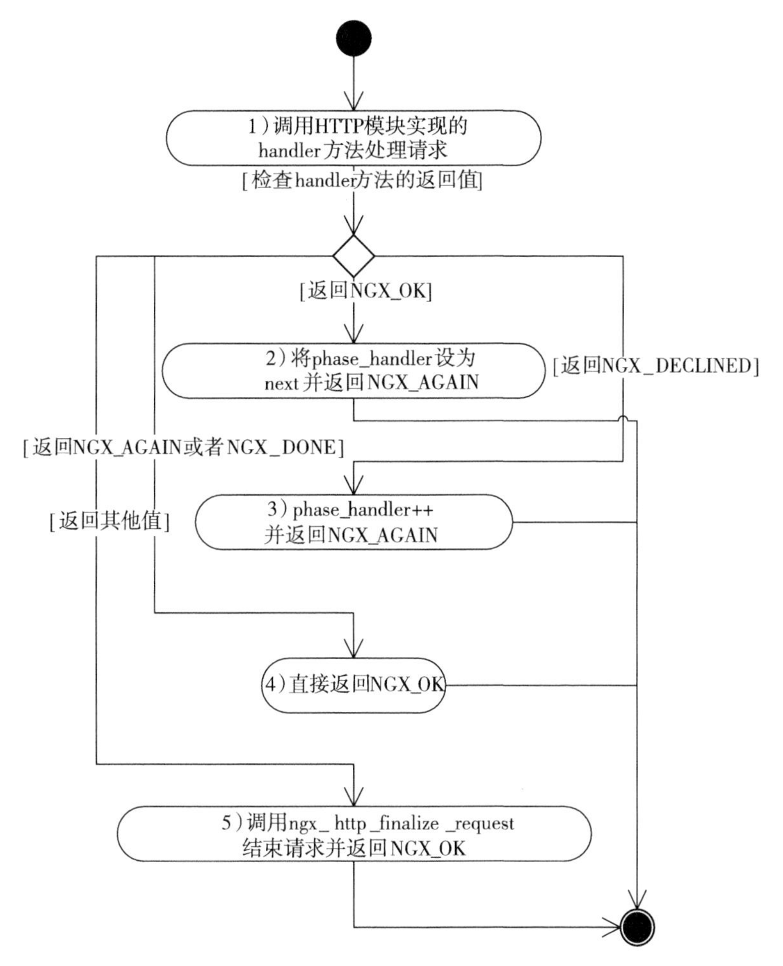

图 11-8 ngx_http_core_generic_phase 方法的执行流程

3）如果 handler 方法返回 NGX_DECLINED，则会执行下一个回调方法。继续第 2 步中的例子，在 NGX_HTTP_ACCESS_PHASE 阶段，第 1 个 HTTP 模块的回调方法返回 NGX_DECLINED 后，下一个将要执行的方法仍然属于 NGX_HTTP_ACCESS_PHASE 阶段，即第 2 个 HTTP 模块实现的回调方法。注意，这时 ngx_http_core_generic_phase 返回的仍然是 NGX_AGAIN，它意味着 HTTP 框架会紧接着继续执行请求的后续处理方法。

4）如果 handler 方法返回 NGX_AGAIN 或者 NGX_DONE，则意味着刚才的 handler 方法无法在这一次调度中处理完这一个阶段，它需要多次调度才能完成，也就是说，刚刚执行过的 handler 方法希望：如果请求对应的事件再次被触发时，将由 ngx_http_request_handler 通过 ngx_http_core_run_phases 再次调用这个 handler 方法。直接返回 NGX_OK 会使得 HTTP 框架立刻把控制权交还给 epoll 事件框架，不再处理当前请求，唯有这个请求上的事件再次被触发才会继续执行。

5）如果 handler 方法返回了第 2、第 3、第 4 步中以外的返回值，则调用 ngx_http_finalize_request 结束请求。ngx_http_finalize_request 方法中的参数就是 handler 方法的返回值，其影响参见 11.10.6 节。

当我们开发的 HTTP 模块试图介入 NGX_HTTP_POST_READ_PHASE、NGX_HTTP_PREACCESS_PHASE、NGX_HTTP_LOG_PHASE 这 3 个阶段处理请求时，实现的 handler 方法需要根据上述步骤决定返回值。ngx_http_core_generic_phase 可以帮助我们较为简单地实现强大的异步无阻塞处理能力。

11.6.2 ngx_http_core_rewrite_phase

ngx_http_core_rewrite_phase 方法充当了用于重写 URL 的 NGX_HTTP_SERVER_REWRITE_PHASE 和 NGX_HTTP_REWRITE_PHASE 这两个阶段的 checker 方法。图 11-9 中描述了 ngx_http_core_rewrite_phase 方法的流程，可以看到，在调用了当前阶段的 handler 方法后，根据返回值的不同可能会导致 3 种结果。

下面简要描述一下图 11-9 中所列的 4 个步骤。

1）首先调用 HTTP 模块实现的 handler 方法，根据它的返回值类型，将会有 3 种不同的结果：返回 NGX_DECLINED 时跳转到第 2 步执行；返回 NGX_DONE 时跳转到第 3 步执行；返回其他值时跳转到第 4 步执行。

2）如果 handler 方法返回 NGX_DECLINED，将 phase_handler 加 1 表示将要执行下一个回调方法。注意，此时返回的是 NGX_AGAIN，HTTP 框架不会把进程控制权交还给 epoll 事件框架，而是继续立刻执行请求的下一个回调方法。

3）如果 handler 方法返回 NGX_DONE，则意味着刚才的 handler 方法无法在这一次调度中处理完这一个阶段，它需要多次的调度才能完成。注意，此时返回 NGX_OK，它会使得 HTTP 框架

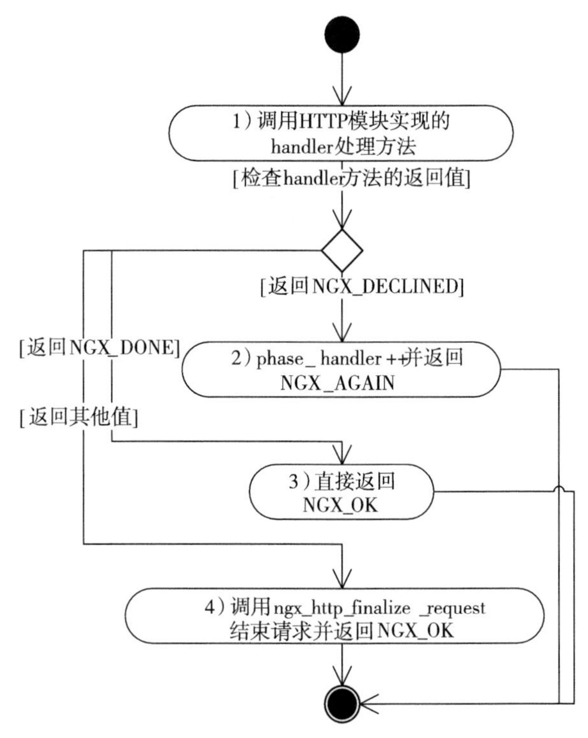

图 11-9 ngx_http_core_rewrite_phase 方法的执行流程

立刻把控制权交还给 epoll 等事件模块，不再处理当前请求，唯有这个请求上的事件再次被触发时才会继续执行。

4）如果 handler 方法返回除去 NGX_DECLINED 或者 NGX_DONE 以外的其他值，则调用 ngx_http_finalize_request 结束请求，其参数为 handler 方法的返回值。

可以注意到，ngx_http_core_rewrite_phase 方法与 ngx_http_core_generic_phase 方法有一个显著的不同点：前者永远不会导致跨过同一个 HTTP 阶段的其他处理方法，就直接跳到下一个阶段来处理请求。原因其实很简单，可能有许多 HTTP 模块在 NGX_HTTP_SERVER_REWRITE_PHASE 和 NGX_HTTP_REWRITE_PHASE 阶段同时处理重写 URL 这样的业务，HTTP 框架认为这两个阶段的 HTTP 模块是完全平等的，序号靠前的 HTTP 模块优先级并不会更高，它不能决定序号靠后的 HTTP 模块是否可以再次重写 URL。因此，ngx_http_core_rewrite_phase 方法绝对不会把 phase_handler 直接设置到下一个阶段处理方法的流程中，即不可能存在类似下面的代码。

```
    ngx_int_t  ngx_http_core_rewrite_phase(ngx_http_request_t  *r,  ngx_http_phase_
handler_t *ph)
    {
        …
        r->phase_handler = ph->next;
        …
    }
```

11.6.3　ngx_http_core_access_phase

ngx_http_core_access_phase 方法是仅用于 NGX_HTTP_ACCESS_PHASE 阶段的处理方法，这一阶段用于控制用户发起的请求是否合法，如检测客户端的 IP 地址是否允许访问。它涉及 nginx.conf 配置文件中 satisfy 配置项的参数值，见表 11-2。

表 11-2　相对于 NGX_HTTP_ACCESS_PHASE 阶段处理方法，satisfy 配置项参数的意义

satisfy 的参数	意　义
all	NGX_HTTP_ACCESS_PHASE 阶段可能有很多 HTTP 模块都对控制请求的访问权限感兴趣，那么以哪一个为准呢？当 satisfy 的参数为 all 时，这些 HTTP 模块必须同时发生作用，即以该阶段中全部的 handler 方法共同决定请求的访问权限，换句话说，这一阶段的所有 handler 方法必须全部返回 NGX_OK 才能认为请求具有访问权限
any	与 all 相反，参数为 any 时意味着在 NGX_HTTP_ACCESS_PHASE 阶段只要有任意一个 HTTP 模块认为请求合法，就不用再调用其他 HTTP 模块继续检查了，可以认为请求是具有访问权限的。实际上，这时的情况有些复杂：如果其中任何一个 handler 方法返回 NGX_OK，则认为请求具有访问权限；如果某一个 handler 方法返回 403 或者 401，则认为请求没有访问权限，还需要检查 NGX_HTTP_ACCESS_PHASE 阶段的其他 handler 方法。也就是说，any 配置项下任何一个 handler 方法一旦认为请求具有访问权限，就认为这一阶段执行成功，继续向下执行；如果其中一个 handler 方法认为没有访问权限，则未必以此为准，还需要检测其他的 hanlder 方法。all 和 any 有点像“&&”和“||”的关系

对于表 11-2 的 any 配置项，是通过 ngx_http_request_t 结构体中的 access_code 成员来传递

handler 方法的返回值的，因此，ngx_http_core_access_phase 方法会比较复杂，如图 11-10 所示。

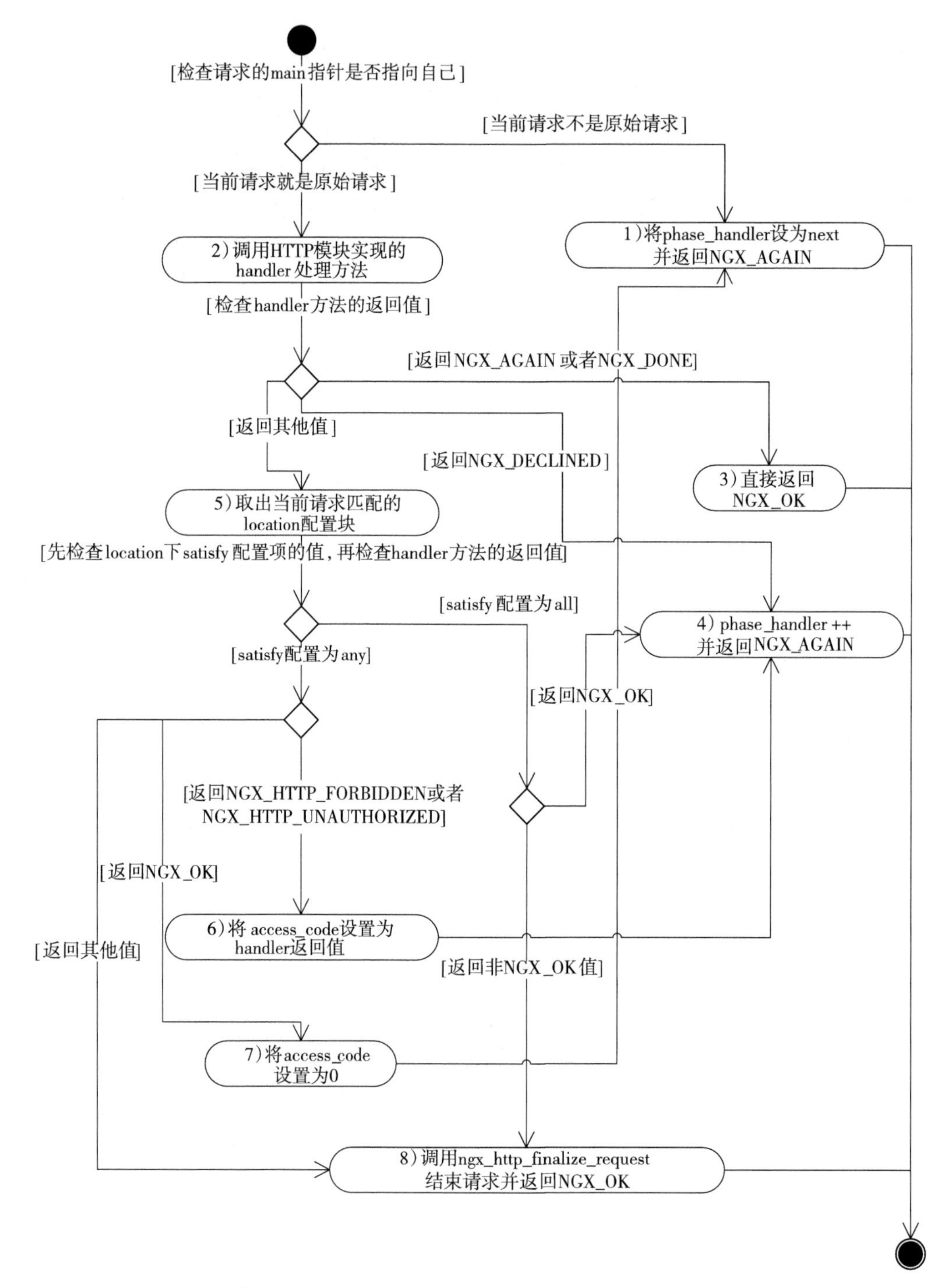

图 11-10 ngx_http_core_access_phase 方法的执行流程

下面开始分析 ngx_http_core_access_phase 方法的流程。

1）既然 NGX_HTTP_ACCESS_PHASE 阶段用于控制客户端是否有权限访问服务，那么它就不需要对子请求起作用。如何判断请求究竟是来自客户端的原始请求还是被派生出的子请求呢？很简单，检查 ngx_http_request_t 结构体中的 main 指针即可。在 11.3 节介绍过的 ngx_http_init_request 方法会把 main 指针指向其自身，而由这个请求派生出的其他子请求中的 main 指针，仍然会指向 ngx_http_init_request 方法初始化的原始请求。因此，检查 main 成员与 ngx_http_request_t 自身的指针是否相等即可，如下面的源代码。

```
if (r != r->main) {
    r->phase_handler = ph->next;
    return NGX_AGAIN;
}
```

如果当前请求只是一个派生出的子请求的话，是不需要执行 NGX_HTTP_ACCESS_PHASE 阶段的处理方法的，那么直接将 phase_handler 设为下一个阶段（实际上是 NGX_HTTP_POST_ACCESS_PHASE 阶段）的处理方法的序号。这时会返回 NGX_AGAIN，也就是希望 HTTP 框架立刻执行新的 HTTP 阶段的处理方法。

2）如果当前请求就是来自客户端的原始请求，那么调用 HTTP 模块在这一阶段中实现 handler 方法，它的返回值将会导致出现 3 个分支：返回 NGX_AGAIN 或者 NGX_DONE 时跳转到第 3 步执行；返回 NGX_DECLINED 时跳转到第 4 步执行；返回其他值时跳转到第 5 步继续向下执行。同时，在第 5 步之后，这个返回值由于 nginx.conf 文件中配置项 satisfy 的参数值不同，也将具有不同的意义。

3）返回 NGX_AGAIN 或者 NGX_DONE 意味着当前的 NGX_HTTP_ACCESS_PHASE 阶段没有一次性执行完毕，所以在这一步中会暂时结束当前请求的处理，将控制权交还给事件模块，ngx_http_core_access_phase 方法结束。当请求中对应的事件再次触发时才会继续处理该请求。

4）返回 NGX_DECLINED 意味着 handler 方法执行完毕且“意犹未尽”，希望立刻执行下一个 handler 方法，无论其是否属于 NGX_HTTP_ACCESS_PHASE 阶段，在这一步中只需要把 phase_handler 加 1，同时 ngx_http_core_access_phase 方法返回 NGX_AGAIN 即可。

5）现在开始处理非第 3、第 4 步中返回值的情况。由于 NGX_HTTP_ACCESS_PHASE 阶段是在 NGX_HTTP_FIND_CONFIG_PHASE 阶段之后的，因此这时请求已经找到了匹配的 location 配置块，先把 location 块对应的 ngx_http_core_loc_conf_t 配置结构体取出来，因为这里有一个配置项 satisfy 是下一步需要用到的。

6）检查 ngx_http_core_loc_conf_t 结构体中的 satisfy 成员，如果值为 NGX_HTTP_SATISFY_ALL（即 nginx.conf 文件中配置了 satisfy all 参数），则意味着所有 NGX_HTTP_ACCESS_PHASE 阶段的 handler 方法必须共同作用于这个请求。这时，handler 方法的返回值就具有不同的意义了。如果它的返回值是 NGX_OK，则意味着这个 handler 方法所在的 HTTP 模块认为当前请求是具备访问权限的，需要再次检查 NGX_HTTP_ACCESS_PHASE 阶段的下一个 HTTP 模块的 handler 方法，于是会跳到第 4 步执行；反之，如果返回值不是

NGX_OK，就意味着当前请求无权访问服务，这时需要跳到第 8 步调用 ngx_http_finalize_request 方法结束请求，方法的参数也就是这个返回值。

如果 ngx_http_core_loc_conf_t 结构体中的 satisfy 成员值为 NGX_HTTP_SATISFY_ANY（即 nginx.conf 文件中配置了 satisfy any 参数），也就是说，并不强制要求 NGX_HTTP_ACCESS_PHASE 阶段的所有 handler 方法必须同时起作用，那么这时 handler 方法的返回值又具有了不同的意义。如果该返回值是 NGX_OK，则表示第 2 步执行的 handler 方法认为这个请求有权限访问服务，而且不用再调用 NGX_HTTP_ACCESS_PHASE 阶段的其他 handler 方法了，直接跳到第 7 步执行；如果返回值是 NGX_HTTP_FORBIDDEN 或者 NGX_HTTP_UNAUTHORIZED，则表示这个 HTTP 模块的 handler 方法认为请求没有权限访问服务，但只要 NGX_HTTP_ACCESS_PHASE 阶段的任何一个 handler 方法返回 NGX_OK 就认为请求合法，所以后续的 handler 方法可能会更改这一结果。这时将请求的 access_code 成员设置为 handler 方法的返回值，用于传递当前 HTTP 模块的处理结果，然后跳到第 4 步执行下一个 handler 方法；如果返回值为其他值，可以认为请求绝对无权访问服务，则跳到第 8 步执行。

7）上面已经解释过，在 satisfy any 配置下，handler 方法返回 NGX_OK 时意味着这个请求具备访问权限，将请求的 access_code 成员置为 0，跳到第 1 步执行。

8）调用 ngx_http_finalize_request 方法结束请求。

虽然 ngx_http_core_access_phase 方法有些复杂，即它为 NGX_HTTP_ACCESS_PHASE 阶段中的 handler 方法的返回值增加了过多的含义，但当我们开发的 HTTP 模块需要处理请求的访问权限时，就会发现 ngx_http_core_access_phase 方法给我们带来强大的功能，可以实现复杂的权限控制。

11.6.4 ngx_http_core_content_phase

ngx_http_core_content_phase 是 NGX_HTTP_CONTENT_PHASE 阶段的 checker 方法，可以说它是我们开发 HTTP 模块时最常用的一个阶段了。顾名思义，NGX_HTTP_CONTENT_PHASE 阶段用于真正处理请求的内容。其余 10 个阶段中各 HTTP 模块的处理方法都是放在全局的 ngx_http_core_main_conf_t 结构体中的，也就是说，它们对任何一个 HTTP 请求都是有效的。但在 NGX_HTTP_CONTENT_PHASE 阶段却很自然地有另一种需求，有的 HTTP 模块可能仅希望在这个处理请求内容的阶段，仅仅针对某种请求唯一生效，而不是对所有请求生效。例如，仅当请求的 URI 匹配了配置文件中的某个 location 块时，再根据 location 块下的配置选择一个 HTTP 模块执行它的 handler 处理方法，并以此替代 NGX_HTTP_CONTENT_PHASE 阶段的其他 handler 方法（这些 handler 方法对于该请求将得不到执行）。

既然我们希望请求在 NGX_HTTP_CONTENT_PHASE 阶段的 handler 方法仅与 location 相关，那么就肯定与 ngx_http_core_loc_conf_t 结构体相关了，注意 handler 成员：

```
struct ngx_http_core_loc_conf_s {
    …
    ngx_http_handler_pt  handler;
    …
}
```

这个 handler 成员属于 nginx.conf 中匹配了请求的 location 块下配置的 HTTP 模块（当然，如果请求匹配的 location 块下没有配置 HTTP 模块处理请求，那么这个 handler 指针将为 NULL 空指针）。回顾一下第 3 章中的 ngx_http_mytest 方法，它正是在某个 location 下检测到 mytest 配置项后，取到当前 location 下的 ngx_http_core_loc_conf_t 结构体，并把 handler 成员设置为希望在 NGX_HTTP_CONTENT_PHASE 阶段处理请求的 ngx_http_mytest_handler 方法的。

实际上，为了加快处理速度，HTTP 框架又在 ngx_http_request_t 结构体中增加了一个成员 content_handler（参见 11.3.1 节），在 NGX_HTTP_FIND_CONFIG_PHASE 阶段就会把它设为匹配了请求 URI 的 location 块中对应的 ngx_http_core_loc_conf_t 结构体的 handler 成员（参见 Nginx 源代码的 ngx_http_update_location_config 方法）。

以上所述是 NGX_HTTP_CONTENT_PHASE 阶段的特殊之处，当然，它还可以像其余 10 个阶段一样具备全局生效的 handler 方法，但如果设置了 content_handler 方法，会优先以 content_handler 为准，如图 11-11 所示。

下面详细介绍一下 ngx_http_core_content_phase 方法是如何处理 NGX_HTTP_CONTENT_PHASE 阶段的请求的。

1）首先检测 ngx_http_request_t 结构体的 content_handler 成员是否为空，其实就是看在 NGX_HTTP_FIND_CONFIG_PHASE 阶段匹配了 URI 请求的 location 内，是否有 HTTP 模块把处理方法设置到了 ngx_http_core_loc_conf_t 结构体的 handler 成员中。如果 content_handler 为空，则跳到第 2 步开始执行全局有效的 handler 方法；否则仅执行 content_handler 方法，看看源代码中做了些什么，如下所示。

```
r->write_event_handler = ngx_http_request_empty_handler;
ngx_http_finalize_request(r, r->content_handler(r));
```

其中，首先设置 ngx_http_request_t 结构体的 write_event_handler 成员为不做任何事的 ngx_http_request_empty_handler 方法，也就是告诉 HTTP 框架再有可写事件时就调用 ngx_http_request_empty_handler 直接把控制权交还给事件模块。为何要这样做呢？因为 HTTP 框架在这一阶段调用 HTTP 模块处理请求就意味着接下来只希望该模块处理请求，先把 write_event_handler 强制转化为 ngx_http_request_empty_handler，可以防止该 HTTP 模块异步地处理请求时却有其他 HTTP 模块还在同时处理可写事件、向客户端发送响应。接下来调用 content_handler 方法处理请求，并把它的返回值作为参数传递给 ngx_http_finalize_request 方法来结束请求。ngx_http_finalize_request 方法是非常复杂的，它会根据引用计数来确定自己的行为，具体参见 11.10.6 节。

2）在没有 content_handler 方法时，又回到了我们惯用的方式，首先根据 phase_handler 序号调用 handler 处理方法，检测它的返回值：当返回值为 NGX_DECLINED 时跳到第 4 步，否则跳到第 3 步执行。

3）如果 NGX_HTTP_CONTENT_PHASE 阶段中全局的 handler 方法没有返回 NGX_DECLINED，则意味着不再执行该阶段的其他 handler 方法。因此，这时简单地以 handler 方法作为参数调用 ngx_http_finalize_request 结束请求即可。同时，ngx_http_core_content_phase 方法返回 NGX_OK，表示归还控制权给事件模块。

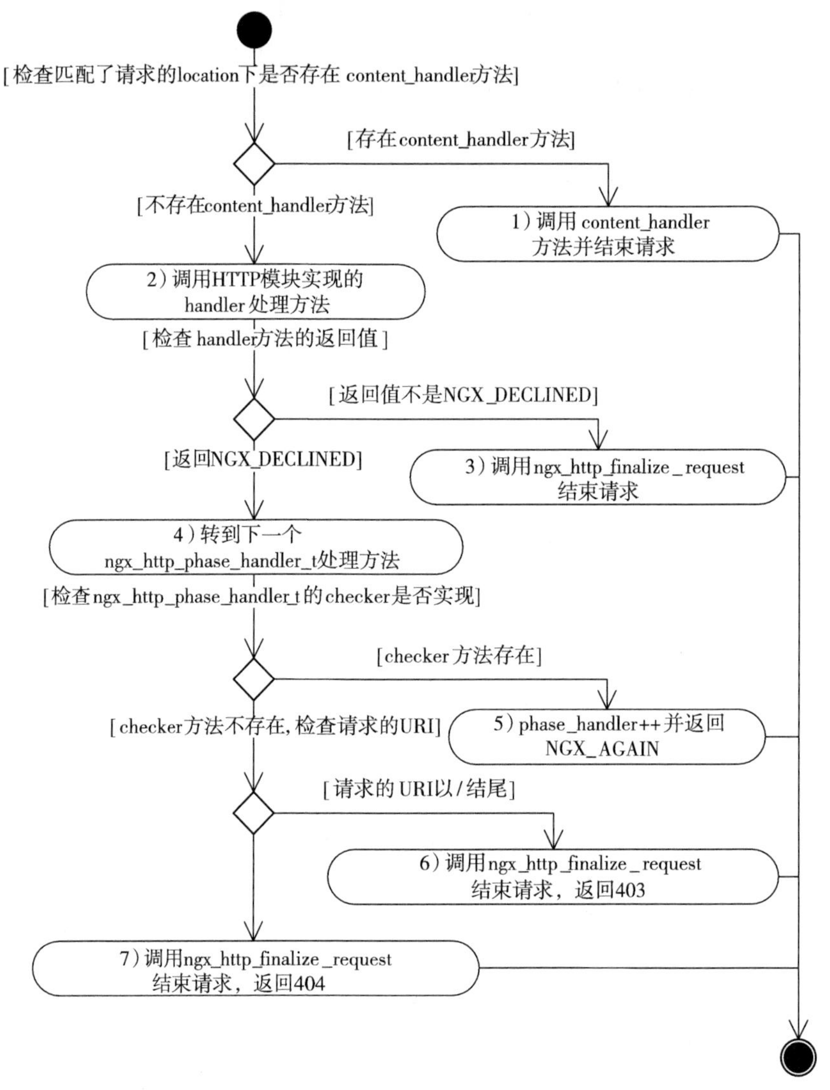

图 11-11 ngx_http_core_content_phase 方法的流程

4）虽然 handler 方法返回了 NGX_DECLINED，表示希望执行本阶段的下一个 handler 方法，但是当前的 handler 方法是否已经是最后一个 handler 方法了呢？这需要进行检测，首先转到数组中的下一个 handler 方法，检测其 checker 方法是否存在，若存在，则跳到第 5 步执行，若不存在，则结束请求，但需要根据 URI 确定返回什么样的 HTTP 响应，如果 URI 是以“/”结尾，则跳到第 6 步执行，否则跳到第 7 步执行。

5）既然 handler 方法返回 NGX_DECLINED 希望执行下一个 handler 方法，那么这一步把请求的 phase_handler 序号加 1，ngx_http_core_content_phase 方法返回 NGX_AGAIN，表示希望 HTTP 框架立刻执行下一个 handler 方法。

6）以 NGX_HTTP_FORBIDDEN 作为参数调用 ngx_http_finalize_request 方法，表示结束请求并返回 403 错误码。同时，ngx_http_core_content_phase 方法返回 NGX_OK，表示交还控制权给事件模块。

7）以 NGX_HTTP_NOT_FOUND 作为参数调用 ngx_http_finalize_request 方法，表示结束请求并返回 404 错误码。同时，ngx_http_core_content_phase 方法返回 NGX_OK，表示交还控制权给事件模块。

NGX_HTTP_CONTENT_PHASE 阶段是各 HTTP 模块最常介入的阶段。只有对 ngx_http_core_content_phase 方法的流程足够熟悉，才能实现复杂的功能。

> 注意　从 ngx_http_core_content_phase 方法中可以看到，请求在第 10 个阶段 NGX_HTTP_CONTENT_PHASE 后，并没有去调用第 11 个阶段 NGX_HTTP_LOG_PHASE 的处理方法，通过比较 11.6 节的其他 checker 方法，就会发现它与之前的方法都不同。事实上，记录访问日志是必须在请求将要结束时才能进行的，因此，NGX_HTTP_LOG_PHASE 阶段的回调方法在 11.10.2 节介绍的 ngx_http_free_request 方法中才会调用到。

11.7　subrequest 与 post 请求

从 11.6 节中可以看到，HTTP 框架无论是调用 ngx_http_process_request 方法（首次从业务上处理请求）还是 ngx_http_request_handler 方法（TCP 连接上后续的事件触发时）处理请求，最后都有一个步骤，就是调用 ngx_http_run_posted_requests 方法处理 post 请求（如图 11-5 中的第 8 步、图 11-7 中的第 4 步）。那么，什么是 post 请求？为什么要定义 post 请求？post 请求又是怎样实现于 HTTP 框架中的呢？本节内容将回答这 3 个问题。

Nginx 使用的完全无阻塞的事件驱动框架是难以编写功能复杂的模块的，可以想见，一个请求在处理一个 TCP 连接时，将需要处理这个连接上的可读、可写以及定时器事件，而可读事件中又包含连接建立成功、连接关闭事件，正常的可读事件在接收到 HTTP 的不同部分时又要做不同的处理，这就比较复杂了。如果一个请求同时需要与多个上游服务器打交道，同时处理多个 TCP 连接，那么它需要处理的事件就太多了，这种复杂度会使得模块难以维护。Nginx 解决这个问题的手段就是第 5 章中介绍过的 subrequest 机制。

subrequest 机制有以下两个特点：

- 从业务上把一个复杂的请求拆分成多个子请求，由这些子请求共同合作完成实际的用户请求。
- 每一个 HTTP 模块通常只需要关心一个请求，而不用试图掌握派生出的所有子请求，这极大地降低了模块的开发复杂度。

这两个特点使得用户可以通过开发多个功能相对单一独立的模块，来共同完成复杂的业务。

post 请求的设计就是用于实现 subrequest 子请求机制的，如果一个请求具备了 post 请求，并且 HTTP 框架保证 post 请求可以在当前请求执行完毕后获得执行机会，那么 subrequest 功能就可以实现了。子请求的设计在数据结构上是通过 ngx_http_request_t 结构体的 3 个成员（posted_requests、parent、main）来保证的。下面看一下表示单向链表的 posted_requests 成员，它的类型是 ngx_http_posted_request_t 结构体，如下所示。

```
typedef struct ngx_http_posted_request_s  ngx_http_posted_request_t;

struct ngx_http_posted_request_s {
    // 指向当前待处理子请求的 ngx_http_request_t 结构体
    ngx_http_request_t *request;

    // 指向下一个子请求，如果没有，则为 NULL 空指针
    ngx_http_posted_request_t *next;
};
```

这样，通过 posted_requests 就把各个子请求以单向链表的数据结构形式组织起来了。

ngx_http_request_t 结构体中的 parent 指向了当前子请求的父请求，这为子请求向前寻找父请求提供了可能性。

ngx_http_request_t 结构体中的 main 成员始终指向一系列有亲缘关系的请求中的唯一的那个原始请求。我们可以在任何一个子请求中通过 main 成员找到原始请求，而无论怎样执行子请求，都是围绕着 main 指向的原始请求进行的，在图 11-12 中可以看到。

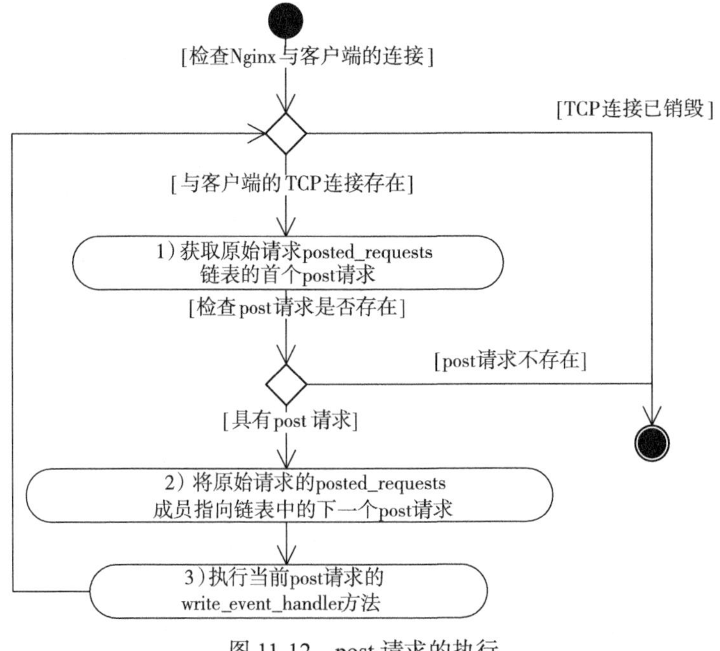

图 11-12 post 请求的执行

ngx_http_request_t 结构体中的 count 成员将作为引用计数，每当派生出子请求时，原始请求的 count 成员都会加 1，在真正销毁请求前，可以通过检查 count 成员是否为 0 以确认是否销毁原始请求，这样可以做到唯有所有的子请求都结束时，原始请求才会销毁，内存池、TCP 连接等资源才会释放。

对于 subrequest 子请求的用法，可参见 5.4 节，这里不再赘述。图 11-12 展示 ngx_http_run_posted_requests 方法是怎么执行一个请求的 post 请求的，也就是如果一个请求拥有子请求时，子请求是怎么被调度的。

从图 11-12 中可以看到，在执行某一个请求时，它的所有 post 请求都可能被执行一遍。下面详细介绍以上流程。

1）首先检查连接是否已销毁，如果连接被销毁，就结束 ngx_http_run_posted_requests 方法，否则根据 ngx_http_request_t 结构体中的 main 成员找到原始请求，这个原始请求的 posted_requests 成员指向待处理的 post 请求组成的单链表，如果 posted_requests 指向 NULL 空指针，则结束 ngx_http_run_posted_requests 方法，否则取出链表中首个指向 post 请求的指针，并跳到第 2 步执行。

2）将原始请求的 posted_requests 指针指向链表中下一个 post 请求（通过第 1 个 post 请求的 next 指针可以获得），当然，下一个 post 请求有可能不存在，这在下一次循环中就会检测到。

3）调用这个 post 请求 ngx_http_request_t 结构体中的 write_event_handler 方法。为什么不是执行 read_event_handler 方法呢？原因很简单，子请求不是被网络事件驱动的，因此，执行 post 请求时就相当于有可写事件，由 Nginx 主动做出动作。

在本节可以看到，HTTP 框架在处理一个请求时，如果发现其有子请求则一定会处理。通过修改原始请求的 posted_requests 指针，甚至还可以控制从哪一个子请求开始执行，当然，直接修改 HTTP 框架中的成员很容易出错，一定要慎重。

11.8　处理 HTTP 包体

本节开始介绍 HTTP 框架为 HTTP 模块提供的工具方法。在 HTTP 中，一个请求通常由必选的 HTTP 请求行、请求头部，以及可选的包体组成，因此，在接收完 HTTP 头部后，就可以开始调用各 HTTP 模块处理请求了（见 11.6 节），然后由 HTTP 模块决定如何处理包体。

HTTP 框架提供了两种方式处理 HTTP 包体，当然，这两种方式保持了完全无阻塞的事件驱动机制，非常高效。第一种方式就是把请求中的包体接收到内存或者文件中，当然，由于包体的长度是可变的，同时内存又是有限的，因此，一般都是将包体存放到文件中（本节不会详细讨论包体的存储策略）。第二种方式是选择丢弃包体，注意，丢弃不等于可以不接收包体，这样做可能会导致客户端出现发送请求超时的错误，所以，这个丢弃只是对于 HTTP 模块而言的，HTTP 框架还是需要“尽职尽责”地接收包体，在接收后直接丢弃。

本节将会遇到一个问题，这个问题需要用请求 ngx_http_request_t 结构体中的 count 引用计数解决。举个例子，HTTP 模块在处理请求时，接收包体的同时可能还需要处理其他业务，如使用 upstream 机制与另一台服务器通信，这样两个动作都不是一次调度可以完成的，它们各自都可能需要多次调度才能完成，那么在其中一个动作出现错误导致请求失败时，如果销毁请求可能会导致另一个动作出现严重错误，怎么办？这时就需要用到引用计数了。

在 HTTP 模块中每进行一类新的操作，包括为一个请求添加新的事件，或者把一些已经由定时器、epoll 中移除的事件重新加入其中，都需要把这个请求的引用计数加 1。这是因为需要让 HTTP 框架知道，HTTP 模块对于该请求有独立的异步处理机制，将由该 HTTP 模块决定这个操作什么时候结束，防止在这个操作还未结束时 HTTP 框架却把这个请求销毁了（如其他 HTTP 模块通过调用 ngx_http_finalize_request 方法要求 HTTP 框架结束请求），导致请求出现不可知的严重错误。这就要求每个操作在"认为"自身的动作结束时，都得最终调用到 ngx_http_close_request 方法，该方法会自动检查引用计数，当引用计数为 0 时才真正地销毁请求。实际上，很多结束请求的方法最后一定会调用到 ngx_http_close_request 方法（参见 11.10.3 节）。

由于 HTTP 包体是可变长度的，接收包体可能导致 HTTP 框架将 TCP 连接上的读事件再次添加到 epoll 和定时器中，表示希望事件驱动机制发现 TCP 连接上接收到全部或者部分 HTTP 包体时，回调相应的方法读取套接字缓冲区上的 TCP 流，这时必须把请求的引用计数加 1，这在图 11-13 的第 1 步中就可以看到。类似的，在第 5 章介绍的 subrequest 子请求的使用方法中，派生子请求也是独立的动作，它会向 epoll 和定时器中添加新的事件，引用计数也会加 1，而 upstream 试图连接新的服务器，它同样也需要把当前请求的引用计数加 1。当这类操作结束时，如 HTTP 包体全部接收完毕时，务必调用或者间接地调用 ngx_http_close_request 方法，把引用计数减 1，这才能使引用计数机制正常工作。

注意 引用计数一般都作用于这个请求的原始请求上，因此，在结束请求时统一检查原始请求的引用计数就可以了。当然，目前的 HTTP 框架也要求我们必须这样做，因为 ngx_http_close_request 方法只是把原始请求上的引用计数减 1。对应到代码就是操作 r->main->count 成员，其中 r 是请求对应的 ngx_http_request_t 结构体。

下面来看看 HTTP 框架提供的方法是如何使用的，接收包体的方法其实在 3.6.4 节中已经讲过，再来回顾一下。

```
ngx_int_t ngx_http_read_client_request_body(ngx_http_request_t *r, ngx_http_client_body_handler_pt post_handler);
```

调用了 ngx_http_read_client_request_body 方法就相当于启动了接收包体这一动作，在这个动作完成后，就会回调 HTTP 模块定义的 post_handler 方法。post_handler 是一个函数指针，如下所示。

```
typedef void (*ngx_http_client_body_handler_pt) (ngx_http_request_t *r);
```

而决定丢弃包体时，HTTP 框架提供的方法是 ngx_http_discard_request_body，如下所示。

```
ngx_int_t ngx_http_discard_request_body(ngx_http_request_t *r)
```

当然，它是不需要再让 HTTP 模块定义类似 post_handler 的回调方法的，当丢弃包体后，HTTP 框架会自动调用 ngx_http_finalize_request 方法把引用计数减 1，详见 11.8.2 节。

在 11.8.1 节中将会讨论 HTTP 框架是怎样实现 ngx_http_read_client_request_body 方法的，而在 11.8.2 节中则会讨论 ngx_http_discard_request_body 方法的实现，由于这两个方法都需要被事件框架多次调度，学习它们的设计方法可以帮助我们开发高效的 Nginx 模块。

11.8.1　接收包体

在讨论 ngx_http_read_client_request_body 方法的实现方式前，先来看一下用于保存 HTTP 包体的结构体 ngx_http_request_body_t，如下所示。

```
typedef struct {
    // 存放 HTTP 包体的临时文件
    ngx_temp_file_t *temp_file;

    /* 接收 HTTP 包体的缓冲区链表。当包体需要全部存放在内存中时，如果一块 ngx_buf_t 缓冲区无法存
放完，这时就需要使用 ngx_chain_t 链表来存放 */
    ngx_chain_t *bufs;

    // 直接接收 HTTP 包体的缓存
    ngx_buf_t *buf;

    /* 根据 content-length 头部和已接收到的包体长度，计算出的还需要接收的包体长度 */
    off_t rest;

    // 该缓冲区链表存放着将要写入文件的包体
    ngx_chain_t *to_write;

    /*HTTP 包体接收完毕后执行的回调方法，也就是 ngx_http_read_client_request_body 方法传递
的第 2 个参数 */
    ngx_http_client_body_handler_pt    post_handler;
} ngx_http_request_body_t;
```

这个 ngx_http_request_body_t 结构体就存放在保存着请求的 ngx_http_request_t 结构体的 request_body 成员中，接收 HTTP 包体就是围绕着这个数据结构进行的。

上文说过，在接收较大的包体时，无法在一次调度中完成。通俗地讲，就是接收包体不是调用一次 ngx_http_read_client_request_body 方法就能完成的。但是 HTTP 框架希望对于它的用户，也就是 HTTP 模块而言，接收包体时只需要调用一次 ngx_http_read_client_request_body 方法就好，这时就需要有另一个方法在 ngx_http_read_client_request_body 没接收到完整的包体时，如果连接上再次接收到包体就被调用，这个方法就是 ngx_http_read_client_request_body_handler。

ngx_http_read_client_request_body_handler 方法对于 HTTP 模块是不可见的，它在“幕后”工作。当继续接收发自客户端的包体时，将由它来处理。可见，它与 ngx_http_read_client_request_body 方法有很多共通之处，它们都会去试图读取连接套接字上的缓冲区，把

它们共性的部分提取出来构成 ngx_http_do_read_client_request_body 方法，它负责具体的读取包体工作。本节的内容就在于说明这 3 个方法的流程。

图 11-13 为 ngx_http_read_client_request_body 方法的流程图，在该图中同时可以看到 ngx_http_request_t 结构体中的 request_body 成员是如何分配和使用的。

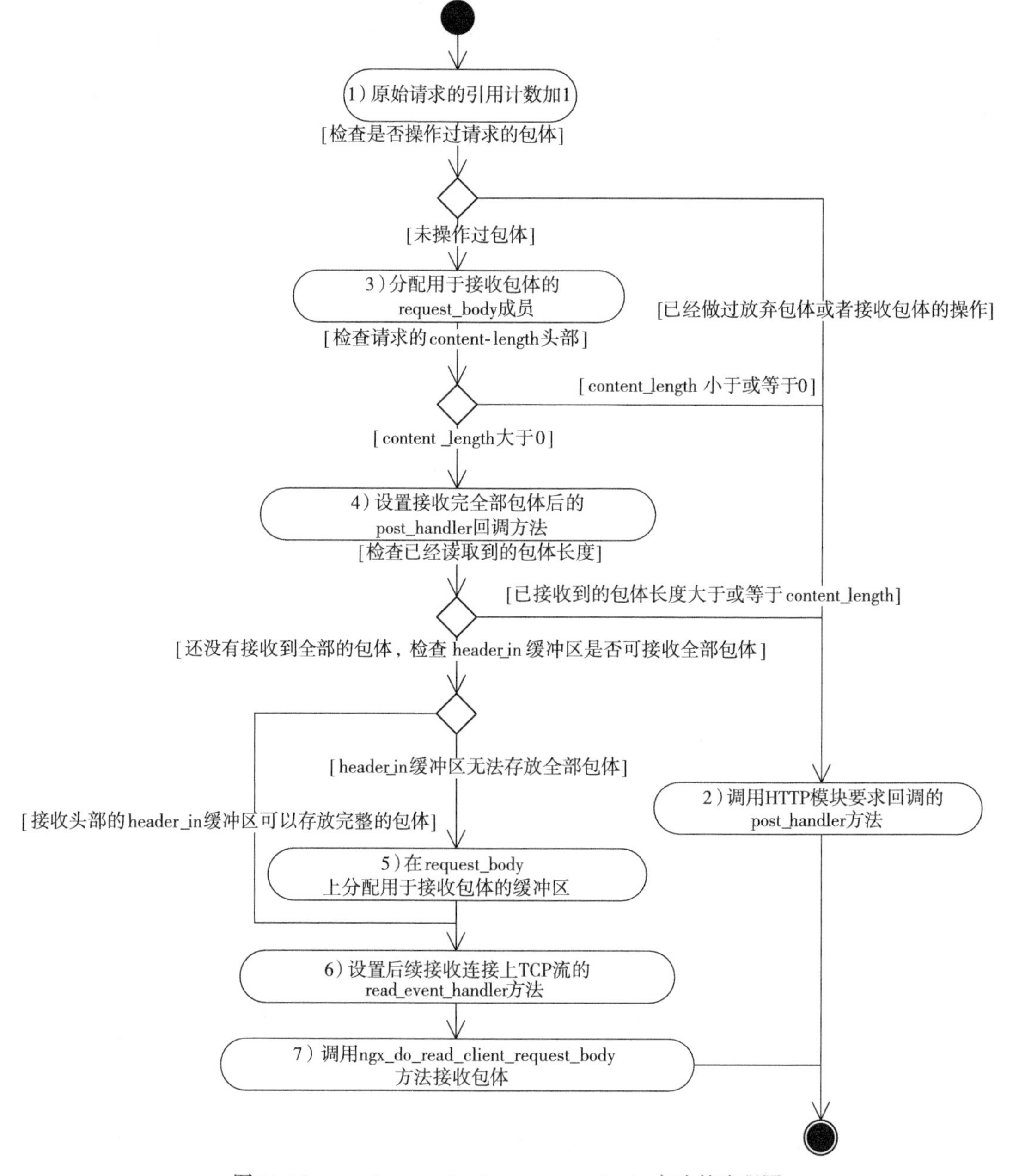

图 11-13 ngx_http_read_client_request_body 方法的流程图

图 11-13 把 ngx_http_read_client_request_body 方法的主要流程概括为 7 个步骤，下面详细说明一下。

1）首先把该请求对应的原始请求的引用计数加 1。这同时是在要求每一个 HTTP 模块在传入的 post_handler 方法被回调时，务必调用类似 ngx_http_finalize_request 的方法去结束请求，否则引用计数会始终无法清零，从而导致请求无法释放。

检查请求 ngx_http_request_t 结构体中的 request_body 成员，如果它已经被分配过了，证明已经读取过 HTTP 包体了，不需要再次读取一遍，这时跳到第 2 步执行；再检查请求 ngx_http_request_t 结构体中的 discard_body 标志位，如果 discard_body 为 1，则证明曾经执行过丢弃包体的方法，现在包体正在被丢弃中，仍然跳到第 2 步执行。只有这两个条件都不满足，才说明真正需要接收 HTTP 包体，这时跳到第 3 步执行。

2）这一步将直接执行各 HTTP 模块提供的 post_handler 回调方法，接着，ngx_http_read_client_request_body 方法返回 NGX_OK。

3）分配请求的 ngx_http_request_t 结构体中的 request_body 成员（之前 request_body 是 NULL 空指针），准备接收包体。

4）检查请求的 content-length 头部，如果指定了包体长度的 content-length 字段小于或等于 0，当然不用继续接收包体，跳到第 2 步执行；如果 content-length 大于 0，则意味着继续执行，但 HTTP 模块定义的 post_handler 方法不会知道在哪一次事件的触发中会被回调，所以先把它设置到 request_body 结构体的 post_handler 成员中。

5）注意，在 11.5 节描述的接收 HTTP 头部的流程中，是有可能接收到 HTTP 包体的。首先我们需要检查在 header_in 缓冲区中已经接收到的包体长度，确定其是否大于或者等于 content-length 头部指定的长度，如果大于或等于则说明已经接收到完整的包体，这时跳到第 2 步执行。

当上述条件不满足时，再检查 header_in 缓冲区里的剩余空闲空间是否可以存放下全部的包体（content-length 头部指定），如果可以，就不用分配新的包体缓冲区浪费内存了，直接跳到第 6 步执行。

当以上两个条件都不满足时，说明确实需要分配用于接收包体的缓冲区了。缓冲区长度由 nginx.conf 文件中的 client_body_buffer_size 配置项指定，缓冲区就在 ngx_http_request_body_t 结构体的 buf 成员中存放着，同时，bufs 和 to_write 这两个缓冲区链表首部也指向该 buf。

6）设置请求 ngx_http_request_t 结构体的 read_event_handler 成员为上面介绍过的 ngx_http_read_client_request_body_handler 方法，它意味着如果 epoll 再次检测到可读事件或者读事件的定时器超时，HTTP 框架将调用 ngx_http_read_client_request_body_handler 方法处理，该方法所做的工作参见图 11-15。

7）调用 ngx_http_do_read_client_request_body 方法接收包体。该方法的意义在于把客户端与 Nginx 之间 TCP 连接上套接字缓冲区中的当前字符流全部读出来，并判断是否需要写入文件，以及是否接收到全部的包体，同时在接收到完整的包体后激活 post_handler 回调方法，如图 11-14 所示。

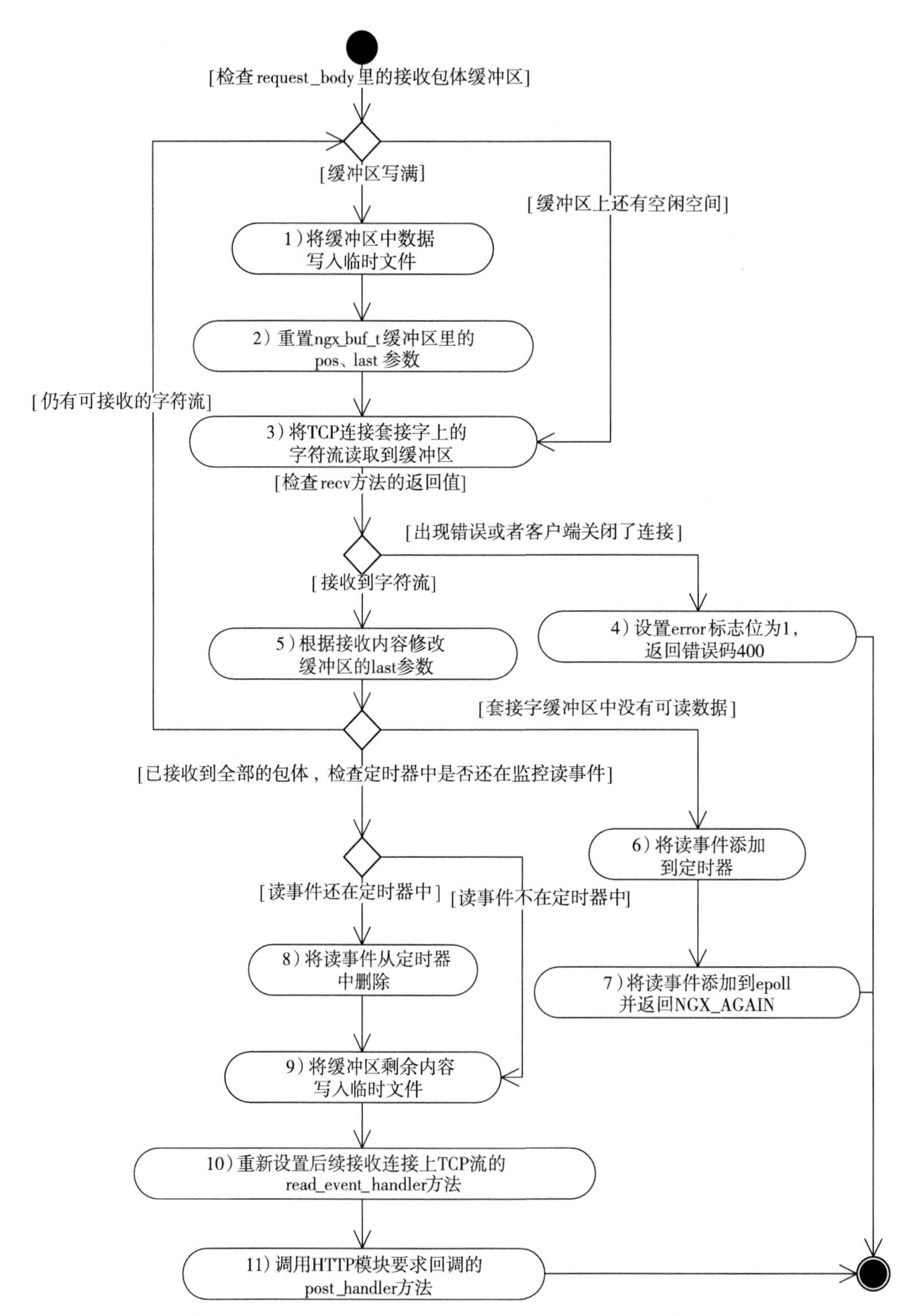

图 11-14 ngx_http_do_read_client_request_body 方法的流程图

图 11-14 中列出的 ngx_http_do_read_client_request_body 方法流程稍显复杂，下面详细解释一下这 11 个步骤。

1）首先检查请求的 request_body 成员中的 buf 缓冲区，如果缓冲区还有空闲的空间，则跳到第 3 步读取内核中套接字缓冲区里的 TCP 字符流；如果缓冲区已经写满，则调用 ngx_http_write_request_body 方法把缓冲区中的字符流写入文件。

2）通过第 1 步把 request_body 缓冲区中的内容写入文件后，缓冲区就可以重复使用了，只需要把缓冲区 ngx_buf_t 结构体的 last 指针指向 start 指针，缓冲区即可复用。

3）调用封装了 recv 的方法从套接字缓冲区中读取包体到缓冲区中。如果 recv 方法返回错误，或者客户端主动关闭了连接，则跳到第 4 步执行；如果读取到内容，则跳到第 5 步执行。

4）设置 ngx_http_request_t 结构体的 error 标志位为 1，同时返回 NGX_HTTP_BAD_REQUEST 错误码。

5）根据接收到的 TCP 流长度，修改缓冲区参数。例如，把缓冲区 ngx_buf_t 结构体的 last 指针加上接收到的长度，同时更新 request_body 结构体中表示待接收的剩余包体长度的 rest 成员、更新 ngx_http_request_t 结构体中表示已接收请求长度的 request_length 成员。

根据 rest 成员检查是否接收到完整的包体，如果接收到了完整的包体，则跳到第 8 步继续执行；否则查看套接字缓冲区上是否仍然有可读的字符流，如果有则跳到第 1 步继续接收包体，如果没有则跳到第 6 步。

6）如果当前已经没有可读的字符流，同时还没有接收到完整的包体，则说明需要把读事件添加到事件模块，等待可读事件发生时，事件框架可以再次调度到这个方法接收包体。这一步是调用 ngx_add_timer 方法将读事件添加到定时器中，超时时间以 nginx.conf 文件中的 client_body_timeout 配置项参数为准。

7）调用 ngx_handle_read_event 方法将读事件添加到 epoll 等事件收集器中，同时 ngx_http_do_read_client_request_body 方法结束，返回 NGX_AGAIN。

8）到这一步，表明已经接收到完整的包体，需要做一些收尾工作了。首先不需要检查是否接收 HTTP 包体超时了，要把读事件从定时器中取出，防止不必要的定时器触发。这一步会检查读事件的 timer_set 标志位，如果为 1，则调用 ngx_del_timer 方法把读事件从定时器中移除。

9）如果缓冲区中还有未写入文件的内容，调用 ngx_http_write_request_body 方法把最后的包体内容也写入文件。

10）在图 11-13 的第 5 步中曾经把请求的 read_event_handler 成员设置为 ngx_http_read_client_request_body_handler 方法，现在既然已经接收到完整的包体了，就会把 read_event_handler 设为 ngx_http_block_reading 方法，表示连接上再有读事件将不做任何处理。

11）执行 HTTP 模块提供的 post_handler 回调方法后，ngx_http_do_read_client_request_body 方法结束，返回 NGX_OK。

图 11-13 中的第 6 步把请求的 read_event_handler 成员设置为 ngx_http_read_client_request_body_handler 方法，从 11.6 节的图 11-7 可以看出，这个请求连接上的读事件触发时

的回调方法 ngx_http_request_handler 会调用 read_event_handler 方法，下面根据图 11-15 来看看这时 ngx_http_read_client_request_body_handler 方法做了些什么。

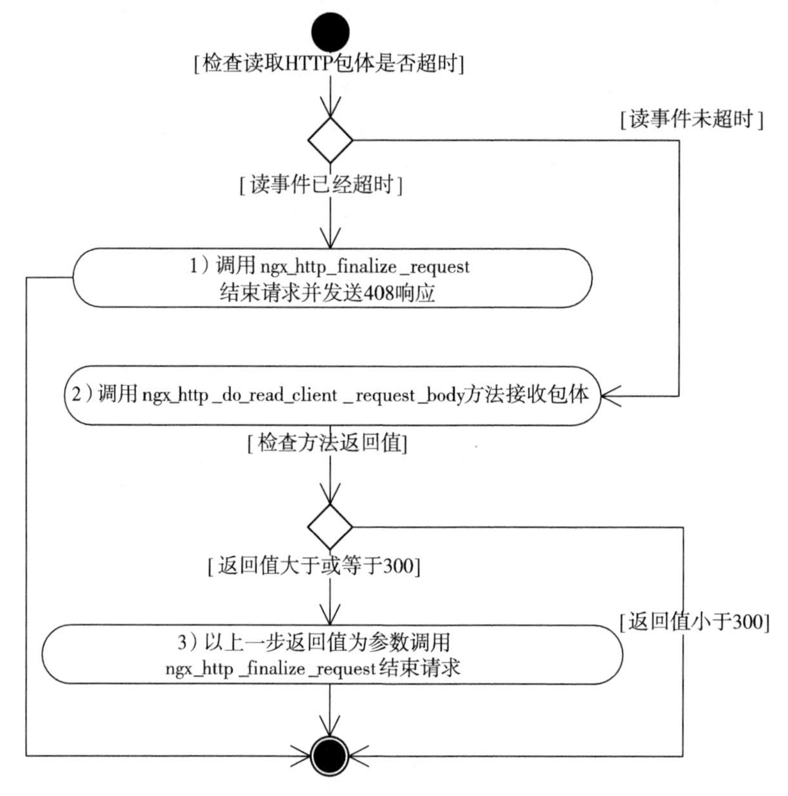

图 11-15 ngx_http_read_client_request_body_handler 方法的流程图

简单解释一下图 11-15 中的 3 个步骤。

1）首先检查连接上读事件的 timeout 标志位，如果为 1，则表示接收 HTTP 包体超时，这时把连接 ngx_connection_t 结构体上的 timeout 标志位也置为 1，同时调用 ngx_http_finalize_request 方法结束请求，并发送 408 超时错误码。如果没有超时，则跳到第 2 步执行。

2）调用图 11-14 中介绍的 ngx_http_do_read_client_request_body 方法接收包体，检测这个方法的返回值，如果它大于 300，那么一定表示希望返回错误码。例如，图 11-14 的第 4 步就返回了 400 错误码，这时跳到第 3 步执行；否则 ngx_http_read_client_request_body_handler 方法结束，直接返回 NGX_OK。

3）调用 ngx_http_finalize_request 方法结束请求，第 2 个参数传递的是 ngx_http_do_read_client_request_body 方法的返回值，详见 11.10.6 节。

以上 3 个方法完整地描述了 HTTP 框架接收包体的流程，以及最后如何执行 HTTP 模块实现的 post_handler 方法。读者可以参照它再看看第 3 章中开发 HTTP 模块时是如何接收包体的，相信经过本章的分析，读者会对这一机制有新的认识。

11.8.2　放弃接收包体

对于 HTTP 模块而言，放弃接收包体就是简单地不处理包体了，可是对于 HTTP 框架而言，并不是不接收包体就可以的。因为对于客户端而言，通常会调用一些阻塞的发送方法来发送包体，如果 HTTP 框架一直不接收包体，会导致实现上不够健壮的客户端认为服务器超时无响应，因而简单地关闭连接，可这时 Nginx 模块可能还在处理这个连接。因此，HTTP 模块中的放弃接收包体，对 HTTP 框架而言就是接收包体，但是接收后不做保存，直接丢弃。

HTTP 框架提供了一个方法—ngx_http_discard_request_body 用于丢弃包体，使用上也非常简单，直接调用这个方法就可以了，不像 11.8.1 节中接收包体一样还需要一个回调方法。下面先来看看 ngx_http_discard_request_body 方法的定义。

```
ngx_int_t ngx_http_discard_request_body(ngx_http_request_t *r)
```

可以看到，它是没有 post_handler 回调方法的，那么接收完全部的包体后怎么办呢？很简单，在图 11-18 的第 3 步就是接收到全部包体后的动作，其代码如下所示。

```
ngx_http_finalize_request(r, NGX_DONE);
```

这里实际上相当于把原始请求的引用计数减 1 了，当然，如果引用计数为 0（如 HTTP 模块已经调用过结束请求的方法），还是会真正结束请求的。

放弃接收包体和接收包体的实现方式是极其相似的，它也使用了 3 个方法实现，HTTP 模块调用的 ngx_http_discard_request_body 方法用于第一次启动丢弃包体动作，而 ngx_http_discarded_request_body_handler 是作为请求的 read_event_handler 方法的，在有新的可读事件时会调用它处理包体。ngx_http_read_discarded_request_body 方法则是根据上述两个方法通用部分提取出的公共方法，用来读取包体且不做任何处理。

下面看看 ngx_http_discard_request_body 方法做了些什么，如图 11-16 所示。

下面解释一下图 11-16 中所列的 7 个步骤。

1）首先检查当前请求是一个子请求还是原始请求。为什么要检查这个呢？因为对于子请求而言，它不是来自客户端的请求，所以不存在处理 HTTP 请求包体的概念。如果当前请求是原始请求，则跳到第 2 步中继续执行；如果它是子请求，则直接返回 NGX_OK 表示丢弃包体成功。

2）检查请求连接上的读事件是否在定时器中，这是因为丢弃包体不用考虑超时问题（linger_timer 例外，本章不考虑此情况）。如果读事件的 timer_set 标志位为 1，则从定时器中移除此事件。还要检查 content-length 头部，如果它的值小于或等于 0，同样意味着可以直接返回 NGX_OK，表示成功丢弃了全部包体。或者检查 ngx_http_request_t 结构体的 request_body 成员，如果它已经被赋值过且不再为 NULL 空指针，则说明已经接收过包体了，这时也需要返回 NGX_OK 表示成功。

3）就像 11.8.1 节中介绍的那样，在接收 HTTP 头部时，还是要检查是否凑巧已经接收到完整的包体（如果包体很小，那么这是非常可能发生的事），如果已经接收到完整的包体，则跳到第 1 步直接返回 NGX_OK，表示丢弃包体成功，否则，说明需要多次的调度才能完成丢弃包体这一动作，此时把请求的 read_event_handler 成员设置为 ngx_http_discarded_request_body_handler 方法。

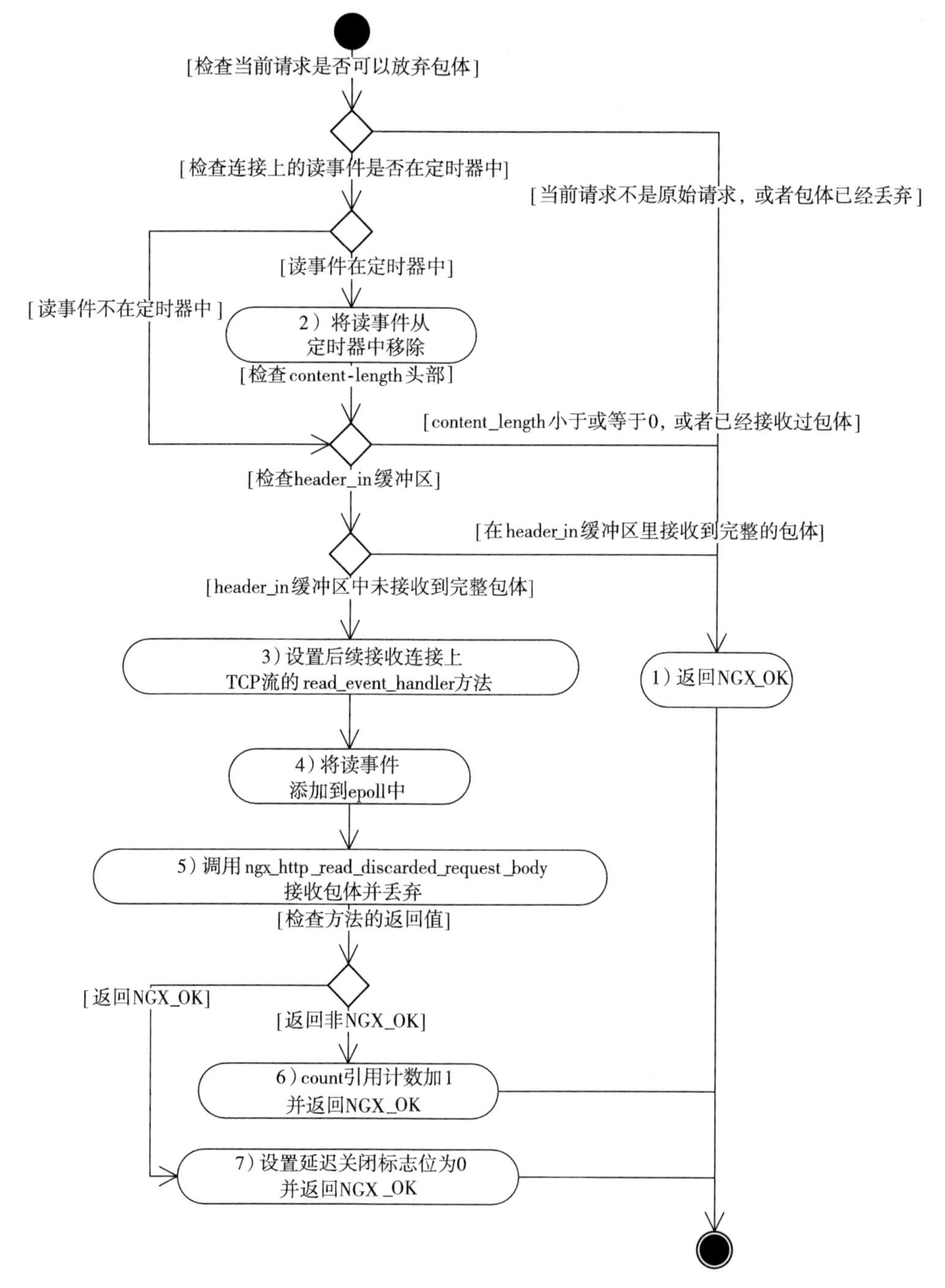

图 11-16 ngx_http_discard_request_body 方法的流程图

4）调用 ngx_handle_read_event 方法把读事件添加到 epoll 中。

5）调用 ngx_http_read_discarded_request_body 方法接收包体，检测它的返回值。如果返回 NGX_OK，则跳到第 7 步，否则跳到第 6 步。

6）返回非 NGX_OK 表示 Nginx 的事件框架触发事件需要多次调度才能完成丢弃包体这一动作，于是先把引用计数加 1，防止这边还在丢弃包体，而其他事件却已让请求意外销毁，引发严重错误。同时把 ngx_http_request_t 结构体的 discard_body 标志位置为 1，表示正在丢弃包体，并返回 NGX_OK，当然，这时的 NGX_OK 绝不表示已经成功地接收完包体，只是说明 ngx_http_discard_request_body 执行完毕而已。

7）返回 NGX_OK 表示已经接收到完整的包体了，这时将请求的 lingering_close 延时关闭标志位设为 0，表示不需要为了包体的接收而延时关闭了，同时返回 NGX_OK 表示丢弃包体成功。

从以上步骤可以看出，当 ngx_http_discard_request_body 方法返回 NGX_OK 时，是可能表达很多意思的。HTTP 框架的目的是希望各个 HTTP 模块不要去关心丢弃包体的执行情况，这些工作完全由 HTTP 框架完成。

下面再看看在第 5 步调用的 ngx_http_read_discarded_request_body 方法的执行流程，如图 11-17 所示。

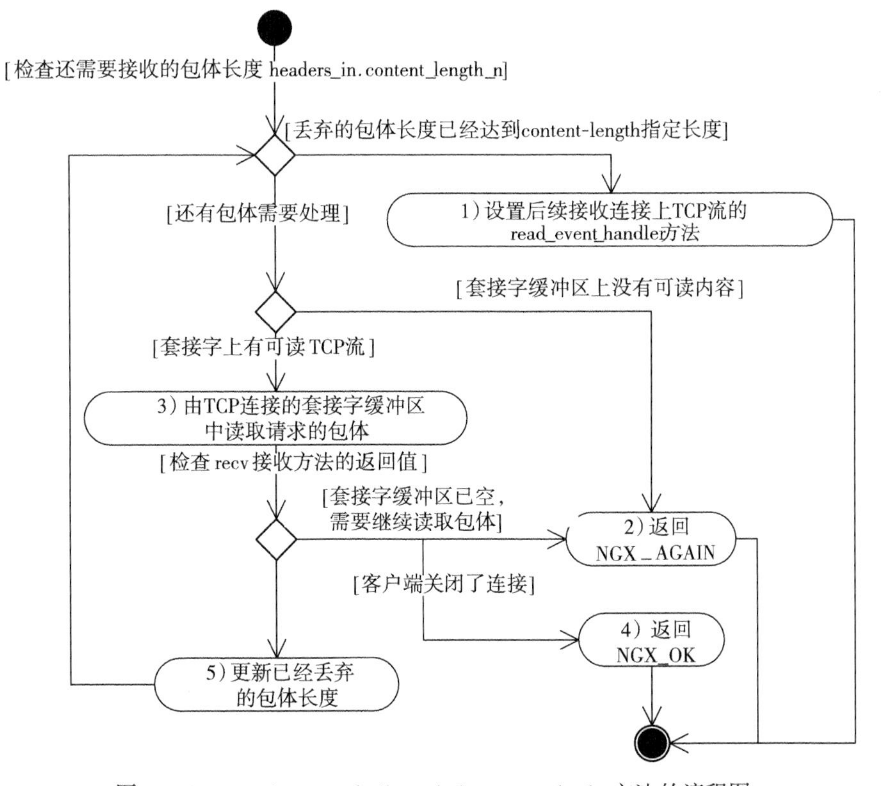

图 11-17　ngx_http_read_discarded_request_body 方法的流程图

可以看到，虽然 ngx_http_read_discarded_request_body 方法与 ngx_http_do_read_client_request_body 方法很类似，但前者比后者简单多了，毕竟不需要保存接收到的包体。下面简单分析一下图 11-17 中的 5 个步骤。

1）丢弃包体时请求的 request_body 成员实际上是 NULL 空指针，那么用什么变量来表示已经丢弃的包体有多大呢？实际上这时使用了请求 ngx_http_request_t 结构体 headers_in 成员里的 content_length_n，最初它等于 content-length 头部，而每丢弃一部分包体，就会在 content_length_n 变量中减去相应的大小。因此，content_length_n 表示还需要丢弃的包体长度，这里首先检查请求的 content_length_n 成员，如果它已经等于 0，则表示已经接收到完整的包体，这时要把 read_event_handler 重置为 ngx_http_block_reading 方法，表示如果再有可读事件被触发时，不做任何处理。同时返回 NGX_OK，告诉上层的方法已经丢弃了所有包体。

2）如果连接套接字的缓冲区上没有可读内容，则直接返回 NGX_AGAIN，告诉上层方法需要等待读事件的触发，等待 Nginx 框架的再次调度。

3）调用 recv 方法读取包体。根据返回值确定，如果套接字缓冲区中没有读取到内容，而需要继续读取则跳到第 2 步；如果客户端主动关闭了连接，则跳到第 4 步；如果读取到了内容，则跳到第 5 步。

4）既然客户端主动关闭了连接，直接返回 NGX_OK 告诉上层方法结束丢弃包体动作即可。

5）接收到包体后，要更新请求的 content_length_n 成员（参见第 1 步中的描述），同时再跳回到第 1 步准备再次接收包体。

最后再看看请求的 ngx_handle_read_event 指定的 ngx_http_discarded_request_body_handler 方法，在新的可读事件被触发时，HTTP 框架将会调用它来处理事件，图 11-18 给出了该方法的流程。

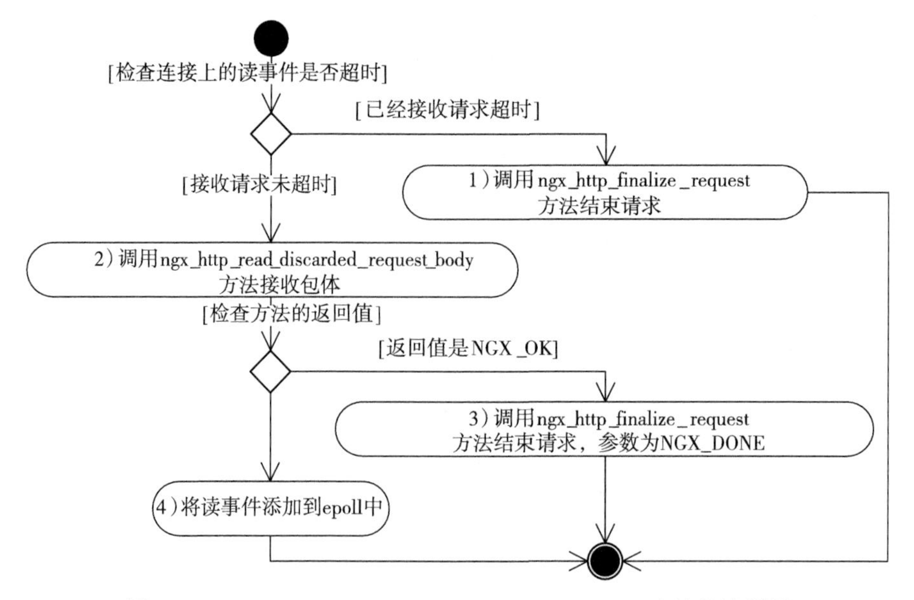

图 11-18 ngx_http_discarded_request_body_handler 方法的流程图

实际上，ngx_http_discarded_request_body_handler 方法还涉及 lingering_time 的处理，为了减少非主干内容的篇幅，本章将不涉及此内容，因此图 11-18 中也没有给出。下面分析一下图 11-18 中的 4 个步骤：

1）首先检查 TCP 连接上的读事件的 timedout 标志位，为 1 时表示已经超时，这时调用 ngx_http_finalize_request 方法结束请求，传递的参数是 NGX_ERROR，流程结束。

2）调用 ngx_http_read_discarded_request_body 方法接收包体，检测其返回值。如果返回 NGX_OK，则跳到第 3 步执行，否则跳到第 4 步。

3）此时表示已经成功地丢弃完所有的包体，这一步骤将请求的正在丢弃包体 discard_body 标志位置为 0，将延迟关闭标志位 lingering_close 也置为 0，再调用 ngx_http_finalize_request 方法结束请求注意，它的第 2 个参数是 NGX_DONE，11.10.6 节将会介绍 NGX_DONE 参数引发的动作。然后流程结束。

4）仍然需要调用 ngx_handle_read_event 方法把读事件添加到 epoll 中，期待新的可读事件到来。

以上介绍了丢弃包体的全部流程，可以看到，这个简单的动作其实也需要很多步骤才能完成，但它非常高效，没有任何阻塞进程，也没有让进程休眠的操作。同时，对于 HTTP 模块而言，它使用起来也比较简单，值得读者学习。

11.9　发送 HTTP 响应

本节开始讨论第 3 章中已出现过的发送 HTTP 响应的两个方法：ngx_http_send_header 方法和 ngx_http_output_filter 方法。这两个方法将负责把 HTTP 响应中的应答行、头部、包体发送给客户端。Nginx 是一个全异步的事件驱动架构，那么仅仅调用 ngx_http_send_header 方法和 ngx_http_output_filter 方法，就可以把响应全部发送给客户端吗？当然不是，当响应过大无法一次发送完时（TCP 的滑动窗口也是有限的，一次非阻塞的发送多半是无法发送完整的 HTTP 响应的），就需要向 epoll 以及定时器中添加写事件了，当连接再次可写时，就调用 ngx_http_writer 方法继续发送响应，直到全部的响应都发送到客户端为止。

以上大致说了一下 HTTP 框架为发送响应所要做的工作，然而，对于各个 HTTP 模块而言，绝大多数情况下发送 HTTP 响应时就是这个请求结束的时候，难道说还要像接收包体那样，传递一个 post_handler 回调方法，等所有的响应都发送完时再回调 HTTP 模块的 post_handler 方法来关闭请求吗？这个设计显然是不好的，根据 HTTP 的特点，只要开始发送响应基本上可以确定请求就要结束了。因此，HTTP 采用的设计是，使用 ngx_http_output_filter 方法发送响应时，必须与结束请求的 ngx_http_finalize_request 方法配合使用（ngx_http_finalize_request 方法会把请求的 write_event_handler 设置为 ngx_http_writer 方法，并将写事件添加到 epoll 和定时器中），这样就使得真正负责在后台异步地发送响应的 ngx_http_writer 方法对 HTTP 模块而言也是透明的。

11.9.1 节中将介绍发送 HTTP 响应行、头部的 ngx_http_send_header 方法，11.9.2 节将介

绍发送响应包体的 ngx_http_output_filter 方法，同时在这两节中还会穿插介绍如何配合 ngx_http_finalize_request 方法使用，实现异步的发送机制。最后在 11.9.3 节会介绍在后台发送响应的 ngx_http_writer 方法。

11.9.1 ngx_http_send_header

ngx_http_send_header 方法负责构造 HTTP 响应行、头部，同时会把它们发送给客户端。发送响应头部使用了第 6 章所述的流水线式的过滤模块思想，即通过提供统一的接口，让各个感兴趣的 HTTP 模块加入到 ngx_http_send_header 方法中，然后通过每个过滤模块 C 源文件中独有的 ngx_http_ next_header_filter 指针将各个过滤头部的方法连接起来，这样，在调用 ngx_http_send_header 方法时，实际就是依次调用了所有头部过滤模块的方法，其中，链表里的最后一个头部过滤方法将负责发送头部。因此，这些过滤模块组成的链表顺序是非常重要的，我们在第 6 章的 6.2.1 节和 6.2.2 节已经介绍过这部分内容，这里不再赘述。

调用 ngx_http_send_header 方法时，最后一个头部过滤模块叫做 ngx_http_header_filter_module 模块，之前的头部过滤模块会根据特性去修改表示请求的 ngx_http_request_t 结构体中 headers_out 成员里的内容，而最后一个头部过滤模块 ngx_http_header_filter_module 提供的 ngx_http_header_filter 方法则会根据 HTTP 规则把 headers_out 中的成员变量序列化为字符流，并发送出去，而本节的重点就在于说明 ngx_http_header_filter 方法所做的工作。

在了解 ngx_http_header_filter 方法之前，我们还是得先回顾一下事件驱动机制，因为它要求任何操作都不可以阻塞进程，ngx_http_header_filter 方法当然也不能例外。那么，如果要发送的响应头部大于套接字可写的缓存，无法一次把响应头部发送出去怎么办？这就需要使用 ngx_http_request_t 结构体中 ngx_chain_t 类型的成员 out 了，它将会保存没有发送完的（剩余的）响应头部。那么，什么时候发送请求 out 成员中保存的剩余响应头部呢？这就要结合用于结束请求的 ngx_http_finalize_request 方法来说了。

当 ngx_http_header_filter 方法无法一次性发送 HTTP 头部时，将会有以下两个现象同时发生。

- 请求的 out 成员中将会保存剩余的响应头部。
- ngx_http_header_filter 方法返回 NGX_AGAIN。

如果这个响应没有包体，那么这时通常已经可以调用 ngx_http_finalize_request 方法来结束请求了，参见 11.10.6 节中 ngx_http_finalize_request 方法的原型，它的第 2 个参数很关键，我们需要把 NGX_AGAIN 传进去，这样 ngx_http_finalize_request 方法就理解了实际上还需要 HTTP 框架继续发送请求 out 成员中保存的剩余响应字符流。ngx_http_finalize_request 方法会设置请求的 write_event_handler 成员为 ngx_http_writer 方法，这样，当连接上有可写事件时，就会调用 11.9.3 节描述的 ngx_http_writer 方法继续发送剩余的 HTTP 响应。下面先来看看 ngx_http_header_filter 方法的流程图，如图 11-19 所示。

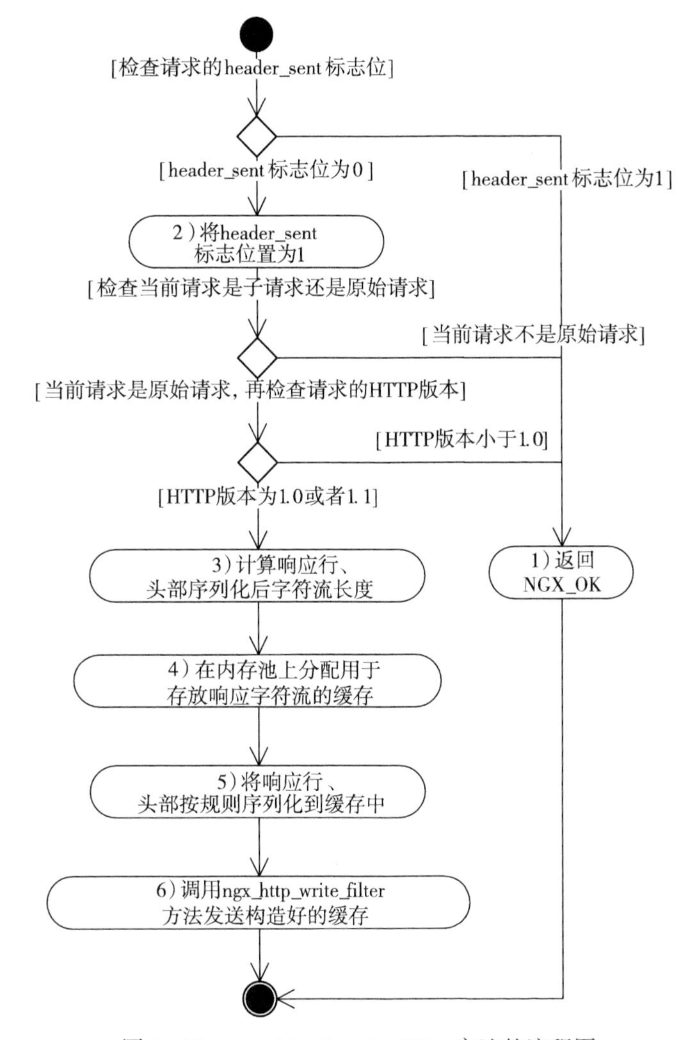

图 11-19　ngx_http_header_filter 方法的流程图

下面描述一下图 11-19 中的 6 个步骤。

1）首先检查请求 ngx_http_request_t 结构体的 header_sent 标志位，如果 header_sent 为 1，则表示这个请求的响应头部已经发送过了，不需要再向下执行，直接返回 NGX_OK 即可。

2）正式进入发送响应头部阶段，为防止反复地发送响应头部，将 header_sent 标志位置为 1。同时需要检查当前请求是否是客户端发来的原始请求，如果当前请求只是一个子请求，它是不存在发送 HTTP 响应头部这个概念的，因此，如果当前请求不是 main 成员指向的原始请求时，跳到第 1 步直接返回 NGX_OK。如果 HTTP 版本小于 1.0，同样不需要发送响应头部，仍然跳到第 1 步返回 NGX_OK。

3）根据请求 headers_out 结构体中的错误码、HTTP 头部字符串，计算出如果把响应头部序列化为一个字符串共需要多少字节。

4）在请求的内存池中分配第 3 步计算出的缓冲区。

5）将响应行、头部按照 HTTP 的规范序列化地复制到缓冲区中。

6）将第 4 步中分配的缓冲区作为参数调用 ngx_http_write_filter 方法，将响应头部发送出去。

注意，第 6 步是通过调用 ngx_http_write_filter 方法来发送响应头部的。事实上，这个方法是包体过滤模块链表中的最后一个模块 ngx_http_write_filter_module 的处理方法，当 HTTP 模块调用 ngx_http_output_filter 方法发送包体时，最终也是通过该方法发送响应的（在 11.9.2 节中将详细地介绍这一方法）。当一次无法发送全部的缓冲区内容时，ngx_http_write_filter 方法是会返回 NGX_AGAIN 的（同时将未发送完成的缓冲区放到请求的 out 成员中），也就是说，发送响应头部的 ngx_http_header_filter 方法会返回 NGX_AGAIN。如果不需要再发送包体，那么这时就需要调用 ngx_http_finalize_request 方法来结束请求，其中第 2 个参数务必要传递 NGX_AGAIN，这样 HTTP 框架才会继续将可写事件注册到 epoll，并持续地把请求的 out 成员中缓冲区里的 HTTP 响应发送完毕才会结束请求。

11.9.2 ngx_http_output_filter

ngx_http_output_filter 方法用于发送响应包体，它的第 2 个参数就是用于存放响应包体的缓冲区，如下所示。

```
ngx_int_t ngx_http_write_filter(ngx_http_request_t *r, ngx_chain_t *in)
```

其中第 2 个参数 in 在第 6 章中已有过详细的介绍，这里不再赘述。用于过滤包体的 HTTP 模块将以 ngx_http_next_body_filter 作为链表指针连接成一个流水线，ngx_http_output_filter 方法在发送包体时会依次调用各个过滤包体方法，其中最后一个过滤包体方法就是 11.9.1 节中介绍过的 ngx_http_write_filter 方法，它属于 ngx_http_write_filter_module 模块。

本节与 ngx_http_send_header 方法的介绍一样，不会讨论每个过滤模块的功能，我们只看最后一个包体过滤模块是怎样发送响应包体的。在图 11-20 中，ngx_http_write_filter 方法展示了 HTTP 框架是如何开始发送 HTTP 响应包体的。

图 11-20 中描述的 ngx_http_write_filter 方法主要有 13 个步骤，下面详细介绍这些步骤到底是如何工作的。

1）首先检查请求的连接上 ngx_connection_t 结构体的 error 标志位，如果 error 为 1 表示请求出错，那么直接返回 NGX_ERROR。

2）找到请求的 ngx_http_request_t 结构体中存放的等待发送的缓冲区链表 out，遍历这个 ngx_chain_t 类型的缓冲区链表，计算出 out 缓冲区共占用了多大的字节数，为第 9 步发送响应做准备。

> 注意　这个 out 链表通常都保存着待发送的响应。例如，在调用 ngx_http_send_header 方法时，如果 HTTP 响应头部过大导致无法一次性发送完，那么剩余的响应头部就会在 out 链表中。

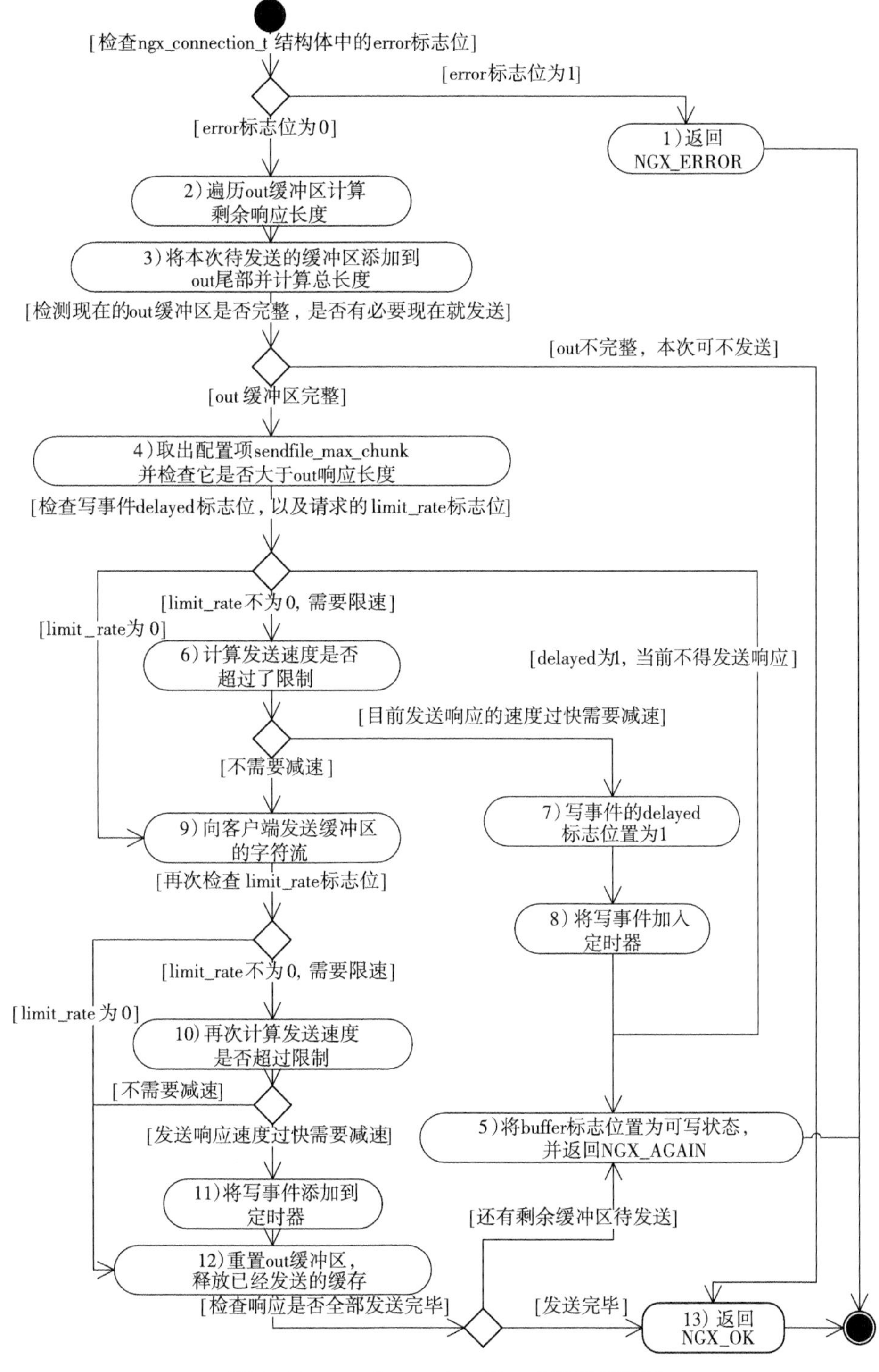

图 11-20 ngx_http_write_filter 方法的流程图

3）ngx_http_write_filter 方法的第 2 个参数 in 就是本次要发送的缓冲区链表（正是由 HTTP 模块构造、传递），本步骤将类似第 2 步遍历这个 ngx_chain_t 类型的缓存链表 in，将 in 中的缓冲区加入到 out 链表的末尾，并计算 out 缓冲区共占用多大的字节数，为第 9 步发送响应做准备。

在第 2、第 3 步的遍历过程中，会检查缓冲区中每个 ngx_buf_t 块的 3 个标志位：flush、recycled、last_buf，如果这 3 个标志位同时为 0（即待发送的 out 链表中没有一个缓冲区表示响应已经结束或需要立刻发送出去），而且本次要发送的缓冲区 in 虽然不为空，但以上两步骤中计算出的待发送响应的大小又小于配置文件中的 postpone_output 参数，那么说明当前的缓冲区是不完整的且没有必要立刻发送，于是跳到第 13 步直接返回 NGX_OK。

4）取出 nginx.conf 文件中匹配请求的 sendfile_max_chunk 配置项（如它属于某个 location 块下的配置项），为第 9 步计算发送响应的速度做准备。

首先检查连接上写事件的标志位 delayed，如果 delayed 为 1，则表示这一次的 epoll 调度中请求仍需要减速，是不可以发送响应的，delayed 为 1 指明了响应需要延迟发送，这时跳到第 5 步执行；如果 delayed 为 0，表示本次不需要减速，那么再检查 ngx_http_request_t 结构体中的 limit_rate 发送响应的速率，如果 limit_rate 为 0，表示这个请求不需要限制发送速度，直接跳到第 9 步执行；如果 limit_rate 大于 0，则说明发送响应的速度不能超过 limit_rate 指定的速度，这时跳到第 6 步执行。

5）将客户端对应的 ngx_connection_t 结构体中的 buffered 标志位放上 NGX_HTTP_WRITE_BUFFERED 宏，同时返回 NGX_AGAIN，这是在告诉 HTTP 框架 out 缓冲区中还有响应等待发送。

6）ngx_http_request_t 结构体中的 limit_rate 成员表示发送响应的最大速率，当它大于 0 时，表示需要限速，首先需要计算当前请求的发送速度是否已经达到限速条件。

这里需要解释第 2 章中介绍过的 nginx.conf 文件里的两个配置项：limit_rate 和 limit_rate_after。limit_rate 表示每秒可以发送的字节数，超过这个数字就需要限速；然而，限速这个动作必须是在发送了 limit_rate_after 字节的响应后才能生效（对于小响应包的优化设计）。下面看看这一步是如何使用这两个配置项来计算限速的，如下所示。

```
limit = r->limit_rate * (ngx_time() - r->start_sec + 1)
        - (c->sent - clcf->limit_rate_after);
```

第 9 章已介绍过 ngx_time() 方法，它取出了当前时间，而 start_sec 表示开始接收到客户端请求内容的时间，c->sent 表示这条连接上已经发送了的 HTTP 响应长度，这样计算出的变量 limit 就表示本次可以发送的字节数了。如果 limit 小于或等于 0，它表示这个连接上的发送响应速度已经超出了 limit_rate 配置项的限制，所以本次不可以继续发送，跳到第 7 步执行；如果 limit 大于 0，表示本次可以发送 limit 字节的响应，那么跳到第 9 步开始发送响应。

7）由于达到发送响应的速度上限，这时将连接上写事件的 delayed 标志位置为 1。

8）将写事件加入定时器中，其中超时时间要根据第 7 步算出的 limit 来计算，如下所示：

```
ngx_add_timer(c->write, (ngx_msec_t) (- limit * 1000 / r->limit_rate + 1));
```

limit是已经超发的字节数，它是0或者负数。这个定时器的超时时间是超发字节数按照limit_rate速率算出需要等待的时间再加上1毫秒，它可以使Nginx定时器准确地在允许发送响应时激活请求。之后转到第5步执行。

9）本步将把响应发送给客户端。然而，缓冲区中的响应可能非常大，那么这一次应该发送多少字节呢？这要根据第6步计算出的limit变量，以及第4步取得的配置项sendfile_max_chunk来计算，同时要根据第2、第3步遍历缓冲区计算出的待发送字节数来决定，这3个值中的最小值即作为本次发送的响应长度。

发送响应后再次检查请求的limit_rate标志位，如果limit_rate为0，则表示不需要限速，跳到第12步执行；如果limit_rate大于0，则表示需要限速，跳到第10步执行。

10）再次按照第6步中的方法计算刚发送了部分响应后，请求的发送速率是否达到limit_rate上限，如果不需要减速就直接跳到第12步；否则继续执行第11步。

11）这时表示第9步发送的响应速度还是过快了，已经超发了一些响应，那么这里类似第8步，计算出至少要经过多少毫秒后才可以继续发送，调用ngx_add_timer方法将写事件按照上面计算出的毫秒作为超时时间添加到定时器中。同时，把写事件的delayed标志位置为1。

12）重置ngx_http_request_t结构体的out缓冲区，把已经发送成功的缓冲区归还给内存池。如果out链表中还有剩余的没有发送出去的缓冲区，则添加到out链表头部，跳到第5步执行；如果已经将out链表中的所有缓冲区都发送给客户端了，则执行第13步。

13）返回NGX_OK表示成功。

以上较为详尽地描述了负责实际发送响应的ngx_http_write_filter方法是怎样工作的，包括如何更新请求里的out缓冲区，如何根据限速条件以及配置文件中的sendfile_max_chunk参数决定一次可以发送多少字节的响应。

ngx_http_send_header方法最终会调用ngx_http_write_filter方法来发送响应头部，而ngx_http_output_filter方法最终也是调用ngx_http_write_filter方法来发送响应包体的，同样，ngx_http_output_filter也有可能得到返回值NGX_AGAIN（图11-20的第5步），它表示还有未发送的响应缓冲区在out成员中。这时，需要以NGX_AGAIN作为参数调用ngx_http_finalize_request方法，该方法将把写事件的回调方法设为ngx_http_writer方法，并由它来把剩下的响应全部发送给客户端。

11.9.3 ngx_http_writer

本节介绍的ngx_http_writer方法对各个HTTP模块而言是不可见的，但实际上它非常重要，因为无论是ngx_http_send_header还是ngx_http_output_filter方法，它们在调用时一般都无法发送全部的响应，剩下的响应内容都得靠ngx_http_writer方法来发送。如何把ngx_http_writer方法设置为请求写事件的回调方法呢？这部分内容将在11.10.6节中介绍，此处关注的重点是ngx_http_writer方法在后台究竟做了些什么。图11-21是ngx_http_writer方法的流程图，如果这个请求的连接上可写事件被触发，也就是TCP的滑动窗口在告诉Nginx进程可以发送响应了，这时 ngx_http_writer 方法就开始工作了。

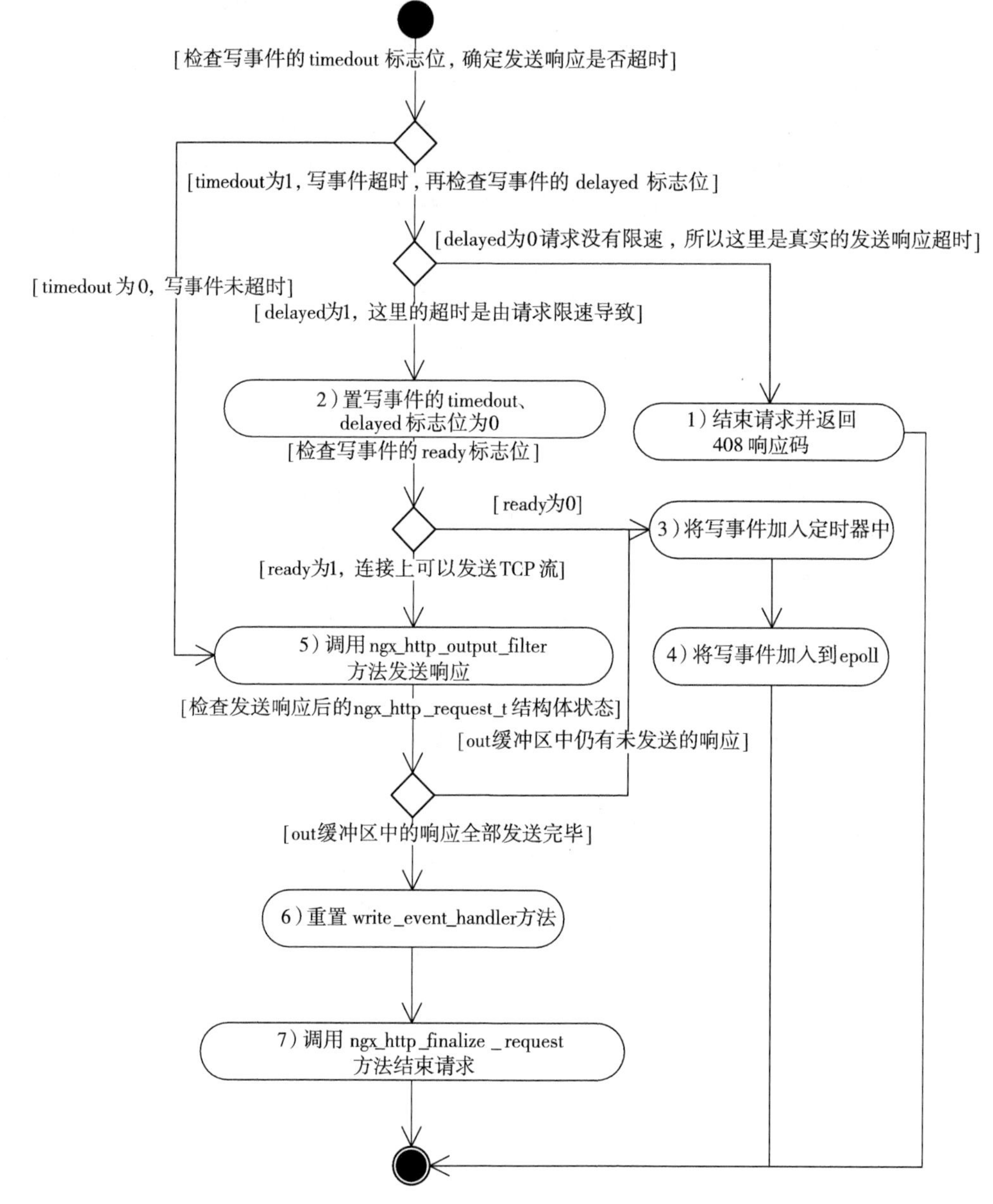

图 11-21 ngx_http_writer 方法的流程图

下面将详细介绍图 11-21 中的 7 个步骤。

1）首先检查连接上写事件的 timedout 标志位，如果 timedout 为 0，则表示写事件未超时，跳到第 5 步执行；如果 timedout 为 1，则表示当前的写事件已经超时，这时有两种可能性：第一种，由于网络异常或者客户端长时间不接收响应，导致真实的发送响应超时；第二种，由于上一次发送响应时发送速率过快，超过了请求的 limit_rate 速率上限，而上节的 ngx_http_write_filter 方法就会设置一个超时时间将写事件添加到定时器中，这时本次的超时只是由限速导致，并非真正超时（结合图 11-20 理解）。那么，如何判断这个超时是真的超时还是出于限速的考虑呢？这要看事件的 delayed 标志位。从图 11-20 中可以看出，如果是限速把写事件加入定时器，一定会把 delayed 标志位置为 1，如其中的第 7 步和第 11 步。如果写事件的 delayed 标志位为 0，那就是真的超时了，这时调用 ngx_http_finalize_request 方法结束请求，传入的参数是 NGX_HTTP_REQUEST_TIME_OUT，表示需要向客户端发送 408 错误码；如果 delayed 标志位为 1，则继续执行第 2 步。

2）既然当前事件的超时是由限速引起的，那么此时可以把写事件的 timedout 标志位和 delayed 标志位都重置为 0。

再检查写事件的 ready 标志位，如果为 1，则表示在与客户端的 TCP 连接上可以发送数据，跳到第 5 步执行；如果为 0，则表示暂不可发送数据，跳到第 3 步执行。

3）将写事件添加到定时器中，这里的超时时间就是配置文件中的 send_timeout 参数，与限速功能无关。

4）调用 ngx_handle_write_event 方法将写事件添加到 epoll 等事件收集器中，同时 ngx_http_writer 方法结束。

5）调用 ngx_http_output_filter 方法发送响应，其中第 2 个参数（也就是表示需要发送的缓冲区）为 NULL 指针。这意味着，需要调用各包体过滤模块处理 out 缓冲区中的剩余内容，最后调用 ngx_http_write_filter 方法把响应发送出去。

发送响应后，查看 ngx_http_request_t 结构体中的 buffered 和 postponed 标志位，如果任一个不为 0，则意味着没有发送完 out 中的全部响应，这时跳到第 3 步执行；请求 main 指针指向请求自身，表示这个请求是原始请求，再检查与客户端间的连接 ngx_connection_t 结构体中的 buffered 标志位，如果 buffered 不为 0，同样表示没有发送完 out 中的全部响应，仍然跳到第 3 步执行；除此以外，都表示 out 中的全部响应皆发送完毕，跳到第 6 步执行。

6）将请求的 write_event_handler 方法置为 ngx_http_request_empty_handler，也就是说，如果这个请求的连接上再有可写事件，将不做任何处理。

7）调用 ngx_http_finalize_request 方法结束请求，其中第 2 个参数传入的是 ngx_http_output_filter 方法的返回值。

ngx_http_writer 方法仅用于在后台发送响应到客户端。

11.10　结束 HTTP 请求

对于事件驱动的架构来说，结束请求是一项复杂的工作。因为一个请求可能会被许多个事件触发，这使得 Nginx 框架调度到某个请求的回调方法时，在当前业务内似乎需要结束

HTTP 请求，但如果真的结束了请求，销毁了与请求相关的内存，多半会造成重大错误，因为这个请求可能还有其他事件在定时器或者 epoll 中。当这些事件被回调时，请求却已经不存在了，这就是严重的内存访问越界错误！如果尝试在属于某个 HTTP 模块的回调方法中试图结束请求，先要把这个请求相关的所有事件（有些事件可能属于其他 HTTP 模块）都从定时器和 epoll 中取出并调用其 handler 方法，这又太复杂了，另外，不同 HTTP 模块上的代码耦合太紧密将会难以维护。

那 HTTP 框架又是怎样解决这个问题的呢？HTTP 框架把一个请求分为多种动作，如果 HTTP 框架提供的方法会导致 Nginx 再次调度到请求（例如，在这个方法中产生了新的事件，或者重新将已有事件添加到 epoll 或者定时器中），那么可以认为这一步调用是一种独立的动作。例如，接收 HTTP 请求的包体、调用 upstream 机制提供的方法访问第三方服务、派生出 subrequest 子请求等。这些所谓独立的动作，都是在告诉 Nginx，如果机会合适就再次调用它们处理请求，因为这个动作并不是 Nginx 调用一次它们的方法就可以处理完毕的。因此，每一种动作对于整个请求来说都是独立的，HTTP 框架希望每个动作结束时仅维护自己的业务，不用去关心这个请求是否还做了其他动作。这种设计大大降低了复杂度。

这种设计具体又是怎么实现的呢？实际上，在 11.8 节中已经介绍过，每个 HTTP 请求都有一个引用计数，每派生出一种新的会独立向事件收集器注册事件的动作时（如 ngx_http_read_client_request_body 方法或者 ngx_http_subrequest 方法），都会把引用计数加 1，这样每个动作结束时都通过调用 ngx_http_finalize_request 方法来结束请求，而 ngx_http_finalize_request 方法实际上却会在引用计数减 1 后先检查引用计数的值，如果不为 0 是不会真正销毁请求的。

也就是说，HTTP 框架要求在请求的某个动作结束时，必须调用 ngx_http_finalize_request 方法来结束请求。ngx_http_finalize_request 方法也设计得比较复杂，在第 3 章中曾经谈到过它最基本的用法，本节中将详细讨论 ngx_http_finalize_request 方法到底做了些什么。

在说明 ngx_http_finalize_request 方法前，先介绍一下 HTTP 框架提供的几个更低级别的结束请求方法。

11.10.1 ngx_http_close_connection

ngx_http_close_connection 方法是 HTTP 框架提供的一个用于释放 TCP 连接的方法，它的目的很简单，就是关闭这个 TCP 连接，当且仅当 HTTP 请求真正结束时才会调用这个方法。图 11-22 列出了 ngx_http_close_

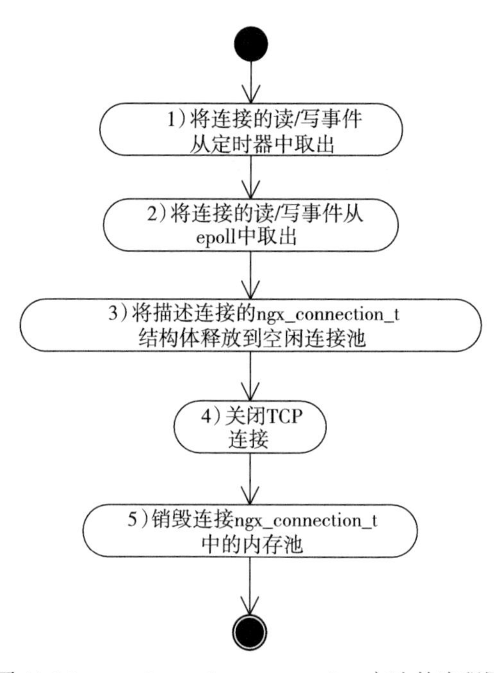

图 11-22 ngx_http_close_connection 方法的流程图

connection 方法所做的工作。

下面先来分析一下这个底层的方法 ngx_http_close_connection 究竟做了些什么。

1）首先将连接的读 / 写事件从定时器中取出。实际上就是检查读 / 写事件的 time_set 标志位，如果为 1，则证明事件在定时器中，那么需要调用 ngx_del_timer 方法把事件从定时器中移除。

2）调用 ngx_del_conn 宏（或者 ngx_del_event 宏）将读 / 写事件从 epoll 中移除。实际上就是调用第 9 章重点介绍过的 ngx_event_actions_t 接口中的 del_conn 方法，当事件模块是 epoll 模块时，就是从 epoll 中移除这个连接的读 / 写事件。同时，如果这个事件在 ngx_posted_accept_events 或者 ngx_posted_events 队列中，还需要调用 ngx_delete_posted_event 宏把事件从 post 事件队列中移除。

3）调用 ngx_free_connection 方法把表示连接的 ngx_connection_t 结构体归还给 ngx_cycle_t 核心结构体的空闲连接池 free_connections。

4）调用系统提供的 close 方法关闭这个 TCP 连接套接字。

5）销毁 ngx_connection_t 结构体中的 pool 内存池。

可见，这个 ngx_http_close_connection 方法主要是针对连接做了一些工作，它是非常基础的方法。

11.10.2　ngx_http_free_request

ngx_http_free_request 方法将会释放请求对应的 ngx_http_request_t 数据结构，它并不会像 ngx_http_close_connection 方法一样去释放承载请求的 TCP 连接，每一个 TCP 连接可以反复地承载多个 HTTP 请求，因此，ngx_http_free_request 是比 ngx_http_close_connection 更高层次的方法，前者必然先于后者调用。下面看看图 11-23 中 ngx_http_free_request 方法到底做了哪些工作。

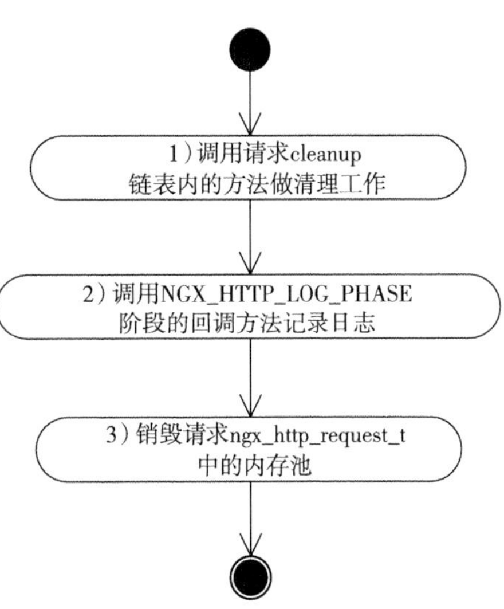

图 11-23　ngx_http_free_request 方法的流程图

在描述图 11-23 之前，先来看一个数据结构 ngx_http_cleanup_t，它的定义如下。

```
typedef struct ngx_http_cleanup_s  ngx_http_cleanup_t;
struct ngx_http_cleanup_s {
    // 由 HTTP 模块提供的清理资源的回调方法
    ngx_http_cleanup_pt handler;

    // 希望给上面的 handler 方法传递的参数
    void *data;

    /* 一个请求可能会有多个 ngx_http_cleanup_t 清理方法，这些清理方法间就是通过 next 指针连接
成单链表的 */
```

```
    ngx_http_cleanup_t *next;
};
```

事实上，任何一个请求的 ngx_http_request_t 结构体中都有一个 ngx_http_cleanup_t 类型的成员 cleanup，如果没有需要清理的资源，则 cleanup 为空指针，否则 HTTP 模块可以向 cleanup 中以单链表的形式无限制地添加 ngx_http_cleanup_t 结构体，用以在请求结束时释放资源。再看看 handler 方法的定义，如下所示。

```
typedef void (*ngx_http_cleanup_pt)(void *data);
```

如果需要在请求释放时执行一些回调方法，首先需要实现一个 ngx_http_cleanup_pt 方法。当然，HTTP 框架还很友好地提供了一个工具方法 ngx_http_cleanup_add，用于向请求中添加 ngx_http_cleanup_t 结构体，其定义如下。

```
ngx_http_cleanup_t * ngx_http_cleanup_add(ngx_http_request_t *r, size_t size)
```

这个方法返回的就是已经插入请求的 ngx_http_cleanup_t 结构体指针，其中 data 成员指向的内存都已经分配好，内存的大小由 size 参数指定。

注意 事实上，在 3.8.2 节中曾经简单地介绍过同样用于清理资源的 ngx_pool_cleanup_t，它与 ngx_http_cleanup_pt 是不同的，ngx_pool_cleanup_t 仅在所用的内存池销毁时才会被调用来清理资源，它何时释放资源将视所使用的内存池而定，而 ngx_http_cleanup_pt 是在 ngx_http_request_t 结构体释放时被调用来释放资源的。

下面说明一下 ngx_http_free_request 方法所做的 3 项主要工作。

1）循环地遍历请求 ngx_http_request_t 结构体中的 cleanup 链表，依次调用每一个 ngx_http_cleanup_pt 方法释放资源。

2）在 11 个 ngx_http_phases 阶段中，最后一个阶段叫做 NGX_HTTP_LOG_PHASE，它是用来记录客户端的访问日志的。在这一步骤中，将会依次调用 NGX_HTTP_LOG_PHASE 阶段的所有回调方法记录日志。官方的 ngx_http_log_module 模块就是在这里记录 access log 的。

3）销毁请求 ngx_http_request_t 结构体中的 pool 内存池。在销毁内存池时，挂在该内存池下的由各 Nginx 模块实现的 ngx_pool_cleanup_t 方法也会被调用，注意它与第 1 步的区别。

注意 如果打开了统计 HTTP 请求的功能，ngx_http_free_request 方法还会更新共享内存中的统计请求数量的两个原子变量：ngx_stat_reading、ngx_stat_writing，详见 14.2.1 节。

11.10.3 ngx_http_close_request

ngx_http_close_request 方法是更高层的用于关闭请求的方法，当然，HTTP 模块一般也不会直接调用它的。在上面几节中反复提到的引用计数，就是由 ngx_http_close_request 方法负责检测的，同时它会在引用计数清零时正式调用 ngx_http_free_request 方法和 ngx_http_close_connection 方法来释放请求、关闭连接。先来看看图 11-24 中列出的 ngx_http_close_request 方法所做的工作。

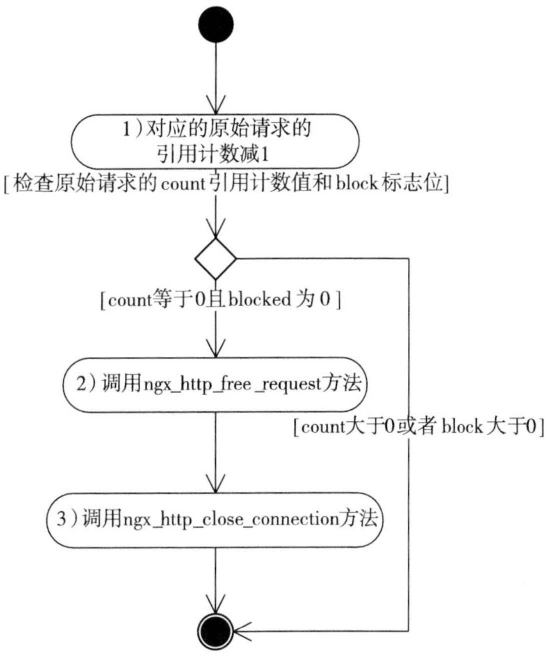

图 11-24　ngx_http_close_request 方法的流程图

下面简单说明一下 ngx_http_close_request 方法所做的工作。

1）首先，由 ngx_http_request_t 结构体的 main 成员中取出对应的原始请求（当然，可能就是这个请求本身），再取出 count 引用计数并减 1。然后，检查 count 引用计数是否已经为 0，以及 blocked 标志位是否为 0。如果 count 已经为 0，则证明请求没有其他动作要使用了，同时 blocked 标志位也为 0，表示没有 HTTP 模块还需要处理请求，所以此时请求可以真正释放，这时跳到第 2 步执行；如果 count 引用计数大于 0，或者 blocked 大于 0，这样都不可以结束请求，ngx_http_close_request 方法直接结束。

2）调用 ngx_http_free_request 方法释放请求。

3）调用 ngx_http_close_connection 方法关闭连接。

注意　在官方发布的 HTTP 模块中，ngx_http_request_t 结构体中的 blocked 标志位主要由异步 I/O 使用，ngx_http_close_request 方法正是通过 blocked 配合着异步 I/O 工作，如果 AIO 上下文中还在处理这个请求，blocked 必然是大于 0 的，这时 ngx_http_close_request 方法不能结束请求。由于本章不涉及异步 AIO，所以略过不提。

11.10.4　ngx_http_finalize_connection

ngx_http_finalize_connection 方法虽然比 ngx_http_close_request 方法高了一个层次，但 HTTP 模块一般还是不会直接调用它。ngx_http_finalize_connection 方法在结束请求时，解决了 keepalive 特性和子请求的问题，图 11-25 中展示了它所做的工作。

下面简单分析一下 ngx_http_finalize_connection 方法所做的工作。

1）首先查看原始请求的引用计数，如果不等于 1，则表示还有多个动作在操作着请求，接着继续检查 discard_body 标志位。如果 discard_body 为 0，则直接跳到第 3 步；如果

discard_body 为 1，则表示正在丢弃包体，这时会再一次把请求的 read_event_handler 成员设为 ngx_http_discarded_request_body_handler 方法，就如同 11.8.2 节中描述的一样。

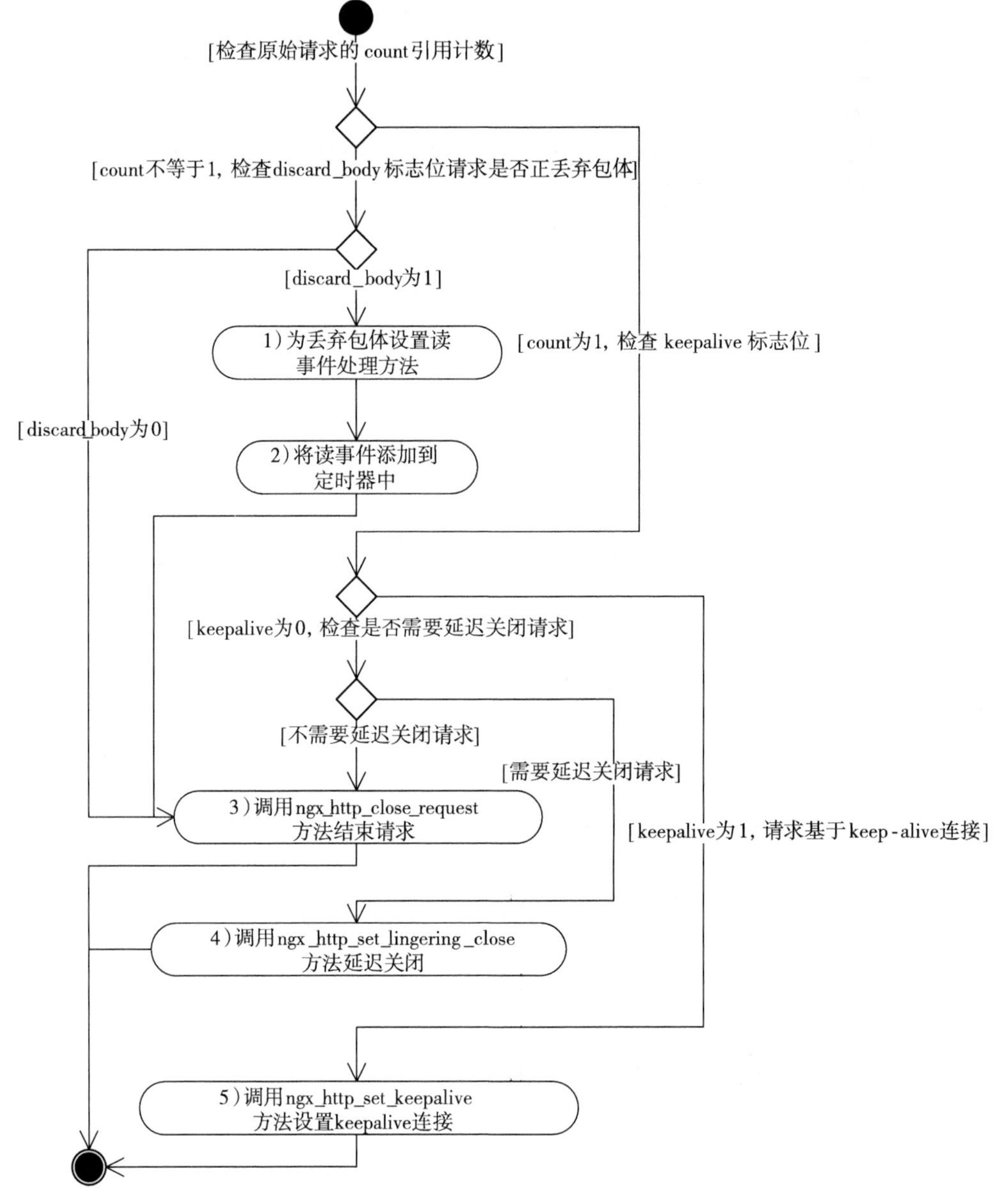

图 11-25 ngx_http_finalize_connection 方法的流程

如果引用计数为 1，则说明这时要真的准备结束请求了。不过，还要检查请求的 keepalive 成员，如果 keepalive 为 1，则说明这个请求需要释放，但 TCP 连接还是要复用的，这时跳到第 5 步执行；如果 keepalive 为 0 就不需要考虑 keepalive 请求了，但还需要检测请求的 lingering_close 成员，如果 lingering_close 为 1，则说明需要延迟关闭请求，这时也不能真的去结束请求，而是跳到第 4 步，如果 lingering_close 为 0，才真的跳到第 5 步结束请求。

2）将读事件添加到定时器中，其中超时时间是 lingering_timeout 配置项。

3）调用 11.10.3 节介绍的 ngx_http_close_request 方法结束请求。

4）调用 ngx_http_set_lingering_close 方法延迟关闭请求。实际上，这个方法的意义就在于把一些必须做的事情做完（如接收用户端发来的字符流）再关闭连接。

5）调用 ngx_http_set_keepalive 方法将当前连接设为 keepalive 状态。它实际上会把表示请求的 ngx_http_request_t 结构体释放，却又不会调用 ngx_http_close_connection 方法关闭连接，同时也在检测 keepalive 连接是否超时，对于这个方法，此处不做详细解释。

11.10.5　ngx_http_terminate_request

ngx_http_terminate_request 方法是提供给 HTTP 模块使用的结束请求方法，但它属于非正常结束的场景，可以理解为强制关闭请求。也就是说，当调用 ngx_http_terminate_request 方法结束请求时，它会直接找出该请求的 main 成员指向的原始请求，并直接将该原始请求的引用计数置为 1，同时会调用 ngx_http_close_request 方法去关闭请求。与上文不同的是，它是 HTTP 框架提供给各个 HTTP 模块直接使用的方法，篇幅所限，这个方法就不再详细介绍了。

11.10.6　ngx_http_finalize_request

ngx_http_finalize_request 方法是开发 HTTP 模块时最常使用的结束请求方法，在第 3 章中早已介绍过它的简单用法。事实上，ngx_http_finalize_request 方法被 HTTP 框架设计得极为复杂，各种结束请求的场景都被它考虑到了，下面将详细讲述这个方法究竟做了些什么。首先回顾一下它的定义。

```
void ngx_http_finalize_request(ngx_http_request_t *r, ngx_int_t rc)
```

其中，参数 r 就是当前请求，它可能是派生出的子请求，也可能是客户端发来的原始请求。后面的参数 rc 就非常复杂了，它既可能是 NGX_OK、NGX_ERROR、NGX_AGAIN、NGX_DONE、NGX_DECLINED 这种系统定义的返回值，又可能是类似 NGX_HTTP_REQUEST_TIME_OUT 这样的 HTTP 响应码，因此，ngx_http_finalize_request 方法的流程异常复杂。学习如何正确地使用 ngx_http_finalize_request 方法非常关键，因为会涉及不同动作导致的引用计数增加、异常情况下自动构造响应、未发送完所有响应时自动向事件框架添加写事件回调方法 ngx_http_writer 等各种场景。大多数情况下，我们都会把其他 Nginx 方法的返回值作为 rc 参数来调用 ngx_http_finalize_request 方法，但如果要编写复杂的 HTTP 模块，还是需要清晰地认识 ngx_http_finalize_request 方法的工作原理。

下面把 ngx_http_finalize_request 方法的主要流程简化为了 17 个主要步骤，如图 11-26 所示。

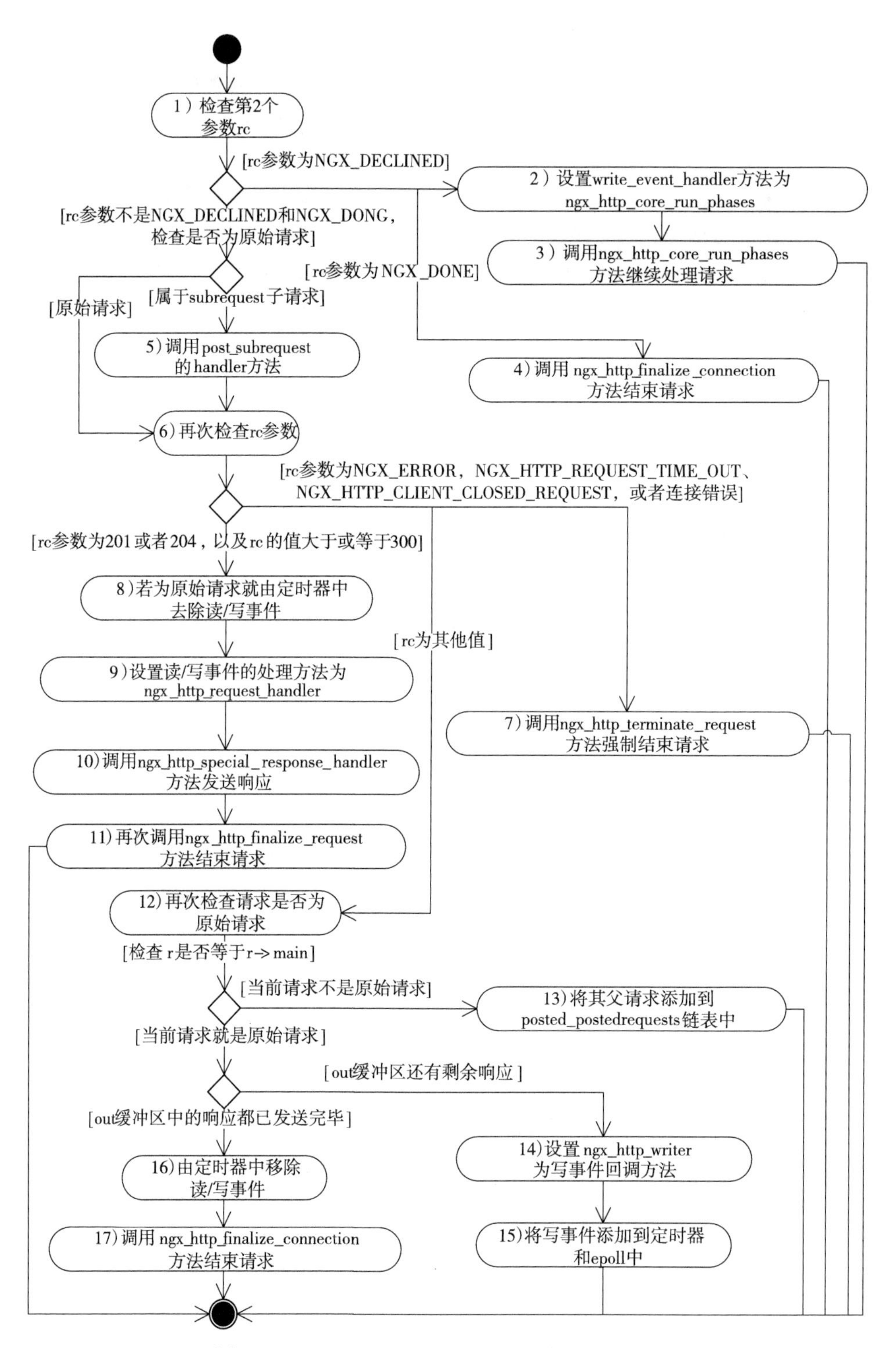

图 11-26 ngx_http_finalize_request 方法的流程图

下面解释一下 ngx_http_finalize_request 方法所做的工作。

1）首先检查 rc 参数。如果 rc 为 NGX_DECLINED，则跳到第 2 步执行；如果 rc 为 NGX_DONE，则跳到第 4 步执行；除此之外，都继续执行第 5 步。

2）NGX_DECLINED 参数表示请求还需要按照 11 个 HTTP 阶段继续处理下去，参考 11.6 节的内容可以知道，这时需要继续调用 ngx_http_core_run_phases 方法处理请求。这一步中首先会把 ngx_http_request_t 结构体的 write_event_handler 设为 ngx_http_core_run_phases 方法。同时，将请求的 content_handler 成员置为 NULL 空指针，11.6 节已介绍过这个成员，它是一种用于在 NGX_HTTP_CONTENT_PHASE 阶段处理请求的方式，将其设置为 NULL 是为了让 ngx_http_core_content_phase 方法（11.6.4 节介绍）可以继续调用 NGX_HTTP_CONTENT_PHASE 阶段的其他处理方法。

3）调用 ngx_http_core_run_phases 方法继续处理请求，ngx_http_finalize_request 方法结束。

4）NGX_DONE 参数表示不需要做任何事，直接调用 ngx_http_finalize_connection 方法，之后 ngx_http_finalize_request 方法结束。当某一种动作（如接收 HTTP 请求包体）正常结束而请求还有业务要继续处理时，多半都是传递 NGX_DONE 参数。由 11.10.4 节我们知道，这个 ngx_http_finalize_connection 方法还会去检查引用计数情况，并不一定会销毁请求。

5）检查当前请求是否为 subrequest 子请求，如果不是，则跳到第 6 步执行；如果是子请求，那么调用 post_subrequest 下的 handler 回调方法。在第 6 章中曾经介绍过 subrequest 的用法，可以看到 post_subrequest 正是此时被调用的。

6）第 1 步只是把 rc 参数的两种特殊值处理掉了，现在又需要再次检查 rc 参数了。如果 rc 值为 NGX_ERROR、NGX_HTTP_REQUEST_TIME_OUT、NGX_HTTP_CLOSE、NGX_HTTP_CLIENT_CLOSED_REQUEST，或者这个连接的 error 标志为 1，那么跳到第 7 步执行；如果 rc 为 NGX_HTTP_CREATED、NGX_HTTP_NO_CONTENT 或者大于或等于 NGX_HTTP_SPECIAL_RESPONSE，则表示请求的动作是上传文件，或者 HTTP 模块需要 HTTP 框架构造并发送响应码大于或等于 300 以上的特殊响应，这时跳到第 8 步执行；其他情况下，直接跳到第 12 步执行。

7）这一步直接调用 ngx_http_terminate_request 方法强制结束请求，同时，ngx_http_finalize_request 方法结束。

8）检查当前请求的 main 是否指向自己，如果是，这个请求就是来自客户端的原始请求（非子请求），这时检查读 / 写事件的 timer_set 标志位，如果 timer_set 为 1，则表明事件在定时器中，需要调用 ngx_del_timer 方法把读 / 写事件从定时器中移除。

9）设置读 / 写事件的回调方法为 ngx_http_request_handler 方法，这个方法在 11.6 节中介绍过，它会继续处理 HTTP 请求。

10）调用 ngx_http_special_response_handler 方法，该方法负责根据 rc 参数构造完整的 HTTP 响应。为什么可以在这一步中构造这样的响应呢？回顾一下第 7 步，这时 rc 要么是表示上传成功的 201 或者 204，要么就是表示异步的 300 以上的响应码，对于这些情况，都是可以让 HTTP 框架独立构造响应包的。

11）再次调用 ngx_http_finalize_request 方法结束请求，不过这时的 rc 参数实际上是第 10 步 ngx_http_special_response_handler 方法的返回值。

12）再次检查请求的 main 成员是否指向自己，即当前请求是否为原始请求。如果不是客户端发来的原始请求，跳到 13 步继续执行；如果是原始请求，那么还需要检查 out 缓冲区内是否还有没发送完的响应，如果有，则跳到第 14 步继续执行，如果没有，则可以结束请求了，此时跳到第 16 步。

13）由于当前请求是子请求，那么正常情况下需要跳到它的父请求上，激活父请求继续向下执行，所以这一步首先根据 ngx_http_request_t 结构体的 parent 成员找到父请求，再构造一个 ngx_http_posted_request_t 结构体把父请求放置其中，最后把该结构体添加到原始请求的 posted_requests 链表中，这样 11.7 节中介绍过的 ngx_http_run_posted_requests 方法就会在图 11-12 描述的流程中调用父请求的 write_event_handler 方法了。

14）在 11.9 节中多次讲到，当 HTTP 响应过大，无法一次性发送给客户端时，需要调用 ngx_http_finalize_request 方法结束请求，而该方法会把 11.9.3 节介绍的 ngx_http_writer 方法注册给 epoll 和定时器，当连接再次可写时就会继续发送剩余的响应，这些工作就是在第 14、第 15 步中完成的。这一步先把请求的 write_event_handler 成员设为 ngx_http_writer 方法。

15）如果写事件的 delayed 标志位为 0，就把写事件添加到定时器中，超时时间就是 nginx.conf 文件中的 send_timeout 配置项；当然，如果 delayed 为 1，则表示限制发送速度，从 11.9.2 节可以看出，在需要限速时，根据计算得到的超时时间已经把写事件添加到定时器中了。再调用 ngx_handle_write_event 方法把写事件添加到 epoll 中。

16）到了这里真的要结束请求了。首先判断读 / 写事件的 timer_set 标志位，如果 timer_set 为 1，则需要把相应的读 / 写事件从定时器中移除。

17）调用 11.10.4 节中介绍过的 ngx_http_finalize_connection 方法结束请求。

事实上，ngx_http_finalize_request 方法的分支流程远不止上面的 17 步，为了让读者清晰地理解其主要工作，许多不太重要的分支都从图 10-26 中去除了。到此，读者应当对 ngx_http_finalize_request 方法有了相当全面的了解，这时再开发 HTTP 模块就可以灵活地指定 rc 参数了。

11.11 小结

本章系统地介绍了 HTTP 框架是如何运行的，特别是它如何与第 9 章介绍的事件框架交互，以及如何与本书第二部分介绍的普通 HTTP 模块交互。阅读完本章内容后，相信读者会对 HTTP 模块的开发有一个全新的认识，甚至对于在 HTTP 请求的处理过程中 HTTP 模块占用的服务器资源都会有深入的了解，也就是说，这时读者应当具备开发复杂的 HTTP 模块的能力了，甚至可以处理非 HTTP，而是其他基于 TCP 的应用层协议，它们也可以仿照 HTTP 框架，定义一种新的模块类型和处理框架，从而高效地处理新业务。

upstream 机制实际上也属于 HTTP 框架的内容，下一章中我们将介绍它的实现原理。

第 12 章 Chapter 12

upstream 机制的设计与实现

第 5 章中曾经举例说明过 upstream 机制的一种基础用法，本章将讨论 upstream 机制的设计和实现，以此帮助读者全面了解如何使用 upstream 访问上游服务器。upstream 机制是事件驱动框架与 HTTP 框架的综合，它既属于 HTTP 框架的一部分，又可以处理所有基于 TCP 的应用层协议（不限于 HTTP）。它不仅没有任何阻塞地实现了 Nginx 与上游服务器的交互，同时又很好地解决了一个请求、多个 TCP 连接、多个读 / 写事件间的复杂关系。为了帮助 Nginx 实现反向代理功能，upstream 机制除了提供基本的与上游交互的功能之外，还实现了转发上游应用层协议的响应包体到下游客户端的功能（与下游之间当然还是使用 HTTP）。在这些过程中，upstream 机制使用内存时极其“节省”，特别是在转发响应包体时，它从不会把一份上游的协议包复制多份。考虑到上下游间网速的不对称，upstream 机制还提供了以大内存和磁盘文件来缓存上游响应的功能。

因此，拥有高性能、高效率以及高度灵活性的 upstream 机制值得我们花费精力去了解它的设计、实现，这样才能更好地使用它。同时，通过学习它的设计思想，也可以深入了解配合应用层业务基于第 9 章的事件框架开发 Nginx 模块的方法。

由于 upstream 机制较为复杂，同时在第 11 章“ HTTP 框架”中我们已经非常熟悉如何使用事件驱动架构了，所以本章将不会纠结于事件驱动架构的细节、分支，而是专注于 upstream 机制的主要流程。也就是说，本章将会略过处理 upstream 的过程中超时、连接关闭、失败后重新执行等非核心事件，仅聚焦于正常的处理过程（在由源代码对应的流程图中，就是会把许多执行失败的分支略过，对于这些错误分支的执行情况，读者可以通过阅读 ngx_http_upstream 源代码来了解）。虽然 upstream 机制也包含了部分文件缓存功能的代码，但限于篇幅，本章将不介绍文件缓存，这部分内容也会直接略过。经过这样处理，读者就可以清晰、直观地看到 upstream 到底是如何工作的了，如果还需要了解细节，那么可以由主要流程附近的相关代码查询到各种分支的处理方式。

Nginx 访问上游服务器的流程大致可以分为以下 6 个阶段：启动 upstream 机制、连接上游服务器、向上游服务器发送请求、接收上游服务器的响应包头、处理接收到的响应包体、结束请求。本章首先在 12.1 节系统地讨论 upstream 机制的设计目的，以及为了实现这些目的需要用到的数据结构，之后会按照顺序介绍上述 6 个阶段。

12.1 upstream 机制概述

本节将说明 upstream 机制的设计目的，包括它能够解决哪几类问题。接下来就会介绍一个关键结构体 ngx_http_upstream_t 以及它的 conf 成员（ngx_http_upstream_conf_t 结构体），事实上这两个结构体中的各个成员意义有些混淆不清，有些仅用于 upstream 框架使用，有些却是希望使用 upstream 的 HTTP 模块来设置的，这也是 C 语言编程的弊端。因此，如果希望直接编写使用 upstream 机制的复杂模块，可以采取顺序阅读的方式；如果希望更多地了解 upstream 的工作流程，则不妨先跳过对这两个结构体的详细说明，继续向下了解 upstream 流程，在流程的每个阶段中都会使用到这两个结构体中的成员，到时可以再返回查询每个成员的意义，这样会更有效率。

12.1.1 设计目的

那么，到底什么是 upstream 机制？它的设计目的有哪些？先来看看图 12-1。

（1）上游和下游

图 12-1 中出现了上游和下游的概念，这是从 Nginx 视角上得出的名词，怎么理解呢？我们不妨把它看成一条产业链，Nginx 是其中的一环，离消费者近的环节属于下游，离消费者远的环节属于上游。Nginx 的客户端可以是一个浏览器，或者是一个应用程序，又或者是一个服务器，对于 Nginx 来说，它们都属于“下游”，Nginx 为了实现“下游”所需要的功能，很多时候是从“上游”的服务器获取一些原材料的（如数据库中的用户信息等）。图 12-1 中的两个英文单词，upstream 表示上游，而 downstream 表示下游。因此，所谓的 upstream 机制就是用来使 HTTP 模块在处理客户端请求时可以访问“上游”的后端服务器。

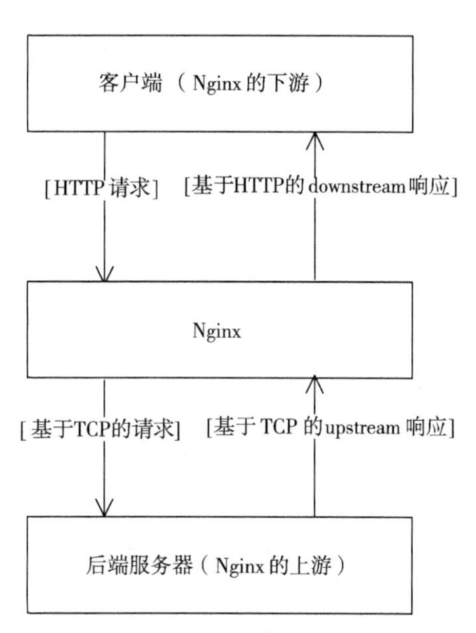

图 12-1 upstream 机制的场景示意图

（2）上游服务器提供的协议

Nginx 不仅仅可以用做 Web 服务器。upstream 机制其实是由 ngx_http_upstream_module 模块实现的，

它是一个 HTTP 模块，使用 upstream 机制时客户端的请求必须基于 HTTP。

既然 upstream 是用于访问“上游”服务器的，那么，Nginx 需要访问什么类型的“上游”服务器呢？是 Apache、Tomcat 这样的 Web 服务器，还是 memcached、cassandra 这样的 Key-Value 存储系统，又或是 mongoDB、MySQL 这样的数据库？这就涉及 upstream 机制的范围了。其实非常明显，回顾一下第 9 章中系统介绍过的主要用于处理 TCP 的事件驱动架构，基于事件驱动架构的 upstream 机制所要访问的就是所有支持 TCP 的上游服务器。因此，既有 ngx_http_proxy_module 模块基于 upstream 机制实现了 HTTP 的反向代理功能，也有类似 ngx_http_memcached_module 的模块基于 upstream 机制使得请求可以访问 memcached 服务器。

（3）每个客户端请求实际上可以向多个上游服务器发起请求

在图 12-1 中，似乎一个客户端请求只能访问一个上游服务器，事实上并不是这样，否则 Nginx 的功能就太弱了。对于每个 ngx_http_request_t 请求来说，只能访问一个上游服务器，但对于一个客户端请求来说，可以派生出许多子请求，任何一个子请求都可以访问一个上游服务器，这些子请求的结果组合起来就可以使来自客户端的请求处理复杂的业务。

可为什么每个 ngx_http_request_t 请求只能访问一个上游服务器？这是由于 upstream 机制还有更复杂的目的。以反向代理功能为例，upstream 机制需要把上游服务器的响应全部转发给客户端，那么如果响应的长度特别大怎么办？例如，用户下载一个 5GB 的视频文件，upstream 机制肯定不能够在 Nginx 接收了完整的响应后，再把它转发给客户端，这样效率太差了。因此，upstream 机制不只提供了直接处理上游服务器响应的功能，还具有将来自上游服务器的响应即时转发给下游客户端的功能。因为有了这个独特的需求，每个 ngx_http_request_t 结构体只能用来访问一个上游服务器，大大简化了设计。

（4）反向代理与转发上游服务器的响应

转发响应时同样有两个需要解决的问题。

1）下游协议是 HTTP，而上游协议可以是基于 TCP 的任何协议，这需要有一个适配的过程。所以，upstream 机制会将上游的响应划分为包头、包体两部分，包头部分必须由 HTTP 模块实现的 process_header 方法解析、处理，包体则由 upstream 不做修改地进行转发。

2）上、下游的网速可能差别非常大，通常在产品环境中，Nginx 与上游服务器之间是内网，网速会很快，而 Nginx 与下游的客户端之间则是公网，网速可能非常慢。对于这种情况，将会有以下两种解决方案：

- 当上、下游网速差距不大，或者下游速度更快时，出于能够并发更多请求的考虑，必然希望内存可以使用得少一些，这时将会开辟一块固定大小的内存（由 ngx_http_upstream_conf_t 中的 buffer_size 指定大小），既用它来接收上游的响应，也用它来把保存的响应内容转发给下游。这样做也是有缺点的，当下游速度过慢而导致这块充当缓冲区的内存写满时，将无法再接收上游的响应，必须等待缓冲区中的内容全部发送给下游后才能继续接收。

- 当上游网速远快于下游网速时，就必须要开辟足够的内存缓冲区来缓存上游响应（ngx_http_upstream_conf_t 中的 bufs 指定了每块内存缓冲区的大小，以及最多可以有多少块内存缓冲区），当达到内存使用上限时还会把上游响应缓存到磁盘文件中（当然，磁盘文件也是有大小限制的，ngx_http_upstream_conf_t 中的 max_temp_file_size 指定了临时缓存文件的最大长度），虽然内存和磁盘的缓冲都满后，仍然会发生暂时无法接收上游响应的场景，但这种概率就小得多了，特别是临时文件的上限设置得较大时。

转发响应时一个比较难以解决的问题是 Nginx 对内存使用得太“节省”，即从来不会把接收到的上游响应缓冲区复制为两份。这就带来了一个问题，当同一块缓冲区既用于接收上游响应，又用于向下游发送响应，同时可能还在写入临时文件，那么，这块缓冲区何时可以释放，以便接收新的缓冲区呢？对于这个问题，Nginx 是采用多个 ngx_buf_t 结构体指向同一块内存的做法来解决的，并且这些 ngx_buf_t 缓冲区的 shadow 域会互相引用，以确保真实的缓冲区真的不再使用时才会回收、复用。

12.1.2 ngx_http_upstream_t 数据结构的意义

使用 upstream 机制时必须构造 ngx_http_upstream_t 结构体，下面详述其中每个成员的意义。

```
typedef struct ngx_http_upstream_s ngx_http_upstream_t;

struct ngx_http_upstream_s {
    // 处理读事件的回调方法，每一个阶段都有不同的 read_event_handler
    ngx_http_upstream_handler_pt read_event_handler;

    // 处理写事件的回调方法，每一个阶段都有不同的 write_event_handler
    ngx_http_upstream_handler_pt write_event_handler;

    /* 表示主动向上游服务器发起的连接。关于 ngx_peer_connection_t 结构体，可参见 9.3.2 节 */
    ngx_peer_connection_t peer;

    // 当向下游客户端转发响应时（ngx_http_request_t 结构体中的 subrequest_in_memory 标志位
为 0），如果打开了缓存且认为上游网速更快（conf 配置中的 buffering 标志位为 1），这时会使用 pipe 成员来
转发响应。在使用这种方式转发响应时，必须由 HTTP 模块在使用 upstream 机制前构造 pipe 结构体，否则会出
现严重的 coredump 错误。详见 12.8.1 节 */
    ngx_event_pipe_t *pipe;

    // 定义了向下游发送响应的方式
    ngx_output_chain_ctx_t output;
    ngx_chain_writer_ctx_t writer;
    // 使用 upstream 机制时的各种配置，详见 12.1.3 节
    ngx_http_upstream_conf_t *conf;

    /*HTTP 模块在实现 process_header 方法时，如果希望 upstream 直接转发响应，就需要把解析出的
响应头部适配为 HTTP 的响应头部，同时需要把包头中的信息设置到 headers_in 结构体中，这样，在图 12-5 的
第 8 步中，会把 headers_in 中设置的头部添加到要发送到下游客户端的响应头部 headers_out 中 */
    ngx_http_upstream_headers_in_t headers_in;
```

```
    //用于解析主机域名，本章不作介绍
    ngx_http_upstream_resolved_t *resolved;

    /* 接收上游服务器响应包头的缓冲区，在不需要把响应直接转发给客户端，或者 buffering 标志位为 0 的情况下转发包体时，接收包体的缓冲区仍然使用 buffer。注意，如果没有自定义 input_filter 方法处理包体，将会使用 buffer 存储全部的包体，这时 buffer 必须足够大！它的大小由 ngx_http_upstream_conf_t 配置结构体中的 buffer_size 成员决定 */
    ngx_buf_t buffer;

    //表示来自上游服务器的响应包体的长度
    size_t length;

    /* out_bufs 在两种场景下有不同的意义：①当不需要转发包体，且使用默认的 input_filter 方法（也就是 ngx_http_upstream_non_buffered_filter 方法）处理包体时，out_bufs 将会指向响应包体，事实上，out_bufs 链表中会产生多个 ngx_buf_t 缓冲区，每个缓冲区都指向 buffer 缓存中的一部分，而这里的一部分就是每次调用 recv 方法接收到的一段 TCP 流。②当需要转发响应包体到下游时（buffering 标志位为 0，即以下游网速优先，参见 12.7 节），这个链表指向上一次向下游转发响应到现在这段时间内接收自上游的缓存响应 */
    ngx_chain_t *out_bufs;

    /* 当需要转发响应包体到下游时（buffering 标志位为 0，即以下游网速优先，参见 12.7 节），它表示上一次向下游转发响应时没有发送完的内容 */
    ngx_chain_t *busy_bufs;

    /* 这个链表将用于回收 out_bufs 中已经发送给下游的 ngx_buf_t 结构体，这同样应用在 buffering 标志位为 0 即以下游网速优先的场景 */
    ngx_chain_t *free_bufs;

    /* 处理包体前的初始化方法，其中 data 参数用于传递用户数据结构，它实际上就是下面的 input_filter_ctx 指针 */
    ngx_int_t (*input_filter_init)(void *data);

    /* 处理包体的方法，其中 data 参数用于传递用户数据结构，它实际上就是下面的 input_filter_ctx 指针，而 bytes 表示本次接收到的包体长度。返回 NGX_ERROR 时表示处理包体错误，请求需要结束，否则都将继续 upstream 流程 */
    ngx_int_t (*input_filter)(void *data, ssize_t bytes);

    /* 用于传递 HTTP 模块自定义的数据结构，在 input_filter_init 和 input_filter 方法被回调时会作为参数传递过去 */
    void *input_filter_ctx;

    //HTTP 模块实现的 create_request 方法用于构造发往上游服务器的请求
    ngx_int_t (*create_request)(ngx_http_request_t *r);
    /* 与上游服务器的通信失败后，如果按照重试规则还需要再次向上游服务器发起连接，则会调用 reinit_request 方法 */
    ngx_int_t (*reinit_request)(ngx_http_request_t *r);

    /* 解析上游服务器返回响应的包头，返回 NGX_AGAIN 表示包头还没有接收完整，返回 NGX_HTTP_UPSTREAM_INVALID_HEADER 表示包头不合法，返回 NGX_ERROR 表示出现错误，返回 NGX_OK 表示解析到完整的包头 */
    ngx_int_t (*process_header)(ngx_http_request_t *r);

    //当前版本下 abort_request 回调方法没有任何意义，在 upstream 的所有流程中都不会调用 */
    void (*abort_request)(ngx_http_request_t *r);
```

```
    //请求结束时会调用，参见12.9.1节
    void (*finalize_request)(ngx_http_request_t *r,
                    ngx_int_t rc);

    /* 在上游返回的响应出现Location或者Refresh头部表示重定向时，会通过ngx_http_upstream_
process_headers方法（参见图12-5中的第8步）调用到可由HTTP模块实现的rewrite_redirect方法 */
    ngx_int_t  (*rewrite_redirect)(ngx_http_request_t *r,
                    ngx_table_elt_t *h, size_t prefix);

    //暂无意义
    ngx_msec_t timeout;

    //用于表示上游响应的错误码、包体长度等信息
    ngx_http_upstream_state_t *state;

    //不使用文件缓存时没有意义
    ngx_str_t method;

    //schema和uri成员仅在记录日志时会用到，除此以外没有意义
    ngx_str_t schema;
    ngx_str_t uri;

    /* 目前它仅用于表示是否需要清理资源，相当于一个标志位，实际不会调用到它所指向的方法 */
    ngx_http_cleanup_pt *cleanup;

    //是否指定文件缓存路径的标志位，本章不讨论文件缓存，略过
    unsigned store:1;
    //是否启用文件缓存，本章仅讨论cacheable标志位为0的场景
    unsigned cacheable:1;
    //暂无意义
    unsigned accel:1;
    //是否基于SSL协议访问上游服务器
    unsigned ssl:1;

    /* 向下游转发上游的响应包体时，是否开启更大的内存及临时磁盘文件用于缓存来不及发送到下游的响
应包体 */
    unsigned buffering:1;

    /*request_bufs以链表的方式把ngx_buf_t缓冲区链接起来，它表示所有需要发送到上游服务器的
请求内容。所以，HTTP模块实现的create_request回调方法就在于构造request_bufs链表 */
    ngx_chain_t *request_bufs;

    /*request_sent表示是否已经向上游服务器发送了请求，当request_sent为1时，表示upstream
机制已经向上游服务器发送了全部或者部分的请求。事实上，这个标志位更多的是为了使用ngx_output_chain
方法发送请求，因为该方法发送请求时会自动把未发送完的request_bufs链表记录下来，为了防止反复发送重
复请求，必须有request_sent标志位记录是否调用过ngx_output_chain方法 */
    unsigned request_sent:1;

    /* 将上游服务器的响应划分为包头和包尾，如果把响应直接转发给客户端，header_sent标志位表示包头
是否发送，header_sent为1时表示已经把包头转发给客户端了。如果不转发响应到客户端，则header_sent
没有意义 */
    unsigned header_sent:1;
};
```

到目前为止，ngx_http_upstream_t 结构体中有些成员仍然没有使用到，还有更多的成员其实仅是 HTTP 框架自己使用，HTTP 模块在使用 upstream 时需要设置的成员并不是太多，但在实现 process_header 、input_filter 等回调方法时，还是需要对各个成员有一个初步的了解，这样才能高效地使用 upstream 机制。

12.1.3 ngx_http_upstream_conf_t 配置结构体

ngx_http_upstream_t 结构体中的 conf 成员是非常关键的，它指定了 upstream 的运行方式。注意，它必须在启动 upstream 机制前设置。下面来看看这个结构体中各个成员的意义。

```
typedef struct {
    /* 当在 ngx_http_upstream_t 结构体中没有实现 resolved 成员时，upstream 这个结构体才会
生效，它会定义上游服务器的配置 */
    ngx_http_upstream_srv_conf_t *upstream;

    /* 建立 TCP 连接的超时时间，实际上就是写事件添加到定时器中时设置的超时时间，参见图 12-3 中
的第 8 步 */
    ngx_msec_t connect_timeout;

    /* 发送请求的超时时间。通常就是写事件添加到定时器中设置的超时时间，参见图 12-4 中的第 3 步 */
    ngx_msec_t send_timeout;

    /* 接收响应的超时时间。通常就是读事件添加到定时器中设置的超时时间，参见图 12-4 中的第 5 步 */
    ngx_msec_t read_timeout;

    // 目前无意义
    ngx_msec_t timeout;

    // TCP 的 SO_SNOLOWAT 选项，表示发送缓冲区的下限
    size_t send_lowat;

    /* 定义了接收头部的缓冲区分配的内存大小（ngx_http_upstream_t 中的 buffer 缓冲区），当不转
发响应给下游或者在 buffering 标志位为 0 的情况下转发响应时，它同样表示接收包体的缓冲区大小 */
    size_t buffer_size;

    /* 仅当 buffering 标志位为 1，并且向下游转发响应时生效。它会设置到 ngx_event_pipe_t 结构
体的 busy_size 成员中，具体含义参见 12.8.1 节 */
    size_t busy_buffers_size;

    /* 在 buffering 标志位为 1 时，如果上游速度快于下游速度，将有可能把来自上游的响应存储到临时
文件中，而 max_temp_file_size 指定了临时文件的最大长度。实际上，它将限制 ngx_event_pipe_t 结构
体中的 temp_file*/
    size_t max_temp_file_size;

    // 表示将缓冲区中的响应写入临时文件时一次写入字符流的最大长度
    size_t temp_file_write_size;

    // 以下 3 个成员目前都没有任何意义
    size_t busy_buffers_size_conf;
    size_t max_temp_file_size_conf;
```

```
    size_t temp_file_write_size_conf;

    // 以缓存响应的方式转发上游服务器的包体时所使用的内存大小
    ngx_bufs_t bufs;

    /* 针对ngx_http_upstream_t结构体中保存解析完的包头的headers_in成员，ignore_headers可以按照二进制位使得upstream在转发包头时跳过对某些头部的处理。作为32位整型，理论上ignore_headers最多可以表示32个需要跳过不予处理的头部，然而目前upstream机制仅提供8个位用于忽略8个HTTP头部的处理，包括：
#define NGX_HTTP_UPSTREAM_IGN_XA_REDIRECT    0x00000002
#define NGX_HTTP_UPSTREAM_IGN_XA_EXPIRES     0x00000004
#define NGX_HTTP_UPSTREAM_IGN_EXPIRES        0x00000008
#define NGX_HTTP_UPSTREAM_IGN_CACHE_CONTROL  0x00000010
#define NGX_HTTP_UPSTREAM_IGN_SET_COOKIE     0x00000020
#define NGX_HTTP_UPSTREAM_IGN_XA_LIMIT_RATE  0x00000040
#define NGX_HTTP_UPSTREAM_IGN_XA_BUFFERING   0x00000080
#define NGX_HTTP_UPSTREAM_IGN_XA_CHARSET     0x00000100*/
    ngx_uint_t ignore_headers;

    /* 以二进制位来表示一些错误码，如果处理上游响应时发现这些错误码，那么在没有将响应转发给下游客户端时，将会选择下一个上游服务器来重发请求。参见12.9节中介绍的ngx_http_upstream_next方法 */
    ngx_uint_t next_upstream;

    /* 在buffering标志位为1的情况下转发响应时，将有可能把响应存放到临时文件中。在ngx_http_upstream_t中的store标志位为1时，store_access表示所创建的目录、文件的权限 */
    ngx_uint_t store_access;

    /* 决定转发响应方式的标志位，buffering为1时表示打开缓存，这时认为上游的网速快于下游的网速，会尽量地在内存或者磁盘中缓存来自上游的响应；如果buffering为0，仅会开辟一块固定大小的内存块作为缓存来转发响应 */
    ngx_flag_t buffering;

    // 暂无意义
    ngx_flag_t pass_request_headers;
    // 暂无意义
    ngx_flag_t pass_request_body;

    /* 表示标志位。当它为1时，表示与上游服务器交互时将不检查Nginx与下游客户端间的连接是否断开。也就是说，即使下游客户端主动关闭了连接，也不会中断与上游服务器间的交互 */
    ngx_flag_t ignore_client_abort;

    /* 当解析上游响应的包头时，如果解析后设置到headers_in结构体中的status_n错误码大于400，则会试图把它与error_page中指定的错误码相匹配，如果匹配上，则发送error_page中指定的响应，否则继续返回上游服务器的错误码。详见ngx_http_upstream_intercept_errors方法 */
    ngx_flag_t intercept_errors;

    /*buffering标志位为1的情况下转发响应时才有意义。这时，如果cyclic_temp_file为1，则会试图复用临时文件中已经使用过的空间。不建议将cyclic_temp_file设为1*/
    ngx_flag_t cyclic_temp_file;

    // 在buffering标志位为1的情况下转发响应时，存放临时文件的路径
    ngx_path_t *temp_path;

    /* 不转发的头部。实际上是通过ngx_http_upstream_hide_headers_hash方法，根据hide_headers
```

```
和 pass_headers 动态数组构造出的需要隐藏的 HTTP 头部散列表 */
        ngx_hash_t hide_headers_hash;

        /* 当转发上游响应头部(ngx_http_upstream_t 中 headers_in 结构体中的头部)给下游客户端时,如果不希望某些头部转发给下游,就设置到 hide_headers 动态数组中 */
        ngx_array_t *hide_headers;

        /* 当转发上游响应头部(ngx_http_upstream_t 中 headers_in 结构体中的头部)给下游客户端时,upstream 机制默认不会转发如"Date"、"Server"之类的头部,如果确实希望直接转发它们到下游,就设置到 pass_headers 动态数组中 */
        ngx_array_t *pass_headers;

        // 连接上游服务器时使用的本机地址
        ngx_addr_t *local;

        /* 当 ngx_http_upstream_t 中的 store 标志位为 1 时,如果需要将上游的响应存放到文件中,store_lengths 将表示存放路径的长度,而 store_values 表示存放路径 */
        ngx_array_t *store_lengths;
        ngx_array_t *store_values;

        /* 到目前为止,store 标志位的意义与 ngx_http_upstream_t 中的 store 相同,仍只有 0 和 1 被使用到 */
        signed store:2;

        /* 上面的 intercept_errors 标志位定义了 400 以上的错误码将会与 error_page 比较后再行处理,实际上这个规则是可以有一个例外情况的,如果将 intercept_404 标志位设为 1,当上游返回 404 时会直接转发这个错误码给下游,而不会去与 error_page 进行比较 */
        unsigned intercept_404:1;
        /* 当该标志位为 1 时,将会根据 ngx_http_upstream_t 中 headers_in 结构体里的 X-Accel-Buffering 头部(它的值会是 yes 和 no)来改变 buffering 标志位,当其值为 yes 时,buffering 标志位为 1。因此,change_buffering 为 1 时将有可能根据上游服务器返回的响应头部,动态地决定是以上游网速优先还是以下游网速优先 */
        unsigned change_buffering:1;

            // 使用 upstream 的模块名称,仅用于记录日志
        ngx_str_t module;
    } ngx_http_upstream_conf_t;
```

ngx_http_upstream_conf_t 结构体中的配置都比较重要，它们会影响访问上游服务器的方式。同时，该结构体中的大量成员是与如何转发上游响应相关的。如果用户希望直接转发上游的包体到下游，那就需要注意 ngx_http_upstream_conf_t 中每一个成员的意义了。

12.2 启动 upstream

在把请求里 ngx_http_request_t 结构体中的 upstream 成员（ngx_http_upstream_t 类型）创建并设置好，并且正确设置 upstream->conf 配置结构体（ngx_http_upstream_conf_t 类型）后，就可以启动 upstream 机制了。启动方式非常简单，调用 ngx_http_upstream_init 方法即可。

注意，默认情况下请求的 upstream 成员只是 NULL 空指针，在设置 upstream 之前需要

调用 ngx_http_upstream_create 方法从内存池中创建 ngx_http_upstream_t 结构体，该方法的原型如下。

```
ngx_int_t ngx_http_upstream_create(ngx_http_request_t *r)
```

ngx_http_upstream_create 方法只是创建 ngx_http_upstream_t 结构体而已，其中的成员还需要各个 HTTP 模块自行设置。启动 upstream 机制的 ngx_http_upstream_init 方法定义如下。

```
void ngx_http_upstream_init(ngx_http_request_t *r)
```

ngx_http_upstream_init 方法将会根据 ngx_http_upstream_conf_t 中的成员初始化 upstream，同时会开始连接上游服务器，以此展开整个 upstream 处理流程。图 12-2 简要描述了 ngx_http_upstream_init 方法所做的主要工作。

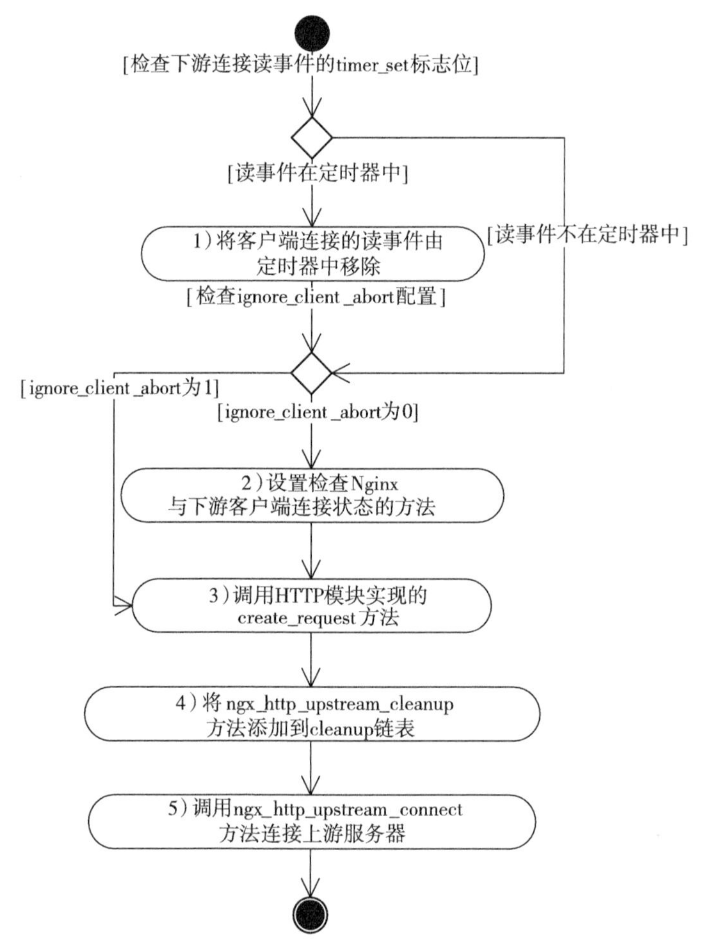

图 12-2 ngx_http_upstream_init 方法的流程图

下面依次说明图 12-2 中各个步骤的意义。

1）首先检查请求对应于客户端的连接，这个连接上的读事件如果在定时器中，也就是说，读事件的 timer_set 标志位为 1，那么调用 ngx_del_timer 方法把这个读事件从定时器中移除。为什么要做这件事呢？因为一旦启动 upstream 机制，就不应该对客户端的读操作带有超时时间的处理，请求的主要触发事件将以与上游服务器的连接为主。

2）检查 ngx_http_upstream_conf_t 配置结构中的 ignore_client_abort 标志位（参见 12.1.3 节），如果 ignore_client_abort 为 1，则跳到第 3 步，否则（实际上，还需要让 store 标志位为 0、请求 ngx_http_request_t 结构体中的 post_action 标志位为 0）就会设置 Nginx 与下游客户端之间 TCP 连接的检查方法，如下所示。

```
r->read_event_handler =  ngx_http_upstream_rd_check_broken_connection;
r->write_event_handler = ngx_http_upstream_wr_check_broken_connection;
```

实际上，这两个方法都会通过 ngx_http_upstream_check_broken_connection 方法检查 Nginx 与下游的连接是否正常，如果出现错误，就会立即终止连接。

3）调用请求中 ngx_http_upstream_t 结构体里由某个 HTTP 模块实现的 create_request 方法，构造发往上游服务器的请求（请求中的内容是设置到 request_bufs 缓冲区链表中的）。如果 create_request 方法没有返回 NGX_OK，则 upstream 机制结束，此时会调用 11.10.6 节中介绍过的 ngx_http_finalize_request 方法来结束请求。

4）在 11.10.2 节中介绍过，ngx_http_cleanup_t 是用于清理资源的结构体，还说明了它何时会被执行。在这一步中，upstream 机制就用到了 ngx_http_cleanup_t。首先，调用 ngx_http_cleanup_add 方法向这个请求 main 成员指向的原始请求中的 cleanup 链表末尾添加一个新成员，然后把 handler 回调方法设为 ngx_http_upstream_cleanup，这意味着当请求结束时，一定会调用 ngx_http_upstream_cleanup 方法（参见 12.9.1 节）。

5）调用 ngx_http_upstream_connect 方法向上游服务器发起连接（详见 12.3 节）。

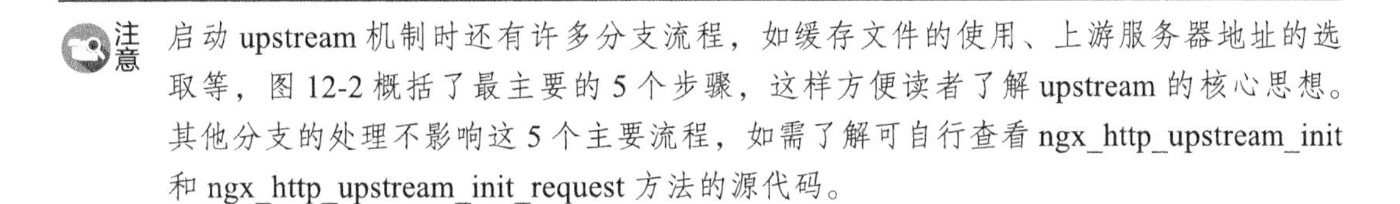

注意　启动 upstream 机制时还有许多分支流程，如缓存文件的使用、上游服务器地址的选取等，图 12-2 概括了最主要的 5 个步骤，这样方便读者了解 upstream 的核心思想。其他分支的处理不影响这 5 个主要流程，如需了解可自行查看 ngx_http_upstream_init 和 ngx_http_upstream_init_request 方法的源代码。

12.3　与上游服务器建立连接

upstream 机制与上游服务器是通过 TCP 建立连接的，众所周知，建立 TCP 连接需要三次握手，而三次握手消耗的时间是不可控的。为了保证建立 TCP 连接这个操作不会阻塞进程，Nginx 使用无阻塞的套接字来连接上游服务器。图 12-2 的第 5 步调用的 ngx_http_upstream_connect 方法就是用来连接上游服务器的，由于使用了非阻塞的套接字，当方法返回时与上游之间的 TCP 连接未必会成功建立，可能还需要等待上游服务器返回 TCP 的 SYN/

ACK 包。因此，ngx_http_upstream_connect 方法主要负责发起建立连接这个动作，如果这个方法没有立刻返回成功，那么需要在 epoll 中监控这个套接字，当它出现可写事件时，就说明连接已经建立成功了。

在图 12-3 中可以看到，如果连接立刻成功建立，在第 9 步就会开始向上游服务器发送请求，如果连接没有马上建立成功，在第 8 步就会将这个连接的写事件加入到 epoll 中，等待连接上的可写事件被触发后，回调 ngx_http_upstream_send_request 方法发送请求给上游服务器。

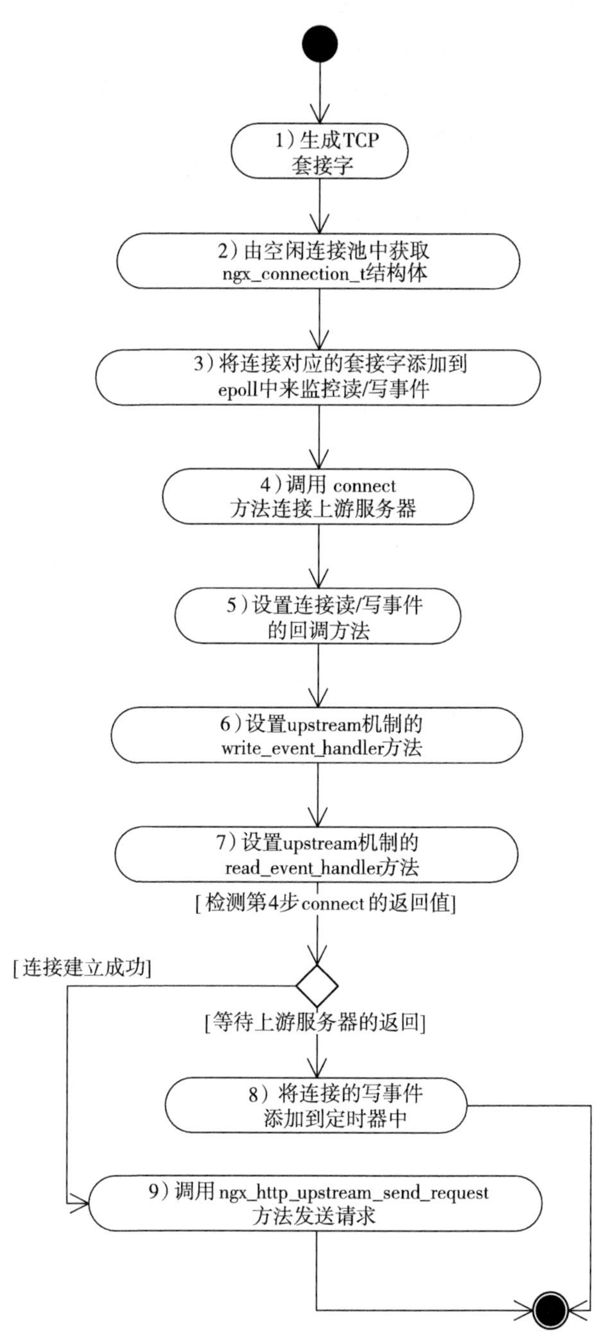

图 12-3 ngx_http_upstream_connect 方法的流程图

下面详细说明图 12-3 中每个步骤的意义。

1）调用 socket 方法建立一个 TCP 套接字，同时，这个套接字需要设置为非阻塞模式。

2）由于 Nginx 的事件框架要求每个连接都由一个 ngx_connection_t 结构体来承载，因此这一步将调用 ngx_get_connection 方法，由 ngx_cycle_t 核心结构体中 free_connections 指向的空闲连接池处获取到一个 ngx_connection_t 结构体，作为承载 Nginx 与上游服务器间的 TCP 连接。

3）第 9 章我们介绍过事件模块的 ngx_event_actions 接口，其中的 add_conn 方法可以将 TCP 套接字以期待可读、可写事件的方式添加到事件搜集器中。对于 epoll 事件模块来说，add_conn 方法就是把套接字以期待 EPOLLIN|EPOLLOUT 事件的方式加入 epoll 中，这一步即调用 add_conn 方法把刚刚建立的套接字添加到 epoll 中，表示如果这个套接字上出现了预期的网络事件，则希望 epoll 能够回调它的 handler 方法。

4）调用 connect 方法向上游服务器发起 TCP 连接，作为非阻塞套接字，connect 方法可能立刻返回连接建立成功，也可能告诉用户继续等待上游服务器的响应，对 connect 连接是否建立成功的检查会在第 7 步之后进行。注意，这里并没有涉及 connect 返回失败的情形，读者可以参考第 11 章中这种系统调用失败后的处理，本章不会讨论细节。

5）将这个连接 ngx_connection_t 上的读 / 写事件的 handler 回调方法都设置为 ngx_http_upstream_handler。下文会介绍 ngx_http_upstream_handler 方法。

6）将 upstream 机制的 write_event_handler 方法设为 ngx_http_upstream_send_request_handler。write_event_handler 和 read_event_handler 的用法参见下面将要介绍的 ngx_http_upstream_handler 方法。这一步骤实际上决定了向上游服务器发送请求的方法是 ngx_http_upstream_send_request_handler。

7）设置 upstream 机制的 read_event_handler 方法为 ngx_http_upstream_process_header，也就是由 ngx_http_upstream_process_header 方法接收上游服务器的响应。

现在开始检查在第 4 步中调用 connect 方法连接上游服务器是否成功，如果已经连接成功，则跳到第 9 步执行；如果尚未收到上游服务器连接建立成功的应答，则跳到第 8 步执行。

8）这一步处理非阻塞的连接尚未成功建立时的动作。实际上，在第 3 步中，套接字已经加入到 epoll 中监控了，因此，这一步将调用 ngx_add_timer 方法把写事件添加到定时器中，超时时间就是 12.1.3 节中介绍的 ngx_http_upstream_conf_t 结构体中的 connect_timeout 成员，这是在设置建立 TCP 连接的超时时间。

9）如果已经成功建立连接，则调用 ngx_http_upstream_send_request 方法向上游服务器发送请求。注意，在第 6 步中设置的发送请求方法为 ngx_http_upstream_send_request_handler，它与 ngx_http_upstream_send_request 方法的不同之处将在 12.4 节中介绍。

以上的第 5、第 6、第 7 步都与 ngx_http_upstream_handler 方法相关，同时我们又看到了类似 ngx_http_request_t 结构体中 write_event_handler、read_event_handler 的同名方法。实际上，ngx_http_upstream_handler 方法与图 11-7 展示的 ngx_http_request_handler 方法也非常相似，下面看看它到底做了些什么。

```
static void ngx_http_upstream_handler(ngx_event_t *ev)
{
    ngx_connection_t *c;
    ngx_http_request_t *r;
    ngx_http_upstream_t *u;

    /* 由事件的 data 成员取得 ngx_connection_t 连接。注意，这个连接并不是 Nginx 与客户端的连
接，而是 Nginx 与上游服务器间的连接 */
    c = ev->data;
    // 由连接的 data 成员取得 ngx_http_request_t 结构体
    r = c->data;

    /* 由请求的 upstream 成员取得表示 upstream 机制的 Ngx_http_upstream_t 结构体 */
    u = r->upstream;

    /* 注意，ngx_http_request_t 结构体中的这个 connection 连接是客户端与 Nginx 间的连接 */
```

```
        c = r->connection;

        if (ev->write) {
            /* 当 Nginx 与上游服务器间 TCP 连接的可写事件被触发时，upstream 的 write_event_handler
方法会被调用 */
            u->write_event_handler(r, u);
        } else {
            /* 当 Nginx 与上游服务器间 TCP 连接的可读事件被触发时，upstream 的 read_event_handler
方法会被调用 */
            u->read_event_handler(r, u);
        }

          /*ngx_http_run_posted_requests 方法正是第 11 章图 11-12 所说的方法。注意，这个参数 c
是来自客户端的连接，post 请求的执行也与图 11-12 完全一致 */
        ngx_http_run_posted_requests(c);
    }
```

其实，ngx_http_upstream_handler 方法与第 11 章中介绍的 ngx_http_request_handler 方法几乎是一样的，它们的最后一步都是调用相同的方法执行 post 请求，区别只是前者将调用 ngx_http_upstream_t 结构体中的读写回调方法，而后者是调用 ngx_http_request_t 结构体中的读写回调方法。本章以下小节中都会通过 ngx_http_upstream_t 结构体中的 write_event_handler 和 read_event_handler，设置与上游之间对应的读 / 写事件出现时的回调方法。

12.4 发送请求到上游服务器

向上游服务器发送请求是一个阶段，因为请求的大小是未知的，所以发送请求的方法需要被 epoll 调度许多次后才可能发送完请求的全部内容。在图 12-3 中的第 6 步将 ngx_http_upstream_t 里的 write_event_handler 成员设为 ngx_http_upstream_send_request_handler 方法，也就是说，由该方法负责反复地发送请求，可是，在图 12-3 的第 9 步又直接调用了 ngx_http_upstream_send_request 方法发送请求，那这两种方法之间有什么关系吗？先来看看前者的实现，它相对简单，这里直接列举了它的主要源代码，如下所示。

```
    static void ngx_http_upstream_send_request_handler(ngx_http_request_t *r,
        ngx_http_upstream_t *u)
    {
        ngx_connection_t  *c;

        // 获取与上游服务器间表示连接的 ngx_connection_t 结构体
        c = u->peer.connection;

        // 写事件的 timedout 标志位为 1 时表示向上游服务器发送的请求已经超时
        if (c->write->timedout) {
          /* 将超时错误传递给 ngx_http_upstream_next 方法，该方法将会根据允许的错误重连策略决定：
重新发起连接执行 upstream 请求，或者结束 upstream 请求，详见 12.9.2 节 */
        ngx_http_upstream_next(r, u, NGX_HTTP_UPSTREAM_FT_TIMEOUT);
        return;
    }
```

```
    /*header_sent 标志位为 1 时表明上游服务器的响应需要直接转发给客户端，而且此时 Nginx 已经把响应包头转发给客户端了 */
    if (u->header_sent) {

        /* 事实上，header_sent 为 1 时一定是已经解析完全部的上游响应包头，并且开始向下游发送 HTTP 的包头了。到此，是不应该继续向上游发送请求的，所以把 write_event_handler 设为任何工作都没有做的 ngx_http_upstream_dummy_handler 方法
        u->write_event_handler = ngx_http_upstream_dummy_handler;

        // 将写事件添加到 epoll 中
        (void) ngx_handle_write_event(c->write, 0);

        // 因为不存在继续发送请求到上游的可能，所以直接返回
        return;
        }

        // 调用 ngx_http_upstream_send_request 方法向上游服务器发送请求
        ngx_http_upstream_send_request(r, u);
    }
```

可见，ngx_http_upstream_send_request_handler方法更多的时候是在检测请求的状态，而实际负责发送请求的方法是ngx_http_upstream_send_request，图12-4列出了ngx_http_upstream_send_request方法的主要执行步骤。

下面说明以上8个步骤的意义。

1）调用ngx_output_chain方法向上游服务器发送ngx_http_upstream_t结构体中的request_bufs链表，这个方法对于发送缓冲区构成的ngx_chain_t链表非常有用，它会把未发送完成的链表缓冲区保存下来，这样就不用每次调用时都携带上request_bufs链表。怎么理解呢？当第一次调用ngx_output_chain方法时，需要传递request_bufs链表构成的请求，如下所示。

```
    rc = ngx_output_chain(&u->output, u->request_bufs);
```

这里的u就是请求对应的ngx_http_request_t结构体中的upstream成员（ngx_http_upstream_t类型），如果ngx_output_chain一次无法发送完所有的request_bufs请求内容，ngx_output_chain_ctx_t类型的u->output会把未发送完的请求保存在自己的成员中，同时返回NGX_AGAIN。当可写事件再次触发，发送请求时就不需要再传递参数了，例如：

```
    rc = ngx_output_chain(&u->output, NULL);
```

为了标识这一点，ngx_http_upstream_t结构体中专门有一个标志位request_sent表示是否已经传递了request_bufs缓冲区。因此，在第一次以request_bufs作为参数调用ngx_output_chain方法后，request_sent会置为1。

2）检测写事件的timer_set标志位，timer_set为1时表示写事件仍然在定时器中，那么这一步首先把写事件由定时器中取出，再由ngx_output_chain的返回值决定是否再次向定时器中加入写事件，那时超时时间也会重置。

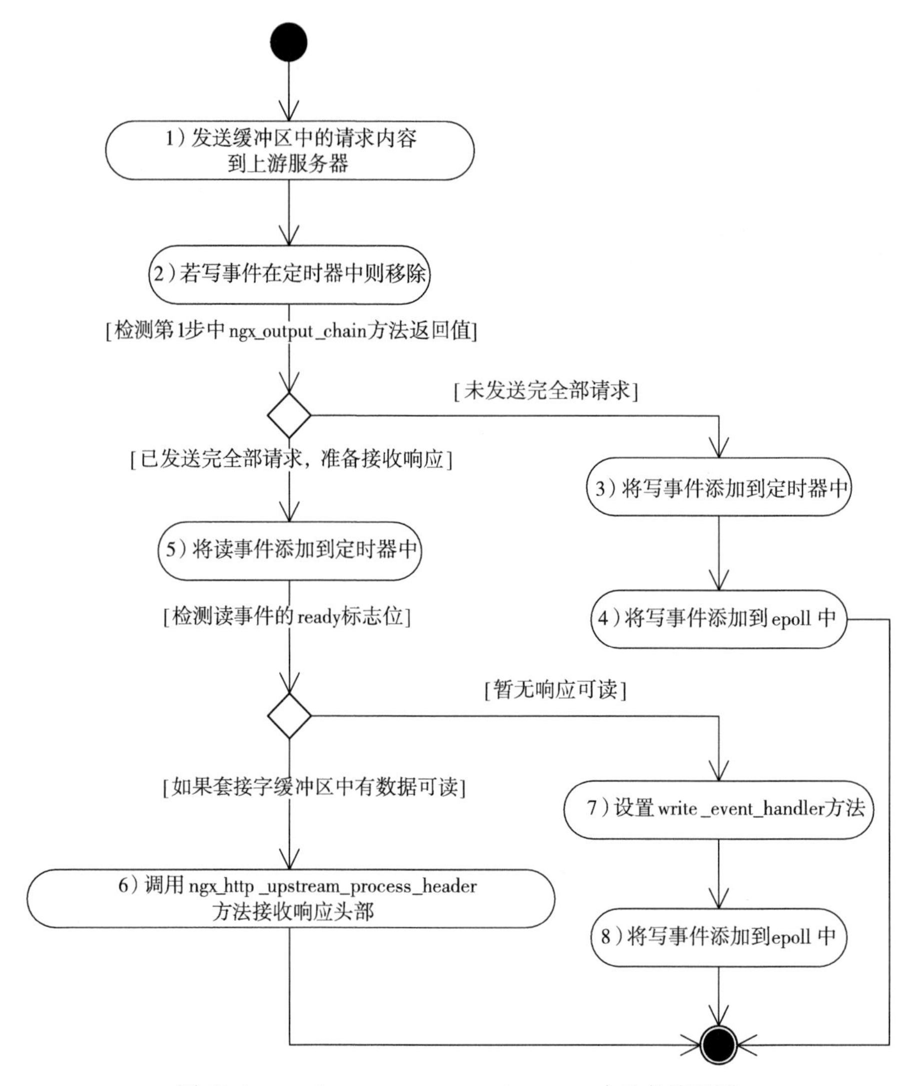

图 12-4 ngx_http_upstream_send_request 方法的流程图

检测 ngx_output_chain 的返回值，返回 NGX_AGAIN 时表示还有请求未被发送，此时跳到第 3 步；如果返回 NGX_OK，则表示已经发送完全部请求，跳到第 5 步执行。

3）调用 ngx_add_timer 方法将写事件添加到定时器中，防止发送请求超时。超时时间就是 ngx_http_upstream_conf_t 配置结构体的 send_timeout 成员。

4）调用 ngx_handle_write_event 方法将写事件添加到 epoll 中，ngx_http_upstream_send_request 方法结束。

5）如果已经向上游服务器发送完全部请求，这时将准备开始处理响应，首先把读事件添加到定时器中检查接收响应是否超时，超时时间就是 ngx_http_upstream_conf_t 配置结构体的 read_timeout 成员。

检测读事件的 ready 标志位，如果 ready 为 1，则表示已经有响应可以读出，这时跳到第 6 步执行；如果 ready 为 0，则跳到第 7 步执行。

6）调用 ngx_http_upstream_process_header 方法接收上游服务器的响应，在 12.5 节中会详细讨论该方法。

7）如果暂无响应可读，由于此时请求已经全部发送到上游服务器了，所以要防止可写事件再次触发而又调用 ngx_http_upstream_send_request 方法。这时，把 write_event_handler 设为 ngx_http_upstream_dummy_handler 方法，前文说过，该方法不会做任何事情。这样即使与上游间的 TCP 连接上再次有可写事件时也不会有任何动作发生，它就像第 11 章我们介绍的 ngx_http_empty_handler 方法。

8）调用 ngx_handle_write_event 方法将写事件加入到 epoll 中。

在发送请求到上游服务器的这个阶段中，每当 TCP 连接上再次可以发送字符流时，虽然事件框架就会回调 ngx_http_upstream_send_request_handler 方法处理可写事件，但最终还是通过调用 ngx_http_upstream_send_request 方法把请求发送出去的。

12.5　接收上游服务器的响应头部

当请求全部发送给上游服务器时，Nginx 开始准备接收来自上游服务器的响应。在图 12-3 的第 7 步中设置了由 ngx_http_upstream_process_header 方法处理上游服务器的响应，而图 12-4 的第 8 步也是通过调用该方法接收响应的，本节的内容就在于说明可能会被反复多次调用的 ngx_http_upstream_process_header 方法。

12.5.1　应用层协议的两段划分方式

在 12.1.1 节我们已经了解到，只要上游服务器提供的应用层协议是基于 TCP 实现的，那么 upstream 机制都是适用的。基于 TCP 的响应其实就是有顺序的数据流，那么，upstream 机制只需要按照接收到的顺序调用 HTTP 模块来解析数据流不就行了吗？多么简单和清晰！然而，实际上，应用层协议要比这复杂得多，这主要表现在协议长度的不可确定和协议内容的解析上。首先，应用层协议的响应包可大可小，如最小的响应可能只有 128B，最大的响应可能达到 5GB，如果属于 HTTP 框架的 ngx_http_upstream_module 模块在内存中接收到全部响应内容后再调用各个 HTTP 模块处理响应，就很容易引发 OutOfMemory 错误，即使没有错误也会因为内存消耗过大从而降低了并发处理能力。如果在磁盘文件中接收全部响应，又会带来大量的磁盘 I/O 操作，最终大幅提高服务器的负载。其次，对响应中的所有内容都进行解析并无必要（解析操作毕竟对 CPU 是有消耗的）。例如，从 Memcached 服务器上下载一幅图片，Nginx 只需要解析 Memcached 协议，并不需要解析图片的内容，对于图片内容，Nginx 只需要边接收边转发给客户端即可。

为了解决上述问题，应用层协议通常都会将请求和响应分成两部分：包头和包体，其中包头在前而包体在后。包头相当于把不同的协议包之间的共同部分抽象出来，不同的数据包之间包头都具备相同的格式，服务器必须解析包头，而包体则完全不做格式上的要求，服务器是否解析它将视业务上的需要而定。包头的长度要么是固定大小，要么是限制在一个数值以内（例如，类似 Apache 这样的 Web 服务器默认情况下仅接收包头小于 4KB 的 HTTP 请求），而包体的长度则非常灵活，可以非常大，也可以为 0。对于 Nginx 服务器来说，在 process_header 处理包头时，需要开辟的内存大小只要能够容纳包头的长度上限即可，而处理包体时需要开辟的内存大小情况较复杂，可参见 12.6 节 ~ 12.8 节。

包头和包体存储什么样的信息完全取决于应用层协议，包头中的信息通常必须包含包体的长度，这是应用层协议分为包头、包体两部分的最主要原因。很多包头还会包含协议版本、请求的方法类型、数据包的序列号等信息，这些是 upstream 机制并不关心的，它已经在 ngx_http_upstream_t 结构体中抽象出了 process_header 方法，由具体的 HTTP 模块实现的 process_header 来解析包头。实际上，upstream 机制并没有对 HTTP 模块怎样实现 process_header 方法进行限制，但如果 HTTP 模块的目的是实现反向代理，不妨将接收到的包头按照上游的应用层协议与 HTTP 的关系，把解析出的一些头部适配到 ngx_http_upstream_t 结构体中的 headers_in 成员中，这样，upstream 机制在图 12-5 的第 8 步就会自动地调用 ngx_http_upstream_process_headers 方法将这些头部设置到发送给下游客户端的 HTTP 响应包头中。

包体的内容往往较为简单，当 HTTP 模块希望实现反向代理功能时大都不希望解析包体。这样的话，upstream 机制基于这种最常见的需求，把包体的常见处理方式抽象出 3 类加以实现，12.5.2 节中将介绍这 3 种包体的处理方式。

12.5.2 处理包体的 3 种方式

为什么 upstream 机制不是仅仅负责接收上游服务器发来的包体，再交由 HTTP 模块决定如何处理这个包体呢？这是因为 upstream 有一个最重要的使命要完成！ Nginx 作为一个试图取代 Apache 的 Web 服务器，最基本的反向代理功能是必须存在的，而实现反向代理的 Web 服务器并不仅仅希望可以访问上游服务器，它更希望 upstream 能够实现透传、转发上游响应的功能。

upstream 机制不关心如何构造发送到上游的请求内容，这事实上是由各个使用 upstream 的 HTTP 模块实现的 create_request 方法决定的（目前的 HTTP 反向代理模块是这么做的：Nginx 将客户端的请求全部接收后再透传给上游服务器，这种方式很简单，又对减轻上游服务器的并发负载很有帮助），但对响应的处理就比较复杂了，下面举两个例子来说明其复杂性。

如果 Nginx 与上游服务器间的网速很快（例如，两者都在一个机房的内网中，或者两者间拥有专线），而 Nginx 与下游的客户端间网速又很慢（例如，下游客户端通过公网访问机房内的 Nginx），这样就会导致 Nginx 接收上游服务器的响应非常快，而向下游客户端转发响应时很慢，这也就为 upstream 机制带来一个需求：应当尽可能地把上游服务器的响应接收到 Nginx 服务器上，包括将来自上游的、还没来及发送到下游的包体缓存到内存中，如果使用的内存过大，达到某个限制阈值后，为了降低内存的消耗，还需要把包体缓存到磁盘文件中。

如果 Nginx 与上游服务器间的网速较慢（假设是公网线路），而 Nginx 与下游的客户端间的网速很快（例如，客户端其实是 Nginx 所在机房里的另一个 Web 服务器），这时就不存在大量缓存上游响应的需求了，完全可以开辟一块固定大小的内存作为缓冲区，一边接收上游响应，一边向下游转发。每当向下游成功转发部分响应后就可以复用缓冲区，这样既不会消耗大量内存（增加 Nginx 并发量），又不会使用到磁盘 I/O（减少了用户等待响应的时间）。

因此，upstream 机制提供了 3 种处理包体的方式：不转发响应（即不实现反向代理）、转发响应时以下游网速优先、转发响应时以上游网速优先。怎样告诉 upstream 机制使用哪种方式处理上游的响应包体呢？当请求 ngx_http_request_t 结构体的 subrequest_in_memory 标志位为 1 时，将采用第 1 种方式，即不转发响应；当 subrequest_in_memory 为 0 时，将转发响应。而 ngx_http_upstream_conf_t 配置结构体中的 buffering 标志位，会决定转发响应时是否开启更多的内存和磁盘文件用于缓存上游响应，如果 buffering 为 0，则以下游网速优先，使用固定大小的内存作为缓存；如果 buffering 为 1，则以上游网速优先，使用更多的内存、硬盘文件作为缓存。

1. 不转发响应

不转发包体是 upstream 机制最基本的功能，特别是客户端请求派生出的子请求多半不需要转发包体，upstream 机制的最低目标就是允许 HTTP 模块以 TCP 访问上游服务器，这时 HTTP 模块仅希望解析包头、包体，没有转发上游响应的需求。upstream 机制提供的解析包头的回调方法是 process_header，而解析包体的回调方法则是 input_filter。在 12.6 节将会描述这种处理包体的最基本方式是如何工作的。

2. 转发响应时下游网速优先

在转发响应时，如果下游网速快于上游网速，或者它们速度相差不大，这时不需要开辟大块内存或者磁盘文件来缓存上游的响应。我们将在 12.7 节中讲述这种处理方式下 upstream 机制是如何工作的。

3. 转发响应时上游网速优先

在转发响应时，如果上游网速快于下游网速（由于 Nginx 支持高并发特性，所以大多数时候都用于做最前端的 Web 服务器，这时上游网速都会快于下游网速），这时需要开辟内存或者磁盘文件缓存来自上游服务器的响应，注意，缓存可能会非常大。这种处理方式比较复杂，在 12.8 节中我们会详细描述其主要流程。

12.5.3　接收响应头部的流程

下面开始介绍读取上游服务器响应的 ngx_http_upstream_process_header 方法，这个方法主要用于接收、解析响应头部，当然，由于 upstream 机制是不涉及应用层协议的，谁使用了 upstream 谁就要负责解析应用层协议，所以必须由 HTTP 模块实现的 process_header 方法解析响应包头。当包头接收、解析完毕后，ngx_http_upstream_process_header 方法还会决定以哪种方式处理包体（参见 12.5.2 节中介绍的 3 种包体处理方式）。

在接收响应包头的阶段中，处理连接读事件的方法始终是 ngx_http_upstream_process_header，也就是说，该方法会反复被调用，在研究其流程时需要特别注意。图 12-5 描述了它的主要流程。

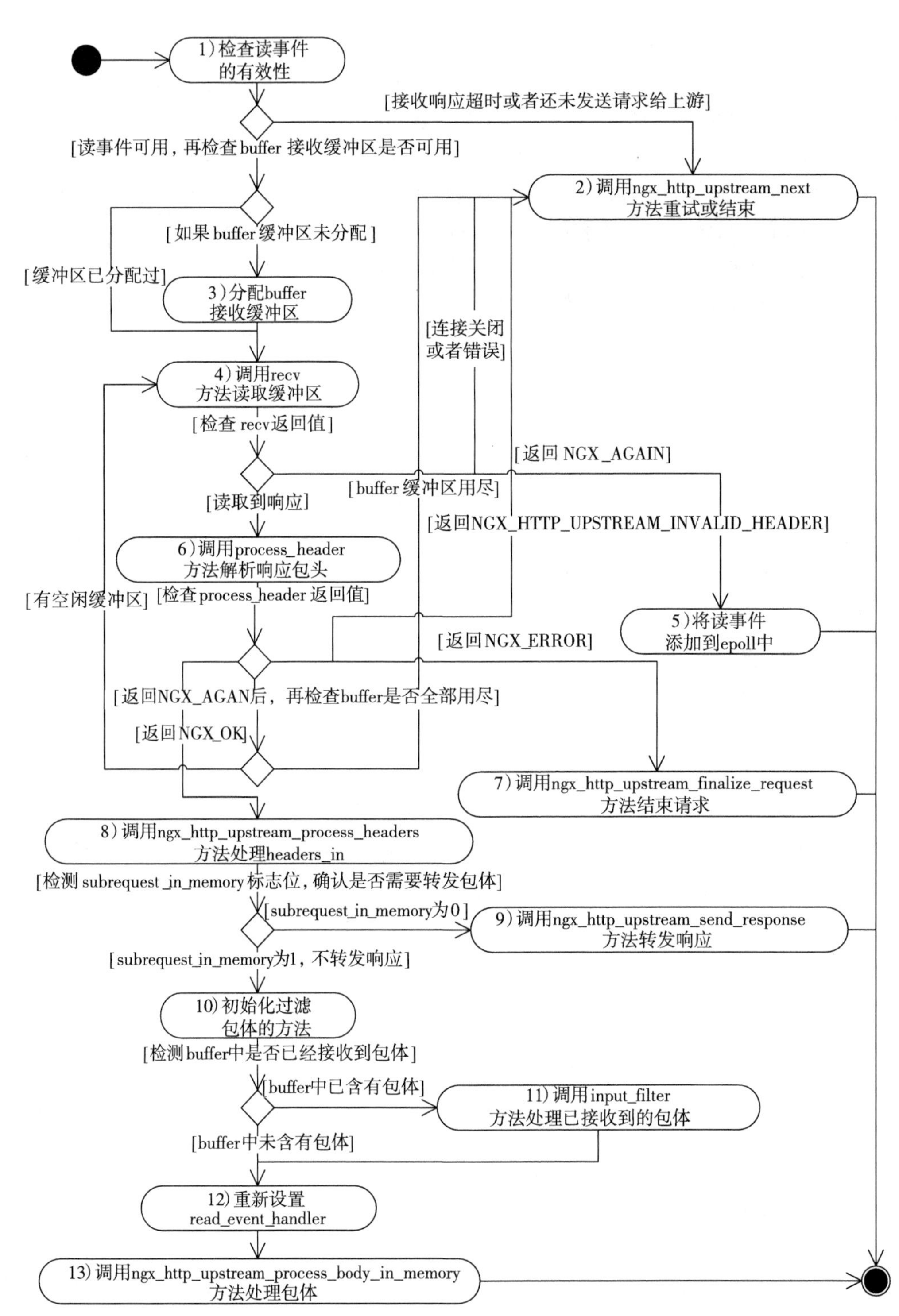

图 12-5 ngx_http_upstream_process_header 方法的流程图

下面详细介绍图 12-5 中的 13 个步骤。

1）首先检查读事件是否有效，包括检查 timedout 标志位是否为 1，如果 timedout 为 1，则表示读取响应已经超时，这时跳到第 2 步调用 ngx_http_upstream_next 方法决定下一步的动作，其中传递的参数是 NGX_HTTP_UPSTREAM_FT_TIMEOUT。如果 timedout 为 0，则继续检查 request_sent 标志位。如果 request_sent 为 0，则表示还没有发送请求到上游服务器就收到来自上游的响应，不符合 upstream 的设计场景，这时仍然跳到第 2 步调用 ngx_http_upstream_next 方法，传递的参数是 NGX_HTTP_UPSTREAM_FT_ERROR。如果读事件完全有效，则跳到第 3 步执行。

2）只有请求触发了失败条件后，才会执行 ngx_http_upstream_next 方法，该方法将会根据配置信息决定下一步究竟是重新发起 upstream 请求，还是结束当前请求，在 12.9.2 节会详细说明该方法的工作流程。当前读事件处理完毕。

3）检查 ngx_http_upstream_t 结构体中接收响应头部的 buffer 缓冲区，如果它的 start 成员指向 NULL，说明缓冲区还未分配内存，这时将按照 ngx_http_upstream_conf_t 配置结构体中的 buffer_size 成员指定的大小来为 buffer 缓冲区分配内存。

4）调用 recv 方法在 buffer 缓冲区中读取上游服务器发来的响应。检测 recv 方法的返回值，有 3 类返回值会导致 3 种不同的结果：如果返回 NGX_AGAIN，则表示还需要继续接收响应，这时跳到第 5 步执行；如果返回 0（表示上游服务器主动关闭连接）或者返回 NGX_ERROR，这时跳到第 2 步执行 ngx_http_upstream_next 方法，传递的参数是 NGX_HTTP_UPSTREAM_FT_ERROR；如果返回正数，这时该数值表示接收到的响应长度，跳到第 6 步处理响应。

5）调用 ngx_handle_read_event 方法将读事件再添加到 epoll 中，等待读事件的下次触发。ngx_http_upstream_process_header 方法执行完毕。

6）调用 HTTP 模块实现的 process_header 方法解析响应头部，检测其返回值：返回 NGX_HTTP_UPSTREAM_INVALID_HEADER 表示包头不合法，这时跳到第 2 步调用 ngx_http_upstream_next 方法，传递的参数是 NGX_HTTP_UPSTREAM_FT_INVALID_HEADER；返回 NGX_ERROR 表示出现错误，直接跳到第 7 步执行；返回 NGX_OK 表示解析到完整的包头，这时跳到第 8 步执行；返回 NGX_AGAIN 表示包头还没有接收完整，这时将检测 buffer 缓冲区是否用尽，如果缓冲区已经用尽，则说明包头太大了，超出了缓冲区允许的大小，这时跳到第 2 步调用 ngx_http_upstream_next 方法，传递的参数依然是 NGX_HTTP_UPSTREAM_FT_INVALID_HEADER，其表示包头不合法，而如果缓冲区还有空闲空间，则返回第 4 步继续接收上游服务器的响应。

7）调用 ngx_http_upstream_finalize_request 方法结束请求（详见 12.9.3 节），ngx_http_upstream_process_header 方法执行完毕。

8）调用 ngx_http_upstream_process_headers 方法处理已经解析出的头部，该方法将会把已经解析出的头部设置到请求 ngx_http_request_t 结构体的 headers_out 成员中，这样在调用 ngx_http_send_header 方法发送响应包头给客户端时将会发送这些设置了的头部。

接下来检查是否需要转发响应，ngx_http_request_t 结构体中的 subrequest_in_memory 标志位为 1 时表示不需要转发响应，跳到第 10 步执行；subrequest_in_memory 为 0 时表示需要转发响应到客户端，跳到第 9 步执行。

9）调用 ngx_http_upstream_send_response 方法开始转发响应给客户端，同时 ngx_http_upstream_process_header 方法执行完毕。

10）首先检查 HTTP 模块是否实现了用于处理包体的 input_filter 方法，如果没有实现，则使用 upstream 定义的默认方法 ngx_http_upstream_non_buffered_filter 代替 input_filter，其中 input_filter_ctx 将会被设置为 ngx_http_request_t 结构体的指针。如果用户已经实现了 input_filter 方法，则表示用户希望自己处理包体（如 ngx_http_memcached_module 模块），这时首先调用 input_filter_init 方法为处理包体做初始化工作。

11）在第 6 步的 process_header 方法中，如果解析完包头后缓冲区中还有多余的字符，则表示还接收到了包体，这时将调用 input_filter 方法第一次处理接收到的包体。

12）设置 upstream 的 read_event_handler 为 ngx_http_upstream_process_body_in_memory 方法，这也表示再有上游服务器发来响应包体，将由该方法来处理（参见 12.6 节）。

13）调用 ngx_http_upstream_process_body_in_memory 方法开始处理包体。

从上面的第 12 步可以看出，当不需要转发响应时，ngx_http_upstream_process_body_in_memory 方法将作为读取上游服务器包体的回调方法。什么时候无须转发包体呢？在 subrequest_in_memory 标志位为 1 时，实际上，这也意味着当前请求是个 subrequest 子请求。也就是说，在通常情况下，如果来自客户端的请求直接使用 upstream 机制，那都需要将上游服务器的响应直接转发给客户端，而如果是客户端请求派生出的子请求，则不需要转发上游的响应。因此，当我们开发 HTTP 模块实现某个功能时，若需要访问上游服务器获取一些数据，那么可开发两个 HTTP 模块，第一个 HTTP 模块用于处理客户端请求，当它需要访问上游服务器时就派生出子请求访问，第二个 HTTP 模块则专用于访问上游服务器，在子请求解析完上游服务器的响应后，再激活父请求处理客户端要求的业务。

注意 以上描述的开发场景是 Nginx 推荐用户使用的方式，虽然可以通过任意地修改 subrequest 标志位来更改以上特性，但目前这种设计对于分离关注点还是非常有效的，是一种很好的设计模式，如无必要最好不要更改。

从上面的第 9 步可以看出，当需要转发包体时将调用 ngx_http_upstream_send_response 方法来转发包体。ngx_http_upstream_send_response 方法将会根据 ngx_http_upstream_conf_t 配置结构体中的 buffering 标志位来决定是否打开缓存来处理响应，也就是说，buffering 为 0 时通常会默认下游网速更快，这时不需要缓存响应（在 12.7 节中将会介绍这一流程）。如果 buffering 为 1，则表示上游网速更快，这时需要用大量内存、磁盘文件来缓存来自上游的响应（在 12.8 节中会介绍这一流程）。

12.6　不转发响应时的处理流程

实际上，这里的不转发响应只是不使用 upstream 机制的转发响应功能而已，但如果 HTTP 模块有意愿转发响应到下游，还是可以通过 input_filter 方法实现相关功能的。

当请求属于 subrequest 子请求，且要求在内存中处理包体时（在第 5 章介绍过 ngx_http_subrequest 方法，通过它派生子请求时，可以将最后一个 flag 参数设置为 NGX_HTTP_SUBREQUEST_IN_MEMORY 宏，这样就将 ngx_http_request_t 结构体中的 subrequest_in_memory 标志位设为 1 了），就会进入本节描述的不转发响应这个流程。或者通过主动设置 subrequest_in_memory 标志位为 1 也可以做到，当然并不推荐这样做。为什么呢？因为不需要转发响应时的应用场景通常如下：业务需求导致需要综合上游服务器的数据来重新构造发往客户端的响应，如从上游的数据库或者 Tomcat 服务器中获取用户权限信息等。这时，根据 Nginx 推荐的设计模式，应当由原始请求处理客户端的请求，并派生出子请求访问上游服务器，在这种场景下，一般会希望在内存中解析上游服务器的响应。

> 注意　其实，在内存中处理上游响应的包体也有两种方式，第一种方式接收到全部的包体后再开始处理，第二种方式是每接收到一部分响应后就处理这一部分。第一种方式可能浪费大量内存用于接收完整的响应包体，第二种方式则会始终复用同一块内存缓冲区。HTTP 模块可以自由地选择使用哪种方式。

ngx_http_upstream_process_body_in_memory 就是在 upstream 机制不转发响应时，作为读事件的回调方法在内存中处理上游服务器响应包体的。每次与上游的 TCP 连接上有读事件触发时，它都会被调用，HTTP 模块通过重新实现 input_filter 方法来处理包体，在 12.6.1 节中会讨论如何实现这个回调方法；如果 HTTP 模块不实现 input_filter 方法，那么 upstream 机制就会自动使用默认的 ngx_http_upstream_non_buffered_filter 方法来处理包体，在 12.6.2 节中会讨论这个默认的 input_filter 方法做了些什么；在 12.6.3 节中将会具体分析 ngx_http_upstream_process_body_in_memory 方法的工作流程。

12.6.1　input_filter 方法的设计

先来看一下 input_filter 回调方法的定义，如下所示。

```
ngx_int_t (*input_filter)(void *data, ssize_t bytes);
```

其中，bytes 参数是本次接收到的包体长度。而 data 参数却不是指向接收到的包体的，它实际上是在启动 upstream 机制之前，所设置的 ngx_http_upstream_t 结构体中的 input_filter_ctx 成员，下面看一下它的定义。

```
void                                *input_filter_ctx;
```

它被设计为可以指向任意结构体，其实就是用来传递参数的。因为在内存中处理包体时，可能需要一个结构体作为上下文存储状态、结果等一些信息，这个结构体必须在启动 upstream 机制前设置。同时，在处理包体前，还会调用一次 input_filter_init 方法（HTTP 模块如果需要在开始接收包体时初始化变量，都会在这个方法中实现），下面看一下它的定义。

```
ngx_int_t                        (*input_filter_init)(void *data);
```

data 参数意义同上，仍然是 input_filter_ctx 成员。

下面将重点讨论如何在 input_filter 方法中处理包体。首先要弄清楚是从哪里获取到本次接收到的上游响应包体。答案是可由 ngx_buf_t 类型的 buffer 缓冲区获得。buffer 缓冲区中的 last 成员指向本次接收到的包体的起始地址，而 input_filter 方法的 bytes 参数表明了本次接收到包体的字节数。通过 buffer->last 和 bytes 获取到本次接收到的包体后，下面的工作就是由 HTTP 模块处理接收到的包体。

在处理完这一次收到的包体后，需要告诉 buffer 缓冲区已经处理过刚接收到的包体吗？这就需要看业务需求了。

如果我们需要反复使用 buffer 缓冲区，即 buffer 指向的这块内存需要复用，或者换句话说，下次接收到的响应将会覆盖 buffer 上刚刚接收到的响应，那么 input_filter 方法被调用时必须处理完 buffer 缓冲区中的全部内容，这种情况下不需要修改 buffer 缓冲区中的成员。当再次接收到后续的包体时，将会继续从 buffer->last 指向的内存地址处覆盖上次的包体内容。

如果我们希望 buffer 缓冲区保存部分或者全部的包体，则需要进行针对性的处理。我们知道，在 ngx_buf_t 表示的缓冲区中，start 和 end 成员圈定了缓冲区的可用内存，这对于 buffer 缓冲区来说同样成立，last 成员将指向接收到的上游服务器的响应包体的起始内存地址。因此，自由地移动 last 指针就是在改变 buffer 缓冲区。例如，如果希望 buffer 缓冲区存储全部包体内容，那么不妨把 last 指针向后移动 bytes 字节（参见 12.6.2 节）；如果希望 buffer 缓冲区尽可能地接收包体，等缓冲区满后再从头接收，那么可以检测 last 指针，在 last 未达到 end 指针的位置时可以继续向后移动，直到 last 到达 end 指针处，在到达 end 指针后可以把 last 指针指向 start 成员，这样又会重头复用这块内存了。

input_filter 的返回值非常简单，只要不是返回 NGX_ERROR，就都认为是成功的，当然，不出错时最好还是返回 NGX_OK。如果返回 NGX_ERROR，则请求会结束，参见图 12-6。

12.6.2 默认的 input_filter 方法

如果 HTTP 模块没有实现 input_filter 方法，那么将使用 ngx_http_upstream_non_buffered_filter 方法作为 input_filter，这个默认的方法将会试图在 buffer 缓冲区中存放全部的响应包体。

ngx_http_upstream_non_buffered_filter 方法其实很简单，下面直接列出其主要代码来分析该方法。

```
static ngx_int_t ngx_http_upstream_non_buffered_filter(void *data, ssize_t bytes)
{
    /* 前文说过，data 参数就是 ngx_http_upstream_t 结构体中的 input_filter_ctx，当 HTTP 模
```

```
块未实现 input_filter 方法时，input_filter_ctx 成员会指向请求的 ngx_http_request_t 结构体 */
        ngx_http_request_t  *r = data;

        ngx_buf_t *b;
        ngx_chain_t *cl, **ll;
        ngx_http_upstream_t *u;

        u = r->upstream;

        /* 找到 out_bufs 链表的末尾，其中 cl 指向链表中最后一个 ngx_chain_t 元素的 next 成员，所以
cl 最后一定是 NULL 空指针，而 ll 指向最后一个缓冲区的地址，它用来在后面的代码中向 out_bufs 链表添加新
的缓冲区 */
        for (cl = u->out_bufs, ll = &u->out_bufs; cl; cl = cl->next)
        {
            ll = &cl->next;
        }

        /*free_bufs 指向空闲的 ngx_buf_t 结构体构成的链表，如果 free_bufs 此时是空的，那么将会重
新由 r->pool 内存池中分配一个 ngx_buf_t 结构体给 cl；如果 free_bufs 链表不为空，则直接由 free_bufs
中获取一个 ngx_buf_t 结构体给 cl*/
        cl = ngx_chain_get_free_buf(r->pool, &u->free_bufs);
        if (cl == NULL) {
            return NGX_ERROR;
        }

        // 将新分配的 ngx_buf_t 结构体添加到 out_bufs 链表的末尾
        *ll = cl;

        /* 修改新分配缓冲区的标志位，表明在内存中，flush 标志位为可能发送缓冲区到客户端服务，参见 12.7 节 */
        cl->buf->flush = 1;
        cl->buf->memory = 1;

        //buffer 缓冲区才是真正接收上游服务器响应包体的缓冲区
        b = &u->buffer;

        //last 实际指向本次接收到的包体首地址
        cl->buf->pos = b->last;
        //last 向后移动 bytes 字节，意味着 buffer 需要保存这次收到的包体
        b->last += bytes;
        //last 和 pos 成员确定了 out_bufs 链表中每个缓冲区的包体数据
        cl->buf->last = b->last;
        cl->buf->tag = u->output.tag;

        /* 如果没有设置包体长度，u->length 就是 NGX_MAX_SIZE_T_VALUE，那么到这里结束 */
        if (u->length == NGX_MAX_SIZE_T_VALUE) {
            return NGX_OK;
        }

        // 更新 length，需要接收到的包体长度减少 bytes 字节
        u->length -= bytes;

        return NGX_OK;
    }
```

可以看到，默认的 input_filter 方法会试图让独立的 buffer 缓冲区保存全部的包体，这就要求我们对上游服务器的响应包体大小有绝对正确的判断，否则一旦上游服务器发来的响应包体超过 buffer 缓冲区的大小，请求将会出错。

注意 对于上述这段代码的理解，可参见图 12-8 第 4 步中 ngx_chain_update_chains 方法的执行过程，它们是配对执行的。

12.6.3 接收包体的流程

本节介绍的实际就是 ngx_http_upstream_process_body_in_memory 方法的执行流程，它会负责接收上游服务器的包体，同时调用 HTTP 模块实现的 input_filter 方法处理包体，如图 12-6 所示。

下面分析图 12-6，了解一下在内存中处理包体的流程。

1）首先要检查 Nginx 接收上游服务器的响应是否超时，也就是检查读事件的 timedout 标志位。如果 timedout 为 1，则表示读取响应超时，这时跳到第 2 步调用 ngx_http_upstream_finalize_request 方法结束请求，传递的参数是 NGX_ETIMEDOUT（详见 12.9.3 节）；如果 timedout 为 0，则继续执行第 3 步。

2）调用 ngx_http_upstream_finalize_request 方法结束请求，该方法类似于 ngx_http_finalize_request 方法，它们都需要一个 rc 参数，来决定该方法的行为。

3）在保存着响应包体的 buffer 缓冲区中，last 成员指向空闲内存块的地址（下次还会由 last 处开始接收响应包体），而 end 成员指向缓冲区的结尾，用 end-last 即可计算出剩余空闲内存。如果缓冲区全部用尽，则跳到第 2 步调用 ngx_http_upstream_finalize_request 方法结束请求；如果还有空闲缓冲区，则跳到第 4 步接收包体。

4）调用 recv 方法接收上游服务器的响应，接收到的内容存放在 buffer 缓冲区的 last 成员指向的内存中。检查 recv 的返回值，不同的返回值会导致 3 种结果：如果返回 NGX_AGAIN，则表示期待下一次的读事件，这时跳到第 6 步执行；如果返回 NGX_ERROR 或者上游服务器主动关闭连接，则跳到第 2 步结束请求；如果返回正数，则表示接收到的响应长度，这时跳到第 5 步处理包体。

5）调用 HTTP 模块实现的 input_filter 方法处理本次接收到的包体。检测 input_filter 方法的返回值，返回 NGX_ERROR 时跳到第 2 步结束请求。否则，再检测读事件的 ready 标志位，如果 ready 为 1，则表示仍有 TCP 流可以读取，这时跳到第 3 步执行；如果 ready 为 0，则跳到第 6 步执行。

6）调用 ngx_handle_read_event 方法将读事件添加到 epoll 中。

7）调用 ngx_add_timer 方法将读事件添加到定时器中，超时时间为 ngx_http_upstream_conf_t 配置结构体中的 read_timeout 成员。

在内存中处理包体的关键在于如何实现 input_filter 方法，特别是在该方法中对 buffer 缓冲区的管理。如果上游服务器的响应包体非常小，可以考虑本节说明的这种方式，它的效率很高。

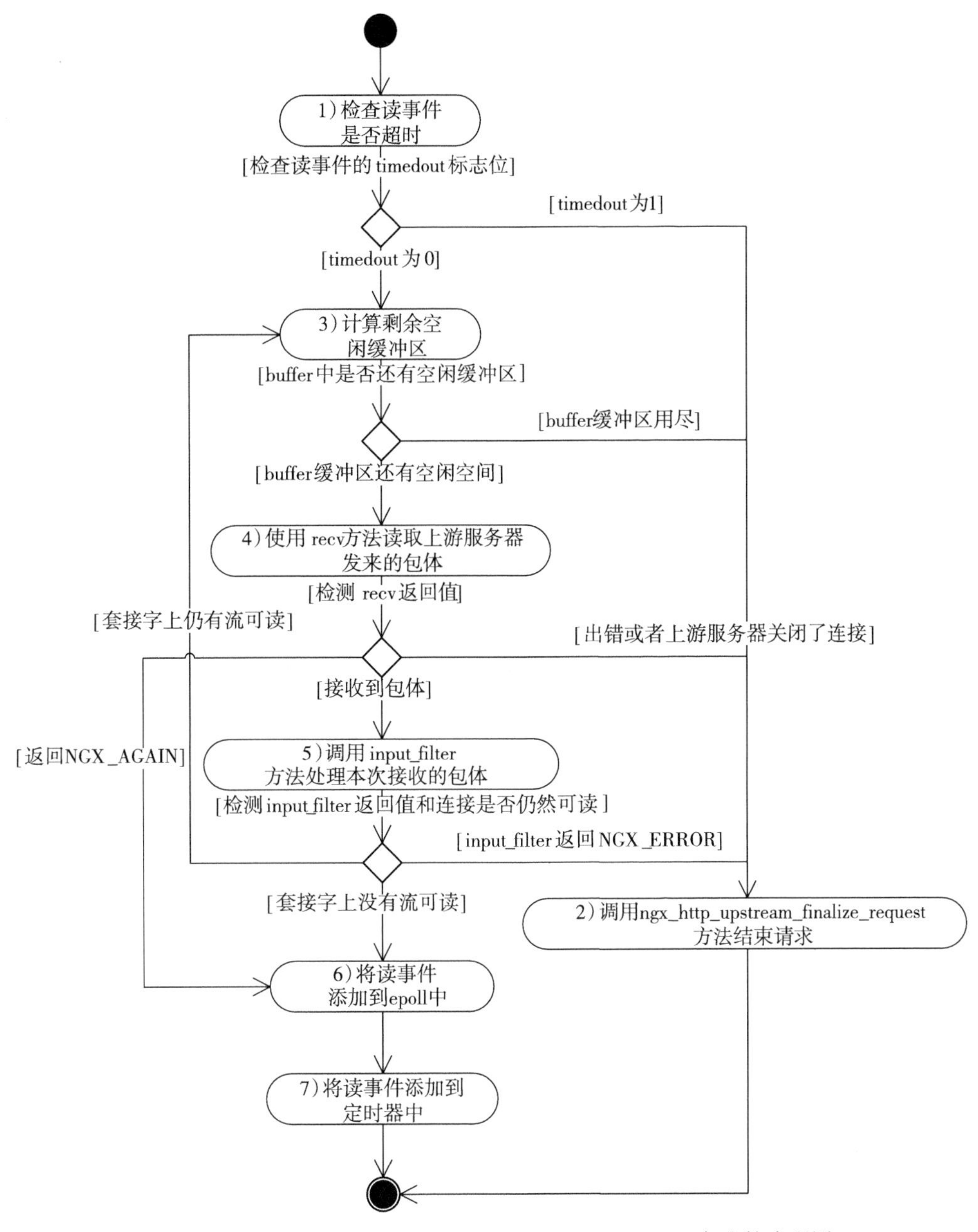

图 12-6　ngx_http_upstream_process_body_in_memory 方法的流程图

12.7　以下游网速优先来转发响应

转发上游服务器的响应到下游客户端，这项工作必然是由上游事件来驱动的。因此，以下游网速优先实际上只是意味着需要开辟一块固定长度的内存作为缓冲区。在图 12-5 的第 9 步中会调用 ngx_http_upstream_send_response 方法向客户端转发响应，在该方法中将会判断 buffering 标志位，如果 buffering 为 1，则表明需要打开缓冲区，这时将会优先考虑上游网速，尽可能多地接收上游服务器的响应到内存或者磁盘文件中；而如果 buffering 为 0，则只开辟固定大小的缓冲区内存，在接收上游服务器的响应时如果缓冲区已满则暂停接收，等待缓冲区中的响应发送给客户端后缓冲区会自然清空，于是就可以继续接收上游服务器的响应了。这种设计的好处是没有使用大量内存，这对提高并发连接是有好处的，同时也没有使用磁盘文件，这对降低服务器负载、某些情况下提高请求处理能力也是有益的。

本节我们讨论的正是 buffering 标志位为 0 时的转发响应方式，事实上，这时使用的缓冲区也是接收上游服务器头部时所用的内存，其大小由 ngx_http_upstream_conf_t 配置结构体中的 buffer_size 配置指定。

buffering 标志位的值其实可以根据上游服务器的响应头部而改变。在 12.1.3 节中我们介绍过 change_buffering 标志位，当它的值为 1 时，如果 process_header 方法解析出 X-Accel-Buffering 头部并设置到 headers_in 结构体中后，将根据该头部的值改变 buffering 标志位。当 X-Accel-Buffering 头部值为 yes 时，对于本次请求而言，buffering 相当于重设为 1，如果头部值为 no，则相当于 buffering 改为 0，除此以外的头部值将不产生作用（参见 ngx_http_upstream_process_buffering 方法）。因此，转发响应时究竟是否需要打开缓存，可以在运行时根据请求的不同而灵活变换。

12.7.1 转发响应的包头

转发响应包头这一动作是在 ngx_http_upstream_send_response 方法中完成的，无论 buffering 标志位是否为 0，都会使用该方法来发送响应的包头，图 12-7 和图 12-9 共同构成了 ngx_http_upstream_send_response 方法的完整流程。先来看一下图 12-7，它描述了单一缓冲区下是如何转发包头到客户端，以及为转发包体做准备的。

因为转发响应包头这一过程并不存在反复调用的问题，所以图 12-7 中主要完成了两项工作：将 12.5 节中解析出的包头发送给下游的客户端、设置转发包体的处理方法。下面详细解释图 12-7 描述的 11 个步骤。

1）调用 ngx_http_send_header 方法向下游的客户端发送 HTTP 包头。在接收上游服务器的响应包头时，在图 12-5 的第 6 步中，HTTP 模块会通过 process_header 方法解析包头，并将解析出的值设置到 ngx_http_upstream_t 结构体的 headers_in 成员中，而在第 8 步中，ngx_http_upstream_process_headers 方法则会把 headers_in 中的头部设置到将要发送给客户端的 headers_out 结构体中，ngx_http_send_header 方法就是用来把这些包头发送给客户端的。这一步同时会将 header_sent 标志位置为 1（header_sent 标志位在 12.4 节中发送请求到上游服务器时会使用）。

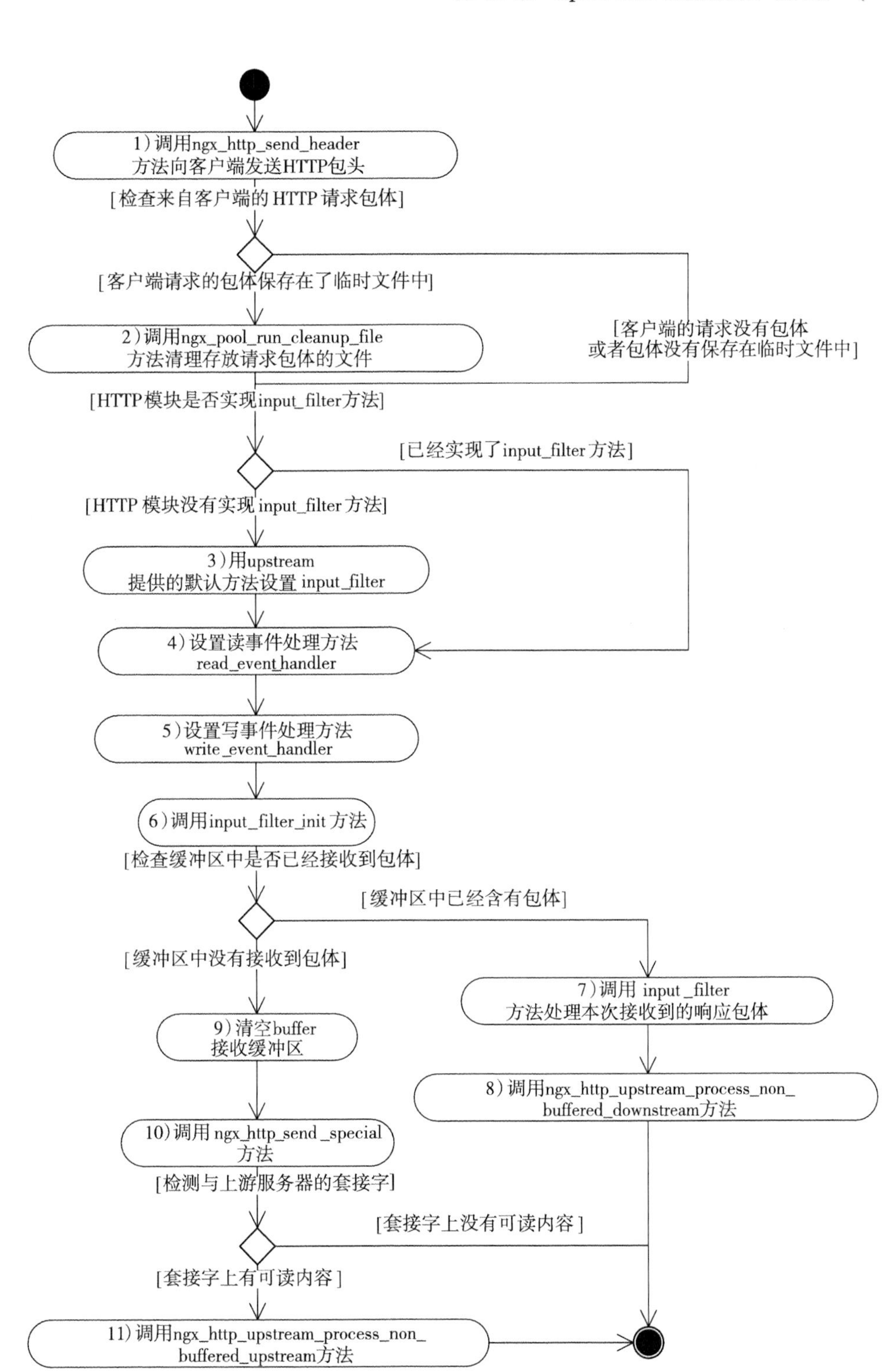

图 12-7　buffering 标志位为 0 时发送响应包头的流程

2）如果客户端的请求中有 HTTP 包体，而且曾经调用过 11.8.1 节中的 ngx_http_read_client_request_body 方法接收 HTTP 包体并把包体存放在了临时文件中，这时就会调用 ngx_pool_run_cleanup_file 方法清理临时文件。为什么要在这一步清理临时文件呢？因为上游服务器发送响应时可能会使用到临时文件，之后收到响应解析响应包头时也不可以清理临时文件，而一旦开始向下游客户端转发 HTTP 响应时，则意味着肯定不会再需要客户端请求的包体了，这时可以关闭、转移或者删除临时文件，具体动作由 HTTP 模块实现的 hander 回调方法决定。

3）如果 HTTP 模块没有实现过滤包体的 input_filter 方法，则再把 12.6.2 节介绍过的默认的 ngx_http_upstream_non_buffered_filter 方法作为处理包体的方法，它的工作就在于使用 out_bufs 链表指向接收到的 buffer 缓冲区内容。在 12.7.2 节中将会综合介绍它的作用。

4）设置读取上游服务器响应的方法为 ngx_http_upstream_process_non_buffered_upstream，即设置 upstream 中的 read_event_handler 回调方法，这样，当上游服务器接收到响应时，通过 ngx_http_upstream_handler 方法可最终调用 ngx_http_upstream_process_non_buffered_upstream 来接收响应。

5）将 ngx_http_upstream_process_non_buffered_downstream 设置为向下游客户端发送包体的方法，也就是把请求 ngx_http_request_t 中的 write_event_handler 设置为这个方法，这样，一旦 TCP 连接上可以向下游客户端发送数据时，会通过 ngx_http_handler 方法最终调用到 ngx_http_upstream_process_non_buffered_downstream 来发送响应包体。

6）调用 HTTP 模块实现的 input_filter_init 方法（当 HTTP 模块没有实现 input_filter 方法时，它是默认任何事情也不做的 ngx_http_upstream_non_buffered_filter_init 方法），为 input_filter 方法处理包体做初始化准备。

检测 buffer 缓冲区在解析完包头后，是否还有已经接收到的包体（实际上就是检查 buffer 缓冲区中的 last 指针是否等于 pos 指针）。如果已经接收到包体，则跳到第 7 步执行；如果没有接收到包体，则跳到第 9 步执行。

7）调用 input_filter 方法处理包体。

8）调用 ngx_http_upstream_process_non_buffered_downstream 方法把本次接收到的包体向下游客户端发送。

9）将 buffer 缓冲区清空，其实就是执行下面两行语句：

```
u->buffer.pos = u->buffer.start;
u->buffer.last = u->buffer.start;
```

pos 指针一般指向未经处理的响应，而 last 指针一般指向刚接收到的响应，这时把它们全部设为指向缓冲区起始地址的 start 指针，即表示清空缓冲区。

10）调用 ngx_http_send_special 方法，如下所示。

```
if (ngx_http_send_special(r, NGX_HTTP_FLUSH) == NGX_ERROR) {
    ngx_http_upstream_finalize_request(r, u, 0);
    return;
}
```

NGX_HTTP_FLUSH 标志位意味着如果请求 r 的 out 缓冲区中依然有等待发送的响应，则"催促"着发送出它们。

11）如果与上游服务器的连接上有可读事件，则调用 ngx_http_upstream_process_non_buffered_upstream 方法处理响应；否则，当前流程结束，将控制权交还给 Nginx 框架。

以上步骤提到的下游处理方法 ngx_http_upstream_process_non_buffered_downstream 和上游处理方法 ngx_http_upstream_process_non_buffered_upstream 都将在下文中介绍。

12.7.2　转发响应的包体

当接收到上游服务器的响应时，将会由 ngx_http_upstream_process_non_buffered_upstream 方法处理连接上的这个读事件，该方法比较简单，下面直接列举源代码说明其流程。

```
static void ngx_http_upstream_process_non_buffered_upstream(ngx_http_request_t *r, ngx_http_upstream_t *u)
{
    ngx_connection_t  *c;

    // 获取 Nginx 与上游服务器间的 TCP 连接 c
    c = u->peer.connection;

    // 如果读取响应超时（超时时间为 read_timeout），则需要结束请求
    if (c->read->timedout) {
        // ngx_http_upstream_finalize_request 方法可参见 12.9.3 节
        ngx_http_upstream_finalize_request(r, u, 0);
        return;
    }

    /* 这个方法才是真正决定以固定内存块作为缓存时如何转发响应的，注意，传递的第 2 个参数是 0*/
    ngx_http_upstream_process_non_buffered_request(r, 0);
}
```

可以看到，实际接收上游服务器响应的其实是 ngx_http_upstream_process_non_buffered_request 方法，先不着急看它的实现，先来看看向下游客户端发送响应时调用的 ngx_http_upstream_process_non_buffered_downstream 方法是怎样实现的，如下所示。

```
static void ngx_http_upstream_process_non_buffered_downstream(ngx_http_request_t *r)
{
    ngx_event_t *wev;
    ngx_connection_t *c;
    ngx_http_upstream_t *u;

    // 注意，这个 c 是 Nginx 与客户端之间的 TCP 连接
    c = r->connection;
    u = r->upstream;
    wev = c->write;

    /* 如果发送超时，那么同样要结束请求，超时时间就是 nginx.conf 文件中的 send_timeout 配置项 */
    if (wev->timedout) {
        c->timedout = 1;
```

```
        //注意，结束请求时传递的参数是 NGX_HTTP_REQUEST_TIME_OUT
        ngx_http_upstream_finalize_request(r, u, NGX_HTTP_REQUEST_TIME_OUT);
        return;
    }

    //同样调用该方法向客户端发送响应包体，注意，传递的第 2 个参数是 1
    ngx_http_upstream_process_non_buffered_request(r, 1);
}
```

无论是接收上游服务器的响应，还是向下游客户端发送响应，最终调用的方法都是 ngx_http_upstream_process_non_buffered_request，唯一的区别是该方法的第 2 个参数不同，当需要读取上游的响应时传递的是 0，当需要向下游发送响应时传递的是 1。下面先看看该方法到底做了哪些事情，如图 12-8 所示。

图 12-8 中的 do_write 变量就是 ngx_http_upstream_process_non_buffered_request 方法中的第 2 个参数，当然，首先它还会有一个初始化，如下所示。

```
do_write = do_write || u->length == 0;
```

这里的 length 变量表示还需要接收的上游包体的长度，当 length 为 0 时，说明不再需要接收上游的响应，那只能继续向下游发送响应，因此，do_write 只能为 1。do_write 标志位表示本次是否向下游发送响应。下面详细解释图 12-8 中的每个步骤。

1）如果 do_write 标志位为 1，则跳到第 2 步开始向下游发送响应；如果 do_write 为 0，则表示需要由上游读取响应，这时跳到第 6 步执行。注意，在图 12-8 中，这一步是在一个大循环中执行的，也就是说，与上、下游间的通信可能反复执行。

2）首先检查缓存中来自上游的响应包体，是否还有未转发给下游的。这个检查过程很简单，因为每当在缓冲区中接收到上游的响应时，都会调用 input_filter 方法来处理。当 HTTP 模块没有实现该方法时，我们就会使用 12.6.2 节介绍过的 ngx_http_upstream_non_buffered_filter 方法来处理响应，该方法会在 out_bufs 链表中增加 ngx_buf_t 缓冲区（没有分配实际的内存）指向 buffer 中接收到的响应。因此，在向下游发送包体时，直接发送 out_bufs 缓冲区指向的内容即可，每当发送成功时则会在下面的第 4 步中更新 out_bufs 缓冲区，从而将已经发送出去的 ngx_buf_t 成员回收到 free_bufs 链表中。

事实上，检查是否有内容需要转发给下游的代码是这样的：

```
if (u->out_bufs || u->busy_bufs) { … }
```

可能有人会奇怪，为什么除了 out_bufs 缓冲区链表以外还要检查 busy_bufs 呢？这是因为在第 3 步向下游发送 out_bufs 指向的响应时，未必可以一次发送完。这时，在第 4 步中，会使用 busy_bufs 指向 out_bufs 中的内容，同时将 out_bufs 置为空，使得它在继续处理接收到的响应包体的 ngx_http_upstream_non_buffered_filter 方法中指向新收到的响应。因此，只有 out_bufs 和 busy_bufs 链表都为空时，才表示没有响应需要转发到下游，这时跳到第 5 步执行，否则跳到第 2 步向下游发送响应。

3）调用 ngx_http_output_filter 方法向下游发送 out_bufs 指向的内容，其代码如下。

```
rc = ngx_http_output_filter(r, u->out_bufs);
```

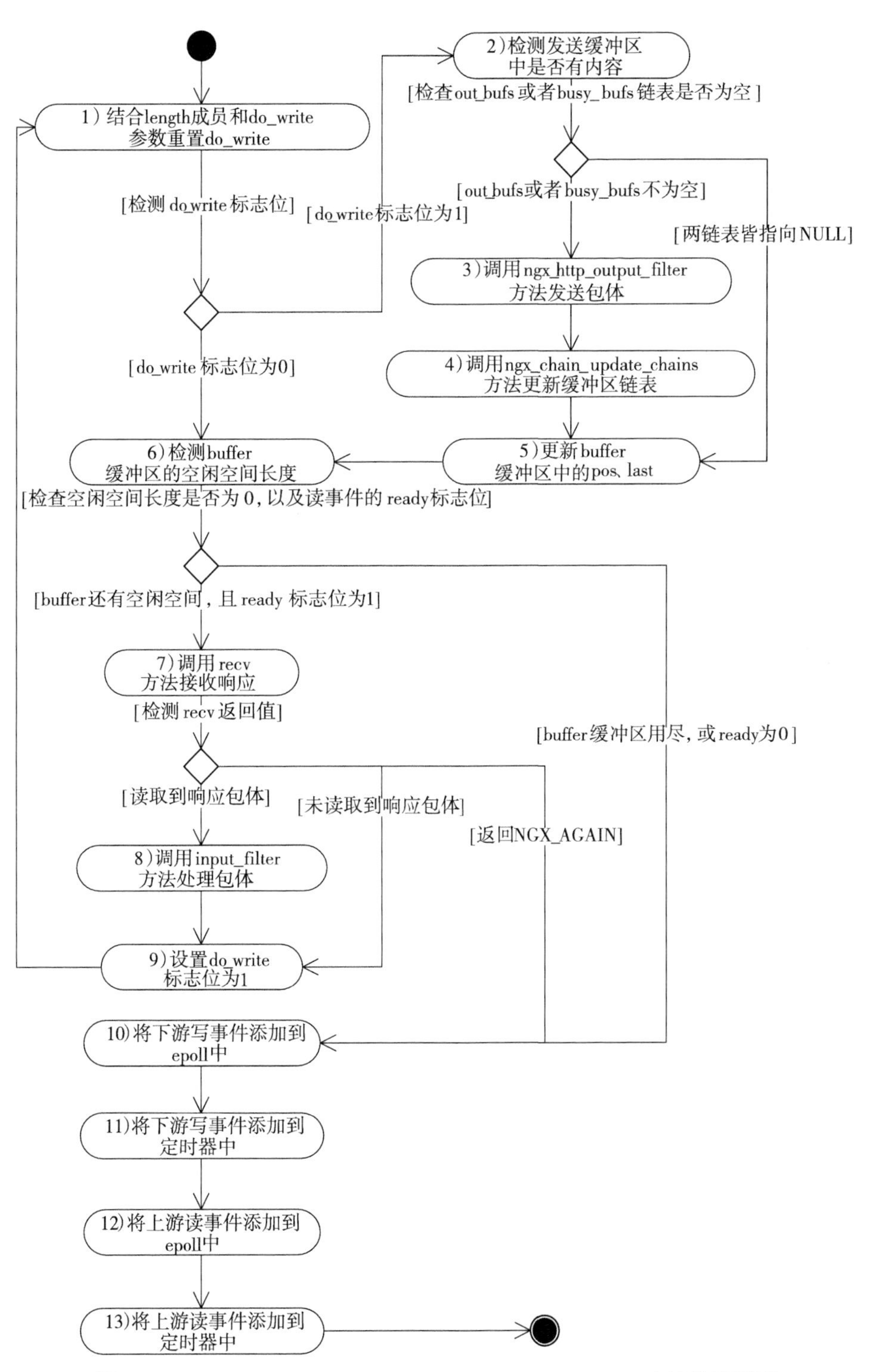

图 12-8　ngx_http_upstream_process_non_buffered_request 方法的流程图

读者在这里可能会有疑问，在 busy_bufs 不为空时，不是也有内容要发送吗？注意，busy_bufs 指向的是上一次 ngx_http_output_filter 未发送完的缓存，这时请求 ngx_http_request_t 结构体中的 out 缓冲区已经保存了它的内容，不需要再次发送 busy_bufs 了。

4）调用 ngx_chain_update_chains 方法更新上文说过的 free_bufs、busy_bufs、out_bufs 这 3 个缓冲区链表，它们实际上做了以下 3 件事情。

- 清空 out_bufs 链表。
- 把 out_bufs 中已经发送完的 ngx_buf_t 结构体清空重置（即把 pos 和 last 成员指向 start），同时把它们追加到 free_bufs 链表中。
- 如果 out_bufs 中还有未发送完的 ngx_buf_t 结构体，那么添加到 busy_bufs 链表中。这一步与 ngx_http_upstream_non_buffered_filter 方法的执行是对应的。

5）当 busy_bufs 链表为空时，表示到目前为止需要向下游转发的响应包体都已经全部发送完了（也就是说，ngx_http_request_t 结构体中的 out 缓冲区都发送完了），这时将把 buffer 接收缓冲区清空（pos 和 last 成员指向 start），这样，buffer 接收缓冲区中的内容释放后，才能继续接收更多的响应包体。

6）获取 buffer 缓冲区中还有多少剩余空间，即：

```
size = u->buffer.end - u->buffer.last;
```

这里获取的 size 就是第 7 步 recv 方法能够接收的最大字节数。

当 size 大于 0，且与上游的连接上确实有可读事件时（检查读事件的 ready 标志位），就会跳到第 7 步开始接收响应，否则直接跳到 10 步准备结束本次调度中的转发动作。

7）调用 recv 方法将上游的响应接收到 buffer 缓冲区中。检查 recv 的返回值，如果返回正数，则表示确实接收到响应，跳到第 8 步处理接收到的包体；如果返回 NGX_AGAIN，则表示期待 epoll 下次有读事件时再继续调度，这时跳到第 10 步执行；如果返回 0，则表示上游服务器关闭了连接，跳到第 9 步执行。

8）调用 input_filter 方法处理包体（参考 12.6.2 节的默认处理方法）。

9）执行到这一步表示读取到了来自上游的响应，这时设置 do_write 标志位为 1，同时跳到第 1 步准备向下游转发刚收到的响应。

10）调用 ngx_handle_write_event 方法将 Nginx 与下游之间连接上的写事件添加到 epoll 中。

11）调用 ngx_add_timer 方法将 Nginx 与下游之间连接上的写事件添加到定时器中，超时时间就是配置文件中的 send_timeout 配置项。

12）调用 ngx_handle_read_event 方法将 Nginx 与上游服务器之间的连接上的读事件添加到 epoll 中。

13）调用 ngx_add_timer 方法将 Nginx 与上游服务器之间连接上的读事件添加到定时器中，超时时间就是 ngx_http_upstream_conf_t 配置结构体中的 read_timeout 成员。

阅读完第 11 章，读者应该很熟悉 Nginx 读 / 写事件的处理过程了。另外，理解转发包体这一过程最关键的是弄清楚缓冲区的用法，特别是分配了实际内存的 buffer 缓冲区与仅仅负责指向 buffer 缓冲区内容的 3 个链表（out_bufs、busy_bufs、free_bufs）之间的关系，这样就对这种转发过程的优缺点非常清楚了。如果下游网速慢，那么有限的 buffer 缓冲区就会降低上游的发送响应速度，可能对上游服务器带来高并发压力。

12.8　以上游网速优先来转发响应

如果上游服务器向 Nginx 发送响应的速度远快于下游客户端接收 Nginx 转发响应时的速度，这时可以通过将 ngx_http_upstream_conf_t 配置结构体中的 buffering 标志位设为 1，允许 upstream 机制打开更大的缓冲区来缓存那些来不及向下游转发的响应，允许当达到内存构成的缓冲区上限时以磁盘文件的形式来缓存来不及向下游转发的响应。什么是更大的缓冲区呢？由 12.7 节我们知道，当 buffering 标志位为 0 时，将使用 ngx_http_upstream_conf_t 配置结构体中的 buffer_size 指定的一块固定大小的缓冲区来转发响应，而当 buffering 为 1 时，则使用 bufs 成员指定的内存缓冲区（最多拥有 bufs.num 个，每个缓冲区大小固定为 bufs.size 字节）来转发响应，当上游响应占满所有缓冲区时，使用最大不超过 max_temp_file_size 字节的临时文件来缓存响应。

事实上，官方发布的 ngx_http_proxy_module 反向代理模块默认配置下就是使用这种方式来转发上游服务器响应的，由于它涉及了多个内存缓冲区的配合问题，以及临时磁盘文件的使用，导致它的实现方式异常复杂，12.8.1 节介绍的 ngx_event_pipe_t 结构体是该转发方式的核心结构体，需要基于它来理解转发流程。

这种转发响应方式集成了 Nginx 的文件缓存功能，本节将只讨论纯粹转发响应的流程，不会涉及文件缓存部分（以临时文件缓存响应并不属于文件缓存，因为临时文件在请求结束后会被删除）。

12.8.1　ngx_event_pipe_t 结构体的意义

如果将 ngx_http_upstream_conf_t 配置结构体的 buffering 标志位设置为 1，那么 ngx_event_pipe_t 结构体必须要由 HTTP 模块创建。

注意　upstream 中的 pipe 成员默认指向 NULL 空指针，而且 upstream 机制永远不会为它自动实例化，因此，必须由使用 upstream 的 HTTP 模块为 pipe 分配内存。

---

ngx_event_pipe_t 结构体维护着上下游间转发的响应包体，它相当复杂。例如，缓冲区链表 ngx_chain_t 类型的成员就定义了 6 个（包括 free_raw_bufs、in、out、free、busy、preread_bufs），为什么要用如此复杂的数据结构支撑看似简单的转发过程呢？这是因为 Nginx 的宗旨就是高效率，所以它绝不会把相同内容复制到两块内存中，而同一块内存如果既要用于接收上游发来的响应，又要准备向下游发送，很可能还要准备写入临时文件中，这就带来了很高的复杂度，ngx_event_pipe_t 结构体的任务就在于解决这个问题。

理解这个结构体中各个成员的含义将会帮助我们弄清楚 buffering 为 1 时转发响应的流

程，特别是可以弄清楚 Nginx 绝不复制重复内存的高效做法是如何实现的。当然，我们也可以先跳到 12.8.2 节综合理解这种转发方式下的运行机制，再针对流程中遇到的 ngx_event_pipe_t 结构体中的成员返回到本节来查询其意义。下面看一下它各个成员的意义。

```
    typedef struct ngx_event_pipe_s  ngx_event_pipe_t;

    // 处理接收自上游的包体的回调方法原型
    typedef ngx_int_t (*ngx_event_pipe_input_filter_pt)  (ngx_event_pipe_t *p, ngx_
buf_t *buf);

    // 向下游发送响应的回调方法原型
    typedef ngx_int_t  (*ngx_event_pipe_output_filter_pt)(void *data, ngx_chain_t
*chain);

    struct ngx_event_pipe_s {
        // Nginx 与上游服务器间的连接
        ngx_connection_t *upstream;

        // Nginx 与下游客户端间的连接
        ngx_connection_t *downstream;

        /* 直接接收自上游服务器的缓冲区链表，注意，这个链表中的顺序是逆序的，也就是说，链表前端的 ngx_
buf_t 缓冲区指向的是后接收到的响应，而后端的 ngx_buf_t 缓冲区指向的是先接收到的响应。因此，free_raw_
bufs 链表仅在接收响应时使用 */
        ngx_chain_t *free_raw_bufs;

        /* 表示接收到的上游响应缓冲区。通常，in 链表是在 input_filter 方法中设置的，可参考 ngx_event_
pipe_copy_input_filter 方法，它会将接收到的缓冲区设置到 in 链表中 */
        ngx_chain_t *in;

        // 指向刚刚接收到的一个缓冲区
        ngx_chain_t **last_in;

        /* 保存着将要发送给客户端的缓冲区链表。在写入临时文件成功时，会把 in 链表中写入文件的缓冲区添
加到 out 链表中 */
        ngx_chain_t *out;

        // 指向刚加入 out 链表的缓冲区，暂无实际意义
        ngx_chain_t **last_out;

        // 等待释放的缓冲区
        ngx_chain_t *free;

        /* 设置 busy 缓冲区中待发送的响应长度触发值，当达到 busy_size 长度时，必须等待 busy 缓冲区发
送了足够的内容，才能继续发送 out 和 in 缓冲区中的内容 */
        ssize_t busy_size;

        /* 表示上次调用 ngx_http_output_filter 方法发送响应时没有发送完的缓冲区链表。这个链表中
的缓冲区已经保存到请求的 out 链表中，busy 仅用于记录还有多大的响应正等待发送 */
        ngx_chain_t *busy;

        /* 处理接收到的来自上游服务器的缓冲区。一般使用 upstream 机制默认提供的 ngx_event_pipe_copy_
```

```
input_filter 方法作为 input_filter*/
        ngx_event_pipe_input_filter_pt input_filter;

        /* 用于 input_filter 方法的成员，一般将它设置为 ngx_http_request_t 结构体的地址 */
        void *input_ctx;

        /* 表示向下游发送响应的方法，默认使用 ngx_http_output_filter 方法作为 output_filter*/
        ngx_event_pipe_output_filter_pt output_filter;

        // 指向 ngx_http_request_t 结构体
        void *output_ctx;

        // 标志位，read 为 1 时表示当前已经读取到上游的响应
        unsigned read:1;

        /* 标志位，为 1 时表示启用文件缓存。本章描述的场景都忽略了文件缓存，也就是默认 cacheable 值为 0*/
        unsigned cacheable:1;

        // 标志位，为 1 时表示接收上游响应时一次只能接收一个 ngx_buf_t 缓冲区
        unsigned single_buf:1;

        /* 标志位，为 1 时一旦不再接收上游响应包体，将尽可能地立刻释放缓冲区。所谓尽可能是指，一旦这
个缓冲区没有被引用，如没有用于写入临时文件或者用于向下游客户端释放，就把缓冲区指向的内存释放给 pool
内存池 */
        unsigned free_bufs:1;

        /* 提供给 HTTP 模块在 input_filter 方法中使用的标志位，表示 Nginx 与上游间的交互已结束。如果
HTTP 模块在解析包体时，认为从业务上需要结束与上游间的连接，那么可以把 upstream_done 标志位置为 1*/
        unsigned upstream_done:1;

         /*Nginx 与上游服务器之间的连接出现错误时，upstream_error 标志位为 1，一般当接收上游响应
超时，或者调用 recv 接收出现错误时，就会把该标志位置为 1*/
        unsigned upstream_error:1;

        /* 表示与上游的连接状态。当 Nginx 与上游的连接已经关闭时，upstream_eof 标志位为 1*/
        unsigned upstream_eof:1;

        /* 表示暂时阻塞住读取上游响应的流程，期待通过向下游发送响应来清理出空闲的缓冲区，再用空出的缓
冲区接收响应。也就是说，upstream_blocked 标志位为 1 时会在 ngx_event_pipe 方法的循环中先调用 ngx_
event_pipe_write_to_downstream 方法发送响应，然后再次调用 ngx_event_pipe_read_upstream 方
法读取上游响应 */
        unsigned upstream_blocked:1;

        // downstream_done 标志位为 1 时表示与下游间的交互已经结束，目前无意义
        unsigned downstream_done:1;

        /*Nginx 与下游客户端间的连接出现错误时，downstream_error 标志位为 1。在代码中，一般是向
下游发送响应超时，或者使用 ngx_http_output_filter 方法发送响应却返回 NGX_ERROR 时，把 downstream_
error 标志位设为 1*/
        unsigned downstream_error:1;

        /* cyclic_temp_file 标志位为 1 时会试图复用临时文件中曾经使用过的空间。不建议将 cyclic_
temp_file 设为 1。它是由 ngx_http_upstream_conf_t 配置结构体中的同名成员赋值的 */
```

```
        unsigned cyclic_temp_file:1;

        // 表示已经分配的缓冲区数目，allocated 受到 bufs.num 成员的限制
        ngx_int_t allocated;

        /*bufs 记录了接收上游响应的内存缓冲区大小，其中 bufs.size 表示每个内存缓冲区的大小，而
bufs.num 表示最多可以有 num 个接收缓冲区 */
        ngx_bufs_t bufs;

        // 用于设置、比较缓冲区链表中 ngx_buf_t 结构体的 tag 标志位
        ngx_buf_tag_t tag;

        // 已经接收到的上游响应包体长度
        off_t read_length;

        /* 与 ngx_http_upstream_conf_t 配置结构体中的 max_temp_file_size 含义相同，同时它们的
值也是相等的，表示临时文件的最大长度 */
        off_t max_temp_file_size;

        /* 与 ngx_http_upstream_conf_t 配置结构体中的 temp_file_write_size 含义相同，同时它们
的值也是相等的，表示一次写入文件时的最大长度 */
        ssize_t temp_file_write_size;

        // 读取上游响应的超时时间
        ngx_msec_t read_timeout;

        // 向下游发送响应的超时时间
        ngx_msec_t send_timeout;

        // 向下游发送响应时，TCP 连接中设置的 send_lowat “水位”
        ssize_t send_lowat;

        // 用于分配内存缓冲区的连接池对象
        ngx_pool_t *pool;

        // 用于记录日志的 ngx_log_t 对象
        ngx_log_t *log;

        // 表示在接收上游服务器响应头部阶段，已经读取到的响应包体
        ngx_chain_t *preread_bufs;

        // 表示在接收上游服务器响应头部阶段，已经读取到的响应包体长度
        size_t preread_size;

        // 仅用于缓存文件的场景，本章不涉及，故不再详述该缓冲区
        ngx_buf_t *buf_to_file;

        // 存放上游响应的临时文件，最大长度由 max_temp_file_size 成员限制
        ngx_temp_file_t *temp_file;

        // 已使用的 ngx_buf_t 缓冲区数目
        int num;
    };
```

注意，ngx_event_pipe_t 结构体仅用于转发响应。

12.8.2　转发响应的包头

开始转发响应也是通过 ngx_http_upstream_send_response 方法执行的。图 12-9 展示了转发响应包头和初始化 ngx_event_pipe_t 结构体的流程。

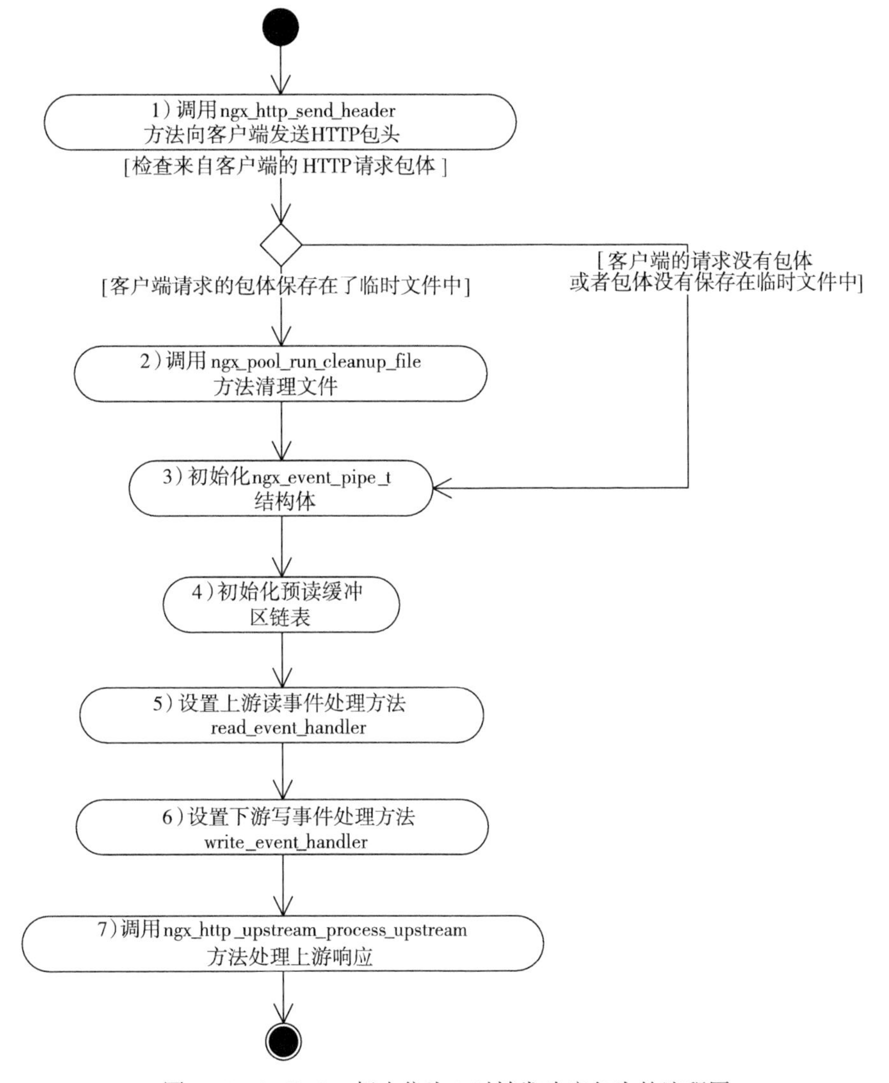

图 12-9　buffering 标志位为 0 时转发响应包头的流程图

下面说明一下图 12-9 中的步骤。

1）首先调用 ngx_http_send_header 方法向下游客户端发送 ngx_http_request_t 结构体的 headers_out 中设置过的 HTTP 响应包头。

2）如果客户端请求中存在 HTTP 包体，而且包体已经保存到临时文件中了，这时将会调用 ngx_pool_run_cleanup_file 方法清理临时文件，以释放不必要的资源。这里的第 1 步和第 2 步与图 12-8 中的完全一样，不再详述。

3）ngx_http_upstream_t 结构体中的 pipe 成员并不是在这一步中创建，它仅在这一步中初始化部分成员，因此，一旦 pipe 到这一步还没有创建，就会出现内存访问越界，引发严重错误。ngx_event_pipe_t 结构体的初始化大概包括以下部分：

```
// 注意，这里是直接引用必须分配过内存的 pipe 指针
ngx_event_pipe_t* p = u->pipe;

/* 设置向下游客户端发送响应的方法为 ngx_http_output_filter，该方法在第 11 章中介绍过 */
p->output_filter = (ngx_event_pipe_output_filter_pt) ngx_http_output_filter;

/*output_ctx 指向当前请求的 ngx_http_request_t 结构体，这是因为接下来转发包体的方法都只接受
ngx_event_pipe_t 参数，且只能由 output_ctx 成员获取到表示请求的 ngx_http_request_t 结构体 */
p->output_ctx = r;

// 设置转发响应时启用的每个缓冲区的 tag 标志位
p->tag = u->output.tag;

// bufs 指定了内存缓冲区的限制
p->bufs = u->conf->bufs;

// 设置 busy 缓冲区中待发送的响应长度触发值
p->busy_size = u->conf->busy_buffers_size;

// upstream 在这里被初始化为 Nginx 与上游服务器之间的连接
p->upstream = u->peer.connection;

// downstream 在这里被初始化为 Nginx 与下游客户端之间的连接
p->downstream = c;

// 初始化用于分配内存缓冲区的内存池
p->pool = r->pool;

// 初始化记录日志的 log 成员
p->log = c->log;
// 设置临时存放上游响应的单个缓存文件的最大长度
p->max_temp_file_size = u->conf->max_temp_file_size;

// 设置一次写入文件时写入的最大长度
p->temp_file_write_size = u->conf->temp_file_write_size;

// 以当前 location 下的配置来设置读取上游响应的超时时间
p->read_timeout = u->conf->read_timeout;

// 以当前 location 下的配置来设置发送到下游的超时时间
p->send_timeout = clcf->send_timeout;

// 设置向客户端发送响应时 TCP 中的 send_lowat "水位"
p->send_lowat = clcf->send_lowat;
```

4）初始化 preread_bufs 预读缓冲区链表（所谓预读，就是在读取包头时也预先读取到了部分包体），注意，该链表中的缓冲区都是不会分配内存来存放上游响应内容的，而仅使用 ngx_buf_t 结构体指向实际的存放响应包体的内存。如何初始化 preread_bufs 呢？如下所示。

```
p->preread_bufs->buf = &u->buffer;
p->preread_bufs->next = NULL;

p->preread_size = u->buffer.last - u->buffer.pos;
```

实际上就是把 preread_bufs 中的缓冲区指向存放头部的 buffer 缓冲区，在图 12-11 中的第 1 步会介绍它的用法。

5）设置处理上游读事件回调方法为 ngx_http_upstream_process_upstream。

6）设置处理下游写事件的回调方法为 ngx_http_upstream_process_downstream。

7）调用 ngx_http_upstream_process_upstream 方法处理上游发来的响应包体。

ngx_event_pipe_t 结构体是打开缓存转发响应的关键，下面的章节中我们会一直与它“打交道”。

12.8.3　转发响应的包体

在图 12-9 中我们看到，处理上游读事件的方法是 ngx_http_upstream_process_upstream，处理下游写事件的方法是 ngx_http_upstream_process_downstream，但它们最终都是通过 ngx_event_pipe 方法实现缓存转发响应功能的（类似于在 12.7.2 节中介绍过的无缓存转发响应情形，ngx_http_upstream_process_non_buffered_upstream 方法负责处理上游读事件，ngx_http_upstream_process_non_buffered_downstream 方法负责处理下游写事件，但它们最终都是通过 ngx_http_upstream_process_non_buffered_request 方法实现转发响应功能的）。无论是否打开缓存，它们的代码都非常相似，所以本节不再罗列这两种方法的代码，直接开始介绍 ngx_event_pipe 方法，先来看看它的定义。

```
ngx_int_t ngx_event_pipe(ngx_event_pipe_t *p, ngx_int_t do_write)
```

其中，p 参数正是负责转发响应的 ngx_event_pipe_t 结构体，而 do_write 则是标志位，其为 1 时表示需要向下游客户端发送响应，为 0 时表示仅需要由上游客户端接收响应。图 12-10 给出了 ngx_event_pipe 方法的流程图，该方法通过调用 ngx_event_pipe_read_upstream 方法读取上游响应，调用 ngx_event_pipe_write_to_downstream 方法向下游发送响应，因此，在流程图中暂时看不出内存缓冲区与临时缓存文件的用法。

下面介绍图 12-10 中的 10 个步骤。

1）检查 do_write 标志位，如果 do_write 为 0，则直接跳到第 5 步开始读取上游服务器发来的响应；如果 do_write 为 1，则继续执行第 2 步。

2）调用 ngx_event_pipe_write_to_downstream 方法（参见 12.8.5 节）向下游客户端发送响应包体，检测其返回值：如果返回 NGX_OK，则跳到第 5 步处理上游的读事件；如果返回 NGX_ABORT，则跳到第 3 步执行；如果返回 NGX_BUSY，则跳到第 4 步执行。

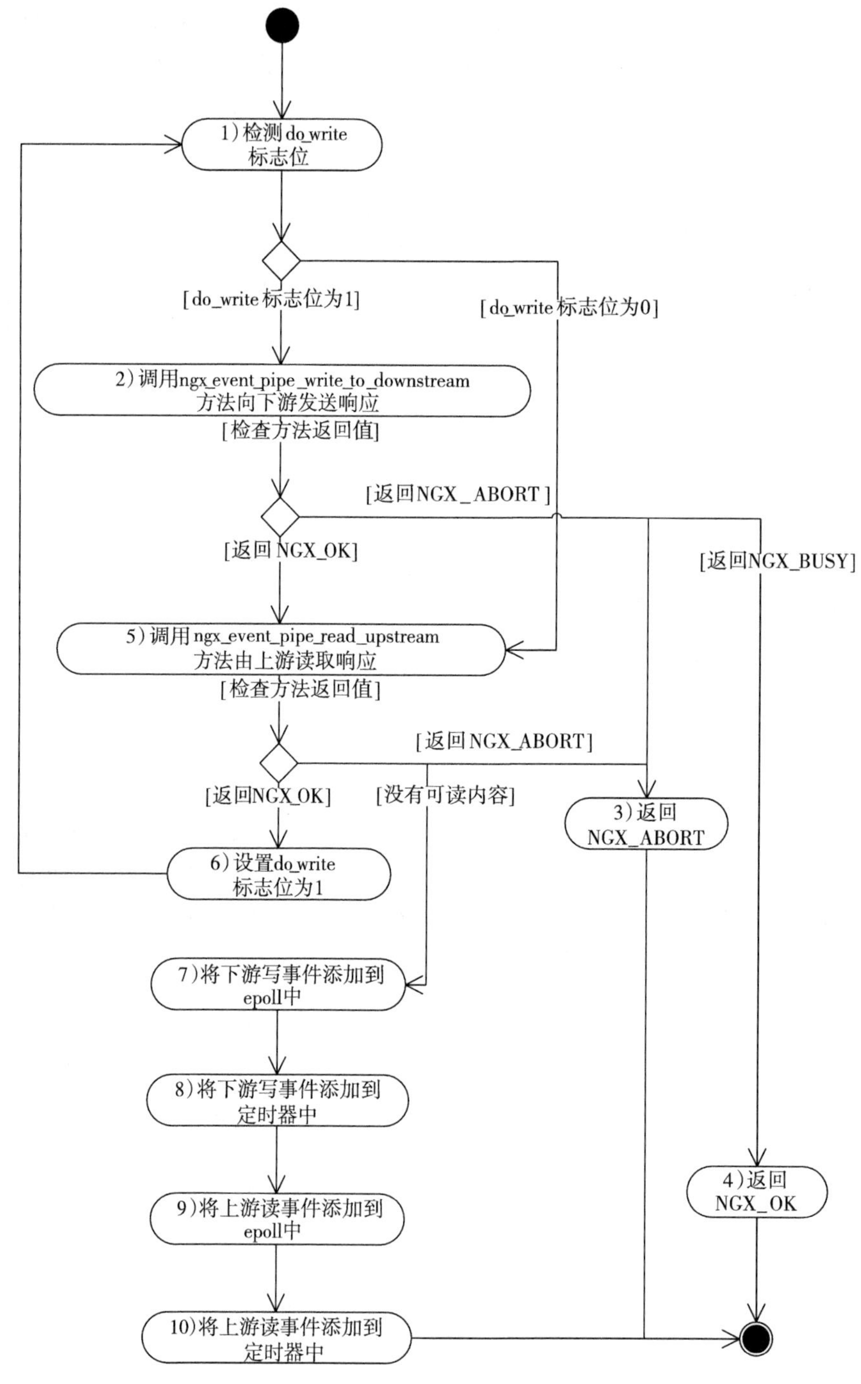

图 12-10 ngx_event_pipe 方法的流程图

3）ngx_event_pipe 方法结束，返回 NGX_ABORT 表示请求处理失败。

4）ngx_event_pipe 方法结束，返回 NGX_OK 表示本次暂不往下执行。

5）调用 ngx_event_pipe_read_upstream 方法（参见 12.8.4 节）读取上游服务器的响应，同时检测其返回值以及 ngx_event_pipe_t 结构体中的 read 和 upstream_blocked 标志位：如果返回 NGX_ABORT，则跳到第 3 步执行，否则检查 read 和 upstream_blocked 标志位。如果这两个标志位同时为 0，那么跳到第 7 步执行；如果这两个标志位有任一个为 1，则表示需要向下游发送读到的响应，跳到第 6 步执行。在这里，read 标志位为 1 时表示 ngx_event_pipe_read_upstream 方法执行后读取到了响应，而 upstream_blocked 为 1 时则表示执行后需要暂时停止读取上游响应，需要通过向下游发送响应来清理出空闲缓冲区，以供 ngx_event_pipe_read_upstream 方法再次读取上游的响应。

6）设置 do_write 标志位为 1，继续跳到第 1 步向下游发送刚收到的上游响应，重复这个循环。

7）调用 ngx_handle_read_event 方法将上游的读事件添加到 epoll 中，等待下一次接收到上游响应的事件出现。

8）调用 ngx_add_timer 方法将上游的读事件添加到定时器中，超时时间就是 ngx_event_pipe_t 结构体的 read_timeout 成员（参见图 12-9 的第 3 步关于该成员的初始化）。

9）调用 ngx_handle_write_event 方法将下游的写事件添加到 epoll 中，等待下一次可以向下游发送响应的事件出现。

10）调用 ngx_add_timer 方法将下游的写事件添加到定时器中，超时时间就是 ngx_event_pipe_t 结构体的 send_timeout 成员（参见图 12-9 的第 3 步关于该成员的初始化）。

可以看到，ngx_event_pipe 方法在没有涉及缓存细节的情况下设计了转发响应的流程，它是通过调用 ngx_event_pipe_read_upstream 方法和 ngx_event_pipe_write_to_downstream 方法，以及检测它们的返回值来把握缓存响应的转发，再把事件与 epoll 和定时器关联起来的。下面我们将详细描述如何读取响应、如何分配内存缓冲区、如何通过写入临时文件释放缓冲区、如何通过向下游发送响应来更新缓冲区。

12.8.4 ngx_event_pipe_read_upstream 方法

ngx_event_pipe_read_upstream 方法负责接收上游的响应，在这个过程中会涉及以下 4 种情况。

- 接收响应头部时可能接收到部分包体。
- 如果没有达到 bufs.num 上限，那么可以分配 bufs.size 大小的内存块充当接收缓冲区。
- 如果恰好下游的连接处于可写状态，则应该优先发送响应来清理出空闲缓冲区。
- 如果缓冲区全部写满，则应该写入临时文件。

这 4 种情况会造成 ngx_event_pipe_read_upstream 方法较为复杂，特别是任何一个 ngx_buf_t 缓冲区都存在复用的情况，什么时候释放、重复使用它们会很麻烦，因此，首先把纯粹地接收自上游缓冲区的代码提取出来，概括为流程图，如图 12-11 所示，读者首先看看到底怎样接收上游响应，然后再来分析 ngx_event_pipe_read_upstream 方法。

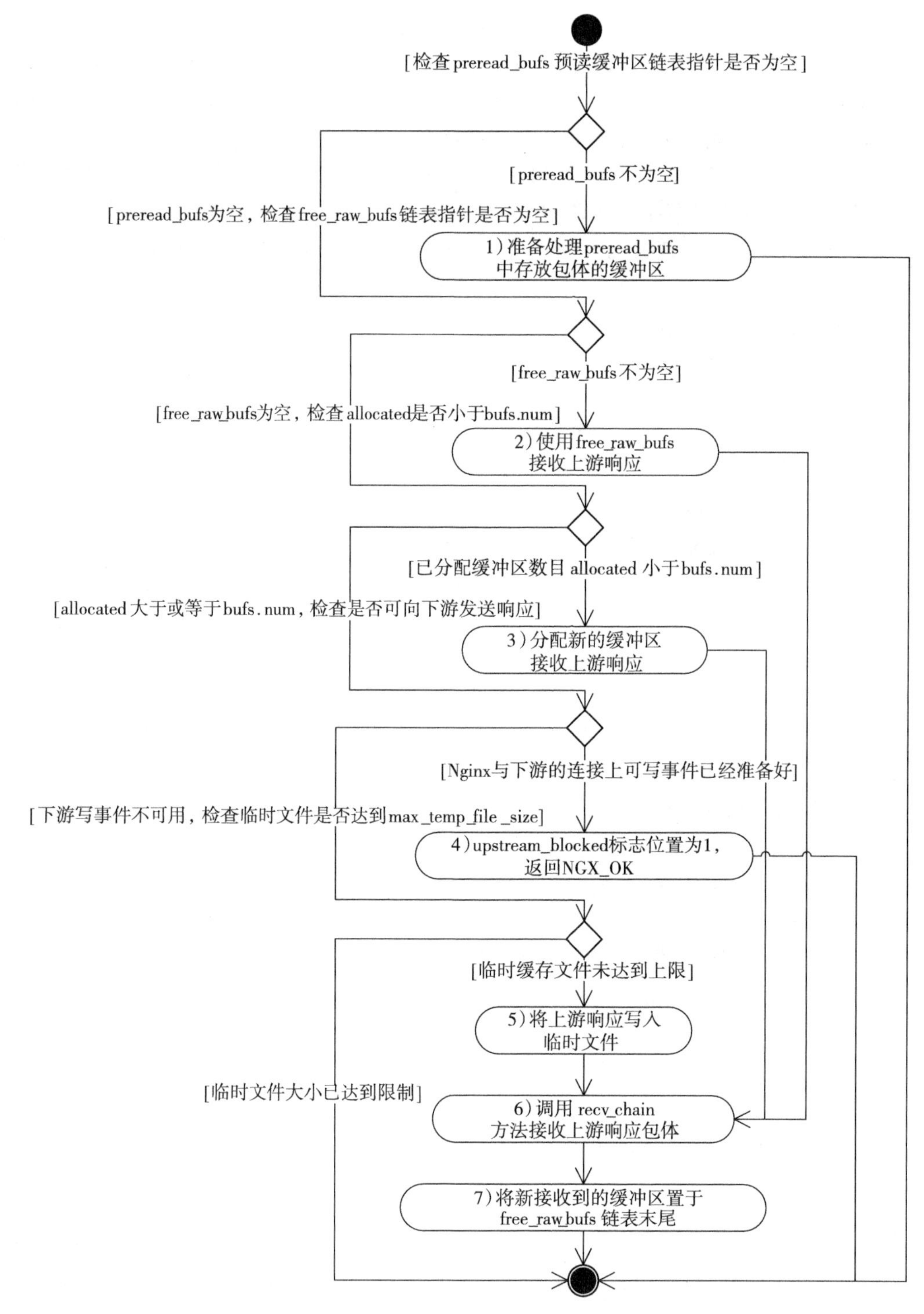

图 12-11 使用缓冲区接收上游响应的流程图

图 12-11 中的步骤很清晰，主要是在寻找使用哪一块缓冲区接收上游响应。注意，在选择缓冲区时也有优先级。下面我们分析其中的 7 个步骤。

1）首先检查 ngx_event_pipe_t 结构体中的 preread_bufs 缓冲区（若无特殊说明，以下介绍的成员都属于 ngx_event_pipe_t 结构体），它存放着在接收响应包头时可能接收到的包体（图 12-9 中的第 4 步初始化了 preread_bufs 缓冲区），如果 preread_bufs 中有内容，意味着需要优先处理这部分包体，而不是去接收更多的包体，这样，接收流程就结束了。如果 preread_bufs 缓冲区是空的，那么继续向下执行。

2）检查 free_raw_bufs 缓冲区链表，free_raw_bufs 用来表示一次 ngx_event_pipe_read_upstream 方法调用过程中接收到的上游响应。注意，free_raw_bufs 链表中缓冲区的顺序与接收顺序是相反的，每次使用缓冲区接收到上游发来的响应后，都会把该缓冲区添加到 free_raw_bufs 末尾。如果 free_raw_bufs 为空，则继续第 3 步执行；否则，跳到第 6 步使用 free_raw_bufs 缓冲区接收上游响应。

3）将已经分配的缓冲区数量（allocated 成员）与 bufs.num 配置相比，如果 allocated 小于 bufs.num，则可以从 pool 内存池中分配到一块新的缓冲区，再跳到第 6 步用这块缓冲区来接收上游响应，否则说明分配的缓冲区已经达到上限，跳到第 4 步继续向下执行。

4）检查 Nginx 与下游的连接 downstream 成员，检查它的写事件的 ready 标志位，如果 ready 为 1，则表示当前可以向下游发送响应，再检查写事件的 delayed 标志位，如果 delayed 为 0，则说明并不是由于限速才使得写事件准备好，这两个条件都满足时表明应当由向下游发送响应来释放缓冲区，以期可以使用释放出的空闲缓冲区再接收上游响应。怎么做到呢？将 upstream_blocked 置为 1 即可。当无法满足上述条件时，继续执行第 5 步。

5）检查临时文件中已经写入的响应内容长度（也就是 temp_file->offset）是否达到配置上限（也就是 max_temp_file_size 配置），如果已经达到，则暂时不再接收上游响应；如果没有达到，调用 ngx_event_pipe_write_chain_to_temp_file 方法将响应写入临时文件中。下面简单地看看这个方法做了些什么：首先将 in 缓冲区链表中的内容写入 temp_file 临时文件中，再把写入临时文件的 ngx_buf_t 缓冲区由 in 缓冲区链表中移出，添加到 out 缓冲区链表中。在写入临时文件成功后，跳到第 6 步使用 free_raw_bufs 缓冲区接收上游响应。

6）调用 recv_chain 方法接收上游的响应。

7）将新接收到的缓冲区置到 free_raw_bufs 链表的最后。

图 12-11 中的这 7 个步骤将会找出一个缓冲区接收上游的响应，并把这个缓冲区添加到 free_raw_bufs 链表中，下面我们以此为基础，看看图 12-12 中 ngx_event_pipe_read_upstream 方法是如何处理 free_raw_bufs 链表的。

图 12-12 展示了 ngx_event_pipe_read_upstream 方法的全部流程，其中主要包括一个接收上游响应的循环，而每一次接收到上游响应后又会有一个循环来处理 free_raw_bufs 链表中的全部缓冲区，下面详细分析一下这 11 个步骤。

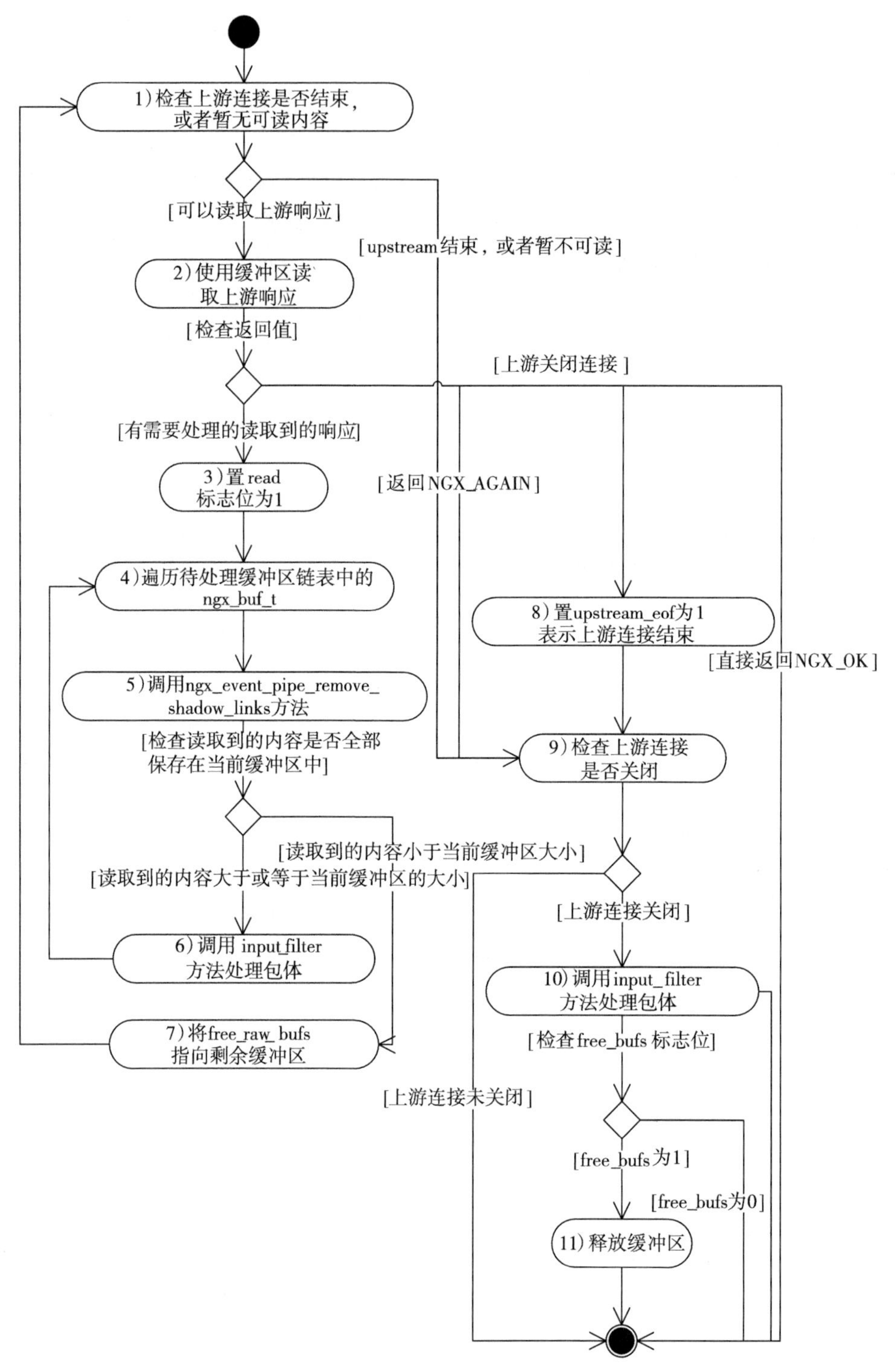

图 12-12 ngx_event_pipe_read_upstream 方法接收上游响应的流程

1）检查上游连接是否结束，以及与上游连接的读事件是否已经就绪，代码如下。

```
//这 3 个标志位的意义可参见 12.8.1 节，其中任一个为 1 都表示上游连接需要结束
if (p->upstream_eof || p->upstream_error || p->upstream_done) {
    //跳到第 9 步执行
    break;
}

/* 如果读事件的 ready 标志位为 0，则说明没有上游响应可以接收；preread_bufs 预读缓冲区为空，表示接收包头时没有收到包体，或者收到过包体但已经处理过了 */
if (p->preread_bufs == NULL && !p->upstream->read->ready) {
    //跳到第 9 步执行
    break;
}
```

如果这两个条件有一个满足，则需要跳到第 9 步，准备结束 ngx_event_pipe_read_upstream 方法，否则继续执行第 2 步。

2）接收上游响应，这一步实际上就是执行图 12-11 中列出的 7 个步骤。它会导致 3 种结果：①如果 free_raw_bufs 链表中有需要处理的包体，则跳到第 3 步执行；②执行到图 12-11 的第 4 步分支，upstream_blocked 标志位置为 1，同时，ngx_event_pipe_read_upstream 方法返回 NGX_OK；③如果没有接收到包体，则跳到第 8 步执行。

3）置 read 标志位为 1，表示接收到的包体待处理。

4）从接收到的缓冲区链表中取出一块 ngx_buf_t 缓冲区。

5）调用 ngx_event_pipe_remove_shadow_links 方法将这块缓冲区中的 shadow 域释放掉，因为刚刚接收到的缓冲区，必然不存在多次引用的情况，所以 shadow 成员要指向空指针。

6）检查本次读取到的包体是否大于或等于缓冲区的剩余空间大小。这一步的意义在于，如果当前接收到的长度小于缓冲区长度，则说明这个缓冲区还可以用于再次接收响应，这时跳到第 7 步执行；否则，这个缓冲区已满，则应该调用 input_filter 方法处理，当然，默认的 input_filter 方法就是 ngx_event_pipe_copy_input_filter，它所做的事情就是在 in 链表中添加这个缓冲区。继续循环执行第 4 步，遍历本次接收到的所有缓冲区。

7）将本次接收到的缓冲区添加到 free_raw_bufs 链表末尾，继续第 1 步执行这个大循环。

8）将 upstream_eof 标志位置为 1，表示上游服务器已经关闭了连接。

9）检查 upstream_eof 和 upstream_error 标志位是否有任意一个为 1，如果有，则说明上游连接已经结束，这时如果 free_raw_bufs 缓冲区链表不为空，则需要跳到第 10 步处理 free_raw_bufs 中的缓冲区；否则返回 NGX_OK，结束 ngx_event_pipe_read_upstream 方法。

10）再次调用 input_filter 方法处理 free_raw_bufs 中的缓冲区（类似第 6 步，但这次只处理可能剩余的最后一个缓冲区）。

11）检查 free_bufs 标志位，如果 free_bufs 为 1，则说明需要尽快释放缓冲区中用到的内存，这时调用 ngx_pfree 方法释放 shadow 域为空的缓冲区。

可以看到，ngx_event_pipe_read_upstream 方法将会把接收到的响应存放到内存或者磁

盘文件中，同时用ngx_buf_t缓冲区指向这些响应，最后用in和out缓冲区链表把这些ngx_buf_t缓冲区管理起来。图12-12只是展示了ngx_event_pipe_read_upstream方法的主要流程，如果需要理解这种转发时缓冲区的详细用法，还需要对照着图12-11和图12-12来阅读ngx_event_pipe.c源文件。

12.8.5 ngx_event_pipe_write_to_downstream方法

ngx_event_pipe_write_to_downstream方法负责把in链表和out链表中管理的缓冲区发送给下游客户端，因为out链表中的缓冲区内容在响应中的位置要比in链表更靠前，所以out需要优先发送给下游。图12-13给出了ngx_event_pipe_write_to_downstream方法的流程图，这个流程图的核心就是在与下游的连接事件上出于可写状态时，尽可能地循环发送out和in链表缓冲区中的内容，其中在第7、第8步中还会涉及shadow域中指向的缓冲区释放的问题。

下面详细分析一下图12-13中的13个步骤。

1）首先检查上游连接是否结束，判断依据与图12-12中的第1步非常相似，检查upstream_eof、upstream_error还有upstream_done标志位，任意一个标志位为1都表示上游连接不会再收到响应了，这时跳到第2步执行；否则继续检查与下游连接的写事件ready标志位，如果ready为1，表示可以向下游发送响应，这时跳到第5步执行，否则ngx_event_pipe_write_to_downstream方法结束。

2）调用output_filter方法把out链表中的缓冲区发送到下游客户端。

3）调用output_filter方法把in链表中的缓冲区发送到下游客户端。

4）将downstream_done标志位置为1（目前没有任何意义），ngx_event_pipe_write_to_downstream方法结束。

5）计算busy缓冲区中待发送的响应长度，检查它是否超过busy_size配置，如果其大于或等于busy_size，则跳到第10步执行；否则继续向下准备发送out或者in缓冲区中的内容。也就是说，当ngx_http_request_t结构体中out缓冲区中的待发送内容已经超过了busy_size，就跳到第10步，不再发送out和in缓冲区中的内容，优先把ngx_http_request_t结构体的out中的内容发送出去。

6）首先检查out链表是否为空，如果out中有内容，那么立刻跳到第7步准备发送out缓冲区中的响应，如果out为空，那么再检查in链表。如果in链表中有内容，立刻跳到第8步准备发送in缓冲区中的响应，如果in链表也为空，则说明这次调用中没有需要发送的响应，跳到第10步执行。

7）取出out链表首部的第一个ngx_buf_t缓冲区，检查待发送的长度加上这个缓冲区后是否已经超过busy_size配置，如果超过，则立刻跳到第10步执行；如果没有超过，则out自动指向链表中的下一个ngx_chain_t元素，跳到第9步准备将之前取出的第一个缓冲区发送出去。注意，这里还会调用ngx_event_pipe_free_shadow_raw_buf方法来处理这个待发送的缓冲区的shadow域，实际上，这一步就是为了释放free_raw_bufs链表中的缓冲区。

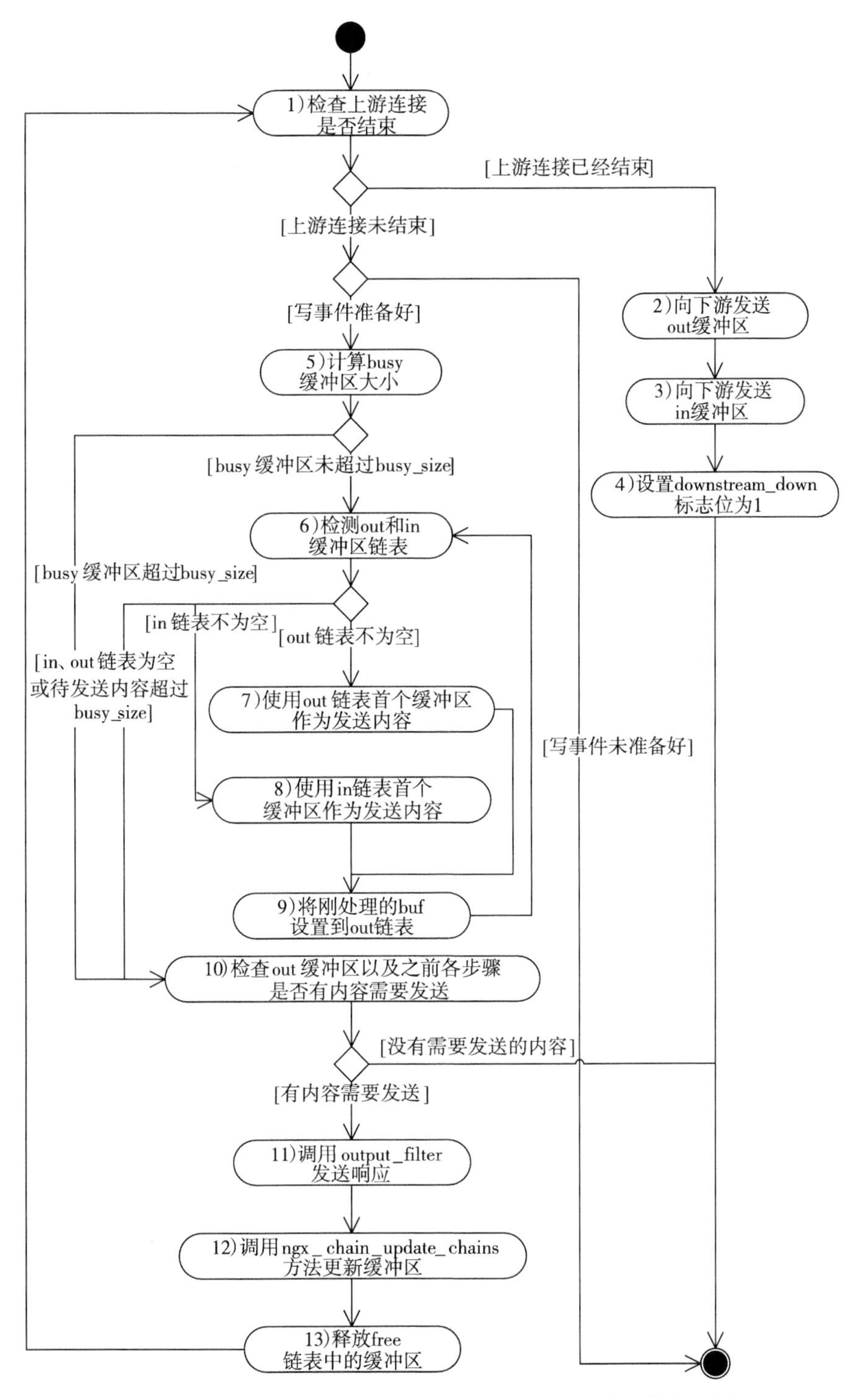

图 12-13　ngx_event_pipe_write_to_downstream 方法的流程图

8）取出 in 链表首部的第一个缓冲区准备发送，所有步骤与第 7 步相同。

9）将刚才调用 ngx_event_pipe_free_shadow_raw_buf 方法处理过的缓冲区再添加到 out 链表首部（待发送的内容都添加到 out 缓冲区链表中了），同时跳到第 6 步继续执行这个循环。

10）检查 out 链表以及之前各个步骤中是否有需要发送的内容（其实是通过一个局部变量 flush 作为标志位来表示是否有需要发送的内容），当 out 为空且确实没有待发送的内容时，返回 NGX_OK，ngx_event_pipe_write_to_downstream 方法结束，否则跳到第 11 步向下游发送响应。

11）调用 output_filter 方法向下游发送 out 缓冲区。

12）调用 ngx_chain_update_chains 方法更新 free、busy、out 缓冲区。在图 12-8 的第 4 步中曾经介绍过该方法，不再赘述。

13）遍历 free 链表中的缓冲区，释放缓冲区中的 shadow 域，这样，这些暂不使用的缓冲区才可以继续用来接收新的来自上游服务器的响应。然后，跳到第 1 步继续发送响应来执行这个大循环。

至此，buffering 配置为 1 时转发上游响应到下游的整个流程就全部介绍完了，它的流程复杂，但效率很高，作为反向代理使用非常有优势。

12.9 结束 upstream 请求

当 Nginx 与上游服务器的交互出错，或者正常处理完来自上游的响应时，就需要结束请求了。这时当然不能调用第 11 章中介绍的 ngx_http_finalize_request 方法来结束请求，这样 upstream 中使用到的资源（如与上游间建立的 TCP 连接）将无法释放，事实上，upstream 机制提供了一个类似的方法 ngx_http_upstream_finalize_request 用于结束 upstream 请求，在 12.9.1 节中将会详细介绍这个方法。除了直接调用 ngx_http_upstream_finalize_request 方法结束请求以外，还有两种独特的结束请求方法，分别是 ngx_http_upstream_cleanup 方法和 ngx_http_upstream_next 方法。

在启动 upstream 机制时，ngx_http_upstream_cleanup 方法会挂载到请求的 cleanup 链表中（参见图 12-2 的第 3 步），这样，HTTP 框架在请求结束时就会调用 ngx_http_upstream_cleanup 方法（参见 11.10.2 节 ngx_http_free_request 方法的流程），这保证了 ngx_http_upstream_cleanup 一定会被调用。而 ngx_http_upstream_cleanup 方法实际上还是通过调用 ngx_http_upstream_finalize_request 来结束请求的，如下所示。

```
static void ngx_http_upstream_cleanup(void *data)
{
    ngx_http_request_t *r = data;
    ngx_http_upstream_t  *u = r->upstream;

    …

    /* 最终还是调用 ngx_http_upstream_finalize_request 方法来结束请求，注意传递的是 NGX_
```

```
DONE 参数 */
        ngx_http_upstream_finalize_request(r, u, NGX_DONE);
    }
```

当处理请求的流程中出现错误时，往往会调用 ngx_http_upstream_next 方法。例如，在图 12-5 中，如果在接收上游服务器的包头时出现错误，接下来就会调用该方法，这是因为 upstream 机制还提供了一个较为灵活的功能：当与上游的交互出现错误时，Nginx 并不想立刻认为这个请求处理失败，而是试图多给上游服务器一些机会，可以重新向这台或者另一台上游服务器发起连接、发送请求、接收响应，以避免网络故障。这个功能可以帮助 HTTP 模块实现简单的负载均衡机制（如最常见的 HTTP 反向代理模块）。而该功能正是通过 ngx_http_upstream_next 方法实现的，因为该方法在结束请求之前，会检查 ngx_peer_connection_t 结构体的 tries 成员（参见 9.3.2 节）。tries 成员会初始化为每个连接的最大重试次数，每当这个连接与上游服务器出现错误时就会把 tries 减 1。在出错时 ngx_http_upstream_next 方法首先会检查 tries，如果它减到 0，才会真正地调用 ngx_http_upstream_finalize_request 方法结束请求，否则不会结束请求，而是调用 ngx_http_upstream_connect 方法重新向上游发起请求，如下所示。

```
    static void ngx_http_upstream_next(ngx_http_request_t *r, ngx_http_upstream_t
*u, ngx_uint_t ft_type)
    {
        …

        /* 只有向这台上游服务器的重试次数 tries 减为 0 时，才会真正地调用 ngx_http_upstream_
finalize_request 方法结束请求，否则会再次试图重新与上游服务器交互，这个功能将帮助感兴趣的 HTTP 模
块实现简单的负载均衡机制。u->conf->next_upstream 表示的含义在 12.1.3 节中已介绍过，它实际上是一
个 32 位的错误码组合，表示当出现这些错误码时不能直接结束请求，需要向下一台上游服务器再次重发 */
        if (u->peer.tries == 0 || !(u->conf->next_upstream & ft_type))
        {
            ngx_http_upstream_finalize_request(r, u, status);
            return;
        }

        // 如果与上游间的 TCP 连接还存在，那么需要关闭
        if (u->peer.connection) {
            ngx_close_connection(u->peer.connection);
            u->peer.connection = NULL;
        }

          // 重新发起连接，参见 12.3 节
        ngx_http_upstream_connect(r, u);
    }
```

下面来看一下 ngx_http_upstream_finalize_request 到底做了些什么工作。

ngx_http_upstream_finalize_request 方法还是会通过调用 HTTP 框架提供的 ngx_http_finalize_request 方法释放请求，但在这之前需要释放与上游交互时分配的资源，如文件句柄、TCP 连接等。它的源代码很简单，下面直接列举其源代码说明它所做的工作。

```
static void ngx_http_upstream_finalize_request(ngx_http_request_t *r,
    ngx_http_upstream_t *u, ngx_int_t rc)
{
    ngx_time_t  *tp;

    // 将cleanup指向的清理资源回调方法置为NULL空指针
    if (u->cleanup) {
        *u->cleanup = NULL;
        u->cleanup = NULL;
    }

    // 释放解析主机域名时分配的资源
    if (u->resolved && u->resolved->ctx) {
        ngx_resolve_name_done(u->resolved->ctx);
        u->resolved->ctx = NULL;
    }

    if (u->state && u->state->response_sec) {
        // 设置当前时间为HTTP响应结束时间
        tp = ngx_timeofday();
        u->state->response_sec = tp->sec - u->state->response_sec;
        u->state->response_msec = tp->msec - u->state->response_msec;

        if (u->pipe) {
            u->state->response_length = u->pipe->read_length;
        }
    }
    /* 表示调用HTTP模块负责实现的finalize_request方法。HTTP模块可能会在upstream请求结
束时执行一些操作 */
    u->finalize_request(r, rc);

    /* 如果使用了TCP连接池实现了free方法，那么调用free方法（如ngx_http_upstream_free_
round_robin_peer）释放连接资源 */
    if (u->peer.free) {
        u->peer.free(&u->peer, u->peer.data, 0);
    }

    // 如果与上游间的TCP连接还存在，则关闭这个TCP连接
    if (u->peer.connection) {
        ngx_close_connection(u->peer.connection);
    }

    u->peer.connection = NULL;

    if (u->store && u->pipe && u->pipe->temp_file
        && u->pipe->temp_file->file.fd != NGX_INVALID_FILE)
    {
        /* 如果使用了磁盘文件作为缓存来向下游转发响应，则需要删除用于缓存响应的临时文件 */
        if (ngx_delete_file(u->pipe->temp_file->file.name.data)
            == NGX_FILE_ERROR)
        {
            ngx_log_error(NGX_LOG_CRIT, r->connection->log, ngx_errno, ngx_delete_
file_n " \"%s\" failed",
```

```
                                u->pipe->temp_file->file.name.data);
            }
        }

        /* 如果已经向下游客户端发送了 HTTP 响应头部，却出现了错误，那么将会通过下面的 ngx_http_send_
special(r, NGX_HTTP_LAST) 将头部全部发送完毕 */
        if (u->header_sent && rc != NGX_HTTP_REQUEST_TIME_OUT
            && (rc == NGX_ERROR || rc >= NGX_HTTP_SPECIAL_RESPONSE))
        {
            rc = 0;
        }

        if (rc == NGX_DECLINED) {
            return;
        }

        r->connection->log->action = "sending to client";

        if (rc == 0)
        {
            rc = ngx_http_send_special(r, NGX_HTTP_LAST);
        }

        /* 最后还是通过调用 HTTP 框架提供的 ngx_http_finalize_request 方法来结束请求 */
        ngx_http_finalize_request(r, rc);
    }
```

12.10 小结

本章介绍的 upstream 机制也属于 HTTP 框架的一部分，它同样是基于事件框架实现了异步访问上游服务器的功能，同时，它并不满足于仅仅帮助应用级别的 HTTP 模块基于 TCP 访问上游，而是提供了非常强大的转发上游响应功能，而且在转发方式上更加灵活、高效，并且对于内存的使用相当节省，这些功能帮助 Nginx 的 ngx_http_proxy_module 模块实现了强大的反向代理功能。同时，配合着 ngx_http_upstream_ip_hash_module 或者 Round Robin 相关的代码（它们负责管理 ngx_peer_connection_t 上游连接），ngx_http_upstream_next 方法还可以帮助 HTTP 模块实现简单的负载均衡功能。

由于 upstream 机制属于 HTTP 框架，所以它仅抽象出了通用代码，而尽量地把组装发往上游请求、解析上游响应的部分都交给使用它的 HTTP 模块实现，这使得使用 upstream 的 HTTP 模块不会太复杂，而性能却非常高效，算是在灵活性和简单性之间找到了一个平衡点。在阅读完本章后，我们就有可能写出非常强大的访问第三方服务器的代码了，在这个过程中，尽量使用 upstream 已经提供的各种功能，将会简化 HTTP 模块的开发过程。

Chapter 13 第 13 章

邮件代理模块

本章将说明 Nginx 官方提供的一系列邮件模块，这些邮件模块配合 Nginx 事件框架共同构建了支持 POP3、SMTP、IMAP 这 3 种协议的邮件代理服务器，它们把邮件代理服务器的主要功能抽象成一个类似于 HTTP 框架的邮件框架，以灵活地支持 Nginx 扩展更多的邮件协议，而 POP3、SMTP、IMAP 模块将作为普通的邮件模块使用这套框架。作为邮件代理服务器的 Nginx 虽然也访问上游服务器，但由于它不使用 HTTP 框架，所以无法使用第 12 章介绍的 upstream 机制，然而"邮件代理"其实同样具有部分的反向代理功能，本章 13.7 节介绍的透传 TCP 部分其实也有点像一个简化版的 upstream 机制。

本章首先介绍邮件代理功能到底做了哪些事情，接下来会分析 Nginx 如何实现邮件代理功能。实际上，本章更像是第 10 章 ~ 第 12 章的简化版本，所以在本章中将不会再次描述曾经介绍过的如何异步地、无阻塞地提供服务，以及如何使用 epoll、定时器等事件框架。读者也应当熟悉 Nginx 的这套设计方法了，因此本章仅会描述邮件模块的主要阶段，不会深入细节。另外，本章也不会详细说明 POP3、SMTP、IMAP，因为 Nginx 并非真正的邮件服务器。本章的重点在于了解邮件代理服务器的使用方法，以及应该如何扩展邮件代理模块的功能，同时了解通过邮件模块继续熟悉 Nginx 事件框架的用法，继而熟悉如何利用它开发高性能服务器。

13.1 邮件代理服务器的功能

在第 8 章中介绍过邮件模块，它提供了邮件代理服务器的功能。什么是邮件代理服务器？顾名思义，它不会提供实际的邮件服务器功能，而是把客户端的请求代理到上游的邮件服务器中。那么，客户端为何不直接访问真正的邮件服务器，反而多此一举地访问邮件代理服务器呢？原因可以在后续章节描述的 Nginx 实现中找到，其中最重要的是 Nginx 并不是简单地透传邮件协议到上游，它还有一个认证的过程，如图 13-1 所示。

从图 13-1 中可以看出，Nginx 在与下游客户端交互过程中，还会访问认证服务器，只有认证服务器通过了并且被告知 Nginx 上游的邮件服务器地址后，Nginx 才会向上游的邮件服务器发起通信请求。同时，Nginx 可以解析客户端的协议获得必要的信息，接下来它还可以根据客户端发来的信息快速、独立地与邮件服务器做简单的认证交互，之后才会开始在上、下游之间透传 TCP 流。这些行为都意味着 Nginx 的高并发特性将会降低上游邮件服务器的并发压力。

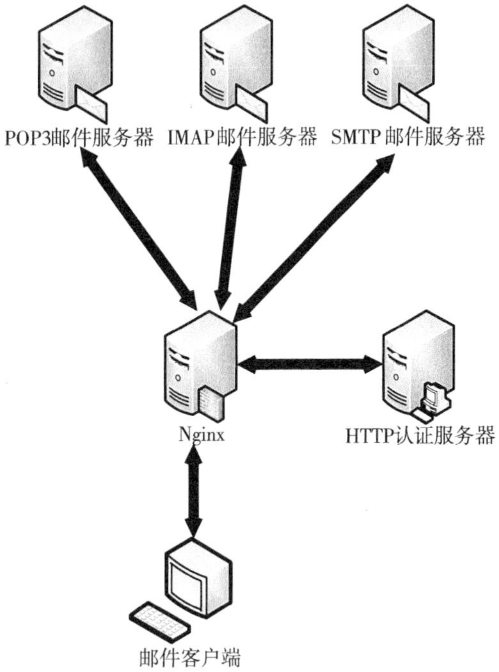

图 13-1　Nginx 在邮件代理场景中的位置

Nginx 与下游客户端、上游邮件服务器间都是使用邮件协议，而与认证服务器之间却是通过类似 HTTP 的形式进行通信的。例如，发往认证服务器的请求如下所示：

```
GET /auth HTTP/1.0
Host: auth.server.hostname
Auth-Method: plain
Auth-User: user
Auth-Pass: password
Auth-Protocol: imap
Auth-Login-Attempt: 1
Client-IP: 192.168.1.1
```

而认证服务器会返回最常见的成功响应，即类似下面的字符流：

```
HTTP/1.0 200 OK
Auth-Status: OK
Auth-Server: 192.168.1.10
Auth-Port: 110
Auth-User: newname
```

当然，认证服务器的返回要复杂得多。由于本章既不会介绍认证服务器如何实现，也不会介绍上游的邮件服务器如何实现，所以对协议部分不会继续深入介绍。

一般情况下，客户端发起的邮件请求在经过 Nginx 这个邮件代理服务器后，网络通信过程如图 13-2 所示。

从网络通信的角度来看，Nginx 实现邮件代理功能时会把一个请求分为以下 4 个阶段。

- ❑ 接收并解析客户端初始请求的阶段。
- ❑ 向认证服务器验证请求合法性，并获取上游邮件服务器地址的阶段。
- ❑ Nginx 根据用户信息多次与上游邮件服务器交互验证合法性的阶段。

❑ Nginx 在客户端与上游邮件服务器间纯粹透传 TCP 流的阶段。

由此可以了解到，这些 Nginx 邮件模块的目的非常明确，就是使用事件框架在大量并发连接下高效地处理这 4 个阶段的请求。

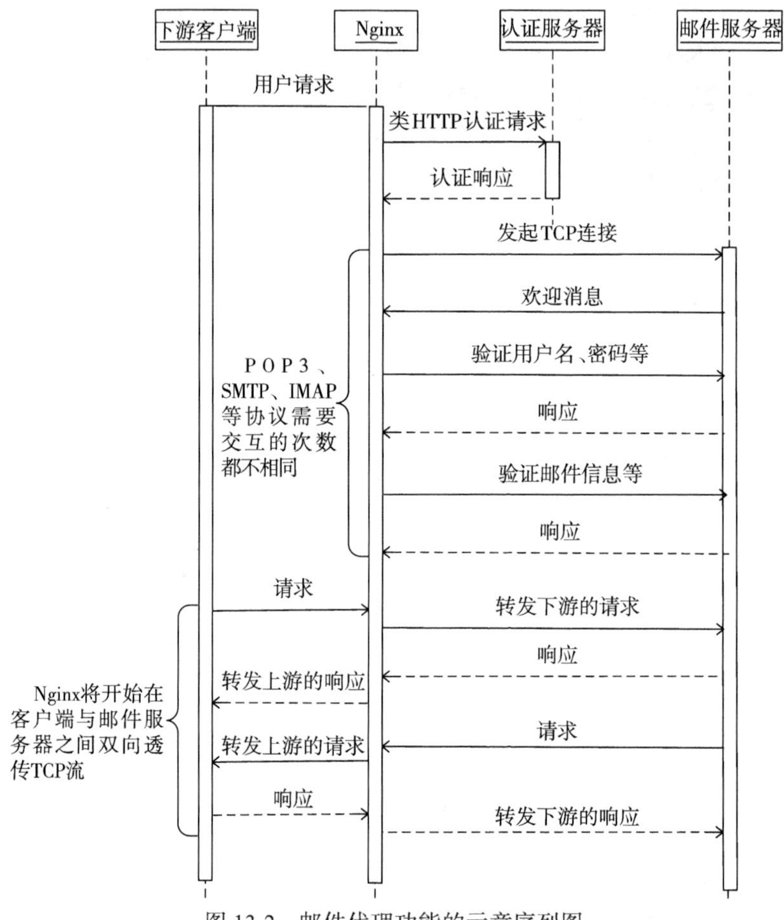

图 13-2 邮件代理功能的示意序列图

为了让读者对邮件代理服务器有直观的认识，下面再来看看 nginx.conf 配置文件。邮件模块定义的 nginx.conf 配置文件与 HTTP 模块非常相似。例如，常见的配置可能就像下面的这段配置一样。

```
mail {
    // 邮件认证服务器的访问 URL
    auth_http   IP:PORT/auth.php;

    // 当透传上、下游间的 TCP 流时，每个请求所使用的内存缓冲区大小
    proxy_buffer    4k;

    server {
        /* 对于 POP3 协议，通常都是监听 110 端口。POP3 协议接收初始客户端请求的缓冲区固定为 128
```

```
字节，配置文件中无法设置 */
            listen 110;
            protocol pop3;
            proxy on;
        }
        server {
            // 对于 IMAP，通常都是监听 143 端口
            listen 143;
            protocol imap;
            // 设置接收初始客户端请求的缓冲区大小
            imap_client_buffer 4k;
            proxy on;
        }
        server {
            // 对于 SMTP，通常都是监听 25 端口
            listen 25;
            protocol smtp;
            proxy on;
            // 设置接收初始客户端请求的缓冲区大小
            smtp_client_buffer 4k;
        }
    }
```

mail{} 块下的配置项将会被本章介绍的邮件模块所使用。就像 HTTP 模块中的配置一样，直属于 mail{} 块下的配置称为 main 级别的配置，而在 server{} 块下的配置则称为 svr 配置（不使用 HTTP，故没有 loc 级别的配置）。

13.2　邮件模块的处理框架

本节首先会从总体上说明邮件框架是如何处理请求的，接着会介绍这一新的模块类型有什么样的接口，以及应当如何定义，最后将会简单地说明邮件框架的初始化过程。

13.2.1　一个请求的 8 个独立处理阶段

图 13-2 大致介绍了请求的处理过程，而对于邮件框架而言，通常可以把请求的处理过程分为 8 个阶段。这里“阶段”的划分依据是什么呢？由于 Nginx 是异步的、非阻塞的处理方式，所有负责独立功能的一个（或者几个）方法可能被 epoll 或者定时器无数次地驱动、调度，故而可以把相同代码可能被反复多次调用的过程称为一个阶段。下面按照这种划分方式，把请求分为 8 个阶段，如图 13-3 所示。

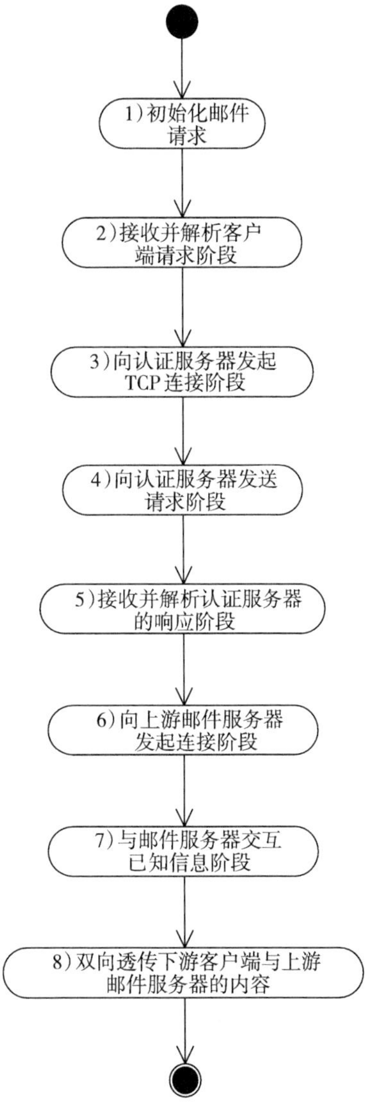

图 13-3　邮件框架中处理一个请求的主要阶段

这 8 个阶段必须依次向下进行，它们的意义如下。

1）当客户端发起的 TCP 连接建立成功时，就会回调邮件框架初始化时设定的 ngx_mail_init_connection 方法，在这个方法中会初始化将要用到的数据结构，并设置下一个阶段的处理方法。

2）接收、解析客户端的请求。这个阶段会读取客户端发来的 TCP 流，并使用状态机解析它，如果解析后发现已接收到完整的请求，则进入下一阶段；否则，将会继续把连接上的读事件添加到 epoll 中，并等待 epoll 的下一次调度，以便继续读取客户端请求。

3）解析到完整的请求后，就需要向认证服务器发起类似 HTTP 的请求来验证请求是否合法。Nginx 与认证服务器间仍然是通过 TCP 通信的，发起三次握手自然算是一个独立的阶段。

4）当 Nginx 与认证服务器成功建立 TCP 连接时，ngx_mail_auth_http_module 模块将会构造、发送请求到认证服务器。在 13.4.3 节中将要介绍的 ngx_mail_auth_http_write_handler 方法会确保全部的请求都发送到认证服务器中。

5）Nginx 接收认证服务器的响应是通过 ngx_mail_auth_http_read_handler 完成的，在该方法中，每接收一部分响应都要使用状态机来解析，在接收完整的响应（包括响应行和 HTTP 头部）后，还会分析响应结果以确定请求是否合法，如果合法，将继续执行下一阶段。

6）这一阶段将从认证服务器返回的响应中获得上游邮件服务器的地址，接着向上游邮件服务器发起 TCP 连接。

7）在 TCP 连接建立成功后，接下来是 Nginx 与邮件服务器使用 POP3、SMTP 或者 IMAP 交互的阶段。这一过程主要是 Nginx 将请求中的用户、密码、发件人、收件人等信息传递给邮件服务器，这个过程是双向的，直到 Nginx 认为邮件服务器同意继续向下进行时，才会继续下一阶段。

8）这一阶段是最主要的透传邮件协议阶段。只要 Nginx 收到下游客户端的 TCP 流（无论是哪一种邮件协议），会原封不动地转发给上游的邮件服务器，同样，如果收到上游的 TCP 流，也会原样转发给下游。

邮件框架的目标就是健壮、高效地处理这 8 个阶段。

13.2.2 邮件类模块的定义

在第 8 章说过，每一个 Nginx 模块都会使用 ngx_module_t 结构体来表示，而 ngx_module_t 中的 ctx 成员将指向各种模块的特有接口。

首先介绍的邮件模块是 NGX_CORE_MODULE 类型的 ngx_mail_module 模块，它定义了一种新的模块类型，叫做 NGX_MAIL_MODULE。同时，它会管理所有 NGX_MAIL_MODULE 类型的邮件模块。这些邮件模块的 ctx 成员指向的抽象接口叫做 ngx_mail_module_t，如下所示。

```
typedef struct {
    // POP3、SMTP、IMAP 邮件模块提取出的通用接口
ngx_mail_protocol_t *protocol;

/* 创建用于存储 main 级别配置项的结构体，该结构体中的成员将保存直属于 mail{} 块的配置项参数 */
```

```
    void *(*create_main_conf)(ngx_conf_t *cf);

    /* 解析完main级别配置项后被回调 */
    char *(*init_main_conf)(ngx_conf_t *cf, void *conf);

    /* 创建用于存储srv级别配置项的结构体，该结构体中的成员将保存直属于server{}块的配置项参数 */
    void *(*create_srv_conf)(ngx_conf_t *cf);

    /*svr级别可能存在与main级别同名的配置项，该回调方法会给具体的邮件模块提供一个手段，以便从
prev和conf参数中获取到已经解析完毕的main和srv配置项结构体，自由地重新修改它们的值 */
    char *(*merge_srv_conf)(ngx_conf_t *cf, void *prev, void *conf);
    } ngx_mail_module_t;
```

每一个邮件模块都会实现ngx_mail_module_t接口。除了最上面的protocol成员以外，其实ngx_mail_module_t与ngx_http_module_t非常相似，当然，那些同名成员的功能也是相似的。下面看一下这个protocol接口定义了哪些内容。

```
    typedef struct ngx_mail_protocol_s  ngx_mail_protocol_t;

    // 4个POP3、SMTP、IMAP等应用级别的邮件模块所要实现的接口方法
    typedef void (*ngx_mail_init_session_pt)(ngx_mail_session_t *s,
        ngx_connection_t *c);
    typedef void (*ngx_mail_init_protocol_pt)(ngx_event_t *rev);
    typedef void (*ngx_mail_auth_state_pt)(ngx_event_t *rev);
    typedef ngx_int_t (*ngx_mail_parse_command_pt) (ngx_mail_session_t *s);

    struct ngx_mail_protocol_s {
        // 邮件模块名称
        ngx_str_t name;

        // 当前邮件模块中所要监听的最常用的4个端口
        in_port_t port[4];

         /* 邮件模块类型。目前type仅可以取值为：NGX_MAIL_POP3_PROTOCOL、NGX_MAIL_IMAP_
PROTOCOL、NGX_MAIL_SMTP_PROTOCOL*/
        ngx_uint_t type;

        // 与客户端建立起TCP连接后的初始化方法
        ngx_mail_init_session_pt init_session;

        // 接收、解析客户端请求的方法
        ngx_mail_init_protocol_pt init_protocol;

        // 解析客户端邮件协议的接口方法，由POP3、SMTP、IMAP等邮件模块实现
        ngx_mail_parse_command_pt parse_command;

        // 认证客户端请求的方法
        ngx_mail_auth_state_pt auth_state;

        /* 当处理过程中出现没有预见到的错误时，将会返回internal_server_error指定的响应到客户端 */
        ngx_str_t internal_server_error;
    };
```

可以看到，ngx_mail_protocol_t 接口定义了 POP3、SMTP、IMAP 等应用级别的邮件模块加入到邮件框架时所要实现的接口以及需要遵循的规则。

关于 POP3、SMTP、IMAP 模块的定义，这里不再介绍，读者可以自行查看 Nginx 源代码。在下面的章节中，读者将看到它们如何结合邮件框架来实现邮件代理功能。

13.2.3 邮件框架的初始化

当 nginx.conf 文件中出现 mail{} 或者 imap{} 配置项时，ngx_mail_module 模块就从 ngx_mail_block 方法开始它的初始化过程（与第 10 章中的 HTTP 框架非常相似），如图 13-4 所示。

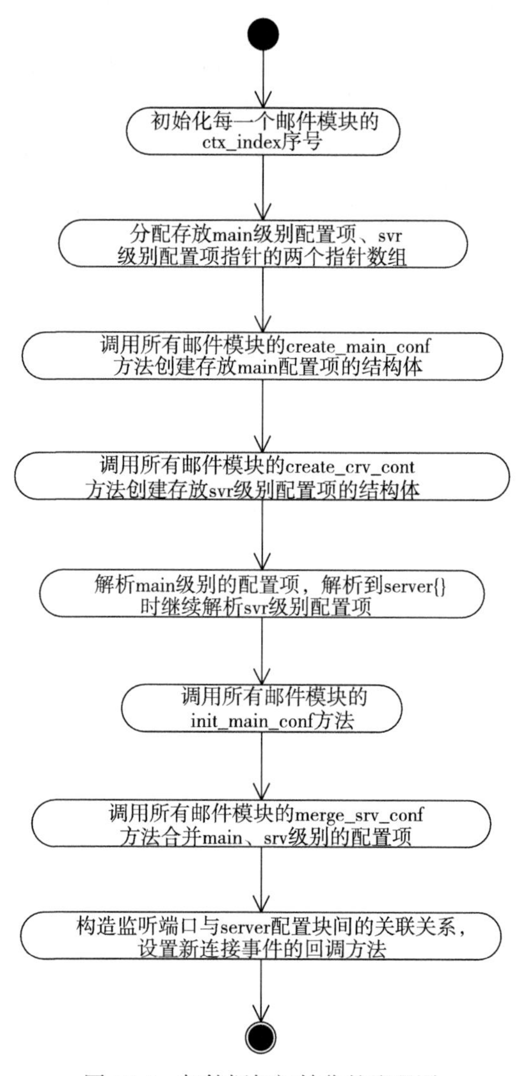

图 13-4 邮件框架初始化的流程图

上述过程实际上就是图 10-9 的简化版，这里不再细说。其中最后一步中设置的 TCP 连接建立成功后的回调方法为 ngx_mail_init_connection，在 13.3 节中会说明此方法。

13.3 初始化请求

Nginx 与客户端建立 TCP 连接后，将会回调 ngx_mail_init_connection 方法开始初始化邮件协议，这是在处理每个邮件请求前必须要做的工作。其中，初始化请求时将会创建类似于 HTTP 请求中的 ngx_http_request_t 这样的核心结构体：ngx_mail_session_t，在 13.3.1 节中将会对它进行介绍。另外，在 13.3.2 节中会说明 TCP 连接建立成功时 ngx_mail_init_connection 方法到底做了哪些工作。

13.3.1 描述邮件请求的 ngx_mail_session_t 结构体

ngx_mail_session_t 结构体保存了一个邮件请求的生命周期里所有可能用到的元素，如下所示。

```
typedef struct {
    // 目前未使用
    uint32_t signature;
```

```
    //下游客户端与 Nginx 之间的连接
    ngx_connection_t *connection;

    //out 中可以存放需要向下游客户端发送的内容
    ngx_str_t out;

    /* 这个缓冲区用于接收来自客户端的请求。这个缓冲区中所使用的内存大小与请求是有关系的，对于 POP3 请求固定为 128 字节，对于 SMTP 请求，由 nginx.conf 配置文件中的 smtp_client_buffer 配置项决定，对于 IMAP 请求，则由 imap_client_buffer 配置项决定 */
    ngx_buf_t *buffer;

    /*ctx 将指向一个指针数组，它的含义与 HTTP 请求的 ngx_http_request_t 结构体中的 ctx 一致，保存着这个请求中各个邮件模块的上下文结构体指针 */
    void **ctx;

    //main 级别配置结构体组成的指针数组
    void **main_conf;

    /*srv 级别配置结构体组成的指针数组，这两个指针数组的意义与第 10 章介绍过的 HTTP 框架中的同名数组基本一致，只是它们是用于 main{} 配置块下的配置结构体 */
    void **srv_conf;

    //解析主机域名
    ngx_resolver_ctx_t *resolver_ctx;

    /* 请求经过认证后，Nginx 就开始代理客户端与邮件服务器间的通信了，这时会生成 proxy 上下文用于此目的，详见 13.5 节 */
    ngx_mail_proxy_ctx_t *proxy;

    /* 表示与邮件服务器交互时，当前处理哪种状态。对于 POP3 请求来说，会隶属于 ngx_pop3_state_e 定义的 7 种状态；对于 IMAP 请求来说，会隶属于 ngx_imap_state_e 定义的 8 种状态；对于 SMTP 请求来说，会隶属于 ngx_smtp_state_e 定义的 13 种状态 */
    ngx_uint_t mail_state;

    //邮件协议类型目前仅有以下 3 个
    //#define NGX_MAIL_POP3_PROTOCOL  0
    //#define NGX_MAIL_IMAP_PROTOCOL  1
    //#define NGX_MAIL_SMTP_PROTOCOL  2
    unsigned protocol:3;

    //标志位。blocked 为 1 时表示当前的读或写操作需要被阻塞
    unsigned blocked:1;

    //标志位。quit 为 1 时表示请求需要结束
    unsigned quit:1;

    //以下 3 个标志位仅在解析具体的邮件协议时由邮件框架使用
    unsigned quoted:1;
    unsigned backslash:1;
    unsigned no_sync_literal:1;

    /* 当使用 SSL 协议时，该标志位为 1 说明使用 TLS 传输层安全协议。由于本书不涉及 SSL，故略过 */
    unsigned starttls:1;
```

```
    /* 表示与认证服务器交互时的记录认证方式。目前有6个预设值，分别是:
    #define NGX_MAIL_AUTH_PLAIN             0
    #define NGX_MAIL_AUTH_LOGIN             1
    #define NGX_MAIL_AUTH_LOGIN_USERNAME    2
    #define NGX_MAIL_AUTH_APOP              3
    #define NGX_MAIL_AUTH_CRAM_MD5          4
    #define NGX_MAIL_AUTH_NONE              5   */
    unsigned auth_method:3;

    /* 用于认证服务器的标志位，为1时表示得知认证服务器要求暂缓接收响应，这时Nginx会继续等待
认证服务器的后续响应 */
    unsigned auth_wait:1;

    /* 用于验证的用户名，在与认证服务器交互后会被设为认证服务器返回的响应中的Auth-User头部 */
    ngx_str_t login;
    /* 相对于login用户名的密码，在与认证服务器交互后会被设为认证服务器返回的响应中的Auth-Pass
头部 */
    ngx_str_t passwd;

    // 作为Auth-Salt验证的信息
    ngx_str_t salt;
    // 以下3个成员仅用于IMAP通信
    ngx_str_t tag;
    ngx_str_t tagged_line;
    ngx_str_t text;

    // 当前连接上对应的Nginx服务器地址
    ngx_str_t *addr_text;

    // 主机地址
    ngx_str_t host;

    // 以下4个成员仅用于SMTP的通信
    unsigned  esmtp:1;
    ngx_str_t smtp_helo;
    ngx_str_t smtp_from;
    ngx_str_t smtp_to;

    /* 在与邮件服务器交互时(即与认证服务器交互之后，透传上下游TCP流之前)，command表示解析自
邮件服务器的消息类型 */
    ngx_uint_t command;

    // args动态数组中会存放来自下游客户端的邮件协议中的参数
    ngx_array_t args;

    // 当前请求尝试访问认证服务器验证的次数
    ngx_uint_t login_attempt;

    // 以下成员用于解析POP3/IMAP/SMTP等协议的命令行
    ngx_uint_t state;
    u_char *cmd_start;
    u_char *arg_start;
    u_char *arg_end;
```

```
    ngx_uint_t  literal_len;
} ngx_mail_session_t;
```

想要了解邮件框架的处理流程，离不开 ngx_mail_session_t 结构体的帮助。如果在阅读邮件请求的处理过程中遇到 ngx_mail_session_t 结构体的成员，那么可以返回本章查询其意义。

13.3.2　初始化邮件请求的流程

初始化邮件请求的流程非常简单，如图 13-5 所示。

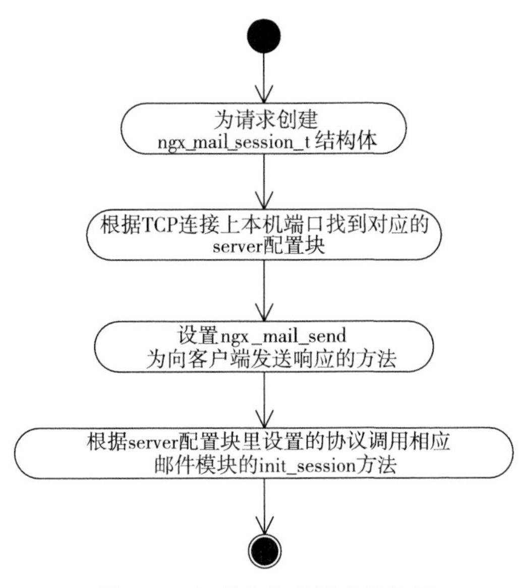

图 13-5　初始化邮件请求的流程

实际上，初始化流程中最关键的一步就是调用 POP3、SMTP、IMAP 等具体邮件模块实现 ngx_mail_protocol_t 接口中的 init_session 方法，这些邮件模块会根据自己处理的协议类型初始化 ngx_mail_session_t 结构体。在 POP3、SMTP、IMAP 邮件模块内实现的 init_session 方法中，都会设置由各自实现的 init_protocol 方法接收、解析客户端请求，这里不再详细说明每个邮件模块是如何实现 init_session 方法的。

13.4　接收并解析客户端请求

无论是 POP3、SMTP 还是 IMAP 邮件模块，在处理客户端的请求时，都是使用 ngx_mail_protocol_t 接口中的 init_protocol 方法完成的，它们的流程十分相似：首先反复地接收客户端请求，并使用状态机解析是否收到足够的信息，直到接收了完整的信息后才会跳到下一个邮件认证阶段执行（通过调用 ngx_mail_auth 方法）。

使用状态机解析来自客户端的TCP流的方法其实就是通过ngx_mail_protocol_t接口中的parse_command方法来完成的，POP3、SMTP、IMAP邮件模块实现的parse_command方法都在ngx_mail_parser.c源文件中。由于本章不涉及邮件协议的细节，这里不再一一说明。

13.5 邮件认证

邮件认证工作由ngx_mail_auth方法执行。邮件认证服务器的地址在nginx.conf文件的auth_http配置项中设置（参见13.1节），这一认证流程相对独立，其认证功能是由ngx_mail_auth_http_module邮件模块提供的。在与认证邮件服务器打交道的过程中，结构体ngx_mail_auth_http_ctx_t会贯穿其始终，它保存有连接、请求内容、响应内容、解析状态等必要的成员，在认证完邮件后将会通过销毁内存池来销毁这个结构体。

13.5.1 ngx_mail_auth_http_ctx_t结构体

ngx_mail_auth_http_ctx_t结构体是在其成员pool指向的内存池中分配的，它的地址实际上保存在ngx_mail_session_t的ctx指针数组中（实际上，在ngx_mail_auth_http_module模块ctx_index成员指出的序号对应的ctx数组元素中，相当于该模块的上下文结构体）。邮件框架提供给各个邮件模块的两个方法用于在ctx指针数组中设置、取出上下文结构体的地址，如下所示。

```
#define ngx_mail_get_module_ctx(s, module)      (s)->ctx[module.ctx_index]
#define ngx_mail_set_ctx(s, c, module)          s->ctx[module.ctx_index] = c;
```

其实际用法跟HTTP框架中的ngx_http_set_ctx方法非常相似。例如，假设指针ctx就是刚刚分配的ngx_mail_auth_http_ctx_t结构体地址，而s是每个请求的ngx_mail_session_t结构体指针，那么可以这样设置到请求的ctx数组中：

```
ngx_mail_set_ctx(s, ctx, ngx_mail_auth_http_module);
```

下面详细介绍ngx_mail_auth_http_ctx_t结构体中的每个成员。

```
typedef struct ngx_mail_auth_http_ctx_s  ngx_mail_auth_http_ctx_t;

// 解析认证服务器 HTTP 响应的方法指针
typedef void (*ngx_mail_auth_http_handler_pt) (ngx_mail_session_t *s, ngx_mail_
auth_http_ctx_t *ctx);

struct ngx_mail_auth_http_ctx_s {
    /* request 缓冲区保存着发往认证服务器的请求。它是根据解析客户端请求得到的 ngx_mail_
session_t，使用 ngx_mail_auth_http_create_request 方法构造出的内存缓冲区。这里的请求是一种类
HTTP 的请求 */
    ngx_buf_t *request;

    // 保存认证服务器返回的类 HTTP 响应的缓冲区。缓冲区指向的内存大小固定为 1KB
    ngx_buf_t *response;
```

```
    //Nginx 与认证服务器间的连接
    ngx_peer_connection_t peer;

    /* 解析来自认证服务器类 HTTP 的响应行、头部的方法（参见图 13-6），默认为 ngx_mail_auth_http_
ignore_status_line 方法 */
    ngx_mail_auth_http_handler_pt handler;

    /* 在使用状态机解析认证服务器返回的类 HTTP 响应时，使用 state 表示解析状态 */
    ngx_uint_t state;

    /* ngx_mail_auth_http_parse_header_line 方法负责解析认证服务器发来的响应中类 HTTP 的
头部，以下 4 个成员用于解析响应头部 */
    u_char *header_name_start;
    u_char *header_name_end;
    u_char *header_start;
    u_char *header_end;

    //认证服务器返回的 Auth-Server 头部
    ngx_str_t addr;

    //认证服务器返回的 Auth-Port 头部
    ngx_str_t port;

    //错误信息
    ngx_str_t err;

    //错误信息构成的字符串
    ngx_str_t errmsg;
    /* 错误码构成的字符串。如果认证服务器返回的头部里有 Auth-Error-Code，那么将会设置到
errcode 中。errmsg 和 errcode 在发生错误时会直接将其作为响应发给客户端 */
    ngx_str_t errcode;
    /* 认证服务器返回 Auth-Wait 头部时带的时间戳将会被设到 sleep 成员中，而 Nginx 等待的时间也
将由 sleep 维护，当 sleep 降为 0 时将会设置 quit 标志位为 1，表示请求非正常结束，把错误码返回给用户 */
    time_t sleep;

    //用于邮件认证的独立内存池，它的初始大小为 2KB
    ngx_pool_t *pool;
};
```

13.5.2　与认证服务器建立连接

图 13-6 中描述了 ngx_mail_auth 方法所做的工作，包括初始化与认证服务器交互之前的工作、发起 TCP 连接等。

图 13-6 中设置了 Nginx 与下游客户端间 TCP 连接上的读事件处理方法为 ngx_mail_auth_http_block_read，这个方法所做的唯一工作其实就是再次调用 ngx_handle_read_event 方法把读事件又添加到 epoll 中，这意味着它不会读取任何客户端发来的请求，但同时保持着读事件被 epoll 监控。在与认证服务器间 TCP 连接上，写事件的处理方法为 ngx_mail_auth_http_write_handler，它负责把构造出的 request 缓冲区中的请求发送给认证服务器；读事件的处理方法为 ngx_mail_auth_http_read_handler，这个方法在接收到认证服务器的响应后会调用

ngx_mail_auth_http_ignore_status_line 方法首先解析 HTTP 响应行。

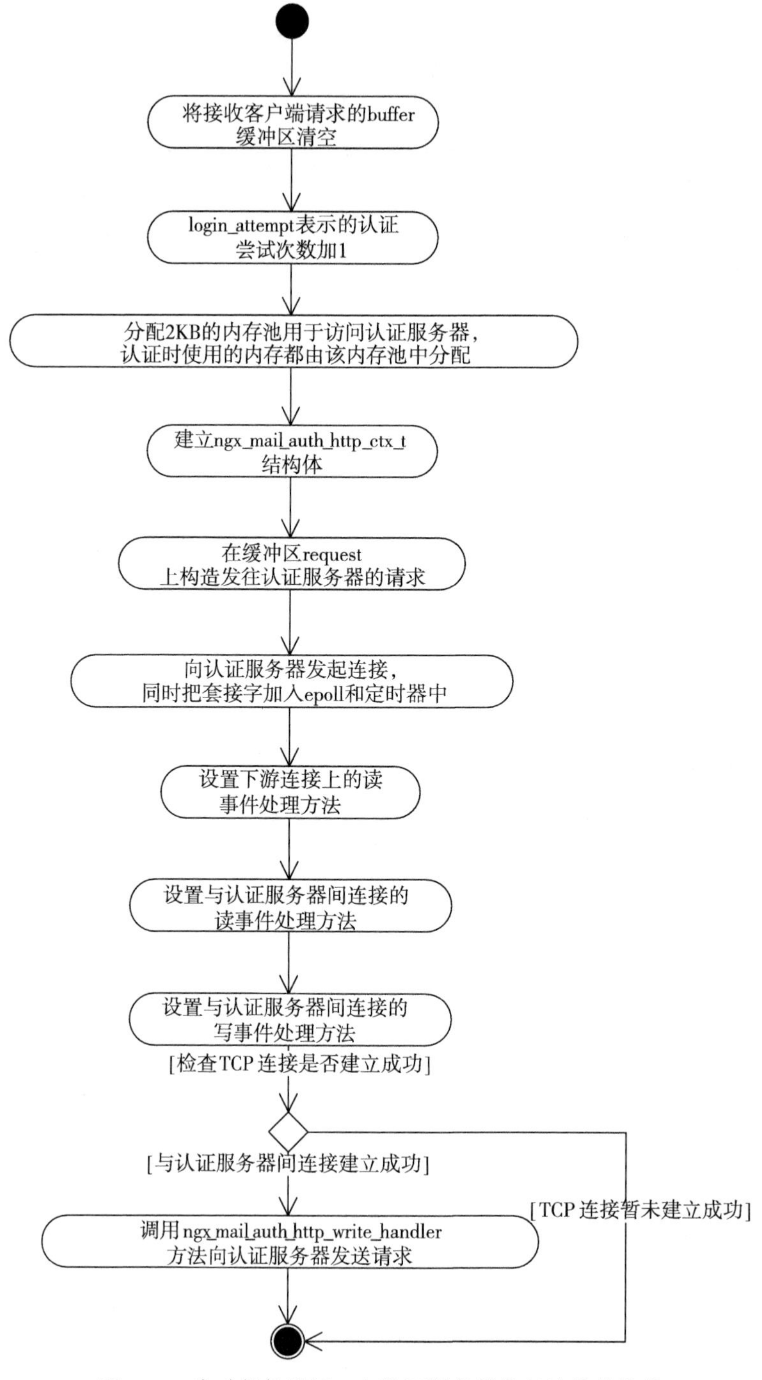

图 13-6 启动邮件认证、向认证服务器发起连接的流程

13.5.3　发送请求到认证服务器

ngx_mail_auth_http_write_handler 会发送 request 缓冲区中的请求到认证服务器，它的代码非常简单，如下所示。

```
static void ngx_mail_auth_http_write_handler(ngx_event_t *wev)
{
    ssize_t n, size;
    ngx_connection_t *c;
    ngx_mail_session_t *s;
    ngx_mail_auth_http_ctx_t *ctx;
    ngx_mail_auth_http_conf_t *ahcf;

    // 写事件上的 data 成员存放的是 Nginx 与认证服务器间的 TCP 连接
    c = wev->data;
    // 连接的 date 成员指向 ngx_mail_session_t 结构体
    s = c->data;

    // 获得描述认证过程的 ngx_mail_auth_http_ctx_t 结构体
    ctx = ngx_mail_get_module_ctx(s, ngx_mail_auth_http_module);

    /* 如果向认证服务器发送请求超时，则关闭连接、销毁内存池，并向客户端发送错误响应 */
    if (wev->timedout) {
        ngx_close_connection(c);
        ngx_destroy_pool(ctx->pool);
        ngx_mail_session_internal_server_error(s);
        return;
    }

    /* 计算还剩下多少字节的请求没有发送出去，pos 和 last 之间的内容就是待发送的请求 */
    size = ctx->request->last - ctx->request->pos;

    // 向认证服务器发送请求
    n = ngx_send(c, ctx->request->pos, size);

    // 如果发送失败，则关闭连接、销毁内存池，并向客户端发送错误响应
    if (n == NGX_ERROR) {
        ngx_close_connection(c);
        ngx_destroy_pool(ctx->pool);
        ngx_mail_session_internal_server_error(s);
        return;
    }

    // 如果成功发送了请求
    if (n > 0) {
        // 更新 request 缓冲区
        ctx->request->pos += n;

        /*size 表示还需要发送的请求长度，n 表示本次发送的请求长度，当它们相等时，意味着已经将全
部响应发送到认证服务器 */
        if (n == size) {
            /* 将 Nginx 与认证服务器间连接的写事件回调方法设为任何事情都不做的 ngx_mail_auth_
```

```
http_dummy_handler 方法 */
                wev->handler = ngx_mail_auth_http_dummy_handler;

                /* 由于不再需要发送请求，所以不需要再监控发送是否超时。如果写事件还在定时器中，则移除 */
                if (wev->timer_set) {
                    ngx_del_timer(wev);
                }

                // 将写事件添加到 epoll 中
                if (ngx_handle_write_event(wev, 0) != NGX_OK) {
                    ngx_close_connection(c);
                    ngx_destroy_pool(ctx->pool);
                    ngx_mail_session_internal_server_error(s);
                }

                return;
            }
        }

        // 如果定时器中没有写事件，那么把它添加到定时器中监控发送请求是否超时
        if (!wev->timer_set) {
            ahcf = ngx_mail_get_module_srv_conf(s, ngx_mail_auth_http_module);
            ngx_add_timer(wev, ahcf->timeout);
        }
    }
```

13.5.4 接收并解析响应

接收并解析认证服务器响应的方法是 ngx_mail_auth_http_read_handler，该方法要同时负责解析响应行和 HTTP 头部，较为复杂，图 13-7 描述了其中的主要流程。

图 13-6 中所描述的流程包括两个阶段，首先接收到完整的 HTTP 响应行，其次接收到完整的 HTTP 响应头部。这两个阶段都并非一次调度就一定可以完成的，因此，当没有收到足够的 TCP 流供状态机解析时，都会期待 epoll 下一次重新调度图 13-6 中的流程。在全部解析完响应后，将可以得知认证是否通过，如果请求合法，那么可以从 HTTP 响应头部中得到上游邮件服务器的地址，接着通过调用 ngx_mail_proxy_init 方法进入与邮件服务器交互的阶段。

13.6 与上游邮件服务器间的认证交互

对于 POP3、SMTP、IMAP 来说，客户端与邮件服务器之间最初的交互目的都不太相同。例如，对于 POP3 和 IMAP 来说，与邮件服务器间的 TCP 连接一旦建立成功，邮件服务器会发送一个欢迎信息，接着客户端（此时，Nginx 是邮件服务器的客户端）发送用户名，在邮件服务器返回成功后再发送密码，等邮件服务器验证通过后，才会进入到邮件处理阶段：对于 Nginx 这个邮件代理服务器来说，就是进入到纯粹地透传 Nginx 与上、下游间两个 TCP 连接之间的数据流（见 13.7 节）。但对于 SMTP 来说，这个交互过程又有所不同，进入邮件处理阶段前需要交互传输邮件来源地址、邮件目标地址（也就是 From…To…）等信息。

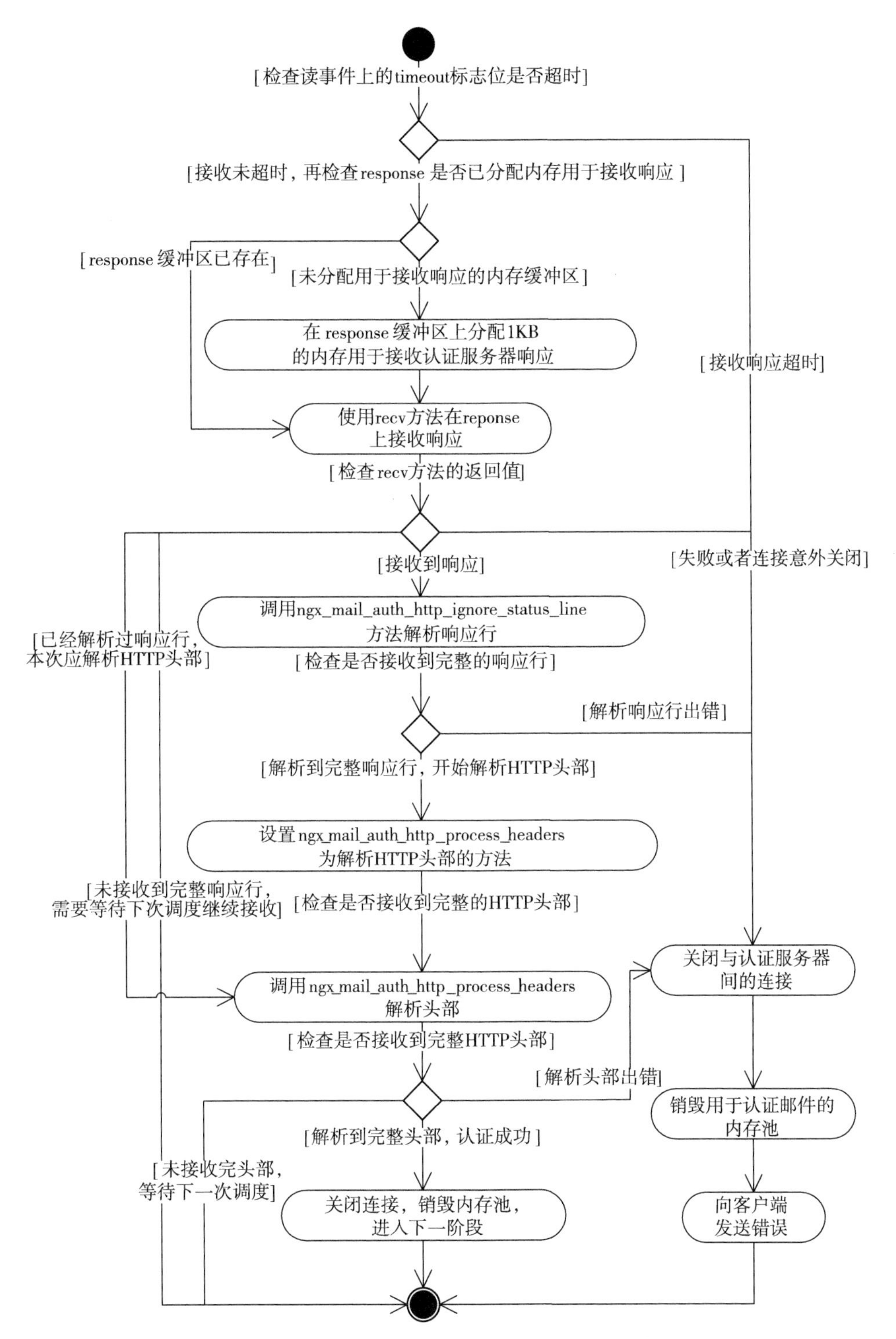

图 13-7　接收并解析来自认证服务器的响应

无论如何，Nginx 作为邮件代理服务器在接收到客户端的请求，并且收集到足够进行认证的信息后，将会由 Nginx 与上游的邮件服务器进行独立的交互，直到邮件服务器认为可以进入到处理阶段时，才会开始透传协议。这一阶段将围绕着 ngx_mail_proxy_ctx_t 结构体中的成员进行。下面以 POP3 协议为例简单地说明 Nginx 是如何与邮件服务器交互的。

13.6.1 ngx_mail_proxy_ctx_t 结构体

ngx_mail_session_t 结构体中的 proxy 成员指向 ngx_mail_proxy_ctx_t 结构体，该结构体含有 Nginx 与上游间的连接 upstream，以及与上游通信时接收上游 TCP 消息的缓冲区，如下所示。

```
typedef struct {
    // 与上游邮件服务器间的连接
    ngx_peer_connection_t upstream;

      /* 用于缓存上、下游间 TCP 消息的内存缓冲区，内存大小由 nginx.conf 文件中的 proxy_buffer 
配置项决定 */
    ngx_buf_t *buffer;
} ngx_mail_proxy_ctx_t;
```

注意 proxy 成员最初也是 NULL 空指针，直到调用 ngx_mail_proxy_init 方法后才会为 proxy 指针分配内存。

13.6.2 向上游邮件服务器发起连接

根据 ngx_mail_proxy_init 方法可以启动 Nginx 与上游邮件服务器间的交互，下面看一下该方法主要做了哪些工作。

```
void ngx_mail_proxy_init(ngx_mail_session_t *s, ngx_addr_t *peer)
{
    …

    // 创建 ngx_mail_proxy_ctx_t 结构体
    ngx_mail_proxy_ctx_t *p = ngx_pcalloc( s->connection->pool, sizeof(ngx_mail_
proxy_ctx_t));
    if (p == NULL) {
        ngx_mail_session_internal_server_error(s);
        return;
    }

    // 注意，之前的 proxy 成员指向的是 NULL 空指针
    s->proxy = p;

    …

    // 向上游的邮件服务器发起无阻塞的 TCP 连接
```

```
    ngx_int_t rc = ngx_event_connect_peer(&p->upstream);

    …

    /* 需要监控接收邮件服务器的响应是否超时，于是把与上游间连接的读事件添加到定时器中 */
    ngx_add_timer(p->upstream.connection->read, cscf->timeout);

    // 设置连接的 data 成员指向 ngx_mail_session_t 结构体
    p->upstream.connection->data = s;

    /* 设置 Nginx 与客户端间连接读事件的回调方法为不会读取内容的 ngx_mail_proxy_block_read
方法，因为当前阶段 Nginx 不会与客户端交互 */
    s->connection->read->handler = ngx_mail_proxy_block_read;

    /* 设置 Nginx 与上游间的连接写事件回调方法为什么事都不做的 ngx_mail_proxy_dummy_
handler 方法，这意味着接下来向上游发送 TCP 流时，将不再通过 epoll 这个事件框架来调度，下一节将看到实
际的用法 */
    p->upstream.connection->write->handler = ngx_mail_proxy_dummy_handler;

    /* 建立 Nginx 与邮件服务器间的内存缓冲区，缓冲区大小由 nginx.conf 文件中的 proxy_buffer 配
置项决定 */
    s->proxy->buffer = ngx_create_temp_buf(s->connection->pool,
                                           pcf->buffer_size);

    // 注意，设置 out 为空，表示将不会再通过 out 向客户端发送响应
    s->out.len = 0;

    // 根据用户请求的协议设置实际的邮件认证方法
    switch (s->protocol) {
    case NGX_MAIL_POP3_PROTOCOL:
        // 设置 POP3 协议进行邮件交互认证的方法
        p->upstream.connection->read->handler = ngx_mail_proxy_pop3_handler;
        s->mail_state = ngx_pop3_start;
        break;

    case NGX_MAIL_IMAP_PROTOCOL:
        // 设置 IMAP 进行邮件交互认证的方法
        p->upstream.connection->read->handler = ngx_mail_proxy_imap_handler;
        s->mail_state = ngx_imap_start;
        break;

    default: /* NGX_MAIL_SMTP_PROTOCOL */
        // 设置 SMTP 进行邮件交互认证的方法
        p->upstream.connection->read->handler = ngx_mail_proxy_smtp_handler;
        s->mail_state = ngx_smtp_start;
        break;
    }
}
```

可以看到，其中最重要的工作在于分配了 ngx_mail_proxy_ctx_t 结构体，并为成员 buffer 分配了内存缓冲区，用于接收上游的 TCP 消息，同时使用 upstream 与上游建立了 TCP 连接，最后针对不同的邮件协议分别设置了 ngx_mail_proxy_pop3_handler、ngx_mail_proxy_imap_ handler 或者 ngx_mail_proxy_smtp_handler 方法，用于 Nginx 与上游邮件服务器间的交互。

13.6.3 与邮件服务器认证交互的过程

由于每种协议的交互过程都不相同，因此下面仅以 POP3 协议为例简单地说明这一过程是如何实现的，如下所示。

```
static void  ngx_mail_proxy_pop3_handler(ngx_event_t *rev)
{
    u_char *p;
    ngx_int_t rc;
    ngx_connection_t *c;
    ngx_mail_session_t *s;
    ngx_mail_proxy_conf_t *pcf;

    // line 将会保存发往上游邮件服务器的消息
    ngx_str_t line;

    // 获取 Nginx 与上游间的连接
    c = rev->data;
    // 获得 ngx_mail_session_t 结构体
    s = c->data;
    // 如果读取上游邮件服务器响应超时，则向客户端发送错误响应
    if (rev->timedout) {
        c->timedout = 1;
        ngx_mail_proxy_internal_server_error(s);
        return;
    }

    // 读取上游邮件服务器发来的响应到 buffer 缓冲区中
    rc = ngx_mail_proxy_read_response(s, 0);

    // 还需要继续接收邮件服务器的消息，期待下一次的调度
    if (rc == NGX_AGAIN) {
        return;
    }

    // 消息不合法，或者邮件服务器没有验证通过，则返回错误给客户端
    if (rc == NGX_ERROR) {
        ngx_mail_proxy_upstream_error(s);
        return;
    }

    switch (s->mail_state) {

    case ngx_pop3_start:
        // 构造发送给邮件服务器的用户信息
        line.len = sizeof("USER ") - 1 + s->login.len + 2;
        line.data = ngx_pnalloc(c->pool, line.len);
        if (line.data == NULL) {
            ngx_mail_proxy_internal_server_error(s);
            return;
```

```
        }

        p = ngx_cpymem(line.data, "USER ", sizeof("USER ") - 1);
        p = ngx_cpymem(p, s->login.data, s->login.len);
        *p++ = CR; *p = LF;

        s->mail_state = ngx_pop3_user;
        break;

    case ngx_pop3_user:
        //构造发送给邮件服务器的密码信息
        line.len = sizeof("PASS ") - 1 + s->passwd.len + 2;
        line.data = ngx_pnalloc(c->pool, line.len);
        if (line.data == NULL) {
            ngx_mail_proxy_internal_server_error(s);
            return;
        }

        p = ngx_cpymem(line.data, "PASS ", sizeof("PASS ") - 1);
        p = ngx_cpymem(p, s->passwd.data, s->passwd.len);
        *p++ = CR; *p = LF;

        s->mail_state = ngx_pop3_passwd;
        break;

    case ngx_pop3_passwd:
        /* 在收到服务器返回的密码验证通过信息后，将Nginx与下游客户端间、Nginx与上游邮件服务
器间的TCP连接上读/写事件的回调方法都设置为ngx_mail_proxy_handler方法（参见13.7节）
        s->connection->read->handler = ngx_mail_proxy_handler;
        s->connection->write->handler = ngx_mail_proxy_handler;
        rev->handler = ngx_mail_proxy_handler;
        c->write->handler = ngx_mail_proxy_handler;

        …

        //进入透传上、下游TCP阶段
        ngx_mail_proxy_handler(s->connection->write);

        return;

    default:
#if (NGX_SUPPRESS_WARN)
        ngx_str_null(&line);
#endif
        break;
    }

    /* 向上游的邮件服务器发送验证信息。注意，这里向邮件服务器发送TCP流与本书的其他章节都不相同，
它不再通过epoll检测到TCP连接上出现可写事件而触发。事实上，它是由连接上出现的可读事件触发的，因为读
取到了邮件服务器的消息，才向邮件服务器发送消息。之所以可以这么做的一个原因在于，当前阶段发送的TCP消
息包都非常短小 */
    if (c->send(c, line.data, line.len) < (ssize_t) line.len) {
        ngx_mail_proxy_internal_server_error(s);
```

```
        return;
    }

    //清空buffer缓冲区
    s->proxy->buffer->pos = s->proxy->buffer->start;
    s->proxy->buffer->last = s->proxy->buffer->start;
}
```

一旦收到用户名、密码验证通过的消息，就会由 ngx_mail_proxy_handler 方法进入透传上、下游 TCP 流的阶段。

13.7 透传上游邮件服务器与客户端间的流

ngx_mail_proxy_handler 方法同时负责处理上、下游间的四个事件（两个读事件、两个写事件）。该方法将完全实现上、下游邮件协议之间的透传，本节将通过直接研究这个方法来看看如何用固定大小的缓存实现透传功能（有些类似于 upstream 机制转发响应时仅用了固定缓存的模式，但 upstream 机制只是单向的转发，而透传则是双向的转发）。

下面先来介绍双向转发 TCP 流时将会用到的两个缓冲区：ngx_mail_session_t 中的 buffer 缓冲区用于转发下游客户端的消息给上游的邮件服务器，而 ngx_mail_proxy_ctx_t 中的 buffer 缓冲区则用于转发上游邮件服务器的消息给下游的客户端。在这两个 ngx_buf_t 类型的缓冲区中，pos 指针指向待转发消息的起始地址，而 last 指针指向最后一次接收到的消息的末尾。当 pos 等于 last 时，意味着全部缓存消息都转发完了，这时会把 pos 和 last 都指向缓冲区的首部 start 指针，相当于清空缓冲区以便再次复用完整的缓冲区。相关代码如下所示。

```
static void ngx_mail_proxy_handler(ngx_event_t *ev)
{
    //当前的动作，用于记录日志
    char *action, *recv_action, *send_action;

    /*size变量具有两种含义：在读取消息时，size表示recv方法中空闲缓冲区的大小，在发送消息时，
表示将要发送的消息长度*/
    size_t size;

    //send或者recv方法的返回值
    ssize_t n;

    //b表示用于接收TCP消息的缓冲区，或者指向用于发送消息的缓冲区
    ngx_buf_t *b;

    //do_write标志位决定本次到底是发送还是接收TCP消息
    ngx_uint_t do_write;

    /*每次透传TCP，上、下游的客户端与邮件服务器之间必然有一个负责提供消息，另一个负责接收
Nginx转发的消息。src用来表示Nginx与提供消息一方之间的连接，而dst表示Nginx与接收消息一方
之间的连接*/
    ngx_connection_t *c, *src, *dst;
```

```
    ngx_mail_session_t *s;
    ngx_mail_proxy_conf_t *pcf;

    /* 注意，事件ev既可能属于Nginx与下游间的连接，也有可能属于Nginx与上游间的连接，此时无
法判断连接c究竟是来自于上游还是下游 */
    c = ev->data;

    /* 无论是在上游连接还是下游连接上，ngx_connection_t结构体的data成员都将指向ngx_
mail_session_t结构体 */
    s = c->data;

    // 无论上、下游，只要接收或者发送消息出现了超时，都需要终止透传操作
    if (ev->timedout) {
        …
        // ngx_mail_proxy_close_session方法会同时关闭上、下游的TCP连接
        ngx_mail_proxy_close_session(s);
        return;
    }

    /* 注意，ngx_mail_session_t结构体中的connection成员一定指向Nginx与下游客户端间的
TCP连接 */
    if (c == s->connection) {
        // 以下分支意味着收到了下游连接上的事件(无论是可读事件还是可写事件)

        if (ev->write) {
            /* 当下游可写事件被触发时，意味着本次Nginx将负责把接收自上游的缓存消息发送给下游 */
            recv_action = "proxying and reading from upstream";
            send_action = "proxying and sending to client";

            // 设src来源连接为上游连接
            src = s->proxy->upstream.connection;
            // 设dst目标连接为下游连接
            dst = c;
            // 设置用于向下游发送的消息缓冲区
            b = s->proxy->buffer;

        } else {
            /* 当下游可读事件被触发时，意味着本次Nginx将负责先读取下游的响应到缓存中，为下一
步转发给上游做准备 */
            recv_action = "proxying and reading from client";
            send_action = "proxying and sending to upstream";

            // 设src来源连接为下游连接
            src = c;
            // 设dst目标连接为上游连接
            dst = s->proxy->upstream.connection;
            // 设置用于接收下游消息的缓冲区
            b = s->buffer;
        }

    } else {
        // 以下分支意味着收到了上游连接上的事件

        if (ev->write) {
```

```
            /* 当上游可写事件被触发时，意味着本次 Nginx 将负责把接收自下游的缓存消息发送给上游 */
            recv_action = "proxying and reading from client";
            send_action = "proxying and sending to upstream";

            // 设 src 来源连接为下游连接
            src = s->connection;
            // 设 dst 来源连接为上游连接
            dst = c;
            // 设置用于向上游发送的消息缓冲区
            b = s->buffer;

        } else {
            /* 当上游可读事件被触发时，意味着本次 Nginx 将负责接收上游的消息到缓存中，为下一步
把这个消息转发给下游做准备 */
            recv_action = "proxying and reading from upstream";
            send_action = "proxying and sending to client";

            // 设 src 来源连接为上游连接
            src = c;
            // 设 dst 来源连接为下游连接
            dst = s->connection;
            // 设置用于接收上游消息的缓冲区
            b = s->proxy->buffer;
        }
    }

    // 当前触发事件的 write 标志位将决定 do_write 本次是发送消息还是接收消息
    do_write = ev->write ? 1 : 0;

     /* 进入向 dst 连接发送消息或者由 src 连接上接收消息的循环，直到套接字上暂无可读或可写事件时
才退出 */
    for ( ;; ) {

        if (do_write) {
            // 如果本次将发送 TCP 消息，那么首先计算出要发送的消息长度
            size = b->last - b->pos;

            // 检查需要发送的消息长度 size 是否大于 0，以及目标连接当前是否可写
            if (size && dst->write->ready) {
                c->log->action = send_action;

                // 调用 send 方法向 dst 目标连接上发送 TCP 消息
                n = dst->send(dst, b->pos, size);

                if (n == NGX_ERROR) {
                    // 发送错误时直接结束请求
                    ngx_mail_proxy_close_session(s);
                    return;
                }

                if (n > 0) {
                    // 更新消息缓冲区
                    b->pos += n;
```

```
                //如果缓冲区中的消息全部发送完，则清空缓冲区以复用
                    if (b->pos == b->last) {
                        b->pos = b->start;
                        b->last = b->start;
                    }
                }
            }
        }

        //为下面读取 TCP 消息做准备，先计算接收缓冲区上的空闲空间大小
        size = b->end - b->last;

        //检查空闲缓冲区大小是否大于 0，以及源连接上当前是否可读
        if (size && src->read->ready) {
            c->log->action = recv_action;

            //调用 recv 方法由 src 源连接上接收 TCP 消息
            n = src->recv(src, b->last, size);

            //如果没有读取到内容，或者对方主动关闭了 TCP 连接，则跳出循环
            if (n == NGX_AGAIN || n == 0) {
                break;
            }

            if (n > 0) {
                //如果读取到了消息，则应试图在本次 ngx_mail_proxy_handler 方法的执行中将它
立即发送出去 */
                do_write = 1;

                //更新消息缓冲区
                b->last += n;

                //重新执行循环，检查是否可以立即转发出去
                continue;
            }

            if (n == NGX_ERROR) {
                src->read->eof = 1;
            }
        }

        break;
    }

    c->log->action = "proxying";

    //如果上、下游间的连接中断，则结束透传流程
    if ((s->connection->read->eof && s->buffer->pos == s->buffer->last) ||
(s->proxy->upstream.connection->read->eof && s->proxy->buffer->pos == s->proxy->buffer->
last) || (s->connection->read->eof && s->proxy->upstream.connection->read->eof))
    {
        action = c->log->action;
        c->log->action = NULL;
```

```
        c->log->action = action;

        ngx_mail_proxy_close_session(s);
        return;
    }
    // 下面将会把 Nginx 与上、下游 TCP 连接上的 4 个读 / 写事件再次添加到 epoll 中监控
    if (ngx_handle_write_event(dst->write, 0) != NGX_OK) {
        ngx_mail_proxy_close_session(s);
        return;
    }

    if (ngx_handle_read_event(dst->read, 0) != NGX_OK) {
        ngx_mail_proxy_close_session(s);
        return;
    }

    if (ngx_handle_write_event(src->write, 0) != NGX_OK) {
        ngx_mail_proxy_close_session(s);
        return;
    }

    if (ngx_handle_read_event(src->read, 0) != NGX_OK) {
        ngx_mail_proxy_close_session(s);
        return;
    }

    /* 接收下游客户端的消息时还是需要检查超时的，防止"僵死"的客户端占用 Nginx 服务器资源 */
    if (c == s->connection) {
        pcf = ngx_mail_get_module_srv_conf(s, ngx_mail_proxy_module);
        ngx_add_timer(c->read, pcf->timeout);
    }
}
```

可以看到，ngx_mail_proxy_handler 方法很简单，不过百行代码就完成了透传功能。至于在这一阶段中客户端究竟与邮件服务器交换了哪些消息，作为邮件代理服务器 Nginx 并不关心。这个阶段将会一直持续下去，直到客户端或者邮件服务器有一方关闭了 TCP 连接，或者发送、接收 TCP 消息达到了超时时间的限制为止。

13.8 小结

本章介绍了 Nginx 是如何设计并实现官方提供的邮件代理服务器的，当需要支持新的邮件协议时，类似于 HTTP 框架的邮件框架可以较容易地集成新的邮件模块。邮件框架和 HTTP 框架都是应用事件框架很好的例子。如果用户更希望 Nginx 作为基于 TCP 的其他应用层协议服务器，而不是局限于 Web 服务器，那么可以对比和参考这两个框架，编写一种新的 Nginx 模块，从而充分利用 Nginx 底层的强大设计功能。

第 14 章 Chapter 14

进程间的通信机制

本章并不是说明 Linux 下有哪些进程通信方式，而是为了说明 Nginx 选择了哪些方式来同步 master 进程和多个 worker 进程间的数据，Nginx 框架是怎样重新封装了这些进程间通信方式的，以及在开发 Nginx 模块时应该怎样使用这些封装过的方法。

Nginx 由一个 master 进程和多个 worker 进程组成，但 master 进程或者 worker 进程中并不会再创建线程（Nginx 的多线程机制一直停留在测试状态，虽然不排除未来 Nginx 可能发布支持多线程版本的可能性，但直到目前最新的 1.2.x 版本仍然未支持多线程），因此，本章的内容不会涉及线程间的通信。

14.1 概述

Linux 提供了多种进程间传递消息的方式，如共享内存、套接字、管道、消息队列、信号等，每种方式都有其优缺点，而 Nginx 框架使用了 3 种传递消息传递方式：共享内存、套接字、信号。在 14.2 节将会介绍 Nginx 是怎样使用、封装共享内存的；在 14.4 节会介绍进程间怎样使用套接字通信，以及如何使用基于套接字封装的 Nginx 频道；在 14.5 节中将会介绍进程间怎样通过发送、接收信号来传递消息。

在多个进程访问共享资源时，还需要提供一种机制使各个进程有序、安全地访问资源，避免并发访问带来的未知结果。Nginx 主要使用了 3 种同步方式：原子操作、信号量、文件锁。在 14.3 节将会介绍在 Nginx 中原子操作是怎样实现的，同时还会介绍基于原子变量实现的自旋锁；在 14.6 节将会介绍信号量，与“信号”不同的是，中文译名仅有一字之差的“信号量”其实是用于同步代码段的执行的；在 14.7 节将会介绍文件锁。

由于 Nginx 的每个 worker 进程都会同时处理千万个请求，所以处理任何一个请求时都不应该阻塞当前进程处理后续的其他请求。例如，不要随意地使用信号量互斥锁，这会使得 worker 进程在得不到锁时进入睡眠状态，从而导致这个 worker 进程上的其他请求被“饿死”。鉴于此，Nginx 使用原子操作、信号量和文件锁实现了一套 ngx_shmtx_t 互斥锁，当操作系统支持原子操作时 ngx_shmtx_t 就由原子变量实现，否则将由文件锁来实现。顾名思义，ngx_shmtx_t 锁是可以在共享内存上使用的，它是 Nginx 中最常见的锁。

14.2 共享内存

共享内存是 Linux 下提供的最基本的进程间通信方法，它通过 mmap 或者 shmget 系统调用在内存中创建了一块连续的线性地址空间，而通过 munmap 或者 shmdt 系统调用可以释放这块内存。使用共享内存的好处是当多个进程使用同一块共享内存时，在任何一个进程修改了共享内存中的内容后，其他进程通过访问这段共享内存都能够得到修改后的内容。

> 注意 虽然 mmap 可以以磁盘文件的方式映射共享内存，但在 Nginx 封装的共享内存操作方法中是没有使用到映射文件功能的。

Nginx 定义了 ngx_shm_t 结构体，用于描述一块共享内存，代码如下所示。

```
typedef struct {
    // 指向共享内存的起始地址
    u_char *addr;

    // 共享内存的长度
    size_t size;

    // 这块共享内存的名称
    ngx_str_t name;

    // 记录日志的 ngx_log_t 对象
    ngx_log_t *log;

    // 表示共享内存是否已经分配过的标志位，为 1 时表示已经存在
    ngx_uint_t exists;
} ngx_shm_t;
```

操作 ngx_shm_t 结构体的方法有以下两个：ngx_shm_alloc 用于分配新的共享内存，而 ngx_shm_free 用于释放已经存在的共享内存。在描述这两个方法前，先以 mmap 为例说明 Linux 是怎样向应用程序提供共享内存的，如下所示。

```
void *mmap(void *start, size_t length, int prot, int flags,
                  int fd, off_t offset);
```

mmap 可以将磁盘文件映射到内存中，直接操作内存时 Linux 内核将负责同步内存和磁

盘文件中的数据，fd 参数就指向需要同步的磁盘文件，而 offset 则代表从文件的这个偏移量处开始共享，当然 Nginx 没有使用这一特性。当 flags 参数中加入 MAP_ANON 或者 MAP_ANONYMOUS 参数时表示不使用文件映射方式，这时 fd 和 offset 参数就没有意义，也不需要传递了，此时的 mmap 方法和 ngx_shm_alloc 的功能几乎完全相同。length 参数就是将要在内存中开辟的线性地址空间大小，而 prot 参数则是操作这段共享内存的方式（如只读或者可读可写），start 参数说明希望的共享内存起始映射地址，当然，通常都会把 start 设为 NULL 空指针。

先来看看如何使用 mmap 实现 ngx_shm_alloc 方法，代码如下。

```
ngx_int_t ngx_shm_alloc(ngx_shm_t *shm)
{
    // 开辟一块 shm->size 大小且可以读 / 写的共享内存，内存首地址存放在 addr 中
    shm->addr = (u_char *) mmap(NULL, shm->size,
                                PROT_READ|PROT_WRITE,
                                MAP_ANON|MAP_SHARED, -1, 0);

    if (shm->addr == MAP_FAILED) {
        return NGX_ERROR;
    }

    return NGX_OK;
}
```

这里不再介绍 shmget 方法申请共享内存的方式，它与上述代码相似。

当不再使用共享内存时，需要调用 munmap 或者 shmdt 来释放共享内存，这里还是以与 mmap 配对的 munmap 为例来说明。

```
int munmap(void *start, size_t length);
```

其中，start 参数指向共享内存的首地址，而 length 参数表示这段共享内存的长度。下面看看 ngx_shm_free 方法是怎样通过 munmap 来释放共享内存的。

```
void ngx_shm_free(ngx_shm_t *shm)
{
    // 使用 ngx_shm_t 中的 addr 和 size 参数调用 munmap 释放共享内存即可
    if (munmap((void *) shm->addr, shm->size) == -1) {
        ngx_log_error(NGX_LOG_ALERT, shm->log, ngx_errno, "munmap(%p, %uz) failed", 
shm->addr, shm->size);
    }
}
```

Nginx 各进程间共享数据的主要方式就是使用共享内存（在使用共享内存时，Nginx 一般是由 master 进程创建，在 master 进程 fork 出 worker 子进程后，所有的进程开始使用这块内存中的数据）。在开发 Nginx 模块时如果需要使用它，不妨用 Nginx 已经封装好的 ngx_shm_alloc 方法和 ngx_shm_free 方法，它们有 3 种实现（不映射文件使用 mmap 分配共享内存、以 /dev/zero 文件使用 mmap 映射共享内存、用 shmget 调用来分配共享内存），对于 Nginx 的跨平

台特性考虑得很周到。下面以一个统计 HTTP 框架连接状况的例子来说明共享内存的用法。

作为 Web 服务器，Nginx 具有统计整个服务器中 HTTP 连接状况的功能（不是某一个 Nginx worker 进程的状况，而是所有 worker 进程连接状况的总和）。例如，可以用于统计某一时刻下 Nginx 已经处理过的连接状况。下面定义的 6 个原子变量就是用于统计 ngx_http_stub_status_module 模块连接状况的，如下所示。

```
    // 已经建立成功过的 TCP 连接数
    ngx_atomic_t   ngx_stat_accepted0;
    ngx_atomic_t  *ngx_stat_accepted = &ngx_stat_accepted0;

    /* 已经从 ngx_cycle_t 核心结构体的 free_connections 连接池中获取到 ngx_connection_t 对象的活跃连接数 */
    ngx_atomic_t   ngx_stat_active0;
    ngx_atomic_t  *ngx_stat_active = &ngx_stat_active0;

    /* 连接建立成功且获取到 ngx_connection_t 结构体后，已经分配过内存池，并且在表示初始化了读 / 写事件后的连接数 */
    ngx_atomic_t   ngx_stat_handled0;
    ngx_atomic_t  *ngx_stat_handled = &ngx_stat_handled0;

    // 已经由 HTTP 模块处理过的连接数
    ngx_atomic_t   ngx_stat_requests0;
    ngx_atomic_t  *ngx_stat_requests = &ngx_stat_requests0;


    // 正在接收 TCP 流的连接数
    ngx_atomic_t   ngx_stat_reading0;
    ngx_atomic_t  *ngx_stat_reading = &ngx_stat_reading0;

    // 正在发送 TCP 流的连接数
    ngx_atomic_t   ngx_stat_writing0;
    ngx_atomic_t  *ngx_stat_writing = &ngx_stat_writing0;
```

ngx_atomic_t 原子变量将会在 14.3 节详细介绍，本节仅关注这 6 个原子变量是如何使用共享内存在多个 worker 进程中使用这些统计变量的。

```
        size_t size, cl;
        ngx_shm_t shm;

        /* 计算出需要使用的共享内存的大小。为什么每个统计成员需要使用 128 字节呢？这似乎太大了，看上去，每个 ngx_atomic_t 原子变量最多需要 8 字节而已。其实是因为 Nginx 充分考虑了 CPU 的二级缓存。在目前许多 CPU 架构下缓存行的大小都是 128 字节，而下面需要统计的变量都是访问非常频繁的成员，同时它们占用的内存又非常少，所以采用了每个成员都使用 128 字节存放的形式，这样速度更快 */
        cl = 128;

        size = cl            /* ngx_accept_mutex */
               + cl          /* ngx_connection_counter */
               + cl;         /* ngx_temp_number */

    // 定义了 NGX_STAT_STUB 宏后才会统计上述 6 个原子变量
    #if (NGX_STAT_STUB)
```

```
    size += cl          /* ngx_stat_accepted */
           + cl         /* ngx_stat_handled */
           + cl         /* ngx_stat_requests */
           + cl         /* ngx_stat_active */
           + cl         /* ngx_stat_reading */
           + cl;        /* ngx_stat_writing */

#endif

    // 初始化描述共享内存的 ngx_shm_t 结构体
    shm.size = size;
    shm.name.len = sizeof("nginx_shared_zone");
    shm.name.data = (u_char *) "nginx_shared_zone";
    shm.log = cycle->log;

    // 开辟一块共享内存，共享内存的大小为 shm.size
    if (ngx_shm_alloc(&shm) != NGX_OK) {
        return NGX_ERROR;
    }

    // 共享内存的首地址就在 shm.addr 成员中
    shared = shm.addr;

    // 原子变量类型的 accept 锁使用了 128 字节的共享内存
    ngx_accept_mutex_ptr = (ngx_atomic_t *) shared;
    // ngx_accept_mutex 就是负载均衡锁，spin 值为 -1 则是告诉 Nginx 这把锁不可以使进程进入睡眠
状态，详见 14.8 节 */
    ngx_accept_mutex.spin = (ngx_uint_t) -1;

    /* 原子变量类型的 ngx_connection_counter 将统计所有建立过的连接数（包括主动发起的连接）*/
    ngx_connection_counter = (ngx_atomic_t *) (shared + 1 * cl);

#if (NGX_STAT_STUB)
    // 依次初始化需要统计的 6 个原子变量，也就是使用共享内存作为原子变量
    ngx_stat_accepted = (ngx_atomic_t *) (shared + 3 * cl);
    ngx_stat_handled = (ngx_atomic_t *) (shared + 4 * cl);
    ngx_stat_requests = (ngx_atomic_t *) (shared + 5 * cl);
    ngx_stat_active = (ngx_atomic_t *) (shared + 6 * cl);
    ngx_stat_reading = (ngx_atomic_t *) (shared + 7 * cl);
    ngx_stat_writing = (ngx_atomic_t *) (shared + 8 * cl);

#endif
```

这 6 个统计变量在初始化后，在处理请求的流程中由于其意义不同，所以其值会有所变化。例如，在 HTTP 框架中，刚开始接收客户端的 HTTP 请求时使用的是 ngx_http_init_request 方法，在这个方法中就会将 ngx_stat_reading 统计变量加 1，表示正处于接收用户请求的连接数加 1，如下所示。

```
(void) ngx_atomic_fetch_add(ngx_stat_reading, 1);
```

而当读取完请求时，如在 ngx_http_process_request 方法中，开始处理用户请求（不再接

收 TCP 消息），这时会把 ngx_stat_reading 统计变量减 1，如下所示。

```
(void) ngx_atomic_fetch_add(ngx_stat_reading, -1);
```

这 6 个统计变量都是在关键的流程中进行维护的，每个 worker 进程修改的都是共享内存中的统计变量，它们对于整个 Nginx 服务来说是全局有效的。ngx_http_stub_status_module 模块将负责在接收到相应的 HTTP 查询请求后，把这些统计变量以 HTTP 响应的方式发送给客户端。该模块也可以作为 14.3 节原子变量的使用案例。

14.3 原子操作

能够执行原子操作的原子变量只有整型，包括无符号整型 ngx_atomic_uint_t 和有符号整型 ngx_atomic_t，这两种类型都使用了 volatile 关键字告诉 C 编译器不要做优化。

想要使用原子操作来修改、获取整型变量，自然不能使用加减号，而要使用 Nginx 提供的两个方法：ngx_atomic_cmp_set 和 ngx_atomic_fetch_add。这两个方法都可以用来修改原子变量的值，而 ngx_atomic_cmp_set 方法同时还可以比较原子变量的值，下面具体看看这两个方法。

```
static ngx_inline ngx_atomic_uint_t
ngx_atomic_cmp_set(ngx_atomic_t *lock, ngx_atomic_uint_t old,
    ngx_atomic_uint_t set)
```

ngx_atomic_cmp_set 方法会将 old 参数与原子变量 lock 的值做比较，如果它们相等，则把 lock 设为参数 set，同时方法返回 1；如果它们不相等，则不做任何修改，返回 0。

```
static ngx_inline ngx_atomic_int_t
ngx_atomic_fetch_add(ngx_atomic_t *value, ngx_atomic_int_t add)
```

ngx_atomic_fetch_add 方法会把原子变量 value 的值加上参数 add，同时返回之前 value 的值。

在 Nginx 各种锁的实现中，可以看到原子变量和这两个方法的多种用法。

即使操作系统的内核无法提供原子性的操作，那么 Nginx 也会对上述两个方法提供一种实现，这在 14.3.1 节中会简单说明；对于各种硬件体系架构，原子操作的实现不尽相同，在 14.3.2 节中将会以最常见的 X86 架构为例，说明 Nginx 是怎样实现上述两个原子操作方法的。在 14.3.3 节，介绍 Nginx 封装的 ngx_spinlock 自旋锁是怎样使用原子变量实现的。

14.3.1 不支持原子库下的原子操作

当无法实现原子操作时，就只能用 volatile 关键字在 C 语言级别上模拟原子操作了。事实上，目前绝大多数体系架构都是支持原子操作的，给出这一节内容更多的是方便读者理解 ngx_atomic_cmp_set 方法和 ngx_atomic_fetch_add 方法的意义。先来看看 ngx_atomic_cmp_set 方法的实现，如下所示。

```
static ngx_inline ngx_atomic_uint_t
ngx_atomic_cmp_set(ngx_atomic_t *lock, ngx_atomic_uint_t old,
     ngx_atomic_uint_t set)
{
     // 当原子变量 lock 与 old 相等时，才能把 set 设置到 lock 中并返回 1
     if (*lock == old) {
         *lock = set;
         return 1;
     }

     // 若原子变量 lock 与 old 不相等，则返回 0
     return 0;
}
```

ngx_atomic_fetch_add 方法的实现也很简单，如下所示。

```
static ngx_inline ngx_atomic_int_t
ngx_atomic_fetch_add(ngx_atomic_t *value, ngx_atomic_int_t add)
{
     ngx_atomic_int_t  old;

     // 将原子变量 value 加上 add 值之后，再返回原先 value 的值
     old = *value;
     *value += add;

     return old;
}
```

14.3.2　x86 架构下的原子操作

Nginx 要在源代码中实现对整型的原子操作，自然必须通过内联汇编语言直接操作硬件才能做到，本节以基于 x86 的 SMP 多核架构为例来看看 Nginx 是如何实现这两个基本的原子操作的（由于参考着 x86 架构下的实现即可以简单地推导出其他架构下的实现，故其他架构下的原子操作实现方法不再一一说明）。

使用 GCC 编译器在 C 语言中嵌入汇编语言的方式是使用 __asm__ 关键字，如下所示。

```
__asm__ volatile ( 汇编语句部分
          : 输出部分                    /* 可选 */
          : 输入部分                    /* 可选 */
          : 破坏描述部分                 /* 可选 */
          );
```

以上加入的 volatile 关键字用于限制 GCC 编译器对这段代码做优化。

这段内联的汇编语言包括 4 个部分。

（1）汇编语句部分

引号中所包含的汇编语句可以直接用占位符 % 来引用 C 语言中的变量（最多 10 个，%0 ~ %9）。

下面简单介绍一下随后用到的两个汇编语句，先来看看 cmpxchgl　r, [m] 这个语句，

Nginx 源代码中对这一汇编语句有一段伪代码注释，如下所示。

```
// 如果 eax 寄存器中的值等于 m
if (eax == [m]) {
      // 将 zf 标志位设为 1
      zf = 1;

      // 将 m 值设为 r
      [m] = r;

// 如果 eax 寄存器中的值不等于 m
} else {
      // zf 标志位设为 0
      zf = 0;

      // 将 eax 寄存器中的值设为 m
      eax = [m];
}
```

从上面这段伪代码可以看出，cmpxchgl r, [m] 语句首先会用 m 比较 eax 寄存器中的值，如果相等，则把 m 的值设为 r，同时将 zf 标志位设为 1；否则将 zf 标志位设为 0。

再看一个语句 sete [m]，它正好配合着上面的 cmpxchgl 语句使用，这里不妨简单地认为它的作用就是将 zf 标志位中的 0 或者 1 设置到 m 中。

（2）输出部分

这部分可以将寄存器中的值设置到 C 语言的变量中。

（3）输入部分

可以将 C 语言中的变量设置到寄存器中。

（4）破坏描述部分

通知编译器使用了哪些寄存器、内存。

简单了解了 GCC 如何内联汇编语言后，下面来看看 ngx_atomic_cmp_set 方法的实现，如下所示。

```
static ngx_inline ngx_atomic_uint_t
ngx_atomic_cmp_set(ngx_atomic_t *lock, ngx_atomic_uint_t old,
    ngx_atomic_uint_t set)
{
    u_char  res;

    // 在 C 语言中嵌入汇编语言
    __asm__ volatile (

    // 多核架构下首先锁住总线
    "    lock;    "

    // 将 *lock 的值与 eax 寄存器中的 old 相比较，如果相等，则置 *lock 的值为 set
    "cmpxchgl   %3, %1;"
    // cmpxchgl 的比较若是相等，则把 zf 标志位 1 写入 res 变量，否则 res 为 0
    "sete  %0;"
```

```
    : "=a" (res) : "m" (*lock), "a" (old), "r" (set) : "cc", "memory");

    return res;
}
```

现在简单地说明一下上述代码，在嵌入汇编语言的输入部分，"m" (*lock) 表示 *lock 变量是在内存中，操作 *lock 时直接通过内存（不使用寄存器）处理，而 "a" (old) 表示把 old 变量写入 eax 寄存器中，"r" (set) 表示把 set 变量写入通用寄存器中，这些都是在为 cmpxchgl 语句做准备。“cmpxchgl %3, %1”相当于“cmpxchgl set *lock”（含义参照上面介绍过的伪代码）。这 3 行汇编语句的意思如下：首先锁住总线防止多核的并发执行，接着判断原子变量 *lock 与 old 值是否相等，若相等，则把 *lock 值设为 set，同时设 res 为 1，方法返回；若不相等，则设 res 为 0，方法返回。

在了解 ngx_atomic_fetch_add 方法前，再介绍一个汇编语句 xaddl。下面先来看看 Nginx 对“xaddl r, [m]”语句做的伪码注释，如下所示。

```
temp = [m];
[m] += r;
r = temp;
```

可以看到，xaddl 执行后 [m] 值将为 r 和 [m] 之和，而 r 中的值为原 [m] 值。现在看看 ngx_atomic_fetch_add 方法是如何实现的，如下所示。

```
static ngx_inline ngx_atomic_int_t
ngx_atomic_fetch_add(ngx_atomic_t *value, ngx_atomic_int_t add)
{
    __asm__ volatile (

    // 首先锁住总线
    "lock;"
    // *value 的值将会等于原先 *value 值与 add 值之和，而 add 为原 *value 值
    "xaddl %0, %1;"

    :"+r" (add) : "m" (*value) : "cc", "memory");

    return add;
}
```

可见，ngx_atomic_fetch_add 将使得 *value 原子变量的值加上 add，同时返回原先 *value 的值。

14.3.3　自旋锁

基于原子操作，Nginx 实现了一个自旋锁。自旋锁是一种非睡眠锁，也就是说，某进程如果试图获得自旋锁，当发现锁已经被其他进程获得时，那么不会使得当前进程进入睡眠状态，而是始终保持进程在可执行状态，每当内核调度到这个进程执行时就持续检查是否可以获取到锁。在拿不到锁时，这个进程的代码将会一直在自旋锁代码处执行，直到其他进程释

放了锁且当前进程获取到了锁后，代码才会继续向下执行。

可见，自旋锁主要是为多处理器操作系统而设置的，它要解决的共享资源保护场景就是进程使用锁的时间非常短（如果锁的使用时间很久，自旋锁会不太合适，那么它会占用大量的 CPU 资源）。在 14.6 节和 14.7 节介绍的两种睡眠锁会导致进程进入睡眠状态。睡眠锁与非睡眠锁应用的场景不同，如果使用锁的进程不太希望自己进入睡眠状态，特别它处理的是非常核心的事件时，这时就应该使用自旋锁，其实大部分情况下 Nginx 的 worker 进程最好都不要进入睡眠状态，因为它非常繁忙，在这个进程的 epoll 上可能会有十万甚至百万的 TCP 连接等待着处理，进程一旦睡眠后必须等待其他事件的唤醒，这中间极其频繁的进程间切换带来的负载消耗可能无法让用户接受。

注意 自旋锁对于单处理器操作系统来说一样是有效的，不进入睡眠状态并不意味着其他可执行状态的进程得不到执行。Linux 内核中对于每个处理器都有一个运行队列，自旋锁可以仅仅调整当前进程在运行队列中的顺序，或者调整进程的时间片，这都会为当前处理器上的其他进程提供被调度的机会，以使得锁被其他进程释放。

用户可以从锁的使用时间长短角度来选择使用哪一种锁。当锁的使用时间很短时，使用自旋锁非常合适，尤其是对于现在普遍存在的多核处理器来说，这样的开销最小。而如果锁的使用时间很长时，那么一旦进程拿不到锁就不应该再执行任何操作了，这时应该使用睡眠锁将系统资源释放给其他进程使用。另外，如果进程拿不到锁，可能只会导致某一类请求（不是进程上的所有请求）不能继续执行，而 epoll 上的其他请求还是可以执行的，这时应该选用非阻塞的互斥锁，而不能使用自旋锁。

下面介绍基于原子操作的自旋锁方法 ngx_spinlock 是如何实现的。它有 3 个参数，其中，lock 参数就是原子变量表达的锁，当 lock 值为 0 时表示锁是被释放的，而 lock 值不为 0 时则表示锁已经被某个进程持有了；value 参数表示希望当锁没有被任何进程持有时（也就是 lock 值为 0），把 lock 值设为 value 表示当前进程持有了锁；第三个参数 spin 表示在多处理器系统内，当 ngx_spinlock 方法没有拿到锁时，当前进程在内核的一次调度中，该方法等待其他处理器释放锁的时间。下面来看一下它的源代码。

```
void ngx_spinlock(ngx_atomic_t *lock, ngx_atomic_int_t value, ngx_uint_t spin)
{
    ngx_uint_t  i, n;
    // 无法获取锁时进程的代码将一直在这个循环中执行
    for ( ;; ) {

        // lock 为 0 时表示锁是没有被其他进程持有的，这时将 lock 值设为 value 参数表示当前进程持有了锁
        if (*lock == 0 && ngx_atomic_cmp_set(lock, 0, value)) {
            // 获取到锁后 ngx_spinlock 方法才会返回
            return;
        }

        // ngx_ncpu 是处理器的个数，当它大于 1 时表示处于多处理器系统中
```

```
            if (ngx_ncpu > 1) {
                /* 在多处理器下，更好的做法是当前进程不要立刻“让出”正在使用的 CPU 处理器，而是等待一段时间，看看其他处理器上的进程是否会释放锁，这会减少进程间切换的次数 */
                for (n = 1; n < spin; n <<= 1) {

                    /* 注意，随着等待的次数越来越多，实际去检查 lock 是否释放的频繁会越来越小。为什么会这样呢？因为检查 lock 值更消耗 CPU，而执行 ngx_cpu_pause 对于 CPU 的能耗来说是很省电的 */
                    for (i = 0; i < n; i++) {

                        /*ngx_cpu_pause 是在许多架构体系中专门为了自旋锁而提供的指令，它会告诉 CPU 现在处于自旋锁等待状态，通常一些 CPU 会将自己置于节能状态，降低功耗。注意，在执行 ngx_cpu_pause 后，当前进程没有“让出”正使用的处理器 */
                        ngx_cpu_pause();
                    }

                    /* 检查锁是否被释放了，如果 lock 值为 0 且释放了锁后，就把它的值设为 value，当前进程持有锁成功并返回 */
                    if (*lock == 0 && ngx_atomic_cmp_set(lock, 0, value)) {
                        return;
                    }
                }
            }

            /* 当前进程仍然处于可执行状态，但暂时“让出”处理器，使得处理器优先调度其他可执行状态的进程，这样，在进程被内核再次调度时，在 for 循环代码中可以期望其他进程释放锁。注意，不同的内核版本对于 sched_yield 系统调用的实现可能是不同的，但它们的目的都是暂时“让出”处理器 */
            ngx_sched_yield();
        }
    }
```

释放锁时需要 Nginx 模块通过 ngx_atomic_cmp_set 方法将原子变量 lock 值设为 0。

可以看到，ngx_spinlock 方法是非常高效的自旋锁，它充分考虑了单处理器和多处理器的系统，对于持有锁时间非常短的场景很有效率。

14.4　Nginx 频道

ngx_channel_t 频道是 Nginx master 进程与 worker 进程之间通信的常用工具，它是使用本机套接字实现的。下面先来看看 socketpair 方法，它用于创建父子进程间使用的套接字。

```
int socketpair(int d, int type, int protocol, int sv[2]);
```

这个方法可以创建一对关联的套接字 sv[2]。下面依次介绍它的 4 个参数：参数 d 表示域，在 Linux 下通常取值为 AF_UNIX；type 取值为 SOCK_STREAM 或者 SOCK_DGRAM，它表示在套接字上使用的是 TCP 还是 UDP；protocol 必须传递 0；sv[2] 是一个含有两个元素的整型数组，实际上就是两个套接字。当 socketpair 返回 0 时，sv[2] 这两个套接字创建成功，否则 socketpair 返回 –1 表示失败。

当 socketpair 执行成功时，sv[2] 这两个套接字具备下列关系：向 sv[0] 套接字写入数据，将可以从 sv[1] 套接字中读取到刚写入的数据；同样，向 sv[1] 套接字写入数据，也可以从 sv[0] 中读取到写入的数据。通常，在父、子进程通信前，会先调用 socketpair 方法创建这样一组套接字，在调用 fork 方法创建出子进程后，将会在父进程中关闭 sv[1] 套接字，仅使用 sv[0] 套接字用于向子进程发送数据以及接收子进程发送来的数据；而在子进程中则关闭 sv[0] 套接字，仅使用 sv[1] 套接字既可以接收父进程发来的数据，也可以向父进程发送数据。

再来介绍一下 ngx_channel_t 频道。ngx_channel_t 结构体是 Nginx 定义的 master 父进程与 worker 子进程间的消息格式，如下所示。

```
typedef struct {
     // 传递的 TCP 消息中的命令
     ngx_uint_t  command;

     // 进程 ID，一般是发送命令方的进程 ID
     ngx_pid_t   pid;

     // 表示发送命令方在 ngx_processes 进程数组间的序号
     ngx_int_t   slot;

     // 通信的套接字句柄
     ngx_fd_t    fd;
} ngx_channel_t;
```

这个消息的格式似乎过于简单了，没错，因为 Nginx 仅用这个频道同步 master 进程与 worker 进程间的状态，这点从针对 command 成员已经定义的命令就可以看出来，如下所示。

```
// 打开频道，使用频道这种方式通信前必须发送的命令
#define NGX_CMD_OPEN_CHANNEL 1

// 关闭已经打开的频道，实际上也就是关闭套接字
#define NGX_CMD_CLOSE_CHANNEL 2

// 要求接收方正常地退出进程
#define NGX_CMD_QUIT 3

// 要求接收方强制地结束进程
#define NGX_CMD_TERMINATE 4

// 要求接收方重新打开进程已经打开过的文件
#define NGX_CMD_REOPEN 5
```

在 8.6 节我们介绍过 master 进程是如何监控、管理 worker 子进程的，那图 8-8 中的 master 又是如何启动、停止 worker 子进程的呢？正是通过 socketpair 产生的套接字发送命令的，即每次要派生一个子进程之前，都会先调用 socketpair 方法。在 Nginx 派生子进程的 ngx_spawn_process 方法中，会首先派生基于 TCP 的套接字，如下所示。

```
    ngx_pid_t ngx_spawn_process(ngx_cycle_t *cycle, ngx_spawn_proc_pt proc, void
*data, char *name, ngx_int_t respawn)
    {
     …
```

```
        //ngx_processes[s].channel 数组正是将要用于父、子进程间通信的套接字对
        if (socketpair(AF_UNIX, SOCK_STREAM, 0, ngx_processes[s].channel) == -1)
        {
            return NGX_INVALID_PID;
        }
        //接下来会把 channel 套接字对都设置为非阻塞模式
...
}
```

上段代码提到的 ngx_processes 数组定义了 Nginx 服务中所有的进程，包括 master 进程和 worker 进程，如下所示。

```
#define NGX_MAX_PROCESSES 1024

//虽然定义了 NGX_MAX_PROCESSES 个成员，但已经使用的元素仅与启动的进程个数有关
ngx_process_t ngx_processes[NGX_MAX_PROCESSES];
```

它的类型是 ngx_process_t，对于频道来说，这个结构体只关心它的 channel 成员。

```
typedef struct {
    …
    //socketpair 创建的套接字对
    ngx_socket_t channel[2];
} ngx_process_t;
```

如何使用频道发送 ngx_channel_t 消息呢？ Nginx 封装了 4 个方法，首先来看看用于发送消息的 ngx_write_channel 方法。

```
ngx_int_t ngx_write_channel(ngx_socket_t s, ngx_channel_t *ch, size_t size,
ngx_log_t *log);
```

这里的 s 参数是要使用的 TCP 套接字，ch 参数是 ngx_channel_t 类型的消息，size 参数是 ngx_channel_t 结构体的大小，log 参数是日志对象。

再来看看读取消息的方法 ngx_read_channel。

```
ngx_int_t ngx_read_channel(ngx_socket_t s, ngx_channel_t *ch, size_t size, ngx_
log_t *log);
```

这里的参数意义与 ngx_write_channel 方法完全相同，只是要注意 s 套接字，它与发送方使用的 s 套接字是配对的。例如，在 Nginx 中，目前仅存在 master 进程向 worker 进程发送消息的场景，这时对于 socketpair 方法创建的 channel[2] 套接字对来说，master 进程会使用 channel[0] 套接字来发送消息，而 worker 进程则会使用 channel[1] 套接字来接收消息。

worker 进程是怎样调度 ngx_read_channel 方法接收频道消息呢？毕竟 Nginx 是单线程程序，这唯一的线程还在同时处理大量的用户请求呢！这时就需要使用 ngx_add_channel_event 方法把接收频道消息的套接字添加到 epoll 中了，当接收到父进程消息时子进程会通过 epoll 的事件回调相应的 handler 方法来处理这个频道消息，如下所示。

```
ngx_int_t ngx_add_channel_event(ngx_cycle_t *cycle, ngx_fd_t fd,
    ngx_int_t event, ngx_event_handler_pt handler);
```

cycle 参数自然是每个 Nginx 进程必须具备的 ngx_cycle_t 核心结构体；fd 参数就是上面说过的需要接收消息的套接字，对于 worker 子进程来说，就是对应的 channel[1] 套接字；event 参数是需要检测的事件类型，在上述场景下必然是 EPOLLIN；handler 参数指向的方法就是用于读取频道消息的方法，Nginx 定义了一个 ngx_channel_handler 方法用于处理频道消息。

当进程希望关闭这个频道通信方式时，可以调用 ngx_close_channel 方法，它会关闭这对套接字，如下所示。

```
void ngx_close_channel(ngx_fd_t *fd, ngx_log_t *log);
```

参数 fd 就是上面说过的 channel[2] 套接字数组。

实际上，基于本机 TCP 的套接字可以进行复杂的双工通信，虽然目前 Nginx 仅用于帮助 master 进程管理 worker 进程的状态，但完全可以轻易地进行改造，使之满足复杂的进程间通信需求。

14.5 信号

Linux 提供了以信号传递进程间消息的机制，Nginx 在管理 master 进程和 worker 进程时大量使用了信号。什么是信号？它是一种非常短的消息，短到只有一个数字。在中文译名中，信号相比下文将要介绍的信号量只少了一个字，但它们完全是两个概念，信号量仅用于同步代码段，而信号则用于传递消息。一个进程可以向另外一个进程或者另外一组进程发送信号消息，通知目标进程执行特定的代码。

Linux 定义的前 31 个信号是最常用的，Nginx 则通过重定义其中一些信号的处理方法来使用信号，如接收到 SIGUSR1 信号就意味着需要重新打开文件。使用信号时 Nginx 定义了一个 ngx_signal_t 结构体用于描述接收到信号时的行为，如下所示。

```
typedef struct {
    // 需要处理的信号
    int signo;

    // 信号对应的字符串名称
    char *signame;

    // 这个信号对应着的 Nginx 命令
    char *name;

    // 收到 signo 信号后就会回调 handler 方法
    void (*handler)(int signo);
} ngx_signal_t;
```

另外，Nginx 还定义了一个数组，用来定义进程将会处理的所有信号。例如：

```
#define NGX_RECONFIGURE_SIGNAL   HUP

ngx_signal_t  signals[] = {
```

```
    { ngx_signal_value(NGX_RECONFIGURE_SIGNAL),
      "SIG" ngx_value(NGX_RECONFIGURE_SIGNAL),
      "reload",
      ngx_signal_handler },
    …
}
```

上面的例子意味着在接收到 SIGHUP 信号后，将调用 ngx_signal_handler 方法进行处理，以便重新读取配置文件，或者说，当收到用户发来的如下命令时：

```
./nginx -s reload
```

这个新启动的 Nginx 进程会向实际运行的 Nginx 服务进程发送 SIGHUP 信号（执行这个命令后拉起的 Nginx 进程并不会重新启动服务器，而是仅用于发送信号，在 ngx_get_options 方法中会重置 ngx_signal 全局变量，而 main 方法中检查到其非 0 时就会调用 ngx_signal_process 方法向正在运行的 Nginx 服务发送信号，之后 main 方法就会返回，新启动的 Nginx 进程退出），这样运行中的服务进程也会调用 ngx_signal_handler 方法来处理这个信号。

在定义了 ngx_signal_t 类型的 signals 数组后，ngx_init_signals 方法会初始化所有的信号，如下所示。

```
ngx_int_t ngx_init_signals(ngx_log_t *log)
{
    ngx_signal_t *sig;

    // Linux 内核使用的信号
    struct sigaction sa;

    // 遍历 signals 数组，处理每一个 ngx_signal_t 类型的结构体
    for (sig = signals; sig->signo != 0; sig++) {
        ngx_memzero(&sa, sizeof(struct sigaction));

        // 设置信号的处理方法为 handler 方法
        sa.sa_handler = sig->handler;

        // 将 sa 中的位全部置为 0
        sigemptyset(&sa.sa_mask);

        // 向 Linux 注册信号的回调方法
        if (sigaction(sig->signo, &sa, NULL) == -1) {
            ngx_log_error(NGX_LOG_EMERG, log, ngx_errno,
                          "sigaction(%s) failed", sig->signame);
            return NGX_ERROR;
        }
    }

    return NGX_OK;
}
```

这样进程就可以处理信号了。如果用户希望 Nginx 处理更多的信号，那么可以直接向 signals 数组中添加新的 ngx_signal_t 成员。

14.6 信号量

信号量与信号不同，它不像信号那样用来传递消息，而是用来保证两个或多个代码段不被并发访问，是一种保证共享资源有序访问的工具。使用信号量作为互斥锁有可能导致进程睡眠，因此，要谨慎使用，特别是对于 Nginx 这种每一个进程同时处理着数以万计请求的服务器来说，这种导致睡眠的操作将有可能造成性能大幅降低。

信号量提供的用法非常多，但 Nginx 仅把它作为简单的互斥锁来使用，下面只会介绍这种用法。定义一个 sem_t 类型的变量后，即可围绕着它使用信号量。使用前，先要调用 sem_init 方法初始化信号量，如下所示。

```
int sem_init(sem_t *sem, int pshared, unsigned int value);
```

其中，参数 sem 即为我们定义的信号量，而参数 pshared 将指明 sem 信号量是用于进程间同步还是用于线程间同步，当 pshared 为 0 时表示线程间同步，而 pshared 为 1 时表示进程间同步。由于 Nginx 的每个进程都是单线程的，因此将参数 pshared 设为 1 即可。参数 value 表示信号量 sem 的初始值。下面看看在 ngx_shmtx_create 方法中是如何初始化信号量的。

```
ngx_int_t ngx_shmtx_create(ngx_shmtx_t *mtx, void *addr, u_char *name)
{
    …

#if (NGX_HAVE_POSIX_SEM)

    // 信号量 mtx->sem 初始化为 0，用于进程间通信
    if (sem_init(&mtx->sem, 1, 0) == -1) {
        ngx_log_error(NGX_LOG_ALERT, ngx_cycle->log, ngx_errno,
                      "sem_init() failed");
    } else {
        mtx->semaphore = 1;
    }

#endif

    return NGX_OK;
}
```

ngx_shmtx_t 结构体将会在 14.8 节中介绍。可以看到，在定义了 NGX_HAVE_POSIX_SEM 宏后，将开始使用信号量。另外，sem_destroy 方法可以销毁信号量。例如：

```
void ngx_shmtx_destory(ngx_shmtx_t *mtx)
{
#if (NGX_HAVE_POSIX_SEM)

    if (mtx->semaphore) {
        if (sem_destroy(&mtx->sem) == -1) {
            ngx_log_error(NGX_LOG_ALERT, ngx_cycle->log, ngx_errno, "sem_destroy()
failed");
        }
```

```
    }

#endif
}
```

信号量是如何实现互斥锁功能的呢？例如，最初的信号量 sem 值为 0，调用 sem_post 方法将会把 sem 值加 1，这个操作不会有任何阻塞；调用 sem_wait 方法将会把信号量 sem 的值减 1，如果 sem 值已经小于或等于 0 了，则阻塞住当前进程（进程会进入睡眠状态），直到其他进程将信号量 sem 的值改变为正数后，这时才能继续通过将 sem 减 1 而使得当前进程继续向下执行。因此，sem_post 方法可以实现解锁的功能，而 sem_wait 方法可以实现加锁的功能。

例如，ngx_shmtx_lock 方法在加锁时，有可能到使用 sem_wait 的分支去试图获得锁，如下所示。

```
void ngx_shmtx_lock(ngx_shmtx_t *mtx)
{
    …
            // 如果没有拿到锁，这时 Nginx 进程将会睡眠，直到其他进程释放了锁
            while (sem_wait(&mtx->sem) == -1) {
            }
    …
}
```

ngx_shmtx_lock 方法会在 14.8 节详细说明。ngx_shmtx_unlock 方法在释放锁时也会用到 sem_post 方法，如下所示。

```
void ngx_shmtx_unlock(ngx_shmtx_t *mtx)
{
    …
    // 释放信号量锁时是不会使进程睡眠的
    if (sem_post(&mtx->sem) == -1) {
        ngx_log_error(NGX_LOG_ALERT, ngx_cycle->log, ngx_errno,
                      "sem_post() failed while wake shmtx");
    }
    …
}
```

在 14.8 节中我们将会讨论 Nginx 是如何让原子变量和信号量合作以实现高效互斥锁的。

14.7　文件锁

Linux 内核提供了基于文件的互斥锁，而 Nginx 框架封装了 3 个方法，提供给 Nginx 模块使用文件互斥锁来保护共享数据。下面首先介绍一下这种基于文件的互斥锁是如何使用的，其实很简单，通过 fcntl 方法就可以实现。

```
int fcntl(int fd, int cmd, struct flock *lock);
```

这个方法接收 3 个参数，其中参数 fd 是打开的文件句柄，参数 cmd 表示执行的锁操作，

参数 lock 描述了这个锁的信息。下面依次说明这 3 个参数。

参数 fd 必须是已经成功打开的文件句柄。实际上，nginx.conf 文件中的 lock_file 配置项指定的文件路径，就是用于文件互斥锁的，这个文件被打开后得到的句柄，将会作为 fd 参数传递给 fcntl 方法，提供一种锁机制。

这里的 cmd 参数在 Nginx 中只会有两个值：F_SETLK 和 F_SETLKW，它们都表示试图获得互斥锁，但使用 F_SETLK 时如果互斥锁已经被其他进程占用，fcntl 方法不会等待其他进程释放锁且自己拿到锁后才返回，而是立即返回获取互斥锁失败；使用 F_SETLKW 时则不同，锁被占用后 fcntl 方法会一直等待，在其他进程没有释放锁时，当前进程就会阻塞在 fcntl 方法中，这种阻塞会导致当前进程由可执行状态转为睡眠状态。

参数 lock 的类型是 flock 结构体，它有 5 个成员是需要用户关心的，如下所示。

```
struct flock
{
     …
     // 锁类型，取值为 F_RDLCK、F_WRLCK 或 F_UNLCK
short l_type;

// 锁区域起始地址的相对位置
short l_whence;

// 锁区域起始地址偏移量，同 l_whence 共同确定锁区域
long l_start;

// 锁的长度，0 表示锁至文件末
long l_len;

// 拥有锁的进程 ID
long l_pid;
…
};
```

从 flock 结构体中可以看出，文件锁的功能绝不仅仅局限于普通的互斥锁，它还可以锁住文件中的部分内容。但 Nginx 封装的文件锁仅用于保护代码段的顺序执行（例如，在进行负载均衡时，使用互斥锁保证同一时刻仅有一个 worker 进程可以处理新的 TCP 连接），使用方式要简单得多：一个 lock_file 文件对应一个全局互斥锁，而且它对 master 进程或者 worker 进程都生效。因此，对于 l_start、l_len、l_pid，都填为 0，而 l_whence 则填为 SEEK_SET，只需要这个文件提供一个锁。l_type 的值则取决于用户是想实现阻塞睡眠锁还是想实现非阻塞不会睡眠的锁。

对于文件锁，Nginx 封装了 3 个方法：ngx_trylock_fd 实现了不会阻塞进程、不会使得进程进入睡眠状态的互斥锁；ngx_lock_fd 提供的互斥锁在锁已经被其他进程拿到时将会导致当前进程进入睡眠状态，直到顺利拿到这个锁后，当前进程才会被 Linux 内核重新调度，所以它是阻塞操作；ngx_unlock_fd 用于释放互斥锁。下面我们一一列举它们的源代码。

```
ngx_err_t ngx_trylock_fd(ngx_fd_t fd)
```

```
{
    struct flock  fl;

    //这个文件锁并不用于锁文件中的内容，填充为 0
    fl.l_start = 0;
    fl.l_len = 0;
    fl.l_pid = 0;

    //F_SETLK 意味着不会导致进程睡眠
    fl.l_type = F_WRLCK;
    fl.l_whence = SEEK_SET;

    //获取 fd 对应的互斥锁，如果返回 -1，则这时的 ngx_errno 将保存错误码
    if (fcntl(fd, F_SETLK, &fl) == -1) {
        return ngx_errno;
    }
    return 0;
}
```

使用 ngx_trylock_fd 方法获取互斥锁成功时会返回 0，否则返回的其实是 errno 错误码，而这个错误码为 NGX_EAGAIN 或者 NGX_EACCESS 时表示当前没有拿到互斥锁，否则可以认为 fcntl 执行错误。

ngx_lock_fd 方法将会阻塞进程的执行，使用时需要非常谨慎，它可能会导致 worker 进程宁可睡眠也不处理其他正常请求，如下所示。

```
ngx_err_t ngx_lock_fd(ngx_fd_t fd)
{
    struct flock  fl;

    fl.l_start = 0;
    fl.l_len = 0;
    fl.l_pid = 0;

    //F_SETLKW 会导致进程睡眠
    fl.l_type = F_WRLCK;
    fl.l_whence = SEEK_SET;

    //如果返回 -1，则表示 fcntl 执行错误。一旦返回 0，表示成功地拿到了锁
    if (fcntl(fd, F_SETLKW, &fl) == -1) {
        return ngx_errno;
    }

    return 0;
}
```

只要 ngx_lock_fd 方法返回 0，就表示成功地拿到了互斥锁，否则就是加锁操作出现错误。ngx_unlock_fd 方法用于释放当前进程已经拿到的互斥锁，如下所示。

```
ngx_err_t ngx_unlock_fd(ngx_fd_t fd)
{
    struct flock  fl;
```

```
    fl.l_start = 0;
    fl.l_len = 0;
    fl.l_pid = 0;

    // F_UNLCK 表示将要释放锁
    fl.l_type = F_UNLCK;
    fl.l_whence = SEEK_SET;

    // 返回 0 表示成功
    if (fcntl(fd, F_SETLK, &fl) == -1) {
        return  ngx_errno;
    }
    return 0;
}
```

当关闭 fd 句柄对应的文件时，当前进程将自动释放已经拿到的锁。

14.8 互斥锁

基于原子操作、信号量以及文件锁，Nginx 在更高层次封装了一个互斥锁，使用起来很方便，许多 Nginx 模块也是更多直接使用它。下面看一下表 14-1 中介绍的操作这个互斥锁的 5 种方法。

表 14-1 互斥锁的 5 种操作方法

方法名	参数	意义
ngx_shmtx_create	参数 mtx 表示待操作的 ngx_shmtx_t 类型互斥锁；当互斥锁由原子变量实现时，参数 addr 表示要操作的原子变量锁，而互斥锁由文件实现时，参数 addr 没有任何意义；参数 name 仅当互斥锁由文件实现时才有意义，它表示这个文件所在的路径及文件名	初始化 mtx 互斥锁
ngx_shmtx_destory	参数 mtx 表示待操作的 ngx_shmtx_t 类型互斥锁	销毁 mtx 互斥锁
ngx_shmtx_trylock	参数 mtx 表示待操作的 ngx_shmtx_t 类型互斥锁	无阻塞地试图获取互斥锁，返回 1 表示获取互斥锁成功，返回 0 表示获取互斥锁失败
ngx_shmtx_lock	参数 mtx 表示待操作的 ngx_shmtx_t 类型互斥锁	以阻塞进程的方式获取互斥锁，在方法返回时就已经持有互斥锁了
ngx_shmtx_unlock	参数 mtx 表示待操作的 ngx_shmtx_t 类型互斥锁	释放互斥锁

表 14-1 中的 5 种方法非常全面，获取互斥锁时既可以使用不会阻塞进程的 ngx_shmtx_trylock 方法，也可以使用 ngx_shmtx_lock 方法告诉 Nginx 必须持有互斥锁后才能继续向下执行代码。它们都通过操作 ngx_shmtx_t 类型的结构体来实现互斥操作，下面再来看一下 ngx_shmtx_t 中有哪些成员，如下所示。

```
typedef struct {
#if (NGX_HAVE_ATOMIC_OPS)
```

```
        //原子变量锁
        ngx_atomic_t  *lock;

    #if (NGX_HAVE_POSIX_SEM)
        //semaphore 为 1 时表示获取锁将可能使用到的信号量
        ngx_uint_t semaphore;

        //sem 就是信号量锁
        sem_t sem;
    #endif
    #else
        //使用文件锁时 fd 表示使用的文件句柄
        ngx_fd_t fd;

        //name 表示文件名
        u_char *name;
    #endif

        /* 自旋次数，表示在自旋状态下等待其他处理器执行结果中释放锁的时间。由文件锁实现时，spin 没
有任何意义 */
        ngx_uint_t spin;
    } ngx_shmtx_t;
```

注意　读者可能会觉得奇怪，既然 ngx_shmtx_t 结构体中的 spin 成员对于文件锁没有任何意义，为什么不放在 #if (NGX_HAVE_ATOMIC_OPS) 宏内呢？这是因为，对于使用 ngx_shmtx_t 互斥锁的代码来说，它们并不想知道互斥锁是由文件锁、原子变量或者信号量实现的。同时，spin 的值又具备非常多的含义（C 语言的编程风格导致可读性比面向对象语言差些），当仅用原子变量实现互斥锁时，spin 只表示自旋等待其他处理器的时间，达到 spin 值后就会“让出”当前处理器。如果 spin 为 0 或者负值，则不会存在调用 PAUSE 的机会，而是直接调用 sched_yield“让出”处理器。假设同时使用信号量，spin 会多一种含义，即当 spin 值为 (ngx_uint_t) –1 时，相当于告诉这个互斥锁绝不要使用信号量使得进程进入睡眠状态。这点很重要，实际上，在实现第 9 章提到的负载均衡锁时，spin 的值就是 (ngx_uint_t) –1。

可以看到，ngx_shmtx_t 结构体涉及两个宏：NGX_HAVE_ATOMIC_OPS、NGX_HAVE_POSIX_SEM，这两个宏对应着互斥锁的 3 种不同实现。

第 1 种实现，当不支持原子操作时，会使用文件锁来实现 ngx_shmtx_t 互斥锁，这时它仅有 fd 和 name 成员（实际上还有 spin 成员，但这时没有任何意义）。这两个成员使用 14.7 节介绍的文件锁来提供阻塞、非阻塞的互斥锁。

第 2 种实现，支持原子操作却又不支持信号量。

第 3 种实现，在支持原子操作的同时，操作系统也支持信号量。

后两种实现的唯一区别是 ngx_shmtx_lock 方法执行时的效果，也就是说，支持信号量只会影响阻塞进程的 ngx_shmtx_lock 方法持有锁的方式。当不支持信号量时，ngx_shmtx_lock

取锁与 14.3.3 节中介绍的自旋锁是一致的，而支持信号量后，ngx_shmtx_lock 将在 spin 指定的一段时间内自旋等待其他处理器释放锁，如果达到 spin 上限还没有获取到锁，那么将会使用 sem_wait 使得当前进程进入睡眠状态，等其他进程释放了锁内核后才会唤醒这个进程。当然，在实际实现过程中，Nginx 做了非常巧妙的设计，它使得 ngx_shmtx_lock 方法在运行一段时间后，如果其他进程始终不放弃锁，那么当前进程将有可能强制性地获得到这把锁，这也是出于 Nginx 不宜使用阻塞进程的睡眠锁方面的考虑。

14.8.1 文件锁实现的 ngx_shmtx_t 锁

本节介绍如何通过文件锁实现表 14-1 中的 5 种方法（也就是 Nginx 对 fcntl 系统调用封装过的 ngx_trylock_fd、ngx_lock_fd 和 ngx_unlock_fd 方法实现的锁）。

ngx_shmtx_create 方法用来初始化 ngx_shmtx_t 互斥锁，ngx_shmtx_t 结构体要在调用 ngx_shmtx_create 方法前先行创建。下面看一下该方法的源代码。

```
ngx_int_t ngx_shmtx_create(ngx_shmtx_t *mtx, void *addr, u_char *name)
{
    // 不用在调用 ngx_shmtx_create 方法前先行赋值给 ngx_shmtx_t 结构体中的成员
    if (mtx->name) {

        /* 如果 ngx_shmtx_t 中的 name 成员有值，那么如果与 name 参数相同，意味着 mtx 互斥锁已经
初始化过了；否则，需要先销毁 mtx 中的互斥锁再重新分配 mtx*/
        if (ngx_strcmp(name, mtx->name) == 0) {

            // 如果 name 参数与 ngx_shmtx_t 中的 name 成员相同，则表示已经初始化了
            mtx->name = name;

            // 既然曾经初始化过，证明 fd 句柄已经打开过，直接返回成功即可
            return NGX_OK;
        }

        /* 如果 ngx_shmtx_t 中的 name 与参数 name 不一致，说明这一次使用了一个新的文件作为文件
锁，那么先调用 ngx_shmtx_destory 方法销毁原文件锁 */
        ngx_shmtx_destory(mtx);
    }

    // 按照 name 指定的路径创建并打开这个文件
    mtx->fd = ngx_open_file(name, NGX_FILE_RDWR, NGX_FILE_CREATE_OR_OPEN, NGX_
FILE_DEFAULT_ACCESS);

    if (mtx->fd == NGX_INVALID_FILE) {
        // 一旦文件因为各种原因（如权限不够）无法打开，通常会出现无法运行错误
        return NGX_ERROR;
    }

    /* 由于只需要这个文件在内核中的 INODE 信息，所以可以把文件删除，只要 fd 可用就行 */
    if (ngx_delete_file(name) == NGX_FILE_ERROR) {
    }

    mtx->name = name;
```

```
    return NGX_OK;
}
```

ngx_shmtx_create 方法需要确保 ngx_shmtx_t 结构体中的 fd 是可用的，它的成功执行是使用互斥锁的先决条件。

ngx_shmtx_destory 方法用于关闭在 ngx_shmtx_create 方法中已经打开的 fd 句柄，如下所示。

```
void ngx_shmtx_destory(ngx_shmtx_t *mtx)
{
    // 关闭 ngx_shmtx_t 结构体中的 fd 句柄
    if (ngx_close_file(mtx->fd) == NGX_FILE_ERROR) {
        ngx_log_error(NGX_LOG_ALERT, ngx_cycle->log, ngx_errno,
                      ngx_close_file_n " \"%s\" failed", mtx->name);
    }
}
```

ngx_shmtx_trylock 方法试图使用非阻塞的方式获得锁，返回 1 时表示获取锁成功，返回 0 表示获取锁失败。

```
ngx_uint_t ngx_shmtx_trylock(ngx_shmtx_t *mtx)
{
    ngx_err_t  err;

    // 由 14.7 节介绍过的 ngx_trylock_fd 方法实现非阻塞互斥锁的获取
    err = ngx_trylock_fd(mtx->fd);

    if (err == 0) {
        return 1;
    }

    // 如果 err 错误码是 NGX_EAGAIN，则表示现在锁已经被其他进程持有了
    if (err == NGX_EAGAIN) {
        return 0;
    }

    ngx_log_abort(err, ngx_trylock_fd_n " %s failed", mtx->name);

    return 0;
}
```

ngx_shmtx_lock 方法将会在获取锁失败时阻塞代码的继续执行，它会使当前进程处于睡眠状态，等待其他进程释放锁后内核唤醒它。可见，它是通过 14.7 节介绍的 ngx_lock_fd 方法实现的，如下所示。

```
void ngx_shmtx_lock(ngx_shmtx_t *mtx)
{
    ngx_err_t  err;

    // ngx_lock_fd 方法返回 0 时表示成功地持有锁，返回 -1 时表示出现错误
    err = ngx_lock_fd(mtx->fd);
```

```
    if (err == 0) {
        return;
    }

    ngx_log_abort(err, ngx_lock_fd_n " %s failed", mtx->name);
}
```

ngx_shmtx_lock 方法没有返回值，因为它一旦返回就相当于获取到互斥锁了，这会使得代码继续向下执行。

ngx_shmtx_unlock 方法通过调用 ngx_unlock_fd 方法来释放文件锁，如下所示。

```
void ngx_shmtx_unlock(ngx_shmtx_t *mtx)
{
    ngx_err_t  err;

    //返回 0 即表示释放锁成功
    err = ngx_unlock_fd(mtx->fd);

    if (err == 0) {
        return;
    }

    ngx_log_abort(err, ngx_unlock_fd_n " %s failed", mtx->name);
}
```

可以看到，ngx_shmtx_t 互斥锁在使用文件锁实现时是非常简单的，它只是简单地封装了 14.7 节介绍的文件锁。

14.8.2 原子变量实现的 ngx_shmtx_t 锁

当 Nginx 判断当前操作系统支持原子变量时，将会优先使用原子变量实现表 14-1 中的 5 种方法（即原子变量锁的优先级高于文件锁）。不过，同时还需要判断其是否支持信号量，因为支持信号量后进程有可能进入睡眠状态。下面介绍一下如何使用原子变量和信号量来实现 ngx_shmtx_t 互斥锁，注意，它比文件锁的实现要复杂许多。

ngx_shmtx_t 结构中的 lock 原子变量表示当前锁的状态。为了便于理解，我们还是用接近自然语言的方式来说明这个锁，当 lock 值为 0 或者正数时表示没有进程持有锁；当 lock 值为负数时表示有进程正持有锁（这里的正、负数仅相对于 32 位系统下有符号的整型变量）。Nginx 是怎样快速判断 lock 值为“正数”或者“负数”的呢？很简单，因为有符号整型的最高位是用于表示符号的，其中 0 表示正数，1 表示负数，所以，在确定整型 val 是负数或者正数时，可通过判断 (val & 0x80000000) == 0 语句的真假进行。

下面看一下初始化 ngx_shmtx_t 互斥锁的 ngx_shmtx_create 方法究竟做了些什么事情。

```
ngx_int_t ngx_shmtx_create(ngx_shmtx_t *mtx, void *addr, u_char *name)
{
    mtx->lock = addr;

    //注意，当 spin 值为 -1 时，表示不能使用信号量，这时直接返回成功
```

```
    if (mtx->spin == (ngx_uint_t) -1) {
        return NGX_OK;
    }

    // spin 值默认为 2048
    mtx->spin = 2048;

//同时使用信号量
#if (NGX_HAVE_POSIX_SEM)

    //以多进程使用的方式初始化 sem 信号量，sem 初始值为 0
    if (sem_init(&mtx->sem, 1, 0) == -1) {
        ngx_log_error(NGX_LOG_ALERT, ngx_cycle->log, ngx_errno,
                      "sem_init() failed");
    } else {
        //在信号量初始化成功后，设置 semaphore 标志位为 1
        mtx->semaphore = 1;
    }

#endif

    return NGX_OK;
}
```

spin 和 semaphore 成员都将决定 ngx_shmtx_lock 阻塞锁的行为。

ngx_shmtx_destory 方法的唯一目的就是释放信号量，如下所示。

```
void ngx_shmtx_destory(ngx_shmtx_t *mtx)
{
//支持信号量时才有代码需要执行
#if (NGX_HAVE_POSIX_SEM)

    /* 当这把锁的 spin 值不为 (ngx_uint_t) -1 时，且初始化信号量成功，semaphore 标志位才为 1*/
    if (mtx->semaphore) {

        //销毁信号量
        if (sem_destroy(&mtx->sem) == -1) {
            ngx_log_error(NGX_LOG_ALERT, ngx_cycle->log, ngx_errno, "sem_destroy()
failed");
        }
    }

#endif
}
```

以非阻塞方式获取锁的 ngx_shmtx_trylock 方法较为简单，可直接判断 lock 原子变量的值，当它为非负数时，直接将其置为负数即表示持有锁成功。怎样把 0 或者正数置为负数呢？很简单，使用语句 val | 0x80000000 即可把非负数的 val 变为负数，这种方法效率最高，即直接修改 val 的最高符号标志位为 1。

```
ngx_uint_t ngx_shmtx_trylock(ngx_shmtx_t *mtx)
```

```
{
    ngx_atomic_uint_t  val;

    //取出 lock 锁的值，通过判断它是否为非负数来确定锁状态
    val = *mtx->lock;

    /* 如果 val 为 0 或者正数，则说明没有进程持有锁，这时调用 ngx_atomic_cmp_set 方法将 lock 锁
改为负数，表示当前进程持有了互斥锁 */
    return ((val & 0x80000000) == 0 &&
        ngx_atomic_cmp_set(mtx->lock, val, val | 0x80000000));
}
```

> **注意** (val & 0x80000000) == 0 是一行语句，而 ngx_atomic_cmp_set(mtx->lock, val, val | 0x80000000) 又是一行语句，多进程的 Nginx 服务将有可能出现虽然第 1 行语句执行成功（表示锁未被任何进程持有），但在执行第 2 行语句前，又有一个进程拿到了锁，这时第 2 行语句将会执行失败。这正是 ngx_atomic_cmp_set 方法自身先判断 lock 值是否为非负数 val 的原因，只有 lock 值为非负数 val，它才会确定将 lock 值赋为负数 val | 0x80000000 并返回 1，否则返回 0（详见 14.3.2 节）。

阻塞式获取互斥锁的 ngx_shmtx_lock 方法较为复杂，在不支持信号量时它与 14.3.3 节介绍的自旋锁几乎完全相同，但在支持了信号量后，它将有可能使进程进入睡眠状态。下面我们分析一下它的操作步骤。

```
void ngx_shmtx_lock(ngx_shmtx_t *mtx)
{
    ngx_uint_t i, n;
    ngx_atomic_uint_t val;

    //没有拿到锁之前是不会跳出循环的
    for ( ;; ) {

        /*lock 值是当前的锁状态。注意，lock 一般是在共享内存中的，它可能会时刻变化，而 val 是
当前进程的栈中变量，下面代码的执行中它可能与 lock 值不一致 */
        val = *mtx->lock;

        /* 如果 val 为非负数，则说明锁未被持有。下面试图通过修改 lock 值为负数来持有锁 */
        if ((val & 0x80000000) == 0
    && ngx_atomic_cmp_set(mtx->lock, val, val | 0x80000000))
        {
            /* 在成功地将 lock 值由原先的 val 改为非负数后，表示成功地持有了锁，ngx_shmtx_
lock 方法结束 */
            return;
        }
        //仅在多处理器状态下 spin 值才有意义，否则 PAUSE 指令是不会执行的
        if (ngx_ncpu > 1) {

            //循环执行 PAUSE，检查锁是否已经释放
```

```
            for (n = 1; n < mtx->spin; n <<= 1) {

                // 随着长时间没有获得到锁，将会执行更多次 PAUSE 才会检查锁
                for (i = 0; i < n; i++) {
                    // 对于多处理器系统，执行 ngx_cpu_pause 可以降低功耗
                    ngx_cpu_pause();
                }

                // 再次由共享内存中获得 lock 原子变量的值
                val = *mtx->lock;

                /* 检查 lock 是否已经为非负数，即锁是否已经被释放，如果锁已经释放，那么会通过
将 lock 原子变量值设置为负数来表示当前进程持有了锁 */
                if ((val & 0x80000000) == 0
        && ngx_atomic_cmp_set(mtx->lock, val, val | 0x80000000))
                {
                    // 持有锁成功后立刻返回
                    return;
                }
            }
        }

    // 支持信号量时才继续执行
    #if (NGX_HAVE_POSIX_SEM)
        // semaphore 标志位为 1 才使用信号量
        if (mtx->semaphore) {
            // 重新获取一次可能在共享内存中的 lock 原子变量
            val = *mtx->lock;

            // 如果 lock 值为负数，则 lock 值加上 1
            if ((val & 0x80000000)
                && ngx_atomic_cmp_set(mtx->lock, val, val + 1))
            {
                 /* 检查信号量 sem 的值，如果 sem 值为正数，则 sem 值减 1，表示拿到了信号量互斥锁，
同时 sem_wait 方法返回 0。如果 sem 值为 0 或者负数，则当前进程进入睡眠状态，等待其他进程使用 ngx_
shmtx_unlock 方法释放锁（等待 sem 信号量变为正数），到时 Linux 内核会重新调度当前进程，继续检查 sem
值是否为正，重复以上流程 */
                while (sem_wait(&mtx->sem) == -1) {
                    ngx_err_t  err;

                    err = ngx_errno;

                    // 当 EINTR 信号出现时，表示 sem_wait 只是被打断，并不是出错
                    if (err != NGX_EINTR) {
                        break;
                    }
                }
            }

            // 循环检查 lock 锁的值，注意，当使用信号量后不会调用 sched_yield
            continue;
        }

    #endif
```

```
            //在不使用信号量时，调用 sched_yield 将会使当前进程暂时“让出”处理器
            ngx_sched_yield();
        }
    }
```

可以看到，在不使用信号量时（例如，NGX_HAVE_POSIX_SEM 宏没打开，或者 spin 的值为 (ngx_uint_t) –1），ngx_shmtx_lock 方法与 ngx_spinlock 方法非常相似，而在使用信号量后将会使用可能让进程进入睡眠的 sem_wait 方法代替“让出”处理器的 ngx_sched_yield 方法。这里不建议在 Nginx worker 进程中使用带信号量的 ngx_shmtx_lock 取锁方法。

ngx_shmtx_unlock 方法会释放锁，虽然这个释放过程不会阻塞进程，但设置原子变量 lock 值时是可能失败的，因为多进程在同时修改 lock 值，而 ngx_atomic_cmp_set 方法要求参数 old 的值与 lock 值相同时才能修改成功，因此，ngx_atomic_cmp_set 方法会在循环中反复执行，直到返回成功为止。该方法的实现如下所示：

```
void ngx_shmtx_unlock(ngx_shmtx_t *mtx)
{
    ngx_atomic_uint_t  val, old, wait;

    //试图循环重置 lock 值为正数，此时务必将互斥锁释放
    for ( ;; ) {
        //由共享内存中的 lock 原子变量取出锁状态
        old = *mtx->lock;
        //通过把最高位置为 0，将 lock 变为正数
        wait = old & 0x7fffffff;
        //如果变为正数的 lock 不是 0，则减去 1
        val = wait ? wait - 1 : 0;

        //将 lock 锁的值设为非负数 val
        if (ngx_atomic_cmp_set(mtx->lock, old, val)) {
            //设置锁成功后才能跳出循环，否则将持续地试图修改 lock 值为非负数
            break;
        }
    }

#if (NGX_HAVE_POSIX_SEM)

    /* 如果 lock 锁原先的值为 0，也就是说，并没有让某个进程持有锁，这时直接返回；或者，semaphore
标志位为 0，表示不需要使用信号量，也立即返回 */
    if (wait == 0 || !mtx->semaphore) {
        return;
    }

    /* 通过 sem_post 将信号量 sem 加 1，表示当前进程释放了信号量互斥锁，通知其他进程的 sem_wait
继续执行 */
    if (sem_post(&mtx->sem) == -1) {
        ngx_log_error(NGX_LOG_ALERT, ngx_cycle->log, ngx_errno,
                      "sem_post() failed while wake shmtx");
    }

#endif
}
```

由于原子变量实现的这 5 种互斥锁方法是 Nginx 中使用最广泛的同步方式，当需要 Nginx 支持数以万计的并发 TCP 请求时，通常都会把 spin 值设为 (ngx_uint_t) –1。这时的互斥锁在取锁时都会采用自旋锁，对于 Nginx 这种单进程处理大量请求的场景来说是非常适合的，能够大量降低不必要的进程间切换带来的消耗。

14.9　小结

Nginx 是一个能够并发处理几十万甚至几百万个 TCP 连接的高性能服务器，因此，在进行进程间通信时，必须充分考虑到不能过分影响正常请求的处理。例如，使用 14.4 节介绍的套接字通信时，套接字都被设为了无阻塞模式，防止执行时阻塞了进程导致其他请求得不到处理，又如，Nginx 封装的锁都不会直接使用信号量，因为一旦获取信号量互斥锁失败，进程就会进入睡眠状态，这会导致其他请求"饿死"。

当用户开发复杂的 Nginx 模块时，可能会涉及不同的 worker 进程间通信，这时可以从本章介绍的进程间通信方式上进行选择，从使用上说，ngx_shmtx_t 互斥锁和共享内存应当是第三方 Nginx 模块最常用的进程间通信方式了，ngx_shmtx_t 互斥锁在实现中充分考虑了是否引发睡眠的问题，用户在使用时需要明确地判断出是否会引发进程睡眠。当然，如果不使用 Nginx 封装过的进程间通信方式，则需要注意跨平台，以及是否会阻塞进程的运行等问题。

Chapter 15 第15章

变　　量

Nginx有许多功能体现在nginx.conf这个脚本式的配置文件里，这些配置项的格式五花八门、风格各异，原因是它们都由各Nginx模块自定义，并没有什么统一的标准，这在第4章已经提及。然而，我们可以看到许多广为流传的配置项，它们都支持在一行配置中，加入诸如$符号紧跟字符串的方式，试图表达实时请求中某些共性参数，就像编程语言中的变量与值，这使得Nginx的使用成本、学习成本大幅降低，Nginx用户仅在nginx.conf中做些修改就可以拥有更复杂的功能了。

例如在指定access.log请求访问日志格式的时候，ngx_http_log_module模块就允许Nginx管理员非常灵活地定义日志格式，以方便诸如awstats等第三方统计工具能够依据个性化的日志为站长们分析出有意义的结果来，例如：

```
log_format main '$remote_addr $remote_user '
' [$time_local] "$request" $status '
        '$host $body_bytes_sent $gzip_ratio "$http_referer" '
        '"$http_user_agent" "$http_x_forwarded_for"';

access_log  logs/access.log  main;
```

又比如，在限制用户的请求访问速度时，怎样判断不同的TCP连接是来自于同一用户的请求呢？有些场景是依据TCP连接的对端IP，但如果客户端是通过代理服务器访问则又不可靠。还有些场景会依据http头部的cookie，甚至更小众的需求可以依据URI或者URL参数。ngx_http_limit_req_module模块提供这样复杂的功能以满足广泛的场景，所依据的也是在nginx.conf配置文件中提供$这样的配置项以描述请求，比如可以依据对端IP进行限速：

```
limit_req_zone $binary_remote_addr zone=one:10m rate=1r/s;
```

在这两个例子中，其实都是在模块中使用 Nginx 定义的内部变量，像 $remote_addr 这样的参数。这些内部变量在 Nginx 官方代码中定义，目前是在 ngx_http_variables.c 文件的 ngx_http_core_variables 数组中定义的。在本章中，我们首先学习如何在自己的模块中使用已有的常用内部变量，使模块具备类似 access_log 或者 limit_req 模块在 nginx.conf 文件中配置内部变量的功能。

除了要能够使用已有变量外，我们还需要具备定义新的内部变量的能力，使其他 Nginx 模块也能够使用我们定义的新变量。这些新变量与现有的内部变量是一致的，也是在使用到的时候开始解析、缓存。

官方的 ngx_http_rewrite_module 模块还提供了配置文件脚本式语法的执行，允许在配置文件里直接定义全新的变量，由于它不在代码中而是在 nginx.conf 中定义，所以称其为外部变量，例如：

```
set $parameter1 "abcd";
set $memcached_key "$uri?$args";
```

本章将先以一个简洁的例子描述使用变量的基本开发方法，再通过说明 Nginx 对变量的实现原理使读者更透彻地理解这种开发方式，进而再扩展这个例子，帮助读者更灵活地掌握变量的使用。最后，则会以一个简单的外部变量配置为例，介绍脚本引擎是怎样编译、执行脚本指令的。

15.1 使用内部变量开发模块

使用 Nginx 预定义的内部变量的方法非常简单，将你需要使用的变量名作为参数传入（例如在解析配置文件的时候），调用 ngx_http_get_variable_index 方法，获取到这个变量名对应的索引值，如下：

```
ngx_int_t
ngx_http_get_variable_index(ngx_conf_t *cf, ngx_str_t *name);
```

字符串 ngx_str_t 类型的 name 就是变量名，这个变量名必须是某个 Nginx 模块定义过的，返回值就是这个变量的索引值。关于变量的索引在 15.2 节再详细说明，通常来说，使用索引值而不是变量字符串来获取变量值是个好主意，它会加快 Nginx 的执行速度。事实上，Nginx 提供了两种方式来找出要使用的内部变量，一种是索引过的变量，可直接由数组下标找到元素；另一种是添加到散列表的变量，需要将字符串变量名由散列方法算出散列值，再从散列表中找出元素，遇到元素冲突时需要遍历开散列表的槽位链表（参见第 7 章）。可见，哪个更快是一目了然的，当然，索引变量要比散列变量占用多一点的内存。

保存这个索引值（例如在你的配置结构体中）。处理请求时，则使用这个索引值，调用 ngx_http_get_indexed_variable 方法获取到变量的值，如下：

```
ngx_http_variable_value_t *
```

```
ngx_http_get_indexed_variable(ngx_http_request_t *r, ngx_uint_t index)
```

index 参数就是 ngx_http_get_variable_index 方法获得的变量索引，而 r 参数当然就是请求了，每一个变量的值都随着请求的不同而变化。方法的返回值就是变量值，当然返回 NULL 即没有解析出变量。

最基本的使用变量方法就是如此简单，我们先不探究更灵活的使用方式和数据成员的详细意义，先以一个可运行的例子来给不熟悉的读者朋友一个直观的认识。

在配置文件中使用变量可以提高模块功能的灵活性，也是 Nginx 模块的常用手法。就如第 4 章所述，nginx.conf 中的配置项格式如何设计完全是模块的自由，即使把配置项设计得无比另类也不影响我们使用内部变量。然而，符合惯例的设计会降低使用、维护成本，因此，最好还是在配置文件中使用变量时在变量名前加上“$”符号。本节的这个例子将实现以下功能：在配置文件中指定某些 location 下的请求来临时，必须根据配置项 myallow 指定的变量及其判定值来决定请求是否被允许。比如，如果在 nginx.conf 中加入下面这段配置，这个模块就会通过 myallow 选项决定某些请求必须具备 testHeader:xxx 这样的 http 头部才能放行，有些请求则必须来自于 IP 10.69.50.199 才能放行，只要是 Nginx 定义的内部变量都可以放在 myallow 中。

```
location /test1 {
        myallow $http_testHeader xxx;
        root   /www/test1;
}

location /test2 {
        root /www/test2;
}

location / {
        root   /www;
        myallow $remote_addr 10.69.50.199;
}
```

当 location 内的请求到达时，myallow 配置将会在 NGX_HTTP_ACCESS_PHASE 阶段产生作用，当具备相应的如 $varaible 内部变量，且其值为 myallow 的第 2 个参数时，这个请求才能继续进行，否则返回 403 错误码。

笔者构造这个例子虽然试图简单到只使用 http 内部变量，却仍然使用到了第 4 章的配置项解析、第 11 章的 HTTP 访问控制阶段，读者阅读时若有疑问可翻阅这两章回顾。

15.1.1 定义模块

这次把模块名取为 ngx_http_testvariable_module，通过 config 配置文件把模块编译进 Nginx 的方法参见第 3 章，这一小节仅定义表示模块的数据结构，如下：

```
ngx_module_t  ngx_http_testvariable_module =
{
```

```
    NGX_MODULE_V1,
    &ngx_http_testvariable_module_ctx,
    ngx_http_testvariable_commands,
    NGX_HTTP_MODULE,                        /* module type */
    NULL,                                   /* init master */
    NULL,                                   /* init module */
    NULL,                                   /* init process */
    NULL,                                   /* init thread */
    NULL,                                   /* exit thread */
    NULL,                                   /* exit process */
    NULL,                                   /* exit master */
    NGX_MODULE_V1_PADDING
};
```

这个模块是一个普通http模块，所以不需要在通用的master、worker进程启动过程中引入回调方法，而是在ngx_http_testvariable_module_ctx中决定了在http{}配置解析时的调用方式，15.1.2节会描述这一结构体的定义。ngx_http_testvariable_commands描述了模块如何解析配置项，在15.1.3节会详细描述。

15.1.2 定义http模块加载方式

ngx_http_testvariable_module_ctx的定义如下：

```
static ngx_http_module_t  ngx_http_testvariable_module_ctx =
{
    //不需要在解析配置项前做些什么。如果需要添加新变量，则必须在这个回调方法中实现
    NULL,                               /* preconfiguration */
    //解析配置完毕后会回调ngx_http_mytest_init
    ngx_http_mytest_init,               /* postconfiguration */

    //myallow配置不能存在于http{}和server{}配置下，所以通常下面这4个回调方法不用实现
    NULL,                 /* create main configuration */
    NULL,                 /* init main configuration */
    NULL,                 /* create server configuration */
    NULL,                 /* merge server configuration */

    //生成存放location下myallow配置的结构体
    ngx_http_mytest_create_loc_conf,    /* create location configuration */
    //因为不存在合并不同级别下冲突的配置项的需求，所以不需要merge方法
    NULL                                /* merge location configuration */
};
```

这个定义表明，http配置项解析完毕后需要调用ngx_http_mytest_init方法，因为在这个方法中，我们将会把ngx_http_testvariable_module模块加入到请求的处理流程中；而ngx_http_mytest_create_loc_conf回调方法负责生成存储配置的ngx_myallow_loc_conf_t结构体：

```
typedef struct {
    //变量variable的索引值
    int variable_index;
    //myallow配置后第1个参数，表示待处理变量名
```

```
    ngx_str_t variable;
    //myallow 配置后第 2 个参数，表示变量值必须为 equalvalue 才能放行请求
    ngx_str_t equalvalue;
} ngx_myallow_loc_conf_t;
```

ngx_http_mytest_create_loc_conf 方法只是负责在每个 location 下生成 ngx_myallow_loc_conf_t 结构体，所以一如既往的简单：

```
static void *
ngx_http_mytest_create_loc_conf(ngx_conf_t *cf)
{
    ngx_myallow_loc_conf_t  *conf;

    conf = ngx_pcalloc(cf->pool, sizeof(ngx_myallow_loc_conf_t));
    if (conf == NULL) {
        return NULL;
    }

    //没有出现 myallow 配置时 variable_index 成员为 -1
    conf->variable_index = -1;

    return conf;
}
```

ngx_http_mytest_init 方法用来把处理请求的方法 ngx_http_mytest_handler 加入到 Nginx 的 11 个 HTTP 处理阶段中，由于我们是需要控制请求的访问权限，因此会把它加入到 NGX_HTTP_ACCESS_PHASE 阶段中，如下：

```
static ngx_int_t
ngx_http_mytest_init(ngx_conf_t *cf)
{
    ngx_http_handler_pt        *h;
    ngx_http_core_main_conf_t  *cmcf;

    //取出全局唯一的核心结构体 ngx_http_core_main_conf_t
    cmcf = ngx_http_conf_get_module_main_conf(cf, ngx_http_core_module);

    //在 cmcf->phases[NGX_HTTP_ACCESS_PHASE] 阶段添加处理方法
    h = ngx_array_push(&cmcf->phases[NGX_HTTP_ACCESS_PHASE].handlers);
    if (h == NULL) {
        return NGX_ERROR;
    }

    //处理请求的方法是本模块的 ngx_http_mytest_handler 方法
    *h = ngx_http_mytest_handler;

    return NGX_OK;
}
```

15.1.3 解析配置中的变量

解析配置项的 ngx_http_testvariable_commands 数组定义如下：

```
static ngx_command_t  ngx_http_testvariable_commands[] =
{
    {
        ngx_string("myallow"),
        // 配置项只能存在于 location 内，且只能有 2 个参数
        NGX_HTTP_LOC_CONF | NGX_CONF_TAKE2,
        ngx_http_myallow,
        NGX_HTTP_LOC_CONF_OFFSET,
        0,
        NULL
    },

    ngx_null_command
};
```

解析 myallow 配置项时完全没有使用预置的解析方法，全靠新定义的 ngx_http_myallow 方法。由于我们把配置项定义为：

```
myallow $remote_addr 10.69.50.199;
```

所以，解析时第 1 个参数需要确认第 1 个字符必须是以“ $”符号开始，之后的字符串必须是一个已经定义的变量，第 2 个参数则做普通字符串处理，如下：

```
static char *
ngx_http_myallow(ngx_conf_t * cf, ngx_command_t * cmd, void * conf)
{
ngx_str_t     *value;
ngx_myallow_loc_conf_t *macf = conf;

value = cf->args->elts;
// myallow 只会有 2 个参数，加上其自身，cf->args 应有 3 个成员
if (cf->args->nelts != 3) {
    return NGX_CONF_ERROR;
}
// 第 1 个参数必须是 $ 打头的字符串
if (value[1].data[0] == '$') {
    // 去除第 1 个 $ 字符后，value[1] 就是变量名
    value[1].len--;
    value[1].data++;

    // 获取变量名在 Nginx 中的索引值，加速访问
    macf->variable_index = ngx_http_get_variable_index(cf, &value[1]);
    if (macf->variable_index == NGX_ERROR) {
        return NGX_CONF_ERROR;
    }
    macf->variable = value[1];
} else {
    return NGX_CONF_ERROR;
}
// 保存 myallow 的第 2 个参数
macf->equalvalue= value[2];

return NGX_CONF_OK;
}
```

这样，每个 location 下都有的 ngx_myallow_loc_conf_t 结构体就存放了可能存在的这两个参数，留待处理请求时使用。

15.1.4 处理请求

ngx_http_mytest_init 方法已经决定 http 请求到达 Nginx 后，将会在 NGX_HTTP_ACCESS_PHASE 阶段按照模块顺序调用到这个自定义的 ngx_http_mytest_handler 方法。在这个方法中，我们首先需要取出请求选用的 location 下的 ngx_myallow_loc_conf_t 结构体，它表明了 location 下是否具有 myallow 配置项——这由 variable_index 是否为 -1 决定。接着，调用 ngx_http_get_indexed_variable 方法取出做了索引的变量，再比较变量的值是否与 equalvalue 字符串完全相同，若相同则权限判断阶段通过，否则返回 403 拒绝请求。方法实现如下：

```
static ngx_int_t ngx_http_mytest_handler(ngx_http_request_t *r)
{
    ngx_myallow_loc_conf_t  *conf;
    ngx_http_variable_value_t   *vv;

    // 先取到当前 location 下本模块的配置项存储结构体
    conf = ngx_http_get_module_loc_conf(r, ngx_http_testvariable_module);
    if (conf == NULL) {
        return NGX_ERROR;
    }

    // 如果 location 下没有 myallow 配置项，放行请求
    if (conf->variable_index == -1) {
        return NGX_DECLINED;
    }

    // 根据索引过的 variable_index 下标，快速取得变量值 vv
    vv = ngx_http_get_indexed_variable(r, conf->variable_index);
    if (vv == NULL || vv->not_found) {
        return NGX_HTTP_FORBIDDEN;
    }

    // 比较变量值是否与 conf->equalvalue 相同，完全相同才会放行请求
    if (vv->len == conf->equalvalue.len &&
    0 == ngx_strncmp(conf->equalvalue.data,vv->data,vv->len)) {
        return NGX_DECLINED;
    }

    // 否则，返回 403 拒绝请求继续向下执行
    return NGX_HTTP_FORBIDDEN;
}
```

如此，这个简单的模块就开发完成了。这个例子很简单，仅用于快速上手，使用变量的更多功能前我们必须先理清变量工作的原理。

15.2 内部变量工作原理

理解内部变量的设计要从其应用场景入手。顾名思义，“内部”变量是在Nginx的代码内部定义的，也就是说，它是由Nginx模块在C代码中定义的。读者对C语言应该是比较熟悉的，变量通常有“声明”、“定义”、“赋值”、“使用”这4个阶段，而上面所说的定义，实际上更像是C语言里的声明，为什么呢？因为现在只是说明有这么一个变量，而没有实际分配用于存储变量值的内存。什么时候分配存储变量值的内存空间呢？只有对变量赋值的时候！这有两个原因，一是变量值的大小是不确定的，提前分配会导致内存浪费或者不必要的内存拷贝；二是一个变量可能在很多场景的请求中是得不到使用的，提前分配是不必要的。接着，Nginx框架会从性能的角度考虑，将所有内部变量生成散列表，同时也允许各个模块将它们各自需要的变量索引到一个数组中，加快访问速度。

在请求到来时，Nginx对变量的赋值通常是采取“用时赋值”的策略，也就是说，只有当某个模块试图取变量的值时才会对变量进行赋值，而不是接收了完整的HTTP头部后就开始解析变量。当然，后者这种提前赋值更符合直观理解，但是绝大部分变量就是这么设计的，为什么呢？因为Nginx是一个极度追求性能、应用场景单一的平台，它主要用于Web前端，许多Nginx模块各自负责着不同的请求，因此，对于每个请求都去解析一遍所有的变量，这个代价就有些大了，反而是对于一个请求而言，首次使用一个变量时才去解析、给它赋值、缓存变量值，之后就直接取缓存值，这种方式性能高得多，有点像Linux进程fork时的“copy on write”，原因都是一个请求多半只使用全部变量的一小部分。

使用变量时，Nginx提供了两种方式找到变量：一是根据索引值直接找到数组里的相应变量；二是根据变量名字符串hash出的散列值，依据散列表找到相应的变量。没有第3种方式，因此，如果我们定义了一个变量，但设定为不能hash进入散列表，同时，使用该变量的模块又没有把它加入索引数组，那么这个变量是无法使用的。

15.2.1 何时定义变量

开发Nginx模块时，什么时候、在哪个回调方法里定义变量呢？这当然不是随意的，因为变量的赋值等许多工作都是由Nginx框架来做的，所以Nginx的HTTP框架要求：所有的HTTP模块都必须在ngx_http_module_t结构体中的preconfiguration回调方法中定义新的变量。为什么要在这里定义变量呢？我们回顾第10章HTTP框架的初始化流程，图10-10为了使主流程更清晰忽略了变量的处理，我们从图10-10中第3步创建配置结构体开始，给出变量的初始化流程图，如图15-1所示。

简单解释图15-1里各个步骤与变量间的关系：

1）调用各HTTP模块的create_(main/src/loc)_conf方法，用于第3步解析配置项时存放配置参数。也得有个地方存放配置文件中的变量名或者索引！

2）按照所有HTTP模块的顺序，调用它们的preconfiguration方法（如果实现的话）。要想定义变量，这是唯一的机会。

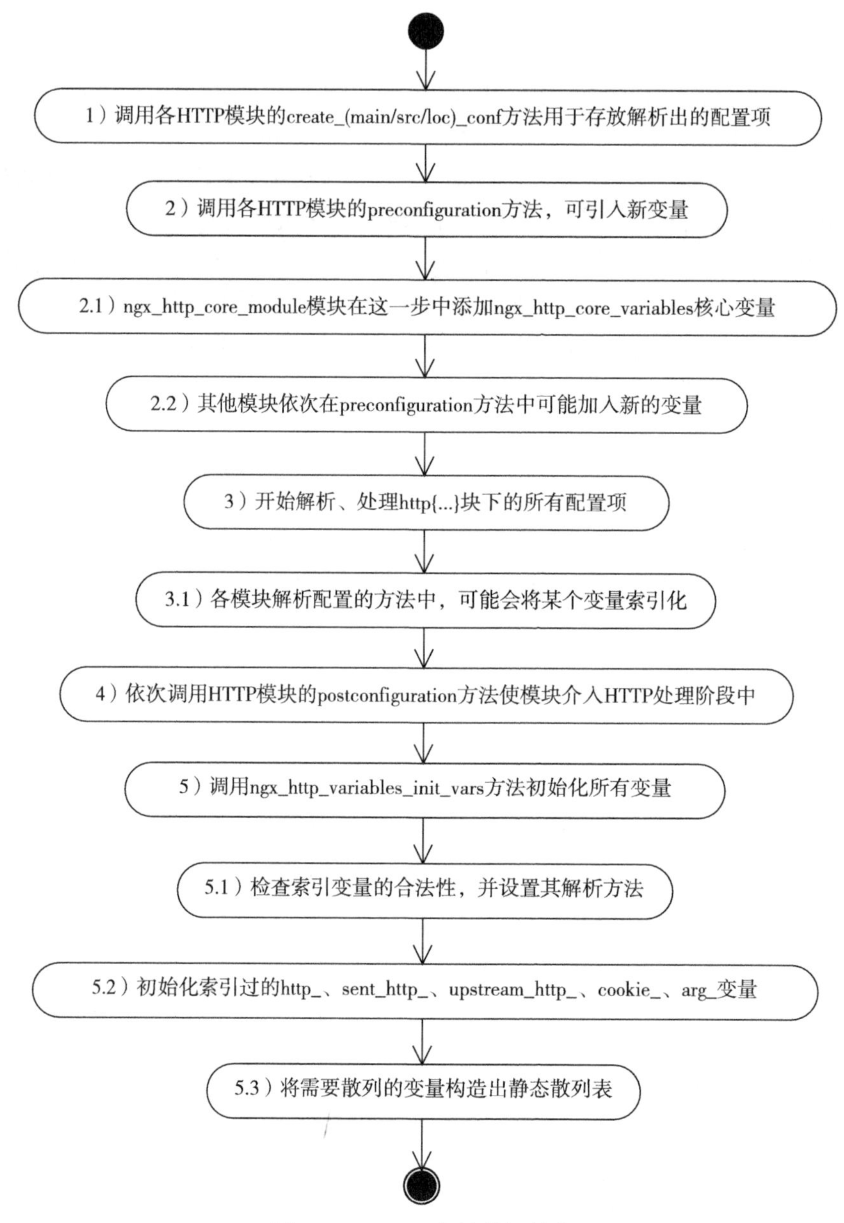

图 15-1 HTTP 变量的初始化

2.1）HTTP 模块中，ngx_http_core_module 模块是排名第 1 的，所以会首先执行它的 preconfiguration 方法（实际为 ngx_http_core_preconfiguration 方法）：

```
static ngx_http_module_t  ngx_http_core_module_ctx = {
    ngx_http_core_preconfiguration,         /* preconfiguration */
    ...
};
```

而这个方法中其实就干了一件事：调用 ngx_http_variables_add_core_vars 方法，把用于存放变量的结构体初始化，再将 Nginx 核心变量加入准备 hash 的数组 variables_keys 中。核心变量可以在 http://nginx.org/cn/docs/http/ngx_http_core_module.html#variables 页面中查看，这里不再重复。

在 15.1 节的例子中我们使用的变量 $remote_addr 实际上就是 ngx_http_core_module 模块定义的，它通过 ngx_http_core_variables 数组有这么一行定义代码：

```
static ngx_http_variable_t  ngx_http_core_variables[] = {
    { ngx_string("remote_addr"), NULL,
    ngx_http_variable_remote_addr, 0, 0, 0 },
}
```

ngx_http_variables_add_core_vars 方法会将 ngx_http_core_variables 数组里的所有核心变量添加到 Nginx 框架中。下一节我们再谈这个过程是怎样进行的。

2.2）在 2.1 步之后，其他 HTTP 模块才可以在各自的 preconfiguration 方法中加入自定义的内部变量，15.3 节中有一个简单的例子。

3）解析配置文件 http{} 块中的配置项，根据配置项名称找到其对应模块的 ngx_command_t 结构体，根据解析方法来处理配置项。

3.1）需要使用变量的模块，通常会在解析配置的这一步中将待使用的变量索引化。为什么呢？因为变量索引化是有代价的，所有索引化的变量都会导致存储请求的结构体 ngx_http_request_t 增加内存占用。而索引化又是有好处的，它的算法复杂度是 O(1)，而使用散列表则先需要 hash 出散列值，再需要处理散列桶冲突后的链表遍历问题。那么，是否索引变量就与 server、location 配置相关了，所以只有确定会用到变量的请求才进行索引，这样通常都把是否使用变量交给配置项决定。

4）调用各 HTTP 模块的 postconfiguration 方法。这时解析完配置了，初始化完变量了，这里会决定模块怎样介入到 HTTP 请求的处理中。

5）调用 ngx_http_variables_init_vars 方法初始化 HTTP 变量。这一方法主要包括 3 个子步骤。

5.1）一个变量是否进行索引，应该由使用它的模块决定，而不是由定义它的模块决定。这样就可能带来冲突，如果使用模块索引了一个变量，其实却没有其他模块定义它怎么办？或者说，有模块定义了它，但是这个模块没有编译进 Nginx 怎么办？所以，ngx_http_variables_init_vars 方法首先要确保索引了的变量都是合法的：索引过的变量必须是定义过的；其次，使用索引变量的模块只知道索引某个变量名，此时需要把相应的变量值解析方法等属性也设置好。

5.2）通常变量名是非常明确的，可以在 C 代码中定义变量时用 hard code 的方式编写变量名，然而还有一些变量具有两个特点：它们的名称是未知的，但是如何解析它们却是一目了然的。例如，HTTP 的 URL 中的变量，就像请求 /sitemap.xml?page_num=2 里的 page_num，如何解析它是非常明确的，就是在 HTTP 请求行？符号后的参数中按规则解析出 page_num 即可。这样的参数五花八门，什么样的都有，解析方法实际只有一个：根据变量名在一段字符串中找到即可。这样的请求Nginx总结为5类，它们仅需要5个固定的解析变量方法即可，而每类中的变量名是不确定的，由使用变量的模块决定。这5类变量都由HTTP框架定义，而要求使用它们的模块必须在变量名中强制定义前缀为http_、sent_http_、upstream_http_、cookie_或者arg_。这5类变量参见表15-1。

表15-1 5类特殊HTTP变量

变量前缀	意 义	解析方法
arg_	请求的URL参数	ngx_http_variable_argument
http_	请求中的HTTP头部	ngx_http_variable_unknown_header_in
sent_http_	发送响应中的HTTP头部	ngx_http_variable_unknown_header_out
cookie_	Cookie头部中的某个项	ngx_http_variable_cookie
upstream_http_	后端服务器HTTP响应头部	ngx_http_upstream_header_variable

5.3）定义变量的模块是希望变量可以被快速访问的，然而，它不能寄希望于变量被索引，因为是否索引是使用变量模块的权力！于是定义的变量就需要被hash为散列表来加速访问。另一个问题是5.2步的5类名字不明确的HTTP变量怎么办？只有使用变量的模块才知道明确的变量名，定义它们的ngx_http_core_module模块不知道变量名就无法按照变量名hash成散列表。所以这一步构造散列表，将除表15-1的5类变量以外的、没有显式设置不要hash（参见15.2.2节）的变量生成到一个静态的开散列表中。

下面在了解变量的工作机制之前，还要先介绍相关的结构体。

15.2.2 相关数据结构详述

变量由变量名和变量值组成。对于同一个变量名，随着场景的不同会具有多个不同的值，如果认为变量值和变量名一一对应从而使用一个结构体表示，毫无疑问会有大量内存浪费在相同的变量名的存储上。因此，Nginx中有一个保存变量名的结构体，叫做ngx_http_variable_t，它负责指定一个变量名字符串，以及如何去解析出相应的变量值。所有的变量名定义ngx_http_variable_t都会保存在全局唯一的ngx_http_core_main_conf_t对象中，解析变量时也是围绕着它进行。

存储变量值的结构体叫做ngx_http_variable_value_t。它既有可能是在读取变量值时被创建出来，也有可能是在初始化一个HTTP请求时就预创建在ngx_http_request_t对象中，这将视描述变量名的ngx_http_variable_t结构体成员而定。

1. 变量的定义ngx_http_variable_t

我们先来看看ngx_http_variable_t的结构：

```
struct ngx_http_variable_s {
    // name就是字符串变量名，例如nginx.conf中常见的$remote_addr这样的字符串，
    // 当然，$符号是不包括的
    ngx_str_t                     name;

    // 如果需要变量最初赋值时就进行变量值的设置，那么可以实现set_handler方法。如果我们定义的
```

```
    // 内部变量允许在 nginx.conf 中以 set 方式又重新设置其值，那么可以实现该方法（参考 args 参数，
    // 它就是一个内部变量，同时也允许 set 方式在 nginx.conf 里重新设置其值），详见 15.4 节
    ngx_http_set_variable_pt       set_handler;
    // 每次获取一个变量的值时，会先调用 get_handler 方法，所以 Nginx 的官方模块变量的解析大都
    // 在此方法中完成
    ngx_http_get_variable_pt       get_handler;
    // 这个整数是作为参数传递给 get_handler、set_handler 回调方法使用
    uintptr_t                      data;

    // 变量的特性，下文详述
    ngx_uint_t                     flags;
    // 这个数字也就是变量值在请求中的缓存数组中的索引
    ngx_uint_t                     index;
};
typedef struct ngx_http_variable_s  ngx_http_variable_t;
```

下面看看上面的 get_handler 和 set_handler 对应的方法类型 ngx_http_set_variable_pt 是怎样的，当本章后续定义新的自有变量时，就必须要实现相应的解析变量值的方法：

```
typedef void (*ngx_http_set_variable_pt) (ngx_http_request_t *r,
    ngx_http_variable_value_t *v, uintptr_t data);

typedef ngx_int_t  (*ngx_http_get_variable_pt)  (ngx_http_request_t  *r,ngx_http_
variable_value_t *v, uintptr_t data);
```

可以看到，它们均接收 3 个参数，表示请求的 r，表示变量值的 v，以及一个可能使用到的参数 data，这个 data 也就是定义变量名的 ngx_http_variable_t 结构体中的 data 成员。这两个解析方法和 data 成员在 15.2.5 节会详细说明。

flags 成员是一个整型，它是按位来设计的，目前仅有前 4 位设定了含义，所以共有 4 种取值的组合，这前 4 位定义如下所示：

```
#define NGX_HTTP_VAR_CHANGEABLE    1
#define NGX_HTTP_VAR_NOCACHEABLE   2
#define NGX_HTTP_VAR_INDEXED       4
#define NGX_HTTP_VAR_NOHASH        8
```

每个 flags 标志位的含义见表 15-2。

表 15-2 HTTP 变量名 ngx_http_variable_t 中的 flags 标志位意义

flags 标志位	意 义
NGX_HTTP_VAR_CHANGEABLE	表示对应的变量值可以改变，也就是对一个请求内的同一个变量可以反复地修改其变量值。反过来说，如果没有这个标志位，一旦对一个赋过值的变量重新赋值就会报错。对于内部变量，再深入看看可以知道，没有这个标志位的变量，是不允许一次以上定义同一变量名的，因为多次设置变量的解析方法与修改变量值是等价的，我们常在 Nginx 启动时发现错误“the duplicate…variable”，就是这个原因。特别对于 15.4 节介绍的外部变量，它们一定允许反复修改同一变量的值，所以必须加上该标志位

（续）

flags 标志位	意 义
NGX_HTTP_VAR_NOCACHEABLE	不要缓存这个变量的值，每次使用变量时都需要重新解析。为什么不允许缓存呢？因为有些请求的变量会在执行中伴随着 URL 跳转等动作反复改变，如 $uri 这个变量，如果读取到了上一次缓存的值是无法确定其是否正确的
NGX_HTTP_VAR_INDEXED	将变量索引，加速访问。为什么又要缓存一些变量的值呢？因为有些变量在一次请求的执行中是永远不变的，例如 $request_uri 这个变量，它表示最初接收自客户端的请求 URI，自然不会变化，那么缓存之后的反复使用速度就会更快
NGX_HTTP_VAR_NOHASH	不要把这个变量 hash 到散列表中。为什么会想着使一个变量不做散列优化呢？这是因为散列表也是需要消耗内存的，如果某个模块设计了一个可选变量提供给其他模块使用，并且要求如果有其他模块使用该变量就必须索引化再使用（即不能调用 ngx_http_get_variable 方法来获取变量值），这样，这个变量就不用浪费散列表的存储空间了

提示 Nginx 中有一个“Embedded Variables”概念，例如 ngx_http_fastcgi_module、ngx_http_gzip_module 等模块都提供了这样的“嵌入式变量”。其实，这种变量就是指本模块提供了可选变量仅供其他模块（而不是更改 nginx.conf 配置文件的用户）使用，而其他模块使用时也只能先把变量索引化再使用，不能依据散列表使用变量。这种“嵌入式变量”通常就会指定 flags 中含有 NGX_HTTP_VAR_NOHASH 标志。这里有两点需要注意：①变量是可选的，也就是说，使用了该模块的其他 Nginx 模块不用这个变量一样可以工作，所以这个变量不应当占用散列表；②若其他模块使用该变量，则必须先通过 ngx_http_get_variable_index 方法把变量索引化，才能获取变量值。

2. 变量值 ngx_http_variable_value_t

描述变量值的结构为 ngx_http_variable_value_t，实际上等价于 ngx_variable_value_t：

```
typedef ngx_variable_value_t  ngx_http_variable_value_t;
```

看看它包括哪些成员：

```
typedef struct {
    // 变量值必须是在一段连续内存中的字符串，值的长度就是 len 成员
    unsigned    len:28;

    //valid 为 1 时表示当前这个变量值已经解析过，且数据是可用的
    unsigned    valid:1;
    //no_cacheable 为 1 时表示变量值不可以被缓存，它与 ngx_http_variable_t 结构体 flags 成员
    // 里的 NGX_HTTP_VAR_NOCACHEABLE 标志位是相关的，即设置这个标志位后 no_cacheable 就会为 1
    unsigned    no_cacheable:1;
    //not_found 为 1 表示当前这个变量值已经解析过，但没有解析到相应的值
    unsigned    not_found:1;
    // 仅由 ngx_http_log_module 模块使用，用于日志格式的字符转义，其他模块通常忽略这个字段
```

```
    unsigned    escape:1;

    //data 就指向变量值所在内存的起始地址，与 len 成员配合使用
    u_char     *data;
} ngx_variable_value_t;
```

3. 存储变量名的数据结构

HTTP 框架的核心结构体 ngx_http_core_main_conf_t 中有 3 个成员与 HTTP 变量是相关的，如下所示：

```
typedef struct {
    //存储变量名的散列表，调用 ngx_http_get_variable 方法获取未索引的变量值时就靠这个
    //散列表找到变量的解析方法
    ngx_hash_t                  variables_hash;

    //存储索引过的变量的数组，通常各模块使用变量时都会在 Nginx 启动阶段从该数组中获得索引号，
    //这样，在 Nginx 运行期内，如果变量值没有被缓存，就会通过索引号在 variables 数组中找到
    //变量的定义，再解析出变量值
    ngx_array_t                 variables;

    //用于构造 variables_hash 散列表的初始结构体
    ngx_hash_keys_arrays_t     *variables_keys;
} ngx_http_core_main_conf_t;
```

这 3 个成员中，variables_hash、variables 会在 Nginx 的正常运行中使用，而 variables_keys 纯粹只在 Nginx 启动时临时用一下，它只是用于构建 variables_hash 散列表，variables_hash 成功生成后 variables_keys 就功成身退了。

4. 缓存变量值的数据结构

变量值如果可以被缓存，那么它一定只能缓存在每一个 HTTP 请求内，对于 Nginx 这样一个 Web 服务器来说，不可能为不同的 HTTP 请求缓存同一个值。因此缓存的变量值就在表述一个 HTTP 请求的 ngx_http_request_t 结构体中，如下：

```
struct ngx_http_request_s {
    //variables 数组存储所有序列化了的变量值，数组下标即为索引号
    ngx_http_variable_value_t        *variables;
}
```

当 HTTP 请求刚到达 Nginx 时，就会创建缓存变量值的 variables 数组，如下：

```
ngx_http_request_t *
ngx_http_create_request(ngx_connection_t *c)
    {
    ngx_http_request_t          *r;
    ngx_http_core_main_conf_t  *cmcf;
    cmcf = ngx_http_get_module_main_conf(r, ngx_http_core_module);
    //缓存变量值的 variables 数组下标，与索引化的、表示变量名的数组 cmcf->variables 下标，
    //它们是一一对应的
    r->variables = ngx_pcalloc(r->pool, cmcf->variables.nelts       * sizeof(ngx_
http_variable_value_t));
    }
```

一旦某个变量的 ngx_http_variable_value_t 值结构体被缓存，取值时就会优先使用它。

5. 内存布局

了解了相应的结构体后，我们可以从它们在 Nginx 内存中如何布局入手，掌握其用法。

欲了解其内存布局，当然首先从 ngx_http_core_main_conf_t 中的 3 个成员来串起各结构体。variables_keys 仅用于构造 variables_hash 散列表，它也是 Nginx 构造散列表的必经步骤，读者朋友可以参考第 7 章，这里不再介绍。我们重点看看 variables_hash 散列表中的变量与 variables 索引数组中的变量有何关联，参见图 15-2。

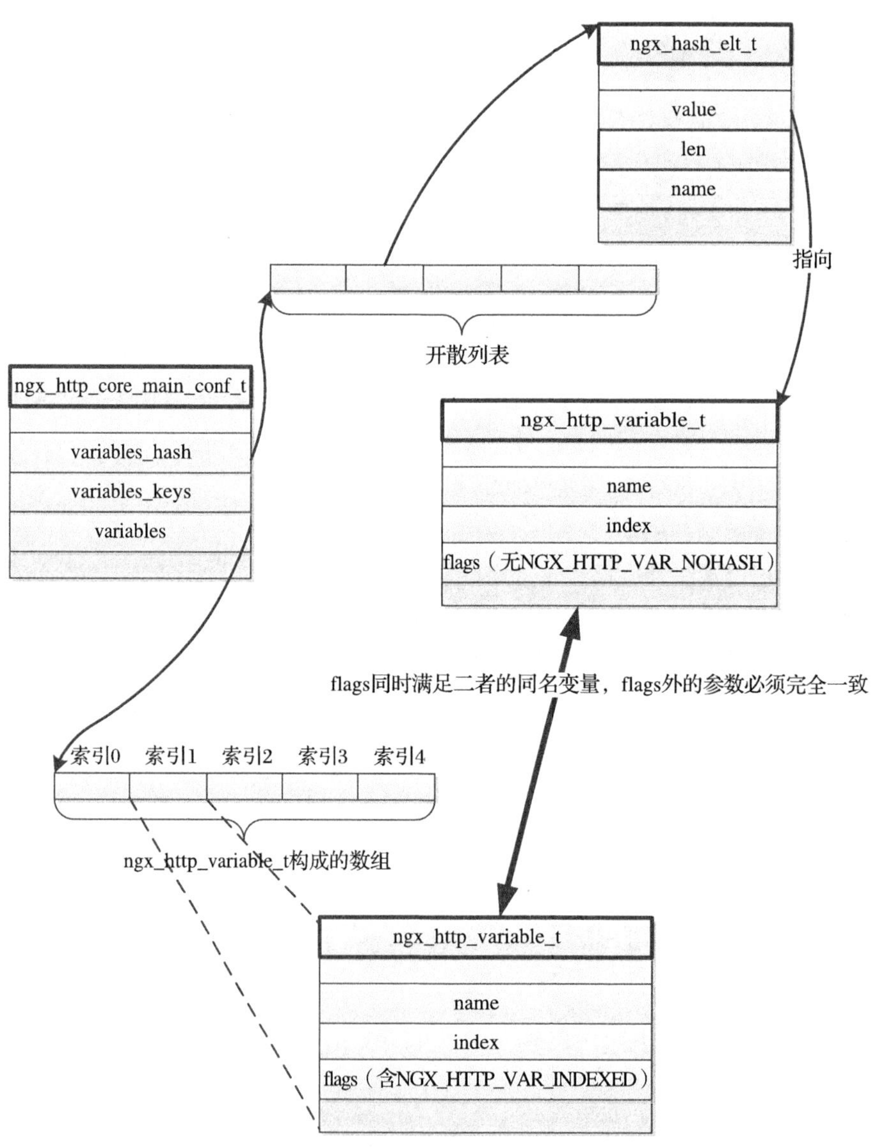

图 15-2 定义变量的 ngx_http_variable_t 结构体在内存中的布局

可以看到，散列表与索引数组中都存放着各自的 ngx_http_variable_t 结构体，即使 name 相同的同一个变量，如果既被索引又被 hash 的话，仍然会有两份 ngx_http_variable_t 结构体，除了 flags 成员会有不同外，它们的其他成员都是相等的。使其各成员“相等”这个操作是在图 15-1 的第 5.1 步骤的 ngx_http_variables_init_vars 方法完成的，感兴趣的朋友可以阅读源代码。

这里的含义就是，同一个变量名称可以同时既被索引又被 hash，但一定只有一种解析变量的方法，所以，同一变量可以同时拥有两个 ngx_http_variable_t 结构体。

无论是索引还是 hash，都必须针对明确的变量名。可是在表 15-1 中却有 5 类特殊变量，它们只是前缀固定为 http_、sent_http_、upstream_http_、cookie_ 或者 arg_，唯有在模块使用 1 个具体的变量时才能确定完整的变量名称。确定了完整名称的特殊变量是可以被索引的，却不应该被 hash 到散列表中，为什么呢？因为进入散列表的变量都是由模块重定义解析方法的，而这 5 类特殊变量则可以复用 HTTP 框架已经准备好的通用解析方法。所以索引变量、散列表变量、特殊变量会组合为 5 种关系，如图 15-3 所示。

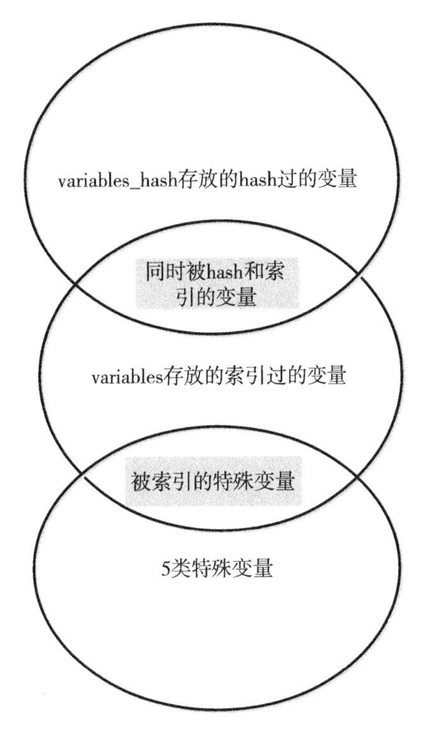

图 15-3 索引变量、hash 变量、特殊变量间的集合关系

图 15-3 中有 4 个要点：

1）同一个变量可以同时被 hash 和索引。

2）变量并非要么在散列表中，要么在索引数组中。对于特殊变量，是可以绕开二者用 ngx_http_get_variable 方法获取其值的。

3）对于特殊变量，是可以使用索引的方式来获取其值的，这也是最常用的方式。

4）不要重定义特殊变量，重定义的特殊变量可能存在于散列表中（未设置 NGX_HTTP_VAR_NOHASH 标志位）。

下面我们通过图 15-4 来看看索引过的变量在内存中是怎么使用的。

变量的索引由两部分组成，一是定义变量的 ngx_http_variable_t 结构体构成的索引数组；二是描述变量值的 ngx_http_variable_value_t 结构体构成的数组。前者在 Nginx 只有全局的唯一一份，存储在 ngx_http_core_main_conf_t 结构体的 variables 中；后者对每一个 HTTP 请求都会有一份，存储在 ngx_http_request_t 结构体的 variables 中。这两者间同属于一个变量的名字、值在各自数组中的索引号都是一一对应的。

想以索引方式使用变量的模块，都会在模块初始化阶段获得索引号，在 Nginx 运行中、HTTP 请求到达时，则会根据这个索引号，要么从 ngx_http_variable_t 构成的数组中找到变量定义并使用 get_handler 方法解析出变量值（如果 flags 参数指明可以缓存，那么还会缓存到请求中），要么从 ngx_http_variable_value_t 构成的数组中直接获得缓存的变量值。

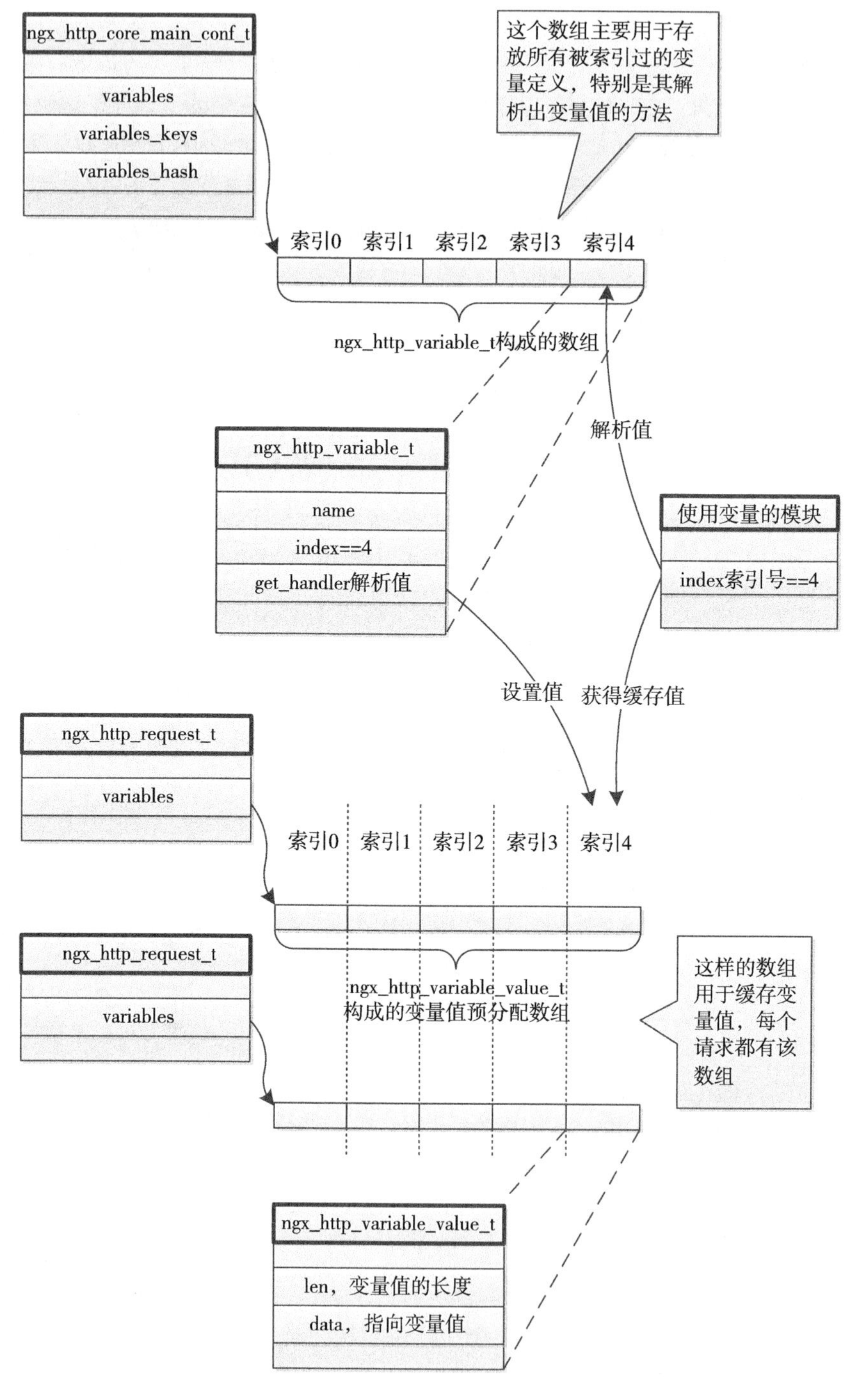

图 15-4 索引过的变量内存使用示意图

每一个 HTTP 请求都必须为所有缓存的变量建立 ngx_http_variable_value_t 数组，这似乎有些内存浪费，因此，不使用索引而是散列表来使用变量也是可以的，此时其内存布局如图 15-5 所示。

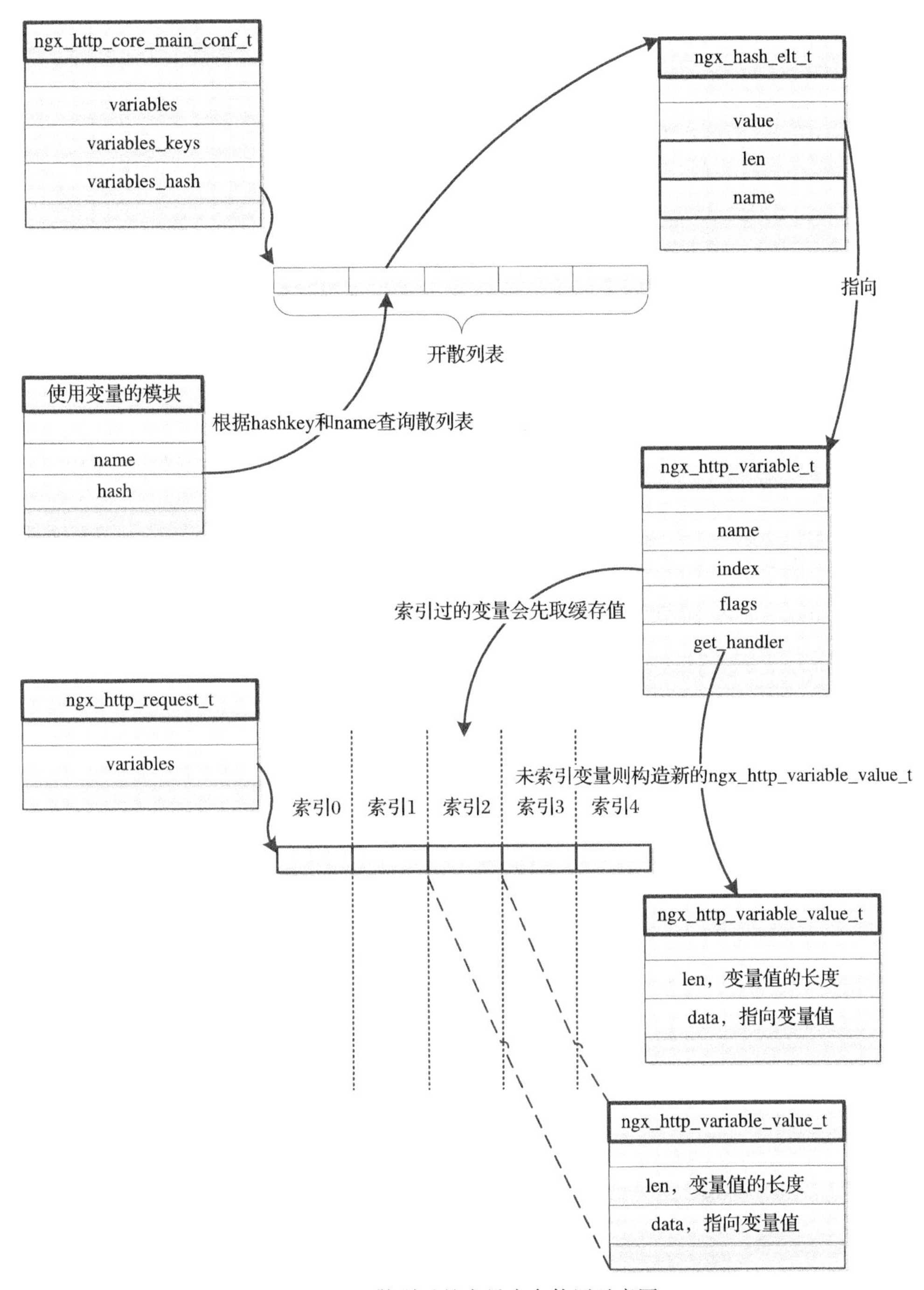

图 15-5　散列过的变量内存使用示意图

此时，使用变量的模块不用在 Nginx 初始化阶段做些什么，只要这个变量已经有模块定义过，那么在处理请求时，仅需要把变量名字符串按照 hash 方法求出散列值，就可以在 ngx_http_core_main_conf_t 结构体的 variables_hash 散列表中找到定义变量的 ngx_http_variable_t 结构体，如果其 flags 成员指明变量是被索引的，那么会根据 index 成员直接向请求的 variables 数组里获得预分配的 ngx_http_variable_value_t 结构体，这个变量值若没有解析过，就会用该结构体传给 get_handler 方法解析、缓存（如果可以的话）。如果 flags 成员没有说明变量被索引过，那么就会在请求的内存池里新分配 1 个 ngx_http_variable_value_t 结构体，用于传递给 get_handler 方法解析、承载变量值。

15.2.3 定义变量的方法

定义新的内部变量时，通过 ngx_http_add_variable 方法进行，其定义如下：

```
ngx_http_variable_t *
ngx_http_add_variable(ngx_conf_t *cf, ngx_str_t *name, ngx_uint_t flags);
```

在 15.2.1 节已经介绍过，添加变量必须是在 preconfiguration 回调方法中，第 1 个参数 cf 直接把 preconfiguration 中的 ngx_conf_t 指针传入即可，cf 的用途有两个：定义新变量一定会放到全局唯一的 ngx_http_core_main_conf_t 结构体，参数 cf 可以找到这个全局配置结构体；分配变量相关结构体的内存时，可以用 cf 的内存池。第 2 个参数就是变量的名称。第 3 个参数等价于 ngx_http_variable_t 中的 flags 成员。

返回值就是已经准备好的、用于定义变量的 ngx_http_variable_t 结构体。此时，这个结构体的 name 和 flags 成员已经设置好了，这时需要定义变量模块做的工作就是指定解析方法，包括指定 get_handler、set_handler（很少设置）、data（如果有必要的话）。在 15.2.5 节中再来介绍如何实现解析方法。

注意 如果这个变量曾经被其他模块添加过，那么此时的返回值 ngx_http_variable_t 就是其他模块已经设置过的对象，它的 get_handler 等成员可能已经设置过了。开发模块新变量时应当妥善处理这种变量名冲突问题。

15.2.4 使用变量的方法

使用变量时会使用表 15-3 中所列的 4 个方法。

使用变量时有两种方式：第一种方式是索引变量，表 15-3 的前 3 个方法都只用于索引变量，索引变量效率更高（且可以被缓存），但可能会消耗稍多点的内存；第二种方式是非索引的、hash 过的变量，ngx_http_get_variable 方法用于此目的。

注意 如果这个变量被索引过，那么 ngx_http_get_variable 方法会优先在 ngx_http_request_t

中缓存变量值的variables数组中的获取值。是否被索引过的依据就是检查flags参数是否含有NGX_HTTP_VAR_INDEXED标志位。

表 15-3 获取HTTP变量值的3个方法

方法名	意 义
ngx_http_get_variable_index	设置变量被索引，并获得索引号，它是使用ngx_http_get_indexed_variable、ngx_http_get_flushed_variable方法的前置方法。 调用它意味着这个变量会被频繁地使用，希望Nginx处理这个变量时效率更高，体现在： ● 变量值可以被缓存，重复读取时不用每次解析 ● 定义变量的解析方法时，可以通过索引直接找到该方法进行解析，而不是通过操作散列表 ● Nginx初始化HTTP请求时，就需要为这个变量预分配ngx_http_variable_value_t变量值结构体
ngx_http_get_indexed_variable	根据ngx_http_get_variable_index得到的索引号，获取被索引过的变量的值。若变量被解析过一次后其值是会被缓存的，这样该方法再次调用后将会直接获取缓存过的值，而不是重新解析。这个方法是忽略NGX_HTTP_VAR_NOCACHEABLE标志位的
ngx_http_get_flushed_variable	与ngx_http_get_indexed_variable相似，区别是：如果flags中设置了NGX_HTTP_VAR_NOCACHEABLE标志位，那么ngx_http_get_indexed_variable方法会忽略这个标志位，本方法则会不使用已经缓存的变量值，每次取值时皆重新解析
ngx_http_get_variable	根据变量名称，从被hash过的散列表里找到相应的变量并调用其解析方法获得值，这里不存在缓存变量值的可能。同时若变量是属于表15-1里的5种特殊变量，也可以从本方法中获取解析出的值

15.2.5 如何解析变量

首先回顾一下解析变量的主要方法get_handler的方法原型：

```
    typedef ngx_int_t (*ngx_http_get_variable_pt) (ngx_http_request_t *r,ngx_http_
variable_value_t *v, uintptr_t data);
```

参数r和data都用来帮助生成变量值，而v则是存放值的载体。结构体v已经分配好内存了（调用get_handler的函数负责），当然分配好的内存中是不包括字符串变量值的。可以使用请求r的内存池来分配新的内存放置变量值，这样请求结束时变量值就会被释放，可见变量值的生命周期与请求是一致的，而变量名则不然。将参数v的data和len成员指向变量值字符串即完成了变量的解析。这一过程本来共性特征并不多，然而uintptr_t data参数却有一些通用的“玩法”，本节则简要介绍一下：

（1）uintptr_t data参数不起作用

如果只是生成一些和用户请求无关的变量值，例如当前时间、系统负载、磁盘状况等，那么这与读者朋友的需求有关，使用各种手法获得变量值后赋给参数v的data和len成员即可。或者说，ngx_http_request_t *r 中的成员已经足够解析出变量值了，data 参数不用也罢。举个例子，HTTP 框架提供了一个变量——body_bytes_sent，表示一个请求的响应包体长度，常用在 access.log 访问日志中，它的解析方法设置为 ngx_http_variable_body_bytes_sent，uintptr_t data 因为不使用则设为 0，如下所示：

```
static ngx_http_variable_t  ngx_http_core_variables[] = {
{ngx_string("body_bytes_sent"),NULL,
ngx_http_variable_body_bytes_sent,
        0, 0, 0 },
}
```

而 ngx_http_variable_body_bytes_sent 解析响应包体长度变量的值时仅从请求 r 中就获取到足够信息了，如下：

```
static ngx_int_t
ngx_http_variable_body_bytes_sent(ngx_http_request_t *r,
    ngx_http_variable_value_t *v, uintptr_t data)
{
    off_t     sent;
    // 发送的总响应值减去响应头部即可
    sent = r->connection->sent - r->header_size;
    ...
}
```

（2）uintptr_t data 参数作为指针使用

uintptr_t 是一个可以放置指针的整型，所以，uintptr_t data 就被设计为既用来做整型偏移值，又用来做指针。下面看看 HTTP 框架把 data 用来做指针的一个例子，我们知道有 5 类特殊变量，它们以特殊的字符串打头，例如 http_ 或者 sent_ http_，实际上每一个这样的变量其解析方法都大同小异，遍历解析出来的 r->headers_in.headers 或者 r->headers_in.headers 数组，找到变量名再返回其值即可。那么怎样设计通用的解析方法呢？答案就是把 uintptr_t data 作为指针指向实际的变量名字符串。如下所示，当出现了如 http_ 这样的变量被模块使用时，就把 data 作为指针来保存实际的变量名字符串 v[i].name（ngx_http_variables_init_vars 初始化特殊变量时的代码段）。

```
if (ngx_strncmp(v[i].name.data, "http_", 5) == 0) {
    v[i].get_handler = ngx_http_variable_unknown_header_in;
    v[i].data = (uintptr_t) &v[i].name;
}
```

而解析变量的 get_handler 方法再把 data 转为 ngx_str_t 字符串变量名即可，如下：

```
static ngx_int_t
ngx_http_variable_unknown_header_in(ngx_http_request_t *r,
    ngx_http_variable_value_t *v, uintptr_t data)
{
    return ngx_http_variable_unknown_header(v, (ngx_str_t *) data, &r->headers_
in.headers.part, sizeof("http_") - 1);
}
```

ngx_http_variable_unknown_header 方法就只是遍历 ngx_list_t 链表类型的 headers 数组，找到符合变量名的头部后，将其值作为变量值返回即可。

（3）uintptr_t data 参数作为序列化内存的相对偏移量使用

很多时候，变量值很有可能就是原始的 HTTP 字符流中的一部分连续字符串，如果能够复用，就不用为变量的字符串值再次分配、拷贝内存了。另外各 HTTP 模块在使用 get_handler 解析变量时，HTTP 框架可能在请求的自动解析过程中已经得到了需要的变量值，这部分计算工作也可以不用再做一遍。那么能不能据此两点加快解析速度呢？ data 参数作为整型设计的目的就在于此。

HTTP 框架中会解析很多请求的头部，如 http_host、http_user_agent 等，它们实际上已经在请求头部接收完整时就已经解析完了，如果某个 Nginx 模块需要使用这个变量，完全可以复用，能够复用的依据在于：HTTP 框架解析后的变量值，其定义成员在 ngx_http_request_t 结构体里的位置是固定不变的。这样就可以用 data 承载偏移量直接把 ngx_http_variable_value_t 里的 data、len 指向变量值字符串即可。例如主机名变量 http_host 其实正对应着 ngx_http_request_t 结构体里的 headers_in 成员的 host 成员，而访问浏览器 http_user_agent 变量则对应着 ngx_http_request_t 结构体里的 user_agent 成员，它们的解析方法都是专门用于找出已经解析过 HTTP 头部的变量的 ngx_http_variable_header 方法，而 data 则是偏移量，如下：

```
static ngx_http_variable_t  ngx_http_core_variables[] = {
{ ngx_string("http_host"), NULL, ngx_http_variable_header,
     offsetof(ngx_http_request_t, headers_in.host), 0, 0 },

{ ngx_string("http_user_agent"), NULL, ngx_http_variable_header,
     offsetof(ngx_http_request_t, headers_in.user_agent), 0, 0 },
}
```

在第 4 章我们已经介绍过 offsetof 方法，它接收两个参数，并认为第 1 个参数是一个 struct 结构体，第 2 个参数是其成员，返回的就是成员在其结构体中的偏移量。看看 ngx_http_variable_header 方法做了些什么：

```
static ngx_int_t
ngx_http_variable_header(ngx_http_request_t *r, ngx_http_variable_value_t *v,
    uintptr_t data)
{
    ngx_table_elt_t  *h;
    // data 偏移量就是解析过的 ngx_table_elt_t 类型的成员，在 ngx_http_request_t 结构体中的偏移量
    h = *(ngx_table_elt_t **) ((char *) r + data);

    if (h) {
        // 将 len 和 data 指向字符串值
        v->len = h->value.len;
        v->valid = 1;
        v->no_cacheable = 0;
        v->not_found = 0;
        v->data = h->value.data;
    } else {
```

```
        v->not_found = 1;
    }

    return NGX_OK;
}
```

15.3 定义内部变量

15.2 节已经完整介绍了定义内部变量的方法，本节我们扩展 15.1 节的例子，定义新的内部变量供其他模块使用（就像嵌入式变量，即本模块配置项是不支持该变量的），例如使 ngx_http_log_module 模块可以将新定义的变量记录到 access.log 访问日志文件中。

我们定义的这个新的嵌入式内部变量叫做 is_chrome，顾名思义，就是表示这个请求是否来自于 chrome 浏览器。首先，要在源代码中定义这个变量名称，如下：

```
static ngx_str_t new_varaible_is_chome = ngx_string("is_chrome");
```

在 15.2.1 节中我们说过，必须在 preconfiguration 阶段定义变量，所以先要声明一个在 preconfiguration 阶段执行的方法：

```
static ngx_int_t ngx_http_mytest_add_variable(ngx_conf_t *cf);
```

并在 ngx_http_module_t 中新增调用 ngx_http_mytest_add_variable 方法，如下：

```
static ngx_http_module_t  ngx_http_testvariable_module_ctx =
{
    ngx_http_mytest_add_variable,       /* preconfiguration */
    ngx_http_mytest_init,               /* postconfiguration */
    ...
};
```

下面我们开始实现添加变量的 ngx_http_mytest_add_variable 方法：

```
static ngx_int_t
ngx_http_mytest_add_variable(ngx_conf_t *cf)
{
    ngx_http_variable_t             *v;

    // 添加变量
    v = ngx_http_add_variable(cf, &new_varaible_is_chome, NGX_HTTP_VAR_CHANGEABLE);
    if (v == NULL) {
            return NGX_ERROR;
    }

    // 如果 is_chrome 这个变量没有被添加过，那么 get_handler 就是 NULL 空指针
    v->get_handler = ngx_http_ischrome_variable;
    // 这里的 data 成员没有使用价值，故设为 0
    v->data = 0;

    return NGX_OK;
}
```

最后定义 is_chrome 变量的解析方法:

```
static ngx_int_t
ngx_http_ischrome_variable(ngx_http_request_t *r, ngx_http_variable_value_t *v,
    uintptr_t data)
{
    // 实际上 r->headers_in.chrome 已经根据 user_agent 头部解析过请求是否来自于 chrome 浏览器
    if (r->headers_in.chrome) {
        *v = ngx_http_variable_true_value;
        return NGX_OK;
    }

    *v = ngx_http_variable_null_value;
    return NGX_OK;
}
```

如此，is_chrome 变量已经在这个模块中添加到 Nginx 中了，然而这个测试模块却没有相关的配置项直接使用该变量。所以只有其他使用到该变量的模块才可能提供相应的配置项在 nginx.conf 中供大家使用。例如，access_log 里可以这么配置:

```
log_format main '$remote_addr -  [$time_local] "$request" '
    '$status $body_bytes_sent "$http_referer" '
    '"$http_user_agent"  ischrome: $is_chrome';
```

这样就会记录请求是否来自于 chrome。其实这个变量也就是 15.1 节介绍过的嵌入式变量。

15.4　外部变量与脚本引擎

ngx_http_rewrite_module 模块使用了 Nginx 的脚本引擎，提供了外部变量的功能。“外部变量”与前几节介绍的变量有什么不同呢？这里的定义是，变量名称是在 nginx.conf 的配置文件里声明的（不像在 C 源代码中定义的内部变量），且在配置文件里确定了变量的赋值。

ngx_http_rewrite_module 模块定义的外部变量格式为:

```
set $variable value;
```

这一行配置通过 set 关键字定义了一个在 nginx.conf 中指定的新变量 variable，并将其赋值为 value。这个 value 是一个文本字符串，实际上 value 中还可以含有多个变量，也可以是变量与文本字符串的组合。这种外部变量的定义非常有用，尤其是配合 rewrite 重定向 URL、if 关键字等，可以起到意想不到的效果，我们可以在互联网上找到多种巧妙的用法，通过修改 nginx.conf 就得到了丰富的功能。

很多程序员认为 nginx.conf 的设计有些脚本语言的味道，因为它可以定义变量、可以跳转到不同的程序段执行、拥有 if 这样的判断型配置等（当然这些都是 ngx_http_rewrite_module 模块提供的，使用它们必须要将 ngx_http_rewrite_module 模块编译进 Nginx）。但这门“脚本语言”却有些独特的味道，与编译型语言相比，它是不存在预编译这个步骤的，只有 Nginx 启动过程中才会把脚本式配置项载入 Nginx 进程中（当然，把 Nginx 的启动理解为

“编译”步骤的话，它其实更像是编译语言)。与解释型语言相比，它又不是执行到某一行脚本时才会解释它，而是 Nginx 一启动就会检查配置项的合法性，并把所有的脚本式语句都“解释”为 C 程序，等待 HTTP 请求到来时执行。

外部变量虽然在 Nginx 启动时就被编译为 C 代码，但它们是在请求处理过程中才被执行、生效的。就像下面这段配置：

```
location /image/ {
    set imagewidth 100;
}
location / {
}
```

在这段配置里，只有请求匹配到 /image/ 后，外部变量 imagewidth 才会被定义并被赋值为 100（或者 imagewidth 已经被定义过而被修改值为 100），这样之后的脚本、模块才可以使用 imagewidth 变量。反之，请求没有匹配到 /image/ 就不会执行这段 set 脚本。

因此，外部变量的设计可以总结为两个步骤：

1）Nginx 启动时将配置文件中的 set 脚本式配置编译为相关的数据与执行方法。

2）接收到 HTTP 请求时，在 NGX_HTTP_SERVER_REWRITE_PHASE 或者 NGX_HTTP_REWRITE_PHASE 阶段中查找匹配了的 location 下是否有待执行的脚本，如果有则依次执行。

本节并不会完整介绍 ngx_http_rewrite_module 模块用到的所有脚本语法，以及 Nginx 脚本引擎的完整用法。然而外部变量已经足够有代表性了，通过上面的配置作为例子介绍其工作原理，读者朋友就可以清晰地了解到脚本引擎的用法，进而可以展开阅读 ngx_http_rewrite_module 模块源代码了解更多的细节。

15.4.1 相关数据结构

同一段脚本被编译进 Nginx 中，在不同的请求里执行时效果是完全不同的，所以，每一个请求都必须有其独有的脚本执行上下文，或者称为脚本引擎，这是最关键的数据结构。在 Nginx 中，是由 ngx_http_script.h 文件里定义的 ngx_http_script_engine_t 结构体充当这一角色，如下所示：

```
typedef struct {
    // 指向待执行的脚本指令
    u_char                    *ip;
    // 变量值构成的栈
    ngx_http_variable_value_t  *sp;
    // 脚本引擎执行状态
    ngx_int_t                   status;
    // 指向当前脚本引擎所属的 HTTP 请求
    ngx_http_request_t         *request;
    ...
} ngx_http_script_engine_t;
```

我们来看看与外部变量相关的4个成员。

ngx_http_variable_value_t *sp是一个栈。我们知道任何语言都需要“栈”这样一个数据结构作为编译工具，例如在函数的调用、表达式的解析时。对set定义的外部变量也一样，它需要sp这个栈来存放变量值。栈当然也有大小，目前的默认大小为10个变量值。

request很简单，指向了HTTP请求。

u_char * ip可以想象为IP寄存器，因为它们的目的是一致的，都是指向下一行将要执行的代码。然而ip却是一个u_char*类型，它指向的类型是不确定的。它指向的一定是待执行的脚本指令，难道没有规律吗？用面向对象的语言来说，它指向的是实现了ngx_http_script_code_pt接口的类。当然C语言里没有接口、类的概念，在C语言里要想实现上述目的，通常会用嵌套结构体的方法，比如表示接口的结构体A，要放在表示实现接口的类——结构体B的第1个位置。这样一个指向B的指针，也可以强制转换类型为A再调用A的成员。如果读者朋友觉得比较抽象，那么u_char * ip指向ngx_http_script_code_pt函数指针就是一个非常好的例子。

首先，ngx_http_script_code_pt是一个函数指针，当然它即使是一个结构体也无所谓。看看它的定义：

```
typedef void (*ngx_http_script_code_pt) (ngx_http_script_engine_t *e);
```

ngx_http_script_code_pt的唯一参数就是脚本引擎ngx_http_script_engine_t，它表示了当前指令的脚本上下文。

ngx_http_script_code_pt相当于抽象基类的一个接口，所以会有相应的结构体担当类的角色。对于“set”配置来说，编译变量名（即第1个参数）由一个实现了ngx_http_script_code_pt接口的类担当，这个类实际上是由结构体ngx_http_script_var_code_t来承担的，如下所示：

```
typedef struct {
    //在本节的例子中，code指向的脚本指令方法为ngx_http_script_set_var_code
    ngx_http_script_code_pt     code;
    //表示ngx_http_request_t中被索引、缓存的变量值数组variables中，当前解析的、
    //set设置的外部变量所在的索引号
    uintptr_t                   index;
} ngx_http_script_var_code_t;
```

我们可以注意到，第1个成员就是ngx_http_script_code_pt code，这意味着可以把ngx_http_script_var_code_t强转为ngx_http_script_code_pt方法执行。

看到了uintptr_t类型的index成员，大家可能又会想，又要“多用途”了吗？既作普通整型又做指针？这里纯粹只是Nginx的习惯而已，index成员只用来做表示索引号的整型，用于与ngx_http_request_t请求中索引化的variables变量值配合工作。这里我们已经看到，set定义的外部变量只能作为索引变量使用（不能作为hash变量使用）。

set的第2个参数是变量值，它也需要一个新的结构体ngx_http_script_value_code_t来编译，看看它的定义：

```
typedef struct {
    //在本节的例子中，code 指向的脚本指令方法为 ngx_http_script_value_code
    ngx_http_script_code_pt     code;
    //若外部变量值是整数，则转为整型号赋给 value，否则 value 为 0
    uintptr_t                   value;
    //外部变量值（set 的第 2 个参数）的长度
    uintptr_t                   text_len;
    //外部变量值的起始地址
    uintptr_t                   text_data;
} ngx_http_script_value_code_t;
```

对于 ngx_http_script_code_pt 方法的实现我们在 15.4.3 节再解释。那么为什么一行 set 脚本要分别由编译变量名、编译变量值的 2 个结构体来表示呢？因为 set 有很多不同的使用场景，对变量名来说，就存在变量名首次出现与非首次出现，而变量值就有纯字符串、字符串与其他变量的组合等情况。把变量名的编译提取为 ngx_http_script_var_code_t 结构体，使所有变量名的编译可以复用其 index 成员，而具体的 ngx_http_script_code_pt 指令执行则可以各自实现；把变量值的编译提取为 ngx_http_script_value_code_t 结构体则可以复用 text_len、text_data 成员。

ngx_http_script_engine_t 是随着 HTTP 请求到来时才创建的，所以它无法保存 Nginx 启动时就编译出的脚本。保存编译后的脚本这个工作实际上是由 ngx_http_rewrite_loc_conf_t 结构体承担的，如下所示：

```
typedef struct {
    //保存着所属 location 下的所有编译后的脚本（按照顺序）
    ngx_array_t   *codes;
    //每一个请求的 ngx_http_script_engine_t 脚本引擎中都会有一个变量值栈，
    //即上面提到的 ngx_http_variable_value_t *sp，它的大小就是 stack_size
    ngx_uint_t     stack_size;
} ngx_http_rewrite_loc_conf_t;
```

从名称就可以看出，ngx_http_rewrite_loc_conf_t 其实就是 ngx_http_rewrite_module 模块在 location 级别的配置结构体，即每一个 location 下都会有 1 个 ngx_http_rewrite_loc_conf_t 结构体。如果这个 location 下没有脚本式配置，那么其成员 codes 数组就是空的，否则 codes 数组就会放置承载着被解析后的脚本指令的结构体。

成员 codes 数组的设计是比较独特的。前文我们说过，脚本指令都是实现了“接口 ngx_http_script_code_pt”的各个不同的充当“类”的结构体，这些结构体可以是 ngx_http_script_var_code_t、ngx_http_script_value_code_t 等，它们的类型不同，占用的内存也不同，如何把它们整个放入 1 个数组中呢（注意：不是把它们的指针放到数组中！）？以下 3 点就可以做到：

1）codes 数组设计成每个元素仅占 1 个字节的大小，也就是说，我们不奢望一个数组元素就能存放表示 1 个脚本指令的结构体。

2）每次要将 1 个指令放入 codes 数组中时，将根据指令结构体的占用内存字节数 N，在 codes 数组中分配 N 个元素存储这 1 个指令，再依次把指令结构体的内容都拷贝到这 N 个数组成员中。如下所示：

```
void *
ngx_http_script_start_code(ngx_pool_t *pool, ngx_array_t **codes, size_t size)
{
    if (*codes == NULL) {
        // codes 数组的每 1 个元素只占 1 个字节
        *codes = ngx_array_create(pool, 256, 1);
        if (*codes == NULL) {
            return NULL;
        }
    }

    // 这个 size 就是类似 ngx_http_script_value_code_t 表示脚本指令的结构体所占用的内存字节数，
    // 这个 ngx_array_push_n 就会直接创建 size 个数组元素，仅用来存储 1 个表示指令的结构体
    return ngx_array_push_n(*codes, size);
}
```

3）HTTP 请求到来、脚本指令执行时，每执行完一个脚本指令的 ngx_http_script_code_pt 方法后，该方法必须主动地告知所属指令结构体占用的内存数 N，这样从当前指令所在的 codes 数组索引中加上 N 后就是下一条指令。

这样我们就把实现外部变量的关键结构体都介绍了，再以图 15-6 来形象地表示内存中它们之间的关系。

图 15-6 以“set $variable value;”配置项作为示例，两个 HTTP 请求（A 和 B）同时执行到该行脚本，其中，A 请求正准备执行值 value 的指令 ngx_http_script_value_code_t，而 B 请求已经执行完值的入栈，正要执行指令 ngx_http_script_var_code_t。ngx_http_script_engine_t 脚本引擎的 sp 成员始终指向变量值栈里正要操作的值，而 ip 成员则始终指向将要执行的下一条指令结构体。

15.4.2 编译“set”脚本

仍然以 set 为例看看脚本配置是如何在 Nginx 的启动过程中编译的。当发现“set $variable value;”配置时，其编译流程（处理 set 配置的 ngx_http_rewrite_set 方法）如图 15-7 所示。

详细介绍一下图 15-7 的各个步骤：

1）首先验证 set 后续参数的合法性，例如第 1 个参数必须是以 $ 符号开始的变量名。

2）在 15.2.3 节我们介绍过定义内部变量的 ngx_http_add_variable 方法，添加外部变量一样是调用这个方法。需要注意的是，外部变量是允许重复定义的，即可以先执行 set $variable value1 再执行 set $variable value2，这样当后者调用 ngx_http_add_variable 方法时，返回的 ngx_http_script_var_code_t 结构体其实是前者已经定义好的。所以对于外部变量而言，ngx_http_add_variable 方法传入的 flags 必须含有 NGX_HTTP_VAR_CHANGEABLE 标志位（参见表 15-2）。

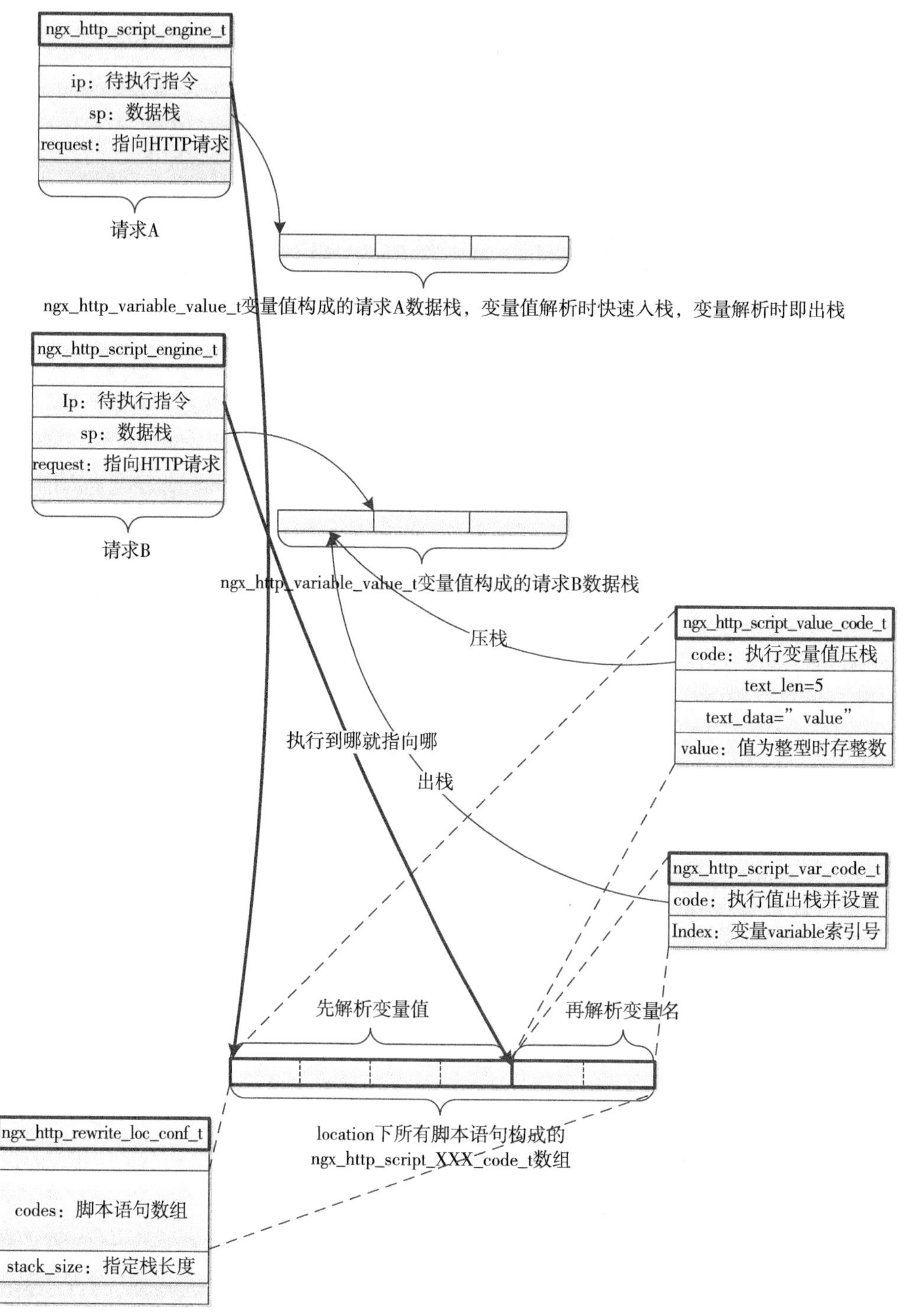

图 15-6 外部变量实现的各数据结构间的内存关系示意图

图中以“set $variable value;”作为示例，脚本由右向左解析为 ngx_http_script_value_code_t、、ngx_http_script_var_code_t

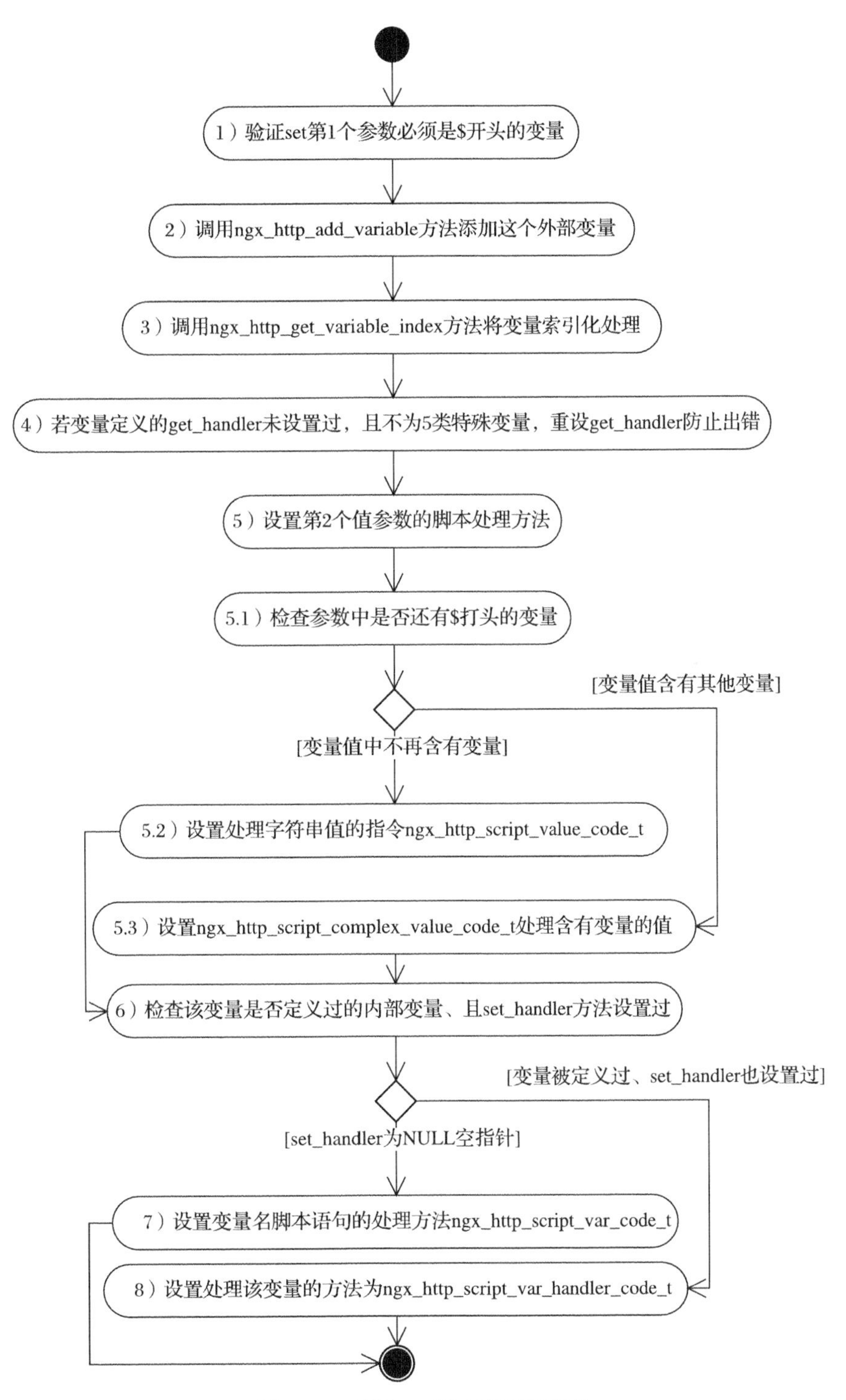

图 15-7　编译 set 脚本配置的流程

3）前文我们说过，变量是分为定义和使用两部分的，唯有打算使用它时才应该索引化，把它的值缓存到请求的 variables 数组中。而对 ngx_http_rewrite_module 模块的外部变量而言，set 配置既定义了一个变量，也表明会使用这个变量。所以一定会调用 ngx_http_get_variable_index 方法把变量索引化的，同时索引值会保存到 ngx_http_script_var_code_t 结构体的 index 成员里（参见 15.4.1 节）。

4）内部变量的 get_handler 方法是必须实现的，因为通常都是采用“惰性求值”，即只有读取这个变量值时才会去调用 get_handler 计算出这个值。然而外部变量是不同的，每一次 set 都会立刻给变量重新赋值，同时读取变量值时，因为变量值是被索引化的，所以可以直接从请求的 variables 数组里取到 set 后的值。这样 get_handler 似乎是没有用武之地的。然而，可能有些模块会在 set 脚本执行之前就使用到外部变量了，此时外部变量的值是不存在的，即缓存的 variables 数组里变量值是空的。从 15.2 节可知，此时会调用 get_handler 方法来读取变量值，所以外部变量的 get_handler 方法也不可以为 NULL，它被定义为 ngx_http_rewrite_var 方法，这个方法所做的唯一工作就是把变量值置为 ngx_http_variable_null_value 空值：

```
ngx_http_variable_value_t  ngx_http_variable_null_value =
    ngx_http_variable("");
```

当第 2 步添加变量时获得的 ngx_http_variable_t 中 get_handler 为 NULL 时，如果变量名的前缀属于 5 类特殊变量（参见表 15-1），那么在所有配置项解析完毕后（当然也包括脚本式配置 set），在图 15-1 的第 5.2 步骤中就会给这类变量重新设置 get_handler 方法。所以对于非 5 类特殊变量且 get_handler 为 NULL 时，就得把 get_handler 设置为 ngx_http_rewrite_var 方法，使得外部变量未赋值时读取它可以获得空值。

5）开始处理 set 的第 2 个值参数（即调用 ngx_http_rewrite_value 方法处理）。

5.1）这个参数可以是纯字符串，也可以含有其他变量，这二者之间的处理方式是不同的。所以首先检查这第 2 个值参数里有没有 $ 符号，若像本节的例子 set $variable value 中值中是没有变量的，则跳到 5.2 执行；否则执行 5.3 步骤。

5.2）到这里我们已经可以开始编译纯字符串的变量值了。就像上一节介绍的那样，纯字符串值的指令结构体是 ngx_http_script_value_code_t，我们首先会把它添加到所在 location 下的 ngx_http_rewrite_loc_conf_t 配置结构体的 codes 数组中，如下：

```
ngx_http_script_value_code_t          *val;
val = ngx_http_script_start_code(cf->pool, &lcf->codes,
    sizeof(ngx_http_script_value_code_t));
```

接着，如同 15.4.1 节介绍过的那样，将 ngx_http_script_value_code_t 的 4 个成员赋值：

```
n = ngx_atoi(value->data, value->len);

if (n == NGX_ERROR) {
    n = 0;
}
```

```
val->code = ngx_http_script_value_code;
val->value = (uintptr_t) n;
val->text_len = (uintptr_t) value->len;
val->text_data = (uintptr_t) value->data;
```

实际执行脚本指令的 ngx_http_script_value_code 方法在下一节介绍。

5.3）如果值参数中含有其他变量，那么处理方式会复杂一些。此时 ngx_http_script_complex_value_code_t 会作为指令结构体添加到 codes 数组中。本章不对此做详细介绍。

6）把变量值编译好后，再来编译变量名。如果 set 的变量其实是一个定义过的内部变量，那么第 2 步返回的就是被某个 Nginx 模块定义过的 ngx_http_variable_t，它的 set_handler 很可能设置过。如果 set_handler 设置过则执行第 8 步，否则执行第 7 步。

7）大部分情况下，内部变量不会与外部变量混合在一起使用。此时，我们首先把 ngx_http_script_var_code_t 指令结构体添加到 codes 数组中，再把变量的索引号传到 index 成员，并设置变量指定的执行方法为 ngx_http_script_set_var_code(下一节再介绍其实现)，如下所示：

```
vcode->code = ngx_http_script_set_var_code;
vcode->index = (uintptr_t) index;
```

8）如果一个内部变量希望在 nginx.conf 文件中用 set 命令修改其值，那么它就会实现 set_handler 方法，意思是，执行到 set 指令时，解析变量值时请调用这个 set_handler 方法吧。如何实现这一意图呢？新增一个 ngx_http_script_var_handler_code_t 指令结构体，专门处理这种“内外混用”的变量：

```
typedef struct {
    ngx_http_script_code_pt     code;
    ngx_http_set_variable_pt    handler;
    uintptr_t                   data;
} ngx_http_script_var_handler_code_t;
```

可以看到它并没有 index 成员，为什么呢？因为 set_handler 方法是由内部变量定义过的，这个方法肯定能够找到变量值（不需要关心它是否通过索引下标）。

当执行到 set 脚本指令设置这个变量的值时，就调用 set_handler 方法（即上面的 handler 回调方法）处理。

这一步骤就是将 ngx_http_script_var_handler_code_t 指令结构体添加到 codes 数组中，并正确给其各成员赋值：

```
ngx_http_script_var_handler_code_t  *vhcode;
vhcode = ngx_http_script_start_code(cf->pool, &lcf->codes,
                  sizeof(ngx_http_script_var_handler_code_t));

vhcode->code = ngx_http_script_var_set_handler_code;
vhcode->handler = v->set_handler;
vhcode->data = v->data;
```

它的 data 成员就被赋值为 set 第 2 个参数变量值，handler 方法则为内部变量已经定义过的 set_handler 方法，而 code 执行指令方法则为 ngx_http_script_var_set_handler_code，下一节我们会详细介绍。

15.4.3 脚本执行流程

当 HTTP 请求执行到 NGX_HTTP_SERVER_REWRITE_PHASE 或者 NGX_HTTP_REWRITE_PHASE 阶段时，就有可能执行脚本（前提是加入了 ngx_http_rewrite_module 模块，且 nginx.conf 里有该模块提供的脚本式配置）。图 15-8 展示了执行脚本的 ngx_http_rewrite_handler 方法主要流程。

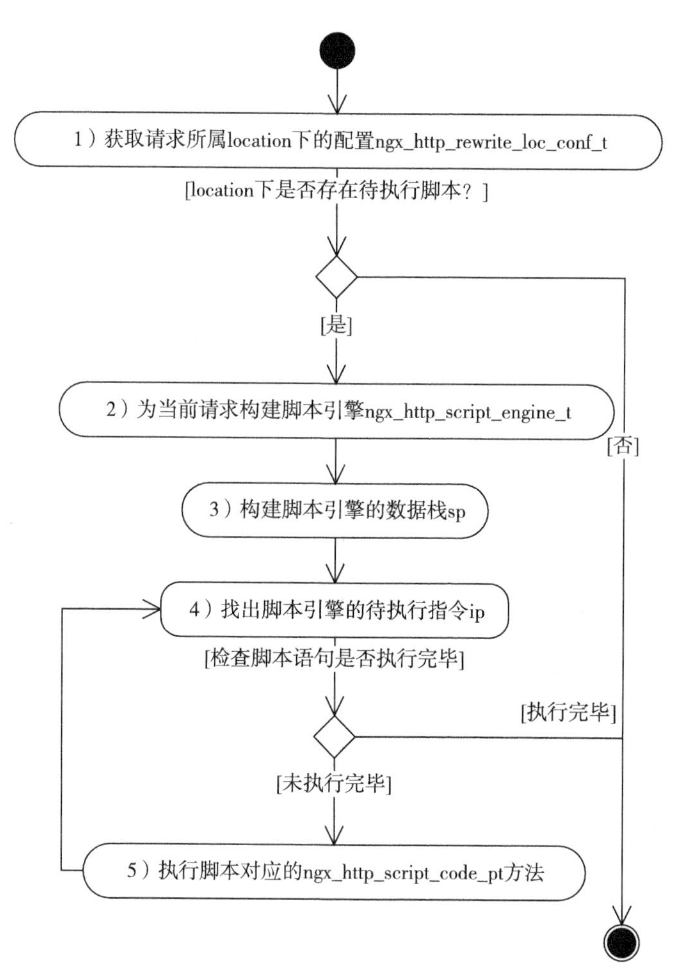

图 15-8 执行脚本的流程

下面将会介绍图 15-8 的各步骤，同时也将介绍图 15-7 中第 5.2、7、8 步中编译后的指令：

1）首先获取 location 所属的 ngx_http_rewrite_loc_conf_t 结构体，因为所有的脚本指令都保存在它的 codes 数组中，所以检查 codes 数组是否为 NULL 就可以知道，当前 location 下是否有脚本配置存在。若没有脚本，则 ngx_http_rewrite_module 方法可以直接结束。

2）执行脚本前，一定要先建立一个脚本引擎ngx_http_script_engine_t，这个结构体只为这个请求、这个location服务。如下：

```
ngx_http_script_engine_t     *e;
e = ngx_pcalloc(r->pool, sizeof(ngx_http_script_engine_t));
```

3）建立变量值构成的栈，如下所示：

```
ngx_http_rewrite_loc_conf_t  *rlcf;
rlcf = ngx_http_get_module_loc_conf(r, ngx_http_rewrite_module);
e->sp = ngx_pcalloc(r->pool,
     rlcf->stack_size * sizeof(ngx_http_variable_value_t));
```

4）所有的脚本指令都在rlcf->codes数组中，虽然每个指令结构体大小不一致，但有两点可以确定：数组的第1个成员就是第1个指令结构体；每个指令结构体的第1个成员一定是ngx_http_script_code_pt函数指针，所以可以先把ip指向数组首地址，并把ip强制转化为ngx_http_script_code_pt方法执行脚本，其中每一个方法负责把ip移向下一条待执行的脚本指令，如下：

```
//codes数组第1个元素就是第1个指令结构体
e->ip = rlcf->codes->elts;
//ip指向NULL时就说明脚本执行完毕
while (*(uintptr_t *) e->ip) {
    //每1个指令结构体的第1个成员一定是ngx_http_script_code_pt方法
    code = *(ngx_http_script_code_pt *) e->ip;
    //执行指令方法时，该方法负责移动ip指针
    code(e);
}
```

5）现在我们可以详细看看每条脚本指令执行时到底是如何工作的。图15-7中第5.2步里编译了一条执行纯字符串值的脚本指令结构体，它在上面的code(e)执行时方法为ngx_http_script_value_code，看看到底做了些什么：

```
void
ngx_http_script_value_code(ngx_http_script_engine_t *e)
{
    ngx_http_script_value_code_t   *code;
    //由于ngx_http_script_code_pt是指令结构体的第1个成员，所以ip同时也指向了指令结构体。
    //对于编译纯字符串变量值而言，其指令结构体为ngx_http_script_value_code_t，这样，
    //就从codes数组中取到了指令结构体code
    code = (ngx_http_script_value_code_t *) e->ip;

    //为了能够执行下一条脚本指令，先把ip移到下一个指令结构体的地址上。移动方式很简单，
    //右移sizeof(ngx_http_script_value_code_t)字节即可
    e->ip += sizeof(ngx_http_script_value_code_t);

    //e->sp指向了栈顶元素，处理脚本变量值时，先把这个值赋给栈顶元素
    e->sp->len = code->text_len;
    e->sp->data = (u_char *) code->text_data;

    //栈自动上移
```

```
    e->sp++;
}
```

当变量是普通的外部变量时，图 15-7 中第 7 步设置了变量名的指令执行方法为 ngx_http_script_set_var_code，看看它是如何与变量值栈配合的：

```
void
ngx_http_script_set_var_code(ngx_http_script_engine_t *e)
{
    ngx_http_request_t          *r;
    ngx_http_script_var_code_t  *code;
    // 同样由指向 ngx_http_script_set_var_code 方法的指针 ip 可以获取到 ngx_http_script_
    // var_code_t 指令结构体
    code = (ngx_http_script_var_code_t *) e->ip;
    // 将 ip 移到下一个待执行脚本指令
    e->ip += sizeof(ngx_http_script_var_code_t);

    r = e->request;

    // 首先把栈下移，指向 ngx_http_script_value_code 设置的那个纯字符串的变量值
    e->sp--;

    // 根据 ngx_http_script_var_code_t 的 index 成员，可以获得被索引的变量值
    // r->variables[code->index]，以下 5 行语句就是用 e->sp 栈里的字符串来设置这个变量值
    r->variables[code->index].len = e->sp->len;
    r->variables[code->index].valid = 1;
    r->variables[code->index].no_cacheable = 0;
    r->variables[code->index].not_found = 0;
    r->variables[code->index].data = e->sp->data;

}
```

如果 set 的变量是像 args 这样的内部变量，它的处理方法又有不同。因为 args 变量的 set_handler 方法不为 NULL，看看它的定义：

```
static ngx_http_variable_t  ngx_http_core_variables[] = {
    { ngx_string("args"),
      // set_handler 方法不是 NULL
      ngx_http_variable_request_set,
      ngx_http_variable_request,
      offsetof(ngx_http_request_t, args),
      // 允许 set 脚本来重新设置这个 args 变量，所以必须使 flags 标志位具有 NGX_HTTP_VAR_CHANGEABLE
      NGX_HTTP_VAR_CHANGEABLE|NGX_HTTP_VAR_NOCACHEABLE, 0 },
    ...
}
```

在图 15-7 的第 8 步中，对于设置了 set_handler 的变量，它的脚本指令执行方法为 ngx_http_script_var_set_handler_code，看看它的实现：

```
void
ngx_http_script_var_set_handler_code(ngx_http_script_engine_t *e)
{
```

```
    ngx_http_script_var_handler_code_t  *code;
    //同样获取到指令结构体
    code = (ngx_http_script_var_handler_code_t *) e->ip;
    //移动ip到下一条待执行指令
    e->ip += sizeof(ngx_http_script_var_handler_code_t);
    //变量值栈移动
    e->sp--;
    //将请求、变量值传递给set_handler方法执行它
    code->handler(e->request, e->sp, code->data);
}
```

所有的脚本指令执行时都与上面3个例子相似，读者朋友可以通过阅读源代码掌握ngx_http_rewrite_module模块的更多脚本实现原理。

15.5 小结

本章由浅入深地先从如何使用内部变量说起，进而分析了内部变量的工作原理，包括定义、使用时各部分是如何配合使用的，再以一个例子说明如何定义新的内部变量（未使用的嵌入式变量）。

外部变量是由ngx_http_rewrite_module模块引入的，本章后半部分说明了该模块的脚本引擎是如何实现外部变量的，包括脚本在Nginx启动时的编译与HTTP请求到来时的执行，并分析了内部变量如何与外部变量混合着使用。

读者朋友通过阅读本章，可以在开发HTTP模块时很轻松地使用HTTP变量，甚至可以通过对比ngx_http_rewrite_module模块的实现，在自己的模块中开发新的脚本引擎。

Chapter 16 第 16 章

slab 共享内存

许多场景下，不同的 Nginx 请求间必须交互后才能执行下去，例如限制一个客户端能够并发访问的请求数。可是 Nginx 被设计为一个多进程的程序，服务更健壮的另一面就是，Nginx 请求可能是分布在不同的进程上的，当进程间需要互相配合才能完成请求的处理时，进程间通信开发困难的特点就会凸显出来。第 14 章介绍过一些进程间的交互方法，例如 14.2 节的共享内存。然而如果进程间需要交互各种不同大小的对象，需要共享一些复杂的数据结构，如链表、树、图等，那么这些内容将很难支撑这样复杂的语义。Nginx 在 14.2 节共享内存的基础上，实现了一套高效的 slab 内存管理机制，可以帮助我们快速实现多种对象间的跨 Nginx worker 进程通信。本章除了说明如何使用它以外，同时还会详细介绍实现原理，从中我们可以发现它的设计初衷及不适用的场景。Slab 实现的源代码非常高效，然而却也有些生涩，本章会较多地通过源代码说明各种二进制位操作，以帮助读者朋友学习 slab 的编码艺术。

16.1 操作 slab 共享内存的方法

操作 slab 内存池的方法只有下面 5 个：

```
// 初始化新创建的共享内存
void ngx_slab_init(ngx_slab_pool_t *pool);

// 加锁保护的内存分配方法
void *ngx_slab_alloc(ngx_slab_pool_t *pool, size_t size);

// 不加锁保护的内存分配方法
void *ngx_slab_alloc_locked(ngx_slab_pool_t *pool, size_t size);

// 加锁保护的内存释放方法
```

```
void ngx_slab_free(ngx_slab_pool_t *pool, void *p);

// 不加锁保护的内存释放方法
void ngx_slab_free_locked(ngx_slab_pool_t *pool, void *p);
```

这 5 个方法是 src/core/ngx_slab.h 里仅有的 5 个方法，其精简程度可见一斑。ngx_slab_init 由 Nginx 框架自动调用，使用 slab 内存池时不需要关注它。通常要用到 slab 的都是要跨进程通信的场景，所以 ngx_slab_alloc_locked 和 ngx_slab_free_locked 这对不加锁的分配、释放内存方法较少使用，除非模块中已经有其他的同步锁可以复用。因此，模块开发时分配内存调用 ngx_slab_alloc，参数 size 就是需要分配的内存大小，返回值就是内存块的首地址，共享内存用尽时这个方法会返回 NULL；释放这块内存时调用 ngx_slab_free，参数 p 就是 ngx_slab_alloc 返回的内存地址。还有一个参数 ngx_slab_pool_t *pool 又是怎么来的呢？

很简单，由下面的 ngx_shared_memory_add 方法即可拿到必须的 ngx_slab_pool_t *pool 参数：

```
// 告诉 Nginx 初始化 1 块大小为 size、名称为 name 的 slab 共享内存池
ngx_shm_zone_t  *ngx_shared_memory_add(ngx_conf_t  *cf,  ngx_str_t  *name,  size_t
size, void *tag);
```

ngx_shared_memory_add 需要 4 个参数，从第 1 个参数 ngx_conf_t *cf 的配置文件结构体就可以推测出，该方法必须在解析配置文件这一步中执行。所以在 ngx_command_t 里定义的配置项解析方法中可以拿到 ngx_conf_t *cf，通常，我们都会在配置文件里设置共享内存的大小。当然，各 http 模块都是在解析 http{} 配置项时才会被初始化，定义 http 模块时 ngx_http_module_t 的 8 个回调方法里也可以拿到 ngx_conf_t *cf。

参数 ngx_str_t *name 是这块 slab 共享内存池的名字。显而易见，Nginx 进程中可能会有许多个 slab 内存池，而且，有可能多处代码使用同一块 slab 内存池，这样才有必要用唯一的名字来标识每一个 slab 内存池。

参数 size_t size 设置了共享内存的大小。

参数 void *tag 则用于防止两个不相关的 Nginx 模块所定义的内存池恰好具有同样的名字，从而造成数据错乱。所以，通常可以把 tag 参数传入本模块结构体的地址。tag 参数会存放在 ngx_shm_zone_t 的 tag 成员中。

注意　当我们执行 -s reload 命令时，Nginx 会重新加载配置文件，此时，会触发再次初始化 slab 共享内存池。而在该过程中，tag 地址同样将用于区分先后两次的初始化是否对应于同一块共享内存。所以，tag 中应传入全局变量的地址，以使两次设置 tag 时传入的是相同地址。

如果前后两次设置的 tag 地址不同，则会导致即使共享内存大小没有变化，旧的共享内存也会被释放掉，然后再重新分配一块同样大小的共享内存，这是没有必要的。

---

ngx_shared_memory_add 的返回值就是用来拿到 ngx_slab_pool_t *pool 的，如果返回

NULL 表示获取共享内存失败。如果参数 name 已经存在，ngx_shared_memory_add 会比较前一次 name 对应的共享内存 size 是否与本次 size 参数相等，以及 tag 地址是否相等，如果相等，直接返回上一次的共享内存对应的 ngx_shm_zone_t，否则会返回 NULL。ngx_shm_zone_t 究竟是怎样帮助我们拿到 ngx_slab_pool_t *pool 的呢？

先来看看 ngx_shared_memory_add 返回了一个怎样的结构体：

```
typedef struct ngx_shm_zone_s  ngx_shm_zone_t;
struct ngx_shm_zone_s {
    // 在真正创建好 slab 共享内存池后，就会回调 init 指向的方法
    ngx_shm_zone_init_pt      init;

    // 当 ngx_shm_zone_init_pt 方法回调时，通常在使用 slab 内存池的代码前需要做一些初始化工作，
    // 这一工作可能需要用到在解析配置文件时就获取到的一些参数，而 data 主要担当传递参数的职责
    void                      *data;

    // 描述共享内存的结构体
    ngx_shm_t                 shm;

    // 对应于 ngx_shared_memory_add 的 tag 参数
    void                      *tag;
};
```

拿到了 ngx_shm_zone_t 结构体后，init 成员是必须要设置的，因为 Nginx 后续创建好 slab 内存池后，一定会调用 init 指向的方法，这是约定好的。ngx_shm_zone_init_pt 函数指针定义如下：

```
typedef ngx_int_t (*ngx_shm_zone_init_pt) (ngx_shm_zone_t *zone, void *data);
```

我们需要实现一个这样的方法，然后赋给 ngx_shm_zone_t 的 init 函数指针。这个方法被回调时，其第 1 个参数就是 ngx_shared_memory_add 返回的，而且是刚刚设置过其 init 函数指针成员的 ngx_shm_zone_t 结构体。对于 ngx_shm_zone_init_pt 的第 2 个参数 void *data，在理解它之前先要搞清楚 Nginx 的 reload 重载配置文件流程。重新解析配置文件意味着所有的模块（包括 http 模块）都会重新初始化，然而，之前正处于使用中的共享内存可能是有数据的、可以复用的，如果丢弃了这些旧数据而重新开辟新的共享内存，是会造成严重错误的。所以如果处于重读配置文件流程中，会尽可能地使用旧共享内存（如果存在的话），表现在 ngx_shm_zone_init_pt 的第 2 个参数 void *data 上时，就意味着：如果 Nginx 是首次启动，data 则为空指针 NULL；若是重读配置文件，由于配置项、http 模块的初始化导致共享内存再次创建，那么 data 就会指向第一次创建共享内存时，ngx_shared_memory_add 返回的 ngx_shm_zone_t 中的 data 成员。读者朋友在处理 data 参数时请务必考虑以上场景，考虑如何使用老的共享内存，以避免不必要的错误。

16.2 使用 slab 共享内存池的例子

假定这样一个场景：对于来自于同一个 IP 的请求，如果客户端访问某一个 URL 并且获

得成功，则认为这次访问是重量级的，但需要限制过于频率的访问。因此，设计一个 http 过滤模块，若访问来自同一个 IP 且 URL 相同，则每 N 秒钟最多只能成功访问一次。例如，设定 10 秒钟内仅能成功访问 1 次，那么某浏览器 0 秒时访问 /method/access 成功，在第 1 秒若仍然收到来自这个 IP 的相同请求，将会返回 403 拒绝访问。直到第 11 秒，这个 IP 访问 /method/access 才会再次成功。

现在来实现这样的模块。首先，产品级的 Nginx 一定会有多个 worker 进程，来自同一个 IP 的多次 TCP 连接有可能会进入不同的 worker 进程处理，所以需要用共享内存来存放用户的访问记录。为了高效地查找、插入、删除访问记录，可以选择用 Nginx 的红黑树来存放它们，其中关键字就是 IP+URL 的字符串，而值则记录了上次成功访问的时间。这样请求到来时，以 IP+URL 组成的字符串为关键字查询红黑树，没有查到或查到后发现上次访问的时间距现在大于某个阀值，则允许访问，同时将该键值对插下红黑树；反之，若查到了且上次访问的时间距现在小于某个阀值，则拒绝访问。

考虑到共享内存的大小有限，长期运行时如果不考虑回收不活跃的记录，那么一方面红黑树会越发巨大从而影响效率，另一方面共享内存会很快用尽，导致分配不出新的结点。所以，所有的结点将通过一个链表连接起来，其插入顺序按 IP+URL 最后一次访问的时间组织。这样可以从链表的首部插入新访问的记录，从链表尾部取出最后一行记录，从而检查是否需要淘汰出共享内存。由于最后一行记录一定是最老的记录，如果它不需要淘汰，也就不需要继续遍历链表了，因此可以提高执行效率。

下面按照以上设计实现一个 http 过滤模块，以此作为例子说明 slab 共享内存池的用法。

16.2.1　共享内存中的数据结构

对于每一条访问记录，需要包含 3 条数据：IP+URL 的变长字符串（URL 长度变化范围很大，不能按照最大长度分配等长的内存存放，这样太浪费）、描述红黑树结点的结构体、最近访问时间。如果为每条记录分配 3 块内存各自独立存放，似乎是很自然的、符合软件工程的行为。然而，应当考虑到 Slab 内存管理机制因为强调速度而采用了 best-fit 思想，这么做会产生最大 1 倍内存的浪费，所以，在设计数据存储时应当尽量把 1 条记录的 3 条数据放在 1 块连续内存上。如何实现呢?

先回顾下 7.5.3 节中给出的 ngx_rbtree_node_t 的定义：

```
typedef struct ngx_rbtree_node_s  ngx_rbtree_node_t;

struct ngx_rbtree_node_s {
    // 每个结点的 hash 值
ngx_rbtree_key_t        key;

// 左子结点，由 Nginx 红黑树自动维护
ngx_rbtree_node_t      *left;

// 右子结点，由 Nginx 红黑树自动维护
ngx_rbtree_node_t      *right;
```

```
    //父节点，由 Nginx 红黑树自动维护
    ngx_rbtree_node_t      *parent;

    //红色、黑色，由 Nginx 红黑树自动维护
    u_char                 color;

    //无用
        u_char                 data;
    };
```

红黑树中的每个结点都对应着一个 ngx_rbtree_node_t 结构体，它的 key 成员必须要设置，因为比较哈希过的整型要比挨个比较字符串中的字符快得多！它的 data 成员目前是无用的，其他成员由 ngx_rbtree 自行处理。

接着 ngx_rbtree_node_t 的 color 成员之后（覆盖 data 成员），开始定义我们的结构体 ngx_http_testslab_node_t，如下所示：

```
typedef struct {
    //对应于 ngx_rbtree_node_t 最后一个 data 成员
    u_char                     rbtree_node_data;

    //按先后顺序把所有访问结点串起，方便淘汰过期结点
    ngx_queue_t                queue;

    //上一次成功访问该 URL 的时间，精确到毫秒
    ngx_msec_t                 last;

    //客户端 IP 地址与 URL 组合而成的字符串长度
    u_short                    len;

    //以字符串保存客户端 IP 地址与 URL
    u_char                     data[1];
} ngx_http_testslab_node_t;
```

ngx_http_testslab_node_t 上接 ngx_rbtree_node_t、下接变长字符串，一条访问记录就是这样存放在一块连续内存上的，如图 16-1 所示。

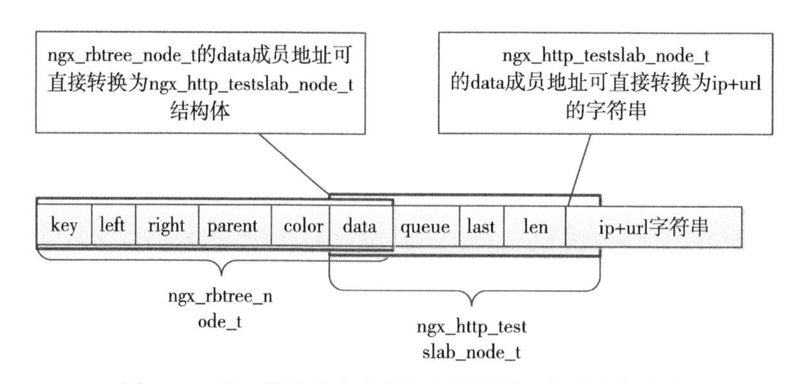

图 16-1 用一段连续内存存放红黑树键、值的内存布局

由于多个进程都要操作红黑树，描述红黑树的 ngx_rbtree_t 和哨兵结点 ngx_rbtree_node_t 都必须存放在共享内存中，同理，淘汰链表的表头也需要存放在共享内存中，因此下面来定义结构体 ngx_http_testslab_shm_t，它会存放在自进程启动起从 slab 共享内存里分配的第 1 块内存中：

```
// ngx_http_testslab_shm_t 保存在共享内存中
typedef struct {
    // 红黑树用于快速检索
    ngx_rbtree_t                  rbtree;

    // 使用 Nginx 红黑树必须定义的哨兵结点
    ngx_rbtree_node_t             sentinel;

    // 所有操作记录构成的淘汰链表
    ngx_queue_t                   queue;
} ngx_http_testslab_shm_t;
```

我们在哪里存放来自共享内存的 ngx_http_testslab_shm_t 结构体的指针呢？在这个例子中，由于仅有一个 http{} 块下的 main 级别配置项，这意味着对这个模块而言每个 worker 进程仅含一个 main 配置结构体，因此，可以把 ngx_http_testslab_shm_t 的指针放在这个结构体里。

此外，描述 slab 共享内存的 ngx_slab_pool_t 结构体指针也可以这样放置。所以，我们定义的配置结构体 ngx_http_testslab_conf_t 就是这样的：

```
// 注意：ngx_http_testslab_conf_t 不是放在共享内存中的
typedef struct {
    // 共享内存大小
    ssize_t      shmsize;

    // 两次成功访问所必须间隔的时间
    ngx_int_t   interval;

    // 操作共享内存一定需要 ngx_slab_pool_t 结构体
    // 这个结构体也在共享内存中
    ngx_slab_pool_t             *shpool;

    // 指向共享内存中的 ngx_http_testslab_shm_t 结构体
    ngx_http_testslab_shm_t*     sh;
} ngx_http_testslab_conf_t;
```

shmsize 和 interval 成员仅为 nginx.conf 里的配置项，其中 interval 还用于表示是否通过配置项开启了模块的功能。

16.2.2 操作共享内存中的红黑树与链表

在 7.2 节中介绍过双向链表，它的操作很简单，在这个例子中当需要删除结点时调用 ngx_queue_remove 方法，淘汰结点时则从链表尾部开始遍历，使用 ngx_queue_last 方法可以获取到尾部的结点，而插入新结点时用 ngx_queue_insert_head 方法插入链表首部即可。

在 7.5 节中介绍过红黑树，删除结点时调用 ngx_rbtree_delete 方法即可，由于参数中直接传递的是结点指针，因此这里不需要做任何处理。但是插入、遍历时就稍复杂些，因为每个结点的真实关键字是一个变长字符串，ngx_rbtree_node_t 中的 key 成员放的是字符串的 hash 值，所以插入函数时不能直接使用预置的 ngx_rbtree_insert_value 方法。我们需要定义一个新的 insert 方法，并在初始化红黑树时把该方法传递给 ngx_rbtree_init 的第 3 个参数。当然，定义一个新的 insert 方法没有想象中那么难，只需要参考 ngx_rbtree_insert_value 方法的实现即可，该方法认为 ngx_rbtree_node_t 中的 key 成员就是关键字，而我们则认为字符串才是真正的关键字，key 仅用于加速操作红黑树，所以稍微改改就可以用了。

读者朋友在继续阅读前可以先浏览下 src/core/ngx_rbtree.c 中的 ngx_rbtree_insert_value 方法源码，这里不再列出。

```
void
ngx_rbtree_insert_value(ngx_rbtree_node_t *temp, ngx_rbtree_node_t *node, ngx_
rbtree_node_t *sentinel)
```

接着，开始实现针对图 16-1 中这种内存布局记录的红黑树插入方法 ngx_http_testslab_rbtree_insert_value：

```
static void
ngx_http_testslab_rbtree_insert_value(ngx_rbtree_node_t *temp,
    ngx_rbtree_node_t *node, ngx_rbtree_node_t *sentinel)
{
    ngx_rbtree_node_t           **p;
    ngx_http_testslab_node_t    *lrn, *lrnt;

    for ( ;; ) {
        // ngx_rbtree_node_t 中的 key 仅为 hash 值
        // 先比较整型的 key 可以加快插入速度
        if (node->key < temp->key) {
            p = &temp->left;
        } else if (node->key > temp->key) {
            p = &temp->right;
        } else { /* node->key == temp->key */
            // 从 data 成员开始就是 ngx_http_testslab_node_t 结构体
            lrn = (ngx_http_testslab_node_t *) &node->data;
            lrnt = (ngx_http_testslab_node_t *) &temp->data;

            p = (ngx_memn2cmp(lrn->data, lrnt->data, lrn->len, lrnt->len) < 0)?
&temp->left : &temp->right;
        }

        if (*p == sentinel) {
            break;
        }

        temp = *p;
    }

    *p = node;
```

```
    node->parent = temp;
    node->left = sentinel;
    node->right = sentinel;
    ngx_rbt_red(node);
}
```

在实现了插入方法后，就可以像下面这样初始化红黑树了：

```
ngx_http_testslab_conf_t   *conf;
...
ngx_rbtree_init(&conf->sh->rbtree, &conf->sh->sentinel,
                ngx_http_testslab_rbtree_insert_value);
```

下面，我们开始实现含有业务逻辑的 ngx_http_testslab_lookup 和 ngx_http_testslab_expire 方法，前者含有红黑树的遍历。

ngx_http_testslab_lookup 负责在 http 请求到来时，首先利用红黑树的快速检索特性，看一看共享内存中是否存在访问记录。查找记录时，首先查找 hash 值，若相同再比较字符串，在该过程中都按左子树小于右子树的规则进行。如果查找到访问记录，则检查上次访问的时间距当前的时间差是否超过允许阈值，超过了则更新上次访问的时间，并把这条记录重新放到双向链表的首部（因为眼下这条记录最不容易被淘汰），同时返回 NGX_DECLINED 表示允许访问；若没有超过阈值，则返回 NGX_HTTP_FORBIDDEN 表示拒绝访问。如果红黑树中没有查找到这条记录，则向 slab 共享内存中分配一条记录所需大小的内存块，并设置好相应的值，同时返回 NGX_DECLINED 表示允许访问。代码如下：

```
//r 是 http 请求，因为只有请求执行时才会调用 ngx_http_testslab_lookup
//conf 是全局配置结构体
//data 和 len 参数表示 IP+URL 字符串，而 hash 则是该字符串的 hash 值
static ngx_int_t
ngx_http_testslab_lookup(ngx_http_request_t *r,
    ngx_http_testslab_conf_t *conf,
    ngx_uint_t hash,
    u_char* data,
    size_t len)
{
    size_t                      size;
    ngx_int_t                   rc;
    ngx_time_t                 *tp;
    ngx_msec_t                  now;
    ngx_msec_int_t              ms;
    ngx_rbtree_node_t          *node, *sentinel;
    ngx_http_testslab_node_t   *lr;

    //取到当前时间
    tp = ngx_timeofday();
    now = (ngx_msec_t) (tp->sec * 1000 + tp->msec);

    node = conf->sh->rbtree.root;
    sentinel = conf->sh->rbtree.sentinel;

    while (node != sentinel) {
```

```
        //先由 hash 值快速查找请求
        if (hash < node->key) {
            node = node->left;
            continue;
        }

        if (hash > node->key) {
            node = node->right;
            continue;
        }

        /* hash == node->key */
        lr = (ngx_http_testslab_node_t *) &node->data;
        //精确比较 IP+URL 字符串
        rc = ngx_memn2cmp(data, lr->data, len, (size_t) lr->len);

        if (rc == 0) {
            //找到后先取得当前时间与上次访问时间之差
            ms = (ngx_msec_int_t) (now - lr->last);

            //判断是否超过阈值
            if (ms > conf->interval) {
                //允许访问，则更新这个结点的上次访问时间
                lr->last = now;

                //不需要修改该结点在红黑树中的结构
                //但需要将这个结点移动到链表首部
                ngx_queue_remove(&lr->queue);
                ngx_queue_insert_head(&conf->sh->queue, &lr->queue);

                //返回 NGX_DECLINED 表示当前 handler 允许访问，继续向下执行，参见 10.6.7 节
                return NGX_DECLINED;
            } else {
                //向客户端返回 403 拒绝访问，参见 10.6.7 节
                return NGX_HTTP_FORBIDDEN;
            }
        }

        node = (rc < 0) ? node->left : node->right;
    }

    //获取到连续内存块的长度
    size = offsetof(ngx_rbtree_node_t, data)
           + offsetof(ngx_http_testslab_node_t, data)
           + len;
    //首先尝试淘汰过期 node，以释放出更多共享内存
    ngx_http_testslab_expire(r, conf);

    //释放完过期访问记录后就有更大机会分配到共享内存
    //由于已经加过锁，所以没有调用 ngx_slab_alloc 方法
    node = ngx_slab_alloc_locked(conf->shpool, size);

    if (node == NULL) {
```

```
        // 共享内存不足时简单返错，这个简单的例子没有做更多的处理
        return NGX_ERROR;
    }

    // key 里存放 ip+url 字符串的 hash 值以加快访问红黑树的速度
    node->key = hash;

    lr = (ngx_http_testslab_node_t *) &node->data;

    // 设置访问时间
    lr->last = now;

    // 将连续内存块中的字符串及其长度设置好
    lr->len = (u_char) len;
    ngx_memcpy(lr->data, data, len);

    // 插入红黑树
    ngx_rbtree_insert(&conf->sh->rbtree, node);

    // 插入链表首部
    ngx_queue_insert_head(&conf->sh->queue, &lr->queue);

    // 允许访问，参见 10.6.7 节
    return NGX_DECLINED;
}
```

ngx_http_testslab_expire 方法则负责从双向链表的尾部开始检查访问记录，如果上次访问的时间距当前已经超出了允许阀值，则可以删除访问记录从而释放共享内存。代码如下：

```
static void
ngx_http_testslab_expire(ngx_http_request_t *r,ngx_http_testslab_conf_t *conf)
{
    ngx_time_t                 *tp;
    ngx_msec_t                  now;
    ngx_queue_t                *q;
    ngx_msec_int_t              ms;
    ngx_rbtree_node_t          *node;
    ngx_http_testslab_node_t  *lr;

    // 取出缓存的当前时间
    tp = ngx_timeofday();

    now = (ngx_msec_t) (tp->sec * 1000 + tp->msec);

    // 循环的结束条件为，要么链表空了，要么遇到了一个不需要淘汰的结点
    while (1) {
        // 要先判断链表是否为空
        if (ngx_queue_empty(&conf->sh->queue)) {
            // 链表为空则结束循环
            return;
        }

        // 从链表尾部开始淘汰
```

```
            // 因为最新访问的记录会更新到链表首部，所以尾部是最老的记录
            q = ngx_queue_last(&conf->sh->queue);

            // ngx_queue_data 可以取出 ngx_queue_t 成员所在结构体的首地址
            lr = ngx_queue_data(q, ngx_http_testslab_node_t, queue);

            // 可以从 lr 地址向前找到 ngx_rbtree_node_t
            node = (ngx_rbtree_node_t *)
                       ((u_char *) lr - offsetof(ngx_rbtree_node_t, data));

            // 取当前时间与上次成功访问的时间之差
            ms = (ngx_msec_int_t) (now - lr->last);

            if (ms < conf->interval) {
                // 若当前结点没有淘汰掉，则后续结点也不需要淘汰
                return;
            }

            // 将淘汰结点移出双向链表
            ngx_queue_remove(q);
            // 将淘汰结点移出红黑树
            ngx_rbtree_delete(&conf->sh->rbtree, node);

            // 此时再释放这块共享内存
            ngx_slab_free_locked(conf->shpool, node);
        }
    }
```

准备工作就绪，接下来可以开始定义 http 过滤模块了。

16.2.3 解析配置文件

首先定义 ngx_command_t 结构体处理 nginx.conf 配置文件，并在其后接 2 个参数的 test_slab 配置项，它仅能存放在 http{} 块中，代码如下：

```
static ngx_command_t  ngx_http_testslab_commands[] = {

    { ngx_string("test_slab"),
      // 仅支持在 http 块下配置 test_slab 配置项
      // 必须携带 2 个参数，前者为两次成功访问同一 URL 时的最小间隔秒数
      // 后者为共享内存的大小
      NGX_HTTP_MAIN_CONF|NGX_CONF_TAKE2,
      ngx_http_testslab_createmem,
      0,
      0,
      NULL },

      ngx_null_command
};
```

下面实现解析配置项的方法 ngx_http_testslab_createmem。只有当发现 test_slab 配置项且其后跟着的参数都合法时，才会开启模块的限速功能。代码如下：

```
static char *
ngx_http_testslab_createmem(ngx_conf_t *cf, ngx_command_t *cmd, void *conf)
{
    ngx_str_t                  *value;
    ngx_shm_zone_t             *shm_zone;

    //conf 参数为 ngx_http_testslab_create_main_conf 创建的结构体
    ngx_http_testslab_conf_t  *mconf = (ngx_http_testslab_conf_t  *)conf;

    //这块共享内存的名字
    ngx_str_t name = ngx_string("test_slab_shm");

    //取到 test_slab 配置项后的参数数组
    value = cf->args->elts;

    //获取两次成功访问的时间间隔，注意时间单位
    mconf->interval = 1000*ngx_atoi(value[1].data, value[1].len);
    if (mconf->interval == NGX_ERROR || mconf->interval == 0) {
        //约定设置为 -1 就关闭模块的限速功能
        mconf->interval = -1;
        return "invalid value";
    }

    //获取共享内存大小
    mconf->shmsize = ngx_parse_size(&value[2]);
    if (mconf->shmsize == (ssize_t) NGX_ERROR || mconf->shmsize == 0) {
        //关闭模块的限速功能
        mconf->interval = -1;
        return "invalid value";
    }

    //要求 Nginx 准备分配共享内存
    shm_zone = ngx_shared_memory_add(cf, &name, mconf->shmsize,
                                     &ngx_http_testslab_module);
    if (shm_zone == NULL) {
        //关闭模块的限速功能
        mconf->interval = -1;

        return NGX_CONF_ERROR;
    }

    //设置共享内存分配成功后的回调方法
    shm_zone->init = ngx_http_testslab_shm_init;

    //设置 init 回调时可以由 data 中获取 ngx_http_testslab_conf_t 配置结构体
    shm_zone->data = mconf;

    return NGX_CONF_OK;
}
```

全局 ngx_http_testslab_conf_t 配置结构体的生成由 ngx_http_testslab_create_main_conf 方法负责，它会设置到 ngx_http_module_t 中。其代码如下：

```
static void *
ngx_http_testslab_create_main_conf(ngx_conf_t *cf)
{
    ngx_http_testslab_conf_t  *conf;

    // 在 worker 内存中分配配置结构体
    conf = ngx_pcalloc(cf->pool, sizeof(ngx_http_testslab_conf_t));
    if (conf == NULL) {
        return NULL;
    }
    // interval 初始化为 -1，同时用于判断是否未开启模块的限速功能
conf->interval = -1;
    conf->shmsize = -1;

    return conf;
}
```

ngx_shared_memory_add执行成功后，Nginx将会在所有配置文件解析完毕后开始分配共享内存，并在名为test_slab_shm的slab共享内存初始化完毕后回调ngx_http_testslab_shm_init方法，该方法实现如下：

```
static ngx_int_t
ngx_http_testslab_shm_init(ngx_shm_zone_t *shm_zone, void *data)
{
    ngx_http_testslab_conf_t  *conf;
    // data 可能为空，也可能是上次 ngx_http_testslab_shm_init 执行完成后的 shm_zone->data
    ngx_http_testslab_conf_t  *oconf = data;
    size_t                     len;

    // shm_zone->data 存放着本次初始化 cycle 时创建的 ngx_http_testslab_conf_t 配置结构体
    conf = (ngx_http_testslab_conf_t  *)shm_zone->data;

    // 判断是否为 reload 配置项后导致的初始化共享内存
    if (oconf) {
        // 本次初始化的共享内存不是新创建的
        // 此时，data 成员里就是上次创建的 ngx_http_testslab_conf_t
        // 将 sh 和 shpool 指针指向旧的共享内存即可
        conf->sh = oconf->sh;
        conf->shpool = oconf->shpool;
        return NGX_OK;
    }

    // shm.addr 里放着共享内存首地址 :ngx_slab_pool_t 结构体
    conf->shpool = (ngx_slab_pool_t *) shm_zone->shm.addr;

    // slab 共享内存中每一次分配的内存都用于存放 ngx_http_testslab_shm_t
    conf->sh = ngx_slab_alloc(conf->shpool, sizeof(ngx_http_testslab_shm_t));
    if (conf->sh == NULL) {
        return NGX_ERROR;
    }
```

```
    conf->shpool->data = conf->sh;

    //初始化红黑树
    ngx_rbtree_init(&conf->sh->rbtree, &conf->sh->sentinel,
                    ngx_http_testslab_rbtree_insert_value);
    //初始化按访问时间排序的链表
    ngx_queue_init(&conf->sh->queue);

    //slab操作共享内存出现错误时，其log输出会将log_ctx字符串作为后缀，以方便识别
    len = sizeof(" in testslab \"\"") + shm_zone->shm.name.len;

    conf->shpool->log_ctx = ngx_slab_alloc(conf->shpool, len);
    if (conf->shpool->log_ctx == NULL) {
        return NGX_ERROR;
    }

    ngx_sprintf(conf->shpool->log_ctx, " in testslab \"%V\"%Z",
                &shm_zone->shm.name);

    return NGX_OK;
}
```

16.2.4　定义模块

先定义 http 模块的回调接口 ngx_http_testslab_module_ctx，设置 main 级别配置结构体的生成方法为 ngx_http_testslab_create_main_conf（因为是 main 级别，所以不需要实现其 merge 合并配置项方法），再设置 http 配置项解析完毕后的回调方法 ngx_http_testslab_init，用于在 11 个 http 请求处理阶段中选择一个处理请求，如下所示：

```
static ngx_http_module_t  ngx_http_testslab_module_ctx =
{
  NULL,                              /* preconfiguration */
  ngx_http_testslab_init,            /* postconfiguration */

  ngx_http_testslab_create_main_conf, /* create main configuration */
  NULL,                              /* init main configuration */

  NULL,                              /* create server configuration */
  NULL,                              /* merge server configuration */

  NULL,                              /* create location configuration */
  NULL                               /* merge location configuration */
};
```

ngx_http_testslab_init 方法用于设置本模块在 NGX_HTTP_PREACCESS_PHASE 阶段生效，代码如下：

```
static ngx_int_t
ngx_http_testslab_init(ngx_conf_t *cf)
{
    ngx_http_handler_pt        *h;
    ngx_http_core_main_conf_t  *cmcf;
```

```
    cmcf = ngx_http_conf_get_module_main_conf(cf, ngx_http_core_module);

    // 设置模块在 NGX_HTTP_PREACCESS_PHASE 阶段介入请求的处理
    h = ngx_array_push(&cmcf->phases[NGX_HTTP_PREACCESS_PHASE].handlers);
    if (h == NULL) {
        return NGX_ERROR;
    }

    // 设置请求的处理方法
    *h = ngx_http_testslab_handler;

    return NGX_OK;
}
```

这里请求的处理方法被设置为 ngx_http_testslab_handler 了，因为在 15.2.2 节中已经准备好了 ngx_http_testslab_lookup 方法，所以它的实现就变得很简单，如下所示：

```
static ngx_int_t
ngx_http_testslab_handler(ngx_http_request_t *r)
{
    size_t                      len;
    uint32_t                    hash;
    ngx_int_t                   rc;
    ngx_http_testslab_conf_t   *conf;

    conf = ngx_http_get_module_main_conf(r, ngx_http_testslab_module);
    rc = NGX_DECLINED;

    // 如果没有配置 test_slab，或者 test_slab 参数错误，返回 NGX_DECLINED 继续执行下一个 http handler
    if (conf->interval == -1)
        return rc;

    // 以客户端 IP 地址（r->connection->addr_text 中已经保存了解析出的 IP 字符串）
    // 和 url 来识别同一请求
    len = r->connection->addr_text.len + r->uri.len;
    u_char* data = ngx_palloc(r->pool, len);
    ngx_memcpy(data, r->uri.data, r->uri.len);
    ngx_memcpy(data+r->uri.len, r->connection->addr_text.data, r->connection->addr_
text.len);

    // 使用 crc32 算法将 IP+URL 字符串生成 hash 码
    // hash 码作为红黑树的关键字来提高效率
    hash = ngx_crc32_short(data, len);

    // 多进程同时操作同一共享内存，需要加锁
    ngx_shmtx_lock(&conf->shpool->mutex);

    rc = ngx_http_testslab_lookup(r, conf, hash, data, len);

    ngx_shmtx_unlock(&conf->shpool->mutex);

    return rc;
}
```

最后，定义 ngx_http_testslab_module 模块：

```
ngx_module_t  ngx_http_testslab_module =
{
    NGX_MODULE_V1,
    &ngx_http_testslab_module_ctx,          /* module context */
    ngx_http_testslab_commands,             /* module directives */
    NGX_HTTP_MODULE,                        /* module type */
    NULL,                                   /* init master */
    NULL,                                   /* init module */
    NULL,                                   /* init process */
    NULL,                                   /* init thread */
    NULL,                                   /* exit thread */
    NULL,                                   /* exit process */
    NULL,                                   /* exit master */
    NGX_MODULE_V1_PADDING
};
```

这样，一个支持多进程间共享数据、共同限制用户请求访问速度的模块就完成了。

16.3 slab 内存管理的实现原理

怎样动态地管理内存呢？先看看需要面对的两个主要问题：

- 在时间上，使用者会随机地申请分配、释放内存；
- 在空间上，每次申请分配的内存大小也是随机的。

这两个问题将给内存分配算法带来很大的挑战：当多次分配、释放不同大小的内存后，将不可避免地造成内存碎片，而内存碎片会造成内存浪费、执行速度变慢！常见的算法有 2 个设计方向：first-fit 和 best-fit。用最简单的实现方式来描述这 2 个算法就是：若已使用的内存之间有许多不等长的空闲内存，那么分配内存时，first-fit 将从头遍历空闲内存块构成的链表，当找到的第 1 块空间大于请求 size 的内存块时，就把它返回给申请者；best-fit 则不然，它也会遍历空闲链表，但如果一块空闲内存的空间远大于请求 size，为了避免浪费，它会继续向后遍历，看看有没有恰好适合申请大小的空闲内存块，这个算法将试图返回最适合（例如内存块大小等于或者略大于申请 size）的内存块。这样，first-fit 和 best-fit 的优劣仿佛已一目了然：前者分配的速度更快，但内存浪费得多；后者的分配速度慢一些，内存利用率上却更划算。而且，前者造成内存碎片的几率似乎要大于后者。

Nginx 的 slab 内存分配方式是基于 best-fit 思路的，即当我们申请一块内存时，它只会返回恰好符合请求大小的内存块。但是，怎样可以更快速地找到 best-fit 内存块呢？ Nginx 首先有一个假定：所有需要使用 slab 内存的模块请求分配的内存都是比较小的（绝大部分小于 4KB）。有了这个假定，就有了一种快速找到最合适内存块的方法，主要包括 5 个要点：

1）把整块内存按 4KB 分为许多页，这样，如果每一页只存放一种固定大小的内存块，由于一页上能够分配的内存块数量是很有限的，所以可以在页首上用 bitmap 方式，按二进制位表示页上对应位置的内存块是否在使用中。只是遍历 bitmap 二进制位去寻找页上的空闲内存块，使得消耗的时间很有限，例如 bitmap 占用的内存空间小导致 CPU 缓存命中率高，可以按 32 或 64 位这样的总线长度去寻找空闲位以减少访问次数等。

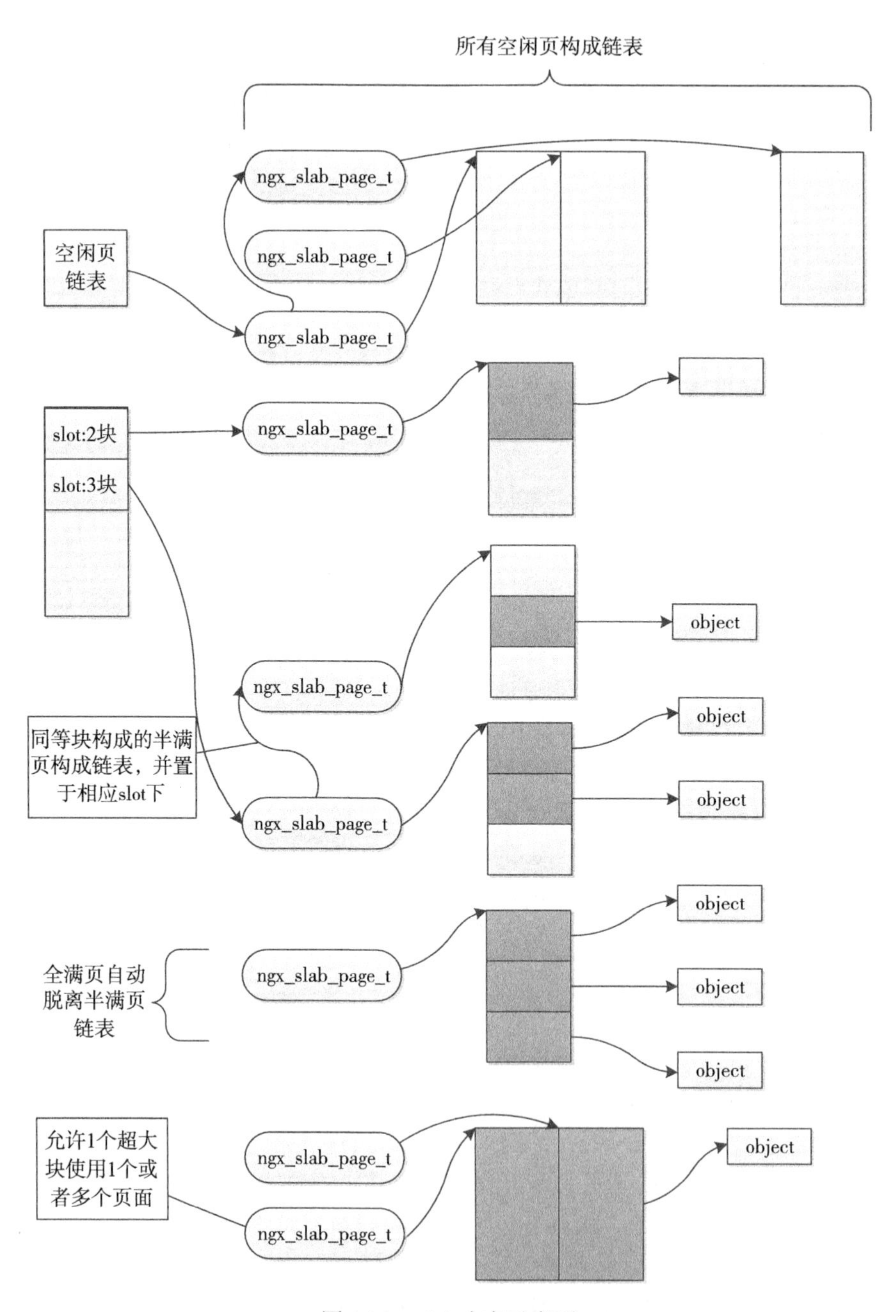

图 16-2 slab 内存示意图

2）基于空间换时间的思想，slab 内存分配器会把请求分配的内存大小简化为极为有限的几种（简化的方法有很多，例如可以按照 fibonacci 方法进行），而 Nginx slab 是按 2 的倍数，将内存块分为 8、16、32、64……字节，当申请的字节数大于 8 小于等于 16 时，就会使用 16 字节的内存块，以此类推。所以，一种页面若存放的内存块大小为 N 字节，那么，使用者申请的内存在 N/2+1 与 N 之间时，都将使用这种页面。这样最多会造成一倍内存的浪费，但使得页种类大大减少了，这会降低碎片的产生，提高内存的利用率。

3）让有限的几种页面构成链表，且各链表按序保存在数组中，这样一来，用直接寻址法就可以快速找到。在 Nginx slab 中，用 slots 数组来存放链表首页。例如，如果申请的内存大小为 30 字节，那么根据最小的内存块为 8 字节，可以算出从小到大第 3 种内存块存放的内存大小为 32 字节，符合要求，从 slots 数组中取第 3 个元素则可以寻找到 32 字节的页面。

4）这些页面中分为空闲页、半满页、全满页。为什么要这么划分呢？因为上述的同种页面链表不应当包含太多元素，否则分配内存时遍历链表一样非常耗时。所以，全满页应当脱离链表，分配内存时不应当再访问到它。空闲页应该是超然的，如果这个页面曾经为 32 字节的内存块服务，在它又成为空闲页时，下次便可以为 128 字节的内存块服务。因此，所有的空闲页会单独构成一个空闲页链表。这里 slots 数组采用散列表的思想，用快速的直接寻址方式将半满页展现在使用者面前。

5）虽然大部分情况下申请分配的内存块是小于 4KB 的，但极个别可能会有一些大于 4KB 的内存分配请求，拒绝它则太粗暴了。对于此，可以用遍历空闲页链表寻找地址连续的空闲页来分配，例如需要分配 11KB 的内存时，则遍历到 3 个地址连续的空闲页即可。

以上 5 点，就是 Nginx slab 内存管理方法的主要思想，如图 16-2 所示。

图 16-2 中，每一页都会有一个 ngx_slab_page_t 结构体描述，object 是申请分配到的内存存放的对象，阴影方块是已经分配出的内存块，空白方块则是未分配的内存块。下面开始详细描述 slab 算法。

16.3.1　内存结构布局

每一个 slab 内存池对应着一块共享内存，这是一段线性的连续的地址空间，这里不只是有将要分配给使用者的应用内存，还包括 slab 管理结构，事实上从这块内存的首地址开始就是管理结构体 ngx_slab_pool_t，我们看看它的定义：

```
typedef struct {
    // 为下面的互斥锁成员 ngx_shmtx_t mutex 服务，使用信号量作进程同步工具时会用到它
    ngx_shmtx_sh_t     lock;

    // 设定的最小内存块长度
    size_t             min_size;

    // min_size 对应的位偏移，因为 slab 的算法大量采用位操作，从下面章节里可以看出先计算出
```

```
    //min_shift很有好处
    size_t              min_shift;

    //每一页对应一个ngx_slab_page_t页描述结构体，所有的ngx_slab_page_t存放在连续的
    //内存中构成数组，而pages就是数组首地址
    ngx_slab_page_t   *pages;

    //所有的空闲页组成一个链表挂在free成员上
    ngx_slab_page_t    free;

    //所有的实际页面全部连续地放在一起，第1页的首地址就是start
    u_char             *start;

    //指向这段共享内存的尾部
    u_char             *end;

    //在14.8节中曾介绍过Nginx封装的互斥锁，这里就是一个应用范例
    ngx_shmtx_t         mutex;

    //slab操作失败时会记录日志，为区别是哪个slab共享内存出错，可以在slab中分配一段内存存
    //放描述的字符串，然后再用log_ctx指向这个字符串
    u_char             *log_ctx;

    //实际就是'\0'，它为上面的log_ctx服务，当log_ctx没有赋值时，将直接指向zero，
    //表示空字符串防止出错
    u_char              zero;

    //由各个使用slab的模块自由使用，slab管理内存时不会用到它
    void               *data;

    //指向所属的ngx_shm_zone_t里的ngx_shm_t成员的addr成员，在16.3.3节再详述
    void               *addr;
} ngx_slab_pool_t;
```

从图16-3中可以看到，这段共享内存由前至后分为6个部分：

- ngx_slab_pool_t结构体。
- 不同种类页面的半满页链表构成的数组，下文称为slots数组，便于大家对照Nginx源码。将共享内存首地址加上sizeof(ngx_slab_pool_t)即可得到slots数组。
- 所有页描述ngx_slab_page_t构成的数组，ngx_slab_pool_t中的pages成员指向这个数组，下文简称为pages数组。
- 为了让地址对齐、方便对地址进行位操作而“牺牲的”不予使用的内存。
- 真实的页，页中的地址需要对齐以便进行位操作，因此其前后会有内存浪费。ngx_slab_pool_t中的start成员指向它。
- 为了地址对齐牺牲的内存。

图16-3中一个slab共享内存与ngx_shm_zone_t和ngx_cycle_t的关系将在16.3.5节中详述。下面来看看slots数组与pages数组是如何工作的。

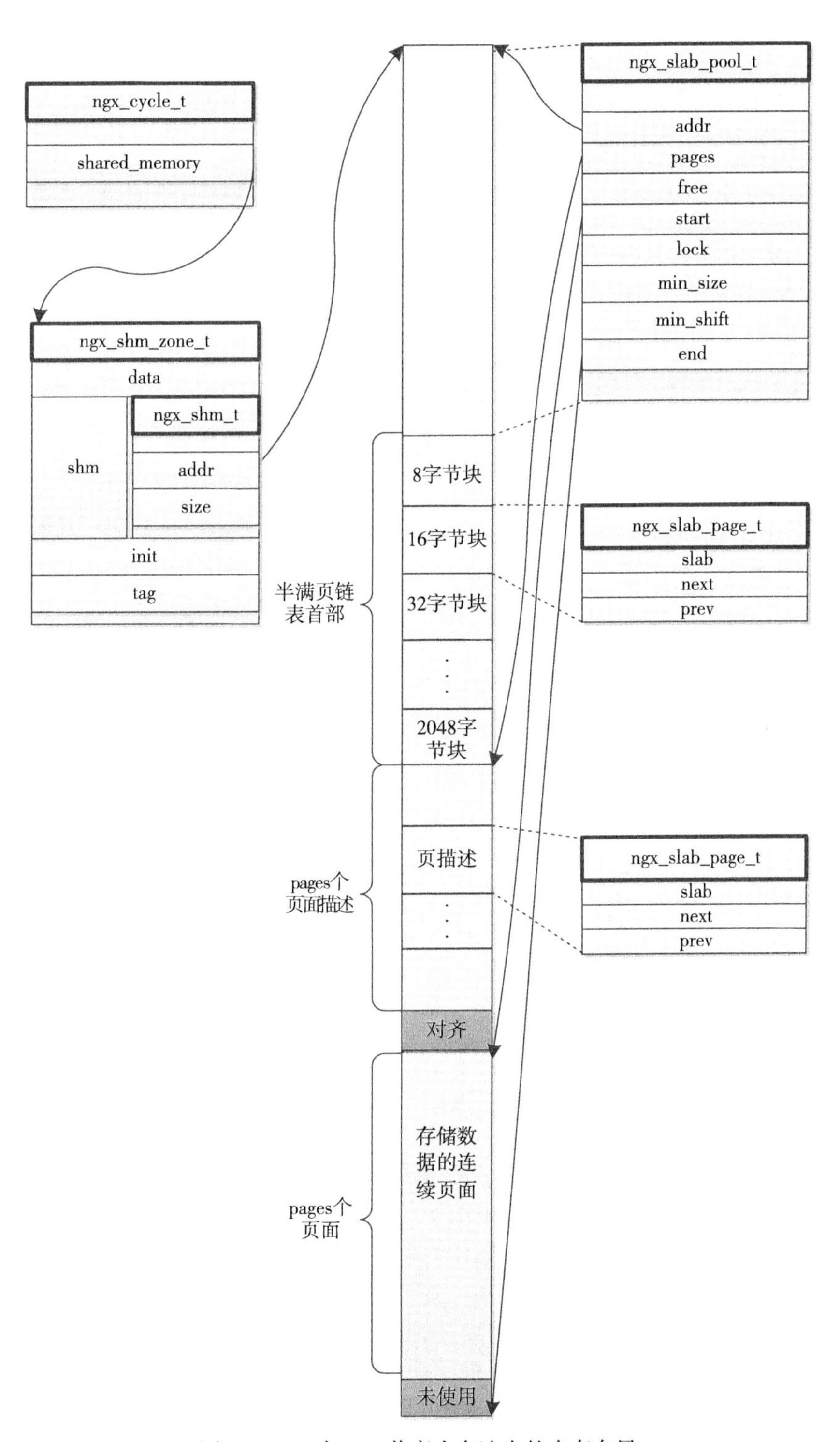

图 16-3 一个 slab 共享内存池中的内存布局

无论是 slots 数组还是 pages 数组，都是以页为单位进行的，页在 slab 管理设计中是很核心的概念。每一页都有一个描述结构 ngx_slab_page_t 对应，下面来看看 ngx_slab_page_t 的定义是怎样的。

```
typedef struct ngx_slab_page_s  ngx_slab_page_t;

struct ngx_slab_page_s {
    // 多用途
    uintptr_t         slab;

    // 指向双向链表中的下一页
    ngx_slab_page_t  *next;

    // 多用途，同时用于指向双向链表中的上一页
    uintptr_t         prev;
};
```

从图 16-2 中可以看到，页分为空闲页和已使用页，而已使用页中又分为还有空闲空间可供分配的半满页和完全分配完毕的全满页。每一页的大小由 ngx_pagesize 变量指定，同时为方便大量的位操作，还定义了页大小对应的位移变量 ngx_pagesize_shift，如下：

```
ngx_uint_t  ngx_pagesize;
ngx_uint_t  ngx_pagesize_shift;
```

这两个变量可在 ngx_os_init 方法中初始化，如下：

```
ngx_int_t ngx_os_init(ngx_log_t *log)
{
...
    ngx_pagesize = getpagesize();
    for (n = ngx_pagesize; n >>= 1; ngx_pagesize_shift++) { /* void */ }
...
}
```

全满页和空闲页较为简单。全满页不在任何链表中，它对应的 ngx_slab_page_t 中的 next 和 prev 成员没有任何链表功能。

所有的空闲页构成 1 个双向链表，ngx_slab_pool_t 中的 free 指向这个链表。然而需要注意的是，并不是每一个空闲页都是该双向链表中的元素，可能存在多个相邻的页面中，仅首页面在链表中的情况，故而首页面的 slab 成员大于 1 时则表示其后有相邻的页面，这些相邻的多个页面作为一个链表元素存在。但是，也并不是相邻的页面一定作为一个链表元素存在，如图 16-4 所示。

在图 16-4 中，有 5 个连续的页面，左边是描述页面的 ngx_slab_page_t 结构体，右边则是真正的页面，它们是一一对应的。其中，第 1、2、4、5 页面都是空闲页，第 3 页则是全满页。而 free 链表的第 1 个元素是第 5 页，第 2 个元素是第 4 页，可见，虽然第 4、5 页是连续的，但是，由于分配页面与回收页面时的时序不同，导致这第 4、5 个页面间出现了相见不相识的现象，只能作为 2 个链表元素存在，这将会造成未来分配不出占用 2 个页面的大

块内存，虽然原本是可以分配出的。第 3 个元素是第 1 页。第 2 页附在第 1 页上，这还是与分配、回收页面的时机有关，事实上，当 slab 内存池刚刚初始化完毕时，free 链表中只有 1 个元素，就是第 1 个页面，该页面的 slab 成员值为总页数。第 3 页是全满页，其 next 指针是为 NULL，而 prev 也没有指针的含义。

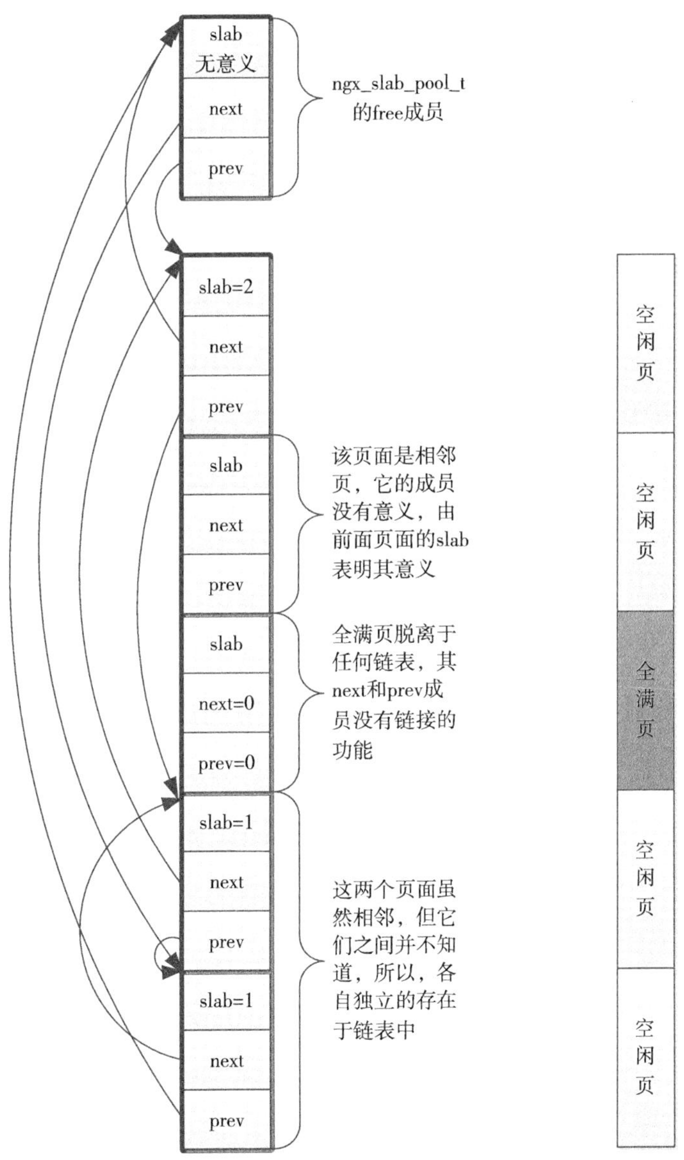

图 16-4 空闲页与全满页的 ngx_slab_page_t 成员意义

对于半满页，存放相同大小内存块的页面会构成双向链表，挂在 slots 数组的相应位置上，图 16-2 中已经可以看到。那么，页面上究竟会分出多少种不同大小的内存块呢？

ngx_slab_pool_t 中的 min_size 成员已经指定了最小内存块的大小，它在初始化 slab 的方法 ngx_slab_init 中赋值：

```
void ngx_slab_init(ngx_slab_pool_t *pool)
{
    ...
    pool->min_size = 1 << pool->min_shift;
    ...
}
```

而 min_shift 同样是为了位操作而设的，它的初始化则是将在 16.3.3 节介绍的 ngx_init_zone_pool 方法里赋值的：

```
static ngx_int_t
ngx_init_zone_pool(ngx_cycle_t *cycle, ngx_shm_zone_t *zn)
{
    ngx_slab_pool_t  *sp;
    ...
    sp->min_shift = 3;
    ...
}
```

页面能够存放的最大内存块大小则由变量 ngx_slab_max_size 指定：

```
// 存放多个内存块的页面中，允许的最大内存块大小为 ngx_slab_max_size
static ngx_uint_t  ngx_slab_max_size;
```

它的大小实际是页面大小的一半（在 ngx_slab_init 方法中设置）：

```
if (ngx_slab_max_size == 0) {
    ngx_slab_max_size = ngx_pagesize / 2;
}
```

为什么是 ngx_pagesize/2 而不干脆就是 ngx_pagesize 呢？反正一个页面只存放一个内存块也可以啊！这是因为 slab 中把不等长的内存大小分为了 4 个大类，这样分类后，可以使得 ngx_slab_page_t 的 3 个成员与实际页面的内存管理在时间和空间上更有效率。这 4 大类的定义还需要 1 个变量 ngx_slab_exact_size 的参与，如下：

```
static ngx_uint_t  ngx_slab_exact_size;
static ngx_uint_t  ngx_slab_exact_shift;
```

它的赋值也在 ngx_slab_init 方法中进行：

```
ngx_slab_exact_size = ngx_pagesize / (8 * sizeof(uintptr_t));
for (n = ngx_slab_exact_size; n >>= 1; ngx_slab_exact_shift++) {
        /* void */
}
```

ngx_slab_exact_size 到底想表达什么意思呢？

其实就是，ngx_slab_page_t 的 slab 中是否可以恰好以 bitmap 的方式指明页面中所有内存块的使用状态。例如，1 个二进制位就可以用 0 和 1 表示内存块是否被使用，slab 成员的类型是 uintptr_t，它有 sizeof(uintptr_t) 个字节，每个字节有 8 位，这样按顺序 slab 就可以表示 8 * sizeof(uintptr_t) 个内存块。如果 1 个页面中正好可以存放这么多内存块，那么 slab 就可以只当做 bitmap 使用，此时，该页面存放的内存块大小就是 ngx_pagesize/(8*sizeof(uintptr_t))。以此作为标准划分，就可以更精确地使用 slab 成员了。表 16-1 就展示了 4 类内存是怎样划分的，以及 ngx_slab_page_t 各成员的意义。

表 16-1 4 类内存中页面描述 ngx_slab_page_t 的各成员意义

	ngx_slab_page_t		
	slab	next	prev
小块内存，小于 ngx_slab_exact_size	表示该页面上存放的等长内存块大小，当然是用位偏移的方式存放的	指向双向链表的下一个元素，如果不在双向链表中，则为 0	低 2 位为 11，以 NGX_SLAB_SMALL 表示当前页面存放的是小块内存
中等内存，等于 ngx_slab_exact_size	作为 bitmap 表示页上的内存块是否已被使用	同上	低 2 位为 10，以 NGX_SLAB_EXACT 表示当前页面存放的是中等大小的内存
大块内存，大于 ngx_slab_exact_size 而小于 ngx_slab_max_size	高 TDC_STORAGE_MAP_MASK 位表示 bitmap，而低 TDC_STORAGE_SHIFT_MASK 位表示存放的内存块大小	同上	低 2 位为 01，以 NGX_SLAB_BIG 表示当前页面存放的是大块内存
超大内存，大于等于 ngx_slab_max_size	超大内存会使用 1 页或者多页，这些页都在一起使用。对于这批页面中的第 1 页，slab 的前 3 位会被设为 NGX_SLAB_PAGE_START，其余位表示紧随其后相邻的同批页面数；反之，slab 会被设为 NGX_SLAB_PAGE_BUSY	同上	低 2 位为 00，以 NGX_SLAB_PAGE 表示当前页面是以整页来使用

16.3.2 分配内存流程

分配内存时，主要涉及在半满面上分配和从空闲页上分配新页，并初始化这 2 个流程，而半满页分配又涉及在 bitmap 上查找空闲块，对于小块、中等、大块内存这三种页面而言，其 bitmap 放置的位置并不相同，图 16-5 主要说明了以上内容，下面详细解释图中的 15 个步骤。

1）如果用户申请的内存 size 大于前文介绍过的 ngx_slab_max_size 变量，则认为需要按页面来分配内存，此时跳转到步骤 2；否则，由于一个页面可以存放多个内存块，因此需要考虑 bitmap，此时跳转到步骤 6 继续执行。

2）判断需要分配多少个页面才能存放 size 字节，不足 1 页时按 1 页算。如下：

```
ngx_uint_t pages = (size >> ngx_pagesize_shift) + ((size % ngx_pagesize) ? 1 : 0)
```

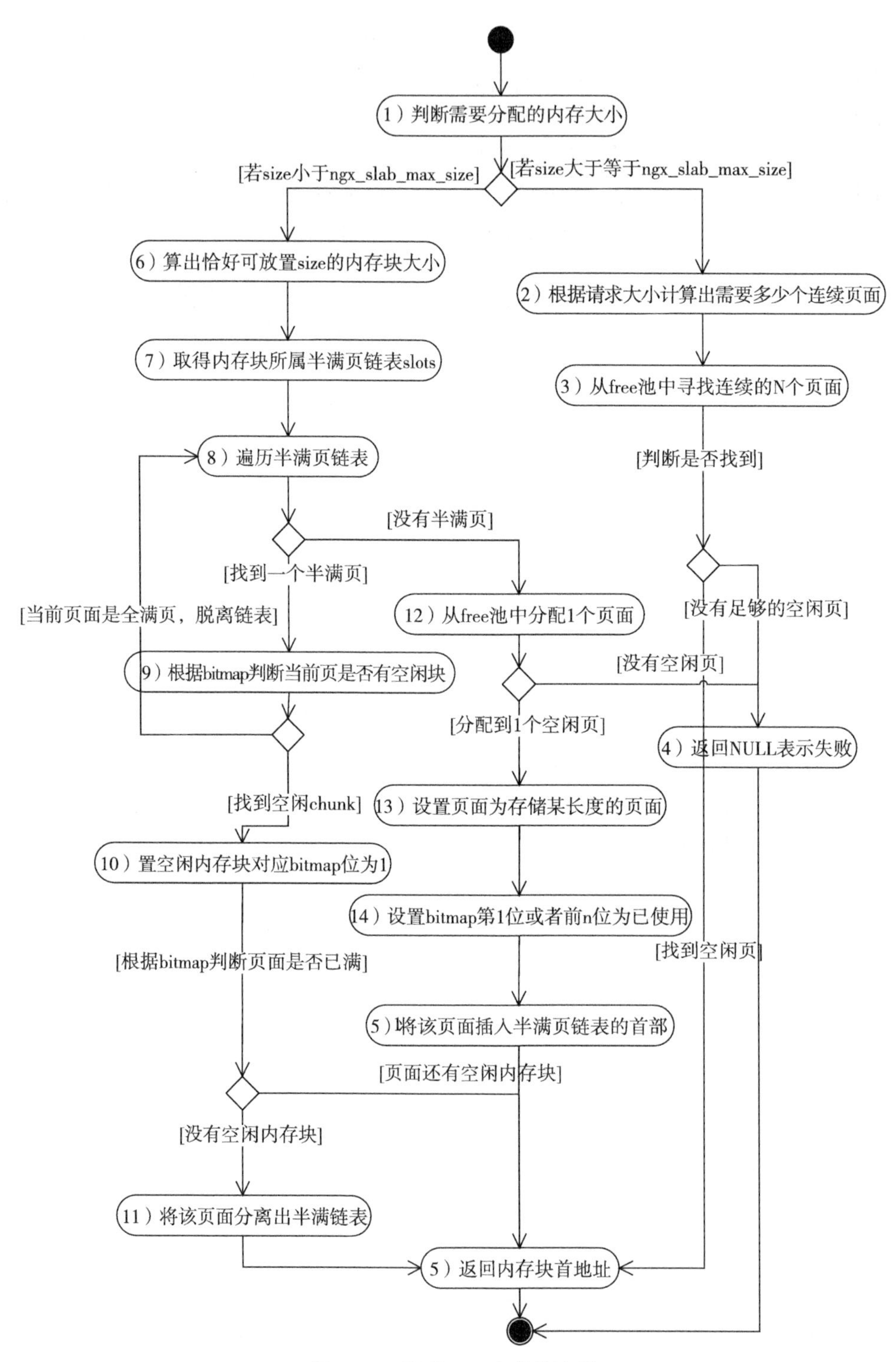

图 16-5　分配 slab 内存的流程

3）遍历 free 空闲页链表，找到能够容纳下 size 的连续页面。如果只需要分配 1 页，那么很简单，只要遍历到空闲页就可以结束；但如果要分配多页，free 链表中的每个页描述 ngx_slab_page_t 中的 slab 指明了其后连续的空闲页数，所以获取多个连续页面时，只要查找 free 链表中每个元素的 slab 是否大于等于 pages 页面数即可。下面针对分配页面的 ngx_slab_alloc_pages 方法进行说明：

```
static ngx_slab_page_t *
ngx_slab_alloc_pages(ngx_slab_pool_t *pool, ngx_uint_t pages)
{
    ngx_slab_page_t  *page, *p;
    //遍历 free 空闲页链表，参见图 16-4
    for (page = pool->free.next; page != &pool->free; page = page->next) {

        //表明连续页面数足以容纳 size 字节
        if (page->slab >= pages) {

            //如果链表中的这个页描述指明的连续页面数大于要求的 pages，只取所需即可，
            //将剩余的连续页面数仍然作为一个链表元素放在 free 池中
            if (page->slab > pages) {

                //page[pages] 是这组连续页面中，第 1 个不被使用到的页，所以，
                //将由它的页描述 ngx_slab_page_t 中的 slab 来表明后续的连续页数
                page[pages].slab = page->slab - pages;

                //接下来将剩余的连续空闲页的第 1 个页描述 page[pages] 作为
                //链表元素插入到 free 链表中，取代原先所属的 page 页描述
                //将 page[pages] 的链表指向当前链表元素的前后元素
                page[pages].next = page->next;
                page[pages].prev = page->prev;

                //将链表的上一个元素指向 page[pages]
                p = (ngx_slab_page_t *) page->prev;
                p->next = &page[pages];

                //将链表的下一个元素指向 page[pages]
                page->next->prev = (uintptr_t) &page[pages];

            } else {
                //slab 等于 pages 时，直接将 page 页描述移出 free 链表即可
                p = (ngx_slab_page_t *) page->prev;
                p->next = page->next;
                page->next->prev = page->prev;
            }

            //这段连续页面的首页描述的 slab 里，高 3 位设 NGX_SLAB_PAGE_START
            page->slab = pages | NGX_SLAB_PAGE_START;
            //不在链表中
            page->next = NULL;
            //prev 定义页类型：存放 size>=ngx_slab_max_size 的页级别内存块
            page->prev = NGX_SLAB_PAGE;

            if (--pages == 0) {
```

```
            // 如果只分配了 1 页，此时就可以返回 page 了
            return page;
        }

        // 如果分配了连续多个页面，后续的页描述也需要初始化
        for (p = page + 1; pages; pages--) {
            // 连续页作为一个内在块一起分配出时，非第 1 页的 slab 都置为 NGX_SLAB_PAGE_BUSY
            p->slab = NGX_SLAB_PAGE_BUSY;
            p->next = NULL;
            p->prev = NGX_SLAB_PAGE;
            p++;
        }
// 连续的各个页描述都初始化完成后，返回页 page
        return page;
}
}

// 没有找到符合要求的页面，返回 NULL
return NULL;
}
```

介绍完 ngx_slab_alloc_pages 方法可知，如果找到符合要求的页面，那么跳到第 5 步，返回页面的首地址即可；没有找到这样的页面，跳到第 4 步返回 NULL。

4）返回 NULL，表明分配不出新内存，OutOfMemory。

5）返回可以使用的内存块首地址。

6）slab 页面上允许存放的内存块以 8 字节起步，若字节数在 ngx_slab_max_size 以内时是按 2 的倍数递增的，那么这与第 2 步按页分配时是不同的，按页分配时最多浪费 ngx_pagesize-1 字节的内存，例如分配 4097 字节时必须返回 2 个连续页；而按 2 的倍数分配时，则最多会浪费 size-2 字节内存，例如分配 9 字节时应返回 16 字节的内存块，浪费了 7 个字节。

此时 size 小于 ngx_slab_max_size，因此要依据 best-fit 原则找一个恰好能放下 size 的内存块大小。

7）取出所有半满页链表构成的 slots 数组，由于链表是以内存块从小到大以 2 的整数倍按序放在数组中的，所以使用直接寻址的方式找到第 6 步指示的内存块所属半满页链表。

8）遍历半满页链表。如果没有找到半满页，则跳到第 12 步去分配新页存放该内存块；找到一个半满页，则继续执行第 9 步。

9）根据表 16-1 可知，当内存块小于 ngx_slab_max_size 时，每页都必须使用 bitmap 来标识内存块的使用状况。而依据 bitmap 的存放位置不同，又分为小块、中等、大块内存。此时，需要根据第 6 步算出的内存块大小，先找到 bitmap 的位置，再遍历它找到第 1 个空闲的内存块。如果找到空闲内存块，则继续执行第 10 步；否则，这个半满面就名不符实了，它实际上就是一个全满页，所以可以脱离半满页链表了，继续第 8 步遍历链表。

10）首先将找到的空闲内存块对应的 bitmap 位置为 1，以示内存块在使用中。接着，检查这是否为当前页的最后一个空闲内存块，如果是，则半满页变为全满页，跳到第 11 步执行；否则，直接跳到第 5 步，返回这个内存块地址。

11）将页面分离出半满页链表，再跳转到第 5 步。

12）未找到半满页，需要从 free 空闲页链表中申请出新的一页，参见第 3 步介绍过的 ngx_slab_alloc_pages 方法，如果未分配出新页，跳到第 4 步返回 NULL。

13）设置新页面存放的内存块长度为第 6 步指定的值。同时设置它的页描述的 prev 成员低位，指明它是小块、中等还是大块内存块页面。

14）新页面分配出了第 1 个内存块，对于中等、大块内存页来说，置 bitmap 第 1 位为 1 即可，但对于小块内存页，由于它的前几个内存块是用于 bitmap 的，因此不能再次被使用，所以对应的 bit 位需要置为 1，并把下一个表明当前分配出的内存块的 bit 位也置为 1。

15）这个新页面由空闲页变为半满页，因此将页面插入半满页链表的首部。

16.3.3 释放内存流程

释放内存时不需要遍历链表、bitmap，所以速度更快。图 16-6 说明了释放内存的完整流程。

释放内存的流程如图 16-6 所示。

1）首先判断释放的内存块地址是否合法，依据为是否在 ngx_slab_pool_t 的 start、end 成员指示的页面区之间。如果不合法，直接结束释放流程，例如：

```
void ngx_slab_free_locked(ngx_slab_pool_t *pool, void *p)
{
if ((u_char *) p < pool->start || (u_char *) p > pool->end) {
    //p 地址非法
        ...
```

2）从待释放的内存块地址 p 可以快速得到它所属的页描述结构体，如下：

```
ngx_uint_t  n = ((u_char *) p - pool->start) >> ngx_pagesize_shift;
ngx_slab_page_t * page = &pool->pages[n];
```

page 变量就是页描述结构体，在 16.3.4 节会详细介绍类似地址位运算。

3）根据页描述结构体的 prev 成员，得到该页面是用于小块、中等、大块的内存，或者按页分配的内存。因为存放小块、中等、大块内存的页面含有 bitmap，这样的页面处理时要再次核实 bitmap 中 p 对应的 bit 位是否为 1，防止重复释放，此时跳到第 5 步执行；如果 p 当初是按页分配的，不需要考虑 bitmap，释放起来更简单，继续执行第 4 步。

4）由页描述的 slab 成员可以获得当前使用的内存究竟占用了多少页（参考图 16-5 的第 3 步），如下：

```
ngx_uint_t pages  = slab & ~NGX_SLAB_PAGE_START
```

接着，跳到第 11 步调用 ngx_slab_free_pages 释放这 pages 个页面。

5）这个页面存放了多个内存块，参考表 16-1 可知，从页描述的 slab 成员可以获取这个页面存放多大的内存块。

6）用页大小除以内存块大小，可以得到需要多少个 bit 位来存放 bitmap。再根据地址 p 与页面首地址的相对偏移量，计算出 p 对应的内存块占用了 bitmap 中的哪个 bit 位。

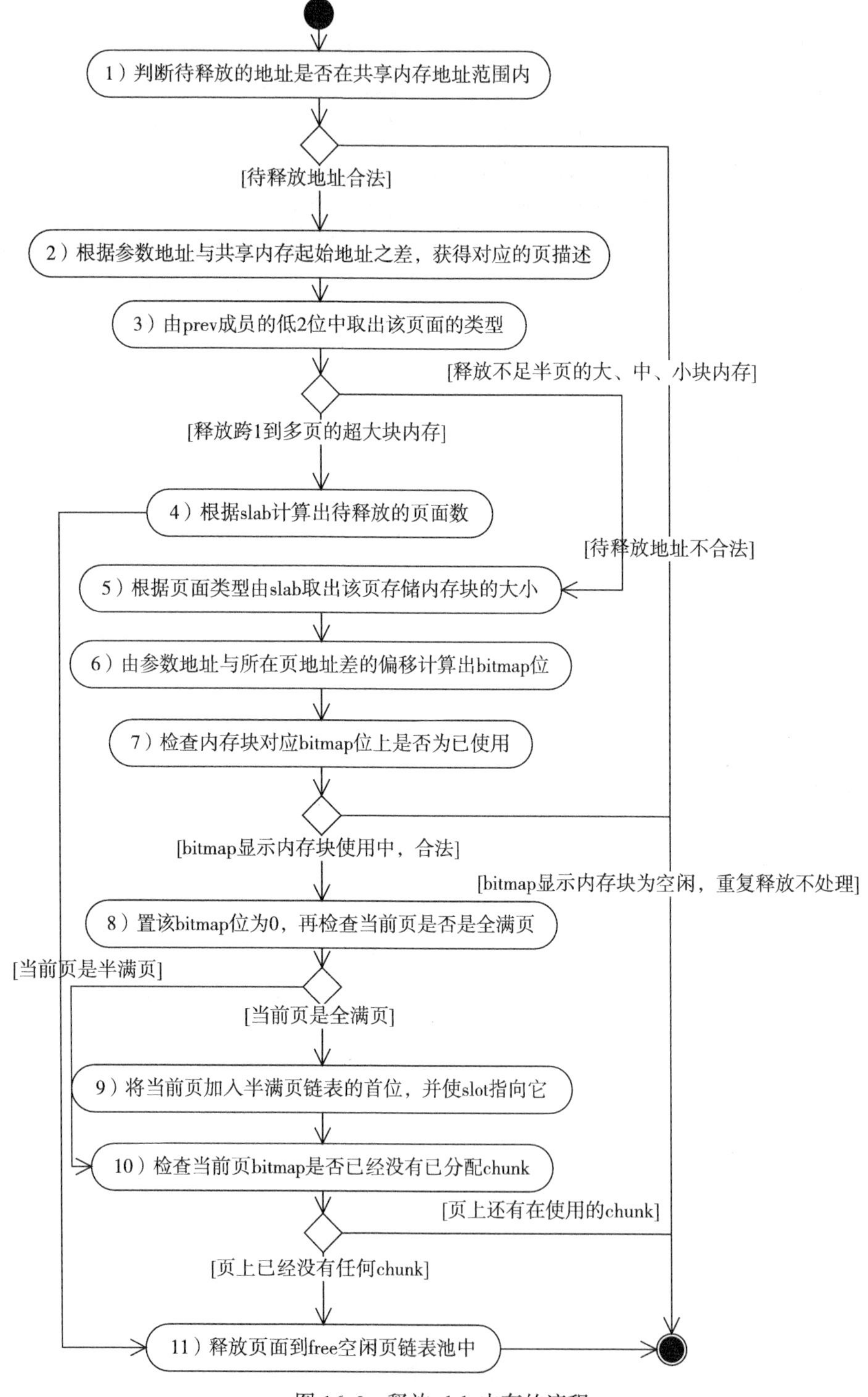

图 16-6 释放 slab 内存的流程

7）检查bitmap中该内存块对应的bit位是否为1。如果是1，那么执行第8步继续释放；否则，可以认为当前是在释放一个已经被释放的内存，结束释放流程。

8）将这个bit位由1改为0，这样如果原先这是一个全满页，就会变为半满页，执行第9步；否则，直接执行第10步。

9）当前页面既然由全满页变为半满页，就必须插入slots中的半满页链表，供下次分配内存时使用。

10）检查bitmap中是否还有值为0的bit位，判断当前页是否变为空闲页，如果变成了空闲页，则执行第11步将它加入到free链表中。

11）回收页面，ngx_slab_free_pages方法负责将这些页面插入到free链表中，我们看看它的实现是怎样的：

```
static void
ngx_slab_free_pages(ngx_slab_pool_t *pool, ngx_slab_page_t *page,
    ngx_uint_t pages)
{
    ngx_slab_page_t  *prev;

    //page将会加入到free链表中，连续页面数为pages，所以把slab置为pages
    page->slab = pages--;

    //除了page本身，检查其后是否还有页面
if (pages) {
    //将紧邻的页面描述结构体所有成员置为0
        ngx_memzero(&page[1], pages * sizeof(ngx_slab_page_t));
    }
    ...
    //将释放的首页page的页描述插入到free链表的首部
    page->prev = (uintptr_t) &pool->free;
    page->next = pool->free.next;
    page->next->prev = (uintptr_t) page;
    pool->free.next = page;
}
```

16.3.4 如何使用位操作

本节以较为复杂的小块内存页为例，介绍如何使用位操作来加速分配、释放内存，方便读者朋友阅读晦涩的位操作部分源代码。

除了NGX_SLAB_PAGE类型的页面，每个页面都可以存放多个内存块。这样，每个页面都需要有一个bitmap来表示每一个内存块究竟是被使用的还是空闲的。然而，如果一个页面存放的内存块大小小于ngx_slab_exact_size，那么一个uintptr_t是存放不下bitmap的。这时，将会使用页面里的前几个内存块充当bitmap，如图16-7所示。

实际上图16-7描述了一种在小块内存半满页上分配内存的场景。下面简要地用源码中用到的各种位操作来描述这一过程。

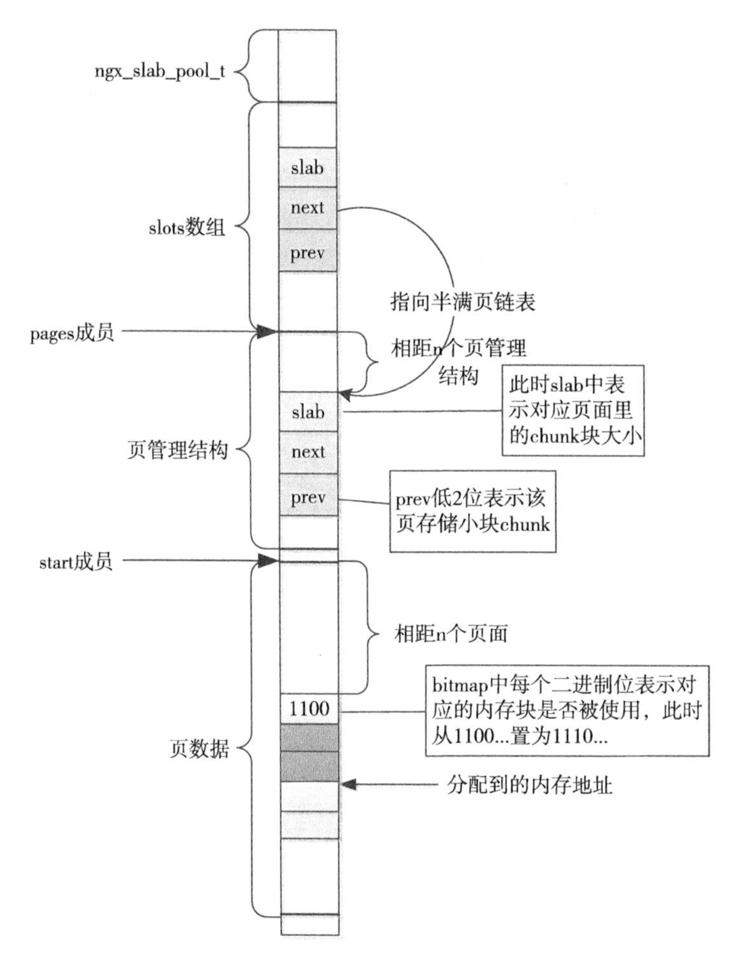

图 16-7 小块内存页面的 bitmap 会直接占用页面中的内存

用户在 ngx_slab_alloc 方法中申请 size_t size 大小的内存，而 slab 中是按 2 的幂来决定页面能够存放的内存块大小的。哪一种大小的内存块恰好能够容纳 size 字节呢？很简单，如下所示：

```
ngx_uint_t shift=1;
size_t s;
for (s = size - 1; s >>= 1; shift++) { /* void */ }
```

这样，我们获得了位操作必需的、恰好容纳 size 字节的内存块的偏移量 shift。除此以外，还需要拿到 slots 数组，这里放置了半满页构成的链表，从共享首地址数起，加上 sizeof(ngx_slab_pool_t) 字节即可拿到，如下所示：

```
ngx_slab_pool_t *pool;
...
ngx_slab_page_t   *slots = (ngx_slab_page_t *) ((u_char *) pool + sizeof(ngx_
slab_pool_t));
```

slots 数组中按照内存块大小的顺序（从小到大），依次存放了各种等长块页面构成的半满页链表。选用哪一个 slots 数组呢？用 shift 偏移减去表达最小块的 min_shift 成员即可：

```
ngx_uint_t slot = shift - pool->min_shift;
ngx_slab_page_t  *page = slots[slot].next;
```

这样，page 就将是一个半满页。如果 slots 中没有半满页，那么 page 是 NULL。图 16-5 中描述的场景是含有半满页的，所以下面继续基于这个假定进行说明。

接着，我们发现用户希望分配的内存块大小是小于 ngx_slab_exact_size 的，此时，首先要找到 bitmap 的初始位置，准备按位来查找到空闲块。bitmap 其实就在页面的首地址上，怎样用位操作快速找到页面呢？从图 16-5 中可以看到 ngx_slab_pool_t 的 pages 指针和 start 指针，它们是关键！

上面找到的 page 是半满页的 ngx_slab_page_t 描述结构体的首地址，用它减去 pages 就可以得到该页面在整个 slab 中是第 N 个页面（这 2 个相减的变量都是 ngx_slab_page_t* 类型）。start 是对齐后 slab 第 1 个页面的起始地址，所以，start 加上 N*pagesize 就可以得到该半满页的实际页面首地址，如下所示：

```
uintptr_t p = (page - pool->pages) << ngx_pagesize_shift;
uintptr_t* bitmap = (uintptr_t *) (pool->start + p);
```

这样，bitmap 变量将指向 bitmap 的首地址，同时也指向第 1 个页面。对于小块内存来说，1 个 uintptr_t 类型是注定存放不下 bitmap 的。到了按位比较找到空闲块的时候了，然而为了加快运算速度，我们并不能总按照二进制位来循环进行，可以先用 uintptr_t 类型快速与 0xffffffffffffffff（下文的 NGX_SLAB_BUSY 宏）比较，如果相等则说明没有空闲块，而不等时才有必要按二进制位慢慢地找出那个空闲块。所以，现在我们有必要知道，多少个 uintptr_t 类型可以完整地表达该页面的 bitmap？用页面大小除以块大小可以知道页面能存放多少个块，除以 8 就可以知道需要多少字节来存放 bitmap，再除以 sizeof(uintptr_t) 就可以知道需要多少个 uintptr_t 来存放 bitmap。实际上，这一系列操作下面这行语句就可以做到：

```
ngx_uint_t  map = (1 << (ngx_pagesize_shift - shift))
                        / (sizeof(uintptr_t) * 8);
```

这里避免了更慢的除法，这就是位操作的优势！ map 就是 bitmap 需要的总 uintptr_t 数。下面我们看看怎样在一个存放小块内存的半满面中，根据 bitmap 的位操作快速找到空闲块。

```
//共需要 map 个 uintptr_t 才能表达完整的 bitmap
for (uintptr_t n = 0; n < map; n++) {

    //通过用 uintptr_t 与 NGX_SLAB_BUSY 比较，快速 pass 掉全满的 uintptr_t
if (bitmap[n] != NGX_SLAB_BUSY) {

        //确认当前 bitmap[n] 上有空闲块，再一位一位的查找
        for (uintptr_t m = 1, i = 0; m; m <<= 1, i++) {

            //这个位如果是 1 则表示内存块已被使用，继续循环遍历
```

```
if ((bitmap[n] & m)) {
                        continue;
                    }

                    //既然找到了空闲位，先把这个位从 0 置为 1
                    bitmap[n] |= m;

                    //那么，当前的这个 bit 到底对应着该页面的第几个内存块呢？从 n 和 i 即可得到，
                    //n*sizeof(uintptr_t)*8+i。再使用 <<shift 即可得到该内存块在页面上的字节偏移量
                    i = ((n * sizeof(uintptr_t) * 8) << shift)
                                        + (i << shift);

                    //p 就是那个空闲块的首地址，用 bitmap 加上字节偏移 i 得到
                    p = (uintptr_t) bitmap + i;

                    //后续还有操作，例如判断如果页面由半满变为全满，则脱离链表
                    ...
                }
            }
        }
```

如果没有半满页，则需要从 free 空闲链表中分配出 1 页，再初始化该页中的 bitmap。我们来看看源码中是怎样用位操作为初始化 bitmap 的。

```
//page 是从 free 空闲链表中新分配出的页面，用其与 pages 数组相减后即可得到是第几个页面，
//再左移 ngx_pagesize_shift 即表示从 start 起到实际页面的字节偏移量
p = (page - pool->pages) << ngx_pagesize_shift;

//bitmap 既是页面的首地址，也是 bitmap 的起始
bitmap = (uintptr_t *) (pool->start + p);

//s 为该页存放的块大小
s = 1 << shift;

//n 表示需要多少个内存块才能放得下整个 bitmap
n = (1 << (ngx_pagesize_shift - shift)) / 8 / s;
if (n == 0) {
    n = 1;
}

//因为前 n 个内存块已经用于 bitmap 了，它们不可以再被使用，所以置这些内存块对应的 bit 位为 1。因为
//bitmap 这里占用的内存块数，不可能连 1 个 uintptr_t 都放不下，所以只需要设置第 1 个 uintptr_t 即可
bitmap[0] = (2 << n) - 1;

// map 表示需要多少个 uintptr_t 才能放得下整个 bitmap
map = (1 << (ngx_pagesize_shift - shift)) / (sizeof(uintptr_t) * 8);
for (i = 1; i < map; i++) {
    //设置剩余的 bit 位为 0
    bitmap[i] = 0;
}

//根据前述 s 和 n 的意义，可知 s*n 就是在这个页面里，第 1 个可以使用的空闲块的偏移字节数。
```

```
// 再加上该页面与 start 间的偏移量，p 就是空闲块与 start 间的偏移量
p = ((page - pool->pages) << ngx_pagesize_shift) + s * n;
// 于是得到该空闲块的首地址
p += (uintptr_t) pool->start;
```

而释放内存块时，位操作依然可以大大加速执行时间。

```
void ngx_slab_free_locked(ngx_slab_pool_t *pool, void *p)
{
    // 内存块指针 p 与 start 之间的偏移字节数，除以页面字节数的结果取整，就是 p 所在的页面在所有
    // 页面中的序号
ngx_uint_t  n = ((u_char *) p - pool->start) >> ngx_pagesize_shift;

// 根据 n 就取到了 p 所在页面的 ngx_slab_page_t 页面描述结构体
ngx_slab_page_t * page = &pool->pages[n];

// 找到页面对应的 slab
uintptr_t  slab = page->slab;

// slab 的低 NGX_SLAB_PAGE_MASK 位存放的是页面类型
    ngx_uint_t  type = page->prev & NGX_SLAB_PAGE_MASK;
...
}
```

拿到了 type 后，需要对 4 种页面区别对待。仍然以小块内存举例：

```
// 对于小块内存，slab 的低 NGX_SLAB_SHIFT_MASK 位存放了内存块大小，shift 变量取出了块大小的位移量
shift = slab & NGX_SLAB_SHIFT_MASK;

// size 取得的块大小
size = 1 << shift;

// 把内存块的首地址 p 按页大小取余数，就是 p 相对于该页面首地址的偏移字节，再除以块大小，
// 那么 n 就是该内存块在页面中的序号
n = ((uintptr_t) p & (ngx_pagesize - 1)) >> shift;

// 现在把 n 这个序号应用于 bitmap。bitmap 可能由多个 uintptr_t 组成，而 n 从属于某一个 uintptr_t，
// 先把 n 求得 uintptr_t 中的余数表明这个内存块对应的 bit 位，在其所属的 uintptr_t 里的序号，
// 并把 1 左移这些位，这样，m 就是 p 内存块 bit 位所在 uintptr_t 中的位
m = (uintptr_t) 1 << (n & (sizeof(uintptr_t) * 8 - 1));

// n 再除以 uintptr_t 能够表达的 bit 位，此时表示 p 内存块对应的那个 bit 位前还有 n 个表示 bitmap
// 的 uintptr_t
n /= (sizeof(uintptr_t) * 8);

// 把 p 的相当于一页的低位去掉，此时 bitmap 就是该页面的首地址，也是所有 bitmap 的起始地址
bitmap = (uintptr_t *) ((uintptr_t) p & ~(ngx_pagesize - 1));

// 用 bitmap[n] 与 m 相与，可以再次确认 p 相对应的内存块是否是在使用中，如果没有在使用中，
// 就是两次释放了
if (bitmap[n] & m) {

// 释放该内存块，其实就是把 bit 位从 1 置为 0
```

```
bitmap[n] &= ~m;

// 下面还要检查当前页面是否完全没有已使用内存块了，如果是这样，需要回收该页
...
}
```

对于中等内存块、大块内存块页面来说，由于 bitmap 是放在 slab 成员中的，所以位操作会更简单，这里就略过。

16.3.5 slab 内存池间的管理

Nginx 允许多个模块各自独立地定义 slab 内存池，这意味着可以并存多个 slab 内存池。同时，Nginx 允许模块 A 定义的内存池被模块 B 使用，这样内存池间必须被管理起来。描述整个 Nginx 的 ngx_cycle_s 结构体中有一个链表，保存着所有的 slab 内存池，如下所示：

```
struct ngx_cycle_s {
ngx_list_t                    shared_memory;
}
```

shared_memory 以链表的方式保存着 ngx_shm_zone_t 结构体。前面在 16.1 节中就介绍过这个结构体，它对应着 1 个 slab 共享内存池。ngx_shm_zone_t 具有自己的名字，还可以定义自己仅能够被某个模块使用（tag 成员）。ngx_shared_memory_add 方法就是在向 shared_memory 链表中添加描述一个 slab 内存池的 ngx_shm_zone_t 结构体，在 ngx_init_cycle 方法中，Nginx 会遍历 shared_memory 链表，依次地初始化每一个 slab 内存池。

16.4 小结

本章首先介绍使用 slab 内存池的方法，并以一个有代表性的例子介绍使用它的方法，读者朋友可以结合访问本书网站上可以运行的示例代码来阅读。

接着，我们开始剖析它的实现，slab 也是 Linux 内核中一种优秀的内存管理机制，理解其设计思想不只有助于开拓思路，更可以改进它。例如，slab 内存池其实对于大于 4KB 的内存的使用很不友好，在持续的分配释放中，连续着的空闲页会越来越少，尤其是有些空闲页明明是连续的，但是可能也认为它们是分离的，就像图 16-4 中的例子那样。又比如，假定我们申请的内存基本都是在 4KB 以上的，这就不能再使用操作系统的页大小作为内存池的页大小了，可以通过增加页的大小以提高内存的使用率（注意：这可能导致 ngx_slab_page_t 页描述的 slab 成员中存放的内存块大小位移超出 NGX_SLAB_SHIFT_MASK，需要综合考虑）。

另外，slab 的源码体现了极为优秀的编码艺术，大量的位操作极大地提高了效率，非常值得 C 程序员们认真学习。

推荐阅读

原书第3版
Linux
内核设计与实现
Linux Kernel Development Third Edition

第2版
Linux
内核设计的艺术
图解Linux操作系统架构设计与实现原理
The Art of Linux Kernel Design

LINUX
内核精髓
精通Linux内核必会的75个绝技
LINUX KERNEL HACKS
O'REILLY

UNIX
/Linux
程序设计教程

Linux
高性能服务器编程

Linux内核探秘
深入解析文件系统和设备驱动的架构与设计
Explore Linux Kernel

推荐阅读

高性能Linux服务器构建实战：运维监控、性能调优与集群应用

作者：高俊峰 ISBN：978-7-111-36695-9 定价：79.00元

毫无疑问，Linux服务器是企业级服务系统的主流，随着企业各种数据量的不断增加，企业对服务器系统可靠性、稳定性方面的要求越来越高，越来越突出，高可靠性、高稳定性已经成为评价业务系统性能的主要指标。影响Linux服务器系统性能的因素有很多，改善Linux服务器系统性能的方法和工具也很多，本书紧紧围绕“高性能”这个话题，从Web应用系统、数据备份恢复、网络存储、运维监控、性能优化、集群应用等多方面讲解了构建高性能Linux服务器系统的方法和最佳实践，其中性能优化和集群应用这两个话题是本书的重点。

构建高可用Linux服务器（第3版）

作者：余洪春 ISBN：978-7-111-47787-7 定价：79.00元

本书自第1版出版以来，就广受关注和好评曾被《程序员》杂志和51CTO等权威IT媒体评为“10大最具技术影响力的图书”和“最受读者喜爱的原创图书”，作者根据运维技术的发展和读者的反馈意见，不断地对书的内容进行优化：更新了过时的技术和方法；补充了最新的内容；限于篇幅，部分内容作为电子版免费提供给读者下载；使得这本书的内容更加完善。

本书最大的特点就是与实践紧密结合，所有理论知识、方法、技巧和案例都来自实际生产环境，涵盖Linux服务器构建与优化、服务器故障诊断与排除、Shell脚本、高可用Linux集群构建、MySQL性能调优及高可用、自动化运维（Puppet）、安全运维等主题，所有内容都围绕“如何构建高可用的Linux服务器”这个主题深度展开。